"十四五"时期国家重点出版物出版专项规划项目

电磁安全理论与技术丛书

国家出版基金项目
NATIONAL PUBLICATION FOUNDATION

# 国产信息通信仪表与测试应用

**D**omestically Developed Information and
Communication Instruments and Testing Applications

◎ 周峰 孙小强 王小雨 纪锐 张大元 周开波 编著

人民邮电出版社

北 京

**图书在版编目（CIP）数据**

国产信息通信仪表与测试应用 / 周峰等编著.
北京 : 人民邮电出版社，2024. -- （电磁安全理论与技术丛书）. -- ISBN 978-7-115-65528-8
Ⅰ. TN92
中国国家版本馆 CIP 数据核字第 2024BA9746 号

## 内 容 提 要

本书共 20 章，首先从信息通信系统全程全网的角度阐述现代通信系统与仪表的全景图，介绍信息通信测试中的量值和量纲；然后分别介绍我国企业研发生产的无线通信测试仪表、光通信测试仪表、数据通信测试仪表等，涉及的种类有信号发生器、射频信号分析仪、无线电监测与测向仪器、矢量网络分析仪、移动通信综合测试仪、无线信道模拟器、示波器、电磁辐射分析仪、电磁兼容试验仪器和系统、天线测试系统、光纤端面干涉仪、光谱分析仪和光波长计、光时域反射计、光回波损耗测试仪、色度色散测试仪和偏振模色散测试仪、光纤参数测试仪、光纤熔接机、应用层网络测试仪、以太网测试仪等。本书涵盖国产信息通信仪表典型企业的主流产品，系统介绍各类仪表的工作原理、技术指标、测试系统搭建方法和测试实例等。

本书可作为信息通信设备制造商、电信运营商、互联网企业以及相关测试机构、研究机构等的计量测试人员的参考书，对仪表领域的管理人员、采购人员、研究人员等也有参考价值。

- ◆ 编　著　周　峰　孙小强　王小雨　纪　锐　张大元
　　　　　　周开波
　　责任编辑　刘盛平
　　责任印制　马振武
- ◆ 人民邮电出版社出版发行　　北京市丰台区成寿寺路 11 号
　　邮编　100164　　电子邮件　315@ptpress.com.cn
　　网址　https://www.ptpress.com.cn
　　三河市中晟雅豪印务有限公司印刷
- ◆ 开本：700×1000　1/16
　　印张：47　　　　　　　　　　　2024 年 12 月第 1 版
　　字数：895 千字　　　　　　　　2024 年 12 月河北第 1 次印刷

定价：298.00 元

读者服务热线：(010)81055410　印装质量热线：(010)81055316
反盗版热线：(010)81055315

# 本书编委

# 推荐语

在推进制造业高质量发展的进程中，在推进新型工业化及数字化转型的进程中，在推进信息化和工业化融合的进程中，精密仪器与传感器的技术基础性、技术先导性和战略引领性作用日益凸显，我国国产信息通信仪表产业也顺势快速发展。本书反映了国产信息通信仪表产业领域发展的重要技术成果，期待本书能推动国产信息通信仪表的更广泛应用。

谭久彬

中国工程院院士

《国产信息通信仪表与测试应用》系统地介绍了国产信息通信仪表的发展历程、原理和应用技术，该书还重点关注了国产信息通信仪表的最新研究成果和实践经验。

张平

中国工程院院士

许多科学发现源自全新的科学仪器。随着电磁科学所涉及的材料、器件、电路、信号、算法等的不断进步，信息通信仪表与测量技术也面临新的需求。本书系统地介绍了信息通信仪表与测量技术相关科学原理、技术架构、产品和应用，向读者呈现了国产仪器和测量技术的最新知识，期望能更好地支撑网络强国、数字中国战略的实施。

苏东林

中国工程院院士

本书以全面且系统的视角，深度剖析我国信息通信仪表行业的发展现状，为广大读者精心呈现了一幅行业全景图。它不仅内容翔实，而且极具实用性，堪称一本信息完备、值得信赖的专业工具书。相信本书的出版有助于大力促进国产信息通信仪表的广泛使用和性能的不断改进提升，并实现我国信息通信仪表自主可控、走向全球。

李得天
中国工程院院士

仪器仪表是认识世界的工具，现代信息通信仪表是工业化和信息化融合发展的产物。国产信息通信仪表的发展是行业自立自强的成果，也顺应了市场需求，必将推动产业信息化和智能制造的发展。本书系统总结了国产信息通信仪表与测试应用的知识及其相关领域技术要点，正是行业所需，出版正当其时。

马玉山
中国工程院院士

我们可用古语"失之毫厘，谬以千里"来描述仪器仪表的重要特征，仪器仪表是关乎制造强国和科技强国的国之重器。本书全面翔实地从技术和应用视角对新时代国产信息通信仪表取得的重要进展进行了系统介绍，可供信息通信领域科研人员、工程师和高校师生参考。

魏然
中国信息通信研究院总工程师

信息通信仪表是支撑国家信息通信产业和技术发展的大国重器之一，广泛应用于技术研发、生产制造、设备评估、入网检测、计量认证等多个场景。本书对信息通信领域各类专业仪表进行了系统梳理，对广大测试工作者来说是不可多得的佳作。希望本书的出版能推动国产仪表的产业协同和示范应用，助力信息通信行业的高质量发展。

段晓东
中国仪器仪表学会信息通信仪器仪表专委会主任、中国移动研究院副院长

《国产信息通信仪表与测试应用》面向现代信息通信与未来网络发展，植根于我国电子信息产业基础，全面展示了国产信息通信仪表的最新成果，是信息通信领域广大科技人员和工程技术人员的工具书，对推进我国信息通信仪表的工程应用具有重要意义。

年夫顺

中国电子科技集团有限公司首席科学家

随着我国 5G 通信实现全球领跑，带动国产信息通信仪表也取得了长足发展。本书基于作者多年在信息通信测试领域标准制定、项目研究、应用实践的工作总结，系统全面地介绍了国产信息通信仪表技术前沿、重点产品、应用实例。在当前大规模设备更新、建设科技强国、发展战略新兴产业和未来产业形势下，本书对电子信息和通信领域从业人员具有较高的参考价值。

欧阳劲松

机械工业仪器仪表综合技术经济研究所所长

# 序

 仪器仪表作为高新技术与各个产业深度融合的纽带，对促进我国产业转型升级、发展战略性新兴产业、实现高水平科技自立自强和增进人民福祉等都起到十分重要的作用，是建设科技强国、制造强国和质量强国的重要基础。党中央、国务院高度重视高端仪器发展，2023 年 2 月 21 日，习近平总书记在中共中央政治局第三次集体学习时强调："要打好科技仪器设备、操作系统和基础软件国产化攻坚战，鼓励科研机构、高校同企业开展联合攻关，提升国产化替代水平和应用规模，争取早日实现用我国自主的研究平台、仪器设备来解决重大基础研究问题。"

 当前，新一代信息通信技术与经济社会各个领域在更广范围、更深层次和更高水平上加速融合，成为推进新型工业化和中国式现代化的重要驱动力量。同时，信息通信技术的创新突破仍方兴未艾，5G/5G-A 应用部署和技术演进加快发展，6G 预研和标准化快速启动；通用人工智能的突破路径初步呈现，智能网联汽车、卫星互联网、智能机器人等新技术、新产品、新业态蓬勃兴起。从实验室、生产车间到应用现场，新产品、新系统、新技术、新参数等的测试或计量均需要大量的仪表，这为我国信息通信仪表的发展带来了历史性的机遇。

 我国工业化发展的历程短、起点低、基础薄，信息通信领域测试仪表的国产化程度较低，一度不能满足技术创新和产业发展的需求。党的十八大以来，我国在提升信息通信仪表技术产品供给能力方面取得了长足进步，相关行业用户使用国产信息通信仪表的意愿也显著增强，形成了相互促进的良好局面。同时，信息通信业是高度全球化的行业，互联互通是其内在要求，也是基本规律，这也决定了信息通信仪表行业发展的全球化要求。在我国的工厂和实验室，国产仪表和国外仪表正在形成融合发展的新趋势，我国的仪表也逐步行销全球，呈现出国际化的良好态势。

 本书是中国信息通信研究院的几位资深专家基于长期研究和应用实践总结的成果，从科学、技术和工程等多个视角，全面介绍国产信息通信仪表的原理、结构、产品技术指标等，涵盖无线通信、电磁场、光通信、数据通信等领域测试仪表和测试系统的技术进展与工程范例，并重点关注包括量子测试仪器在内的仪表最新研究成果和实践经验。本书既有对科学原理的严谨分析，也有对具体产品的客观阐述，相信对关心我国仪表尤其是信息通信领域仪表的工程技术人员、科研工作者和高校师生等都有较好的参考价值。

余晓晖

2024 年 10 月

# 前　言

仪表是人类认识世界的工具，从科技和生产力的发展历史来看，认识世界和改造世界是深度耦合的。门捷列夫说，"没有测量就没有科学"；领导了跨大西洋海底电缆工程的物理学大师开尔文勋爵说，"如果你无法测量它，就无法改进它"。"工欲善其事，必先利其器"，现代测量依靠现代仪器仪表，在信息通信领域更是如此。需要说明的是，在我国信息通信行业，"仪器"与"仪表"这两个词的应用并无严格的区别，人们一般按照各自的习惯使用及定义某类装置的名称。一般来说，具有显示和记录装置的仪表，称为"仪"或"表"；没有显示装置或虽有显示装置但显示不作为主要功能的仪表称为"器"，如示波器。本书书名中的"仪表"为统称，涵盖了"仪器"的概念。

在测量设备方面，中华民族曾为人类贡献了指南针和浑天仪。中华人民共和国成立以来，中华民族在复兴的道路上披荆斩棘、阔步向前。特别是近年来我国在信息通信领域取得巨大成就，仅在移动通信领域就实现了 4G 并跑、5G 引领，6G 的预研工作也已开展。在这个大背景下，我国在信息通信仪表领域涌现出一大批自主创新企业，产品技术指标和质量显著进步，品种、型号日益丰富，很多企业还可以为用户提供定制开发服务，这些都是竞争优势。

从米制公约开始，测量和仪表行业就有了全球化的内涵，目前在一些实验室可以看到国产仪表和国外仪表组合形成的先进测试系统，这正是全球性社会化大生产"你中有我、我中有你"的生动写照。优质的国产信息通信仪表出口海外，为全球用户所青睐。我国坚持开放共赢发展，在这个大背景下，蓬勃发展的中国信息通信产业为全世界的仪表企业提供了广阔的市场和公平的竞争舞台，中国信息通信仪表产业在坚持自主创新的同时有海纳百川的胸怀，更有走向全球的壮志。

但是我们也要看到存在的问题：当前供需信息不畅通是国产信息通信仪表实现更广泛应用的瓶颈，虽然业界对国产信息通信仪表的需求非常旺盛，但是由于国产仪表品牌历史相对较短，缺乏品牌和市场认知惯性的沉淀，很多需要国产仪表的部门、单位和工程师等难以找到有效的国产仪表信息。工程师了解国产仪表的主要途径是通过网络搜索产品手册，效率低且信息碎片化，显然需求和供给信息的连接不畅通已经束缚了产业的发展。

这就需要以出版技术专著的方式来系统、全面、深入地介绍国产信息通信仪表产品和应用场景，起到说明技术、介绍产品、传递信任、提振需求、激活市场等作用。推动国产信息通信仪表的更广泛应用，产业就会得到市场的正向经济激励和用户反馈，这会进一步反哺产业和技术的发展。鉴于此，中国信息通信研究院泰尔系统实验室组织编写了本书。

读者所欲，常在我心。本书的内容和编排充分考虑读者的需要，有以下特点。

### 1. 面向前沿，内容全面

本书面向现代信息通信仪表及其应用，涵盖无线通信、电磁场、光通信、数据通信等领域各类测试仪表和测试系统的最新技术进展与工程范例，具有全面性和先进性。本书作者多年来参与我国信息通信领域测试标准的研究、制定和执行，深刻把握技术前沿。业界主要企业为本书提供了最新的产品和应用资料，同时本书会适当介绍作者团队近年来在信息通信计量测试领域的研究成果和专利技术。

### 2. 理论先行，实践指导

本书侧重于介绍国产信息通信仪表的工作原理、技术指标、测试系统搭建，以及如何使用它们来完成相关测试等。本书坚持"理论先行，实践指导"的原则，不仅介绍典型仪表的工作原理，而且针对各类仪表提供丰富的应用实例。其中实例以信息通信应用为主，也兼顾汽车、航空、国防、机电等领域的应用，这也体现了现代信息通信技术赋能千行百业的趋势。通过阅读本书，读者可以全面了解如何选择和使用信息通信仪表。

### 3. 易学、易用

本书采用插图和操作步骤结合的形式来介绍国产信息通信仪表的使用方法和使用技巧，没有过多的数学推导，具有很强的实用性。本书语言平实、简明，采用模块化的编排方式，以尽量满足读者快速学习的需求。读者不必逐章阅读，可以挑选感兴趣的章节而基本不会影响理解。

在编写本书的过程中，作者得到了中国信息通信研究院各级领导的关怀和指导，余晓晖院长为本书作序，同时本书得到了谭久彬院士、张平院士、苏东林院士、李得天院士、马玉山院士、魏然总工程师、段晓东副院长、年夫顺首席科学家、欧阳劲松所长等的倾情推荐。本书的编写得到了编委团队的强劲赋能，得到了以下编委单位的鼎力支持，在此一并致谢。

TD 产业联盟

大唐联仪科技有限公司

上海电缆研究所有限公司

天津德力仪器设备有限公司

中电科思仪科技股份有限公司

中国人民解放军 63660 部队

中国计量科学研究院

中国信息通信研究院

中国航天员科研训练中心

中国移动通信有限公司研究院

中星联华科技（北京）有限公司

北京万思维通信技术有限公司

北京五龙电信技术有限公司

北京中测国宇科技有限公司

北京长鹰恒容电磁科技有限公司

北京东方计量测试研究所

北京市无线电监测站

北京网测科技有限公司

北京芯宸科技有限公司

北京星河亮点技术股份有限公司

北京信而泰科技股份有限公司

北京信维科技股份有限公司

北京科环世纪电磁兼容技术有限责任公司

北京航空航天大学

北京森馥科技股份有限公司

北京奥普维尔科技有限公司

北京瑞天智讯信息技术有限公司

北京德辰科技股份有限公司

机械工业仪器仪表综合技术经济研究所

成都大公博创信息技术有限公司

成都华日通讯技术股份有限公司

成都玖锦科技有限公司

成都坤恒顺维科技股份有限公司

成都零点科技有限公司

优利德科技（中国）股份有限公司

创远信科（上海）技术股份有限公司

苏州联讯仪器股份有限公司

苏州泰思特电子科技有限公司

苏州益谱电磁科技有限公司

苏州弘宇脉测电子信息科技有限公司

英铂科学仪器（上海）有限公司

南京邮电大学

南京昆腾科技有限公司

哈尔滨工业大学

珠海世纪鼎利科技股份有限公司

浙江信测通信股份有限公司

诺优信息技术（上海）有限公司

深圳市通用测试系统有限公司

深圳市维度科技股份有限公司

深圳市鼎阳科技股份有限公司

普源精电科技股份有限公司

　　由于作者学识有限，书中不足之处在所难免，恳请广大读者批评指正。读者可通过本书编辑的电子邮箱（liushengping@ptpress.com.cn）与我们联系。

作者

2024 年 8 月

# 目　　录

# 第 1 章　信息通信系统的测试基础

## 1.1　概述

仪器仪表用于检查、测试、控制、分析各类被测量，是保障经济发展和国家安全的不可或缺的重要基础工具。仪器仪表是支撑经济社会发展的战略性、基础性和先导性产品，是建设科技强国、制造强国和质量强国的基础，在提高生产效率、促进产业转型升级的过程中起到至关重要的作用。

信息通信行业是我国的支柱行业之一，是具有经济和技术活力的行业，在国民经济中占据重要地位。近年来，随着网络强国和数字中国战略的深入实施，信息通信行业与国民经济和社会发展的多领域融合不断深入。新产品、新系统、新技术、新参数等的测试或计量需要大量的仪表，信息通信领域的仪表不仅是"国之重器"，更是国之重器背后的"国之精器"。党的十八大以来，我国在信息通信领域自主创新方面取得了长足的进步，其中就包括信息通信仪表领域，一方面是国家科技重大专项部署了一大批信息通信仪表研发任务；另一方面是很多企业瞄准市场需求开展了研发和相应的市场拓展工作，国产信息通信仪表的技术和产品供给能力在近 10 年大大增强。

本章从信息通信系统全程全网的角度阐述现代通信系统与仪表的全景图，概要介绍信息通信仪表种类，并分别在无线通信、光通信和数据通信 3 个领域总结测量参数以及量值、量纲。

## 1.2　现代通信系统与仪表的全景图

新一代信息通信技术与经济社会的融合在向更广范围、更深层次加速推进。新一代信息通信技术包括卫星移动通信、新一代无线通信、下一代广播电视网、物联网等领域（见图 1-1），其对经济发展、社会运行、国家治理的变革力和影响力不断增强，已成为高质量发展的重要推动力、构建新发展格局的关键支撑和塑造国家竞争新优势的战略发展方向。

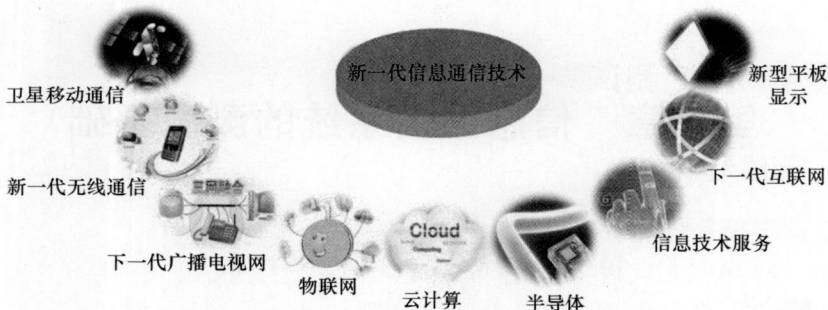

**图 1-1　新一代信息通信技术领域**

　　信息通信仪表贯穿信息通信产业发展和技术进步的各个环节，广泛应用于先进技术研究、原型开发、设备生产、现网维护、认证计量等多个场景，是提高我国信息通信产业核心竞争力、提升信息通信产品质量的关键。现代通信系统与仪表的全景图如图 1-2 所示。

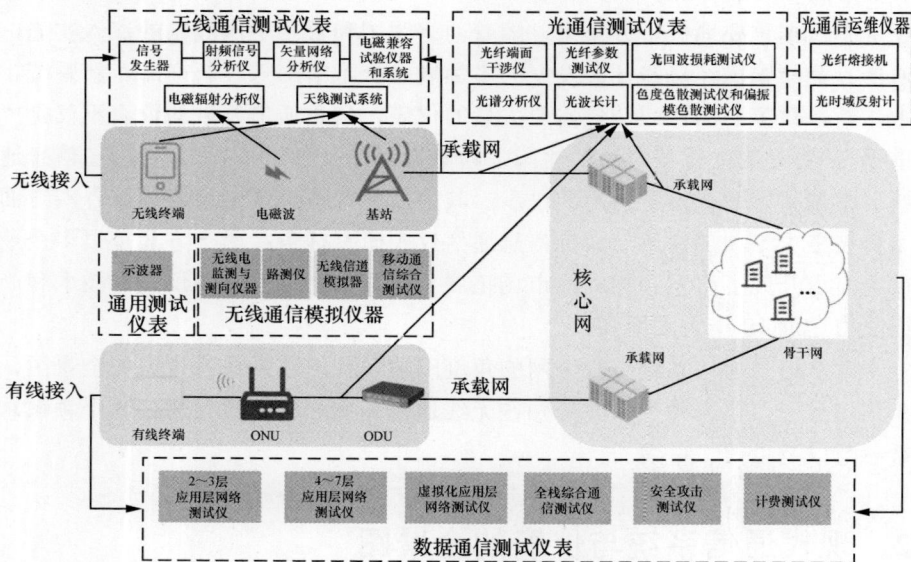

**图 1-2　现代通信系统与仪表的全景图**

　　信息通信仪表的核心技术涉及信息通信相关学科的计量、测试基础理论，各类测试验证技术及其应用等跨学科的测量技术前沿，涉及频率、电压、功率、波长、辐射强度等跨门类的测量参数。因此，信息通信仪表涵盖的测量领域广、测量参数多、测量标准复杂。一般情况下，仪表依据主要应用场景可分为无线通信测试仪表、光通信测试仪表，以及数据通信测试仪表等。

## 1.3　信息通信测试中的量值和量纲

### 1.3.1　无线通信

#### 1. 功率和电平

功率是指单位时间内传输或消耗的能量，在无线通信中，用于描述发射或接收信号的强度，通常用 $P$ 表示，国际单位是 W。电平是指两功率或两电压之比的对数（以 10 为底），相应描述为功率电平和电压电平，它们各自又分为绝对电平和相对电平两种。所谓绝对电平（习惯上把绝对两字省略，简称电平）是指基准值取某一固定参考值的电平。

例如，一个功率 $P_1$ 和一个固定的参考功率 $P_{ref}$ 之比的对数值，就是功率电平，也叫作功率对数值，很多时候直接简称为功率或电平。一个电压 $U_1$ 和一个固定的参考电压 $U_{ref}$ 之比的对数值，就是电压电平。在射频（radio frequency，RF）通信领域，通常以在 50 Ω 阻抗传输电路上消耗的功率（1 mW）（一些情况下也可使用 75 Ω 阻抗传输电路上消耗的功率）为参考值，对应的功率电平为

$$P_{dBm} = 10\lg\left(\frac{P_1}{1\ mW}\right) \tag{1-1}$$

式中，$P_1$ 为功率（为了与对数值区分，通常称为功率线性值），单位为 mW；$P_{dBm}$ 为功率电平，单位为 dBm。

其他经常用到的参考值包括 1 W、1 V、1 μV、1 A 和 1 μA 等。它们对应的对数值量纲单位分别是 dBW、dBV、dBμV、dBA 和 dBμA 等。在计算这些值的时候，一定要弄清楚它们是功率值还是电压值。

功率值包括功率、能量、阻抗、噪声、功率流密度等。

电压值（也称为场值）包括电压、电流、电场强度、磁场强度、反射系数等。

从功率电平到功率线性值的转换公式为

$$P = 10^{\frac{P_{dB}}{10}} \times P_{ref} \tag{1-2}$$

式中，$P$ 为功率线性值，单位为 mW 或 W；$P_{dB}$ 为功率电平，单位为 dBm 或 dBW；$P_{ref}$ 为参考功率，通常取 1 mW 或 1 W。

从电压电平到电压线性值的转换公式为

$$U = 10^{\frac{U_{dB}}{20}} \times U_{ref} \tag{1-3}$$

式中，$U$ 为电压线性值，单位为 V、mV 或 μV；$U_{dB}$ 为电压电平，单位为 dBV、

dBmV 或 dBμV；$U_{ref}$ 为参考电压，通常取 1 V、1 mV 或 1 μV。

功率计、频谱分析仪、测量接收机等可以进行信号功率和电平的测试。

**2. 增益和衰减**

对增益（gain）和衰减的度量通常是选定一个基准信号的电平作参考，用系统输出信号的电平与它进行比较，通常采用对数（以 10 为底）的方式表示，量纲单位是 dB。当考虑输出信号比基准信号大多少倍时，值为正，定义其为增益。当考虑输出信号比基准信号减小的比例时，称其为衰减（忽略负号）。如果基准信号和输出信号按照功率电平计算，则增益或衰减 $a$ 表示为

$$a = 10\lg\frac{P_2}{P_1} = P_{2dB} - P_{1dB} \tag{1-4}$$

式中，$P_2$ 为输出信号功率线性值；$P_1$ 为基准信号功率线性值；$P_{2dB}$ 为输出信号功率对数值；$P_{1dB}$ 为基准信号功率对数值。

如果按照电压电平计算，在输入阻抗 $R_{in}$ 与输出阻抗 $R_{out}$ 相等的条件下，增益或衰减 $a$ 表示为

$$a = 20\lg\frac{U_2}{U_1} = U_{2dB} - U_{1dB} \tag{1-5}$$

式中，$U_2$ 为输出信号电压线性值；$U_1$ 为基准信号电压线性值；$U_{2dB}$ 为输出信号电压对数值；$U_{1dB}$ 为基准信号电压对数值。

在图 1-3 所示的电路中级联了多个双端口器件，通过增益（或衰减）的叠加可以容易地计算出总增益（或总衰减）。

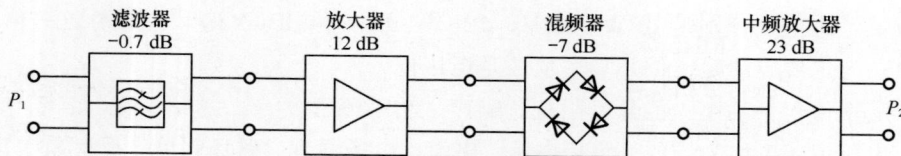

**图 1-3　级联多个双端口器件的电路**

图 1-3 所示电路的总增益为

$$a = -0.7\,dB + 12\,dB - 7\,dB + 23\,dB = 27.3\,dB$$

网络分析仪或者信号源与频谱分析仪搭配可以测试增益和衰减。

**3. 噪声功率**

噪声是在电子运动形成的热振荡中产生的。可以被接收机接收到的噪声功率 $N$ 取决于温度 $T$ 和测量带宽 $B$，即

$$N = kTB \tag{1-6}$$

式中，$k$ 为玻耳兹曼常数，其值约为 $1.38 \times 10^{-23}$ J/K（焦耳每开，1 J 等于 1 W/s）；$T$ 为开氏温度（0 K 等于 $-273.15$ ℃ 或 $-459.67$ ℉）；$B$ 为测量带宽，单位为 Hz。

在室温（20 ℃/68 ℉）下，可以得到 1 Hz 带宽下的噪声功率 $N$，即

$$N = kT \times 1\,\text{Hz} \approx 1.38 \times 10^{-23}\,\text{J/K} \times 293.15\,\text{K} \times 1\,\text{Hz} \approx 4.045 \times 10^{-21}\,\text{W}$$

如果把这个功率转化为功率电平，可以得到：

$$N_{\text{dBm}} = 10\lg\left(\frac{4.045 \times 10^{-18}\,\text{mW}}{1\,\text{mW}}\right)\text{dBm} \approx -174\,\text{dBm}$$

即接收机的输入端噪声功率谱密度约等于 $-174$ dBm/Hz。请注意，输入阻抗对这个功率是没有影响的，也就是说，对于 50 Ω、60 Ω 或 70 Ω 输入阻抗来说，功率都是相同的。

噪声功率与带宽是成比例的，把带宽作为参数 $B$，其对数形式 $b$（以 10 为底）及噪声功率对数值 $N$ 可以分别表示为

$$b = 10\lg\left(\frac{B}{1\,\text{Hz}}\right)\text{dB} \tag{1-7}$$

$$N = -174\,\text{dBm} + b \tag{1-8}$$

例如，假设一个没有内部噪声的频谱分析仪的带宽被设置为 1 MHz，则噪声功率的计算如下。

$$b = 10\lg\left(\frac{1\,\text{MHz}}{1\,\text{Hz}}\right)\text{dB} = 10\lg\left(\frac{1\,000\,000\,\text{Hz}}{1\,\text{Hz}}\right)\text{dB} = 60\,\text{dB}$$

$$P = -174\,\text{dBm} + 60\,\text{dB} = -114\,\text{dBm}$$

故室温下，1 MHz 带宽下的噪声功率是 $-114$ dBm。

接收机或频谱分析仪在 1 MHz 带宽下比在 1 Hz 带宽下多产生 60 dB 的噪声，即 $-114$ dBm 的噪声电平。所以如果要测量低电平信号，就需要减小测量带宽，但是必须满足这个信号的带宽需求。在某个范围内，测量低于噪声限值的信号是可行的，因为每个叠加的信号都会使总功率增大。然而，这很快就会达到所使用的测试设备的限值。

对于接收机或频谱分析仪的背景噪声，通常在输入端接负载时使用平均功能进行测试。

### 4. 信噪比

通信信号测量中的一个主要量值是信噪比（signal-to-noise ratio，SNR），其定义为有用信号功率 $S$ 与噪声功率 $N$ 的比值，即

$$\text{SNR} = \frac{S}{N} \tag{1-9}$$

或以分贝（dB）为单位表示为

$$SNR = 10\lg\frac{S}{N} \qquad (1\text{-}10)$$

有时，除了噪声之外还会存在失真。这种情况下，就要测量信纳比（SINAD，即信号与噪声失真比）而不仅仅是信噪比，即

$$SINAD = \frac{S}{N+D} \qquad (1\text{-}11)$$

或以分贝（dB）为单位表示为

$$SINAD = 10\lg\frac{S}{N+D} \qquad (1\text{-}12)$$

式中，$D$ 为总谐波失真功率和。

例如，要测量调频（frequency modulation，FM）无线接收机的信噪比，先在适当的 FM 频偏下设置信号发生器的调制频率为 1 kHz。在接收机的扩音器端，测量到一个功率为 100 mW 的有用信号，然后关掉信号发生器的调制并且在扩音器端测量到 0.1 μW 的噪声功率，则可得信噪比 SNR，即

$$SNR = 10\lg\frac{100\ \text{mW}}{0.1\ \mu\text{W}} = 60\ \text{dB}$$

为了确定信纳比，再次设置调制信号源的调制频率为 1 kHz，并测量到功率为 100 mW 的信号。这里使用窄带滤波器来抑制这个信号，将会在接收端测量到噪声和谐波失真。如果测量值是 0.5 μW，则可得信纳比 SINAD，即

$$SINAD = 10\lg\frac{100\ \text{mW}}{0.5\ \mu\text{W}} \approx 53\ \text{dB}$$

综合测试仪通常具有信噪比和信纳比测量功能，可以直接显示测量值。

**5. 噪声因子和噪声系数**

噪声因子和噪声系数用于对射频信号链中的噪声引起的信噪比退化进行度量。噪声因子 $F$ 被定义为输入信噪比 $SNR_{in}$ 和输出信噪比 $SNR_{out}$ 的比值，即

$$F = \frac{SNR_{in}}{SNR_{out}} \qquad (1\text{-}13)$$

噪声系数 NF（单位为 dB）是噪声因子 $F$ 的对数形式（以 10 为底），即

$$NF = 10\lg F \qquad (1\text{-}14)$$

也就是说，噪声因子是以线性单位表示的，噪声系数是以 dB 为单位表示的。假设在接收链中有多个设备级联，则需要测量整条接收链的噪声系数。

　　噪声系数是放大器的一项重要指标,可以使用噪声系数分析仪对其进行测量。某些频谱分析仪也具有噪声系数测量选件,可以用于噪声系数测量。

### 6. 相位噪声

　　相位噪声是指系统(如各种射频器件)在各种噪声的作用下引起的系统输出信号相位的随机变化,是衡量频率标准源(高稳晶振、原子频标等)频稳质量的重要指标。一个理想的振荡器有一个无限狭窄的频谱。由于噪声的不同物理效应,信号相位的微小变化都会导致频谱变宽,这就是振荡器的相位噪声,如图 1-4 所示。

　　为了测量相位噪声,必须通过一个带宽为 $B$ 的窄带接收机或者频谱分析仪来得到振荡器在偏移频率 $f_{offset}$ 下的噪声功率

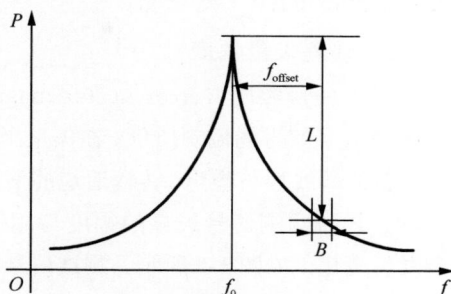

**图 1-4　振荡器的相位噪声**

$P_R$,然后把测量带宽 $B$ 减小为 1 Hz,接着用 $P_R$ 除以载波功率 $P_c$ 得到一个以 dBc 为单位表示的结果(1 Hz 带宽)。dBc 中的 c 代表载波。

　　这样继续推导就得到了相位噪声,更确切地说是单边带(single sideband,SSB)相位噪声 $L$,即

$$L = 10\lg\left(\frac{P_R}{P_c} \times \frac{1}{B/1\ \text{Hz}}\right) \tag{1-15}$$

dBc 虽然不符合标准的写法,但是普遍使用。

### 7. 信道功率和邻频道功率比

　　信道功率是指被测信号频率带宽内的平均功率,一般规定为在所测频率带宽内的积分功率,通常表示为 $P_{ch}$,量纲单位是 dBm。对于现代通信系统,例如 LTE 和 5G NR 系统,都存在多条信道,为了避免干扰,确保自身信道的发射准确和降低相邻信道功率 $P_{adj}$ 是很重要的。

　　邻频道功率比(adjacent channel power ratio,ACPR)是指相邻信道或次相邻信道的平均功率和当前所用信道的平均功率之比,以 dB 为单位,即

$$L_{ACPR} = 10\lg\left(\frac{P_{adj}}{P_{ch}}\right) \tag{1-16}$$

式中,$L_{ACPR}$ 为邻频道功率比;$P_{adj}$ 为相邻信道功率;$P_{ch}$ 为信道功率。

　　在测试信道功率时,考虑信道的带宽是很重要的。对于可用信道和相邻信道来说,这个值可能是不同的。有时,有必要选择特殊的调制滤波器,比如平方根升余弦滚降滤波器。

现代频谱分析仪的相关测量选件在测量邻频道功率比时都能够自动地考虑到可用信道和相邻信道的带宽。

通常使用频谱分析仪或者矢量信号分析仪对信道功率和相邻信道功率进行测量。如果没有相关的测量选件，则需要设置积分信道带宽、分辨率带宽（resolution bandwidth，RBW）等参数。

**8. 误差矢量幅度**

误差矢量幅度（error vector magnitude，EVM）用来衡量数字信号的调制质量。在矢量坐标图上，通信系统中器件的非线性与噪声、传输通道的信号干扰与衰落等的影响会导致实测信号矢量的幅度与相位相对于参考信号会发生变化，如图 1-5 所示。测试信号的波形与参考信号波形矢量差的幅度就称为误差矢量幅度，为标量。

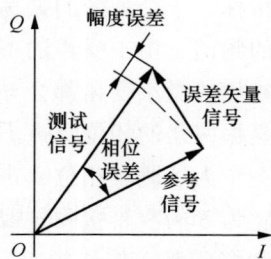

图 1-5　I/Q 信号调制误差

EVM 的有效值 $EVM_{RMS}$ 定义为平均误差矢量信号功率 $E$ 与平均参考信号功率 $R$ 的均方根（root mean square，RMS）之比，用百分数表示，即

$$EVM_{RMS} = \frac{RMS|E|}{RMS|R|} \times 100\%$$

（1-17）

读者需要区别峰值 $EVM_{peak}$ 和有效值 $EVM_{RMS}$，其中峰值 $EVM_{peak}$ 是在某一特定时隙产生的。此外，这些矢量是电压值，这就意味着在计算中必须使用 $20\lg$，例如 $EVM_{RMS}$ 值为 0.3%，则对应 $-50$ dB。

可以采用矢量信号分析仪测量 EVM，或者采用综合测试仪测量终端的 EVM。

**9. 散射参数**

散射参数（scattering parameter，S 参数）是微波传输中的一组重要参数，描述了双端口电路（见图 1-6）的 4 个参数：$S_{11}$（输入反射系数）、$S_{21}$（正向传输系数）、$S_{12}$（反向传输系数）和 $S_{22}$（输出反射系数）。

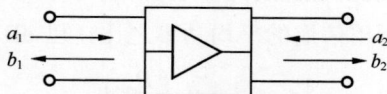

图 1-6　双端口电路

S 参数可以通过入射波和反射波的电压 $a_1$、$b_1$ 和 $a_2$、$b_2$ 计算，如下：

$$S_{11} = \frac{b_1}{a_1}, \quad S_{21} = \frac{b_2}{a_1}, \quad S_{12} = \frac{b_1}{a_2}, \quad S_{22} = \frac{b_2}{a_2}$$

（1-18）

通过换算也可以将 S 参数转换为以 dB 为单位的表示形式。

反射系数（$r$）、电压驻波比（VSWR）或者驻波比（SWR）是用于度量信号源或者接收机与一个参考阻抗的匹配程度的量值。VSWR 的范围是从 1 到无穷大，不能以 dB 为单位表示。$r$ 可以以 dB 为单位表示。

$r$ 和 VSWR 的关系为

$$r = \left| \frac{1 - \text{VSWR}}{1 + \text{VSWR}} \right| \qquad (1\text{-}19)$$

$$\text{VSWR} = \left| \frac{1 + r}{1 - r} \right| \qquad (1\text{-}20)$$

当 VSWR=1 时，$r=0$（全匹配）；当 VSWR 趋于无穷大时，$r$ 逼近 1（不匹配或者全反射）。

$r$ 代表两个电压值的比值。$r$ 以 dB 为单位表示，得到回波损耗（简称回损）$a_r$，即

$$a_r = 20 \lg \left( \frac{r}{1} \right) \qquad (1\text{-}21)$$

$$r = 10^{\frac{a_r}{20}} \qquad (1\text{-}22)$$

注意：在双端口电路中，$r$ 与输入反射系数 $S_{11}$ 或输出反射系数 $S_{22}$ 相关。

衰减器的反射系数最小，对于好的衰减器，工作频率一直到 18 GHz，其反射系数都小于 0.05，相应的 $a_r > 26$ dB 或者 VSWR<1.1。一般情况下，信号源输出和测试设备输入的 VSWR<1.5，相应的 $r<0.2$ 或者 $a_r>14$ dB。

通常使用网络分析仪测量 S 参数。通常通过标准空气线和标准失配器来对网络分析仪本身的 S 参数测量准确度进行校准。

**10. 电场强度和磁场强度**

电场强度 $E$ 的单位是 V/m 和 μV/m，相应对数形式的单位是 dBV/m 和 dBμV/m。

$$E_{\text{dBV/m}} = 20 \lg \left( \frac{E}{1\ \text{V/m}} \right) \qquad (1\text{-}23)$$

$$E_{\text{dBμV/m}} = 20 \lg \left( \frac{E}{1\ \text{μV/m}} \right) \qquad (1\text{-}24)$$

从以 dBV/m 为单位转化为以 dBμV/m 为单位的公式为

$$E_{\text{dBμV/m}} = E_{\text{dBV/m}} + 120\ \text{dB} \qquad (1\text{-}25)$$

磁场强度 $H$ 的单位是 A/m 和 μA/m，相应对数形式的单位是 dBA/m 和 dBμA/m。

$$H_{\text{dBA/m}} = 20\lg\left(\frac{H}{1\ \text{A/m}}\right) \tag{1-26}$$

$$H_{\text{dBµA/m}} = 20\lg\left(\frac{H}{1\ \text{µA/m}}\right) \tag{1-27}$$

从以 dBA/m 为单位转化为以 dBµA/m 为单位的公式为

$$H_{\text{dBµA/m}} = H_{\text{dBA/m}} + 120\ \text{dB} \tag{1-28}$$

主要使用场强仪测量场强，有的频谱分析仪和路测仪也可以用来测量场强。

**11．天线增益**

天线增益是指在输入功率相等的条件下，实际天线与理想的辐射单元在空间同一点处所产生的信号的功率密度之比，它定量地描述一根天线把输入功率集中辐射的程度，通常用 $G$ 表示，单位是 dBi 或 dBd。

**12．峰值因子**

信号的峰值功率与平均热能功率（有效值）的比值被称为峰值因子（crest factor，CF），代表峰值在波形中的极端程度。正弦信号的峰值功率是有效值的两倍，意味着比值为 2，也就是 3 dB 左右。

对于调制的射频信号，峰值是指调幅包络的峰值而不是射频信号载波的峰值。一个调频信号的包络是一个常量，因此振幅为 1（0 dB）。

当叠加许多正弦信号时，峰值电压理论上为 $U_1$，$U_2$，…，$U_n$ 的总和，峰值功率 $P_s$ 表示为

$$P_s = \frac{(U_1 + U_2 + \cdots + U_n)^2}{R} \tag{1-29}$$

式中，$R$ 为阻抗。

有效值 $P$ 等于功率电平分别相加：

$$P = \frac{U^2}{R} = \frac{U_1^2}{R} + \frac{U_2^2}{R} + \cdots + \frac{U_n^2}{R} \tag{1-30}$$

这样即可计算出峰值因子 $C_F$：

$$C_F = \frac{P_s}{P} \tag{1-31}$$

$$C_F = 10\lg\frac{P_s}{P} \tag{1-32}$$

叠加的非关联信号越多，越难以得到各自电压值的总和，因为它们的相位不同。峰值因子在 11 dB 左右变化，信号看起来就像噪声一样。

通常可以使用频谱分析仪对峰值因子进行测量。

### 13. 模数转换器和数模转换器的动态范围

模数转换（A/D）和数模转换（D/A）的重要参数包括时钟频率 $f_{clock}$ 和数据位的位数 $n$。我们可以用每一个数据位表示两倍（或者一半）的电压值。测量正弦信号时还有一个 1.76 dB 的系统增益，即动态范围为

$$D = 20\lg(2^n) + 1.76\,dB \tag{1-33}$$

例如，一个 16 bit 的数模转换器（digital-to-analog converter，DAC）的动态范围为

$$96.3\,dB + 1.76\,dB \approx 98\,dB$$

在实际使用中，模数转换器（analog-to-digital converter，ADC）和 DAC 表现出某种非线性特性，以至于不可能达到它们的理论值。另外，时钟抖动和动力效应使转换器在高时钟频率下的动态范围缩小。因此，转换器通常使用无杂散动态范围（SFDR）和有效位（effective number of bits，ENOB）来描述。

例如，一个 8 bit 的 ADC 在 1 GHz 的时钟频率下的有效位是 6.3，那么它的动态范围是 37.9 dB+1.76 dB≈40 dB。

在 1 GHz 的时钟频率下，ADC 可以处理带宽高达 500 MHz 的信号。如果只处理这个带宽的信号，事实上可以用抽样滤波器来获取动态范围。例如，一个 8 bit 的转换器可以达到 60 dB 或者更大的动态范围，而不仅仅是约等于 50 dB（48.16 dB +1.76 dB）。

基于动态范围，有效位可以表示为

$$2^n = 10^{\frac{D-1.76}{20}} \tag{1-34}$$

考虑到 $n = \log_2(2^n)$，$\log_2(x) = \dfrac{\lg x}{\lg 2}$ 或 $\lg(10^x) = x$，可以得到

$$n = \frac{\lg\left(10^{\frac{D-1.76}{20}}\right)}{\lg 2} = \frac{\dfrac{D-1.76}{20}}{\lg 2} = \frac{D-1.76}{20\lg 2} \tag{1-35}$$

例如，一个 ADC 的动态范围是 70 dB，那么它的有效位是多少？

**解：**

$$70\,dB - 1.76\,dB \approx 68.2\,dB$$

$$20\lg 2 \approx 6.02$$

$$68.2/6.02 \approx 11.3$$

即得到的有效位是 11.3。

**14．驱动功率**

ADC 和 DAC 的最大动态范围由它们能处理的数值范围决定。例如，一个 8 bit 的 ADC 能处理的数值范围是 0～255，这个数值范围的最大值被称为满刻度（full scale，FS）值（$n_{FS}$）。可以根据满刻度值来确定转换器的驱动功率 $n$，并把驱动功率与满刻度值的比值用对数表示出来，即

$$a = 20\lg\left(\frac{n}{n_{FS}}\right) \text{dB(FS)} \tag{1-36}$$

例如，一个 16 bit 的 ADC 能处理的数值范围是 0～65 535。如果用 32 767 的电压值来驱动它，可以得到：

$$a = 20\lg\left(\frac{32\,767}{65\,535}\right) \text{dB(FS)} \approx -6.02 \text{ dB(FS)}$$

如果想让转换器表示正值电压和负值电压，则要把这个满刻度值除以 2，还要考虑合适的零点偏移量。

## 1.3.2　光通信

**1．光功率**

光功率是指光在单位时间内所做的功，光功率的常用单位为 mW 和 dBm，以这两种单位表示的光功率关系为

$$P_{dBm} = 10\lg\left(\frac{P_{mW}}{1 \text{ mW}}\right) \tag{1-37}$$

式中，$P_{dBm}$ 为光功率，单位为 dBm；$P_{mW}$ 为光功率，单位为 mW。

光功率对光信号在光纤或自由空间中的传输距离起着决定性作用，光功率越大，光信号传输距离越远，但光功率过大也会带来非线性效应和接收机光饱和问题。通常用光功率计来对光功率进行测量，显示单位可以在 mW 和 dBm 之间切换。

光通信系统中，光发射端机或光收发合一模块的性能指标通常用平均发送光功率表示，普通光功率计可用于测量平均发送光功率。用于无源光网络（passive optical network，PON）上行突发光功率测量的功率计称作 PON 功率计，PON 功率计可以测量出 1310 nm 波长上行突发信号的峰值功率。

**2．插入损耗**

插入损耗（简称插损）是指插入光链路中的一个或多个光学部件对光信号造成的衰减，插入损耗的常用单位为 dB，插入损耗 $L_i$ 可表示为

$$L_i = P_{in} - P_{out} \tag{1-38}$$

式中，$P_{in}$ 为输入光功率，单位为 dBm；$P_{out}$ 为输出光功率，单位为 dBm。

插入损耗是无源光器件的重要指标，无源光器件有波分复用器、解复用器、合路器、分路器、光纤连接器、光开关、光隔离器、光衰减器等。插入损耗越大，对光信号传输质量的影响越大。通常用光源和光功率计测量插入损耗，也可以通过专用的光插入损耗测试仪测量插入损耗。

### 3．回波损耗

回波损耗是指光链路中由光纤接口、连接头和通道之间的反射引起的返回的光功率相对输入光功率的衰减。回波损耗的常用单位为 dB，回波损耗 $L_r$ 可以表示为

$$L_r = P_{in} - P_r \tag{1-39}$$

式中，$P_{in}$ 为输入光功率，单位为 dBm；$P_r$ 为返回的光功率，单位为 dBm。

回波损耗也是无源光器件的重要指标，回波损耗与光反射之间为负数关系。回波损耗越大，光反射信号越弱，对光源和系统的影响越小。通常用光回波损耗测试仪对回波损耗进行测量。光插入损耗测试仪和光回波损耗测试仪通常合二为一，称作光插入损耗和回波损耗测试仪。

### 4．光波长

光波长是指光波在传播过程中两个相邻的波峰或者两个相邻的波谷之间的长度，光波长的单位通常为 nm。针对不同类型的激光器，光波长的表示方法也不一样，分布式反馈激光器（distributed feedback laser，DFB laser）产生的光波长通常用峰值波长表示，峰值波长为整个光谱曲线上幅度最大点所对应的波长；法布里-珀罗（Fabry-Perot，FP）激光器和垂直腔面发射激光器（vertical cavity surface emitting laser，VCSEL）的光波长通常用中心波长表示。对于连续光谱，中心波长表示为

$$\lambda_0 = \frac{\int P(\lambda)\lambda \mathrm{d}\lambda}{\int P(\lambda)\mathrm{d}\lambda} \tag{1-40}$$

式中，$\lambda$ 为光源波长，单位为 nm；$P(\lambda)$ 为光源功率谱密度，单位为 mW/nm。

光波长是光通信系统中的重要参量，光波长不同的光在光纤中的折射率不同，传输损耗不同，传输带宽也不同。光纤的截止波长也决定了多模和单模传输特性。通常用光谱分析仪或光波长计对光波长进行测量。

### 5．光谱宽度

光谱宽度（简称谱宽）用于度量光谱或光谱特性的波长范围，谱宽的单位通常为 nm。针对不同类型的激光器，谱宽的表示方法也不一样。

均方根（RMS）谱宽：当用高斯函数 $P(\lambda)$ 来近似表示光源功率谱密度分布时，均方根谱宽表示为

$$\sigma_{\text{rms}}^2 = \frac{\int (\lambda - \lambda_0)^2 P(\lambda)\mathrm{d}\lambda}{\int P(\lambda)\mathrm{d}\lambda} \qquad （1\text{-}41）$$

式中，$\sigma_{\text{rms}}$ 为均方根谱宽，单位为 nm；$\lambda$ 为光源波长，单位为 nm；$\lambda_0$ 为光源中心波长，单位为 nm。

−3 dB 谱宽：光源输出光谱主纵模峰值波长的幅度下降一半处光谱线两点间的波长间隔，也称半峰全宽（full width at half-maximum，FWHM），单位为 nm。

−20 dB 谱宽：光源输出光谱主纵模峰值波长的幅度下降 20 dB 处光谱线两点间的波长间隔，单位为 nm。

### 6. 光纤色散

光纤色散是指在光纤中传输的光信号随着传输距离的增加，由于不同频率或不同模式的光的传输时延不同引起的光脉冲展宽的物理效应。光纤色散是影响系统传输容量和传输距离的主要因素之一。光纤色散的大小常用时延差表示，时延差是光脉冲中不同模式或不同波长传输同样距离时产生的时间差，单位为 ps。

光纤色散根据产生机理不同分为模式色散、材料色散、波导色散、光纤色度色散和偏振模色散等。模式色散是指同一波长下不同模式的光在光纤中的传播时延不同而产生的色散，多模光纤中以模式色散为主。单模光纤中不存在模式色散，主要包括材料色散、波导色散、光纤色度色散和偏振模色散等。材料色散是构成光纤的纤芯和包层材料的折射率（是和频率有关的函数）引起的。由于光纤波导特性，不同频率的光对应的光纤折射率不同，导致全反射角不同，因此不同频率的光的传输路径不同。这种由光纤波导特性引起的色散称为波导色散。光纤色度色散指光源中不同波长的分量在光纤中的群速度不同所引起的光脉冲展宽现象，光纤色度色散包括材料色散和波导色散。工程上通常用光纤色散测试仪来测试光纤色散系数、零色散波长、色散斜率等参数。由于实际光纤中的基模含有两个相互垂直的偏振模，在光沿光纤传播的过程中，光纤难免受到外部的作用，如温度和压力等因素的变化或扰动，使得两模式发生耦合，并且它们的传播速度也不尽相同，从而导致光脉冲展宽，产生偏振模色散，引起信号失真。工程上通常用偏振模色散测试仪来测试偏振模色散。

### 7. 偏振度

光束中偏振部分光的强度与整个光的强度之比叫作偏振度，用百分数表示，即

$$P = \frac{I_\text{p}}{I_\text{n} + I_\text{p}} \times 100\% \qquad （1\text{-}42）$$

式中，$I_p$ 为光束中偏振部分光的强度，单位为 cd；$I_n$ 为光束中自然光的强度，单位为 cd。

通常用偏振度测试仪对偏振度进行测试，偏振度大于或等于 0，小于或等于 1；偏振度越接近 1，表示光线的偏振化程度就越高，偏振度为 1 时即完全偏振。不论是在光纤通信领域还是在光纤传感领域，偏振度都是光源的一个重要指标。

### 8. 偏振消光比

偏振消光比（polarization extinction ratio，PER）是表征保偏光纤等光学元件的偏振保持能力的重要参数。线偏振光沿保偏光纤传输时，有部分能量从激发模耦合到与入射主轴正交的另一主轴上，形成耦合模。偏振消光比为光信号从保偏光纤等光学元件输出时，激发模与耦合模的功率比值，单位为 dB。偏振消光比表示为

$$PER = 10\lg\frac{P_{\max}}{P_{\min}} \tag{1-43}$$

式中，$P_{\max}$ 为主偏振分量方向探测到的光功率，单位为 mW；$P_{\min}$ 为与主偏振分量正交的方向探测到的光功率，单位为 mW。

偏振消光比测试仪是测量偏振消光比的重要仪器，广泛用于光纤激光器、光纤光栅、光纤传感器、光纤陀螺等。偏振消光比测试仪的组成结构主要包括可旋转的检偏器和光功率探测器。

### 9. 光信噪比

光信噪比（optical signal-to-noise ratio，OSNR）是指在光有效带宽为 0.1 nm 内，光信号功率和噪声功率的比值，单位为 dB。光信噪比表示为

$$OSNR = 10\lg\frac{P_i}{N_i} + 10\lg\frac{B_m}{B_r} \tag{1-44}$$

式中，$P_i$ 为第 $i$ 个通路内的信号功率，单位为 mW；$B_r$ 为参考光带宽，通常取 0.1 nm；$B_m$ 为等效噪声带宽，单位为 nm；$N_i$ 为等效噪声带宽 $B_m$ 范围内的噪声功率，单位为 mW。

光信噪比是光性能监测中的关键参数，直接反映光信号传输质量和性能；光信噪比在可重构的动态光网络中，在光网络资源配置、优化和预警等方面具有重要意义；光信噪比监测具有帮助光网络快速完成故障检测和定位，提高资源的分配和利用效率等优势。常见的带外监测技术包括线性插值法、基于可调的窄带滤波器法、阵列波导光栅法等；带内监测技术包括偏置归零法、延时干涉法、基于延时的采样法、高阶统计矩法、相干函数法等。通常用光谱分析仪测量光信噪比。

### 1.3.3 数据通信

**1. 物理层吞吐量**

吞吐量首先在 RFC 1242 国际标准中被提出和定义，是评估网络设备性能的首要指标，是指被测设备在不丢包的情况下，所能处理、转发的最大数据流量，通常单位有每秒处理报文（packets per second，PPS）/帧数量（frames per second，FPS）、每秒处理字节数量（bytes per second，Bps）、每秒处理比特数量（bits per second，bps）等。

RFC 2544 国际标准中典型的吞吐量测试方法为二分迭代查找。在进行测试时，测试仪表客户端接口按指定的初始速率，在指定的时间内匀速发送固定长度的报文穿过被测设备，测试仪表服务器端接口接收报文，发送时间结束后，如果服务器端接收的报文数量与客户端发送的报文数量相同，则无丢包，那么成倍提高发送速率（最大值为接口限速），反之则二分降低发送速率，直到前后两次二分迭代的速率差值小于固定阈值（比如接口限速的 1%）时停止迭代，测试结果就是最后一次无丢包的发送和接收速率。

以典型的以太网和单位 Byte/s 为例，物理层吞吐量计算公式为

物理层吞吐量=指定时间内发送或接收的报文总数×[帧前导码(7 Byte)+帧开始符(1 Byte)+帧长(字节长度，如最小报文长度为 64 Byte) +帧间隙(12 Byte)]×8/测试时间（单位为 s）

**2. 丢包率**

测试丢包率的目的是确定受测设备在不同的负载和帧长条件下的丢包率。在进行测试时，测试仪表客户端接口按指定速率，在指定的时间内匀速发送固定长度的报文穿过受测设备，发送时间结束后，按如下公式计算指定吞吐量时的丢包率。

丢包率=(发送报文数量−接收报文数量)×100%/发送报文数量

**3. 时延**

帧传输时延是指一个帧从源接口到目的接口的总传输时间，包括中间网络设备的处理、转发时间，以及在传输介质（双绞线或者光纤）上的传播时间。其原理是信息通信仪表发送帧时，会把时间戳 $T_1$ 带到报文载荷中，然后进行传输，仪表接收帧时，记录时间戳 $T_2$，那么差值$(T_2-T_1)$就是帧传输时延。所以测试仪表的时钟精度越高，时延测量就越精确。现代仪表的时延精度一般可以达到 25 ns 以下，但是实际测试过程中，一般报告单位是 μs。

RFC 2544 国际标准定义的时延测试，需要先按吞吐量的测试方法测试出各字节长度的吞吐量，然后在各吞吐量的范围内，测试仪表客户端接口在指定的时间内按指定速率（按测试需求定义，一般为吞吐量的 20%、50%、80%、100%）匀速发包，然后根据每个报文的时延，计算所有报文的平均时延、最小时延、最大

时延等。RFC 2544 国际标准要求这样的测试至少要重复 20 次，最后取 20 次的平均值。

时延的计算方法有下面 4 种，其中 FIFO 也被称为直通交换时延（cut-through latency），常用于测试交换机；LIFO 也被称为存储转发（store-and-forward）时延，常用于测试路由器和防火墙等网络设备。

（1）首位进首位出（first bit input and first bit output，FIFO）：报文的第一位进入受测设备输入端口与报文的第一位离开受测设备输出端口的时间间隔。

（2）首位进末位出（first bit input and last bit output，FILO）：报文的第一位进入受测设备输入端口与报文的最后一位离开受测设备输出端口的时间间隔。

（3）末位进首位出（last bit input and first bit output，LIFO）：报文的最后一位进入受测设备输入端口与报文的第一位离开受测设备输出端口的时间间隔。

（4）末位进末位出（last bit input and last bit output，LILO）：报文的最后一位进入受测设备输入端口与报文的最后一位离开受测设备输出端口的时间间隔。

**4. 背靠背**

背靠背（back-to-back）的测试目标是获取受测设备的缓冲区大小。典型的测试方法为二分迭代查找，报告单位为报文数量。在进行测试时，测试仪表客户端接口按最小的帧间隙（以太网标准规定最小帧间隙为 96 bit），连续发送指定数量的报文穿过受测设备，测试仪表服务器端接口接收报文，报文发送结束后，如果服务器端接收的报文数量与客户端发送的报文数量相同，则无丢包，那么成倍增加发送报文数量，反之则二分减少发送报文数量，直到前后两次二分迭代的报文数量差值小于固定阈值（比如 10 个报文）时停止迭代，测试结果就是最大可缓存的报文数量。RFC 2544 国际标准要求发送的时间不短于 2 s，并且建议重复 50 次取平均值。

**5. 网络层和应用层吞吐量**

网络层和应用层的吞吐量测试基于 RFC 2544 物理层吞吐量测试标准，是指被测设备在不丢包的情况下，所能处理、转发的最大网络层和应用层数据流量，单位通常也是每秒处理报文/帧数量、每秒处理字节数量、每秒处理比特数量等。在进行测试时，一般使用各个推荐帧长的用户数据报协议（user datagram protocol，UDP）报文进行二分迭代测试，测试结果为网络层和应用层吞吐量。计算网络层吞吐量时，计算长度只包括从互联网协议（internet protocol，IP）头部及其后载荷［UDP/传输控制协议（transmission control protocol，TCP）头部和载荷］的长度；计算应用层吞吐量时，计算长度只包括应用层载荷（UDP/TCP 载荷）长度，不包含 IP 和 UDP/TCP 头部长度。

（1）以典型的以太网 IPv4/IPv6 和 UDP（单位 Byte/s）为例，网络层吞吐量计算公式分别为

网络层吞吐量=指定时间内发送或接收的报文总数×[IPv4 头部长度(20 Byte)+UDP 头部长度(8 Byte)+UDP 载荷长度]×8/测试时间（单位为 s）

网络层吞吐量=指定时间内发送或接收的报文总数×[IPv6 头部长度(40 Byte)+UDP 头部长度(8 Byte)+UDP 载荷长度]×8/测试时间（单位为 s）

（2）以典型的以太网 UDP/TCP（单位 Byte/s）为例，应用层吞吐量计算公式为

应用层吞吐量=指定时间内发送或接收的报文总数×(UDP/TCP 载荷长度)×8/测试时间（单位为 s）

### 6. TCP/HTTP 并发连接数

测试 TCP/超文本传送协议（hypertext transfer protocol，HTTP）并发连接数的目的是获取受测设备支持的最大 TCP/HTTP 的并发连接数，因为 HTTP 是基于 TCP 连接的，所以一般使用 HTTP 测试并发连接数，测试结果既是最大 TCP 并发连接数，也是最大 HTTP 并发连接数。

在进行测试之前，首先根据受测设备能力或测试需求，指定此次测试的最大并发连接数。测试开始后，测试仪表客户端接口与服务器端接口通过三次握手建立所有的 TCP 连接。为了验证 TCP 连接是否正常和活跃，每个 TCP 连接都要使用 HTTP 1.1 持续发送 Get 请求并接收响应，如果每个 TCP 连接都新建成功，且 HTTP 请求都正常响应，就意味着受测设备能达到指定的并发连接数。如果有 TCP 连接新建失败、HTTP 请求超时、TCP 连接被动关闭等异常情况，说明受测设备达不到指定的并发连接数，则可以根据上一次的测试成功率，重新设置最大并发连接数，重新测试，直到新建连接的 HTTP 请求成功率达 100%为止。

### 7. TCP 新建连接速率

测试 TCP 新建连接速率的目的是获取受测设备新建 TCP 连接的最快速率，虚拟用户数量是其主要的调整参数，对应受测设备在完成 TCP 连接新建时合适的处理队列数。

在进行测试之前，应设置合适的虚拟用户数量。测试开始后，每个虚拟用户在测试仪表客户端接口上，向服务器端接口通过三次握手快速建立 TCP 连接，连接建立后，服务器立即发送 Reset 报文关闭连接，测试结束后，可以得出受测设备的最快 TCP 新建连接速率。调整虚拟用户数量，重新进行测试，得出最佳值。

### 8. HTTP 新建连接速率

测试 HTTP 新建连接速率的目的是获取受测设备新建 HTTP 连接的最快速率。虚拟用户数量是其重要的调整参数之一，对应受测设备在完成 TCP 和 HTTP 处理

流程时合适的处理队列数。此项测试与 TCP 新建连接速率测试的不同在于，建立 TCP 连接之后，需要发送一个 HTTP 请求并接收一个 HTTP 响应来验证 TCP 连接是否正常和活跃，所以 HTTP 响应的文件大小也是影响 HTTP 新建连接速率的重要参数。

在进行测试之前，应设置合适的虚拟用户数量和 HTTP 响应的文件大小。测试开始后，每个虚拟用户在测试仪表客户端接口上，向服务器端接口通过三次握手快速建立 TCP 连接，连接建立后，客户端使用 HTTP 1.1 发送一次 Get 请求，并接收 HTTP 响应，然后通过 Fin 或 Reset 报文关闭 TCP 连接，循环往复。客户端发送测试时间结束后，可以得出受测设备的最快 HTTP 新建连接速率。调整虚拟用户数量，重新进行测试，得出最佳值。

### 9. HTTP 请求速率

测试 HTTP 请求速率的目的是获取受测设备处理 HTTP 请求的最快速率，虚拟用户数量、HTTP 响应的文件大小、每条 TCP 连接完成 HTTP 请求和响应的次数等都是其重要的调整参数。在每条 TCP 连接仅完成一次 HTTP 请求和响应时，此项测试与 HTTP 新建连接速率测试相同。在每条 TCP 连接持续进行 HTTP 请求和大文件响应时，可做吞吐量测试。

在进行测试之前，应设置合适的虚拟用户数量、HTTP 响应的文件大小、每条连接完成请求的次数等。测试开始后，每个虚拟用户在测试仪表客户端接口上，向服务器端接口通过三次握手快速建立 TCP 连接，连接建立后，客户端使用 HTTP 1.1 发送指定次数的 Get 请求，并接收 HTTP 响应，然后通过 Fin 或 Reset 报文关闭 TCP 连接，循环往复。客户端发送测试时间结束后，可以得出受测设备处理 HTTP 请求的最快速率。调整虚拟用户数量，重新进行测试，得出最佳值。

# 参考文献

[1] 张睿, 周峰, 郭隆庆. 无线通信仪表与测试应用[M]. 3 版. 北京: 人民邮电出版社, 2018.

[2] 张颖艳, 岳蕾, 傅栋博, 等. 光通信仪表与测试应用[M]. 北京: 人民邮电出版社, 2012.

# 第 2 章　信号发生器

## 2.1　信号和信号发生器

    信号是运载消息的工具，是消息的载体，通常包括光信号、声信号、电信号等。例如，人们在马路上遇见红绿灯，知道红灯停、绿灯行，这就属于一种光信号；下课铃声响了，同学们听到声音就知道下课时间到了，这属于声信号；生活中常需要用到的 Wi-Fi 信号、电话线中传播的信号都属于电信号。人们通过光信号、声信号、电信号等才能得到指示或信息。

    在无线通信测试中，我们常需要用到电信号，其可以通过幅度、频率、相位等的变化来表示不同的信息。电信号又可分为模拟信号和数字信号，如图 2-1 和图 2-2 所示。模拟信号将连续变化的物理信号（比如说话的声波）直接转换为电信号的连续变化，而数字信号是不连续的、离散的信号。模拟信号和数字信号之间是可以进行转换的。例如，模拟信号经过采样、量化、编码即可转换为数字信号。

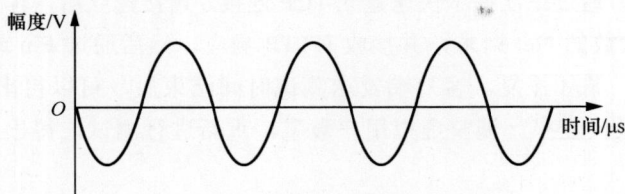

**图 2-1　模拟信号**

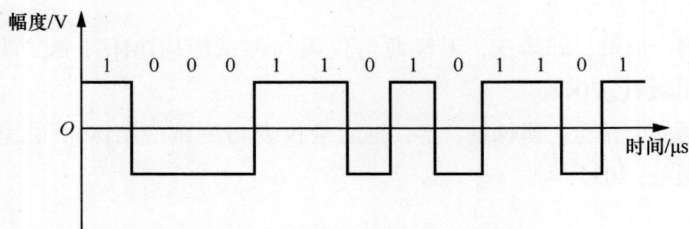

**图 2-2　数字信号**

    一个完整的测试系统一般包括 3 部分：激励源、被测件和采集仪器。例如，工程师在研发、测试或调试电路及设备时，为测定电路的一些电参量，如频率响应、噪声系数等，都要求提供符合技术条件的电信号，此时就需要信号发生器来发出电信号，模拟在实际工作中待测设备（device under test，DUT）的激励信号。

信号发生器也被称为信号源，用于产生具有一定特性的电信号，是无线测量和测试中常用的仪表。信号发生器可以分为函数/任意波形发生器（arbitrary waveform generator，AWG）、模拟信号发生器和矢量信号发生器等。其中，函数/任意波形发生器主要用于产生通信中的基带信号和各种电气信号；模拟信号发生器主要用于生成连续波，模拟调幅、调频、调相等信号；矢量信号发生器能够生成各种数字调制信号，如无线通信中常用的四相移相键控（quaternary phase-shift keying，QPSK）信号、正交振幅调制（quadrature amplitude modulation，QAM）信号等，较先进的矢量信号发生器能产生符合无线通信协议要求的信号。随着现代信号发生技术的进步和仪器的多功能集成化，各类型的信号发生器有融合发展的趋势。

本章所述中，凡是产生测试电信号的仪器，都可以称作信号发生器。现代信号发生器大多基于数字技术，许多信号发生器既可以输出模拟信号又可以输出数字信号，但是在专业测试方案中，往往都使用专门的信号发生器，因此分成了许多类型及版本，大致包括基带信号发生器、任意波形发生器、模拟信号发生器和矢量信号发生器等。

在有的工程场合，对信号发生器会有更多类型的细分，表 2-1 所示为几种常见的信号发生器及其特点和应用。

表 2-1　几种常见的信号发生器及其特点和应用

| 类型 | 特点 | 应用 |
|---|---|---|
| 模拟信号发生器 | 产生从基带到射频范围的载波信号及其模拟调制信号 | 射频或微波设计验证 |
| 矢量信号发生器 | 能够进行复杂的 QAM，采用内置正交调制器来生成复杂的调制制式矢量信号 | 各类移动通信、GNSS（全球导航卫星系统）、雷达、数字广播电视等的测试 |
| 函数发生器 | 产生多种低频函数波形，功能较为单一 | 通用电气和电子测试 |
| 脉冲发生器 | 强调脉冲信号产生能力，其码型信号产生能力弱于数据发生器，产生的信号频率较高，高的可达几吉赫兹 | 测试线性系统的瞬态响应，测试脉冲数字系统性能 |
| 高压快沿脉冲发生器 | 100 V～10 kV 甚至更高输出电压，上升沿达到 100 ps 量级 | 电磁效应模拟、金属表面处理、污染治理、激光应用、半导体加工测试等 |
| 任意波形发生器 | 可变采样率，可数字化编辑波形 | 仿真实际电路中需要的任意波形 |
| 数据发生器 | 产生通信码型信号 | 产生通信系统的码型信号，用于通信误码分析 |

## 2.1.1　基带信号发生器和任意波形发生器

基带信号发生器（baseband signal generator，BSG）的主要作用是产生基带调制信号，如幅移键控（amplitude-shift keying，ASK）信号、相移键控（phase-shift keying，PSK）信号、频移键控（frequency-shift keying，FSK）信号、QAM 信号等。此外，基带信号发生器还被广泛用作矢量信号发生器中的基带发生单元。为什么要对基带信号进行调制之后再发射？通常原始电信号具有频率很低的频谱分量，由于频谱划分和天线有效收发两方面的原因，不能直接在信道中进行传输，因此需要将原始电信号转换成适合信道传输的信号，再进行传输；通过调制信号可以对多个基带信号进行频谱搬移，从而实现高效的频谱利用，传输数据量更大。扩频调制也可以扩展无线通信信号的带宽，提高抗干扰和抗衰落的能力。

首先介绍 3 种基本的数字调制方式，即 ASK、PSK、FSK。数字信号对载波信号的振幅调制称为 ASK。载波信号幅度是随着调制信号而变化的。调制信号为二进制数字信号时（即二进制数字调制时），载波在二进制调制信号控制下通断，可称为通断键控（on-off keying，OOK）或开关键控。在 2ASK 调制中，需要载波信号幅度的两个电平表示 2 个不同的符号，即 0 和 1；在 4ASK 调制中，需要载波信号幅度的 4 个电平表示 4 个不同的符号，即 00、01、10、11。进制越大，相同频带内可以传输的数据就越多，频带利用率越高。

数字信号对载波信号的相位偏移调制称为 PSK。在二进制相移键控（binary phase-shift keying，BPSK）中，载波的相位随调制信号 1 或 0 而改变，通常 1 和 0 代表的相位差为 180°。PSK 又可称 M-PSK 或 MPSK，M 代表传送信号的符号类型数量。目前，PSK 有 BPSK、QPSK、16PSK、64PSK 等，常用的是 QPSK。

用数字信号去调制载波的频率称为 FSK。在二进制频移键控（2FSK）中，载波频率随调制信号 1 或 0 跳变，1 对应载波频率 $f_1$，0 对应载波频率 $f_0$。在任意波形发生器中只有一个载波频率的概念，因此另一个载波频率被称为"跳频"。跳频信号抗噪声与抗衰减的性能较好，在中低速数据传输中得到广泛应用。常用的数字调制信号波形如图 2-3 所示。

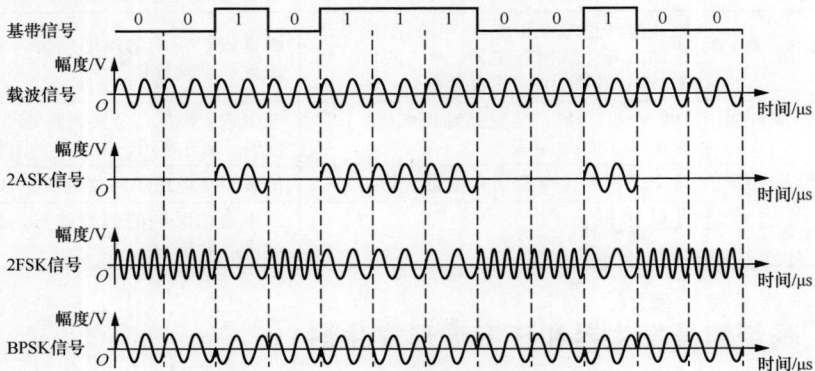

图 2-3　常用的数字调制信号波形

用两路独立的基带信号对频率相同、相位正交的两个载波幅度进行调幅称为 QAM，与 3 种基本数字调制方式不同的是，QAM 有更多的符号，每个符号有对应的相位和振幅。一般有二进制（4QAM）、四进制（16QAM）、八进制（64QAM）等。此外，32QAM（32 符号正交调幅）、π/4 DQPSK（四相差分相移键控）、MSK（最小偏移键控）等调制方式也比较常用。通信系统中通常将数字信号表示在复平面上，该复平面称为 IQ 平面，以直观表示信号以及信号之间的关系，称为星座图。星座图是目前数字调制中的一个基本概念，学过通信原理或者数字通信知识的读者应该知道，要将数字信号发送出去，一般不会直接发送 0 或者 1，而是先将 0, 1 信号（1 bit）按照一个或者几个组成一组，比如每 2 bit 组成一组，即有 00, 01, 10, 11，总共 4 种状态；如果每 3 bit 组成一组则有 8 种状态，以此类推。选择 4QAM（对应前面 00,…,11 的 4 种状态）时，4QAM 的 4 个点组成一幅 4QAM 的星座图，每个点与相邻的点相差 90°（幅度是相同的），一个星座点对应一个调制符号，这样每发送一个调制符号，其信息量是发送 1 bit 的两倍，从而提高传输速率。因此，星座图的作用主要是在调制时进行符号映射，而在接收时判断发送的到底是哪个符号点，从而正确解调数据。常见的星座图如图 2-4 所示。

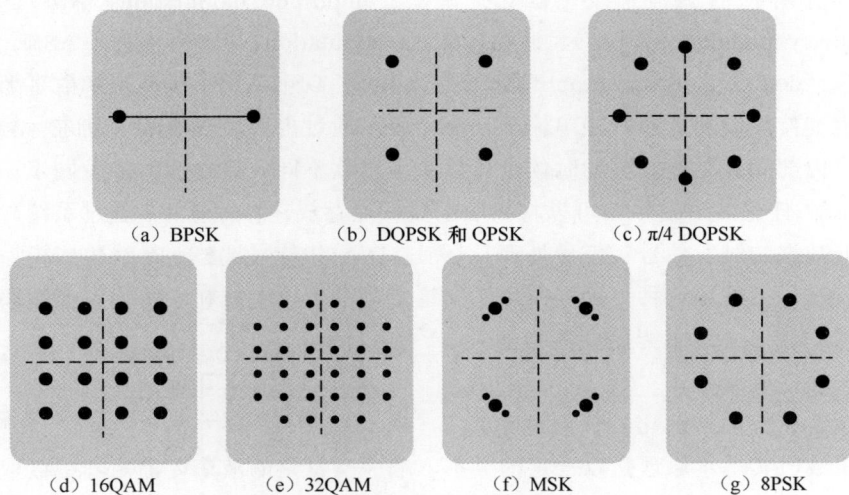

（a）BPSK　　　（b）DQPSK 和 QPSK　　　（c）π/4 DQPSK

（d）16QAM　　　（e）32QAM　　　（f）MSK　　　（g）8PSK

图 2-4　常见的星座图

基带信号是信息传输和处理的载体，基带信号既可以由基带信号发生器产生，又可以由任意波形发生器产生，还可以由矢量信号发生器内部的基带发生单元产生。基带信号发生器中，数字方式的应用非常广泛。

在研发、生产电子产品时，其电路中会存在各种干扰和响应，包括各式各样的信号缺陷和瞬变，如过脉冲、尖峰、突变、阻尼瞬变等，如果在电路设计中不考虑这些，很有可能会带来不良影响。

通常认为信号源主要给被测电路提供所需要的已知的各种波形信号，而实际上，信号源测试中，更多时候会根据工程师的要求，仿真各种测试信号来测试 DUT。

旧式的函数发生器采用模拟的方法，只能产生正弦波、三角波、方波等几种有限的波形信号，且受模拟电路温度漂移、老化等特性影响，输出信号的频率精度低，不稳定。目前，主流的任意波形发生器具备函数发生器的所有功能，可以产生正弦波、方波、三角波等基本波形信号。除此之外，任意波形发生器还可以产生模拟和数字调制信号，支持线性/对数扫频信号和脉冲串的输出。

任意波形发生器有多种应用方式。在产品的调试阶段，工程师需要测试产品的各项参数，检验产品是否符合相关的出厂标准。在这个过程中，任意波形发生器需要发出标准规定的信号，通过测量并记录 DUT 的响应，将测量结果与标准规定的指标进行对照，并且得出测试结论。另外，对于新开发的模块电路，需要使用任意波形发生器通过测试来确定电路的线性度和单调性等指标。在部分测试项中，任意波形发生器需要在其提供的信号中增加已知的、数量和波形可重复的失真或损伤，通过控制失真或损伤相关的参数即可对 DUT 进行极限/余量测试。

部分函数/任意波形发生器支持调幅（amplitude modulation，AM）、调频（frequency modulation，FM）、调相（phase modulation，PM）、FSK、ASK、双边带调幅（double sideband amplitude modulation，DSB-AM）等模拟和数字调制功能，也支持扫频功能和脉冲串输出功能，可以通过内部、外部和手动进行触发。当选择内部和手动触发源的时候，可以实现多款不同仪器之间的触发同步。部分系列函数/任意波形发生器可以将离散的数据点存放在存储器中，通过系统时钟产生读取数据的触发信号（信号处理），经过 D/A 和信号调整，最终生成模拟波形（信号输出）。使用这种"采样原理"理论上几乎可以生成和编辑任意类型和参数的波形。图 2-5 所示为简化的数字化任意波形生成流程。

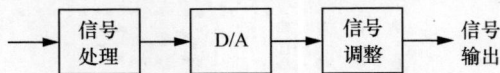

**图 2-5 简化的数字化任意波形生成流程**

图 2-6 所示为细化的任意波形发生器组成，其基本原理是以一定的频率、顺序从特定的波形存储矩阵中读取幅度数据，形成波形的数字序列，然后通过 DAC 将数字序列转换为模拟波形。一般来说，波形存储矩阵中的序列是可以通过软件方式自定义的；采样时钟发生器的频率也是可调的；有一些任意波形发生器的采样频率连续可调，有一些只能被设置为主时钟频率的若干倍。

如果任意波形发生器以采样频率 $f_s$ 去采样频率为 $f_o$ 的正弦信号数字序列，则输出的时域波形及其对应的频谱分别如图 2-7 和图 2-8 所示。其中，$A$ 为幅度，$t$ 为时间。

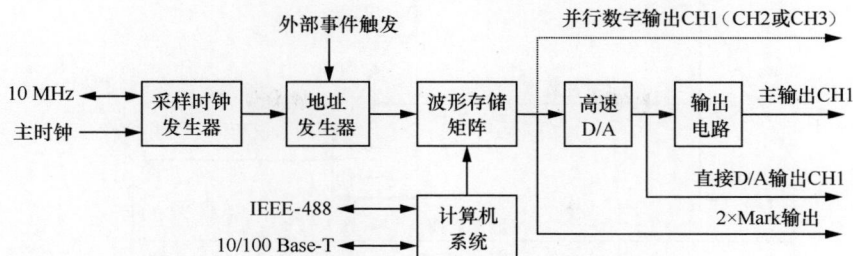

图 2-6　细化的任意波形发生器组成

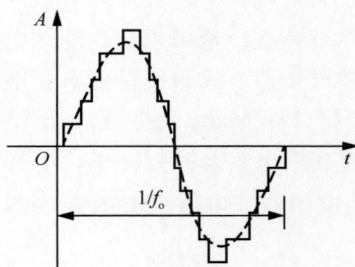

图 2-7　时域波形

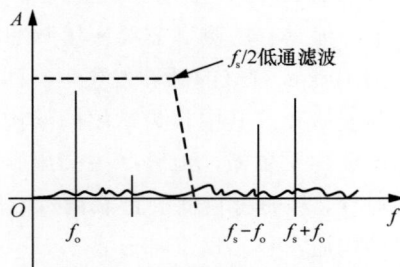

图 2-8　时域波形对应的频谱

$f_s$ 和 $f_o$ 的比值越大，谐波越小；DAC 的等效位越高，宽带杂散越少。在 $f_s$ 和 $f_o$ 的比值接近 $3:1$ 的情况下，谐波已经相当可观，所以必须使用图 2-8 所示的 $f_s/2$ 低通滤波以滤除谐波，获得一个较纯净的频率分量。

就时域波形而言，任意波形发生器的 DAC 输出信号主要包含 $f_o$、$(nf_s \pm f_o)$（$n$ 是自然数）的谐波频率分量，并且有宽带杂散。和谐波有关的频率分量可以使用式（2-1）粗略计算。其中，$\delta(t)$ 为冲激函数，$f$ 是频谱坐标。

$$F_H(f) = \frac{f_s e^{\frac{-j\pi f}{f_s}} \sin\left(\frac{\pi f}{f_s}\right)}{\pi f} \times \left\{ \delta(f - f_o) + \sum_{n=1}^{\infty} \delta[f - (nf_s + f_o)] + \delta[f - (nf_s - f_o)] \right\} \quad (2\text{-}1)$$

除了正弦连续波信号，任意波形发生器产生的脉冲信号在测试中也有广泛应用。对脉冲信号而言，边沿转换时间是一个非常重要的指标，边沿转换时间也称为上升时间和下降时间，该指标在方波脉冲上非常明显。边沿转换时间是指电平变化量从 10% 转换到 90% 所需要的时间，有时也采用从 20% 转换到 80% 所需的时间。在现代数字电路中，边沿转换时间通常只有几纳秒甚至更短。该指标主要是由 DAC 的性能决定的。在高速数字系统中，如果边沿转换时间和脉冲宽度（pulse width）接近，则信号波形将发生紊乱。图 2-9 展示了脉冲信号边沿转换时间指标。

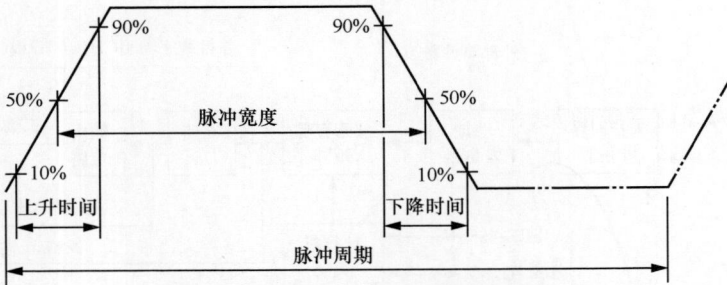

图 2-9　脉冲信号边沿转换时间指标

传统的 DAC 产生的最大脉冲幅度一般为 10 V 左右，上升沿一般是 500 ps 或者以上。但是有的测试需要应用脉冲幅度为 100 V～10 kV，甚至更高，并且上升沿达到 100 ps 量级的脉冲发生器，即高压快沿脉冲发生器。我国已经有多家单位对此开展研究，其中较为常用的架构是 Marx 源架构（即 Marx 发生器）。这是一种电压脉冲发生器，能够产生高压脉冲。这种装置利用电容器并行充电、串行放电的原理，从而将较低的直流输入电压转换为高幅度的脉冲电压。Marx 发生器的基本结构通常包括以下部分。

（1）电容器：Marx 发生器的主要组成部分，它们并行连接以在低压下充电。

（2）开关：每个电容器通过开关与其他电容器串联。这些开关一开始是打开的，并在触发时关闭，使电容器能串行放电。

（3）触发装置：用于控制开关的关闭时机，以确保电容器串行放电。

（4）电阻器：在电路中，电阻器被用来限制电流，以防止器件损坏。

在操作时，所有电容器在并联状态下充电。当需要产生高压脉冲时，触发装置按顺序关闭各个开关，使电容器串行放电。这种架构是由物理学家埃尔温·奥托·马克斯（Erwin Otto Marx）提出的，故称为"Marx 源架构"。Marx 源架构在高场强电磁效应模拟方面有重要用途，也可用于金属表面处理、污染治理、激光应用、半导体加工测试等。由 Marx 源架构可知，其输出波形参数可调的自由度不大，而应用场景又差别很大，故市面上缺乏通用的仪表型号，主要以针对某项应用的定制开发为主，后面会介绍典型生产企业。

任何周期性的信号都可以表示为不同频率的正弦波信号之和。正弦波（周期为 $T$）的振幅通常由其峰值电压 $V_{Peak}$、峰峰值电压 $V_{Pk-Pk}$ 或均方根值 $V_{RMS}$ 来指定，如图 2-10 所示。测量这些值时都假定波形的偏移电压为零。

波形的峰值电压 $V_{Peak}$ 是波形中所有点的最大绝对值，峰峰值电压 $V_{Pk-Pk}$ 是最大值和最小值之差。均方根值电压 $V_{RMS}$ 是通过以下计算方式得到的：将波形中每个点的电压的平方相加，然后用总和除以点数，再求出商的平方根。波形的均方根值也可计算信号在一个周期的平均功率 $P$，即

$$P = \frac{V_{\text{RMS}}^2}{R_{\text{L}}} \qquad\qquad (2\text{-}2)$$

式中，$R_{\text{L}}$ 为当前系统的负载阻值。

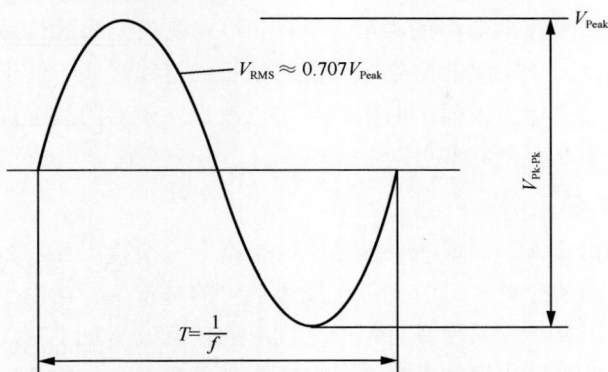

**图 2-10　一个周期正弦波信号的多种振幅表示方式**

波峰因数是信号幅度峰值与其均方根值之比，由于波形的不同，波峰因数会有所不同。表 2-2 列出了常见的波形及其均方根值。

**表 2-2　常见的波形及其均方根值**

| 波形 | 峰值 $V_{\text{Peak}}$ | 均方根 $V_{\text{RMS}}$ | | 功率/W |
|---|---|---|---|---|
| 正弦波 | | | $\dfrac{V}{\sqrt{2}}$ | |
| 方波 | | | $V$ | $P = \dfrac{V_{\text{RMS}}^2}{R_{\text{L}}}$ |
| 三角波 | | | $\dfrac{V}{\sqrt{3}}$ | |

在任意波形发生器的选择中，以下指标是较为关键的。

**1．每样值分辨率**

就图 2-6 所示而言，每样值分辨率指标指波形数据和 D/A 的二进制位数。如某任意波形发生器的每样值分辨率为 14 bit，则 DAC 是 14 bit 的。该指标越高，说明波形量化越细腻，因量化产生的杂散频谱分量越少。该指标决定了任意波形发生器能够输出的幅度分辨率，以及量化噪声。对于 DAC 来说，其量化噪声决定的信噪比为

$$\text{SNR} = (6.02b + 1.76)\text{dB} \qquad\qquad (2\text{-}3)$$

式中，$b$ 为 DAC 的位数。

可见，位数越大，量化噪声带来的信噪比越高，位数每增加 1 bit，信噪比就提高约 6 dB。

**2．波形深度**

波形深度指波形存储器中的样值点数（pts）。现代无线通信系统中很多信号都是非周期性的，一个完整的信号序列需要较长的持续时间。波形深度越大，生成长时间复杂信号的能力越强。例如，某任意波形发生器的波形深度是 8 Mpts，则说明最多存储 800 万个数据点。

**3．最高采样率**

最高采样率指 DAC 的最高采样速率，根据奈奎斯特定理，该指标越大，则能够产生频率越高的分量。对于宽带无线通信中的基带信号，由于其码片速率较高，对应带宽大，就必须采用具有相应采样率的任意波形发生器。需要特别指出的是，一般任意波形发生器的采样率可以在最高采样率允许的范围内设置，在目标信号和现有任意波形发生器硬件配置一定的情况下，并非将采样率设置得越高越好，因为存在以下约束关系。

$$采样率×波形定义时间=波形深度 \tag{2-4}$$

在波形深度一定的情况下，采样率越高，则波形定义时间越短。波形定义时间短则有可能不足以完整地描述信号，所以设置采样率必须折中考虑。

**4．总谐波失真**

由于任意波形发生器的结构特点，谐波的产生是不可避免的，故必须使用滤波器，即使如此，谐波仍然残存。总谐波失真（total harmonic distortion，THD）被定义为所有谐波分量和基波分量的功率比值。例如，某任意波形发生器的总谐波失真是 0.04%，说明谐波分量功率总和是基波分量功率总和的 0.04%。

**5．时钟精度**

时钟精度又称为时基精度，是信号源产品最重要的指标之一，它决定了信号源输出频率与理想频率之间的误差，由信号源采用的时钟振荡器的精度决定。例如，某任意波形发生器标称的出厂时钟精度为 $2×10^{-6}$，则意味着输出频率和理想频率之间的误差小于百万分之二。另外，时钟精度指标是会随时间的推移而恶化的，称为老化率。一般有第一年老化率和 10 年老化率指标。如果一款任意波形发生器标称的出厂时钟精度为 $2×10^{-6}$，第一年老化率为 $1×10^{-6}$，则出厂之后一年内能保证的时钟精度为 $3×10^{-6}$。

**6．垂直精度**

垂直精度指特定频率下输出信号幅度的精度，包括增益误差和直流偏置误差两部分，一般用±($x$%+$y$)的形式来表示，其中 $x$%表示增益误差的相对值，$y$ 表示直流偏置误差的绝对值。例如，某任意波形发生器的垂直精度为±(1%+1 mV)，表示它的输出增益误差在 1%以内，直流偏置误差在 1 mV 以内。对于 100 mV 幅度的输出，其最大误差的绝对值为 100 mV×1%+1 mV=2 mV；对于 0 V 的直流输出，其最大误差的绝对值为 0×1%+1 mV=1 mV。

**7．幅度平坦度**

幅度平坦度即频率响应，与示波器的频率响应指标定义是一致的。不同的是，信号源会针对单音信号做专门的校正和补偿，因此对单音信号来说，幅度平坦度可以做到比较好的精度。这也可以解释，为什么用正弦波测试和用高斯白噪声测试得到的信号源频率响应是不一样的。

**8．输出阻抗**

输出阻抗为信号源的内阻。因为信号源一般采用特征阻抗为 50 Ω 的同轴电缆与外部连接，所以输出阻抗一般取值为 50 Ω，以达到阻抗匹配的目的。

## 2.1.2　模拟信号发生器和连续波信号

射频表示可以辐射到空间的电磁频率，频率范围为 300 kHz～300 GHz，对于有些在这个频率范围以外但靠近这个频率范围的信号发生器，工程上为了方便也可以统称"模拟信号发生器"。模拟信号发生器主要用来生成连续波信号、AM 信号、FM 信号、PM 信号和部分脉冲调制信号等，不具备数字矢量调制功能。也许有的读者会产生这样的疑问：既然多功能矢量信号发生器既可以产生基带信号，还可以产生连续波信号和矢量调制信号，那么模拟信号发生器还有什么意义？"专用"往往意味着"精良"，模拟信号发生器尽管功能相对简单，但是与矢量信号发生器相比，它往往能够提供电平和频率更加精确、稳定的模拟信号，另外其成本一般更低。

接下来分析模拟信号发生器的技术指标。就信号发生器而言，功率、频率是非常基本的参量，在无线通信测试中，这些参量是其他复杂参量的基础，要保证信号发生器参量的准确性，选择高质量的仪表、建立严格的仪表计量管理制度是必要的。下面介绍主要指标。

**1．有关功率/幅度特性的指标**

最大输出功率：信号发生器能提供给额定负载阻抗的最大功率。

输出功率范围：在给定频段内可以获得的可调功率范围。

功率（或电平）准确度和稳定度：准确度是指信号发生器功率设置值和实际功率值的一致性，一般用两者的差值表征；稳定度是指信号源的输出功率随时间变化的特性。在无线通信测试中，一旦功率随时间发生显著变化，将影响测试结果的一致性。

功率平坦度：在某一指定输出功率条件下输出信号的实际输出功率值随频率的相对起伏值。

功率电平转换时间：从电平开始变化起，到电平接近新选定的额定值并且保持在所规定的误差范围内的时间间隔。

输出功率分辨力：在给定输出功率范围内能够得到并重复产生的最小功率变化量。

输出电平稳定度：输出电平随温度、负载、电源电压等条件变化而变化的程度。

输出阻抗：在信号发生器输出端往里看所呈现的阻抗。

源电压驻波比：信号发生器由于外接负载特性而引起的射频输出端口驻波电压最大值和驻波电压最小值之比，它反映了信号发生器输出阻抗偏离标称阻抗的程度。

稳幅模式：微波信号发生器中稳幅环路的工作模式，有内稳幅、外稳幅、功率计稳幅和源模块稳幅等几种。内稳幅是指采用内置功率传感器作为稳幅环路的反馈检测器件的工作模式。外稳幅是指采用外置功率传感器作为稳幅环路的反馈检测器件的工作模式。功率计稳幅是指采用外置功率计作为稳幅环路的反馈检测器件的工作模式。源模块稳幅是指采用外置倍频源模块中的功率传感器作为稳幅环路的反馈检测器件的工作模式。

**2. 频率的准确性和稳定性**

频率的准确性和稳定性取决于内部时基，频率的不稳定性体现在随时间、电源稳定度、温度变化等的变化。例如，$f_{cw}$（连续波频率）=1 GHz，$\tau_{aging}$（漂移率）= $0.1×10^{-6}$/年，校准间隔为 1 年，则精度（最差情况下）=连续波频率×漂移率×校准间隔=$(1×10^9 \text{ Hz})×(0.1×10^{-6})×1$=100 Hz。

**3. 频谱纯度**

除了功率和频率的准确性，频谱纯度也值得关注。影响频谱纯度的非理想因素包括单边带相位噪声（SSB phase noise）、谐波寄生、分谐波寄生、非谐波寄生、剩余调频等，如图 2-11 所示。

频谱纯度是衡量输出信号频率稳定性的一项非常重要的指标，它主要是因为有非随机或确定的信号、不确定的信号、噪声（包括散粒噪声和 $1/f$ 噪声）被调制到载波上产生的。调制的途径有幅度调制和相位调制两种。

有关信号发生器频谱纯度的指标主要如下。

谐波：频率为基波频率整数倍的正弦波。

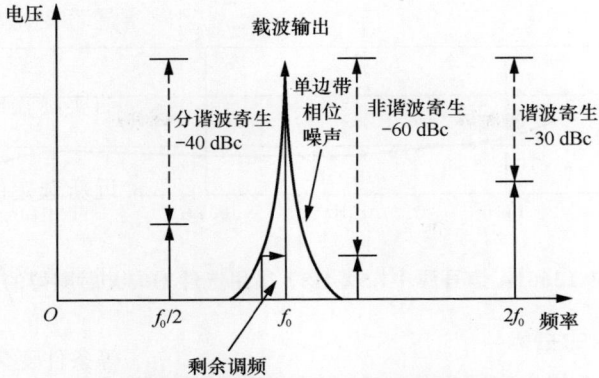

图 2-11 影响频谱纯度的非理想因素

分谐波：频率为基波频率整分数（比如 1/2、1/3）的正弦波。

非谐波：频率不等于基波频率整分数或整数倍的正弦波。

载波的相对谐波含量：一个或一组谐波输出信号的有效值（或功率值）与载波基波有效值（或功率值）之比，用百分数或低于载波功率的分贝数表示。

载波的相对分谐波含量：规定的分谐波输出信号的有效值（或功率值）与载波基波有效值（或功率值）之比，用低于载波功率的分贝数表示。

剩余调频：信号发生器输出的无调制连续波信号在规定带宽内的等效调频频偏。

单边带相位噪声：随机噪声对载波信号的调相产生的连续谱边带，用距离载波某一频偏处单边带中单位带宽内的噪声功率对载波功率的比值表示。

在无线通信测试中，可以通过滤波等技术手段对谐波等因素进行限制。下面重点介绍相位噪声指标。

一个理想的连续波信号的表达式为

$$C(t)=\cos 2\pi f_c t \tag{2-5}$$

式中，$f_c$ 为载波频率；$t$ 为时间。但是由于存在相位噪声，因此有

$$C(t)=\cos[2\pi f_c t+\theta(t)] \tag{2-6}$$

式中，$\theta(t)$ 为一个随机变量。从时域上看，$\theta(t)$ 表现为抖动；从频域上看，$\theta(t)$ 表现为相位噪声。相位噪声不同于宽带白噪声，从频谱上看，距离载波越近，相位噪声的功率谱密度越大，所以滤波对于消除相位噪声的效果不明显。相位噪声太大，意味着引入了新的干扰。

图 2-12 所示为创远信科（上海）技术股份有限公司（简称创远信科）T3661A 信号源（7.5 GHz）采用选件 H03A 后测得的单边带相位噪声。

一般来说，随着频率提高，相位噪声有增加的趋势。这主要是由于在频率合成技术中，高频段使用了倍频器等非线性器件，引入了新的相位噪声。

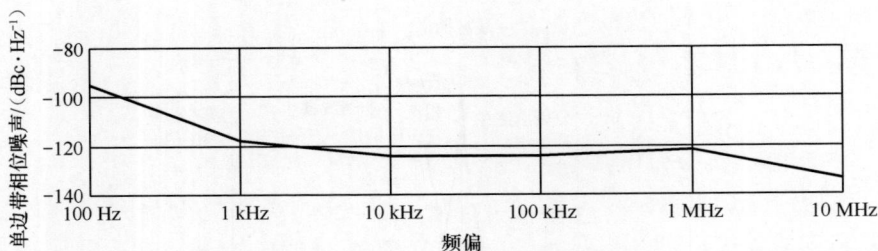

图 2-12　创远信科 T3661A 信号源（7.5 GHz）采用选件 H03A 后测得的单边带相位噪声

#### 4．模拟调制的指标

即使在无线通信高度数字化的今天，在无线通信测试中，AM 信号、FM 信号、PM 信号等模拟信号应用仍然广泛，如在电磁兼容测试中，AM 信号就被较多使用。因此，模拟信号发生器一般具备 AM、FM、PM 等功能。和这些调制相关的参量包括调幅频率、调幅深度、调频频率、最大调频频偏、调相频率、相位偏移等。下面介绍几种模拟调制。

（1）调幅

调幅是按照给定的规律，改变载波幅度的过程。调幅信号波形如图 2-13 所示。调幅的主要技术参数如下。

调幅带宽：在给定调幅误差容限的情况下调制信号的频率范围。

调幅深度：调幅信号最大和最小幅度之差的一半与这些幅度平均值之比。

调幅频响：在给定调幅深度的情况下，在调制信号的频率范围内实际调幅深度随调制信号频率的相对起伏。

调幅失真：理想解调后的调幅信号相对调制前调幅信号的波形变化。

调幅准确度：调幅深度指示值和相应的真值的接近程度。

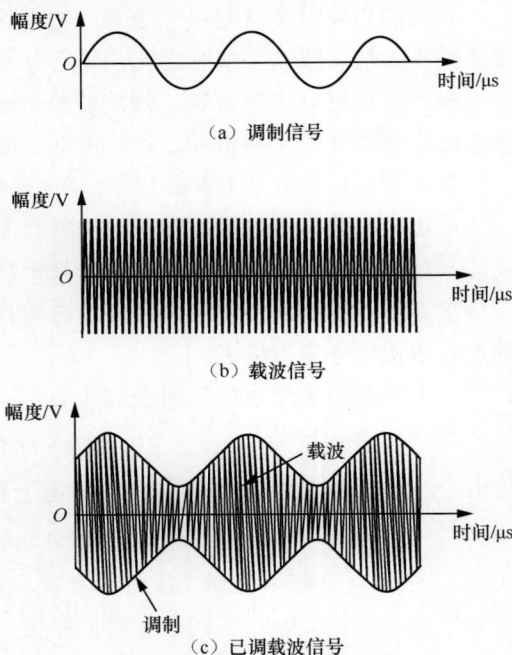

（a）调制信号

（b）载波信号

（c）已调载波信号

图 2-13　调幅信号波形

特别地，对于 AM 信号，还有一个容易被忽略的指标：调幅的伴随调相（incidental phase modulation）。下面介绍该指标。一个理想的载波频率为 $f_c$、调幅频率为 $f_a$、调幅深度为 $D$ 的 AM 信号的表达式为

$$S(t) = (1 + D\cos 2\pi f_a t)\cos 2\pi f_c t \tag{2-7}$$

　　但是实际上由于调幅器件的不理想，在调幅的时候往往伴随调相，实际发射的调幅信号表达式为

$$S(t) = (1 + D\cos 2\pi f_a t)\cos(2\pi f_c t + \beta\cos 2\pi f_a t + \psi) \qquad (2\text{-}8)$$

式中，$\Psi$ 为相位差；$\beta$ 为伴随调相指数，是衡量 AM 信号纯度的一个重要指标。

　　从频谱上看，式（2-8）所示的信号不是理想的"载波+两个边带连续波分量"形式，而是存在大量调相产生的谐波分量。在对调幅信号频谱纯度要求高的测试场合，应当选择伴随调相较小的 AM 信号发生器。传统上对伴随调相的测量是比较困难的，为了解决这一问题，笔者提出了基于正交矢量解调的测量技术，可以用简单、明确的方法测量伴随调相。

　　（2）调频

　　调频是按照给定的规律，改变载波频率的过程。调频信号波形如图 2-14 所示。其中，横轴 $t$ 指时间（μs），纵轴 $A$ 指幅度（V）。

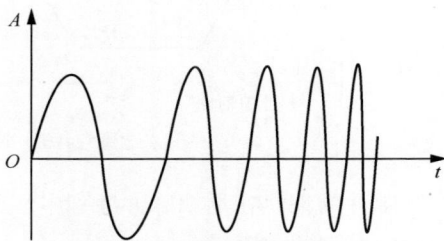

　　调频的主要技术参数如下。

　　最大调频频偏：已调载波频率相对未调制载波频率的最大偏移量。

**图 2-14　调频信号波形**

　　调频失真：理想解调后的调频信号相对调制前的调频信号的波形变化。

　　调频带宽：在给定调频频偏误差容限的情况下调制信号的带宽范围。

　　调制频偏准确度：调频频偏指示值和相应的真值的接近程度。

　　调频频偏灵敏度：调制信号强度的单位变化引起的调频频偏的变化量。

　　（3）调相

　　调相是按照给定的规律，改变载波信号相位的过程。与调相有关的技术参数如下。

　　最大相位偏移：已调载波相位相对未调制载波相位的最大偏移量。

　　调相失真：理想解调后的调相信号相对调制前的调相信号的波形变化。

　　调相带宽：在给定调相相偏误差容限的情况下调制信号的带宽范围。

　　调相相偏准确度：调相相偏指示值和相应的真值的接近程度。

　　调相相偏灵敏度：调制信号强度的单位变化引起的调相相偏的变化量。

　　（4）脉冲调制

　　脉冲调制：按给定规律，载波在未调制电平和零电平之间重复接通和断开，而形成随脉冲变化的射频脉冲信号的过程。脉冲调制信号波形如图 2-15 所示。

　　与脉冲调制有关的技术参数如下。

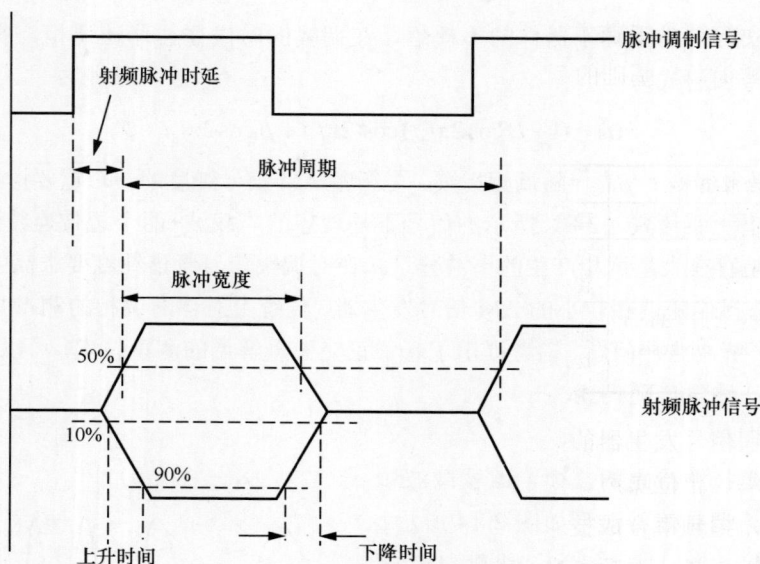

**图 2-15　脉冲调制信号波形**

脉冲周期：在周期脉冲序列中，某个脉冲波形的起始时间与紧邻的脉冲波形的起始时间的间隔。

脉冲重复频率：脉冲重复周期的倒数。

脉冲宽度：脉冲起始时间与脉冲终止时间的间隔，一般是从前沿脉冲幅度的50%到后沿脉冲幅度的50%的时间间隔。

开关比：脉冲内输出的载波信号功率与在其余时间输出的剩余载波信号的功率之比，以分贝形式表示。

上升、下降时间：已调脉冲包络前后沿过渡波形的过渡持续时间，一般是从脉冲幅度的10%～90%的变化时间，有时也指20%～80%的变化时间。

脉冲压缩：已调载波脉冲宽度相对基带脉冲信号宽度的变化。

射频脉冲时延：已调载波脉冲前沿相对基带脉冲前沿的时间间隔，在脉冲幅度的50%处测量。

脉冲过冲：已调载波脉冲前后过渡的失真，在此期间其数值超过稳态脉冲幅度，以脉冲幅度的百分数表示。

电平准确度：已调载波脉冲电平相对未调制前的连续波电平的变化量，以分贝形式表示。

## 2.1.3　信号生成技术

在生成基带信号、任意波信号、连续波信号等方面，有一些具有共性的技术。

例如，频率合成技术是指用于生成功率和频率稳定的连续波信号的技术。连续波是非常简单、基础的信号。目前，主流的频率合成技术的比较如表 2-3 所示。

表 2-3　主流的频率合成技术的比较

| 频率合成技术 | 优点 | 缺点 | 应用 |
| --- | --- | --- | --- |
| 直接模拟频率合成技术 | 稳定度高 | 频率固定 | 参考时钟 |
| 间接频率合成技术 | 可达到很高的频率和较折中的频率分辨率 | 需要折中相位噪声和频率分辨率 | 上下变频的本振源，射频载波信号 |
| 直接数字频率合成（direct digital frequency synthesis，DDS）技术 | 频率分辨率高，频率切换速度快 | 频率范围较低，同时含有谐波和量化杂散分量 | 复杂波形的合成，跳频通信系统的载波 |

在现代信号发生器的频率合成模块中，多种技术结合使用可以达到频率范围、频率分辨率、相位噪声、电平准确度等指标折中和优化的目的。

直接模拟频率合成技术利用一个或多个不同的晶体振荡器作为基准信号源，经过倍频、分频、混频等途径直接产生许多频率离散的输出信号。

间接频率合成技术主要指锁相环（phase-locked loop，PLL）技术。锁相环技术利用频率和相位负反馈原理实现频率变换，集成锁相环体积小、质量轻、功耗低、方便、灵活，寄生输出大幅度降低。它通过相位负反馈的方法把一个电调谐振荡器 [ 如压控振荡器（voltage controlled oscillator，VCO）] 与频率参考相联系。环路中的鉴相器比较来自频率参考为 $f_r$ 的输入信号和来自 VCO 反馈网络的频率为 $f_v$ 的输入信号的相位，输出一个与相位误差成单调关系的误差电平，经环路滤波器形成 VCO 调谐电压，调整 VCO 的频率，使 VCO 的输出频率 $f_o$ 锁定到参考频率 $f_r$ 上。这样我们可以通过选取频率稳定度高的频率参考来提高输出信号的频率稳定度。由于锁相环本身的特性，锁相式频率合成器的频率切换时间相对较长，基本在几十微秒以上。

DDS 技术通常被视为第三代频率合成技术。DDS 技术突破了以往技术，从相位的概念出发进行频率合成。这种技术不仅可以产生不同频率的余弦波，而且可以控制波形的初始相位，产生任意波形。

目前，任意波形发生器普遍采用 DDS 技术来实现任意波形的输出。DDS 技术使用数字查表的方法来产生周期信号，再经过高速 DAC 将数字波形转换为模拟波形输出。相对于直接模拟频率合成技术，使用 DDS 技术产生的信号的频率具有稳定度好、分辨率高和切换速度快等优点，并且只要更新波形查找表的内容，理论上可生成任意波形的周期信号，非常灵活。

DDS 技术有查表法和计算法两种基本合成方法。对于查表法，RAM 查询法结构简单，故现在的函数信号发生器或者基带信号发生器基本都以 RAM 查询的方式实现信号生成，只需要在 RAM 中存放所需信号的不同相位对应的幅度序列，然后通过相位累加器的输出对其进行寻址，经过 D/A 和低通滤波（LPF）输出便可以得到所需要的模拟信号。DDS 系统的基本原理结构如图 2-16 所示。

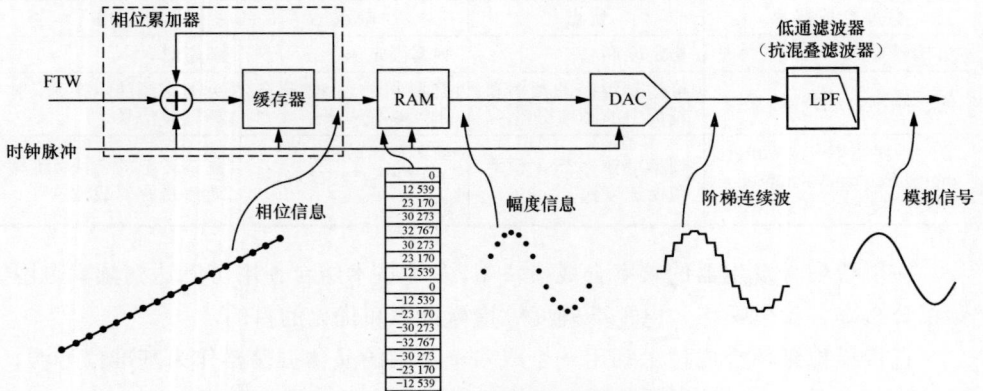

**图 2-16　DDS 系统的基本原理结构**

如图 2-16 所示，在时钟脉冲的控制下，频率控制字（frequency tuning word，FTW）由相位累加器得到相应的相位。相位寻址波形存储器（RAM）进行相位到幅度的变换以输出不同的幅度编码，经过 DAC 得到相应的阶梯连续波，最后经过低通滤波器（low-pass filter，LPF）对阶梯连续波进行平滑，即得到由 FTW 决定的连续变化的模拟信号。相位累加器是实现 DDS 技术的核心，它由一个 $N$ 位字长的二进制加法器和一个由固定时钟脉冲取样的 $N$ 位相位寄存器组成，在每个时钟脉冲到达时，相位寄存器采用上个时钟周期内相位寄存器的值与 FTW 之和，并将其作为相位累加器在这一时钟周期的输出。

但 DDS 技术在产生任意波形时有两个固有缺陷：波形细节的丢失和抖动。

下面分析波形细节丢失的原因，DDS 系统的工作时钟频率（$f_s$）是固定的，通过改变查表的地址间隔来实现指定的输出频率（$f_{out}$），这个可变地址间隔称为即为 FTW，它的二进制位数为 $N$。$f_{out}$ 的计算遵从式（2-9）。

$$\frac{f_{out}}{f_s} = \frac{FTW}{2^N} \tag{2-9}$$

当 FTW > 1，即 $f_{out} > f_s/2^N$ 时，波形存储器中的某些点会被跳过。这对于正弦波来说是无关紧要的，但是对于包含某些重要细节（如毛刺）的任意波形，则意味着信息的丢失。

以图 2-17 所示为例，以每 3 个点的间隔输出波形，以 FTW=2 输出，会导致部分波形细节的丢失。

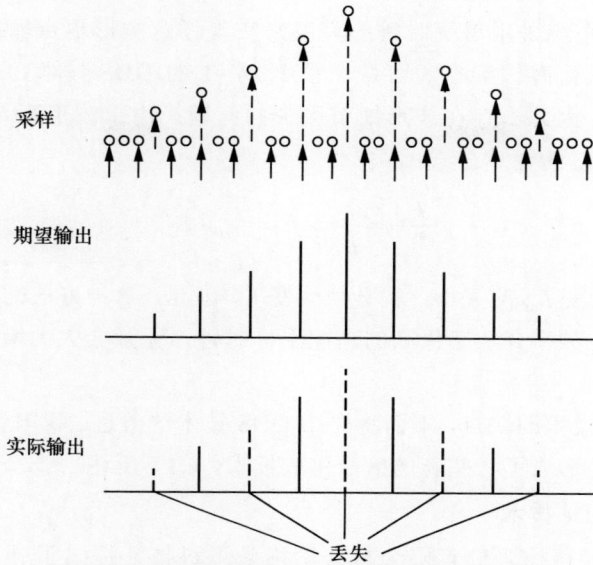

图 2-17 DDS 系统采样中波形细节丢失示意

使用 DDS 技术产生带有波形阶跃的任意波形时，如果 $f_s$ 与 $f_{out}$ 不成整数倍关系，输出会产生一个采样周期的抖动。以图 2-18 所示为例，假设存储在波形查找表中的波形为 10 个点的方波，以 FTW=3 输出，则实际输出周期可能为 4 个采样周期，也可能为 3 个采样周期。

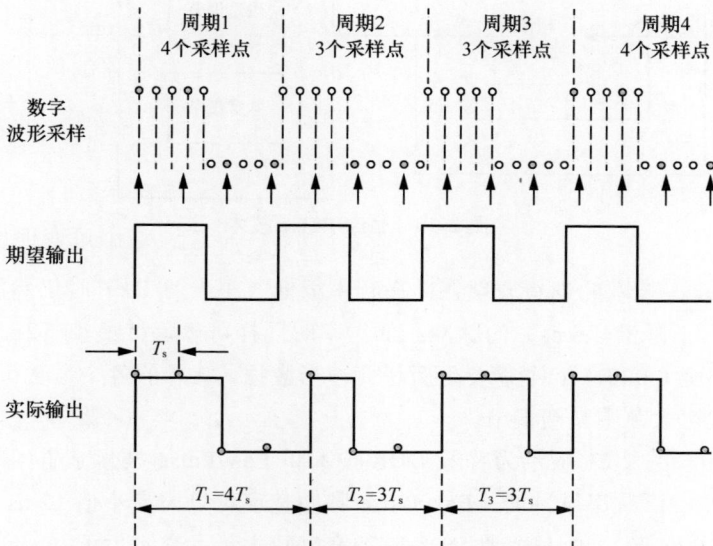

图 2-18 采样周期示例

如果 DDS 系统采用可变时钟的方案来实现任意波形逐点输出，那么我们可以将它理解为采样时钟频率 $f_s$ 可变，且 FTW=1 的 DDS 技术。此时，波形数据是逐点输出的，因此不存在波形细节丢失的问题；由于波形查找表的长度 $L$ 是固定的，根据 $f_{out}$ 的计算公式：

$$\frac{f_{out}}{f_s} = \frac{1}{L} \Rightarrow f_s = f_{out} \times L \tag{2-10}$$

可以看到，要改变 $f_{out}$ 的大小，就必须改变 $f_s$。因此，这种方法需要采样时钟源能够输出可变的、频率分辨率极高的高速采样时钟，无疑会大大增加系统的设计复杂度和成本。

考虑 DDS 技术的缺点，下面将介绍 DDS 技术的改进。我国企业在 DDS 技术上进行了改进，形成了一些新的信号生成技术，如下所述。

**1. EasyPulse 技术**

深圳市鼎阳科技股份有限公司（简称鼎阳科技）提出了脉冲发生算法，即 EasyPulse 技术，如图 2-19 所示。基于这项新的技术，信号源能够产生低抖动、具有不受频率影响的快速上升/下降沿、占空比极小、边沿和脉宽可大范围精细调节的脉冲信号。

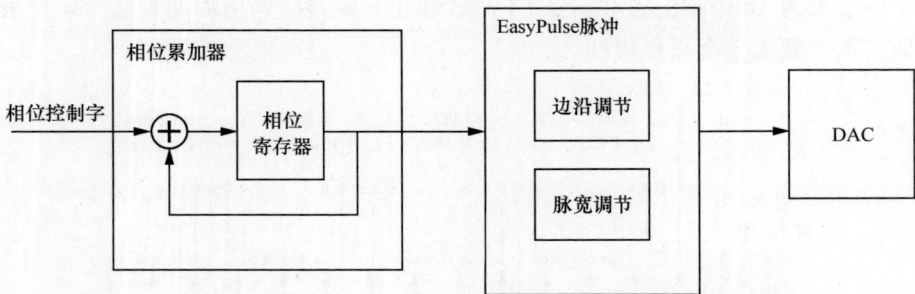

图 2-19　EasyPulse 技术

EasyPulse 技术的创新表现在：在频率很低（小于 1 Hz）时仍然能够输出具有快速上升/下降沿（6 ns）的脉冲；低频率时同样可以保持最小 12 ns 的脉宽，占空比可小至 0.0001%；不需要更新任何波形数据，脉冲的各个参数可快速改变；边沿、脉宽可大范围精细调节。

图 2-20、图 2-21 所示为普通 DDS 技术和 EasyPulse 技术基于同一组数据的对比。输出 1 Hz 频率脉冲时，EasyPulse 脉冲宽度可以为最小值 12 ns，占空比极小（小于 0.0001%）；但是普通 DDS 脉冲宽度较大，占空比大于 0.3%。EasyPulse 技术可实现比普通 DDS 技术更陡的脉冲边沿。

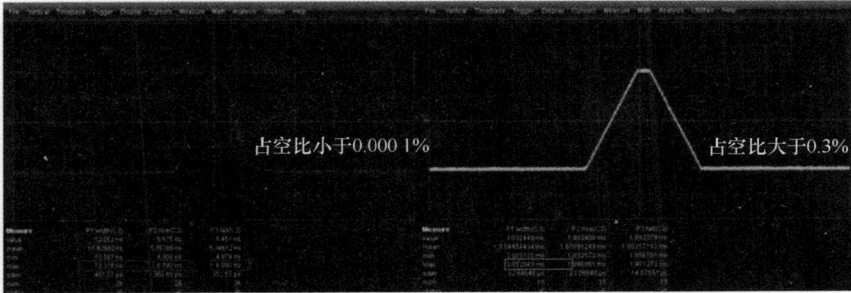

图 2-20　EasyPulse 脉冲与普通 DDS 脉冲的占空比对比

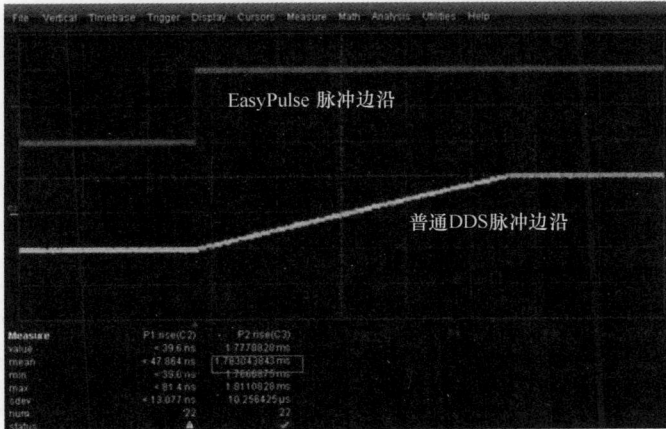

图 2-21　EasyPulse 脉冲与普通 DDS 脉冲的上升沿对比

如图 2-22 所示，输出 0.1 Hz 频率脉冲时，EasyPulse 脉冲的边沿可以大范围调节，最小边沿为 6 ns，最大边沿可调到 6 s；普通 DDS 脉冲的边沿调节受到较大限制。

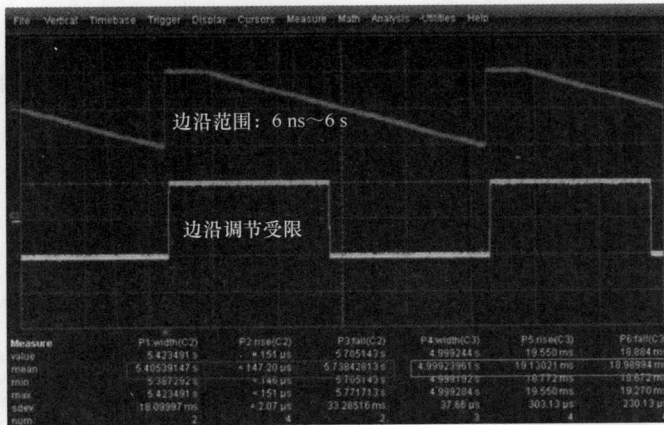

图 2-22　EasyPulse 脉冲与普通 DDS 脉冲的可调节边沿范围对比

### 2. TrueArb 技术

鼎阳科技提出的 TrueArb 技术，兼顾了 DDS 技术的简单、灵活和逐点输出技术对信号原始信息保留的优点。它采用频率固定的工作时钟，在现场可编程门阵列（field programmable gate array，FPGA）中实现采样率的转换，做到任意波形逐点输出。

如图 2-23 所示，采样时钟方面，TrueArb 技术和 DDS 技术一样使用固定频率为 $f_s$ 的工作时钟，避免了使用复杂度高的可变采样时钟方案；采样时钟进入 FPGA 后，通过 DDS 的方式产生逐点输出需要的等效采样数字时钟频率 $f_s'$，保证查表方式按 FTW=1 的逐点输出形式来进行；从查找表输出的数据率与 $f_s'$ 同步，需要经过采样率转换后切换到 $f_s$ 的时钟域，再通过 DAC 以 $f_s$ 的固定采样率转换为模拟信号。

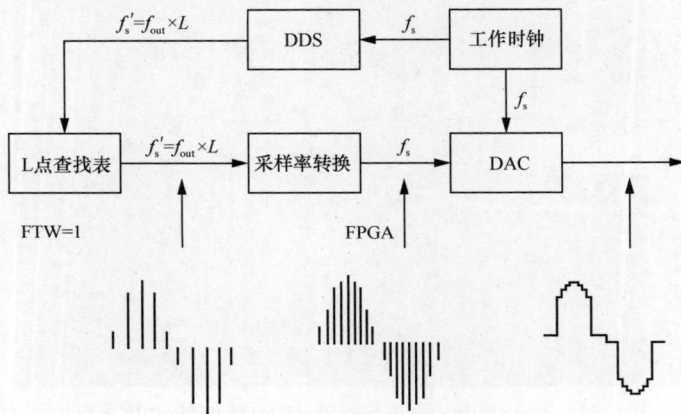

**图 2-23 TrueArb 原理**

图 2-24 所示为 DDS 技术和 TrueArb 技术基于同一组数据的对比。DDS 技术由于不采用逐点输出，其信号细节（叠加在低电平上的等间隔毛刺）已丢失；TrueArb 技术能无失真地还原数据。

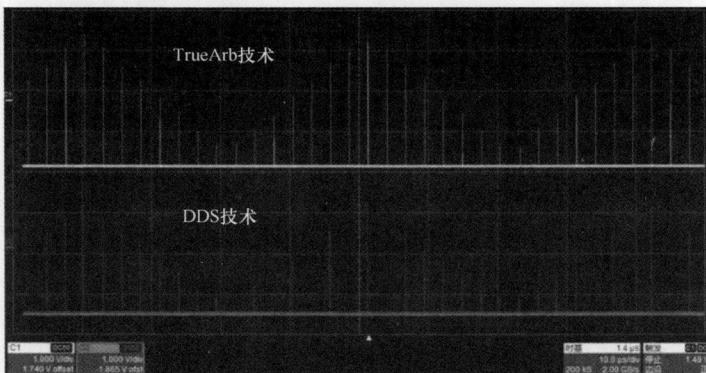

**图 2-24 DDS 技术和 TrueArb 技术基于同一组数据的对比**

图 2-25 所示为 DDS 技术和 TrueArb 技术在输出同一个任意波形时，在抖动指标上表现出来的差异。在这个例子中，DDS 技术和 TrueArb 技术的工作时钟频率都是 300 MHz，输出信号频率相同且与工作时钟频率不成整数倍关系。从图 2-25 中可以看出，在 10 ns 的时基下放大观察，DDS 技术的输出信号存在 1 个工作时钟周期（3.3 ns）的抖动；TrueArb 技术则不存在这个问题，其输出抖动非常小。

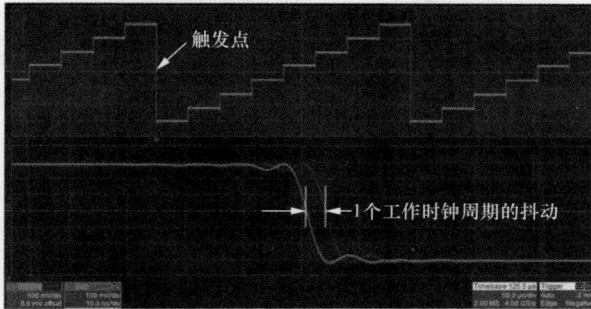

（a）DDS 技术抖动特性测量结果

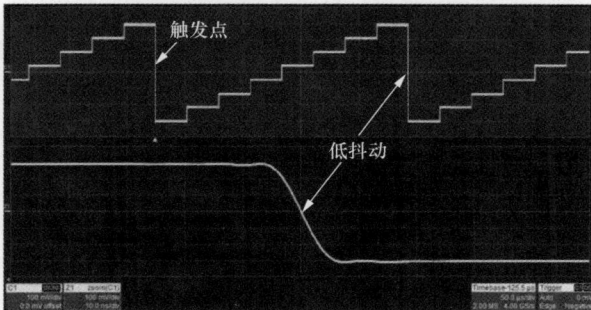

（b）TrueArb 技术抖动特性测量结果

**图 2-25　DDS 技术与 TrueArb 技术抖动测量结果对比**

### 3. 高保真脉冲波形生成技术

高保真脉冲波形生成技术是指能够产生具有高精度、低失真和快速边沿的脉冲信号的技术。这种技术在雷达、通信、测量、高速数字电路测试以及科学研究中有着广泛的应用。

为消除 DDS 技术高频时混叠产生的失真，有的任意波形发生器［如优利德科技（中国）股份有限公司（简称优利德）的 UTG9604T］中的方波采用将正弦波通过比较器的方式产生，并通过改变比较器的阈值，改变波形的占空比。方波产生电路如图 2-26 所示。

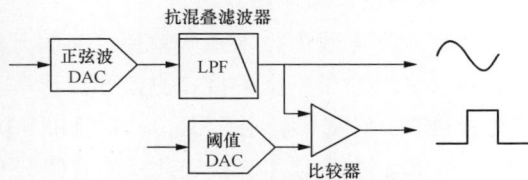

**图 2-26　方波产生电路**

　　此外，为获得分辨率高、频率抖动小、边沿连续可调节的宽频带脉冲波，可以采用不同于 DDS 技术的全新设计技术——高保真脉冲波形生成技术。该技术产生的脉冲波由上升沿、脉宽高电平、下降沿和脉宽低电平 4 个阶段组成，如图 2-27 所示，并按照状态机的 4 个状态循环工作。

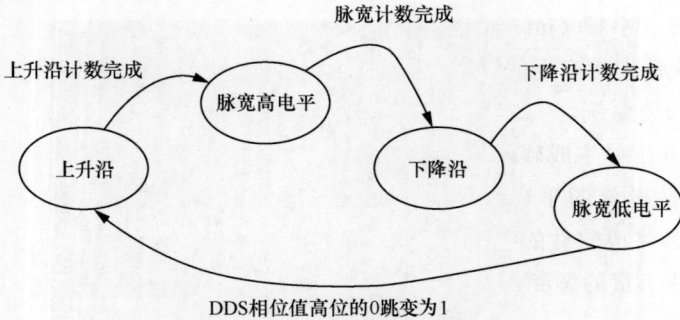

**图 2-27　脉冲运行状态**

　　边沿查找表中只存储脉冲波边沿的波形，并通过状态机的控制依次输出脉冲波的 4 种状态。为了得到精确的边沿时间精度控制，在原有的相位累加架构上增加了 16 位二进制浮点运算，这样可以大幅度提高边沿相位分辨率。脉冲波生成硬件架构如图 2-28 所示。

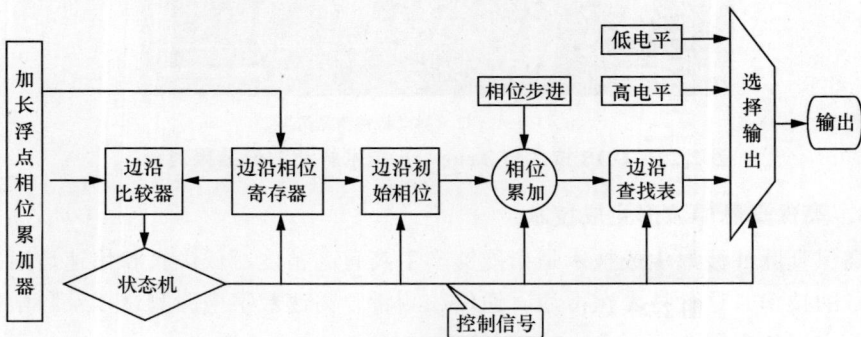

**图 2-28　脉冲波生成硬件架构**

### 4. 软件定义无线电技术

　　软件定义无线电技术基于软件定义的无线通信协议和波形而非通过纯硬件实现。换言之，频带、空中接口协议和波形等可通过软件下载来更新、升级，而不用更换硬件。它提供针对多模式、多频和多功能无线通信的灵活、快速解决方案。

　　典型地，中星联华科技（北京）有限公司（简称中星联华科技）的 SignalPro 信号生成软件即软件定义无线电技术的应用，可实现填表式生成各类复杂调制信号，用户无须了解信号机理，只需填入所需信号的基本参数信息即可方便、快捷地一键式生成所需波形。另外，在信号生成软件界面上会直观显示待生成信号的时域、频域及调制域的仿真结果。整个信号产生过程简单直观、方便快捷，大幅度减少了测试人员的工作时间，降低了测试难度，提高了测试效率。

SignalPro 信号生成软件是一套以数字方式合成同相正交（in-phase quadrature，IQ）基带信号、中频（intermediate frequency，IF）信号和射频（RF）信号的工具软件包，该软件支持广泛的调制信号种类，以及中星联华科技的 SL4301A 射频信号采集记录回放系统。

SignalPro 信号生成软件广泛兼容主流厂家的任意波形发生器和矢量信号源，是一款兼容性极佳的平台级信号生成产品，其使得复杂场景模拟更加简单。SignalPro 信号生成软件的主要特点如下。

（1）支持丰富的调制方式（有 55 种调制方式，如图 2-29 所示）。

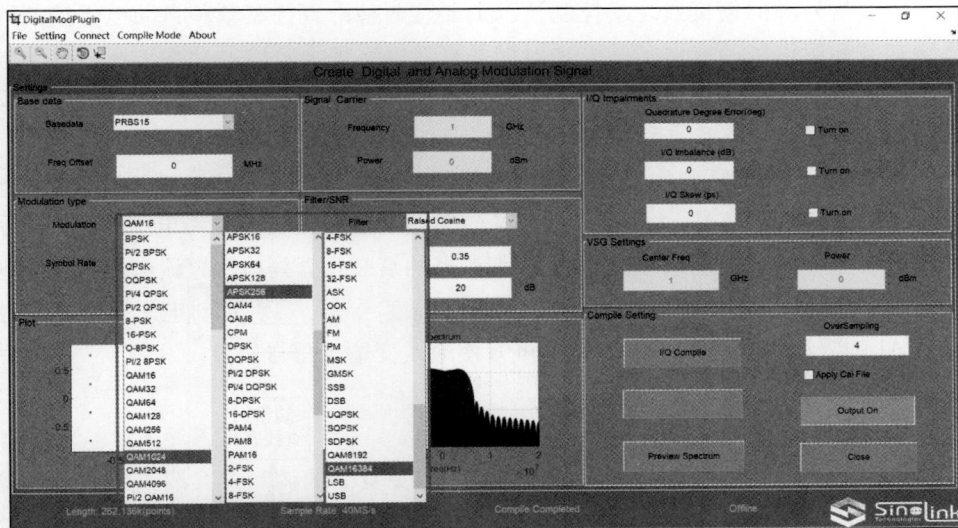

**图 2-29 SignalPro 信号生成软件支持的调制方式**

（2）集成度高：集射频/中频/基带（RF/IF/IQ）信号生成和编辑功能于一体。

（3）操作简单：填入基本参数信息即可方便、快捷地一键式生成所需波形。

（4）多域显示：直观显示待生成信号的时域、频域及调制域的仿真结果。

（5）功能强大：支持雷达、无线通信、卫星通信、复杂电磁环境、回放、跳频、多音、预失真校准、高斯噪声等信号的生成。

（6）支持国外主流厂家的信号源。

（7）具有预失真校准功能：支持国外主流实时示波器进行预失真校准；支持

RF 校准、"IF+变频器"校准、"IQ+变频器"校准。

（8）支持在线和离线波形生成。

（9）支持仪器内置和远程计算机控制。

### 5. 宽带微波毫米波频率合成技术

宽带微波毫米波频率合成技术可分为两大类：YIG（钇铁石榴石）式和直接模拟式。YIG 式是基于 YIG 振荡器实现的，并利用间接频率合成技术将其锁定在一低相位噪声参考上，该技术在 10 MHz～40 GHz 的频率范围内具有非常低的相位噪声基底（−160 dBc），其切换速度受限于 YIG 调谐线圈的电感量，建议是 ms 级以上。直接模拟式是基于直接模拟频率合成技术实现的，它组合使用 DDS 技术以得到精细的频率步进，该技术更加复杂，但它能够实现快速切换（0.2 μs）的同时相位噪声更低，且信号调制模拟能力很强。

### 6. 幅度或功率控制技术

目前信号源的幅度或功率控制技术主要有两种：直接衰减和自动电平控制。直接衰减利用机械的或电子的衰减器提供衰减以实现大范围的功率输出。自动电平控制（automatic level control，ALC）是目前常用的幅度控制技术，它利用负反馈技术实现了高精度和高稳定度的信号幅度控制。

在典型的 ALC 环结构中，射频信号的一部分经检波器转换为与射频信号幅度成正比的直流电压信号，将该电压在 ALC 驱动器里与预设的参考电压相比，积分后形成误差电压，误差电压调整 ALC 调制器的衰减量直到检波直流电压和参考电压相同，从而调整输出信号幅度与预置电平幅度一致，实现自动电平控制。通过改变 ALC 驱动器中的参考电压，即可方便地改变输出信号幅度。

## 2.1.4 矢量信号发生器

模拟信号发生器可以提供广泛的功能，但更复杂的调制方案或数字信号的调制需要矢量信号发生器来实现。矢量信号发生器比模拟信号发生器多了基带信号发生器和调制器，能够进行复杂的正交调幅，以生成复杂的调制制式矢量信号，比如 3GPP（第三代合作伙伴计划）规定的各类移动通信信号、GNSS 导航信号、各种雷达信号等。

### 1. 矢量信号发生器结构

图 2-30 所示为矢量信号发生器的结构，可以看到，矢量信号发生器内部有基带成形滤波器、连续波发生器和符号映射器等。

如图 2-30 所示，矢量调制信号即图中的 $V(t)$。前面已经阐述了任意波形发生器和连续波发生器的结构、指标。使用 IQ 基带信号对连续波进行正交调制，就可以得到矢量调制信号。将连续波和基带信号联系起来成为调制信号的是调制器，调制器是一种特殊的半导体器件。衡量调制器的指标有群时延、带宽等，目前，较先进的调制器带宽可超过 2 GHz。在现代信息通信系统中，数字调制信号是应用非常广泛、非常重要的信号。绝大多数数字调制信号可以通过正交调制结构生成。正交调制结构的通用性体现在：只需对基带信号进行合理定义，而不需要对调制器硬件做任何调整就能够得到各种不同的信号。由于基带信号的波形可以通过数字和软件方式灵活定义，这种结构在成本受限的前提下，大大丰富了矢量信号发生器的功能和应用。如果基带的同相分量信号为 $I(t)$，正交分量信号为 $Q(t)$，载波频率是 $f_c$，则从图 2-30 所示可知，理想的正交调制信号可以表示为

$$S(t) = I(t)\cos 2\pi f_c t - Q(t)\sin 2\pi f_c t \qquad (2\text{-}11)$$

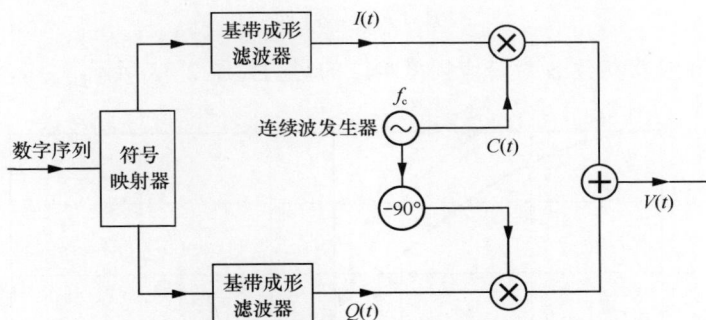

图 2-30　矢量信号发生器的结构

图 2-31 所示为从基带信号调制到射频信号的示意。

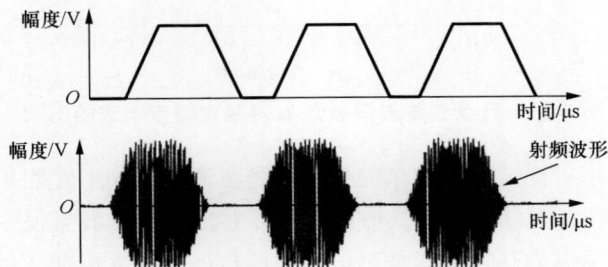

图 2-31　从基带信号调制到射频信号的示意

基带信号一般是中心频率为 0 的信号。基带信号和已调制信号的频谱如图 2-32 所示。

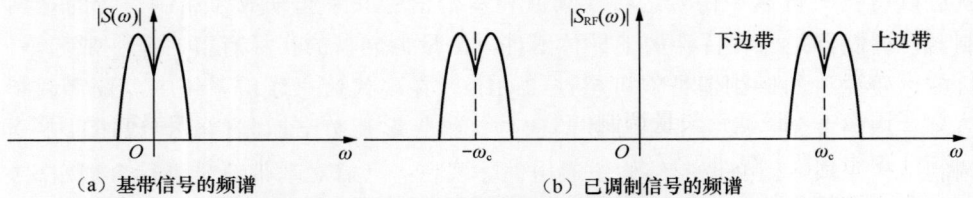

（a）基带信号的频谱　　　　　　　　　　　　　（b）已调制信号的频谱

**图 2-32　基带信号和已调制信号的频谱**

### 2. 矢量信号发生器中的基带成形滤波器

在图 2-30 所示的结构中，基带成形滤波器是为了限制带宽而设置的，为了不引入码间干扰，一般使用滚降升余弦滤波器（raise cosine filter，RCF），这种滤波器的关键参数是滚降系数 $\alpha$，$\alpha$ 越小，则滤波器频率响应越陡峭，信号占用带宽（occupied bandwidth）越小。设符号速率为 $F_s$，则已调制信号的占用带宽 $B$ 表示为

$$B = F_s(1+\alpha) \tag{2-12}$$

升余弦滤波器参数 $\alpha$ 对带宽幅度响应的影响如图 2-33 所示。

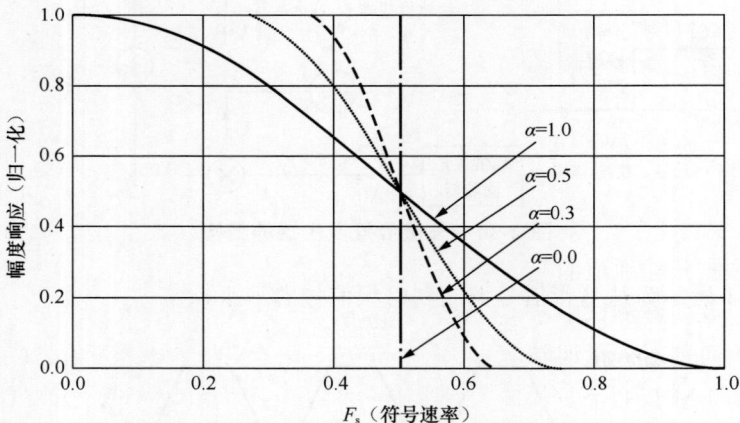

**图 2-33　升余弦滤波器参数 $\alpha$ 对带宽幅度响应的影响**

显然，$\alpha$ 越小，滤波器性能越理想，但是在通信系统中性能和复杂度往往是相互制约的。由于频域相乘等效为时域卷积，目前数字滤波器很多是通过时域卷积实现的，卷积运算的基本流程是：信号抽样与加权系数相乘、相加。在 FPGA 等硬件中实现时，$\alpha$ 越小，则需要的抽头数越多，意味着更大的集成电路面积和更高的复杂度，也耗费更多的数字信号处理时间。

### 3. 矢量调制信号的传输通道

在无线测试中，矢量调制信号要经过各种各样的传输通道，如射频同轴线、微带线等。如果这些传输通道的频率响应不够理想（指幅频特性不平坦和相频特性非线性），信号通过后会失真，典型的误差指标即 EVM 会变大，解调后从眼图中可以观察到明显的码间干扰。为了让读者有更直观的认识，下面给出一组试验结果，在试验中，让宽带矢量调制信号（BPSK 信号）通过某同轴滤波器截止频率附近的非理想频段，解调后发现 EVM 值从 0.5%上升到 12%左右，从矢量图和眼图中观察到了码间干扰。图 2-34 和图 2-35 所示分别为失真调制信号的眼图和矢量图。

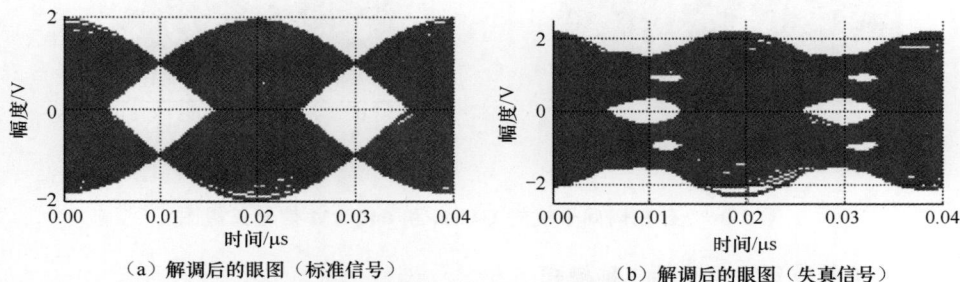

(a) 解调后的眼图（标准信号）　　　　　　(b) 解调后的眼图（失真信号）

图 2-34　失真调制信号的眼图

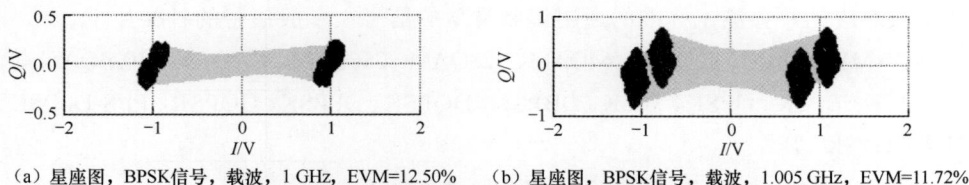

(a) 星座图，BPSK信号，载波，1 GHz，EVM=12.50%　(b) 星座图，BPSK信号，载波，1.005 GHz，EVM=11.72%

图 2-35　失真调制信号的矢量图

　　关于根据传输通道的非理想特性计算矢量调制信号的误差指标，我们曾做过专题研究。在实际测试中，老化损坏的射频电缆、频率响应不理想的微带线、天线等，均有可能对矢量调制信号造成损伤。在传统的低阶调制（如 BPSK）和带宽不大（如 1 MHz 以下）的情况下，这种损伤对于系统性能和测试结果的影响是不显著的；但是随着无线通信调制结构越来越复杂、带宽越来越大（如 5G 信号、Wi-Fi 6 信号、Wi-Fi 7 信号），这种损伤对于调制信号是不容忽视的。图 2-36 展示了存在码间干扰的 QPSK 和 64QAM 信号矢量图，显然矢量图是发散的，可以直观判断；程度类似的码间干扰对 64QAM 系统误比特率的影响更大，这主要是因为高阶调制对干扰（无论是外来干扰还是码间干扰）更加敏感。因此，在涉及高阶、宽带调制信号的无线测试场合，为保证测试、测量准确度，建议使用高质量的信号发生器及其配件（如电缆、天线）。

　　对于 I/Q 增益不平衡、相位不平衡、外加连续波干扰、相位噪声、加性高斯白噪声等因素造成的数字调制信号 EVM 恶化，此处不展开论述。

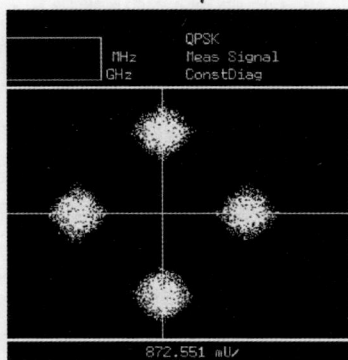
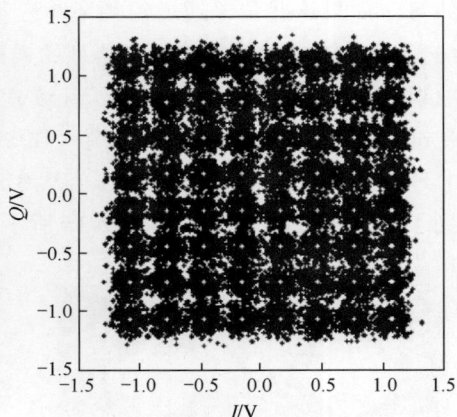

（a）QPSK                     （b）64QAM

**图 2-36　存在码间干扰的 QPSK 和 64QAM 信号矢量图**

**4．矢量信号发生器的 3 种模式**

（1）CUSTOM 模式。CUSTOM 模式就是自定义模式/快速创建模式，可以本地生成对应的符合测试标准的通用调制类型的信号，一般信号的种类如下。

QAM：16QAM、32QAM、64QAM、128QAM、256QAM、512QAM、1024QAM 等。

PSK：BPSK、QPSK、8PSK、DBPSK、DQPSK、D8PSK、OQPSK、PI/8-D8PSK、PI/4-DQPSK 等。

FSK：2FSK、4FSK、8FSK、16FSK、MSK 等。

ASK：2ASK、4ASK、8ASK、16ASK 等。

（2）ARB（波形回放）模式。ARB 模式主要用来播放预先生成的任意波形文件，包括 CUSTOM 模式产生的文件，MATLAB、Excel 等产生的波形数据流文件；播放波形序列。具体形式如下。

① 播放波形文件。在易失性波形段及波形序列目录下，选择需要播放的波形段或波形序列，选中的波形段或波形序列会被突出显示。

（a）易失性存储器，是一种基带信号发生器（BBG）存储介质，类似计算机的内存，可以从这一存储介质中选择播放或编辑波形文件。

（b）非易失性存储器，是一种内部存储介质或外部［通用串行总线（USB）］存储介质，类似计算机的硬盘，可以在其中存储波形文件，但不能直接播放在其中存储的波形文件。

② 播放波形序列。波形序列可以包含一个或者多个波形段，或者波形段和其他波形序列的自由组合。在播放波形序列时，信号发生器会对波形段进行拼接，然后将其加载到内存中进行播放，同时可以设置包含在波形序列中的波形段或者

序列的重复次数。

（3）添加 AWGN 模式。噪声是所有通信信道的一个固有部分。通过香农定理可以知道在存在噪声的情况下，一定带宽的通信信道的信道容量 $C$ 可表示为

$$C = B\log_2\left(1+\frac{S}{N}\right) \tag{2-13}$$

式中，$C$ 是信道容量，单位为 bit/s；$B$ 是信号带宽，单位为 Hz；$S$ 是在信号带宽上接收的平均功率，单位为 W；$N$ 是在信号带宽上的噪声平均功率，单位为 W。

要想以可重复的方式仿真真实的信道条件，必须将 AWGN 添加到信号上，如图 2-37 所示。AWGN 是一个数学模型，这个模型是线性增加的宽带噪声，具有平坦的频谱密度和高斯分布的幅度。AWGN 不适用于衰落、互调和干扰等的测试。

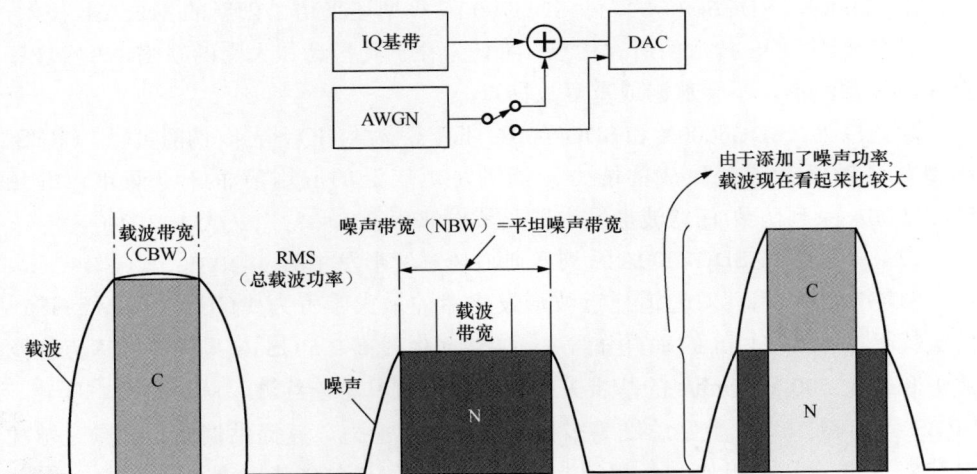

图 2-37　将 AWGN 添加到信号上

为保证矢量信号发生器的宽带调制、多通道相参、采样率调节、多制式信号质量等特性，要实现宽带功率调整、宽带功率补偿、宽带滤波处理、多通道宽带本地振荡器（local oscillator，LO）源、高分辨率分频、通道相位温度稳定性、功率稳定性、多通道同步控制、高速接口设计等技术。在硬件设计和开发过程中，需要对高速印制电路板（PCB）制板、模块屏蔽、模块装配、整机装配等关键工艺的实现方法进行研究，需要明确样机试制后的性能指标验证方法、软硬件测试方法、可靠性测试方法、环境适应性测试方法等，保证样机指标一致性高、稳定性高，满足设计需求。此外，还需对样机转产、中试验证、产业化建设方案等进行研究，确保能有完整配套的生产能力，能批量生产出功能及性能指标满足要求的合格产品，实现高可靠性、高一致性的量产。

## 2.2 典型信号发生器

### 2.2.1 典型函数/任意波形发生器介绍

#### 1. 鼎阳科技函数/任意波形发生器

目前鼎阳科技（SIGLENT）函数/任意波形发生器有 6 个系列，包括 SDG800、SDG1000、SDG1000X、SDG2000X、SDG6000X/X-E 和 SDG7000A 等，输出带宽为 5 MHz～1 GHz，最高采样率达 5 GSa/s，任意波长可达 512 Mpts，最高垂直分辨率为 16 bit，有单通道和双通道可选，所有产品均采用了鼎阳科技独创的 EasyPulse 技术，能够输出稳定度高、抖动小、占空比小、脉宽可调的脉冲波。同时，SDG2000X、SDG6000X/X-E、SDG7000A 机型还采用了创新的 TrueArb 技术，不仅具备传统 DDS 技术的所有优点，而且弥补了其抖动和失真的缺陷，可实现逐点输出任意波形，不会遗漏或重复数据点。

除此以外，SDG6000X 和 SDG7000A 还具备噪声、IQ 信号、伪随机码（PRBS）码型和各种复杂信号生成的能力，能满足更广泛的应用需求。下面重点介绍 SDG7000A 系列函数/任意波形发生器及其设计特色。

（1）鼎阳科技 SDG7000A 系列双通道任意波形发生器

SDG7000A 系列双通道任意波形发生器的最大带宽为 1 GHz，具备 5 GSa/s 的数模采样率和 14 bit 的垂直分辨率，能够产生最高 2.5 GSa/s 采样率的逐点任意波形和最大 500 MSymb/s 的基带矢量信号，同时具备连续波、脉冲信号、噪声、PRBS 码型和 16 bit 数字总线等多种信号生成的能力，并提供调制、扫频、脉冲串和双通道复制、相加、互相调制等复杂信号生成的能力，是一款高端、多功能的波形发生器。其输出支持差分/单端切换，最大可提供±24 V 的输出范围，并且在高频输出下仍然能保证较大的幅度，可在一定应用范围内节省外接功率放大器（简称功放），满足更广泛的需求。图 2-38 所示为该系列 SDG7102A 型号的外观。

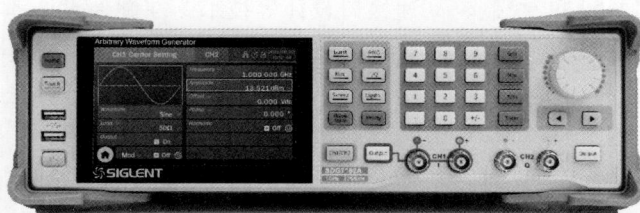

图 2-38　SDG7102A 型号的外观

（2）设计特色

① 超宽输出幅度范围。24 Vpp 模拟输出能力叠加±12 V 直流偏置，最大可提供±24 V 的输出范围。

② 强大的任意波形生成能力。

AFG 模式：采用传统的 DDS 技术输出任意波形。

AWG 模式：采用创新的 TrueArb 技术，可以在 0.01 Sa/s～2.5 GSa/s 的范围里任意设置采样率，不仅具备传统 DDS 技术的所有优点，而且弥补了其可能增加抖动和失真的缺陷；提供零阶保持、线性插值和 sinc 插值等多种插值方式。

通过分段编辑和播放，如图 2-39 所示，可提供最多 1024 段任意波形无缝拼接，可为每段波形单独设置重复次数（最多 65 535 次）。切换任意波形时不会产生空闲电平，适用于对波形切换平滑度要求很高的场合。

EasyWaveX 软件可提供功能强大的任意波形编辑功能，支持手动绘图、直线绘图、坐标绘图、方程式绘图等多种绘图方式。该软件内嵌在 SDG7000A 的系统中，也可以

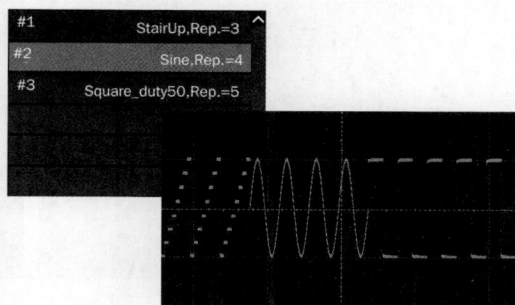

图 2-39　波形的分段编辑和播放

在上位机中安装并通过 USB 或 LAN（局域网）接口与 SDG7000A 交互，如图 2-40 所示。

图 2-40　EasyWaveX 软件和仪表硬件的交互

③ 高速低抖动脉冲。采用 DDS 技术输出方波脉冲时，如果采样率和输出频率不成整数倍关系，将产生一个采样周期的抖动。SDG7000A 采用的 EasyPulse 技术能够弥补这个缺陷，将抖动降低一个数量级，如图 2-41 所示。SDG7000A 可支持最小脉宽 1 ns，可在任意频率下获得；脉宽能够以 10 ps 的步进精细调节，如图 2-42 所示。上升/下降沿最小值为 500 ps，调节步进小至 100 ps，可在任意频率下获得。上升/下降沿可分别设置，用于产生非对称脉冲，如图 2-43 所示。

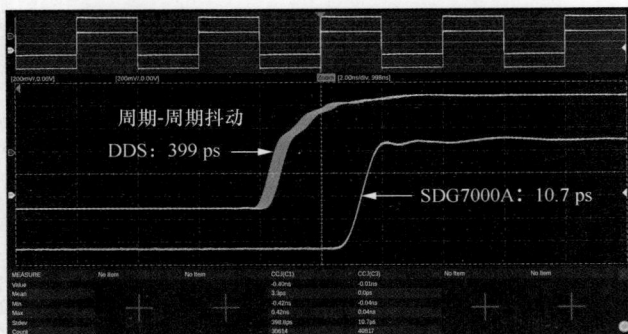

**图 2-41 SDG7000A 输出方波脉冲时的低抖动特性**

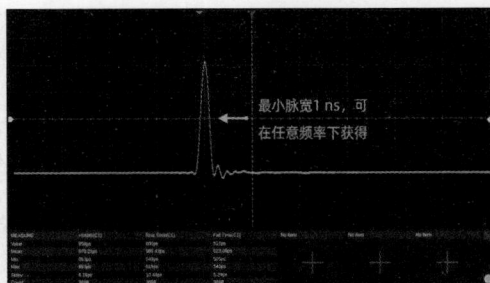

**图 2-42 最小脉宽 1 ns 的实现**

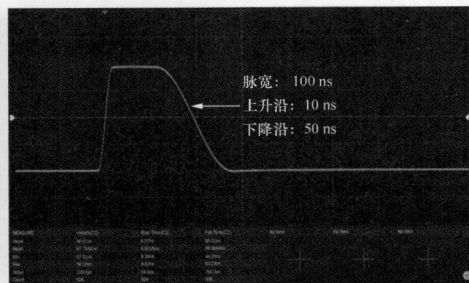

**图 2-43 灵活设置上升/下降沿**

④ 矢量信号输出。SDG7000A 可生成常用的 FSK、PSK、QAM 等调制类型的 IQ 基带信号。采用创新的重采样技术，可以在 250 Symb/s～500 MSymb/s 范围内的任意符号率下获得合适的 EVM。可使用上位机软件 EasyIQ 来生成各种类型的 IQ 基带信号，如图 2-44 所示。

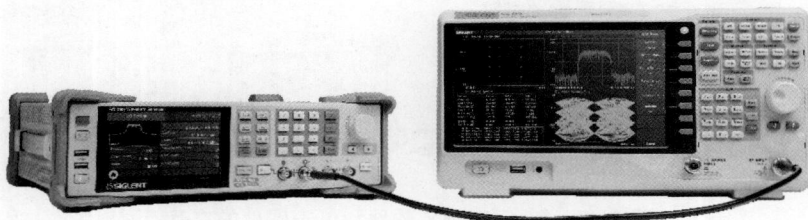

**图 2-44 以软件方式生成 IQ 基带信号**

⑤ 配合附件板卡可支持 16 路 LVTTL 或 LVDS 输出，比特率在 1 μbit/s～1 Gbit/s 范围内可任意设置，如图 2-45 所示。

⑥ 增强的双通道功能。SDG7000A 支持两种相位模式；支持两条通道间的跟踪、复制和耦合等；能够将两通道波形合并后输出（见图 2-46），具备实时性好，可叠加噪声、调制信号、扫频信号、Burst 信号、EasyPulse 波形和 TrueArb 波形

等优点；两条通道可互为调制源（见图 2-47），为提供复杂的调制波提供了新的手段。

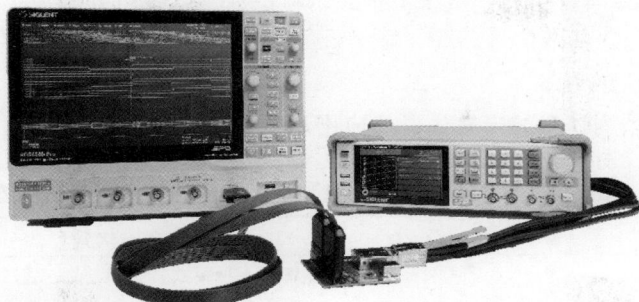

图 2-45　可支持 16 路 LVTTL 或 LVDS 输出

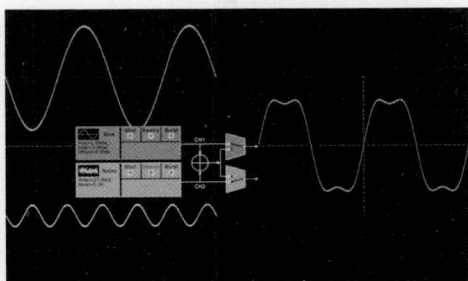

图 2-46　将两通道波形合并后输出　　　图 2-47　两条通道可互为调制源

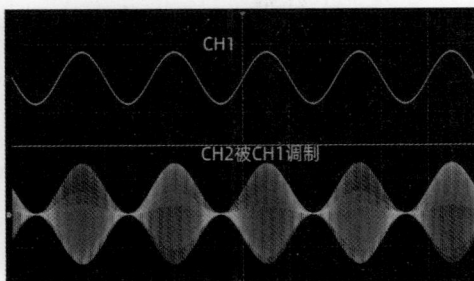

### 2. 普源精电函数/任意波形发生器

（1）DG70000 系列任意波形发生器

普源精电科技股份有限公司（简称普源精电，英文名为 RIGOL）开发的 DG70000 系列任意波形发生器，独创 SiFi Ⅲ 技术平台。DG70000 系列任意波形发生器支持多种切合实际应用的功能，例如创建高级序列可以实现用户自定义复杂波形，而多通道高精度同步、大带宽低抖动波形的输出，可满足用户在多种工业和通信领域的应用需求。DG70000 系列任意波形发生器还带来了全新的用户界面（UI）和交互体验，配备可触控的 15.6 in（1 in≈2.54 cm）显示屏，支持多窗口高清显示。其丰富的标准配置接口，可轻松实现仪器的远程控制。其主要功能特点如下。

① 采样率高达 5 GSa/s（内插最高为 12 GSa/s）。

② −70 dBc 无杂散动态范围。

③ 16 bit 的垂直分辨率，每条通道 1.5 Gpts（样点）存储深度。

④ 逐点输出任意波形，不失真地还原信号。

⑤ 总抖动低至 10 ps，随机抖动低至 350 fs。

⑥ 采样率精确可调，可变范围为 100 Sa/s～12 GSa/s。

⑦ 高精度同步，任意两条通道间的偏移重复性为±10 ps。

⑧ 支持创建高级序列，定义多种复杂输出波形，支持外部波形文件导入。

⑨ 可产生 IQ 基带信号。

⑩ 支持标记应用。

DG70000 系列任意波形发生器的应用场景及优势如表 2-4 所示。

表 2-4　DG70000 系列任意波形发生器的应用场景及优势

| 应用场景 | 需求特点 | 优势 |
|---|---|---|
| 量子计算 | • 多波形输出，可根据触发信号进行快速切换；<br>• 多通道信号同步，通道间抖动或时延小于 1 ns，每一个量子比特至少 2～3 通道；<br>• 性能要求低：带宽≥300 MHz，垂直分辨率为 8 bit，采样率为 1 GSa/s | • 集成 5 种模式，提供一站式射频测试方案；<br>• 低至 1 Hz 的中频滤波带宽，有效分辨邻近信号；<br>• 低至−165 dBm 的显示平均噪声电平，保证小信号的有效测试；<br>• 可实现触控操作的全新 UI 设计，提供网页控制（WebControl）；<br>• 具备高级序列功能，可满足多波形切换；<br>• DG70000 单机通道间时延抖动小于 10 ps；<br>• 理论上最多 224 条通道同步；<br>• 性能：瞬时带宽≥1.5 GHz，垂直分辨率为 16 bit，采样率为 5 GSa/s，可内插至 12 GSa/s |
| 新无线标准 | • 调制带宽随协议更新增大；<br>• 高阶调制，如 OFDM（Wi-Fi、4G/5G）、1024QAM（Wi-Fi 6）；<br>• 随复杂调制而提高对 EVM 的要求（1024QAM 在 Wi-Fi 6 中应用时要求 EVM 为−35dB） | • 调制带宽≥1.5 GHz；<br>• 提供 IQ 调制、高阶复杂调制应用（后续版本开发）；<br>• 16 bit 的垂直分辨率，−70 dBc 低杂散，保证调制质量 |
| 高速总线链路 | • 低抖动高速 PRBS 信号，速率≥1.5 Gbit/s；<br>• 可编程的预加重/去加重和预冲；<br>• 码间干扰（ISI）失真建模（去嵌入）；<br>• 波峰因数仿真（CFE） | 自有低抖动、10 ps 的峰峰值抖动、350 fs 的有效值抖动 |
| 复杂场景还原 | • 多发射机，时序可调；<br>• 复杂长信号还原 | • 多通道同步；<br>• 具有 1.5 Gpts/Ch 的样点长度及高级序列功能 |

下面介绍一款 DG70000 系列任意波形发生器的典型型号 DG70004，其技术指标如表 2-5 所示。

表 2-5　DG70004 波形发生器的技术指标

| 指标名 | 指标值 |
|---|---|
| 采样率 | 12 GSa/s |
| 垂直分辨率 | 16 bit |

续表

| 指标名 | 指标值 |
|---|---|
| 通道数 | 4 |
| 最大模拟带宽 | 5 GHz |
| AC 直接输出 | −20 dBm～+10 dBm |
| 无杂散动态范围 | −70 dBc |
| 可变采样时钟 | 支持 |
| 最大同步通道数 | 256 |
| 通道间偏移重复性 | 10 ps |
| 最大存储深度 | 最大 4 Gpts，每通道 1.5 Gpts |
| 高级序列任意波形创建 | 支持 |

（2）DG5000 系列函数/任意波形发生器

DG5000 系列函数/任意波形发生器集任意波形发生器、脉冲发生器、IQ 基带源/中频源、跳频源、码型发生器、函数发生器等 6 个器件的功能于一身，其实物如图 2-48 所示。DG5000 系列函数/任意波形发生器采用 DDS 技术，可生成稳定、精确、纯净和低失真的输出信号；具有人性化的界面设计和键盘布局；具有丰富的标准配置接口，可实现远程控制。该系列仪表包括单通道、双通道型号，双通道型号中两通道的功能完全对等，通道间相位精确可调。

其功能特点如下。

① 1 GSa/s 的采样率，128 MB 的任意波形长度。

② 支持内外 IQ 调制功能。

③ 丰富的模拟/数字调制功能。

④ 丰富的扫频功能（标配）。

⑤ 直观的 IQ 信号星座图显示。

⑥ 选配跳频功能。

⑦ 丰富的接口，支持数字逻辑信号输出。

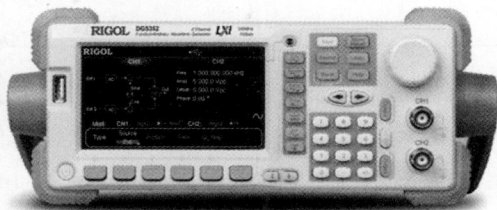

图 2-48　DG5000 系列函数/任意波形发生器实物

（3）其他系列函数/任意波形发生器

普源精电其他系列函数/任意波形发生器的功能特点如表 2-6 所示。

表 2-6　普源精电其他系列函数/任意波形发生器的功能特点

| 系列号 | 采样率/<br>（MSa·s⁻¹） | 最高输出频率/<br>MHz | 功能特点 |
|---|---|---|---|
| DG800 | 125 | 35 | • 采用 SiFi Ⅱ 技术，逐点生成任意波形，精确输出高质量波形；<br>• 内置 8 次谐波发生器；<br>• 标配波形叠加以及通道跟踪功能 |

| 系列号 | 采样率/（MSa·s⁻¹） | 最高输出频率/MHz | 功能特点 |
|---|---|---|---|
| DG900 | 250 | 100 | • 采用 SiFi Ⅱ 技术，逐点生成任意波形，精确输出高质量波形；<br>• 内置最高 8 次谐波发生器；<br>• 250 MSa/s 的采样率及 16 Mpts 的存储深度 |
| DG1000 | 200 | 60 | • 内置高精度、宽频带频率计，可测量范围：100 mHz～200 MHz（单通道）；<br>• 配置任意波形编辑软件 Ultrawave；<br>• 采用先进的 DDS 技术，双通道输出，14 bit 的垂直分辨率；<br>• 输出线性/对数扫描和脉冲串波形；<br>• 丰富的输入和输出：波形输出、同步信号输出、外接调制源、外接 10 MHz 参考时钟源、外触发输入 |
| DG2000 | 250 | 100 | • 采用 SiFi Ⅱ 技术，逐点生成任意波形，精确输出高质量波形；<br>• 内置最高 8 次谐波发生器；<br>• 250 MSa/s 的采样率及 16 Mpts 的存储深度 |
| DG4000 | 500 | 200 | • 内置 150 种任意波形；<br>• 多种扫频模式；<br>• 噪声发生功能和突发模式功能；<br>• 高达 16 次的谐波输出的功能 |

**3. 思仪科技函数/任意波形发生器**

中电科思仪科技股份有限公司（简称思仪科技）出品的 1652A 函数/任意波形发生器的采样率为 2.5 GSa/s，垂直分辨率为 14 bit，最高输出频率为 500 MHz（直流耦合模式），双通道，存储深度为 1 Gpts/Ch；1652B 函数/任意波形发生器的采样率为 5 GSa/s（插值到 10 GSa/s），垂直分辨率为 16 bit，最高输出频率为 4 GHz，有双通道、4 通道可选，存储深度为每通道 2 Gpts。以上型号可以实现常规函数波形产生、可编辑任意波形产生、环境模拟信号产生、I/Q 矢量基带信号产生等，内置任意波形编辑、公式编辑等功能，支持定时播放、外触发播放、循环播放等多种播放方式，每次播放的次数可自定义，并支持通道间同步、多台仪器间同步等，主要用于通信设备、导航设备等，以及半导体芯片的测试与试验，也可为相关电子设备的调试提供函数激励信号。

思仪科技 1652AM 任意波形发生器是另一款多通道、多功能的任意波形发生器。它在兼顾输出信号高质量的同时实现了高通道密度。它可与其他通用或专用模块化测试仪器构成综合测试系统或平台，支持众多解决方案，包括量子计算机调控信号生成、大规模多输入多输出（MIMO）信号生成、多通道相干信号生成等。

1652AM 标配 4 通道，单台整机可根据用户需求最多配置 64 通道，所有通道可精密同步输出，且信号输出时延可精确调节。多台整机之间同样具备同步机制，同步精度不下降。每条通道均具备 512 Mpts 的存储深度，可独立编程，能实现常规函数波形产生、可编辑任意波形发生等功能。任意波形播放支持定时播放、外触发播放、循环播放等多种播放方式，每次播放的次数可自定义。

1652AM 配备了独特的高精度同步定时器，其采用新型高精度数字延迟架构，可实现通道间/多模块间/多机箱间精密同步，如图 2-49 所示。任意波形模式下：同一模块内 4 条通道同步精度可达 30 ps；不同模块间、多机箱间通过定时同步器，实现高精度的信号输出同步，同步精度同样可达 30 ps；每条通道输出信号的时延独立可调，调节步进为 1 ps 级。

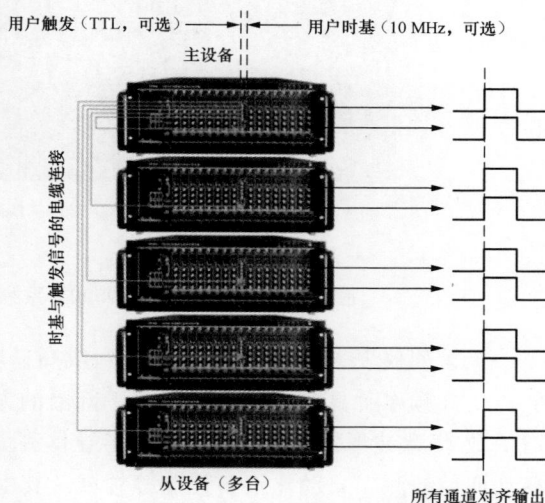

图 2-49　1652AM 任意波形发生器多机箱间精密同步

1652AM 针对脉冲信号做了特殊的算法优化，可以在保证较短信号边沿时间的同时实现低过冲、高平坦度、高通道密度的脉冲信号生成，如图 2-50 所示，可满足量子计算调控脉冲信号生成的要求。

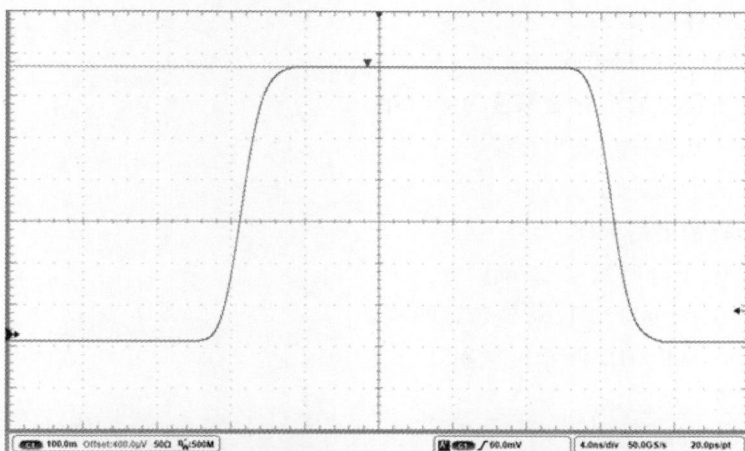

图 2-50　1652AM 任意波形发生器生成低过冲、高平坦度、高通道密度的脉冲信号

### 4. 优利德函数/任意波形发生器

优利德 UTG9000T 系列函数/任意波形发生器如图 2-51 所示，该系列拥有 3

个型号：UTG9604T、UTG9504T 和 UTG9354T。

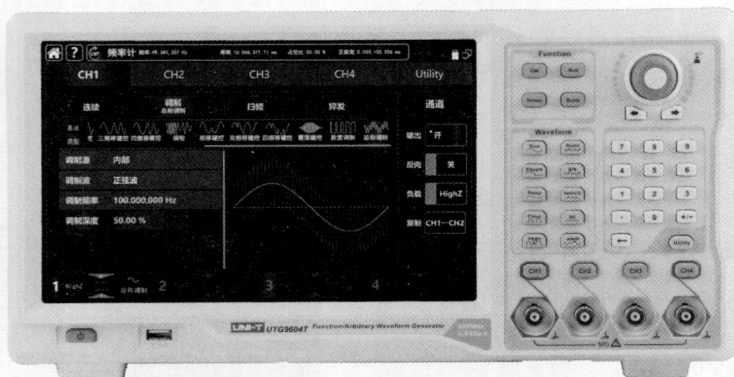

**图 2-51　优利德 UTG9000T 系列函数/任意波形发生器**

该系列仪表采用 DDS 技术，可生成高精度、稳定、纯净、低失真的信号，还能提供高频率且具有快速上升沿和下降沿的方波，是一款高性能、多功能的 4 通道函数/任意波形发生器，可应用于半导体测量、电子设备开发、高等教育及科研、移动通信检测、自动化设备控制等领域。其主要功能特点如下。

① 10 in 高清电容触摸屏。

② 4 通道输出。

③ 9 种基本波形。

④ 15 种调制信号。

⑤ 4 种频率扫描模式。

⑥ 最大任意波形存储深度为 64 Mpts。

⑦ 超 200 组任意波形存储。

⑧ 16 次谐波输出。

⑨ 一键输出信噪比。

⑩ 上升/下降时间＜1.5 ns。

⑪ 1 mHz～600 MHz 可调带宽噪声。

⑫ 带有 800 MHz 高精度频率计。

⑬ 数字协议输出。

⑭ 任意波形编辑器。

⑮ 通道合并与通道耦合。

优利德 UTG9000T 系列函数/任意波形发生器不同型号的技术指标如表 2-7 所示。

**表 2-7　优利德 UTG9000T 系列函数/任意波形发生器不同型号的技术指标**

| 指标名 | 指标值 | | | | | |
|---|---|---|---|---|---|---|
| | 主通道 CH1、CH2 | | | 辅通道 CH3、CH4 | | |
| | UTG9604T | UTG9504T | UTG9354T | UTG9604T | UTG9504T | UTG9354T |
| 正弦波频率/MHz | 600 | 500 | 350 | 200 | 200 | 160 |
| 采样率/（GSa·s⁻¹） | 2.5 | | | 625 | | |
| 垂直分辨率/bit | 16 | 14 | | 16 | | |
| 工作模式 | 连续、调制、扫频、脉冲串、频率计、数字协议输出 | | | | | |
| 连续信号 | 正弦波、方波、斜波、脉冲波、谐波、噪声、PRBS、直流（DC）、任意波形 | | | | | |
| 调制类型 | AM、FM、PM、DSB-AM、QAM、ASK、FSK、3FSK、4FSK、PSK、BPSK、QPSK、OSK、PWM、SUM | | | | | |
| 扫频类型 | 线性、对数、步进、列表 | | | | | |
| 脉冲串类型 | $N$ 周期、门控、无限 | | | | | |
| 数字协议类型 | SPI、I²C、UART | | | | | |
| 硬件频率 | 100 mHz～800 MHz、直流/交流耦合 | | | | | |
| 频率分辨率/μHz | 1 | | | | | |
| 正弦波频率范围 | 1 μHz～600 MHz | 1 μHz～500 MHz | 1 μHz～350 MHz | 1 μHz～200 MHz | 1 μHz～200 MHz | 1 μHz～160 MHz |
| 方波/脉冲波频率范围 | 1 μHz～200 MHz | 1 μHz～160 MHz | 1 μHz～120 MHz | 1 μHz～−60 MHz | 1μHz～60MHz | 1 μHz～50 MHz |
| 斜波频率范围 | 1 μHz～30MHz | 1 μHz～30 MHz | 1 μHz～20 MHz | 1 μHz～−10 MHz | 1μHz～10MHz | 1 μHz～8 MHz |
| 噪声频率范围 | 1 mHz～600 MHz | 1 mHz～500 MHz | 1 mHz～350 MHz | 1 mHz～200 MHz | 1mHz～200MHz | 1 mHz～160 MHz |
| 任意波形频率范围 | 1 μHz～100 MHz | 1 μHz～100 MHz | 1 μHz～80 MHz | 1 μHz～−60 MHz | 1μHz～60MHz | 1 μHz～50 MHz |
| PRBS 传输速率范围 | 1 μbit/s～120 Mbit/s | 1 μbit/s～120 Mbit/s | 1 μbit/s～80 Mbit/s | 1 μbit/s～60 Mbit/s | 1 μbit/s～60 Mbit/s | 1 μbit/s～40 Mbits |
| 谐波频率范围 | 1 μHz～300 MHz | 1 μHz～250 MHz | 1 μHz～175 MHz | 1 μHz～100 MHz | 1 μHz～100 MHz | 1 μHz～80 MHz |
| 通信接口 | USB Host、USB Device、LAN | | | | | |

### 5. 玖锦科技任意波形发生器

成都玖锦科技有限公司（简称玖锦科技）开发的典型任意波形发生器型号是 MAG2000A，其外形如图 2-52 所示。

MAG2000A 任意波形发生器具备带宽大、使用灵活的优点，大量应用于常规测试、信号模拟、多通道相参测试等领域，其应用范围比较广泛，具体可实现采集记录的宽带信号的实时回放、MIMO 系统的设计与验证、复杂电磁信号的模拟等应用。

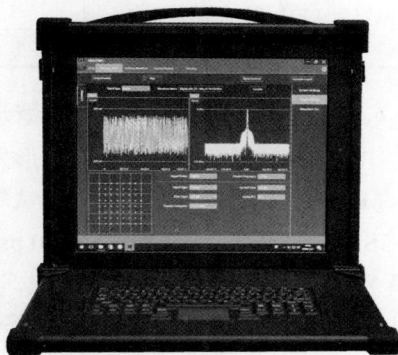

图 2-52　玖锦科技 MAG2000A
任意波形发生器外形

MAG2000A 任意波形发生器软件集成了丰富的多制式信号库,用户可便捷地生成所需信号波形,而无须额外的波形生成软件辅助。同时,用户也可使用第三方仿真软件生成自定义波形,再通过波形导入界面轻松导入、播放,实现仿真模拟到真实还原的转换。MAG2000A 除具备一般任意波形发生器的特点,还具备以下扩展的功能和特点:运算时间短、能够产生多种不同的信号、能够模拟信号叠加、能够进行长时间播放、能够模拟静态目标方位、能够模拟动态目标信号、能够进行多目标模拟等。

MAG2000A 任意波形发生器的技术指标如表 2-8 所示。

表 2-8  MAG2000A 任意波形发生器的技术指标

| 指标名 | 指标值 |
|---|---|
| 垂直分辨率 | 16 bit |
| 最大调制带宽 | 2 GHz(大带宽)、1.6 GHz(高采样率) |
| 最高采样率 | 大带宽:5 GSa/s(10 GSa/s,通过内插实现双倍数据速率) |
| | 高采样率:6 GSa/s(12 GSa/s 通过内插实现双倍数据速率) |
| 有效输出频率 | 4 GHz(采样率为 10 GSa/s)、4.8 GHz(采样率为 12 GSa/s) |
| 频率分辨率 | 0.01 Hz |
| AC 耦合直接输出幅度范围 | $-17\sim-5$ dBm |
| AC 耦合直接输出幅度精度 | ±0.5 dB |
| AC 耦合直接输出幅度分辨率 | 0.1 dB |
| AC 耦合放大输出选件幅度范围 | $-85\sim+10$ dBm(10 MHz~4 GHz) |
| | $-85\sim+5$ dBm(4~4.8 GHz) |
| AC 耦合放大输出选件幅度精度 | ±0.5 dB |
| AC 耦合放大输出选件幅度分辨率 | 0.1 dB |
| AC 直接输出平坦度(典型值) | ±2.0 dB(10 MHz~2 GHz) |
| AC 放大输出平坦度(典型值) | ±2.0 dB(10 MHz~2 GHz) |
| 偏置为 1 kHz 时的相位噪声(典型值) | 小于$-115$ dBc/Hz(输出频率为 1 GHz),相参模式 |
| | 小于$-90$ dBc/Hz(输出频率为 1 GHz),非相参模式 |

## 6. 中星联华科技多通道任意波形发生器

中星联华科技多通道任意波形发生器与数字化仪目前已广泛应用于量子计算、MIMO 测试、微波和雷达测试等领域,ADC 位数为 14 bit,最大采样率为 1.2 GSa/s,通道间时延精度为 200 ps,输出频率范围为 DC 至 500 MHz,每条通道最多可支持 512 M 波形样点。

该仪表整机采用 3U 插卡结构,其外形如图 2-53 所示,包含 1 个系统槽位、1 个时钟槽位和 16 个外设槽位等,单机箱能够支持最多 64 路任意波形发生器或 64 路数字化仪,通道间支持独立运行及同步输出,可多机箱同步,应用程序接口

（API）支持 Python、C++、MATLAB、.NET 等程序设计语言。

**图 2-53　中星联华科技多通道任意波形发生器外形**

此外，高速串行误码仪本质上是一种具备误码分析功能的码型信号发生器，典型型号如中星联华科技 XBERT 系列高速串行误码仪，其脉冲码型发生器（PPG）差分信号输出幅度从 100～1200 mV 可调，支持各种常用的码型（PRBS7/9/11/13/15/23/31、PRBS7Q～PRBS31Q、SSPRQ、用户自定义码型），可支持 NRZ 和 PAM4 信号生成及对应的误码检测，最高速率可达到 56 Gbaud。

该仪表采用可插拔式多通道模块化设计，如图 2-54 所示，有 1～8 通道可选，通道间时间差可调，且选件可支持相位调节、高压输出、抖动注入、噪声注入等功能。

该仪表具备丰富的抖动注入功能（包括正弦抖动 SJ、周期抖动 PJ、随机抖动 RJ 和有界无界抖动 BUJ），抖动频率可以达到 250 MHz，且具备扩频时钟（SSC）注入和噪声注入功能（包括直接媒体接口 DMI、截波多路转换器接口

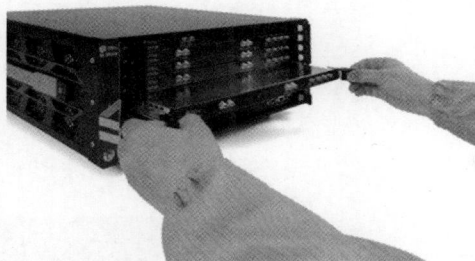

**图 2-54　中星联华科技 XBERT 系列高速串行误码仪**

CMI 和宽带噪声）。在误码分析方面，其支持眼图特征信息分析功能、前向纠错（FEC）分析功能、误码率门限时间设置功能等。

### 7. 北京瑞天智讯高压快沿脉冲源

Marx 源架构决定了其输出波形的参数可调自由度不大，故市面上缺乏通用的设备型号（主要以针对特定应用场景的定制开发为主）。北京瑞天智讯信息技术有限公司（简称北京瑞天智讯）与我国高校合作，已经开发多款 Marx 源架构高压快沿脉冲源，其外形采用标准尺寸铝合金机箱，典型外机箱尺寸为 50 cm×18 cm×50 cm。

高压快沿脉冲源由上位机模块、电源模块、脉冲模块等组成，如图 2-55 所示。其中，脉冲模块是核心部分。

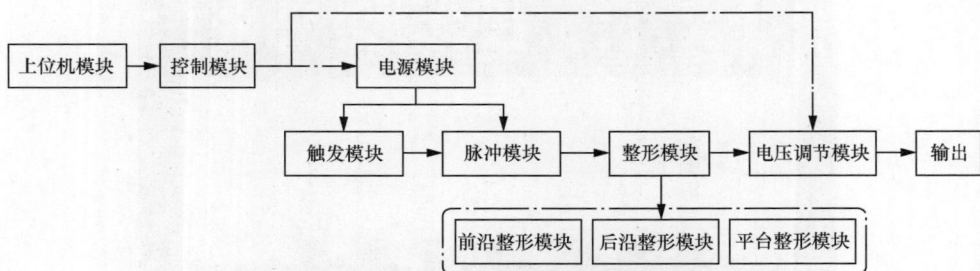

图 2-55　高压快沿脉冲源的组成

高压快沿脉冲源的核心技术是触发电路设计和器件键合工艺，从而可以兼顾 100 ps 量级的上升沿和千伏级的电压输出。其可定制的参数如下。

① 脉宽：500 ps～5 ns。

② 脉冲波形式：高斯脉冲、准方波脉冲。

③ 脉冲极性：正极性、负极性，可配用于极性转换的巴伦转换器。

④ 输出接口形式：50 Ω 同轴接口，SMA 或者 N 型接口。

⑤ 最高脉冲输出电压：10 kV（与波形有关）。

⑥ 电压调节方式：数控衰减器，1 dB 步进。

⑦ 最高重复频率：≥50 kHz（与最高脉冲输出电压相关）。

⑧ 最小 20%～80%上升沿：≤100 ps。

⑨ 工作温度范围：−20～30 ℃。

其已经开发产品的典型输出波形如图 2-56～图 2-58 所示。

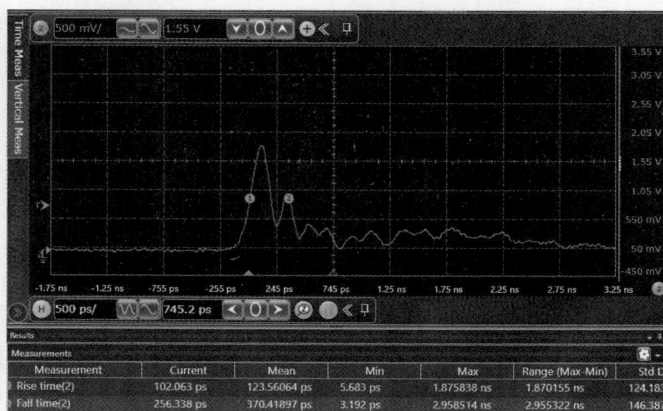

图 2-56　正极性高斯脉冲输出的衰减后波形，实际峰值电压约 6 kV（图中①和②是测量标记）

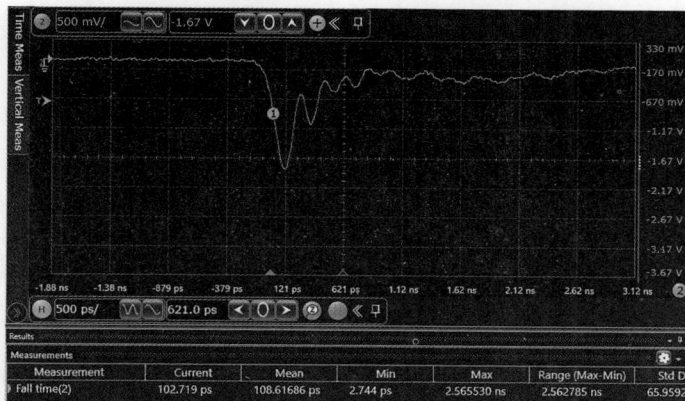

图 2-57　负极性高斯脉冲输出的衰减后波形，实际峰值电压约 **9 kV**（图中①和②是测量标记）

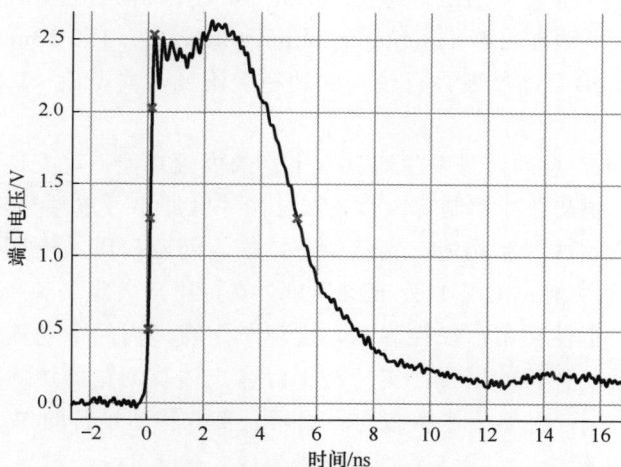

图 2-58　准方波脉冲输出的衰减后波形，实际峰值电压约 **230 V**，
**20% ~ 80%**上升时间为 **97 ps**，**50% ~ 50%**脉宽为 **5.1731 ns**

## 2.2.2　典型模拟信号发生器介绍

模拟信号发生器是微波测量仪器中应用范围最广泛的仪器之一，被应用于各类整机、系统及部件的测试中，用来提供激励或模拟仿真信号。下面介绍其典型型号。

**1. 思仪科技模拟信号发生器**

思仪科技模拟信号发生器产品覆盖射频、微波、毫米波和太赫兹波段等，在模拟信号发生领域，可提供超过 170 dB 动态范围的标准正弦信号输出和模拟调制信号输出，宽带同轴型仪器频率可达 110 GHz，频率分辨率可达 0.001 Hz，并可通过倍频源模块将频率扩展至 750 GHz。模拟调制方式包括幅度调制、频率调制、相位调制及脉冲调制等，调制波形有正弦波、三角波、锯齿波、方波、扫频正弦波、双正弦波等。其中，思仪科技 1466 系列信号发生器是一款面向微波、毫米波尖端测试的通用测试仪器。

思仪科技 1466 系列信号发生器无须外接变频器，直接同轴输出频率范围为 6 kHz～110 GHz，保证了输出信号幅度具有更高精度和更大动态范围。同时支持外接 8240X 系列变频器，可将频率进一步扩展至 750 GHz。

思仪科技 1466 系列信号发生器具有较高的频谱纯度：1 GHz 载波单边带相位噪声典型值为−145 dBc/Hz@10 kHz 频偏；10 GHz 载波典型值为−132 dBc/Hz@10 kHz 频偏。10 GHz 载波杂散＜−80 dBc，谐波＜−55 dBc。

思仪科技 1466 系列信号发生器的最大输出功率典型值：5 GHz 时为+27 dBm；20 GHz 时为+24 dBm；30 GHz 时为+25 dBm；60 GHz 时为+22 dBm；110 GHz 时为+3 dBm。其最小输出功率（minimum output power）为−150 dBm（可设置），动态范围超过 170 dB。该仪表具有较高的功率准确度，典型值＜0.5 dB（20 GHz 以下）。

思仪科技 1466 系列信号发生器具有丰富的内置功能：可支持幅度调制、频率调制、相位调制及脉冲调制等；具备双脉冲、脉冲串、重频参差、重频抖动、重频滑变等复杂脉冲调制功能；支持步进扫描、列表扫描、模拟扫描（斜坡扫描）、功率扫描等功能；采用 11.6 in 触摸屏，支持用户自定义菜单，根据测试习惯，可量身定制个性化用户操控界面，实现一个窗口内的多功能操作，避免菜单层级太多、反复查找的困扰；支持跨平台客户端及浏览器访问操控；支持同时连接多个客户端，仪器工作状态同步刷新；支持移动设备的 Web 浏览器访问控制；支持 SCPI 指令同步录制，脚本一键生成，不仅可以一键导出录制的 SCPI 指令，还能自动生成 C++、C#、QT、MATLAB、LabWindows/CVI 等的程控示例工程。

在终端测试应用方面，思仪科技推出的 1435 系列信号发生器基于创新的技术实现了性能、经济性、体积及质量的平衡设计，1 GHz 载波@10 kHz 频偏的单边带相位噪声达到−136 dBc/Hz，10 GHz 载波@10 kHz 频偏的单边带相位噪声达到−116 dBc/Hz；具有高功率输出和大动态范围，最大输出功率可达 20 dBm@20 GHz，动态范围大于 150 dB；可实现快速频率切换，频率切换时间约 1 ms；具有性能优异的模拟调制、脉冲调制功能；采用先进的频率合成和射频通道信号处理技术，获得高性能的同时降低了成本；具有 7 in 触摸 LED（发光二极管）屏，同时支持触摸屏、面板按键、旋转按钮、外接鼠标及键盘等多种操作方式；采用 3U 便携式机箱结构，体积小、质量轻，便于携带。1435 系列信号发生器既可以满足研发阶段对性能测试的需求，也可以满足生产阶段对高效率测试的需求。思仪科技 1435 系列信号发生器外观如图 2-59 所示。

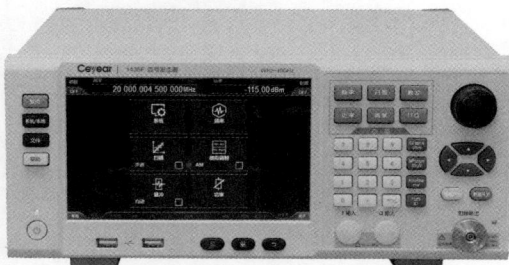

图 2-59 思仪科技 1435 系列信号发生器外观

**2. 思仪科技捷变信号发生器**

思仪科技推出的 1451 系列捷变信号发生器采用 DDS 技术和直接模拟合成技术（DAS）相结合的设计方案，实现覆盖 10 MHz～3 GHz/20 GHz/40 GHz 全频段的频率捷变，功率捷变动态范围大于 60 dB，捷变时间小于 200 ns。该仪器拥有高频率分辨率、低相位噪声和高的频谱纯度，还具备调频、调相、调幅、脉冲调制等功能，通过灵活的序列编辑界面，可实现多参数调制捷变和灵活多变的多序列点捷变输出。该仪表通过网络接口控制，可实现外部直接频率控制和外部序列控制；提供外部中频输入接口，可作为捷变上变频器使用。该仪表提供 GPIB（通用接口总线）、LAN、USB、VGA（视频图形阵列）等标准接口，可外接键盘、鼠标进行操作，采用 10.1 in 大屏幕液晶显示，可多窗口操作。该仪表可满足跳频通信等领域对捷变信号激励与信号模拟的需求。

**3. 中星联华科技模拟信号发生器**

中星联华科技推出的 SLFS 系列微波模拟信号发生器是一款低相位噪声、高功率输出的微波信号发生器。该产品不同型号的频率范围为 9 kHz～12 GHz、24 GHz、40 GHz、45 GHz 和 67GHz 等，频率分辨率低至 0.001 Hz，并具备窄脉冲调制功能，可实现多通道相参信号输出，单机最高可支持 8 条通道，每条通道频率、功率独立可调，也可联动调节，支持双音信号输出。SLFS 系列微波模拟信号发生器在要求低相位噪声（相位噪声-115 dBc/Hz@10GHz 频偏 1 kHz）、大动态输出功率范围（输出功率范围为-120 dBm～+20 dBm）、多通道同步测试和便携性的应用领域有着良好的表现。

此外，中星联华科技 SLFS-Pro 系列低相位噪声微波信号发生器的频率范围为 5 kHz～3 GHz、6 GHz、12 GHz、24 GHz、45 GHz、50 GHz 和 67 GHz 等，并具备窄脉冲调制功能，最小脉宽为 20 ns。该产品相位噪声＜-132 dBc/Hz（@10 GHz，10 kHz 偏移，典型值），适用于需要纯净射频信号的应用，产品可实现多通道相参信号输出，每条通道频率、功率独立可调，亦可联动调节，还可支持双音信号输出。

中星联华科技 SLFS 系列微波模拟信号发生器如图 2-60 所示。

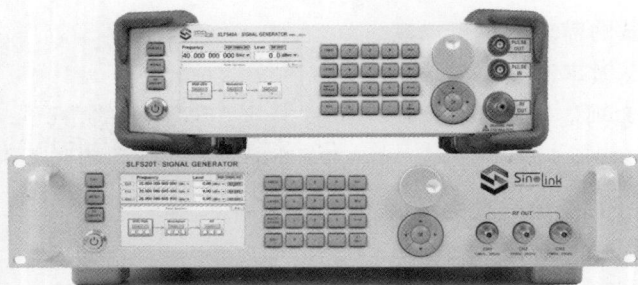

图 2-60　中星联华科技 SLFS 系列微波模拟信号发生器

中星联华科技 SLFS 系列微波模拟信号发生器的相关应用有本振替代、元器件/微波组件测试、接收灵敏度测试、相控阵天线测试、ADC 测试等。

中星联华科技还推出了多通道相参信号发生器，支持射频输出范围为 10 MHz～24 GHz/40 GHz，各通道之间独立可控，相位严格相关，具有良好的频率精度和频率稳定性。该仪器具备高频参考输入和输出端口，可以保证多条输出通道及多台仪器间的相位严格相关并保持长时间稳定，恒温下连续工作 24 h 相位偏移不超过 1°，各通道相位可以任意调节，相位步进 0.1°。在相控阵天线测试中，该仪表可快速产生多路相参激励信号，并分别对每一路激励信号的幅度/相位进行精确控制，模拟相控阵天线实际动态扫描的场景。中星联华科技多通道相参信号发生器如图 2-61 所示。

图 2-61　中星联华科技多通道相参
信号发生器

此外，我国还有玖锦科技 ASG3000B 型射频模拟信号发生器，依据不同的配置，频率覆盖范围为 8 kHz～6 GHz/20 GHz/40 GHz，部分频段最大输出功率可达 30 dBm。限于篇幅，这里不展开说明。

### 2.2.3　典型倍频源模块介绍

思仪科技在更高频段毫米波信号生成方面，提供了倍频源模块毫米波扩频解决方案。其中，82401/06 系列倍频源模块如图 2-62 所示，可实现信号发生器的频率扩展，分频段实现 50～500 GHz 信号的产生，可满足毫米波雷达、通信、雷达散射截面等对高频信号的测试需求。

该系列倍频源模块可与信号发生器搭建成毫米波、太赫兹信号发生系统，如图 2-63 所示，倍频源模块所需射频信号通过射频电缆从信号发生器输入，软件控制通过 USB 电缆实现，倍频源模块使用时的频率、功率等参数由信号发生器控制，电源通过专用的电源适配器提供。该系列倍频源模块与思仪科技信号发生器连接可实现型号自动识别，直观显示状态。

图 2-62　82401/06 系列倍频源模块

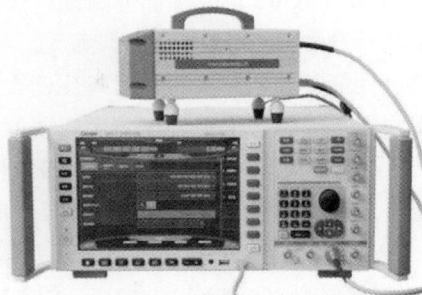

图 2-63　82401/06 系列倍频源模块与信号发生器

思仪科技 82401/06 系列倍频源模块主要型号的技术指标如表 2-9 所示。

表 2-9　思仪科技 82401/06 系列倍频源模块主要型号的技术指标

| 指标名 | 指标值 | | | | |
| --- | --- | --- | --- | --- | --- |
| | 82406 | 82401N | 82406A | 82401QA | 82406B |
| 输出频率范围/GHz | 50～75 | 60～90 | 75～110 | 90～140 | 110～170 |
| 输出功率/dBm | ≥+13 | ≥+11 | ≥+10 | ≥+5 | ≥+2 |
| 倍频系数 | 4 | 6 | 6 | 6 | 12 |
| 输入频率范围/GHz | 12.5～18.75 | 10～15 | 12.5～18.33 | 15～23.33 | 9.17～14.17 |
| 外形尺寸（宽×高×深，无护角） | 120 mm×85 mm×240 mm | | | | |
| 电源输入形式 | 15 V 适配器 | | | | |
| 功耗/W | ≤30 | | | | |
| RF 输入接口 | 3.5 mm 阴头连接器 | | | | |
| 输出接口 | WR14.8 | WR12.2 | WR10.0 | WR8.0 | WR6.5 |
| 指标名 | 指标值 | | | | |
| | 82406C | 82401SA | 82406D | 82401TA | 82406E |
| 输出频率范围/GHz | 170～220 | 170～260 | 220～325 | 260～400 | 325～500 |
| 输出功率/dBm | ≥-2 | ≥-6 | ≥-8 | ≥-12 | ≥-18 |
| 倍频系数 | 12 | 12 | 18 | 18 | 36 |
| 输入频率范围/GHz | 14.17～18.33 | 14.17～21.67 | 12.22～18.06 | 14.44～22.23 | 9.02～13.89 |
| 外形尺寸（宽×高×深，无护角） | 120 mm×85 mm×240 mm | | | | |
| 电源输入形式 | 15 V 适配器 | | | | |
| 功耗/W | ≤30 | | | | |
| RF 输入接口 | 3.5 mm 阴头连接器 | | | | |
| 输出接口 | WR5.1 | WR4.3 | WR3.4 | WR2.8 | WR2.2 |

## 2.2.4　典型矢量信号发生器介绍

### 1．坤恒顺维矢量信号发生器

KSW-VSG02 是成都坤恒顺维科技股份有限公司（简称坤恒顺维）研发的高端矢量信号发生器，可以配置成双通道，频率范围为 100 kHz～44 GHz，具备优异的矢量调制性能，其内置基带信号发生器设置简单、性能灵活、调制样式多，还可以根据用户需求编辑、下载并配置所需要的波形，进行各种复杂信号模拟。该仪表具备最大 2 GHz 的射频带宽，可满足大带宽信号模拟需求；可生成高质量连续波和矢量调制信号，既是理想的本振源和时钟源，也是高性能的复杂矢量调制模拟仿真信号发生器；采用专利的 IQ 调制器校准方法，能实现闭环、实时校准，实现优良的本振泄漏、镜像抑制和调制信号平坦度指标。KSW-VSG02 的技术指标如表 2-10 所示。

表 2-10　KSW-VSG02 的技术指标

| 指标名 | 指标值 |
| --- | --- |
| 频率范围 | 100 kHz～44 GHz |
| 通道数目 | 单通道或双通道 |
| 功率范围 | −120～+21 dBm |
| 调制带宽 | ≤2 GHz |
| 样点存储（内存） | 2 GSa |
| 波形存储（硬盘） | 1 TSa |
| 内部基带最大 IQ 采样率 | 1.5 GHz@Fc≤3 GHz；<br>3.0 GHz@Fc＞3 GHz |
| 频率切换时间 | ≤20 ms |
| 杂散抑制 | ≤−75 dBc@F≤6 GHz；<br>≤−62 dBc@F≤20 GHz；<br>≤−55 dBc@F≤44 GHz |
| 谐波抑制 | ≤−30 dBc |
| EVM | ＜0.5%@典型值：BW = 200 MHz，QPSK |
| ACPR | ＜−68 dBc@WCDMA 64DPCH，1.8～2.2 GHz；<br>＜−53 dBc@5G NR，FR1，100 MHz，256QAM |
| 带内平坦度 | ≤±1.0 dB@BW＜2 GHz |
| 频率准确度/频率稳定度 | ≤0.5×$10^{-7}$ |
| 相位噪声 | ＜−140 dBc@F=1 GHz，20 kHz 频偏 SSB（标配）；<br>＜−120 dBc@F=10 GHz，20 kHz 频偏 SSB（标配）；<br>＜−146 dBc@F=1 GHz，20 kHz 频偏 SSB（低相位噪声选件）；<br>＜−130 dBc@F=10 GHz，20 kHz 频偏 SSB（低相位噪声选件） |
| 脉冲调制 | 关断比＞80 dB，上升/下降时间＜10 ns |
| 窄带脉冲 | 30 ns |
| 输出功率分辨率 | 0.01 dB |

续表

| 指标名 | 指标值 |
|---|---|
| 输出功率精度 | $<0.6\ \text{dB@F}\leq 6\ \text{GHz},\ P_{\text{out}}\geq -100\ \text{dBm}$；<br>$<0.9\ \text{dB@F}\leq 20\ \text{GHz},\ P_{\text{out}}\geq -100\ \text{dBm}$；<br>$<1.2\ \text{dB@ F}\leq 40\ \text{GHz},\ P_{\text{out}}\geq -100\ \text{dBm}$ |
| 输出功率动态范围 | $-120\sim +18\ \text{dBm(PEP)@100 kHz}\sim 10\ \text{MHz}$；<br>$-120\sim +21\ \text{dBm(PEP)@10 MHz}\sim 6\ \text{GHz}$；<br>$-120\sim +18\ \text{dBm(PEP)@6}\sim 20\ \text{GHz}$；<br>$-120\sim +14\ \text{dBm(PEP)@20}\sim 40\ \text{GHz}$；<br>$-120\sim +12\ \text{dBm(PEP)@40}\sim 44\ \text{GHz}$ |
| 支持触发输入输出、参考时钟输出 | 10 MHz、100 MHz |
| 外部参考时钟输入 | 5～100 MHz |
| 外部控制接口 | LAN、SCPI 指令 |

## 2. 思仪科技矢量信号发生器

思仪科技在矢量调制信号发生领域，可提供最高频率达到 67 GHz 的高性能矢量信号发生器系列产品，内部调制带宽可达 2 GHz，外部宽带调制带宽为 5 GHz，调制方式有 PSK、APSK、MSK、QAM、FSK 等，具备序列编辑与播放功能，支持任意波形的导入与播放，可满足蜂窝移动通信、卫星通信等的测试需求。

在通信信号模拟领域，基于高性能矢量信号发生器和通信信号模拟软件，可实现 5G NR、LTE/LTE-A、GSM/EDGE、NB-IoT、Wi-Fi 等的协议物理层信号模拟，具备频分双工/时分双工（FDD/TDD）模式，具有上下行子帧配置/资源分配、TestModel/FRC 标准样式信号，具有带内、保护带、独立 3 种蜂窝物联网部署模式，支持多天线、多用户、载波聚合、跨载波调度、EPDCCH（增强型物理下行控制信道）、半持续调度等关键特性模拟，覆盖 IEEE 802.11a/b/g/n/ac/ax 标准规定的各类无线局域网（WLAN）协议，满足蜂窝移动通信、蜂窝物联网、WLAN 设备的多种测试需求。

其中，思仪科技 1466D-V 系列信号发生器配合模拟软件可实现多场景信号仿真模拟，满足蜂窝移动通信、卫星通信、WLAN 等复杂场景的测试需求，具有大屏触控图形引导交互、移动端浏览器访问控制、多厂家功率计连接识别、多客户端部署、SCPI 命令录制、操控界面自定义等一系列新功能。思仪科技 1466D-V 系列信号发生器如图 2-64 所示。

思仪科技 1466D-V 系列信号发生器 10 GHz 载波相位噪声典型值为 −132 dBc/Hz@ 10 kHz 频偏；最大输

图 2-64　思仪科技 1466D-V 系列信号发生器

出功率典型值在 5 GHz 时为+27 dBm，20 GHz 时为+24 dBm，30 GHz 时为+25 dBm，

60 GHz 时为+22 dBm；具有优异的功率准确度，典型值＜0.5 dB（20 GHz 以下）。此外，1466D-V 系列信号发生器能够提供最大 2 GHz 的射频调制带宽，根据不同应用场景，支持 500 MHz、1 GHz、2 GHz 带宽灵活选配，使用外部宽带基带信号输入时，射频调制带宽为 5 GHz，QPSK 调制 EVM 实测值为 0.4%（2 GHz 载波），5G NR 的邻信道泄漏比（ACLR）典型值为−55 dBc@2 GHz 载波和−45 dBc@42.5 GHz。该仪表支持多机级联，可为 MIMO、波束赋形、信号分集测试提供解决方案。

1466D-V 系列信号发生器具有以下丰富的内置功能。

① 支持幅度调制、频率调制、相位调制及脉冲调制等，具备双脉冲、脉冲串、重频参差、重频抖动、重频滑变等复杂脉冲调制功能。

② 支持步进扫描、列表扫描、模拟扫描（斜坡扫描）、功率扫描等功能。

③ 支持 30 多种数字标准调制信号（PSK 信号、FSK 信号、QAM 信号、APSK 信号）的产生，包括数字通信重要频段和调制样式。

④ 支持用户自定义任意波形数据变采样率播放功能。配合便捷基带预览功能，方便在时域和频域验证数据的正确性。

⑤ 支持连续波多音及复杂多载波调制功能。

⑥ 支持纯噪声、加性高斯白噪声、连续波干扰等加干扰功能。

⑦ 支持包括线性调频、巴克码、调相码等多类型脉内调制。

⑧ 支持实时衰落模拟。最多支持衰落路径 20 条，支持纯多普勒、瑞利、莱斯、瑞利+对数正态等衰落类型，支持预设衰落场景模式，可模拟 3GPP 定义的衰落信道模型。

⑨ 支持移动通信信号模拟。面向移动通信基站或终端测试，1466D-V 系列信号发生器通过内嵌包含 5G NR 在内的 600 多种 TestModel/FRC，支持标准协议信号的一键模拟及多种通信协议信号的灵活编辑。

⑩ 支持 WLAN 信号模拟。面向 WLAN 终端研制、生产的测试，具备 IEEE 802.11a/b/g/n/ac/ax 无线信号模拟功能。

面向终端测试应用，思仪科技推出的 1435B-V 系列信号发生器的频率范围为 9 kHz～6 GHz，具备 200 MHz 的内部调制带宽和齐全的数字调制样式，可满足各种宽带数字调制信号的模拟需求；单边带相位噪声在 1 GHz 载波@10 kHz 频偏条件下为−136 dBc/Hz，在 6 GHz 载波@10 kHz 频偏条件下为−120 dBc/Hz；具有高输出功率和大动态范围，最大输出功率可达 22 dBm@3 GHz；采用 3U 便携式机箱结构，体积小、质量轻，便于携带。1435B-V 系列信号发生器如图 2-65 所示。

**3. 创远信科矢量信号发生器**

T3661A 是创远信科推出的一款矢量信号发生器，如图 2-66 所示，其具有良好的射频性能和矢量调制特性。

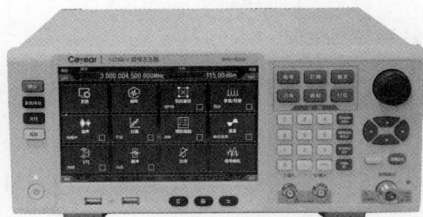

图 2-65　1435B-V 系列信号发生器

图 2-66　T3661A 矢量信号发生器

T3661A 矢量信号发生器具有以下特点。

① 频率范围：1 MHz～6 GHz/12.75 GHz。

② 调制带宽高达 400 MHz。

③ 内部基带单路时钟采样率可达 491.52 MHz，适用于更多的场景。

④ 用户可以自定义任意波形。

⑤ 支持脉冲调制。

⑥ 良好的频率、功率、频谱纯度、EVM、ACPR 等指标。

⑦ 操作界面友好、直观、使用方便。

T3661A 矢量信号发生器的技术指标如表 2-11 所示。

表 2-11　T3661A 矢量信号发生器的技术指标

| 指标名 | 指标值 |
| --- | --- |
| 频率范围 | 1 MHz～6 GHz/12.75 GHz |
| 功率范围 | −120～+20 dBm |
| 功率精度 | ±0.5 dB（−20～+1 dBm） |
| 谐波 | −40 dBc（幅度＜0 dBm） |
| 分谐波 | −80 dBc |
| 非谐波 | −70 dBc |
| 单边带相位噪声（10 GHz 载波、10 kHz 频偏时） | −126 dBc/Hz |
| 邻道泄漏比 ACLR（QPSK，输出功率为 0 dBm，带宽为 100 MHz，频率为 2.6 GHz） | −55 dBc |
| 内置基带信号发生器的调制带宽 | 400 MHz |

T3661A 矢量信号发生器具有较小的 EVM，在 1 MHz、QPSK 条件下，EVM 仅为 0.2%。图 2-67 所示为该仪器在 5G NR 256QAM FRI 100 MHz 条件下测得的 EVM。

基于高性能的平台，T3661A 矢量信号发生器可以满足绝大多数信号模拟需求，并可提供定制服务。图 2-68、图 2-69 所示为 T3661A 矢量信号发生器发射 5G NR 信号的测量结果。

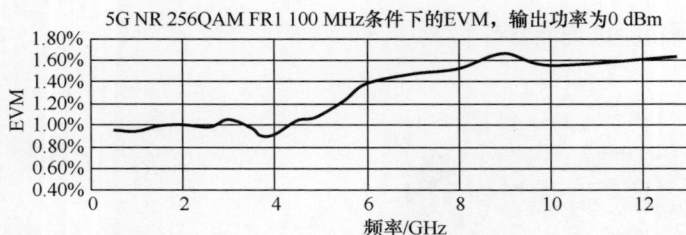

图 2-67　T3661A 矢量信号发生器在 5G NR 256QAM FRI 100 MHz 条件下测得的 EVM

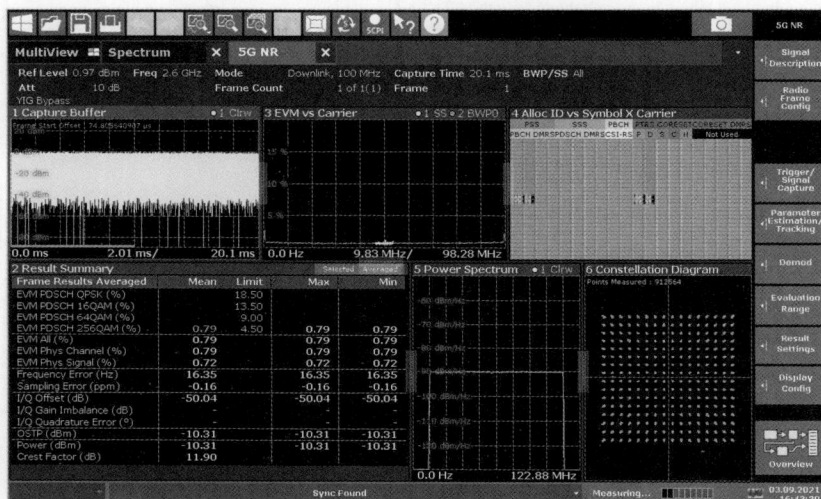

图 2-68　T3661A 发射 5G NR TM3.1A FR1 FDD 100 MHz 信号的 EVM 测量结果

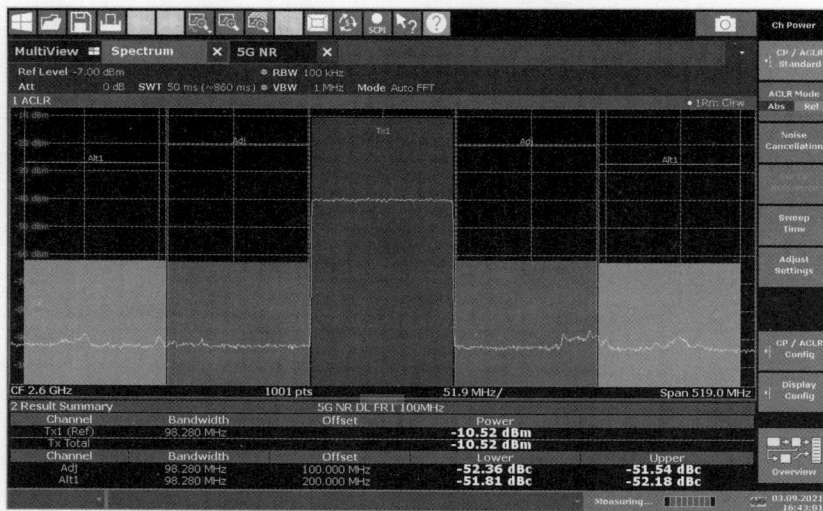

图 2-69　T3661A 发射 5G NR TM3.1A FR1 FDD 100 MHz 信号的 ACLR 测量结果

#### 4. 中星联华科技矢量信号发生器

中星联华科技矢量信号发生器如图 2-70 所示。

中星联华科技矢量信号发生器的主要技术指标及特点如下。

图 2-70　中星联华科技矢量信号发生器

① 频率范围：100 kHz～3 GHz /6 GHz/12 GHz/20 GHz/44 GHz/50 GHz/67 GHz。

② 输出功率范围：−110～+15 dBm。

③ 相位噪声：−138 dBc/Hz@1 GHz 频偏 10 kHz。

④ 调制带宽为 2 GHz。

⑤ 支持数字调制。

⑥ 支持多音信号。

⑦ 支持多载波数字调制。

⑧ 支持雷达脉冲信号产生。

⑨ 支持高斯噪声。

⑩ 支持跳频信号。

⑪ 支持预失真校准等功能。

#### 5. 鼎阳科技矢量信号发生器

对于鼎阳科技 SSG3000X、SSG5000X、SSG5000A、SSG6000A 系列矢量信号发生器，最高输出频率为 40 GHz，最大输出功率为+26 dBm，内部基带源带宽为 150 MHz；支持多种调制方式，包括 AM/FM/PM 模拟调制、脉冲调制、IQ 调制等；搭配电容触摸屏，支持外接鼠标、键盘，支持远程桌面。典型型号 SSG5000X 系列矢量信号发生器的介绍如下。

SSG5000X 系列矢量信号发生器如图 2-71 所示，其输出频率范围为 9 kHz～6 GHz，电平设置范围为−140～26 dBm，幅度精度 ≤ 0.7 dB；标配 AM/FM/PM 模拟调制，同时有脉冲调制、脉冲序列发生、功率计控制等功能；内置 IQ 基带源，可产生常用的数字调制信号，包括 5G NR、WLAN、LTE、

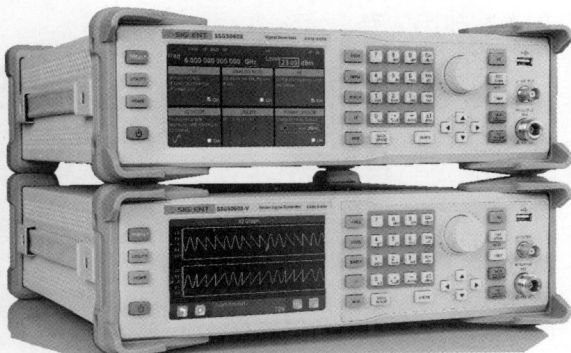

图 2-71　SSG5000X 系列射频信号发生器

Bluetooth 等常用通信协议信号；射频输出具有出色的 150 MHz 宽带特性、合适的 ACPR，可满足研发、生产等各种环境下的应用。

该仪表的设计特色如下。

① 脉冲序列输出，最多可支持 2047 个脉冲，如图 2-72 和图 2-73 所示。

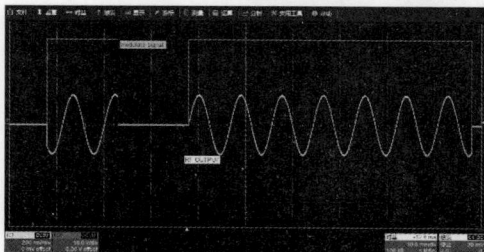

图 2-72　双脉冲序列输出

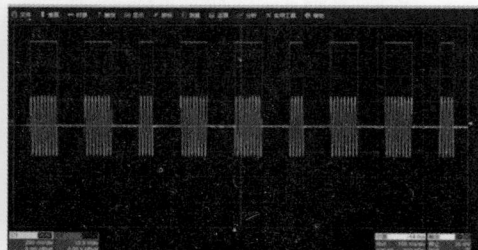

图 2-73　多脉冲序列输出

② 采用 ARB 模式：除了通常的任意波形模式，还可以加入实时 AWGN，如图 2-74 所示。

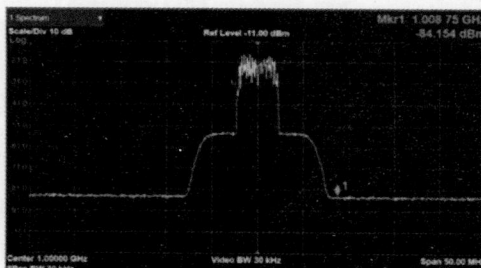

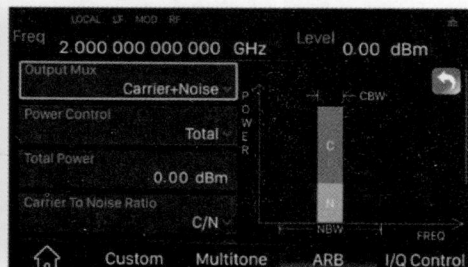

图 2-74　ARB 模式下调制信号加入实时 AWGN

**6. 玖锦科技矢量信号发生器**

玖锦科技开发的多通道相参信号发生器 MCSG5000A 是一款特殊的矢量信号发生器，如图 2-75 所示。

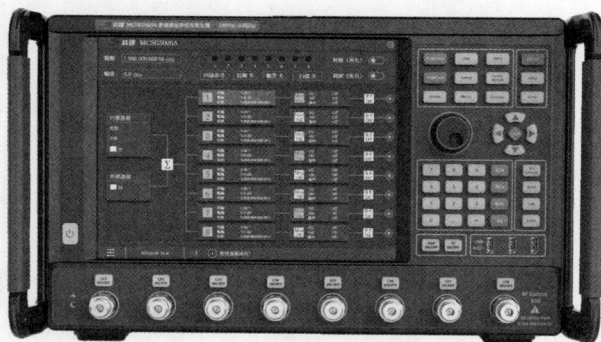

图 2-75　玖锦科技 MCSG5000A 多通道相参信号发生器

　　MCSG5000A 多通道相参信号发生器是一款通道间相参调整准确度高、稳定度高的相干多通道信号发生器，为移动通信、卫星通信、卫星导航、相控阵雷达、电子侦察与电子对抗等电子设备科研、生产领域提供关键技术支撑。

　　多通道相参信号发生器主要由高稳频率源单元、相干基带信号产生单元、相干微波变频与调理单元、全相干自校准单元、主控单元等组成，如图 2-76 所示。

　　（1）高稳频率源单元：为信号发生器提供高稳定性和高精度的参考、本振和触发信号。

　　（2）相干基带信号产生单元：实现频率调制、相位调制、幅度调制、脉冲调制、线性调频等多种调制类型信号的基带输出，并完成幅度、相位、时延等参数的配置和调节。相干基带信号产生单元支持内部数据源和外部数字 IQ 信号输入。

　　（3）相干微波变频与调理单元：实现信号频率扩展，频率范围为 1 MHz～50 GHz，并进行输出信号功率调理，输出信号功率范围为 −90～+5 dBm。

　　（4）全相干自校准单元：采用网络分析技术，通过多通道比幅/比相，实际监控测量输出微波信号的幅相误差并通过相干基带信号产生单元进行调整，保证输出幅相一致。

　　（5）主控单元：完成系统参数配置和单元控制。控制信息主要通过总线与背板传输。

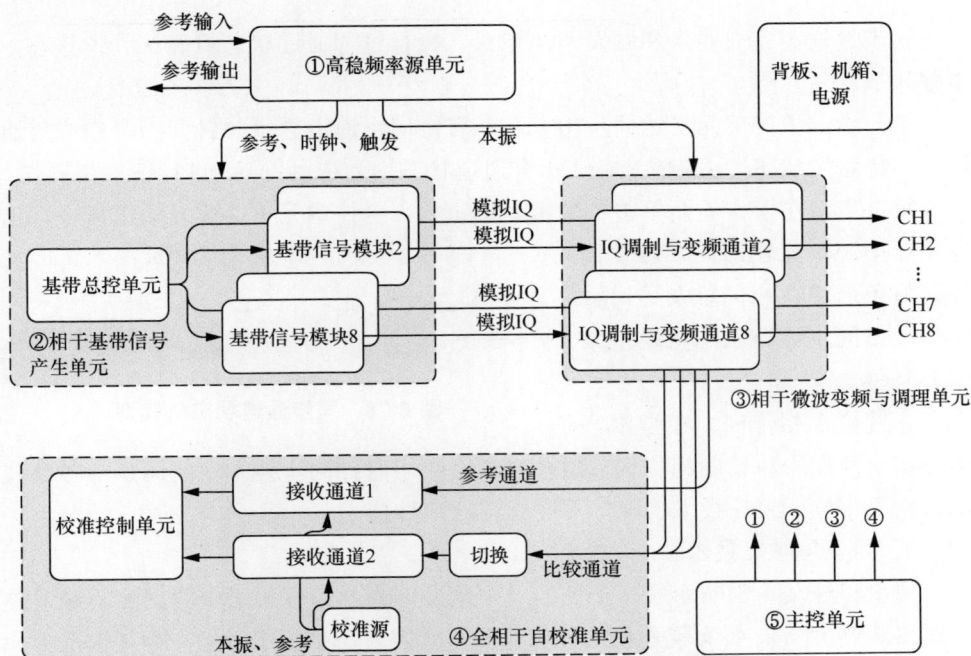

图 2-76　多通道相参信号发生器的组成

多通道相参信号发生器的技术核心包含发枪令相干同步模型和微波实时相干自校准模型。

（1）发枪令相干同步模型

在发枪令相干同步模型中，多通道、多板卡状态机形成了统一的同步机制，所有的同步和触发均通过统一的主控单元发送指令实现，每条需同步的输出通道均需确认后方能输出信号，类似体育比赛中的发枪令功能，如图 2-77 所示。

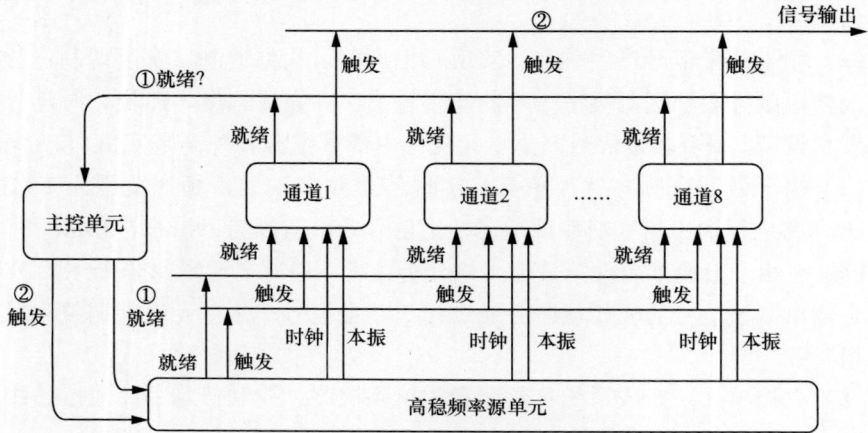

图 2-77　发枪令相干同步模型示意

同步过程需完成同步和触发两个步骤，执行过程通过状态机确认具体状态，步骤如下。

第一步，主控单元下达同步指令，所有待同步通道进行时钟同步，完成后通道处于待触发状态，主控单元确认所有通道状态均为待触发后，进行下一步操作。

第二步，在操作界面单击"输出"按钮后，主控单元下达触发输出指令，由高稳频率源单元输出同步触发信号，每条通道在相同触发边沿输出信号。同步通道状态机模型如图 2-78 所示。

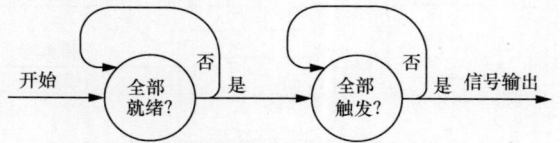

图 2-78　同步通道状态机模型

在发枪令相干同步模型中，相位相干性保障和精确相位调节通过高精度数字时钟同步技术中的同步与触发技术和相干相位一致性技术实现。下面介绍这两种技术。

① 同步与触发技术。

同步和触发是影响系统相干性的一个重要因素。相位相干中的同步与触发技术如图 2-79 所示。要实现系统的时钟同步，就需要在系统中设置一个（也是唯一的一个）时钟信号源，虽然每个模块都可以自行产生时钟信号，但是每个系统中只能设置一个时钟信号源，这是因为每个模块中的时钟信号决定模块的采样频率，时钟信号不一致会导致采样频率不统一，系统达不到同步工作状态，会出现噪声等问题。在设计相干系统时，采用一个同步模块作为时钟信号源，将该模块产生的时钟信号输入数字模块。

在多通道相干应用中，有 3 种同步方式，即级联同步、并联同步，以及混合同步，根据不同的需要可以选择不同的同步方式。

（a）级联同步不需要额外的同步模块，但其缺点是随着同步模块的增加，同步时钟的稳定性会降低，从而降低系统相干性指标。

（b）并联同步需要外接同步模块，其主要缺点是一个同步模块能够同步的数字模块比较少。在优点方面，并联同步连接时钟的器件减少，能够保证比级联同步更高的稳定性。

（c）混合同步则同时兼顾上述两种方式，将相邻的模块级联，并将其作为一个整体并联在同步模块下面。

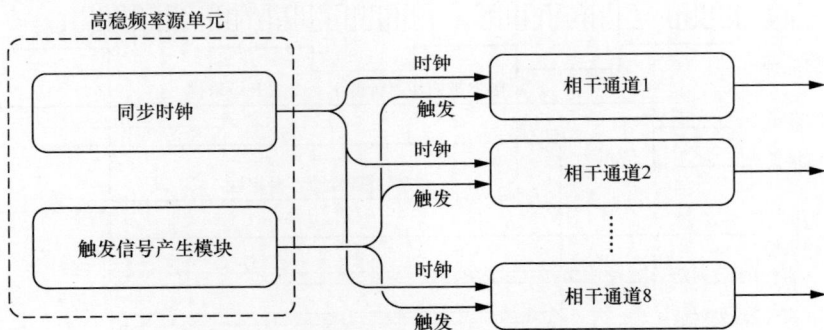

图 2-79　相位相干中的同步与触发技术

触发时延如图 2-80 所示，表示从触发信号的上升沿到信号开始输出的这段时间，触发时延通常可分为固定时延（由线缆时延和异步电路引起）、数值确定的时钟周期时延（由内部触发器引起）和数值不确定的时钟周期时延。

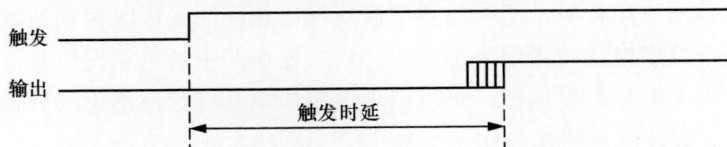

图 2-80　触发时延

例如，在 14 位模式下的触发时延计算公式为

$$14位模式下的触发时延 = \underbrace{2.6 \text{ ns}}_{\text{固定时延}} + \underbrace{7680 \text{ clkcycles}}_{\text{数值确定的时钟周期时延}} \pm \underbrace{24 \text{ clkcycles}}_{\text{数值不确定的时钟周期时延}} \quad (2\text{-}14)$$

式中，clkcycles 指时钟周期。

如图 2-81 所示，数值不确定的时钟周期时延是通过重复触发事件观察到的触发时延的不确定性变化。

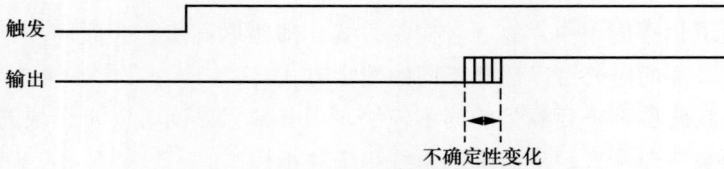

图 2-81　触发时延的不确定性变化

采样率越低，相应的数值不确定的时钟周期时延会越长。虽然固定时延可以很容易地通过系统设置来补偿，但是触发时延的不确定性是许多应用不可接受的。同步时钟减少触发时延的原理如图 2-82 所示。

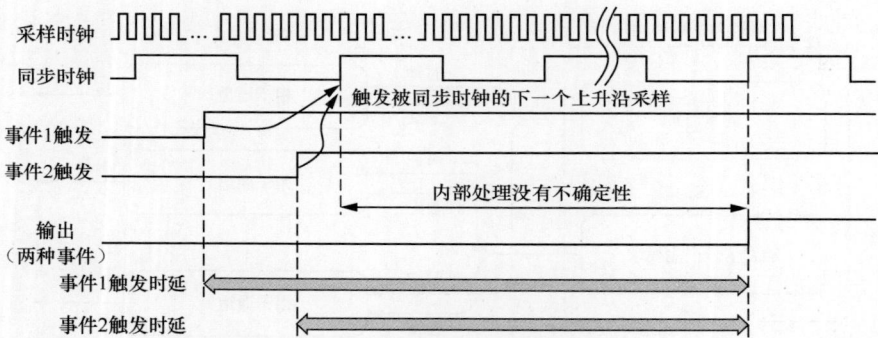

图 2-82　同步时钟减少触发时延的原理

为了减少触发时延的不确定性，应确保触发输入与数字模块外部输入的同步时钟是同步的。

为了使用多个数字模块产生多通道的信号输出，应使用同步模块进行触发同步。在同步模式下运行时，所有的数字模块使用相同的采样时钟和开始播放的时间。其中一个数字模块被指定为主模块。将主模块产生的主触发信号送入同步模块中，通过多个同步触发接口，可以同步触发多个具有数值确定的时钟周期时延的数字模块，以实现多通道相干信号输出。

② 相干相位一致性技术。

为保证应用要求的相干相位一致性，需同时保证数字模块与模拟电路的严格相干，数字模块应具备微小步进时延调节能力。

（a）各数字模块尽可能采用多通道 DAC，使用同源采样时钟，即可确保模块之间的通道相位相干，降低系统校准难度。

（b）采用多通道时钟输出芯片驱动各数字模块，各数字模块的采样时钟需具备精细调节能力，调节步进应满足系统校准需求。

（c）各数字模块可满足时钟校准需求，能够补偿系统校准误差。

（d）数字模块的基带处理部分需支持微小步进的延迟调整，具备幅度修正等能力。

（2）微波实时相干自校准模型

建立微波实时相干自校准模型需要以下关键技术。

① 超宽带耦合技术。

为了对发射功率进行精准的监控和形成闭环电平控制，需要实时从输出信号中提取一小部分进行功率测量。对信号进行提取时一般采用耦合法或者电桥法，对应的器件是定向耦合器和射频方向性电桥。

（a）定向耦合器。

定向耦合器的主要设计目标是在其带宽内使耦合因子保持恒定，因此，带宽受耦合因子限制。要实现大带宽，一个可行的设计方法是采用等纹波响应或切比雪夫响应。定向耦合器与射频方向性电桥的区别之一是，定向耦合器是理想的无损耗器件，其功率不是被耦合（到耦合端口或者内部负载）就是通过耦合器传输出去。隔离损耗 $L_{coupler}$ 与耦合因子 $C_{coupler}$ 的近似关系表示为

$$L_{coupler} = 20\lg[1-(C_{coupler})^2] \qquad (2\text{-}15)$$

定向耦合器通常有 3 种类型：波导耦合器、微带线耦合器和电介质条状线耦合器。波导耦合器在毫米波频段上较常用，但是由于波导的窄带性质，它仅能用于窄带上。波导耦合器是一个四端口设备，其主臂通过孔洞通向第 2 个波导。第 2 个波导可以有 1～2 个端口连接内部终端。耦合是对称的：理论上可以把任意端口当成耦合端口，但在实际使用中通常在耦合臂上嵌入负载。根据波导耦合器的基本功能，前向耦合波来自离测试端口最近的波导端口。

微带线或电介质条状线耦合器使用不同的电磁结构来完成耦合。它们的耦合端口是离测试端口最远的一个端口。如图 2-83（a）所示，端口①～④分别为电长度为 $\theta$ 的微带线耦合器的输入端口、耦合端口、隔离端口和直通端口。在图 2-83（b）中，$I_1$ 是输入端电流，$I_L$ 是 $I_1$ 在耦合线上的感应电流、$I_{C_2}$ 和 $I_{C_3}$ 是通过耦合电容耦合到耦合线两端的电流。微带线耦合器主要有一个不足之处，就是在微带线中存在一些色散，耦合线中的奇模波与偶模波实际经过的电介质不同，导致它们的传播速率也不同，进而要制造出具有良好隔离性的微带线耦合器非常困难。因此，许多耦合器采用悬空的电介质条状线。电介质条状线耦合器拥有相当稳定

的耦合性与隔离因子。

实际应用中，定向耦合器输出阻抗的匹配非常重要。测试端口的不匹配会导致方向性（directivity）测试结果的误差较大。定向耦合器的输出端口不匹配会影响方向性的测试结果。耦合器输出端口的不匹配和输入端口的不匹配会影响源的匹配。当测试端口有较大的反射信号时，源的匹配会影响耦合端口测量到的功率。这种情况下测试端口处的反射信号在输入端口处再次反射，测试端口处又二次反射，最终叠加到总的反射信号中，导致耦合端口处产生功率误差。

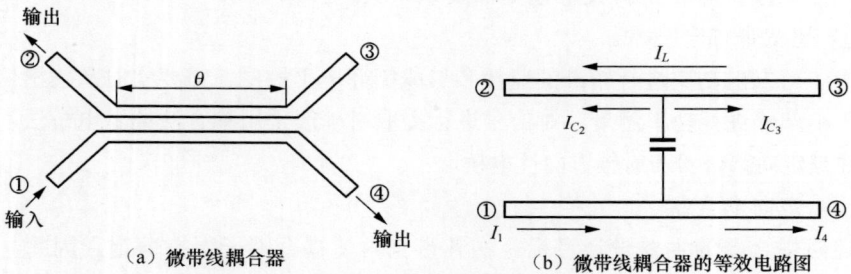

（a）微带线耦合器　　　　（b）微带线耦合器的等效电路图

图 2-83　微带线耦合器

（b）射频方向性电桥。

射频方向性电桥的重要特性是在相当宽的频率范围内，甚至在极低的频率上，能够保持良好的耦合性与隔离性。常见的射频方向性电桥的实现形式是平衡惠斯通电桥，对这一简单的电桥进行改进可以创造出性能与定向耦合器性能极为相似的元件，同时拥有更宽的频率范围与极低的工作频率。平衡惠斯通电桥通常用于计量领域，在这种情况下，可以利用平衡直流电阻负载路径来测试各种参数。图 2-84 所示为平衡惠斯通电桥的一种常见表示法，图中，$V_S$ 是信号源输出电压，$R_S$ 是信号源内阻，$R_1$、$R_2$、$R_3$、$R_4$ 分别是电桥的 4 个臂，当 $R_{det}$ 中无电流时，电桥处于平衡状态，此时 $V_d^+ = V_d^-$。

② 微波通道幅相校准技术。

在 MCSG5000A 多通道相参信号发生器中，最多支持 8 路相干信号的输出，在实际应用中，参考频率、触发时延、采样时钟、本振稳定度等因素都会影响多通道信号的相干性，甚

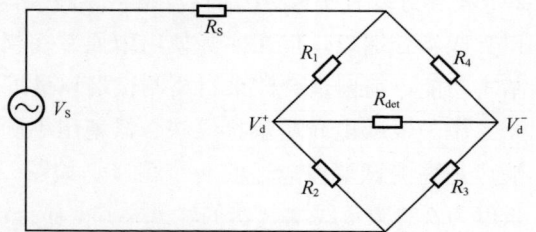

图 2-84　平衡惠斯通电桥的一种常见表示法

至连接线缆、信号的频率以及设备使用环境的温度都会对信号造成影响。因此，在产生多通道相干信号时，应该综合考虑多种因素。

在宽频率范围条件下，以各通道间器件的稳定性和一致性来保证通道具有严

格幅相一致性比较困难，因此，需要对通道幅相进行实时测量和校准。幅相校准硬件通道的设计和高效、准确的校准算法将直接影响多通道相干系统的性能。微波通道幅相技术指标如表 2-12 所示。

**表 2-12　微波通道幅相技术指标**

| 指标名 | 指标值 |
|---|---|
| 频率范围 | 1 MHz～50 GHz |
| 频率分辨率 | 1 MHz～20 GHz（0.1 Hz）；<br>20～40 GHz（0.05 Hz）；<br>40～50 GHz（0.1 Hz） |
| 功率分辨率 | 0.1 dB |
| 相参通道数 | 8 |
| 通道间相位调节范围 | 0°～360° 或 −180°～+180° |
| 通道间相位调节分辨率 | 0.1° |

除了前面介绍的 MCSG5000A 多通道相参信号发生器，玖锦科技还推出了一款 PXIe 模块化矢量信号发生器 MSG2000A，这种结构的仪表方便在机架、工业场合集成安装，该仪表外形如图 2-85 所示。

MSG2000A 技术指标如表 2-13 所示。

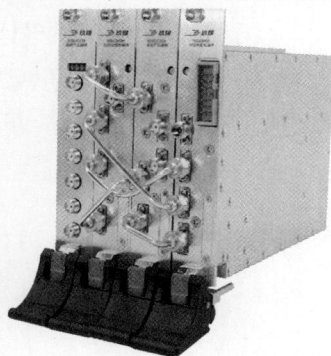

**图 2-85　玖锦科技 PXIe 模块化矢量信号发生器 MSG2000A 外形**

**表 2-13　MSG2000A 技术指标**

| 指标名 | 指标值 |
|---|---|
| 频率范围 | 250 kHz/10 MHz～6 GHz /20 GHz /40 GHz |
| 调制带宽 | ≤100 MHz |
| 功率范围 | −120～+8 dBm/+18 dBm |
| 结构形式 | 标准 PXIe 模块 |

## 2.3　有关信号发生器的测试实例

### 2.3.1　调节 IQ 平衡和本振泄漏

本实例展示在 1 GHz 的频点下调节 IQ 平衡和本振泄漏。下面首先介绍 IQ 调节原理，其次使用鼎阳科技 SSG5000X 系列射频信号发生器进行操作演示。

**1. IQ 调节原理**

为简化叙述，下面使用单音信号进行分析。假设一个 IQ 基带信号是单音信号，载波信号角频率是 $\omega_c$。基带信号 $V(t)$ 在正交坐标系上是一个以角速度 $\omega$ 旋转的矢量圆，可表示为

$$V(t) = \exp(j\omega t) \qquad (2\text{-}16)$$

调制到射频后，对应信号表示为

$$C(t) = \cos\omega_c t \cos\omega t + \sin\omega_c t \sin\omega t = \cos(\omega_c - \omega)t \qquad (2\text{-}17)$$

显然，$C(t)$ 是一个单音信号，但是调制信号往往存在 IQ 增益不平衡、幅度不平衡、载波泄漏（carrier leakage）等缺陷。如果 $V(t)$ 在调制过程中存在 IQ 增益不平衡度 $g$ 和相位不平衡度 $\varphi$，且存在一定的载波泄漏 $A_L$，$C(t)$ 变换为 $C_{im}(t)$，即

$$C_{im}(t) = \cos\omega_c t \cos(\omega t + \phi) + g\sin\omega_c t \sin\omega t + A_L \cos\omega_c t \qquad (2\text{-}18)$$

$C(t)$ 的理论频谱如图 2-86 所示。用三角函数积化和差公式进行分析，可知 $C_{im}(t)$ 的频谱如图 2-87 所示，多了角频率为 $\omega_c$ 的载波信号和角频率为 $(\omega_c+\omega)$ 的镜像信号。

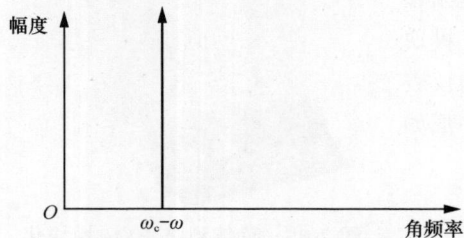

图 2-86　$C(t)$ 的理论频谱　　　　图 2-87　$C_{im}(t)$ 的频谱

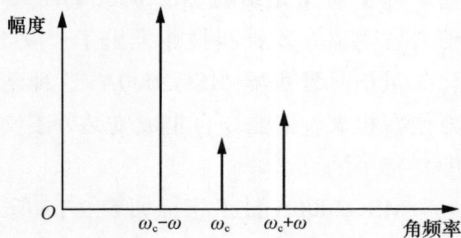

IQ 调节的原理是信号经过调整 IQ 调制的正交相位和 IQ 直流偏置，达到抑制信号的本振泄漏和镜像信号的目的，只保留想得到的单边带信号。

**2. 使用鼎阳科技 SSG5000X 系列射频信号发生器进行操作演示**

（1）以 ARB 模式播放单音信号波形

① 输出载波，选择 ARB 模式，基带波形是一个单音信号，如图 2-88 所示。

图 2-88　波形选择

② 在频谱分析仪上观察调制后的信号频谱，如图 2-89 所示。

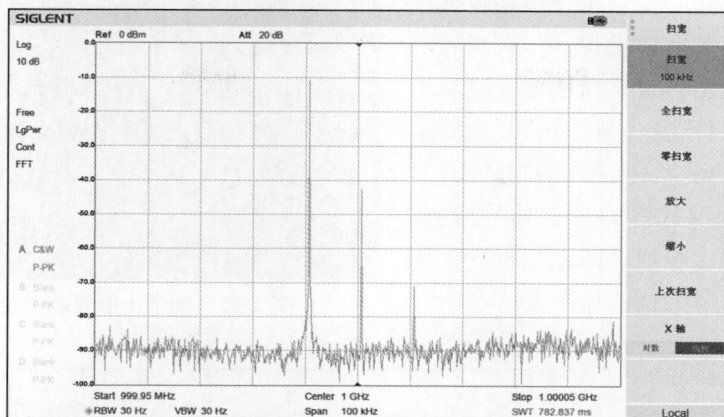

图 2-89　调制后的信号频谱

（2）调节 IQ 镜像

选择正交相位调节，如图 2-90 所示，微调到使镜像泄漏最小，并在频谱分析仪上观察频谱，如图 2-91 所示。

（3）调节本振泄漏

调节本振泄漏通过调节 I 偏置和 Q 偏置实现，步骤如下。

图 2-90　正交相位调节

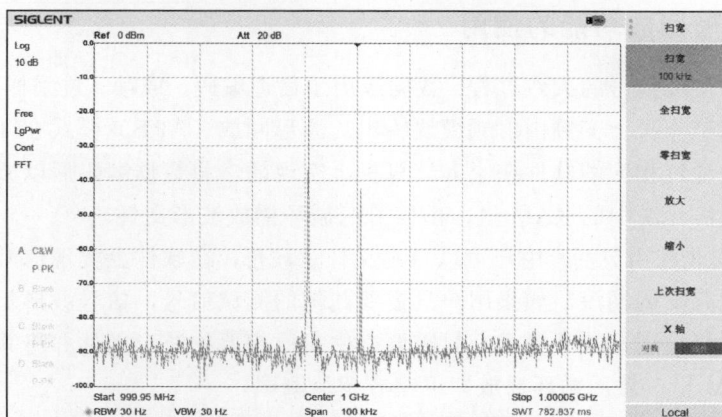

图 2-91　调节 IQ 镜像后的频谱

① 调 I 偏置或者 Q 偏置某一路，往本振泄漏幅度会减小的方向微调，一直调到本振泄漏幅度不再减小或者开始增大。

② 调另外一路，也是往本振泄漏幅度会减小的方向微调，一直调到本振泄漏幅度不再减小或者开始增大。

③ 一直重复步骤①和②，直到本振泄漏无法调小，如图 2-92 所示。

④ 输出 I 路和 Q 路的信号，并在频谱分析仪上观察频谱，如图 2-93 所示，可知调节的目的基本实现。

**图 2-92　调节 I 偏置和 Q 偏置**

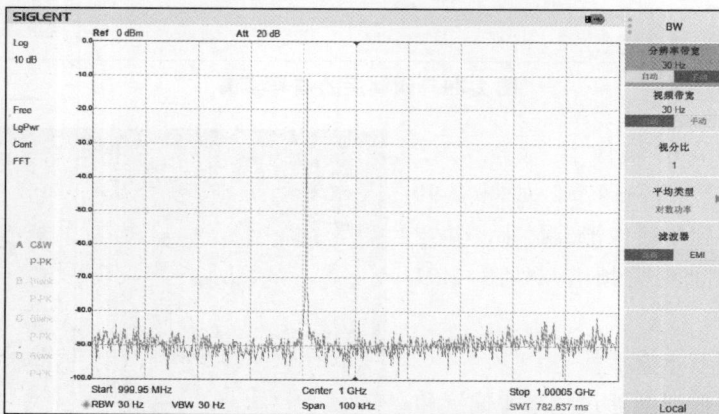

**图 2-93　调节 IQ 镜像和本振泄漏后的频谱**

## 2.3.2　波形回放功能的使用

信号源生成信号的大致过程：数据经历了信道编码、成帧、过采样后经 DAC 转换成模拟信号再上变频由射频模块输出。波形回放（ARB）模式在 DAC 之前的过程都是通过相应的软件在个人计算机上实现的，将数据编码后以波形文件的形式存储到信号源中的 RAM 里，由信号源循环播放波形文件。

ARB 模式应用灵活，用户可以自定义任意波形，在软件上实现信号处理的难度低，因此开发周期短。如果用户只需要几帧的测试信号，信号波形长度较短，那么推荐用户使用 ARB 模式，只需要产生自己想要的波形文件并将其存储到信号源的 RAM 里，然后循环播放即可完成相关测试。

本节主要介绍使用鼎阳科技 SSG5000X 系列射频信号发生器在 ARB 模式下设置衰减、设置标识、设置触发、设置多载波等功能，并使用示波器和频谱分析仪观察演示效果。

首先介绍几个重点概念，其次介绍如何为 QPSK_Halfsin 波形设置衰减等。

缩放：设置波形段的幅度缩放百分比。

削峰：对波形段进行圆形削峰或矩形削峰。通过削峰降低峰值平均功率比，减少频谱增生。削峰通过把 $I$ 数据和 $Q$ 数据削减到最高峰值的选定百分比，来限制波形功率峰值。

圆形削峰：$|I+jQ|$ 削减应用到合成 $I/Q$ 数据中（$I$ 和 $Q$ 数据同等削减）。削减电平对所有矢量相位恒定不变，在矢量表示中表现为一个圆，如图 2-94 所示。

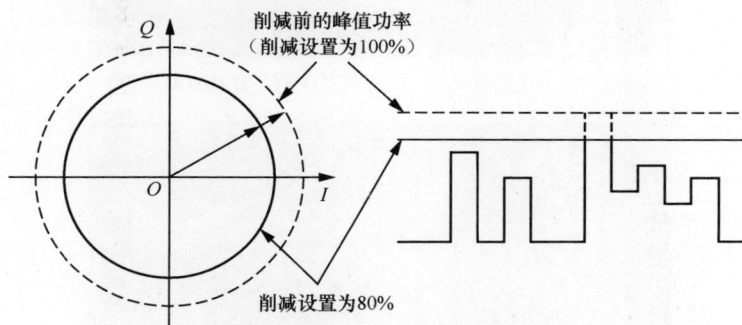

图 2-94　圆形削峰

### 1. 设置衰减

本示例介绍如何为 QPSK_Halfsin 波形设置衰减并用示波器观察，具体步骤如下。

① 输出一个载波，ARB 设置界面如图 2-95 所示。

② 在示波器上观察 QPSK_Halfsin 波形，如图 2-96 所示。

图 2-95　ARB 设置界面

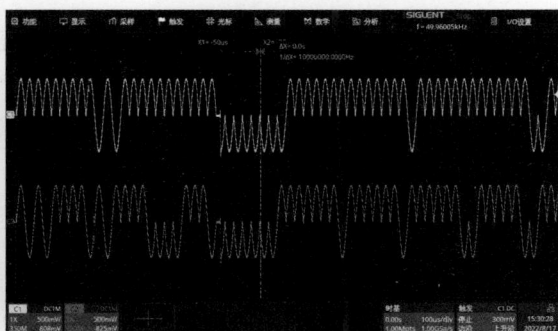

图 2-96　在示波器上观察 QPSK_Halfsin 波形

③ 缩放参数为 50% 的 QPSK_Halfsin 波形如图 2-97 所示。

④ 削峰参数为 50% 的 QPSK_Halfsin 波形如图 2-98 所示。

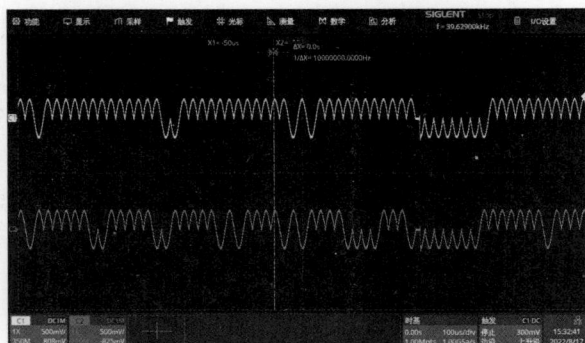

图 2-97　缩放参数为 50%的 QPSK_Halfsin 波形

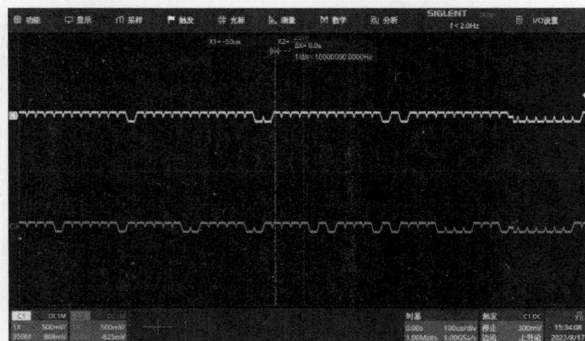

图 2-98　削峰参数为 50%的 QPSK_Halfsin

### 2. 设置标识

接下来首先介绍标识功能的作用，其次使用一个实例演示如何设置波形标识。

标识功能可用于输出辅助信号，使另一台仪器与波形同步，或作为触发信号在波形的某个点上开始测量。也可对标识进行配置，引起 RF 消隐。标识功能可以标识出波形的某个采样点，提供给用户用于定位，比如用户需要定位一个波形中间的某个采样点，直接用 IQ 波形给示波器触发显然是不方便的，但使用波形标识来触发就很方便。

鼎阳科技 SSG5000X 为标记波形段的特定点提供了 4 个波形标识，可为每个标识设置极性和标识点（在一个采样点上或多个采样点上）。在信号发生器遇到激活的标识时，一个脉冲信号会经由后面板的[IQ_EVENT]连接器输出。本示例为 QPSK_Halfsin 波形的第一个和最后一个采样点设置标识，并在示波器上用标识触发，信号源使用单次触发的模式发射信号，具体操作步骤如下。

① 在 ARB 模式下设置 QPSK_Halfsin 波形，然后进行标识设置，右边界面里的数字代表采样点，1 代表第一个标识点，最后一个标识点指最后一个输出标识的标识点，如果与第一个标识点相同，那么整个波形就只输出一个标识，如

果不同，那么根据后面设置的间隔来等间隔地输出标识点，如图 2-99 所示。

② 设置单次触发，在示波器上可以看到每隔 512 点有标识输出，标识的极性可以调整，这里采用的是反极性，即到了标识点会输出一个反极性的信号，如图 2-100 所示。

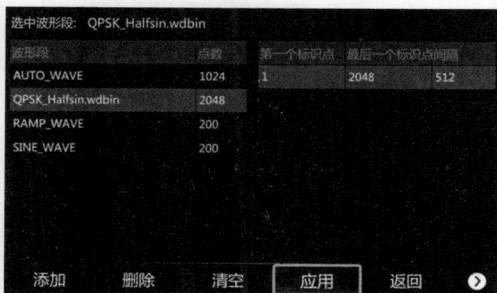

图 2-99 标识点设置

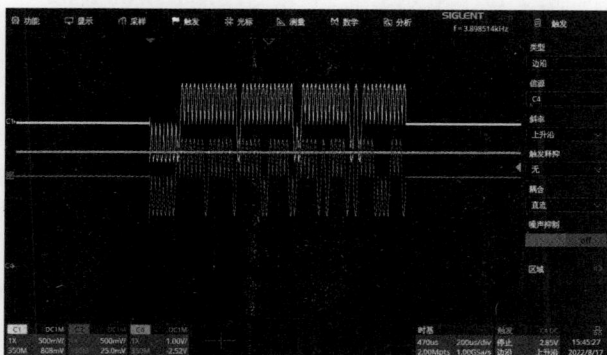

图 2-100 标识触发波形

### 3. 设置触发

下面介绍 ARB 的触发。触发，即触发一次就回放一次波形，既可以一次一次地发射调制信号，也可以连续发射调制信号，或者由外部的控制来发射调制信号。触发分为连续触发、单次触发、段提前触发、门选通触发等。本节将分别介绍连续触发、单次触发、段提前触发的概念和操作步骤。

（1）连续触发即播放重复波形，直到关闭信号或选择不同的波形、触发类型或连续模式。连续模式可分为自由播放、触发&播放、复位&播放等。自由播放：打开 ARB 的播放开关后，由仪器自己连续不断地回放波形，不受任何控制，回放结束后立刻从头开始回放。在连续触发下立即触发和播放波形，波形的播放是连续的，会忽略后续触发。

接下来介绍如何在连续触发时发射 QPSK_Halfsin 波形，并用示波器观察，具体步骤如下。

① 设置相关选项，如图 2-101 所示。

② 在示波器上观察 QPSK_Halfsin 波形，如图 2-102 所示。

图 2-101 设置相关选项

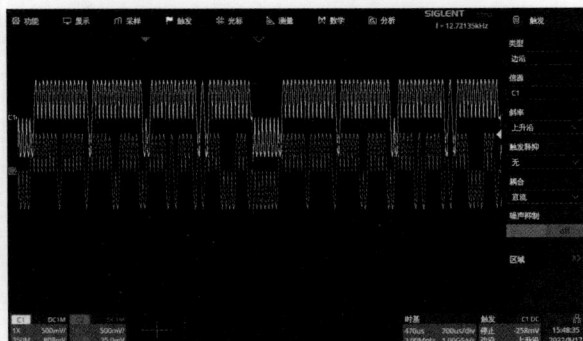

图 2-102　在示波器上观察 QPSK_Halfsin 波形

（2）单次触发即播放一次波形。单次触发分为忽略重触发、触发缓冲、触发重启等。忽略重触发：打开 ARB 的播放开关且收到触发信号之后，会从头到尾回放一次波形，回放结束后会停止，直到收到下一次触发信号又重新开始。忽略重触发指在波形回放的过程中，如果还收到触发信号，则忽略这次触发。

接下来介绍如何在单次触发时发射 QPSK_Halfsin 波形，并用示波器观察，具体步骤如下。

① 在 ARB 模式下进行相关设置，如图 2-103 所示。

② 在示波器上观察 QPSK_Halfsin 波形，如图 2-104 所示。

图 2-103　进行相关设置

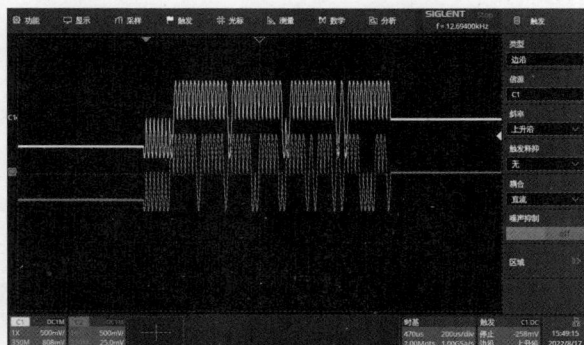

图 2-104　在示波器上观察 QPSK_Halfsin 波形

（3）段提前触发只在触发时播放序列中的一个波形段。段提前触发分为段提前单次触发和段提前连续触发。

段提前单次触发：收到触发信号后，播放序列中的第一个波形段一次，忽略重复设置，然后停止播放，等待触发；收到触发信号后，再播放序列中的第二个波形段一次；然后按上述步骤依次播放序列中的下一个波形段一次，直到最后一个波形段播放完成后从头开始循环。"单次"指触发后从头到尾发射波形段，发射结束则停止。如果在播放波形段时收到触发信号，会播放该波形段直到完成。然后进入下一个波形段，播放该波形段直到完成。

段提前连续触发：连续播放序列中的第一个波形段，直到波形收到另一个触发信号，开始连续播放序列中的第二个波形段，直到最后一个波形段播放完成，然后从头开始循环。"连续"指一次触发会连续不断地发射当前的波形段，不会停止。如果在播放波形段时收到触发信号，会播放该波形段直到完成，然后进入下一个波形段，连续播放该波形段。

接下来介绍在段提前触发时发射 SINE_WAVE 和 RAMP_WAVE 交替的波形序列，并用示波器观察，具体步骤如下。

① 在 ARB 模式下进行触发设置，设置为段提前单次触发，如图 2-105 所示。

② 在示波器上观察波形，如图 2-106 所示。

图 2-105　触发设置

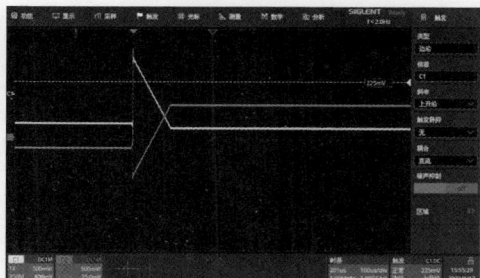

（a）RAMP_WAVE 波形段　　　　　　（b）SINE_WAVE 波形段

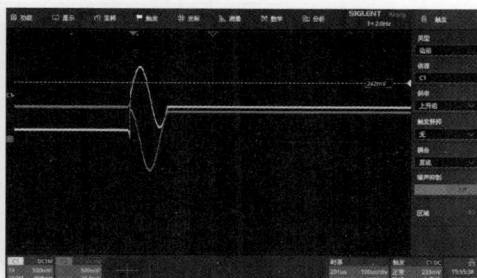

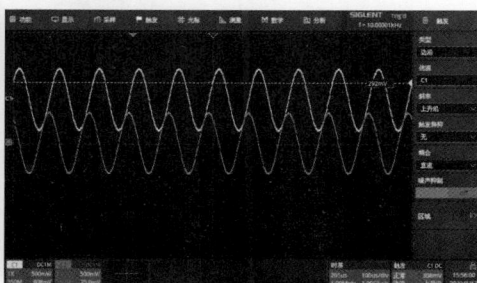

图 2-106　在示波器上观察波形

也可以设置为段提前连续触发，其波形如图 2-107 所示。

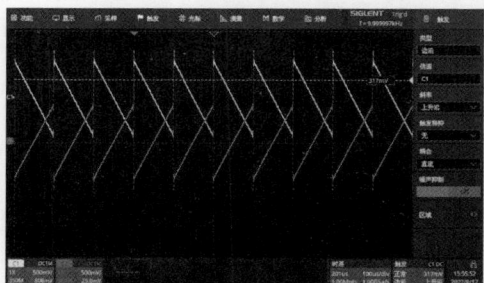

（a）RAMP_WAVE 波形段　　　　　　（b）SINE_WAVE 波形段

图 2-107　段提前连续触发波形

### 2.3.3 功率器件动态参数双脉冲测试

本例中，功率器件动态参数双脉冲测试的对象为 MSOFET（金属-半导体氧化物场效应晶体管）和 IGBT（绝缘栅双极型晶体管），测试项目包括器件在长时间工作时的温度变化特性、开通与关断时的极限冲击电压特性、栅极驱动电压特性、开通时间/关断时间特性、导通电阻特性等。

功率器件动态参数双脉冲测试原理如图 2-108 所示。

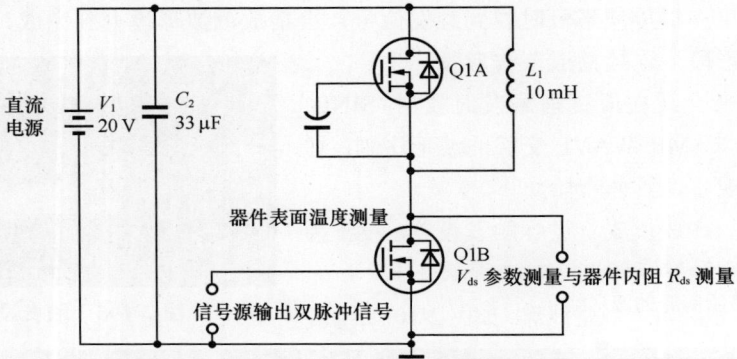

**图 2-108 功率器件动态参数双脉冲测试原理**

接下来介绍 MSOFET IGBT 动态参数双脉冲测试的具体实验装置搭建过程，信号发生器选用优利德任意波形发生器 UTG9604T 提供双脉冲驱动信号。MSOFET IGBT 动态参数双脉冲测试系统如图 2-109 所示。

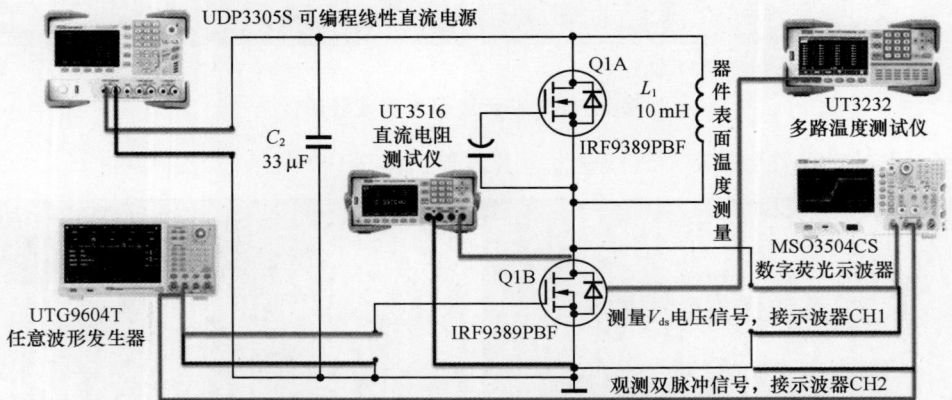

**图 2-109 MSOFET IGBT 动态参数双脉冲测试系统**

测试过程如图 2-110 和图 2-111 所示。

如图 2-111 所示，UTG9604T 产生的双脉冲信号幅度值调节到 13 $V_{pp}$ 能够使功率器件进入工作状态，从而测量开关时功率器件 $V_{ds}$ 的动态变化情况，即使双脉冲时间为微秒级别，器件的开关尖峰电压恢复都在瞬间完成。

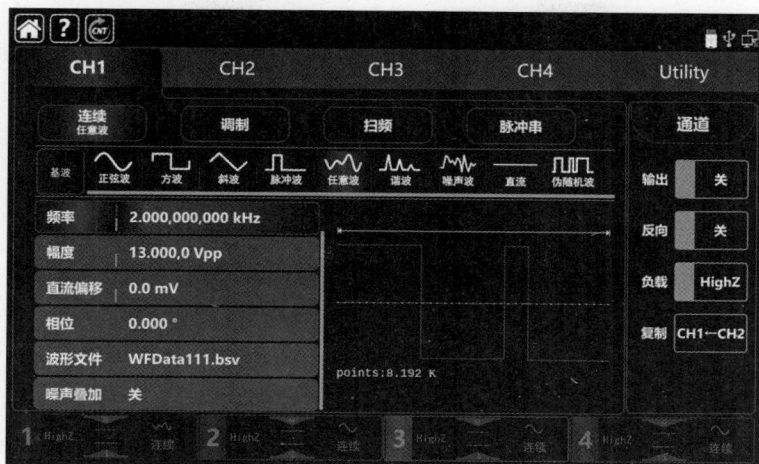

图 2-110　将绘制好的波形烧录在 UTG9604T 中，选择任意波形，可任意调节幅度、频率等参数

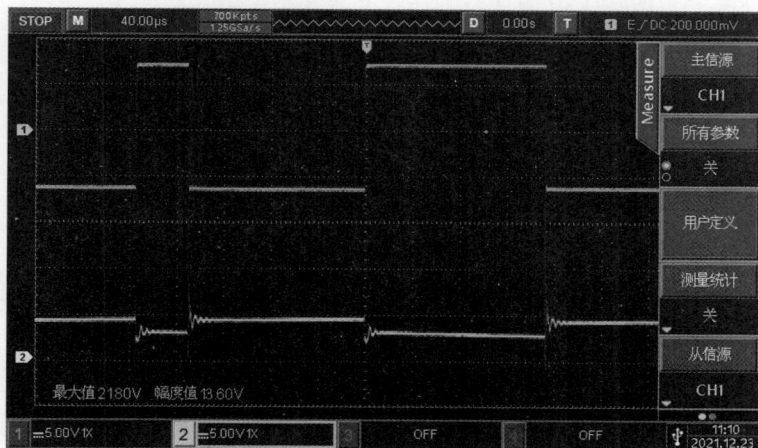

图 2-111　UTG9604T 产生的双脉冲信号测量功率器件

## 2.3.4　任意波形发生器在汽车电子测试中的应用

随着汽车工业的发展，汽车上的电子设备种类日益增多。汽车电子测试涉及传感器测试、传输总线测试、接口测试、汽车电子系统测试，以及近年来发展迅速的激光雷达测试、互联测试、毫米波雷达测试等。汽车电子测试应用的主要需求如图 2-112 所示。在汽车电子设备研发、汽车电子系统集成设计与联调测试中，需要能够模拟多种测试激励信号的仪表，如何应对新型汽车电子设备的测试和复

杂工况下汽车电子系统的容错能力测试、降低测试成本、提高测试效率是需要重点考虑的问题。

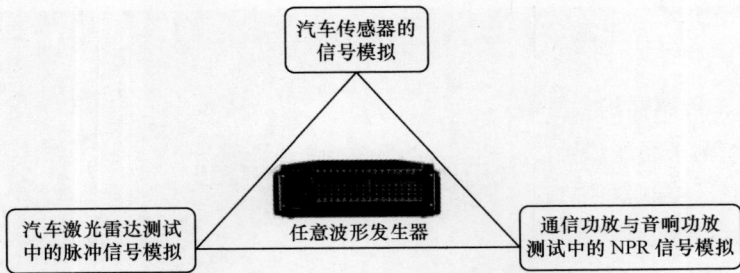

图 2-112　汽车电子测试应用的主要需求

先进的任意波形发生器具有输出信号可任意编辑、直流耦合输出、多通道精密同步输出等特点，可以生成汽车电子测试中需要的多种测试激励信号，以及容错测试中的异常信号或故障信号等。思仪科技的 1652 系列任意波形发生器具备最高 4 GHz 的输出带宽，通过外部变频器可扩展到更高频段，支持多通道精密同步输出，在汽车电子测试中的几种典型应用如下。

**1. 汽车激光雷达测试中的脉冲信号模拟**

典型汽车激光雷达测试系统如图 2-113 所示。

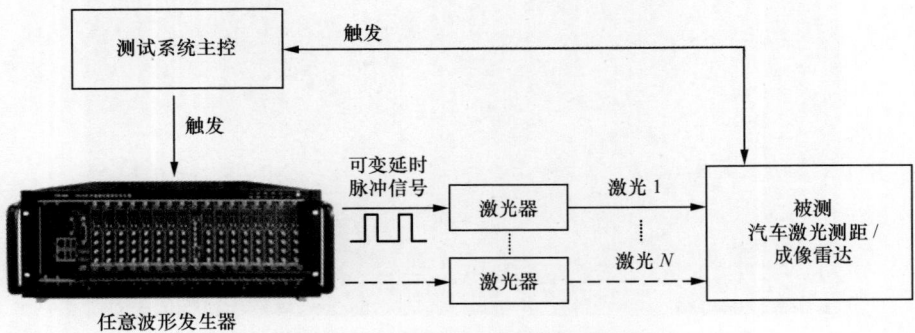

图 2-113　典型汽车激光雷达测试系统

汽车激光测距/成像雷达的测试需要可变时延脉冲信号，用来模拟不同距离的目标物体的反射时间。利用任意波形发生器可以生成变时延脉冲信号，并且利用其多通道以及内置的时延存储器可以对目标物体进行建模，从而模拟出目标物体的三维模型，如图 2-114 所示。思仪科技 1652 系列任意波形发生器的一些型号的脉冲输出同步通道数量大于 128 条，可为每条通道独立配置时延值序列，时延分辨率可达到 10 ps，可满足该测试应用需求。

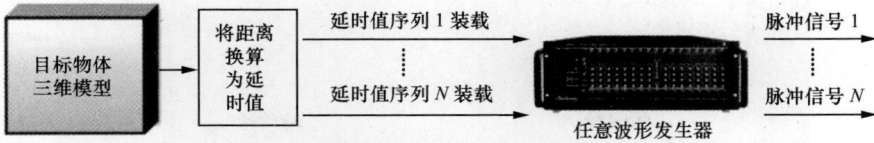

图 2-114　目标物体建模与对应脉冲信号生成

### 2. 汽车传感器的信号模拟

在汽车电子系统设计中，需要模拟各种传感器信号，用来检测汽车电子控制单元（ECU）控制器的处理性能。利用任意波形发生器可以模拟多种汽车传感器信号，如电机控制信号、防抱制动系统（ABS）信号、氧传感器信号、空气流量传感器信号、发动机轴信号、CAN 总线模拟信号等。先进的任意波形发生器可同时模拟输出多路信号，并且输出信号可以被编辑，能够模拟正常信号、故障信号及异常信号等,可为汽车多型传感器测试以及汽车电子系统测试节省成本与时间。汽车传感器的信号模拟应用如图 2-115 所示。

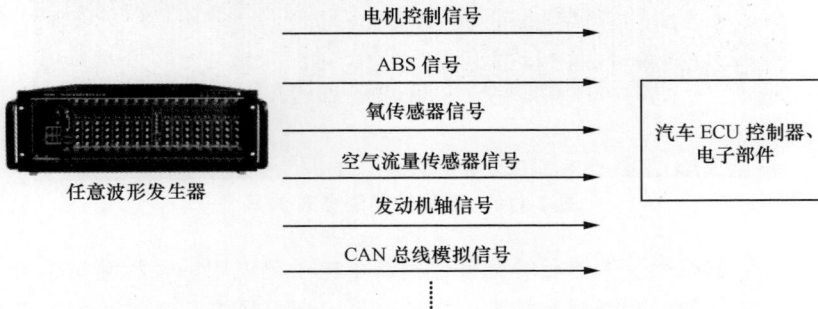

图 2-115　汽车传感器信号模拟应用

### 3. 通信功放与音响功放测试中的 NPR 信号模拟

噪声功率比（NPR）信号常用于放大器或转发器的信噪比与非线性失真评估。典型功放测试系统如图 2-116 所示。

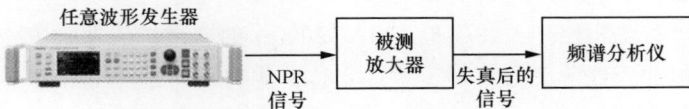

图 2-116　典型功放测试系统

利用任意波形发生器可以生成两种高质量的测试激励信号：带陷的宽带噪声信号，如图 2-117 所示；带陷的间隔多音信号，如图 2-118 所示。任意波形发生器可以在用户指定位置进行陡峭陷波，动态范围可达到 50 dB 以上。NPR 信号模拟方法适用于通信系统中的射频/微波放大器或转发器的测试，同样可用于高质量音响功放的测试。

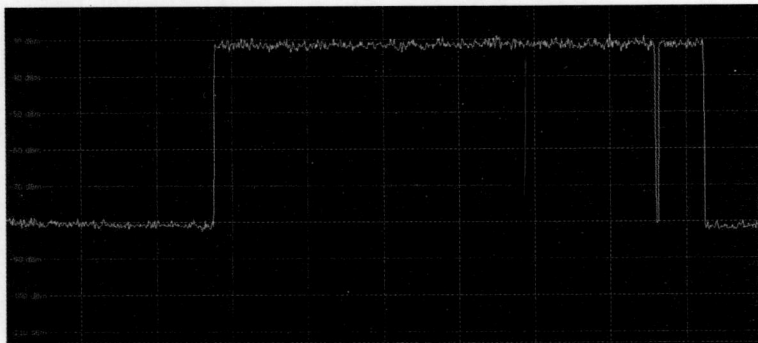

图 2-117　带陷的宽带噪声信号

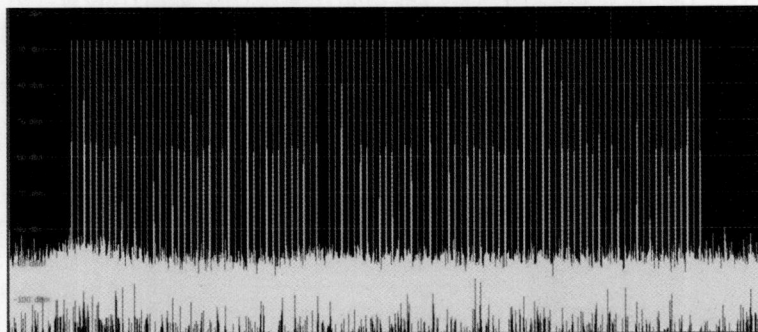

图 2-118　带陷的间隔多音信号

当前，任意波形发生器已经能够模拟汽车电子测试中的多种测试信号，随着车联网、智能驾驶、新能源等技术的快速发展，以及国产任意波形发生器性能的快速提升、相关测试软件的不断完善，国产任意波形发生器在汽车网络通信测试、电源电池管理、车用毫米波雷达测试等领域的应用还将进一步拓展。

### 2.3.5　将任意波形发生器用于目标定位和航迹解析

玖锦科技 MAG2000A 任意波形发生器具备多通道相参功能，可以实现多通道波束形成，实现相控阵天线模拟。MAG2000A 的通道扩展非常方便，可以灵活控制需要模拟的天线阵元数。对于多站定位，用户可将站点分布参数分解为通道的基本参数，利用 MAG2000A 任意波形发生器进行通道参数控制，可实现目标定位模拟，如图 2-119 所示。

用户还可以使用航迹模拟软件将坐标参数转换为信号特征参数，然后将其下载到任意波形发生器中，从而实现航迹模拟功能，如图 2-120 所示。由于 MAG2000A 任意波形发生器具备参数动态调节功能，因此其播放时间不会受到存储深度以及播放速度的限制，具备一定的实时性，从而解决了传统任意波形发生器播放时间受限的难题。目标定位和航迹解析系统如图 2-121 所示。

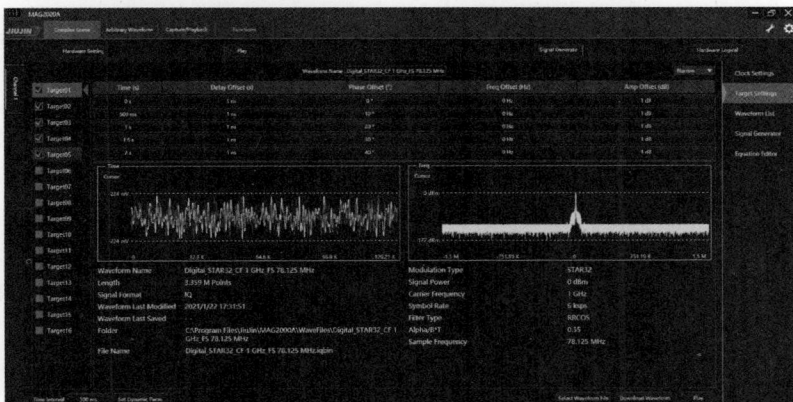

图 2-119 MAG2000A 任意波形发生器模拟目标定位

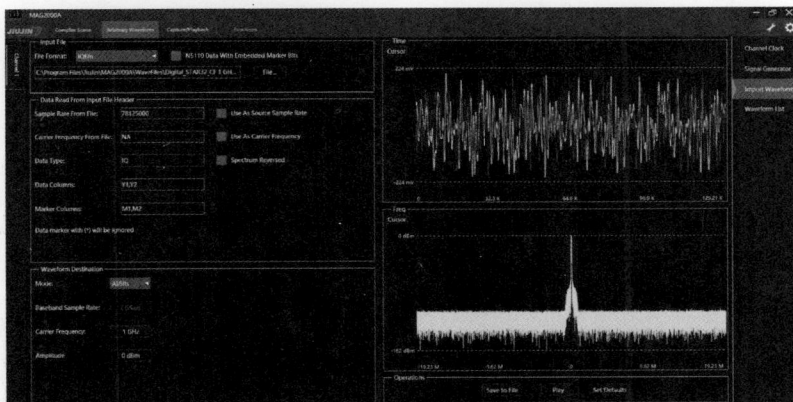

图 2-120 将 MAG2000A 任意波形发生器用于航迹模拟

图 2-121 目标定位和航迹解析系统

### 2.3.6 无线基站接收机射频参数测试

本节分 3 个部分进行介绍，第一部分介绍无线基站接收机灵敏度测试，第二部分介绍无线基站接收动态范围测试，第三部分介绍无线基站共信道干扰、邻信道干扰、窄带阻塞抑制测试。

**1. 无线基站接收机灵敏度测试**

以 3GPP 5G NR 基站的接收机测试为例，3GPP TS 38.141 文档中包括"传导模式接收机性能"（*Conducted Receiver Characteristic*）章节，对于灵敏度的测试，其连接如图 2-122 所示，从左到右依次为：被测基站（需要其软件自备 BER/BLER 即误码率/误块率统计功能）；衰减器或环形器；具备 5G NR 上行信号和固定参考信道（fixed reference channel，FRC）产生功能的矢量信号发生器，此例选用坤恒顺维 KSW-VSG02 矢量信号发生器。

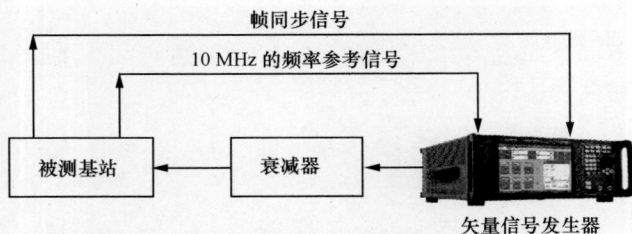

**图 2-122　无线基站接收机灵敏度测试系统**

在基站接收机灵敏度测试过程中，基站是主设备，矢量信号发生器是从设备，因此需要基站给矢量信号发生器提供帧同步信号和 10 MHz 的频率参考信号。帧同步信号一般是 10 ms 周期脉冲。但是有些基站会使用其他的频率参考信号，例如 12.8 MHz 的晶振时钟。因此需要矢量信号发生器能支持灵活的频率参考信号，如图 2-123 所示，该矢量信号发生器可以支持 5～100 MHz 的频率参考信号且可灵活设置。

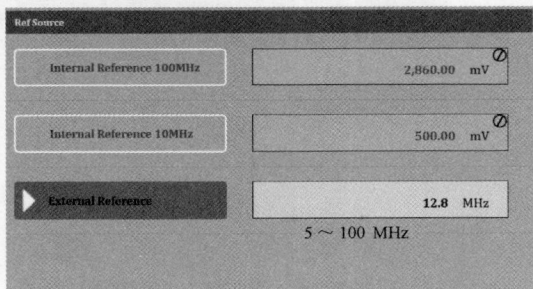

**图 2-123　矢量信号发生器支持灵活的频率参考信号**

**2. 无线基站接收动态范围测试**

传统方案中，无线基站接收动态范围测试需要一个信号发生器产生有用信号，另一个信号发生器产生 AWGN 信号，并可以灵活调节两者的功率及信噪比。而先进的信号发生器内置 AWGN 功能，通常一台信号发生器即可完成测试，

AWGN 是在数字域产生的，在数字域和有用信号叠加。下面以坤恒顺维 KSW-VSG02 矢量信号发生器为例，其内置 AWGN 参数的设置如图 2-124 所示。

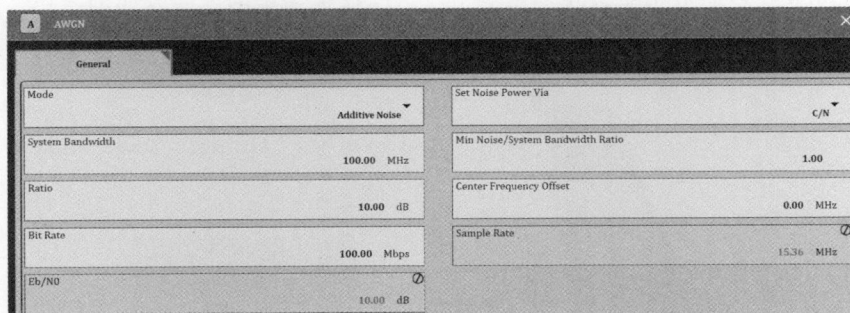

图 2-124　坤恒顺维 KSW-VSG02 矢量信号发生器内置 AWGN 参数的设置

该方案除了节省设备，不需要外部的合路器，还可在数字域进行信号叠加，实现的信噪比更加精确。

**3. 无线基站共信道干扰、邻信道干扰、窄带阻塞抑制测试**

传统方案中，该测试需要另外一个信号源产生共信道干扰，即模拟在同一个载波内的不同终端上行信号的干扰。邻信道干扰，即不同载波上的终端上行信号的干扰。窄带阻塞，即窄带功率信号的干扰。

使用双通道矢量信号发生器能极大地方便该项测试。例如，可以使用坤恒顺维 KSW-VSG02 矢量信号发生器的双通道版本，只需一个外部合路器即可把有用信号和干扰信号叠加，并且同一台信号源内部能实现两个终端信号的触发同步，使用背板总线触发，同步性能更好，不需要外部触发线，测试系统如图 2-125 所示。

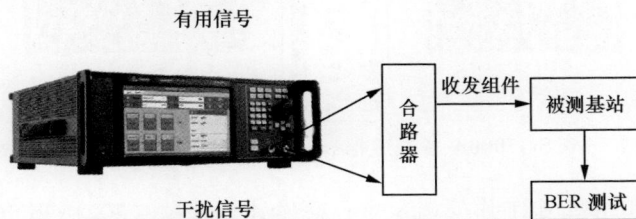

图 2-125　采用双通道矢量信号发生器测试无线基站共信道干扰、邻信道干扰、
窄带阻塞抑制能力的系统

## 2.3.7　将多通道相参信号发生器用于相控阵系统测试

玖锦科技 MCSG5000A 多通道相参信号发生器具备输出通道间幅度差和相位差的调节功能。由于相控阵系统所接收的目标信号相位并不相同，MCSG5000A

可根据相控阵系统接收通道间的距离和排布方式，计算出每路信号相对于参考信号的相参相位，根据来波方向不同时各接收通道间的幅度差和相位差，并配置到MCSG5000A 多通道相参信号发生器中，进而模拟出不同来波方向的测试信号。MCSG5000A 用于相控阵系统测试的场景如图 2-126 所示。

**图 2-126　MCSG5000A 用于相控阵系统测试的场景**

同时，MCSG5000A 多通道相参信号发生器具备出色的通道间隔离度、相位噪声等指标，能够提供多路（最多至 8 路）相参射频信号作为收发组件的激励信号，由频谱分析仪接收并测试信号，通过这种方式，可以测试得到 TR 组件的工作频率范围、通道增益、相位噪声、通道间隔离度等参数。此外，MCSG5000A通过多通道一体化的设计，能够有效提升测试效率，节约测试成本。MCSG5000A多通道相参信号发生器构建的相控阵测试系统如图 2-127 所示。

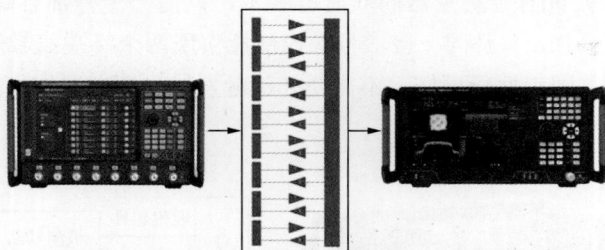

**图 2-127　MCSG5000A 多通道相参信号发生器构建的相控阵测试系统**

本章的研究和写作工作受国家重点研发计划课题（2021YFF0600303）的支持，在此致谢。

# 参考文献

[1] 周峰，徐丹，高攸纲，等. 基于 DAC 非理想特性的 DDS 信号新频谱解析式[J]. 中国电子科学研究院学报, 2007(2): 136-138.

[2] 周峰, 刘胤廷, 徐丹, 等. 基于 DAC 建立时间的"较高频 DDS 信号"频谱解析式[J]. 电子测量技术, 2007, 30(6): 46-48.

[3] 周峰, 张睿, 高攸纲. 基于 DDS 的直接数字调频信号频谱解析式[J]. 电子测量与仪器学报, 2008(5): 59-62.

[4] ZHOU F, XU D, GAO Y G, et al. Novel view: frequency spectrum and harmonic distortion of FM signal based on DDS[C]//2007 International Symposium on Electromagnetic Compatibility. Piscataway, USA: IEEE, 2007: 79-82.

[5] 周峰, 张睿, 张小雨, 等. 一种基于矢量分析的调幅信号伴随调相测量方法: 200910177595.7[P]. 2009-09-16.

[6] 周峰, 张睿, 高攸纲, 等. 一种新的伴随调相测量方法[J]. 电子学报, 2012(3): 592-594.

[7] 周峰, 张睿, 郭隆庆, 等. 非理想传输通道对数字调制信号 EVM 的影响——理论、仿真和测量[J]. 电子测量与仪器学报, 2009(3): 4-9.

[8] 周峰, 张睿, 高攸纲, 等. 五种失真因素综合作用下的 EVM[J]. 电子学报, 2012(3): 607-610.

[9] 全国广播电视标准化技术委员会. 数字电视地面广播传输系统帧结构、信道编码和调制: GB 20600—2006 [S]. 北京: 中国标准出版社, 2006.

[10] 张睿, 周峰, 郭隆庆. 无线通信仪表与测试应用[M]. 3 版. 北京: 人民邮电出版社, 2018.

# 第 3 章　射频信号分析仪

## 3.1　射频信号分析仪原理

### 3.1.1　概述

本章所述射频信号分析仪主要用于分析射频信号,有的仪表企业也称其为"信号和频谱分析仪"。射频信号分析仪的主要功能包括对信号进行频谱、矢量解调等的测量分析。

传统上,频谱分析仪是用于观察信号的基本工具,是无线通信系统测试中使用量最大的仪表之一。频谱分析仪通常被用于频域信号的检测,其频率可达 110 GHz,甚至更高。频谱分析仪用于几乎所有的无线通信系统测试中,包括研发、生产、安装和维护等的测试。随着通信系统的发展和对频谱分析仪测量性能要求的提高,新型的频谱分析仪在显示平均噪声电平、动态范围、测试速度等方面有了很大提高,除了进行频域测量,还可以进行时域测量,一些型号的频谱分析仪还可以和测试软件配合,完成对矢量信号的分析,这就是所谓的"信号和频谱分析仪"。

早在 20 世纪 40 年代,电子技术的不断进步让人们意识到对一个电子信号进行全面分析需要同时进行幅度($A$)-时间($t$)的分析(时域)及幅度($A$)-频率($f$)的分析(频域),如图 3-1 所示。因此,技术人员发明了示波器来解决时域测量的问题。对于幅度-频率的分析,惠普公司在 20 世纪 50 年代发明了第一种基于超外差原理的扫描频谱分析仪。

频谱分析仪主要有实时频谱分析仪和扫频式频谱分析仪。实时频谱分析仪实际上是基于快速傅里叶变换(fast Fourier transform,FFT)实现的。实时频谱分析仪是在有限时间内提取信号的全部频谱信息进行分析并显示其结果的仪器,主要用于分析持续时间很短的非重复性平稳随机过程和暂态过程,也能分析 40 MHz 以下的低频和极低频连续信号,能显示幅度和相位。其基本工作原理是把被分析的模拟信号经 A/D 电路变换成数字信号后,进行傅里叶分析和加窗傅里叶分析。

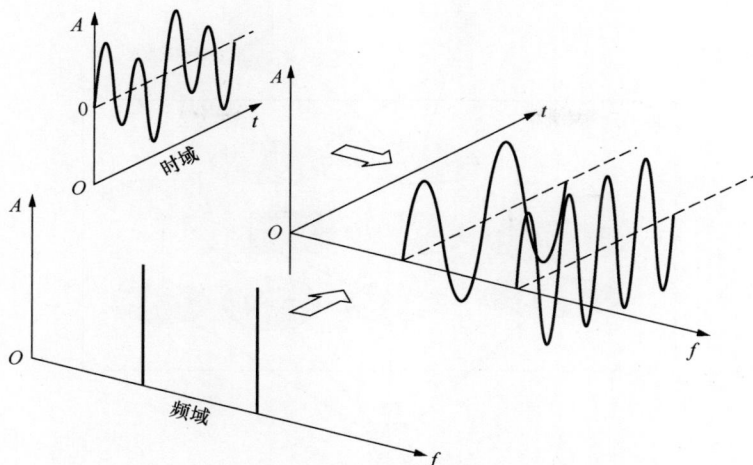

**图 3-1　测量域**

　　扫频式频谱分析仪是具有显示装置的扫频超外差接收机，主要用于连续信号和周期信号的频谱分析。它工作于音频至毫米波频段，只显示信号的幅度而不显示信号的相位。它的工作原理：本地振荡器（采用扫频振荡器）的输出信号与被测信号中的各个频率分量在混频器内依次进行差频变换，所产生的中频信号通过窄带滤波器后再经放大和检波，然后进行显示。

　　矢量信号分析仪主要通过正交解调的方法来测量、分析信号。矢量分析方法是指在 IQ 平面上观察和分析信号，从直角坐标角度看，可以直接观察同相和正交两路分量；从极坐标角度看，可以直接观察信号的幅度和相位两种参量的变化。矢量分析方法和矢量信号分析仪已经发展为一种理论完整、手段丰富的信号分析体系。矢量信号分析仪结合其他频域、时域分析方法，极大地便利了无线测试和测量。由于矢量分析方法依赖于数学分析，为了更清楚地说明问题，本章出现的公式会略多一些。

　　另外还有一种特殊的信号和频谱分析仪，就是移动通信网络的路测类仪表。这类仪表有的具有移动通信终端的完整协议交互功能，以及信号发射、接收和交互的功能，在本书中将该类仪表也纳入"信号分析仪"范畴。

　　现代信号分析仪往往是依靠分析软件实现综合分析功能的，信号分析仪软件模块结构如图 3-2 所示。软件以独立应用运行时，用户可以通过软件图形界面设置各模块的收发参数，也可以通过前面板按键或通过 USB 接口连接的键盘、鼠标控制各类输入参数，还可以通过后面板的 LAN、USB 或 GPIB 接口发送 SCPI 指令控制仪器，另外软件中还应当包括可互换虚拟仪器（IVI）驱动。

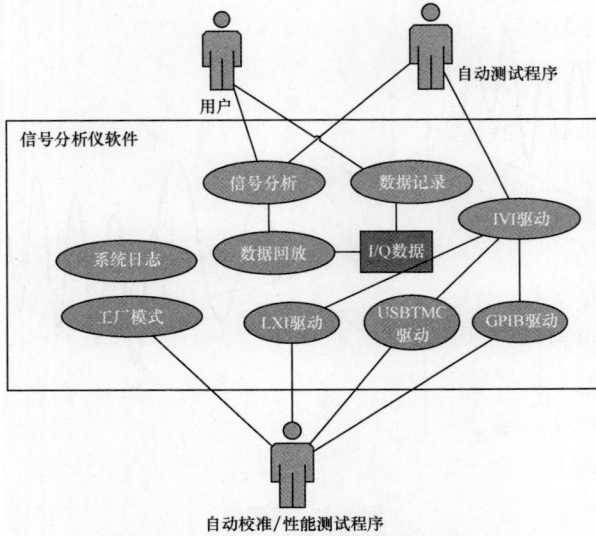

**图 3-2 信号分析仪软件模块结构**

高精度宽带的信号分析仪（SA）根据用户分析的信号的特点和用户的需要，至少可以工作在以下几种分析模式下：通用频谱分析（GPSA）模式、实时频谱分析（RTSA）模式、矢量信号分析（VSA）模式、模拟信号分析（ASA）模式和脉冲信号分析（PSA）模式等。在不同的分析模式下，除了基本的信号分析功能，还应能支持特定信号的高级测量分析。信号分析仪软件应用如图 3-3 所示。

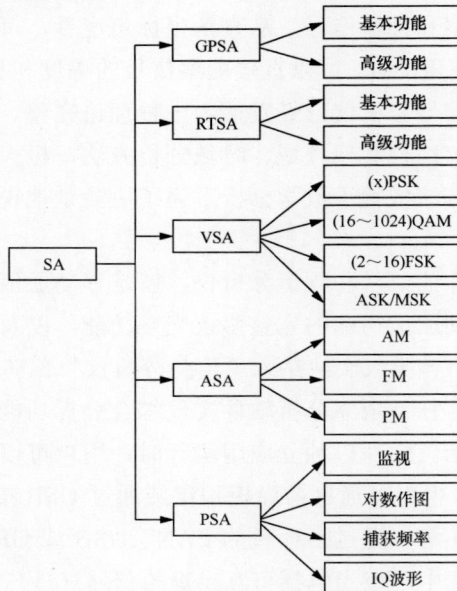

**图 3-3 信号分析仪软件应用**

## 3.1.2  超外差频谱分析原理

传统的频谱分析仪的前端电路是一定带宽内可调谐的接收机，输入信号经变频器变频后由低通滤波器输出，输出滤波作为垂直分量，频率作为水平分量，在显示屏上绘出坐标图，就是输入信号的频谱图。变频器可以达到很宽的频率范围（如 30 Hz～50 GHz），与外部混频器配合，可扩展到 110 GHz 以上。频谱分析仪是频率范围最宽的测量仪表之一。无论测量连续信号还是调制信号，频谱分析仪都是很理想的测量工具。但是，传统的频谱分析仪也有明显的缺点，它只能测量频率的幅度，缺少相位信息，因此属于标量仪表而不是矢量仪表。

外差是指外部差频（混频），即对频率进行转换。图 3-4 所示为超外差频谱分析仪的原理简化框架：输入信号经过射频输入衰减器、前置放大器、低通滤波器或预选器到达混频器，与本振信号相混频。混频器具有非线性特性，会输出多个频率的信号，包含原始信号、原始信号的谐波，以及它们所构成的频率和差信号，任何一个混频信号落在中频滤波器的通带内会被包络检波、低通滤波和显示处理。

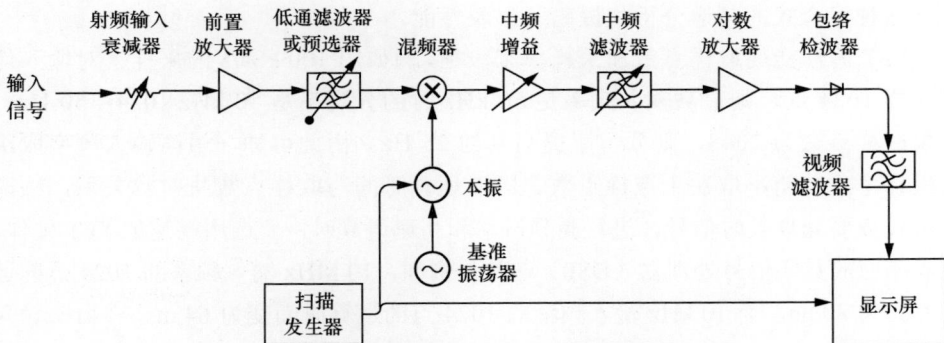

图 3-4  超外差频谱分析仪的原理简化框架

其中，射频输入衰减器的主要作用是保证信号在输入混频器时处在合适的电平上，防止发生过载、增益压缩和失真等。前置放大器（又称预放）的主要作用是提高频谱分析仪的小信号测量能力。低通滤波器的主要作用是抑制高频信号到达混频器；预选器是一种可调谐带通滤波器，相比低通滤波器，它能够滤除所需频率外的其他频率信号，抑制镜像和多余的频率响应。混频器、本振、基准振荡器和扫描发生器实现频谱分析仪的调谐，将输入信号调谐至中频滤波器的中心频率。中频增益的主要作用是调节信号在显示屏上的位置。中频滤波器的主要作用是实现信号的分辨。对数放大器的主要作用是将信号转换成其等效对数值。包络检波器的主要作用是将中频信号转换为视频信号。视频滤波器的主要作用是减小噪声对显示信号幅度的影响，对低通滤波进行平滑或平均。

随着射频技术和数字技术的飞速发展、高性能的射频器件和数字器件的持续推出，频谱分析仪技术也发生了巨大的变化。高精度宽带频谱测量仪器正是在这些技术基础上实现高性能、低相位噪声和大带宽的信号分析技术的。

### 3.1.3 快速傅里叶变换实时频谱分析原理

基于快速傅里叶变换（FFT）的现代频谱分析仪，通过傅里叶变换将被测信号分解成离散的频率分量，得到与传统频谱分析仪同样的结果。这种新型的频谱分析仪采用数字方法直接由 ADC 对输入信号进行取样，再经 FFT 处理后获得频谱分布图。

在这种频谱分析仪中，依据奈奎斯特定理，对信号进行数据采集时，ADC 的采样率至少应等于输入信号最高频率的两倍。例如，频率上限是 100 MHz 的实时频谱分析仪需要 ADC 有 200 MSa/s 的采样率。

当前，采用半导体工艺可制成分辨率为 8 bit 和采样率为 4 GSa/s 的 ADC，或者分辨率为 12 bit 和采样率为 800 MSa/s 的 ADC，理论上仪表可达到 2 GHz 的带宽，为了扩展频率上限，可在 ADC 前端增加下变频器，本振采用数字调谐振荡器。这种混合式的频谱分析仪提高了仪表性能。

FFT 的性能用取样点数和采样率来表征，例如用 100 kSa/s 的采样率对输入信号取样 1024 点，则最高输入频率是 50 kHz 时的分辨率是 50 kHz/1024≈50 Hz。如果取样点数为 2048，则分辨率提高到约 25 Hz。由此可知，最高输入频率取决于采样率，分辨率取决于取样点数。FFT 运算时间与取样点数呈对数关系，频谱分析仪需要处理长时信号，进行高分辨率和高速运算时，要选用高速的 FFT 硬件，或者相应的数字信号处理器（DSP）芯片。例如，10 MHz 输入频率的 1024 点的运算时间为 80 μs，而 10 kHz 输入频率的 1024 点的运算时间变为 64 ms，1 kHz 输入频率的 1024 点的运算时间增加至 640 ms，这是因为低频信号需要更长的采样时间。当运算时间超过 200 ms 时，屏幕曲线的刷新变慢，不适于眼睛的观察，补救办法是减少取样点数，提高整个测量曲线的刷新率，使运算时间减少至 200 ms 以下。

根据采样定律，对于一个频带有限的信号，可以对它进行时域采样而不丢失任何信息，FFT 则说明对于时间有限的信号（有限长序列），也可以对其进行频域采样而不丢失任何信息。因此，只要时间序列足够长，采样点足够密，频域采样就可较好地反映信号的频谱趋势，所以 FFT 可以进行连续信号的频谱分析。

FFT 算法可以把某一个时刻的时间函数 $A(t)$ 转换成频率函数 $s(f)$。FFT 实时频谱分析仪的框架如图 3-5 所示。

被测信号 → 低通滤波 → 采样、A/D → 存储 → FFT → 显示

图 3-5　FFT 实时频谱分析仪的框架

在 FFT 实时频谱分析仪中，首先对被测信号进行低通滤波处理，然后在时域对被测信号进行采样，经过高速 A/D 转换后，数据被写入 RAM，最后经过 FFT 分析、计算后，不仅可以确定幅度-频率函数，还可以确定相位-频率函数，从而获得被测信号的频率、幅度和相位等信息。因此，FFT 实时频谱分析仪可对非周期信号和瞬态信号进行频域分析。

FFT 实时频谱分析仪的一个优点是能够快速地捕获和分析扫频式频谱分析仪不能捕获的瞬变的单次出现的信号，另一个优点是能并行测量幅度和相位；缺点是 FFT 实时频谱分析仪受 A/D 采样率的限制。由于技术的快速发展，A/D 采样率显著提升，众多厂商纷纷推出自己的实时频谱分析仪。

超外差频谱分析原理和 FFT 频谱分析原理不是非此即彼的关系，而是可以结合使用的，信号分析可以分为以下几种模式。

（1）本振扫描分析：在这种模式下，通过本振扫描与输入信号进行超外差混频产生固定中频信号以检测输入信号的信号成分。在这种模式下，$x$ 轴表示频率，$y$ 轴表示幅度。

（2）FFT 扫描分析：在某些场景（如分辨率带宽较小的情况）下，用 FFT 扫描分析代替本振扫描分析，通过拼接的 FFT 数据，用与本振扫描一致的数据表示方法，可以更快获得测量结果。

（3）零扫宽时域分析：在这种模式下，本振被锁定在固定的中心频率点，仪表采集随时间变化的检波结果。与示波器一样，进行时域分析时，$x$ 轴表示时间，$y$ 轴表示幅度。

传统的扫描频谱分析仪是通过扫描本振，将输入信号混频到固定的中频来实现频谱测量的。信号经过若干级混频，最后经过决定频率分辨率的滤波器后，通过对数放大器、包络检波器获得被测信号的幅度值。信号的测量时间由两个因素决定：分辨率滤波器的建立时间和第一本振从终止频率回到起始频率的时间。

随着数字信号处理（digital signal processing）技术的发展，采用数字分辨率滤波器的数字中频技术大大缩短了滤波器的响应时间，使测量的速度大大提高；同时，对于小分辨率带宽，采用 FFT 技术计算频谱，FFT 的计算时间小于滤波器的设置时间。通过采用这些数字信号处理技术，频谱分析仪的测量速度得到了大幅提高。但是，信号的处理过程没有本质改变。传统扫描频谱分析仪处理信号的典型过程如图 3-6 所示。

从图 3-6 所示可以看出，传统扫描频谱分析仪的数据采集、数据分析是交替进行的。在数据分析期间出现的信号将会丢失，这个时间段也被称为传统扫描频谱分析仪的盲区时间。此外，射频输入信号由传统扫描频谱分析仪通过扫描本振的方式变到固定中频后，由分辨率滤波器进行幅度测量，此时，滤波器外其他频点的输入信号也会丢失。

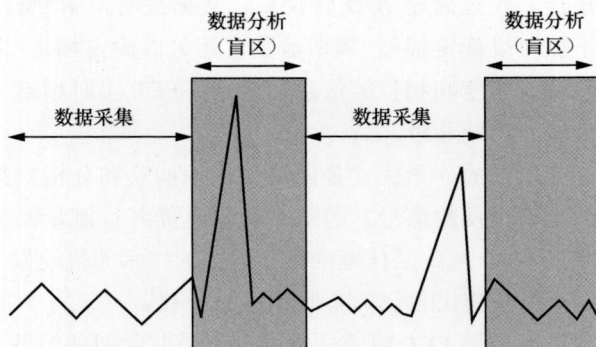

图 3-6  传统扫描频谱分析仪处理信号的典型过程

为了消除信号分析过程中的盲区时间,必须使数据采集与数据分析并行进行。实时频谱分析仪为消除盲区时间,采用了下面的关键技术。

(1)采用宽带高分辨率 ADC 采集被测信号。

(2)使用专用的 FPGA 实现快速的 FFT 分析。

(3)采样与 FFT 计算、分析并行进行。

(4)快于数据采集速度的 FFT 计算技术。

实时频谱分析流程如图 3-7 所示。

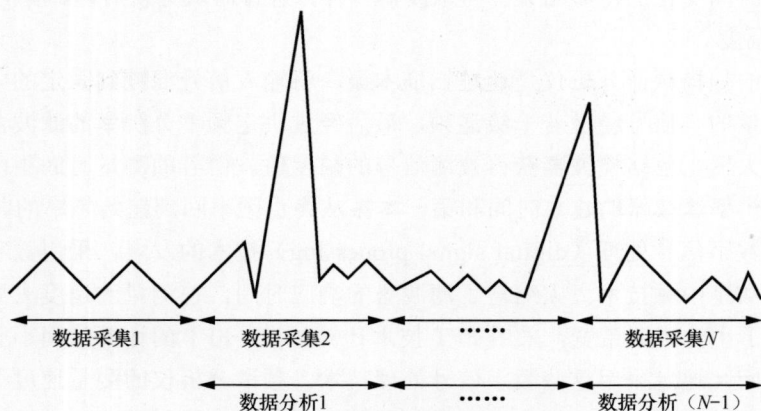

图 3-7  实时频谱分析流程

实时频谱分析仪有下面几个主要特征。

(1)信号采集与分析信号并行。

(2)高速测量。

(3)恒定的测量速度。

（4）先进的触发方式，如频率模板触发、频率模板触发＋时间限定触发。

（5）先进的组合显示。

由前面可知，实时频谱分析仪的核心在于数据采集后的数据分析，即并行的数据采集与数据分析。为了达到并行的目的，需要组合相应的专用集成电路（application specific integrated circuit，ASIC）、FPGA 以及大容量存储器，通过流水线的方式处理采集的数据。流水线处理的末级为控制处理器，可以将前级流水线预处理完成的数据以适当的方式显示在输出界面上。典型流水线处理过程如图 3-8 所示。

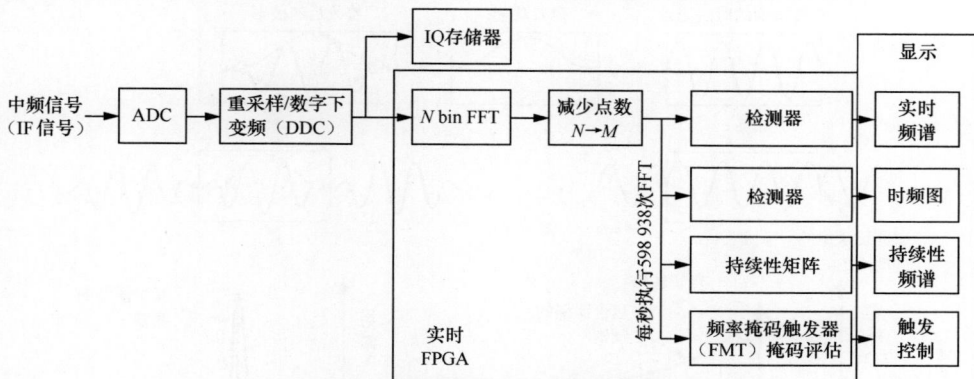

**图 3-8　典型流水线处理过程**

图 3-9 所示的典型参考流水线处理过程与图 3-8 所示的处理过程的不同之处在于在 ADC 数据采集后加入了实时的数据修正和抽取过程。

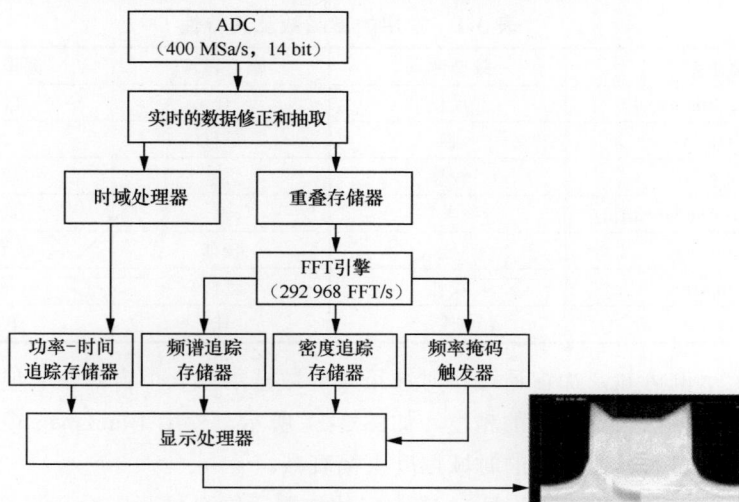

**图 3-9　具有校正功能的处理过程（其中参数为典型值）**

FFT 计算的一个假设是信号以参与 FFT 计算的信号持续时间间隔周期出现

的。由于在实时处理时被测信号未知，且一般参与 FFT 计算的点数取值为 $2^n$（$n$ 是自然数），故上述假设不一定能满足。这会导致频谱泄漏。为了解决频谱泄漏问题，需要在进行 FFT 计算前对采集的数据进行加窗。加窗对频谱泄漏的改善示例如图 3-10 所示。其中，$f$ 为频率。

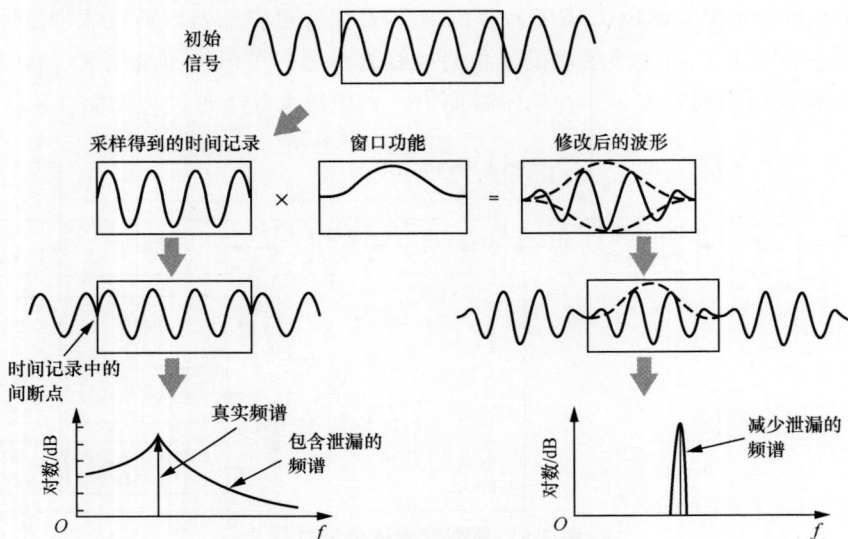

**图 3-10　加窗对频谱泄漏的改善示例**

常用的窗函数及其特性如表 3-1 所示。

**表 3-1　常用的窗函数及其特性**

| 窗函数 | 频谱泄漏 | 幅度精度 | 频率精度 |
|---|---|---|---|
| Blackman | 最佳 | 佳 | 较佳 |
| Flattop | 佳 | 最佳 | 差 |
| Gaussian | 较佳 | 佳 | 较佳 |
| Rectangle (none/Uniform) | 差 | 差 | 最佳 |
| Hanning | 佳 | 较佳 | 佳 |
| Hamming | 较佳 | 较佳 | 佳 |
| Kaiser | 佳 | 佳 | 较佳 |

由以上示例可知，加窗通过将时域采集的数据乘以一个窗函数实现，就是通过加权时域数据以改变频域的精度。如图 3-11 所示，使用 Blackman 窗函数对测量数据进行加权后其窗边沿的时域幅度大幅衰减。

对于偶发信号（如脉冲信号），在窗口的位置不同会显著影响其测量精度：在窗函数中间的脉冲能测得正确的功率，在窗口边沿处的脉冲的幅度会被严重衰减，致使其真实幅度不能被正确测量到。时域脉冲信号的加窗效果如图 3-12 所示。

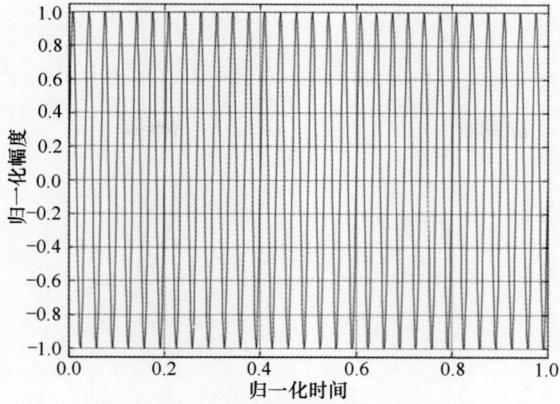

（a）加窗前波形

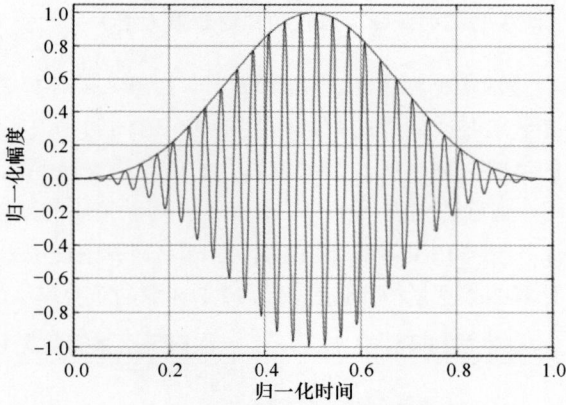

（b）加 Blackman 窗后波形

**图 3-11　使用 Blackman 窗函数对测量数据进行时域加权**

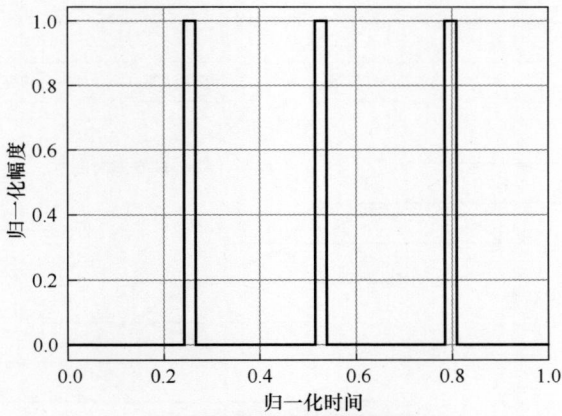

（a）时域脉冲信号加窗前波形

**图 3-12　时域脉冲信号的加窗效果**

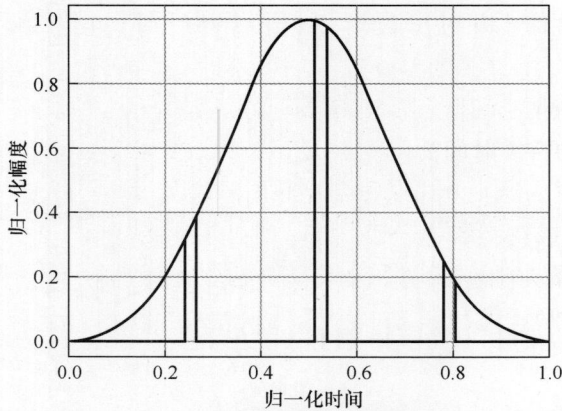

（b）时域脉冲信号加窗后波形

**图 3-12 时域脉冲信号的加窗效果（续）**

由于加窗导致窗口边沿数据幅度的大幅衰减，即使 FFT 的计算时间与数据采集时间一致（即每采集完一段时间间隔的数据，且在这个时间间隔内完成 FFT 计算），也不能算真正意义上的实时。为了解决因加窗导致的信息丢失问题，若 FFT 的计算时间小于数据采集时间，则可在完成一次 FFT 计算后，用新采集的数据与部分上一次已参与计算的数据执行下一次 FFT 计算。将在本次 FFT 计算中使用上一次 FFT 计算的数据量与一次 FFT 计算的数据量的比值定义为 FFT 计算的重叠率（overlap），即

$$P_{\text{overlap}} = \frac{\text{在本次FFT计算中使用上一次FFT计算的数据量}}{\text{一次FFT计算的数据量}} \qquad (3\text{-}1)$$

不同重叠率的 FFT 计算与数据采集的关系如图 3-13 所示。其中，$T_i$（$i=1,2,\cdots,6$）为时间间隔。

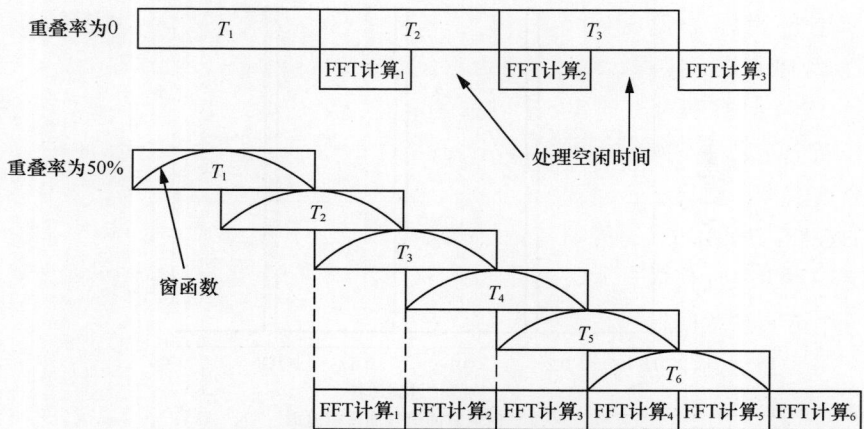

**图 3-13 不同重叠率的 FFT 计算与数据采集的关系**

对于自由运行的 FFT 计算来说，脉冲发生时间与一次 FFT 计算的数据采集起始时刻没有固定关系，即脉冲可出现在一次 FFT 计算的数据采集的任意时刻。由于加窗，只有在窗中心的信号才能被准确测量幅度。因此，在 FFT 计算自由运行时，若一个脉冲的持续时间为两次 FFT 计算的时长，那么这个脉冲肯定有一次落在窗口的中间位置，这时其幅度能够被准确测量。能够被准确测量幅度的最短脉冲时间称为 100%截获概率（probability of intercept，POI）时间。提高重叠率与 FFT 的计算速度可以缩短 100% POI 时间，即

$$t_{100\%\text{POI}} = (2 - P_{\text{overlap}}) \frac{N_{\text{FFT}}}{F_{\text{S}}} \qquad (3\text{-}2)$$

式中，$N_{\text{FFT}}$ 为 FFT 计算长度；$F_{\text{S}}$ 为采样率；$P_{\text{overlap}}$ 为重叠率。

因此，在采用了重叠的 FFT 计算时，只要脉冲信号的持续时间比 $t_{100\%\text{POI}}$ 长，其信号幅度总能被准确测量，如图 3-14 所示。

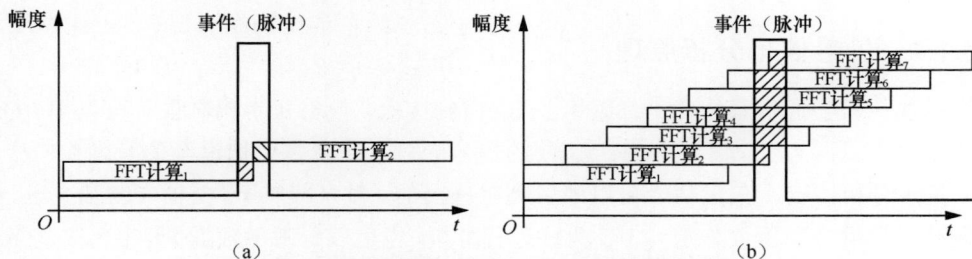

图 3-14　有重叠率情况下脉冲信号幅度测量

为了继续缩短 100%POI 下信号最短持续时间，实时频谱分析仪会使用比 FFT 计算长度短的窗函数，图 3-15 所示为这种情况的示意。这样做的好处是 FFT 可以更早开始计算。举例说明：因为对于 1024 个点的 FFT 和 32 个点的窗函数，只需要对 32 个点进行采样，剩下的 992 个点的值被设置为 0，所以在采样了 32 个点之后，FFT 计算和对下一个 FFT 的样点采集可能已经开始。进行 FFT 计算的时间要长于全速采样下对 32 个样点进行采集的时间。因此，在计算时间内获得的部分值会被丢弃，结果就会出现死区时间。因此，为了能够全面地描述实时频谱分析仪的性能，100%POI 下的信号最短持续时间是一个极其重要的指标。在大多数情况下，不丢失任何信息非常重要。另外，可能完全丢失的信号的最大持续时间也是一个需要注意的指标。

在图 3-15 所示的情况下，FFT 计算时间比窗口数据采集时间长，虽然缩短了 $t_{100\%\text{POI}}$，但有部分数据丢失，即不再是无缝采集与计算了。在这种情况下，$t_{100\%\text{POI}}$ 可表示为

$$t_{100\%POI} = \frac{1}{F_{FFT}} + \frac{N_{window}}{F_S} \qquad (3\text{-}3)$$

式中，$F_{FFT}$ 为 FFT 每秒的计算次数；$N_{window}$ 为窗函数点数；$F_S$ 为采样率。

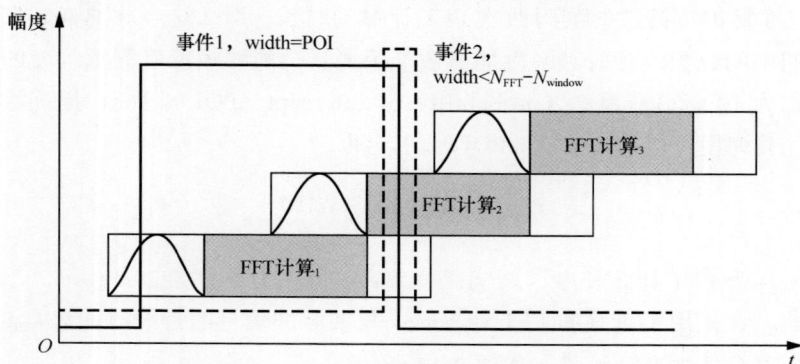

**图 3-15    FFT 计算时间与窗口数据采集时间对比**

## 3.1.4    矢量信号分析原理

现代数字通信系统几乎都采用了 IQ 调制技术，使得数字调制信号可以用 I/Q 两路来表示。为了衡量这种 IQ 调制的信号的质量，就需要把这个信号当作一个矢量来分析，这个矢量信号可以映射到星座图的 $I$ 轴（横轴）、$Q$ 轴（纵轴）上，通过矢量信号分析仪分别对 I/Q 两路进行分析，也可以针对 IQ 信号衍生出来的多个指标进行分析，从不同的角度衡量矢量调制信号的质量。

矢量信号分析仪包括变频通道、信号调理与采集、数字处理、解调与分析 4 个部分。射频输入首先通过混频器与本振信号混频，下变频到可处理的中频，并经过滤波、放大等信号处理过程变成满足采样要求的中频信号，经 ADC 量化后，中频取样数据经数字正交下变频和带宽变换后产生两路正交的 IQ 基带时域信号，存入内部数据存储器。在随后的数字解调与分析单元，通过各种数字信号处理算法完成时域分析、时域到频域的变换和频域分析、数字信号的解调解码，以及相应的调制域和码域分析。

矢量信号分析仪主要完成对信号的频域、调制域和码域分析，同时，矢量信号分析仪提供快速、高分辨率的频谱测量、高级时域分析功能，特别适用于表征复杂信号，如通信、视频、数字广播、雷达和软件无线电等应用中的脉冲、瞬时或调制信号。

典型矢量信号分析仪的功能框架如图 3-16 所示。

从图 3-16 所示可知，矢量信号分析仪通过 ADC 采样中频信号，然后使用数字信号处理技术处理采样数据并提供处理后的输出数据。数据处理包括：通过 FFT 计算频域结果，通过解调器处理得到调制域和码域结果；通过时域处理获取时域 IQ 星座图结果。因此，可以看出，矢量信号分析仪的一个重要特性是它能够测量和处理复数数据，即幅度和相位信息。实际上，它之所以被称为"矢量信号分析仪"，正是因为它能采集、分析复数（矢量）输入数据，并输出包含幅度和相位信息的复数数据结果。该仪表具备多种标准类型或用户定义类型的调制信号分析能力，解调测量基于数字中频提供的 IQ 数据。在数字解调测量模式下，可以观测被测信号的各种特征：时域、频域波形，解调结果信号，重建的参考信号，恢复的符号，各种误差结果等。

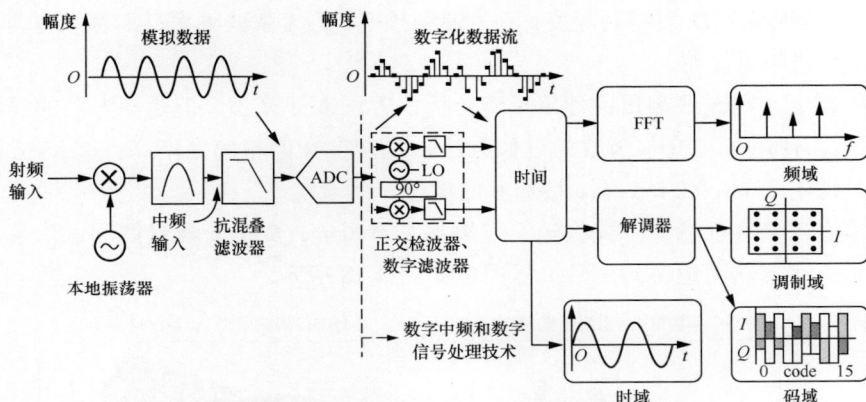

**图 3-16　典型矢量信号分析仪的功能框架**

在测量中，模拟调制、解调过程复杂，但通过采用与矢量信号分析一样的 IQ 的分析方法，可以使模拟调制、解调分析变得简单、易于理解。图 3-17 所示为基于 IQ 分析的模拟解调的结果。

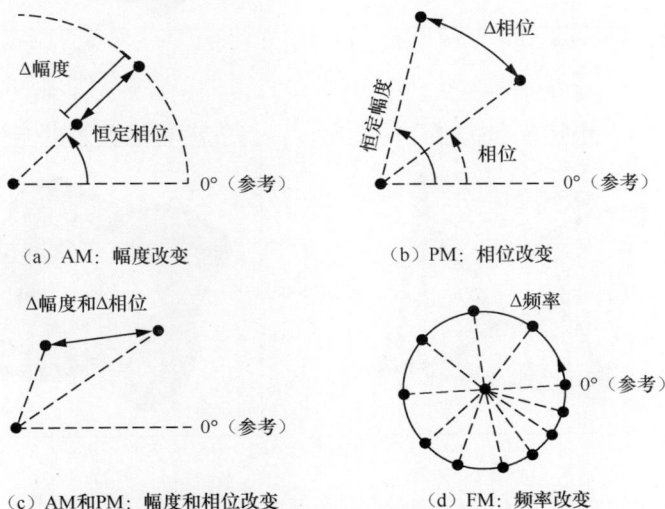

（a）AM：幅度改变　　　　　　（b）PM：相位改变

（c）AM和PM：幅度和相位改变　　（d）FM：频率改变

**图 3-17　基于 IQ 分析的模拟解调的结果**

由图 3-17 所示可知，模拟调制信号载波的幅度、频率和相位在一定范围内根据调制信号改变，从而产生相应的 AM、FM 和 PM 信号。

特别地，使用矢量信号分析仪可以准确测量调幅伴随调相，相对传统方法有显著优势。由于调幅器件的不理想特性，实际的调幅信号伴随着相位调制，这种调幅信号表达式为

$$S(t) = (1 + D\cos 2\pi f_a t)\sin\left[2\pi f_c t + \beta\cos(2\pi f_a t + \varphi)\right] \tag{3-4}$$

式中，$t$ 为时间；$D$ 为调制深度；$f_a$ 为调制频率；$f_c$ 为载波频率；$\beta$ 为伴随调相相偏；$\varphi$ 为调制相位差。

传统上，在无线测量中使用频谱分析的方法来计算 $\beta$。但是该方法的局限性较大：① 使用了贝塞尔函数的近似方法，复杂度高但精确度不高；② 该方法原则上只适用于 $\beta \leqslant 0.2$ rad 且 $\varphi$ 接近 0 的情况。

笔者用数字任意波方式构造了一组具有不同 $D$、$\beta$ 和 $\varphi$ 参量的测试信号，然后使用上述方法测量得到信号矢量图，如图 3-18 所示。

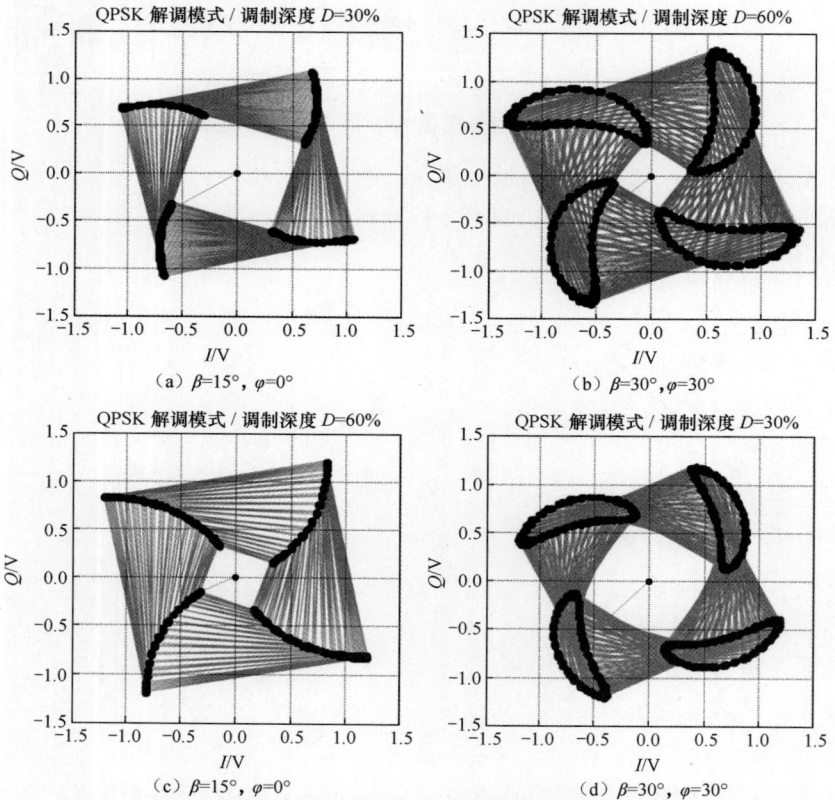

图 3-18　QPSK 解调模式下具有伴随调相的 AM 信号矢量图

图 3-18 所示图像兼具调幅和调相的特征，图像结构是优美的，测量所得结论

也高度符合预期。这表明，无线测量中的矢量分析方法是优美准确的。

此外，很多矢量信号分析仪还具有通道功率、占用带宽、邻道功率、功率互补累积分布函数（complementary cumulative distribution function，CCDF）、发射功率、杂散发射、频谱发射模板，以及谐波等多项指标的测量功能。

### 3.1.5　矢量解调中 EVM 定义的一致性

在矢量解调分析中，EVM 是表征数字调制信号质量的重要参数，在数字无线通信测试、数字广播电视测试、数字光通信测试等领域有重要应用。在研究中，笔者发现 EVM 的测量值不仅与频率响应等硬件因素有关，而且与仪表中 EVM 本身的数学定义有关。

在测量实验中，笔者使用功放的非线性来产生较大的 64QAM 数字调制信号的失真，显然随着功放输入功率的提高，相应的数字调制误差也会增加。笔者测量得到了功放的 AM-AM 和 AM-PM 曲线，基于非线性仿真模型，得到了 EVM 的仿真值，在 EVM 仿真中主要依据 3GPP 等无线通信技术标准的 EVM 定义，即

$$\text{EVM}_A = \sqrt{\frac{\sum_{n=1}^{N}|S(n)-R(n)|^2}{\sum_{n=1}^{N}|R(n)|^2}} \qquad (3\text{-}5)$$

式中，$S(n)$ 和 $R(n)$ 分别表示被测矢量序列和参考矢量序列。

然后使用功率分配器（简称功分器）将信号分别接入矢量信号分析仪 A 和矢量信号分析仪 B，测量相应的 EVM。EVM 的仿真值和两组测量值如图 3-19 所示。在下面所述的测量中，均测量 EVM 的 RMS 值，可以记作 EvmRms。

这个现象不是功放引入的非线性误差所特有的。在进一步的实验中，笔者设置矢量信号发生器的 IQ 增益不平衡度 $g$、相位不平衡度 $\phi$，然后使用矢量信号分析仪 B 测量数字调制信号的误

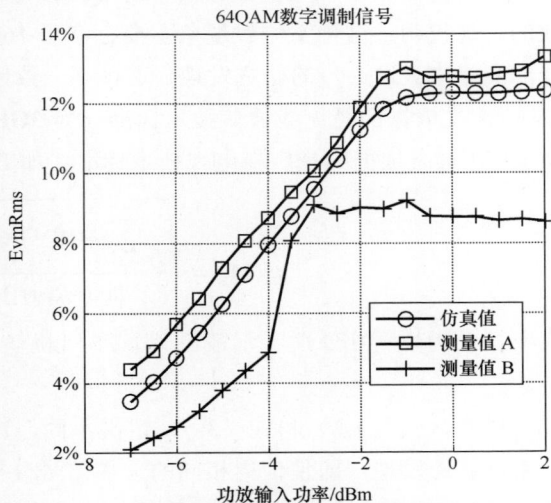

图 3-19　功放产生的非线性失真信号的 EVM 仿真值和不同矢量信号分析仪的 EVM 测量值

差。另外，我们可以根据下面的解析公式计算相应的 EvmRms。

$$EvmRms(g,\phi) = \sqrt{2 - \cos\left(\frac{\phi}{2}\right)(1+g)\sqrt{\frac{2}{g^2+1}}} \times 100\% \qquad （3-6）$$

图 3-20 所示为数字调制 IQ 不平衡条件下 EvmRms 的计算值和测量值。

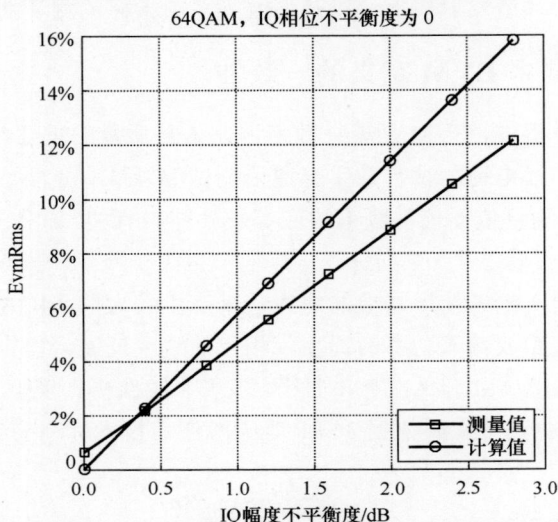

**图 3-20　数字调制 IQ 不平衡条件下 EvmRms 的计算值和测量值**

从图 3-20 所示的计算值和测量值曲线来看，可知计算值和测量值存在明显差异，且比值趋近于一个常数。而针对 QPSK 信号的测量中，计算值和测量值是一致的。这说明：这种不一致现象主要存在于 16QAM、64QAM 等高阶数字调制信号的测量中。进一步的研究发现，这种不一致现象的原因是矢量信号分析仪 A 中 EVM 定义依据的是无线通信技术标准（如 3GPP TS 36.101），矢量信号分析仪 B 中 EVM 定义依据的是广播电视技术标准（如 ETSI TR 101 290 V1.2.1），即

$$EVM_B = \frac{\sqrt{\dfrac{1}{N}\sum_{n=1}^{N}|S(n) - R(n)|^2}}{Max(|R(n)|)} \times 100\% \qquad （3-7）$$

式中，$S(n)$ 和 $R(n)$ 分别表示被测矢量序列和参考矢量序列；$Max(\cdot)$ 为求极大值函数。

显然，式（3-7）和式（3-5）定义不同，这是测量结果不一致的主要原因。后来笔者还发现，即使使用相同的矢量信号分析仪硬件，测量软件的版本不同，其 EVM 的定义也会有所不同，显然，这种定义的不同会导致测量的混乱。

在测量中，如果参与 EvmRms 统计的符号数量足够多且在星座图上等概率分布，则可以认为存在下面的规律。

$$\frac{EVM_A}{EVM_B} = k_m \tag{3-8}$$

式中，$k_m$ 为该调制方式的星座图的幅度峰均比，是一个常数。

假设某调制方式的星座图定义上有 $L$ 个点，对应的矢量分别是 $C(1), C(2),$ $C(3), \cdots, C(i), \cdots, C(L)$，则有

$$k_m = \frac{Max(|C(i)|)}{\sqrt{\dfrac{1}{L}\sum_{i=1}^{L}|C(i)|^2}} \tag{3-9}$$

计算得到不同数字调制方式的 $k_m$，如表 3-2 所示。

**表 3-2　不同数字调制方式的 $k_m$**

| 数字调制方式 | $k_m$ |
|---|---|
| QPSK | 1 |
| 8PSK | 1 |
| 16QAM | 1.3416 |
| 64QAM | 1.5275 |
| 256QAM | 1.6382 |

基于式（3-9）可以对前述矢量信号分析仪 B 的 EVM 测量结果进行修正，结果分别如图 3-21 和图 3-22 所示。

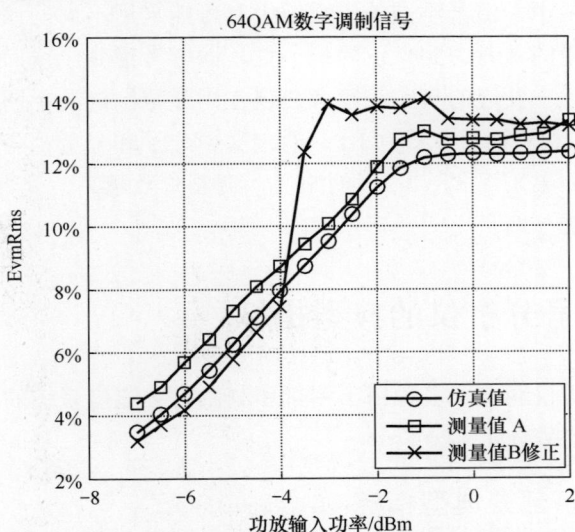

**图 3-21　功放产生的非线性失真信号的 EVM 仿真值和不同矢量信号分析仪的 EVM 测量值，测量值 B 经过修正**

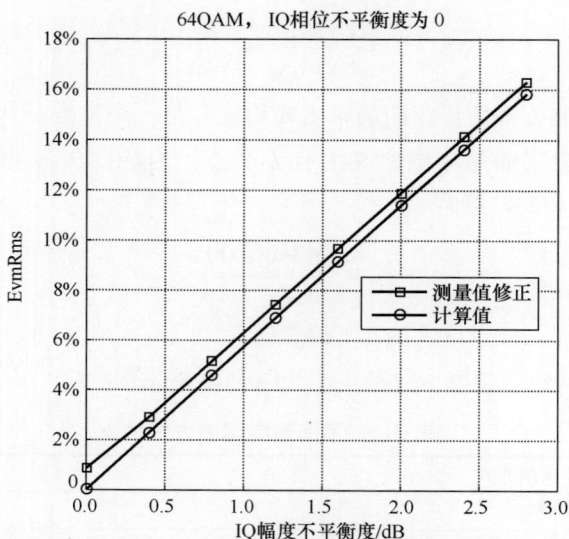

**图 3-22 数字调制 IQ 不平衡条件下 EvmRms 的计算值和测量值，测量值经过修正**

显然，经过修正以后，测量结果的一致性提高了。在一些仪表中，和 EVM 类似的参量幅度误差（magnitude error）定义也有类似问题，也可以使用这样的方法做修正。

这种乘以一个系数的修正仅仅是权宜之计，在涉及正交频分复用（OFDM）信号的 EVM 测量中，由于不同的子载波上有可能采用不同的调制方式，所以这种方法未必是适用的。考虑到量值的统一性，同时考虑到无线广播电视技术和无线通信技术正在融合发展的事实，笔者建议在国际范围内的不同技术领域采用统一的 EVM 定义，相对而言，式（3-5）的定义中分子和分母都是均方根值，数学上更自洽一些；如果采用式（3-7）的定义，调制阶数越高，其 EvmRms 越小，在逻辑上值得商榷。

## 3.2 射频信号分析仪的典型指标

射频信号分析仪涵盖了多种用于测试和测量射频通信系统的工具，包含频谱分析部分和矢量信号分析部分。

### 3.2.1 频谱分析部分典型指标

频谱分析部分典型指标有频率范围、分辨率、分析谱宽、分析时间、扫频速度、灵敏度、动态范围、显示方式和假响应等。

（1）频率范围：频谱分析仪进行正常工作的频率区间。现代频谱分析仪的典型频率范围为 1 Hz～110 GHz，配合外接混频器，可以实现更高的频率。

（2）分辨率：频谱分析仪在显示器上能够区分最邻近的两条谱线之间频率间隔的能力，是频谱分析仪最重要的技术指标之一。分辨率与滤波器型式、波形因数、带宽、本振稳定度、剩余调频和边带噪声等因素有关，扫频式频谱分析仪的分辨率还与扫描速度有关。

（3）分析谱宽：又称频率跨度，即频谱分析仪在一次测量分析中能显示的频率范围，可小于或等于仪器的频率范围，通常是可调的。

（4）分析时间：完成一次频谱分析所需的时间，它与分析谱宽和分辨率有密切关系。对于实时频谱分析仪，分析时间一般不能小于其最窄分辨率带宽的倒数。

（5）扫频速度：分析谱宽与分析时间之比，也就是扫频的本振频率变化速率。

（6）灵敏度：频谱分析仪显示微弱信号的能力，受频谱分析仪内部噪声的限制，通常灵敏度越高越好。

（7）动态范围：在显示器上可同时观测的最强信号与最弱信号之比。现代频谱分析仪的动态范围可达 80 dB 以上。

（8）显示方式：频谱分析仪显示的幅度与输入信号的幅度之间的关系。显示方式通常有线性显示、平方律显示和对数显示 3 种。

（9）假响应：显示器上出现不应有的谱线现象。这对于超外差系统是不可避免的，应设法将其抑制到最小，现代频谱分析仪可做到小于−90 dBm。

## 3.2.2　矢量信号分析部分典型指标

矢量信号分析部分典型指标如下。

（1）频率范围：矢量信号分析仪能测量的最低频率到最高频率之间的范围。

（2）解调带宽：矢量信号分析仪能够有效解调、分析的被测信号的带宽。

（3）存储深度：数字下变频部分拥有的捕获存储器的容量，表征了矢量信号分析仪能够一次性采集的数据长度，在指定解调带宽下即代表能够分析的信号时长。

（4）码元速率：单位时间内传输码元的速率，在星座图下表示为星座各状态点之间的转移速率。

（5）误差矢量幅度：即 EVM，表征参考信号矢量与测试信号矢量之间的误差矢量的幅度，是衡量数字调制信号质量的重要标准。

（6）调制制式：矢量信号分析仪能够解调的数字调制信号的样式，是仪表功能和适用能力的重要体现。

（7）通信标准：矢量信号分析仪能够支持的各类通信制式的信号标准，每种标准均有自身特定的测试项目、测试状态和分析方法等。

（8）显示平均噪声电平：无输入条件下接收机自身的噪声显示，在分辨率带宽最小和输入衰减最小的情况下，减小视频带宽以减小噪声的峰峰值波动，在矢量信号分析仪显示器上观察到的电平为显示平均噪声电平，一般单位是 dBm/Hz，矢量信号分析仪的灵敏度一般要高于显示平均噪声电平才能保证一定的信噪比。

（9）非线性：矢量信号分析仪对输入信号的功率电平有一定的限制，当输入信号电平过大时，混频器的输入电平就不能线性地跟踪输入，造成非线性，输出因压缩而产生偏差。为了表征这种压缩现象，通常给出 1 dB 压缩时的混频器电平。测量时，尽管混频器电平低于增益压缩点，但由于混频器是非线性器件，它仍然产生内部失真，因此还可通过二次谐波失真、三阶交调失真等技术指标来表征矢量信号分析仪的非线性特性。

（10）噪声边带：表征矢量信号分析仪内部本振的相位噪声。它是振荡器短时稳定度的度量参数，一般是以一个单载波的幅度为参考，并偏移一定频率时的单边带相位噪声，通常单位是 dBc/Hz。

## 3.3  典型国产射频信号分析仪型号

射频信号分析仪是无线通信系统中最常用的仪表之一，我国主要的制造企业有思仪科技、创远信科、玖锦科技等。如何根据不同的测试应用和需求选择合适的仪表？下面对目前主流的国产射频信号分析仪进行介绍。

### 3.3.1  思仪科技射频信号分析仪

思仪科技射频信号分析仪涵盖频谱分析仪、信号分析仪、信号源分析仪、调制域分析仪以及毫米波扩频模块等多种系列的产品，产品形式有标准台式、便携式、手持式等。

下面重点介绍一些典型型号及其各自的功能和技术特点。

#### 1. 4082 系列信号/频谱分析仪

4082 系列信号/频谱分析仪是思仪科技的旗舰级产品。它在显示平均噪声电平、相位噪声、动态范围、误差矢量幅度精度等方面具备良好的性能，具备频谱分析、符合标准的功率测量、瞬态分析、脉冲信号分析、实时频谱分析、模拟调制分析、矢量信号分析等多种测量功能。该仪表具有强大的扩展能力，可通过多种数字和模拟信号输出接口构建测试系统或进行二次开发；具有 4 GHz 的分析带宽，配合相应的软件分析选件，能够满足在移动通信、卫星通信、物联网、半导体等领域信号及设备测试时的需求。4082 系列信号/频谱分析仪如图 3-23 所示。

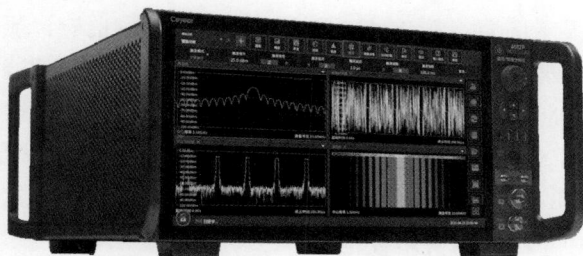

**图 3-23　4082 系列信号/频谱分析仪**

4082 系列信号/频谱分析仪的频率范围为 2 Hz～110 GHz，110 GHz 全频段配置预选器，可对镜像和干扰进行有效抑制。4082 系列信号/频谱分析仪具有良好的显示平均噪声电平，1 GHz 处显示平均噪声电平为−154 dBm/Hz，配置前置放大器后可达−167 dBm/Hz，启用噪声抵消功能可达−172 dBm/Hz；110 GHz 处显示平均噪声电平可达−140 dBm/Hz。4082 系列信号/频谱分析仪还具有良好的相位噪声性能，在 1 GHz 载波处，相位噪声优于−125 dBc/Hz@1 kHz 频偏，−134 dBc/Hz@10 kHz 频偏。

4082 系列信号/频谱分析仪提供 10 MHz/40 MHz/200 MHz/400 MHz/600 MHz/1.2 GHz/2 GHz/4 GHz 等多种带宽配置，满足宽带 5G NR、WLAN 等不同测试场景的使用需求；提供 100 Hz～1.5 GHz 任意采样率 IQ 数据流，采样率设置分辨率优于 0.1 Hz，全带宽频率响应实时补偿，可支持多种速率的信号测量分析；提供 1.2 GHz 带宽的实时频谱分析，100%POI 时间优于 0.28 μs，可用于脉冲信号、毛刺信号、间歇性信号等各种瞬态突发信号的捕获、测量。

4082 系列信号/频谱分析仪具有全面的频谱分析能力，支持扫频和 FFT 两种扫描类型，扫描点数在 101～120 001 任意可选，最长扫描时间为 16 000 s，零频宽最短扫描时间为 1 μs；支持 6 条轨迹配置、6 种检波方式、3 种平均算法，具有噪声标记、带宽功率、功率谱密度等丰富的标记、测量功能，并支持轨迹统计、轨迹自动保存和调用等；支持瀑布图的历史轨迹显示，可保存 10 000 帧的瀑布图轨迹，清晰展现信号频谱变化规律；具备占用带宽、信道功率、邻道功率、功率统计、突发功率、谐波失真、三阶交调、杂散发射、频谱发射模板（SEM）等的一键测量功能。

4082 系列信号/频谱分析仪具有丰富的无线通信信号分析功能，5G NR 信号测量功能可对 3GPP Release 15 和 3GPP Release 16 版本的 5G NR 上行和下行信号进行解调分析，支持 FDD、TDD 两种双工模式，支持 QPSK 到 256QAM 的调制方式，支持 TestModel 和自定义参数设置，提供不同信道和信号的误差矢量幅度、频率误差（frequency error）和功率等的测量结果，具备星座图、误差总结表、资源分配表等多种显示图表；在带外测量方面，4082 系列信号/频谱分析仪能提供广泛的标准值和限值一键设置能力，高效率执行 ACLR、频谱发射模板等的测量；搭配思仪科技专用的协议分析软件，4082 系列信号/频谱分析仪可对 LTE、LTE-A、NB-IoT、WCDMA（宽带码分多址）、GSM、EDGE 等的通信信号进行解调分析，提供 EVM、星座图、频率误差等多种测量结果。

**2. 4052 系列信号/频谱分析仪**

4052 系列信号/频谱分析仪是思仪科技的高性能产品，具有优良的测量动态范围、相位噪声、幅度精度和测试速度，具备高灵敏度频谱分析、符合标准的功率测量、IQ 矢量信号分析、实时频谱分析、瞬态分析、脉冲信号分析、音频分析、模拟解调分析、相位噪声测试、噪声系数测试等多种测试功能，可提供可靠的高性能测试服务；具有强大的扩展能力，可通过灵活配置选件进一步提升测试性能，也可通过各种数字信号和模拟信号输出接口构建测试系统或进行二次开发；可应用于移动通信、卫星通信、物联网、半导体等领域的信号及设备测试。其主要特点如下。

（1）频率范围为 2 Hz 到 4 GHz/8 GHz/13.6 GHz/18 GHz/26.5 GHz/40 GHz/45 GHz/50 GHz，各范围具有不同配置，具有到 750 GHz 的外部频率扩展能力（配套外部频率扩展选件），提供 10 MHz、40 MHz、200 MHz、400 MHz、600 MHz、1.2 GHz 等多种分析带宽配置方案，提供 4 GB 的存储深度，根据带宽选择，无缝捕获时间可从几毫秒至数小时，可配置对应主机频段的低噪声前置放大器；1 GHz 测量灵敏度典型值为 −153 dBm/Hz（配置预放后典型值为 −164 dBm/Hz），50 GHz 测量灵敏度典型值为 −136 dBm/Hz（配置预放后典型值为 −154 dBm/Hz）。

（2）支持时间门测量，具有占用带宽、信道功率、邻道功率、功率统计、突发功率、谐波失真、三阶交调、杂散发射等的测量功能，具有相位噪声测试、音频分析、模拟解调分析等功能。

（3）支持瞬态突发信号分析，还支持信号文件的事后回放分析。频域时域关联测试便于理解并深入分析瞬态信号事件；同时分析信号频率、幅度、相位随时间的变化，助力功率控制（power control）、频率锁定过程的测试；支持长达 500 Mpts（64 bit 精度）的无缝捕获数据存储；支持 CSV、DAT 等多种信号文件存储格式。

（4）实时频谱分析功能下的最大实时分析带宽为 400 MHz，频率可达 50 GHz，支持数字荧光频谱图、无缝瀑布图、瞬时频谱图、功率−时间图、频率−时间图等多种图表，具有频率模板触发、功率触发等多种实时触发功能，可用于捕获和分析感兴趣信号事件发生前后的数据。

（5）脉冲信号分析功能支持脉冲信号频谱、时域特性测试，支持 20 余种脉冲参数（时间、幅度、频率、相位等）的测量，可选定任意脉冲，进行幅度、脉内频率/相位特性、频谱特性等的细节分析，可对任意脉冲参数进行脉冲趋势统计。

（6）模拟解调分析可以解调 AM/FM/PM 信号，测量调制指数、调制失真、剩余调频、调频线性度等参数，用于特定制式终端、电台、通用模拟调制源等的测试。

（7）矢量信号分析功能可对 PSK 信号、FSK 信号、QAM 信号等 20 多种通用单载波数字调制信号进行解调分析，同时显示解调前信号、解调后信号、参考信号、符号和各种误差结果，支持频谱图、星座图、矢量图、相位轨迹图、眼图、误差/符号表等多种显示图表。该型仪表能够对单载波和多载波数字化地面多媒体广播（DTMB）信号进行测量，具有信道功率、肩部衰减、频谱发射模板等射频特性的分析功能，能够自动识别信号的帧头类型、调制方式，进行调制质量分析，能够对信道响应、脉冲响应进行分析。

（8）WLAN 测试功能一方面提供调制分析、频谱平坦度、功率-时间、信道功率、占用带宽、频谱发射模板、功率 CCDF 统计等的测量功能，可以对 WLAN 设备进行全面测试；另一方面测量设置菜单操作灵活，既可以进行一键式测量，也可手动设置，便于用户对 WLAN 信号进行完善的测试分析，提供星座图、误差表、符号表、EVM-载波图、增益不平衡度-载波图、正交误差-载波图、幅度误差-时间图、相位误差-时间图、频谱图、时域波形图等多种显示图表。

（9）具有绝对功率测量功能，支持使用 USB 功率探头实现高精度功率测量，其指标等同高精度功率计。4052 系列信号/频谱分析仪支持的思仪科技功率探头如表 3-3 所示。

表 3-3　4052 系列信号/频谱分析仪支持的思仪科技功率探头

| 型号 | 频率范围 |
| --- | --- |
| 87230 USB 连续波功率探头 | 9 kHz～6 GHz |
| 87231 USB 连续波功率探头 | 10 MHz～18 GHz |
| 87232 USB 连续波功率探头 | 50 MHz～26.5 GHz |
| 87233 USB 连续波功率探头 | 50 MHz～40 GHz |

（10）支持射频信号流盘与回放分析功能，可实现 1.2 GHz 带宽信号的实时记录，数据记录仪支持固态硬盘和机械硬盘两种存储设备，数据实时记录的工作方式如图 3-24 所示。

（11）支持较多毫米波扩频模块（需要 4052-H40 选件），如表 3-4 所示。

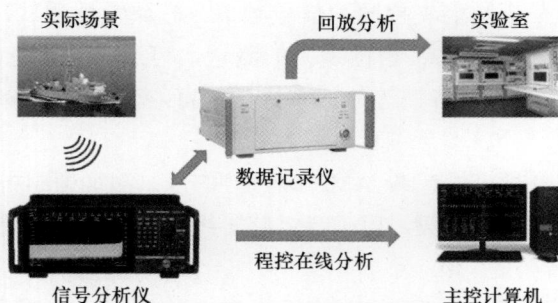

图 3-24　4052 系列信号频谱分析仪数据实时记录的工作方式

表 3-4　4052 系列信号/频谱分析仪支持的毫米波扩频模块

| 型号 | 频率范围/GHz |
| --- | --- |
| 82407NA 频谱分析仪扩频模块 | 50～75 |
| 82407PA 频谱分析仪扩频模块 | 75～110 |
| 82407QB 频谱分析仪扩频模块 | 110～170 |
| 82407SA 频谱分析仪扩频模块 | 170～260 |
| 82407S 频谱分析仪扩频模块 | 220～325 |
| 82407R 频谱分析仪扩频模块 | 325～500 |
| 82407U 频谱分析仪扩频模块 | 500～750 |

### 3．4025D 频谱分析仪

图 3-25 所示的 4025D 频谱分析仪是思仪科技推出的新一代高性能手持式频谱分析仪，频率范围为 9 kHz～20 GHz，主要用于外场无线通信设备的安装调试、维护保障及干扰排查等场合，具有体积小、质量轻、环境适应性强、供电灵活、操控方便等特点。

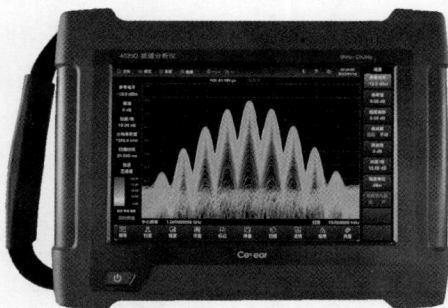

图 3-25　4025D 频谱分析仪

4025D 频谱分析仪具有 40 MHz 带宽实时频谱分析、干扰分析、信道扫描、场强测量、USB 连续波与峰值功率测量、模拟解调分析、定向分析等多种测量功能，以及通道功率、占用带宽、邻道功率、频谱发射模板、载噪比、谐波失真、杂散发射、室内/室外地图覆盖等的智能测量功能，支持 LAN、USB、Micro SD 卡、Wi-Fi 等的接口；采用 10.1 in 电容触摸屏，支持标记拖动、频率与幅度拖动/缩放等功能，可应用于移动通信、卫星通信、微波通信、干扰源测向与地图定位、瞬态时变信号测试等领域。

### 4. 4141 系列信号源分析仪

图 3-26 所示的 4141 系列信号源分析仪是思仪科技推出的信号源综合测试设备，采用双通道互相关技术，具备相位噪声、幅度噪声和基带噪声等的测量功能，同时具备瞬态测量、频谱监测、频率/功率测量等多种测量功能，可利用高灵敏度相位噪声测量功能测量通信设备中的时钟抖动性能指标，具有频率范围宽、动

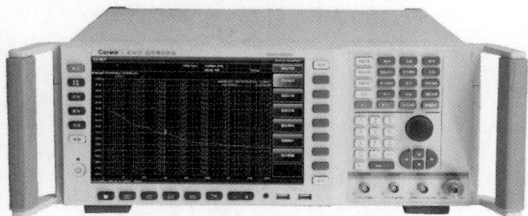

**图 3-26　4141 系列信号源分析仪**

态范围大、灵敏度高、测量准确度高等优点。一台 4141 系列信号源分析仪即可完成信号源的综合性能评估。

4141 系列信号源分析仪的功能特点如下。

（1）多维度解析信号特征。4141 系列信号源分析仪具有丰富的测量功能，可以测量信号的相位噪声、时钟抖动、幅度噪声、频率、功率等，并对信号进行频谱监测。

（2）支持瞬态测量功能，在调制域解析跳频信号特征。4141 系列信号源分析仪支持两种高速无死区的频率测量模式，可以对跳频信号、捷变频信号和线性调频信号等进行测量。宽带模式下可以测量频率相对于时间的变化规律；窄带模式下可以测量功率相对于时间、频率相对于时间、相位相对于时间等的变化规律。

（3）测量信号动态范围大。4141 系列信号源分析仪内部采用高精度功率计测量输入信号功率，并应用 35 dB 程控衰减器调节输入信号功率，功率范围达到 ±20 dBm，可以满足大动态范围的测试需求。

（4）具有低噪声直流电源输出，可以描述压控振荡器（VCO）等器件的特性。4141 系列信号源分析仪可以输出两路低噪声直流电源，一路作为供电电源，另一路作为调谐电源，可以用来测量 VCO 等器件特性；支持电压扫描输出，可以描述 VCO 输出频率随调谐电压的变化曲线、输出信号功率随调谐电压的变化规律。

（5）支持基带噪声测量功能，细致表征电源纹波特征。随着设计的不断优化，电源噪声越来越引起人们的重视，电源噪声会被调制到输出信号上，产生不必要的杂散和交调信号。4141 系列信号源分析仪可测量仪表各路电源在 1 Hz～100 MHz 频率范围内的噪声情况，有助于工程师对电路优化做出正确判断。

### 5. 3927 系列测量接收机

测量接收机可以被认为是一种特殊的射频信号分析仪，能为用户提供适用于

校准信号发生器和衰减器的一体化解决方案。此外，3927 系列测量接收机可用于信号发生类电子设备的研制、生产、验收、维护等方面的测试。

图 3-27 所示的 3927 系列测量接收机作为专用计量设备，频率范围为 100 kHz～50 GHz，具有绝对功率测量、调谐电平测量、频率计数、模拟解调分析、音频分析及频谱分析等功能，具有符合检定与校准实验室要求的高精度、可重复性以及长期稳定性，适用于校准信号发生器和衰减器的一体化解决方案。3927 系列测量接收机标配高灵敏度频谱分析、符合标准的功率测量、IQ分析、瞬态分析、脉冲参数分析、音

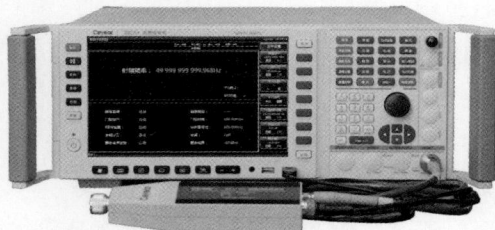

图 3-27　3927 系列测量接收机

频分析、模拟调制测量、相位噪声测试等多种测试功能；具有强大的扩展能力，可通过灵活配置选件进一步提升测试性能。其技术特点如下。

（1）测量参数多，一机多用

① 综合了频谱分析仪、功率计、调制度分析仪、频率计和音频分析仪等仪表的功能。

② 功率参数：绝对功率、调谐电平。

③ 调制参数：AM/FM/PM 的载波频偏、调制频率、调幅深度、调频频偏、调相相偏、总谐波失真、调制失真、信纳比等。

④ 频谱参数：频率精度、频率响应、相位噪声、谐波失真等。

⑤ 音频参数：音频频率、音频交流电平、音频直流电平、音频解调失真、音频信纳比等。

（2）测量精度指标

① 高精度绝对功率测量，指标等同高精度功率计。

② 高精度调谐电平测量，相对误差低于±（0.015 dB+0.005 dB/10 dB）（@4 GHz以下）。

③ 高精度的解调测量，低于 1%的典型解调测量误差。

④ 频率计数分辨率为 0.001 Hz。

（3）一体化解决方案

① USB 接口集成功分功率探头，可实现单次连接被测设备即完成所有参数测试。

② 频率参数跟随测量功能切换，简化测试步骤。

③ 自动调谐电平量程校准，减小测量误差。

④ 自动设置模拟解调状态参数，提高测试结果的一致性与稳定性。

⑤ 提供符合计量检定规程的应用软件，满足周期性计量检定的测试需求。

（4）测量接收性能

① 绝对功率测量范围为 -20～+30 dBm。

② 调谐电平测量范围为 -140～+30 dBm（中频 2 GHz 以下）。

③ 标配各类音频滤波器、去加重滤波器和检波器等，适用于解调分析和音频分析。

（5）标配全面的频谱分析功能

① 支持扫频和 FFT 两种扫描类型。

② 零频宽快速扫描，最短扫描时间为 1 μs。

③ 精确的频率计数，计数分辨率可达 0.001 Hz。

④ 扫描点数在 101～30 001 任意可选。

⑤ 可配置 6 条轨迹，具有丰富的标记操作功能。

⑥ 具有 6 种检波方式，3 种平均算法。

⑦ 支持时间门测量。

⑧ 具有占用带宽、信道功率、邻道功率等的测量功能。

⑨ 具有功率统计、突发功率、谐波失真、三阶交调、杂散发射等的测量功能。

（6）丰富的选件及分析/测试功能

① 支持全频段低噪声放大器。

② 支持系列化测量接收机功率探头。

③ 支持音频分析功能。

④ 支持高中频输出、重构中频/视频信号输出。

⑤ 有 40 MHz 分析带宽、200 MHz 分析带宽可选。

⑥ 支持相位噪声测试功能。

⑦ 支持瞬态分析功能。

⑧ 支持矢量信号分析功能。

⑨ 支持脉冲信号分析功能。

思仪科技另有其他系列的信号分析仪，可以参考其官方网站信息。

## 3.3.2　创远信科射频信号分析仪

创远信科推出的 T8600 信号分析仪（见图 3-28）是一款精度高、动态范围大、灵敏度高、解调带宽高的射频信号分析仪。该型号广泛支持当前主流移动通信制式，能够测量 LTE、5G NR 等通信应用中的复杂信号。

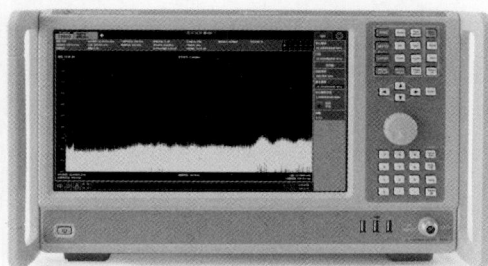

**图 3-28 创远信科 T8600 信号分析仪**

T8600 信号分析仪具有以下特点。

（1）频率范围：100 kHz～20 GHz/ 43.5 GHz。

（2）瞬时带宽（IBW）：160 MHz。

（3）动态范围：110 dB。

（4）扫频速度：1 THz/s@30 kHz（分辨率带宽）。

（5）支持 13.3 in 大屏幕触控操作。

（6）支持外参考、外触发、全球定位系统（GPS）同步功能。

（7）支持网口控制功能。

（8）支持频谱分析功能。

（9）支持通用数字解调功能。

（10）支持 LTE 信号解调功能。

（11）支持 5G NR 信号解调功能。

T8600 信号分析仪的技术指标如表 3-5 所示。

**表 3-5 T8600 信号分析仪的技术指标**

| 指标名 | 指标值 |
| --- | --- |
| 频率分辨率 | 0.1 Hz |
| 频率参考年老化率 | $\pm 0.1 \times 10^{-6}$ |
| 频率扫宽准确度 | $\pm 1\%$ |
| 分辨率带宽 | 1 Hz～3 MHz（1、2、3、5、10 倍数序列步进） |
| 分辨率带宽准确度 | $\pm 2\%$ |
| 最大安全输入电平 | +20 dBm |
| 幅度准确度（10 dBm 输入至显示平均噪声电平） | 100 kHz～6 GHz：$\pm 2$ dB；<br>6～20 GHz：$\pm 3$ dB；<br>20～43.5 GHz：$\pm 3.5$ dB |
| 输入衰减器范围 | 0～30 dB，5 dB 的步进 |
| 输入衰减器衰减不确定度 | $\pm 0.8$ dB |

续表

| 指标名 | 指标值 | |
|---|---|---|
| 参考电平范围 | −140～+20 dBm | |
| | −440～+220 dBm（启用参考电平偏置功能） | |
| 参考电平准确度 | 参考电平≥−60 dBm，±0.5 dB | |
| 显示平均噪声电平（1 GHz） | −158 dBm/Hz（典型值） | |
| 剩余响应（参考电平为−20 dBm，输入衰减为 0 dB） | 100 kHz～15 GHz：−100 dBm；<br>15～43.5 GHz：−90 dBm | |
| 二次谐波失真 | −105 dBc（输入频率为 1.6 GHz，幅度为 0 dBm） | |
| 三阶截止点 | 20 GHz 版本产品 | 43.5 GHz 版本产品 |
| | 100 kHz～6 GHz：+23 dBm | 100 kHz～4 GHz：+28 dBm |
| | 6～14 GHz：+18 dBm | 4～6 GHz：+23 dBm |
| | 14～20 GHz：+23 dBm | 6～43.5 GHz：+20 dBm |

| 单边带相位噪声（中心频率为 1 GHz） | 频偏 | dBc/Hz（20 GHz 版本产品） | dBc/Hz（43.5 GHz 版本产品） |
|---|---|---|---|
| | 100 Hz | −108 | −108 |
| | 1 kHz | −122 | −125 |
| | 10 kHz | −130 | −130 |
| | 100 kHz | −132 | −136 |
| | 1 MHz | −132 | −136 |
| | 10 MHz | −140 | −140 |

| 尺寸 | 460 mm×440 mm×280 mm |
|---|---|
| 质量 | ≤20 kg |

　　T8600 信号分析仪具备完善的 3GPP 标准通信制式测试能力。目前，移动通信技术以 4G LTE 和 5G NR 为主，T8600 信号分析仪可根据 3GPP 标准（4G 36.521、5G 38.121）规定测试发射机的最大发射功率、占用带宽、频谱发射模板、杂散发射、载波泄漏、接收灵敏度、邻道选择性、阻塞、互调、开关时间模板、EVM 等指标，典型测试结果如图 3-29、图 3-30 所示。

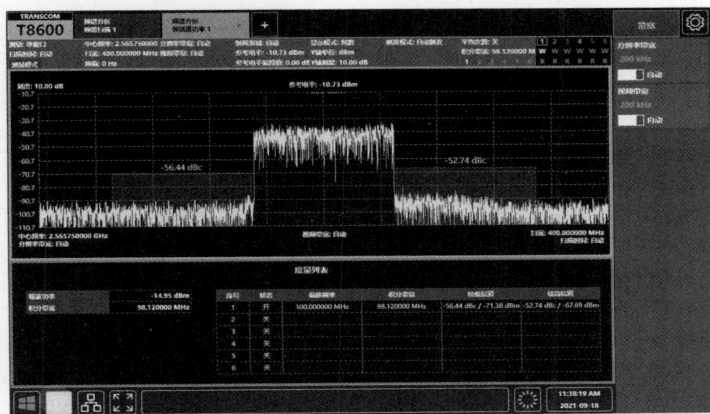

**图 3-29　将 T8600 信号分析仪用于基站/直放站测试**

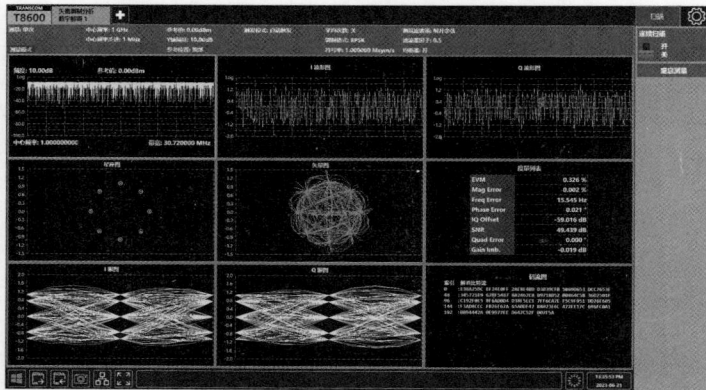

图 3-30　将 T8600 信号分析仪用于移动通信数字解调测试

### 3.3.3　玖锦科技射频信号分析仪

玖锦科技射频信号分析仪系列产品及其技术指标如表 3-6～表 3-10 所示。

表 3-6　玖锦科技高性能矢量信号分析仪产品及其技术指标

| 型号 | 频率范围 | 分析带宽 | 实时分析带宽 | 相位噪声 |
|---|---|---|---|---|
| PSA6000A | 2 Hz～50 GHz | 1.2 GHz | 600 MHz | −133 dBc/Hz（载波为 1 GHz，偏移为 10 kHz） |
| PSA5000A | 2 Hz～50 GHz | 1.2 GHz | 600 MHz | −125 dBc/Hz（载波为 1 GHz，偏移为 10 kHz） |
| PSA5000B | 2 Hz～50 GHz | 1.2 GHz | 600 MHz | −125 dBc/Hz（载波为 1 GHz，偏移为 10 kHz） |

表 3-7　玖锦科技高性能噪声系数分析仪产品及其技术指标

| 型号 | 频率范围 | 噪声系数测量范围 | 相位噪声 |
|---|---|---|---|
| NFA5000A | 10 MHz～50 GHz | 0～30 dB | −125 dBc/Hz（载波为 1 GHz，偏移为 10 kHz） |

表 3-8　玖锦科技经济型矢量信号分析仪产品及其技术指标

| 型号 | 频率范围 | 扫描速度 | 最大分析带宽 | 相位噪声 |
|---|---|---|---|---|
| ESA3000A | 9 kHz～26.5 GHz | ≥1 THz/s | 300 MHz | ≤−108 dBc/Hz（载波为 1 GHz，偏移为 10 kHz） |

表 3-9　玖锦科技高性能便携式矢量信号分析仪产品及其技术指标

| 型号 | 频率范围 | 分析带宽 | 实时分析带宽 | 相位噪声 |
|---|---|---|---|---|
| MSA1000A | 9 kHz～40 GHz | 300 MHz | 200 MHz | ≤−108 dBc/Hz（载波为 1 GHz，偏移为 10 kHz） |

表 3-10　玖锦科技高性能模块化矢量信号分析仪产品及其技术指标

| 型号 | 频率范围 | 分析带宽 | 实时分析带宽 | 相位噪声 |
|---|---|---|---|---|
| MSA2000A | 9 kHz～26.5 GHz | 300 MHz | 200 MHz | ≤−108 dBc/Hz（载波为 1 GHz，偏移为 10 kHz） |

下面介绍图 3-31 所示的玖锦科技 PSA5000A 射频信号分析仪。

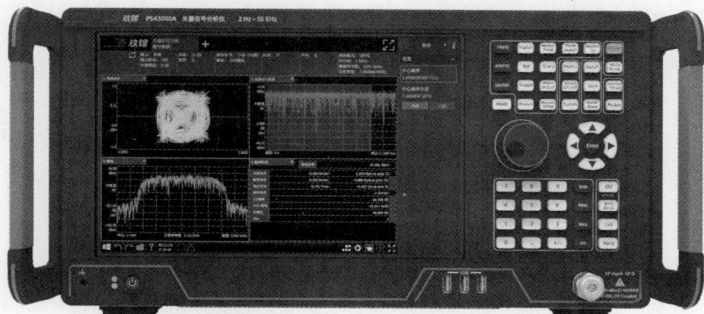

图 3-31 玖锦科技 PSA5000A 射频信号分析仪

PSA5000A 射频信号分析仪具有多种应用场景。

（1）通用频谱分析

通用频谱分析（GPSA）通过扫描和 FFT 两种测量方法完成对信号的频率、功率等参数的测量，通过 6 条迹线、12 个标记展示 2 Hz～50 GHz 频率范围的测量结果。迹线、标记支持多种数学运算功能以满足不同测试场景的要求。

（2）高级测量功能套件

高级测量功能套件（AMS）具有的一键测量功能包括通道功率测量、占用带宽测量（见图 3-32）、邻道功率测量、功率 CCDF 统计测量、发射功率测量、杂散发射测量、频谱发射模板测量、三阶交调测量（见图 3-33）和谐波测量等。

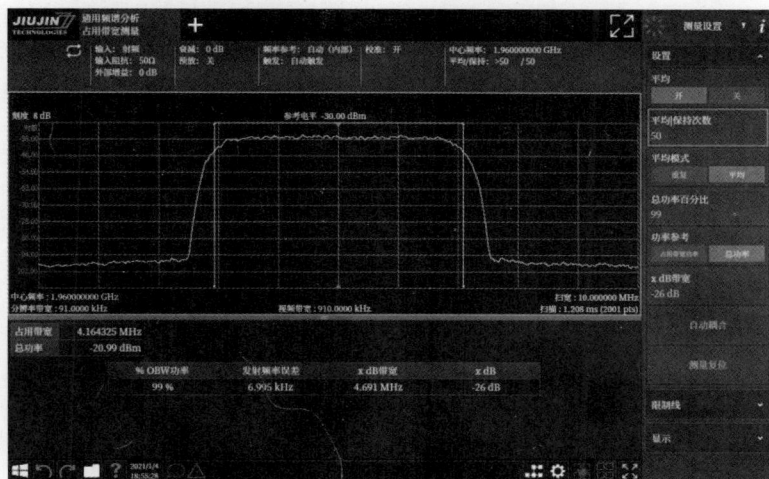

图 3-32 占用带宽测量

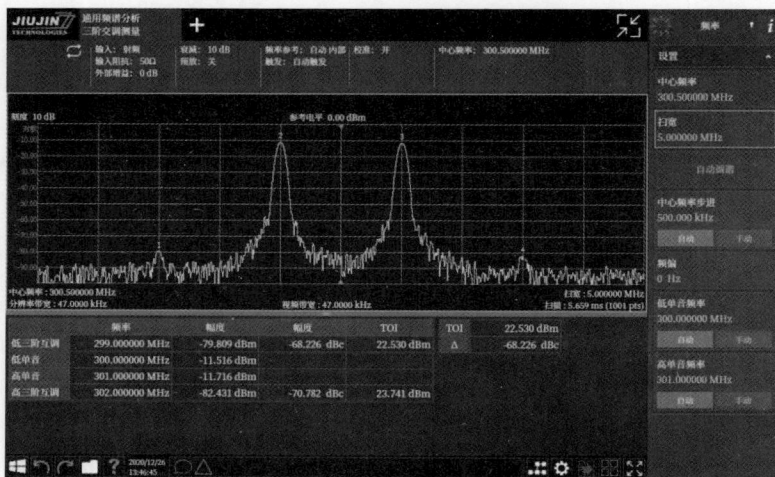

图 3-33　三阶交调测量

（3）实时频谱分析

实时频谱分析（RTSA）通过强大的数字处理能力提供对大带宽瞬态信号的无缝捕获、测量分析，同时基于测量分析结果提供包括概率密度图、时域光谱图、迹线、瀑布图等丰富的显示结果。通过频率模板触发，可以精确捕获 600 MHz 带宽内持续时间小于 1 μs 的脉冲信号。图 3-34 所示为概率密度+瀑布图，图 3-35 所示为时域瀑布图。

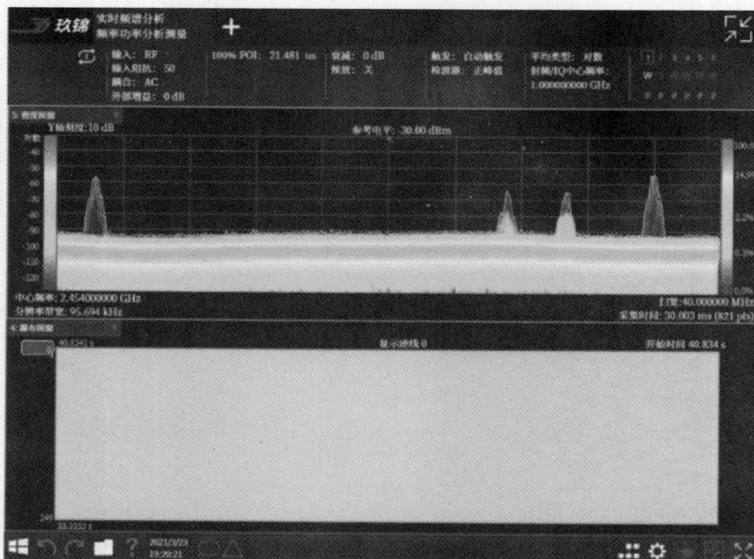

图 3-34　概率密度+瀑布图

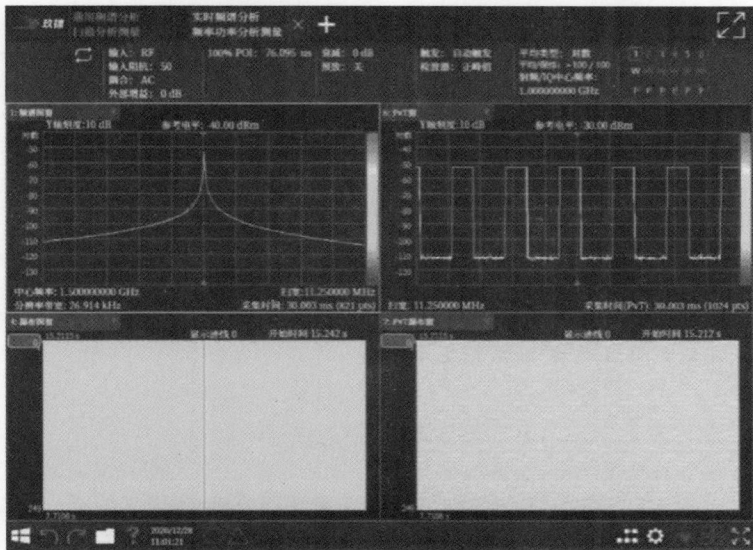

图 3-35　时域瀑布图

（4）矢量信号分析

矢量信号分析（VSA）主要完成对信号的频域、调制域和码域的分析，可为 PSK 信号、FSK 信号、QAM 信号等多种数字调制信号提供灵活的调制分析，可以提供 IQ 波形图、星座图、眼图、频谱图等对调制信号特性进行分析，并可通过解调得到信号的调制误差，帮助对信号误差的产生原因进行判断。图 3-36 所示为 QPSK 信号矢量解调分析结果，图 3-37 所示为 16QAM 信号矢量解调分析结果。

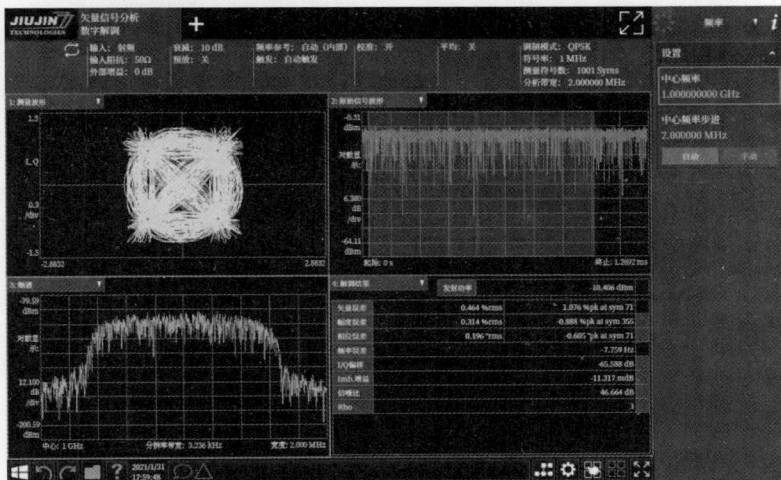

图 3-36　QPSK 信号矢量解调分析结果

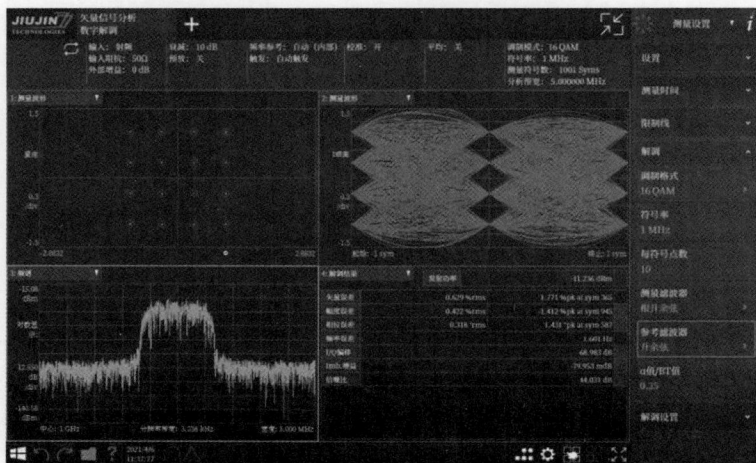

图 3-37　16QAM 信号矢量解调分析结果

（5）模拟信号分析

模拟信号分析（ASA）提供调幅、调频或调相 3 种测量功能以完成模拟调制信号的解调分析，可以同时显示解调信号的频谱和时域波形，完成对调制信号的调制深度、调频偏差、调制相偏、载波频率误差、信纳比、总谐波失真、载波功率等参数的测量。图 3-38 所示为调相解调结果。

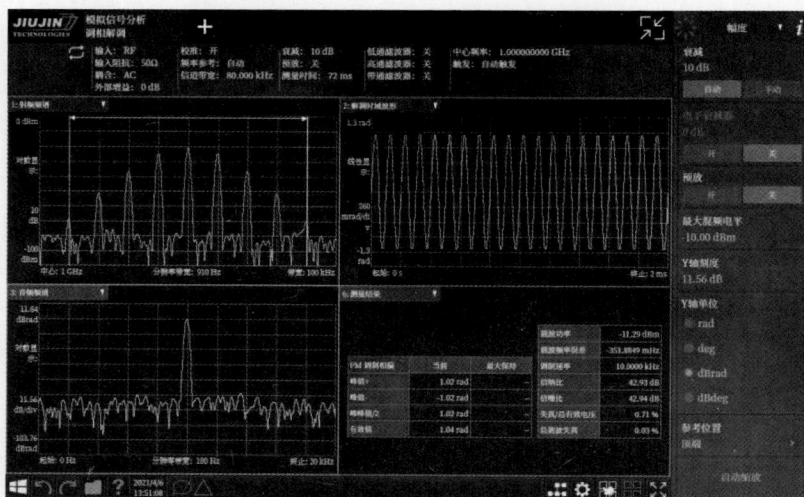

图 3-38　调相解调结果

（6）相位噪声测量

相位噪声测量（PNM）用于测量信号在指定偏移频率点的相位噪声，提供一键式自动测量，满足各种相位噪声测量应用需求。图 3-39 所示为相位噪声测量结果。

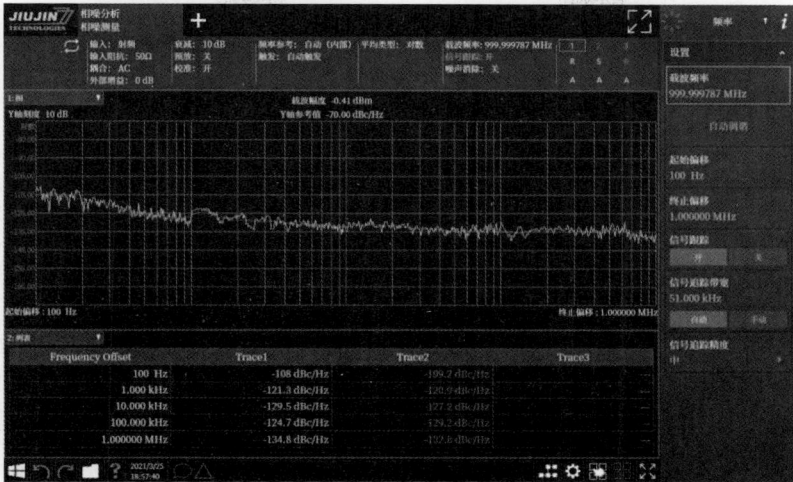

图 3-39　相位噪声测量结果

（7）噪声系数测量

噪声系数是射频元器件、电路的关键指标之一，它决定了接收机的灵敏度，影响着模拟通信系统的信噪比和数字通信系统的误码率。噪声系数测量（NFM）通过外接噪声源，采用 Y 因子法完成放大器、下变频器、上变频器等器件的噪声系数测量。图 3-40 所示为噪声系数测量结果。

图 3-40　噪声系数测量结果

## 3.4 典型扫频仪和路测仪介绍

### 3.4.1 天津德力扫频仪

**1. E8900A 5G NR 信号分析仪**

天津德力仪器设备有限公司（简称天津德力）推出的 E8900A 5G NR 信号分析仪（见图 3-41）主要是为了满足电信运营商对 5G 移动通信的覆盖质量测试需求而推出的平台化产品，和该公司前一代产品相比，其拥有更高的测试频率、更宽的解析带宽、更快的扫描速度、更丰富的接口，具备 5G NR 解调测试能力，为用户完成外场基站测试、干扰排查提供了完整的测试方案。该仪表具有传统扫频仪的功能，同时具备强大的信号分析功能。

E8900A 5G NR 信号分析仪具有以下技术特点。

**图 3-41 E8900A 5G NR 信号分析仪**

（1）9 kHz～9 GHz 的测试频率范围。

（2）频谱扫描速度可以达到 30 GHz/s@7.8 kHz（分辨率带宽）。

（3）支持 5G NR 信号等多种移动通信信号的解调分析功能。

（4）110 MHz 的实时分析带宽。

（5）支持 100 MHz 带宽的 TDD 系统上下行分离干扰排查测试。

（6）可导出 100 MHz 实时带宽的 IQ 数据，支持第三方开发软件对 IQ 数据进行分析。

（7）支持余晖频谱功能，可对叠加信号或突发信号进行有效监测。

（8）支持 AOA（到达角）测向方式，支持单机、联机多点定位功能。

（9）支持远程控制。

（10）支持干涉仪测向体制，配合平板计算机可实现路测（DT）自动定位功能。

（11）具有 10.1 in 电容触摸屏，具备"日间""现代"等多种操作模式。

E8900A 5G NR 信号分析仪内置的余晖频谱功能，可实时无缝捕获干扰信号。下面介绍其主要的特色功能。

（1）内置的三维瀑布图功能可以通过三维模式分析出被测信号频率、信号特征、持续时长、幅度变化等，如图 3-42 所示。

（2）LTE 解调分析提供 4G 时分多址信号、子帧频谱、小区 ID、通道功率、子帧功率及特殊子帧等解调指标。

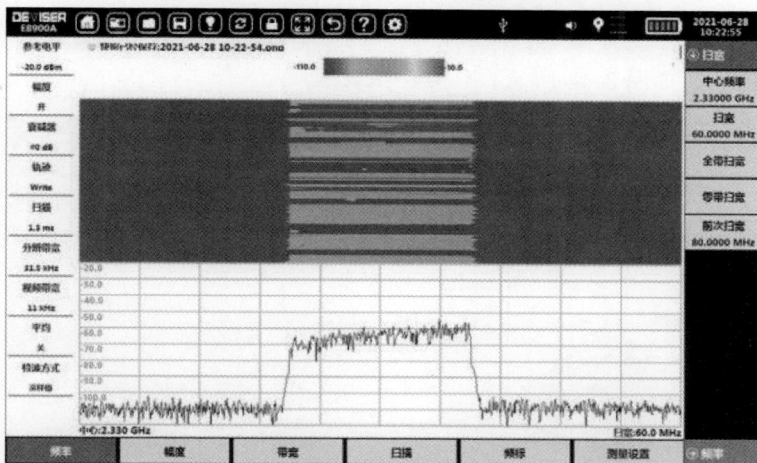

图 3-42　三维瀑布图功能

（3）5G NR 解调分析提供 5G 大规模 MIMO 波束赋型所形成的波束 ID、小区 ID、SS-RSRP（同步信号、参考信号接收功率）、SS-RSRQ（同步信号、参考信号接收质量）、SS-SINR（同步信号信干噪比）功率指标，以及单边带星座图和 EVM 等解调指标。

（4）5G NR 波束分析提供同时解调 8 个 Beam ID（波束编号）的功能，并按 Beam ID 排列，如图 3-43 所示。

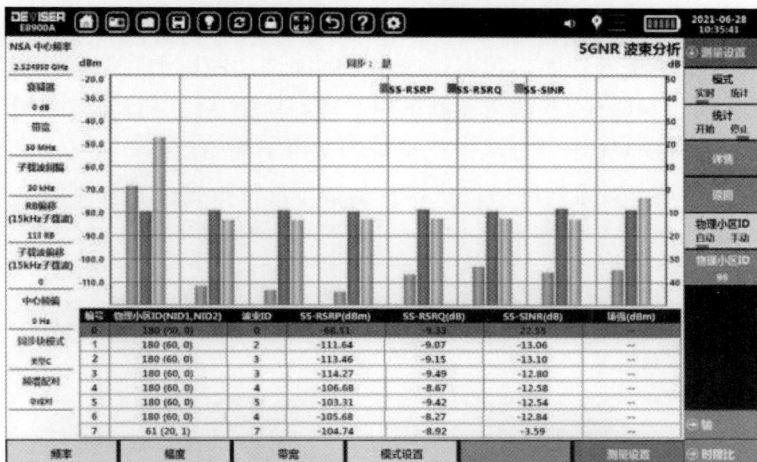

图 3-43　5G NR 波束分析

（5）5G NR PCI（物理小区标识）跟踪测试可锁定一个特定的小区 ID，进行跟踪测试。

（6）5G NR 干扰排查提供对应带宽下的频谱分析、方向角监控、定向功率监控及解调指标，如图 3-44 所示。

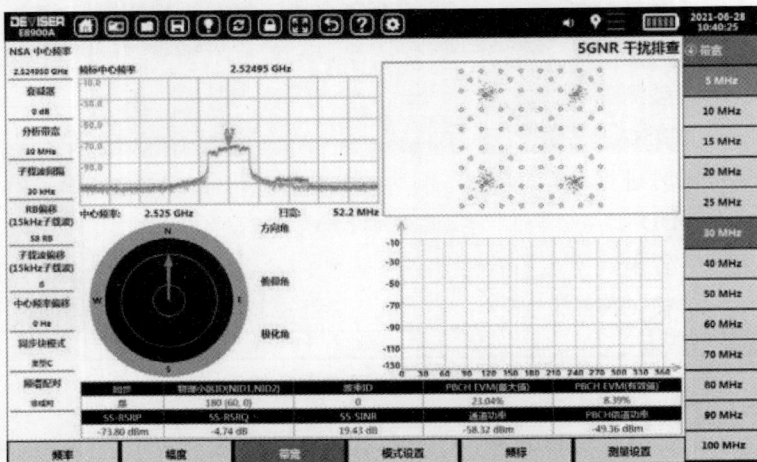

图 3-44　5G NR 干扰排查

（7）支持 4G 和 5G 的室外（室内）路测，通过外置 GPS 接收器，标识每个测量地点的小区 ID、波束 ID、信号功率等参数。

**2．E816 扫频仪**

天津德力推出的 E816 扫频仪在电信运营商基站建设、无线网络优化等工作中得到了广泛应用，具备频谱扫描和清频测试、4G/5G 基站覆盖测试、TDD 上下行分离干扰排查测试等功能。频谱扫描和清频测试功能用于建站前的频带内非法信号的干扰清查；4G/5G 基站覆盖测试用于建站后的基站下行覆盖质量测试以及无线网络优化；TDD 上下行分离干扰排查测试用于建站后的干扰排查。这些功能为电信运营商的建站、无线网络优化以及基站日常维护提供了重要保障。E816 扫频仪各组成部分如图 3-45 所示。

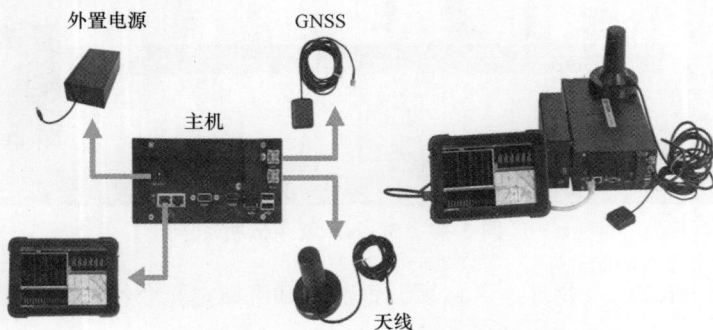

图 3-45　E816 扫频仪各组成部分

E816 扫频仪主要有以下技术特点。

（1）测试频段覆盖 350～6000 MHz 的所有通信运营商频段。

（2）采用低功耗和小型化设计，仅配置平板计算机或用户计算机就可以进行结果显示。

（3）支持清频测试，可同时对 8 个频段进行观察。

（4）支持 4G/5G 基站覆盖测试，可同时对最多 32 个频点进行测试。

（5）支持同时进行清频测试与 4G/5G 基站覆盖测试。

（6）具备 TDD 上下行分离干扰排查测试，排查上下行干扰。

（7）采用外置电池配置，可使用车载适配器供电或电池供电，使用方便。

（8）集成多模 GNSS，支持 GPS、北斗等多制式，支持在密集城市和隧道环境使用。

## 3.4.2　中国信通院泰尔实验室路测系统

进行实地道路测试是了解网络质量的主要手段，也是移动通信网络质量测试中不可或缺的组成部分。5G 网络灵活的配置优化和丰富多样的业务应用使得传统基于被动扫频和语音通话的路测方式难以表征用户的真实网络体验。面对业界的需求和技术发展带来的挑战，中国信息通信研究院（简称中国信通院）泰尔实验室自主研发了基于用户体验的无线网络质量路测系统，如图 3-46 所示。该路测系统主要分为测试背包和测试数据平台两个部分。

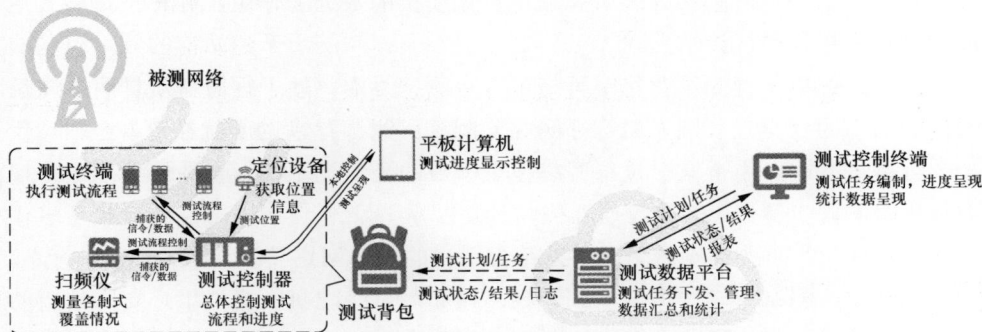

图 3-46　基于用户体验的无线网络质量路测系统

测试背包的主体为一台集成测试任务管理调度和语音测试数据播放、采集功能的测试控制器，通过其统一操作，装载在背包内终端支架上的多部测试终端在被测网络中执行各项动作实现各项目测试流程。测试背包如图 3-47 所示，同时可以选配全制式扫频仪，以对测试位置各制式无线通信系统信号的覆盖参数进行测量。在测试过程中，终端与网络交互的详细日志及计算中间结果被实时记录，并上传至测试数据平台。测试背包同时配有与测试背包无线连接的平板计算机，可在本地同步显示测试中间结果和测试流程等信息，以供测试人员掌握被测网络概况和测试进度，如图 3-48 所示。

图 3-47　测试背包

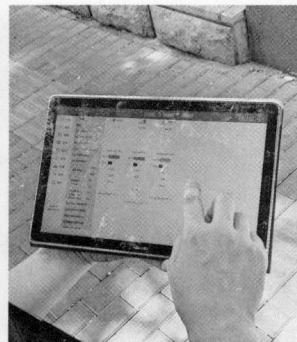

（a）操作场景　　　　　（b）操作界面

图 3-48　使用平板计算机的实际路测场景

测试数据平台部署于云端，用于测试任务的编制、下发，以及测试数据、日志的处理。测试人员访问测试数据平台编制测试计划/任务，设定测试项目、测试流程、测试路线等信息。测试数据平台将设定好的测试计划/任务同步至测试背包，并以此指导测试现场开展工作。测试过程中测试数据平台实时接收测试背包上传的测试结果和信令日志，并可实时查看各测试背包的工作进度和状态。测试结束后，测试数据平台汇总和处理所有测试背包上报的数据和记录，并按预设格式生成测试报表和各类统计结果。

路测系统中单台测试背包中可携带 6 台测试终端，便于同时开展针对 3 家运营商的网络同步交互（例如语音呼叫等）测试；测试背包也可配置为单台扫频仪加 3 台测试终端，用于同时进行网络覆盖参数的测量及不同运营商网络下单终端业务体验的同步测试（例如数据上传、下载）。测试背包使用国产品牌旗舰手机作为测试终端，保证网络质量测试结果符合用户的实际网络体验，结果真实、可靠。

测试中，测试控制器根据测试计划，控制测试终端执行模拟用户实际使用的标准化测试流程，并通过对交互信令、后台数据流、输出的声音/图像内容的分析获取当前网络下各类应用业务的各维度体验，并以此评估移动网络质量。目前，路测系统支持以下测试项目。

（1）网络覆盖：各制式移动网络覆盖电平、信噪比、驻留时间等。

（2）通话业务质量：语音通话的接通/掉话率、接通时延、语音质量等。

（3）网络速率：移动网络的上下行接入速率。

（4）网络时延：移动网络的可用性和典型往返路程时间（round trip time，RTT）。

（5）视频播放业务：移动网络下主流视频点播平台的视频播放业务，包括播放缓冲时间、画面质量、丢帧、卡顿等。

（6）网页浏览业务：主流门户网站首页可达性和页面开启时间。

（7）云游戏交互：云游戏操作成功率，操作延迟、画面延迟及流畅性等。

（8）典型即时通信（instant messaging，IM）业务：微信语音、文本、图像、视频等的发送时延。

（9）典型过顶传输（over the top，OTT）通话业务（如微信视频通话）：包括视频接通时延、图像和声音质量、画面丢帧、卡顿、音画同步等。

（10）典型直播业务（如抖音直播）：包括播放时延、图像和声音质量、画面丢帧、卡顿、音画同步等。

其中，针对 OTT、直播等应用业务的测试直接通过目标 App 发起正常业务流程，并通过对测试终端的定制实现了音视频媒体网络传输质量损失的全参考质量估计，在移动网络测试领域是一种创新方法。图 3-49 所示的 OTT 通信测试背包中测试终端的行为及参考视频/接收视频的画质对比。图像质量的损失将被定量计算，并成为被测网络支持业务能力的评价指标之一。

随着移动通信应用的不断丰富，系统中所支持的测试项目仍在不断增加和完善。

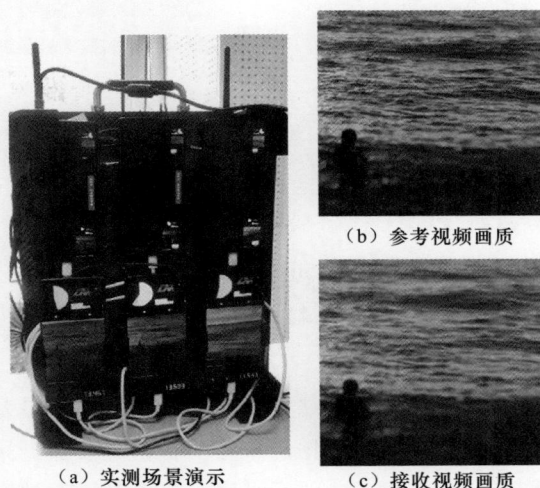

（a）实测场景演示　　（b）参考视频画质　　（c）接收视频画质

图 3-49　OTT 通信测试背包中测试终端的行为及参考视频/接收视频的画质对比

基于用户体验的无线网络质量路测系统已连续 3 年应用于"全国重点区域移动网络质量测试"，测试范围涵盖全国 80 余个城市的各类室内外重点场景和道路。其测试结果为各地 4G、5G 移动通信网络质量的优化、提升提供了重要参考，并有力支撑了 2020 年、2021 年《基于用户体验的移动网络质量白皮书》的编写，发布了"2022 年度全国重点区域移动网络质量评测现场路测结果"。同时，该系统还应用于北京冬季奥林匹克运动会移动网络质量验收、全国主要城市地铁移动网络体验评测，以及面向地方政府、运营商的移动通信网络质量测试评价工作等。

### 3.4.3 世纪鼎利路测系统

珠海世纪鼎利科技股份有限公司（简称世纪鼎利）在路测系统领域形成了完整、协调的产品线，包括以下 3 类。

**1. 个人计算机版测试仪表**

典型的个人计算机版测试仪表——Pilot Pioneer 个人计算机版路测系统集成了无线网络测试评估和分析两部分功能，用于无线网络的故障处理、验证、优化和维护，支持 5G、LTE、WCDMA、TD-SCDMA、GSM、CDMA、EVDO 等多制式，支持多频段及多业务并行测试，提供高度可配置的数据后处理方案，工程师可以通过它评估无线网络性能，查找网络问题，它是无线网络生命周期各个阶段的有效测试工具。Pilot Pioneer 个人计算机版路测系统如图 3-50 所示。

**2. 手持式便携测试仪表**

Pilot Walktour 是一款专业的手持式便携测试仪表，内置于主流商用手机（如华为、小米、vivo 等）。该测试仪表从用户操作和交互体验出发，模拟真实用户感知，可帮助工程师更轻松、高效地完成网络测试评估工作，

**图 3-50 Pilot Pioneer 个人计算机版路测系统**

主要运用场景有室内呼叫质量测试（call quality test，CQT），以及室外道路、高铁、地铁、景区等的网络测试，具有稳定、便携、操作简单等特点。

**3. 自动路测系统**

自动路测系统包括前端设备和后端平台两大部分，前端设备主要负责移动网络空中接口的信令数据和测量报告数据的采集工作，包含数据采集部分、数据回传部分、控制及告警部分、电源部分；后端平台包含数据存储系统、数据统计与分析系统、语音评估系统、地理信息系统等。用户通过后端平台发送测试计划给前端设备，前端设备接收到测试计划后执行测试任务，在测试过程中前端设备同步回传测试事件、告警、经纬度、数据日志等信息到后端平台，用户通过后端平台可实时监控前端设备的测试情况（如测试事件、告警、轨迹等），可对测试数据日志进行分析、统计。

（1）前端设备

前端设备基于 Pilot Matrix 仪表（见图 3-51），这是一款由世纪鼎利自主研发
的高性能全自动化的路测仪表，工作
方式为远程设置、无人值守，具有良好
的可靠性和较高的集成度。其关键部件
为测试模块、数据传输调制解调器、
GPS、陀螺仪、存储设备、供电设备、
中央处理单元等。其内置多条测试通
道，支持同时测试多个 5G 或 4G 模块，
向下兼容 2G/3G 网络，可用于多个电
信运营商的网络对比测试，支持高铁、

图 3-51　Pilot Matrix 仪表

地铁测试，支持多通道语音主观质量评分（mean opinion score，MOS）测试。

（2）后端平台

后端平台 Pilot Fleet Edge 具备全线采集、统一管理、数据集成、多维关联、
专业分析、报表统计等特点。服务器主要包括采集服务器、数据库服务器、统计
服务器、Web 服务器、地理信息系统（GIS）服务器、管理监控工作站等。后端
平台管理世纪鼎利全产品线的空口采集设备，产生的路测数据能够被集中存储、
统一管理和集中分析。后端平台在管理路测数据的基础上，集成了工程数据、区
域数据、道路数据等。后端平台支持对这些数据进行关联分析和多维度呈现。后
端平台兼容多网络制式、系统分析自动化，支持丰富的专项分析功能，包括栅格
统计、运营商指标对比分析、趋势分析、差值分析、测试渗透率分析、问题路段
异常分析、丰富的报表统计分析，以及高效的预处理分析功能。

### 3.4.4　北京万思维路测系统

北京万思维通信技术有限公司（简称北京万思维）路测仪产品包括以下 4 类。

**1. Spark**

Spark 是北京万思维基于个人计算机系统的多网络（5G/IoT 等）、多制式路
测系统，它集专网测试、专网评估、问题分析、优化建议等功能于一体，具备灵
活、可配置的自动化测试、数据汇聚、数据管理和数据后处理特性，适用于无线
网络覆盖评估、业务模拟测试、故障处理、验证、优化和维护等。Spark 路测系
统用户界面如图 3-52 所示。

Spark 路测系统具备如下优势。

（1）全量完整的 L1、L2、L3、NAS 信令采集功能，能够全量采集手机的底
层交互信息和参数。

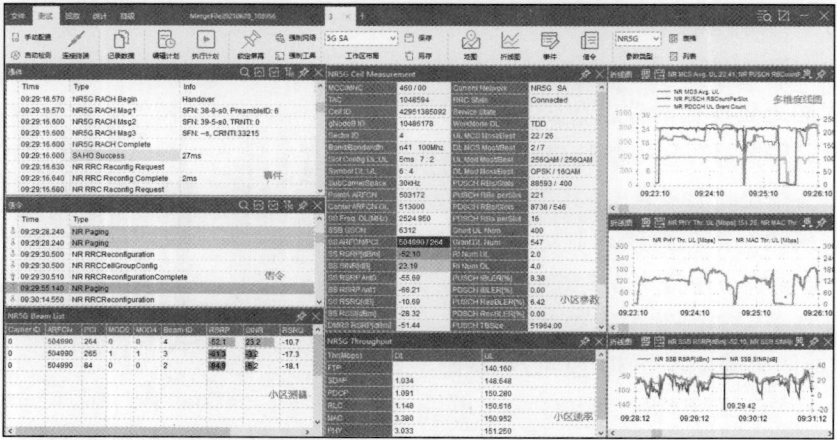

图 3-52　Spark 路测系统用户界面

（2）传输时间间隔（TTI）级别的信息采集和展示，为问题定位提供完整的数据分析。

（3）定制实验室测试模式，"先测后保存""一键清空"高度匹配实验室专家的使用习惯。

（4）完整的各种网络默认配置场景，灵活切换各种网络制式下的测试显示内容。

（5）灵活的自定义功能，支持用户根据底层参数自定义各种显示输出，以及自定义组合指标。

（6）自动化的接口功能，支持通过 Socket 脚本化控制软件执行各种测试任务，方便和实验室其他工具联合实现自动化测试。

（7）丰富的报表功能和自定义报表功能。

**2．Sword**

Sword 是北京万思维基于 Android 的 5G/IoT 多网络便携式路测仪表 App。Sword 基于外场移动、便携使用场景，结合网络建设的不同阶段，对单站验证、簇优化、网格优化、运营维护、问题点发现等各个场景的使用和测试模式进行提炼，定制多样化的 App 测试场景和展示界面。

Sword 具备如下优势。

（1）全量完整的 L1、L2、L3、NAS 信令采集功能，能够全量采集手机的底层交互信息和参数。

（2）丰富的感知业务测试，为网络感知评估提供丰富的业务模型。

（3）简化的测试指标展示，方便测试人员的问题聚焦。

（4）丰富的测试模式，如城市专测、楼宇专测、高铁专测、地铁专测等。

（5）具有一键生成测试报表功能，测试后即可自动化输出报表，并可多人分享。

### 3.　SwordMax

SwordMax 是北京万思维开发的通过 Android 平板计算机无线控制多部终端同时测试的便携式多网路测系统。SwordMax 基于运营商多网对比测试要求，针对真实终端的感知业务指标需求，将 6 部终端整合安装在一个测试背包中，并通过平板计算机进行统一化管理，实现一人一背包即可轻松完成多家运营商的网络测试评估。

该产品具备如下优势。

（1）采用一体化设计，防尘、防潮、功耗低。

（2）便携性好，实现单人多网同步测试，轻松完成测试任务。

（3）基于商用终端的多网同步便携式测试，可连接各种制式终端，支持当前主流移动通信网络测试，全面、真实反映用户实际网络感知。

（4）可插拔式电池设计（每个测试背包内置两块 12 A·h 的可插拔电池并行供电），支持带电插拔业务不中断。

### 4.　Sigma 平台：基于网页的多维度数据采集管理和分析平台

Sigma 是北京万思维研发的基于网页的用于测试设备管理、数据回传、数据管理、数据分析和数据统计的智能化平台。该平台能对北京万思维的所有前端产品进行统一管理，并对海量数据进行智能化的分析，发现网络问题。其系统化的数据管理和分析为无线网络优化提供了完备的数据支撑。

该产品具备如下优势。

（1）支持北京万思维系列产品的平台监控和管理。

（2）可对大规模数据进行汇聚和展示，支持定制多种维度的图表综合信息。

（3）可将检测到的问题转为工单，并设定工单规则，实现工单数据自动管理、工单结果自动判决。

（4）可对测试设备行为和网络数据进行实时监测，支持远程控制设备进行测试调度，地图化展示设备移动轨迹和信号详情。

（5）多维度管理。对设备、数据、报表等，按用户、按项目等维度进行数据隔离。

## 3.4.5　诺优路测系统

诺优信息技术（上海）有限公司（简称诺优）开发的 5G 斑马智测仪表可用于对 5G 无线网络的客观评价测试、移动网络运营测试，或设备厂商在 5G 工程建设阶段的基站功能测试、优化测试、基站和网络割接测试、网格巡检测试、集中优化测试、日常维护和优化测试等，也可作为相关院校、政府监管部门及研究机构的实验仪表。

5G 斑马智测仪表由两部分组成，即主机和平板计算机。主机内置控制软件，连接多部 5G 测试终端并整机置于测试背包中，便于携带，同时也可外接扫频仪终端；安装了前端控制软件的平板计算机中，通过 Wi-Fi 或网线与主机连接，用于命令控制和监控呈现。

5G 斑马智测仪表支持 NSA（非独立组网）和 SA（独立组网）组网的 5G 网络，测试业务包括 FTP（文件传送协议）上传/下载业务、NSA 组网的语音业务、SA 组网的语音业务和 VoNR 语音业务、语音 MOS 测试、互联网感知业务测试；同时也支持 4G 网络的业务（如语音类和数据类业务等）测试。

下面从产品特性、技术优势和室外测试 3 个方面介绍 5G 斑马智测仪表。

### 1．产品特性

（1）多终端连接测试：可支持 8 部终端及外接扫频仪终端同时测试，如图 3-53 所示。同时支持 NSA/SA/LTE 网络测试。

（2）长续航：内置 4 块高容量蓄电池，可连续保持 6～8 h 的连续测试。

### 2．技术优势

（1）传统业务：支持 5G/4G 数据业务测试，比如 FTP 上传/下载、HTTP 网页浏览、视频流媒体、ping 等业务，同时支持 5G-SA 网络 VoNR 语音/视频（MOS）、EPSFB（MOS）、4G 网络 VoLTE（MOS）等的测试。

（2）感知业务：互联网业务的感知测试，如微信语音/视频主被叫、抖音观看/主播直播观看、可变分辨率的流媒体业务等。

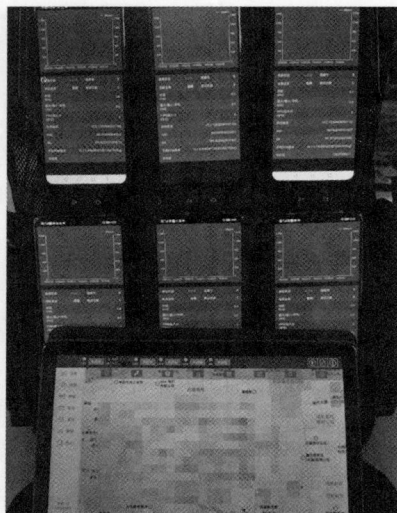

图 3-53　多终端连接测试

（3）多场景：可在室外进行路测和呼叫质量测试，也支持在室内连接高精度定位模块进行自动测试，尤其是地铁场景。

### 3．室外测试

（1）5G 斑马智测仪表具备多场景测试能力，适用于室外的业务场景路测，结合地理信息，可对空中接口进行全面的测量，以验证 5G 移动网络的语音、数据或互联网感知等业务，实时观察网络无线参数、业务质量，并保存整个测试过程的数据。

（2）5G 斑马智测仪表也适用于室内无 GPS 场景下的测试，通过室内高精度定位技术，可实现商场、写字楼、地铁、医院、酒店等室内场景的自动化定位测试。图 3-54 所示为写字楼室内运营商 5G SSB RSRP 信号覆盖测试。

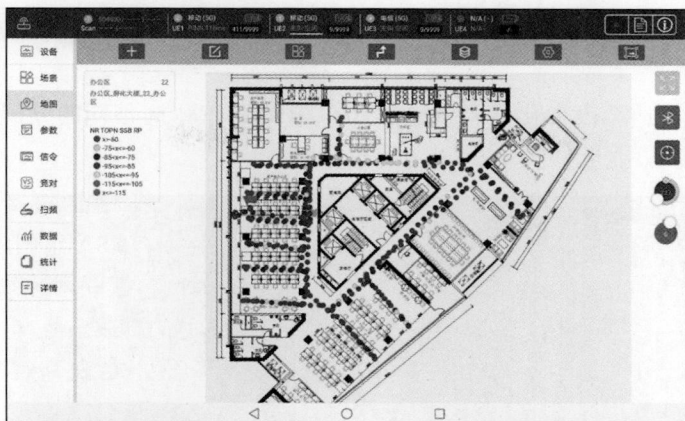

图 3-54　写字楼室内运营商 5G SSB RSRP 信号覆盖测试

# 3.5　典型测试实例

## 3.5.1　使用频谱分析仪测试小信号

频谱分析仪内部产生的噪声决定着测试小信号的能力，主要用到以下两种方法改变测试设置，从而提高频谱分析仪的测量灵敏度。

**1．减小射频衰减器的衰减量**

一般情况下，要确保输入信号分析仪的所有信号的总功率小于+30 dBm（1 W）。测试步骤如下。

步骤 1：复位信号分析仪。

步骤 2：设定信号发生器，连接信号分析仪。

步骤 3：设定信号分析仪的中心频率、频谱宽度和参考电平等。

步骤 4：移动信号峰值到中心频率。

步骤 5：减小频谱宽度到 1 MHz，必要的话，可重复步骤 4 保证信号峰值在信号分析仪的中心频率处。

步骤 6：设置射频衰减器的衰减量为 20 dB。

步骤 7：为了更加清楚地观察到被测信号，设置射频衰减器的衰减量为 0 dB，结果如图 3-55 所示。

**2．减小分辨率带宽**

信号分析仪测量频谱时噪声的显示值其实是分辨率带宽内噪声功率积分的结果，一般来说，分辨率带宽对测量连续波信号电平没有影响。噪声功率积分值减小量和分辨率带宽之间的关系表示为

147

$$\Delta L = 10 \lg \frac{BW_1}{BW_2} \qquad\qquad (3\text{-}10)$$

式中，$\Delta L$ 为噪声幅度变化量，单位为 dB；$BW_1$、$BW_2$ 为不同的分辨率带宽，单位为 Hz。

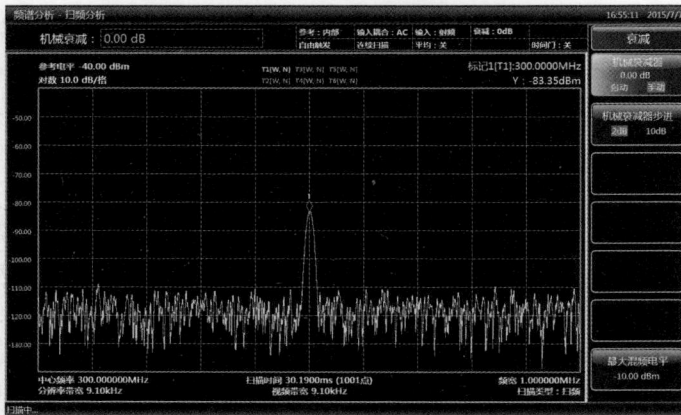

**图 3-55　将射频衰减器的衰减量设置为 0 dB 时的小信号**

所以当分辨率带宽减小为原来的 1/10 时，噪声功率积分值下降 10 dB。测试步骤如下。

步骤 1：复位信号分析仪。

步骤 2：设定信号发生器，连接信号分析仪。

步骤 3：设定信号分析仪的中心频率、频谱宽度和参考电平等。

步骤 4：用步进键"↓"减小分辨率带宽，直至连续波小信号能够高于噪声电平清晰地显示，如图 3-56 所示。

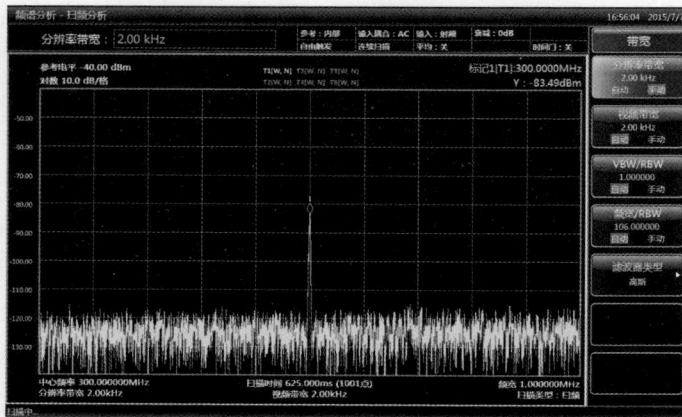

**图 3-56　减小分辨率带宽**

## 3.5.2　使用扫频仪排查 5G 干扰信号

测试地点：武汉市某地。

测试仪器：天津德力 E8900 系列手持式扫频仪（信号分析仪）。

测试步骤如下。

步骤 1：某电信运营商的 5G 基站受到 D1 频段干扰，干扰信号强度峰值可达 −93 dBm，使用 E8900 系列手持式扫频仪进行干扰排查。图 3-57 所示为某位置测得的信号时频和干扰信号强度。图 3-58 所示为每个物理资源块（PRB）的能量分布。

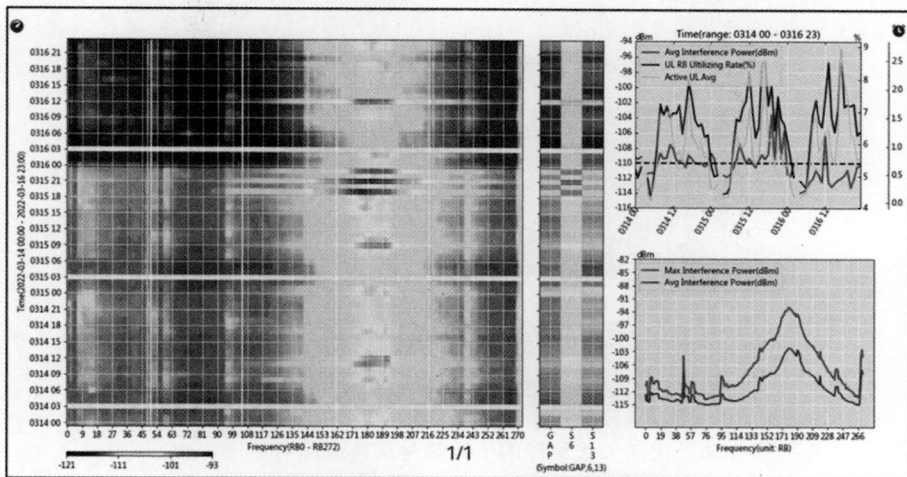

**图 3-57　某位置测得的信号时频和干扰信号强度**

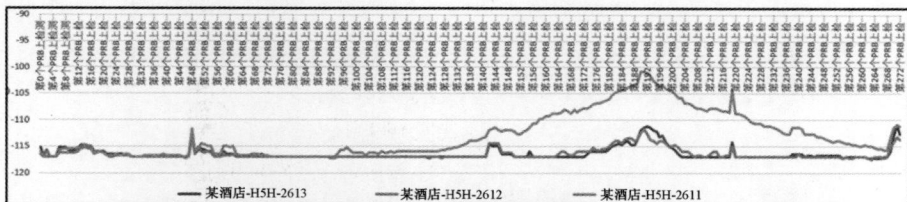

**图 3-58　每个 PRB 的能量分布**

步骤 2：确认受干扰的 5G 基站位于某楼顶，3 个小区均受干扰，其中小区 1 受干扰最强，于楼前广场进行测试，发现与后台 PRB 波形特征吻合的干扰信号，该信号偶然出现，出现频率较低且无明显周期规律。图 3-59 所示为某测试场景及干扰信号频谱。

步骤 3：经排查发现定向天线指向受扰小区对面某居民楼 2 层的窗口时，干扰信号强度最高可达 −50 dBm，如图 3-60 所示。

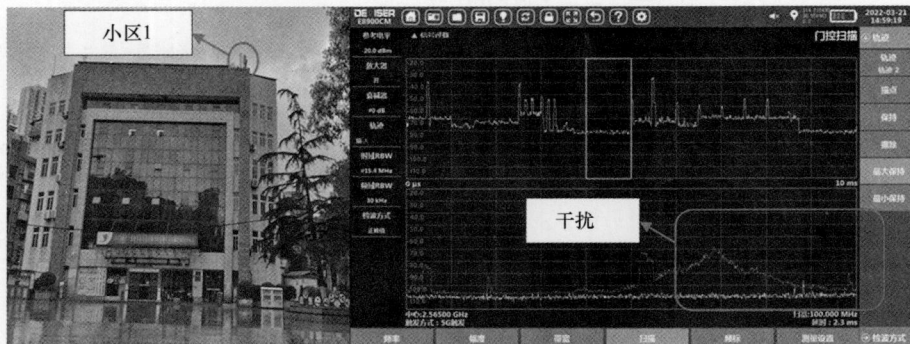

图 3-59　某测试场景及干扰信号频谱

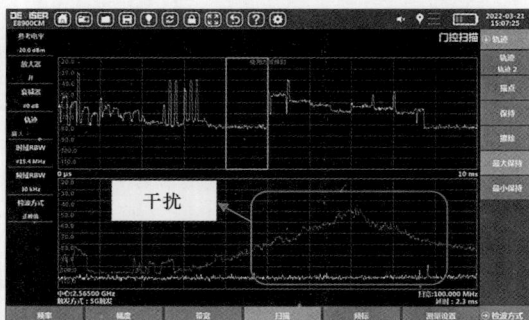

图 3-60　定向天线测量的干扰信号强度最高可达−50 dBm

步骤 4：进一步排查锁定干扰源为居民家中某品牌路由器，如图 3-61 所示，现场跟进并将该路由器断电，干扰消失，如图 3-62 所示。路由器恢复供电，干扰复现。

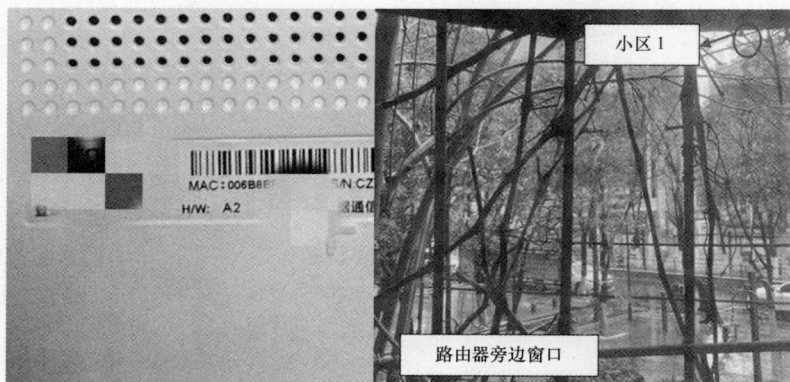

图 3-61　受扰小区 1 和路由器相对位置

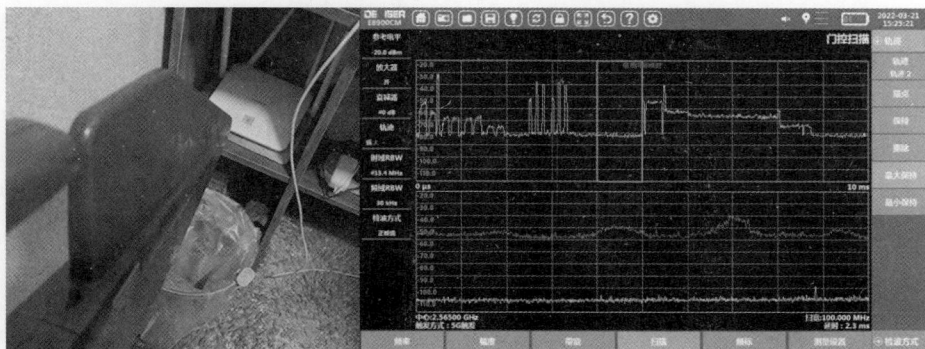

**图 3-62　路由器断电后干扰消失**

测试结论：经排查验证，安装于居民家中的某品牌路由器为干扰源，问题得到解决。

本章的研究和写作工作受国家重点研发计划课题（2021YFF0600303）的支持，在此致谢。

# 参考文献

[1] 张睿，周峰，郭隆庆. 无线通信仪表与测试应用[M]. 3 版. 北京: 人民邮电出版社，2018.

[2] 周峰，张睿，张小雨，等.一种基于矢量分析的调幅信号伴随调相测量方法: 2009101775957[P]. 2009-09-16.

[3] 周峰，张睿，高攸纲，等. 一种新的伴随调相测量方法[J]. 电子学报，2012(3): 592-594.

[4] 3GPP TS 36.101. 3GPP.LTE;Evolved Universal Terrestrial Radio Access (E-UTRA);User Equipment (UE) radio transmission and reception.

[5] ETSI TR 101 290 V1.2.1. Digital Video Broadcasting (DVB); Measurement guidelines for DVB systems.

[6] ZHOU F, JI R, SUN J L, et al. Analysis on the definition consistency problem of EVM measurement and its solution[J]. IEEE Transactions on Instrumentation and Measurement, 2020, 69(2): 528-532.

[7] 周峰，张睿，高攸纲，等. 五种失真因素综合作用下的 EVM[J]. 电子学报，2012(3): 607-610.

# 第 4 章　无线电监测与测向仪器

## 4.1　无线电监测与测向仪器的基本知识

### 4.1.1　概述

随着无线电技术的广泛应用，无线电管理和监测工作也随之发生了极大的变化，从之前单一的频率和台站的管理发展到现在对各种重大活动和赛事的无线电安全保障、各类突发事件的快速响应、各类无线电干扰的有效查处，以及各类无线电作弊设备的监测等。一些不法分子也在利用无线电技术进行违法犯罪活动，例如"伪基站""黑广播"等，这些违法犯罪活动严重干扰了航空导航、公众通信等活动，给人民群众的财产和文化生活带来了极大损失，也给整个文明社会的和谐发展带来了安全隐患。这些问题已成为社会热点，需要进一步研究无线电监测技术并解决这些问题。

同时，无线电监测与测向技术广泛应用在军事电子对抗中，比如无线电侦察与反侦察、车载无线电导航以及其他众多重要科学研究领域中，并成为这些领域中不可替代的核心技术手段。在移动通信、广播电视、航空航天研究、天文研究、气象研究、航海事业、国防电子对抗等领域，无线电监测和测向都起着决定性的作用，其地位无可替代。

概括地说，无线电监测和测向是对无线电设备的发射频率、带宽、信号特征、位置等进行测量的活动，就是对各类无线电信号进行搜索和探测，对发现的信号进行识别和分析，判断其合法性，并进行监测和测向，掌握其具体的参数信息。

这就需要无线电监测和测向仪器，进而组成系统。无线电监测和测向仪器与第 3 章所述的射频信号分析仪有很多相通之处，但构成系统以后又有一定的特殊性，故本书将其单独列为一章。

无线电监测和测向系统主要是指由天馈线、电源控制系统、接收机、转换器、控制器和测量仪器等部件组成的完整的系统。在计算机或控制器中运行的监测软件可以控制全部的硬件工作，接收机首先通过天线接口获取天线接收的各种无线电信号，然后经过转换器将天线接收的无线电信号转换后传输到控制器，最后由终端计算机将信号显示出来，并由监测软件对信号进行识别、分析。

## 4.1.2　无线电监测与测向仪器的原理

无线电监测仪器和第 3 章所述的射频信号分析仪有很多相通之处，故本章不展开说明。下面介绍无线电测向仪器的原理。无线电测向仪器中的很多基本单元和无线电监测仪器中的类似，监测和测向已经向着融合趋势发展。

测向仪器通过测量和计算确定电磁波来向，从而确定无线电信号发射源的方位。它广泛结合电磁场微波原理、通信原理、雷达原理、计算机技术、数字信号处理技术等原理和技术，在无线电频谱管理方面发挥着重要作用。

根据测向原理不同，测向体制可分为比幅式测向、干涉仪测向、空间谱估计测向、到达时间差测向、多普勒测向等。综合技术的测向性能、技术成熟度、复杂度和环境适应性等，干涉仪测向在过去相当长的时间内是信号测向的主流技术。随着数字经济的发展，无线电应用日益广泛，频谱环境越来越复杂，以同频信号分离和超分辨率测向为特点的空间谱估计测向技术也有了较大的发展。

下面介绍几种测向体制的基本原理。

### 1.　比幅式测向

比幅式测向是依据天线和电波传播造成的接收幅度差异来实施的。利用定向天线的方向特性，根据天线指向不同方向时接收信号的电平差异来测定来波方向，天线指向来波方向时，接收信号的电平最强。比幅式测向的优点是原理简单，测向设备体积小、质量轻，在所有无线电测向仪器中成本最低；缺点是主要对连续波进行测向，对短持续信号的测向效果受限，同时，由于天线存在间距误差和极化误差，或受天线的波束宽度（beam width）影响，导致测向精度低。比幅式测向主要应用在对测向精度不高的机载雷达告警接收机和手持式测向机中。

### 2.　干涉仪测向

干涉仪测向的依据是，当天线阵的法线方向与信号入射方向存在一定角度时，信号到达每个振子的相位会存在一定的差值，采集所有振子间的相位差，再通过理论计算就可得到信号源的入射方向。该测向体制的优点是测向灵敏度和准确度高，测向速度快；缺点是天线阵体积大，设备成本较高、体积较大。干涉仪测向在雷达和电子支援系统中应用非常广泛。

干涉仪测向的基本原理如图 4-1 所示。无线电在空间中沿直线匀速传播，从不同方向入射到天线阵列，天线阵列不同天线单元接收的信号的相位各不相同，通过比较任意两个不同天线单元接收信号的相位差，我们就可以得到信号的方位信息，即确定来波方向。

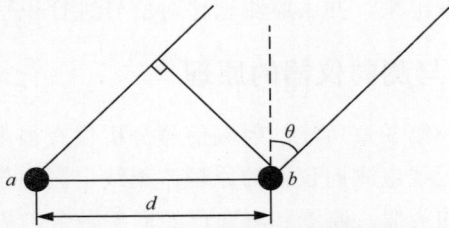

**图 4-1　干涉仪测向的基本原理**

入射波可以表示为

$$E = A\cos(\omega t + \varphi) \tag{4-1}$$

式中，$\omega$ 为角频率，其对应的波长是 $\lambda$；$\varphi$ 为相位角；$A$ 为振幅。

由于波程差 $\Delta R$ 存在，所以会引入相位差 $\Delta\varphi_{ab}$，因此可根据相位差得到方位角 $\theta$，即

$$\frac{\Delta\varphi_{ab}}{2\pi}\lambda = d\sin\theta \tag{4-2}$$

$$\theta = \arcsin\frac{\lambda\Delta\varphi_{ab}}{2\pi d} \tag{4-3}$$

式中，$d$ 为天线单元 $a$、$b$ 的距离。

在宽频带时，由于受到入射信号频率、入射角及天线间距的影响，实际相位差可能大于 $2\pi$，而鉴相器的输出是以 $2\pi$ 为周期的，此时会产生相位模糊的问题。解决此问题需要多基线组合，因此，干涉仪测向通常采用多天线单元圆阵布局，从而得到一个方程组，求解方程组即可得到无线电测向结果。

**3. 空间谱估计测向**

空间谱估计测向在理论上可以提高测向结果的精度，是一种不同于传统幅度及相位测向的全新技术，由 1979 年提出的多重信号分类（MUSIC）算法发展而来。在空间谱估计测向设备中，独立的多条接收通道将来自多个天线单元的射频信号变频后，产生数字中频的同相数据和正交数据，以供计算机处理。算法对数据的协方差矩阵进行特征值分解，从而得到与信号分量相对应的信号子空间和与信号分量正交的噪声子空间，然后利用这两个子空间的正交性构造出空间谱线，并根据谱线的峰值（可以是多个）找出信号的入射方向。空间谱估计测向的优点是可以同时进行同频多信号的测向，测向灵敏度和准确度高；缺点是设备成本高、体积大，复杂的矩阵运算和操作使得运算量巨大。

在工程实践中，各接收通道的增益和时延不一致，需要加以校正，因此需要在系统中加入校正信号源。该信号源输出的一路信号通过校正信号分配器分为幅度相等且相位相同的多路校正信号。这些信号被分别馈入测向机各通道输入端，根据测量结果进行校正。九通道测向机通道校正系统如图 4-2 所示。

### 4．到达时间差测向

到达时间差（time difference of arrival，TDOA）测向的原理：利用电波

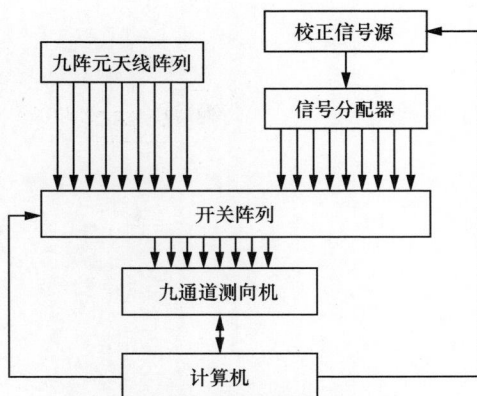

图 4-2　九通道测向机通道校正系统

到达分布在不同位置的天线单元（一般至少有 3 个天线单元）的时间差，计算确定来波方向（位置）。该测向体制的优点是准确度和灵敏度高，可以获取来波信号的位置，设备体积小，天线单元简单；缺点是抗干扰性能差，对设备分布的阵型以及各单元的距离有一定的要求。到达时间差测向主要应用于多站协作定位，多个设备之间需要有精确的时间同步基准。

### 5．多普勒测向

多普勒测向利用了多普勒效应这种物理现象，多普勒测向机一般采用单一旋转的天线，然后根据接收机产生的多普勒频移测向。多普勒效应实际上是一个运动的过程，接收天线与发射天线之间产生相对运动，接收的信号的相位会由于该相对运动而发生频率变化，不同运动状态、来波方向和频率的变化就形成了数学关系，可以基于这种数学关系推算来波方向。这种测向体制的优点是设备体积小，测向精度和灵敏度高，而抗干扰能力差是其主要缺点。

天线系统是无线电监测和测向系统不可或缺的组成部分。例如，某系统工作频率范围为 20 MHz～8 GHz，受单个天线本身的带宽限制，因此几乎不可能设计出一个可以覆盖整个频段且性能指标足够好的天线，此时可以设计多个频段的天线。20 MHz～3 GHz 测向天线阵为五阵元双极化测向天线阵，内部集成天线开关阵。垂直极化频段分别为 20～<200 MHz、200～<800 MHz、800～3000 MHz 这 3 层，水平极化频段分别为 30～<350 MHz、350～1300 MHz 两层。每层天线的 5 个单元呈均匀圆阵分布。3～8 GHz 天线为垂直极化定向天线，8 个单元呈均匀圆阵分布。天线顶端安装有避雷针。多频段组合天线构成的系统如图 4-3 所示。

图 4-3　多频段组合天线构成的系统

### 4.1.3　计量与测试验证要求

精准无线电管理的要义在于数据的可靠性和准确性。无线电监测的法治化对监测数据的可靠性、有效性、法治性提出了新的要求，这就对人员管理、数据记录管理、仪表计量管理等提出了新的要求。其中一个内在要求就是无线电监测与测向仪器应当定期计量以保障量值统一、准确、可溯源。

此外，中华人民共和国工业和信息化部印发的《无线电监测设施测试验证工作规定（试行）》中的相关要求如下。

（1）对新建固定、移动、可搬移和便携式无线电监测、测向系统，采用符合标准规定的测试场地进行测试验证。测试验证项目至少包括监测灵敏度、场强测量精度、频率测量精度、测向灵敏度、测向精度、瞬时信号监测能力、瞬时信号测向能力和天馈系统驻波比等指标。

（2）对新购置的无线电监测接收机，采用传导方式进行测试验证。测试验证项目至少包括监测灵敏度、解调灵敏度、电平测量误差、频率准确度、二阶截断点、三阶截断点、中频干扰抑制比、镜频干扰抑制比、接收机杂散发射和扫描速度等指标。

（3）对在用固定无线电监测、测向系统，采用现场测试验证。测试验证项目至少包括监测测向精度、天馈系统驻波比、频率测量精度和电平测量精度等指标。

（4）对在用移动、可搬移和便携式无线电监测、测向系统，采用符合标准规定的测试场地进行测试验证。测试验证项目至少包括监测灵敏度、场强测量精度、频率测量精度、测向灵敏度和测向精度等指标。

（5）对在用无线电监测接收机，采用传导方式进行测试验证。测试验证项目至少包括监测灵敏度、电平测量误差、频率准确度、接收机杂散发射和扫描速度等指标。

目前，中国信通院泰尔实验室具有相应的计量、测试验证技术能力，国家无线电监测中心检测中心等具有相应的测试验证技术能力。

## 4.2　接收机和测向系统的典型指标

### 4.2.1　接收机的常规技术指标

接收机的常规技术指标有：频率范围、中频带宽、扫描速度、噪声系数、灵敏度、本振反向辐射、动态范围、二阶截点值、三阶截点值、机内杂散干扰、中频抑制、镜频抑制、虚假响应抑制等；对于用于测向的接收机，还有测向精度和测向灵敏度等指标。

下面具体说明各常规技术指标的含义及对接收机性能的影响。

**1. 频率范围**

频率范围是指接收机可满足所有指标要求时的频率范围，也称工作频率范围，单位一般为 MHz。对于有特定用途的接收机，其频率范围是确定的，如典型 FM 收音机在 88～108 MHz 范围内调谐；频率范围越宽，用途就越广泛，但是，宽的频率范围所带来的是成本、体积和功耗等的增加，需要综合协调各个指标。

**2. 中频带宽**

中频带宽是指接收机的中频滤波器的带宽，是接收机进行一次处理的最大信号带宽，单位一般为 MHz 或 kHz。中频带宽越宽，进行一次信号处理可观测到的信号数量越多。

**3. 扫描速度**

扫描速度是指在某特定频段内的一系列频率中，接收机测量信号电平值的速率，单位为 MHz/s 或 GHz/s。扫描速度是衡量接收机在给定时间内能够检测、分析信号数量的重要指标。扫描速度由本振的稳定时间和数字处理速度等因素决定，中频带宽越宽，越容易提升系统的扫描速度。

**4. 噪声系数**

噪声系数是指接收机输出端的总噪声功率与仅由源阻抗分量产生的热噪声传送到接收机输出端的噪声功率之比，单位为 dB。它是系统内部造成的信噪比恶化的度量。具有较低噪声系数的接收机能使信号解调效果更好或监测电平更小的信号。

**5. 灵敏度**

灵敏度是指在规定的信号调制方式和工作带宽条件下，在接收机输出端试验负载上产生额定输出功率并达到额定信噪比时所需的输入信号电平，单位为 dBμV/dBm。因为调制方式不同、带宽不同的信号要求的信噪比不同，所以在说明灵敏度时，要明确调制方式和带宽。噪声系数和灵敏度是衡量接收机对微弱信号接收能力的两种指标，它们是有内在联系的。

### 6. 本振反向辐射

本振反向辐射也叫本振泄漏，是指因为混频器的隔离不够，本振产生的信号会直接泄漏到输出口，再通过天线辐射到空间，对其他相邻的信号造成干扰，单位为 dB。在电子对抗领域，也可对已知目标的本振泄漏信号进行测向和定位，从而确定目标位置，实施精确打击。

### 7. 动态范围

动态范围是指使接收机能够对接收信号进行检测而又使接收信号不会失真的输入信号的大小范围，单位为 dB。如果接收信号过大，会引起放大器的失真和引入噪声；信号过小会无法被检测到，动态范围就是指这个最小到最大的范围。

### 8. 二阶截点值

二阶截点值是指工作在频率 $F_s$ 的接收机对带外两个频率分别为 $F_1=F_s/2+\Delta F$ 和 $F_2=F_s/2-\Delta F$ 的大信号形成的二阶互调干扰（$F_1+F_2$）的抑制能力。

### 9. 三阶截点值

三阶截点值是指工作在频率 $F_s$ 的接收机对带外两个频率分别为 $F_1=F_s+\Delta F$ 和 $F_2=F_s+2\Delta F$ 的大信号形成的三阶互调干扰（$2F_1-F_2$）的抑制能力。

### 10. 机内杂散干扰

机内杂散干扰是指接收机内部自身产生的，使接收机输出端在无信号输入时，有信号输出的现象。此干扰由接收机内部各级本振及其谐波、寄生信号等互相组合产生，单位为 dBm。

### 11. 中频抑制

中频抑制是指接收机对频率为其中频频率的干扰信号的抑制能力，单位为 dB。这里的中频是指不在接收机的频率范围内，由接收机内部混频产生的一中频、二中频等。

### 12. 镜频抑制

镜频抑制是指接收机对频率为镜像频率的干扰信号的抑制能力，单位为 dB。所谓镜像频率，指超外差式接收机接收某一频率信号时，与该信号频率相差两个中频而与本机振荡频率相差一个中频的频率。对于本机振荡频率，这一频率恰与接收的信号频率在数轴上对称。镜频抑制能力反映了接收机处理虚假信号的能力。

### 13. 虚假响应抑制

虚假响应抑制是指接收机对由中频、分中频、镜频干扰等以外的干扰信号引起中频错误输出的虚假响应的抑制能力，单位为 dB。该虚假响应既有带外信号经混频引入的干扰信号，也有带内信号与机内本振信号等混频产生的中频带宽内的其他干扰信号。

## 4.2.2　测向系统的主要指标

### 1. 测向频率范围

测向频率范围指测向接收机能够接收的射频信号的频率范围。根据频谱管理业务需求，常规测向接收机的频率范围为 30 MHz~6 GHz，部分可扩展至 8 GHz或 18 GHz。

### 2. 测向带宽

测向带宽指测向接收机能够接收的最大信号带宽，目前国产产品可以达到300 MHz 以上。

### 3. 测向准确度

测向准确度指测向结果与实际角度的差值，常规要求在无反射环境下，误差均方根值小于或等于 2°。

### 4. 测向灵敏度

测向灵敏度反映测向接收机对微弱信号的测向能力，一般要求测向接收机和天线阵组合的系统灵敏度在 3 GHz 以下测向频率时为 20 dBμV/m，3 GHz 以上测向频率时为 25 dBμV/m。

### 5. 测向时效

测向时效反映测向接收机对短时信号的捕获能力，要求能捕获持续时间小于或等于 2 ms 的信号。

### 6. 同频信号分离个数

同频信号分离个数反映空间谱估计测向的同频信号分离能力，一般要求九通道测向接收机的同频信号分离个数大于或等于 5，五通道测向接收机的同频信号分离个数大于或等于 3。

### 7. 通道数量

通道数量反映测向接收机内部独立射频通道数量，与测向体制有关。干涉仪测向通道数量一般为 2，空间谱估计测向的通道数量多为 5~9。

## 4.3　典型国产无线电监测与测向仪器的型号

### 4.3.1　德辰科技无线电监测测向仪器

**1.　MR5310A/SR531A 数字宽带监测接收机**

图 4-4 所示的 MR5310A/SR531A 数字宽带监测接收机是北京德辰科技股份有限公司（简称德辰科技）专门针对无线电监测（侦测）实际应用需求推出的高性能监测产品。该产品具有良好的射频性能和强大的信号测量分析功能，并且充分利用现代数字信号处理技术、软件无线电技术、CPU 多核编程技术等开发集成，突出高度集成化、电磁兼容性（EMC）、运行稳定性和可靠性以及后期应用可扩展性，较之传统产品在整体性能及生产工艺上都有显著提升，具有功耗低、应用功能丰富、操作和使用简便、运行稳定、外观工艺精良等特点。

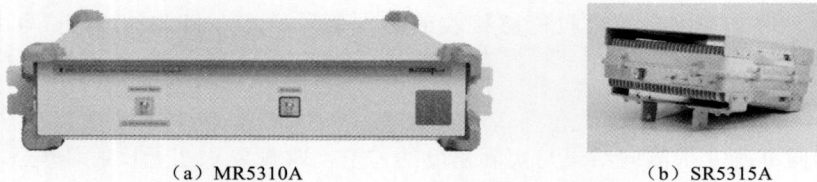

（a）MR5310A　　　　　　　　　　　（b）SR5315A

**图 4-4　MR5310A/SR531A 数字宽带监测接收机**

MR5310A/SR531A 数字宽带监测接收机有以下功能特点。

（1）频率范围为 9 kHz～40 GHz

根据需求可灵活配置：9 kHz/20 MHz～8 GHz/18 GHz/26.5 GHz/30 GHz/40 GHz。

（2）选配 160 MHz/320 MHz 实时分析带宽

① 具有成熟的信号处理方案，可实现 160 MHz/320 MHz 全带宽实时频谱展示。

② 支持高速 FFT 处理，带来分辨率、运算速度的全面提升，使得接收机在脉冲瞬变信号、捷变频信号的捕获分析方面更具优势。

③ 接收机内置高速数据总线及存储芯片，可无丢失存储全带宽实时信号。

（3）针对瞬变信号的 100% 捕获率（脉宽＜5 μs）

① 采用高速采集和触发技术，可实现小于 5 μs 脉冲瞬变信号的 100% 捕获率。

② 采用创新性的触发设计，可还原瞬变信号触发前的信息，保存信号时域全貌。

（4）标配本地高速实时存储

① 对信号的详细实时分析依赖实时存储和回放功能。接收机本地硬件采集存

储方案，可实现 5 s、160 MHz 实时带宽信号连续 IQ 存储，存储后可立即回放分析。

② 采用硬件文件管理及硬件寻址的方案，实现现场数据快速还原、回放，可精确追溯及分析带宽内的任意频域、时域信息。

（5）高性能数字处理硬件架构

① 有别于传统中频采集板+x86 技术架构，采用 FPGA+DSP+ARM 高性能硬件处理架构，可有效提高数据实时处理、分析及功能逻辑、流程管理的效率，为数据实时分析提供有力支撑。

② 在此硬件架构下，可实现信号无损（保证频率、电平准确度）状态下 1 THz/s 的扫描速度。

（6）具备万兆网口，可扩展高速流盘

① 高速数据总线支持万兆网口输出，可扩展高速流盘存储设备。

② 高速流盘具备高速读写能力，可实现 160 MHz 带宽 2 h 的实时 IQ 存储。

③ 回放信号可对任意时刻进行复现测量，时域分析颗粒度最小为 10 µs。

④ 高速流盘为选配附件，内置高速数据总线和大容量高速读写存储器，满足短时间内巨量 IQ 数据的存储需求。

（7）支持最多 128 路全硬件中频多路分析

① 160 MHz 的实时分析带宽下最多可提供全硬件处理的 128 路数字下变频分析，可灵活设置每条通道的参数，比如带宽、解调方式、IQ 数据存储、ITU（国际电信联盟）测量等。

② 适用于广播、民航、VHF（甚高频）水上业务频段的实时控守，以及相同带宽、不同业务类型的准确分析。

③ 提供增强型多路分析功能，可同时对 4 路宽带（20 MHz）信号进行分析，有效弥补带内宽带多信号分析能力的不足。

（8）基于硬件解码的模拟、数字信号监听功能

① 相较软件解析的时效性弊端，接收机内置窄带监听硬件，可实现 FM 信号、AM 信号、LSB 信号、USB 信号、DMR 信号、dPMR 信号、NXDN 信号、PDT 信号、TETRA 信号等模拟/数字专网信号的解调监听功能，具有解析成功率高、灵敏度高、数据无损等优势。

② 硬件数据流处理能力能够提供实时协议解析判决，在低信噪比或间断发射情况下具有高解析率、高抗干扰性的特点。

（9）高密度 IQ 数据时间戳，支持回放 TDOA 定位

① 为 IQ 数据增加精准时间戳信息，可实现精准时频分析、实时 TDOA 定位、回放数据后期 TDOA 定位等功能。

② 硬件同时支持 GPS、北斗卫星导航系统、伽利略导航卫星系统等 GNSS

系统，可满足不同使用场景及应用的需求。

（10）常见数字信号的解调、分析测量

① 具备信号特征分析、识别功能，能够展示信号的星座图、矢量误差图、瞬时幅度谱图、实时频谱图、瀑布图、IQ 图等，能识别信号频率特征、时域特征、调制和业务类型等。

② 支持多种数字调制方式（含高阶调制方式）：BPSK、QPSK、DQPSK、OQPSK、ASK、D8PSK、MSK、QAM、APSK、FSK 等。

③ 支持的常见无线电体制包括：GSM、CDMA、WCDMA、TD-SCDMA、LTE、5G、TETRA、DMR、dPMR、LoRa 等。

（11）具备故障自诊断及自恢复能力

接收机具备故障自诊断及自恢复能力，其操作系统包含版本信息、设备内部硬件工作状态、GPS 等外设的状态，同时可以一键恢复至出厂设置，处理大多数设备异常状况。

（12）采用 Linux 操作系统

采用 Linux 操作系统，全面提高了数据安全性、系统稳定性，可兼容中标麒麟、银河麒麟等国产操作系统。

（13）适配不同安装环境的机箱形式

根据使用环境不同，接收机支持两种外形结构设计，其中 MR5310A 为 19 in 标准机箱，适合 19 in 标准机柜、车载机柜安装使用；SR531A 为户外型三防机箱，适合户外、塔顶安装使用。

无论接收机采用何种结构形式，其均通过了严格的第三方国军标环境试验测试，产品生命周期长，满足在各种严苛、恶劣环境下的使用需求。

① 良好的电磁兼容效果：低频器件与板卡采用二次屏蔽措施，大大减少了产品整机自身对外的辐射。

② 科学的工业散热设计：提高了整机散热效率，降低了工作温度，确保了接收机长时间运行足够稳定、可靠。

③ 复合型内部静音设计：采用高品质的随温自动调速静音风扇，减少了产品工作时的噪声，改善了使用体验。

④ 强大的环境防护能力：定制镁铝合金压铸箱体（见图 4-5），具备 IP65 防护等级，防水、防尘，耐盐雾，耐腐蚀。

**图 4-5　镁铝合金压铸箱体**

MR5310A/SR531A 数字宽带监测接收机的技术指标如表 4-1 所示。

表 4-1　MR5310A/SR531A 数字宽带监测接收机的技术指标

| 指标名 | | 指标值 |
| --- | --- | --- |
| 频率与时间 | 频率范围 | 9 kHz/20 MHz～8 GHz/18 GHz/26.5 GHz/30 GHz/40 GHz |
| | 频率准确度 | $\leqslant 1\times 10^{-7}$ |
| | 全景扫描速度 | $\geqslant 1$ THz/s（25 kHz 的步进） |
| | 信道扫描速度 | 5000 Ch/s（200 kHz 的步进，200 kHz 的带宽） |
| | 实时中频带宽 | 160 MHz/320 MHz |
| 幅度精度与范围 | 程控衰减范围 | 50 dB（1 dB 的步进） |
| | 电平测量精度 | $\leqslant 1.5$ dB（接收机系统校准后） |
| | 最大输入功率 | $\geqslant 20$ dBm（常规模式） |
| | 解调灵敏度 | $\leqslant -115$ dBm（低噪声模式） |
| | 监测灵敏度 | $\leqslant -113$ dBm（低噪声模式） |
| 动态范围 | 三阶截断点 | $\geqslant 25$ dBm（低失真模式） |
| | 二阶截断点 | $\geqslant 65$ dBm（低失真模式） |
| | 中频抑制比 | $\geqslant 95$ dB |
| | 镜频抑制比 | $\geqslant 95$ dB |
| | 带外抑制 | $\geqslant 60$ dB（3 dB 的带宽） |
| | 噪声系数 | $\leqslant 12$ dB（低噪声模式） |
| | 相位噪声 | $\leqslant -120$ dBc/Hz（10 kHz 的频偏，中心频率为 1 GHz） |

**2. DF5311A/SD251A 宽带测向接收机**

DF5311A/SD251A 宽带测向接收机（见图 4-6）提供出色的实时带宽、测向扫描速度、测向精度、灵敏度和抗反射多径能力。该产品具有紧凑的外形，采用直流电源供电，是固定、移动测向应用的良好工具。DF5311A/SD251A 宽带测向接收机的产品特点如下。

（1）单套同轴多层测向天线，频率范围为 20 MHz～18 GHz。

（2）最大支持 80 MHz 实时测向带宽。

（3）测向精度和灵敏度高，抗反射多径能力强。

（4）外形紧凑，直流电源供电，满足塔顶安装和移动平台安装的需求。

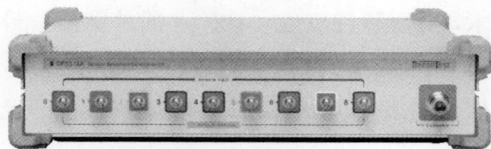 

（a）DF5311A　　　　　　　　　　（b）SD251A

图 4-6　DF5311A/SD251A 宽带测向接收机

DF5311A/SD251A 宽带测向接收机的功能特点如下。

（1）采用先进的天线技术和算法设计，保证优异的测向准确度

① 专业团队多年积累,长期迭代的设计和工艺制程保证了天线阵元的一致性和阵元组阵后的全向性。

② 系统校准参考面为天线阵元口径处,精细的系统校准方案大大消除了系统的硬件细微差异,进一步提高测向准确性。

③ 基于移动车载平台,在典型中型城市环境中开展行车实测,1 h 内有效示向度统计占比超过 81%。

④ 独创多层测向聚类算法,过滤无效干扰数据,使得真实示向度快速收敛。

(2) 适配不同安装环境的机箱形式

根据使用环境不同,测向接收机支持两种外形结构设计,其中 DF5311A 支持 19 in 标准机箱,适合 19 in 标准机柜、车载机柜安装使用;SD251A 为户外型三防机箱,适合户外、塔顶安装使用。

无论测向接收机采用何种结构形式,均通过了严格的第三方国军标环境试验测试,产品生命周期长,满足在各种严苛、恶劣环境下的使用需求。

(3) 配合多通道一体化天线阵,支持空间谱估计测向与干涉两种测向体制。

测向天线设计包括以下核心技术。

① 变孔径技术:采用相位中心可以线性变化的天线元,随着测向频率的变化,天线元的相位中心也随之变化,达到低频时孔径大、高频时孔径小的效果。

② 分节导通技术:使用二极管将天线的阵子分割成多个长度,根据天线的频率选择导通二极管,从而控制天线的电长度,使天线在比较宽的频率范围内也能保证较好的全向性。

③ 天线元互耦消除技术:天线元上装有特别设计的元器件,可以有效防止互耦。

④ 基线自适应技术:所有基线数据内置于天线,基线可根据频率变化,频率高自动选择短基线,有效防止相位模糊,频率低时选择长基线,有效减小误差影响。

⑤ 多种相关算法的相关曲线主瓣锐化技术:通过相关算法和权重策略的改善,曲线主瓣锐化有益于测向结果的过滤和收敛。

(4) 针对瞬变信号的 100%测向捕获率 (脉宽<100 μs)

① 基于高速采集和触发技术,对于脉冲宽度<100 μs 的单脉冲信号,测向时可实现 100%的捕获率。

② 对短时瞬变信号的测向捕获能力,可满足民用跳频、扩频信号实时测向(如对无人机飞控信号的测向、定位)。

③ 可与监测接收机联合工作,通过监测接收机引导触发,对更快的跳频、扩频信号进行跟踪测向。

(5) 采用同频多波自动分辨技术,让同频干扰无所遁形

在使用空间谱估计体制进行测向时,理论上需要先准确评估出同频信号的数

量，然后才能通过空间谱算法，得出多个来波信号的方位。但实际应用往往事先无法预判同频信号的数量。多波自动分辨技术通过使用盖氏圆盘准则改进的信源数估计方法可以解决这个难题，该技术能够在后台自动识别、计算同频信号数量，并自动切换系统使用空间谱估计测向体制（在无同频信号时，系统默认采用干涉仪测向），从而得到最终结果。

（6）采用空域滤波技术，实现同频、不同来波方向信号的滤波

① DF5311A/SD251A 借鉴雷达信号处理的理论及成果，采用自适应波束形成（ADBF）技术实现对每一个来波方向信号的独立放大或抑制，实现指定方向信号的独立分析。

② 采用改善系统适应性的最小方差无失真响应（MVDR）优化算法，进一步提升系统适用性，提高了抗大信号干扰的能力。

（7）通过统计算法优化对抗多径测向环境

① 在城市、街道等复杂测向应用环境中，无线电的多径传播、天线阵元的微振动等都对测向结果影响明显，成为影响测向系统准确度的突出瓶颈。

② 测向接收机采用基于结果预期的线性回归（linear regression）分析以及针对数据差异性的卡尔曼（Kalman）数据滤波多重解决方案，大大减小了多径效应及相位波动对示向度造成的统计误差。

（8）提高 A/D 采样通道隔离度，减小采样通道串扰对示向度结果的影响

A/D 通道采用独立腔体屏蔽设计，各通道间隔离度达到 85 dB，有效抑制了采集通道串扰对测向结果的影响。

DF5311A/SD251A 宽带测向接收机的技术指标如表 4-2 所示。

表 4-2　DF5311A/SD251A 宽带测向接收机的技术指标

| 指标名 | | 指标值 |
| --- | --- | --- |
| 频率与准确度 | 频率范围 | 20 MHz～8 GHz/18 GHz |
| | 测向带宽 | 40 MHz/80 MHz |
| | 最小测向分辨率 | ≤400 Hz |
| 动态范围 | 三阶截断点 | ≥25 dBm（低失真模式） |
| | 二阶截断点 | ≥65 dBm（低失真模式） |
| | 中频抑制比 | ≥95 dB |
| | 镜频抑制比 | ≥95 dB |
| | 噪声系数 | ≤12 dB（低噪声模式） |
| | 相位噪声 | ≤−115 dBc/Hz（10 kHz 频偏，中心频率为 1 GHz） |
| 测向性能 | 测向体制 | 空间谱估计测向+干涉仪测向（20 MHz～8 GHz） |
| | | 干涉仪测向（8～18 GHz） |
| | 测向时效 | ≤1 ms（单次突发脉冲） |
| | 同频信号分离个数 | ≥5（非相干），≥3（相干） |

### 3. MD5220A 可搬移式无线电监测测向系统

可搬移式无线电监测测向系统是无线电侦测、监管的主要支撑技术设备，基于其可车载、可搬移以及方便现场安装、架设等特点，适合固定或车载移动使用，可弥补传统意义上大型固定监测站的不足，覆盖现有监测盲区，为无线电侦测、频谱资源管理和行政执法等提供全面、准确、可靠的技术依据。

由德辰科技自主研发的 MD5220A 可搬移式无线电监测测向系统（见图 4-7）采用双通道干涉仪测向+单通道监测模式，具有体积小、质量轻、功耗低、部署快等特点，支持最大 20 MHz～18 GHz 信号监测与 20 MHz～8 GHz 信号测向实时并行工作，并采用分体式快拆结构设计，非常适合于重大活动保障、突发应急保障、考试监管保障、监测技术演练等外场即时应用。

MD5220A 可搬移式无线电监测测向系统具有以下技术特点。

（1）高度集成，打造一体化监测测向系统

在设计 MD5220A 之初，工程师就将

图 4-7　MD5220A 可搬移式无线电监测测向系统

监测、测向实时并行工作（监测、测向不同频率）纳入必选项里，通过硬件架构的方式，部署独立的监测与测向设备，从而实现上述目标。同时，监测与测向设备可通过快插方式一体化安装，大大提升了整套系统的集成度。

（2）应用灵活，监测和测向既可组合使用，也可拆分独立使用

系统采用监测、测向分体式结构设计，将双通道测向接收机与测向天线、监测接收机与监测天线分别一体化集成。系统可以在某一固定地点组合、安装后实现监测、测向并行使用，或者根据现场空间大小、测试任务需要，拆分成两个完全独立的部分，在不同位置（区域）分别进行监测与测向。用户仅仅需要采购一套 MD5220A，就可以同时实现最多两个点位的无线电监测和测向作业。

（3）整机功耗极低，搭配外置电源，满足长时间工作需求

在平台设计上，系统摒弃了传统产品采集卡+x86 的硬件平台架构，而改为采用 FPGA+DSP+ARM 的平台架构，大大提升了系统运行速度，降低了整机功耗。整套系统的最大功耗小于 80 W（不含操作控制终端功率），这使得系统在外场作业时，大大降低了对供电环境的依赖，并且所采用的外置便携电源箱非常利于携带。

（4）架设快速，接口简单，部署及时

① 基于小型化与快拆结构设计，系统仅通过一副便携式三脚架即可实现单人

徒手 5 min 内快速安装、架设。设备从安装、架设到开机使用，仅需 5 min 即可完成，非常适合无线电监测临时设点布防和应急机动作业应用。

② 可通过专配的车载安装适配器，直接将系统安装至车载平台上，通过车辆自身的直流电源直接供电，无须对整车做任何改动，即可实现机动式监测测向作业。

③ 支持 4G/5G/Wi-Fi 联网，兼容多类型终端应用。

④ 系统软件平台基于 Linux 环境开发，采用边缘端—云端—前端架构设计。

⑤ 支持跨平台运行，包括浏览器、计算机桌面、平板计算机等多种应用平台。

⑥ 外置便携式电源箱内置 4G/5G/Wi-Fi 联网模块，可实现多站快速组网协同作业，并支持通过单元化封装服务接入省级无线电管理一体化平台。

⑦ 基于多项技术，实现测向天线轻量化、小型化。

⑧ 采用变孔径技术：随着测向频率的变化，天线元的相位中心也随之变化，达到低频时孔径大、高频时孔径小的效果。

⑨ 采用分节导通技术：使用 PIN 二极管将天线的阵子分割成多个，根据天线的频率选择相应二极管导通，从而控制天线的电长度，使天线在比较宽的频率范围内也能够保证较好的全向性。

⑩ 采用基线自适应技术：基线长短可根据频率自动变化，频率高时选择短基线，反之则选择长基线，有效提高示向准确度。

⑪ 采用天线元互耦消除技术：天线上装有特别设计的元器件，可以有效防止互耦。

⑫ 采用多种相关算法的相关曲线主瓣锐化技术：通过相关算法和权重策略的改善，曲线主瓣锐化有益于测向结果的过滤和收敛。

⑬ 具备完善的监测作业能力。

⑭ 可实现对最大 20 MHz～18 GHz 频率范围内的空间无线电信号的监测，以及 20 MHz～8 GHz 频率范围内的测向、定位等常规作业。

⑮ 对无线电信号的参数测量满足 ITU 的技术建议和要求。

⑯ 可自动完成信号属性（已知、未知）、频率占用度、信号频谱、调制方式等技术指标的识别、测量、统计、分析、存储、处理等应用作业，自动生成用户指定的监测作业报告。

⑰ 具备 32 路通道并行解调和分析能力，可 24 h 自动值守，对 88～108 MHz 调频广播、118～137 MHz 航空通信等重要频段进行实时控守监测。

⑱ 支持 FM/DMR/dPMR/PDT/NXDN/TETRA 制式对讲信号的解调及语音侦听。

⑲ 支持对采用 FSK/LoRa 等调制方式的数传（作弊）信号的解码分析。

（5）支持组网应用，实现多站协同监测作业

对于临时性区域无线电保障任务，往往会部署多套监测设备。用户希望能够

有一个统一的综合控制应用平台，来远程调用这些设备。MD5220A 采用的 Skywaver 无线电监测测向系统软件，兼容德辰科技提供的其他类型产品（如固定站、移动站、快速部署监测节点等），借助有线或 4G/5G 无线方式，多套设备能够快速组网协同工作，实现联合监测与测向定位。

（6）产品性能优异，确保系统使用效果

系统配备德辰科技自主研制的中频数字化处理模块，可以提供 40 余种可用带宽（0.15 kHz～80 MHz）工作模式，并且宽带、窄带监测可结合应用：在电磁环境复杂时，运用窄带模式工作，可抑制带外大信号，以便有效截获、测量微弱信号；在电磁环境良好时，运用宽带模式工作，以便有效捕获短持续时间或宽带的信号。

配备中频调理、高速 A/D 采集及综合数字化处理模块，使系统可实施高速扫描监测，扫描速度最高可达到 200 GHz/s 以上（步进为 25 kHz）。

（7）运用测向优化算法，避免相位模糊带来的负面影响

系统基于双通道干涉仪测向体制，并在传统干涉仪基础上，采用阵列天线方向增益拟合技术，结合各阵元接收电平与拟合数据比较，有效避免了基线长度带来的相位模糊问题。

（8）支持业务流程定制化

依据业务流程，提供考试保障、应急保障、会场保障等专用模板（见图 4-8），实现从事件开始到事件结束的完整后台处理流程及相关业务报表的生成，帮助用户更方便地完成既定工作任务。

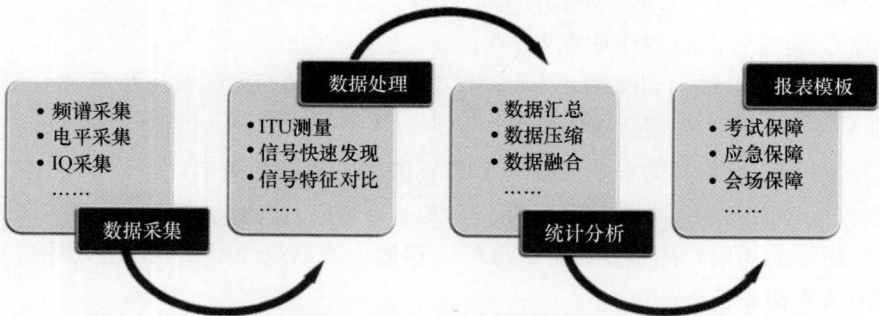

**图 4-8　系统支持业务流程定制化**

提供用户自定义流程模板工具，实现业务专家定流程、操作人员管实施。对于同类事件可直接调用既往流程，有经验的业务人员可通过模板设定指导新人。

MD5220A 可搬移式无线电监测测向系统的技术指标如表 4-3 所示。

表 4-3　MD5220A 可搬移式无线电监测测向系统的技术指标

| 指标名 | 指标值 |
|---|---|
| 监测频率范围 | 20 MHz～8 GHz/18 GHz |
| 测向频率范围 | 20 MHz～8 GHz |
| 频率稳定度 | $\leqslant\pm1\times10^{-7}$ |
| 相位噪声 | $\leqslant-110$ dBc/Hz@10 kHz，全频段 |
| 实时中频带宽 | $\geqslant80$ MHz |
| 噪声系数 | $\leqslant12$ dB，全频段 |
| 监测灵敏度 | $<15$ dBμV/m（20～150 MHz）；$<0$ dBμV/m（150 MHz～3 GHz）；<br>$<5$ dBμV/m（3～8 GHz）；$<12$ dBμV/m（8～18 GHz） |
| 测向灵敏度 | $\leqslant15$ dBμV/m（30 MHz～3 GHz）；<br>$\leqslant20$ dBμV/m（3～8 GHz） |
| 测向准确度 | $\leqslant2°$（30 MHz～3 GHz，RMS，无反射环境）；<br>$\leqslant3°$（3～8 GHz，RMS，无反射环境） |
| 测向时效 | $\leqslant1$ ms（单次突发信号） |
| 全景扫描速度 | $\geqslant200$ GHz/s（25 kHz 的步进） |
| 二阶截点 | $\geqslant60$ dBm（低失真模式） |
| 三阶截点 | $\geqslant20$ dBm（低失真模式） |
| 中频/镜频抑制 | $\geqslant100$ dB |
| 调制方式 | AM、FM、PM、CW、FSK、ASK、PSK、DPSK、BPSK、QPSK、QAM、MSK 等 |

MD5220A 可搬移式无线电监测测向系统的技术指标如表 4-4 所示。

表 4-4　MD5220A 可搬移式无线电监测测向系统的技术指标

| 指标名 | 指标值 |
|---|---|
| 测向体制 | 双通道相关干涉仪测向，两条射频通道 |
| 多路分析 | 支持 32 路窄带并行监测分析 |
| 安装方式 | 支持三脚架或车顶适配器快速安装 |
| 联网方式 | 以太网/4G/5G |
| 环境温度 | 工作温度：$-25\sim+55$ ℃；<br>储存温度：$-40\sim+70$ ℃ |
| 相对湿度 | 95%（40 ℃无冷凝） |
| 供电方式 | 市电或外置便携式电池箱，续航时间$\geqslant8$ h |
| 整体功耗 | $<80$ W |
| 物理尺寸 | 测向部分：$\phi700$ mm×280 mm（直径×高度）；<br>监测部分：$\phi280$ mm×400 mm（直径×高度） |
| 设备质量 | 测向部分：$\leqslant10$ kg；<br>监测部分：$\leqslant3$ kg |

### 4.3.2 创远信科无线电测向仪器

创远信科鹰眼 MD908 数字宽带测向机（见图 4-9）是经过多年技术积累，充分运用当代射频接收技术和高速数字信号处理技术研制的高性能测向机。该仪表具有 9 条独立射频通道，采用干涉仪和空间谱估计双测向体制，支持垂直、水平两种极化方式，可对 20 MHz～8 GHz 频段内的信号进行快速搜索和扫描、参数分析和测量、测向等。

MD908 数字宽带测向机的主要技术指标如下。

（1）频率范围：20 MHz～8 GHz（垂直极化），40～1300 MHz（水平极化）。

图 4-9　创远信科鹰眼 MD908 数字宽带测向机

（2）测向通道数：9。

（3）空间谱估计测向同频信号分离个数：5。

（4）测向体制：空间谱估计测向/干涉仪测向。

（5）最大瞬时带宽（中频带宽）：80 MHz。

（6）测向带宽：1 kHz～80 MHz，不少于 30 种设置。

（7）测向灵敏度：≤15 dBμV/m（垂直极化 20～3000 MHz），≤20 dBμV/m（水平极化 40～1300 MHz），≤20 dBμV/m（垂直极化 3000～8000 MHz）。

（8）测向准确度：≤1°（RMS，垂直极化 20～3000 MHz），≤1.5°（RMS，水平极化 40～1300 MHz），≤1.5°（RMS，垂直极化 3000～8000 MHz）。

（9）信号最短持续时间：≤1 ms（单次突发信号）。

（10）最小同频信号分辨角度：20°。

（11）扫描速度（25 kHz 的步进）：100 GHz/s。

MD908 数字宽带测向机的性能指标满足国家无线电办公室印发的《省级无线电监测设施建设规范和技术要求（试行）》（2019 年）中"一类固定站"要求，具有较高的测向灵敏度和测向精度等。

### 4.3.3 成都华日无线电监测测向仪器

**1. HRS71 系列宽带数字监测接收机**

成都华日通讯技术股份有限公司（简称成都华日）开发的 HRS71 系列宽带数字监测接收机包含 3 个子型号，主要区别是覆盖频段不同，其技术指标如表 4-5 所示。图 4-10 所示为 HRS71A 宽带数字监测接收机。

表 4-5　HRS71 系列宽带数字监测接收机的技术指标

| 指标名 | 指标值 | | |
|---|---|---|---|
| | HRS71A | HRS71B | HRS71C |
| 监测频率范围 | 20 MHz～8 GHz | 20 MHz～18 GHz | 20 MHz～26.5 GHz |
| 实时中频带宽 | 80 MHz | 80 MHz | 80 MHz |
| 频率稳定度（0～45 ℃） | ≤0.1×10⁻⁶ | ≤0.1×10⁻⁶ | ≤0.1×10⁻⁶ |
| 相位噪声 | ≤−125 dBc/Hz@10 kHz（射频 1 GHz 处） | ≤−125 dBc/Hz@10 kHz（射频 1 GHz 处） | ≤−125 dBc/Hz@10 kHz（射频 1 GHz 处） |
| 解调灵敏度 | AM：≤−113 dBm；FM：≤−113 dBm | AM：≤−113 dBm；FM：≤−113 dBm | AM：≤−113 dBm；FM：≤−113 dBm |
| 全景扫描速度（P-SCAN 25 kHz 带宽） | ≥400 GHz/s（80 MHz） | ≥400 GHz/s（80 MHz） | ≥400 GHz/s（80 MHz） |
| 信道扫描速度（M-SCAN 200 kHz 带宽） | ≥1000 Ch/s | ≥1000 Ch/s | ≥1000 Ch/s |
| 中频抑制 | ≥90 dB | ≥90 dB | 18 GHz 以下：≥90 dB；18 GHz 以上：≥80 dB |
| 镜频抑制 | ≥90 dB | ≥90 dB | 18 GHz 以下：≥90 dB；18 GHz 以上：≥80 dB |
| 二阶截点 | ≥60 dBm | ≥60 dBm | 18 GHz 以下：≥60 dBm；18 GHz 以上：≥55 dBm |
| 三阶截点 | ≥20 dBm | ≥20 dBm | 18 GHz 以下：≥20 dBm；18 GHz 以上：≥15 dBm |
| 测量动态范围 | ≥130 dB | ≥130 dB | 18 GHz 以下：≥130 dB；18 GHz 以上：≥120 dB |
| 噪声系数 | 8 GHz 以下：≤10 dB | 8 GHz 以下：≤10 dB；8 GHz 以上：≤15 dB | 8 GHz 以下：≤10 dB；8 GHz 以上：≤15 dB |
| 电平测量误差 | 优于±1.5 dB | 优于±1.5 dB | 优于±1.5 dB |
| 平均故障间隔时间（MTBF） | 2000 h | 2000 h | 2000 h |

图 4-10　HRS71A 宽带数字监测接收机

HRS71 宽带数字监测接收机的内部结构如图 4-11 所示。

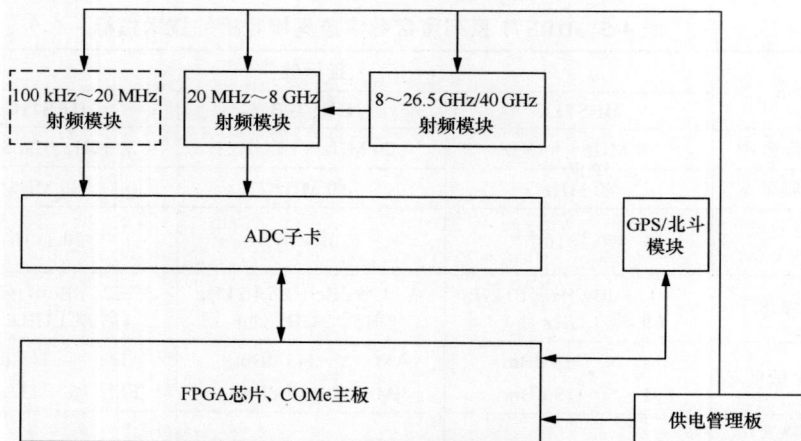

```
┌─────────────┐  ┌─────────────┐  ┌──────────────────┐
│100 kHz~20 MHz│  │20 MHz~8 GHz │  │8~26.5 GHz/40 GHz │
│   射频模块   │  │   射频模块   │  │     射频模块      │
└─────────────┘  └─────────────┘  └──────────────────┘
```

图 4-11　HRS71 宽带数字监测接收机的内部结构

　　HRS71 宽带数字监测接收机从功能模块上基本可划分为射频单元、中频处理单元和控制供电单元 3 个部分。射频单元包括覆盖不同频率的射频模块；中频处理单元包括 ADC 子卡、FPGA 芯片、COMe 主板等；控制供电单元主要为供电管理板。此外，该接收机还包括 GPS/北斗模块。

　　设备通过监测天线对接收的射频信号用射频接收单元进行选择性接收、模拟滤波和增益调整后，变频为中频信号传输给测向机的信号采集单元进行带通采样，经 A/D 后的数字信号，通过数字下变频和多级数字滤波转为 1 kHz~80 MHz 带宽的 IQ 基带信号，最终按功能设置，形成 1 路宽带 IQ 信号和 1 路宽带 FFT 信号、3 路窄带连续原始 IQ 信号。

　　FPGA 芯片与 COMe 主板采用 PCIe 高速接口，其驱动单元根据任务指令，采用多线程方式，对 FPGA 推送的数据进行协议打包、存储、算法调用，然后将结果推送给服务器端，并通过网络协议在显控（客户端）进行显示。

　　HRS71 宽带数字监测接收机主要有以下几方面应用。

　　（1）常规无线电监测及频谱管理，适合省级无线电管理机构的固定和移动一类监测站、二类监测站应用。

　　（2）民用航空领域应用：航空相关的 ADS-B 系统（广播式自动相关监视系统）监视及无线电干扰源监测与定位，能快速捕获干扰源，支持航空频段的多信道实时监测、监听和存储。

　　（3）广电领域应用：实现广播信号覆盖测量，跳频广播频段的实时监听，支持最多 64 路实时监听和录音，便于"黑广播"监测、查找与取证。

　　（4）边海防监测应用：船舶自动识别系统（AIS）监测，实时监测（河流、海域）各类船只并在地图上显示，准确定位和监控某艘船只的航行情况。

（5）其他无线电监测应用：可实现相关部门所需要的无线电信号监测、监听及信号分析处理，以及在重大活动保障中对重点频率进行控守式监测。

### 2. HRSC79A 测向接收机

HRSC79A 是成都华日开发的一款九通道测向接收机，如图 4-12 所示。

HRSC79A 测向接收机的指标如表 4-6 所示。

图 4-12　HRSC79A 测向接收机

表 4-6　HRSC79A 测向接收机的技术指标

| 指标名 | 指标值 |
| --- | --- |
| 应用场景 | 无线电信号监测 |
| 测向体制 | 空间谱估计测向/干涉仪测向 |
| 测向频率范围 | 垂直极化：20～8000 MHz；<br>水平极化：40～1300 MHz |
| 最大测向中频带宽 | 40 MHz |
| 测向灵敏度 | ≤15 dBμV/m（30～3000 MHz）；<br>≤20 dBμV/m（3～8 GHz） |
| 测向准确度 | ≤1°（30～3000 MHz，RMS，无反射环境）；<br>≤1.5°（3～8 GHz，RMS，无反射环境） |
| 信号最短持续时间 | ≤0.1 ms（单次突发信号） |
| 同频信号分离个数（$D/\lambda>1$ 条件下，<br>$D$ 为天线孔径，$\lambda$ 为波长） | 同频非相干：≥5；<br>同频相干：≥2 |
| 最小同频信号分辨角度（$D/\lambda>1$ 条件下） | ≤15° |

HRSC79A 测向接收机的内部组成如图 4-13 所示。

HRSC79A 测向接收机包含 9 个完全一致的共本征同步单通道接收机，对空中 20 MHz～8 GHz 频段信号采用九阵元天线同步接收，空间阵列信号通过九通道射频模块进行选择性接收、模拟滤波和增益调整后，变频为 9 路中频信号传输给测向机的信号采集单元进行同步带通采样，经数字处理单元后的数字信号，通过数字下变频和多级数字滤波转为 1 kHz～80 MHz 带宽的 IQ 基带信号。最终按功能规划，每条通道均形成 1 路宽带 IQ 信号和 1 路宽带 FFT 信号、3 路窄带连续原始 IQ 信号，同时 9 条通道协同形成 4×3 路连续空域滤波 IQ 信号，以及通过硬件计算出的示向度信号。

FPGA 芯片与 COMe 主板采用 PCIe 高速接口，其驱动单元根据任务指令，采用多线程方式，对 FPGA 推送的数据进行协议打包、存储、算法调用，然后将结果推送给服务器端，并通过网络协议在显控（客户端）进行显示。其具有以下突出的技术特点。

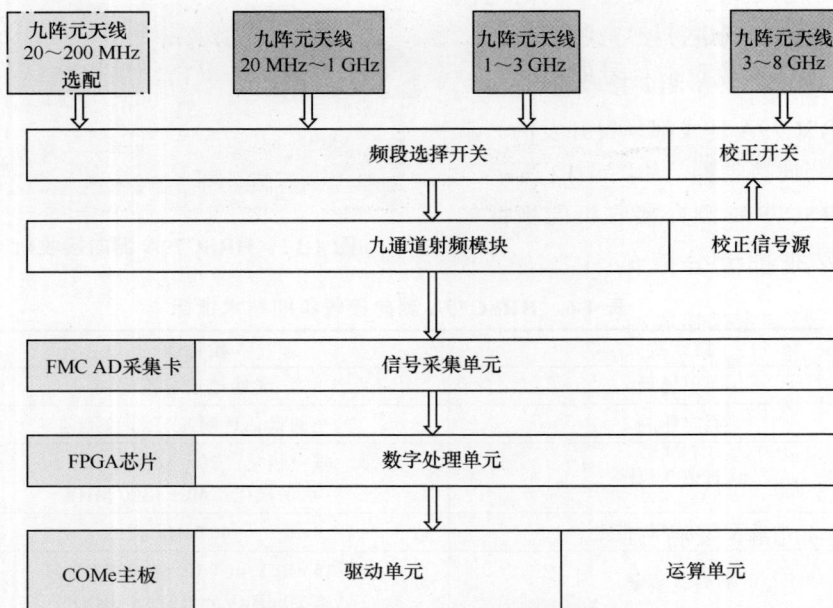

**图 4-13 HRSC79A 测向接收机的内部组成**

（1）适用于城市、要地、机场等复杂环境下的同频信号监测和干扰查找

应用场景：在实际同频信号干扰排查中，如果设备不具备空间谱同频分离能力，则会出现示向线只指向信号强度最大的方向或者示向线乱摆的情况，对干扰排查造成不良影响。在复杂城市环境中，信号会通过折反射形成相干信号，为信号查找带来困难。

解决方案：HRS79A 测向接收机具备相干信号标记能力，能准确识别同频信号中哪些是由同一信号引起的相干信号。在实际应用中，对于使用者来说，重要的不仅是辨别同频信号的方向，而且要将频谱分离，为下一步的信号分析和 ITU 测量打下基础。成都华日采用创新性的空域滤波算法，具备分离 6 个以上同频信号的能力，能准确分离同频信号频谱，从而对每个独立信号进行 ITU 测量和信号分析，为下一步信号测向和排查打下基础。

（2）适用于移动监测车行驶时测向

应用场景：随着业务的发展，移动监测车不仅能在静止的场景下使用，而且在面对移动的考试作弊车时也能稳定地指向干扰源。但是，一旦移动行驶，移动监测车会接收到大量多径反射的信号，甚至其主波（信号真实来波方向被遮挡）弱于多径反射信号时（通常测向接收机不具备滤除这些多径反射信号的能力），导致示向线摆动大，不能稳定指向干扰源。

解决方案：成都华日经过大量实际路测的数据累积和提炼，独创了一套适用于移动行驶场景的聚合算法，采用对测向后的示向线进行聚合过滤的方法，可以有效滤除折反射信号的影响，从而在复杂城市中为用户提供相对稳定的示向线。

成都华日还研发了结构更简化的三通道宽带数字测向机 HRS73A 等，这里不赘述。

### 4.3.4　成都大公博创无线电监测测向仪器

#### 1. 数字宽带接收机

成都大公博创信息技术有限公司（简称成都大公博创）开发的 DG-R2219 数字宽带接收机（见图 4-14）采用了先进的"软件无线电"设计思路，应用模块化设计，设备主要由射频前端、数字中频处理部分、嵌入式处理部分以及各种驱动软件等构成，内置天线选择开关、卫星定位单元等，支持 TDOA 功能。该接收机采用标准接口和协议，符合国家标准《无线电监测网传输协议》等规范。

DG-R2219 数字宽带接收机具有以下主要功能和技术特点。

图 4-14　DG-R2219 数字宽带接收机

（1）支持扫描监测，其界面如图 4-15 所示。

（2）自动执行任务。

（3）提供监测月报。

（4）支持远程控制。

（5）支持联网数据共享。

（6）支持电子地图应用。

（7）支持监听录音和回放。

（8）支持 ITU 测量和中频分析。

（9）符合国家标准《无线电监测网传输协议》。

（10）功耗低，支持交流/直流供电。

（11）支持高速数字累积谱（数字荧光谱），实现同频信号分离。

（12）支持跳频、突发信号检测。

（13）频率范围为 9 kHz～26.5 GHz，中频带宽范围为 40～300 MHz，最高扫描速度可以达到 1 THz/s（25 kHz 的步进）。

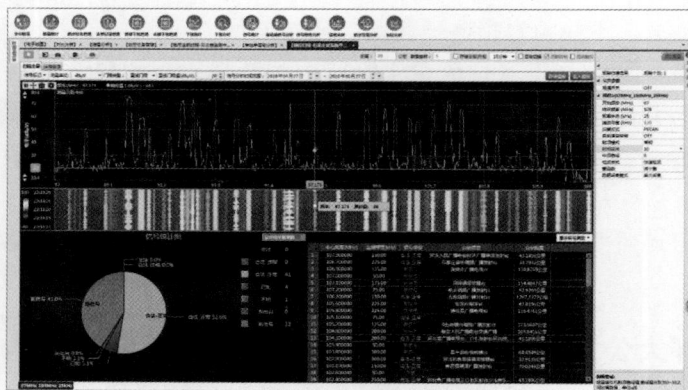

图 4-15　扫描监测界面

DG-R2219 数字宽带接收机的技术指标如表 4-7 所示。

表 4-7　DG-R2219 数字宽带接收机的技术指标

| 指标名 | 指标值 |
| --- | --- |
| 频率范围 | 9 kHz～26.5 GHz |
| 频率分辨率 | ≥1 Hz |
| 频率稳定度 | ≤0.1×10⁻⁶（0～45 ℃） |
| 频率合成器调谐时间 | <0.5 ms |
| 中频带宽 | 80 MHz |
| 噪声系数 | ≤12 dB（低失真模式） |
| 本振相位噪声 | ≤−120 dBc（射频 1 GHz 处） |
| 二阶截点 | ≥65 dBm（低失真模式） |
| 三阶截点 | ≥20 dBm（低失真模式） |
| 扫描速度 | ≥400 GHz/s（25 kHz 的步进） |
| 镜频抑制 | ≥90 dB |
| 中频抑制 | ≥110 dB |
| 动态范围 | 130 dB |
| 调制测量能力 | 模拟 AM、FM、USB、LSB、ISB、CW 等，数字 ASK、FSK、PSK 等 |

DG-R2219 数字宽带接收机可应用于无线电信号监测、监听，信号扫描分析等场景，可用于固定式监测测向站、移动式监测测向站以及小型监测站等。

**2. 快速部署式监测测向系统**

成都大公博创推出的快速部署式监测测向系统（见图 4-16）具备固定和车载式监测能力，是一种可搬移到运载工具或临时设置的固定场所的监测测向系统，目前已经历了 6 代研发，拥有多型产品，该系统适用于电磁环境复杂、同频干扰较多的市区、边境、沿海、机场、港口、车站等场所。

**图 4-16　成都大公博创快速部署式监测测向系统**

成都大公博创快速部署式监测测向系统的典型产品是 DG-R260X 系列，其技术指标如表 4-8 所示。

**表 4-8　DG-R260X 系列产品的技术指标**

| 指标名 | | 指标值 | | |
|---|---|---|---|---|
| | | DG-R2601 | DG-R2603 | DG-R2608 |
| 监测技术指标 | 频率范围 | 20 MHz～8 GHz | 20 MHz～18 GHz | 20 MHz～26.5 GHz |
| | 最大实时中频带宽 | 40 MHz | 80 MHz | 300 MHz |
| | 监测灵敏度 | ≤15 dBμV/m | ≤15 dBμV/m（20～6000 MHz）；≤25 dBμV/m（6～18 GHz） | ≤15 dBμV/m（20～6000 MHz）；≤25 dBμV/m（6～26.5 GHz） |
| | 相位噪声 | ≤−100 dBc/Hz@10 kHz（射频 1 GHz 处） | ≤−105 dBc/Hz@10 kHz（射频 1 GHz 处） | ≤−105 dBc/Hz@10 kHz（射频 1 GHz 处） |
| | 中频抑制 | ≥90 dB | ≥90 dB | ≥90 dB |
| | 镜频抑制 | ≥90 dB | ≥90 dB | ≥90 dB |
| | 二阶截断点 | ≥60 dBm（低失真模式） | ≥60 dBm（低失真模式） | ≥60 dBm（低失真模式） |
| | 三阶截断点 | ≥20 dBm（低失真模式） | ≥20 dBm（低失真模式） | ≥20 dBm（低失真模式） |
| | 噪声系数 | ≤12 dB（低噪声模式） | ≤12 dB（20 MHz～6 GHz，低噪声模式）；≤15 dB（6～18 GHz，低噪声模式） | ≤12 dB（20 MHz～6 GHz，低噪声模式）；≤15 dB（6～26.5 GHz，低噪声模式） |
| | 全景扫描速度 | ≥100 GHz/s（25 kHz 的步进） | ≥350 GHz/s（25 kHz 的步进） | ≥500 GHz/s（25 kHz 的步进） |
| | 调制测量能力 | AM、FM、CW、ASK、FSK、MSK、GMSK、BPSK、QPSK、π/4-DQPSK、8PSK、16PSK | AM、FM、CW、ASK、FSK、MSK、GMSK、BPSK、QPSK、π/4-DQPSK、8PSK、16PSK | AM、FM、CW、ASK、FSK、MSK、GMSK、BPSK、QPSK、π/4-DQPSK、8PSK、16PSK |

| 指标名 | | 指标值 | | |
| --- | --- | --- | --- | --- |
| | | DG-R2601 | DG-R2603 | DG-R2608 |
| 测向技术指标 | 测向频率范围 | 20 MHz～8 GHz（垂直极化） | 20 MHz～18 GHz（垂直极化） | 20 MHz～26.5 GHz（垂直极化） |
| | 测向实时带宽 | 40 MHz | 80 MHz | 300 MHz |
| | 测向体制 | 多通道相关干涉仪测向、空间谱估计测向 | 多通道相关干涉仪测向、空间谱估计测向 | 多通道相关干涉仪测向、空间谱估计测向 |
| | 测向准确度 | ≤2°（20～3000 MHz，RMS，典型值）；≤1.5°（3～8 GHz，RMS，典型值） | ≤2°（20～300 MHz，RMS，典型值）；≤1.5°（300 MHz～8 GHz，RMS，典型值）；≤3°（8～18 GHz，RMS，典型值） | ≤2°（20～300 MHz，RMS，典型值）；≤1.5°（300 MHz～8 GHz，RMS，典型值）；≤3°（8～26.5 GHz，RMS，典型值） |
| | 测向时效 | ≤1 ms（单次突发信号） | ≤1 ms（单次突发信号） | ≤1 ms（单次突发信号） |
| | 测向灵敏度 | ≤15 dBμV/m（20～3000 MHz 典型值）；≤20 dBμV/m（3～8 GHz，典型值） | ≤15 dBμV/m（20～300 MHz，典型值）；≤20 dBμV/m（300 MHz～8 GHz，典型值）；≤30 dBμV/m（8～18 GHz，典型值） | ≤15 dBμV/m（20～300 MHz，典型值）；≤20 dBμV/m（300 MHz～8 GHz，典型值）；≤30 dBμV/m（8～18 GHz，典型值）；≤40 dBμV/m（18～26.5 GHz，典型值） |
| | 同频信号分离个数 | 3（$D/\lambda>1$，$D$ 为天线孔径，$\lambda$ 为波长） | 4（$D/\lambda>1$，≤18 GHz） | 4（$D/\lambda>1$，≤26.5 GHz） |
| | 最小同频信号分辨角度 | ≤40°（$D/\lambda>1$） | ≤40°（$D/\lambda>1$，≤8 GHz）；≤20°（$D/\lambda>1$，≤8～18 GHz） | ≤40°（$D/\lambda>1$，≤8 GHz）；≤20°（$D/\lambda>1$，≤8～26.5 GHz） |
| 通用指标 | 防护等级 | IP65 | IP65 | IP65 |
| | 质量 | ≤15 kg（主机设备） | ≤15 kg（主机设备） | ≤18 kg（主机设备） |
| | 尺寸 | ≤高 250 mm×$\phi$580 mm（收缩状态，圆柱高度×直径）；≤高 280 mm×$\phi$980 mm（展开状态） | ≤高 280 mm×$\phi$580 mm（收缩状态）；≤高 310 mm×$\phi$980 mm（展开状态） | ≤高 280 mm×$\phi$580 mm（收缩状态）；≤高 310 mm×$\phi$980 mm（展开状态） |
| | 工作温度 | −20～60 ℃ | −20～60 ℃ | −20～60 ℃（可扩展至−40～60℃） |
| | 接口协议 | TCP/IP | TCP/IP | TCP/IP |
| | 整机功耗 | ≤85 W | ≤120 W | ≤200 W |

该监测测向系统具有以下核心功能。

（1）监测、测向任务并发执行。

（2）固定频点测向，支持同频多信号测向和同频信号分离功能。

（3）支持信号快速扫描和信号自动提取。

（4）固定频点监测分析，支持对指定频率进行监测分析，支持 ITU 测量等。

（5）支持多站组网交会定位。

（6）支持在电子地图上进行位置显示、测向定位显示等。

该监测测向系统有以下应用场景。

（1）单机固定安装使用，适用于指定区域电磁环境监测、信号分析与测向。

（2）多机联网安装使用，适用于大面积、多区域电磁环境监测、信号分析与测向定位。

（3）单机搭载机动使用，适用于机动区域路测或特定区域电磁信号测向定位。

## 4.3.5　思仪科技监测接收机

在监测接收机领域，思仪科技推出了 3943B 监测接收机，监测频率范围为 9 kHz～8 GHz，提供最大 20 MHz 的分析带宽，具有无线电信号搜索、截获、测量、分析、解调、测向、定位等多种功能，可用于执行符合 ITU 规范的发射监测、覆盖性测量、非法发射源/干扰源快速检测与定位、重大活动无线电保障等任务，整机搭载 10.1 in 的薄膜晶体管（thin film transistor，TFT）触摸显示屏。3943B 监测接收机的用户界面如图 4-17 所示。

另有思仪科技 3943B-Z 监测接收机，监测频率范围为 9 kHz～8 GHz，可多通道并行工作，支持多种信号解调方式，具备远程控制功能，拥有多种符合 ITU 规范的扫描功能，整机质量小，具有出色的便携性，可广泛应用于无线电频谱监测系统、电磁信息安全检查系统、通信信号侦察系统等。

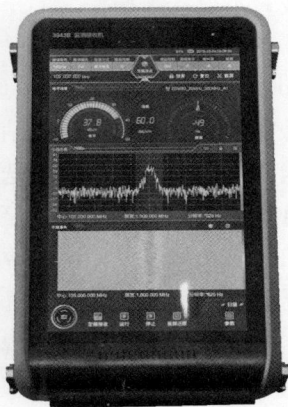

图 4-17　3943B 监测接收机的用户界面

思仪科技 3900A 无线电监测接收机是一款适用于网格化监测的小型无线传感模块，频率达到 6 GHz、实时带宽为 20 MHz，具备高精度的 GPS 时间同步，能够胜任各种复杂多样的监测任务。

另有 3900D/E/F 无线电监测接收机，频率覆盖至 Ka 频段，具有优良的监测灵敏度、相位噪声、全景扫描速度等指标，支持连续无缝采集，可用于构建现场综合无线电参数测试系统。

思仪科技不同型号监测接收机的频率范围如表 4-9 所示。

下面介绍一款典型的手持式监测接收机 3943B-S。3943B-S 手持式监测接收机的外形尺寸为 182.5 mm×289 mm×69 mm，整机质量小于 3.5 kg，带电池工作时间为 3～4 h，显示屏为 10.1 in 的 TFT 触摸显示屏，集成触摸屏和友好的用户界面，具有无线电信号搜索、截获、测量、分析、解调、测向、定位等多种功能，可用于执行符合 ITU 规范的发射监测、覆盖性测量、非法发射源/干扰源快速检测与定位、重大活动无线电保障等任务。

表 4-9　思仪科技不同型号监测接收机的频率范围

| 型号 | 名称 | 频率范围 |
|---|---|---|
| 3943B、3943B-Z、3943B-S | 监测接收机 | 9 kHz～8 GHz |
| 3900A | 无线电监测接收机 | 20 MHz～6 GHz |
| 3900D、3900E、3900F | 无线电监测接收机 | 20 MHz～18 GHz、20 MHz～26.5 GHz、20 MHz～40 GHz |

3943B-S 手持式监测接收机的 3 条并行处理通道分别提供频谱测量、电平场强测量和解调功能，方便用户获取信号的多域关联分析结果，可设置频谱测量通道的实时频谱带宽范围为 1 kHz～20 MHz，固定分辨率带宽从 0.625 Hz～2 MHz 分为 35 挡，频谱通过屏幕或 LAN 接口输出前可选择执行平均、采样、最大保持或最小保持等操作。

该仪表支持 9 kHz～8 GHz 频率范围内的全景扫描，全景扫描分辨率带宽在 100 Hz～2 MHz 范围内可选，可实现快速信号扫描；支持差分模式，便于观察信号变化和快速发现异常信号；可与定频接收功能联动，在全景轨迹上选择目标频点，即可将目标频点信息快速关联至中频频谱窗口，全景扫描停止即触发定频接收模块开始工作，能够无缝切换，可快速观察目标频点的具体信息。

该仪表具备计算机视频泄漏信息检测及还原功能，能够对计算机视频泄漏信息进行检测与图像还原，支持计算机高清晰度多媒体接口（HDMI）视频信号，还原图像稳定，如图 4-18 所示。

该仪表可以通过定向天线进行手动辐射源测向，定向天线分频段覆盖 9 kHz～20 MHz、20～200 MHz、200～500 MHz、500 MHz～

图 4-18　计算机视频泄漏信息检测与图像还原

8 GHz，通过多阵元测向天线实现自动辐射源测向。

3943B-S 手持式监测接收机配合 20 MHz～1.3 GHz、700 MHz～6 GHz 多阵元测向天线，可基于相关干涉仪算法进行测向，最大测向带宽为 20 MHz，测向精度高于 2°（RMS），最快测向速度为 30 毫秒/次，配合电平阈值可对异常信号进行测向，支持数字地图功能，方便查找室外辐射源，测向结果、定位结果可直观地在数字地图上显示。

## 4.3.6  成都零点科技监测测向仪器

成都零点科技有限公司（简称成都零点科技）研制的三通道监测测向机（SDF3）具备频率范围为 20 MHz～8 GHz 的监测和测向能力，监测部分拥有符合 ITU 规范的参数测量功能，如频率测量、电平测量、场强测量、带宽测量、调制测量等，另外具备信号解调监听功能、快速扫描功能和中频多路分析功能等；测向部分具备干涉仪测向和空间谱估计测向体制，能实现同频信号分离测向。其支持远程遥控和联网，可实现现有控制中心平台软件的相应功能，实现与现有监测控制中心的协同工作。

成都零点科技监测测向仪器特点如下。

**1. 监测方面的特点**

（1）80 MHz 的实时带宽。

（2）400 GHz/s 的扫描速度。

（3）支持多站点 TDOA 定位。

（4）在 1 Gbit LAN 接口上，输出 10 MHz 带宽的连续 I/Q 基带数据。

（5）内置存储，可以对 10～80 MHz 带宽内的连续 I/Q 基带数据进行存储，可截获特殊通信跳频电台信号。

（6）具备数字荧光谱功能，可通过颜色变换来清晰表征信号在某个时间窗口频谱出现的概率及变化过程，最大显示带宽为 80 MHz，可设置余晖时间等参数。

（7）可对 LSB、USB、FM、CW、ASK、2FSK、4FSK、BPSK、QPSK、8PSK、π/4-QPSK、OQPSK、AM、16QAM、32QAM、64QAM、128QAM、256QAM 等类型的信号进行自动识别。

（8）支持对常用数字对讲/集群通信解码。支持的协议包括 TETRA、PDT、DMR、dPMR、NXDN、P25 等。

（9）支持实时中频带宽内 32 路窄带（500 kHz 以下）的多信道频谱分析、解调和监听。

**2. 测向方面的特点**

（1）算法具有较高的测向准确度和稳定性，即使处于恶劣环境（如具有强反射的城市区域），也能获得可靠的测向结果。

（2）支持干涉仪、空间谱估计测向体制。

（3）在 80 MHz 实时带宽内对所有发射源进行并行测向。

（4）支持同频分离测向。

三通道监测测向机通过 DDF3 型三通道监测测向天线，将空中信号送入三通道监测测向机，接收机的 3 个通道模块共本振，校准源则独立控制。三通道监测测向机对接收的 20 MHz～8 GHz 宽带信号进行两次变频处理后转为中频信号输出，中频信号最大带宽为 80 MHz，校准源则具备独立输出 20 MHz～8 GHz 连续波校准信号的能力。三通道监测测向机具备较强的抗干扰能力和较大的频率接收动态范围。ADC 将模拟信号转化为数字信号，并在 FPGA 中通过数字混频至零频，然后通过滤波实现音频解调、快扫采集、荧光谱采集、连续 IQ 采集等，并通过 PCIe 高速接口，将处理后的数据传输至嵌入式计算机，实现各种监测、测向后处理计算。

三通道监测测向机内部模块的工作原理如图 4-19 所示。

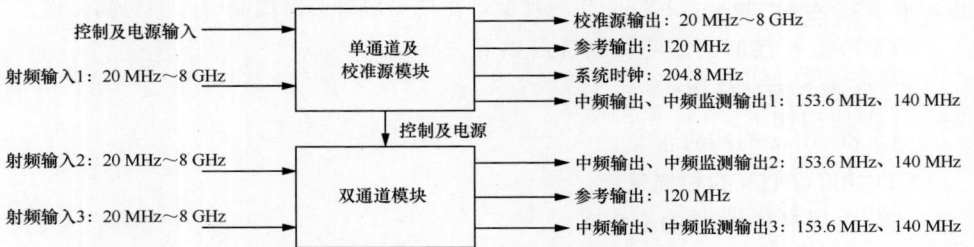

**图 4-19 三通道监测测向机内部模块的工作原理**

三通道监测测向机的主要指标如下。

（1）频率范围。

① 垂直极化：20 MHz /30 MHz～8000 MHz。

② 水平极化：20 MHz /40 MHz～1300 MHz。

（2）监测灵敏度。

① 垂直极化：≤10 dBμV/m（20～3000 MHz），≤15 dBμV/m（3～8 GHz）。

② 水平极化：≤10 dBμV/m（20～1300 MHz）。

（3）测向灵敏度。

① 垂直极化：≤20 dBμV/m（30～3000 MHz），≤25 dBμV/m（3～8 GHz）。

② 水平极化：≤25 dBμV/m（40～1300 MHz）。

（4）测向精度。

① 垂直极化：≤1.5°（30～3000 MHz，RMS，无反射环境），≤2°（3～8 GHz，RMS，无反射环境）。

② 水平极化：≤1.5°（40～1300 MHz，RMS，无反射环境）。

（5）测向时效：≥0.3 ms。

（6）宽带测向实时带宽：1 kHz～80 MHz，不少于 20 种量级。

（7）同频非相干信号分离个数（$D/\lambda>1$，$D$ 为天线孔径，$\lambda$ 为波长）：≥6（30～

8000 MHz）。

（8）同频相干信号分离个数（$D/\lambda > 1$）：$\geqslant 2$（30～8000 MHz）。

（9）两个非相干信号的测向精度（空间谱）：$\leqslant 2°$（30～8000 MHz）。

（10）两个相干信号的测向精度（空间谱）：$\leqslant 2°$（30～8000 MHz）。

（11）两个相干信号的测向分辨率（空间谱）：$\leqslant 20°$（30～8000 MHz）。

（12）两个非相干信号的测向分辨率（空间谱）：$\leqslant 15°$（30～8000 MHz）。

# 4.4　典型应用实例

## 4.4.1　重点场所的无线电监测

德辰科技 MR5310A/SR531A 数字宽带监测接收机用于重点场所的无线电监测，主要应用如下。

**1. 贵州射电天文望远镜电磁环境监测系统**

500 米口径球面射电望远镜（Five-hundred-meter Aperture Spherical radio Telescope，FAST），位于我国贵州省黔南州境内，该射电望远镜对电磁环境有很高的要求。MR5310A/SR531A 数字宽带监测接收机集成于 FAST 电磁环境监测系统中，具备无线电信号监测、捕获、测量、分析等功能，为 FAST 周边电磁环境提供实时监控。图 4-20 所示为 FAST 电磁环境监测系统实景。

**2. 边海固定监测站**

为保障边海电磁环境安全，MR5310A/SR531A 数字宽带监测接收机集成于边海固定监测站中。在该应用场景中，基于接收机一体化防护外壳来保护内部的电子元器件，防护能力得到了显著提升，不仅能够适应边海环境，而且面对高温环境，可通过增大散热面积避免因太阳直射产生的高温损坏。边海固定监测站如图 4-21 所示。

图 4-20　FAST 电磁环境监测系统实景　　　图 4-21　边海固定监测站

### 3. 机场固定监测站

建设于机场周边的固定监测站（见图 4-22）的内部集成 MR5310A/SR531A 数字宽带监测接收机，为保障民航通信安全、查处民航干扰提供了有力的技术支撑手段。

### 4. 移动监测站

MR5310A/SR531A 数字宽带监测接收机配合相应的监测天线，安装于不同类型车辆内，集成为车载式移动监测站（见图 4-23），实现了无线电机动监测作业。

图 4-22　机场固定监测站

图 4-23　车载式移动监测站

## 4.4.2　面向航空业务安全的无线电监测

航空业务专用无线电监测系统是专门为保障航空业务无线电通信和导航安全的系统，是一个以大数据分析为核心的高度智能化的通信、导航、监视（communication, navigation, surveillance，CNS）监测系统。

成都大公博创针对航空业务无线电通信的特点，将通用监测与专用频段监测有机结合，通过直接监测干扰信号和间接监测所有可疑干扰源的方式，主动分析、预警航空频段潜在干扰信号、非法广播信号和违规信号等。全天候的自动监测可逐步建立航空业务无线电监测数据库，对干扰信号做到有源可溯、有据可查。全天候、自动化航空业务专用无线电监测系统的结构如图 4-24 所示。

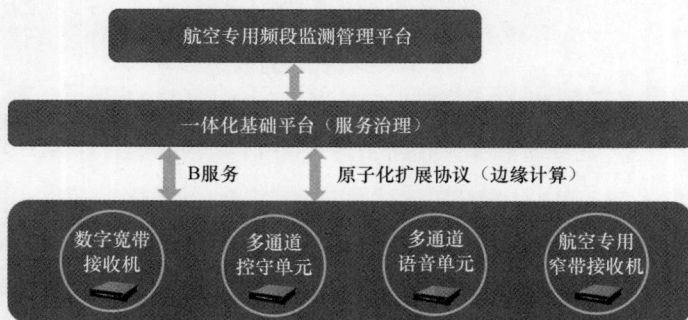

图 4-24　全天候、自动化航空业务专用无线电监测系统的结构

该系统包括 DG-R2203 数字宽带接收机、DG-R2103 航空专用窄带接收机、DG-R2104 多通道控守设备射频单元、DG-R2105 多通道控守设备中频处理单元、DG-R2106 调频广播音频同步分析记录设备等。

该系统主要包括以下功能。

（1）87～108 MHz 调频广播频段、118～137 MHz 航空通信频段的实时监测，如图 4-25 所示。

（2）LOC、GP、NDB、MK、VOR、DME、ILS、一次雷达、二次雷达等业务频段的保护监测。

（3）32 路语音信号 24 h 录音，3 个月连续存储，可及时溯源。

（4）同时监测 48 路信号，快速进行干扰源定位分析。

（5）可基于现有设施升级、改造，对原有设施无任何不良影响。

（6）能够接入无线电管理一体化平台。

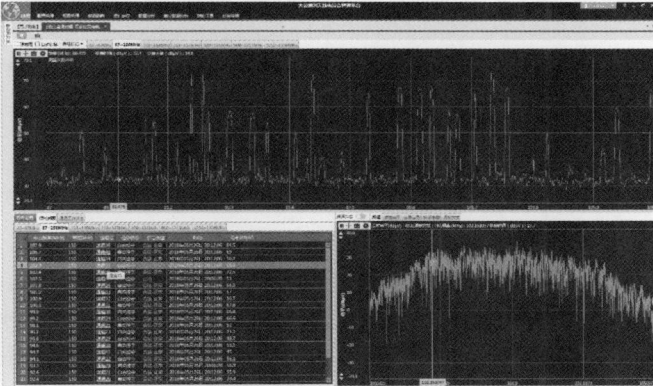

图 4-25　多信号实时监测

本章的研究和写作工作受国家重点研发计划课题（2021YFF0600303）的支持，在此致谢。

# 参考文献

[1] 张睿，周峰，郭隆庆. 无线通信仪表与测试应用[M]. 3 版. 北京：人民邮电出版社，2018.

[2] 柳星普. 宽频带无线电测向系统的设计与实现[D]. 西安：西安电子科技大学，2019.

[3] 陈敏. 无线电移动监测系统的设计及其测向方法的研究[D]. 兰州：兰州交通大学，2017.

# 第 5 章　矢量网络分析仪

## 5.1　概述

网络分析仪是微波测量仪器的重要门类之一，能够精确测量微波网络的幅频特性、相频特性和群时延特性等，被应用于各类整机、系统及部件、元器件、芯片的测试中。

网络分析仪分为标量网络分析仪和矢量网络分析仪（vector network analyzer，VNA）。标量网络分析仪仅对信号的幅频特性进行测量，而矢量网络分析仪可以通过频率扫描和功率扫描实现同时对信号的幅度和相位信息进行测量。例如，对于滤波器、放大器、天线、衰减器、混频器、耦合器等，可以测量其回波损耗、插入损耗、时延、史密斯图、共模抑制比、驻波比等性能指标。矢量网络分析仪功能强大，在天线测试、微波射频电路测试、元器件测试等方面有着广泛的应用，被誉为"仪器之王"。本章重点介绍矢量网络分析仪的原理、典型指标、配套校准件，以及射频同轴线缆和芯片测试所需的探针台，单独介绍天馈线测试仪的基本原理、常见指标及测试参数，并列举典型国产矢量网络分析仪与天馈线测试仪，给出相关测试实例。

## 5.2　矢量网络分析仪的原理

### 5.2.1　二端口网络及散射参数

通常可以用 H、Y、Z、S 参数来表征一个未知的线性二端口器件，给出器件的线性模型，在给定的条件下测量网络参数（如电压和电流）随频率的变化，根据测量数据计算网络参数。Y 参数称为导纳参数，Z 参数称为阻抗参数，H 参数称为混合参数。H、Y、Z 参数常用于节点参数测试和节点电路分析。但是在微波系统中，很难测试器件高频时的总电压和电流，并且有源器件在端接开路或短路时会引起振荡或自激，以及难以确定非横向电磁波（TEM 波）的电压、电流。1965年，Kurokawa 定义了广义散射参数（S 参数），用 S 参数分析微波电路特别方便，可以直接反映电路的传输和反射特性，尤其适合描述晶体管和其他有源器件的特性，因此 S 参数迅速应用于微波测量领域。它更适用于分布参数电路，具有以下优势。

（1）在高频时相对容易获取。

（2）不需要端接开路或短路，可以避免有源器件的振荡或自激。

（3）可以通过多个器件的 S 参数级联推导出整个系统的性能。

（4）S 参数可以被方便地导入电路仿真工具。

二端口网络是基本的网络形式，任何一个二端口网络都可以用 4 个 S 参数来表示其端口特性，如图 5-1 和图 5-2 所示。图中 $a_1$、$a_2$ 分别是端口 1 和端口 2 的入射波，$b_1$、$b_2$ 分别是端口 1 和端口 2 的出射波。从信号流图可以得到：

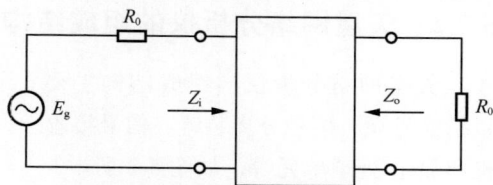

图 5-1　二端口网络

$$b_1 = S_{11}a_1 + S_{12}a_2 \qquad (5\text{-}1)$$

$$b_2 = S_{21}a_1 + S_{22}a_2 \qquad (5\text{-}2)$$

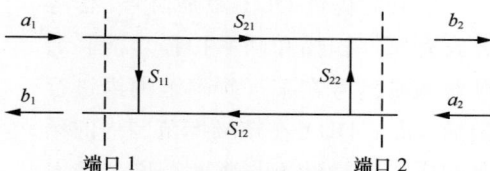

图 5-2　二端口网络的信号流

式中，$S_{11}$、$S_{22}$、$S_{12}$ 和 $S_{21}$ 是表示二端口网络特性的 4 个 S 参数，称为散射参数。式（5-1）、式（5-2）也被称为散射方程组。

可以看出，$S_{11}$ 是在端口 2 匹配情况下端口 1 的反射系数，$S_{22}$ 是在端口 1 匹配情况下端口 2 的反射系数，$S_{12}$ 是在端口 1 匹配情况下的反向传输系数，$S_{21}$ 是在端口 2 匹配情况下的正向传输系数，即

$$S_{11} = \frac{b_1}{a_1}\bigg|_{a_2=0} \qquad\qquad (5\text{-}3)$$

$$S_{21} = \frac{b_2}{a_1}\bigg|_{a_2=0} \qquad\qquad (5\text{-}4)$$

$$S_{12} = \frac{b_1}{a_2}\bigg|_{a_1=0} \qquad\qquad (5\text{-}5)$$

$$S_{22} = \frac{b_2}{a_2}\bigg|_{a_1=0} \qquad\qquad (5\text{-}6)$$

一般来说，$S_{11}$ 和 $S_{22}$ 的模均小于 1，对于有增益的器件（如微波晶体管），$S_{21}$ 的模大于 1，$S_{12}$ 的模小于 1；对于有衰减的器件，$S_{21}$ 和 $S_{12}$ 的模均小于 1。各参数的物理含义如表 5-1 所示。

表 5-1　各参数的物理含义

| S 参数 | 物理含义 |
|---|---|
| $S_{11}$ | 端口 2 匹配时，端口 1 的反射系数（输入回波损耗） |
| $S_{22}$ | 端口 1 匹配时，端口 2 的反射系数（输出回波损耗） |
| $S_{12}$ | 端口 1 匹配时，端口 2 到端口 1 的反向传输系数（隔离） |
| $S_{21}$ | 端口 2 匹配时，端口 1 到端口 2 的正向传输系数（增益） |

对于互易网络，有 $S_{12}=S_{21}$；对于对称网络，有 $S_{11}=S_{22}$；对于无耗网络，有 $S_{11}{}^2+S_{12}{}^2=1$。

## 5.2.2　矢量网络分析仪的组成结构

矢量网络分析仪的组成结构主要包括信号源、信号分离装置、信号接收机和显示/处理单元等，如图 5-3 所示。

**1. 信号源**

信号源提供 DUT 激励信号。信号源具有频率扫描和功率扫描功能。通过对激励信号在某一频率范围内进行扫描，获得 DUT 在该频率范围内的频率响应。测量结果与频率范围、功率范围、频率稳定性和信号纯度等因素

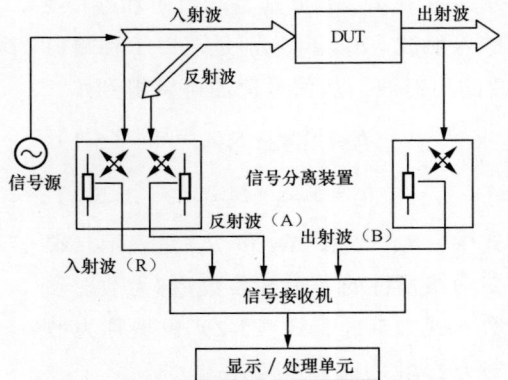

图 5-3　矢量网络分析仪的组成结构

有关。为了确保测量的频率精度，通常采用合成式扫频信号源，通过自动电平控制（automatic level control，ALC）和衰减器实现功率输出。ALC 可以实现输入信号功率的稳定和功率扫描控制，但由于 ALC 控制范围有限，故需要用衰减器来实现大范围的功率调节。

**2. 信号分离装置**

信号分离装置内部的功率分配器和定向耦合器可以分离入射、反射和传输信号，从而测量它们各自的幅度和相位。如果要测试 DUT 某个端口的反射特性，则需要将定向耦合器直接与该 DUT 的测试端口连接。作为具有信号分离功能的硬件，其一般称为"测试座"。测试座可以是单独的盒子，或者集成在矢量网络分析仪内部。在一些特殊测试场合（大功率测试场合等）可不使用与矢量网络分析仪一体化的内置测试座，而使用外置测试座设备。

定向耦合器有 4 个端口，即输入端、输出端、耦合端和隔离端。在一些商用定向耦合器上，隔离端通常采用内部或外部与匹配的负载端接，使四端口器件看起来像三端口器件。3 个端口为输入端、输出端和耦合端。

在反射测试中，之所以需要定向耦合器，是因为需要利用它的定向传输特性。当信号从定向耦合器输入端接入时，耦合端有耦合信号输出，此时称为正向传输，定向耦合器相当于不均分的功率分配器。耦合度定义为输入端的输入功率 $P_{输入}$ 和耦合端的输出功率 $P_{正向耦合}$ 之比，单位为 dB，如式（5-7）所示。耦合度越大耦合越弱，通常把耦合度为 0～10 dB 的定向耦合器称为强耦合定向耦合器；把耦合度为 10～20 dB 的定向耦合器称为中等耦合定向耦合器，把耦合度大于 20 dB 的定向耦合器称为弱耦合定向耦合器。

$$耦合度 = 10 \lg \frac{P_{输入}}{P_{正向耦合}} \tag{5-7}$$

对于理想的定向耦合器，当信号由定向耦合器输出端接入时，隔离端没有输出，隔离度应是无穷大，定向耦合器具有定向传输性。实际定向耦合器反向工作时，隔离端会存在泄漏输出，隔离度不是无穷大。隔离度定义为输入端的输入功率 $P_{输入}$ 与隔离端的输出功率 $P_{反向耦合}$ 之比，即。

$$隔离度 = 10 \lg \frac{P_{输入}}{P_{反向耦合}} \tag{5-8}$$

衡量定向耦合器性能的重要指标之一是方向性，方向性为定向耦合器反向工作隔离度与正向工作耦合度的差值。方向性指标反映了定向耦合器分离正反两个方向信号的能力，可以将其视为反射测试的动态范围。在反射测试中，信号由定向耦合器输入端接入时，耦合端输出反射信号，由于定向耦合器有限的方向性影响，耦合端含有泄漏的输入激励信号，该信号与反射信号进行矢量叠加，从而产生了反射指标测量结果的误差。DUT 匹配性能越好，定向耦合器方向性对测试的影响越大。

**3. 信号接收机**

矢量网络分析仪是一个包含信号源和信号接收机的闭环测试仪器。信号接收机仅需对一定频率的信号进行检测，故通常使用内部本振源与射频激励源进行同步频率扫描，使用一个本振信号与射频信号进行混频，得到一个中频信号，在信号接收机前加入中频滤波器可滤除其他频率的干扰，中频信号被带通滤波后，可以有效地减小信号接收机的带宽，并大幅度提高系统的灵敏度和扩大动态范围。

标量网络分析仪采用宽带的晶体检波技术，矢量网络分析仪采用窄带的锁相接收机技术。接收机扫频过程中通过锁相环实现与信号源的频率同步扫描，支持4 个通道接收机射频处理和基带处理的同步控制，保持相位相参关系。采用调谐接收机既能提供较高的灵敏度和较大的动态范围，还能抑制谐波和寄生信号。

### 4. 显示/处理单元

矢量网络分析仪是一种具有至少一条基准通道和一条测试通道的多通道仪器。显示/处理单元完成对测试结果的处理，并能以多种方式显示测试结果，提供校准、数据保存等功能。显示功能灵活、强大，如对测试结果进行合格判断、极限判断、标识测试、文件处理、编程、阻抗转换、时域转换等操作，为测试带来极大便利。

传输特性是 DUT 输出与输入激励的相对比值。矢量网络分析仪的内部信号源产生并输出满足测试频率和功率要求的激励信号，经功分器均分为两路信号：一路进入 R 接收机，另一路通过开关输入 DUT 相应测试端口。R 接收机得到 DUT 输入信号信息。DUT 输出信号进入矢量网络分析仪的 B 接收机，B 接收机得到 DUT 输出信号信息。B 接收机得到的输出信号信息与 R 接收机得到的输入信号信息的比值即为 DUT 正向传输特性。传输测试信号流程如图 5-4 所示。

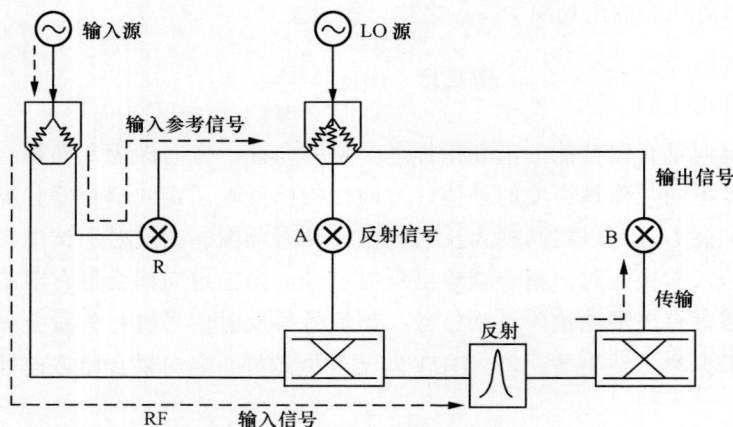

图 5-4　传输测试信号流程

反射特性是 DUT 反射与输入激励的相对比值。矢量网络分析仪的内部信号源产生并输出满足测试频率和功率要求的激励信号，经功分器均分为两路信号：一路进入 R 接收机，另一路通过开关输入 DUT 相应测试端口。R 接收机得到 DUT 输入信号信息。激励信号输入 DUT 后会发生反射，DUT 端口反射信号与输入激励信号在相同物理路径上传播，定向耦合器分离相同物理路径上相反方向传播的信号，并提取反射信号信息，进入 A 接收机。A 接收机得到的反射信号信息与 R 接收机得到的输入信号信息的比值即为 DUT 端口反射特性。当需要测试另外端口的反射特性时，需要矢量网络分析仪的内部开关将激励信号转换到相应测试端口。反射测试信号流程如图 5-5 所示。

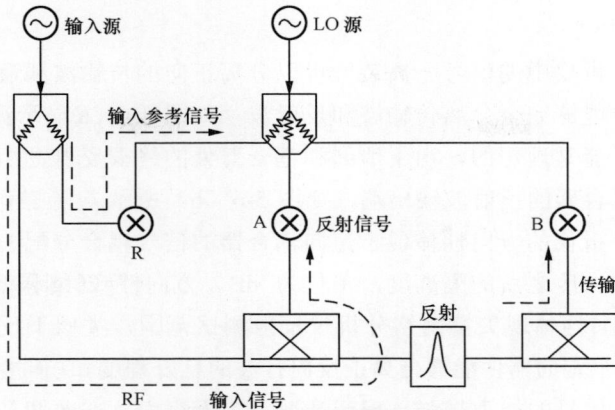

图 5-5 反射测试信号流程

# 5.3 矢量网络分析仪的典型指标

矢量网络分析仪是一种复杂和高精度的微波测量仪器，全面而准确地评估其性能指标是困难的，学术界也一直在探讨。目前，主要从系统误差（包含初始误差和校准后的有效误差）、端口特性两大方面对其进行评估。下面是矢量网络分析仪主要性能指标的定义和说明。

## 5.3.1 系统误差

系统误差是系统能够测量的重复性误差，可以通过校准来表征，并且可以在测量过程中用数学处理方式予以消除。网络测量中所涉及的系统误差与信号泄漏、信号反射、频率响应等有关，主要有 6 种类型的系统误差，分别是：与信号泄漏有关的方向性误差和串扰误差、与反射有关的源失配（源匹配误差）和负载阻抗失配（负载匹配误差）、与频率响应有关的传输跟踪误差和反射跟踪误差等。系统误差分为初始误差和有效误差两大类。

**1. 初始误差**

初始误差又叫等效误差，指矢量网络分析仪在进行误差修正之前所固有的系统误差，包括正、反向初始误差各 6 种：初始系统串扰、初始方向性、初始源匹配、初始负载匹配、初始反射跟踪、初始传输跟踪等。

**2. 有效误差**

有效误差又叫剩余误差，指矢量网络分析仪经过校准后仍然剩余的误差，包括正、反向有效误差各 6 种：方向性、源匹配、负载匹配、串扰、反射跟踪、传输跟踪。

（1）方向性

矢量网络分析仪中的信号分离装置可以分离正向的传输波和反向的反射波。理想的定向器件能够完全分离传输波和反射波，如图 5-6（a）所示。然而，实际上定向器件不可能是理想的，由于泄漏和耦合臂处的终端反射，小部分的传输波会泄漏到定向耦合器的反射波输出端，如图 5-6（b）所示。

矢量网络分析仪的方向性体现了定向耦合器的信号耦合分配的定向能力，是指去除损耗和耦合度之后的隔离度，单位为 dB。方向性=20lg[隔离度/(传输损耗×耦合度)]。方向性体现矢量网络分析仪反射测试范围，类似于反射测试本底噪声。它表明了一个定向器件能够分离正反向行波的良好程度。方向性指标的数值越大，表示其分离信号的能力越强，理想情况下为无穷大。方向性是反射测量中产生测量不确定度的主要因素，有效方向性数值越大，测量不确定度越小。

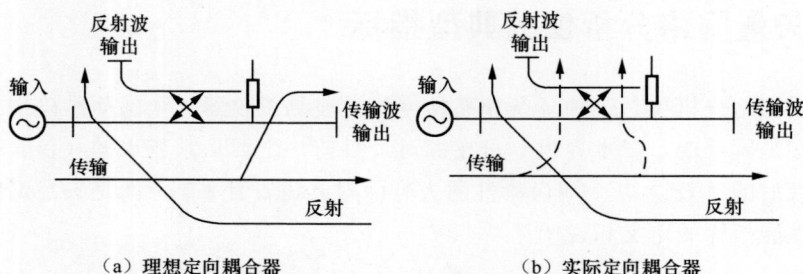

（a）理想定向耦合器　　　　　（b）实际定向耦合器

图 5-6　方向性

（2）源匹配

在矢量网络分析仪中，由于测试装置和信号源之间以及转接器和线缆之间的不匹配，会出现信号在信号源和被测件之间多次反射，如图 5-7 所示。

源匹配是指等效到测量端口的输出阻抗与系统标准阻抗的匹配程度，单位为 dB，其数值越大，指标越好，所引起的测量误差越小。

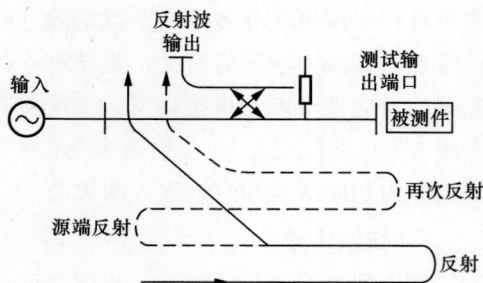

图 5-7　源匹配

源匹配对测量不确定度的影响与被测件的输入阻抗有关，并且是传输测量和反射测量中产生不确定度的因素之一。

（3）负载匹配

在测量二端口网络参数时，测试装置的输出端与等效负载的输入端之间的阻抗失配效应会使所用匹配负载或等效负载产生的剩余反射引入测量误差，如图 5-8 所示。

负载匹配是指等效到测量端口的输入阻抗和系统标准阻抗的匹配程度，单位为 dB，其数值越大，指标越好，所引起的测量误差越小。

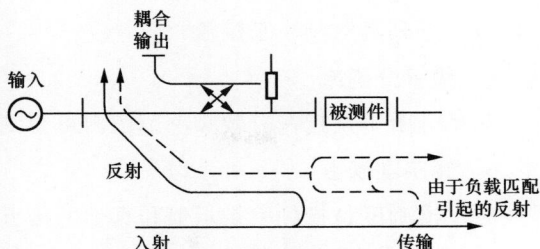

图 5-8　负载匹配

负载匹配对测量不确定度的影响与被测件的真实阻抗和输出端口等效失配有关，是传输和反射测量中产生测量不确定度的因素之一。

（4）串扰

串扰又叫隔离，是由于参考通道和测试通道之间的干扰以及射频和中频接收机泄漏而出现在矢量网络分析仪数字检波器处的信号矢量和。如同方向性在反射测量中带来的误差，信号传输通道间的能量泄漏会给传输测量带来误差。

串扰对测量不确定度的影响与被测件的插入损耗有关，是传输测量中产生测量不确定度的因素之一。

（5）跟踪

跟踪又叫频率响应，是由于组成测量系统中的各装置频率响应不恒定而引起信号振幅和相位随频率变化的矢量和，包括信号分离器件、测试线缆、转接器的频率响应变化，以及参考信号通道和测试信号通道之间的频率响应变化等。跟踪又分为传输跟踪和反射跟踪，分别是传输测量和反射测量中产生测量不确定度的因素之一。跟踪误差和被测件的特性无关。

## 5.3.2　端口特性

### 1．输入阻抗

输入阻抗是指输入端口对信号源所呈现的终端阻抗。矢量网络分析仪的额定输入阻抗通常是 50 Ω，而有些用于通信、有线电视等测量领域的矢量网络分析仪的额定输入阻抗是 75 Ω。额定输入阻抗与实际输入阻抗之间的失配程度通常用电压驻波比（voltage standing wave ratio，VSWR）表示。

### 2．输出阻抗

输出阻抗是指从输出端口往里看所呈现的阻抗。矢量网络分析仪的输出阻抗和输入阻抗通常是相等的。额定输出阻抗与实际输出阻抗之间的失配程度通常用 VSWR 表示。

### 3．频率范围

频率范围是指能产生和分析的载波频率范围，该范围既可连续，也可由若干频段或一系列离散频率来覆盖。

### 4. 频率分辨率

频率分辨率是指在有效频率范围内可得到并可重复产生的最小频率增量。

### 5. 频率准确度

频率准确度是指频率指示值和真值的接近程度。

### 6. 最大输出功率

最大输出功率是指矢量网络分析仪能提供给额定阻抗负载的最大功率。

### 7. 输出功率范围

输出功率范围是在给定频段内可以获得的可调功率范围。输出功率也叫标称输出功率，是指在不失真的前提下，仪表能够长时间工作时的输出功率的最大值；最大功率是指在不损坏仪表的前提下瞬时功率的最大值，即仪表能承受的最大负荷能力，反映的是矢量网络分析仪内的信号源可将多少功率发射入被测器件，单位为 dBm。设置的功率取决于要测量的参数，如果是测量线性 S 参数，一般要将激励功率设置到器件的线性区。在线性区内，设置的功率越高，迹线噪声波动越小，高输出功率对于提升测量的信噪比或确定被测器件的压缩限制非常有用，在测量压缩或饱和特性时需要较高激励功率。

### 8. 功率准确度

功率准确度是指在规定功率范围内输出信号提供给额定阻抗负载的实际功率偏离指示值的误差。

### 9. 输出功率分辨率

输出功率分辨率是指在给定输出功率范围内能够得到并可重复产生的最小功率增量。

### 10. 测试端口平均噪声电平

测试端口平均噪声电平即接收机的灵敏度，主要取决于接收机中频率变换器件的噪声系数，通过平均可以降低测试端口平均噪声电平。

### 11. 动态范围

动态范围本质上是系统可以测量的功率范围，有两个常用的定义：接收机动态范围（$P_{max}-P_{min}$）和系统动态范围（$P_{ref}-P_{min}$）。最大功率电平 $P_{max}$ 是指在测量过程中系统产生不可接受的误差之前可以测量的最高输入功率电平，通常由源功率电平的上限和接收机的压缩点决定。$P_{ref}$ 是指测试端口处来自矢量网络分析仪信号源的标称功率。$P_{min}$ 是指系统可以测量的最小输入功率电平，它取决于接收机的本底噪声、中频带宽、平均值和测试配置等。

接收机动态范围：指采用功率放大时的仪器动态范围。与将源功率作为最大功率电平不同，这个技术指标以仪器的接收端能够测量的最大功率电平 $P_{\max}$ 为基础。

系统动态范围：指在不采用升压放大器、不考虑被测器件增益时的动态范围。

**12. 系统幅度迹线噪声**

系统幅度迹线噪声指矢量网络分析仪显示器上迹线的幅度稳定度，主要取决于矢量网络分析仪的信号源和接收机的稳定度，决定了矢量网络分析仪的幅度测量分辨率，通过平均可以降低系统幅度迹线噪声。

**13. 系统相位迹线噪声**

系统相位迹线噪声指矢量网络分析仪显示器上迹线的相位稳定度，主要取决于矢量网络分析仪的信号源和接收机的稳定度，决定了矢量网络分析仪的相位测量分辨率，通过平均可以降低系统相位迹线噪声。

**14. 端口数**

传统矢量网络分析仪有两个测试端口，内置一个信号源，在大多数射频器件只有一个或两个端口时可满足需求。随着无线通信的快速发展，三端口或四端口器件的普遍使用需要四端口矢量网络分析仪，其内置两个独立信号源，会简化放大器和混频器测量。第二个信号源与第一个信号源的频率和功率电平的设置是相互独立的。第二个信号源可用于非线性放大器测试，如互调失真（intermodulation distortion，IMD），或用作测试混频器和变频器的快速本地振荡器。二端口矢量网络分析仪需要利用外部信号源提供本振信号才能测量混频器，不仅操作烦琐、测量速度慢，而且测量误差很大。四端口矢量网络分析仪不需要外部信号源和控制器即可直接测量混频器的变频损耗（conversion loss，CL），借助第二个内部本振信号源，可通过两个端口接收频率不同的信号，同时测量两个不同频率的信号（例如混频器的射频和中频信号），将测量速度提高一倍，并减小轨迹噪声。

**15. 谐波**

输出功率或输出功率与基波的比值可被用于描述谐波。二次谐波表示在两倍基波频率的位置产生的谐波，三次谐波表示在 3 倍基波频率的位置产生的谐波，以此类推。对于大多数元器件来说，谐波的功率根据阶数的不同按照不同斜率随着基波功率增长而增长，但这个增长不是无限的，且永远不会超过输出功率。如果在基波和任意一条谐波随输入功率的变化曲线上，在功率比较低的区域沿着各自斜率画一条直线，在某一个功率点上会聚到一点，这个点称为截距点。

**16. 中频带宽**

中频带宽（intermediate frequency bandwidth，IFBW）是指矢量网络分析仪接

收机内部中频滤波器的带宽，设置 IFBW 一般需要平衡动态范围和测量速度两个因素。调谐接收机的灵敏度与其设置的中频带宽有直接关系，中频带宽越窄，进入接收机的噪声越少，背景噪声越低，动态范围越大，灵敏度相应提高，扫描结果越精确，但输出信号响应时间变长，测试速度下降。

在测量滤波器时，通带内一般可以减少点数，增大 IFBW 以减少测量时间；通带外可以减小 IFBW，增加点数以提升测量精度，扩大测量动态范围。设置 IFBW 总的原则是在保证测量所需的动态范围和迹线噪声的情况下，尽可能使用较大的 IFBW，绝大多数情况下，1 kHz 的 IFBW 是较好的折中选项。

### 5.3.3 测量速度

测量速度是指执行一次扫描或测量所用的时间，是大批量制造应用需要考虑的关键指标。增加中频带宽和减少测量点数量可以缩短测量时间。

### 5.3.4 校验

校验是评估矢量网络分析仪性能的重要方法。采用一些 S 参数已知的器件（校验件）作为标准，通过分析矢量网络分析仪测量校验件的测量值和标称值的偏离程度，可评估矢量网络分析仪的性能。为全面地对矢量网络分析仪的性能做出评估，通常要用到多个校验件，在大反射、小反射、大插入损耗、小插入损耗等各种条件下全面考核矢量网络分析仪。

### 5.3.5 数据格式

数据格式是矢量网络分析仪以图形方式显示测量数据的方法，在测试过程中需要选取与被测设备相关信息所对应的数据格式。

**1. 笛卡儿坐标**

使用直角坐标来呈现测量数据的显示方式称为笛卡儿坐标，也称为 $Oxy$ 坐标或直线坐标。直角坐标尤其适用于清楚地显示被测设备的频率响应信息。激励数据（频率、功率或时间）经线性缩放后显示在 $x$ 轴上，测量响应数据显示在 $y$ 轴上，具体格式如表 5-2 所示。

**2. 极坐标**

极坐标用于查看 $S_{11}$ 或 $S_{22}$ 测量中反射系数的幅度和相位，如图 5-9 所示。虚线圆表示反射系数，最外面的圆表示值为 1 的反射系数，圆心表示值为 0 的反射系数，径线显示反射信号的相位角，最右侧的位置对应零相位角（即反射信号与入射信号的相位相同），90°、±180°和−90°的相位差分别对应极坐标的顶部、最左侧和底部。

表 5-2　直角坐标（S 参数显示格式）

| 格式 | 显示 | *y* 轴 | 典型测量 |
|---|---|---|---|
| 对数幅度格式 | 幅度（无相位） | dB | 回波损耗、插入损耗或增益 |
| 相位格式 | 相位（无幅度） | 相位（°） | 线性相位偏移 |
| 群时延格式 | 信号在设备中的传输时间 | 时间（s） | 群时延 |
| 线性幅度格式 | 显示绝对值 | 无单位（U，适用于成比例的测量），瓦特（W，适用于不成比例的测量） | 反射和传输系数（幅度）、时域变换 |
| SWR 格式 | 由公式$(1+r)/(1-r)$计算得出的反射测量数据（*r* 为反射系数） | 无单位 | SWR |
| 实数格式 | 测量的复数数据的实数部分 | 无单位 | 时域、用于维修目的的辅助输入电压信号 |
| 虚数格式 | 测量的数据的虚数部分 | 无单位 | 用于设计匹配网络的阻抗 |

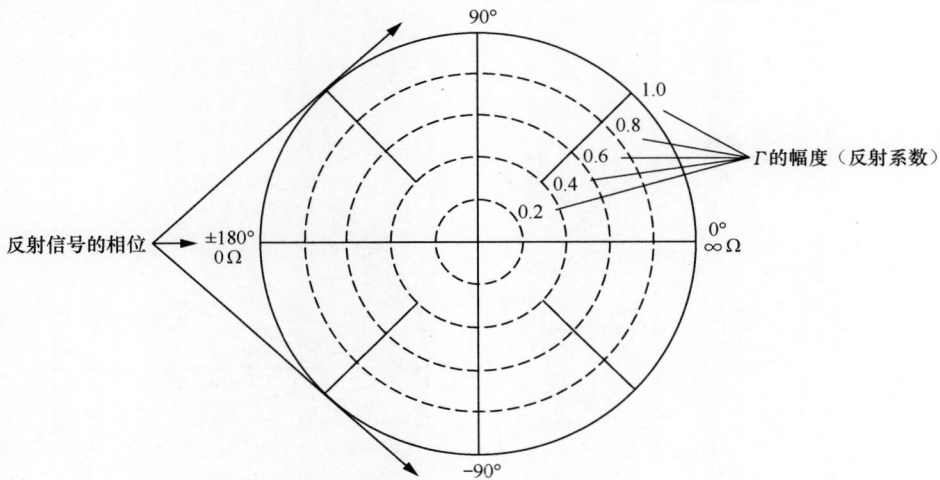

图 5-9　极坐标

## 3.　史密斯圆图

史密斯圆图是将复数反射系数映射到阻抗的工具，如图 5-10 所示。在史密斯圆图中，直线形阻抗平面会被重塑以形成循环网格，可从该网格读取电阻和电抗（$R+jX$），史密斯圆图上的每个点都表示由实数电阻（$R$）和虚数电抗（$X$）构成的复数阻抗（$R\pm jX$），$Z_{in}$ 为输入阻抗。

水平轴（实线）表示阻抗与电阻之差的实数部分，水平轴心始终表示系统阻抗，最右侧的值为无穷大（开路），最左侧的值为零（短路）。与水平轴相交的虚线圆表示恒定电抗，与水平轴相切的虚线弧表示恒定阻抗。史密斯圆图的上半部是电抗分量为正并因此产生电感的区域，下半部是电抗分量为负并因此产生电容的区域。

逆向史密斯圆图与标准史密斯图圆相同，不同的是极坐标网格反转为从右到左，导纳（以 S 为单位）代替电阻，如图 5-11 所示。在图中，$Y$ 为导纳，$G$ 为电导，$B$ 为电纳。

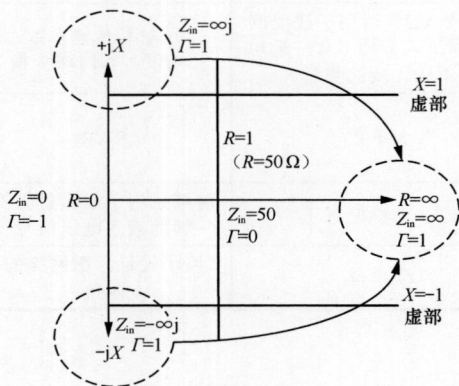

图 5-10　史密斯圆图

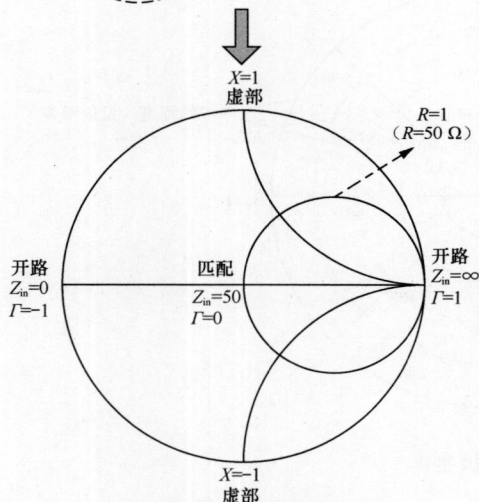

图 5-11　逆向史密斯圆图

## 5.4　矢量网络分析仪的配套校准件

为了获得准确的测量结果，在测量前必须使用校准件对矢量网络分析仪进行校准。通过校准可以获得系统修正系数，使用系统修正系数对原始测量数据进行修正，从而得到准确的测量结果。

　　校准件是指电磁特性已知的一些标准器件，如开路器、短路器、负载等，一般使用参数模型表述校准件的电磁特性。校准件按结构类型分为两种：一种是机械校准件，另一种是电子校准件（也称为 Ecal）。按传输介质不同，校准件可分为波导校准件、同轴校准件、非同轴校准件等。按端口形式不同，同轴校准件可分为 7 mm、N 型、3.5 mm、2.92 mm、1.85 mm 和 1 mm 等。按频段不同，波导校准件可分为 L、S、C、X、K 等。按非传统形式，校准件还包括印制电路板（printed-circuit board，PCB）校准件、在片（on-wafer）校准件等类型。按端口数量不同，校准件可分为单端口校准件和多端口校准件。其中，同轴机械校准件包括开路器（open）、短路器（short）、负载（load）、直通（精密连接器，through）；波导校准件包括短路器、1/4 波长偏移片和短路器组成开路器，以及负载；PCB 校准件和在片校准件，除了包含上述标准件，还采用 Line 延迟线、Reflect 反射件结构。上述各种校准件均可作为单端 OSL（open、short、load）校准件、双端 OSLT（open、short、load、through）校准件和 UOSL（unknown through、offset short、short、load）校准件，以及 TRM（through、reflection、match）/TRL（through、reflection、line）/LRL（line、reflection、line）校准件，是广泛用于矢量网络分析仪系统误差修正的标准校准件。另外，电子校准件内部有开关，可以提供与开路/短路/负载相似的功能，也能提供通路状态。

## 5.4.1　同轴机械校准件

　　同轴机械校准件是用 OSL、OSLT 方法校准矢量网络分析仪的一组无源标准器件，包括开路器、短路器、宽带匹配负载及其他附件等。由于成本低、操作简单，OSL、OSLT 是市场上使用最为广泛的校准方法之一。用户采购矢量网络分析仪时，通常都会配同轴机械校准件。大多数单端口校准件都以校准件参数模型的形式来表示，这种表示方法在很宽的频率范围内，例如从直流到 110 GHz，也仅需要最多 7 个系数来描述每个校准件。另外，复 S 参数也普遍用于描述校准件。它可以保存为 TouchStone 格式的文件，其优点是不需要提取系数，从而避免了提取过程中的精度损失。

　　开路器：实际上并不存在理想的开路标准件，所有的开路器都有边缘电容，并且实际上所有的开路器都有长度偏移。开路器边缘电容不是常数，当频率升高时，电容也会增加，其频率相关性（correlation）可用式（5-9）所示的三次方程近似表示，其结构和模型如图 5-12 所示。其值与理想值存在差别的主要原因，一是由于开路是由一段短传输线自参考平面引出的，因此位置有所变化；二是开路器的末端有边缘电容存在。由此可计算参考平面处的开路端反射系数，如式（5-10）所示。

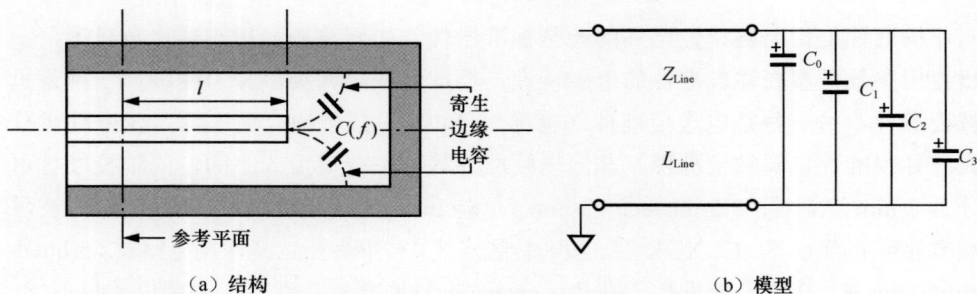

（a）结构　　　　　　　　　　　　　　（b）模型

图 5-12　开路器结构和模型

$$C(f) = C_0 + C_1 f + C_2 f^2 + C_3 f^3 \tag{5-9}$$

$$S_{11} = \frac{1 - \text{j}2\pi f Z_0 C(f)}{1 + \text{j}2\pi f Z_0 C(f)} \text{e}^{\text{j}4\pi t / \lambda} \tag{5-10}$$

式中，$C(f)$ 为寄生边缘电容；$f$ 为频率；$Z_0$ 为特征阻抗；$t$ 为时间；$\lambda$ 为波长。

短路器：短路器要比开路器更理想，因为在短路器参考平面处，反射特性近乎完美。典型的短路器结构和模型如图 5-13 所示。在矢量网络分析仪中建立短路器模型一般只需要输入其电长度 $l$，也可以通过多项式系数 $L_0$ 到 $L_3$ 扩展，$L_0$ 到 $L_3$ 代表了寄生电感，短路器的电感模型可用式（5-11）表示。由此可计算参考平面处的开路端反射系数，如式（5-12）所示。

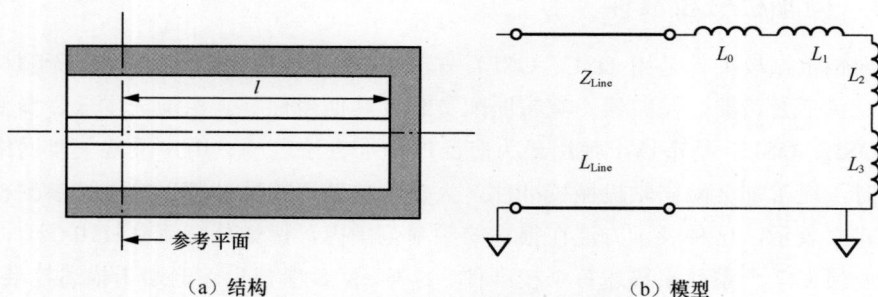

（a）结构　　　　　　　　　　　　　　（b）模型

图 5-13　典型的短路器结构和模型

$$L(f) = L_0 + L_1 f + L_2 f^2 + L_3 f^3 \tag{5-11}$$

$$S_{11} = \frac{\text{j}2\pi f L(f) - Z_0}{\text{j}2\pi f L(f) + Z_0} \text{e}^{-\text{j}4\pi t / \lambda} \tag{5-12}$$

式中，$L(f)$ 为寄生电感；$f$ 为频率；$Z_0$ 为特征阻抗；$t$ 为时间；$\lambda$ 为波长。

在所有的机械校准件里，短路器是较简单的一种，通常只包括一根接地的中心轴。理想情况下，在工作频率范围内，短路器与开路器需要保持 180° 相位差。短路器的残留误差通常最小。在带阻校准中，3 个校准件都是偏移短路器，即拥有不同时延的短路器。在度量学应用中经常使用偏移短路器进行校准，在这些应用中短路器的直径和长度可以很精确地被表征出来，并可以保证阻抗和时延的计算误差最小。这些特点在高频毫米波应用中尤其适用，因为在高频下想制造拥有良好匹配的固定负载十分困难。

负载：负载是与系统阻抗相等的精确宽频带阻抗负载，通常是最难生产的，随着频率升高，这种校准件的误差也会显著增加。其结构为内导体连接一块带有阻性涂层的衬底，一般采用氮化钽的薄膜电路，如图 5-14 所示。过去的校准过程中通常假设采用理想匹配器（反射系数 $\Gamma=0$），因此无法对其进行更详细的建模。近年

图 5-14 负载结构

来，矢量网络分析仪也允许输入匹配器的非理想特性，针对只有 1 个电阻和 1 段时延线的结构，采用串联 RL 电路。

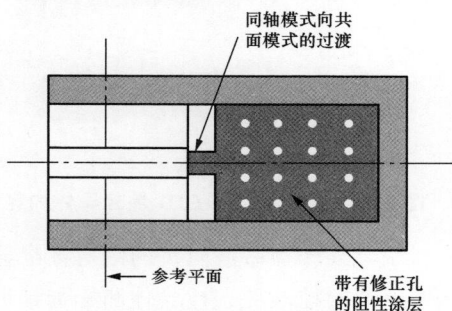

典型国产同轴机械校准件公司包括思仪科技、北京芯宸科技有限公司（简称芯宸科技）等。OSL 校准件如图 5-15 所示。同轴机械 OSL 校准件包括同轴 2.4 mm（24CK50）、同轴 2.92 mm（292CK40）、同轴 3.5 mm（35CK265）、N 型同轴（NCK18）、同轴 7 mm（7CK18）等，支持 OSL/OSLT/UOSL 校准，带矢量网络分析仪校准文件，同轴接口符合 IEEE P287。

（a）open（开路器）/short（短路器）/load（负载）　　（b）同轴机械 OSL 校准件套件

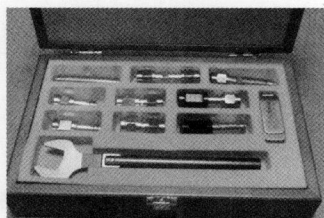

图 5-15 OSL 校准件（芯宸科技）

## 5.4.2 同轴 TRL 校准件

同轴传输线因其频带宽、色散低和传播 TEM 波等特点得到越来越广泛的应用，其频率范围也不断扩展，目前已有可工作在 110 GHz 的同轴空气介质传输线（简称空气线）。空气线是由空气介质填充的一种同轴传输线，由外导体管和内导体针组成，其特征阻抗可以由外导体内直径和内导体外直径等参数计算得到，如图 5-16 所示。精密空气线可作为微波阻抗的绝对标准器，也可用作矢量网络分析

仪的校准件、检验件以及标准延迟器等。

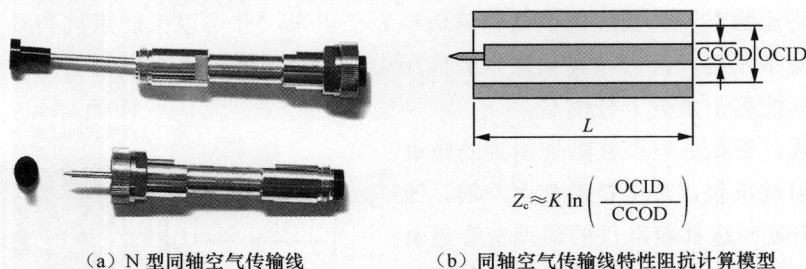

（a）N 型同轴空气传输线　　（b）同轴空气传输线特性阻抗计算模型

**图 5-16　空气线（OCID 是外导体内径，CCOD 是内导体外径，L 是空气线长度）**

空气线作为微波阻抗的绝对标准器，以及矢量网络分析仪 TRL/LRL 校准方法中重要的校准件、检验件和标准延迟器等，它的准确度直接影响阻抗、S 参数和时延等量值的传递准确性和可靠性。目前 TRL 校准更为准确，准确度远高于 SOLT（short、open、load、through）校准的。要根据所用夹具的材料、物理尺寸以及工作频率等来设计、制造 TRL 校准件。TRL 校准方法中，传输线的工作频带和起始频率的关系一般为 8∶1。因此，宽带的 TRL 校准需要多根不同长度的延迟线。

根据 TRL 校准中传输线的特性阻抗作为测量时的参考阻抗，系统阻抗被定义为和传输线的特性阻抗一致。传输线校准件和直通校准件之间的插入相位差值需为 20°～160°（或-160°～-20°）。如果相位差值接近 0 或者 180°，那么由于正切函数的特性，很容易造成相位模糊。也就是 TRL 校准件中的直通校准件 Thru 和传输线校准件 Line 的长度差与频率 $f$ 之间的关系需要满足式（5-13），才能得到较好的校准结果。

$$20 < \frac{360 \times f \times (l_{\text{Line}} - l_{\text{Thru}})}{c} < 160 \qquad (5\text{-}13)$$

因此，根据以上条件，可得以下频率满足式（5-14）、式（5-15）：

$$f_{\min} = \frac{20 \times c}{360 \times (l_{\text{Line}} - l_{\text{Thru}})} \qquad (5\text{-}14)$$

$$f_{\max} = \frac{160 \times c}{360 \times (l_{\text{Line}} - l_{\text{Thru}})} \qquad (5\text{-}15)$$

式中，$f_{\min}$、$f_{\max}$ 分别为校准后的覆盖频率范围最小值和最大值；$l_{\text{Line}}$、$l_{\text{Thru}}$ 分别为传输线校准件和直通校准件的长度；$c$ 为光速，取 $3 \times 10^8$ m/s。

传输线校准件：传输线校准件是一个二端口校准件。在同轴系统中，它使用空气线实现。传输线校准件的关键参量是特性阻抗，可以通过精确的机械设计使其尽可能与参考阻抗相匹配。传输线校准件与所用的直通校准件必须具有不同的电长度，并且其长度差不能等于半波长的整数倍，否则校准计算中会产生奇异点。因此，使用传输线校准件进行校准的频率范围受到下述限制：直通校准件与传输线校准件之间的相位差必须远离 0°和 180°（例如，相位差必须在 20°和 160°之间或者终止频率与起始频率的比值具有 8∶1 的最大值）。为了扩展频率范围，可以测量两条不等长的传输线。由两者中较长的一条决定的频率下限可以通过测量固定的匹配器扩展到 0 Hz。由于空气线内没有支撑物，使用较长空气线时应将其垂直放置；否则，空气线自重会使内导体偏离中心位置。

反射校准件：反射校准件是反射系数|Γ|>0 的单端口校准件；当用 TRL 校准时，不需要知道其精确反射值，但两个测试端口的反射值必须完全相同。计算中，为了确定参数的符号，反射校准件的相位需要明确到±90°。反射校准件的低频特性通常描述为偏容性或者偏感性。如果反射校准件的长度偏移使相位落在 0°～ -90°或 0°～+90°之外，则还要已知长度偏移的近似值。

针对 TRL 校准件，目前 TRL 校准件的国产厂商有芯宸科技等，同轴 TRL 校准件如图 5-17 所示，包括同轴 1.0 mm（P100ALCK110）、同轴 1.85 mm（P185ALCK670）、同轴 2.4 mm（P240ALCK500）、同轴 2.92 mm（P292ALCK400）、同轴 3.5mm（P35ALCK265）、N 型同轴（PNALCK180）、同轴 7 mm（P7ALCK180）系列校准件，其特性阻抗为 50 Ω±0.30 Ω，可溯源，支持 TRL 校准，带矢量网络分析仪校准文件，频率范围自动优化，同轴接口符合 IEEE P287。具体规格：P100ALCK110（DC～110 GHz），长度为 11.00 mm±0.10 mm、12.00 mm±0.10 mm、16.00 mm±0.10 mm，外导体内直径为 1.000 mm±0.010 mm，内导体外直径为 0.434 mm±0.010 mm；P185ALCK670（DC～67 GHz），长度为 9.60 mm±0.10 mm、11.50 mm±0.10 mm、30.00 mm±0.10 mm，外导体内直径为 1.850 mm±0.010 mm，内导体外直径为 0.804 mm±0.010 mm；P240ALCK500（DC～50GHz），长度为 12.50 mm±0.10 mm、15.00 mm±0.10 mm、62.50 mm±0.10 mm，外导体内直径为 2.400 mm±0.010 mm，内导体外直径为 1.043 mm±0.010 mm；P292ALCK400（DC～40GHz），长度为 40.00 mm±0.10 mm、18.30 mm±0.10 mm、15.00 mm±0.10 mm，外导体内直径为 2.920 mm±0.010 mm，内导体外直径为 1.270 mm±0.010 mm；P35ALCK265（DC～26.5 GHz），长度为 38.50 mm±0.10 mm、20.00 mm±0.10 mm、15.00 mm±0.10 mm，外导体内直径为 3.500 mm±0.010 mm，内导体外直径为 1.520 mm±0.010 mm；PNALCK180（DC～18 GHz），长度为 61.00 mm±0.10 mm、33.30 mm±0.10 mm、26.40 mm±0.10 mm，外导体内直径为 7.000 mm±0.010 mm，内导体外直径为 3.040 mm±0.010 mm；P7ALCK180（DC～18 GHz），长度为 6.09 mm±0.10 mm、6.00 mm±0.10 mm，外导体内直径为 7.000 mm±0.010 mm，内导体外直径为 3.040 mm±0.010 mm。

（a）N 型同轴空气线 TRL 校准件　　（b）同轴空气线 TRL 校准件（N/3.5 mm/2.4 mm/2.92 mm/1.85 mm）

图 5-17　同轴 TRL 校准件

### 5.4.3　波导校准件

波导中可以传导多个不同的电磁波传播模式。对于能够在波导上传播的模式，激励频率 $f$ 必须高于其临界频率。随着激励频率提高，波导中传播的模式的数量也会增多。假设矩形波导内侧尺寸为 $a$ 和 $b$，且 $a>b$，则 $TM_{10}$ 模的临界频率最低，该频率称为波导的截止频率 $f_c$，截止波长 $\lambda_c = c/f_c$，也可以表示为

$$\lambda_c = 2a\sqrt{\varepsilon_r \mu_r} \tag{5-16}$$

式中，$c$ 为真空中的光速；$\varepsilon_r$ 为相对介电常数；$\mu_r$ 为相对磁导率。

对于边长比等于 2∶1 的矩形波导，其他模式可以在激励频率高于截止频率 $f_c$ 的两倍时在波导中传输。为了避免波多模干扰（即多种模式同时传播），实际应用中只使用主模进行信号传输，因此，波导系统工作在 $1.2f_c \sim 1.9f_c$ 频率范围内。

对于波导系统的校准，基本上使用与上述同轴系统相同种类的校准件。

短路器与开路器：波导系统中，短路器可以通过在测试端口的波导法兰处直接连接一块导体片来实现。一个终端开放的波导不能用作开路器（因为波导开放终端具有辐射效应，仅有小部分的能量被反射），这导致了典型值在 6~25 dB 范围内的回波损耗，因此需要另一种开路器的实现方法。由于波导工作于窄带，因此可以使用所谓的偏移短路器（offset short），选择合适的长度偏移值 1 可使短路器在波导中心频率（$1.55f_c$）上转换为参考平面处的开路器，如图 5-18 所示。

负载校准件：一个铁氧体材料的圆锥形结构固定于波导终端内，如图 5-19 所示。对于 $f>4\ \text{GHz}$ 的典型波导频率，该材料作为衰减终端可吸收掉大部分电磁场能量，从而得到 20 dB 或更多的回波损耗。

国产波导校准件厂商如思仪科技、西安恒达微波技术开发有限公司（简称恒达微波）、芯宸科技等均有波导 TRL 校准件产品，其中，芯宸科技产品如图 5-20 所示。波导 TRL 校准件包含 WR3（220~325 GHz），波导片厚度为 1.290 mm、

1.000 mm；WR4（170～260 GHz），波导片厚度为 0.467 mm、1.244 mm、1.741 mm；
WR5（140～220 GHz），波导片厚度为 0.569 mm、0.62 mm、1.36 mm、1.469 mm、
2.217 mm；WR6（110～170 GHz），波导片厚度为 2.810 mm、1.910 mm；WR8（90～
140 GHz），波导片厚度为 0.878 mm、1.912 mm、2.811 mm；WR10（75～110 GHz），
波导片厚度为 1.077 mm。波导法兰符合 IEEE 1785 标准要求。

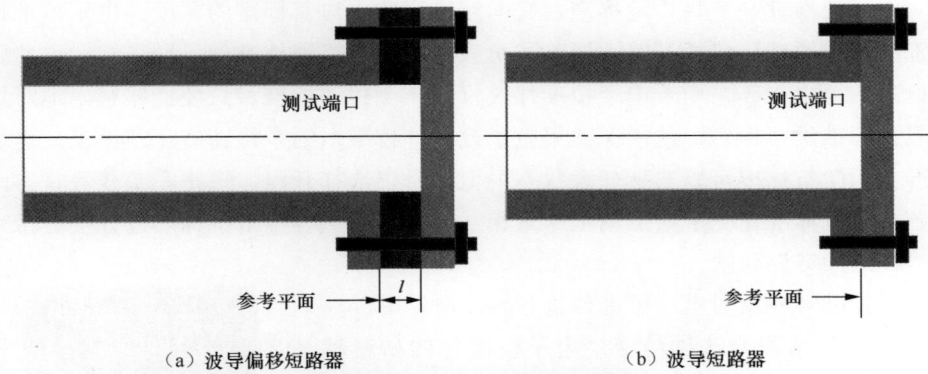

（a）波导偏移短路器　　　　　　　　　（b）波导短路器

图 5-18　偏移短路器和短路器

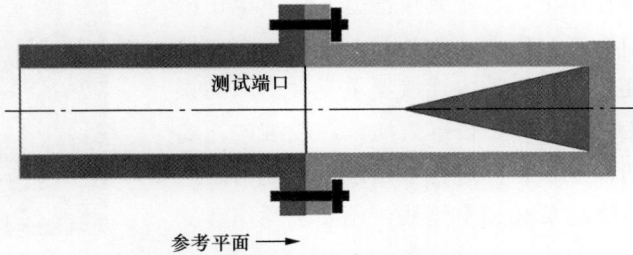

图 5-19　负载校准件

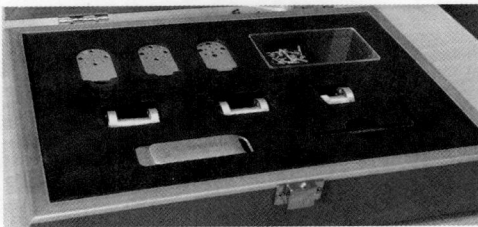

（a）THz 波导 TRL 校准件　　　　　　（b）X 波段波导 TRL 校准件

图 5-20　芯宸科技产品

## 5.4.4　电子校准件

电子校准技术的出现使得电子校准件可以部分替代机械校准件。电子校准件
内部包含控制电路、多状态阻抗网络，以及含有表征电子校准件特性的非易失性

存储器等。电子校准件控制端口通过 USB 线缆与矢量网络分析仪主机相连，测试端口连接矢量网络分析仪的测试端口。电子校准件内的多状态阻抗网络包含多种反射状态和至少 1 种传输状态，由于其阻抗状态往往多于 12 项误差模型所要求的标准状态，因此可通过最小二乘法解超定方程组来获得系统误差项，使提取的系统误差项更准确。

电子校准件是一种传递标准，它的精度取决于对其标定的精度。电子校准件内部的校准原理仍包括开路、短路和负载等，但与机械校准件不同，它对这些阻抗标准的要求不高，由于电子校准件仅仅是一个传递标准，只要能够精确地对这些阻抗标准进行标定，就能保证用电子校准件校准后的系统精度。理论上，电子校准件的阻抗标准可以选择任意状态，但通常仍选择开路、短路和负载等状态，使各个阻抗标准在史密斯圆图上尽量相互远离，避免各个阻抗标准过分接近带来的"标准冲突"问题。

在标准实验室对电子校准件进行标定时，用于标定的传递工具和方法越精密，电子校准件的精度越高，校准后的系统精度也越高。电子校准的优点是：连接次数少，操作简单，可定制校准方式。用电子校准件进行单端口校准只需要一次连接，进行二端口校准只需要两次连接，减小了由连接器重复性引入的误差。而传统的 OSL 和 TRL 校准方法，在校准时，要用 3 个或更多的校准件，需进行多次连接，使用这些校准件，尤其是滑动负载和空气线，还要求操作者受过良好的培训。

图 5-21　创远信科生产的电子校准件

创远信科生产的电子校准件如图 5-21 所示。

## 5.4.5　PCB 校准件

PCB 校准件一般包含微带线和共面波导两种传输线型式。PCB 校准件尽可能使用与测量衬底相同的工艺和材料等，包括相同的 PCB 或衬底材料，相同的材料厚度和相同的传输线截面尺寸。同时，所有校准件都需要一个最短长度以消除从同轴系统过渡到 PCB 时产生的高次模。PCB 微带校准件同样可以包含开路器、短路器、负载等，结构和电路如图 5-22 所示。

PCB 校准件适用于 PCB 射频阻抗参数校准，也适用于 PCB 阻抗测试系统的验证，如图 5-23 和图 5-24 所示。当线阻抗与系统阻抗差别很大时，还必须采用传输线渐变实现阻抗匹配的方法，尤其是在测量大功率晶体管过程中常见，其输入阻抗或输出阻抗通常很低，如图 5-25 所示。

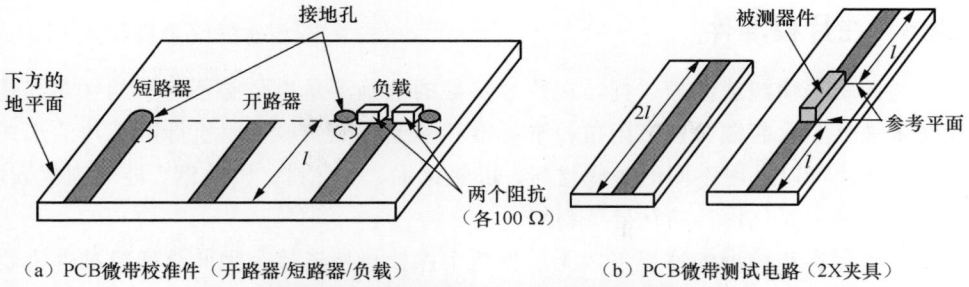

（a）PCB微带校准件（开路器/短路器/负载）　　　（b）PCB微带测试电路（2X夹具）

图 5-22　PCB 微带校准件结构和电路

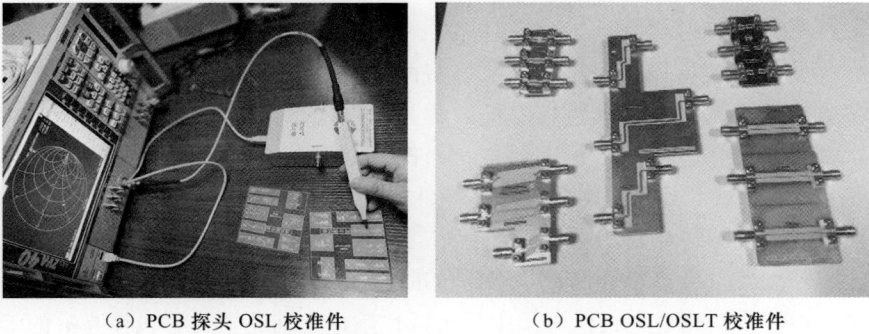

（a）PCB 探头 OSL 校准件　　　　　　（b）PCB OSL/OSLT 校准件

图 5-23　PCB OSM 校准件

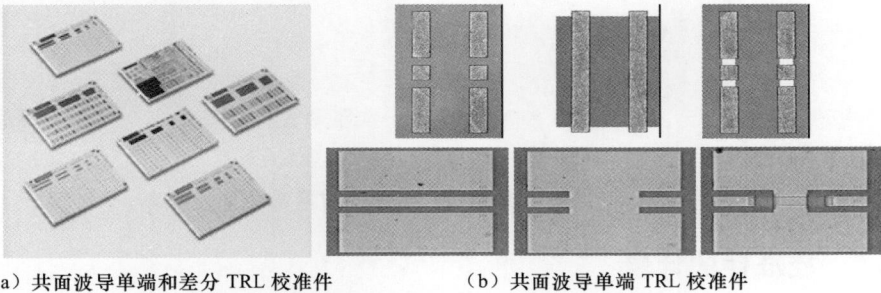

（a）共面波导单端和差分 TRL 校准件　　　　（b）共面波导单端 TRL 校准件

图 5-24　共面波导单端和差分 TRL 校准件

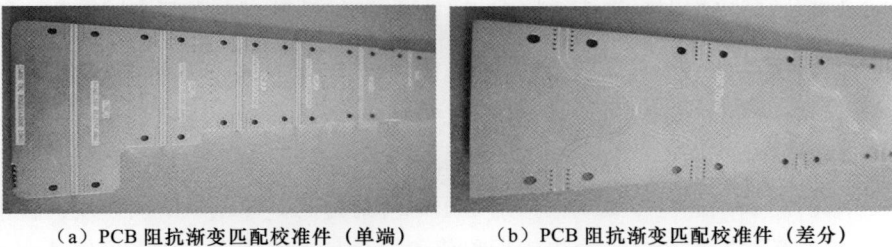

（a）PCB 阻抗渐变匹配校准件（单端）　　　（b）PCB 阻抗渐变匹配校准件（差分）

图 5-25　PCB 阻抗渐变匹配校准件

### 5.4.6 在片校准件

与同轴传输线或波导一样，在片 S 参数的准确测量也是必不可少的（尤其是在毫米波甚至太赫兹频段）。阻抗校准标准和验证标准一般以阻抗标准基片的形式存在。基片可以采用不同的衬底材料，以氧化铝、砷化镓、磷化铟、硅等为代表。目前又出现了氮化镓、锗化硅等材料。

在进行在片校准的情况下，无法使两个探针直接连接，因此直通校准件需要有一定的长度，通常将参考平面设在直通校准件的中心。当直通校准件有一定的长度，或者使用 flush 短路器作为反射校准件时，多数 TRL 校准采集算法也会给出反射校准件的参考设置。

在一些在片校准的例子里，不允许将两个探针直接相连。在讨论有关在片探针的位置时，左侧被称为西侧，右侧被称为东侧，上方被称为北侧，下方被称为南侧。如果必须用一组探针测试器件，而探针又无法连成一条直线时，例如东侧和北侧，或者南侧和西侧，那么在片标准件的传输线必须能够弯折 90°，如图 5-26 所示。想要准确知道弯角的阻抗和长度相当困难，所以要使用未知通路校准，此时不一定要使用经过精确设计的在片通路校准件。这种校准方法要求在每个探针顶端进行单端口校准，但是在最后一步中，可以使用任何通路器件，包括互易的 DUT。

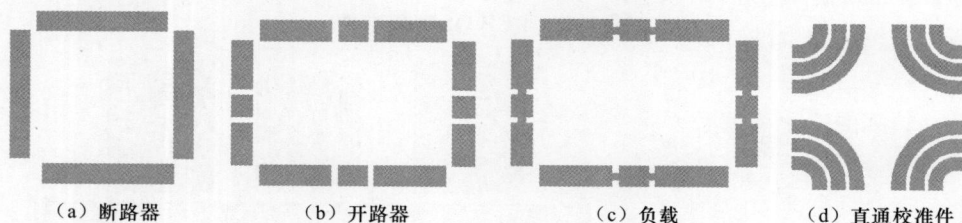

（a）断路器　　　　（b）开路器　　　　（c）负载　　　　（d）直通校准件

图 5-26　短路器、开路器、负载、直通等在片校准件

### 5.4.7 校准件的计量

在校准件出厂时，厂家会给出校准件的标称值，这个标称值通常是根据第三方校准机构溯源给出的。对于不同类型的校准件，标称值的形式不同。

以同轴机械校准件为例，根据校准件的模型定义不同，标称值给出的方式包括：采用电路模型，给出的是电路模型参数；采用数据模型，给出的是校准件的实际测量数据。用户在使用校准件校准时，矢量网络分析仪会根据采用的模型自动调用这些参数或数据，对矢量网络分析仪的系统误差项进行修正，从而进行准确、可靠的测试。这些参数或数据都是出厂时给定的，经过长时间使用，校准件自身的状态必然发生变化，原先的标称值可能会与当前状态下的真值偏离较大，甚至出现超出指标的情况，影响测试的准确性。

由于校准件在生产、生活中被广泛使用，为了保证其量值准确且可靠、性能稳定，就十分有必要进行相应的、有针对性的校准，这对于保证量值准确、可靠，实现单位统一具有重要意义。

## 5.5　射频同轴线缆、射频探针和探针台

### 5.5.1　射频同轴线缆

#### 1．射频同轴线缆原理

射频同轴线缆与波导、光纤是射频信号有线传输的 3 种主要手段。射频同轴线缆的基本结构是圆形同轴线。通常同轴线由半径为 $b$ 的外圆柱导体和半径为 $a$ 的内圆柱导体，以及中间填充的空气（硬同轴线）或相对介电常数为 $\varepsilon_r$ 的高频介质（软同轴线）构成，如图 5-27 所示。一般同轴线外导体接地，电磁场被限定在内、外导体之间，所以同轴线基本没有辐射损耗，几乎不受外界信号干扰。其工作频带比双线传输线的宽，可以用于大于厘米波的波段。

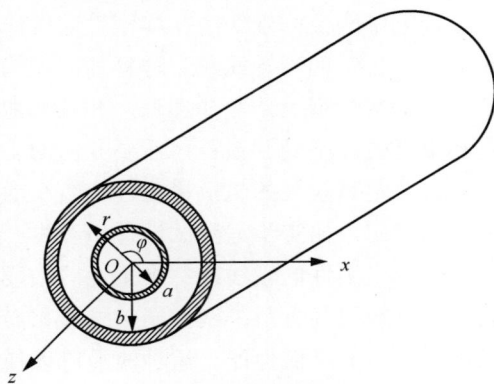

图 5-27　同轴线

射频同轴线缆的特性如下。

（1）信号传输：当高频信号从同轴线缆的一端进入时，它会在内、外导体之间形成电磁波，电磁场信号通过内导体传输，内导体的电流在导体表面形成一个电场，电场内的电子开始移动，从而形成信号的传输。

（2）屏蔽效应：外导体层起到屏蔽的作用，可以防止外部电磁干扰信号的进入，并防止信号泄漏到外部环境中。这使得射频同轴线缆具有良好的抗干扰性能。

（3）信号损耗：尽管射频同轴线缆有较好的阻抗匹配和屏蔽效能，但仍然存在少量的信号损耗。导致信号损耗的因素主要包括导线电阻、绝缘材料的电导和介电损耗等。

总结起来，射频同轴线缆通过内导体传输信号，外导体屏蔽外部干扰，同时绝缘层提供电气隔离和保护。这种结构使得射频同轴线缆在高频信号传输中具有较好的抗干扰性能和较少的信号损耗。

## 2. 射频同轴线缆分类

射频同轴线缆可以按照灵活性、阻抗和应用等多种方式进行分类。以下是以灵活性为标准的常见的射频同轴线缆分类。

（1）稳幅稳相同轴线缆：稳幅稳相同轴线缆是专门设计用于在弯曲时能提供稳定相位响应的同轴线缆组件。这一点非常重要，因为在矢量网络分析仪的校准过程中，校准信号到校准标准的相位是确保校准质量的关键部分。如果在连接 DUT 时因弯曲导致同轴线缆的相位响应发生变化，则校准可能会失效，且矢量网络分析仪的测量结果可能会存在很大的误差。因此，对于需要使用柔性线缆的测试设置来说，稳幅稳相同轴线缆（通常称为矢量网络分析仪的测试线缆）是确保获得高精度测量结果的关键。

（2）半刚性同轴线缆：半刚性同轴线缆主要指外导体为铜管、波纹铜管、铜包钢、铜包铝的同轴线缆，这种外部结构由金属管制成的线缆具有优异的屏蔽效能，但是柔性很差，弯曲性差，并且只能弯曲一次。为了使其弯曲时线缆机械性能和电气性能不受到损害，需要专门的工具。但相对于稳幅稳相同轴线缆，其柔性更好，具有较高的阻抗稳定性和较少的信号损耗，适用于需要精确的信号传输的高频应用，如实验室测试设备和天线。

（3）半柔性同轴线缆：半柔性同轴线缆主要指在铜丝编织网上镀锡的同轴线缆。这种线缆具有与半刚性同轴线缆相当的屏蔽效能，但同时具有半刚性同轴线缆不可比拟的机械性能。这种线缆可以任意弯曲而不影响其电气性能，并且具有保型能力，可以用在安装环境复杂的场所，是一种理想的同轴线缆。半柔性同轴线缆的外部结构由多层织物编织而成，具有一定的弯曲性。半柔性同轴线缆在柔性和信号损耗之间取得平衡，适用于需要一定弯曲能力的中高频应用，如航空航天设备、军事设备和移动通信设备等。

（4）柔性同轴线缆：柔性同轴线缆的外导体通常由多层织物编织而成，具有较好的柔性和弯曲性。这种同轴线缆由于金属网之间有孔隙，电磁场很容易泄漏，主要用于安装环境复杂的低频信号传输领域，如单极天线、电梯井、并置站点等，适用于需要高灵活性的低频和中频应用，如电视、计算机网络和音频设备等。

从用途上看，射频同轴线缆可分为基带同轴线缆和宽带同轴线缆两种。基带同轴线缆的阻抗为 50 Ω，主要用于射频信号传输，它具有高带宽和极好的噪声抑制特性，广泛应用于一些局域网和有线、无线电视；宽带同轴线缆的阻抗为 75 Ω，主要用于模拟信号传输，具有较高的可使用频带，覆盖范围较广。

除了上述分类，射频同轴线缆还可以根据尺寸和绝缘材料等进行进一步的分类。不同类型的射频同轴线缆适用于不同的应用领域，可满足不同的信号要求，使用时需要根据具体需求进行选择。

**3．射频同轴线缆的典型指标**

射频同轴线缆的典型指标主要包括以下几个。

（1）特性阻抗：射频同轴线缆的特性阻抗由外导体与内导体的直径之比确定，并且与导体之间的介质的介电常数有关。由于线缆中射频能量的传播是在内、外导体之间进行的，因此，重要的是内导体的直径和外导体的直径。

特性阻抗与内导体的直径（$d$）、外导体的直径（$D$）、介电常数（$\varepsilon$）间的关系为

$$Z_0 = \frac{60\ln\left(\dfrac{D}{d} \times K_s\right)}{\sqrt{\varepsilon}} \tag{5-17}$$

式中，$K_s$ 是一个系数，对于单芯内导体来说其等于 1。

（2）电压驻波比。射频能量被送到一根射频同轴线缆的时候，可能出现以下 3 种情况。

① 信号全部被传输到线缆的另一端，这是我们所希望的，称为全匹配。

② 沿线缆传输的能量有一部分损失掉了，它变成了热能或被泄漏到了线缆的外部。

③ 信号的一部分被反射回线缆的输入端，这是经常发生的。

信号被反射的原因是线缆在长度方向上阻抗发生了变化。发生变化的原因可能有几个，通常线缆连接器（线缆接头）以及连接器与线缆的对接不良是主要的原因。

信号的反射量可以用很多方法来表示，常用的是电压驻波比，即 VSWR。当它的值为 1 时，表示没有反射，即全匹配。此外，反射量还可以用回波损耗（反射功率与入射功率之比）来表示。

（3）衰减特性：衰减就是信号沿着线缆传输时信号能量的损耗，这种损耗通常以某一特殊频率下单位长度的分贝数来表示。线缆手册中常常用曲线标明某种型号的线缆每 100 m 的损耗为多少分贝。之所以用曲线表示，是因为损耗是频率的函数。衰减的大小由线缆的导体损耗和介质损耗所决定。线缆较粗则导体损耗较小，而介质损耗取决于介质的尺寸和介质的材料。由于介质损耗随着频率的升高而增加，而导体损耗与频率的平方根成正比。因此，频率升高时介质损耗就成为线缆总损耗增加的主要因素。

（4）屏蔽效能：射频同轴线缆的屏蔽效能指的是屏蔽层对于各类干扰信号的相应抵制能力。在射频同轴线缆中，外导体在屏蔽效能上同时起到两个作用：一是防止外部干扰信号的进入，二是防止内部信号外泄进而干扰到邻近设备。屏蔽效能以 dB 为单位或百分数表示。射频同轴线缆的屏蔽效能与它的外导体的结构有关，常用的结构有以下 6 种。

① 单层编织网：由裸铜、镀锡铜或镀银铜线织成，其表面覆盖率为 70%～95%。

② 双层编织网：由两个单独的编织网组成，它们之间并不绝缘。

③ 三层编织网：由两个单独的编织网组成，但它们之间是绝缘的。

④ 条带编织网：由扁的铜条带组成的编织网。

⑤ 条状外导体/螺纹扁条带：这是一种组合编织网，它的表面覆盖率达到 100%。

⑥ 金属箔外皮：由铝或铜箔组成，其表面覆盖率为 100%。

（5）截止频率：射频同轴线缆工作模式是 TEM 波模式，具有最低频率 $f_c$ 的非 TEM 波模式是 TE$_{11}$ 模式，该频率是同轴线缆的最高可用频率或截止频率。如果线缆电介质中的波长短于电介质的平均周长，则信号可以以 TE$_{11}$ 模式传播。对于空气电介质，波长计算公式如式（5-18）所示。

$$\lambda_c = \pi \left( \frac{D+d}{2} \right) \tag{5-18}$$

式中，$\lambda_c$ 为最短波长，单位为 m；$D$ 和 $d$ 分别为外导体直径和内导体直径，单位为 m。

（6）功率容量：由于射频同轴线缆存在电损耗，这就使得线缆的内导体和介质内都产生热量，线缆的功率容量取决于线缆耗散这种热量的能力。因此，处理线缆功率的问题，需要关注线缆使用的材料以及介质的最高可承受的工作温度。对于某种型号的线缆，其功率容量与它的尺寸成正比、与它的衰减成反比。线缆标称功率容量是指室温条件下，驻波比为 1 时的值。因此在使用时必须随着使用温度、驻波比以及气压等的变化做出修正。

（7）使用期限：任何线缆都有一定的寿命，线缆在使用一段时间后，由于材料老化，导体电阻变大，绝缘介质的漏电流增加，当线缆的衰减常数比标称值大时，该线缆就应该更新。根据质量和使用场合的不同，一般线缆的寿命为 7～20 年。

上述指标对于选择合适的射频同轴线缆以及确保信号传输质量至关重要。根据具体应用需求，可以综合考虑各个性能指标来选择合适的射频同轴线缆。创远信科的几款线缆如图 5-28 所示。

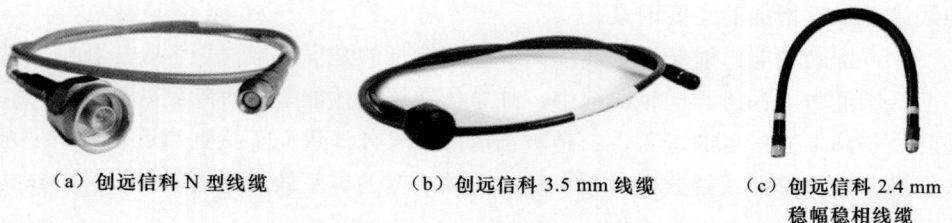

(a) 创远信科 N 型线缆　　　　(b) 创远信科 3.5 mm 线缆　　　　(c) 创远信科 2.4 mm 稳幅稳相线缆

**图 5-28　创远信科的几款线缆**

## 5.5.2　射频探针

射频探针是射频芯片测试过程中必不可少的器件。早期的射频探针使用的是共面陶瓷材料，而陶瓷不能太弯曲，因而压触的弹性范围并不大，同时支持的射频频率也较低。

在过去的几十年中，射频探针技术取得了长足的进步，从低频测量到适用于多种应用场合的商用方案，如在 110 GHz 高频和高温环境中的阻抗匹配，多端口、差分和混合信号的测量装置，连续波模式中直到 60 W 的高功率测量，以及直到太赫兹频段的应用，都能见到射频探针的身影。

为了探测电路性能，需要把信号传导到某类传输线上，这意味着需要至少两个导体，即"信号导体"和"地导体"。地—信号—地（ground-signal-ground，GSG）型探针如图 5-29 所示。

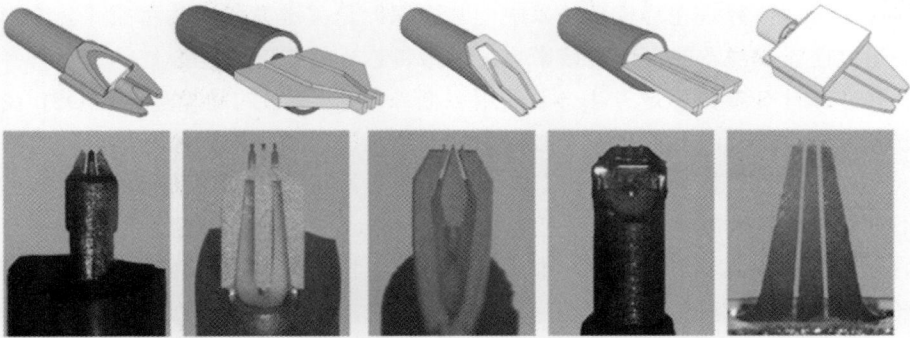

（a）100 μm 间距的　（b）125 μm 间距　（c）100 μm 间距的　（d）125 μm 间距的　（e）125 μm 间距的
Picoprobe 型探针　　的 ACP 型探针　Allstron 公司的探针　　Infinity 型探针　　　Z 型探针

**图 5-29　GSG 型探针**

除了基本的 GSG、GS、SG 类型的探针，还有各种组合类型，如 GSGSG、GSSG、SGS 等。探针本身需要很好地匹配内部不同传输介质的特征阻抗，要求保证在不同传输模式下电磁能量的高效传输。一个传统的射频探针一般包括以下几个部分：测试仪器接口（同轴接口或波导接口）、测试接口到微同轴线缆的转接结果、微同轴线缆到平面波导（CPW/MS 等）的转接结构、共面接口到 DUT 的部分即针尖。

一般来说，65 GHz 以下用同轴接口；50～110 GHz 时，同轴接口和波导接口都可用。一般对于一些覆盖 DC～110 GHz 的宽带测试系统，如果希望一次扫描即可完成测试，一般用 1 mm 的同轴接口。110 GHz 以上的探针一般都采用波导接口。

近些年来，由于电子计算机技术和微机电系统（MEMS）、纳机电系统（NEMS）的不断发展，在片校准已覆盖全参数，上限频率可达 1.5 THz。

以同轴空气共面探针（air coplanar probe，ACP）为例，探针包括测试系统与探针的转变过渡部分（同轴接口或金属波导接口）、微同轴线缆及共面探针针尖。共面探针首先是一个精密同轴接口（或金属波导接口），然后通过直径为 1 mm 的同轴线缆过渡到 GSG 共面波导，共面波导以锥形的探针针尖悬浮在空气中。20 mil（$10^{-3}$ in）或者 30 mil 直径的同轴线缆有较少的损耗，可确保小尺寸的探针，它的一端连接同轴接口，如 1.0 mm、2.4 mm、3.5 mm 接口；另一端是探针针尖。探针针尖一端焊接在同轴线缆里，另一端是用铍铜或钨制成的板（40 μm×75 μm），连接寿命一般为 50 000 次。同轴线缆和共面探针的损耗较少，40 GHz 时插入损耗应小于 1 dB。GSG 型的共面探针的回波损耗为 20 dB，插入损耗为 0.5 dB。

共面探针的关键技术主要有两个方面：一是共面探针的设计与研制，尤其是随着频率的提高，探针体积变得非常小，共面探针结构如波导到共面探针的转换结构设计变得更加困难，对加工工艺和材料属性的研究尤为重要；二是探针 S 参数的标定方法研究。在片校准技术中，共面探针是关键设备，共面探针会给测量带来明显的误差，它的特性直接影响其电路和芯片的准确测量。

共面探针 S 参数标定方法一般采用去嵌入技术，常用的是一端二级 OSL 校准去嵌入法、二端一级 OSLR 校准去嵌入法、二端二级校准去嵌入法等。共面探针是一个二端器件，如果采用二端口校准方法进行测量，线缆移动和阻抗校准标准的不理想性会带来较大的测量误差。尤其是要满足毫米波共面探针低损耗、小反射的测量要求，需要一种能提高准确度的标定方法。为了获得共面探针 S 参数，须采用二级校准方法。二级校准是指在第一次校准的基础上进行第二次校准。第一次校准（同轴校准）在探针的同轴端的 $a$ 参考面进行，获得了同轴系统的系统误差，修正误差后从 $a$ 向矢量网络分析仪看去是理想网络分析仪；第二次校准（在片校准）在共面波导上的 $b$ 参考面进行，获得了 $a$、$b$ 间的系统误差，修正误差后从 $b$ 向矢量网络分析仪看去是理想网络分析仪。求解出的 $a$、$b$ 间的系统误差就是共面探针的 S 参数。共面探针 S 参数的二级校准示意如图 5-30 所示。

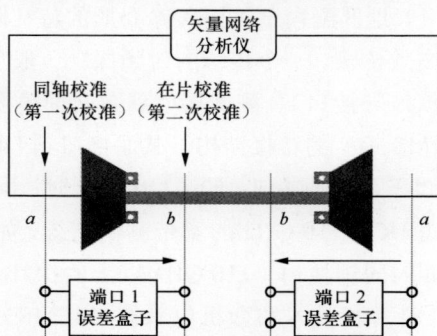

**图 5-30　共面探针 S 参数的二级校准示意**

常用的二端二级 OSLT 校准方法如图 5-31 所示。

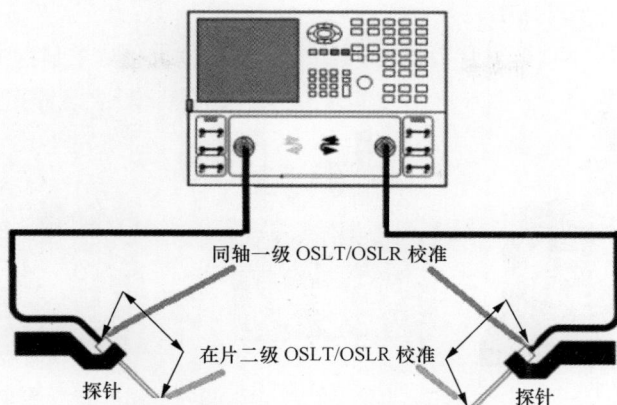

**图 5-31　常用的二端二级 OSLT 校准方法**

目前，国产射频探针厂商也开始发力，频率在 40 GHz 以下的射频探针已有成熟产品。频率高达 110 GHz 的同轴射频探针也已突破，日臻成熟。更高频率的 THz 级探针也在研发中，很快国产产品就会问世。

## 5.5.3　探针台

### 1. 探针台的工作步骤

首先探针台把待测器件或材料吸附在载物台上，设置不同的温度环境；然后利用探针座精密地移动探针，通过显微镜的观察，将电学、光学或高频探针与待测物接触，探针座上的电缆与仪表连接；最后通过自带的软件实现器件的参数测量和提取。

### 2. 探针台的功能

探针台为半导体材料、芯片的电参数测试提供了一个测试平台，主要应用于半导体行业、光电行业、集成电路行业以及封装行业的测试，广泛应用于高频、高速器件研发阶段的精密电气测量，旨在确保质量及可靠性，并缩减研发时间和器件制造工艺的成本。探针台可吸附多种规格的芯片，并提供多个可调测试探针以及探针座，配合测量仪器可完成集成电路的电压、电流、电阻等参数，以及电容电压特性曲线的检测，适用于对芯片进行科研分析、抽查测试等。

### 3. 探针台的用途

探针台主要应用于超低功耗器件、新型存储器、半导体新材料等研发阶段中晶圆级的性能测试和可靠性测试。探针台可模拟不同的测试环境，与半导体参数分析仪、阻抗分析仪、示波器、信号源、频谱分析仪、网络分析仪等均可配合使用。

#### 4. 探针台分类

（1）按操作方式分类

如图 5-32 所示，按操作方式不同，探针台分为手动、半自动和全自动 3 类。

（a）手动探针台　　　　　（b）半自动探针台　　　　　（c）全自动探针台

**图 5-32　探针台按操作方式分类**

（2）按尺寸分类

目前，按尺寸不同，探针台分为 2 in、4 in、6 in、8 in、12 in 等类型。

（3）按功能分类

如图 5-33 所示，按功能不同，探针台分为直流、高压、低温液氦二维磁场、磁场、太赫兹、PCB、激光、真空低温等类型。

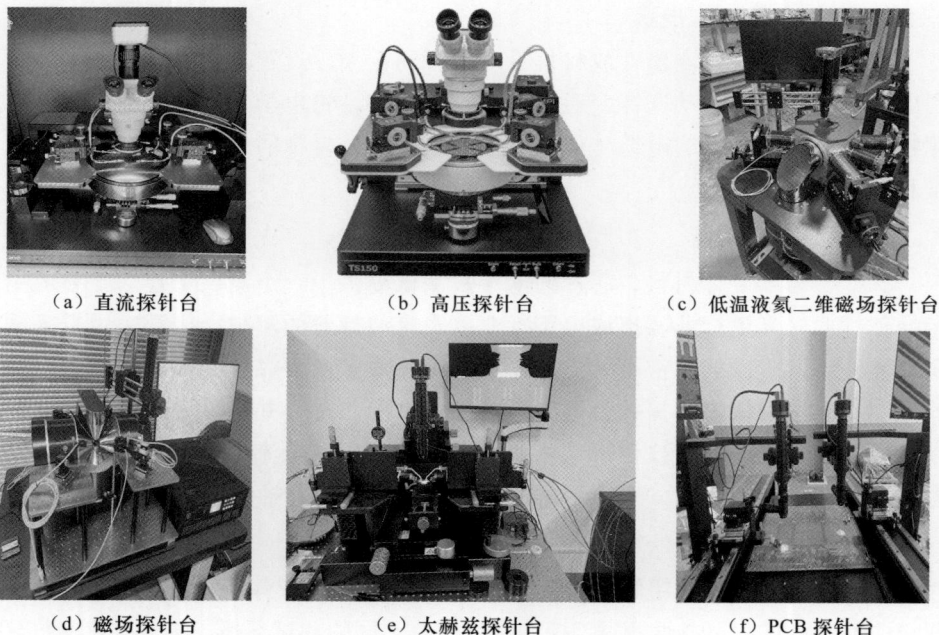

（a）直流探针台　　　　（b）高压探针台　　　（c）低温液氦二维磁场探针台

（d）磁场探针台　　　　（e）太赫兹探针台　　　　（f）PCB 探针台

**图 5-33　探针台按功能分类**

（g）激光探针台　　　　（h）真空低温探针台　　　　（i）定制类探针台

图 5-33　探针台按功能分类（续）

（4）按测试参数分类

按测试参数不同，探针台分为直流、交流、射频、高功率、脉冲、负载牵引、$1/f$ 噪声测试、静电放电/传输线脉冲发生器（ESD/TLP）测试等类型。

## 5.6　天馈线测试仪

天馈线测试仪可用于无线天馈线系统的安装和维护。通过测量单端口参数 $S_{11}$，得到测试信号和反射信号的幅度、相位等信息，再经过计算得出电压驻波比、回波损耗、线缆损耗、故障距离等信息。

天馈线测试仪测试示意如图 5-34 所示，其主要有以下用途。

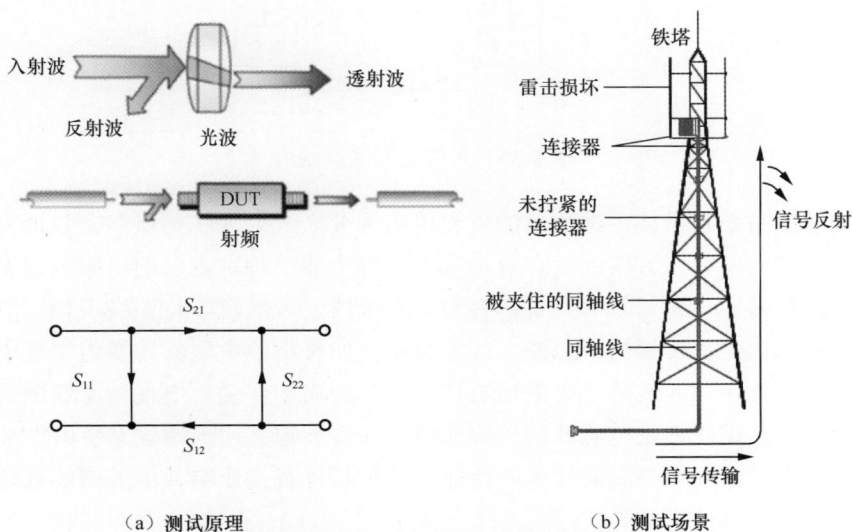

（a）测试原理　　　　　　　　　　　　（b）测试场景

图 5-34　天馈线测试仪测试示意

（1）测试天馈线系统的整体匹配性及完整性。

（2）评估天馈线系统的设备部件以满足厂家特定要求。

（3）评估天馈线系统以保证工程师的系统设计初衷。

（4）定位天馈线系统中的故障点，并进行日常维护、检修。

## 5.6.1　天馈线测试仪的基本原理

天馈线测试仪是测试基站天线、馈线的电压驻波比和匹配性等的一种专用仪表，也叫电压驻波比测试仪，主要功能是测试基站天线、馈线的电压驻波比、回波损耗、匹配性及线缆损耗，并进行长距离故障定位、射频功率测试等，能够快速评估传输线和天馈线系统的状况，对线缆、天馈线系统进行全方位的测量及故障诊断，并且缩短新基站所需要的安装、调试时间。天馈线测试仪结构如图 5-35 所示。

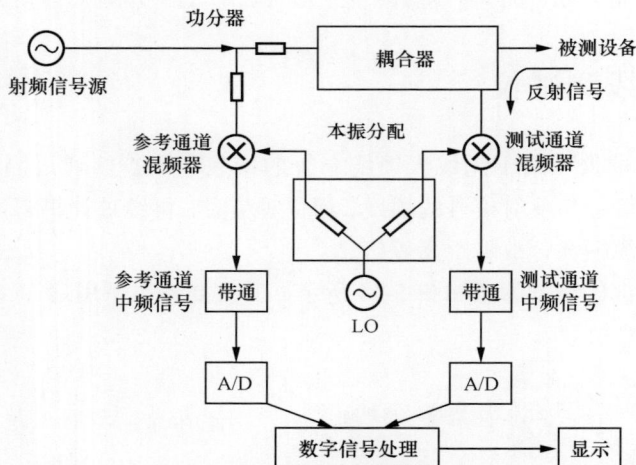

**图 5-35　天馈线测试仪结构**

天馈线系统是微波中继通信的重要组成部分之一。天线是能够有效地将电磁波辐射到空间中特定方向或者有效地接收来自空间中特定方向的电磁波的设备。所有通过电磁波传输信号的设备都必须带有天线。天线起着将馈线中传输的电磁波转换为自由空间传播的电磁波，或将自由空间传播的电磁波转换为馈线中传输的电磁波的作用。天线是一种常用器件，广泛应用于广播、电视、无线电通信、雷达等领域。馈线则是电磁波的传输通道。在多波道共用天馈线系统的微波中继通信电路中，天馈线系统的技术、性能、质量指标直接影响共用天馈线系统的各微波通道的通信质量。

为了满足各种各样的实际需求，天线有多种分类方法。

按工作性质不同分类：接收天线、发送天线等。

按使用场合不同分类：手持台天线、车载台天线、基地天线等。

按用途不同分类：通信天线、广播天线、电视天线、雷达天线、卫星天线等。

按维数不同分类：一维天线、二维天线等。

按方向性不同分类：全向天线、定向天线等。

按工作波长不同分类：微波天线、超短波天线、短波天线、中波天线、长波天线等。

## 5.6.2　天馈线测试仪的技术指标

### 1．工作频段

天线总是在一定的频率范围（频带宽度）内工作，其取决于指标的要求。满足指标要求的频率范围即天线的工作频段。

### 2．方向性

天线的方向性是指天线向一定方向辐射电磁波的能力。对于接收天线而言，方向性表示天线对不同方向传来的电磁波所具有的接收能力。天线的方向性的特性曲线通常用方向图来表示。方向系数是指在离天线某一距离处，天线在最大辐射方向上的辐射功率流密度与辐射功率相同的理想无方向性天线在同一距离处的辐射功率流密度之比。

### 3．增益

在输入功率相等的条件下，实际天线与理想的辐射单元在空间同一点处所产生信号的功率密度之比即增益，增益表征的是天线辐射场强的集中程度。天线是无源器件，不产生能量，所谓天线增益是表示将能量有效集中向某特定方向辐射或接收电磁波的能力。增益与天线方向图有密切的关系，方向图主瓣越窄，副瓣越小，增益越高，天线辐射的方向越集中。

### 4．波瓣宽度

波瓣的主瓣宽度是衡量天线的最大辐射区域的尖锐程度的物理量，通常取天线方向图主瓣两个半功率点之间的宽度。副瓣电平（sidelobe level）是指离主瓣最近且电平最高的第一旁瓣的电平。波瓣宽度是指在主瓣最大辐射方向两侧，辐射强度降低 3 dB（功率密度降低一半）的两点间的夹角。波瓣宽度越窄，方向性越好，作用距离越远，抗干扰能力越强。

### 5．前后比

前后比是指主瓣最大值与背瓣最大值之比，即最大辐射方向（前向）电平与其相反方向（后向）电平之比，表明天线对背瓣抑制的好坏。

**6. 倾角**

天线的倾角是指电波的倾角，而并不是天线振子本身机械上的倾角。倾角反映天线接收哪个高度角来的电波最强。

**7. 隔离度**

天线的隔离度指的是两根天线或者一根双极化天线的不相关性。隔离度表征同扇区天线分集接收的性能。

### 5.6.3 测量参数

基站天馈线的测试：首先确定被测天馈线的频段，在仪表中选择设置对应的频段；然后进行该频段的校准；校准完毕，即可开始对被测天馈线进行测试。测量参数包括回波损耗、线缆损耗、故障距离、电压驻波比等。

**1. 回波损耗**

回波损耗反映天馈线系统的信号反射特征，主要用于检测天线及天馈线系统中出现的问题。若天线或某传输线出现故障，信号在其中传输时，会有一部分发射功率被反射回信号源。通过对回波损耗的测量便可以判断传输线或天馈线的性能。反射电压和发射电压的比值被称为反射系数，反射系数是复数，要对其进行幅度和相位信息测量，用 S 参数表示。回波损耗属于 $S_{11}$，在测量时，需要将传输线末端与负载相连（如天线等）。回波损耗为系统各个部件的相互作用和整个系统的回波损耗分析提供了依据。

**2. 线缆损耗**

线缆损耗是测试传输线上能量的损失，是由回波损耗测量衍生出的测量方法。不同的传输线具有不同的线缆损耗，且受到距离或频率影响，距离越远或频率越高，线缆损耗越明显。在测量时，需要将传输线末端与短路器连接，这时可以用线缆损耗来分析信号通过传输线的能量损失并确认系统问题所在。高插入损耗或跨接损耗将使系统性能恶化，信号覆盖范围减小。

**3. 故障距离**

故障距离（distance to fault，DTF）测量是用来精确定位传输线系统组件的故障位置的测量方式，显示了被测件信号通路不同位置上响应信号的大小，从而为判断传输路径上的阻抗变化提供依据。在测量时，需要将传输线末端与 50 Ω 负载连接。根据 DTF 测量曲线，可详细分析传输线系统各个组件是否出现故障，例如，传输连接器、跨接器和传输线由于弯曲或受潮等问题造成的故障。

**4. 电压驻波比**

电压驻波比是指驻波波腹电压与波节电压幅度之比，又称为驻波系数，是检验馈线传输效率的依据。天线驻波比是表示天馈线与基站匹配程度的指标。理想驻波比等于 1，表示馈线和天线的阻抗完全匹配，即输入阻抗等于传输线的特性阻抗，此时高频能量全部被天线辐射出去，没有能量的反射损耗，但这几乎不可能达到；驻波比为无穷大时，表示全反射，能量完全没有辐射出去。驻波比越大，反射功率越高，传输效率越低，即阻抗不匹配。驻波比与反射率的对应关系如表 5-3 所示。

**表 5-3　驻波比与反射率的对应关系**

| 驻波比 | 1.0 | 1.1 | 1.2 | 1.3 | 1.5 | 1.7 | 1.8 | 2.0 | 2.5 |
|---|---|---|---|---|---|---|---|---|---|
| 反射率 | 0 | 0.23% | 0.83% | 1.70% | 4.00% | 6.72% | 8.16% | 11.11% | 18.37% |

## 5.7　典型国产矢量网络分析仪和天馈线测试仪介绍

### 5.7.1　思仪科技矢量网络分析仪

思仪科技的矢量网络分析仪产品覆盖射频、微波、毫米波和太赫兹波等，具有系统动态范围较大、迹线噪声较低和测试精度较高等特点，提供高性能、多功能、经济型、手持式等网络分析仪的测试解决方案。下面介绍几个系列的思仪科技矢量网络分析仪产品。

**1. 3674 系列矢量网络分析仪**

图 5-36 所示的 3674 系列矢量网络分析仪是应用较广泛的高性能产品，可以应对半导体芯片测试、材料测试、天线测试、高速线缆测试、微波组件测试等带来的严峻挑战。其人机交互界面可快速、便捷地完成所需的测量设置，超大触摸屏带来灵活、高效的操作体验。

3674 系列矢量网络分析仪主要有以下特点。

（1）500 Hz～110 GHz 宽频带同轴覆盖。

（2）30 MHz 中频带宽，测量点数为 200 001。

（3）140 dB 动态范围。

（4）具有脉冲 S 参数测量、变频

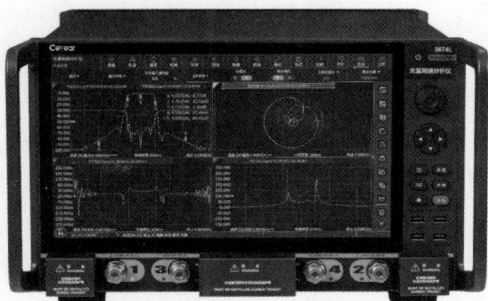

**图 5-36　3674 系列矢量网络分析仪**

器件测量、增益压缩测量、噪声系数测量、频谱测量、信号完整性测量、总谐波失真测量、有源互调失真测量、自动夹具移除等 21 种功能。

（5）同步记录 SCPI 指令，一键生成脚本。

（6）支持 15.6 in 多参数同屏显示，多点触控操作。

3674 系列矢量网络分析仪主要有以下功能。

（1）宽频带同轴覆盖

低频扩展至 500 Hz，最高测试频率为 110 GHz。其频率范围如图 5-37 所示。

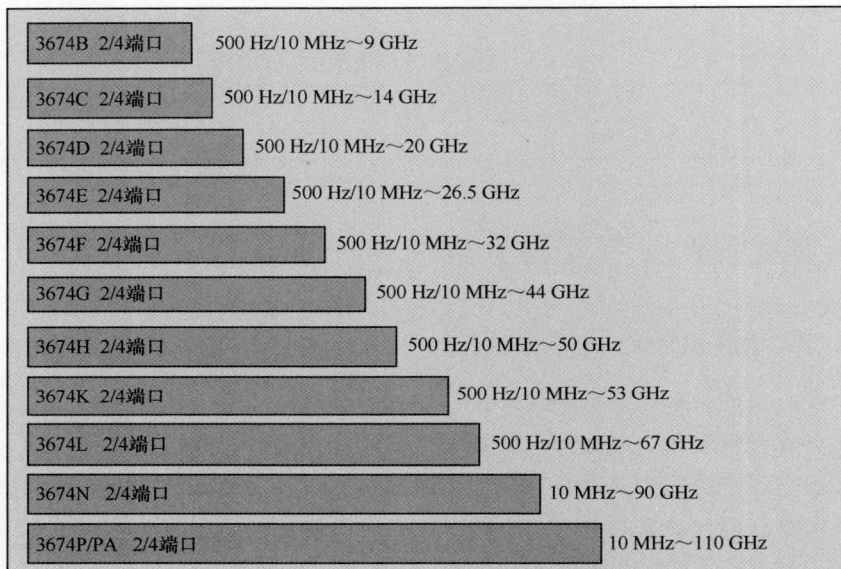

| | |
|---|---|
| 3674B 2/4端口 | 500 Hz/10 MHz～9 GHz |
| 3674C 2/4端口 | 500 Hz/10 MHz～14 GHz |
| 3674D 2/4端口 | 500 Hz/10 MHz～20 GHz |
| 3674E 2/4端口 | 500 Hz/10 MHz～26.5 GHz |
| 3674F 2/4端口 | 500 Hz/10 MHz～32 GHz |
| 3674G 2/4端口 | 500 Hz/10 MHz～44 GHz |
| 3674H 2/4端口 | 500 Hz/10 MHz～50 GHz |
| 3674K 2/4端口 | 500 Hz/10 MHz～53 GHz |
| 3674L 2/4端口 | 500 Hz/10 MHz～67 GHz |
| 3674N 2/4端口 | 10 MHz～90 GHz |
| 3674P/PA 2/4端口 | 10 MHz～110 GHz |

图 5-37　3674 系列矢量网络分析仪的频率范围

（2）脉冲 S 参数测量

3674 系列矢量网络分析仪内置 4 路脉冲发生器，用于内部源调制、中频门控制，并从后面板输出。可独立设置每路脉冲发生器的脉宽和时延。

源调制的信号来源包括后面板输入、内部脉冲发生器、常开和常闭等多种状态。可利用外部脉冲对矢量网络分析仪的源进行调制；也可以使用外部调制器对矢量网络分析仪的源进行调制，通过触发同步模式进行测量。脉冲 S 参数测量功能为 T/R 组件测试、天线收发模块测试等提供有力支撑。脉冲 S 参数测量功能如图 5-38 所示。

（3）高级时域分析功能

随着信息产业的高速发展，对网络带宽的要求也越来越高，需要信息设备（如大型服务器、计算机和交换机等）能够承载的数据速率越来越快。信息设备生产商对高速互连通道中的信号完整性问题也愈发重视，传输链路的特性变化会显著影响信号传输质量，高级时域分析选件［时域反射（time domain reflectometry，TDR）选件］是评价高速链路信号传输质量的重要工具。

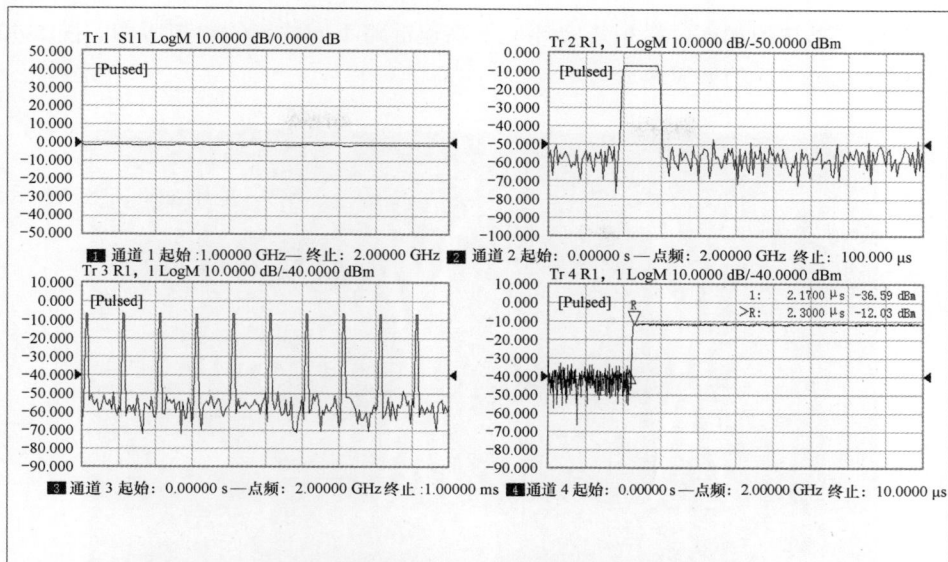

图 5-38 脉冲 S 参数测量功能

高级时域分析选件提供基于 S 参数的虚拟眼图生成及分析功能。通过仿真码型输出单元用于产生 0、1 变化的数据位，对仿真码型和被测件的时域冲激响应进行卷积，叠加后得到虚拟眼图。

根据不同的高速数字通信标准，高级时域分析选件可以使用预先定义好的眼图模板进行高效率 Pass/Fail 测试。图 5-39 所示为预先定义好眼图模板后进行的高效率 Pass/Fail 测试。

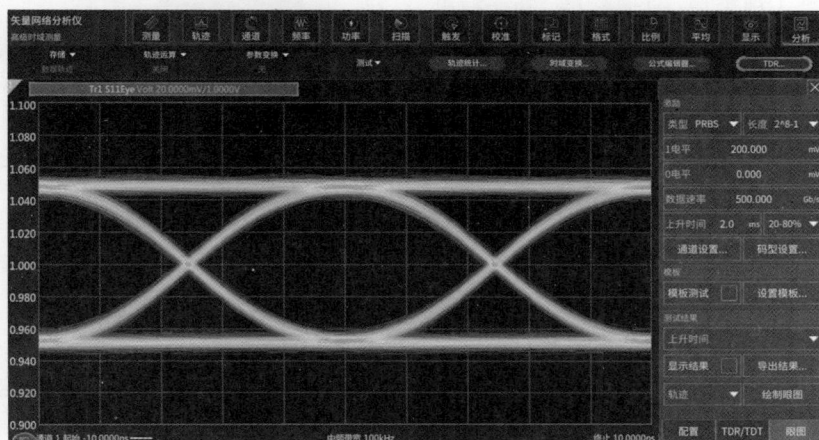

图 5-39 预先定义好眼图模板后进行的高效率 Pass/Fail 测试

高级时域分析选件可以在虚拟眼图上施加抖动、噪声等干扰，通过预加重和均衡等校正算法的加入，模拟真实环境下高速链路不同位置的虚拟眼图。图 5-40 所示为加入抖动后的效果。

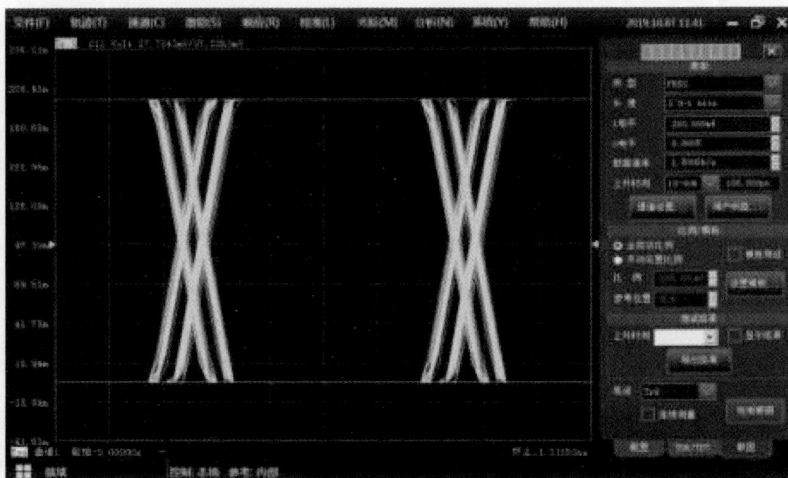

**图 5-40　加入抖动后的效果**

（4）自动夹具移除功能，实现非标准接头器件测试

对夹具进行描述时，可以设置单端夹具及差分夹具，也可以选择夹具的端口数等信息。进行夹具参数的提取，需要对夹具标准进行测量。在标准描述界面，夹具标准包含 3 种类型：直通标准、开路标准、短路标准。自动夹具移除功能可实现非标准接头器件测试，如图 5-41 所示。

利用自动夹具移除功能，把被测件视为一个整体，进行平衡参数提取，并进行四端口的去嵌入。测试结果显示，传输参

**图 5-41　用自动夹具移除功能实现非标准接头器件测试**

数能够很好地被去除，同样近端串扰和远端串扰也得到有效去除。

3674B/C/D/E 矢量网络分析仪的技术指标如表 5-4 所示。

**表 5-4　3674B/C/D/E 矢量网络分析仪的技术指标**

| 指标名 | 指标值 | |
| --- | --- | --- |
| 频率范围 | 10 MHz～9 GHz/14 GHz/20 GHz/26.5 GHz | |
| 频率准确度 | $\pm 1 \times 10^{-7}$（23 ℃±3 ℃） | |
| 端口 1、3 谐波抑制/dBc | −57～−48 | −70～−62 |

续表

| 指标名 | 指标值 | |
|---|---|---|
| 端口 2、4 谐波抑制/dBc | −18～−13 | −36～−24 |
| 功率扫描范围/dB | 27～33 | 36～41 |
| 最大输出功率/dBm | −1～12 | 4～12 |
| 脉冲宽度设置范围 | 33 ns～70 s | 20 ns～70 s |
| 脉冲开关比/dB | 64～80 | — |
| 系统动态范围/dB | 96～130 | 105～136 |
| 有效方向性/dB | 44～48 | 52～65 |
| 有效源匹配/dB | 31～40 | 36～46 |
| 有效负载匹配/dB | 44～47 | 56～61 |
| 反射跟踪/dB | ±0.0161 | ±0.0014 |
| 传输跟踪/dB | ±（0.044～0.120） | ±（0.001～0.008） |
| 幅度迹线噪声（1 kHz 中频带宽）/dB | 0.0020～0.0070 | 0.0005～0.0011 |
| 相位迹线噪声（1 kHz 中频带宽） | 0.015°～0.051° | 0.001°～0.014° |

3674F/G/H 矢量网络分析仪的技术指标如表 5-5 所示。

表 5-5　3674F/G/H 矢量网络分析仪的技术指标

| 指标名 | 指标值 | 典型值 |
|---|---|---|
| 频率范围 | 500 Hz/10 MHz～32 GHz 或 44 GHz 或 50 GHz | — |
| 频率准确度 | ±1×10⁻⁷（23 ℃±3 ℃） | — |
| 端口 1、3 谐波抑制/dBc | −57～−48 | −70～−68 |
| 端口 2、4 谐波抑制/dBc | −57～−13 | −70～−18 |
| 功率扫描范围/dB | 20～38 | 36～44 |
| 最大输出功率（全选件）/dBm | −5～6 | 0～10 |
| 脉冲宽度设置范围/dB | 33 ns～60 s | 20 ns～70 s |
| 脉冲开关比/dB | 64～80 | — |
| 系统动态范围/dB | 89～125 | 97～132 |
| 有效方向性/dB | 36～41 | 47～59 |
| 有效源匹配/dB | 23～31 | 31～45 |
| 有效负载匹配/dB | 35～42 | 51～58 |
| 反射跟踪/dB | ±（0.015～0.040） | ±（0.0020～0.0065） |
| 传输跟踪/dB | ±（0.030～0.20） | ±（0.002～0.005） |
| 幅度迹线噪声（1 kHz 中频带宽）/dB | 0.0020～0.2000 | 0.0004～0.0055 |
| 相位迹线噪声（1 kHz 中频带宽） | 0.020°～1.0° | 0.003°～0.026° |

3674K/L 矢量网络分析仪的技术指标如表 5-6 所示。

表 5-6　3674K/L 矢量网络分析仪的技术指标

| 指标名 | 指标值 | 典型值 |
|---|---|---|
| 频率范围 | 500 Hz/10 MHz～<br>53 GHz 或 67 GHz | — |
| 频率准确度 | ±1×10⁻⁷（23 ℃±3 ℃） | — |
| 端口 1、3 谐波抑制/dBc | −57～−48 | −71～−57 |
| 端口 2、4 谐波抑制/dBc | −57～−13 | −72～−25 |
| 功率扫描范围/dBc | 30～38 | 36～44 |
| 最大输出功率（全选件）/dBm | −3～8 | 3～11 |
| 脉冲宽度设置范围 | 33 ns～60 s | 20 ns～70 s |
| 脉冲开关比/dB | 64～80 | — |
| 系统动态范围/dB | 87～125 | 100～130 |
| 有效方向性/dB | 34～41 | 40～65 |
| 有效源匹配/dB | 28～40 | 31～43 |
| 有效负载匹配/dB | 33～40 | 55～66 |
| 反射跟踪/dB | ±（0.011～0.033） | ±（0.014～0.094） |
| 传输跟踪/dB | ±（0.065～0.150） | ±（0.002～0.009） |
| 幅度迹线噪声（1 kHz 中频带宽）/dB | 0.002～0.050 | 0.0003～0.0030 |
| 相位迹线噪声（1 kHz 中频带宽） | 0.02°～0.4° | 0.008°～0.019° |

3674N/P 矢量网络分析仪的技术指标如表 5-7 所示。

表 5-7　3674N/P 矢量网络分析仪的技术指标

| 指标名 | 指标值 | |
|---|---|---|
| | 3674N | 3674P/PA |
| 频率范围 | 500 Hz/10 MHz～<br>90 GHz 或 110 GHz | 500 Hz/10 MHz～<br>90 GHz 或 110 GHz |
| 频率准确度 | ±1×10⁻⁷（23 ℃±3 ℃） | ±1×10⁻⁷（23 ℃±3 ℃） |
| 端口谐波抑制/dBc | −51～−13 | −31～−13 |
| 最大输出功率/dBm | 1～10 | 0～11 |
| 脉冲宽度设置范围 | 33 ns～60 s | — |
| 脉冲开关比/dB | 64～70 | — |
| 系统动态范围/dB | 70～120 | 70～115 |
| 有效方向性/dB | 20～35 | 20～25 |
| 有效负载匹配/dB | 30～41 | 25～33 |
| 反射跟踪/dB | ±（0.020～0.050） | ±（0.050～0.300） |
| 传输跟踪/dB | ±（0.065～0.200） | ±（0.097～0.483） |
| 幅度迹线噪声（100Hz 中频带宽）/dB | 0.002～0.050 | 0.004～0.200 |

### 2.　3650B/C/D 多端口矢量网络分析仪

3650B/C/D 多端口矢量网络分析仪是思仪科技推出的网络参数测试类产品，

具有一体化、测试速度快、无机械开关寿命问题等特点，频率范围为 10 MHz～9 GHz/14 GHz/20 GHz，提供频响、单端口、响应隔离、增强型响应、全双端口、电校准等多种校准方式，内设对数幅度、线性幅度、驻波、相位、群时延、史密斯圆图、极坐标等多种显示格式，外配 USB、LAN、GPIB、VGA 等多种标准接口，主要面向 MIMO 天线、滤波器、高速数字线缆和高速印制电路板的多端口网络参数测试，除传统频域 S 参数测试，还可完成差分 S 参数、时域、信号完整性和幅相一致性等的测试。

3650B/C/D 多端口矢量网络分析仪主要有以下特点。

（1）可灵活选择校准类型，兼容多种校准件。

（2）支持多窗口、多通道测量，可快速执行复杂测试方案。最多支持 64 条通道，最多可同时显示 32 个测量窗口，每个窗口最多可同时显示 16 条测试轨迹。

（3）具有对数幅度、线性幅度、驻波、史密斯圆图等多种显示格式。

（4）具有 USB、GPIB、LAN 和 VGA 接口等。

（5）支持中/英文操作界面。

（6）支持录制/运行，一键式操作简化测量设置步骤，提高工作效率。

（7）具有多端口幅相一致性测量、差分测量、时域测量、高级时域测量、自动夹具去嵌入等功能。

3650B/C/D 多端口矢量网络分析仪测试功能主要有以下特点。

（1）高级时域分析选件

TDR 时域阻抗测试，可以非常精准地测试传输线上阻抗特性的变化情况、定位不连续性。

3650B/C/D 多端口矢量网络分析仪的高级时域分析选件提供基于 S 参数的虚拟眼图生成及分析功能。仿真码型输出单元用于产生 0、1 变化的数据位，然后对仿真码型和被测件的时域冲激响应进行卷积，叠加后得到虚拟眼图。

根据不同的高速数字通信标准，高级时域分析选件可以使用预先定义好的眼图模板进行高效率 Pass/Fail 测试。

高级时域分析选件可以在虚拟眼图上施加抖动、噪声等干扰，然后通过预加重和均衡等校正算法的加入，模拟真实环境下高速链路不同位置的虚拟眼图。

（2）时域分析可以实现测量结果的频域/时域切换

3650B/C/D 多端口矢量网络分析仪可通过配置时域测量选件实现测量结果频域和时域之间的切换，用以确定器件、夹具或者线缆中的不连续点位置，实现故障精确定位，如图 5-42 所示。

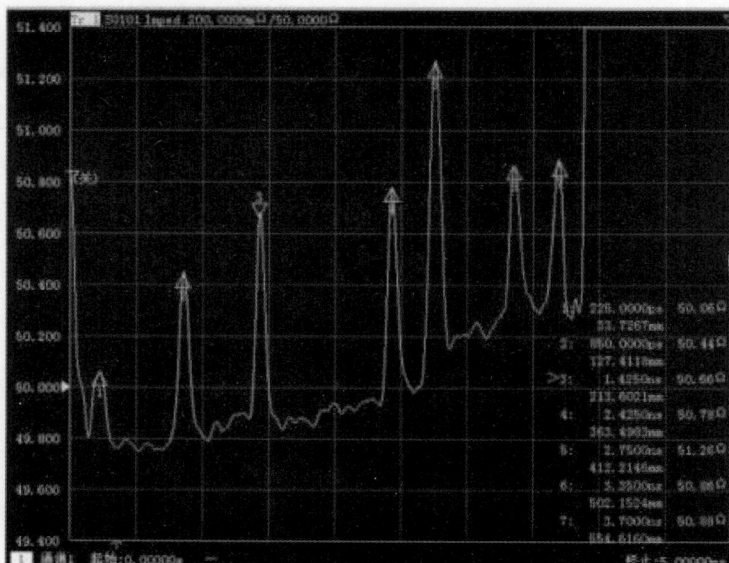

图 5-42　通过配置时域测量选件实现测量结果频域和时域之间的切换

### 3.　3671 系列矢量网络分析仪

3671 系列矢量网络分析仪产品包括 3671C（频率范围为 100 kHz～14 GHz）、3671D（频率范围为 100 kHz～20 GHz）、3671E（频率范围为 100 kHz～26.5 GHz）、3671G（频率范围为 10 MHz～43.5 GHz），如图 5-43 所示。该仪表可提供频响、单端口、响应隔离、增强型响应、全双端口、电校准等多种校准方式，内设对数/线性幅度、电压驻波比、相位、群时延、史密斯圆图、极坐标等多种显示格式，外配 USB、U/N、GPIB、VGA、HDMI 等多种标准接口，能测量微波网络的幅频特性、相频特性和群时延特性。

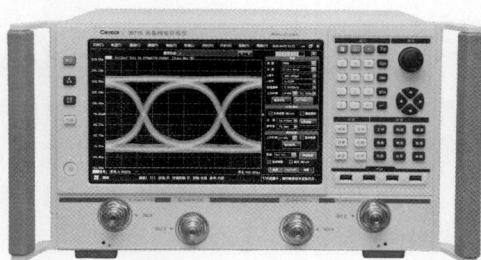

图 5-43　3671 系列矢量网络分析仪

3671 系列矢量网络分析仪保留了高端矢量网络分析仪的特征，包括性能指标、仪器外观、显示效果、软件界面等方面，同时控制仪表的体积、质量、风噪等，为用户提供良好的使用体验。该仪器可广泛应用于通信、导航等领域。

3671 系列矢量网络分析仪主要有以下特点。

（1）频率范围宽，起始频率低至 100 kHz。

（2）可选中频带宽，最大中频带宽为 30 MHz。

（3）具有对数/线性幅度、电压驻波比、群时延、史密斯圆图、极坐标等多种显示格式。

（4）支持中/英文操作界面，12.1 in 1280 像素×800 像素高分辨率多点触控显示屏。

（5）支持录制/运行一键式操作简化测量设置步骤，提高工作效率。

（6）高级时域选件增加 TDR 阻抗测量、眼图分析功能，直观、易用。

**4．3657 系列矢量网络分析仪**

3657 系列矢量网络分析仪适用于无线通信、有线电视、教育及汽车电子等领域，可用于对滤波器、放大器、天线、线缆、有线电视分接头等射频元件的测试。该仪器采用 Windows 10 操作系统，具有误差校准功能、时域功能、夹具仿真功能、自动夹具移除功能、高级时域分析功能；具有对数幅度、线性幅度、电压驻波比、相位、群时延、史密斯圆图、极坐标等多种显示格式；能够多通道、多窗口显示；具有 USB 接口、LAN、HDMI、DP 等，可快速、精确地测量被测件 S 参数的幅度、相位和群时延特性。

3657 系列矢量网络分析仪主要有以下特点。

（1）具有 140 dB 动态范围，可对高抑制比器件进行精确测量。

（2）测试速度快（4 μs/频点），可以提高产线测试效率。

（3）稳定性高，满足芯片测试系统集成的需求。

（4）体积小、质量轻，相同的空间条件下，可以布置更多的测试仪器。

（5）具有上架式（2U）和台式（5U）两种机型。

（6）具有四端口选件，单次连接即可实现四端口网络全部 16 个 S 参数测量，并可进行平衡参数测量。

（7）提供 256 条独立测量通道，可快速执行复杂测试方案。

（8）具备纹波测试、带宽测试、极限测试等功能，方便用户进行合格判定，提高测试效率。

（9）具备 LAN 接口，可进行远程控制及系统互联并带有 6 个 USB 接口。

（10）支持同步记录 SCPI 指令，一键生成脚本。

（11）支持 12.1 in 多参数同屏显示，多点触控操作。

3657 矢量网络分析仪主要有以下应用。

（1）移动通信产品生产测试

3657 系列矢量网络分析仪频率范围能够满足移动通信产品的生产测试需求，具有扫描速度快、动态范围大、体积小等特点，非常适合工厂的批量生产测试工作，可用于对滤波器、放大器、天线、线缆等射频元件的测试。滤波器测试场景如图 5-44 所示。

（2）无源多端口器件和平衡器件测试

3657 系列矢量网络分析仪具备四端口测试功能，单次连接即可实现四端口网络全部 16 个 S 参数测量，非常适合工厂的多端口器件大批量生产测试工作，具有平衡参数测量功能。图 5-45 所示为差分器测试场景。

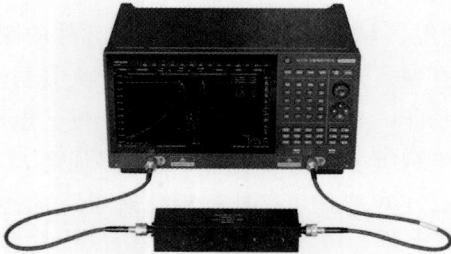

图 5-44　滤波器测试场景

图 5-45　差分器测试场景

**5. 3643K/43NA/43N/43P/43QA/43Q/43SA/43R/43S/43TA/49B 矢量网络分析仪**

图 5-46 所示的 3643K/43NA/43N/43P/43QA/43Q/43SA/43R/43S/43TA/49B 矢量网络分析仪的 S 参数测试模块在测量速度、动态范围、测量稳定性等方面达到了国际同等水平。该 S 参数测试模块既可与 3640A 毫米波扩频控制机、两端口矢量网络分析仪组成毫米波矢量网络分析仪系统，也可以通过四端口矢量网络分析仪直接扩频，实现 5 mm、3 mm、2 mm、1 mm 波长及短波长的灵活配置，频率最高可覆盖 500 GHz，具有系统配置简洁、用户界面友好、测试精度高等特点，实现对毫米波被测网络全 S 参数的测量。该测试模块可以应用于毫米波部件、单片微波集成电路 MMIC、天线与 RCS 材料等领域的研发和生产测试。

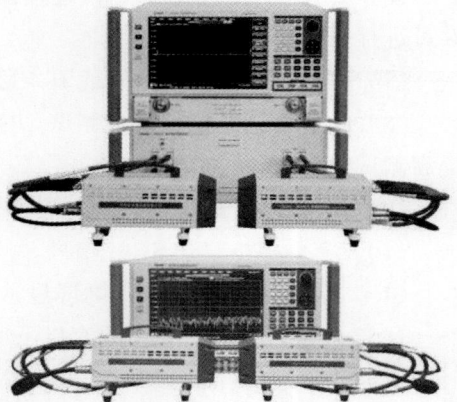

3643K/43NA/43N/43P/43QA/43Q/43SA/43R/43S/43TA/49B 矢量网络分析仪的 S 参数测试模块主要有以下特点。

图 5-46　3643K/43NA/43N/43P/43QA/43Q/43SA/43R/43S/43TA/49B 矢量网络分析仪

（1）频率范围为 40～500 GHz。

（2）支持 Windows 10 操作系统，使用中文菜单，兼备英文菜单选项。

（3）具有频响、单端口、响应隔离、全双端口、TRL 等多种校准方式。

（4）能适应不同型号矢量网络分析仪主机。

（5）通过 3640A 毫米波扩频控制机实现两端口矢量网络分析仪扩频测量。

（6）小型化、倾斜面板设计。

（7）通用平台，便于操作，可提高测试效率。

（8）可适配 PNA-X 的 524X 系列与 ZNAxx 系列。

3643K/43NA/43N/43P/43QA/43Q/43SA/43R/43S/43TA/49B 矢量网络分析仪的技术指标分别如表 5-8 和表 5-9 所示。

表 5-8　3643K/43NA/43N/43P/43QA 矢量网络分析仪的技术指标

（其中，min 为最小值，typ 为典型值，max 为最大值）

| 指标 | 指标值 | | | | |
| --- | --- | --- | --- | --- | --- |
| | 3643K | 3643NA | 3643N | 3643P | 3643QA |
| 频率范围/GHz | 40～60 | 50～75 | 60～90 | 75～110 | 90～140 |
| 端口输出功率/dBm | 6（min），8（typ） | 5（min），7（typ） | 5（min），10（typ） | 5（min），7（typ） | 3（min），6（typ） |
| 系统动态范围（IFBW=10 Hz）/dB | 100（min），105（typ） | 100（min），108（typ） | 100（min），108（typ） | 100（min），105（typ） | 100（min），105（typ） |
| 反射跟踪（IFBW=10 Hz）/dB | ±0.12（max），±0.06（typ） | ±0.12（max），±0.03（typ） | ±0.12（max），±0.05（typ） | ±0.12（max），±0.05（typ） | ±0.15（max），±0.06（typ） |
| 传输跟踪（IFBW=10 Hz）/dB | ±0.12（max），±0.06（typ） | ±0.12（max），±0.03（typ） | ±0.12（max），±0.05（typ） | ±0.12（max），±0.05（typ） | ±0.15（max），±0.06（typ） |
| 有效方向性/dB | 35（min），40（typ） | 35（min），40（typ） | 35（min），40（typ） | 35（min），40（typ） | 34（min），40（typ） |
| 有效负载匹配/dB | 35（min），40（typ） | 35（min），40（typ） | 35（min），40（typ） | 35（min），40（typ） | 34（min），40（typ） |
| 端口接头形式 | WR19 | WR15 | WR12 | WR10 | WR8.0 |

表 5-9　3643Q/43SA/43R/43S/43TA/49B 矢量网络分析仪的技术指标

（其中，min 为最小值，typ 为典型值，max 为最大值）

| 指标 | 指标值 | | | | | |
| --- | --- | --- | --- | --- | --- | --- |
| | 3643Q | 3643SA | 3643R | 3643S | 3643TA | 3649B |
| 频率范围/GHz | 110～170 | 140～220 | 170～260 | 220～325 | 260～400 | 325～500 |
| 端口输出功率/dBm | −1（min），3（typ） | −9（min），−6（typ） | −10（min），−5（typ） | −13（min），−10（typ） | −20（min），−10（typ） | −23（min），−20（typ） |
| 系统动态范围（IFBW=10 Hz）/dB | 100（min），105（typ） | 100（min），105（typ） | 100（min），105（typ） | 100（min），103（typ） | 85（min），95（typ） | 80（min），85（typ） |
| 反射跟踪（IFBW=10 Hz）/dB | ±0.15（max），±0.1（typ） | ±0.2（max），±0.1（typ） | ±0.2（max），±0.1（typ） | ±0.2（max），±0.1（typ） | ±0.3（max），±0.1（typ） | ±0.3（max），±0.2（typ） |
| 传输跟踪（IFBW=10 Hz）/dB | ±0.15（max），±0.1（typ） | ±0.2（max），±0.1（typ） | ±0.2（max），±0.1（typ） | ±0.2（max），±0.1（typ） | ±0.3（max），±0.1（typ） | ±0.3（max），±0.2（typ） |

| 指标 | 指标值 | | | | | |
|---|---|---|---|---|---|---|
| | 3643Q | 3643SA | 3643R | 3643S | 3643TA | 3649B |
| 有效方向性/dB | 34（min），40（typ） | 30（min），35（typ） | 25（min），30（typ） | 25（min），30（typ） | 20（min），30（typ） | 20（min），25（typ） |
| 有效负载匹配/dB | 34（min），40（typ） | 30（min），35（typ） | 25（min），30（typ） | 25（min），30（typ） | 20（min），30（typ） | 20（min），25（typ） |
| 端口接头形式 | WR6.5 | WR5.1 | WR4.3 | WR3.4 | WR2.8 | WR2.2 |

## 5.7.2　创远信科矢量网络分析仪

创远信科矢量网络分析仪有 T5260C 系列矢量网络分析仪，频率范围为 300 kHz～6.5/8.5 GHz；T5260A 系列矢量网络分析仪，频率范围为 1 MHz～20/40/50 GHz，通过外部扩频装置可以扩展频率到 110 GHz。创远信科矢量网络分析仪具有扫描速度快、测试精度高、稳定可靠、性价比高等特点。

**1. 功能特点**

（1）校准方式：频响、单端口、响应隔离、增强型响应、全双端口等。

（2）显示格式：对数幅度、驻波、相位、线性幅度、群时延、史密斯圆图、极坐标等。

（3）测试功能：端口延伸测试功能、夹具仿真功能、TDR 时域分析功能等。

（4）支持标准 SCPI 指令集，可供二次开发测试。

**2. 多场景应用**

（1）军用雷达测试。

（2）医疗器械射频组件测试。

（3）5G 天线测试。

（4）半导体芯片测试。

（5）教育、教学。

**3. 性能特点**

图 5-47 所示的 T5260C 系列矢量网络分析仪具有以下性能特点。

（1）频率范围：300 kHz～8.5 GHz。

（2）大动态范围：＞125 dB @IFBW=10 Hz，130 dB（typ）。

（3）低迹线噪声：2 dBm RMS @IFBW=3 kHz。

（4）测量速度快：42 μs/point @IFBW=500 kHz。

（5）高等效方向性：＞45 dB。

（6）支持远程控制：LAN。

图 5-48 所示的 T5260A-2KU 矢量网络分析仪具有以下性能特点。

（1）频率范围：1 MHz～20 GHz。

（2）大动态范围：＞110 dB@IFBW=10 Hz，120 dB（typ）。

（3）低迹线噪声：8 dBm RMS@IFBW=1 kHz。

（4）测量速度快：46 μs/point@IFBW=500 kHz。

（5）高等效方向性：＞38 dB。

（6）支持远程控制：LAN。

| | |
|---|---|
| 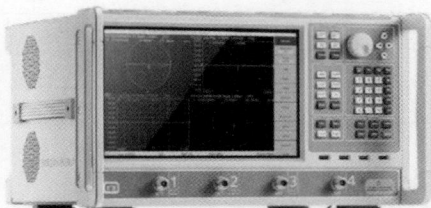 |  |
| 图 5-47　T5260C 系列矢量网络分析仪 | 图 5-48　T5260A-2KU 矢量网络分析仪 |

T5260A-2KA 矢量网络分析仪具有以下性能特点。

（1）频率范围：1 MHz～40 GHz。

（2）大动态范围：＞100 dB@IFBW=10 Hz，110 dB(typ)。

（3）低迹线噪声：8 dBm RMS@IFBW=1 kHz。

（4）测量速度快：69 μs/point@IFBW=500 kHz。

（5）高等效方向性：＞35 dB。

（6）支持远程控制：LAN。

T5260A-2U5 矢量网络分析仪具有以下性能特点。

（1）频率范围：1 MHz～50 GHz。

（2）大动态范围：＞110 dB@IFBW=10 Hz，120 dB（typ）。

（3）低迹线噪声：6 dBm RMS@IFBW=1 kHz。

（4）测量速度快：48 μs/point@IFBW=500 kHz。

（5）高等效方向性：＞32 dB。

（6）支持远程控制：LAN。

## 5.7.3　玖锦科技矢量网络分析仪

玖锦科技的几种常见矢量网络分析仪的参数如表 5-10 所示。

下面以 VNA1000A 矢量网络分析仪为例进行介绍。

图 5-49 所示的 VNA1000A 矢量网络分析仪具有优良的测试动态范围、分析

带宽、相位噪声、幅度准确度和测试速度等，提供单端口、响应隔离、增强型响应、全双端口等多种校准方式，内设对数幅度、线性幅度、驻波、相位、群时延、史密斯圆图、极坐标等多种显示格式，外配 USB、LAN、GPIB、VGA 等多种标准接口，具有传统矢量网络分析仪的全部测量功能，能精确测量微波网络的幅频特性、相频特性和群时延特性等，可应用于发射、接收（T/R）模块测量等领域，以及雷达、通信、导航等领域的科研、生产过程中。

表 5-10　玖锦科技的几种常见矢量网络分析仪的参数

| 型号 | 频率范围 | 动态范围/dB | 迹线噪声/dB |
|---|---|---|---|
| VNA5000A | 10 MHz～50 GHz | 130 | 低于 0.001 |
| VNA1000A | 10 MHz～50 GHz | 120 | 低于 0.001 |
| ENA1000A | 300 kHz～26.5 GHz | 120 | 低于 0.001 |

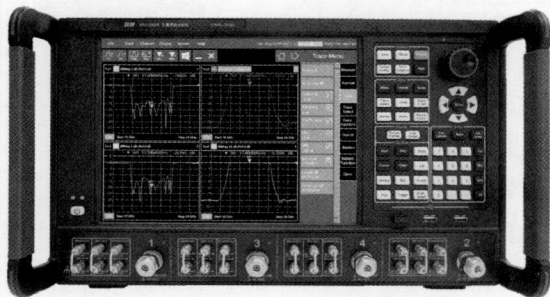

图 5-49　VNA1000A 矢量网络分析仪

VNA1000A 矢量网络分析仪的主要技术指标如表 5-11 所示。

表 5-11　VNA1000A 矢量网络分析仪的主要技术指标

| 指标名 | 指标值 |
|---|---|
| 频率范围 | 10 MHz～50 GHz |
| 频率分辨率 | 1 Hz |
| 频率准确度 | $1\times10^{-6}$（25 ℃±3 ℃） |
| 动态范围 | 120 dB |

### 5.7.4　鼎阳科技矢量网络分析仪

鼎阳科技具有代表性的矢量网络分析仪是 SNA6000A 系列矢量网络分析仪和 SVA1000X 系列矢量网络及频谱分析仪，均具有频域分析、时域分析功能。

**1. SNA6000A 系列矢量网络分析仪**

图 5-50 所示为 SNA6000A 系列矢量网络分析仪。

SNA6000A 系列矢量网络分析仪具有以下特点。

（1）频率范围大。测量频率范围为 100 kHz～26.5 GHz，配备 4 个测试端口，内置两个独立信号源，能实现 4 个端口的 S 参数测量、差分（平衡）测量，以及时域、带宽等的一键测量，支持端口阻抗转换、端口扩展

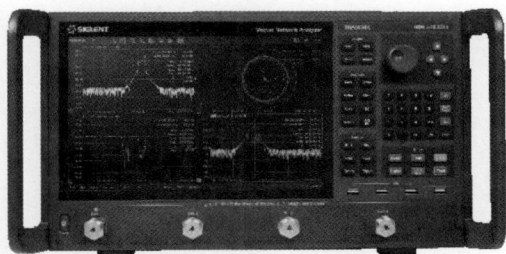

**图 5-50　SNA6000A 系列矢量网络分析仪**

功能，支持极限测试、纹波测试功能，可适用于多端口器件和平衡器件的测试。

（2）动态范围大。可提供最大 135 dB 的动态范围，底噪为-135 dBm/Hz。

（3）输出功率高。提供最高 10 dBm 的输出信号，支持大范围的功率扫描、线性频率扫描、对数频率扫描等扫描方式，可测量非线性器件的非线性特性。

（4）通过增加选件可实现时域分析、增强时域分析、频谱分析、标量混频等功能，不需要外部信号源和控制器即可直接测量混频器的变频损耗。

（5）内置脉冲调制器和脉冲发生器，可应用于测试诸如功率晶体管之类的大功率被测器件，以及需要工作在脉冲模式下的模块。连续波激励所积累的热量可能会损坏被测器件，而使用脉冲激励进行测量可以安全地对这类器件的特性进行表征，同时也支持控制外部脉冲生成器和调制器，与外部主脉冲保持同步。

（6）支持高级 TDR 功能，可测量传输线的特征阻抗，并帮助定位断点或短路点的具体位置。此外，TDR 功能可通过内部仿真生成眼图，不需要额外的码型发生器即可完成波形一致性测试。利用眼图功能可以更直观地分析信号传输中的噪声、抖动、码间串扰等问题。TDR 功能可广泛应用于 PCB 阻抗测试、材料性能测试、传输线质量测试。

（7）支持 SOLT、SOLR、TRL、Response、Enhanced Response 等校准方法。

SNA6000A 系列矢量网络分析仪的功能如图 5-51 所示。

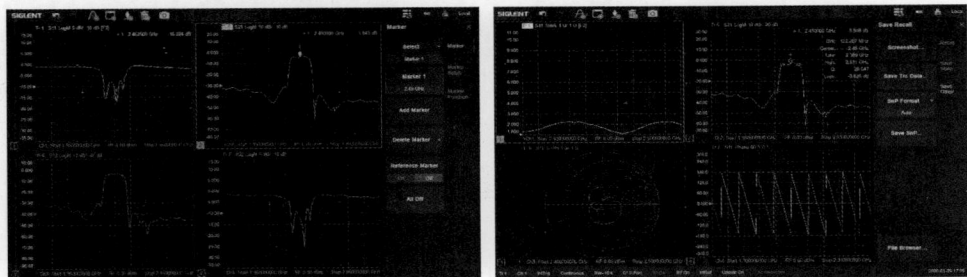

（a）多窗口显示功能　　　　　　　　（b）多种格式数据显示功能

**图 5-51　SNA6000A 系列矢量网络分析仪的功能**

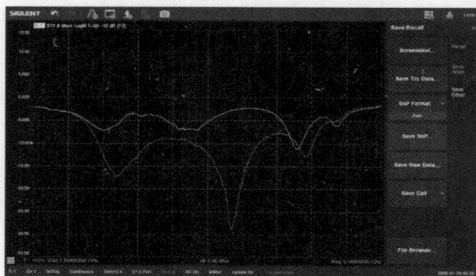

（c）数据存入内存功能（当前数据和历史数据的对比）　　　　（d）保持功能

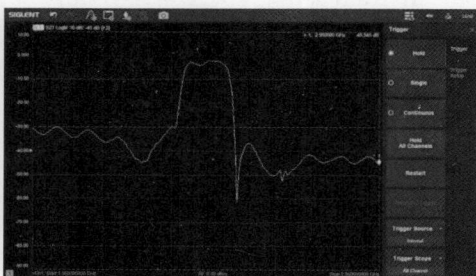

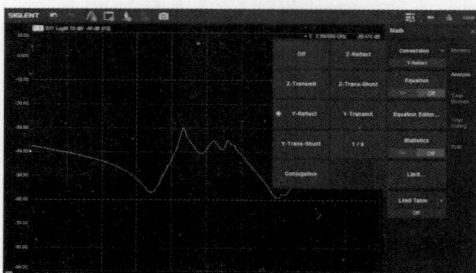

（e）阻抗转换和匹配功能　　　　　　　　　（f）公式输入功能

（g）端口延伸功能　　　　　　　　　　（h）去嵌入功能

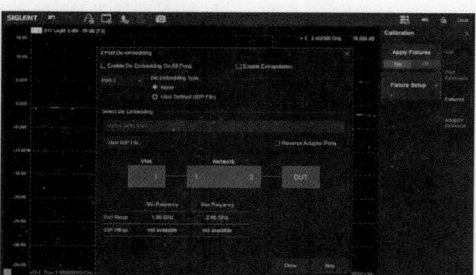

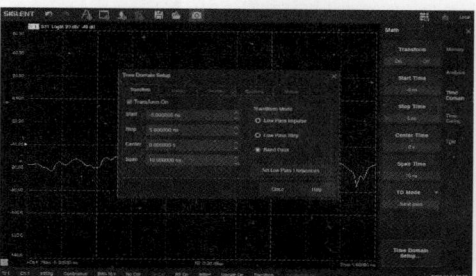

（i）时域分析功能（SNA6000-TDA 选件）　　　（j）增强时域分析功能（SNA6000-TDR 选件）

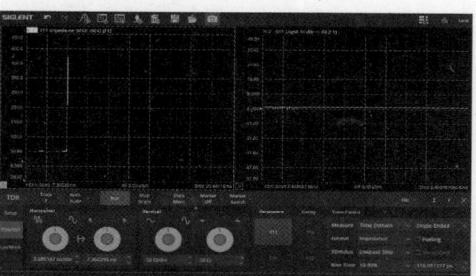

图 5-51　SNA6000A 系列矢量网络分析仪的功能（续）

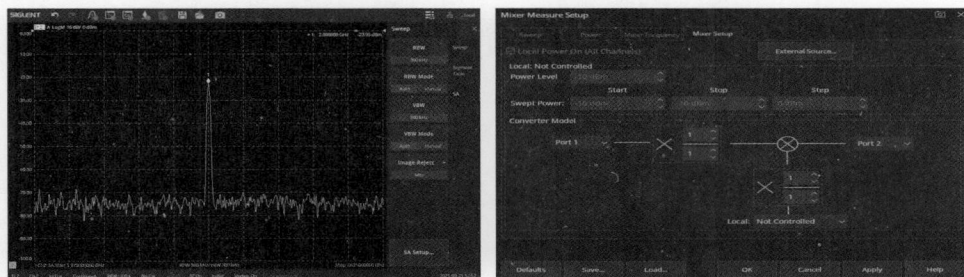

（k）频谱分析功能（SNA6000-SA 选件）　　　（l）标量混频功能（SNA6000-SMM 选件）

**图 5-51　SNA6000A 系列矢量网络分析仪的功能（续）**

　　射频开关矩阵能让多端口器件测试的连线变得简单，并且其也是自动测试系统的重要组成部分，起着控制信号流向的作用。例如，鼎阳科技 SSM5000A 系列射频开关矩阵（见图 5-52），频率范围为 9 kHz～26.5 GHz，适配鼎阳科技所有矢量网络分析仪产品，单台射频开关矩阵可将输出端口扩展至 24 个，还可继续叠加。与传统测量方式相比，使用射频开关矩阵可以提升测量效率，帮助工程师实现矢量网络分析仪和多端口被测物的连接与测试。

　　频率达 50 GHz 的 SSU5000A 系列机械开关含有 1～4 个相互独立、带有 SMA 或 2.4 mm 连接器的单刀双掷机械开关，支持晶体管-晶体管逻辑（TTL）电平控制，可应用在多通道、多端口测试环境中。图 5-53 所示为 SSU5264A 机械开关。

**图 5-52　鼎阳科技 SSM5000A 系列射频开关矩阵**

**图 5-53　SSU5264A 机械开关**

### 2. SVA1000X 系列矢量网络及频谱分析仪

　　图 5-54 所示为 SVA1000X 系列矢量网络及频谱分析仪。SVA1000X 系列矢量网络及频谱分析仪具有以下特点。

　　（1）内置 100 kHz～7.5 GHz 的定向耦合器和反射电桥，可同时对全单端口和单向双端口网络进行矢量分析。

（2）频率范围为 9 kHz～7.5 GHz，显示平均噪声电平为−165 dBm/Hz，相位噪声为−98 dBc/Hz@10 kHz，最小分辨率带宽为 1 Hz，全幅度精度高于 0.7 dB。

（3）单端口方向性为 40 dB，动态范围超过 70 dB，支持端口扩展和可配的速度系数。

（4）支持 DTF 线缆和天线测量，基于网络分析时域测量的线缆和天线参数测量分析，可完成线缆

图 5-54　SVA1000X 系列矢量网络及频谱分析仪

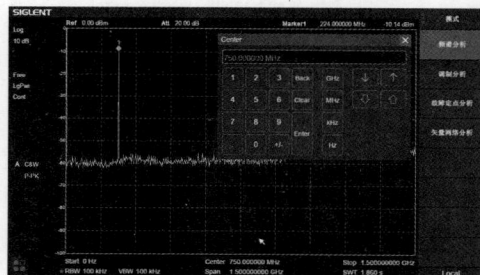

故障点定位、阻抗分析等功能，可测量 40 dB 的回波损耗和 80 dB 的动态范围。

（5）支持 AM/FM 模拟调制分析，以及 ASK/FSK/PSK/MSK/QAM 数字调试分析等调制分析功能，具备 EVM、幅度和相位偏移误差、IQ 偏移误差、增益不平衡等多种数据的分析能力。

SVA1000X 系列矢量网络及频谱分析仪的部分性能指标和功能如图 5-55 所示。

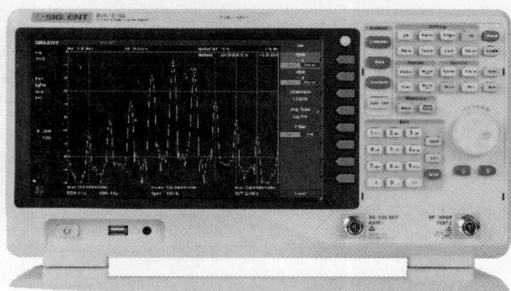

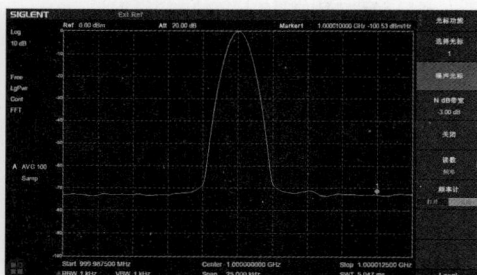

（a）10.1 in 触摸屏　　　　　　（b）相位噪声为−98 dBc/Hz@1 GHz，偏移为 10 kHz

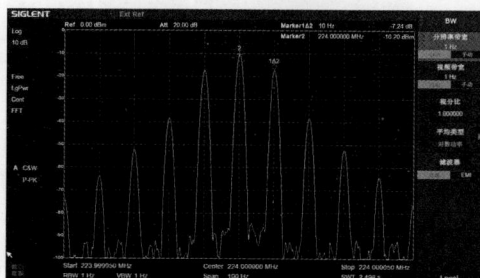

（c）最小分辨率带宽为 1 Hz　　　　　　（d）邻道功率比

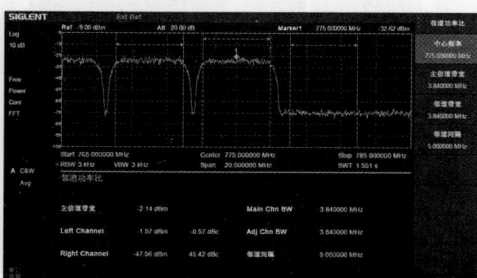

图 5-55　SVA1000X 系列矢量网络及频谱分析仪的部分性能指标和功能

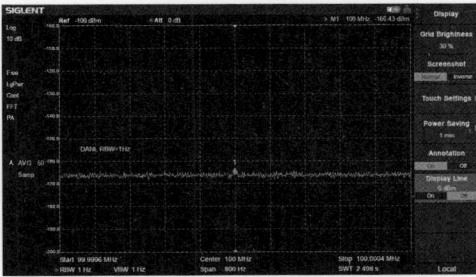

（e）低至−165 dBm/Hz 的显示平均噪声电平

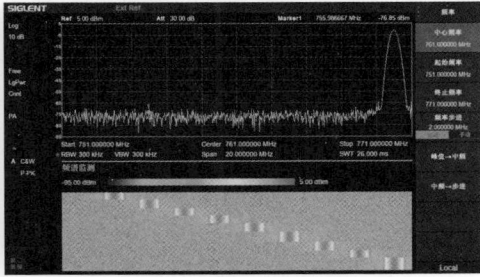

（f）高级测量套件中的频谱检测

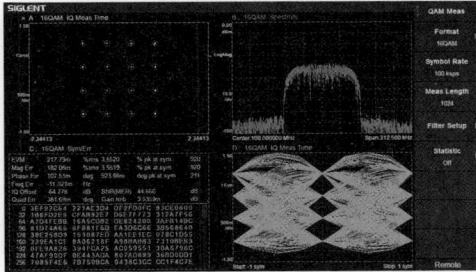

（g）调制分析模式，支持 AM/FM/ASK/FSK/
PSK/MSK/QAM

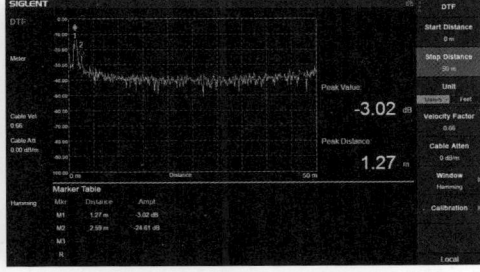

（h）电缆和天线测试模式，基于网络分析时域
测量的电缆和天线故障点定位

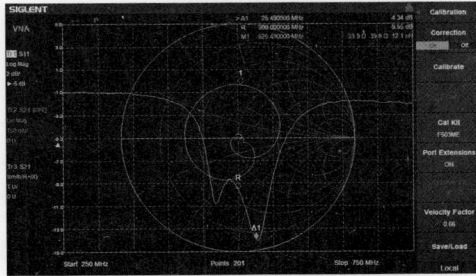

（i）矢量网络分析模式下的史密斯圆图，
同时支持矢量 $S_{11}$ 和 $S_{21}$ 参数测量

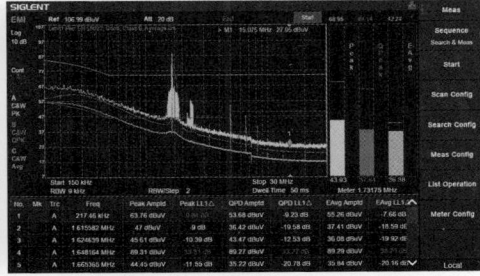

（j）EMI 测量模式，具备 EMI 滤波器和准峰值
检波器的 EMI 测量模式，预存标准限制线集合

**图 5-55　SVA1000X 系列矢量网络及频谱分析仪的部分性能指标和功能（续）**

## 5.7.5　思仪科技天馈线测试仪

图 5-56 所示为思仪科技的 36211 手持式天线与传输线测试仪，其采用射频与微波集成设计技术、宽带基波混频技术、数字化中频处理技术、智能电源管理技术等新技术，可测量回波损耗、电压驻波比、阻抗、DTF 等网络参数，可用于现场的线缆、天线、传输线等的驻波比测试，以及科研、教学中对射频、微波器件的反射参数测试。

36211 手持式天线与传输线测试仪主要有以下特点。

（1）支持 DTF 测试功能，可对线缆等信号传输通道上的阻抗不连续点进行快速定位。

（2）频率范围为 50 MHz～18 GHz。

（3）最高达 1 ms/频点的测量速度，较上一代产品提高了 10 倍以上。

（4）提供 4 个独立光标，还具有光标搜索和△模式功能。

（5）具备休眠节能功能。休眠功能开启时，在一定时间（可以设置休眠时间）没有操作，会自动关闭显示屏和关机。

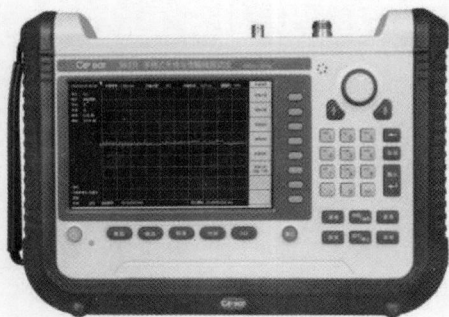

图 5-56　思仪科技的 36211 手持式天线与传输线测试仪

（6）支持扩展存储。机内存储器支持 200 条以上迹线的存储，同时支持外部 USB 存储器，扩展存储数量。

（7）通过 USB 接口可方便地与计算机连接，实现存储迹线数据到计算机的下载和上传。

（8）采用大容量电池，可支持连续工作 4 h 以上。

36211 手持式天线与传输线测试仪的技术指标如表 5-12 所示。

表 5-12　36211 手持式天线与传输线测试仪的技术指标

| 指标名 | 指标值 |
| --- | --- |
| 频率范围 | 50 MHz～18 GHz |
| 初始频率误差 | $\pm 2 \times 10^6$（23 ℃） |
| 温度稳定性 | $\pm 1 \times 10^6/10$ ℃（相对于 23 ℃） |
| 频率分辨率 | 1 kHz |
| 源匹配 | 31 dB |
| 反射跟踪 | $\pm 0.08$ dB |
| 扫描时间 | 1 ms/频点（10 kHz 中频带宽） |
| 扫描点数 | 2～1001 |
| 测试端口 | N 型阴头 |
| 数据接口 | USB A 型、USB B 型和 LAN 接口 |
| 电源适配器 | 交流电源：110 V（1±10%）或 220 V（1±10%）、50 Hz（1±5%） |
| 内置电池 | 标称电压为 10.8 V，标称容量为 6600 mA·h，充电时间约 4 h，工作时间约 4 h |
| 功耗 | ≤25 W（不包括对电池充电） |
| 温度范围 | 工作温度为 -10 ℃～+50 ℃，储存温度为 -40 ℃～+70 ℃ |
| 外形尺寸 | 宽×高×深：290 mm×215 mm×78 mm（含侧提带），<br>宽×高×深：285 mm×215 mm×78 mm（不含侧提带） |
| 质量 | 小于 3.0 kg（不含电池），小于 3.5 kg（含电池） |

### 5.7.6　创远信科天馈线测试仪

图 5-57 所示为创远信科的 SiteHawk 系列天馈线测试仪，包括 SK-4500、SK-6000 和 SK-9000 等，频率范围为 1～9000 MHz。SiteHawk 系列天馈线测试仪采用 Android 操作系统，配备高分辨率彩色触摸屏，体积小、质量轻、携带方便。

SiteHawk 系列天馈线测试仪可应用于线缆生产检验、船舶通信测试、公共通信安全保障、半导体生产检验等射频应用产业。其主要有以下特点。

（1）外形小巧，质量仅 0.9 kg。

（2）测量速度达 1 ms/point。

（3）最远测量距离为 1500 m。

（4）内置电池续航时间大于 5 h。

（5）频率分辨率为 1 kHz，支持同时扫描 3201 个数据点，具有极高的频率精度即 $\pm 2.5 \times 10^{-6}$。

（6）具有高清彩色液晶屏幕，阳光直射可视，是现场应用仪表。

**图 5-57　创远信科的 SiteHawk 系列天馈线测试仪**

（7）内置 32 GB 存储空间，测量数据可通过 Wi-Fi 云端共享蓝牙（Bluetooth）或连接 U 盘记录等多种方式传输。

### 5.7.7　鼎阳科技天馈线测试仪

图 5-58 所示为鼎阳科技 SHA800A 系列手持式无馈线测试仪。

SHA800A 系列手持式无馈线测试仪具有以下特点。

（1）电池续航 4 h，也可配置车载充电器和 GPS 定位功能，可在各种现场测试环境下识别出不良信号源，大幅减少定位信号所需的工作量，可应用于通信基站测试、汽车 OTA 测试、频谱监测等。

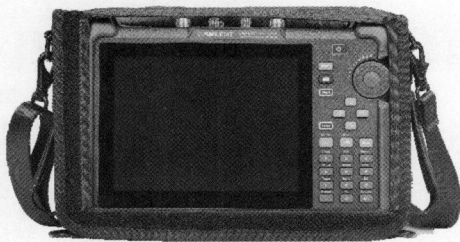

**图 5-58　鼎阳科技 SHA800A 系列手持式无馈线测试仪**

（2）搭载 8.4 in 的薄膜晶体管-液晶显示（TFT-LCD）屏，支持多点触控操作，质量为 3.2 kg，通用 USB、LAN 通信接口可连接个人计算机显示测试画面，支持外接鼠标和键盘，实现远程操控。

（3）频谱分析的测量范围为 9 kHz～7.5 GHz，显示平均噪声电平为 −165 dBc/Hz，单边带相位噪声 ＜ −104 dBc/Hz @1 GHz，10 kHz 频偏。标配 7.5 GHz 的独立信号源和 25 dB 的前置放大器，支持 GPS 定位和记录，可实现广播监听、无线干扰定位、信道扫描监测、电磁兼容测试等功能。

（4）线缆和天线分析模式下可测量的频率范围为 100 kHz～7.5 GHz，支持 DTF、时域反射、1 端口线缆损耗、2 端口插入损耗、回波损耗及 VSWR 等的测量功能。

（5）支持同时测量幅度和相位响应，同时测量矢量 $S_{11}$ 和 $S_{21}$ 参数；支持反射/传输系数、回波/插入损耗、相位、群时延、电压驻波比、史密斯圆图、极坐标等多种显示格式。

（6）可适用于同时测量滤波器的通带和带外抑制性能，可测量高抑制度窄带器件。

（7）支持多种调制方式，包括 AM/FM/PM 模拟调制、ASK/FSK/PSK/MSK/QAM 数字调制等。

SHA800A 系列手持式矢量网络分析仪的功能如图 5-59 所示。

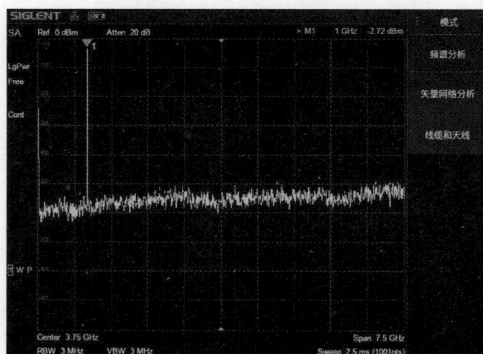

（a）触摸屏支持鼠标和键盘控制，支持网络远程控制　　　（b）使用 GPS 定位和记录轨迹

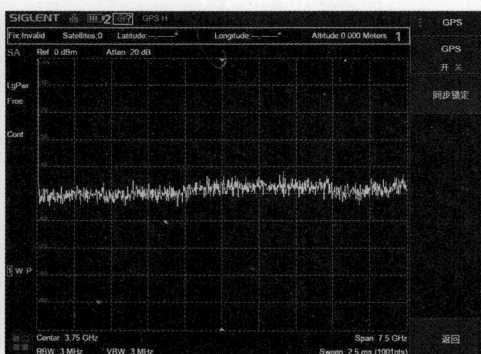

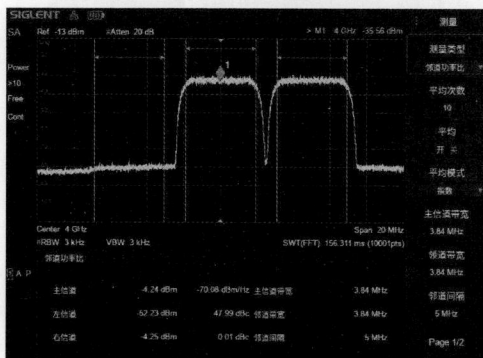

（c）测量邻道抑制比　　　　　　　　　（d）使用定向天线排查干扰源

**图 5-59　SHA800A 系列手持式矢量网络分析仪的功能**

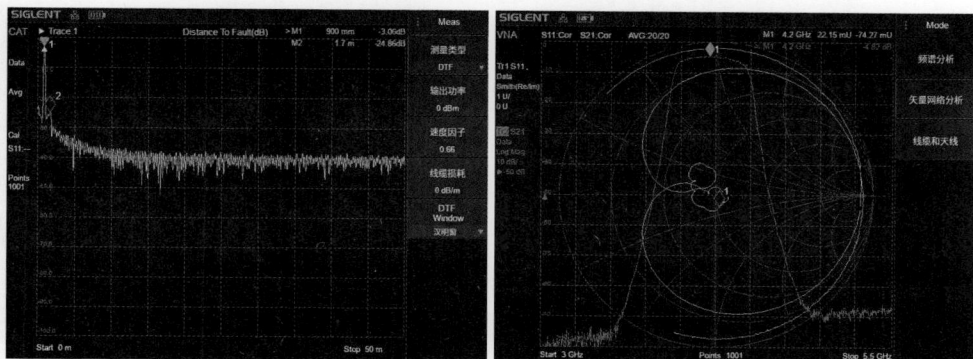

（e）基于时域测量的电缆和天线故障点定位 （f）史密斯圆图，同时支持 $S_{11}$ 和 $S_{21}$ 测量

**图 5-59 SHA800A 系列手持式矢量网络分析仪的功能（续）**

定向天线常用于对安全部门和无线电管理部门定位发射源和干扰源的查找，也可以应用于 EMC 测试、场强扫描、基站检测维护、变电站电力系统检测维护、汽车 EMI 检测、医疗设备辐射、伪基站检测等领域。

图 5-60 所示的 ANT-DA1 系列手持式定向天线的频率范围为 10 MHz～8 GHz。天线套装包含 3 个不同频段的定向天线和一个内置宽带低噪声放大器的手柄，可实现垂直或水平极化方向信号的测试；手柄内置宽带低噪声放大器和可充电电池，设计有"直通"和"放大"两种工作模式以扩大接收信号的动态范围；与带稳相低损柔性射频线缆的矢量网络分析仪一起使用。

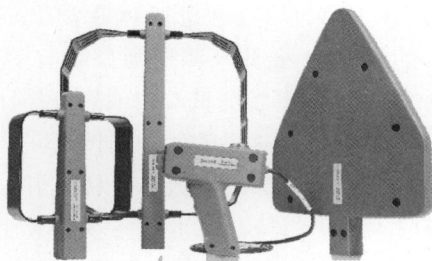

**图 5-60 ANT-DA1 系列手持式定向天线**

## 5.8 有关矢量网络分析仪的测试实例

### 5.8.1 PCB 布线故障分析

基于矢量网络分析仪的 TDR（即 VNA-TDR）方案可以实现 PCB 的布线故障分析。

在进行实际测量之前，需要对矢量网络分析仪进行校准，如图 5-61 所示，以便在后续测量结果中排除测试系统误差。为获得较高的测量精度，使用标准校准件对矢量网络分析仪测试端口进行 OSL 校准。若被测传输线具有与矢量网络分析仪的系统阻抗不同的特征阻抗，应当在进行实际测量前将矢量网络分析仪测试端口阻抗设置为传输线特征阻抗。

VNA-TDR 参数配置如图 5-62 所示。TDR 进行故障定位的基本原理是通过反射信号相对于激励的时延计算反射点所在的位置，但电磁波的传播速度因介质而异，因此为方便地读取 DUT 上各故障点所在的位置，可在进行实际测试前设置 DUT 中介质的介电常数或传播常数（计算时默认磁导率为 1.0）。

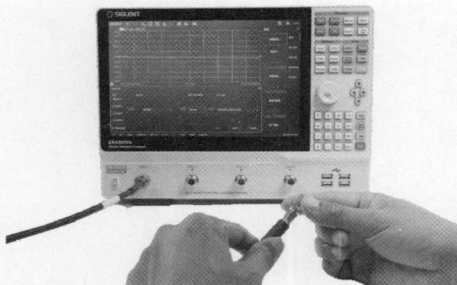

图 5-61　对矢量网络分析仪进行校准

图 5-62　VNA-TDR 参数配置

使用 VNA-TDR 进行 PCB 测试如图 5-63 所示。在射频及以上频段，为将 PCB 上的测试电路引入测试通路中，需借助 PCB 上的射频测试端口或射频探针。但 PCB 设计所提供的射频测试点并不总是能够实现将待测试的部分直接引入，有时不得不将待测试电路两端的其他电路一并作为 DUT 进行测试，而射频探针本身也将影响测试结果。TDR 需要使用夹具去嵌入方法对测试结果进行校正，VNA-TDR 方案给出的夹具去嵌入方法

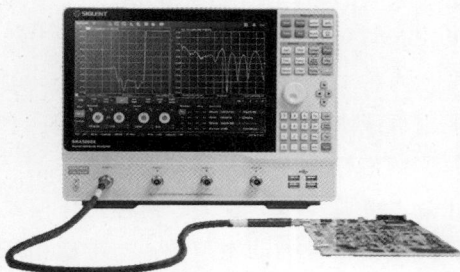

图 5-63　使用 VNA-TDR 进行 PCB 测试

基于 S 参数矩阵中的夹具网络特性，只要基于仿真方法获得射频测试点至待测电路之间的网络 S 参数矩阵或直接导入射频探针生产商给出的 SNP 文件即可从测试结果中消除夹具网络的影响。PCB 测试夹具网络去嵌入如图 5-64 所示。

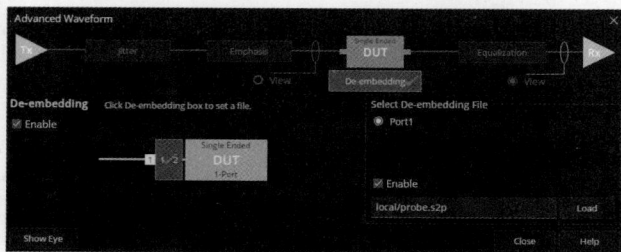

图 5-64　PCB 测试夹具网络去嵌入

为方便地获得 DUT 各点处的阻抗，使用低通阶跃模式进行测量；将时域响应以阻抗格式显示，横轴时间代表反射波到达校准参考面（夹具靠近 DUT 的端口）所需的时间，可用于定位迹线上各点对应的传输线位置。利用光标可读出传输线上各处对应的特征阻抗，通过分析阻抗随时间轴的变化可分析传输线上的故障类型。

若 DUT 的阻抗分布如图 5-65 所示，可观察到图中存在多个阻抗失配点。由于前面的失配点处部分测试信号被反射，将导致到达后续失配点的测试信号偏小，从而影响对后续失配点反射系数的计算精度，这被称作多重失配的掩蔽现象。如果测试信号在 DUT 传输过程中无损耗，那么可根据之前时刻接收的反射信号推算到达 DUT 后续部分的实际入射信号，从而解决上述问题；但如果测试信号在 DUT 传输过程中存在较大的损耗或旁路泄漏，使用此方法不可获得真实入射信号，反而可能引起更大的精度问题。

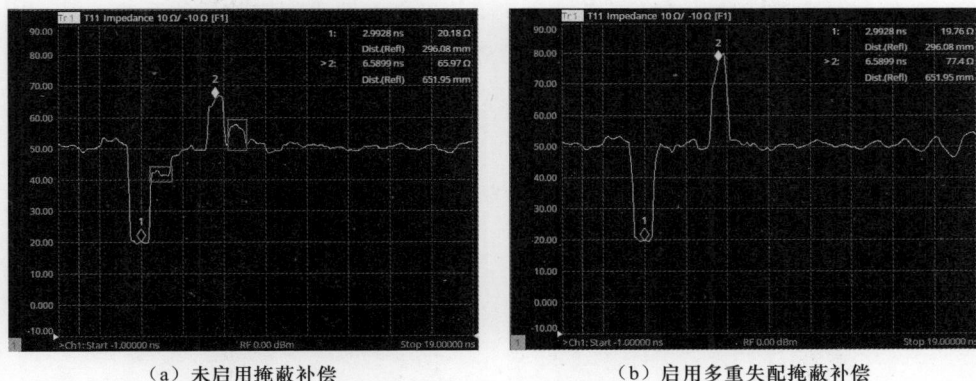

（a）未启用掩蔽补偿                （b）启用多重失配掩蔽补偿

**图 5-65   DUT 的阻抗分布**

在未启用掩蔽补偿［见图 5-66（a）］时，可观察到在标识的位置存在阻抗失配现象；但时域上在第一个阻抗失配点（由标识 1）之后的入射波电压下降，导致根据后续的反射波电压计算的后续失配点阻抗（由标识 2）存在误差。此外，后续反射波在多个失配点处多次反射，导致反射波部分信号延后到达测试端口，因此可观察到在每一段失配后存在错误的失配镜像（由红色方框标识）。

在启用多重失配掩蔽补偿［见图 5-65（b）］后，可消除因掩蔽现象导致的误差；使用标识读出各段的阻抗及所在位置，并根据阻抗变化情况判断故障类型。在图 5-65 中可读出在距离校准参考面（或夹具端口）后约 300 mm 及 650 mm 处分别存在阻抗约为 20 Ω、75 Ω 的失配段。

在进行实际系统设计之前，可利用 TDR 的时域门控功能对时域响应进行带阻滤波，以模拟某一部分故障排除后的系统频域响应；或对时域响应进行带通滤波，分析某一故障对系统频域响应的影响。TDR 时域门控的基本原理是在时域上进行滤波，然后将其变换到频域；而 VNA-TDR 方案中可直接在频域上与滤波器进行卷积实现时域门控效果。

由于滤波器通带纹波、截止速率与旁瓣电平等对时域门控效果存在一定影响，因此在使用窗函数法进行滤波器设计时，可对窗函数参数进行适当配置，以获得理想的时域门控效果。

此外，由于在时域滤波前的时域响应受到多重失配掩蔽现象的影响，时域门控并不能完全得到理想的频域响应。例如，在保留时间轴左侧较严重的失配点，并对后续的失配点时域位置进行带阻滤波时，由于后续失配点处的时域响应受到掩蔽现象的影响，故所得的频域响应与理想值相比可能存在较大偏差。

为展示时域门控功能在测试中的应用，在某传输线上添加两个旁路电容，对其进行 TDR 测量，所得结果如图 5-66（a）、图 5-66（b）所示。为获得第一个旁路电容对传输线频率响应的影响，或者模拟消除第二个旁路电容影响后的系统响应，对第二个失配点（标识 2 处）执行时域带阻选通，所得频率响应如图 5-66（c）所示。

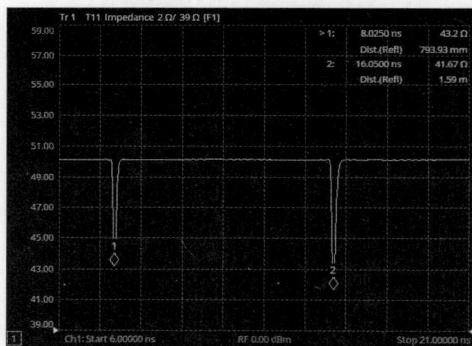

（a）启用门控前的时域响应

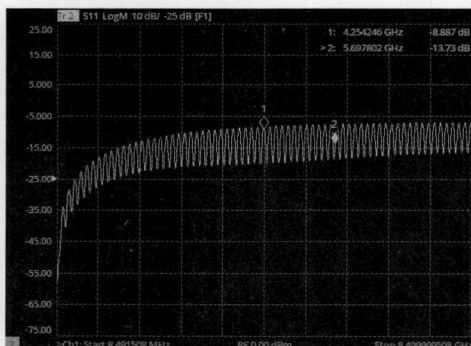

（b）启用门控前的频率响应

（c）启用门控后的频率响应

**图 5-66　时域门控功能效果**

## 5.8.2  高速数字信号传输性能分析

利用 TDR 时域传输测量功能可对数字信号传输系统性能进行测试与分析。在高速数字信号传输系统测试领域，VNA-TDR 方案通过测量 S 参数更容易在高频段实现。

在进行实际测量之前，同样需要对矢量网络分析仪进行校准，根据传输系统输入阻抗、输出阻抗调整矢量网络分析仪测试端口阻抗。如有必要使用夹具实现 DUT 连接，应当对每个测试端口执行夹具去嵌入。如需分析传输系统物理长度，可配置传输系统内介质的介电常数或传播常数。为获得较高的测量精度，使用标准校准件对矢量网络分析仪测试端口进行 SOLT 或 SOLR 校准（全二端口校准）。使用 VNA-TDR 进行数字信号传输性能测试如图 5-67 所示。

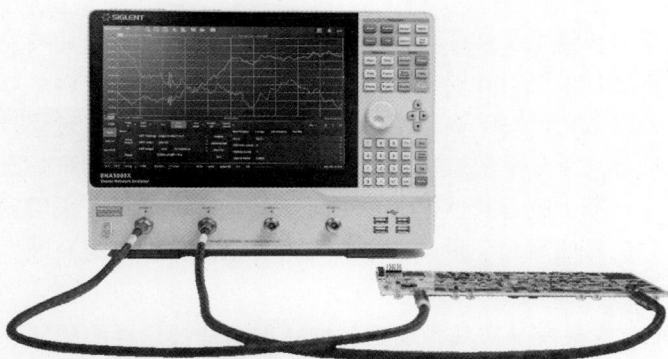

**图 5-67  使用 VNA-TDR 进行数字信号传输性能测试**

为分析数字信号传输性能，采用低通阶跃模式进行测试；将时域响应以电压或传输系数格式显示，迹线显示到达接收测试端口（夹具靠近 DUT 的端口）的时域信号。利用光标可读出信号传输时延及传输系统的物理长度（若介质的介电常数或传播常数被正确地配置）。

在分析高速数字信号传输性能时，信号畸变是重要的测试内容。在 VNA-TDR 方案中，通过调整时域变换时应用的窗函数参数可模拟 DUT 对不同上升时间阶跃激励的响应，以实现对 DUT 在实际工作条件下的性能测试。

为探究 DUT 传输性能导致的信号畸变，可使用游标搜索中的上升时间搜索功能获取传输端接收的时域信号上升时间，结合激励信号上升时间对信号畸变程度进行初步估计，并预估 DUT 对传输信号抖动的最高容限以及特定码率下码间串扰的严重程度。

图 5-68 所示为使用 VNA-TDR 对某传输线进行测试的结果，激励阶跃信号上

升时间为 120 ps。从测试结果可观察到由于传输系统的高频衰减较大，传输信号的上升时间明显变长；当传输数字信号比特率高于传输信号上升时间的倒数时，将产生严重的码间串扰问题。此外，在时域测试结果中还能观察到明显的上升沿畸变现象，可用于初步估计信号传输质量。

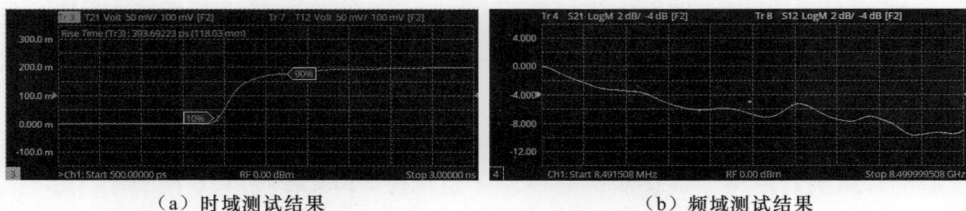

（a）时域测试结果　　　　　　　　　　　（b）频域测试结果

**图 5-68　使用 VNA-TDR 对某传输线进行测试的结果**

若测试所得的传输系统性能不能达到设计要求，为减少设计与测试成本，通常考虑在不重新进行系统设计的前提下，为原系统输入或输出端级联一个补偿网络，以改善其传输效果。对于高速数字信号传输系统而言，传输信号发生畸变的主要原因在于信号高频分量的衰减强于低频分量的；在此情形下，对高频分量进行增益补偿是在频域上改善其性能的常用方法。在输入端，可采用预加重技术预先放大输入数字信号的高频分量；在输出端，可级联一个高通滤波器实现信号各频率分量的增益均衡。

VNA-TDR 方案很容易实现预加重与增益均衡滤波这样的频域补偿仿真，只需给出主要技术参数即可通过仿真分析不同补偿策略下的系统修正效果。

VNA-TDR 增益均衡仿真配置如图 5-69 所示。将 DUT 频域响应变换到时域，得到 DUT 的单位冲激响应；计算 DUT 在任意输入下的零状态响应，从而绘制在指定符号率、指定码型的输入情形下的眼图。利用眼图可更直观地分析信号传输中的噪声、抖动、码间串扰等问题。眼图测试如图 5-70 所示。

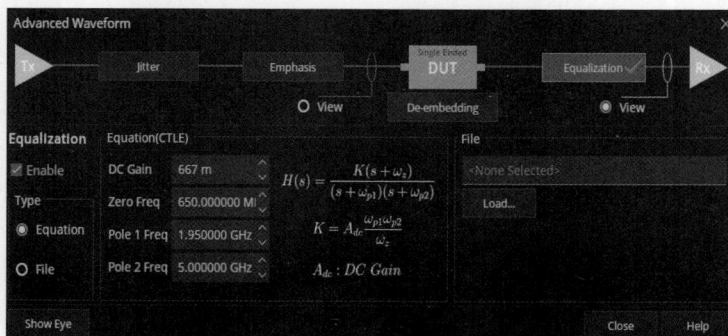

**图 5-69　VNA-TDR 增益均衡仿真配置**

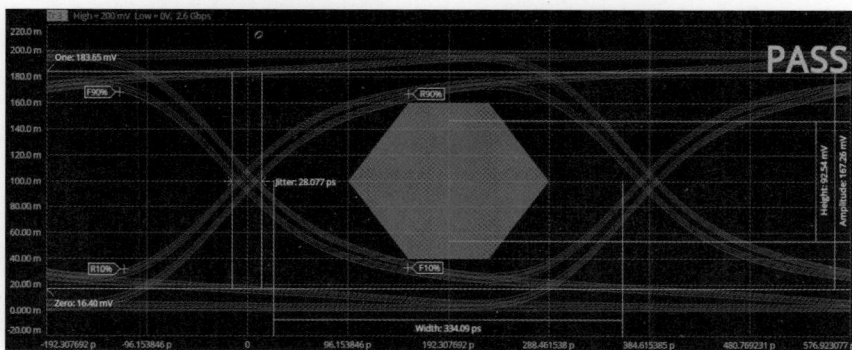

图 5-70　VNA-TDR 方案的扩展——眼图测试

### 5.8.3　测量低通滤波器带宽

矢量网络分析仪内置跟踪源和反射电桥，能够同时扫描幅度和相位，可对射频电路网络进行矢量 S 参数测量，并以史密斯圆图、极坐标等方式更精确地显示射频电路网络特征。下面以鼎阳科技 SVA1015X 测试仪为例，来测试一个标称值为 48 MHz 的低通滤波器的矢量网络特性。

校准：在矢量网络分析模式下进入校准界面并按仪器提示在 Port1 端口依次接入"open""short""load"校准件，并锁紧校准件。由于本次测试的低通滤波器只有 48 MHz，因此只需校准 10～100 MHz 即可满足要求。设置初始频率为 10 MHz、终止频率为 100 MHz 后，直接把 Port1 与 Port2 外接部件连接，然后进行归一化校准，直至校准完成。

把待测滤波器接入已经校准的线缆里并锁紧，如图 5-71 所示。

可以通过矢量网络分析仪测试滤波器的幅频特性及驻波比来评估滤波器质量。

在测量 $S_{21}$ 时，设置显示类型为对数幅度，并根据测量值调整参考电平和刻度。扫描完成后，即可得到滤波器的幅频曲线，如图 5-72 所示。

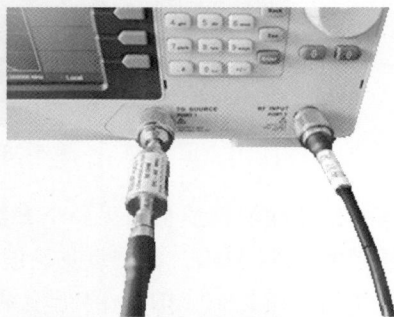

图 5-71　把待测滤波器接入已经校准的线缆里并锁紧

对于测得的幅频曲线，我们可以通过光标查看各频点的测量值，如图 5-73 所示。SVA1015X 测试仪配备 4 个光标。因此，我们可以同时打开所有光标查看各频点的测量值。通过光标可以得到此滤波器的−3 dB 点在 54 MHz 处。54 MHz 以上，幅度将快速下降。

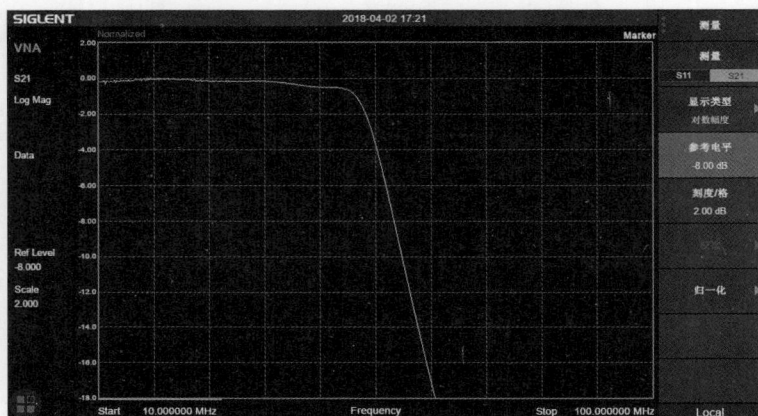

图 5-72　幅频曲线

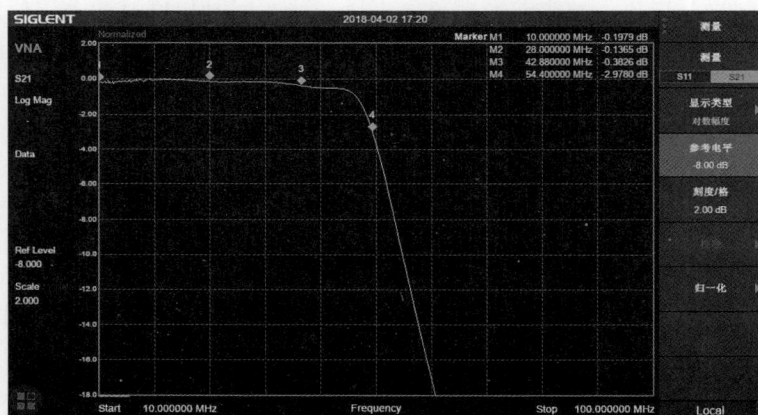

图 5-73　通过光标查看测量值

评估滤波器质量的另一个参数是驻波比。在前面的测试中，我们已知滤波器的带宽为 54 MHz。在测量其驻波比前，我们只需测量 10～55 MHz 的驻波。设置好初始频率为 10 MHz、终止频率为 55 MHz 并归一化校准后，即可测量驻波比。

在测量 $S_{11}$ 时，设置显示类型为驻波比，并根据测量值调整参考电平和刻度。扫描完成后，可以得到滤波器的驻波比曲线。同时通过 4 个光标查看各频点的驻波比，如图 5-74 所示。从图中可以得知，滤波器在超过 48 MHz 后，驻波比将显著增大。因此，滤波器标称值为 48 MHz 是非常准确且严谨的。

在前面的测试中，根据幅频特性及驻波比的测量结果，得出滤波器的 48 MHz 带宽是比较理想的，接下来通过测量相位评估其性能。我们将相位分析对象的频段定为 10～100 MHz。设置好初始频率为 10 MHz、终止频率为 100 MHz 并归一化校准后，即可测量相位。

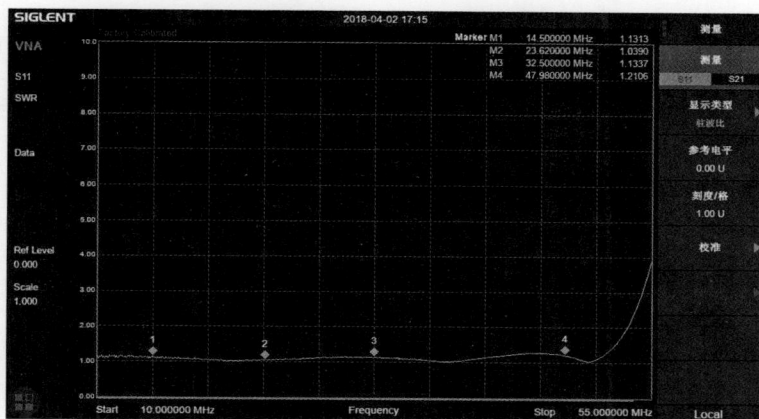

图 5-74　通过光标查看驻波比

在测量 $S_{21}$ 时，设置显示类型为相位，并根据测量值调整参考电平和刻度。扫描完成后，可以得到相位曲线，如图 5-75 所示。

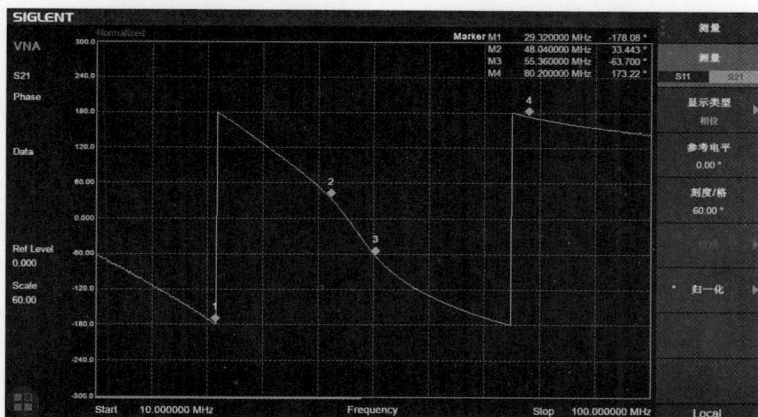

图 5-75　相位曲线

从图 5-76 可以看到 10～48 MHz（标识 2）相位是线性变化的。在标识 2 后的带外相位已经发生变化，不再是线性的。

测试结论：通过分析矢量网络的幅频特性、驻波比特性以及相位特性，可以得出此滤波器的理想带宽为 48 MHz。

## 5.8.4　混频器测试

混频器是将不同频率的信号混频以实现频率变换的三端口器件，理想的混频器输出信号由两个输入信号的和或差组成,利用非线性器件达到频谱搬移的目的。典型混频器的原理如图 5-77 所示，两个输入信号分别是 LO 信号、RF 信号，输出信号是 IF 信号。

$$f_{out} = |f_{in} \pm f_{LO}| \qquad (5-19)$$

混频器一般由 3 个部分组成：本振、非线性器件以及滤波器。按非线性器件的不同性质，混频器可以分为有源器件混频器和无源器件混频器两类。

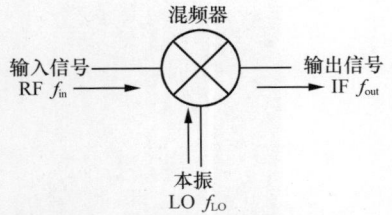

图 5-76　典型混频器的原理

（1）采用晶体管或场效应晶体管作为非线性器件的混频器称为有源器件混频器，其优点是可得到 4～6 dB 的增益，且组合干扰小、输入阻抗高及抗镜频干扰能力强等；缺点是需要额外的直流偏置，电路结构和设计方法比较复杂。

（2）采用二极管作为非线性器件的混频器称为无源器件混频器，其特点是结构简单，便于集成化，工作稳定，而且性能良好，是目前主要的微波混频器；但由于这种混频器是无源器件，因此有一定的变频损耗。

按电路结构形式不同，混频器可分为两大类：一类是采用 1 个混频管的，称为单端混频器；另一类是用 2 个或 4 个相同特性的混频管组成平衡或环形电路的，称为平衡或环形混频器。单端混频器电路结构比较简单，但其性能较差。平衡混频器又可分为单平衡混频器及双平衡混频器两种，具有噪声小、灵敏度高、抗干扰能力强及频带宽等优点。

混频器是微波毫米波系统的重要部件。在接收机中，混频器一般位于前端或者低噪声放大器的后端，它的性能指标如变频损耗、隔离度等直接影响到整个系统性能的好坏，在混频器研发、生产的各个阶段，都需要对其性能指标进行测量。

以鼎阳科技的四端口矢量网络分析仪 SNA5084X 为例，测试混频器。SNA5084X 内置两个独立信号源，允许同时馈送 LO 和 RF 输入信号。如图 5-77 所示，端口 1 提供 RF 输入信号，端口 3 提供 LO 输入信号，端口 2 连接混频器输出端。因为端口 1 和端口 2 共享同一个内部信号源，所以混频器的 LO 和 RF 端口不能同时连接端口 1 和端口 2。在混频器测试中，RF 和 LO 信号通常具有不同的频率。出于同样的原因，RF 和 LO 端口不能同时连接端口 3 和端口 4。

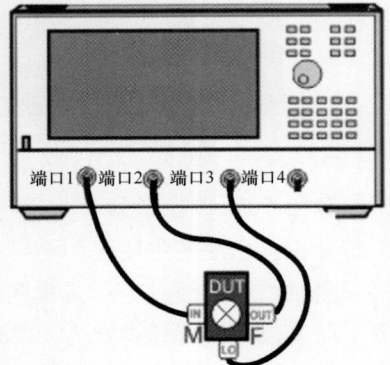

图 5-77　使用四端口矢量网络分析仪 SNA5084X 进行混频器测试

但对于双端口矢量网络分析仪 SNA5082X，只有一个内部信号源，因此需要一个外部 RF 信号发生器（适配鼎阳科技的所有 SSG 系列信号发生器）。可将外部信号源独立设置为固定 LO,或者由矢量网络分析仪控制进行扫描,只需将 USB Device 接口连接至信号发生器,将 USB Host 接口连接至矢量网络分析仪端口。图 5-78 所示为使用双端口矢量网络分析仪进行混频器测试的情况。

　　完成所有连接后,打开混频器测试模式,配置混频器相关参数并进行混频器校准,校准完后进行混频器测试。在所有测试中,混频器都应正确通电。

　　四端口矢量网络分析仪 SNA5084X 有专用的混频器设置选项卡,可以解决传统频率偏置测量中的校准和测试的问题,可以设置被测混频器的起始频率和终止频率,输入 LO 信号后,可自动

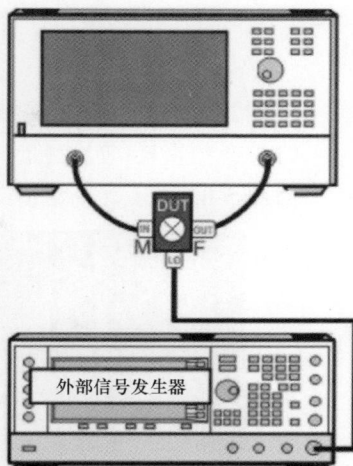

图 5-78　使用双端口矢量网络分析仪进行混频器测试的情况

计算得到混频器输出频率范围,并设置矢量网络分析仪接收机部分的偏置频率,以及外部本振源的偏置频率和输入功率,相关参数设置情况如图 5-79 所示。

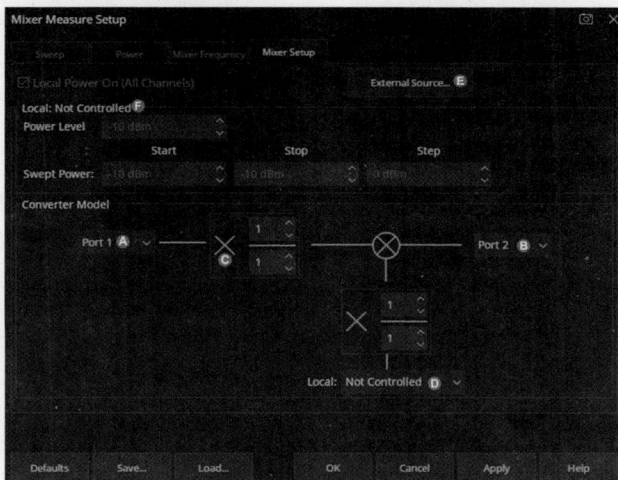

图 5-79　相关参数设置情况

### 1. 变频损耗（或增益）测量

　　混频器的一个重要参数是变频损耗（CL）,它是混频器的主要衡量指标。如图 5-80 所示,变频损耗即混频器的变换效率,即输出功率 $P_{out}$ 与输入功率 $P_{in}$ 之比,即

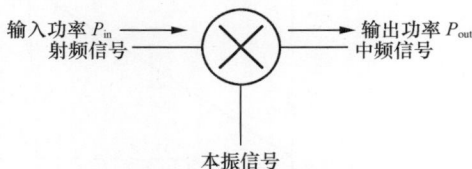

图 5-80　变频损耗示意

$$CL = 10\lg\frac{P_{\text{out}}}{P_{\text{in}}} \tag{5-20}$$

混频器的典型变频损耗测量包括以下 3 种类型。

（1）变频损耗/增益测量——RF 线性频率扫描

如图 5-81 所示，正常情况下，混频器变频损耗为−10～1 dB。

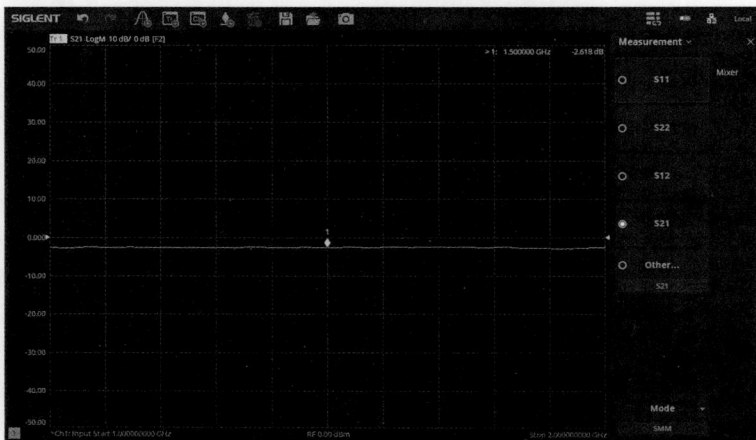

图 5-81　RF 线性频率扫描

（2）1 dB 压缩点测量——RF 功率扫描

在接收系统中，混频器最有可能是整个系统中功率最高的器件。因此线性规格非常重要，它可以确定整个接收器的诸多系统规格，可以用 1 dB 压缩点（P1dB）和三阶截点（IP3）来描述，其关系如图 5-82 所示。在标准或线性工作条件下，混频器的变频损耗是恒定的，与 RF 功率无关，即当以 1 dB 的幅度增加输入功率时，输出功率也会以 1 dB 递增。在 P1dB 处，输入功率提高，输出不随输入功率线性增加。

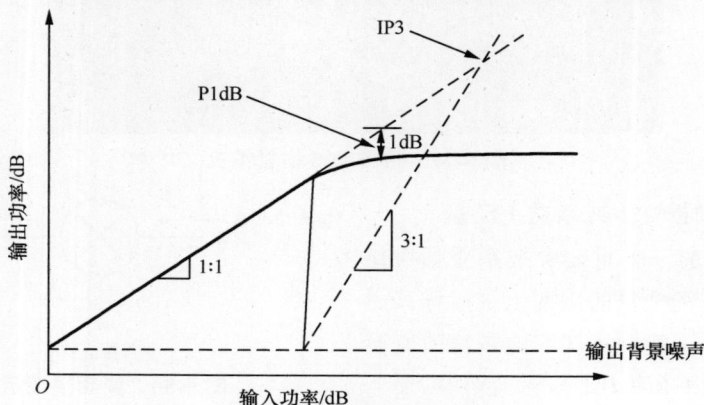

图 5-82　P1dB 与 IP3 的关系

　　在 P1dB 处或更高点运行混频器会使 IF 或 RF 信号失真，同时会增加频谱中的杂散量。P1dB 影响系统的动态范围，P1dB 的值越大，系统性能越好，动态范围越大。在 RF 输入压缩测量中测量混频器变频损耗与 RF 输入功率的关系，设定一个固定频率的 RF 功率扫描，如图 5-83 所示，得到增益值为 −3.788 dB，所以 P1dB 的值为 −4.788 dB。

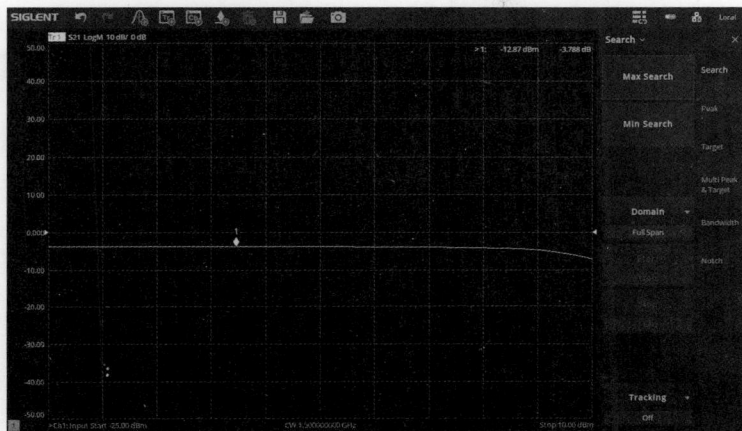

**图 5-83　增益值**

　　输入目标值 −4.788，标识 1 意味着在 1.5 GHz 的频率下，当 RF 输入功率为 6.821 dBm 时，混频器的变频损耗/增益为 −4.792 dB，它开始进入压缩区域，如图 5-84 所示。

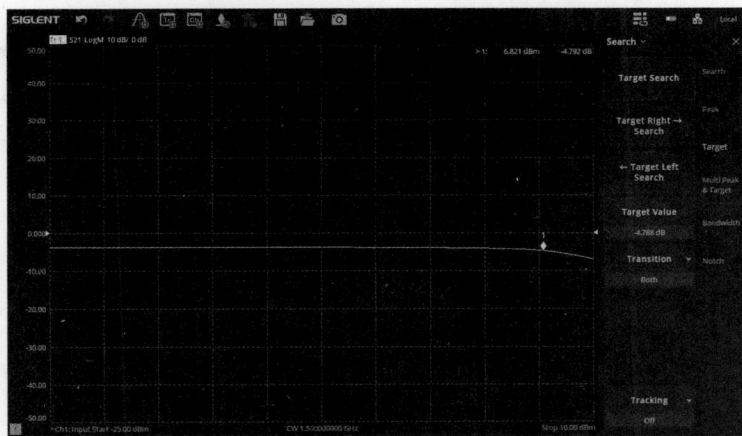

**图 5-84　压缩区域**

（3）变频损耗/增益与 LO 功率的关系的测量

　　另一个重要指标是混频器的变频损耗与 LO 功率的关系，如图 5-85 所示。功率电平指馈送到混频器各端口的功率电平，一般指本振端口的功率电平。功率电平不足或者过高会降低混频器性能，同时功率电平过高可能损坏器件。与无源器件混频器相比，有源器件混频器所需的 LO 功率往往较少，并且 LO 功率范围具有更高的灵活性，可获得更好的混频器性能。当 LO 功率电平可以适当偏置混频二极管时，变频损耗最小。因此，RF 输入功率是固定的，将起始和终止功率设置为相同的数值。

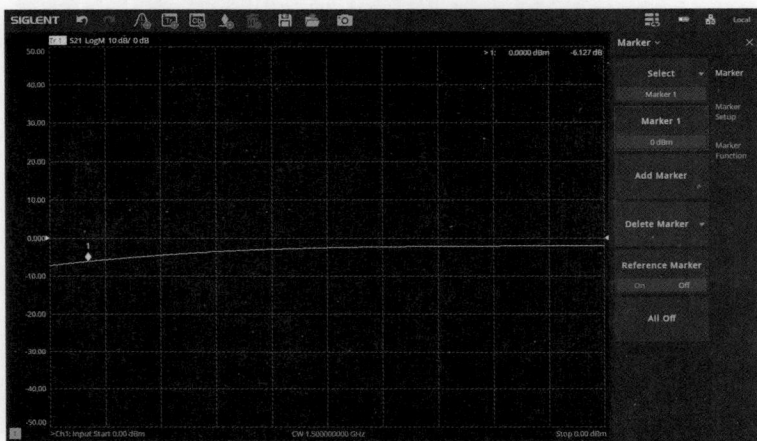

**图 5-85　变频损耗与 LO 功率的关系**

从 $S_{21}$ 曲线可以看出，对于低电平 LO 功率，变频损耗很大。当 LO 功率电平足够高时，变频损耗轨迹变得平坦。如果使用一个四端口矢量网络分析仪，可以增加一个 LO 端口输出功率的测量，并准确地看到转折点。

**2. 隔离度测量**

隔离度的定义是一个信号端口泄漏到其他端口的功率与原来功率之比。混频器的隔离度是指各个频率输入输出端口的隔离度，包括本振信号与射频信号的隔离度、本振信号与中频信号的隔离度，以及射频信号与中频信号的隔离度等，通常包括 4 个部分，即 LO-RF、LO-IF、RF-LO、RF-IF，如图 5-86 所示。LO-RF 表示信号从 LO 端口泄漏到 RF端口，其他 3 个以类似方式表示。其中，本振信号与射频信号的隔离度是比较重要的指标。尤其是在多通道接收机系统中，在本振信号与射频信号的隔离度较差的情况下，容易出现交叉干扰。

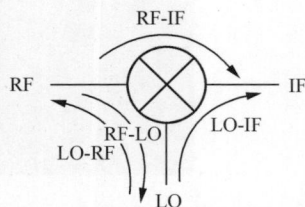

**图 5-86　信号泄漏或馈通**

由于输入信号（特别是 LO 信号）较高，足以导致系统性能下降，故隔离至关重要。LO 泄漏会通过干扰 RF 放大器或在天线端口辐射 RF 能量，从而干扰输入信号。LO 至 IF 输出的泄漏会压缩接收机阵列中剩余的 IF 单元，引起处理错误。

RF 至 IF 的泄漏以及 IF 至 RF 的泄漏表示电路平衡性能，该性能与变频损耗有关。混频器的平衡性能越好，变频损耗就越少，因此，也具有较好的变频性能平坦度。内部变压器不平衡或存在引线电感是泄漏的主要原因，良好的隔离对应低泄漏或馈通。如图 5-87 所示，这些 S 参数的绝对值越高，混频器的隔离度越好。

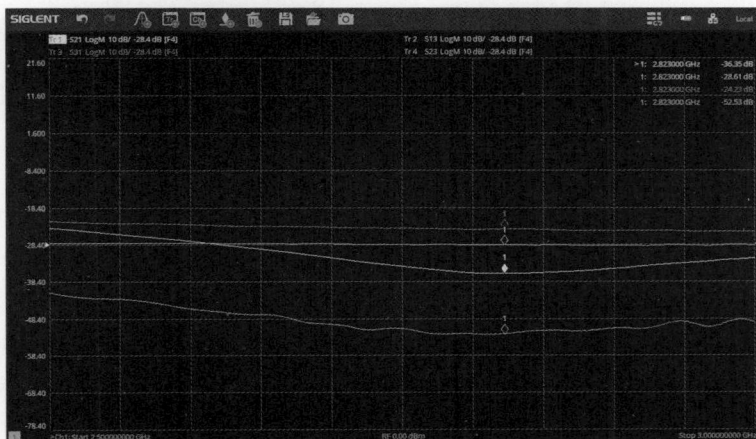

图 5-87　隔离度测量

### 3. RF 和 LO 端口的回波损耗测量

回波损耗是衡量各端口匹配状态的参数。RF 和 LO 端口的回波损耗的测量可在四端口 SNA 系列的矢量网络分析仪上轻松实现，如图 5-88 所示。

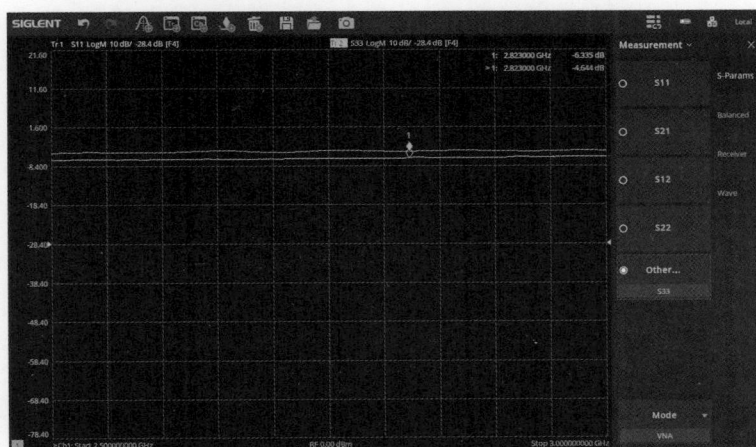

图 5-88　回波损耗测量

### 5.8.5　天线测试

矢量网络分析仪可用于天线测试，本节以玖锦科技的 VNA1000A 矢量网络分析仪为例进行说明，如图 5-89 所示。VNA1000A 矢量网络分析仪能够使用至多 4 个信号源生成激励信号，因此能够测量电子控制天线阵列的方向图。VNA1000A 矢量网络分析仪采用真正的并行接收机架构，内部具备多达 8 个接收机，能够可靠测量至多 8 个输入信号的幅度和相位。因此，VNA1000A 矢量网络分

图 5-89　天线测试

析仪能够用作紧凑型多信道接收机以设计用于 MIMO 移动通信系统的天线阵列及子阵列，或用于采用水平和/或垂直极化天线与参考接收天线的天线测试系统。

（1）近区场直接测试方案

系统由扫描架、探头、待测天线支架、微波暗室、扫描控制器和玖锦科技的 VNA1000A 矢量网络分析仪等组成。将待测天线（AUT）作为发射端，测试探头作为接收端（可根据实际情况进行收发转换）。VNA1000A 矢量网络分析仪的一个端口发射信号，另一个端口作为接收端口。在各扫描点测量接收信号和发射信号的幅度、相位的比值。在必要的情况下，可以用功率放大器将发射信号放大，在接收天线后采用低噪声放大器提高系统灵敏度。近区场直接测试方案如图 5-90 所示。

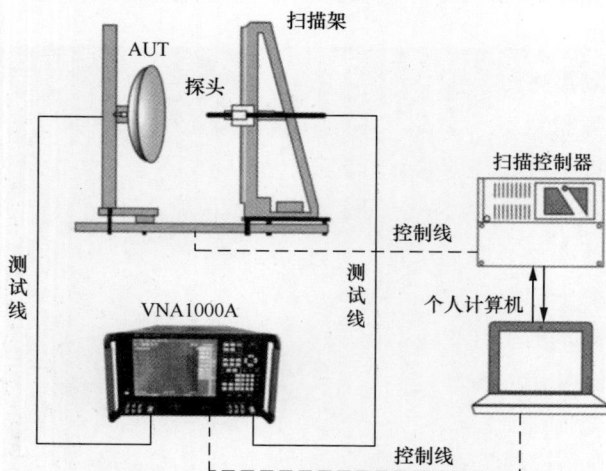

图 5-90　近区场直接测试方案

（2）近区场变频测试方案

将待测天线作为发射端，而探头作为接收端（可以根据具体情况进行收发转换），在发射端，由 VNA1000A 矢量网络分析仪产生信号（如需要可增加功率放大器，将测试频段的输出功率放大为所需的电平）通过定向耦合器耦合部分功率作为参考信号输入 VNA1000A 矢量网络分析仪，在高频段（如 X 波段以上）为了减少路径损耗和路径相位的变化，参考信号通过混频变化为较低的频率（中频）输入 VNA1000A 矢量网络分析仪。VNA1000A 矢量网络分析仪的接收通道可以自由设定接收机的频率至中频。近区场变频测试方案如图 5-91 所示。

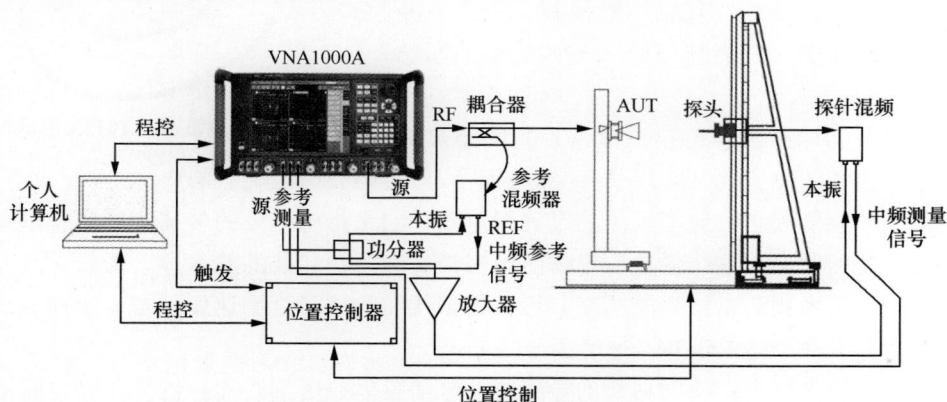

图 5-91　近区场变频测试方案

## 5.8.6　快速定位线路网络故障

DTF 是一种用于天线传输线路维护、线路性能验证以及故障分析的技术。DTF 中运用了频域反射（frequency domain reflectometry，FDR）测量技术。FDR 是一种传输线路故障隔离方法，可精确识别同轴线缆和波导传输线路的信号路径衰减，能够精确定位故障和判定系统性能是否下降，而不仅是断路或短路的情况，可以迅速识别线路连接不良、线缆损坏或天线故障等造成的影响。

在线缆天线测试中，主要应用的场合大到通信基站的维护，小到家庭电视天线线路的检测，都涉及 DTF。与我们生产、生活紧密相关的通信系统中，许多问题可能是由该系统中的组件故障导致的，而传输线路故障通常是频繁发生的，例如线路的老化、雨水的腐蚀以及恶劣的天气等都是影响线路稳定性的因素，最终这些隐患就可能会导致线路故障的发生。使用 DTF 可以尽早发现线路的隐患，在线缆被氧化腐蚀之前进行积极处理，很大程度上可避免通信中断事故的发生。借助 DTF 功能监测单条传输线的轻微衰减，并在发生严重损坏之前尽早解决问题，相比处理事故的成本会低很多。

在生产、制造过程中由于线缆长度、线缆类型、材质的差异或者其他因素的影响可能造成线缆某些部分存在凹坑或裂纹的现象，而这些现象很难通过眼睛去观察、检验，但是利用DTF即可快速检测出线缆的缺陷之处。

图 5-92 所示为鼎阳科技 SVA1015X 测试仪。

在 SVA1015X 测试仪经过校准之后，使用前我们需要设置的基本测量参数包括以下几种。

（1）显示类型：包括回波损耗、电压驻波比、反射系数，三者皆反映了整条线缆的匹配状况。

**图 5-92　鼎阳科技 SVA1015X 测试仪**

（2）起始距离和终止距离：设置的距离不应超过线缆的电长度（实际长度×速度因子），否则会引起虚假响应。

（3）速度因子：速度因子的设置很重要，它是指电磁波的传播速度和自由空间的光速的比例，这个参数与导体的电磁性质和外面包装的绝缘体、形状、尺寸等有关，关系到测量结果的精度。可以根据线缆的型号查询速度因子，实验室线缆的型号大部分是 RG-58，速度因子为 66%。

（4）线缆损耗：不同材质的导线对信号的反射有区别，而且线缆传输电阻不同，线缆损耗值也会不一样，所以在测量不同的材质的线缆时，需设置待测线缆的损耗，该损耗用来补偿激励信号在线缆不同位置上的衰减。

（5）窗函数：不同的窗函数（矩形窗与汉明窗）对信号频谱的影响有区别，频率分辨率也不同。其中，矩形窗使用较多，习惯上不加窗就是使信号通过了矩形窗，频率识别精度最高，但幅值识别精度最低；汉明窗是很有用的窗函数。假设测试信号有多个频率分量，且测试的目的是区分频率点而非能量的大小，例如测试信号是随机或者未知的，可以选择汉明窗。

连接线缆进行反射系数测量，如图 5-93 所示：设置的起始距离为 0 m，终止距离为 3 m，速度因子为默认的 66%，线缆损耗为 0.40 dB/m，选择矩形窗函数。在测量中，频宽越大分辨率越高，速度因子越小分辨率越高；频宽越小测量距离越长，速度因子越大测量距离越长。

测得数据显示在 0.73 m 和 1.6 m 处存在故障点，实际检测线缆 0.73 m 处为连接处，而峰值（Peak Value）最高的 1.6 m 处为断路位置。待测线缆如图 5-94 所示。

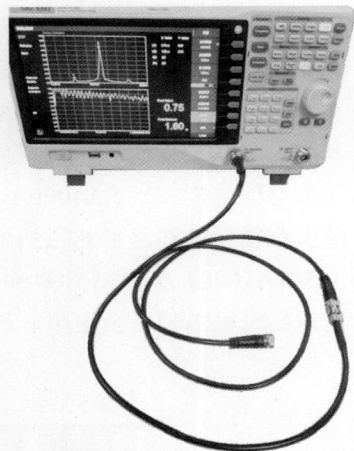

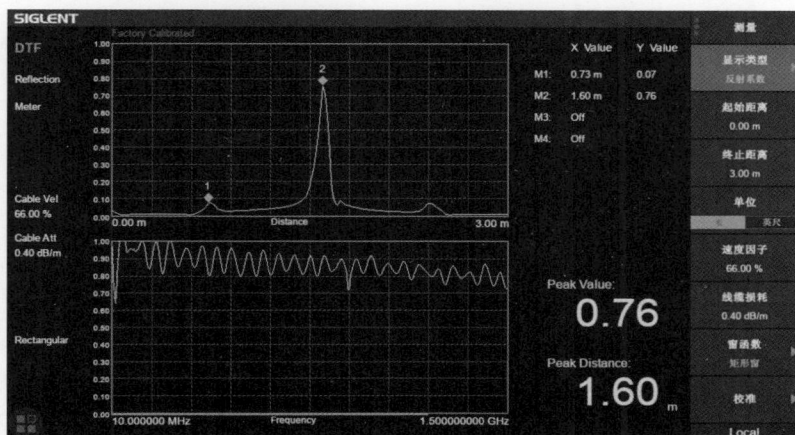

图 5-93　连接线缆进行反射系数测量

　　在线缆天线测试中,利用 DTF 功能可以快速判断出通信网络中何处的元器件出了问题,以便有目的地更换元器件。对于连接器应用人员来说,通过矢量网络分析仪,可以测量线缆组件两端连接器的 DTF 值,以确定是连接器哪一部分性能差而影响了整个线缆组件的回波损耗。图 5-95 所示为测得的线缆的连接处以及断开处的回波损耗。可以简单分析测量结果,回波损耗显示了整根线缆的总体性能,而 DTF 的测试则针对线缆各部分的性能。

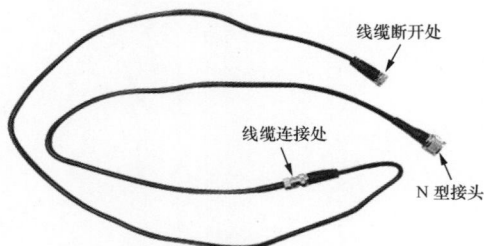

图 5-94　待测线缆

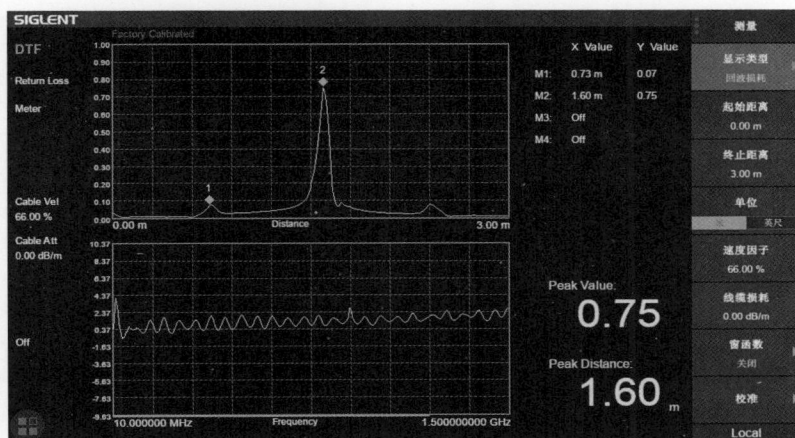

图 5-95　测得的线缆的连接处以及断开处的回波损耗

本章的研究和写作工作受国家重点研究计划课题（2022YFF0605904）的支持，在此致谢。

# 参考文献

[1] 张睿，周峰，郭隆庆. 无线通信仪表与测试应用[M]. 3 版. 北京: 人民邮电出版社, 2018.

[2] 中华人民共和国工业和信息化部. 电子校准件校准规范: JJF（通信）069—2023[S]. 2024.

[3] 国家质量监督检验检疫总局.矢量网络分析仪校准规范: JJF 1495—2014[S]. 北京: 中国质检出版社, 2015.

[4] 郭智磊. 同轴电缆结构、特性和检测方法[J].大众标准化, 2006(S2): 49-51.

# 第6章  移动通信综合测试仪

## 6.1  概述

移动通信综合测试仪作为无线通信领域的一种必不可少的测试设备，广泛地应用于 2G/3G/4G/5G 终端研发、测试、认证以及后期维护等环节，是支撑 5G 芯片和终端产业发展的关键仪表。

移动通信综合测试仪一般具有信令和非信令功能，主要用于模拟或数字移动通信基站/移动电话的测试。在非信令模式下，移动通信综合测试仪可以通过分别控制仪表和被测设备，无须建立信令连接，按照规定的测试流程自动测试产品的射频性能，常用于工厂产线测试。在信令模式下，移动通信综合测试仪能够模拟通信基站或者手机，与移动电话、移动终端设备或基站设备建立呼叫，在通信连接下进行测试。本章介绍移动通信综合测试仪（以 5G 移动通信综合测试仪为例）的原理、典型指标，常见的国产移动通信综合测试仪型号，以及移动通信综合测试仪在终端测试中的应用测试实例等。

## 6.2  移动通信综合测试仪的基本原理与基本结构

### 6.2.1  移动通信综合测试仪的基本原理

信令是通信设备之间的语言，它按照既定的通信协议工作，将应用信息安全、可靠、高效地传送到目的地。搜索其他设备并建立连接、数据通信和语音通信等都是移动通信综合测试仪的基本功能。在这些过程中，设备之间需要传递大量的信令。移动通信综合测试仪可以作为核心仪表，模拟这些信令的交互过程，并在这些过程中测量各项射频指标，根据测试标准门限，判断被测设备是否能够正常工作及性能优劣。业界称这种测试方法为信令测试，不但可以对被测设备的射频指标进行评估，也可以判断被测设备的通信协议是否正确。

5G 移动通信综合测试仪以 3GPP 组织制定的移动通信协议栈为基础，根据测试规范的要求，将信号发生、信号分析、协议解析的功能特性融为一体，构成一个

5G 终端测试系统，应用于 5G 芯片、终端的技术研究和产品开发过程，确保终端射频性能、协议流程符合相关标准和规范的要求，确保 5G 终端产品质量符合预期。

## 6.2.2 移动通信综合测试仪的基本结构

5G 移动通信综合测试仪由 3 个部分组成，其系统框架如图 6-1 所示。系统模拟器完成仪表与被测终端的信令连接和业务连接，测量模块完成对射频指标和协议流程的原始信息的提取、计算和判断，上位机对仪表运行过程进行控制，对测试用例进行编排。

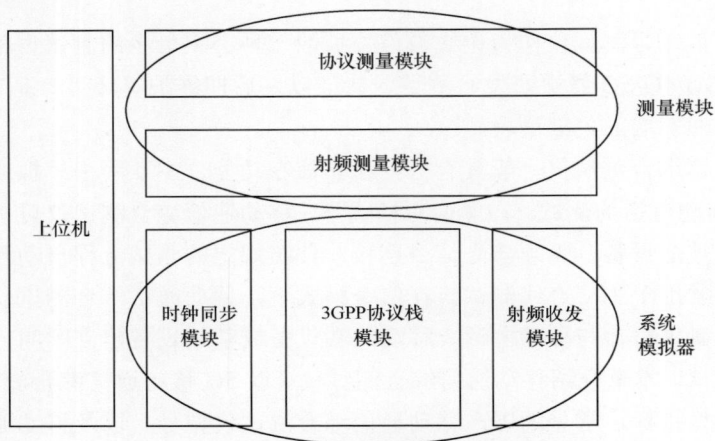

**图 6-1 5G 移动通信综合测试仪的系统框架**

### 1. 系统模拟器

系统模拟器由 3GPP 协议栈模块、射频收发模块和时钟同步模块组成，用于完成 5G 系统的模拟，与被测终端进行信令连接和业务连接，实现 5G 移动通信综合测试仪的基础功能。

（1）3GPP 协议栈模块

5G 移动通信综合测试仪具备独立组网、非独立组网的网络环境仿真功能，主要依赖于 3GPP 协议栈模块的能力。3GPP 协议栈模块基于 3GPP 基站和核心网规范，包含了移动通信接入层协议（RRC、PDCP、RLC、MAC、PHY 等）和非接入层的 NAS 协议，实现了信令面和业务面数据流的解析及传递，支持典型的数据业务（如 ping、UDP、TCP 等）和语音业务（如 VoLTE、VoNR）。3GPP 协议栈信令流和数据流如图 6-2 所示。

（2）射频收发模块

5G 移动通信综合测试仪通过射频收发模块来满足射频测量精度、频率范围、信号带宽等多方面的要求，其决定了仪表性能的优劣。射频收发模块由数字中频单元和模拟收发信机组成。

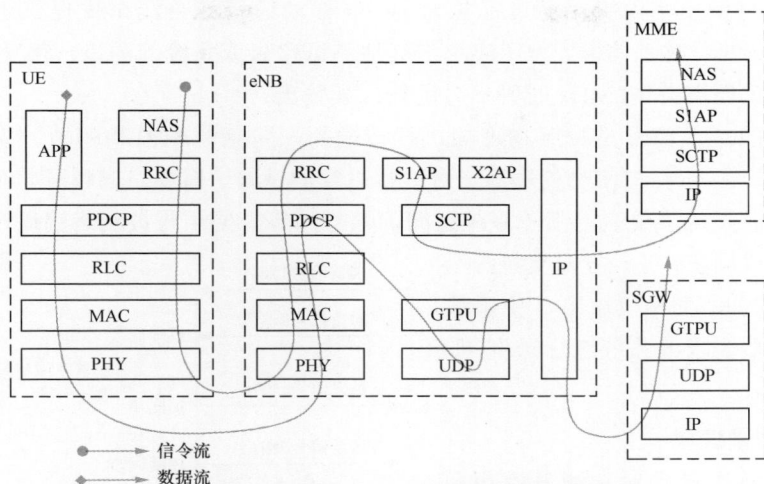

**图 6-2　3GPP 协议栈信令流和数据流**

① 数字中频单元。

数字中频单元完成协议栈基带信号与数字中频信号的上下变频处理。在发射通路方向，基带信号经过脉冲整形、多速率转换、数字上变频、多载波合路处理等，生成基频信号，由 DAC 进行中频变频和 D/A，得到复数 IQ 信号，经过镜像滤波抑制，由射频正交调制器进行发射调制。在接收通路方向，模拟中频信号经过带通滤波器进行抗混叠滤波，驱动 ADC 进行中频采样，输出数字中频信号进行多载波分路、数字下变频、多速率转换等，以实现多种制式的解调、信道滤波和基带射频接口等。

② 模拟收发信机。

模拟收发信机完成数字中频到模拟射频的变换。在发射通路方向，经 DAC 转换后的模拟信号，经变频、放大、滤波等环节进行频带和功率的调整，对外输出满足测试需求的射频信号。在接收通路方向，射频信号通过接口进入设备，经放大、变频、滤波等环节取得功率恰当的中频信号，由 ADC 用于模数转换（A/D）。典型的射频接收模块如图 6-3 所示。

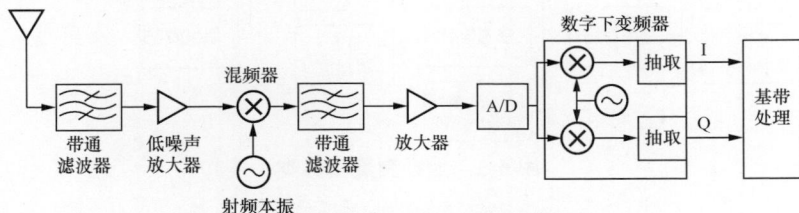

**图 6-3　典型的射频接收模块**

（3）时钟同步模块

时钟同步模块内置高精度晶振，为 5G 移动通信综合测试仪提供了高稳定的 10 MHz 参考时钟信号。为了实现与其他测试仪表或系统的同步，5G 移动通信综合测试仪还支持 10 MHz 时钟信号的输入和输出。

终端的空口信号是按照物理帧进行传输的，包括基本帧和超帧。系统帧号（SFN）用于标明空口信号的顺序。对终端进行测试时，需要对齐帧号。时钟同步模块一方面实现了仪表内部子系统之间的帧号同步，便于与被测终端通过空口信号定时完成同步；另一方面支持两个帧同步信号的输入和输出，便于适配有触发器需求的系统进行同步，如图 6-4 所示。

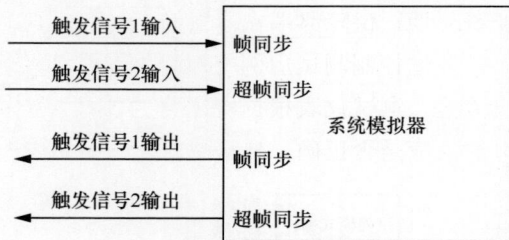

图 6-4　帧同步设计

**2. 测量模块**

测量模块包含射频测量模块和协议测量模块，分别用于完成射频性能指标和协议流程的计量和判定，是 5G 移动通信综合测试仪的核心模块。

（1）射频测量模块

射频测量模块的重点是确保终端射频无线电磁波的收发性能，通过测试结果来评估终端射频性能指标与标准规范的符合性和偏离度，测试内容包括终端发射机指标、接收机指标、解调性能指标等。射频测量项分类如图 6-5 所示。

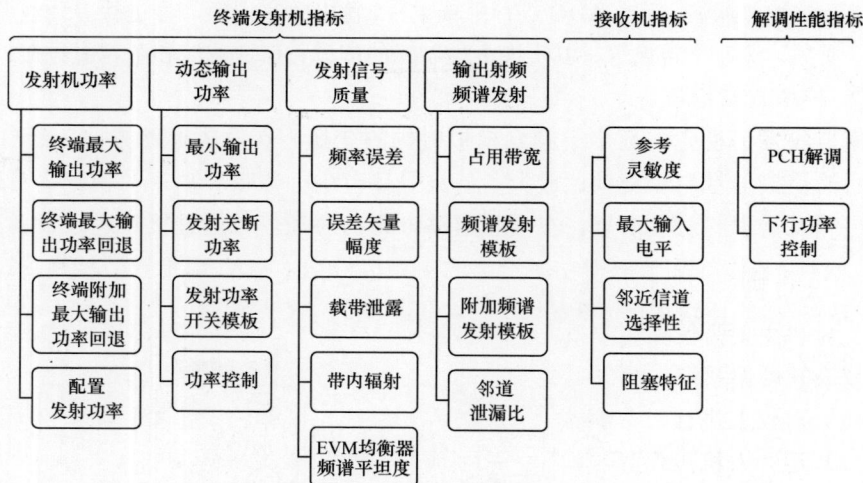

图 6-5　射频测量项分类

5G 移动通信综合测试仪与被测终端建立信令连接后，射频测量模块获取主控软件的测量项指标定义和系统模拟器的信令配置,针对每个测量项的特点,在各个采集点采集终端射频收发原始数据,并在射频测量模块中实时计算得到射频指标结果,进而进行对一致性的评估。

（2）协议测量模块

协议测量模块的重点是终端协议流程和协议参数实现的准确性和一致性。该模块基于测试和测试控制表示法（TTCN）脚本架构,依据协议标准构建全面的测试场景,对终端进行各层协议和工作流程的尽可能覆盖,验证终端的协议和功能符合性,保障终端在现网中能够与不同厂商的网络设备互联互通。

通过控制测试用例中设定的参数配置,可以预设终端和系统模拟器之间的协议流程,测试仪表根据测试用例的预期结果和终端的实际动作是否匹配来判定终端的反应是否正确。协议测量项分类如图 6-6 所示。

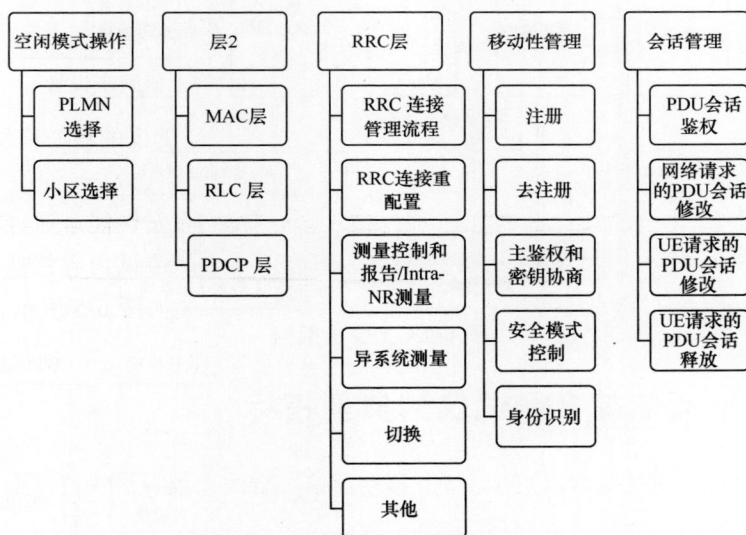

**图 6-6 协议测量项分类**

### 3. 上位机

上位机主要为仪表和用户提供仪表运行和终端测量所需的操作接口,功能包括配置仪表软硬件系统、配置测试项参数、执行测试、显示测试结果等,具体如下。

（1）对仪表进行日常维护,如开关机、复位、升级、自检等。

（2）运行人机操作界面程序,对系统模拟器和测量模块进行配置,对测试用例进行编组、调度、执行、分析和输出等管理操作,支持用例自动化测试。

（3）运行测试流程监控程序,实时跟踪、显示信令流程,负责流程的离线读取、复现。

（4）运行终端控制程序，控制终端进行开机、关机、各种数据业务处理等行为。

（5）运行远程控制程序，实现将仪表集成到第三方系统中。

上位机架构如图 6-7 所示。

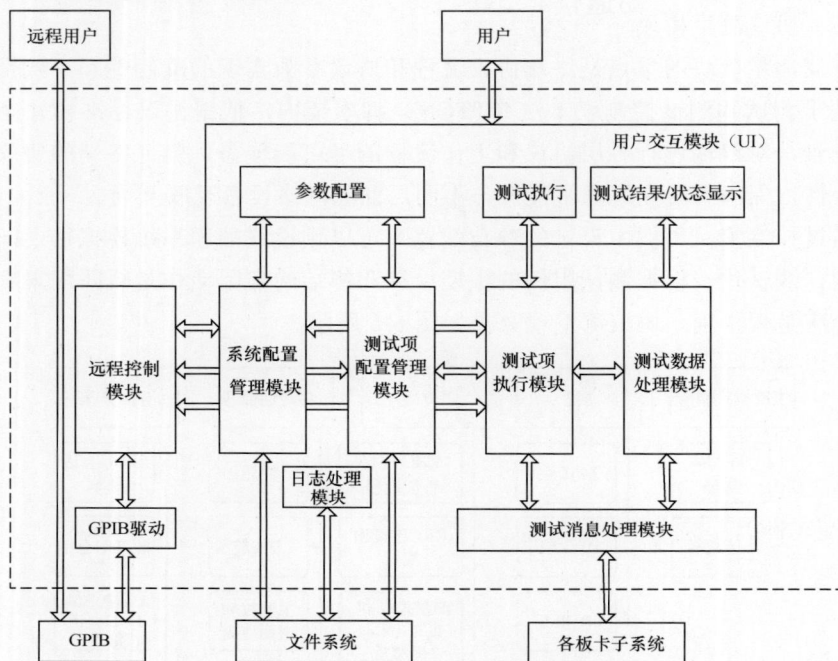

图 6-7　上位机架构

# 6.3　移动通信综合测试仪的典型指标

为了保证测试结果权威可信，5G 移动通信综合测试仪自身需要严格满足一些典型指标的要求。

**1. 接收机**

接收机要满足的典型指标包括频率范围、频率分辨率、带宽、重复性、最大输入功率、输入功率精度、相位噪声、杂散、谐波等。

**2. 发射机**

发射机要满足的典型指标包括频率范围、频率分辨率、带宽、输出线性、带内波动、输出功率范围、输出功率精度、相位噪声、杂散、谐波等。

**3. 其他**

其他典型指标包括频率稳定度、通道数量、通道隔离度、电压驻波比、开关切换时间、频率切换时间等。

## 6.4　典型国产移动通信综合测试仪介绍

### 6.4.1　星河亮点移动通信综合测试仪

　　图 6-8 所示的 SP9500-CTS 综合测试仪是由星河亮点面向第五代移动通信测试需求自主研发的高性能仪表产品，它采用了典型的背插式结构，用户可根据实际测试需求选配板卡数量，具有很强的灵活性。

**图 6-8　SP9500-CTS 综合测试仪**

　　SP9500-CTS 综合测试仪被广泛应用于终端研发、测试、认证以及后期维护等环节，它具备强大的基带处理能力和超高密度的射频模块设计，可以构建各种复杂的网络环境来更加快速、准确以及高效地验证 5G 终端的相关功能和性能。

　　SP9500-CTS 综合测试仪包含完整的 5G 协议栈和 IP 多媒体系统，可以模拟 5G 基站与终端建立端到端通信来验证相应的信令功能，以及 IP 层数据业务和 VoNR 语音业务。SP9500-CTS 综合测试仪还可以测试 3GPP TS 38.508-1、TS 38.521-1、TS 38.521-3、TS 38.521-4 等协议定义的终端射频特性，包括发射功率、频谱特性、调制性能、接收功率、解调性能等。

　　SP9500-CTS 综合测试仪全面满足 5G R15 版本中定义的 100 MHz 信道带宽、载波聚合、下行 4 路/上行 2 路 MIMO 等特性要求。通过多台综合测试仪的级联可支持更大规模 MIMO 和载波聚合，以应对未来技术演进。

　　SP9500-CTS 综合测试仪的主要技术指标如表 6-1 所示。

**表 6-1　SP9500-CTS 综合测试仪的主要技术指标**

| 指标名 | 指标值 |
|---|---|
| 频率范围 | 100 MHz～6 GHz |
| 频率分辨率 | 0.1 Hz |
| 最大输入功率 | 33 dBm |
| 输出功率分辨率 | 0.01 dB |
| 输出功率精度 | ±0.5 dB |
| 电压驻波比 | 输入/输出端口：<1.50；<br>输出端口（100 MHz～3.8 GHz）：<1.50；<br>输出端口（3.8～6 GHz）：<1.80 |

| 指标名 | 指标值 |
| --- | --- |
| CW 输出功率范围 | 输入/输出端口: −115～0 dBm;<br>输出端口: −110～+5 dBm |
| 电压和频率 | 90～264 V, 45～65 Hz |
| 额定功率 | 1200 W（90～175 V）/1600 W（176～264 V） |

## 6.4.2　思仪科技移动通信综合测试仪

图 6-9 所示的 5256C 5G 终端综合测试仪主要用于 5G 终端、基带芯片的研发、生产、校准、检测、认证和教学等领域。该仪表具备 5G 信号发送功能，5G 信号功率特性、解调特性和频谱特性分析功能，支持 5G 终端的产线高速校准及终端发射机和接收机的测试验证，支持 3GPP TS 38.521 Release 15/16，支持 Sub-6 GHz 多域并行测试。

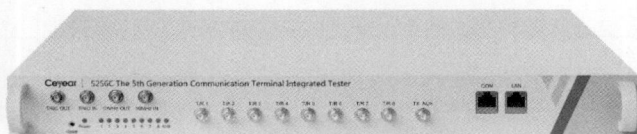

**图 6-9　5256C 5G 终端综合测试仪**

5256C 5G 终端综合测试仪通过不同的选件配置满足多种测试需求，覆盖 3GPP TS 38.521-1 协议标准的终端射频一致性测试，也可通过升级的方式支持 2G、3G、4G 及 Wi-Fi、蓝牙、GPS 终端/模组的射频一致性测试。

5256C 5G 终端综合测试仪作为 5G 终端生产测试的核心单元，被装入标准测试机柜中，构成终端测试系统。上位机可通过网口对仪表进行配置和控制。5256C 5G 终端综合测试仪拥有高指标的射频收发通道、大带宽采集处理能力以及丰富的测试运算资源，拥有 8 个测试收发端口（8T/8R），可满足现代化 5G 终端产线测试需求。

5256C 5G 终端综合测试仪主要有以下功能特点。

### 1. 终端信号测试

5256C 5G 终端综合测试仪紧跟移动通信标准，能够满足不同用户的测试需求，发送 5G NR、LTE、WCDMA、CDMA2000、EDGE/GSM 等多种通信标准信号，多域并行分析，能够从时域、频域、调制域多个角度分析 5G 终端信号，使得测试更全面、更高效。

### 2. 丰富的接口

（1）COM 口：1 个。

（2）网口：1 个。

（3）射频收发（T/R）口：8 个，SMA 接口，50 Ω。

（4）TX AUX 口：1 个，SMA 接口，50 Ω。

（5）TRIG IN 口：1 个，SMA 接口，50 Ω。

（6）TRIG OUT 口：1 个，SMA 接口，50 Ω。

（7）10 MHz IN 口：1 个，SMA 接口，50 Ω。

（8）10 MHz OUT 口：1 个，SMA 接口，50 Ω。

5256C 5G 终端综合测试仪的典型应用是 5G 终端的产线测试。在 5G 终端的产线上，该仪表可实现 5G 终端的高速校准及发射机、接收机的测试验证，可用于 5G 多模终端发射功率、频率误差、频谱发射模板、ACLR、EVM、参考灵敏度、最大接收电平等指标的测试验证。

5256C 5G 终端综合测试仪的主要技术指标如表 6-2 所示。

表 6-2　5256C 5G 终端综合测试仪的主要技术指标

| 指标名 | 指标值 |
| --- | --- |
| 收发频率范围 | 70 MHz～7.1 GHz |
| 收发频率准确度 | $\leqslant 0.05 \times 10^{-6} + 0.1$ Hz |
| 最大接收功率 | +30 dBm（CW，持续时间＜1 min），典型值为 35 dBm |
| 接收功率范围（CW） | −85～+30 dBm |
| 接收功率准确度（CW） | −30～+30 dBm：＜0.6 dB（典型值＜0.3 dB） |
| 端口阻抗 | 50 Ω |
| 端口驻波 | ≤1.5 dB（典型值为 1.38 dB） |
| 输出功率准确度（CW） | −70～−6 dBm：＜0.6 dB |
| | −100～−70 dBm：＜1.2 dB |
| 接收通道带宽 | 20 MHz（70 MHz～7.1 GHz） |
| | 200 MHz（400 MHz～7.1 GHz） |
| 功率分辨率 | ≤0.1 dB |
| 二次谐波失真 | ≤−30 dBc（＞200 MHz，−10 dBm） |
| 三次谐波失真 | ≤−40 dBc（＞200 MHz，−10 dBm） |
| 带内平坦度（BW：160 MHz） | ≤1 dB（600 MHz～6 GHz）（典型值为 0.5 dB） |
| | ≤1.5 dB（6～7.1 GHz）（典型值为 0.8 dB） |
| 输出功率范围（CW） | 70 MHz～6 GHz：−130～−6 dBm |
| | 6～7.1 GHz：−120～−12 dBm |

## 6.4.3　大唐联仪移动通信综合测试仪

图 6-10 所示的 CTP3515 终端综测仪是大唐联仪科技有限公司（简称大唐联

仪）推出的新一代 5G 终端测试仪。该仪表以第五代移动通信系统模拟器为基础，支持向 V2X（车用无线通用技术）、卫星等通信系统的演进。该仪表内置一台工控机和一面人机交互大屏，用于提升产品易用性。

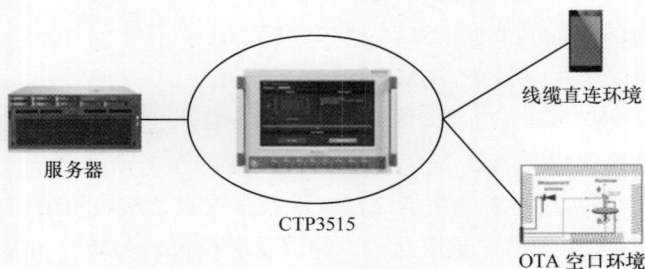

**图 6-10　CTP3515 终端综测仪**

CTP3515 终端综测仪基于 3GPP 组织定义的基站和核心网协议栈开发，支持 3GPP Release 15/16/17 及其后续演进；具备 5G 终端发射机和接收机的射频指标测试能力，支持搭建终端射频测量和协议测量系统；具备 5G 基站仿真能力，支持搭建 5G 端到端仿真系统；支持 RF、L1、L2、L3、NAS 等各协议层参数的灵活配置和相关协议特性的测试；可广泛地应用于 5G 芯片/模组/终端研发、国家强制认证、工信部入网检测、电信运营商入库测试、行业 5G 应用评测、科研和教学平台搭建等领域。

# 6.5　移动通信综合测试仪的计量

数字调制信号是无线信号传输的主要载体，数字调制解调误差参量是移动通信综合测试仪的主要指标之一。和所有的物理量一样，数字调制解调误差参量也必须经过可信、可溯源的计量。移动通信综合测试仪数字调制解调误差参量的计量包括信号发生模块调制的计量和信号分析模块解调的计量，目前来看主要存在以下两个问题。

（1）难于溯源。目前，校准规范规定的计量方法是使用矢量信号分析仪校准信号源，使用信号源作为标准器校准矢量信号分析仪，这是一个闭环，这个闭环和其他的计量标准几乎没有联系，是"空中楼阁"，难以实现量值溯源。

"量值溯源"在日常生活中也是常见的，比如两个人核对手表的时间。甲、乙两人核对手表的时间，到底以谁的为准呢？甲说："我的手表可以连接 GPS 自动核对时间，以我的为准吧。"这里其实就有量值溯源的概念，GPS 上的原子钟就是上级计量标准，所以时间是可溯源的参量。读者可以思考一下，如果今天是甲核对乙的时间，明天是乙核对甲的时间，而没有溯源标准，会不会造成混乱？

（2）缺乏误差设置。在校准矢量信号分析仪时，数字调制信号源发射标准的调制信号，不对信号进行误差设置，实际上是只在误差"0"点附近进行测试，这是不符合实用要求的。因为矢量信号分析仪的作用就是对数字调制解调误差参量进行测量。以第五代移动通信制式 5G NR 为例，标准规定 QPSK 调制信号 EVM 的限值是低于 17.5%，至少应该在这个范围内对信号进行不同的误差设置。正如某卡尺的量程是 10 cm，只使用长度为 1 cm 的量块去校准卡尺是不够的。我国研究人员已经在相关论文中指出了类似问题。

为了解决上述问题，中国信通院提出了连续波组合法，即使用两路连续波信号组合，等效出具有标准调制误差的 MPSK/16QAM/64QAM/256QAM 信号的方法。这种等效数字调制信号的误差矢量幅度、幅度误差、相位误差等仅由两路连续波的功率比值决定，是可溯源、可解析计算、在较大范围内可调的。实验证明了该方法的有效性。应用该方法，实现了矢量信号分析仪数字调制解调误差参量的计量。通过对该方法进行延伸，实现了基于连续波干扰的 5G 移动通信综合测试仪的计量校准。由于这一问题专业性较强，有兴趣的读者可以参阅相关文献及校准规范。

目前，移动通信综合测试仪的计量主要依托于中华人民共和国工业和信息化部 2022 年颁布的 JJF（通信）052—2021《5G 移动通信综合测试仪校准规范》。校准项目如表 6-3 所示。

表 6-3　校准项目

| 序号 | 项目名称 |
| --- | --- |
| 1 | 外观及工作正常性检查 |
| 2 | 参考晶体振荡器频率准确度 |
| 射频信号发生器 | |
| 3 | 射频信号发生器频率准确度 |
| 4 | 射频信号发生器输出电平 |
| 5 | 射频信号发生器频谱纯度 |
| 6 | 射频信号发生器单边带相位噪声 |
| 5G 信号发生器 | |
| 7 | 5G 信号发生器数字调制质量 |
| 8 | 5G 信号发生器占用带宽 |
| 9 | 5G 信号发生器邻频道功率比 |
| 10 | 5G 信号发生器频谱发射模板 |
| 射频分析仪 | |
| 11 | 射频功率分析 |

| 序号 | 项目名称 |
|------|----------|
| | 5G NR 信号分析仪 |
| 12 | 5G NR 信号数字调制质量参数分析 |
| 13 | 5G NR 信号分析仪占用带宽 |
| 14 | 5G NR 信号分析仪邻频道功率比 |
| 15 | 5G NR 信号分析仪频谱发射模板 |
| 16 | 射频端口电压驻波比 |

## 6.6  移动通信综合测试仪的测试实例

### 6.6.1  终端射频测试

#### 1. 发射功率测试

发射功率测试包括终端最大发射功率（UE maximum output power）测试、最大发射功率回退（maximum power reduction，MPR）测试、附加最大功率回退（additional maximum power reduction，A-MPR）测试、配置终端传输发射功率（configured UE transmitted output power）测试 4 项。

（1）终端最大发射功率测试

即验证发射机终端最大发射功率不超过协议规定的容限值。过大的发射功率会干扰其他信道或系统，过小的发射功率会缩小覆盖范围。终端最大发射功率是指功率控制为最大值时的终端输出功率。测量时间至少为一个子帧（1 ms）。终端最大发射功率及其容限的定义是依据终端的功率等级而定的。具体测试要求可参考 3GPP TS 38.521-1 中 6.2.1 节的定义。

（2）最大发射功率回退测试

即验证支持最大发射功率回退的发射机终端最大发射功率回退不超过协议规定的容限值。不同的调制方式和资源块配置条件下，终端允许最大发射功率有一个回退值。对于终端的不同功率等级，最大发射功率回退值（MRP 值）也是不同的。具体测试要求可参考 3GPP TS 38.521-1 中 6.2.2 节的定义。

（3）附加最大功率回退测试

当网络侧配置发送附加频谱发射模板要求时，终端也需要做出相应调整以配合特定的研发方案，即进行附加最大功率回退（A-MRP）。常规测试条件下，A-MPR 值设置为 0 dB。3GPP TS 38.521-1 允许终端满足一定的 A-MRP 要求，A-MRP 值由参数 Network Signalling value（NS 值）决定。具体测试要求可参考 3GPP TS

38.521-1 中 6.2.2 节的定义。

（4）配置终端传输发射功率测试

即验证终端配置发射功率 PCMAX 不超过 PEMAX 和 PUMAX 两者中的最小值。其中，PEMAX 是高层指定的 UE 最大允许发射功率，即 SystemInformationBlockType1 中 p-Max 的值；PUMAX 是最大发射功率，即由 MPR 和 A-MPR 修正过的功率。具体测试要求可参考 3GPP TS 38.521-1 中 6.2.4 节的定义。

SP9500-CTS 综合测试仪最大发射功率测试方案如下。

（1）测试流程

① 设置 NR 为 SA 模式。

② 设置 Freq Operate Band DL 为 78。

③ 设置 Power 为-85 dBm/15 kHz。

④ 设置 Refinput Level 为 30 dBm。

⑤ 设置 Parameter Mode 为 Auto。

⑥ 设置 CarrierBandwidth 为 100 MHz。

⑦ 设置 CarrierBandwidth 为 Low。

⑧ 设置 Protocol Stack Config 下 PHY Config l→General→DCI Format 为 x_1。

⑨ 设置 BWP Config 下 Uplink→PUSCH→OFDM Waveform 为 DFT-s-OFDM。

⑩ 设置 BWP Config 下 Uplink→PUSCH→PI/2 BPSK 为 ON（Test ID1～3）；或 OFF（Test ID4～6）。

⑪ 设置 Protocol Stack Config 下 PHY Config→General→P-max 为 OMIT。

⑫ 设置 LineLoss 为 2（根据实际接线情况进行线损预估设置）。

（2）以 Test ID 4 为例，发射功率测试步骤如表 6-4 所示。

表 6-4　发射功率测试步骤

| 测试步骤 | 具体操作 | 注意事项 |
| --- | --- | --- |
| 首先将待测终端与 SP9500-CTS 综合测试仪连接，激活 NR 小区，待测终端开机，等待终端与 SP9500-CTS 综合测试仪完成信令注册流程 | | |
| 1. 上行 Slot 调度设置 | 设置 Protocol Stack Congfig→Scheduling Config→Slot8&9&18&19 为 PUSCH | 无论是 TDD 还是 FDD，协议规定在上行时隙满调度下测量，且测量时间不少于 1ms（这里仅举例测量 Slot8&9） |
| Slot8&9 默认参数 Tb 为 1、Rb Start 为 0、Rb Cnt 为 273、Mcs1 为 2、Symbol Start 为 0、Symbol Cnt 为 14 | | |

| □ | № | Channel Type | | Tb | Rb Start | Rb Cnt | RA Bitmap | Mcs1 | Mcs2 | Symbol Start | Symbol Cnt | PDSCH Feedback TimingInd |
| --- | --- | --- | --- | --- | --- | --- | --- | --- | --- | --- | --- | --- |
| □ | 8 | PUSCH | DL | | | | | | | | | |
| | | | UL | 1 | 0 | 273 | | 2 | | 0 | 14 | |
| □ | 9 | PUSCH | DL | | | | | | | | | |
| | | | UL | 1 | 0 | 273 | | | | 0 | | |

| 测试步骤 | 具体操作 | 注意事项 |
|---|---|---|
| 2. 上行 RMC 链路设置 | 设置 Slot8&9_PUSCH→Rb Start 为 67、Rb Cnt 为 135、Mcs1 为 2 | 按照协议规定，进行 RMC 参数设置（以 Test ID 4_Inner Full 为例） |

| □ | № | Channel Type | | Tb | Rb Start | Rb Cnt | RA Bitmap | Mcs1 | Mcs2 | Symbol Start | Symbol Cnt | PDSCH Feedback TimingInd |
|---|---|---|---|---|---|---|---|---|---|---|---|---|
| □ | 8 | PUSCH | DL | | | | | | | | | |
| | | | UL | 1 | 67 | 135 | | 2 | | 0 | 14 | |
| □ | 9 | PUSCH | DL | | | | | | | | | |
| | | | UL | 1 | 67 | 135 | | 2 | | 0 | 14 | |

| 测试步骤 | 具体操作 | 注意事项 |
|---|---|---|
| 3. TPC 设置 | 设置 Cell→TPC 为 Max | 默认值为 Max |
| 4. 启用调度设置 | 设置 Protocol Stack Config→Scheduling Config 为 Apply | Save 和 Load 可以保存和调用当前设置，Clear 可以清除当前设置 |
| 5. 进入测量项 | 单击 TXP 进入 Max Power 测量项 | 将射频指标参数按照 3GPP TS 38.521-1 规定设置为默认值，可更改 |
| 6. 测量项基本参数设置 | 单次/连续测量（single/continuous）、测量次数（Count）、测量门限（Threshold）、测量时隙（start/length） | — |

依据 3GPP TS 38.521-1 中的 Table 6.2.1.5-1&Table 6.2.1.5-3 规定的测试要求：

（1）应设置 Threshold→Txp Threshold H 为 26；

（2）应设置 Threshold→Txp Threshold L 为 19

| 测试步骤 | 具体操作 | 注意事项 |
|---|---|---|
| 7.读取测试结果 | 参见图 6-11 | 可读取 Avg、Max、Min 等参数的值 |

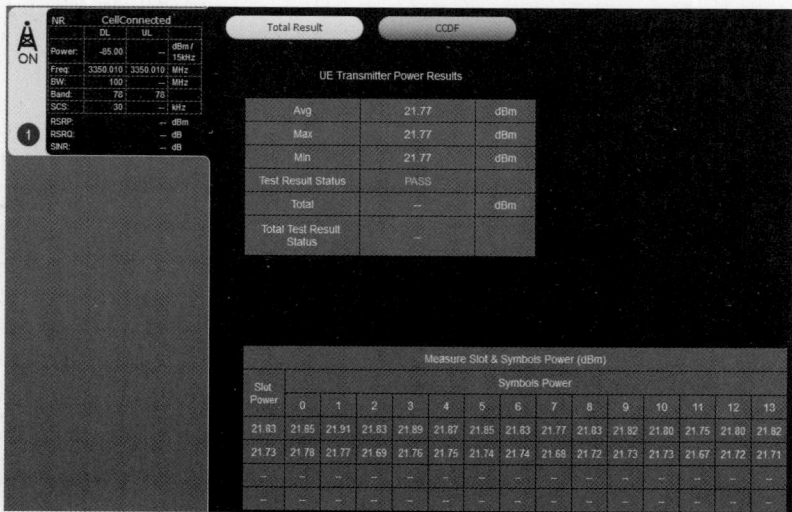

**图 6-11　发射功率测试结果**

### 2．输出功率变化测试

输出功率变化测试包括最小输出功率（minimum output power）测试、发射关功率（transmit off power）测试、时间开关模板（on/off time mask）测试、功率控制（power control）测试 4 项。

（1）最小输出功率测试

即验证终端功率值为最小值时，传输带宽内的发射功率小于协议规定值的能力。终端的最小发射功率定义为，在功率为最小值时，终端占用带宽上的功率。其测量时间为一个子帧。具体测试要求可参考 3GPP TS 38.521-1 中的 6.3.1 节定义。

SP9500-CTS 综合测试仪的最小输出功率测试步骤如表 6-5 所示。

表 6-5　最小输出功率测试步骤

| 测试步骤 | 具体操作 | 注意事项 |
| --- | --- | --- |
| 首先将待测终端与 SP9500-CTS 综合测试仪连接，激活 NR 小区，被测终端开机，等待终端与 SP9500-CTS 综合测试仪完成信令注册流程 | | |
| 1．上行 Slot 调度设置 | 设置 Protocol Stack Congfig→Scheduling Config→Slot8&9&18&19 为 PUSCH | 无论是 TDD 还是 FDD，协议规定在上行时隙满调度下测量，且测量时间不少于 1 ms（这里仅举例测量 Slot8&9） |
| Slot8&9 默认参数 Tb 为 1、Rb Start 为 0、Rb Cnt 为 273、Mcs1 为 2、Symbol Start 为 0、Symbol Cnt 为 14 | | |

| | № | Channel Type | | Tb | Rb Start | Rb Cnt | RA Bitmap | Mcs1 | Mcs2 | Symbol Start | Symbol Cnt | PDSCH Feedback TimingInd |
| --- | --- | --- | --- | --- | --- | --- | --- | --- | --- | --- | --- | --- |
| ☐ | 8 | PUSCH | DL | | | | | | | | | |
| | | | UL | 1 | 0 | 273 | | 2 | | 0 | 14 | |
| ☐ | 9 | PUSCH | DL | | | | | | | | | |
| | | | UL | 1 | 0 | 273 | | 2 | | 0 | 14 | |

| 2．上行 RMC 链路设置 | 设置 Slot8&9_PUSCH→RbStart 为 0、Rb Cnt 为 270、Mcs1 为 2 | 按照协议规定，进行 RMC 参数设置 |
| --- | --- | --- |

| | № | Channel Type | | Tb | Rb Start | Rb Cnt | RA Bitmap | Mcs1 | Mcs2 | Symbol Start | Symbol Cnt | PDSCH Feedback TimingInd |
| --- | --- | --- | --- | --- | --- | --- | --- | --- | --- | --- | --- | --- |
| ☐ | 8 | PUSCH | DL | | | | | | | | | |
| | | | UL | 1 | 0 | 270 | | 2 | | 0 | 14 | |
| ☐ | 9 | PUSCH | DL | | | | | | | | | |
| | | | UL | 1 | 0 | 270 | | 2 | | 0 | 14 | |

| 3．TPC 设置 | 设置 Cell→TPC 为 Min | 退出测量后需要设置为"Max" |
| --- | --- | --- |
| 4．启用调度设置 | 设置 Protocol Stack Congfig→Scheduling Config 为 Apply | Save 和 Load 可以保存和调用当前设置，Clear 可以清除当前设置 |
| 5．进入测量项 | 单击 MinOP 进入 Minimum Output Power 测量项 | 射频指标参数按照 3GPP TS 38.521 规定设置为默认值，可更改 |

| 测试步骤 | 具体操作 | 注意事项 |
|---|---|---|
| 6. 测量项基本参数设置 | 单次/连续测量（single/continuous）、测量次数（Count）、测量门限（Threshold）、测量时隙 （start/length） | — |
| 依据 3GPP TS 38.521-1 中的 Table 6.3.1.5-1&Table 6.3.1.5-2 规定的测试要求：应设置 Threshold→MOP Threshold 为−31.7（默认值） | | |
| 7.读取测试结果 | 参见图 6-12 | 可读取 Avg、Max、Min 等参数的值 |

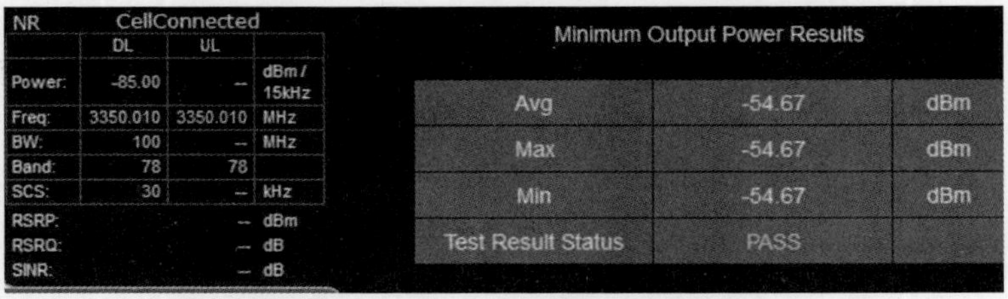

图 6-12　最小输出功率测试结果

（2）发射关功率测试

即验证终端在发射关功率时要小于测试协议要求。

发射关功率定义为发射机关闭时信道带宽的平均功率，即除了任何瞬态时期之外的至少一个子帧（1 ms）的持续时间内的平均功率。当终端不允许发送或者终端不调度子帧发送时，发送器被设置为关闭。在不连续发送（DTX）和测量间隙（GAP）期间，发射机不能被视为关闭。具体测试要求可参考 3GPP TS 38.521-1中 6.3.2 节的定义。

（3）时间开关模板测试

时间开关模板测试包括通用时间开关模板测试、随机接入信道时间模板测试、探测参考信号时间模板测试等子项。

通用时间开关模板（general on/off time mask）用来检测终端发射功率的关功率与开功率的瞬态变化周期。通用开关时间模板检测周期是从每个子载波的关功率到开功率，再从开功率到关功率。通用时间开关模板场景：DTX 的开始和结束，Gap 测量，连续非连续传输等。关功率测量周期被定义为至少一个 Slot 时间（不包括瞬态变化周期）。开功率定义为一个 Slot 时间（不包括瞬态变化周期）的平均功率。具体测试要求可参考 3GPP TS 38.521-1 中 6.3.3.2 节的定义。

随机接入信道时间模板（PRACH time mask）类似通用时间开关模板，用于测试终端发送 PRACH 时，其发射机在打开阶段和关闭阶段是否满足测试指标要求。其中，PRACH ON 功率被指定为 PRACH 测量周期（不包括瞬态变化周期）内的平均功率。具体测试要求可参考 3GPP TS38.521-1 中 6.3.3.4 节的定义。

探测参考信号时间模板（SRS time mask），用于测试终端发送探测参考信号时，其发射机在打开阶段和关闭阶段是否满足测试指标要求。对于映射到一个 OFDM 符号的传输，ON 功率被定义为除了瞬态变化周期外的符号持续时间的平均功率。具体测试要求可参考 3GPP TS38.521-1 中 6.3.3.6 节的定义。

SP9500-CTS 综合测试仪的通用时间开关模板测试步骤如表 6-6 所示。

**表 6-6　通用时间开关模板测试步骤**

| 测试步骤 | 具体操作 | 注意事项 |
| --- | --- | --- |
| 首先将待测终端与 SP9500-CTS 综合测试仪连接，激活 NR 小区，被测终端开机，等待终端与 SP9500-CTS 综合测试仪完成信令注册流程 ||| 
| 1. TPC 设置 | 设置 Cell→TPC 为 HOLD | 注册后必须前将 TPC 由 Max 设置为 HOLD，再进行 RMC 调度，否则终端将以最大功率发射，导致 On Power 测试失败 |
| 2. 上行 Slot 调度设置 | 设置 Protocol Stack Config→Scheduling Config→Slot8&18 为 PUSCH | TDD：协议规定上行调度 Slot8&18；FDD：协议规定上行调度 Slot8（这里仅举例测量 Slot8） |
| Slot8 默认参数 Tb 为 1、Rb Start 为 0、Rb Cnt 为 273、Mcs1 为 2、Symbol Start 为 0、Symbol Cnt 为 14 ||| 

| № | Channel Type | | Tb | Rb Start | Rb Cnt | RA Bitmap | Mcs1 | Mcs2 | Symbol Start | Symbol Cnt | PDSCH Feedback TimingInd |
| --- | --- | --- | --- | --- | --- | --- | --- | --- | --- | --- | --- |
| 8 | PUSCH ⌄ | DL | | | | | | | | | |
| | | UL | 1 | 0 | 273 | | 2 | | 0 | 14 | |

| 测试步骤 | 具体操作 | 注意事项 |
| --- | --- | --- |
| 3. 上行 RMC 链路设置 | 设置 Slot8_PUSCH→Rb Start 为 0、Rb Cnt 为 273、Mcs1 为 2 | 按照协议规定，进行 RMC 参数设置（以 Test ID 1_Outer Full 为例） |

| № | Channel Type | | Tb | Rb Start | Rb Cnt | RA Bitmap | Mcs1 | Mcs2 | Symbol Start | Symbol Cnt | PDSCH Feedback TimingInd |
| --- | --- | --- | --- | --- | --- | --- | --- | --- | --- | --- | --- |
| 8 | PUSCH ⌄ | DL | | | | | | | | | |
| | | UL | 1 | 0 | 273 | | 2 | | 0 | 14 | |

| 测试步骤 | 具体操作 | 注意事项 |
| --- | --- | --- |
| 4. 启用调度设置 | 设置 Protocol Stack Config→Scheduling Config 为 Apply | Save 和 Load 可以保存和调用当前设置，Clear 可以清除当前设置 |
| 5. 进入测量项 | 单击 PVT 进入 Transmit ON/OFF time mask 测量项 | 将射频指标参数按照 3GPP TS38.521-1 规定设置为默认值，可更改 |
| 6. 测量项基本参数设置 | 单次/连续测量（single/continuous）、测量次数（Count）、测量门限（Threshold）、测量时隙（start/length）、时间开关模板测量类型（Meas Label） | — |
| 依据 3GPP TS 38.521-1 中的 Table 6.3.3.2.5-1&Table 6.3.3.2.5-2&Table 6.3.3.2.5-3 规定的测试要求：<br>（1）应设置 Threshold→ON Power Upper 为 20.6； |||

| 测试步骤 | 具体操作 | 注意事项 |
|---|---|---|
| （2）应设置 Threshold→ON Power Lower 为-1；<br>（3）应设置 Threshold→OFF Power Upper 为-48.20；<br>（4）通用时间开关模板上升沿与下降沿时间不得超过 10 μs 的最小一致性要求，是通过测试界面上的蓝色框线自动判断的 | | |
| 7. 读取测试结果 | 参见图 6-13 | 可读取 ON Power、OFF Power（after、before）等参数的值 |

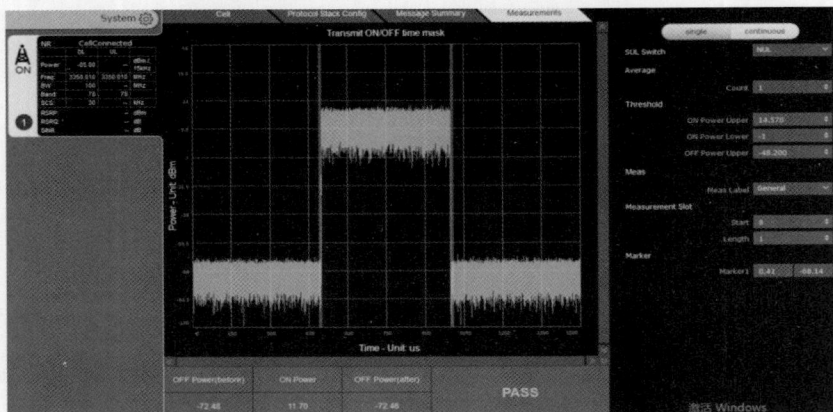

图 6-13　通用时间开关模板测试结果

（4）功率控制测试

功率控制测试包括绝对功率容差（absolute power tolerance）测试、相对功率控制容差（power control relative power tolerance）测试和累计功率容差（aggregate power tolerance）测试 3 个子项。

绝对功率容差是指终端发射机设置其初始输出功率到特定值的一种能力，且测量周期大于 20 ms 的连续和非连续的发送。终端通过自身的参数调节来控制其发射功率达到测试预期目标，属于开环功率控制测试，其协议中给定的上下限容限范围宽达±9 dB。具体测试要求可参考 3GPP TS38.521-1 中 6.3.4.2 节的定义。

相对功率控制容差评估的是终端发射机调整当前发射功率的能力，是检测终端发射机在目标子帧中相对于最邻近的子帧设置输出功率的控制能力，子帧的传输间隔要小于或等于 20 ms。测试项中的参数具体参考 3GPP TS38.521-1 中 Table 6.3.4.3.5-3、Table 6.3.4.3.5-4、Table 6.3.4.3.5-5、Table 6.3.4.3.5-6、Table 6.3.4.3.5-7 要求。由于功率放大器幅度的变化，测试中允许两个点例外。当测试模式为单调递增功率控制和单调递减功率控制测试模式时，功率最大容限为±6.0 dB。测试项包括 3 种子测试类型：阶梯上升（ramping up）、阶梯下降（ramping down）和交替（alternating）。对于阶梯上升和阶梯下降子测试，根据资源块变化位置的不同又可细分为 A、B、C 模式。具体测试要求可参考 3GPP TS38.521-1 中 6.3.4.3 节的定义。

累计功率容差评估的是终端维持发射功率的能力，验证终端发射机在 21 ms 内的非连续传输期间的发射功率（TPC=0 dB）相对于终端第一个发射功率的功率保持能力。协议中此测试项分为两个子测试，即 PUCCH 子测试和 PUSCH 子测试。该测试项的指标应满足在 0 dB TPC Command 的情况下，PUCCH 在 21 ms 内的功率范围为±2.5 dB，而 PUSCH 在 21 ms 内的功率范围为±3.5 dB。具体测试要求可参考 3GPP TS38.521-1 中 6.3.4.4 节的定义。

SP9500-CTS 综合测试仪的相对功率控制容差测试步骤如表 6-7 所示。

表 6-7　相对功率控制容差测试步骤

| 测试步骤 | 具体操作 | 注意事项 |
|---|---|---|
| 首先将待测终端与 SP9500-CTS 综合测试仪连接，激活 NR 小区，被测终端开机，等待终端与 SP9500-CTS 综合测试仪完成信令注册流程 | | |
| 1. 上行 Slot 调度设置 | 设置 Protocol Stack Config→Scheduling Config→Slot8&9&18&19 为 PUSCH | 协议要求 TDD（30 kHz）调度 Slot8&9&18&19；FDD（15kHz）调度 Slot0~9 |
| 2. 上行 RMC 链路设置 | 设置 Slot8&9&18&19_PUSCH→Rb Start 为 0、Rb Cnt 为 1、Mcs1 为 2 | 按照协议规定，进行 RMC 参数设置，完成后单击"Apply" |
| | | |
| 3. 设置 TPC | 设置 TPC 为 Target；<br>设置 Target Power→ –30.65 dBm；<br>观察 Current Power，复位 Target Power（Stop 状态） | Target Power 设置为–30.65 dBm 后，先观察 Current Power，待其显示出（–30.65±0.5）dBm 范围内的值时，再单击 Target Power 值右侧的参数复位键，或直接删除 Target Power 的值，使其状态还原为 Stop，再进入测试项测量 |
| 4. 进入测量项 | 单击 RPT 进入测量项 | 射频指标参数按照 3GPP TS 38.521-1 规定配置为默认值，可更改 |
| 5. 测量项基本参数设置 | 测试场景设置（Option）、测量门限（Threshold） | Marker 功能可查看各个子帧的绝对功率值和相对功率值 |
| 依据 3GPP TS38521-1 中 Table 6.3.4.3.5-5 规定的测试要求：<br>（1）应设置 Threshold→Threshold Type 为 Default；<br>（2）应设置 Threshold→Unit Step TT 为 0.7；<br>（3）应设置 Threshold→RB Change TT 为 3.5 | | |
| 6. 读取测试结果 | 参见图 6-14 | 可读取 Relative Pwr 等参数值 |

图 6-14　相对功率控制容差测试结果

### 3. 传输信号质量测试

传输信号质量测试包括频率偏差（frequency error）测试、误差矢量幅度（error vector magnitude，EVM）测试、载波泄漏（carrier leakage）测试、带内辐射（in-band emission）测试和频谱平坦度（equalizer spectrum flatness）测试 5 项。

频率偏差测试是验证终端接收机和发射机正确处理频率的能力。频率偏差的最小一致性要求规定：在一个时隙内，终端调制载波频率与 NR Node B 的载波频率之间的偏差在 $\pm0.1\times10^{-6}$ 以内。具体测试要求可参考 3GPP TS38.521-1 中 6.4.1 节的定义。

误差矢量幅度指的是给定时刻参考信号（理想信号，无误差）与实测信号（实际发射信号）的矢量误差。发射机的 EVM 反映的就是发射的调制信号与理想信号的差异，是衡量调制信号质量的一种重要指标，能全面衡量调制信号的幅度误差和相位误差。幅度误差或相位误差的恶化都会导致 EVM 增加，EVM 增加会直接影响解调性能。信噪比低、IQ 不平衡、时钟偏差、放大器非线性失真等都可能引起幅度误差或相位误差的恶化，这些是引起 EVM 增加的根本原因。对于不同的调制方式，EVM 的均方根平均值基于 10 个子帧（不包括任意过渡周期内的 EVM 平均值）和 60 个子帧（不包括任意过渡周期内的参考信号 EVM 平均值）的测量值不能超过协议规定。具体测试要求可参考 3GPP TS38.521-1 中 6.4.2.1 节的定义。

载波泄漏是一种由子串扰或者直流偏移造成的干扰，表现为未经调制的载波频率上的正弦波。这是一种幅度恒定且与信号幅度相独立的干扰，IQ 分量会对中心的子载波造成干扰，尤其是当它们的幅度较小时影响更大。它是一种附加的正弦波，其频率与调制载波频率相同，测量间隔是时域中的一个时隙。在上行链路共享的情况下，载波泄漏可能存在偏离载波频率的 7.5 kHz 的移位。具体测试要求可参考 3GPP TS38.521-1 中 6.4.2.2 节的定义。

带内辐射测试是指对落入非分配的资源块内的辐射干扰进行测量，带内辐射以 UE 在非分配资源块上的输出功率与分配资源块上的输出功率的比的形式来表示。最小带内辐射测量间隔定义为一个时隙。当带内辐射测量间隔平均超过 10 个子帧时，最小测试要求适用。当 PUSCH 或 PUCCH 传输时隙由于携带探测参考信号复用时，带内辐射的测量间隔也相应地随之减少 1 个或者多个符号。具体测试要求可参考 3GPP TS 38.521-1 中 6.4.2.3 节的定义。

频谱平坦度是以均衡器系数在分配的上行链路块上的最大峰峰纹波值（dB）来定义的，均衡器系数在 EVM 测量过程中产生。其测量间隔与 EVM 一致。频谱平坦度不限制 EVM 测量过程中对信号分析应用的校正，在 EVM 结果有效时，应用的均衡器校正必须满足频谱平坦度最小要求。在普通环境下，上行链路分配频率范围内包含的均衡器系数峰峰值变化值不应该超过协议要求。上行链路由 Range1 和 Range2 组成，在每个频率范围内对系数的评估都应该满足纹波比和附加要求：Range1 最大系数与 Range2 最小系数差值不能超过 5 dB，Range2 最大系数和 Range1 最小系数差值不能超过 7 dB。在极端环境下容差会放宽。具体测试要求可参考 3GPP TS 38.521-1 中 6.4.2.4 节的定义。

SP9500-CTS 综合测试仪误差矢量幅度（PUSCH Test ID 3）测试步骤如表 6-8 所示。

**表 6-8　误差矢量幅度（PUSCH Test ID 3）测试步骤**

| 测试步骤 | 具体操作 | 注意事项 |
|---|---|---|
| 首先将待测终端与 SP9500-CTS 综合测试仪连接，激活 NR 小区，被测终端开机，等待终端与 SP9500-CTS 综合测试仪完成信令注册流程 | | |
| 1. 上行 Slot 调度设置 | 设置 Protocol Stack Config→Scheduling Config→Slot8&9&18&19 为 PUSCH | 无论是 TDD 还是 FDD，协议规定在上行时隙满调度下测量，且测量时间不少于 1 ms（这里仅举例测量 Slot8&9） |
| 2. 上行 RMC 链路设置 | 设置 Slot8&9_PUSCH→Rb Start 为 67、Rb Cnt 为 135、Mcs1 为 2 | 按照协议规定，进行 RMC 参数设置（以 Test ID 3_Inner Full 为例） |

| □ | № | Channel Type | | Tb | Rb Start | Rb Cnt | RA Bitmap | Mcs1 | Mcs2 | Symbol Start | Symbol Cnt | PDSCH Feedback TimingInd |
|---|---|---|---|---|---|---|---|---|---|---|---|---|
| □ | 8 | PUSCH | DL | | | | | | | | | |
| | | | UL | 1 | 67 | 135 | | 2 | | 0 | 14 | |
| □ | 9 | PUSCH | DL | | | | | | | | | |
| | | | UL | 1 | 67 | 135 | | 2 | | 0 | 14 | |

| 测试步骤 | 具体操作 | 注意事项 |
|---|---|---|
| 3. 启用调度设置 | Protocol Stack Config→Scheduling Config 为 Apply | Save 和 Load 可以保存和调用当前设置，Clear 可以清除当前设置 |

续表

| 测试步骤 | 具体操作 | 注意事项 |
|---|---|---|
| 4. TPC 设置 | 将 TPC 设置为 Max 进行一次测量；将 TPC 设置为 Target 再进行一次测量；Target Power 设置为−30.05 dBm；观察 Current Power，复位 Target Power | Target Power 设置为−30.05 dBm 后，先观察 Current Power，待其显示出（−30.05±0.5）dBm 范围内的值时，再单击 Target Power 值右侧的参数复位键，或直接删除 Target Power 的值，使其状态还原为 Stop，再进入测试项测量 |
| 5. 进入测量项 | 单击 TSQ 查看 Error Vector Magnitude 测量项 | 将射频指标参数按照 3GPP TS 38.521-1 规定设置为默认值，可更改 |
| 6. 测量项基本参数设置 | 单次\连续测量（single/continuous）、测量次数（Count）、信道类型（Type）、测量门限（Threshold）、测量时隙（Measurement Slot） | |

（1）设置 Type→Channel Type 为 PUSCH；
（2）依据 3GPP TS 38.521-1 中 Table 6.4.2.1.5-1&Table 6.4.2.1.5-2 规定的测试要求：
应设置 Threshold→EVM Threshold 为 17.5%

| 7. 读取测试结果 | 参见图 6-15 | 可读取 Peak EVM、DMRS EVM 等参数的值 |

图 6-15　误差矢量幅度测试结果

### 4. 频谱分析测试

频谱分析类测试包括占用带宽（occupied bandwidth）测试、频谱辐射模板（spectrum emission mask）测试和邻道泄漏比（adjacent channel leakage power ratio）测试 3 项。

占用带宽为指定所配置的信道上发射频谱的总平均功率的 99% 的带宽，所有传输带宽配置的占用带宽小于协议规定。NR 基本带宽配置有 5/10/15/20/25/30/40/50/60/80/90/100 MHz。具体测试要求可参考 3GPP TS38.521-1 中 6.5.1 节的定义。

　　频谱辐射模板可评估 UE 的发射功率是否超过特定信道带宽下规定的发射水平，指的是从 NR 信道带宽边沿处到距离信道边沿（$\Delta f_{OOB}$）这段频率区间内的辐射需要遵循的指标规范。当频率范围超出 $\Delta f_{OOB}$，该部分辐射由杂散指标进行规范。具体测试要求可参考 3GPP TS38.521-1 中 6.5.2.2 节的定义。

　　邻道泄漏比指的是以指定信道频率为中心的滤波平均功率与以相邻信道频率为中心的滤波平均功率之比。通过该测试，可以评估 UE 发射机是否会对相邻信道产生不可接受的干扰。5G 终端需要分别测试 NR 和 LTE 的邻道泄漏比。NR 邻道泄漏比（NR ACLR）指的是 NR 中心频率处的滤波后功率与邻道中心频率处的滤波后功率的比值。UTRA 邻道泄漏比（UTRA ACLR）是以所分配的 NR 信道频率为中心的滤波平均功率与以相邻 UTRA 信道频率为中心的滤波平均功率之比。具体测试要求可参考 3GPP TS38.521-1 中 6.5.2.4 节的定义。

　　SP9500-CTS 综合测试仪邻道泄漏比（NR Test ID 9）测试步骤如表 6-9 所示。

**表 6-9　邻道泄漏比（NR Test ID 9）测试步骤**

| 测试步骤 | 具体操作 | 注意事项 |
|---|---|---|
| 首先将待测终端与 SP9500-CTS 综合测试仪连接，激活 NR 小区，被测终端开机，等待终端与 SP9500-CTS 综合测试仪完成信令注册流程 | | |
| 1. 上行 Slot 调度设置 | 设置 Protocol Stack Config→Scheduling Config→Slot8&9&18&19 为 PUSCH | 无论是 TDD 还是 FDD，协议规定在上行时隙满调度下测量，且测量时间不少于 1 ms（这里仅举例测量 Slot8&9） |
| Slot8&9 默认参数 Tb 为 1、Rb Start 为 0、Rb Cnt 为 273、Mcs1 为 2、Symbol Start 为 0、Symbol Cnt 为 14 | | |
| | | |
| 2. 上行 RMC 链路设置 | 设置 Slot8&9_PUSCH→Rb Start 为 67、Rb Cnt 为 135、Mcs1 为 2 | 按照协议规定，进行 RMC 参数设置（以 Test ID 9_Inner Full 为例） |
| | | |
| 3. TPC 设置 | 设置 Cell→TPC 为 Max | — |
| 4. 启用调度设置 | 设置 Protocol Stack Congfig→Scheduling Config 为 Apply | Save 和 Load 可以保存和调用当前设置，Clear 可以清除当前设置 |

| 测试步骤 | 具体操作 | 注意事项 |
|---|---|---|
| 5．进入测量项 | 单击 ACLR 进入 Adjacent Channel Leakage Power Ratio 测量项 | 将射频指标参数按照 3GPP TS 38.521-1 规定设置为默认值，可更改 |
| 6．测量项基本参数设置 | 单次/连续测量（single/continuous）、测量次数（Count）、测量门限（Threshold）、测量时隙（Measurement Slot） | — |

（1）依据 3GPP TS 38.521-1 中 Table 6.5.2.4.1.5-2&Table 6.5.2.4.1.5-3（NR ACLR）规定的测试要求：

应设置 Threshold→NR 为-29.2 dB；

（2）依据 TS38521-1 Table 6.5.2.4.2.5-2（UTRA ACLR）规定的测试要求：

应设置 Threshold→UTRA1 为-32.2 dB；

应设置 Threshold→UTRA2 为-35.2 dB。

注意：对于 R15 及以后的协议版本，Power Class 3 的终端须在 NS_03U、NS_05U、NS_43U 和 NS_100 网络信令值下测试 UTRA ACLR，对应的配置如下。

**Table 6.5.2.4.2.4.3-1: AdditionalSpectrumEmission**

| Information Element | Value/remark | Comment | Condition |
|---|---|---|---|
| Derivation Path: 38.508-1 [5] clause 4.6.3, Table 4.6.3-1 AdditionalSpectrumEmission | | | |
| AdditionalSpectrumEmission | 3 (NS_03U) | for band n2, n25, n66, n86 | |
| | 3 (NS_05U) | for band n1, n84 | |
| | 3 (NS_43U) | for band n8, n81 | |
| | 1 (NS_100) | for band n1, n2, n3, n5, n8, n25, n66 (NOTE1) | |
| NOTE 1: This NS can be signalled for NR bands that have UTRA services deployed | | | |

| 测试步骤 | 具体操作 | 注意事项 |
|---|---|---|
| 7．读取测试结果 | 参见图 6-16 | 可读取 NR、UTRA 的 Avg、Max、Min 等参数的值 |

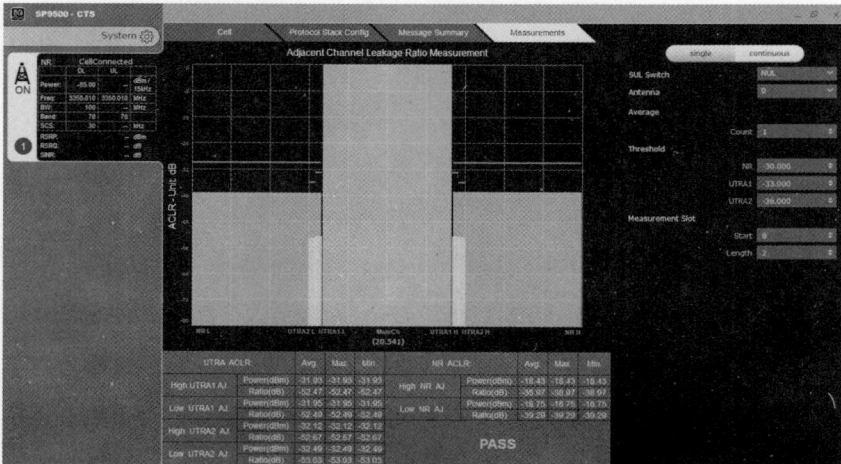

图 6-16　领道泄漏比测试结果

## 5．吞吐率测试

吞吐率是指终端在一个无线帧内数字信号的传输速率，为每秒传送多少个位信息。该测试可用于接收机测试中的参考灵敏度（reference sensitivity level）、最大输入电平（maximum input level）测试，并可配合其他仪表设备完成邻道选择性（adjacent channel selectivity，ACS）、阻塞特性（blocking characteristics）、杂散响应（spurious response）、互调特性（intermodulation characteristics）、杂散发射（spurious emissions）的复杂测试。同时协同支持物理下行共享信道/物理下行控制信道/物理广播信道/由较低层提供的持续下行链路数据速率（PDSCH/PDCCH/PBCH/Sustained downlink data rate provided by lower layers）解调性能的测试。

SP9500-CTS 综合测试仪的参考灵敏度（2RX）测试步骤示如表 6-10 所示。

表 6-10　参考灵敏度（2RX）测试步骤

| 测试步骤 | 具体操作 | 注意事项 |
| --- | --- | --- |
| 首先将待测终端与 SP9500-CTS 综合测试仪连接，激活 NR 小区，被测终端开机，等待终端与 SP9500-CTS 综合测试仪完成信令注册流程 | | |
| 1. 上行&下行 RMC 调度设置 | 调度下行：在 Scheduling Config 中，设置 Slot3/4/5/6 为 PDSCH，PDSCH Feedback TimingInd 为 5/4/3/2，设置 Slot10/11/12/13/14/15/16 为 PDSCH，设置 PDSCH Feedback TimingInd 为 8/7/6/5/4/3/2，Rb Start 为 0，Rb Cnt 为 273，设置 MCS1 为 4，其余参数默认值；调度上行：在 Scheduling Config 中，设置 Slot8/9/18/19 为 PUSCH，Rb Start 为 0，Rb Cnt 为 270，其余参数为默认值 | PDSCH：TDD（30 kHz）须按照 3GPP TS 38.521-1 附录中的 Table A.3.3.2-2 进行调度设置；FDD（15 kHz）须按照 Table A.3.2.2-1 进行调度设置；PUSCH：TDD 须按照 Table A.2.3.2-2 进行调度设置；FDD 须按照 Table A.2.2.2-1 进行调度设置 |

| □ | № | Channel Type | | Tb | Rb Start | Rb Cnt | RA Bitmap | Mcs1 | Mcs2 | Symbol Start | Symbol Cnt | PDSCH Feedback TimingInd |
| --- | --- | --- | --- | --- | --- | --- | --- | --- | --- | --- | --- | --- |
| □ | 8 | PUSCH | DL | | | | | | | | | |
| | | | UL | 1 | 0 | 270 | | 2 | | 0 | 14 | |
| □ | 9 | PUSCH | DL | | | | | | | | | |
| | | | UL | 1 | 0 | 270 | | 2 | | 0 | 14 | |
| □ | 18 | PUSCH | DL | | | | | | | | | |
| | | | UL | 1 | 0 | 270 | | 2 | | 0 | 14 | |
| □ | 19 | PUSCH | DL | | | | | | | | | |
| | | | UL | 1 | 0 | 270 | | 2 | | 0 | 14 | |
| □ | 3 | PDSCH | DL | 1 | 0 | 273 | | 2 | | | | |
| | | | UL | | | | | | | | | |
| □ | 4 | PDSCH | DL | 1 | 0 | 273 | | 2 | | | | 4 |
| | | | UL | | | | | | | | | |
| □ | 5 | PDSCH | DL | 1 | 0 | 273 | | 2 | | | | |
| | | | UL | | | | | | | | | |
| □ | 6 | PDSCH | DL | 1 | 0 | 273 | | 2 | | | | |

| 测试步骤 | 具体操作 | 注意事项 |
|---|---|---|

| 测试步骤 | 具体操作 | 注意事项 |
|---|---|---|
| 2．启用调度设置 | 设置 Protocol Stack Congfig→Scheduling Config 设置为 Apply | Save 和 Load 可以保存和调用当前设置，Clear 可以清除当前设置 |
| 3．进入测量项 | 单击 BLER 进入 Reference sensitivity 测量项 | — |
| 4．测量项基本参数设置 | 单次/连续测量（single/continuous）、传输方向（Direction）、下行发包数量（DL Count）、置信度判决（Ejudgement）、小区功率（Power）、上行功率控制方式（TPC） | — |

（1）设置 Option→Direction 为 DL；

（2）设置 Option→DL Count，更改下行发包数量；

（3）设置 Ejudgement 为 OFF；

（4）设置 UE State→TPC 为 Max；

（5）调节小区功率：从–85 dBm/15 kHz（下方显示的 RSSI 为–46.84 dBm）开始逐渐下调小区的 RSRP 值，至少下调到–122.76 dBm/15 kHz；

（6）测量 PDSCH BLER：每改变一次 RSRP，就单击一次 single 进行单次下行发包测量，同时观察每次发包后 PDSCH 统计界面显示的吞吐量百分比是否满足协议要求，重复测量直至找到协议要求的最低吞吐量百分比（95%）所对应的 RSRP 值，即为实测灵敏度电平值，记录测试结果（RSSI 值）。

注意：

（1）–122.76 dBm/15 kHz 是 3GPP 38521-1 Table 7.3.2.5-1 中 n78-30 kHz-100 MHz 考虑 TT 后的 2RX 灵敏度限值换算出的 RSRP 值；

（2）2RX 场景需要连接功分器测试：主路连接仪表，两个分路分别连接 UE 的主集和分集

| 测试步骤 | 具体操作 | 注意事项 |
|---|---|---|
| 5．读取测试结果，参见图 6-17 | 当 RSRP≤–122.76 dBm/15 kHz 时，满足 Throughput≥95% 即可判定为 PASS | |

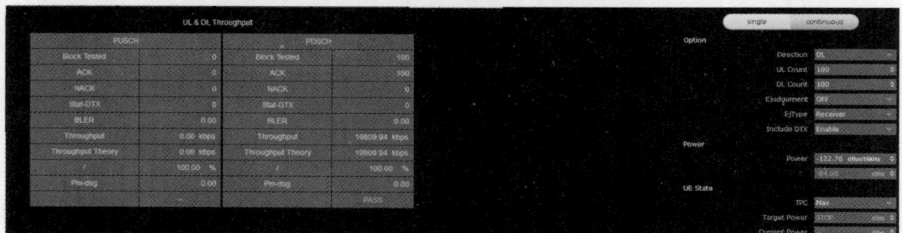

图 6-17　参考灵敏度测试结果

#### 6. 信道状态信息测试

SP9500-CTS 综合测试仪的信道状态信息（CSI）测试方案流程如下。

（1）SP9500-CTS 综合测试仪根据协议设置发送规定的 CSI-RS 等参考信号。

（2）终端与仪表完成基本信令流程接入并进行相关协议参数设置。

（3）终端对 CSI-RS 进行测量（包括信道测量/干扰测量等），终端报告 CSI 结果。

（4）仪表根据上报的 CSI 结果，进行调度相关处理和终极上报测量。

SP9500-CTS 综合测试仪支持 PDSCH/PDCCH/CSI-RS/HARQ 等参数的灵活设置，同时满足各类信道模型（AWGN/OCNG/Fading 等）的调用配置，通过 CSI 专属测量项可完成 3GPP TS38. 521-4 第 6 章 Reporting of Channel Quality Indicator (CQI)、Reporting of Rank Indicator (RI)用例的测试验证，如图 6-18 所示。

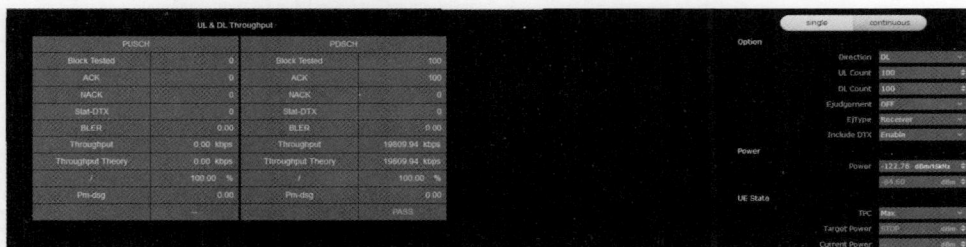

图 6-18　CQI 测试结果

## 6.6.2　特性指标测试

#### 1. 峰值速率测试

可将峰值速率简单理解为终端在移动无线系统中被分配的最大带宽、最高调制编码方式、处于理想的无线环境时所能达到的最高传输速率。该指标可直接反馈终端极限数据传输性能是否满足设计和行业要求。

SP9500-CTS 综合测试仪作为当前主流 5G 综合测试仪，可通过物理层吞吐率测量直观检测和分析终端的数据传输速率指标。

SP9500-CTS 综合测试仪的峰值速率 SA 4DL MIMO 测试包含以下步骤。

（1）仪表关闭分集开关，设置为下行 4 天线（4DL_1UL）。

（2）设置基础协议栈参数（Band/BW/Channel/PHY Config 等），如图 6-19 和图 6-20 所示。

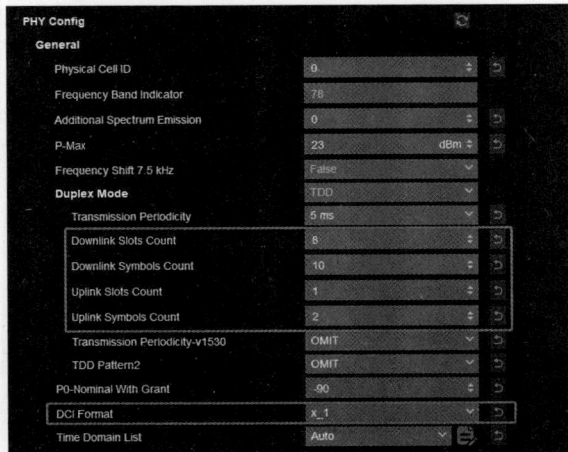

**图 6-19　设置基础协议栈参数 1**

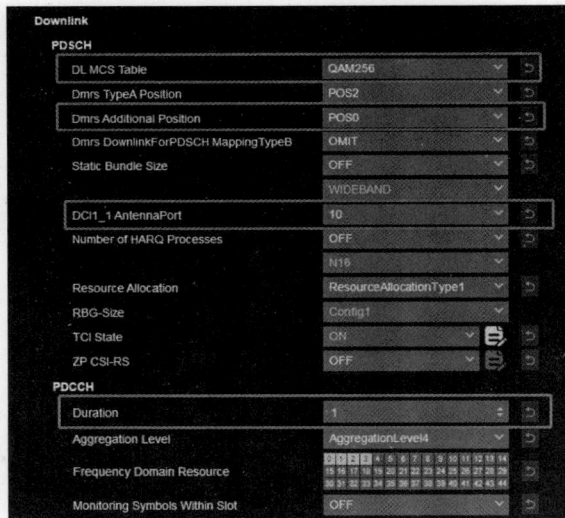

**图 6-20　设置基础协议栈参数 2**

（3）建立小区，连接终端，注册成功后，RMC 调度设置如图 6-21 所示。

（4）进入 RX 的 BLER 测量项，进行测试。

峰值速率测试结果如图 6-22 所示。

## 2. 探测参考信号天线轮发测试

探测参考信号天线轮发指终端在哪根物理天线上发送探测参考信号。在探测参考信号模式下，能够参与发送参考信号的天线越多，信道估计就越准，进而能获得的速率越高。充分利用 5G 终端的多根天线轮流上报信道信息（即探测参考信号天线轮发），则能够让基站获取的信息更全面，进行更精准的数据传输。

SP9500-CTS 综合测试仪支持检测 5G 终端是否支持探测参考信号天线轮发功能，主要典型应用包括 1T1R/1T4R/2T4R 等测试。

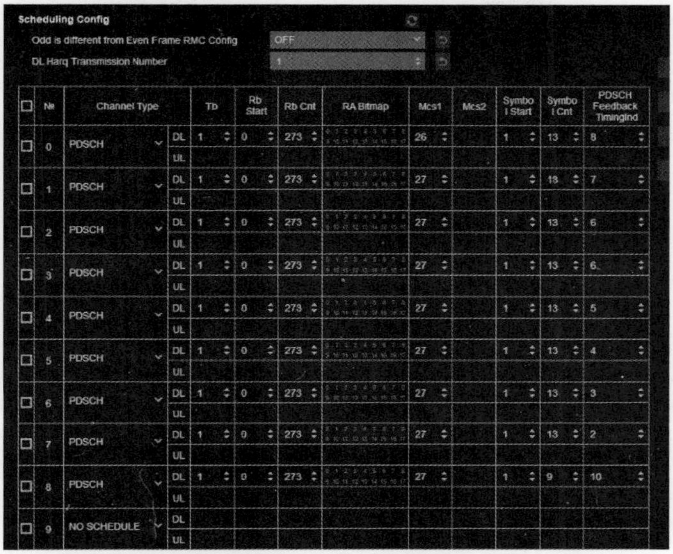

**图 6-21　RMC 调度设置**

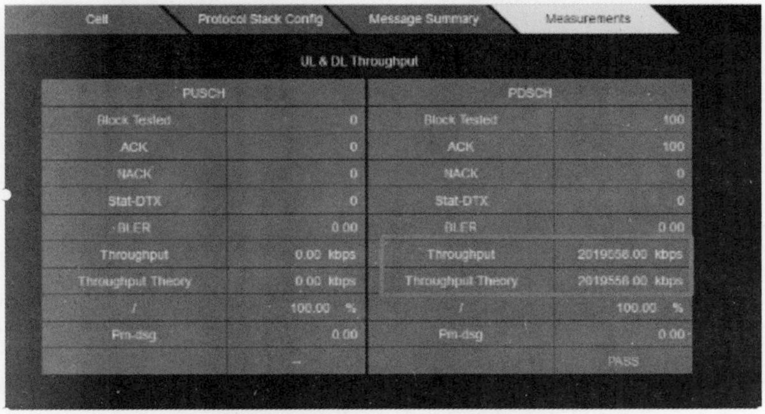

**图 6-22　峰值速率测试结果**

SP9500-CTS 综合测试仪的探测参考信号天线轮发 2T4R 测试步骤如下。

（1）配置仪表天线端口，选择"DL4_UL4"。

（2）设置基础协议栈参数（Band/BW/Channel/DCI 等）。

（3）进行终端接线，将终端的 4 个接线口依次接到仪表的 4 个射频端。

（4）设置探测参考信号协议参数（SRS Resource/SRS ResourceSet），如图 6-23、图 6-24 所示。

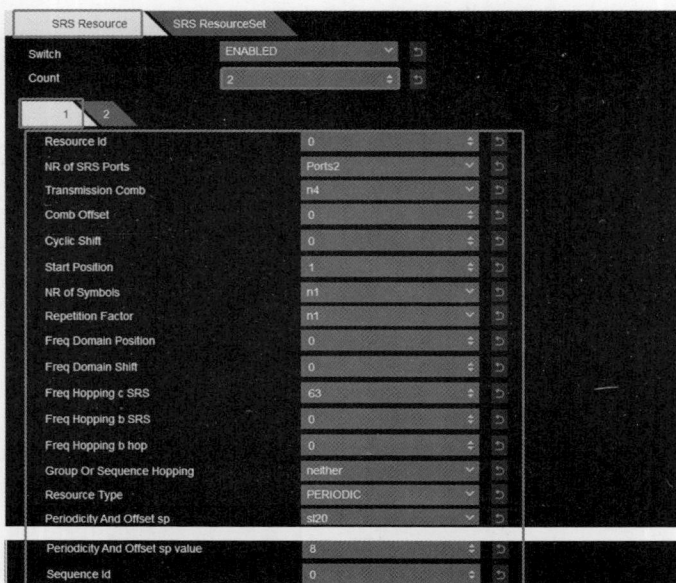

图 6-23　　SRS Resource 设置界面

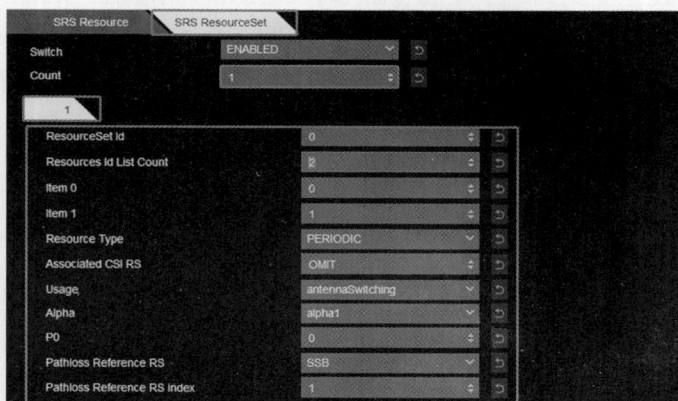

图 6-24　　SRS ResourceSet 设置界面

（5）注册终端并接入（不要调度任何上下行 Slot），进入 OSC 测量项，进行测试。

探测参考信号天线轮发测试结果如图 6-25 所示。

### 3. 上行占空比测试

在通信领域中，占空比通用定义是指高电平在一个周期之内所占的时间比值。在 5G 终端测试中，终端需要具备根据不同应用场景合理调整上下行调度的能力，其上行占空比基本定义为

上行占空比=调度的上行符号总数/特定子载波间隔（SCS）的符号总数×100%

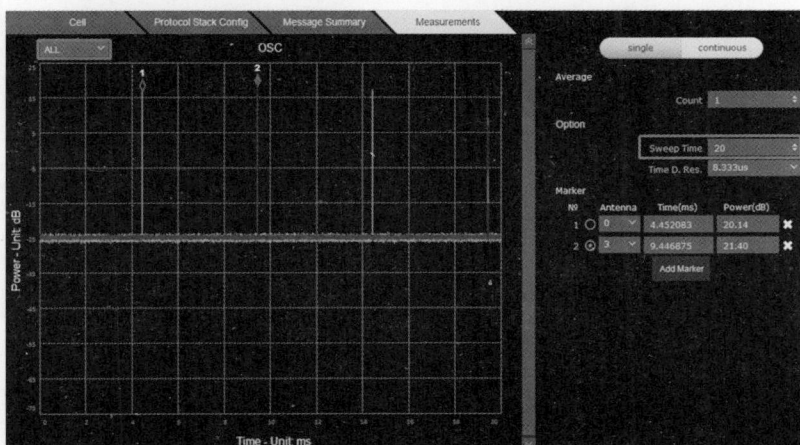

**图 6-25　探测参考信号天线轮发测试结果**

SP9500-CTS 综合测试仪可通过调配物理层和调度参数检测终端是否具备多种上行调度的能力，并最终达到匹配应用场景测试的基本条件。

SP9500-CTS 综合测试仪的上行占空比测试步骤如下。

（1）设置基本配置参数（Band/BW/Channel/DCI/P-max 等）。

（2）设置基本时隙配比参数（应结合上行占空比需求灵活配置），如图 6-26 所示。

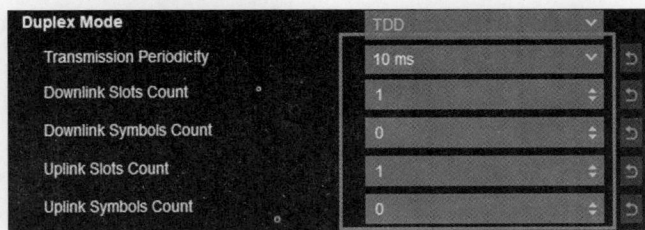

**图 6-26　时隙配比参数设置界面**

（3）将 TimeDomainList 改为 Manual，根据实际需求修改 DL/UL TimeDomainList 设置，如图 6-27 所示。

**图 6-27　TimeDomainList 参数设置界面**

（4）设置 PDCCH/PUSCH 相关参数。

（5）建立小区，连接终端，注册成功后，进行 RMC 调度设置，如图 6-28 所示。

| | № | Channel Type | | Tb Num | Rb Start | Rb Cnt | RA Bitmap | Mcs1 | Mcs2 | Symbol Start | Symbol Cnt | PDSCH Feedback TimingInd |
|---|---|---|---|---|---|---|---|---|---|---|---|---|
| ☑ | 0 | NO SCHEDULE | DL + | | | | | | | | | |
| | | | UL + | | | | | | | | | |
| ☐ | 1 | PUSCH | DL + | | | | | | | | | |
| | | | UL + | 1 | 0 | 273 | | 2:QPSK | | 1 | 13 | |
| ☐ | 2 | PUSCH | DL + | | | | | | | | | |
| | | | UL + | 1 | 0 | 273 | | 2:QPSK | | 2 | 12 | |
| ☑ | 3 | PUSCH | DL + | | | | | | | | | |
| | | | UL + | 1 | 0 | 273 | | 2:QPSK | | 0 | 14 | |
| ☐ | 4 | PUSCH | DL + | | | | | | | | | |
| | | | UL + | 1 | 0 | 273 | | 2:QPSK | | 2 | 12 | |
| ☑ | 5 | PUSCH | DL + | | | | | | | | | |
| | | | UL + | 1 | 0 | 273 | | 2:QPSK | | 0 | 14 | |
| ☐ | 6 | PUSCH | DL + | | | | | | | | | |
| | | | UL + | 1 | 0 | 273 | | 2:QPSK | | 2 | 12 | |
| ☑ | 7 | PUSCH | DL + | | | | | | | | | |
| | | | UL + | 1 | 0 | 273 | | 2:QPSK | | 0 | 14 | |
| ☐ | 8 | PUSCH | DL + | | | | | | | | | |
| | | | UL + | 1 | 0 | 273 | | 2:QPSK | | 2 | 12 | |
| ☑ | 9 | PUSCH | DL + | | | | | | | | | |
| | | | UL + | 1 | 0 | 273 | | 2:QPSK | | 0 | 14 | |

图 6-28　RMC 调度设置

（6）进入 OSC 测量项，进行测试。

上行占空比测试结果如图 6-29 所示。

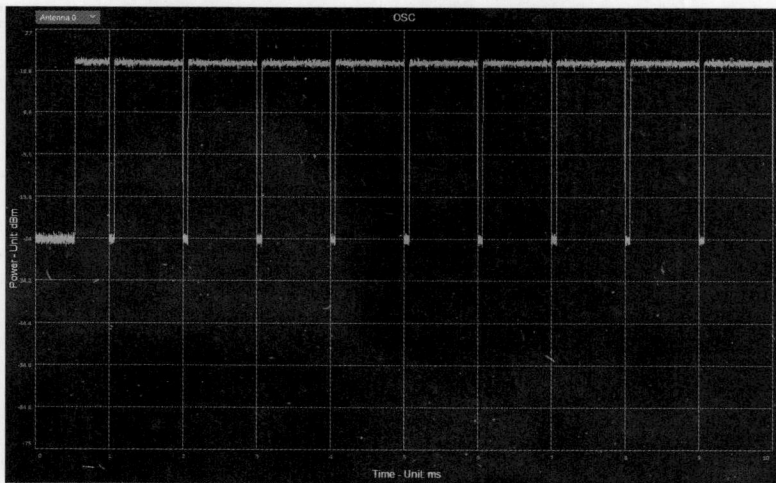

图 6-29　上行占空比测试结果

## 6.6.3　扩展支撑测试

### 1. 业务测试

SP9500-CTS 综合测试仪可对现实网络环境进行模拟和仿真，验证 5G 终端在各种应用场景下的互联互通和数据业务质量。灵活配置仪表界面参数可模拟各种网络环境，包括实际网络不支持的一些环境。相对于外场和模拟网来说，其解决方案具备较高的重复性和易控性。

业务测试包含以下步骤。

（1）将 SP9500-CTS 综合测试仪通过网线拓展至外部 10 GB 服务器。

（2）在 10 GB 服务器和终端上分别安装 Iperf 软件实现 IP 层数据灌包与测量。

（3）终端通过安装在控制计算机上的 UE 控制软件进行相关指令控制。

（4）SP9500-CTS 综合测试仪当前支持 TCP/UDP 数据包类型的测试。

业务测试方案组成框架如图 6-30 所示。

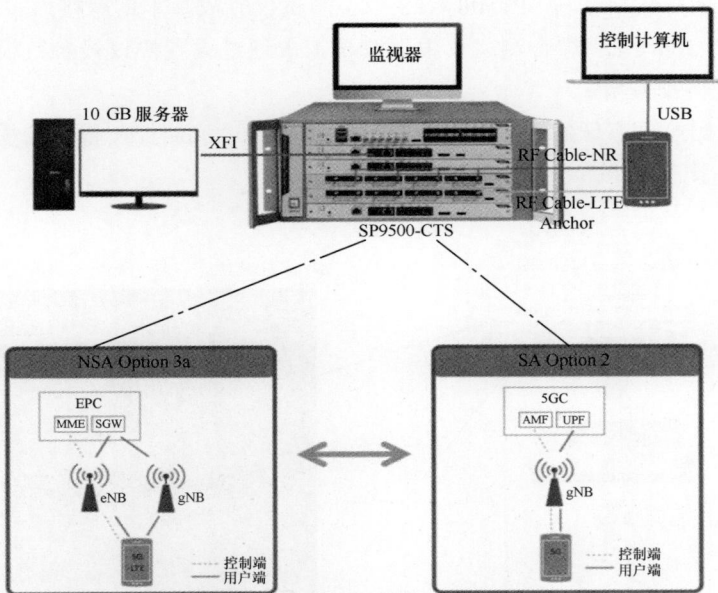

图 6-30　业务测试方案组成框架

业务测试结果如图 6-31 所示。

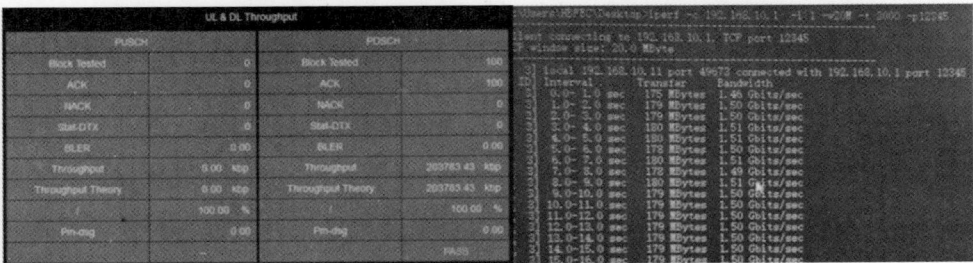

图 6-31　业务测试结果

## 2. 功耗测试

功耗测试的目的是检测 5G 终端在各种应用场景下的功率消耗情况是否符合设计或行业规范，同时协助 5G 终端持续改善应用功耗过大导致终端发热等情况，最终延长待机时间，改善用户体验。

SP9500-CTS 综合测试仪具备较丰富的界面参数配置能力，包括支持 UL/DL MCS/Slot/RB/IDLE/CDRX/BWP 等各种协议参数，以及 DL/UL 的 PHY/IP Throughput 测试场景模拟，同时，待测产品平台可通过 SP9500-CTS 综合测试仪接入外网，测试各类 App 的功耗。

功耗测试包含以下步骤，其方案组成框架如图 6-32 所示。

（1）测试产品平台与 SP9500-CTS 综合测试仪完成基本信令接入。

（2）SP9500-CTS 综合测试仪根据测试需求通过设置协议栈参数模拟应用场景（待机/业务交互等）。

（3）搭配第三方任何一款适配电流计进行实时电流监控，根据结果判断是否符合设计要求。

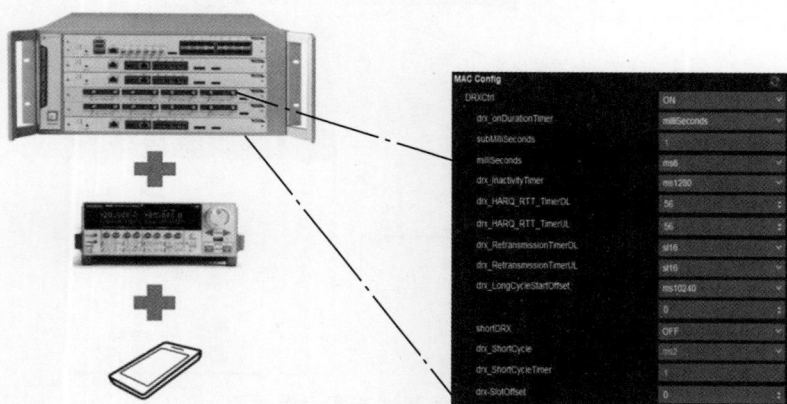

图 6-32　功耗测试方案组成框架

## 3. 双卡测试

双卡终端已是目前手机的主流形态，结合移动终端市场测试需求，SP9500-CTS 综合测试仪推出双卡测试解决方案，可检测 5G 终端双卡模式的驻网、切换、射频、语音、数据业务能力等性能。

双卡测试需要测试以下功能。

（1）支持"SA+SA"模式下的 5G 终端双卡测试功能。

（2）支持主副卡射频指标测试。

（3）可测试发射机特性指标：TXP、EVM、SEM、OBW、ACLR 等。

（4）可测试接收机特性指标：BLER、参考灵敏度（REFSENS）等。

（5）支持主副卡吞吐率测试。

（6）支持主副卡 VoNR 测试。

（7）支持主副卡 IP 数据业务测试。

（8）通过触发器同步，支持主副卡同频测试。

双卡测试方案组成框架如图 6-33 所示。

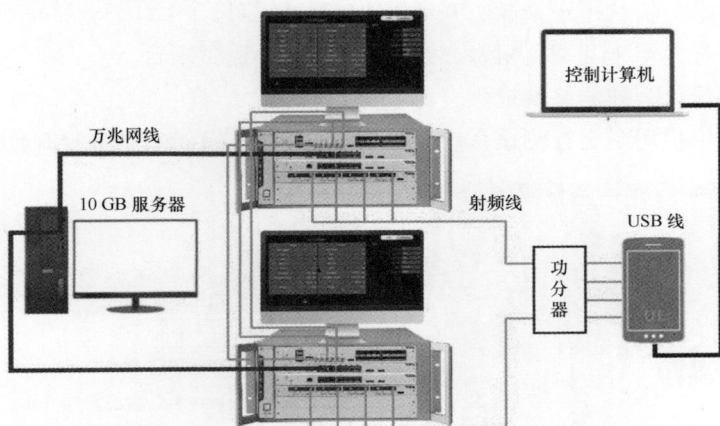

图 6-33　双卡测试方案组成框架

## 6.6.4　一致性测试

以图 6-34 所示的 SP9500-CTS 综合测试仪为例。该仪表可满足针对 GCF/PTCRB 的三大一致性测试需求，并可通过许可证授权扩充至中国进网许可测试（CTA）、欧洲安全合格标志（CE）/美国联邦通信委员会（FCC）/日本总务省（MIC）法规测试和运营商一致性准入测试等。

5G 终端一致性测试根据 3GPP TS 38.521-1、TS 38.521-3、TS 38.521-4、TS 38.523-1、TS 34.229-5 和 TS 38.533 等规范要求的 5G FR1 测试需求，支持射频一致性（RCT）、协议一致性（PCT）和无线资源管理一致性（RRM）测试等。测试内容涵盖 5G FR1 NSA 和 SA 两种组网架构下终端协议栈各层基本功能和流程的验证，包括对射频发射机/接收机特性、解调性能、小区重选/切换/重建性能、测量流程和性能等的功能测试，能够对终端能力进行全面的检测和分析。在全面支持终端一致性测试的同时，SP9500-CTS 5G 测试系统还可扩展支持中国无线电设备型号核准测试以及 FCC/CE/MIC 国际认证测试，并可构建功耗、应用层业务测试等的测试验证环境，是满足多种类型测试需求的一站式解决方案。

一致性测试需要测试以下功能。

（1）SP9500-CTS 综合测试仪作为测试系统中的核心测试仪器，主要提供 NR/LTE 基站系统模拟功能，同时提供矢量信号发生和 Fader 功能。

（2）射频合路单元（CU）针对多天线终端提供灵活的空口合路和切换矩阵。

（3）射频切换单元（FE）为系统中设备提供满足多天线终端测试需求的射频信号提取和接入链路。

（4）射频滤波单元（Filter）用于射频测试，提供基本的滤波通道。

（5）频谱分析仪用于杂散、互调等 RF 测试项目。

（6）信号源用于互调、阻塞、杂散响应等 RF 测试项目。

（7）电流计为被测终端提供直流电源。

（8）上位机用于运行测试系统软件、存储和复制 Log、收发 AT 命令等。

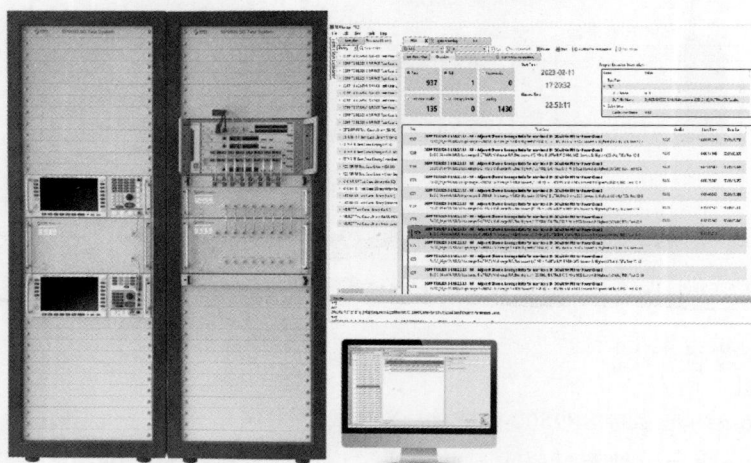

图 6-34　一致性测试系统

## 6.6.5　企标业务功耗测试

SP9500-OST 5G 终端 NSIOT 测试系统立足于我国三大运营商企标 NSIOT 测试需求和定制化测试需求，验证终端在不同网络环境下的互联互通和数据性能，准确评估手机移动性（例如重选、切换）和稳定性（例如语音、数据业务并发等）等。

SP9500-PWC 5G 终端功耗测试系统通过获取被测物在待机、视频通话、应用下载、在线视频等不同场景下所产生的电流数据，检查是否符合终端功耗标准，可有效解决用户产品开发过程中的痛点，全面保障终端产品性能。

当前解决方案支持运营商（如中国移动、中国联通、中国电信）自定义的测试，包括协议测试、功耗测试、业务测试等，并已应用在运营商入库支撑中。企标业务功耗测试如图 6-35 所示。

图 6-35　企标业务功耗测试

## 6.6.6　高铁测试

　　高铁测试方案指依据中国移动定制化高铁环境测试需求，针对移动终端驻网、呼叫、挂机、语音、长保、数据传输等场景制定的产品解决方案。SP9500-CTS 综合测试仪作为系统仿真器模拟 5G NR/LTE 基站。系统仿真器最大限度贴合现网配置，其中包含测试信号、默认参数等要求。结合信道模拟器模拟高铁运行场景，考虑多径效应以及最大多普勒频偏，最大化模拟现网环境对移动终端进行检测。高铁测试方案如图 6-36 所示。

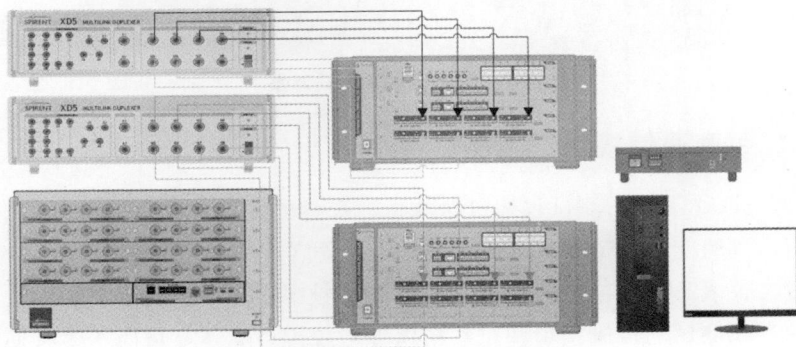

图 6-36　高铁测试方案

### 6.6.7 卡接口测试

卡接口测试系统实现对终端 USIM 应用工具箱（USAT）接口的功能一致性测试。该测试系统应由 USAT 业务模拟单元、网络模拟单元、被测终端、UICC 模拟单元以及测试控制个人计算机等构成。

SP9500-SMT 支持 3GPP TS 31.121/124 定义的所有终端机卡接口 USIM/USAT 测试，包含统一访问控制、认证程序、终端路由选择策略、主动 UICC 命令、事件下载、呼叫控制、SMS-PP 数据下载等测试。SP9500-SMT 作为 5G 系统模拟器，模拟终端信令接入过程，提供 NGC、gNB 和 USAT 等主动式命令测试所需的业务数据；B-BOX（卡模拟器）提供基于 UICC 平台加载 UISM 应用的通用集成电路卡的功能；万兆个人计算机执行 B-BOX 的测试，控制软件和交换机作用。卡接口测试方案如图 6-37 所示。

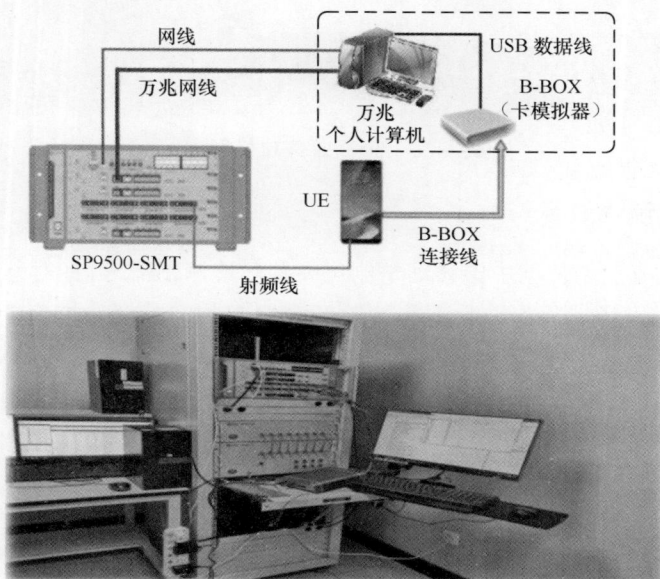

图 6-37 卡接口测试方案

### 6.6.8 短距离通信模组产线测试

5256C 5G 终端综合测试仪通过对软件、选件的设计，支持 NB-IoT 窄带信号测试分析，同时支持 Wi-Fi 高达 160 MHz 带宽信号的收发测试，覆盖 Wi-Fi 6E 信号频段，仪表频谱纯净度好，且具有很高的频率、功率准确度和稳定性，同时仪表具有产线测试的控制接口和可移植组件对象模型版本，可用于多种芯片模组的生产测试。短距离通信模组产线测试连接如图 6-38 所示。

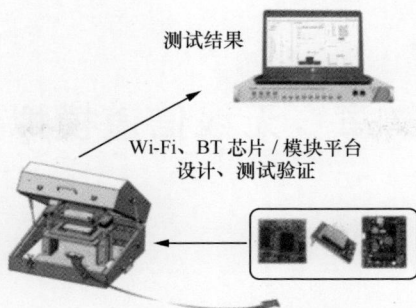

**图 6-38  短距离通信模组产线测试连接**

# 参考文献

[1] 张睿, 周峰, 郭隆庆. 无线通信仪表与测试应用[M]. 3 版. 北京: 人民邮电出版社, 2018.

[2] 中华人民共和国工业和信息化部. 5G 移动通信综合测试仪校准规范：JJF（通信）052—2021[S]. 2021.

[3] 全国无线电计量技术委员会. LTE 数字移动通信综合测试仪校准规范：JJF 1443—2014 [S]. 北京: 中国计划出版社, 2014.

[4] 全国无线电计量技术委员会. 宽带码分多址接入（WCDMA）数字移动通信综合测试仪校准规范：JJF 1276—2011[S]. 北京: 中国质检出版社, 2011.

[5] 全国无线电计量技术委员会. TD-SCDMA 数字移动通信综合测试仪校准规范：JJF 1204—2008[S]. 北京: 中国计量出版社, 2008.

[6] 全国无线电计量技术委员会. CDMA 数字移动通信综合测试仪校准规范：JJF 1177—2007[S]. 北京: 中国计量出版社, 2007.

# 第 7 章　无线信道模拟器

## 7.1　概述

信道是无线通信系统电磁波传输的介质，也是所有系统中不可或缺的组成部分。信道代表了发射机到接收机之间的物理介质，实际的无线传播表现出易变的特性，影响因素包括信号的频率、带宽，收发信机移动速度，收发天线类型、高度和倾角，实际传播的地理环境和地形，以及气候条件等，这些易变的特性可以用路径损耗、阴影衰落和多径衰落等信道模型来描述。

在传统的设计方法中，为了论证信道对通信系统的影响，需要在特定的外场环境下做大量的外场试验，这样会造成人力、物力和时间等的大量消耗，大大降低测控系统的设计和开发效率。由于外场真实环境下的信道是变化的且不可重复的，所以在设计初期会造成接收算法的定位困难，降低设计效率。无线信道模拟器是利用计算机软硬件、信道建模和射频电路等技术，来模拟真实世界的复杂无线通信环境的一种仿真设备。无线信道模拟器可以在实验室内采用近似的方式尽可能接近真实地模拟无线通信系统的信道；在终端设备的测试中引入信道模拟器可以在实验室内构建所需的信道环境，进行可复现性测试，减小外场实验的规模和数量，提高设计效率。利用无线信道模拟器可以使复杂的无线信道的特性在实验室可重复、可控制，可以加快无线通信产品的研发，大大节约用户外场测试成本，因此其被广泛应用于无线通信、导航定位和复杂电磁环境仿真测试等领域。

## 7.2　无线信道模拟器的工作原理与基本结构

### 7.2.1　无线信道模拟器的工作原理

无线信道模拟器的工作原理满足时域卷积定理：

$$y(t) = x(t) \otimes h(t) = \int_{-\infty}^{+\infty} x(\tau)h(t-\tau)\mathrm{d}\tau \qquad (7-1)$$

式中，$x(t)$为 $t$ 时刻的输入信号；$y(t)$为 $t$ 时刻衰落信道的输出信号；$h(t)$为 $t$ 时刻的信道冲击响应；$\tau$ 为多径的时延；$\otimes$ 表示卷积。

式（7-1）表明，无线信道模拟器对输入信号添加衰落是在时延域进行卷积，而不是在时域进行卷积，这点容易引起混淆。

我们经常说，AWGN 信道是一种"加性"信道，衰落信道是一种"乘性"信道，都是从时域去衡量的。当衰落信道只有一条路径的时候，可以将式（7-1）简化为

$$y(t) = x(t) \otimes h(t) = \int_{-\infty}^{+\infty} x(\tau)h(t-\tau)\delta(\tau)\mathrm{d}\tau = x(t) \times h(t) \tag{7-2}$$

式（7-2）表明，在时域（$t$）上，衰落信道是一种"乘性"信道。

根据无线电波传播信道中的广义稳态非相关散射假设，多径之间的信道冲击响应是不相关的。如果由式（7-1）实现无线衰落信道仿真，由于信道的多径在衰落仿真之前已经建模完成，则需要根据不同的信道模型对多径的信道冲击响应进行重采样以实现多径的时延。以 5G 信道模型为例，其多径时延一般为纳秒级，这就对基带的信道建模提出了极高的数据处理要求。为了避免建模时的数据重采样（需要提高基带采样率，降低建模时间效率），再次考虑式（7-1），根据卷积的交换律性质，则式（7-1）可以写成

$$y(t) = x(t) \otimes h(t) = \int_{-\infty}^{+\infty} h(\tau)x(t-\tau)\mathrm{d}\tau \tag{7-3}$$

从式（7-3）可以看出，对信道的多径完成建模后，不需要对冲击响应进行重采样操作，只需要对输入的已知信号进行延迟即可。可以使用逻辑电路对数据的延迟进行存储与读取操作，大大降低了数据处理的复杂度。

考虑无线信道模拟器的数字实现，将式（7-3）写成离散形式，即

$$y(n) = x(n) \otimes h(n) = \sum_{m=-\infty}^{m=+\infty} h(m)x(n-m) \tag{7-4}$$

根据线性时不变系统的因果性质：

$$h(m) = 0(m < 0) \tag{7-5}$$

式（7-4）最终可以写为

$$y(n) = x(n) \otimes h(n) = \sum_{m=0}^{m=+\infty} h(m)x(n-m) \tag{7-6}$$

式（7-6）就是无线信道模拟器在时域进行衰落信道叠加后整体实现的结构——抽头延迟线模型，如图 7-1 所示。

根据图 7-1 所示的抽头延迟线模型可以看出，无线信道模拟器共实现了 $N$ 条衰落多径的叠加。无线信道模拟器通过射频通道完成模拟下变频，ADC 采样后得

到用户输入的基带数字信号。考虑多径相对时延，以及满足波长及衰落仿真，无线信道模拟器的数字域通过 FPGA 实现上述抽头延迟线模型。进行衰落信道仿真时，无线信道模拟器的输入信号直接和第一条路径在 $n$ 时刻的冲击响应相乘，同时对输入信号进行延迟（第二条路径的延迟）后和第二条路径在 $n$ 时刻的冲击响应相乘，依次类推，直至完成 $n$ 时刻的 $N$ 条衰落多径的冲击响应叠加并输出，无线信道模拟器就完成了 $n$ 时刻的基带衰落信道仿真。FPGA 输出经历基带衰落的信号，通过 DAC 转换成模拟信号并经过射频通道完成上变频，再通过无线信道模拟器的物理射频端口输出给用户接收设备。

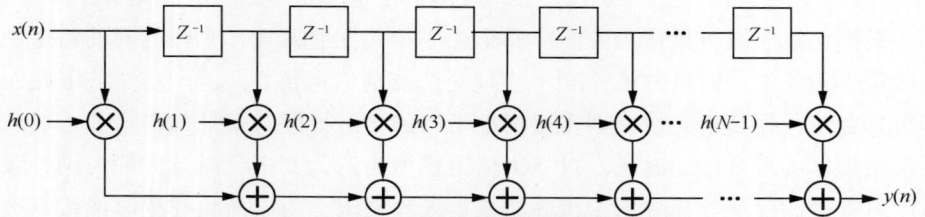

图 7-1　无线信道模拟器的抽头延迟线模型

　　抽头延迟线模型阐述了当前时刻 $t$ 衰落信道的叠加情况。实际的无线信道是时变信道，即 $h(t)$ 会随着时间的变化而不断变化，这就要求无线信道模拟器按照一定的时间间隔不断更新 $h(t)$ 以模拟时变信道。更新 $h(t)$ 的时间间隔一般和收发设备的相对运动速度有关，其需要信道模型和无线信道模拟器进行联合交互控制以实现对时变衰落信道的仿真。

　　假设半波长采样密度为 $\rho$，表示信道建模过程中半个波长长度上的采样点数，两个采样点的间隔 $d=\lambda/2\rho$，$\lambda$ 表示波长，如图 7-2 所示。假设终端从 $A$ 点运动到 $B$ 点，其传播时延由 $L_1/c$ 转变成 $L_2/c$，其中，$c$ 表示光速，传播时延的控制由无线信道模拟器硬件对输入信号进行延迟实现。

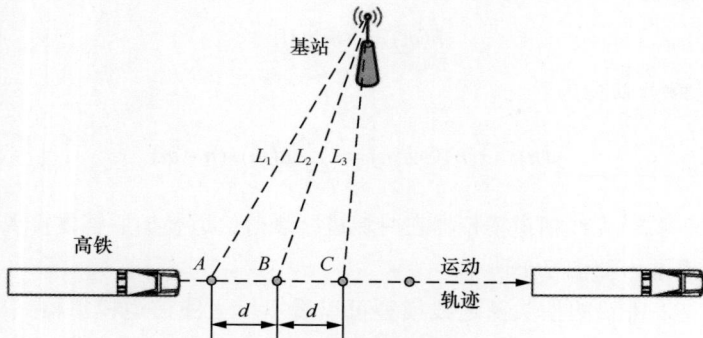

图 7-2　轨迹采样点示意

根据多普勒公式，多普勒频移 $f_D$ 可表示为

$$f_D = \frac{v}{c} f_{center} \times \cos\theta \qquad (7\text{-}7)$$

式中，$f_{center}$ 为中心频率；$v$ 表示终端运行速度；$\theta$ 为来波角度，其依据收发两端的几何关系确定。根据 $v=d/t_0$，$t_0$ 表示两个样点之间的采样时间，把 $v$ 代入式（7-7）可得

$$f_D = \frac{d}{t_0 c} f_{center} \times \cos\theta = \frac{\cos\theta}{2\rho t_0} \qquad (7\text{-}8)$$

令 $F_s = 1/t_0$ 表示基带采样率，则式（7-8）可以表示为

$$F_s = 2\rho \frac{f_D}{\cos\theta} = 2\rho f_{D,max} \qquad (7\text{-}9)$$

式中，$f_{D,max} = (f_{center} \times v)/c$ 表示最大多普勒频移。

当终端速度 $v$ 一定时，$f_{D,max}$ 就是确定值。式（7-9）表明了无线信道模拟器只要严格控制 $t_0$，且实时根据几何关系计算空间角度 $\theta$（可以通过方位角和俯仰角来表示），即可实现对多普勒频移的控制，完成对时变衰落信道的仿真。

无线信道模拟器的建模软件负责实现上述无线衰落信道建模功能。

## 7.2.2　无线信道模拟器的基本结构

无线信道模拟器一般采用模块化设计方法，在统一硬件平台上满足不同的测试需求。无线信道模拟器功能划分框架如图 7-3 所示。

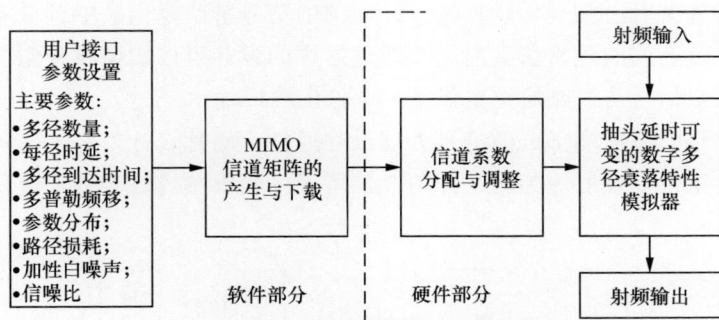

**图 7-3　无线信道模拟器功能划分框架**

无线信道模拟器的体系结构将直接影响信道模拟的功能和性能，因此，无线信道模拟器一般采用分层次、模块化、集成化的结构设计思想。通过这一架构，用户可以通过统一接口，根据需求配置大规模天线阵列，设置信道参数、衰落模

型等，通过仪表主控单元上的运算得出参数，再通过用户平台内部接口将参数配置到无线信道模拟器各个模块，实现对信道的模拟。无线信道模拟器处理流程如图 7-4 所示。

整个模拟器系统分为软件平台和硬件平台。无线信道模拟器硬件平台包含电源模块、主控与同步模块、信号处理模块、频综模块等，主要完成射频信号处理、A/D 和 D/A、基带信号处理、干扰生成、数据交换、供电管理、频综控制等功能。其中，主控模块采用嵌入

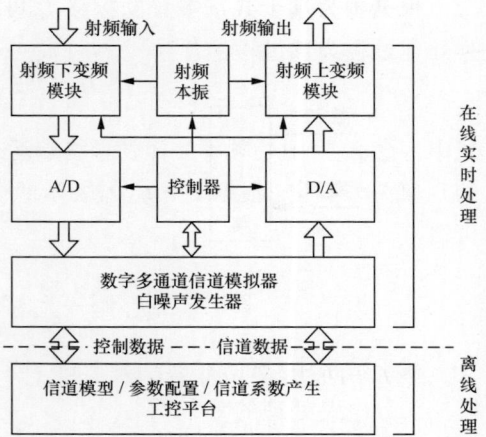

图 7-4　无线信道模拟器处理流程

式工控机作为系统的 CPU，用于控制、调度与管理接口，支撑操作系统，提高智能化水平。同步模块为单台仪表和多台级联仪表提供模拟信号与控制传输的同步功能，它是实现系统协调工作的关键。

无线信道模拟器的信号处理分为模拟通道处理和数字基带信号处理两个部分，在模拟通道中实现对宽带射频信号的变频和增益调整，经过 ADC 变换到数字域，在数字域实现无线信道仿真的相关算法，包括多径时延、多径衰落、多普勒模拟、干扰叠加等。下面从射频信号处理和数字信号处理两方面介绍设计思路。

**1. 射频信号处理**

仪器对外留有射频硬件物理接口，内部的信号链路是由数字部分实现的不同物理收发通道之间的逻辑仿真通道。通过这样的设计可以实现将任意一路射频通道输入的模拟信号从射频通道中任意一个输出端口输出。

模拟射频收发前端部分的信号处理过程通常有两种设计方案。一种是基于模拟中频的方案，以发射端为例，如图 7-5 所示（接收端的信号处理过程为该过程的反过程）。

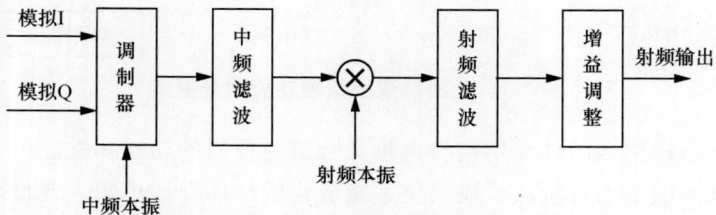

图 7-5　基于模拟中频的方案（以发射端为例）

　　另一种为基于数字中频的方案，以发射端为例，如图 7-6 所示（接收端的信号处理过程为该过程的反过程）。

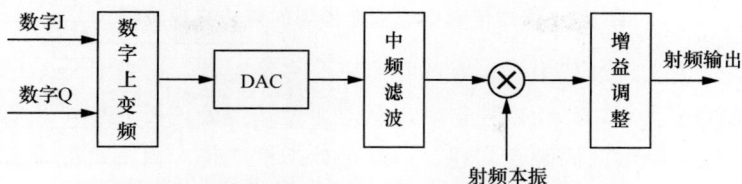

**图 7-6　基于数字中频的方案（以发射端为例）**

　　基于数字中频的方案将 ADC 和 DAC 放在中频信号之上，这种结构可以降低模拟部分电路处理的复杂度，但对 ADC 和 DAC 的转换速率、工作带宽、动态范围等性能的要求更高，同时对后续数字信号处理芯片的处理性能要求很高。基于模拟中频的方案实现难度小，技术较成熟，而且支持的带宽较宽，但对模拟信号的处理要求比较高，尤其是对于模拟 I/Q 的幅度和相位处理要求较高。如果要求带宽达到 500 MHz，采用基于数字中频的方案，根据采样定理，将对 ADC/DAC 的采样率要求非常高，后续数字信号处理难以达到实时处理要求，因此将采用基于模拟中频的方案。射频电路将完成多级混频和模拟正交 I/Q 调制解调步骤，输入基带部分的信号为模拟基带 I/Q 信号。信号的整个实时处理过程如下。

　　（1）首先在射频模块上将输入的射频信号在模拟域经过多级混频转换成中频信号，然后将中频信号输入模拟正交调制器进行正交调制，输出模拟正交基带 I/Q 信号。

　　（2）将模拟正交基带 I/Q 信号进行两路 A/D，变为两路数字基带 I/Q 信号，输入 FPGA 芯片。再在 FPGA 内部对各路信号进行各种不同衰落模型的仿真处理。

　　（3）数字衰落处理之后的数字基带 I/Q 信号首先分别进行两路 D/A，变成两路模拟基带 I/Q 信号，再进行模拟正交调制处理，将基带信号转换为一路模拟中频信号，然后通过多级混频过程将模拟中频信号搬移到所需的射频载波频率上，从射频输出端口输出。

　　每路外部射频信号的输入输出以及与模拟基带 I/Q 信号之间的相互转换由独立的射频通道模块完成。

**2. 数字信号处理**

　　数字信号处理是无线微波信道模拟设备的"灵魂"，是实现信道模拟的手段。采取的实现方案是在通信链路中先尽可能无失真地采集发射机信号，然后执行无线信道仿真算法，实现从外场环境到内场环境的无差别映射，进而提供逼真的衰落体验。

　　无线信道模拟标准模型的算法实现流程依次经过射频/数字下变频、多径衰落、阴影衰落、路径损耗、时延处理、数字/射频上变频等，如图 7-7 所示。

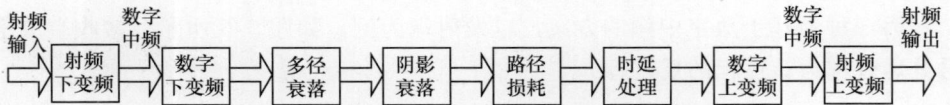

**图 7-7　无线信道模拟标准模型的算法实现流程**

在信道建模实现过程中，相对路径时延、多径衰落、多普勒功率谱扩展由基带处理板 FPGA 实现，路径损耗与阴影衰落通过基带处理板 FPGA 和实时配置射频输出的可控衰减器共同配合实现。在基带处理板 FPGA 内部可配置需要处理的通道总数，以及每一条通道所对应的信道模型及参数。基带处理板 FPGA 内的信道建模实现框架如图 7-8 所示。

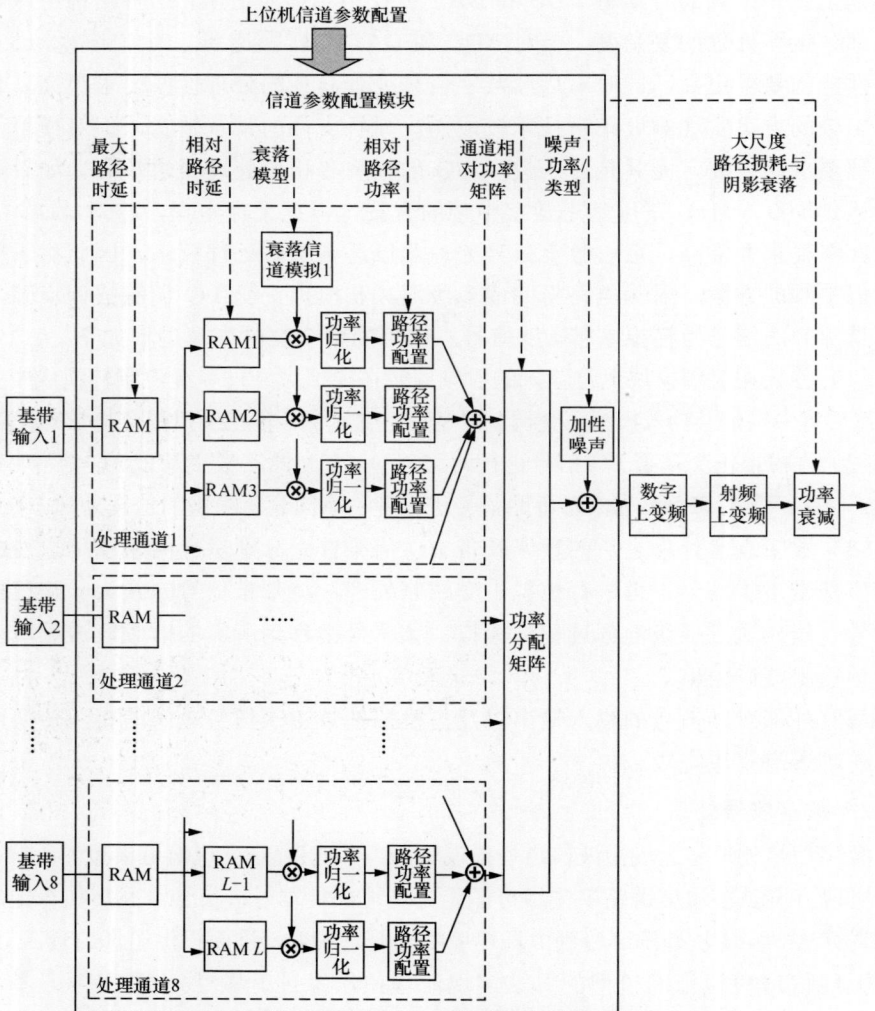

**图 7-8　基带处理板 FPGA 内的信道建模实现框架**

实现无线信道仿真算法的固件运行在底层若干 FPGA 中，可通过上位机软件对其进行固件更新，实现功能迭代。其主要完成无线信道仿真，包括多径衰落、多普勒功率谱扩展、相对路径时延、阴影衰落等模拟功能。

可通过软件配置修改多径数量、多径功率、多径时延等，也可存储无线信道响应数据并循环播放，多芯片协同完成无线信道仿真功能。

此外，频率扩展箱是为无线信道模拟器可实现 6～40 GHz 信号仿真设计的。图 7-9 所示为一种无线信道模拟器频率扩展箱的原理框架。

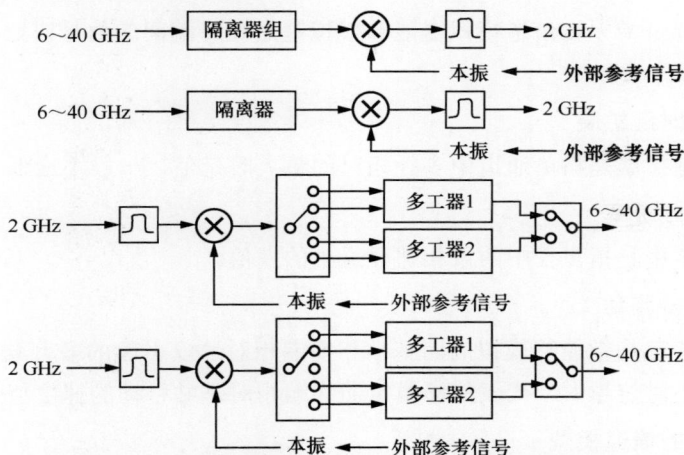

**图 7-9　无线信道模拟器频率扩展箱的原理框架**

## 7.3　无线信道模拟器的技术指标

不同的测试场景对无线信道模拟器指标的要求是不同的，无线信道模拟器的技术指标包括以下几个。

**1. 工作频率范围**

工作频率范围是指输入无线信道模拟器中信号的频率范围，该范围值决定了无线信道模拟器能够适应哪些测试场景。一般用于 5G 无线信道模拟场景的工作频率范围为 400 MHz～6 GHz。

**2. 带宽**

带宽是指无线信道模拟器能够通过的射频信号带宽，该值越大，对无线信道模拟器信号处理的要求越高。

**3. 通道数**

通道数是指无线信道模拟器的物理射频端口数，决定了能够模拟的 MIMO 规模。例如，当需要模拟 MIMO 2×2 的场景时，至少需要 4 条通道；当需要模拟 MIMO 64×16 的场景时，至少需要 80 条通道。

**4. 单通道最大径数**

单通道最大径数是指单条通道能够模拟的多径效应中路径的数量。一般来说，路径的数量越多能够表达的信道环境越复杂，但对无线信道模拟器信号处理的要求越高，一般要求不少于 24。

**5. 最大时延**

最大时延是指无线信道模拟器能够模拟基站和终端间的信号时延值，一般要求为 1000 ms。

**6. 最大时延扩展**

最大时延扩展是指单通道中多径相对的最大时延值，一般不应低于 25 μs。

**7. 时延分辨率**

时延分辨率是指多径中两条相邻径最小的差值。

**8. 最大多普勒**

最大多普勒是指能够模拟的因基站和终端相对速度引起的多普勒效应的频偏值，该值的绝对值越大，代表能够模拟的终端相对基站移动的速度值越大。

**9. 支持的信道模型**

支持的信道模型是指能够模拟的标准信道模型，如常量、瑞利、莱斯、对数正态、纯多普勒、高斯、巴特沃斯模型等。

**10. 最大通道衰落范围**

最大通道衰落范围能够表达信号从发射端到接收端最大的衰落范围。

**11. 输入功率范围**

输入功率范围是指无线信道模拟器射频端口可接收的射频信号功率范围。

**12. 输出功率范围**

输出功率范围是指无线信道模拟器射频端口输出的射频信号功率范围。

**13. 输出功率分辨率**

输出功率分辨率是指输出功率的最小间隔。

**14. 底噪**

底噪是输出信号的带外噪声功率值，归一化为 1 Hz。

**15. 通道隔离度**

通道隔离度是指无线信道模拟器不同通道间泄漏信号的能量，一般因仪表的缝隙、信号辐射路径、加工精度等产生。通道隔离度越低表示工艺精度越高，一般要求低于−50 dB。

**16．端口驻波比**

端口驻波比用于衡量端口上射频信号的匹配度，越小越好，恒定≥1。

**17．EVM**

EVM 是衡量无线信道模拟器的核心指标，受幅度和相位的影响。EVM 参考值≤−40 dB。

**18．相位一致性**

相位一致性表示不同输出通道间的相位偏差，一般要求为−2°～+2°。

# 7.4　典型无线信道模拟器介绍

## 7.4.1　创远信科无线信道模拟器

创远信科是我国自主研发射频通信测试仪表和提供整体测试解决方案的仪器仪表公司。创远信科在 2013 年至 2016 年间，自主研发了第一代覆盖 30 MHz～6 GHz 频段、带宽为 60 MHz 的 8×4 无线信道模拟器 M6400，该产品作为较早的无线信道模拟器成果代表新一代宽带无线移动通信网国家科技重大专项（"03 专项"）参加了国家"十二五"科技创新成就展。创远信科在 2019 年推出了第二代台式仪器形态的无线信道模拟器 Pathrrot X8，该仪表支持图形化界面、触控操作，工作频率范围为 400 MHz～6 GHz，信号带宽为 100 MHz，并且实现高动态双向信道模拟。目前，创远信科在售的版本是 Pathrrot X 系列无线信道模拟器，其中 Pathrrot X80 单台通道数达 80，是目前业内同类产品中通道数较多的模拟器，可实现 64×16 MIMO 规模的信道模拟。除了具备 200 MHz 带宽和 400 MHz～6 GHz 的工作频率范围，还可以通过毫米波选件使工作频率范围升至 20～42 GHz。在 Pathrrot X80 基础上，采用相同架构设计的简配版 Pathrrot X16 如图 7-10 所示。

创远信科 Pathrrot X 系列无线信道模拟器的技术指标如表 7-1 所示。

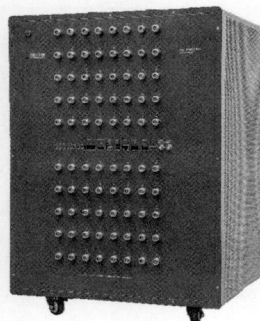

图 7-10　创远信科 Pathrrot X16 无线信道模拟器

表 7-1　创远信科 Pathrrot X 系列信道模拟器的技术指标

| 指标名 | 指标值 |
| --- | --- |
| 最大射频通道数 | 80 |
| MIMO 场景 | 2×2、4×4、8×8、16×8、32×8、64×8、64×16 |
| 最大衰落通道数（单台） | 2048 |
| 单衰落通道最大路径数量 | 32 |
| 系统支持带宽 | 200 MHz、400 MHz、800 MHz |
| 最大时延 | 1000 ms |
| 最大时延扩展 | 25 μs |
| 时延分辨率 | 4.1 ns |
| 最大多普勒 | 12 kHz |
| 干扰源 | CW、AWGN 和用户自定义 |
| 工作频率范围 | 400 MHz～6 GHz |
| 射频本振数 | ≤40 |
| 输入信号功率测量 | 支持 |
| 信道模型 | 常量、瑞利、莱斯、Nakagami、对数正态、Suzuki、纯多普勒、平坦、圆形、高斯、巴特沃斯模型和自定义模型等 |
| 动态衰落范围 | 110 dB |
| 输入功率范围 | −40～37 dBm，峰值 |
| 输出功率范围 | −110～−10 dBm，均方根值 |
| 输入输出功率分辨率 | 0.1 dB |
| 输出功率准确度 | ±1 dB@ (output＞−60 dBm) |
| 底噪 | ＜−165 dBm/Hz@ (output＜−40 dBm) |
| 通道隔离度 | ＜−50 dB |
| 端口驻波比（VSWR） | ≤1.3 |
| EVM | ＜−40 dB RMS@（5G NR 100 MHz, 256 QAM, 2.6 GHz） |

Pathrrot X 系列无信信道模拟器可以用来模拟现实环境中基站与终端间动态变化的无线信道，应用在以下几个方面。

（1）集成新的 5G NR 和 4G LTE 产品功能。

（2）在 7×24 h 自动化测试环境中验证新的硬件和软件版本。

（3）一级移动运营商使用 Pathrrot X80 来验证 5G NR 和 LTE-A 设备以及基站的性能。

（4）验证航空航天、航空电子、卫星和国防工业等领域中的各种射频和毫米波应用。

（5）实现战场等复杂电磁环境下的信道模拟。

## 7.4.2　坤恒顺维无线信道模拟器

坤恒顺维的 KSW-WNS02B 无线信道模拟器基于新一代的高速芯片及硬件平

台开发，具有强大的运算资源，支持 600 MHz 的信号带宽，以及最多 64 条物理通道和 4096 条逻辑通道，可以全面支持现有 MIMO OTA 的标准测试，并且支持 MIMO OTA 的后续技术演进，例如 3D MIMO OTA。KSW-WNS02B 无线信道模拟器的技术特点如下。

（1）频率范围为 1.5 MHz～6 GHz，且可通过频率扩展模块扩频至 40 GHz，满足当前 MIMO OTA 测试和将来 5G 及物联网时代 MIMO OTA 的测试频段要求。例如，智能电网的设备就工作在 280 MHz 频点，考虑到今后非授权物联网技术，因此更宽的频率范围可以保证设备在今后应用的适用性。

（2）考虑到未来 5G 的信道带宽，KSW-WNS02B 无线信道模拟器提供 600 MHz 带宽，可以通过载波聚合实现 2 GHz 带宽，满足当前和将来的 MIMO OTA 宽带测试应用需求。

（3）单机最多支持 64 条射频通道，以及 4096 条衰落通道，满足当前及将来 3D MIMO OTA 技术演进的测试需求。

（4）支持 ad hoc（如 MANET）设备组网测试以及系统级的 OTA 测试。

（5）具备双向信道仿真能力，满足将来上下链路上下行双向 MIMO OTA 技术演进的测试需求，TDD 制式与 FDD 同样可以使用以下简化测试架构，可以在上下行链路测试上共用一台设备，并且系统搭建简单，无须外接大量的功分器、环形器等无源器件或者信号分立器件，根据美国无线通信和互联网协会（CTIA）的标准，尽管现在对于上行链路的测试还没有具体要求，但是已经明确表示今后需要测试上行链路。

（6）作为国产自研产品，提供长期的深层次技术演进及支持，提供深层次定制化服务，平台灵活，可以支持各种 MIMO OTA 解决方案，如基于混响室的 MIMO OTA。

（7）支持输入端口功率监控测量功能，也可由信号源（或直接用基站模拟器的内置信号源）输出连续波信号，通过无线信道模拟器的功率测量功能来执行输入校准，这样更加方便、快捷。

（8）支持动态无线信道的仿真。

KSW-WNS02B 无线信道模拟器具备如下功能。

（1）多路：多点对多点射频通道的连接。

（2）无线信道仿真：多径、时延、多普勒频移、衰落信道、信噪比、噪声等。

### 7.4.3　中星联华科技无线信道模拟器

图 7-11 所示的中星联华科技的超宽带无线信道模拟器产品，可支持单通道、双通道以及 8 通道输入输出，支持路径损耗和大小尺度衰落模型，具备动态多普

勒频移、旋翼遮挡、气象衰减模拟等功能，频率可达 67 GHz，射频实时带宽为 2 GHz，最大路径时延为 1.6 s，带内平坦度≤±2 dB（2 GHz）。选件支持单音、多音、宽窄带干扰模型，射频追踪模型，实测无线信道数据回放，多动态场景仿真，实测场景仿真等，可以很好地支持无线通信、蜂窝移动通信领域的关键技术研究工作。

中星联华科技超宽带无线信道模拟器主要有以下特点。

（1）频率范围：2～4 GHz（支持定制 67 GHz）。

（2）射频实时带宽达 2 GHz。

（3）最大路径时延为 1.6 s。

（4）支持多普勒频移±2 MHz。

（5）支持动态多普勒频移。

（6）支持多普勒码偏模拟。

（7）支持经典路径损耗模拟。

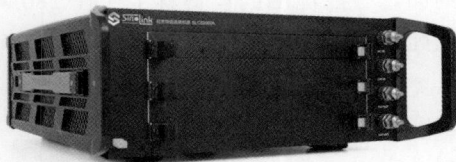

图 7-11 中星联华科技的超宽带无线
信道模拟器产品

（8）支持小尺度衰落模拟。

（9）支持射线追踪模型。

（10）支持实测无线信道数据回放。

中星联华科技超宽带无线信道模拟器有以下相关应用。

（1）通信网络性能测试。

（2）蜂窝移动通信。

（3）无线通信实战训练平台。

（4）大规模 MIMO。

（5）网络对抗演练。

（6）通信信号关键技术研究。

（7）无线通信装备研发。

## 7.4.4　思仪科技无线信道模拟器

图 7-12 所示的思仪科技出品的 1612A 无线信道仿真器是一款专用的无线信道仿真设备，可准确、实时仿真复杂的无线信道特征，包含路径损耗、路径时延、多径衰落以及噪声等，重现真实的信号传播环境，用于对比测试及反复测试，加快问题的发现及解决的过程。该仪表的突出特点是具有 8 路射频收发通道，各通道收发本振独立，最大支持 8×8 MIMO 信道仿真，具有实时衰落模拟、全数字基带噪声产生、动态环境仿真、MIMO 信

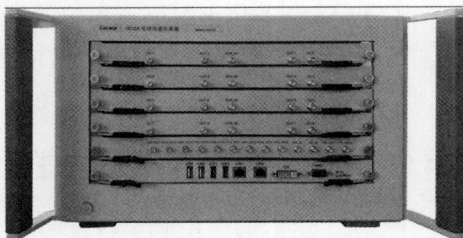

图 7-12　1612A 无线信道仿真器

道模拟等功能。该仪器主要用于无线通信系统性能综合评估、高性能接收机测试和元器件参数测试等方面，适用于航空、通信设备等众多领域。

1612A 无线信道仿真器主要有以下特点。

（1）具有实时衰落模拟功能。

（2）具有动态环境仿真功能。

（3）具有全数字基带噪声生成器。

（4）具有 MIMO 信道仿真功能，最大支持 8×8 MIMO。

（5）具有多种预定义信道模型。

（6）独立收发本振，支持上下行链路仿真。

（7）自动升级软件。

1612A 无线信道仿真器有以下功能特点。

（1）直观、灵活的用户操作界面：通过收发频率、功率等参数直观显示，并配有相应的物理连接示意图，方便用户连接操作。支持多种形式的信道模型参数设置，包含用户自定义、标准信道模型、模型文件导入等；同时支持模型参数存储，方便用户重复测试。

（2）多种衰落类型：具有瑞利、莱斯、纯多普勒、恒定相位等多种衰落类型，支持经典 3 dB、经典 6 dB、平坦、圆形、高斯等多种衰落谱类型。

（3）大范围高分辨率延迟模拟：可支持 0～4 ms 的大范围相对路径延迟模拟，延迟分辨率达到 0.1 ns，延迟精度达到±（1 ns+2%测量值）。

（4）动态环境仿真：可针对动态场景变化实时更新信道模型参数，包含路径数量、衰落类型、相对路径损耗、延迟等参数，实现动态环境仿真，仿真参数利用 Excel 脚本编辑，方便、快捷，同时支持滑动延迟、生灭模拟等多种动态变换场景。

（5）高性能接收机测试：1612A 无线信道仿真器具有大输出动态范围的路径损耗（40 dB），时延分辨率为 100 ps，支持多种衰落类型，用于高性能接收机性能测试，解决无线通信中因多径产生的衰落效应、噪声引起的解调指标测试问题。

（6）MIMO 信道仿真功能：1612A 无线信道仿真器具有单输入单输出（SISO）、多输入多输出（MIMO）信道仿真能力，射频端口支持双向输入输出，各通道收发本振独立，可支持上下行链路仿真，根据用户的需要，可以实现 2×2、8×4、2×2（双向）等 MIMO 信道仿真。

## 7.5　无线信道模拟器的计量

目前，无线信道模拟器的计量依据国家市场监督管理总局于 2022 年颁布的

JJF 1286—2022《无线信道模拟器校准规范》，主要对无线信道模拟器的物理性能以及可溯源的性能进行计量。校准项目如表 7-2 所示。

表 7-2　校准项目

| 序号 | 项目名称 |
|---|---|
| 1 | 外观及工作正常性检查 |
| 2 | 本振输出频率（石英晶体振荡器频率） |
| 3 | 频率范围 |
| 4 | 路径损耗 |
| 5 | 输出衰减 |
| 6 | 输出电平 |
| 7 | 多普勒最大频移 |
| 8 | 路径时延 |
| 9 | 初始时延 |
| 10 | 频谱纯度 |
| 11 | 增益平坦度 |
| 12 | 射频输入输出端口电压驻波比 |
| 13 | 功能检查 | 信道通路直通功能 |
| | | 瑞利衰落模拟（频谱） |
| | | 瑞利衰落模拟（时域） |
| | | 莱斯衰落模拟 |
| | | 对数正态阴影衰落模拟 |
| | | 平坦衰落模拟 |
| | | 高斯衰落模拟 |

## 7.6　无线信道模拟器的测试实例

无线信道模拟器的应用领域包括大规模多输入多输出（massive MIMO）仿真测试、MIMO 雷达仿真测试、下一代无线通信信道仿真测试、无线组网仿真测试、波束赋形以及航空航天等。

### 7.6.1　无线信道模拟器在 5G 毫米波 OTA 测试中的应用

无线信道模拟器的使用贯穿了通信产业链基站、芯片、终端的研发、生产、验收等各环节。在 4G 之前，通信系统的工作频率均在 6 GHz 以下，但在 5G 时代则定义了两个工作频段，即 FR1 频段（也称为 Sub-6 GHz 频段，410～7125 MHz）和 FR2 频段（也称为毫米波频段，24.25～52.6 GHz），毫米波网络的发展成为新趋势。

在 Sub-6 GHz 频段内，射频和天线相对独立，有各自的指标体系和测量方法。然而，在毫米波频段，5G 设备的天线与收发信机采用一体化设计，无法单独对射频前端进行测量。空中激活（over the air，OTA）测试取代了传导测试，成为 5G 毫米波系统的主要测试形态，如图 7-13 所示。

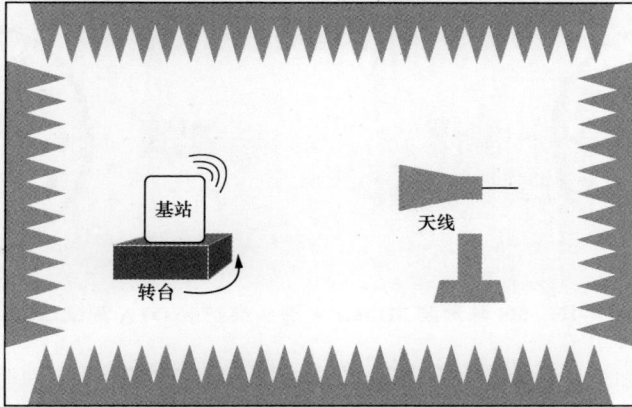

**图 7-13　5G 毫米波 OTA 测试**

5G 毫米波 OTA 测试的关键是 MIMO 信道的暗室重建，包括多径传播（如路径时延、多普勒、发射角、入射角、极化状态等）、噪声、干扰等。多探头暗室法（multi-probe anechoic chamber，MPAC）是现阶段比较主流的 MIMO OTA 测试方法，测试系统借助信道模拟器和暗室内多个天线探头，在暗室中模拟出具有特定角度扩展的信道模型，然后将被测终端置于中心处，在仿真得到的信道场景中用终端综合测试仪测试其吞吐量性能。多探头暗室测试如图 7-14 所示。

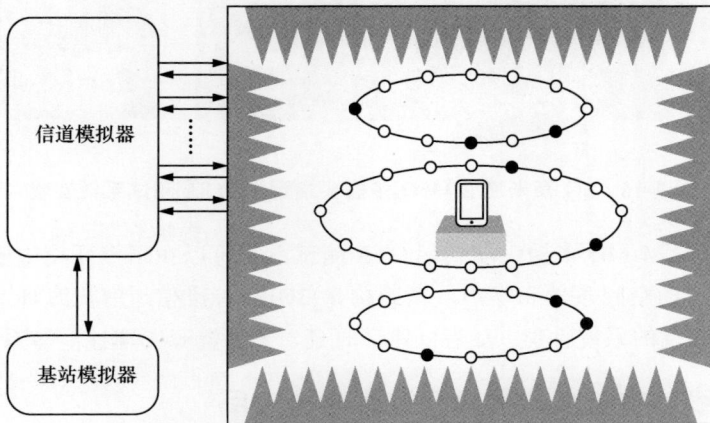

**图 7-14　多探头暗室测试**

创远信科、南京迈创立电子科技有限公司、东南大学联合研发了"端到端"毫米波 MIMO 多探头测试的解决方案。终端和基站设备从原来的采用上下行性能独立测试的方式，演变为基站-终端共同测试，即所谓的"端到端"测试，测试示意如图 7-15 所示。

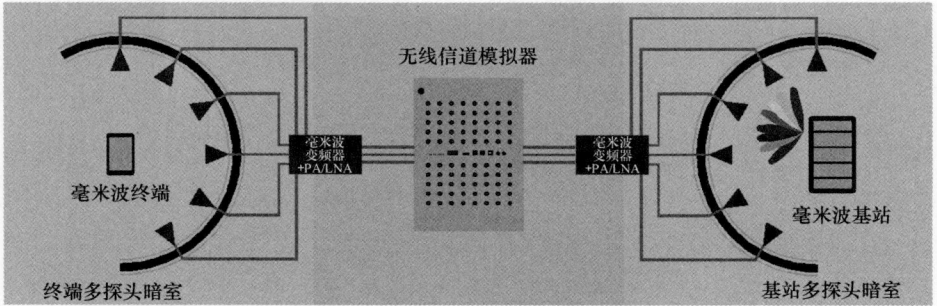

图 7-15　5G 毫米波 MIMO 多探头端到端 OTA 测试示意

整个测试系统由无线信道模拟器、终端多探头暗室、基站多探头暗室、毫米波变频器等部分组成。无线信道模拟器可以实现基站与终端上下行的测试，且上下行信道模型均在无线信道模拟器中产生。毫米波变频器实现将低频信号转换为毫米波信号。

图 7-16 所示为该测试系统实物，无线信道模拟器实现毫米波有源探头权重系数的加载与端到端信道模型的创建。两个暗室均由转台、探头阵列墙、中频箱等组成。无线信道模拟器与毫米波有源探头级联后，频率扩展至支持 24～30 GHz，最大支持 192 个毫米波有源探头。

图 7-16　5G 毫米波 MIMO 多探头端到端 OTA 测试系统实物

5G 毫米波 MIMO 多探头端到端 OTA 测试系统可以在暗室环境中模拟和复现复杂无线信道的空间条件和噪声，精确构建 3GPP 标准信道等无线环境，验证毫米波基站、终端的系统性能，如吞吐率、时延、无线资源管理性能等系统性指标。

## 7.6.2　无线信道模拟器在星间链路中的应用

2017 年，在某院的集群无线信道模拟器项目中，坤恒顺维将无线信道模拟器用于宽带内 4 路卫星信号的同时信道模拟，对卫星网络组网拓扑、星间距离、衰落和时延等场景进行模拟。图 7-17 所示为星间组网模拟架构。

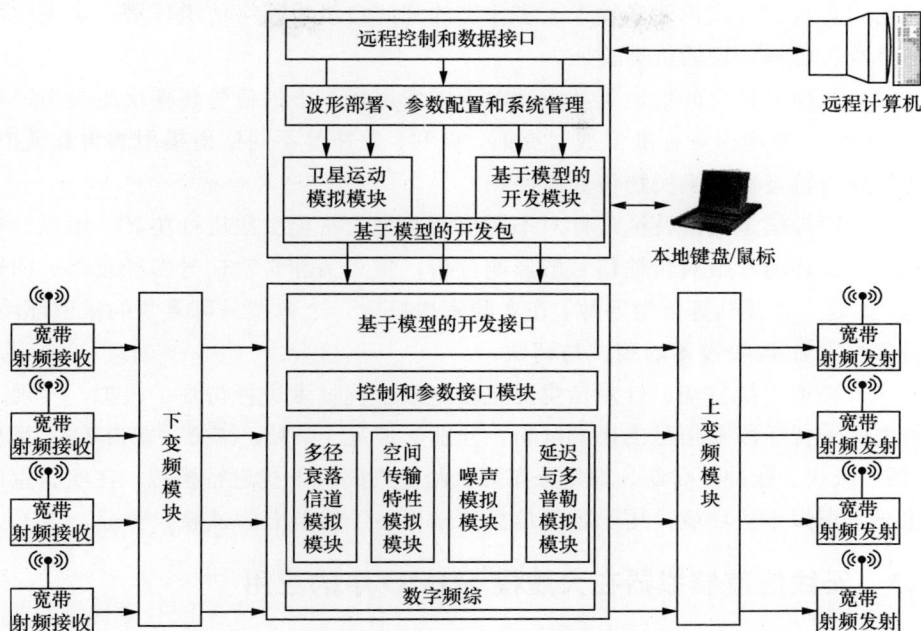

**图 7-17　星间组网模拟架构**

在静态构型测试模式下，通过无线信道模拟器控制软件配置特定的网络节点位置关系，无线信道模拟器应能够结合节点上的天线增益方向图，计算并生成在该位置关系下节点间的拓扑连接构型，并保持该构型的相关参数设置在规定时间段内不产生明显变化，支持组网通信终端能在特定构型下进行功能测试。

在动态构型测试模式下，通过无线信道模拟器控制软件配置特定的网络节点位置关系、节点间相对运动路线及运动速率等，无线信道模拟器应能够结合节点上的天线增益方向图，实时计算并生成节点运动过程中节点间的拓扑连接构型，动态模拟网络节点间的拓扑构型变化，支持组网通信终端对节点位置运动过程中的组网功能进行测试。

无线信道模拟器采用射频注入转发方式，完成对空间信道传输时延、空间信道衰减、射频多普勒频率以及信号与信噪比等的模拟。具备上述功能的无线信道模拟器适用于各种体制的卫星，并且利用其与应答机设备的组合，可以在实验室条件下模拟卫星的运行轨道和运行方式，从而验证地面测控系统和数据传输的综合基带设备在低轨卫星、中高轨卫星、同步卫星和其他条件下的信号接收、测距、测速等能力和其他接收机指标，并给出定量描述，进而评估地面设备系统接收性能。其主要包括以下功能。

（1）模拟弹间自适应组网通信环境：针对弹间自适应组网的通信环境进行模拟，利用有线的方式构建多输入、多输出的弹间自组织网络信道环境，实现组网传输参数、传输协议的仿真验证。

（2）模拟多种空间信道类型：针对不同应用场景下的信号传播信道类型进行归类、仿真，参考国际标准形成对高斯、瑞利、莱斯等不同信道模型的仿真模拟，实现信息传输过程中半实物仿真验证。

（3）模拟信道衰落特征：针对不同信道类型的特征参数进行仿真、模拟，实现多种特征环境参数对传输信号的影响分析，重点关注传输信号多径衰落、阴影衰落、时延、多普勒等信道参数。在实验室内搭建一个典型且可重复的信道环境，用于各类发射/接收设备的测试与调试。

（4）模拟干扰特征：针对信息对抗类电磁干扰技术进行仿真、模拟，实现不同类型的干扰手段对信号的影响分析，分别从带宽（单频、窄带、宽带等）、类型（扫频、梳状、脉冲、高斯、均匀分布等）两个方面对干扰进行模拟。在实验室内搭建一个模拟干扰环境，用于各类信息传输设备干扰能力的试验、验证。

### 7.6.3 无线信道模拟器在大规模 MIMO 中的应用

2018 年 5 月，在某电信设备上进行的 5G 32×8 MIMO 测试，验证了大规模 MIMO 和三维波束成形关键技术。图 7-18 所示为大规模 MIMO 和三维散射无线信道示意图。此信道模型不仅要考虑方位角，而且要考虑俯仰角。

3GPP 三维信道模型表征典型欧洲城市的无线通信信道。它是一个三维几何随机模型，描述了基站扇区和终端之间在方位角方向和俯仰角方向上的散射环境。散射体由统计参数表示，不具有真实的物理位置。在 3GPP TR 36.873 中，指定了 3 个场景：城市宏小区（UMA）、城市微小区（UMI）和 UMA 高层（UMA-H）。它们代表典型的城市宏蜂窝和微蜂窝环境。UMA 和 UMA-H 两种情况下，考虑扇形天线高度为 25 m，从而超过周围的建筑物。UMI 定义扇形天线高度为 10 m，位于屋顶以下。所有 3 种环境均被假定为密集建筑物环境，并考虑到室内和室外终端。

3GPP 三维信道模型规定了 3 种传播条件，即视线（LOS）、非视线（NLOS）和室外−室内（o-to-i）。对于这些条件，它定义了平均传播路径损耗、宏衰落和微衰落等的不同参数。对于所有 3 个场景即 UMA、UMI 和 UMA-H，考虑 80%的终端位于室内。对于室内和室外终端，分别确定进入 LOS 的概率，这取决于终端的高度。对于室内终端，LOS 参考室外终端的信号传播模型。对于每个终端位置，大尺度衰落参数由其地理位置以及该位置的传播条件决定。大尺度衰落参数包括阴影衰落、莱斯 K 因子（仅在 LOS 情况下）、延迟扩展、出发和到达方位角扩展，以及出发和到达俯仰角扩展等。

小尺度衰落参数包括延迟、簇功率，以及出发方位角（AOD）、出发俯仰角（ZOD）、到达方位角（AOA）、到达俯仰角（ZOA）等。该模型考虑了 $N$ 个散射体簇，其中每个簇可分解为 $M$ 条路径。小尺度衰落模型可表示为

$$
\begin{aligned}
h_{\mathrm{u},s,n}(t) = \sqrt{\frac{Pn}{M}} \sum_{m=1}^{M} &\begin{bmatrix} F_{\mathrm{rx},\mathrm{u},\theta}(\theta_{n,m,\mathrm{ZOA}},\phi_{n,m,\mathrm{AOA}}) \\ F_{\mathrm{rx},\mathrm{u},\phi}(\theta_{n,m,\mathrm{ZOA}},\phi_{n,m,\mathrm{AOA}}) \end{bmatrix}^{\mathrm{T}} \begin{bmatrix} \exp(\mathrm{j}\psi_{n,m}^{\theta\theta}) & \sqrt{K_{n,m}^{-1}}\exp(\mathrm{j}\psi_{n,m}^{\theta\phi}) \\ \sqrt{K_{n,m}^{-1}}\exp(\mathrm{j}\psi_{n,m}^{\phi\theta}) & \exp(\mathrm{j}\psi_{n,m}^{\phi\phi}) \end{bmatrix} \\
&\begin{bmatrix} F_{\mathrm{tx},\mathrm{u},\theta}(\theta_{n,m,\mathrm{ZOD}},\phi_{n,m,\mathrm{AOD}}) \\ F_{\mathrm{tx},\mathrm{u},\theta}(\theta_{n,m,\mathrm{ZOD}},\phi_{n,m,\mathrm{AOD}}) \end{bmatrix} \times \exp(\mathrm{j}2\pi\lambda_0^{-1}(\hat{r}_{\mathrm{rx},n,m}^{\mathrm{T}}\overline{d}_{\mathrm{rx},\mathrm{u}})) \times \\
&\exp(\mathrm{j}2\pi\lambda_0^{-1}(\hat{r}_{\mathrm{tx},n,m}^{\mathrm{T}}\overline{d}_{\mathrm{tx},s})) \times \exp(\mathrm{j}2\pi v_{n,m}t)
\end{aligned}
$$

$$(7\text{-}10)$$

式中，$p_n$ 表示第 $n$ 条路径功率；$F_{\mathrm{rx},\mathrm{u},\theta}$ 和 $F_{\mathrm{rx},\mathrm{u},\phi}$ 表示接收天线单元 U 在球面矢量方向上的场辐射（$\theta$ 是到达俯仰角，$\phi$ 是到达方位角）；$F_{\mathrm{tx},\mathrm{u},\theta}$ 和 $F_{\mathrm{tx},\mathrm{u},\phi}$ 表示发射天线单元 S 在球面矢量方向上的场辐射（$\theta$ 是出发俯仰角，$\phi$ 是出发方位角）；$K_{n,m}^{-1}$ 表示簇 $n$ 的第 $m$ 条子路径的交叉极化功率比；$\hat{r}_{\mathrm{rx},n,m}^{\mathrm{T}}$ 和 $\hat{r}_{\mathrm{tx},n,m}^{\mathrm{T}}$ 表示笛卡儿坐标系下的接收机和发射机球面单位矢量；$\overline{d}_{\mathrm{rx},\mathrm{u}}$ 和 $\overline{d}_{\mathrm{tx},s}$ 表示接收天线单元 U 和发射天线单元 S 的位置矢量；$v_{n,m}$ 表示终端因移动速度导致的多普勒频率分量。

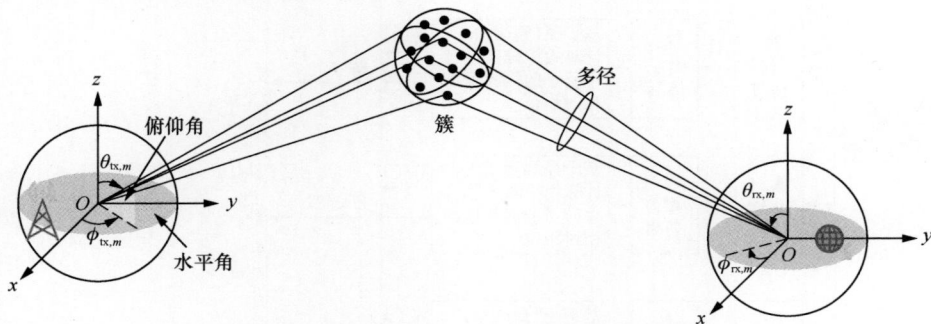

图 7-18　大规模 MIMO 和三维散射无线信道

无数信道模拟器单台设备最大支持 32×8 大规模 MIMO 双工仿真，每条逻辑链路包括 24 个簇，每个簇包含 20 条射线。根据应用场景，32×8 大规模 MIMO 双工仿真不同（见图 7-19～图 7-22），如下。

（1）32 阵子相控阵天线设备和 8 个移动终端

① 上行链路仿真。

② 下行链路仿真。

（2）32 阵子相控阵天线设备和 8 阵子相控阵天线移动终端

① 上行链路仿真。

② 下行链路仿真。

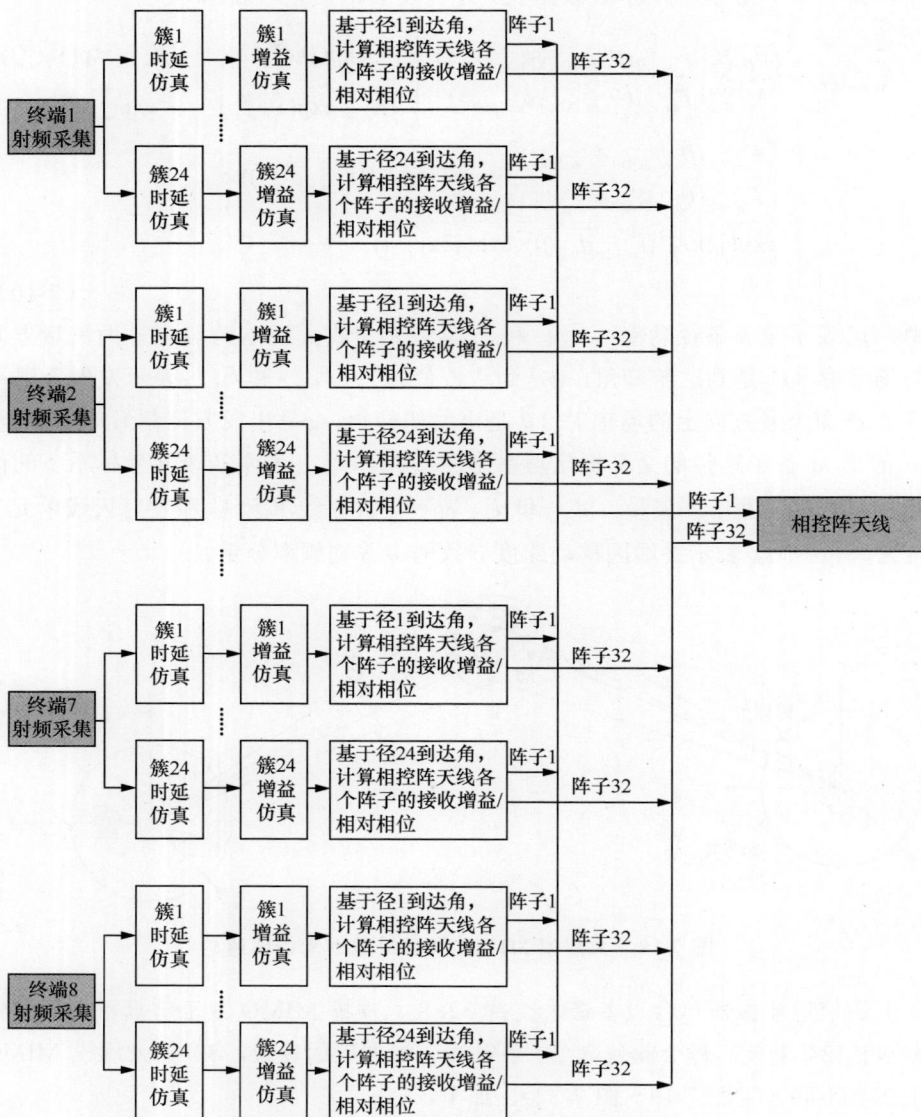

图 7-19　8 个移动终端至 32 阵子相控阵天线设备大规模 MIMO 仿真

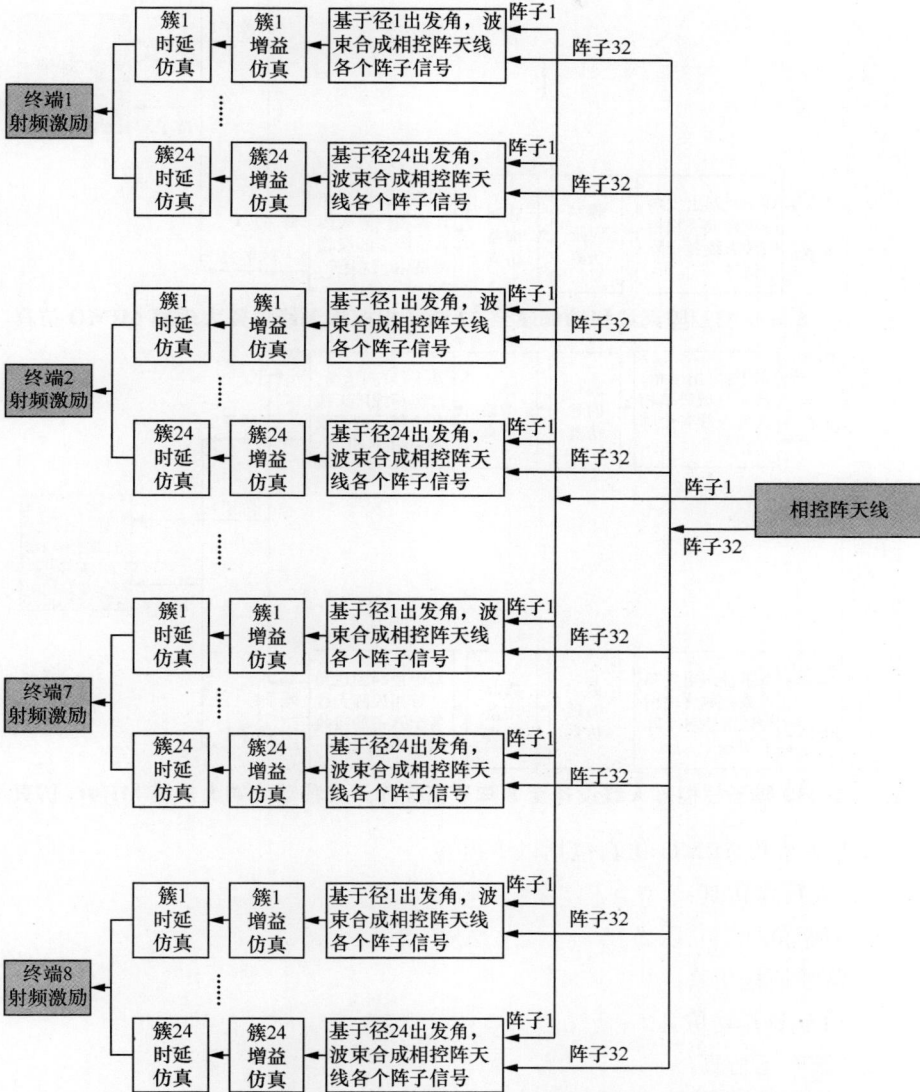

**图 7-20　32 阵子相控阵天线设备至 8 个移动终端大规模 MIMO 仿真**

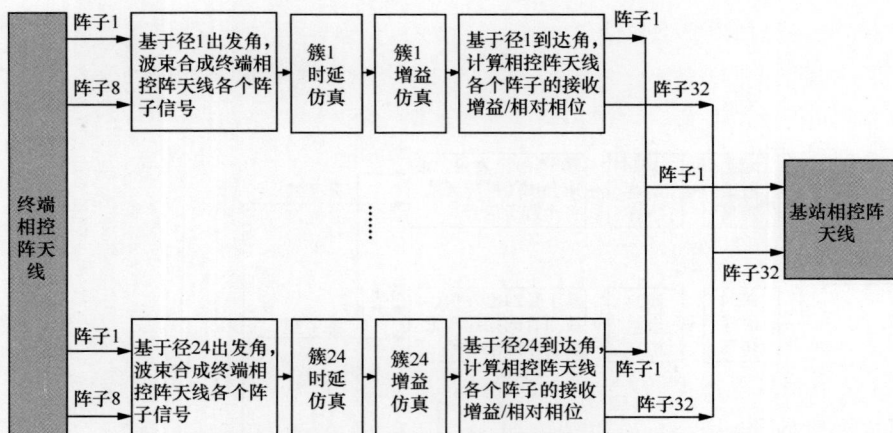

图 7-21　8 阵子相控阵天线移动终端至 32 阵子相控阵天线设备大规模 MIMO 仿真

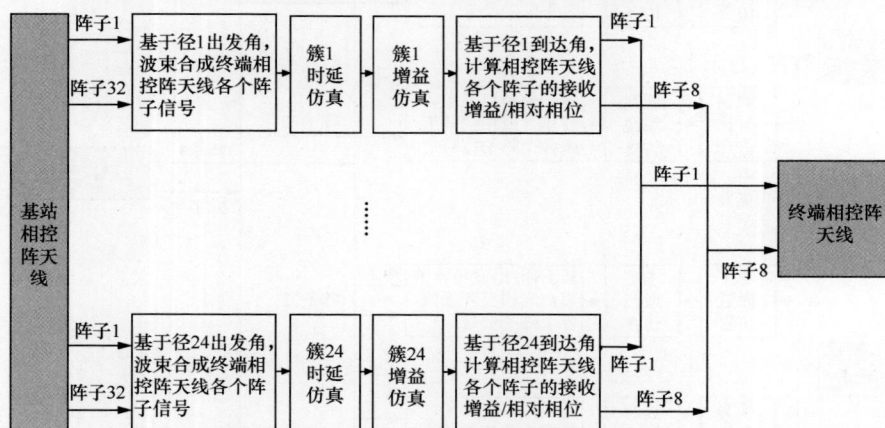

图 7-22　32 阵子相控阵天线设备至 8 阵子相控阵天线移动终端大规模 MIMO 仿真

32×8 大规模 MIMO 仿真包括以下内容。

（1）大尺度仿真：

① 阴影仿真；

② 路径损耗仿真；

③ 动态多普勒仿真。

（2）簇时延仿真。

（3）簇增益仿真。

（4）相控阵天线特性仿真：

① 基于三维出发角和到达角、相控阵天线方向图仿真；

② 各个相控阵天线阵子位置仿真；

③ 相控阵天线极化仿真。

3GPP 三维信道模型使平面天线阵列测试成为可能。天线单元可以是交叉极化天线阵子，也可以是同极化天线阵子。3GPP 三维信道模型在实现的可能性和信道精细化表征之间折中，因为它不涉及相互耦合效应以及水平和垂直极化波的不同传播效应。

天线元件在 $y$ 轴方向和 $z$ 轴方向上等距间隔。静态电子束转向，也称为电倾斜，一个复数加权被应用到每个天线单元的垂直方向。对于第 $q$ 行中的天线单元，复数加权如式（7-11）所示。

$$w_q = \frac{1}{\sqrt{Q}} \exp\left(-j\frac{2\pi}{\lambda}(q-1)d_v\cos\theta_{\text{etitl}}\right) \qquad （7\text{-}11）$$

式中，$Q$ 为垂直方向上的天线单元总数；$d_v$ 为天线单元在 $z$ 轴方向的间隔；$\theta_{\text{etitl}}$ 为垂直平面转向角。在三维模型中，波束成形权重应用于每个天线单元的信道系数：

$$[H_{i,n}^c(t)]_{a,b} = \sum_{u\in P_a} w_u \sum_{s\in P_b} w_s H_{i,u,s,n}(t) \qquad （7\text{-}12）$$

这里，$[H_{i,n}^c(t)]_{a,b}$ 表征加权和合并的信道系数。索引 $i$ 表示基站扇区，其中 $i=0$ 表示服务扇区，而索引 $i=\{1,2,\cdots,n\}$ 表示干扰扇区。$P_a$ 和 $P_b$ 表征天线阵列，$P_a$ 属于接收天线阵 $a$（$a\in\{1,2,\cdots,N_{\text{rx}}\}$），$P_b$ 属于接收天线阵 $b$（$b\in\{1,2,\cdots,N_{\text{tx}}\}$）。$w_u$ 和 $w_s$ 表征波束成形的相移的复数加权。天线阵列中每个单元的相对位置被合并于信道系数 $H_{i,u,s,n}$，其中，$n$ 表示簇索引，$s$ 和 $u$ 分别是基站扇区和终端天线索引。

## 7.6.4 信道模拟器在 ad hoc 组网通信中的应用

ad hoc 网是一种多跳的、无中心的、自组织的无线网络，又称为多跳网（multi-hop network）、无基础设施网（infrastructureless network）或自组织网（self-organizing network）。整个网络没有固定的基础设施，每个节点都是移动的，并且都能以任意方式动态地保持与其他节点的联系，通过无线信道模拟器可以模拟出各种拓扑结构。ad hoc 场景如图 7-23 所示。

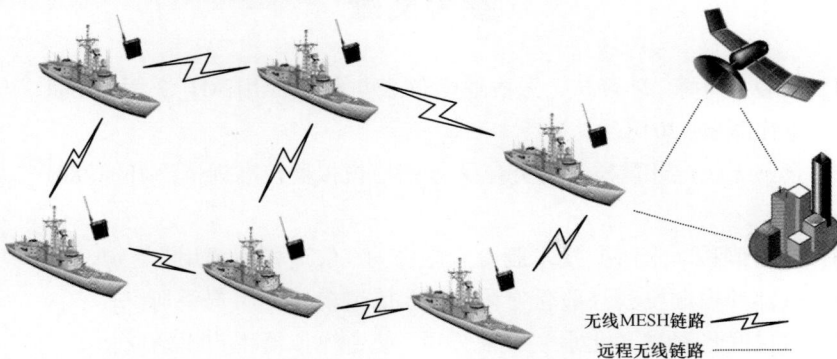

无线MESH链路
远程无线链路

图 7-23 ad hoc 场景

无线信道模拟器的每个射频端口都具备收发双工功能，确保了自组织网节点双向通信和组网功能。图 7-24、图 7-25 所示为无线信道模拟器设置状态及拓扑连接。

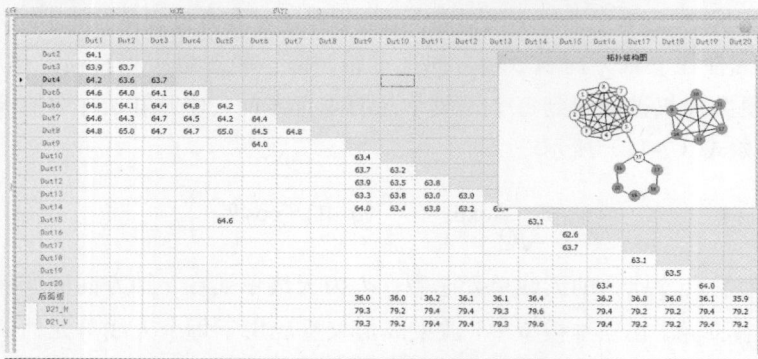

**图 7-24　无线信道模拟器设置状态**

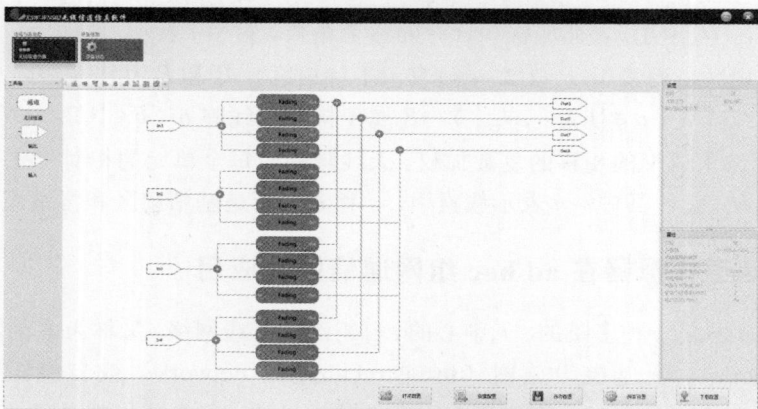

**图 7-25　无线信道模拟器拓扑连接**

# 参考文献

[1] 张睿，周峰，郭隆庆. 无线通信仪表与测试应用[M]. 3 版. 北京：人民邮电出版社，2018.

[2] 全国无线电计量技术委员会.无线信道模拟器校准规范：JJF 1286—2022[S]. 2022.

[3] 创远信科（上海）技术股份有限公司. 信道模拟器用户手册[Z].

[4] 成都坤恒顺维科技股份有限公司. 信道模拟器用户手册[Z].

[5] 中星联华科技（北京）有限公司. 信道模拟器用户手册[Z].

[6] 中电科思仪科技股份有限公司. 信道模拟器用户手册[Z].

# 第 8 章　示波器

## 8.1　概述

示波器是最常用、最直观的显示信号波形的测量器具之一，主要用于测试各类信号时域波形。利用示波器可以完成信号质量检查、电路故障诊断、电源噪声分析、眼图分析等工作。商用示波器自 20 世纪 40 年代问世以来，历经从模拟示波器到数字示波器，从数字存储示波器到数字采样示波器的发展阶段，测量精度和测量范围在不断提高，已成为电子测量领域不可缺少的基本测量工具，被广泛应用于电路测试与调试、高速信号测试、航空航天、雷达测量等领域。进入 20 世纪 90 年代之后，随着大规模集成电路以及计算机新技术的不断推陈出新，数字示波器突破 1 GHz 带宽限制后，其性能全面超越模拟示波器性能，在国内外市场上占据支配地位。目前，我国示波器生产企业以普源精电、鼎阳科技、优利德、思仪科技等科技公司为代表，进步显著，带宽为 4 GHz 以内的产品相对成熟，近年来在更高带宽、高采样率示波器领域也取得了长足进步。示波器的主要功能是显示电信号的波形，测量其周期、幅度、频率、相位等参数。示波器从不同维度区分，可分为通用示波器、多束示波器、采样示波器、记忆存储示波器、逻辑示波器、智能示波器、特殊示波器等。其中，运用较为广泛的是通用示波器。

作为一种通用测量仪表，示波器在信息通信领域的技术与开发、科研与生产应用中发挥着重要的作用。随着系统的时钟信号速度越来越快，应用对示波器的要求也在不断提高。除了在性能上要求更高的带宽、更快的采样率和更深存储深度，从应用角度来看，示波器正被越来越频繁地应用于测试复杂信号，包括产品研发、模拟和数字电路设计、通信、汽车电子等领域。

集成化发展促使示波器产品在测试、测量领域日益受到行业用户的重视。未来随着示波器各行业用户需求的不断提升及相应性能的不断完善，示波器在整个测试、测量行业中的重要地位将日益凸显，同时产品技术迭代的速度也将逐步加快。整体来看，行业对示波器的需求可以归类为性能优异的射频前端、高精度数字采样系统、高速波形捕获率、多样稳定的触发系统、更大的存储深度、更多的应用及更加易用等。示波器的具体技术发展趋势如下。

**1. 并行测量协同串行测量**

过去的嵌入式设计通常采用并行体系结构，这意味着每个总线组成部分都有各自的路径。因此，只要可以使用码型触发或状态触发找出感兴趣的事件，就可以直观地解码总线上的数据。然而，现代嵌入式设计一般采用串行体系结构，即连续发送总线数据。这样做的原因是它需要的电路板空间较小、成本较低，并且采用嵌入时钟，功率要求也较低。因此，示波器制造商目前提供了各种串行数据触发功能、搜索特性和协议观察程序等。

**2. 混合信号示波器**

混合信号示波器（mixed-signal oscilloscope，MSO）是一种综合测试仪表，具有示波器的可用性、逻辑分析仪的测量能力以及某些串行协议分析功能等。在MSO 的显示器上，可以查看各种按时间排列的模拟波形和数字波形。虽然 MSO未能提供逻辑分析仪所能提供的所有通道（MSO 通常有 2～4 条模拟输入通道和大约 16 条数字输入通道），但其用途完全可以弥补这一点。MSO 是针对当前技术中流行的嵌入混合信号系统而创建的。

**3. 示波器正更多地用作自动检验工具，而非调试工具**

以往，工程师或技术人员主要把示波器用于调试和设计工作，例如诊断有故障的电气部件。现在，尽管示波器仍有这方面的作用，但将其用在自动验证方面的情况越来越普遍，如检查设备是否满足某个串行数据的技术指标要求。在一致性领域中，每个采用某个串行数据总线技术的设备都必须符合预定的技术协议，以便确保各家制造商制造的不同设备相互兼容。随着新一代标准的出现，设备的通信速率越来越高，对示波器的信号完整性和眼图分析性能的要求也随之提高，并且要求示波器最大限度地减小对被测系统的影响。

## 8.2 示波器的主要测量标准

我国针对示波器产品的测量标准主要分为两类：一类是示波器作为计量器具的计量技术规范，主要包括校准规范、检定规程等，内容包括计量特性、计量项目、计量方法等；另一类则是示波器作为电子测量产品的通用技术规范，内容包括技术要求、试验方法、检验规则、标志、包装要求、运输要求和贮存要求等。主要测量标准如下。

① GB/T 15289—2013《数字存储示波器通用规范》。

② SJ/T 10293—2013《取样示波器通用规范》。

③ JJF 1057—1998《数字存储示波器校准规范》。

④ JJG 262—1996《模拟示波器》。

⑤ JJG 491—1987《1 GHz 取样示波器》。

⑥ JJF 1437—2013《示波器电压探头校准规范》。

⑦ JJF 1988—2022《通信信号分析仪校准规范》。

# 8.3　示波器的基本原理

示波器按所处理信号的类别，可以分为模拟示波器和数字示波器两大类，数字示波器进一步可划分为数字实时示波器、数字采样示波器（也称为数字取样示波器、等效时间采样示波器）。

## 8.3.1　模拟示波器的基本原理

图 8-1 所示的模拟示波器的成像原理是利用电子束在荧光屏上扫描形成图像。当电子束从电子枪发射出来后，经过加速电极加速，然后通过偏转电极进行水平（$x$ 轴）和垂直（$y$ 轴）方向的偏转，最终在荧光屏上形成图像。荧光屏上的荧光物质受到电子束的激发后，会发出光线，形成亮度和颜色不同的图像。模拟示波器的成像原理与电视机的成像原理类似，但是模拟示波器的扫描速度更快，可以显示高频信号。

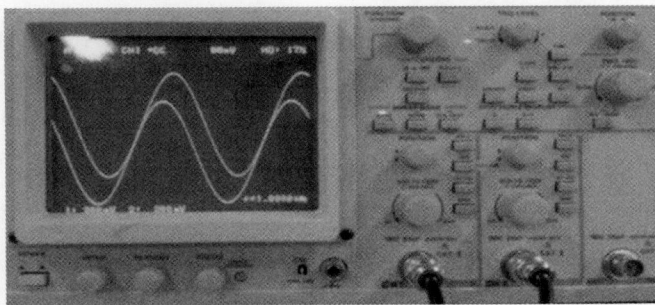

图 8-1　模拟示波器

模拟示波器的荧光屏通常是阴极射线管（CRT），限制了模拟示波器显示的频率范围。在频率非常低的地方，信号呈现为明亮而缓慢移动的点，从而很难分辨出波形。在高频处，起局限作用的是 CRT 的写速度。当信号频率超过 CRT 的写速度时，显示过于暗淡，难于观察，因此，模拟示波器一般情况下的极限频率约为 1 GHz。

## 8.3.2　数字示波器的基本原理

数字示波器是通过数据采集、模数转换、软件编程等一系列技术制造出来的高性能示波器，它可以为用户提供多种选择和分析测量功能，还有一些数字示波器可以提供存储功能，实现对波形的保存和处理。数字示波器主要由信号处理部分、信号采集部分、触发部分、存储部分和测量分析部分等组成，其电路示意如图 8-2 所示。

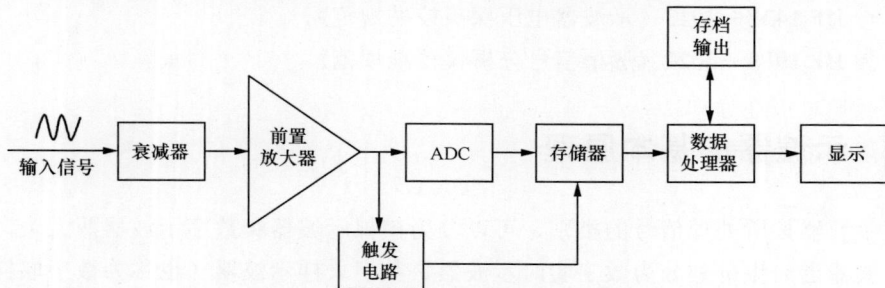

图 8-2　数字示波器电路示意

### 1. 信号处理部分

信号处理部分主要由衰减器以及前置放大器组成。当信号通过探头进入数字示波器时，需要先经过衰减器以及前置放大器，当信号幅度较大时，可以通过衰减器进行衰减，而信号幅度较小时则可通过前置放大器进行放大，最终让信号能够以合适的幅度进入 ADC 进行转换。实际使用时，扭动数字示波器面板上的垂直按钮就是在调节衰减器和前置放大器。

### 2. 信号采集部分

信号采集部分由 ADC 组成。信号被信号处理部分调节到合适的幅度后就开始进入 ADC 进行转换。采样电路首先会按照固定的采样率将信号分割成一个个独立的采样电平，然后 ADC 将这些电平转化为数字形式的采样点数据。

### 3. 触发部分

触发部分由触发电路组成。触发是指按照需求设置一定的触发条件，当波形中的某一段满足这一条件时，数字示波器立马捕获该段波形及其相邻部分并显示在屏幕上。触发的作用有两个：第一，隔离感兴趣的事件；第二，同步波形，也可以说是稳定显示波形。只有稳定的触发才有稳定的显示，触发电路必须保证每次时基扫描或采集都从输入信号上与用户定义的触发条件开始，即每一次扫描和采集同步，捕获的波形相重叠，从而显示稳定的波形。

触发应根据输入信号的特征来设置。例如，对于周期性重复的正弦波，可以设置在上升沿进行触发；对于毛刺，可以设置脉宽触发。只有使用者对被测信号有所了解，才能快速、正确地捕获感兴趣的波形。

### 4. 存储部分

存储部分由存储器组成。现代数字示波器大多支持将当前的设置、参考波形、屏幕图像以及波形数据文件等保存到内部存储器、外部 USB 存储设备（例如 U 盘）

或指定的网络路径中，并可以在需要时重新调出已保存的设置或波形等，存储类型可以是图片（BMP/JPEG/PNG）、波形数据（二进制/CSV/MATLAB）、校正数据等。

**5．测量分析部分**

测量分析部分由数据处理器组成。将保存到存储器中的数据传递到数据处理器中并通过内插处理进行波形重建，可对重建后的波形进行各种各样的参数测量、数学运算以及分析，最终的结果可以直接显示到屏幕上。

## 8.3.3 数字实时示波器

数字实时示波器一般指具有实时测量功能的数字存储示波器，图 8-3 所示为其电路示意。数字实时示波器会在一个触发信号到来之后，以一个特定的速率迅速采集触发信号之后的波形，如图 8-4 所示，但是由于后端处理数据时会停止采样，而处理时间过长会导致大量数据遗漏，所以它需要高速 ADC 和高速存储单元。数字实时示波器有两种工作模式，分别是单次捕获模式以及连续捕获模式，在单次捕获模式下，数字实时示波器会根据存储深度以及采样率的设置，进行单次采集并显示一组样本；在连续捕获模式下，数字实时示波器会连续采集并显示达到触发条件的波形，连续捕获模式允许用户对被测器件进行实时查看，且在这两种模式下均可进行参数测量以及数学运算。

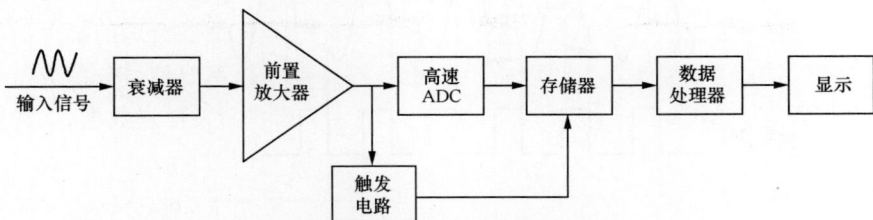

**图 8-3 数字实时示波器电路示意**

数字实时示波器的优势在于其高速 ADC 对数据进行采样，与后端的处理和显示隔离，使得数字实时示波器的带宽不会受到后端处理速度和显示速度的影响，而且它拥有出色的灵活性，如果用户想要触发难以查找的事件，数字实时示波器是一个不错的选择。数字实时示波器的用户可从众多一致性测试、协议触发与解码、分析应用软件中选择自己所需。数字实时示波器的单次捕获模式非常适用于分析

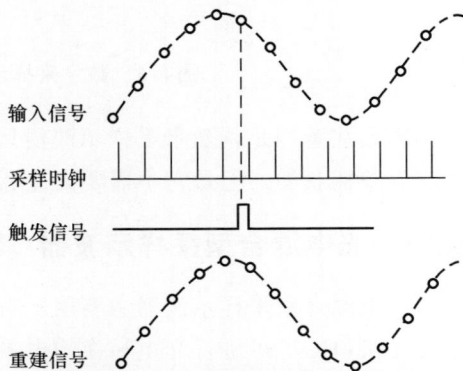

**图 8-4 数字实时示波器重建信号的原理**

故障根源。但是由于数字实时示波器需要高速 ADC 和高速存储单元，而且高速数字电路的设计、制造难度也较大，所以其一般价格较高。

### 8.3.4 数字采样示波器

数字采样示波器主要针对重复性信号进行捕获、显示与分析。数字采样示波器电路示意如图 8-5 所示。数字采样示波器每次触发时只对输入信号采样一次，等到下次触发时，会在触发信号后添加一个时延再对信号进行下一次采样，一直重复直到能够重构波形，如图 8-6 所示。

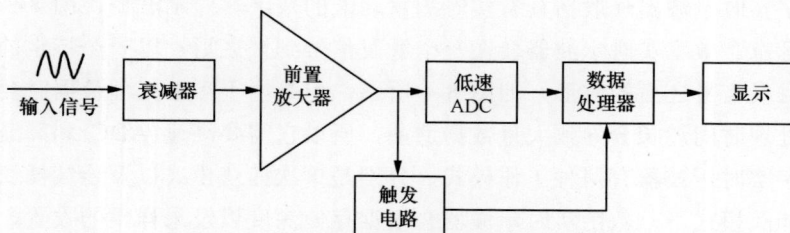

**图 8-5　数字采样示波器电路示意**

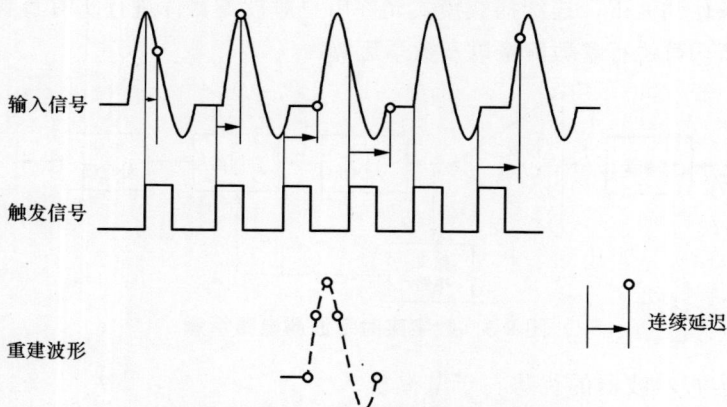

**图 8-6　数字采样示波器重建信号的原理**

需要注意的是，数字采样示波器只能用于采样重复性信号，对于突发信号是无法完整捕获的，但是它不需要高速 ADC，故成本比较低。

### 8.3.5 光电混合型采样示波器

光电混合型采样示波器主要用于对高速光信号进行时域测量与分析，一般为带有光接口的、可进行光电转换的电采样示波器，广泛应用于高速光通信器件、设备与系统的研发过程。尤其是随着 5G 时代的到来和数字化转型的加速推进，高速光收发合一模块的测试需求进一步增长，以 25/50 Gbaud 为主要汇聚速率，以非归零（non-return-zero，NRZ）/4 电平脉冲幅度调制（4 pulse amplitude modulation，PAM4）为主要调制方式，支持单模/多模全波段，这就要求现有的示波器的测量范围、模拟带宽、接口类型等不断演进。目前，光电混合型采样示波器已成为主要的测量工具，其通过重构的眼图，测量消光比（extinction ratio）、发射机色散眼图闭合代价（transmitter and dispersion eye closure for quaternary，TDECQ）等关键参数。

光电混合型采样示波器中的光接口接收待测光信号，经过高速光电转换和 A/D 芯片采集数据，原始数据经信号处理电路及后台算法优化后，在示波器界面构建眼图并进行参数测量。光电混合型采样示波器的关键瓶颈在于高速光电变换和高速信号处理电路，目前，光电变换的最短响应时间为皮秒量级，信号处理电路的极限带宽约为 90 GHz，同时重建眼图需要复杂的时钟同步电路。光电混合型采样示波器普遍存在信号速率与调制方式不齐全、系统构成复杂及价格昂贵等特点。

## 8.3.6　示波器的配套探头

被测信号很少能够直接接入示波器中，这就需要一个设备在测试点与示波器之间建立电气连接。根据需求不同，这个设备可以是一根导线，也可以是较为复杂的电路。这个负责连接测试点与示波器的设备就是示波器探头，所以示波器探头至关重要，没有探头的示波器将很难进行测量，示波器也正是因为有了探头的存在而扩展了其应用范围，使得示波器可以测试和分析被测电路。

常用示波器探头的分类如图 8-7 所示。示波器探头主要分为无源探头和有源探头。无源探头是常用的示波器探头类型，它主要分为高阻无源探头和低阻无源探头。无源探头不含晶体管、放大器等有源器件，无须供电，电压动态范围大，坚固耐用，使用广泛，经济实惠，但大多数带宽不够大，电容负荷大，探头尖端易损坏。有源探头，顾名思义，是指需要电源供电的探头。有源探头带宽大，输入阻抗高，输入电容小，地环路小，能够更加深入地观察快速信号，但成本高，动态范围小。有源探头的分类比无源探头的分类相对多一些，包括单端有源探头、差分有源探头、电流有源探头和特殊探头等。

不同探头有着不同的优缺点，例如，低阻无源电压探头的频率特性很好，采用匹配同轴线缆的探头，带宽可达 10 GHz，具有 100 ps 或更短的上升时间，这种探头是为 50 Ω 的测试环境设计的，如高速设备检定、微波通信和 TDR 等；差分有源探头的动态范围大，带宽大，负载小，具有较高的共模抑制比、较低的负载效应、更高的信号保真度，以及极微小的温度漂移（简称温漂），可用于查看相互参考的信号，适用于放大器测试、电源测试；单端有源探头的阻抗高，带宽大，但动态范围小，可用于低阻抗、高频信号的测量环境；数字逻辑探头能够将数字通道与模拟通道结合，以实现混合信号采集与分析功能，用户可以根据多路数字信号的逻辑电平及关系来判断逻辑电路的性能。

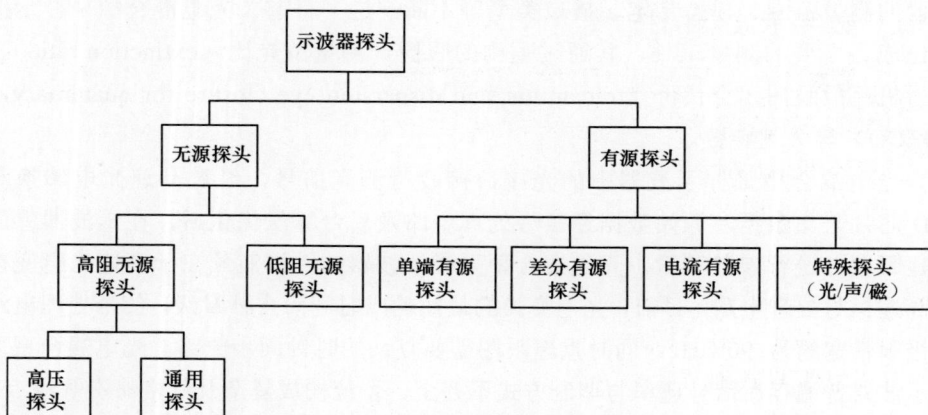

**图 8-7　常用示波器探头的分类**

图 8-8 所示为示波器探头连接示意，探头一般分为 3 个部分，分别是探头头部、探头线缆和探头补偿设备。其中，探头头部的作用是与测试点直接接触，从而与被测系统产生电气连接，最终获取需要测量的信号；探头线缆的作用是在不移动示波器的前提下，保证可以通过移动探头头部与测试点接触；探头补偿设备的作用是尽量消除探头线缆带来的负面影响，从而保证探头测量的准确性。

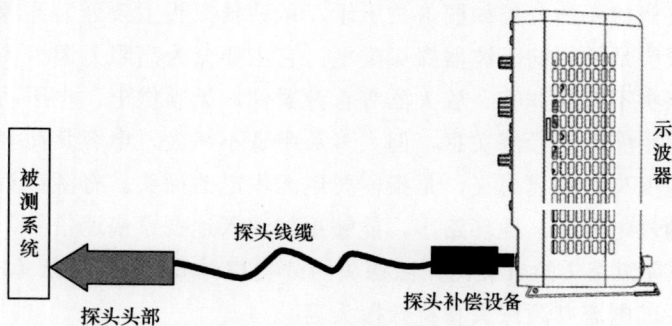

**图 8-8　示波器探头连接示意**

## 8.4　示波器的技术指标

目前，市场上成熟的国产示波器产品以数字示波器为主，其技术指标包括带宽、上升时间、垂直分辨率、采样率、存储深度、本底噪声、波形捕获率等。同时配套的示波器探头也是整个示波器测量系统的一部分，会直接影响仪器的信号质量以及测试结果，因此必须保证探头的主要技术指标要求，一般包括带宽、上升时间、衰减系数、输入电阻、电容、最大额定电压、线缆长度等。

## 8.4.1　数字示波器的技术指标

### 1. 带宽

带宽是示波器的核心参数，是指在幅频特性曲线中，正弦输入信号的振幅不变，频率不断增加时，测量显示的信号幅度下降到真实信号振幅 70.7%的频率点，即−3 dB 点（见图 8-9），它能够直接影响信号的保真度和测量的准确度，带宽越大，能够捕获的信号频率就越高，性能也就越好；若示波器带宽太小，则会由于高频分量减少、信号相位失真、上升沿变缓等状况导致细节丢失，被测信号的波形也就无法还原，给幅值以及上升时间等的测量带来较大误差。

当被测正弦波的频率等于示波器的带宽时，幅度测量误差大约为 30%。如果想测量正弦波的幅度误差只有

图 8-9　示波器带宽示意

3%，则需要被测正弦波的频率比示波器的带宽小很多（大约是示波器的带宽的 0.3 倍），但在实际应用中我们很可能需要测量的是方波或者比正弦波复杂得多的信号，所以使用示波器测量信号的通用经验法则是：示波器的带宽大于或等于被测信号的频率的 5 倍。

数字示波器的带宽主要取决于前端的衰减器和前置放大器的带宽。数字示波器需要通过前置放大器来捕获并放大各类小信号，这是数字示波器采集信号的第一步，因此，前置放大器通常是示波器系统带宽的限制因素。

### 2. 上升时间

上升时间通常定义为信号从上升沿的 10%到 90%的时间长度，它反映了示波器前置放大器的瞬态响应能力，上升时间越短意味着示波器的响应速度越快，测量信号的结果越准确，尤其是在测定脉冲及阶跃波时，上升时间必须足够短才能准确进行时间测量。上升时间与带宽之积为常数 $k$，如式（8-1）所示，$k$ 值为 0.35～0.45，对于带宽小于 1 GHz 的示波器，$k$ 一般为 0.35，对于带宽大于 1 GHz 的示波器，$k$ 一般为 0.40～0.45。

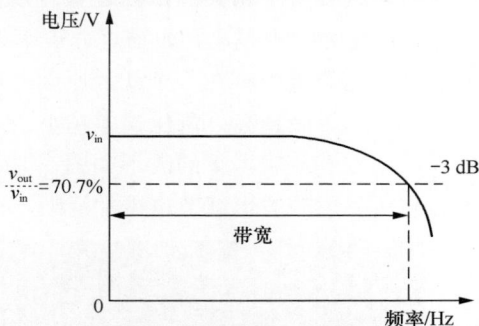

$$f_{-3\,dB} = \frac{k}{t_r} \tag{8-1}$$

式中，$f_{-3\,dB}$ 为带宽；$t_r$ 为上升时间。

### 3. 垂直分辨率

垂直分辨率是衡量示波器将电压转换为数字电平的精细程度的重要指标，也就是 ADC 对电压的分辨率。ADC 按照固定的电压间隔对模拟信号进行量化，从而将模拟信号转换为数字电平，ADC 对模拟信号分段的数量即分辨率，通常以 bit 作为分辨率单位。当垂直分辨率为 $n$ bit 时，垂直方向上信号被切分为 $2^n$ 段，即可以分辨的最小电压为满量程的 $1/2^n$，如某示波器当前垂直精度最高可达 12 bit，也就是说其能分辨的最小量化电平为满量程的 $1/2^{12}$，这就能够更好地呈现波形细节。

与垂直分辨率相关的指标还有有效位，即进行测量时的实际有效位。有效位越大，量化等级也越高，如垂直分辨率为 8 bit 时有 256 个量化等级。由于在两个相邻的量化等级中存在一个就近原则，所以势必会引入量化误差，因此，有效位越多，量化等级越高，量化误差越小。

不同垂直分辨率下的波形如图 8-10 所示。输入相同信号，示波器分辨率越高，那么它所呈现的波形细节也更加清晰。

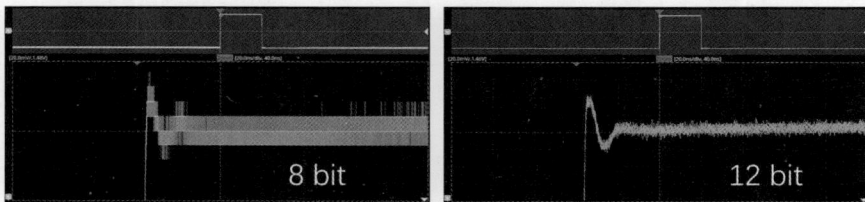

**图 8-10　不同垂直分辨率下的波形**

### 4. 采样率

采样率是指示波器对信号采样的频率，即单位时间内将模拟电平转换为离散点的速率，单位为 Sa/s（读作样值每秒），即每秒能够采样多少个样本。因为计算机只能处理离散的数字电平，所以信号进入示波器后必须要做的处理就是采样量化，也就是通过测量等时间间隔波形的电压幅值，把该电压转化为用二进制代码表示的数字信息。我们在示波器屏幕上看到的波形是由一个个点连接起来的，采样率越快，捕获的信号细节越多，重要信息丢失的可能性就越小，越能够还原真实信号。对于正弦波来说，采样率的选择可以根据奈奎斯特采样定理进行，只要采样率大于或等于信号最高频率分量的两倍，便可再现原始信号真实波形，否则会产生混叠现象。但是对于高速瞬态事件，例如毛刺，由于它并不是连续的，所以两倍采样率还远远不够，需要更高的采样率。

### 5. 存储深度

存储深度等于每次采集时能够存储的最大样本点数，或者说是把经过 A/D 的二进制波形信息存储到示波器的高速 CMOS 存储器中，这个存储器的容量就是存储深度，它以点数或样本数为单位，存储深度越大，表明示波器可保持最大采样率的时间越长，否则要牺牲采样时间来确保高采样率或者牺牲高采样率来保证更长时间的信号捕获。因此，在需要样本数足够多或者信号变化十分缓慢的情况下（如搜索欠幅脉冲、测试低速信号、分析抖动追踪时），足够的存储深度以及长时间采样是必不可少的，否则会造成信息缺漏、波形失真。

大存储深度下的波形与局部细节展开如图 8-11 所示。大存储深度条件下，用户能够使用更高的采样率捕获更长时间的信号，然后快速放大展开需要关注的区域，做到整体与细节的兼顾。

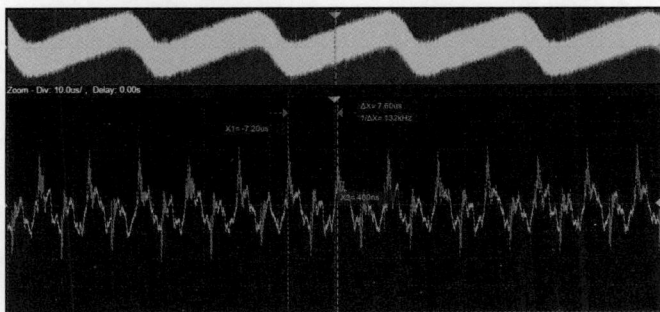

**图 8-11　大存储深度下的波形与局部细节展开**

### 6. 本底噪声

本底噪声是指在不连接任何信号的情况下，通过示波器测量得出的噪声，主要来自示波器模拟前端以及 ADC。示波器测量信号时，信号首先通过衰减器和前置放大器再由 ADC 进行采样，该噪声会叠加在被测信号上成为信号的一部分，ADC 也无法将它们区分，因此理论上是没有办法消除本底噪声的。本底噪声过大会引入较大的幅度测量误差，以及使小信号测量过程中出现触发抖动导致波形无法稳定，因此它限制了示波器测量最小信号的能力和测量准确度。

影响本底噪声的因素有很多，比如示波器的阻抗设置，相比 50 Ω阻抗，1 MΩ阻抗的本底噪声会小一些。还有就是采样率，当示波器的采样率很高时，等效的噪声积累带宽会比较大，这时的本底噪声就会比较大。

### 7. 波形捕获率

波形捕获率是指示波器采集波形的速度，顾名思义就是示波器每秒捕获多少个波形，单位为 wfm/s（读作波形每秒）。示波器从信号的采样、捕获到波形样本的处理、显示这一周期，称为捕获周期，在前一个捕获周期结束后，示波器才能够捕获下一个新波形。数字示波器在捕获周期的大部分时间都用在对波形样本的后处理上，在处理数据样本的过程中，示波器就处于无信号状态，无法继续监测被测信号。从根本上来说，死区时间就是数字示波器对波形样本进行后处理所需要的时间。捕获周期的倒数就是波形捕获率。

高波形捕获率下的异常事件如图 8-12 所示。示波器波形捕获率越快，死区时间越短，那么它捕获异常情况的能力就越强。

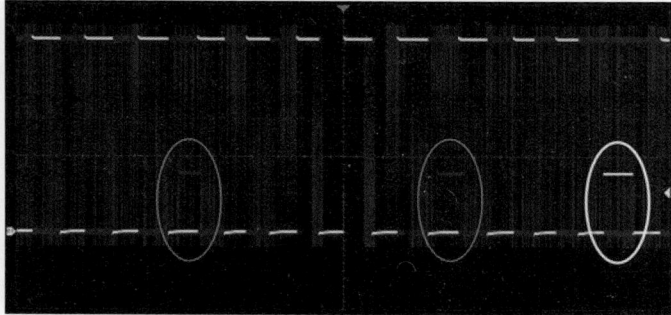

图 8-12　高波形捕获率下的异常事件

## 8.4.2　示波器探头的技术指标

### 1. 带宽和上升时间

带宽是指探头响应输出幅度下降到 70.7%（−3 dB）的频率。上升时间是指探头对步进函数的 10%～90%的响应，表明了探头可以从头部到示波器输入传送的快速测量转换能力。对于大多数探头，带宽与上升时间的乘积接近 0.35。在很多情况下，带宽由脉冲上升时间验证来保证可接受的失真水平。

### 2. 衰减系数

衰减系数是所有探头都会有的一个参数，指的是探头使信号幅度下降的程度。某些探头可能会有可选择的衰减系数。典型的衰减系数挡位有 1×、10×和 100×等，1×表示不会对信号进行衰减，10×则表示信号会被衰减为原来的 1/10 再输入示波器。

### 3. 输入电阻

探头的输入电阻是探头头部测量出的电阻，该值是在直流情况下测量出来的。对于无源探头来说，衰减系数越大，探头的输入电阻越高。

### 4. 电容

探头头部电容是指探头探针上的电容，是探头等效在被测电路测试点或被测设备上的电容。探头对示波器一端也等效成一个电容，这个电容值应该与示波器电容相匹配。对于 10×和 100×挡位的探头，这一电容称为补偿电容，它不同于探头头部电容。

### 5. 最大额定电压

最大输入电压是指可以输入探头的最大额定电压，它取决于探头机身和探头内部器件的额定击穿电压，一般该项会通过一些安全规范来给出，而不是给出单一的电压，当输出电压的直流值和交流峰值的总和超过示波器的最大额定电压时会损坏探头。

### 6. 线缆长度

每个探头都必须有一段探头线缆，这是为了更加方便地进行测量。这段线缆会造成一定的信号传播时延。例如，1 m 左右的探头线缆，大概会造成 5 ns 的时延。对于 10 MHz 的信号，则会造成 18°左右的相位差，线缆越长，会导致信号时延，相位差越大，但是这个时延一般情况下不会对测量造成影响，因为在一定带宽范围内，这个时延并不会跟随信号频率变化而变化，所以不会造成群时延的失真。只有在一起测量两条以上通道时，传输时延才会产生影响。特别是当电压探头与线流探头一起进行功率测量时，不同探头之间的时延就会造成很大的影响。所以测量之前需要根据线缆长度来推算大致的时延，如果时延过大，则需要使用示波器内的时延补偿修正功能。

## 8.5　示波器测量的不确定度分析模型

### 8.5.1　上升时间

#### 1. 测量模型

上升时间是数字示波器的核心技术指标，其直接体现数字示波器的模拟带宽和系统的测量误差。数字示波器一般具备上升时间测量功能，用以直接测量脉冲的上升时间，测量模型为

$$T_x = T \qquad\qquad (8-2)$$

式中，$T_x$ 为示波器显示的脉冲上升时间，单位为 ps；$T$ 为脉冲信号的实际上升时间，单位为 ps。

考虑到存在示波器时间间隔测量不准、测量方法，以及测量重复性等影响量，且各影响量相互独立，测量模型修正公式为

$$T_x = T + \delta_1 + \delta_2 + s \qquad\qquad (8-3)$$

式中，$T_x$ 为示波器显示的脉冲上升时间，单位为 ps；$T$ 为脉冲信号的实际上升时间，单位为 ps；$\delta_1$ 取决于测量方法；$\delta_2$ 为示波器时间间隔测量误差；$s$ 由测量重复性决定。

### 2. 测量不确定度分量

（1）由示波器时间间隔测量不准引入的不确定度分量 $u_1$

示波器的时间间隔测量误差为±（1.0%的读数+1 ps），以示值 16.66 ps 为例，绝对误差为±1.17 ps，按均匀分布，取 $k=\sqrt{3}$，则此时引入的不确定度分量为

$$u_1 = \frac{1.17}{\sqrt{3}} \approx 0.675 \text{ ps} \qquad (8\text{-}4)$$

（2）由测量方法引入的不确定度分量 $u_2$

示波器测量上升时间时，需要分别对幅度的 0%、10%、90%、100%等进行测量，同时要分别对幅度 10%、90%对应的时间进行测量，因此，存在 6 种情况的判读并且这些情况会给测量结果带来一定的影响。根据经验，6 次判读对测量结果的影响 $\varepsilon_1 \sim \varepsilon_6$ 均相等，典型的有 $\varepsilon_1 = \varepsilon_2 = \varepsilon_3 = \varepsilon_4 = \varepsilon_5 = \varepsilon_6 = \varepsilon = \pm 0.5\%$，则测量方法引入的总相对误差为

$$\delta = \pm\sqrt{\varepsilon_1^2 + \varepsilon_2^2 + \varepsilon_3^2 + \varepsilon_4^2 + \varepsilon_5^2 + \varepsilon_6^2} \approx \pm 2.45\varepsilon \qquad (8\text{-}5)$$

按均匀分布，取 $k=\sqrt{3}$，以示值 16.66 ps 为例，则不确定度分量为

$$u_2 = \frac{\delta_2}{k} \cdot T_x = \frac{2.45 \times 0.5\% \times 16.66 \text{ ps}}{\sqrt{3}} = 0.118 \text{ ps} \qquad (8\text{-}6)$$

（3）由测量重复性引入的不确定度分量 $u_3$

在同等条件下，重复测量 3 次，示值分别为 16.66 ps、16.90 ps、16.98 ps，采用极差法得到标准偏差如式（8-7）所示，其中 $x_{max}$ 是极大值，$x_{min}$ 是极小值。

$$u_3 = s = \frac{x_{max} - x_{min}}{1.69} = \frac{16.98 \text{ ps} - 16.66 \text{ ps}}{1.69} \approx 0.189 \text{ ps} \qquad (8\text{-}7)$$

### 3. 合成标准不确定度

上升时间不确定度分量汇总如表 8-1 所示。

表 8-1　上升时间不确定度分量汇总

| $i$ | 不确定度来源 | 不确定度分量 $u_i$/ps | 概率分布 | 灵敏系数 $c_i$ |
|---|---|---|---|---|
| 1 | 时间间隔测量 | 0.675 | 均匀 | 1 |
| 2 | 上升时间的测量方法 | 0.118 | 均匀 | 1 |
| 3 | 测量重复性 | 0.189 | — | 1 |

由于各分量之间没有值得考虑的相关性，则合成标准不确定度为

$$u_c = \sqrt{u_1^2 + u_2^2 + u_3^2} \approx 0.711 \text{ ps} \qquad (8\text{-}8)$$

式中，$u_1$、$u_2$、$u_3$ 是不同来源的不确定度分量。

#### 4. 扩展不确定度

取包含因子 $k=2$，测量结果 16.7 ps 的扩展不确定度为

$$U = ku_c \approx 1.5 \text{ ps} \tag{8-9}$$

## 8.5.2 直流增益误差

#### 1. 测量模型

数字示波器直流增益误差（$\Delta G_r$）的测量模型可用式（8-10）表示。

$$\Delta G_r = \left( \frac{U_+ - U_-}{U_{r+} - U_{r-}} - 1 \right) \times 100\% \tag{8-10}$$

式中，$U_{r+}$、$U_{r-}$ 分别为待测信号的正、负直流电压设置值；$U_+$、$U_-$ 分别为示波器显示的正、负电压示值。

$U_{r+}$、$U_{r-}$、$U_+$、$U_-$ 的相关性可以忽略，对测量模型表达式两边求导并求方差，被测量（$\Delta G_r$）的合成方差为

$$u^2(\Delta G_r) = \frac{u^2(U_+) + u^2(U_-)}{(U_{r+} - U_{r-})^2} + \frac{(U_+ - U_-)^2 \left[ u^2(U_{r+}) + u^2(U_{r-}) \right]}{(U_{r+} - U_{r-})^4} \tag{8-11}$$

由于 $U_{r+} - U_{r-} \approx U_+ - U_-$，式（8-11）可进一步简化为

$$u^2(\Delta G_r) = \frac{u^2(U_+) + u^2(U_-)}{(U_{r+} - U_{r-})^2} \tag{8-12}$$

因此，直流增益误差（$\Delta G_r$）的合成标准不确定度 $u_c$ 可表示为

$$u_c = \sqrt{\frac{u^2(U_+) + u^2(U_-) + u^2(U_{r+}) + u^2(U_{r-})}{(U_{r+} - U_{r-})^2}} \tag{8-13}$$

由于直流增益误差（$\Delta G_r$）由 $U_{r+}$、$U_{r-}$、$U_+$、$U_-$ 直接推导得出，其方差由 $U_{r+}$、$U_{r-}$、$U_+$、$U_-$ 的合成方差直接决定。因此，对直流增益误差（$\Delta G_r$）不确定度的评定分解为对 $U_{r+}$、$U_{r-}$、$U_+$、$U_-$ 的不确定度评定。其中，$U_{r+}$、$U_{r-}$ 不确定度主要来自被测信号；对于 $U_+$、$U_-$ 来说，主要考虑存在示波器的测量重复性（$s$）、读数分辨力（$d$）等影响量，且各影响量相互独立，测量模型表示为

$$U = U_x + s + d \tag{8-14}$$

式中，$U_x$ 为被测直流信号的标称数值。

#### 2. 测量不确定度来源

测量过程中主要的不确定度来源有被测直流信号的设置值、示波器的垂直分辨率以及测量重复性等。

### 3. 测量不确定度分量

（1）由被测直流信号引入的不确定度分量 $u_1$

被测直流信号的电压误差为±（0.025%的设置值+25 μV），按均匀分布，以 $U_{r+}$、$U_{r-}$ 分别为 300 mV、−300 mV 为例，由被测直流信号引入的不确定度分量为

$$u_1 = \frac{(0.025\% \times 300 + 25 \times 10^{-3})\,\text{mV}}{\sqrt{3}} \approx 0.058\,\text{mV} \tag{8-15}$$

因此，$U_{r+}$、$U_{r-}$引入的标准不确定为 $u(U_{r+})=u(U_{r-})=u_1=0.058$ mV

（2）由垂直分辨率引入的不确定度分量 $u_2$

以 $U_{r+}$、$U_{r-}$ 分别为 300 mV、−300 mV 为例，按照典型的 10 bit 量化即考虑 $2^{10}=1024$，按均匀分布，由示波器垂直分辨率引入的不确定度分量为

$$u_2 = \frac{300\,\text{mV}}{2 \times 1024 \times \sqrt{3}} = 0.085\,\text{mV} \tag{8-16}$$

（3）由测量重复性引入的不确定度分量 $u_3$

在同等条件下，对一稳定直流电压重复测量 3 次，$U_+$的示值分别为 300.1 mV、300.3 mV、300.0 mV，$U_-$的示值分别为−299.5 mV、−299.7 mV、−299.8 mV，采用极差法得到标准偏差分别为

$$u_3(U_+) = s(U_+) = \frac{x_{\max} - x_{\min}}{1.69} = \frac{(300.3 - 300.0)\text{mV}}{1.69} \approx 0.18\,\text{mV} \tag{8-17}$$

$$u_3(U_-) = s(U_-) = \frac{x_{\max} - x_{\min}}{1.69} = \frac{[(-299.5) - (-299.8)]\,\text{mV}}{1.69} \approx 0.18\,\text{mV} \tag{8-18}$$

式中，$x_{\max}$ 为极大值；$x_{\min}$ 为极小值。

### 4. 合成标准不确定度

直流增益误差不确定度分量汇总如表 8-2 所示。

表 8-2　直流增益误差不确定度分量汇总

| $i$ | 不确定度来源 | 标准不确定度分量 $u_i$/mV | | 概率分布 | 灵敏系数 $c_i$ |
| --- | --- | --- | --- | --- | --- |
| | | 正 | 负 | | |
| 1 | 被测直流信号 | 0.058 | 0.058 | 均匀 | 1 |
| 2 | 示波器垂直分辨率 | 0.085 | 0.085 | 均匀 | 1 |
| 3 | 示波器测量重复性 | 0.180 | 0.180 | 均匀 | 1 |

由于各分量之间没有值得考虑的相关性，$U_+$、$U_-$的合成标准不确定度为

$$u_c(U_+) = u_c(U_-) = \sqrt{u_2^2 + u_3^2} \tag{8-19}$$

计算后结果为

$$u_c(U_+) \approx 0.20 \text{ mV}, \, u_c(U_-) \approx 0.20 \text{ mV} \qquad (8\text{-}20)$$

按式（8-13）计算直流增益误差的合成标准不确定度为

$$u_c = \sqrt{\frac{u^2(U_+) + u^2(U_-) + u^2(U_{r+}) + u^2(U_{r-})}{(U_{r+} - U_{r-})^2}} \approx 0.048\% \qquad (8\text{-}21)$$

**5. 扩展不确定度**

取包含因子 $k=2$，则扩展不确定度为

$$U = ku_c = 0.096\% \qquad (8\text{-}22)$$

## 8.5.3 时间间隔

**1. 测量模型**

一般使用数字示波器的周期自动测量功能测量时间间隔，测量模型为

$$T_x = T_0 \qquad (8\text{-}23)$$

式中，$T_x$ 为示波器的测量示值，单位为 s；$T_0$ 为被测时间周期信号的标称数值，单位为 s。

考虑存在被测时间周期信号（$\delta$）、示波器水平分辨率（$d$）、测量重复性（$s$）等影响量，且各影响量相互独立，测量模型修正公式为

$$T_x = T_0 + \delta + d + s \qquad (8\text{-}24)$$

**2. 测量不确定度来源**

测量过程中主要的不确定度来源有被测时间周期信号的影响、示波器水平分辨率及测量重复性的影响。

**3. 测量不确定度分量**

（1）由被测时间周期信号引入的不确定度分量 $u_1$

被测时间周期信号的最大相对时间偏差为 $\pm 2.5 \times 10^{-7}$，按均匀分布，以 $T_0$ 为 12 ns 为例，则不确定度分量为

$$u_1 = \frac{2.5 \times 10^{-7} \times 12 \text{ ns}}{\sqrt{3}} \approx 1.7 \times 10^{-6} \text{ ns} \qquad (8\text{-}25)$$

（2）由示波器水平分辨率引入的不确定度分量 $u_2$

示波器的水平分辨率为 0.5%，按均匀分布，以 $T_0$ 为 12 ns 为例，则不确定度分量为

$$u_2 = \frac{0.5\% \times 12 \text{ ns}}{\sqrt{3}} \approx 0.035 \text{ ns} \qquad (8\text{-}26)$$

（3）由测量重复性引入的不确定度分量 $u_3$

在同等条件下，重复测量 3 次，示值分别为 12.00 ns、11.99 ns、11.99 ns，采用极差法得到标准偏差为

$$u_3 = s = \frac{x_{\max} - x_{\min}}{1.69} = \frac{12.00\ \text{ns} - 11.99\ \text{ns}}{1.69} \approx 5.9 \times 10^{-3}\ \text{ns} \qquad （8\text{-}27）$$

式中，$x_{\max}$ 为极大值；$x_{\min}$ 为极小值。

**4. 合成标准不确定度**

时间间隔不确定度分量汇总如表 8-3 所示。

表 8-3　时间间隔不确定度分量汇总

| $i$ | 不确定度来源 | 标准不确定度分量 $u_i$/ns | 概率分布 | 灵敏系数 $c_i$ |
|---|---|---|---|---|
| 1 | 被测时间周期信号 | $1.7 \times 10^{-6}$ | 均匀 | 1 |
| 2 | 示波器水平分辨率 | 0.035 | 均匀 | 1 |
| 3 | 测量重复性 | $5.9 \times 10^{-3}$ | — | 1 |

由于各分量之间没有值得考虑的相关性，则合成标准不确定度为

$$u_c = \sqrt{u_1^2 + u_2^2 + u_3^2} \approx 0.035\ \text{ns} \qquad （8\text{-}28）$$

式中，$u_1$、$u_2$、$u_3$ 是不同来源的标准不确定度分量。

**5. 扩展不确定度**

取包含因子 $k=2$，测量结果 12.00 ns 的扩展不确定度为

$$U = k u_c = 0.07\ \text{ns} \qquad （8\text{-}29）$$

# 8.6　示波器的选择

## 8.6.1　数字示波器的选择

在选择数字示波器时，主要考虑其是否能够精确、无失真地显示被测信号，即显示信号与被测信号的一致性，需根据数字示波器的性能参数（如带宽、上升时间、采样率、存储深度、通道数量、触发功能等）进行详细分析。

**1. 带宽**

带宽是数字示波器最重要的指标之一，直接决定数字示波器显示的信号范围，很大程度上还反映了数字示波器的价格。数字示波器的带宽一般由模拟带宽和数字实时带宽两种方式表述，其中数字示波器对重复信号采用顺序采样或随机采样技术所能达到的最大带宽为示波器的数字实时带宽，数字实时带宽与最高数字化

频率和波形重建技术因子 $k$ 相关，如式（8-30）所示，一般并不作为一项指标直接给出。从两种带宽的定义可以看出，模拟带宽只适用于对重复信号的测量，而数字实时带宽则同时适用于重复信号和单次信号的测量。选择数字示波器时将被测信号的最高频率分量乘以 5 作为示波器的带宽，这将会在测量中获得高于 2% 的精度，合理地显示这个信号的形状。

$$f_{\text{real-time}} = \frac{R_{\text{MAX-D}}}{k} \qquad\qquad (8\text{-}30)$$

式中，$f_{\text{real-time}}$ 为示波器的数字实时带宽；$R_{\text{MAX-D}}$ 为最高数字化频率；$k$ 为波形重建技术因子，一般与示波器的采样率和有效位相关。

### 2. 上升时间

上升时间反映了数字示波器垂直系统的瞬态特性，数字示波器必须要有足够短的上升时间，才能准确地捕获快速变换的信号细节。数字示波器的上升时间越短，对信号的快速变换的捕获也就越准确。一般来说，数字示波器的上升时间小于被测信号的 1/5～1/3，就能满足一般的测试需求。

### 3. 采样率

根据奈奎斯特采样定理，示波器的采样率应是信号最高频率分量的两倍以上，实际上示波器的最高采样率一般都达到其带宽的 10 倍左右，高的采样率可获得更多、更细致的被测信号的信息，也有助于减少假波形现象。数字示波器的采样率一般不是固定值，它随时基设置而改变。数字示波器通常会给出其最大采样率的指标，这是一个定值。示波器最高采样率决定对示波器单次带宽的限制，采样率不足将限制示波器单次带宽。

数字示波器不但需要观测重复信号，还需要观测单次信号。虽然示波器放大器带宽保证信号输入不失真，采样率不足仍会造成显示信号泄漏和失真。所以示波器必须具有足够的采样率，用以捕获单次信号和精确恢复显示波形。如果采样率不够，则容易出现混叠现象：屏幕上显示的波形频率低于信号的实际频率，或者即使示波器上的触发指示灯已亮，显示的波形仍不稳定。

确定示波器的带宽后，应考虑示波器占用通道的实际采样率（部分示波器可通过多通道复用提高采样率），一般需要示波器使用的通道的采样率是被测信号带宽的 4 倍以上，以便这些通道能够完整、准确地承载被测信号的重建与测量。

### 4. 存储深度

如前文所述，存储深度是指存储器的容量。在数字示波器中存储器容量一般是固定不变的，能够存储的波形记录的点数是一定的，当时基设置改变时，采样率也要相应地改变，始终确保显示固定数量的波形记录。

存储深度也与采样率紧密相关。ADC 对输入波形进行转换，将得到的数据存储到示波器的高速内存中，用户能够捕获采集的数据、放大查看更多细节或对采集的数据进行数学运算、测量和后期处理等操作。采样率和存储深度是互相制约的，采样率越高，单位时间内的采样点越多，需要的存储深度就越大。

单次带宽对单次信号的精确复现起到限制作用，对单次事件和脉冲串等非重复信号，以及对重复信号中的异常信号进行捕获时，如果采样率不符合捕获信号速度的要求，信号复现时就会丢失高频成分。显示的信号与被测信号相比，上升和下降时间变长，或高频脉冲信号泄漏，影响信号完整性测量。在这种情况下不论示波器的存储深度有多大，已没有实际意义。在保证对单次信号进行精确捕获的前提下，示波器存储深度越大，波形的存储时间就越长。

**5. 通道数量**

通常示波器都配有两条或 4 条通道，也有配备更多通道的型号。对于混合型信号示波器来说，还兼具逻辑通道记录功能，可实现时间相关的触发、采集和分析等。

**6. 触发功能**

示波器的触发功能能使信号在正确的位置开始水平同步扫描，决定着信号波形的显示是否清晰。触发控制按钮可以稳定地重复显示波形并捕获单次波形。大多数示波器的用户只采用边沿触发方式，而目前很多示波器已具备先进的触发功能：能根据由幅度定义的脉冲、由时间限定的脉冲（脉宽触发）和由逻辑状态或图形描述的脉冲（逻辑触发）进行触发。扩展和常规的触发功能的组合也可帮助显示视频和其他难以捕获的信号。先进的触发功能在设置测试过程时提供了很高的灵活性，而且能大大地简化测量工作。

采样率、存储深度和带宽 3 项指标，很大程度上决定数字示波器的性能和价格。提高采样率可以提高对信号的捕获精度和分辨率，但会缩短存储信号的时间。存储深度有限时，延长存储时间只能降低采样率，但采样率降低将失去波形的细节，同时失去快沿信号的高频成分，使上升时间变长。因此需要综合考虑示波器带宽、采样率和存储深度等指标，以保证被测信号的精确复现。

## 8.6.2　示波器探头的选择

示波器探头是整个示波器测量系统的一部分，一个完整的测量是从探头触点开始的，示波器探头不仅要与示波器和待测信号相匹配，将信号纯净地送入示波器，还需要放大和保护，以最大限度地保证信号的完整性和测量的精度。因此，为精确重构信号，需选择合适的探头与示波器配合，探头的选择主要由信号类型、阻抗匹配、带宽以及上升时间 4 个因素决定。

### 1. 信号类型

信号可以划分为电压信号、电流信号、逻辑信号和其他信号 4 类。

电压信号是电子器件测量中常遇到的信号类型，因此电压传感探头是常用的示波器探头类型。此外，由于示波器在输入上要求电压信号，所以其他类型的示波器探头在本质上是把感应到的物理量转换成相应电压信号的转换器。一个常见实例是电流探头，当测试信号为电流信号时，电流探头能够把电流信号转换成电压信号以在示波器显示信号。而逻辑信号则是一种特殊类型的电压信号，虽然可以使用标准电压探头查看逻辑信号，但常见的情况是需要查看特定的逻辑事件，所以需要逻辑探头提供触发信号给示波器，只有满足规定的逻辑组合触发条件，才能够在示波器显示屏上查看特定的逻辑事件。

### 2. 阻抗匹配

阻抗是电压和电流之比，在理想情况下，对被测仪器进行测试时不应影响它的正常工作，所以测量值应和未接测试仪器时的相同。当连接仪器进行测量时，要考虑阻抗对测量准确性的影响。为了保证仪器之间的传送功率最大，阻抗应该匹配。如果阻抗为纯电阻，应使输入阻抗与输出阻抗的值相等；如果阻抗包含电抗成分，应使负载的输入阻抗与源的输出阻抗共轭匹配。

示波器的匹配一般有 1 MΩ 或 50 Ω 两种选择，不同种类的探头需要不同的匹配电阻形式，对于低输入阻抗的示波器，应选择有源探头或具有 50 Ω 输入阻抗的探头；对于高输入阻抗的示波器，应选择 10× 挡位的探头。例如示波器的输入阻抗是 1 MΩ/10 pF，探头输入阻抗最好是 10 MΩ/1 pF，这样的探头既有 10 倍的信号衰减，对被测信号的负载效应较小，又能与示波器输入阻抗匹配。

### 3. 带宽

探头的带宽要大于或等于示波器的带宽。若观察的信号是纯连续波信号，探头带宽需要大于或等于被测信号频率的最高值；若观察的信号是非连续波信号，探头带宽应容纳被测信号的基波和重要谐波分量。

### 4. 上升时间

为精确地测量脉冲的上升时间和下降时间，测试系统的上升时间（即示波器和探头上升时间平方和的开方）应为被测信号上升时间的 1/5～1/3。

## 8.7　典型示波器介绍

本节介绍一些典型的国产示波器的型号，为工程师在测试过程中正确地选择示波器提供帮助。

### 8.7.1 普源精电示波器产品

普源精电作为国际知名的数字示波器厂家，在十几年的时间内已经先后推出了 6 代数字示波器产品，部分产品外观如图 8-13 所示。其中，DS6000 系列数字示波器是我国较早带宽达 1 GHz 的数字示波器产品，普源精电拥有自主知识产权。MSO8000 是我国较早带宽达 2 GHz 的数字示波器，采用普源精电自主研发的数字示波器专用集成电路（ASIC）芯片，提高了数字示波器的一致性和可靠性。

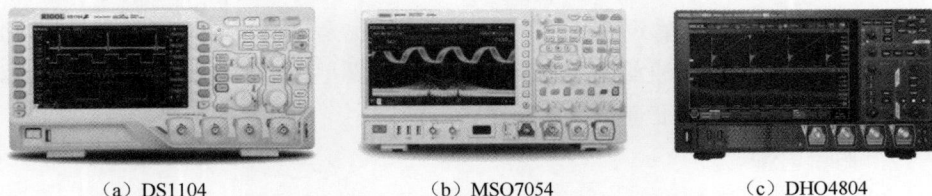

(a) DS1104　　　　　　　(b) MSO7054　　　　　　　(c) DHO4804

图 8-13　普源精电数字示波器部分产品外观

#### 1. 主要型号

普源精电主要示波器型号的参数如表 8-4 所示。

表 8-4　普源精电主要示波器型号的参数

| 型号 | 带宽 | 通道数 |
| --- | --- | --- |
| MSO/DS1000Z/Z-E 系列 | 50 MHz、70 MHz、100 MHz、200 MHz | 4 条模拟通道，16 条数字通道；2 条模拟通道（DS1000Z-E 系列） |
| MSO/DS2000A 系列 | 100～300 MHz | 2 条模拟通道，16 条数字通道 |
| MSO5000 系列 | 70 MHz、100 MHz、200 MHz、350 MHz | 2 条模拟通道，16 条数字通道 |
| MSO8000 系列 | 2 GHz | 4 条模拟通道，16 条数字通道 |
| DS70000 系列 | 3 GHz、5 GHz | 4 条模拟通道 |
| DHO1000 系列 | 70 MHz、100 MHz、200 MHz | 2/4 条模拟通道 |
| DHO4000 系列 | 200 MHz、400 MHz、800 MHz | 4 条模拟通道 |

#### 2. 高端示波器与自研芯片的发展

以上介绍的示波器带宽一般在 5 GHz 以下，在高端产品方面，普源精电的 DS80000 系列产品（见图 8-14）可提供最高 13 GHz 的模拟带宽，实现了国产自研高端示波器的突破；同时支持单通道最高 40 GSa/s 的实时采样率，实时模式下最高 1 000 000 wfms/s 的波形捕获率，凝时模式下最高 1 500 000 wfms/s 的波形捕获

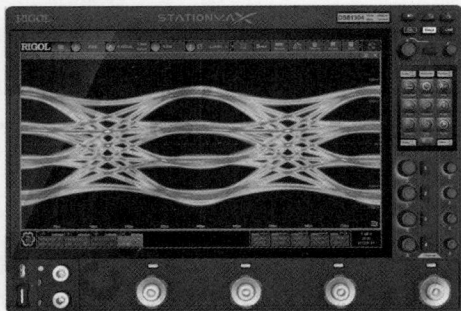

图 8-14　普源精电的 DS80000 系列产品

率，存储深度高达 2 Gpts；具备嵌入与去嵌入，以及多种协议一致性分析功能，可有效应对高速电路设计中的故障排除和验证难题。

高端数字示波器的核心组件包括高频差分放大器、大带宽模拟前端和高速 ADC 等集成芯片组，为解决这一"卡脖子"技术问题，普源精电于 2017 年发布 ASIC"中国芯"——"凤凰座"芯片组，完成了自研芯片"0 到 1"的突破，同时这也是具备 5 GHz 带宽和 20 GSa/s 采样率的国产实时示波器的硬件技术基础。

"凤凰座"芯片组由 3 颗芯片构成：示波器模拟前端专用芯片、示波器信号处理专用芯片、示波器宽带差分探头放大器专用芯片。其中，示波器信号处理专用芯片集成了宽带模拟前端、ADC 的功能，以及示波器的数字信号处理、时钟和同步等功能，具有大带宽、高采样率和低噪声的特点。其核心技术指标为：带宽为 5 GHz、实时采样率为 10 GSa/s、垂直分辨率为 8 bit。同时利用自主研发的 UltraVision 技术平台，通过不断地优化系统架构，采用交织采样技术，使用两颗示波器信号处理专用芯片实现了 20 GSa/s 的采样率，通过显示技术优化实现了 1 Mwfms/s 的波形捕获率，并且对大量用户需求进行分析和整合，将其融入系统功能设计中，集成了眼图测量、抖动分析、电源分析、总线解码、接口一致性分析等功能，提供便捷而专业的测量方案。

"半人马座"是 2022 年 7 月发布的第二代 ASIC 芯片组，目前同步发布了基于该芯片组的带宽为 70～800 MHz、实时采样率为 1～4 GSa/s、垂直分辨率为 12 bit 的数字示波器产品，可以实现最低 100 μV/div 的垂直灵敏度和 18 μVrms 的本底噪声。这标志着普源精电在各档次数字示波器的核心模拟信号链路均采用自研芯片技术，全面助力自主可控。

"仙女座"是 2023 年发布的第三代 ASIC 芯片组，通过自研核心技术平台"仙女座"，实现带宽为 10 GHz 以上、实时采样率达 40 GSa/s 的数字示波器产品，进入国际高端数字示波器产品行列。

## 8.7.2　鼎阳科技示波器产品

鼎阳科技是国家重点"小巨人"企业，是全球少数具有数字示波器、信号发生器、频谱分析仪和矢量网络分析仪四大通用电子测量仪器主力产品研发、生产和销售能力的电子信息仪器企业。

### 1. 主要型号

鼎阳科技主要示波器型号的参数如表 8-5 所示，部分产品外观如图 8-15 所示。

表 8-5　鼎阳科技主要示波器型号的参数

| 型号 | 最大带宽 | 最高采样率 | 通道数 |
| --- | --- | --- | --- |
| SHS1000X 系列 | 70 MHz、100 MHz、200 MHz | 单通道模式下，最高采样率为 1 GSa/s；双通道模式下，每通道最高采样率为 500 MSa/s | 2 条模拟通道 |
| SDS2000X HD 系列 | 500 MHz | 10 GSa/s | 4 条模拟通道和 16 条数字通道 |
| SDS6000L 系列 | 2 GHz | 2 GSa/s | 8 条模拟通道和 16 条数字通道 |
| SDS7000A 系列 | 4 GHz | 20 GSa/s | 4 条模拟通道和 16 条数字通道 |

（a）SDS7000A 系列　　　（b）SDS2000X HD 系列　　　（c）SDS1000X 系列

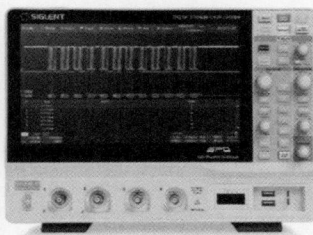

图 8-15　鼎阳科技示波器部分产品外观

**2. 高端示波器与自研芯片的发展**

2022 年 12 月，鼎阳科技发布 SDS7000A 数字示波器，拥有最大 4 GHz 的带宽、12 bit 的分辨率。SDS7000A 采用 12 bit 高分辨率设计，能助力工程师更完整、清晰地观测到波形的细节，并进行更精准的波形测量。

大带宽的前端放大器难以通过板级电路直接实现，芯片化是必然趋势。而前端放大器芯片作为示波器核心芯片之一，其应用面窄，设计要求工艺高，因此，难以在市场上直接进行采购。同时，前端放大器芯片作为专用芯片，在设计电路时往往需要根据实际的示波器设计而进行电路优化，以更好地满足产品总体设计要求。因此，在高端示波器领域，模拟前端芯片往往都是以各示波器厂家自研的形式存在。鼎阳科技基于 10 年来在示波器模拟前端电路上的技术积累，自研的 SFA8001 芯片是鼎阳科技首款达到 8 GHz 带宽的示波器前端放大器芯片，为鼎阳科技 8 GHz 带宽的示波器以及后续更高带宽示波器的研发奠定了基础。

### 8.7.3　优利德示波器产品

优利德作为亚洲规模较大的仪器仪表公司之一，在开发仪表 10 多年的时间内先后推出了多款数字存储示波器产品。对于其中的 UPO 系列数字荧光存储示波器，优利德拥有自主知识产权，采用独创的数字三维技术（uctra phosphor 2.0）。优利德主要示波器型号的参数如表 8-6 所示，部分产品外观如图 8-16 所示。

表 8-6　优利德主要示波器型号的参数

| 型号 | 最大带宽 | 采样率 | 通道数 |
|---|---|---|---|
| MSO7254X | 2.5 GHz | 双通道为 10 GSa/s，4 通道为 5 GSa/s | 4 条模拟通道和 16 条数字通道 |
| MSO7204X | 2 GHz | 单通道为 10 GSa/s，双通道为 5 GSa/s，4 通道为 2.5 GSa/s | 4 条模拟通道和 16 条数字通道 |
| MSO7104X | 1 GHz | 单通道为 10 GSa/s，双通道为 5 GSa/s，4 通道为 2.5 GSa/s | 4 条模拟通道和 16 条数字通道 |
| MSO/UPO3000CS | 350 MHz、500 MHz | 2.5 GSa/s | 2/4 条模拟通道和 16 条数字通道 |

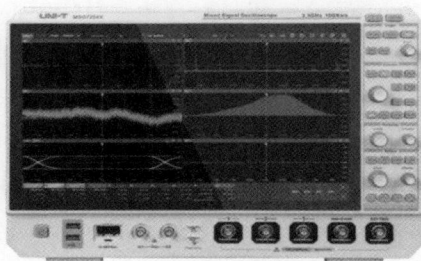 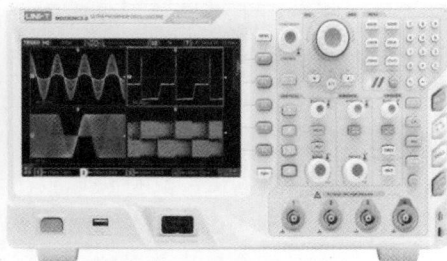

（a）MSO7254X　　　　　　　　　　（b）MSO3504CS-S

图 8-16　优利德示波器部分产品外观

## 8.7.4　思仪科技示波器产品

思仪科技主要从事微波/毫米波、光电、通信、基础通用类测量仪器以及自动测试系统、微波毫米波部件等产品的研制、生产工作。思仪科技主要示波器型号的参数如表 8-7 所示，部分产品外观如图 8-17 所示。

表 8-7　思仪科技主要示波器型号的参数

| 型号 | 带宽 | 最高采样率/（GSa·s$^{-1}$） | 通道数 |
|---|---|---|---|
| 4456 系列 | 350 MHz～1 GHz | 5 | 4 条模拟通道和 16 条数字通道 |
| 4455 系列 | 500 MHz、1 GHz、2 GHz | 5 | 4 条模拟通道和 16 条数字通道 |
| 4382 系列 | 200 MHz、350 MHz、500 MHz、1 GHz | 5 | 4 条模拟通道 |

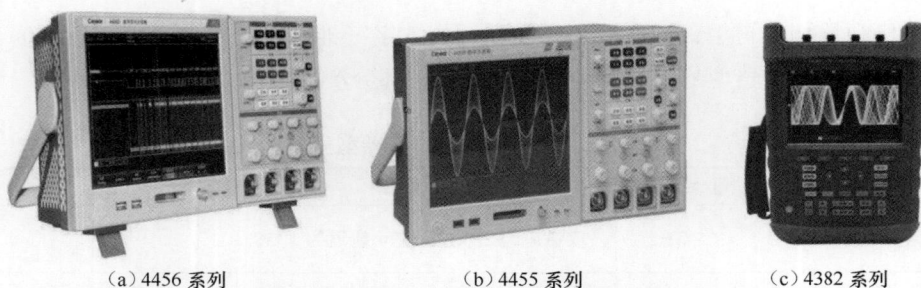

(a) 4456 系列　　　　　　　(b) 4455 系列　　　　　　(c) 4382 系列

**图 8-17　思仪科技示波器部分产品外观**

## 8.7.5　联讯仪器示波器产品

苏州联讯仪器股份有限公司（简称联讯仪器）的光电混合型采样示波器主要基于等时采样及重构眼图技术，从而实现高精度且较低成本的高速光电数字信号的测量，广泛应用于光模块、光通信设备、光通信系统的研制与测试过程。光电混合型采样示波器一般支持 NRZ/PAM4 信号测试，并可对 850～1650 nm 标准光通信波段的多模/单模信号进行测试。

DCA4201 光电混合型采样示波器可通过配置不同的滤波器选件，覆盖 10 Gbit/s 及以下速率的眼图测试；支持快速眼图调整测试模式，消光比及平均功率测量可保持 1 Hz 的刷新速率，从而实现提高测试效率及降低测试成本的目标；内置经校准并符合行业容差规范的参考接收机，具备较大的动态测量范围；集成消光比修正因子、暗电流自校准算法等，测试结果和行业标准的一致性较高。

另有 DCA6201 光电混合型采样示波器可同时配置最多 4 通道眼图测试，覆盖 20～53 Gbaud 多种速率；支持快速眼图调整测试模式，消光比及平均功率测量可保持 1 Hz 的刷新速率；内置经校准并符合行业容差规范的参考接收机，具备较大的动态测量范围；集成消光比修正因子、暗电流自校准算法等，测试结果和行业标准的一致性较高。

联讯仪器的光电混合型采样示波器可对数据中心、核心网/城域网、4G/5G 移动回传及 5G 移动前传使用的 25G/50G/100G/200G/400G/800G 光传输模块、光纤以及相关部件的物理层性能进行测试。联讯仪器主要示波器型号的参数如表 8-8 所示，部分产品外观如图 8-18 所示。

**表 8-8　联讯仪器主要示波器型号的参数**

| 型号 | 光口带宽/GHz | 波长范围/nm | 灵敏度/dBm |
|---|---|---|---|
| DCA4201 | 10 | 750～1650 | −10（进行模板测试的最小平均功率） |
| DCA6201-B30 | 30 | 850～1650 | −8（进行模板测试的最小平均功率） |
| DCA6201-B50 | 50 | 1200～1650 | −8（进行模板测试的最小平均功率） |

（a）DCA4201　　　　　　　　　　　　　（b）DCA6201

图 8-18　联讯仪器示波器部分产品外观

## 8.7.6　玖锦科技示波器产品

　　玖锦科技开发的 PDS6184A（见图 8-19）是一款 4 通道的数字实时示波器，最大带宽为 18 GHz，最高采样率为 80 GSa/s，最大存储深度为 2 Gpts/ch，最高波形捕获率为 500 000 wfms/s，具备快速的波形捕获、波形存储、波形三维荧光显示、参数测量、数学运算，以及多种触发、串行解码分析、实时眼图与抖动分析等功能，可应用于宽带雷达、电子对抗、5G/6G 通信、光通信、卫星导航以及自动驾驶等领域。

　　PDS6184A 示波器的技术指标如表 8-9 所示。

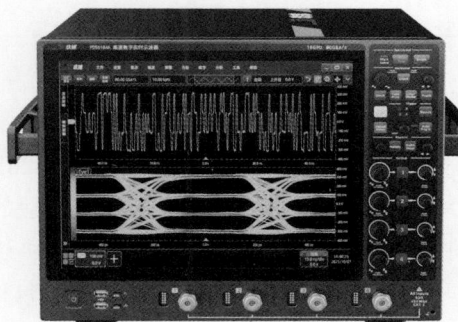

图 8-19　玖锦科技开发的 PDS6184A 示波器

表 8-9　PDS6184A 示波器的技术指标

| 指标名 | 指标值 |
| --- | --- |
| 最高采样率 | 80 GSa/s：仅 1、3 通道启用；<br>40 GSa/s：1、2、3、4 通道同时启用 |
| 采样分辨率 | 12.5 ps：仅 1、3 通道启用；<br>25 ps：1、2、3、4 通道同时启用 |
| 带宽 | 18 GHz：仅 1、3 通道启用；<br>10.5 GHz：1、2、3、4 通道同时启用 |
| 最大存储深度 | 2 Gpts/ch |
| 采集时间（最高采样率，最大存储深度） | 25 ms |
| 采集模式 | 平均、高分辨率、峰值 |
| 波形捕获率 | ≥500 000 wfms/s |
| 插值 | sin(x)/x 函数 |
| 时基范围 | 20 ps/div～20 s/div |
| 缩放时基范围 | 1 ps/div |
| 模拟通道数 | 4 |
| 输入带宽 | 18 GHz |

| 指标名 | 指标值 |
|---|---|
| 带宽选项限制 | 10 GHz、8 GHz、6 GHz、4 GHz、OFF |
| 输入阻抗 | 50 Ω：±3% |
| 垂直分辨率 | 8 bit |
| 上升时间 | 27 ps（10%～90%） |
| 输入耦合 | DC |
| 输入灵敏度 | 10 mV/div～1 V/div |
| 通道隔离度 | 0～10 GHz：≥120 dB；<br>>10～12 GHz：≥80 dB；<br>>12～18 GHz：≥50 dB |
| 直流增益精度 | ±2%（满量程） |

该示波器支持多种触发类型，包括边沿、脉宽、斜率、I²C、SPI、CAN、LIN、RS-232/RS-422/RS-485/UART、FlexRay、USB、MIL-STD-1553B、PCIe 等。同时支持 I²C、SPI、CAN、LIN、RS-232/RS-422/RS-485/UART、FlexRay、USB、MIL-STD-1553B、PCIe 等多种类型的总线解码，支持 USB 2.0、100Base-T、1000Base-T、PCIe、车载以太网等协议一致性分析。

在实时眼图测量方面，测量项包括电平、眼高、眼宽、眼幅度、眼交叉比、Q 因子、消光比、占空比失真、眼上升时间、眼下降时间、眼比特率等。该示波器支持多种时钟恢复方式，即软件时钟恢复、常数、一阶锁相环、二阶锁相环、外部时钟等，还具备模板测试能力。

该示波器在抖动分析方面支持对时间间隔误差（TIE）、周期-周期、正脉宽-正脉宽、负脉宽-负脉宽、总体抖动（TJ）、随机性抖动（RJ）等的测量，具备抖动分离功能，可显示抖动趋势图、浴盆曲线。

该示波器支持波形直方图显示，具备测量波形数、框内点数、峰值点数、中间值、最大值、最小值、峰峰值、平均值（$\mu$）、标准偏差（$\sigma$）、$\mu+\sigma$、$\mu+2\sigma$、$\mu+3\sigma$ 等的功能。

该示波器的波形搜索功能可以设定搜索条件，包括边沿、脉宽、总线、斜率等，帮助用户快速地从捕获的复杂信号中找到特定的事件并进行标记。

该示波器具备实时频谱分析功能，如图 8-20 所示，采用叠加 FFT 和数字荧光技术大大提高 FFT 的刷新率，提高了捕获窄脉冲或瞬态信号的概率，增强了查看偶发事件的能力。该示波器提供峰值搜索功能，可以自动标记多个峰值，搭配光标测量，能够有效地提高工程师工作效率。

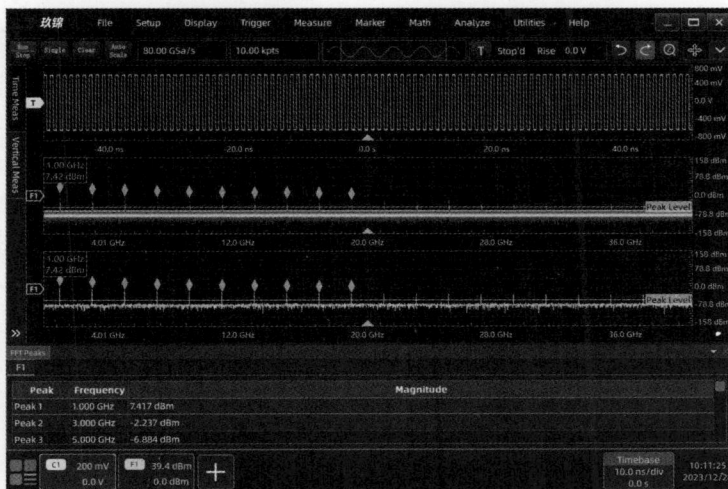

图 8-20　PDS6184A 示波器的实时频谱分析功能

## 8.8　示波器典型应用

### 8.8.1　使用示波器进行 RS-232/SPI/I²C 协议验证

通用异步接收发送设备（universal asynchronous receiver/transmitter，UART）作为总线的类型之一，是设备之间进行异步通信的关键模块，负责处理数据总线和串行口之间的串/并、并/串转换，通常包含 RS-232 和 RS-485 通信协议。其中，RS-232 通信协议是由电子工业协会（electronic industries association，EIA）制定的异步传输标准接口协议，被广泛用于计算机串行接口的外设连接，规定了连接电缆、机械特性、电气特性、信号功能及传送过程等，在仪器仪表中也是常用的通信协议之一，同时该协议也可以用于获取远程采集设备的测量数据，几乎在所有电子行业的通信中都需要调试 RS-232 线路。串行通信中，线路空闲时呈现低电平。RS-232 线路中一个数据的开始为高电平，结束时 RS-232 线路中为低电平。数据总是从低位向高位一位一位地传输。RS-232 协议时序如图 8-21 所示。

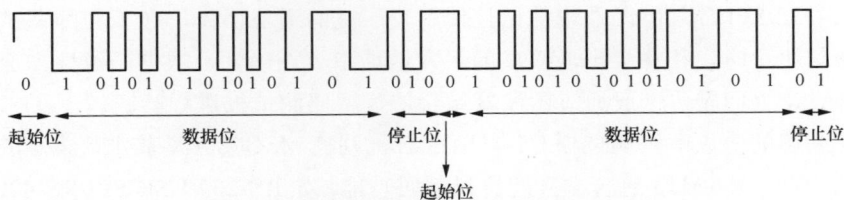

图 8-21　RS-232 协议时序

串行外设接口（serial peripheral interface，SPI）是一种高速的、全双工的、同步的通信总线接口，SPI 通信以主从方式工作，这种模式通常有一个主设备和一个或多个从设备，所有基于 SPI 通信协议的设备一般共有 4 根信号线，它们是 MISO（主设备数据输入，从设备数据输出）、MOS（主设备数据输出，从设备数据输入）、SCLK（时钟信号，由主设备产生）、CS（从设备使能信号，由主设备控制）。SPI 协议时序如图 8-22 所示。

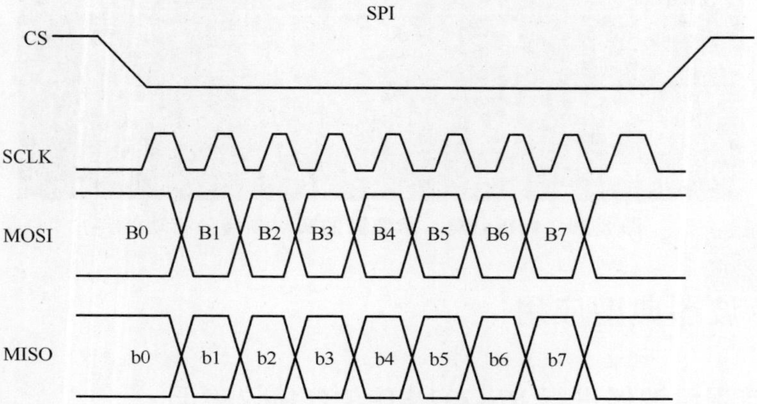

**图 8-22　SPI 协议时序**

$I^2C$ 协议总线是由飞利浦公司开发的两线式串行总线，用于连接微控制器及其外围设备，具有接口线少、控制简单、器件封装外形小、通信速率较高等优点。$I^2C$ 只要求两条双向线路：串行数据线 SDA（serial data）与串行时钟线 SCL（serial clock）。$I^2C$ 协议时序如图 8-23 所示。

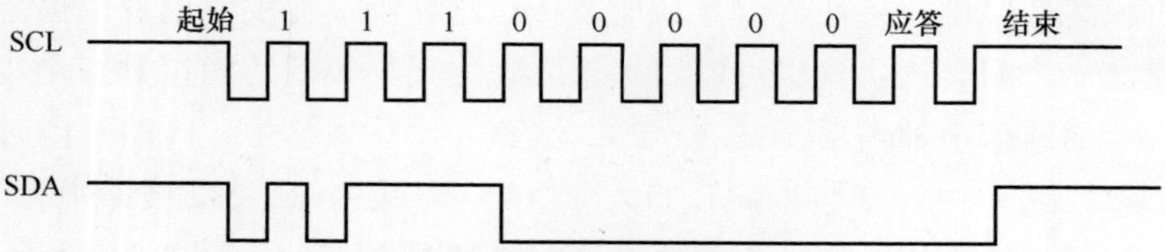

**图 8-23　$I^2C$ 协议时序**

RS-232/SPI/$I^2C$ 协议是较常见且使用较广泛的通信协议，在工程师调试这些串口通信协议时，往往会出现很多的下发地址指令正确性、数据一致性和通信数据状态异常等问题，一般通过示波器结合协议解码测试板进行验证。

优利德的协议解码测试板 UT-M13 配合优利德 MSO7000X 系列示波器进行解码测试。其中 UT-M13 包含丰富的协议解码功能，如 RS-232/USB/SPI/RS-422/$I^2C$/$I^2S$ 协议解码等，采用线性稳压直流电源为电路板供电。图 8-24～图 8-26 所示为具体的协议解码测试连接示意。

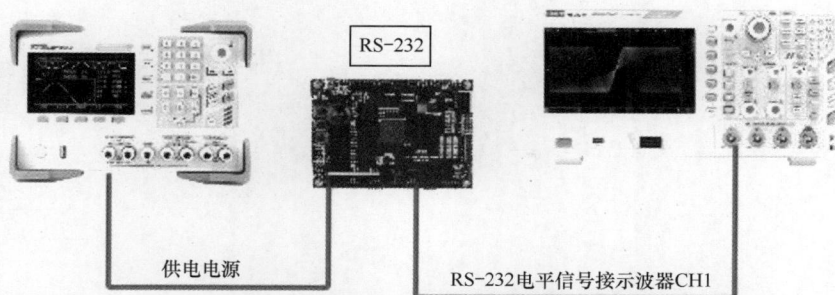

图 8-24　**RS-232 协议解码测试连接示意**

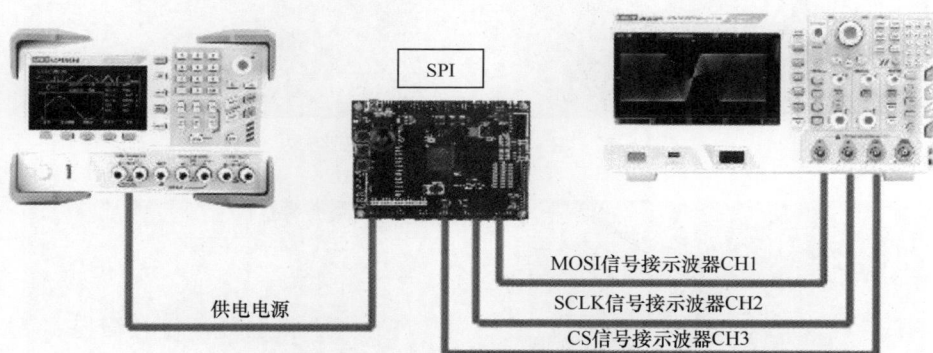

图 8-25　**SPI 协议解码测试连接示意**

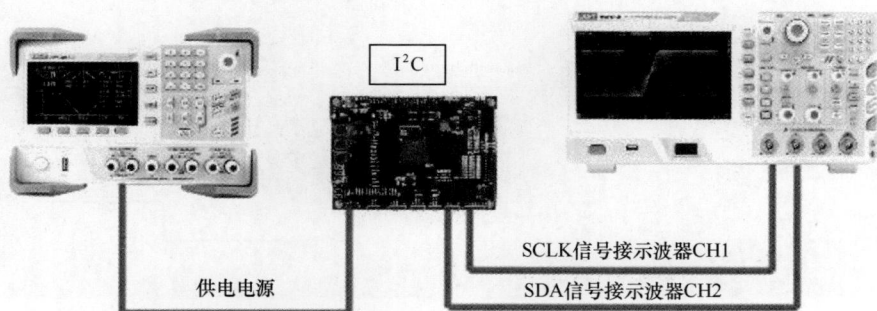

图 8-26　**I²C 协议解码测试连接示意**

## 1．RS-232 协议解码

根据图 8-24 连接测试设备，将探头连接到信号输出端之后调节触发设置捕获 RS-232 信号并稳定触发，测试结果如图 8-27 所示。RS-232 协议解码设置如图 8-28 所示。

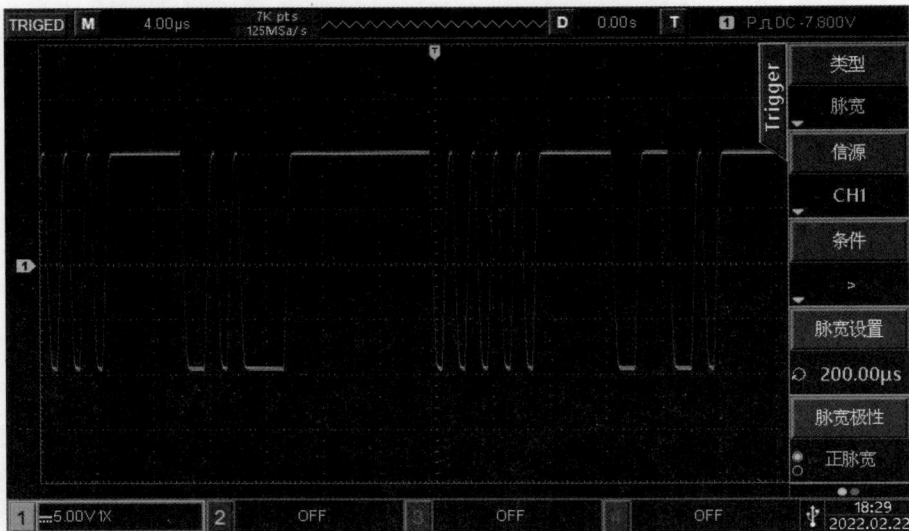

图 8-27　RS-232 协议解码测试结果

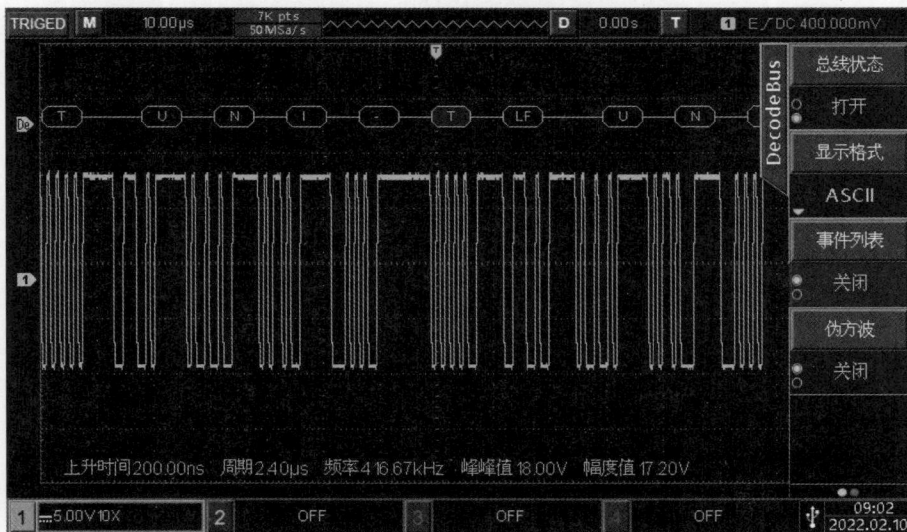

图 8-28　RS-232 协议解码设置

RS-232 协议解码事件列表如图 8-29 所示，打开事件列表功能、设置显示格式为十六进制即可清楚地观察到传输的数据等信息，便于查看数据的状态。

**2. SPI 协议解码**

根据图 8-25 连接测试设备，将示波器 3 组通道分别连接 SPI 协议解码的 MOSI/

SCLK/CS 这 3 组信号，捕获到信号后，调节触发参数将信号稳定触发，调节 3 组信号的位置便于解码、观察，测试结果如图 8-30 所示。

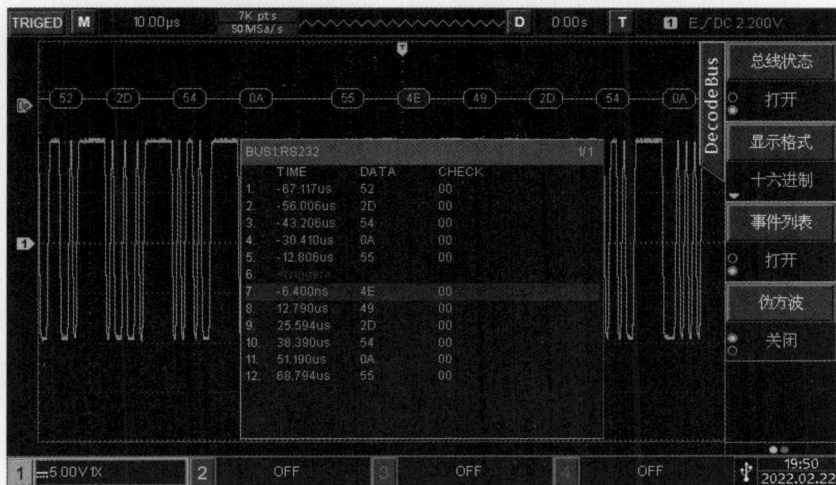

图 8-29　RS-232 协议解码事件列表

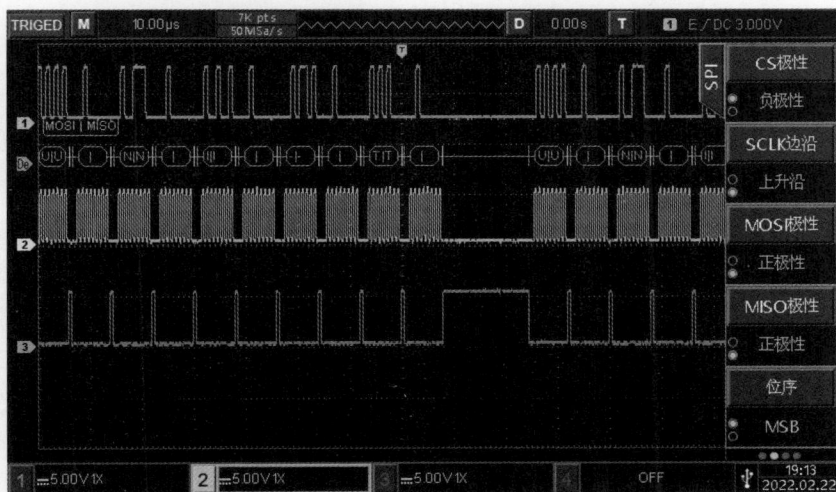

图 8-30　SPI 协议解码测试结果

SPI 协议解码事件列表如图 8-31 所示，打开事件列表功能、设置显示格式为十六进制即可清楚地观察到传输的数据等信息，便于查看数据的状态。

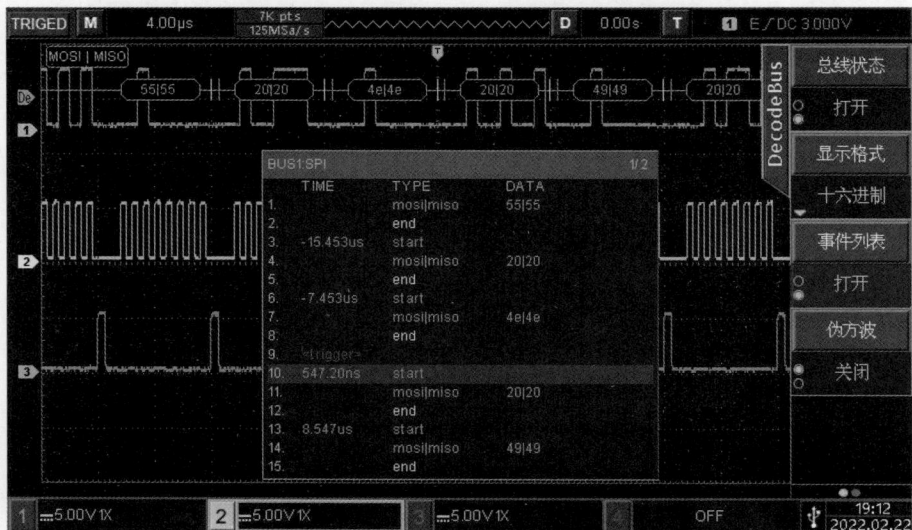

图 8-31　SPI 协议解码事件列表

### 3. I²C 协议解码

根据图 8-26 连接测试设备，将示波器探头接入 I²C 协议信号，调节触发参数将信号稳定触发后，调节示波器上信号位置便于对解码结果的观察，测试结果如图 8-32 所示。I²C 协议解码设置如图 8-33 所示。

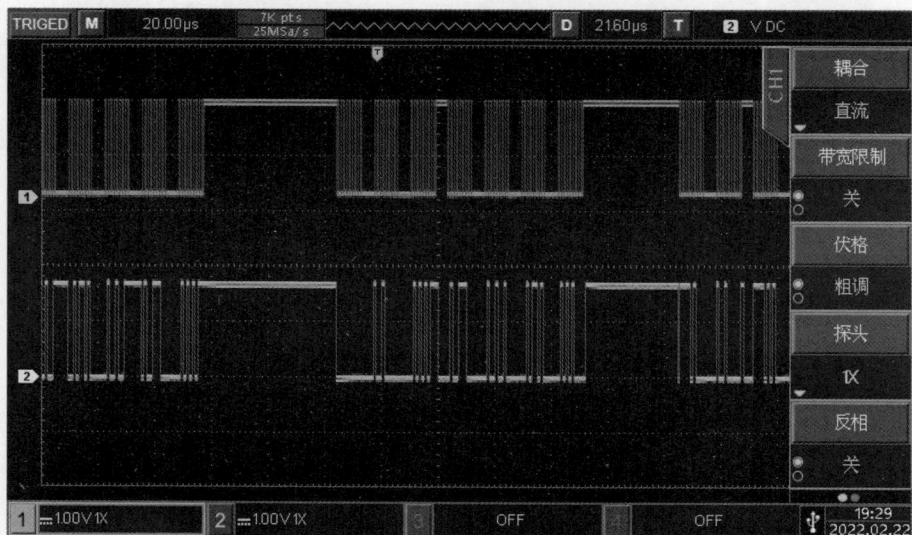

图 8-32　I²C 协议解码测试结果

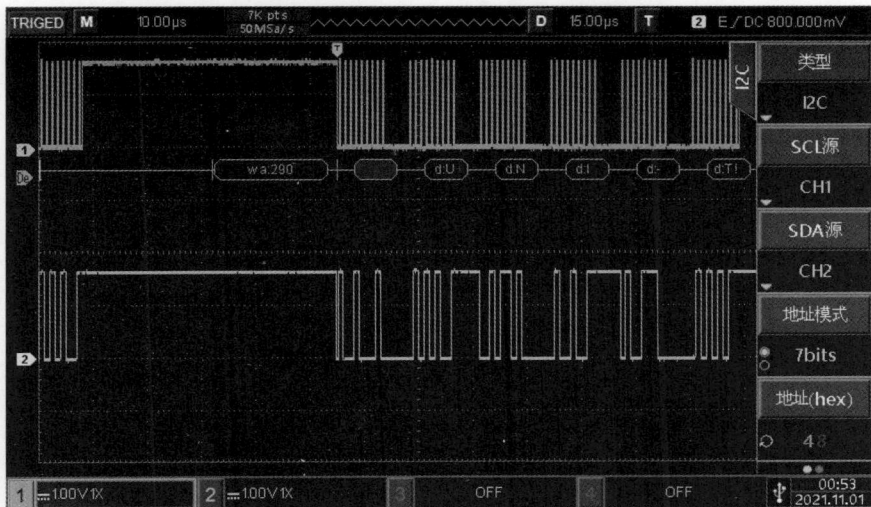

图 8-33　$I^2C$ 协议解码设置

$I^2C$ 协议解码事件列表如图 8-34 所示，打开事件列表功能、设置显示格式为十六进制即可清楚地观察到传输的数据等信息，便于查看数据的状态。

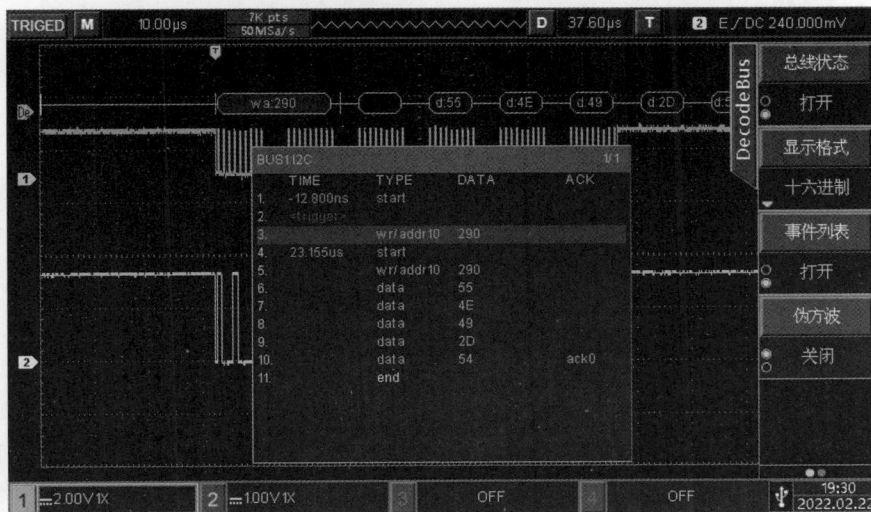

图 8-34　$I^2C$ 协议解码事件列表

## 8.8.2　使用示波器进行眼图和抖动测试

### 1. 眼图

眼图是一种用于定量分析高速数字信号的方法。在眼图应用中，示波器将信号中的所有码元分离出来，并在屏幕上叠加显示，从而形成类似眼睛的图像。从眼图上可以观察出码间串扰和噪声的影响，了解数字信号整体的特征，从而评估系统优劣程度。当存在噪声时，噪声将叠加在信号上，观察到的眼图的迹线会变得模糊不清，所以眼图也反映了信号的噪声和抖动：在纵轴（电压轴）上，体现为电压的噪声；在横轴（时间轴）上，体现为时域的抖动。若同时存在码间串扰，"眼睛"将张开得更小。一般眼图的"眼睛"睁得越大，"眼皮"越高，代表信号质量越好。

鼎阳科技的 SDS6000 Pro 系列示波器可利用余晖功能将捕获的数据信号显示为眼图，通过对眼高、"1"电平、"0"电平、眼宽、眼幅度等多种参数的测量，可以分析信号的码间串扰及噪声影响，可用于改善信号传输系统的性能，如图 8-35所示。

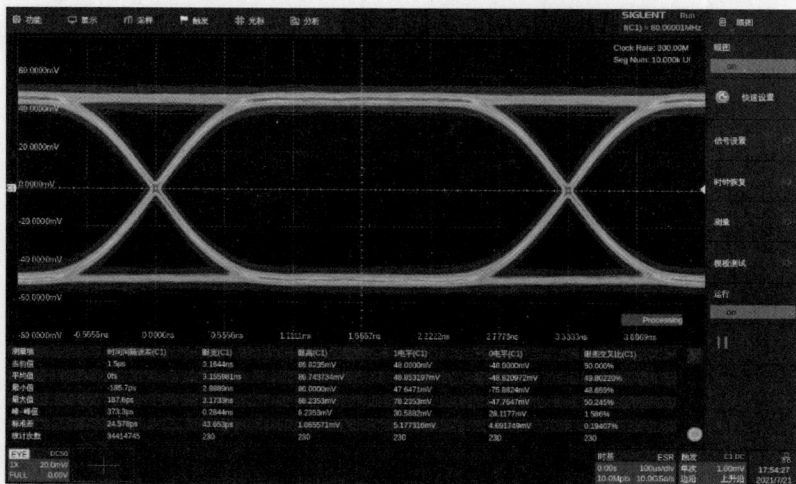

图 8-35　眼图及多种参数的测量

在眼图模式下，还可以进行下面眼图参数的测量。

（1）时间间隔误差：实际信号有效沿时间点和理想信号有效沿时间点的差值。

（2）眼宽：眼图在水平方向上张开的宽度。其基于眼图交叉点在水平方向上的概率分布来估计，能够反映传输线上信号的稳定周期。

（3）眼高：眼图在垂直方向上张开的高度。其基于"1"电平和"0"电平在垂直方向上 40%～60%的概率分布区间来估计，在眼图上叠加的数据足够多时，眼高很好地反映了传输线上信号的噪声容限。

（4）眼幅度："1"电平信号分布与"0"电平信号分布的平均数之差，其测量是通过在眼图中央位置附近区域（通常为零点交叉时间之间距离的 20%）分布振幅值进行的。

（5）Q 因子：眼幅值与"1"电平和"0"电平上的噪声幅度的比值。

（6）平均功率：整个数据流的平均值，"1"所占的比例越高，该参数越大。当"1"和"0"的概率相等时，该参数的测量预期值为眼幅度的 50%。

有时为了能更高效率地判断眼图指标是否符合要求，可以将要求预期形成的眼图制作成一个模板，需要时直接调用，通过观察眼图是否接触到模板判断是否符合要求，如果没有接触到，则表示眼图的指标符合规范要求；如果测量眼图接触到模板，则可以根据接触的位置进行有针对性的改善，如图 8-36 所示。

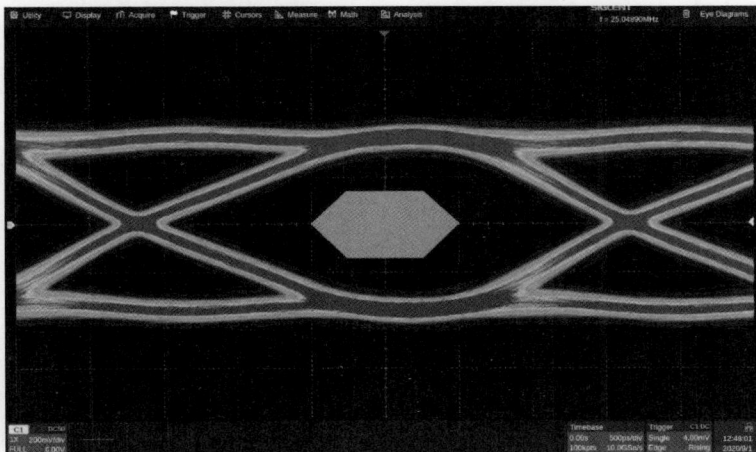

图 8-36　眼图模板测试

## 2. 抖动测试

抖动是信号沿相对其理想位置的偏移量，也可以理解为边沿上发生的噪声和相位变化，这是评估时钟或数据的时域稳定性的重要指标。一个比较流行的抖动测试方法是采用数字存储示波器的实时采集模式，通过单次触发能够连续采集大量数据，再配合相应的抖动测试软件进行测试。由于在实时采集模式和单次触发模式下，示波器能够连续实时采集所有信号，所以它不会受到仪器多次触发带来的触发抖动影响。并且可以通过复杂的抖动分析和抖动分解得到抖动分量，帮助测试人员分析抖动产生的原因，还可以通过抖动分解估算系统的误码率。鼎阳科技的 SDS6000 Pro 系列示波器通过抖动分析对信号的多种抖动参数进行测量，并且基于时间间隔误差数据对抖动进行分解，可对各种抖动分量进行时域和频域上的解析。

抖动分解的意义体现在以下两个方面。

（1）抖动分解完成后，在对随机性抖动估计正确的情况下，可以通过有限样本的抖动测量值来估计任意误码率下的总体抖动，以节省测试时间。

（2）对各组成分量的形成原因的分析，可以在测试到某分量时反推形成原因，有利于快速定位问题。

抖动参数测量如图 8-37 所示，抖动基础测量参数包括周期、频率、正/负脉宽、正/负占空比、相邻周期抖动等；抖动分量主要包括两部分，分别是随机性抖动以及确定性抖动（DJ），随机性抖动很难消除，热噪声、散粒噪声等都会造成随机性抖动，我们只能尽可能减少而无法做到根除，确定性抖动则是由于器件的设计缺陷以及物理限制造成的，包括占空比失真（DCD）、码间干扰（ISI）、周期性抖动（PJ）等。

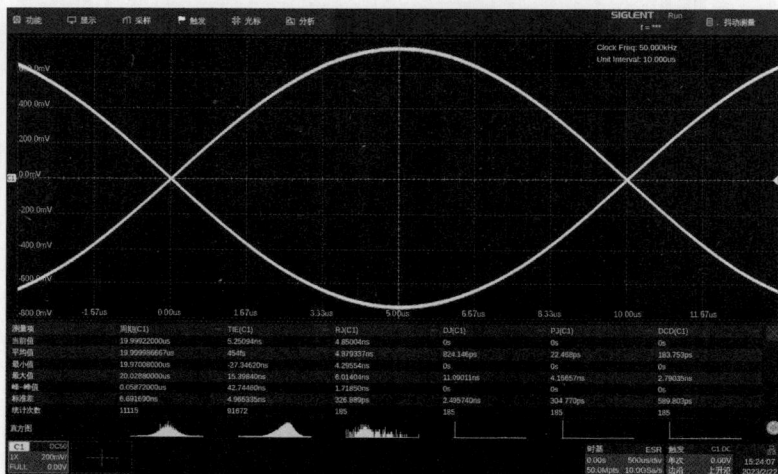

图 8-37　抖动参数测量

在抖动测试中，直方图是一个很有用的工具，它可以预估信号中抖动以及噪声二者的大概比例，若信号中只有随机性抖动，则直方图呈高斯分布；若有大量的确定性抖动，则直方图可能呈双峰分布。虽然一定的抖动是不可避免的，但可以确定其原因，然后设法去控制和减少它。

## 8.8.3　使用示波器进行电源模块动态响应测试

开关电源的效能及质量是通信电源设计的核心指标，其中电源模块动态响应测试尤为重要，直接影响通信设备的响应速度和抗冲击性能。电源模块动态响应测试的主要设备如图 8-38 所示，普源精电生产的 DL3021A 可编程直流电子负载、MSO8204 示波器配合 RP2350 高阻无源探头可实现对开关电源模块加载时瞬态响应时间的测量。其中，DL3021A 可编程直流电子负载电流上升速度最高可调至 5 A/μs，拥有 4 种静态模式和 3 种动态模式，以及多种保护功能；MSO8204 示波器用以捕获电源瞬变波形并测量出满载到半载的响应时间，从而判断此电源模块是否符合设计要求。

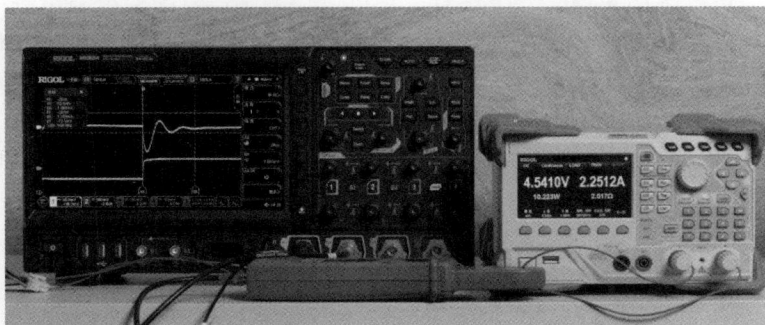

图 8-38 电源模块动态响应测试的主要设备

电源模块动态响应测试示意如图 8-39 所示。电源模块动态响应测试步骤如下。

（1）将电子负载设置为动态恒流连续模式，选中 Con 恒流连续模式。

（2）设置 A 值电流为 3 A，B 值电流为 1.5 A，设置上升/下降斜率为 500 mA/μs，设置频率为 200 Hz，占空比默认为 50%。

（3）将电源模块与电子负载输入通道和示波器探头连接，按

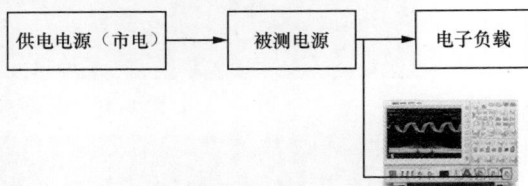

图 8-39 电源模块动态响应测试示意

DL3021A 可编程直流电子负载的 TRAN 触发按键，开启负载的恒流连续模式。

（4）观测到电源输出电压的动态调整过程，用示波器光标对瞬变时间进行标记测量。

## 8.8.4 使用示波器进行波特图测试

波特图是线性非时变系统的传递函数对频率的半对数坐标图，从波特图中可以看出系统的频率响应，即幅度和相位随频率的变化。在模拟电路中，波特图占据非常重要的地位，几乎所有的模拟电路都需要频响分析。例如，在滤波器设计、环路稳定性分析等测试、调试工作中，工程师都需要绘制波特图并进行分析。自带波特图功能的示波器可以很直观地显示电路的幅频和相频曲线。区别于传统手动绘制波特图的烦琐步骤，示波器的波特图功能可以大大节约工程师的时间和精力。

在扫描过程中，信号发生器输出频率扫描的正弦信号，同时使用鼎阳科技的 SDS2000X HD 系列示波器测量被测设备的输入和输出数据，在每个频点上都会测量增益和相位，并将其绘制在波特图上。

测量前先设置好波特图配置信息（扫描类型、扫描/测量形式、频率模式等）。扫描类型有两种，一种是恒定幅度扫描（见图 8-40），另一种是可变幅度扫描（见图 8-41）。可变幅度扫描有一个优点，它可以让激励信号的幅度随着频率变化，在低频的时候使激励幅度大一些，提高测量精度，再在穿越频率附近把幅度降低一定程度以减小失真，理论上就可以使得到的结果更准确。

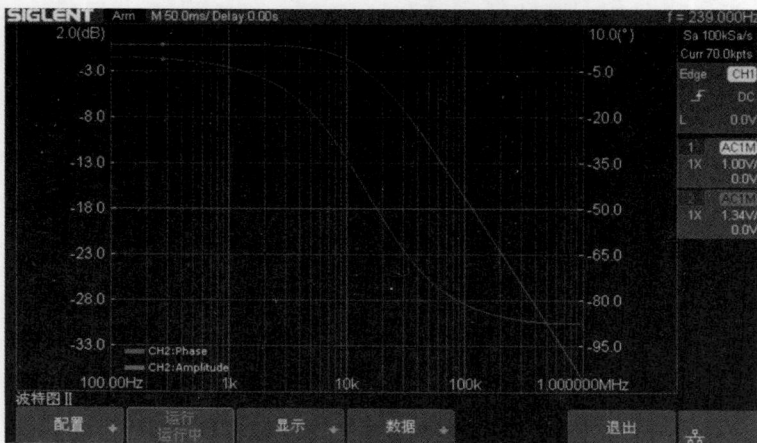

图 8-40　恒定幅度扫描

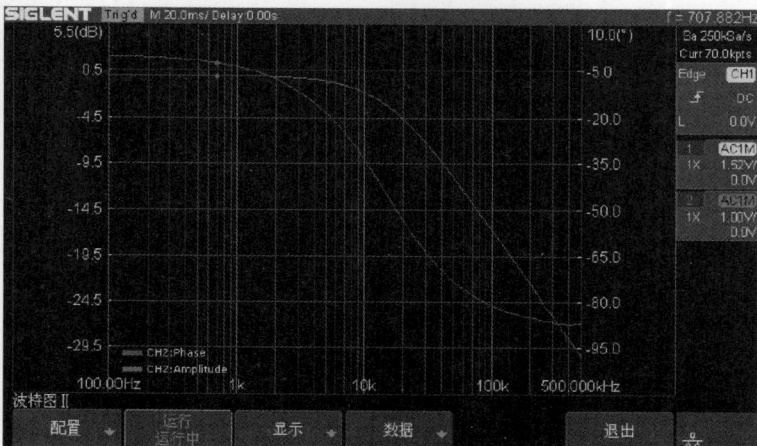

图 8-41　可变幅度扫描

当环路响应分析完成时，可以在图表上移动标记，以查看在各个频率点测量的增益和相位值，还可以针对幅度和相位图来调整图的标定和偏移设置。数据列表会提供每个扫描点的信息，使用光标线可灵活测量曲线各个位置的情况，同时还可以对扫描曲线进行参数测量，包括上限截止频率（UF）、下限截止频率（LF）、带宽（BW）、增益裕度（GM）、相位裕度（PM）等。

波特图配合数据列表以及光标测量功能，可以快速查询到特定的幅度所对应的频率点和相位，其应用范围也非常广，例如在设计滤波器的时候只需要进行简单的操作就可以知道所设计的滤波器的性能；在测试环路稳定性的时候，可以配合使用这两个功能快速得到环路的穿越频率和相位裕度，从而判断环路是否稳定。

### 8.8.5　使用示波器进行高速信号协议一致性测试

信号协议一致性测试最初发轫于 USB 2.0 标准，用以解决各设备之间的物理层和协议层的兼容性和差异性，以便制定一个统一、标准化的测试方法来评估各设备之间的传输信号质量。一致性测试类似黑盒测试，通常只关注设备互连接口的信号质量。目前一致性测试已广泛被各大标准和协议组织采纳，比如 PCIe、MIPI、HDMI、DisplayPort、USB 3.x、SATA/SAS、Thunderbolt 等，主要用于测试高速数字接口的信号质量。随着数据速率增长、集成密度增加，集成电路级、板卡级和系统级的设计和验证面临着新的挑战，尤其是信号协议一致性成为关键要求，由于环境电磁因素、周边高速接口及电源噪声等均会引入干扰，故需要配置大带宽、高采样率、强触发功能的高端示波器以高效捕获不理想的信号。随着国产示波器自研芯片的快速升级及协议分析功能的不断优化，以普源精电 DS80000 系列数字示波器为代表，可通过高达 13 GHz 的带宽以及最高 40 GSa/s 的实时采样率，能够覆盖更多的高速信号协议一致性分析应用场景，包含但不限于 PCIe、MIPI、USB 2.0/3.0、车载以太网等。进行高速信号协议一致性分析的测试系统如图 8-42 所示。

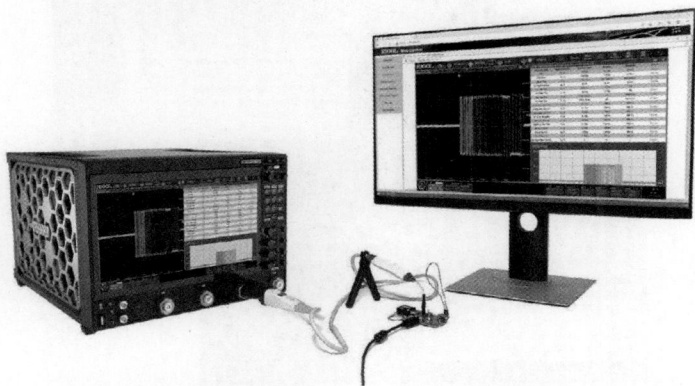

**图 8-42　进行高速信号协议一致性分析的测试系统**

### 8.8.6　使用示波器进行车载以太网测试

随着汽车电子的快速发展，车内电子控制单元（ECU）数量的持续增加，带宽需求也随之不断增长。因此，汽车制造商的电子系统、线束系统等的成本也在提高。相比传统总线技术，车载以太网不仅可以满足汽车制造商对带宽的需求，同时还能降低车内的网络成本，是未来整车网络架构设计的趋势。目前，车载以太网主要用于感知并传输车辆状态、车载信息娱乐（in-vehicle infotainment，IVI）系统以及驾驶辅助系统等。

一方面，车载以太网因使用场景的特殊性、高速性，对网络的可靠性、同步性、安全性等都有着很高的要求，尤其是随着未来时间敏感性网络（time sensitive network，TSN）、音视频桥接（AVB）等业务的商用，为车载以太网的测试带来高采样率、低时延、多协议兼容、大记录容量的测试设备要求，因此一般选用高采样示波器或数据记录仪以验证高速以太网协议标准、捕获时间敏感业务片段等。另一方面，车载以太网参考国际标准化组织（ISO）分层结构，一般认为是 5 层协议系统，包括应用层、传输层、网络层、数据链路层、物理层等，需要测试设备具备以太网一致性测试与分析功能；同时车载以太网仍存在支持 CAN、LIN 等汽车总线的组件，需要测试设备兼容 CAN、LIN、FlexRay、MOST、LVDS 等汽车总线解码功能。目前，普源精电 DS80000 系列示波器搭载车载以太网一致性分析模块，可通过分析 PAM3/4 信号，应对整合车载以太网技术带来的测试挑战。DHO900 系列示波器标配 CAN/LIN 车载总线解码功能，可满足汽车通信系统中的解码分析需求。车载以太网测试界面如图 8-43 所示。

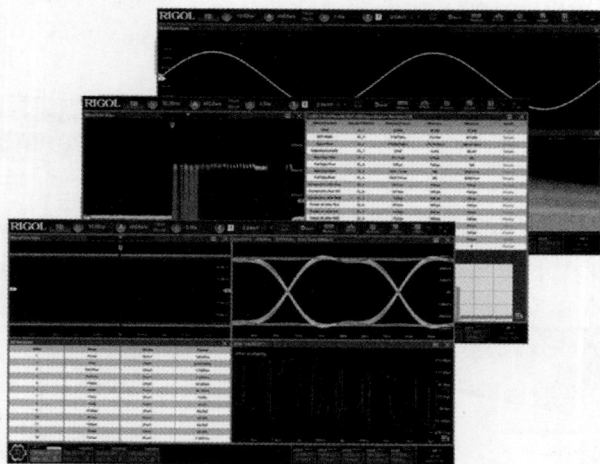

图 8-43　车载以太网测试界面

## 8.8.7　使用示波器进行超高速光 PAM4 信号测试

目前高速光收发合一模块的光口侧已经逐步从单波 28 Gbaud 向 53 Gbaud

PAM4 进行转变，未来 53 Gbaud PAM4 将成为主流，同时 PAM4 信号波形重建、PAM4 信号发送色散眼闭合度（transmitter dispersion eye closure quaternary, TDECQ）一致性测试等项目也将成为评估光 PAM4 信号质量的关键指标。业界普遍使用光电混合型采样示波器来实现高速光模块的 PAM4 信号波形重建及调制参数测量。图 8-44 所示为 IEEE 802.3cd 推荐的 TDECQ 一致性测试示意。IEEE 802.3 协议簇均推荐采用标准时钟恢复单元（clock recovery unit）从信号中提取时钟作为采样示波器的同步触发。

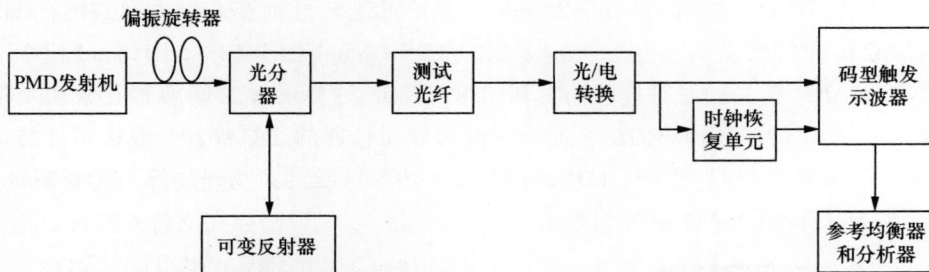

**图 8-44　IEEE 802.3cd 推荐的 TDECQ 一致性测试示意**

对于 25/28 Gbaud 速率等级及以下的光模块，一般均内置模拟 CDR（clock and data recovery，时钟和数据恢复），从成本出发，可沿用初始驱动光模块的误码仪输出时钟作为采样示波器的外部触发。主要原因在于低速光模块基本上都采用基于模拟电路实现的内置时钟恢复单元锁定，时延较小，比较容易保证输入和输出信号的同步，因此，采用误码仪的输出时钟触发和采用时钟恢复单元的提取时钟触发，对采样示波器重建眼图质量的影响差异不大。图 8-45 所示为采用误码仪的输出时钟触发采样示波器以重建眼图的测试示意，其中联讯仪器 PBT8856 误码仪主要产生高速（最高可达 30 Gbaud）串行信号用于驱动光模块，同步生成 4～128 分频的触发时钟，可辅助联讯仪器 DCA6201 采样示波器进行光 NRZ/PAM4 信号眼图重建和调制参数测试。该结构广泛应用于 4×25 G NRZ 或者 4×28 Gbaud PAM4 信号的测试。

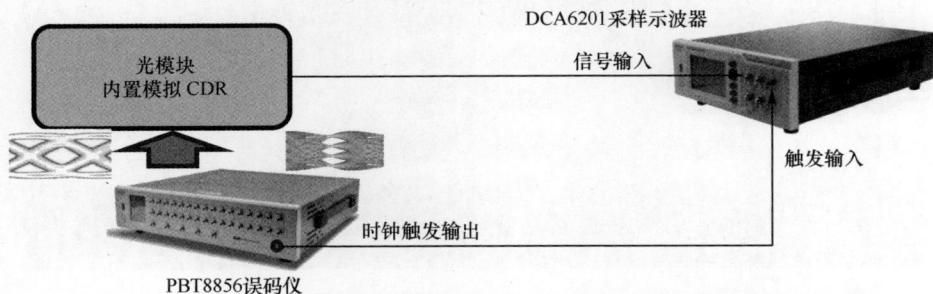

**图 8-45　采用误码仪的输出时钟触发采样示波器以重建眼图的测试示意**

但随着光模块的符号速率进一步提升到 53 Gbaud 及以上，光模块的内部芯片都是采用基于数字信号处理技术的数字 CDR 对信号进行整形的，而数字 CDR 的时延相对模拟 CDR 高 1000 倍左右，其高时延特性难以保证输入信号和输出信号之间的相位匹配，传统的驱动光模块误码仪的时钟输出方式已经不能满足光口侧 53 Gbaud PAM4 信号眼图测试的同步要求，需要采用外置时钟恢复单元从光信号中提取时钟作为采样示波器的同步触发。

按照 IEEE 802.3cd 规范要求的 TDECQ 一致性测试配置如图 8-46 所示，这是采用时钟恢复单元提取时钟以触发采样示波器重建眼图的测试示意，其中联讯仪器 CR6256 时钟恢复单元可支持 24.8832～32.5 Gbaud/49.7664～56 Gbaud 速率下的 NRZ/PAM4 信号的时钟提取，尤其是可从单波 53 Gbaud 的单/多模光模块及接口直接提取时钟，其输出的触发时钟可配合联讯仪器的 DCA6201 采样示波器，实现光眼图测试、时钟提取、TDECQ 测试等功能。该结构广泛应用于 4×56 Gbaud 或者 8×56 Gbaud PAM4 信号的测试。

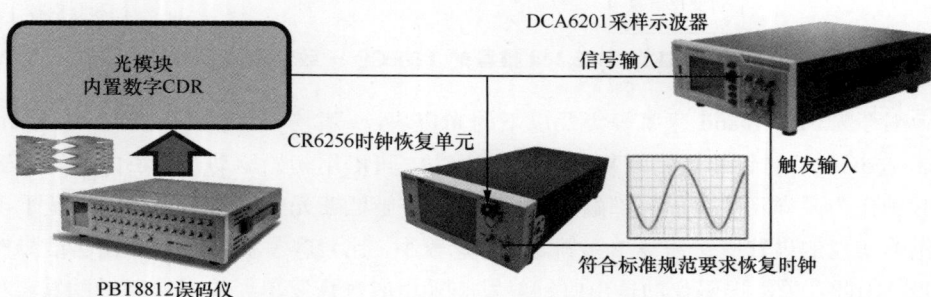

**图 8-46　采用时钟恢复单元提取时钟以触发采样示波器重建眼图的测试示意**

图 8-47 所示为光 PAM4 信号的重建眼图和 TDECQ 测试数值，联讯仪器 DCA6201 采样示波器内置经校准并符合行业容差规范的参考接收机，TDECQ 测试结果一致性高，完全可以满足 53 Gbaud PAM4 信号的 TDECQ 测试要求。

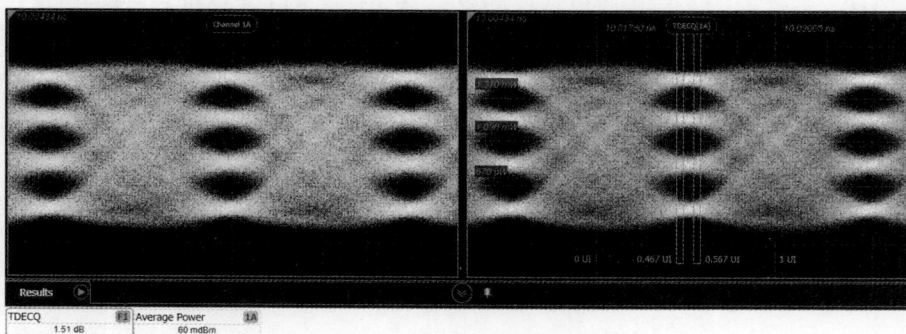

**图 8-47　光 PAM4 信号的重建眼图和 TDECQ 测试数值**

本章的研究和写作工作受国家重点研发计划课题（2021YFF0600303）的支持，在此致谢。

## 参考文献

[1] 全国无线电计量技术委员会.数字存储示波器: JJF 1057—1998[S]. 北京: 中国计量出版社, 2004.

[2] 全国电子测量仪器标准化技术委员会.数字存储示波器通用规范: GB/T 15289—2013[S]. 北京: 中国标准出版社, 2014.

[3] 张锡纯. 电子示波器及其应用[M]. 北京: 机械工业出版社, 1997.

[4] 张睿, 周峰, 郭隆庆. 无线通信仪表与测试应用[M]. 3 版. 北京: 人民邮电出版社, 2018.

[5] 中国仪器仪表学会信息通信测试仪器仪表专业委员会. 信息通信测试仪器仪表产业技术白皮书[R]. 2023.

[6] 张永瑞. 电子测量技术基础[M]. 2 版. 西安: 西安电子科技大学出版社, 2009.

[7] 国家质量监督检验检疫总局. 示波器电压探头校准规范: JJF 1437—2013[S]. 北京: 中国质检出版社, 2014.

[8] 全国无线电计量技术委员会.模拟示波器: JJG 262—1996[S]. 北京: 中国计量出版社, 2004.

[9] 梁志国, 孙璟宇, 郁月华. 数字示波器计量校准中的若干问题讨论[J]. 仪器仪表学报, 2004, 25(5): 628-632.

[10] 梁驹, 徐建芬, 刘玉军. 示波器的发展与合理选择[J]. 现代仪器, 2006, 12(6): 45-48.

# 第 9 章　电磁辐射分析仪

## 9.1　概述

　　电磁辐射分析仪是一种用于环境科学技术及资源科学技术领域的电子测量仪表，可以对环境电磁场进行测量和安全分析，主要应用于通信基站、医疗设备、工业、国防等领域。

　　电磁辐射分析仪在电磁兼容测试中有广泛应用，如果仅归入本书的"电磁兼容试验仪器和系统"，那么不足以覆盖其全部应用领域。同时，选频电磁辐射分析仪和"射频信号分析仪"在结构上有一定的联系，但区别也是很明显的。从结构、应用、仪器产业 3 个方面看，电磁辐射测试仪可以列为一种单独的仪表，故单独列为一章。

　　根据工作原理的不同，电磁辐射分析仪主要分为宽频电磁辐射分析仪、选频电磁辐射分析仪、脉冲电磁场测试仪和量子电磁场分析仪等。其中宽频电磁辐射分析仪用于宽带电场或磁场的整体电磁环境测试；选频电磁辐射分析仪用于对电磁场信号的场强进行选频测量，得到不同频点的电场强度或磁场强度；脉冲电磁场分析仪主要用于测量具有快前沿的无载波脉冲信号场强；量子电磁场分析仪是基于光纤量子磁场探头的电磁场扫描测试仪，可以实现晶圆级电磁兼容测试。

　　本章将针对不同类型的电磁辐射分析仪分别介绍其基本原理、主要性能指标、典型国产型号及应用场景等。此外，要保障电磁辐射分析仪的准确、可靠，需要对电磁辐射分析仪进行计量溯源，本章将系统地介绍电磁辐射分析仪的计量标定方法。

## 9.2　宽频电磁辐射分析仪

### 9.2.1　基本原理

　　宽频电磁辐射分析仪通常由射频电场探头、射频磁场探头及测量主机等组成。宽频电磁辐射分析仪用于宽带电场或磁场的测量，探头的测量频率范围是固定的，主机通过搭配不同的探头可以实现不同频率范围的电场或磁场的测量。常见电场监测的频率范围为 1 Hz～40 GHz，磁场监测的频率范围为 1 Hz～1 GHz。

### 1. 射频电场探头

射频电场探头用于接收空间中的电磁场并经检波得到检波电平，监测主机和射频电场探头之间通过多芯接头连接，检波后将电平传输到主机内由主机进行增益控制和采样。

射频电场探头整体结构主要包括 3 个正交的偶极子天线构成的接收天线、非线性射频检波二极管（一般为肖特基检波二极管）构成的检波器，以及集总元件构成的整形网络和低通滤波器。单根天线的电路如图 9-1 所示。

偶极子天线接收空间中的电场信号，经过肖特基检波二极管检波后得到直流检波电流，再经高阻传输线送入测量主机，测量主机内部有运算放大电路和 A/D 采样电路，在测量主机中进行增益控制、数据采集、空间总场强合成、校准和显示等。当环境电场

**图 9-1　单根天线的电路**

较小（通常为几十伏每米以下）时，偶极子天线的感应输出为小信号，肖特基检波二极管具备均方根值检波特性，即检波电压正比于被测电场的平方，而功率密度也正比于待测电场的平方，因此经过校准后，检波电压对应于待测电场的功率密度。对于小信号，无论是连续波还是脉冲信号，均具备均方根值检波特性。而对于大信号（对应于大场强），肖特基检波二极管不再具备均方根值检波特性，检波电压与被测电场成正比，对于连续波信号可以经过校准刻度实现测量，而对于脉冲信号，由于检波电压与脉冲占空比等参数有关，不能被直接测量得到。

当偶极子的直径 $D$ 远小于长度 $h$ 时，偶极子之间的互耦可以忽略不计，由于偶极子相互正交，测量将不依赖场的极化方向。探头尺寸很小，对场的扰动也很小，能分辨场的细微变化。

任何入射方向、任何极化方向的电场都可以分解为直角坐标系的 3 个相互垂直的电场分量。探头中包含 3 个相互正交的偶极子天线来分别接收空间电场的 3 个正交分量，在测量主机中合成 3 个电场分量得到空间电场，从而实现全向测量。

探头检波电压输出端与测量主机之间采用高阻传输线传输，高阻传输线有以下几个作用：采用高阻传输线可以大幅改善探头的频响特性；高阻传输线对于接近直流的检波电压几乎没有影响，而对于所感应的环境中的射频电磁信号呈现快速衰减，不会激发或传递到测量主机中，因此不会带来额外的误差。

信号在测量主机中进行积分运算，以得到均方根值。积分时间一般为 270 ms。对积分后的信号进行 A/D 采样（数字化），然后做后处理。探头的特性参数，比

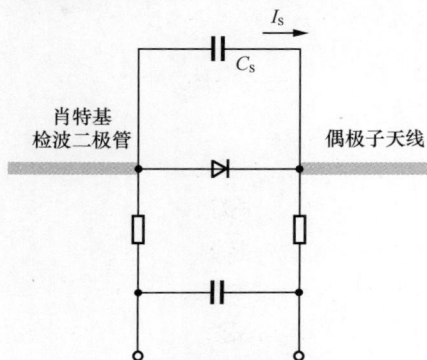

如灵敏度、线性度和校准因子等保存在探头的存储芯片中，连接时被导入数据采集模块，测量时用于对输入信号进行修正以得到测量结果，通过光纤传输到测量主机进行显示。

典型射频电场探头布局及实物如图 9-2、图 9-3 所示。

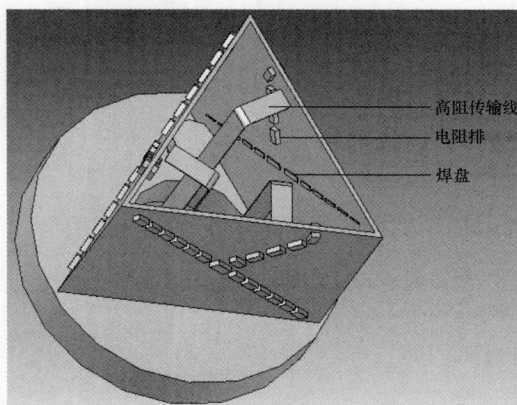

高阻传输线
电阻排
焊盘

**图 9-2 典型射频电场探头布局**

**图 9-3 典型射频电场探头实物**

对于不同频段的射频电场探头设计，其关键在于选择具有合适频率响应特性的肖特基检波二极管。随着测量频率的提高，要减小偶极子天线的尺寸，以提升高频段的电磁场接收能力，并将偶极子天线的谐振频段调整到测量频段的高频部分。为了优化探头的频率响应特性，还可以采用电阻加载的偶极子天线设计。

当测量频率大于 6 GHz 时，探头罩材料将对电磁波造成明显影响，容易引起探头高频段频响特性和测量灵敏度恶化。因此工作频率大于 6 GHz 的射频电场探头宜采用低介电常数的材料制成的探头罩。

**2. 射频磁场探头**

射频磁场探头与射频电场探头的设计基本一致，只是前端采用磁场线圈代替偶极子天线以接收空间磁场。线圈端接肖特基检波二极管，后端同样为高阻传输线。根据测量频率范围的要求将磁场线圈设计为不同的半径和匝数。相对于基于偶极子天线的射频电场探头，基于磁场线圈的射频磁场探头测量频率范围更窄，而且一般射频磁场探头的测量灵敏度较差。

图 9-4 所示为射频磁场探头。

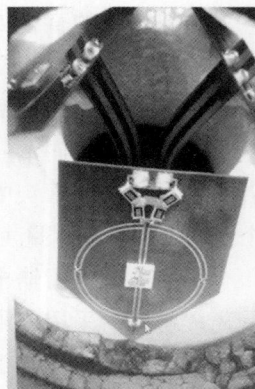

**图 9-4 射频磁场探头**

**3. 测量主机**

测量主机与射频电场（磁场）探头通过多芯接口连接，探头的 3 个轴向有 6

路输入信号，分别对应于 $x$ 轴两路输入，$y$ 轴两路输入，$z$ 轴两路输入。偶极子天线接收的电场信号经过肖特基检波二极管检波后得到直流检波信号，经高阻传输线传输进入测量主机中。在测量主机中分 $x$、$y$ 和 $z$ 轴 3 路并行进行运算放大，为了提高灵敏度可采用双端运算放大器，对于 100 kHz～6 GHz 射频电场，探头的灵敏度可以达到 0.2 V/m。然后进行 A/D 采样，对 3 路并行采样。在主控芯片中对各个轴向采样的检波电压进行校准、修正，得到检波电压对应的电场强度，再根据各个轴向的电场强度计算出总的电场强度 $E$，即

$$E = \sqrt{E_x^2 + E_y^2 + E_z^2} \tag{9-1}$$

功率密度 $S$ 在远场的条件下由电场强度 $E$ 的平方除以自由空间波阻抗 377 Ω 得到，即

$$S = \frac{E^2}{377} \tag{9-2}$$

探头的校准因子通常保存在探头的存储芯片中，当射频电磁场探头与测量主机通过多芯接口相连时，测量主机从探头的存储芯片上读取所保存的探头信息，包括探头型号、序列号、校准因子等。测量主机对采样的检波电压与校准因子进行修正得到最终的电场强度，并通过显示屏进行显示。

**4．电磁场的刻度**

射频电磁场的校准分为 3 部分：一是建立检波电压和场强的映射表，二是频率响应的修正，三是各向同性的修正。

探头在小信号和大信号的情况下分别表现出均方根值检波和线性检波的特性，因此不能简单地用一个系数来进行幅度的修正，需要在标准场中通过刻度来建立检波电压与场强的映射表。

## 9.2.2　主要性能指标

宽频电磁辐射分析仪的主要性能指标有测量频率范围、各向同性、频率响应和线性度等。

**1．测量频率范围**

测量频率范围一般是由探头确定的，通常是指满足频率响应±3 dB 的频率范围。测量主机可以接入频率范围不同的探头来实现对不同频段的测量。

以射频电场探头为例，其测量频率范围与偶极子天线的长度以及二极管参数相关。测量频率范围的上限由偶极子天线的尺寸决定，因为天线的辐射性能在谐振点附近随频率变化剧烈，为了获得平坦的频率响应曲线，探头的工作频带要避开天线谐振频率，即偶极子天线的长度应小于被测频率下电磁波的半波长。测量

频率范围的下限与二极管参数相关，下限频率 $f$ 与二极管的等效电阻、等效电容和天线的等效电容的近似关系为

$$f \approx \frac{1}{4R_{\mathrm{D}}\left(C_{\mathrm{A}}+C_{\mathrm{D}}\right)} \tag{9-3}$$

式中，$R_{\mathrm{D}}$ 为二极管的等效电阻；$C_{\mathrm{D}}$ 为二极管的等效电容；$C_{\mathrm{A}}$ 为天线的等效电容。射频电场探头测量大于此下限频率的电场时，有较平坦的频响曲线。

**2. 各向同性**

各向同性是对场强探头响应独立于入射场的极化方向和入射方向的度量。各向同性指标由探头确定，需要从探头设计上保障各向同性。

以射频电场探头为例，射频电场探头要能对不同方向来的同等强度的场强给出一致的响应，需要 3 副偶极子天线在空间相互正交，摆放方式如图 9-5 所示，每一副偶极子均固定在高阻传输线所在的平面内，与高阻传输线夹角分别为 $\alpha$、$\beta$、$\gamma$，3 个夹角角度相同，如图 9-6 所示。

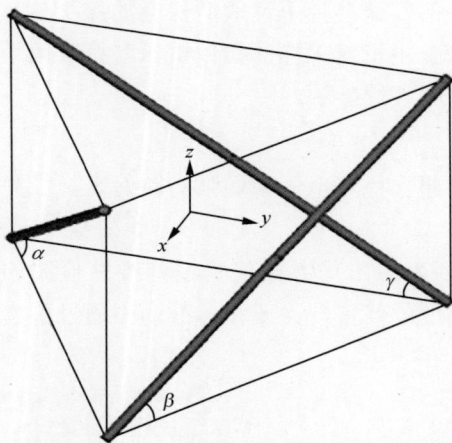

图 9-5　3 副偶极子天线在空间相互正交的摆放方式　　图 9-6　3 个夹角角度相同

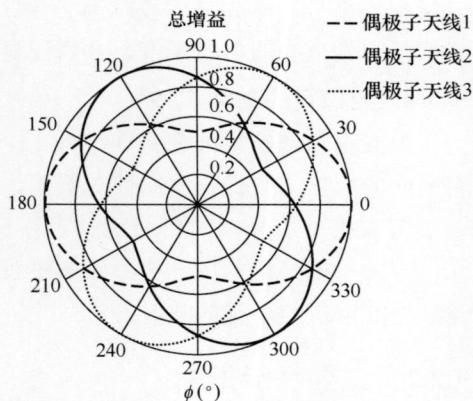

对于所有全向性电场探头，都必须对其各向同性进行评估，电场探头各向同性误差的测量方法为：将电场探头置于频率和场强已知的标准场 $E_0$ 中，保持电场探头所处位置不变并旋转 360° 进行测量，记录读数，对读数中的最大值 $E_{i\max}$ 与最小值 $E_{i\min}$ 求平均值，得 $E_{\mathrm{s}}=(E_{i\max}+E_{i\min})/2$，则各向同性误差以 dB 为单位表示为

$$\Delta\sigma = 20\lg\frac{E_0}{E_{\mathrm{s}}} \tag{9-4}$$

**3. 频率响应**

频率响应是指探头在不同频率下测量同等强度电磁场的能力，通常需要探头

有一条较平坦的频率响应曲线。射频电场探头的频率响应与二极管参数、传输线以及天线性能等有关。频率响应误差的测量及计算方法如下：将探头置于一个场强为 $E_0$ 的场中，记录下不同频率下探头测量到的场强 $E_i$，计算频率响应误差为

$$\Delta\varepsilon = 20\lg \frac{E_0}{\left(\sum_{i=1}^{n} E_i\right)/n} \tag{9-5}$$

#### 4. 线性度

线性度是指在给定的范围内，宽频电磁辐射分析仪的测量值与最接近的线性参考曲线在测量量程范围内的最大偏差。

以射频电场探头为例，因为二极管对信号的响应并不是恒定的，而是会随信号的输入功率变化而变化，所以：

（1）大信号输入时采用线性检波方式，输出直流电压正比于天线上的感应电压（正比于待测场强）。

（2）小信号输入时采用平方律检波方式，输出直流电压正比于天线上的感应电压的平方。

浙江信测通信股份有限公司（简称浙江信测）EP60（100 kHz～6 GHz）电场探头的实验测试结果如图 9-7 所示。

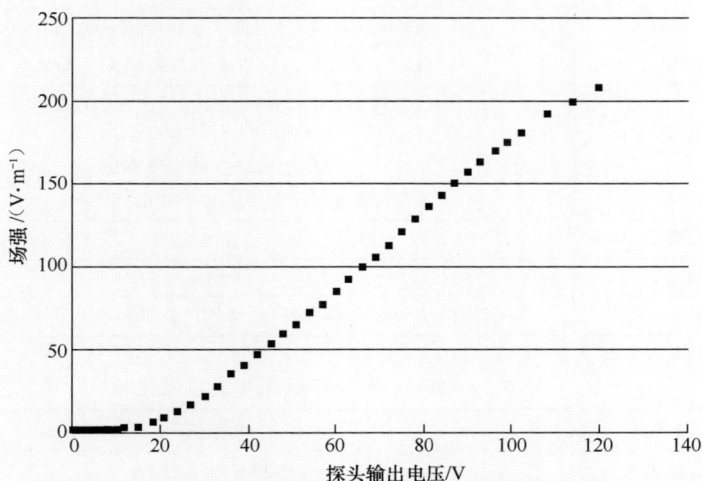

图 9-7　浙江信测 EP60（100 kHz～6 GHz）电场探头的实验测试结果

可以看出，探头上输出的直流电压在小信号输入时，与待测场强呈平方律关系；在大信号输入时，与待测场强呈线性关系，这与前面的分析相符。线性度主要与二极管的参数有关，大、小信号的分界点越低的检波的线性度越高。

### 9.2.3 典型国产宽频电磁辐射分析仪

#### 1. 森馥科技宽频电磁辐射分析仪

（1）SEM-600 电磁辐射分析仪

图 9-8 所示的北京森馥科技股份有限公司（简称森馥科技）的 SEM-600 电磁辐射分析仪是一款用于工频及射频电磁场监测的宽频电磁辐射分析仪。测量探头覆盖了从低频到毫米波频段，通过配备不同类型的探头可以测量电场强度、磁场强度（磁感应强度）以及功率密度等。主机配有射频电磁场探头，可对移动通信基站、广播电视、雷达等设施的射频电磁辐射进行监测。主机也配有工频电磁场探头，可对交流输变电工程、用电设施的工频电磁场以及车辆、轨道交通的电磁环境进行监测。

SEM-600 电磁辐射分析仪及配套的电磁场探头的技术指标分别如表 9-1～表 9-8 所示。

图 9-8　SEM-600 电磁辐射分析仪

表 9-1　SEM-600 电磁辐射分析仪的技术指标

| 指标名 | 指标值 |
| --- | --- |
| 三维分量（$x$-$y$-$z$） | 实时 $x$ 值，实时 $y$ 值，实时 $z$ 值，总场强值 |
| 频率范围 | 1 Hz～300 GHz，取决于所选择探头的频率范围 |
| 显示范围 | 0.001 V/m～200.0 kV/m，0.1 nT～20.00 mT，0.001 μW/cm$^2$～100.0 mW/cm$^2$，0.01 mA/m～100.00 A/m |
| 平均时间 | 可选平均时间为 1 s～24 h，间隔 1 s |
| 统计场强 | $E_5$、$E_{50}$、$E_{80}$、$E_{95}$ |
| 采样时间间隔 | 200 ms |
| 空间平均 | 支持最多 80 个场所的空间平均，存储每个点的数据及总值 |

表 9-2　RF-06 射频电场探头的技术指标

| 指标名 | 指标值 |
| --- | --- |
| 频率范围 | 100 kHz～6 GHz |
| 量程 | 0.2～680 V/m，$1.1×10^{-4}$～1227 W/m$^2$ |
| 动态范围 | 70 dB，下检出限为 $1.1×10^{-4}$ W/m$^2$（0.2 V/m），上检出限为 1227 W/m$^2$（680 V/m） |
| 最大过载 | 850 V/m，192 mW/cm$^2$ |
| 峰值损坏电平 | ＞8 kV/m |

续表

| 指标名 | 指标值 |
| --- | --- |
| 传感器类型 | 三轴全向，电场，偶极子 |
| 检波方式 | 均方根值检波 |
| 典型频响 | −2.8 dB@100 kHz，±1.2 dB（200 kHz～5 GHz），±2.8 dB（5～6 GHz） |
| 分辨率 | 0.01 V/m |
| 线性度 | ±0.5 dB |
| 各向同性 | ≤0.8 dB（100 kHz～5 GHz），≤1 dB（5～6 GHz），<br>包含主机在内的整套监测系统的各向同性 |
| 最大误差 | ±3 dB |

**表 9-3　RF-18 射频电场探头的技术指标**

| 指标名 | 指标值 |
| --- | --- |
| 频率范围 | 300 MHz～18 GHz |
| 量程 | 0.6～800 V/m |
| 动态范围 | 62 dB |
| 最大过载 | 1200 V/m |
| 传感器类型 | 三轴全向，电场，偶极子 |
| 检波方式 | 均方根值检波 |
| 典型频响 | ±1.5 dB（700 MHz～4.2 GHz），±2.8 dB（4.2～12 GHz），±3 dB |
| 分辨率 | 0.01 V/m |
| 线性度 | ±0.5 dB |
| 各向同性 | ≤0.8 dB（≤4.2 GHz），≤1.5 dB（>4.2 GHz），<br>包含主机在内的整套监测系统的各向同性 |
| 最大误差 | ±3 dB |

**表 9-4　RF-40 射频电场探头的技术指标**

| 指标名 | 指标值 |
| --- | --- |
| 频率范围 | 200 MHz～40 GHz |
| 量程 | 0.8～800 V/m |
| 动态范围 | 60 dB |
| 最大过载 | 1200 V/m |
| 传感器类型 | 三轴全向，电场，偶极子 |
| 检波方式 | 均方根值检波 |
| 典型频响 | ±3 dB（300 MHz～18 GHz），±4 dB（其他频段） |
| 分辨率 | 0.01 V/m |
| 线性度 | ±1 dB（2～400 V/m） |
| 各向同性 | ≤0.8 dB（≤4.2 GHz），≤1.5 dB（>4.2 GHz） |
| 最大误差 | ±3 dB |

表 9-5　RF-60 射频电场探头的技术指标

| 指标名 | 指标值 |
|---|---|
| 频率范围 | 200 MHz～60 GHz |
| 量程 | 0.8～800 V/m |
| 动态范围 | 60 dB |
| 最大过载 | 1200 V/m |
| 传感器类型 | 三轴全向，电场，偶极子 |
| 检波方式 | 均方根值检波 |
| 典型频响 | ±3 dB（300 MHz～18 GHz），±4 dB（其他频段） |
| 分辨率 | 0.01 V/m |
| 线性度 | ±1 dB（2～400 V/m） |
| 各向同性 | ≤0.8 dB（≤4.2 GHz），≤1.5 dB（4.2～40 GHz），≤2 dB（>40 GHz） |
| 最大误差 | ±3 dB |

表 9-6　HF-30 中短波磁场探头的技术指标

| 指标名 | 指标值 |
|---|---|
| 频率范围 | 300 kHz～30 MHz |
| 量程 | 0.015～16 A/m |
| 传感器类型 | 三轴全向，磁场，线圈 |
| 检波方式 | 均方根值检波 |
| 各向同性 | ≤0.8 dB |
| 线性误差 | ±0.8 dB |
| 典型频响 | ±1.5 dB（500 kHz～25 MHz），±3 dB（其他频段） |
| 分辨率 | 0.001 A/m |
| 动态范围 | 60 dB |
| 最大过载 | 32 A/m，38 W/cm$^2$ |
| 最大误差 | ±3 dB |

表 9-7　HF-01 射频磁场探头的技术指标

| 指标名 | 指标值 |
|---|---|
| 频率范围 | 300 kHz～1 GHz |
| 量程 | 0.012～15 A/m |
| 动态范围 | 57 dB |
| 最大过载 | 18 A/m 连续波，180 A/m 脉冲波 |
| 传感器类型 | 三轴正交全向，磁场线圈，检波二极管 |
| 检波方式 | 均方根值检波 |
| 输出模式 | 3 个独立轴向均方根值检波 |

续表

| 指标名 | 指标值 |
| --- | --- |
| 典型频响 | ±3 dB |
| 分辨率 | 1 mA/m |
| 线性度 | ±1.5 dB（0.05～1 A/m） |
| 各向同性 | ≤1 dB，包含主机在内的整套监测系统的各向同性 |
| 最大误差 | ±3 dB |

**表 9-8　LF-04D 低频电磁场探头的技术指标**

| 指标名 | 指标值 | |
| --- | --- | --- |
| 频率范围 | 1 Hz～400 kHz | |
| 天线类型 | 电场 | 磁场 |
| 传感器类型 | 三轴扫描的电容极板 | 三轴扫描的线圈 |
| 场强量程 | 0.01～100 kV/m | 1 nT～10 mT |
| 频响误差 | ±0.4 dB（典型值） | ±0.4 dB（典型值） |
| 线性误差 | ±0.3 dB（典型值） | ±0.3 dB（典型值） |
| 各向同性 | ≤0.4 dB（典型值） | ≤0.4 dB（典型值） |

（2）EMS 射频宽带场强计

图 9-9 所示的 EMS 射频宽带场强计由射频电场探头/射频磁场探头、光纤、光电转换器、光纤转 USB 模块等组成。探头与光电转换器连接，光电转换器采集探头的模拟信号，处理后得到电磁场强值再通过光纤输出，并由光纤转 USB 模块将其转为电信号。

USB 接口接入计算机，通过软件采集显示场强监测数值。支持直接将光纤接入 OS-4P 选频电磁辐射分析仪主机和 SEM-600D 手持智能终端。

**图 9-9　EMS 射频宽带场强计**

可选的射频宽带场强探头如下。

① RF-06 射频电场探头频率范围为 100 kHz～6 GHz。

② RF-18 射频电场探头频率范围为 300 MHz～18 GHz。

③ RF-40 射频电场探头频率范围为 200 MHz～40 GHz。

④ RF-60 射频电场探头频率范围为 200 MHz～60 GHz。

⑤ HF-30 中短波磁场探头频率范围为 300 kHz～30 MHz。

射频宽带场强探头支持接入 SEM-600 电磁辐射分析仪进行手持式监测。

（3）SEM-350 射频电磁暴露报警仪

图 9-10 所示的 SEM-350 射频电磁暴露报警仪可用于人体电磁暴露防护，也可用

于机舱内的电磁辐射监测。按照监测频段，该仪器分为 SEM-350/06（100 kHz～6 GHz）、SEM-350/18（300 MHz～18 GHz）、SEM-350/40（200 MHz～40 GHz）这3 款。该仪器采用三轴各向同性天线，主机和探头一体化设计，通过 OLED（有机发光二极管）屏幕显示电场监测值与报警，并可通过手机或平板计算机设置以及显示和分析数据。该仪表可单独使用，也可通过手机 App 控制使用，提供个人计算机和App 分析及数据后处理。SEM-350 射频电磁暴露报警仪的技术指标如表 9-9 所示。

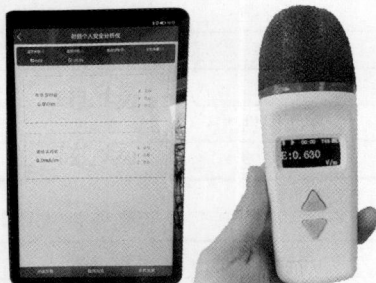

图 9-10　SEM-350 射频电磁暴露报警仪

表 9-9　SEM-350 射频电磁暴露报警仪的技术指标

| 指标名 | 指标值 | | |
|---|---|---|---|
| | SEM-350/06 | SEM-350/18 | SEM-350/40 |
| 频率范围 | 100 kHz～6 GHz | 300 MHz～18 GHz | 200 MHz～40 GHz |
| 量程 | 0.2～680 V/m | 0.8～800 V/m | 0.8～800 V/m |
| 频率响应 | ±3 dB | ±3.5 dB | ±4.5 dB |
| 各向同性 | ≤2 dB | ≤2.5 dB | ≤3 dB |

**2. 浙江信测宽频电磁辐射分析仪**

图 9-11 所示的浙江信测的 G100 宽频电磁辐射分析仪支持 1 Hz～300 GHz 的频率范围，通过配备不同类型的探头可以测量电场强度、磁场强度（磁感应强度）以及功率密度等，其技术指标如表 9-10 所示。

其硬件功能特点及应用包括以下几方面。

① 主机支持 1 Hz～300 GHz 的频率范围，通过配置不同频段的探头完成不同频段的测试任务。

② 支持 Wi-Fi 通信模块，支持标准 TCP/IP，可将测量值上传到电磁辐射管理平台。

图 9-11　G100 宽频电磁辐射分析仪

表 9-10　G100 宽频电磁辐射分析仪的技术指标

| 指标名 | 指标值 | | |
|---|---|---|---|
| | EP30 | EP60 | EPG18 |
| 频率范围 | 100 kHz～3 GHz | 100 kHz～6 GHz | 1 MHz～18 GHz |
| 探头类型 | 宽频电场探头 | | |
| 频率响应 | ±1.5 dB（800 MHz～3 GHz），±3 dB（<800 MHz 或>38 GHz） | | |
| 检出限 | 0.2～1000 V/m | 0.2～1000 V/m | 0.5～1000 V/m |

| 指标名 | 指标值 | | |
| --- | --- | --- | --- |
| | EP30 | EP60 | EPG18 |
| 各向同性 | ≤1 dB | | |
| 方向性 | 三维全向、各向同性 | | |

③ 配备 GPS，可测量经纬度及海拔信息。

④ 配备指南针，可测定方向帮助完善现场方位图。

⑤ 内置多种环境传感器，同步测量温度、湿度、气压等。

⑥ 主机配置水平仪，可以在需要确定极化方向的场合帮助测试。

⑦ 主机配备光纤接口，可扩展连接其他监测探头及传输测试数据。

⑧ 支持 Micro-USB 等接口，可帮助测试人员方便地连接个人计算机传输数据，完成测试报告。

⑨ 主机具有可更换存储卡的设计，支持 32 GB 数据存储，可存储 400 万条以上的测量数据及截图信息。

⑩ 可自定义告警限值，支持超限值声音告警功能。

其软件功能特点及应用包括以下几方面。

① 具有滑动平均、算术平均、空间平均等平均模式。

② 测量结果显示，包括 RMS 值、实时值、最大值、最小值、平均值、$x/y/z$ 单轴值等。

③ 支持 100 个场所的空间平均值测量，可存储每个测量点值和总值，并通过彩色柱形图展示。

④ 支持计算统计场强值（$E_5$、$E_{50}$、$E_{80}$、$E_{95}$ 等）。

⑤ 支持显示单位：V/m、kV/m、dB（μV/m）、μW/cm²、mW/cm²、W/m²、A/m、nT、μT、mT、T、标准计权%等。

⑥ 支持标准测量模式，采用遵循 HJ 972—2018《移动通信基站电磁辐射环境监测方法》标准设计的自动测量系统。

⑦ 支持显示场强-时间曲线，可分析场强随时间的变化。

**3. 天津德力宽频电磁辐射分析仪**

EM9N（单通道）/EM9D（双通道）是天津德力研发的一款宽频电磁辐射分析仪，其技术指标如表 9-11 所示。

该产品主要有以下特点。

（1）具备环境安全监测模式：支持自动测试记录，以及现场拍照、数据截图、录屏、报告等功能。

（2）具备 DEVISER 基站工单模式：可以计划和实施基站的检测工作，记录全例程及地理信息等全面数据报告。

（3）支持 16 GB 的数据存储。

（4）自动生成路测记录资料。

（5）用户可自行设置测试模板。

（6）内置电池支持 8 h "辐射剂量器" 监测。

（7）支持无线和有线人机交互通信功能。

（8）支持上传云服务器系统等。

表 9-11　EM9N（单通道）/EM9D（双通道）的技术指标

| 设备名 | 指标名 | 指标值 | |
|---|---|---|---|
| EM9N（单通道）/<br>EM9D（双通道） | 频率范围 | DC～40 GHz（依据相应的测量模式探头确定） | |
| | 测量模式 | 宽频（DC）采样/FFT 频谱分析（双通道） | |
| T-6G 宽频电场探头 | 频率范围 | 100 kHz～6 GHz | |
| | 量程 | 0.2～650 V/m（CW），0.2～20 V/m（RMS） | |
| | 频率响应 | ±1.5 dB（900 MHz～3 GHz），<br>±2.5 dB（<900 MHz，>3 GHz） | |
| | 线性误差 | ±0.5 dB（@1 GHz） | |
| | 各向同性 | ≤1 dB（@1 GHz） | |
| T-8G 宽频电场探头 | 频率范围 | 100 kHz～8000 MHz | |
| | 量程 | 0.2～650 V/m（CW），0.2～20 V/m（RMS） | |
| | 频率响应 | ±1.5 dB（900 MHz～3 GHz），<br>±2.5 dB（<900 MHz，>3 GHz） | |
| | 线性误差 | ±0.5 dB（@1 GHz） | |
| | 各向同性 | ≤1 dB（@1 GHz） | |
| T-400K 低频磁场探头<br>（仅限 EM9D）选件 | 频率范围 | 10 Hz～400 kHz | |
| | 探头模式 | 电场 E | 磁场 H |
| | 量程 | 1 V/m～100 kV/m | 100 nT～20 mT（50 Hz） |
| | 频率响应 | ±1 dB | ±1 dB |
| | 线性误差 | ±0.5 dB（>200 V/m） | ±0.5 dB（>2 μT） |
| | 各向同性 | ≤1 dB | ≤1 dB |
| T-40G 宽频电场探头<br>选件 | 频率范围 | 10 MHz～40 GHz | |
| | 量程 | 1～1000 V/m（CW），0.2～20 V/m（RMS） | |
| | 频率响应 | ±2 dB（10 MHz～18 GHz），±3 dB（18～40 GHz） | |
| | 线性误差 | ±1 dB（>5 V/m） | |
| | 各向同性 | ≤1 dB（20 MHz～10 GHz），≤2 dB（10～40 GHz） | |

## 9.2.4　应用场景

宽频电磁辐射分析仪主要应用于以下场景。

（1）2G、3G、4G、5G 等的通信基站的电磁辐射环境监测。

（2）雷达、导航台、卫星地球站、数字微波接力站等电磁设施的射频电磁辐射环境监测。

（3）长波广播装置、中波广播装置、短波广播装置、FM 广播装置及电视等发射设施的射频电磁辐射环境监测。

（4）高频感应炉、热合机、烘干设备、微波炉、微波理疗仪、核磁共振装置等工科医设备的电磁辐射监测。

（5）输变电线路、变电站、配电室、地铁、电车、高铁等作业场所的物理因素电磁暴露职业卫生检测。

（6）电磁兼容射频辐射抗扰度测试。

（7）个人射频电磁辐射暴露防护测试。

（8）电磁环境质量及安全评估。

（9）国防电子对抗电磁暴露测量及安全评估。

（10）航空、航天、导航等领域的设备周边的场强测量。

（11）工业领域的环境场强测量，例如焊接、高频加热、回火、干燥等场景。

（12）实验室应用：EMC 微波暗室、低频磁场校准系统、20 kV 直流高压实验设备、TEM/GTEM 中低频电场小室等。

## 9.3　选频电磁辐射分析仪

### 9.3.1　基本原理

选频电磁辐射分析仪，也叫选频式电磁辐射监测仪，通常由选频电场探头/天线、选频磁场探头/天线及测量主机等组成。选频电磁辐射分析仪用于对电磁场信号的电场强度或磁场强度进行选频测量，测量频率范围可以在测量主机和天线的频率范围内进行设置，测量主机通过搭配不同的探头/天线可以实现对电场和磁场的测量。常见选频电磁辐射分析仪的电场监测频段为 1 Hz～6 GHz，磁场监测频段为 1 Hz～300 MHz。

**1. 射频电磁场探头测量原理**

空间中任意入射方向和极化方向的电磁场信号都可以分解成正交坐标轴中的 $x$ 分量、$y$ 分量和 $z$ 分量。选频电磁辐射分析仪由三轴全向天线和测量主机组成，三轴全向天线分为射频电场天线和射频磁场天线。其中，射频电场天线由 $x$ 轴、$y$ 轴、$z$ 轴 3 个正交排布的偶极子天线构成，用于分别接收空间中任意入射方向和极化方向的电磁场信号的 $x$ 分量、$y$ 分量和 $z$ 分量。射频磁场天线采用磁场线圈代替偶极子天线作为磁场传感器，其他部分与射频电场天线的相同。

射频电场天线组成如图 9-12 所示。

测量主机内置频谱分析模块，由测量主机控制射频开关依次选择一根轴向天线接入一段射频线，再连接测量主机中的频谱分析模块。频谱分析模块对天线接收的信号进行频谱分析，得到该轴向天线分量接收信号的频谱图。测量主机依次完成对 $x$ 轴、$y$ 轴、$z$ 轴 3 根轴向天线的测量，得到 3 个轴向天线接收信号的频谱图，对应于电磁场信号的 $x$、$y$、$z$ 这 3 个分量。接着，测量主机再逐频点按照矢量叠加的方式，将 3 个分量的频谱图合成为电磁场信号的总频谱图，即电平-频谱图。频谱分析是整个选频电磁辐射分析仪的工作基础。

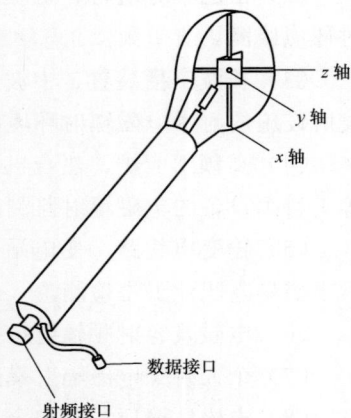

图 9-12　射频电场天线组成

三轴全向天线还有一个数据接口，与测量主机的数据接口相连，用于测量主机对三轴全向天线的切轴控制，以及存储天线的天线因子等参数。

天线需要在电磁校准实验室的标准场中进行校准，得到全频段的天线因子。把天线因子写入天线的内部存储器中，当三轴全向天线与测量主机相连时，测量主机读取天线存储器中的天线因子、天线序列号及天线型号等信息。将天线因子乘以上述得到的电磁场信号的电平，得到场强-频谱图。

很多电磁信号是宽带的，想要得到宽带信号的电磁场强，则需对该信号工作频段范围内的电磁信号进行积分运算，得到该信号总的电场强度或功率密度。该结果体现于选频电磁辐射分析仪的选频测量模式，即列表模式。

### 2. 工频电磁场探头测量原理

工频电磁场探头采用工频电场和工频磁场一体化设计，通常设计为立方体，3 个正交布置的平板式电场传感器位于立方体的 3 个相互垂直的面，3 个正交布置的磁场传感器位于立方体的另外 3 个相互垂直的面。立方体的中心为电池和处理电路。电场/磁场传感器通过感应空间中的低频电场/磁场得到感应电流/电压，经过调理、增益控制、采样、FFT 频谱分析处理得到频谱，经过刻度校准得到场强频谱，并通过光纤将其传输出去。工频电磁场探头的频谱分析和选频测量方法是基于 FFT 的，这与射频电磁场探头基于扫频的频谱分析方法有所不同。

（1）工频电场测量原理

工频电场测量仪通常采用悬浮体型探头，该类型探头的特点是探头小，扰动小，需要测量者远离，测量时置于三脚架或者长杆上，不能接地。

工频电场测量仪包含两部分：探头和监测仪。监测仪用于处理从探头获取的信号，并以数字或模拟方式显示电场强度的均方根值，单位为 V/m。

三轴向工频电场测量仪的原理如图 9-13 所示。

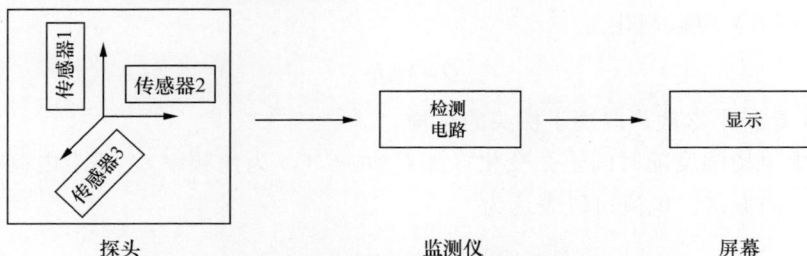

**图 9-13　三轴向工频电场测量仪的原理**

悬浮体型电场测量仪用于在地面以上空间中测量未畸变电场，通过绝缘支撑材料架设在空间中。

悬浮体型电场测量仪通常测量两个孤立导体之间的感应电流。由于感应电流正比于电场强度对时间的微分，检测电路通常有一个积分级来恢复电场波形。悬浮体型电场测量仪通过测量电隔离探头的传导电极上的稳定状态感应电流或电荷振荡来确定电场强度。

部分悬浮体型电场测量仪使用远程显示单元显示电场强度，这时探头中包含一部分检测电路，其余处理电路在一个独立的显示主机中，通过光纤连接探头和显示主机。图 9-14 所示为单轴悬浮体型电场测量仪的结构。

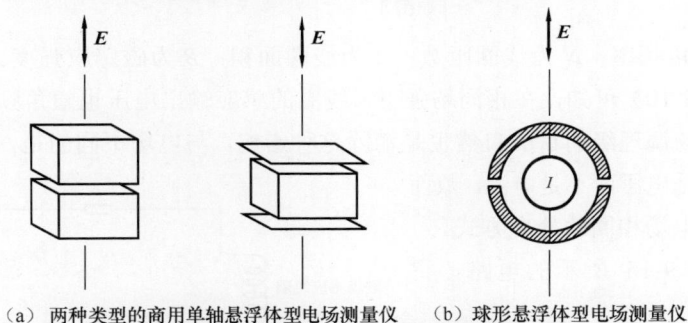

（a）两种类型的商用单轴悬浮型电场测量仪　（b）球形悬浮型电场测量仪

**图 9-14　单轴悬浮体型电场测量仪的结构**

图 9-14（a）所示为两种类型的商用单轴悬浮型电场测量仪，其工作原理可以理解为一个未充电导体有独立的两个电极，放置到均匀的电场 $E$ 中时，一个电极的感应电荷为

$$Q = \int_{\frac{S}{2}} \boldsymbol{D} \cdot \boldsymbol{n} \mathrm{d}A \tag{9-6}$$

式中，$\boldsymbol{D}$ 为电位移；$\boldsymbol{n}$ 为垂直于电极表面的单位矢量；$\mathrm{d}A$ 是总面积为 $S/2$ 的面积基元。

对于图 9-14（b）所示的球形悬浮型电场测量仪，可以得

$$Q = 3\pi a^2 \varepsilon_0 E \tag{9-7}$$

式中，$a$ 为球面的半径。

式（9-7）可以简化为

$$Q = k\varepsilon_0 E \tag{9-8}$$

式中，$k$ 是一个常数，取决于探头的结构。

如果电场强度随时间正弦变化，如 $E_0 \sin \omega t$（$\omega$ 为角频率），感应电荷在两部分电极之间振荡，电流可以表达为

$$I = \frac{\mathrm{d}Q}{\mathrm{d}t} = k\omega\varepsilon_0 E_0 \cos \omega t \tag{9-9}$$

如果电场有谐波分量，式（9-9）右边对每个谐波分量都有一个额外的项。由于式（9-9）的微分操作，每个额外的项都会进行相应谐波数的计权。在这种情况下，需要在检测电路中进行反向积分运算以恢复电场波形，这需要通过引入积分级来实现（如伏特计加上一个积分放大器或一个无源积分电路就可以作为检测电路）。在所关注的频率范围内，探头积分检测电路的频率响应曲线应尽可能平坦，并使用滤波器滤除所需频率范围以外的信号。

（2）低频磁场测量原理

磁场天线采用线圈形式，根据法拉第电磁感应定律，磁场线圈的输出电压公式为

$$|V| = \left| N\frac{\mathrm{d}}{\mathrm{d}t} \iint B\mathrm{d}S \right| = \pi NAB\omega \tag{9-10}$$

式中，$\omega$ 为角频率；$N$ 为线圈匝数；$A$ 为线圈面积；$B$ 为磁感应强度。

由式（9-10）可知，在相同场强下，线圈的感应输出电压也随角频率的升高而增大，而磁场调理级的目的自然也是消除这种影响。与电场不同的是，此时随角频率变化的量是电压而不是电流，故而不能采用与电场相同的处理方式。

根据图 9-15 所示的电路，得

$V_{\mathrm{in}} = \dfrac{1}{\omega CR + 1}V$。

当 $\omega CR$ 远大于 1 时，与角频率有关的项就可以抵消，即

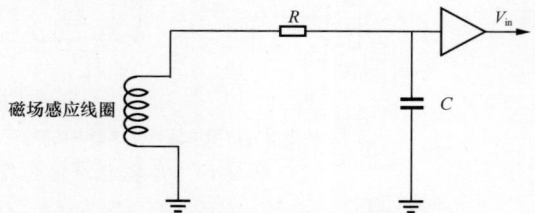

图 9-15　低频磁场调理等效电路

$$V_{\mathrm{in}} \approx \frac{1}{\omega CR}V = \frac{\pi NAB}{CR} \tag{9-11}$$

输出电压幅度的频率响应恒定，与角频率无关，就可以进行后续的增益放大、滤波和 ADC 采样了。

测量得到的频谱-场强数据通过光纤传输到测量主机并在测量主机中显示。

### 3. 中短波电磁场探头测量原理

中短波电磁场探头的测量原理与工频电磁场探头的测量原理相同，只是频率范围更大，通常为 9 kHz～30 MHz。测量得到的频谱-场强数据通过光纤传输到测量主机并在测量主机中显示。

## 9.3.2 技术指标

选频电磁辐射分析仪的技术指标有测量频率范围、量程、频率响应、各向同性、线性度等。

对于工频电磁场探头和中短波电磁场探头，测量频率范围由探头确定，测量主机仅作为显示和读数装置。对于射频、选频电磁场探头，由于需在测量主机中进行频谱分析，其频率范围由测量主机和天线共同确定，测量主机可以接入频率范围不同的天线/探头来实现不同频段的测量。

### 1. 测量频率范围

测量频率范围是指满足主要测量指标的频率范围，通常是指满足频率响应±3 dB 的频率范围。

### 2. 量程

射频电磁场探头测量的量程由天线和测量主机共同确定，上检出限由过载确定，下检出限由仪器的底噪确定，一般取底噪以上 10 dB 为下检出限。

### 3. 频率响应

频率响应用于衡量选频电磁辐射分析仪对不同频率信号的响应能力。频率响应曲线是与频率相关的曲线，工频电磁场探头和中短波电磁场探头测量的频率响应由探头确定，射频电磁场探头测量的频率响应由测量主机和天线共同确定，可以通过校准逐频点给予修正因子。

### 4. 各向同性

各向同性是对场强探头响应独立于入射场的极化方向和入射方向的度量。各向同性指标由天线/探头确定，需要从天线/探头设计上保障各向同性。

### 5. 线性度

线性度是指在给定的范围内，选频电磁辐射分析仪的测量值与最接近的线性参考曲线在测量量程范围内的最大偏差。

## 9.3.3 典型国产选频电磁辐射分析仪

### 1. 森馥科技选频电磁辐射分析仪

图 9-16 所示的森馥科技 OS-4P 选频电磁辐射分析仪在选频测量的基础上，可

连接综合场强测量探头。

OS-4P 选频电磁辐射分析仪能够对复杂的空间电磁环境进行频谱测量、选频分析或综合场强测量等，测量范围涵盖工频、中短波和微波频段等，可应用于交流输变电工程、中短波广播、FM 广播、电视、移动通信、雷达、导航等领域的电磁场选频测量。

OS-4P 选频电磁辐射分析仪主要包括频谱分析模式和选频测量模式。

（1）频谱分析模式

频谱分析模式用于对空间中电磁环境的频谱状况进行测量，该模式下可以自动识别选

图 9-16　森馥科技 OS-4P 选频电磁辐射分析仪

频探头的天线系数，如图 9-17 所示；设置探头频段范围内的起始频率和终止频率，如图 9-18 所示，可以对频谱中任意频段进行积分运算；自动识别最大值频点，可标记频谱内任意频点的信息，选择不同的电磁控制限值曲线，得到标记频点与限值的百分比；可以同时画出最大值、实时值、平均值曲线等，并对不同曲线进行积分；可以保存 1～3600 s 的频谱数据，支持自动回放频谱数据，支持对数据进行二次计算处理，可将任意时刻频谱的数据保存在文本文档或 Excel 文档中。

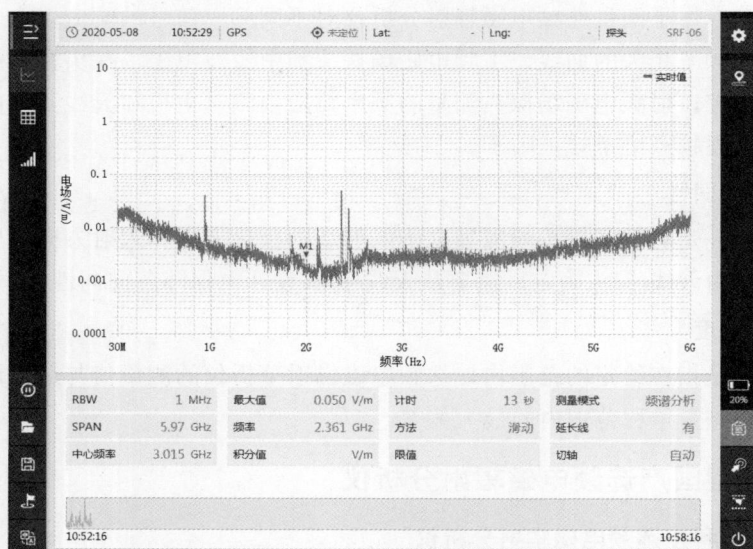

图 9-17　对空间中电磁环境的频谱状况进行测量，可自动识别天线系数

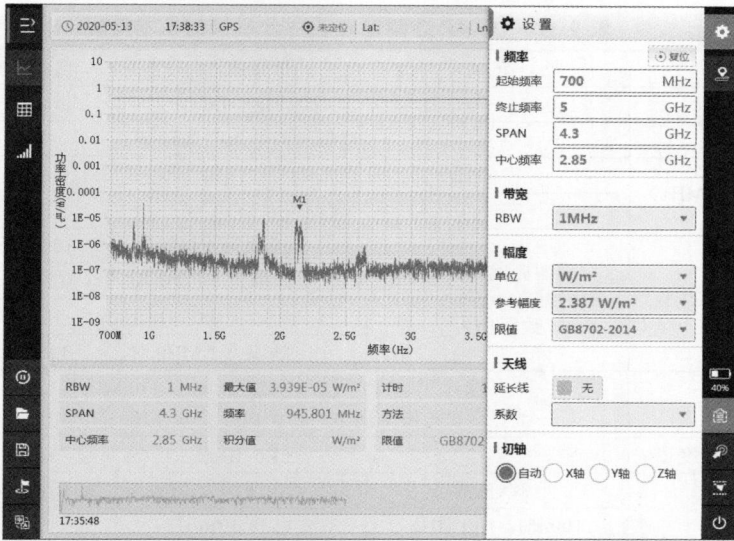

**图 9-18　对空间中电磁环境的频谱状况进行测量，可设置起始频率和终止频率**

（2）选频测量模式

选频测量模式用于对已知工作频段的信号进行快速测量。该模式下可直接完成多个已知频段的积分运算，得到各频段的积分值，选择不同的电磁控制限值曲线，可以得到对应频段的积分值与限值的百分比。该模式内置中国移动、中国联通、中国电信等运营商的各个工作频段，并且可以得到各个运营商总的积分值和限值的百分比。该模式下也可以任意添加若干个自定义的列表，每个列表亦可以增加若干个频段，用户可选择列表进行测量。图 9-19 所示为选频测量模式界面。

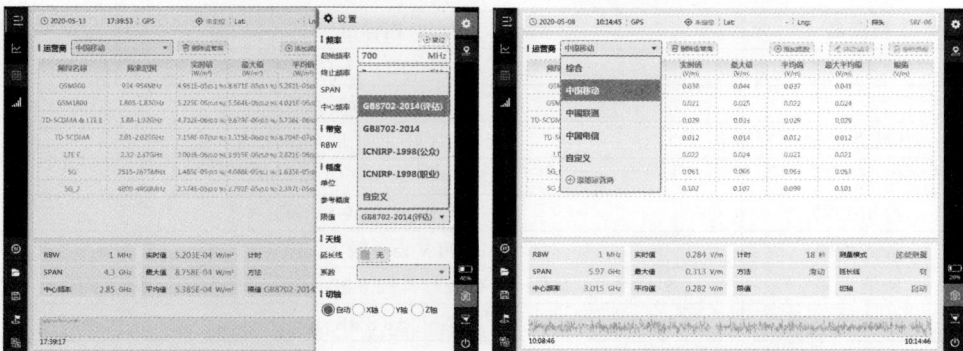

（a）频率等参数设置界面　　　　　（b）运营商选择界面

**图 9-19　选频测量模式界面**

OS-4P 选频电磁辐射分析仪及配套的电磁场天线/探头的技术指标如表 9-12～表 9-19 所示。

表 9-12　OS-4P 选频电磁辐射分析仪的技术指标

| 指标名 | 指标值 | | |
|---|---|---|---|
| 频率范围 | 100 kHz～6 GHz | 100 kHz～9.6 GHz | 100 kHz～20 GHz |
| 频率误差 | ＜被测频率的 $10^{-4}$ 数量级 | | |
| 内部基准（10 MHz） | 老化率：＜$1×10^{-6}$/年 | | |
| | 温漂：＜$1×10^{-6}$/℃ | | |
| 相位噪声（$f_c$=1 GHz） | （分辨率带宽＜1 kHz，取样检波，迹线平均次数≥10） | 频偏为 1 kHz 时，≤−100 dBc/Hz | |
| | | 频偏为 10 kHz 时，≤−103 dBc/Hz | |
| | | 频偏为 100 kHz 时，≤−104 dBc/Hz | |
| | | 频偏为 1 MHz 时，≤−125 dBc/Hz | |
| 显示范围 | 显示平均噪声电平～+26 dBm（≥30 MHz），显示平均噪声电平～+10 dBm（100 kHz～30 MHz） | | |
| 绝对电平精度 | ±1.5 dB | | |
| 显示平均噪声电平 | 频率范围 | 参考电平为 0 dBm | 参考电平为−40 dBm |
| | 100 kHz～30 MHz | ＜−138 dBm/Hz | ＜−168 dBm/Hz |
| | 30 MHz～2 GHz | ＜−128 dBm/Hz | ＜−168 dBm/Hz |
| | 2～3.5 GHz | ＜−137 dBm/Hz | ＜−166 dBm/Hz |
| | 3.5 GHz 以上 | ＜−127 dBm/Hz | ＜−164 dBm/Hz |
| 输入相关杂散信号 | ＜−50 dBc | | |
| 剩余响应 | ＜−95 dBm | | |
| 最大安全输入电平 | +26 dBm（平均连续功率，≥30 MHz） | | |
| 最大直流输入电压 | 50 V | | |
| 输入衰减器范围 | 0～30 dB，1 dB 的步进 | | |
| 1 dB 压缩点 | +10 dBm | | |

表 9-13　SRF-06 三轴全向电场天线的技术指标

| 指标名 | 指标值 |
|---|---|
| 频率范围 | 30 MHz～6 GHz |
| 天线类型 | 电场，偶极子天线 |
| 传感器类型 | 能够切换扫描轴的三轴天线 |
| 检出下限 | $2.6×10^{-9}$　W/m²（1 mV/m） |
| 检出上限 | 238 W/m²（300 V/m） |
| 最大场强 | 1000 V/m（毁坏门限） |
| 频响误差 | ±1.5 dB（700 MHz～5 GHz），±2.0 dB（30～700 MHz，5～6 GHz） |
| 线性误差 | ±0.8 dB |
| 各向同性 | ≤1.5 dB |
| 动态范围 | ＞60 dB |
| 扩展不确定度 | ±2.7 dB（30 MHz～5 GHz），±3.0 dB（5～6 GHz） |
| 测量精度 | 1 mV/m |
| 积分底噪 | 0.05 V/m（@1 V/m 量程，积分范围为 700 MHz～5 GHz） |

表 9-14　SRF-09 三轴全向电场天线的技术指标

| 指标名 | 指标值 |
|---|---|
| 频率范围 | 200 MHz～9.5 GHz |
| 天线类型 | 电场，偶极子天线 |
| 传感器类型 | 能够切换扫描轴的三轴天线 |
| 检出下限 | $2.6 \times 10^{-9}$ W/m$^2$（1 mV/m） |
| 检出上限 | 均方根值为 238 W/m$^2$（300 V/m），峰值为 500 V/m |
| 最大场强 | 均方根值为 1000 V/m（毁坏门限），峰值为 2000 V/m（毁坏门限） |
| 频响误差 | ±1.5 dB（700 MHz～5 GHz），<br>±2.0 dB（30～700 MHz，5～9.5 GHz） |
| 线性误差 | ±0.8 dB |
| 各向同性 | ≤1.5 dB |
| 动态范围 | ＞60 dB |
| 扩展不确定度 | ±2.7 dB（30 MHz～5 GHz），<br>±3.0 dB（5～9.5 GHz） |
| 测量精度 | 1 mV/m |
| 积分底噪 | 0.05 V/m（@1 V/m 量程，积分范围为 700 MHz～9.5 GHz） |

表 9-15　SRF-18 单轴电场天线的技术指标

| 指标名 | 指标值 |
|---|---|
| 频率范围 | 1～18 GHz |
| 天线类型 | 电场，锥形天线 |
| 传感器类型 | 单轴天线 |
| 检出下限 | $2.6 \times 10^{-9}$ W/m$^2$（1 mV/m） |
| 检出上限 | 均方根值为 238 W/m$^2$（300 V/m），峰值为 500 V/m |
| 最大场强 | 均方根值为 1000 V/m（毁坏门限），峰值为 2000 V/m（毁坏门限） |
| 频响误差 | ±2.5 dB |
| 线性误差 | ±0.8 dB |
| 动态范围 | ＞60 dB |
| 扩展不确定度 | ±2.7 dB（30 MHz～5 GHz），±3.0 dB（5～6 GHz） |
| 测量精度 | 1 mV/m |
| 积分底噪 | 0.05 V/m（@1 V/m 量程，积分范围为 700 MHz～5 GHz） |

表 9-16　SRF-03 三轴全向电场天线的技术指标

| 指标名 | 指标值 |
|---|---|
| 频率范围 | 30 MHz～4.2 GHz |
| 天线类型 | 电场，偶极子天线 |
| 传感器类型 | 能够切换扫描轴的三轴天线 |
| 检出下限 | $6.5 \times 10^{-8}$ W/m$^2$（5 mV/m） |

| 指标名 | 指标值 |
|---|---|
| 检出上限 | 238 W/m² （300 V/m） |
| 最大场强 | 1000 V/m （毁坏门限） |
| 频响误差 | ±1.5 dB （典型值） |
| 线性误差 | ±0.8 dB （典型值） |
| 各向同性 | ≤1.5 dB |
| 动态范围 | ＞60 dB |
| 扩展不确定度 | ±2.7 dB （200 MHz～4.2 GHz） |
| 测量精度 | 1 mV/m |

**表 9-17  SRF-01 三轴全向磁场天线的技术指标**

| 指标名 | 指标值 |
|---|---|
| 频率范围 | 100 kHz～300 MHz |
| 天线类型 | 磁场，线圈 |
| 传感器类型 | 能够切换扫描轴的三轴有源环天线 |
| 量程 | 0.1 mA/m～1 A/m（＜500 kHz）；<br>0.01～600 mA/m（≥500 kHz） |
| 最大场强 | 5 A/m （毁坏门限） |
| 频响误差 | ±1.0 dB （典型值） |
| 线性误差 | ±0.8 dB （典型值） |
| 各向同性 | ≤1.5 dB （典型值） |
| 扩展不确定度 | ≤2.0 dB |
| 动态范围 | ＞60 dB |

**表 9-18  LF-04D 低频电磁场探头的技术指标**

| 指标名 | 指标值 | |
|---|---|---|
| 频率范围 | 1 Hz～400 kHz | |
| 天线类型 | 电场 | 磁场 |
| 传感器类型 | 三轴扫描的电容极板 | 三轴扫描的线圈 |
| 场强量程 | 0.01 V/m～100 kV/m | 1 nT～10 mT |
| 频响误差 | ±0.4 dB （典型值） | ±0.4 dB （典型值） |
| 线性误差 | ±0.3 dB （典型值） | ±0.3 dB （典型值） |
| 各向同性 | ≤0.4 dB （典型值） | ≤0.4 dB （典型值） |

**表 9-19  LF-30 中短波电磁场探头的技术指标**

| 指标名 | 指标值 | |
|---|---|---|
| 频率范围 | 9 kHz～30 MHz （可扩展至 1.5 kHz～30 MHz) | |
| 天线类型 | 电场 | 磁场 |
| 传感器类型 | 三轴扫描的有源电容极板 | 三轴扫描的有源线圈 |

续表

| 指标名 | 指标值 | |
| --- | --- | --- |
| 场强量程 | 0.05～600 V/m（上检出限可扩展为 1000 V/m） | 1 mA/m～10 A/m（@≥300 kHz，上检出限可扩展为 50 A/m） |
| 分辨率 | 0.001 V/m | 0.1 mA/m |
| 频响误差 | ±1.0 dB | |
| 线性误差 | ±0.8 dB | |
| 各向同性 | ≤0.6 dB | |
| 扩展不确定度 | ±1.5 dB | |
| 动态范围 | ≥80 dB | |

### 2. 浙江信测选频电磁辐射分析仪

图 9-20 所示的浙江信测 BC100Pro 系列选频电磁辐射分析仪的频率范围为 1 Hz～9 GHz，具有均方根检波、峰值检波等多种检波方式可选，可以实现复杂电磁场环境的选频测量与分析；配备专用三维全向、各向同性测量探头，可应用于中短波广播、FM 广播、电视、移动通信基站（2G/3G/4G/5G）、无线通信、雷达、导航等领域的电磁场选频测量。

BC100Pro 的技术指标如表 9-20 所示。

（1）硬件功能特点及应用

① 采用便携式设计，主机加探头重约 2.5 kg。

**图 9-20　浙江信测 BC100Pro 系列选频电磁辐射分析仪**

**表 9-20　BC100Pro 的技术指标**

| 指标名 | 指标值 | |
| --- | --- | --- |
| | EP600 | EP900 |
| 频率范围 | 30 MHz～6 GHz | 400 MHz～9 GHz |
| 探头类型 | 选频电场探头 | |
| 频率响应 | ±1.5 dB，900 MHz～3.6 GHz；±3 dB，<900 MHz 或>3.6 GHz | |
| 动态范围 | >60 dB | |
| 检出限 | 1 mV/m～300 V/m | |
| 线性度 | ±1.5 dB | |
| 频率误差 | 小于被测频率的 $10^{-4}$ 数量级 | |
| 各向同性 | <2 dB，<900 MHz；<3 dB，900 MHz～3.6 GHz；<5 dB，>3.6 GHz | <2 dB，<900 MHz；<3 dB，900 MHz～5 GHz；<5 dB，>5 GHz |

② 主机频率范围为 1 Hz～9 GHz。

③ 探头数据及控制线采用雷莫（LEMO）接口，可自动识别探头型号及读取探头数据。

④ 主机可自动识别探头型号及读取探头数据，配置 6 核 CPU，支持 100 GHz/s（RBW=500 kHz）的刷新扫描速度。

⑤ 主机远程通信支持内置多达 4 种网络模块，即以太网、移动网络、蓝牙及 Wi-Fi 等，满足和云端、外设或上位机的通信功能。

⑥ 通过主机内置一体化以太网口可进行 ping 测试，验证连通性。

⑦ 内置高精度 GPS 和北斗卫星导航系统自动获取定位，集成水平仪、温度传感器、相对湿度传感器等多种传感器，可自动搜索基站小区号（CID）。

（2）软件功能特点及应用

① 主机测试功能包括选频分析、宽频分析、工频分析、中短波分析、激光测距、单频点（零展宽）电平测量、实时频谱分析、IQ 信号记录及车载路测等。

② 支持模式包括频谱分析模式、列表模式、信号分析模式及电平测试模式等。

③ 测试量程支持自适应功能，如场强超出当前量程范围，仪表会进行自主判断，并自动切换到大小合适的量程挡位。

④ 设备内置均方根检波、峰值检波等检波方式。

⑤ 内置 GB 8702—2014《电磁环境控制限值》中的标准限值，可在频谱图上显示限值曲线，方便测量值和标准限值的对比，计算占标率；支持自定义限值曲线。

⑥ 频谱分析模式下支持曲线分析功能，可自动寻找频段内场强最大值并显示，最大值频点变化时自动跟踪。

⑦ 曲线分析功能还可对频段内的有效信号峰值进行搜索，形成列表并自动判断信号所属运营商。

⑧ 支持车载路测套件，其主要功能应用包括：在行车轨迹上自动打点及记录，可设置场强门限；实时保存每个测量点频谱，可在频谱图上查看任意频点信息，并对关注的频段以列表形式计算积分；支持超高扫描速度，实现在车速高于 60 km/h 的情况下数据点间隔不超过 5 m；自动进行场强统计、区域统计，计算环境质量指数（EQI）以生成电磁环境分布图及网格图。

### 3. 天津德力选频电磁辐射分析仪

天津德力 EM860 选频电磁辐射分析仪可以对 9 kHz～9 GHz 的电磁场进行安全评估和环境测量。EM860 主机的中频带宽为 100 MHz，可以解调 5G 基站发射的信号。EM860 配合 200 MHz～6 GHz 的三轴天线，可应用于中短波广播、广播电视、无线通信、移动通信等电磁辐射环境的分析和评估。

在多个移动运营商共同使用的公共覆盖区域，EM860 可以显示整体的电磁辐射场强及各个运营商的信号辐射场强所占的比例。在同一运营商使用的频段，EM860 可以通过对下行信号的解调分析，显示出本区域各个物理小区 ID（PCI）对应的电磁辐射强度及总强度，对于 5G NR 信号还可以显示出每个波束（beam）的电磁辐射场强。

EM860 选频电磁辐射分析仪、TS-250M 三轴磁场天线、TS-6G 三轴电场天线的技术指标分别如表 9-21～表 9-23 所示。

表 9-21　EM860 选频电磁辐射分析仪的技术指标

| 指标名 | 指标值 |
| --- | --- |
| 频率范围 | 9 kHz～9 GHz |
| 频率精度 | $\pm 1 \times 10^{-6}$ |
| 相位噪声 | −105 dBc/Hz@100 kHz 偏离 1 GHz(典型) |
| 平均噪声<br>电平（归一化为 1 Hz） | 放大器关闭：≤−135 dBm，10 MHz～3 GHz；<br>　　　　　　≤−130 dBm，3～6 GHz；<br>　　　　　　≤−125 dBm，6～9 GHz。<br>放大器打开：≤−155 dBm，10 MHz～3 GHz；<br>　　　　　　≤−150 dBm，3～6 GHz；<br>　　　　　　≤−145 dBm，6～9 GHz |
| 电平精度 | $\pm 1.5$ dB |
| 电平分辨率 | 0.1 dB |
| 最大安全输入电平 | +25 dBm（峰值功率/入口衰减＞30 dB）；$\pm 50$ V（直流） |
| 三阶互调截获点 | 典型值＞+14 dBm |
| 二次谐波抑制 | 典型值＜−65 dBc |
| 剩余响应 | ＜−85 dBm |
| 参考电平范围 | −130～+30 dBm |
| 输入端口/驻波比 | ＜2.0（N 型，50 Ω） |
| 实时频谱分析带宽 | ≤100 MHz |
| 解调分析支持模式 | 5G NR，LTE，3G UMTS |

表 9-22　TS-250M 三轴磁场天线的技术指标

| 指标名 | 指标值 | |
| --- | --- | --- |
| 频率范围 | 100 kHz～250 MHz | |
| 天线类型 | 磁场 | |
| RF 接头 | N 型，50 Ω | |
| 动态范围 | 2.5 μA/m～560 mA/m（典型值） | |
| 扩展不确定度 | 频率范围 | 全向测量 |
| | 100 kHz～60 MHz | $\pm 2.5$ dB |
| | 60～250 MHz | $\pm 3.3$ dB |

表 9-23  TS-6G 三轴电场天线的技术指标

| 指标名 | 指标值 | |
|---|---|---|
| 频率范围 | 200 MHz～6 GHz | |
| 天线类型 | 电场 | |
| RF 接头 | N 型，50Ω | |
| 动态范围 | 0.14 mV/m～160 V/m（典型值） | |
| 扩展不确定度 | 频率范围 | 全向测量 |
| | 200～900 MHz | +1.6/−1.8 dB |
| | 900～3000 MHz | +2.3/−2.7 dB |
| | 3000～6000 MHz | +2.9/−4.6 dB |

## 9.3.4  应用场景与测试实例

在相关测量场所，无论是微波生产厂房、大型电子设施场所或高层建筑等区域的复杂电磁环境，还是针对具体 2G/3G/4G/5G 基站的选频电磁测量场所，选频电磁辐射分析仪都能帮助测量工程师迅速获得该区域的各个频段电磁环境数据，并对同一个测量区域中的多种不同设备产生的电磁辐射或者同一个设备产生的不同频率的电磁辐射水平做出，快速、有效的判断，清楚了解环境中每个设备或每段频率的计权贡献值。

**1. 选频电磁辐射分析仪的主要应用**

（1）2G、3G、4G、5G 通信基站电磁辐射环境监测。

（2）雷达、导航台、卫星地球站、数字微波接力站等电磁设施的射频电磁辐射环境监测。

（3）长波广播装置、中波广播装置、短波广播装置、FM 广播装置及电视等发射设施的射频电磁辐射环境监测。

（4）高频感应炉、热合机、烘干设备、微波炉、微波理疗仪、核磁共振装置等工科医设备的电磁辐射监测。

（5）工作场所物理因素电磁暴露职业卫生检测。

（6）电磁兼容射频辐射抗扰度测试。

（7）个人射频电磁辐射暴露防护。

（8）电磁环境质量及安全评估。

（9）国防电子对抗电磁暴露测量及安全评估。

**2. 选频电磁辐射分析仪测试实例**

（1）5G 基站测量

5G 基站有工作频率为 3000 MHz 以上及 3000 MHz 以上两类。根据 GB 8702—

2014《电磁环境控制限值》中的规定，这两类 5G 基站的限值是不同的，宽频电磁辐射分析仪无法分辨基站的电磁辐射贡献率，使用宽频电磁辐射分析仪监测 100 kHz～6000 MHz 频率范围内的综合场强数据无法与 GB 8702—2014 中的规定形成对应关系。因此，必须使用选频电磁辐射分析仪进行监测，才能准确判断单个 5G 基站的电磁环境质量是否达标。图 9-21 所示为 5G 基站天线方向。

（2）雷达测量

选频电磁辐射分析仪可以用于气象雷达、空中交通管制雷达及 9.5 GHz 以下的场面监视雷达等的电磁辐射监测，连接单轴电场天线后可用于测量气象雷达、空中交通管制雷达及场面监视雷达等，特别是工作在 18 GHz

图 9-21　5G 基站天线方向

频段的场面监视雷达，采用电平测量模式，在零跨频模式下，可以同时测量雷达的峰值（PEAK）和均方根（RMS）。使用单轴天线需要调整天线的最大接收方向和极化方向与被测雷达信号的辐射方向和电场极化方向一致。对于三轴全向电场天线，可以依次测量 3 个轴向的雷达电场，并合成为总的雷达辐射电场强度。

（3）交流输变电工程电磁环境监测

选择专用的探头或工频电场、工频磁场监测仪器可以实现交流输变电工程电磁环境监测。工频电场监测仪器和工频磁场监测仪器可以是单独的探头，也可以是两者合成的仪器。工频电场和工频磁场监测仪器的探头可以为一维或三维。监测点应选择在地势平坦、远离树木且没有其他电力线路、通信线路及广播线路的空地上，监测架空输电线路、地下输电线缆、变电站（开关站、串补站）、建（构）筑物等位置的电磁环境。

（4）中短波广播测量

选频电磁辐射分析仪还可应用于包括中波、短波广播在内的 9 kHz～30 MHz 的电场和磁场的选频测量。

随着城市发展与扩大，原有的一些远离城镇的广播发射台站已被居民区所包围，原来的郊区环境已变为市区环境。此外，由于广电事业的发展，许多大城市相继在市区修建了代表城市形象的高大的广播电视发射台站，上面集中了上百千瓦的发射设备。广播电视发射台站是当前影响范围较大、较集中的电磁辐射源。

进行广播电视工程天线监测时，应当考虑远场区和近场区的情况，当天线的最大线尺寸 $D$ 小于波长 $\lambda$ 时，通常取距离 $\lambda/2\pi$ 作为近场区和辐射近场区的分界距离，取距离大于 $3\lambda$ 作为辐射远场区的条件；当天线的最大线尺寸 $D$ 大于波长 $\lambda$

时，取距离大于 $2D/\lambda$ 作为辐射远场区的条件。全向辐射天线监测范围以发射天线为中心呈圆形：发射天线等效辐射功率大于 100 kW 时，其半径为 1 km；发射天线等效辐射功率小于或等于 100 kW 时，其半径为 0.5 km。如果辐射场强最大处大于上述范围，则应评价到最大场强处和满足评价标准限值处中的较大处。

定向天线监测范围以发射天线为中心呈扇形，以天线第一旁瓣为圆心角：发射天线等效辐射功率大于 100 kW 时，其半径为 1 km；发射天线等效辐射功率小于或等于 100 kW 时，其半径为 0.5 km。如果辐射场强最大处大于上述范围，则应评价到最大场强处和满足评价标准限值处中的较大处。

新建站址如无其他强辐射源存在，可仅在站址中心布点监测；改扩建站址对于全向辐射天线，以发射天线为起点，在靠近天线的区域采用网格布点，在远离天线处过渡到以天线为圆心的同心圆布点。考虑到场强变化的快慢，布点应近密远疏。可以根据广播电视建设项目的电磁场特性选择电场强度、磁场强度、功率密度中的一项或者多项进行监测。

## 9.4 脉冲电磁场测量仪

与传统通信、导航和雷达等系统中常用的时谐电磁场不同，脉冲/瞬变电磁场是指具有快前沿的无载频脉冲信号，其特征是持续时间极短且频谱覆盖范围极宽。相比传统时谐电磁场测量系统，为测量得到完整、准确的空间脉冲电磁场波形参数，要求测量系统必须具有大工作带宽。同时，针对部分特殊领域的脉冲电磁场测量，还要求测量系统能够屏蔽外界高强度电磁场的干扰破坏，具备在恶劣电磁环境下正常工作的能力。

### 9.4.1 基本原理

#### 1. 脉冲电磁场测量基本理论

脉冲电磁场测量属于时域电场测量，测量过程如图 9-22 所示。

**图 9-22 脉冲电磁场测量过程**

实现脉冲电磁场测量的重要环节是通过传感器将电场信号 $e(t)$ 转化为电压信号 $x(t)$。测量传感器可被看作具有有限带宽的二端口网络系统，假设其冲激响应为 $h(t)$，则根据信号与系统理论，传感器测量电场信号的模型可表示为

$$x(t) = e(t)h(t)$$

（9-12）

通过反卷积技术即可实现被测电场信号重构：

$$e(t) = x(t)(1/*)h(t) \tag{9-13}$$

式中，1/*表示反卷积运算，常用于信号恢复或信号重构数学运算。

目前，常用的传感器原理主要有不失真原理和微分原理两种形式。

基于不失真原理的传感器设计要求传感器输出信号与被测电场具有波形上的一致性，即输出波形与被测电场波形仅存在时间延迟和幅度比例变化，典型代表为 TEM 喇叭，其测量原理表示为

$$x(t) = h_{\text{eff}} e(t - \tau) \tag{9-14}$$

式中，$h_{\text{eff}}$ 为传感器的等效高度，为常数，单位为 m；$\tau$ 为延迟时间。此时，传感器冲激响应为 $h(t) = h_{\text{eff}} \delta(t - \tau)$。将传感器冲激响应 $h(t)$ 变换到频域，得

$$H(\omega) = h_{\text{eff}} e^{-j\omega\tau} \tag{9-15}$$

即

$$|H(\omega)| = h_{\text{eff}}, \quad \varphi(\omega) = -\omega\tau \tag{9-16}$$

$H(\omega)$ 也称为传感器的传递函数，正比于其有效高度 $h_{\text{eff}}$。上述分析表明当传感器传递函数的模为常数，相位与频率呈线性关系时，传感器的输出电压与被测脉冲电场保持波形的一致性，即不失真测量条件，满足该条件的传感器也称为保真型传感器，如 TEM 喇叭。需要指出的是，不失真测量条件是被测电场重构的理想情况，仅需要确定传感器等效高度即可实现信号重构。但在实际中很难有传感器满足严格意义上的不失真测量条件，一般认为，只需在被测电场主频范围内，其传递函数近似满足不失真测量条件即可较好地重构入射电场。

基于微分原理的传感器输出电压波形为激励脉冲电场波形的微分，通过积分运算，可以便捷地实现被测电场信号的重构。典型代表为 D-dot 传感器，其测量波形与待测电场满足

$$x(t) = e(t)h(t) = A \cdot \frac{\text{d}}{\text{d}t} e(t - \tau) \tag{9-17}$$

式中，$A$ 为常数，单位为 m·s；$\tau$ 为时间延迟常数。前者决定了测量信号的幅度，后者决定了测量信号的相位延迟。

传感器频域传递函数可表示为

$$H(\omega) = j\omega A e^{-j\omega\tau} \tag{9-18}$$

式（9-18）表明采用微分型传感器进行脉冲电磁场测量时，传递函数模值和相位均与频率呈线性关系。采用该类型传感器进行测量时，需要对输出信号进行积分，即可重构出待测电场，即

$$e(t) = \frac{\int x(t + \tau)\mathrm{d}t}{A} \qquad\qquad (9\text{-}19)$$

当传感器传递函数 $A$ 和 $\tau$ 均为常数时，才能保证能够通过积分重构被测电场信号。实际工程应用中，要求在待测脉冲频谱范围（$\omega_1$，$\omega_h$）内的 $A$ 和 $\tau$ 基本为常数。

**2. 脉冲电磁场测量中需要注意的问题**

（1）脉冲电磁场时域远场

区别于传统时谐场测量中天线远场的定义，脉冲电磁场信号测量中存在时域远场问题，其定义为脉冲波形随着距离的变化基本保持稳定，而场幅度与距离倒数呈线性关系。对于时域远场的估计有两种方法。

一种为基于时域电磁理论的预估方法，即根据脉冲宽度和口径尺寸计算得到特征距离 $r_p$，即

$$r_p \equiv \frac{(L/2)^2 - (\tau_1 c)^2}{2\tau_1 c} \qquad\qquad (9\text{-}20)$$

式中，$\tau_1$ 为激励脉冲宽度；$L$ 为天线口径的最大尺寸。一般当主轴距离大于 $r_p$ 的 9 倍时，其电场幅度与距离倒数呈线性关系，即达到脉冲电磁场辐射系统的远场。

另一种方法主要基于传统天线理论的定义，即取脉冲电磁场信号主频上限频率对应的远场区域，称为时域辐射系统的远场，即

$$r \geqslant \frac{2L^2}{\lambda_c} \qquad\qquad (9\text{-}21)$$

式中，$L$ 为天线口径的最大尺寸；$\lambda_c$ 为脉冲上限频率对应的自由空间波长。上限频率一般取包含 97% 脉冲能量的频段对应的最高频率。

（2）测量时间窗问题

时间窗是脉冲电磁场测量系统设计中另一个需要特别关注的问题，其主要反映了待测信号在测量系统内，尤其是在接收传感器传输过程中，因阻抗不连续使反射信号在时域上叠加至待测信号上，从而造成待测信号的畸变。

测量时间窗通常是由于传感器/天线与传输段之间的阻抗不匹配引起的，因此，时间窗大小与测量系统传感器的尺寸密切相关。

## 9.4.2 脉冲电磁场测量系统

脉冲电磁场测量系统一般由接收天线、传输系统和信号采集系统等组成。接收天线采用超宽带天线或传感器，将电场信号转换为电压信号；传输系统将接收的信号经适当衰减后传输给后端信号采集系统，一般采用光纤或同轴线；信号采集系统用于对接收的信号进行采集、存储和处理，一般由示波器和计算机组成。

### 1. 基于不失真原理的测量系统

（1）基于 TEM 喇叭的测量系统

TEM 喇叭具有较好的宽频带特性，是脉冲电磁场尤其是超快电磁脉冲测量应用的主要传感器之一。典型的 TEM 喇叭由上极板、下极板和馈电结构等组成。图 9-23 所示为一种恒阻抗 TEM 喇叭，该喇叭的两块金属板为等腰三角形，喇叭任意位置金属板宽度与两板间距离的比值始终不变，以保证喇叭特征阻抗沿长度方向为常数。在恒阻抗 TEM 喇叭阻抗设计上，一般采用 50 Ω 以实现与传输系统的阻抗匹配，以减小反射对测量结果的影响。

图 9-23　一种恒阻抗 TEM 喇叭

在一定的频段内，TEM 喇叭的传递函数与频率近似无关，喇叭的带宽受到其尺寸、馈电方式和加工精度等的影响。经过对 TEM 喇叭结构参数和馈电方式进行优化设计后，可在给定的脉宽范围内以较高保真度实现空间电磁场波形的接收。对于 TEM 喇叭，其有效高度和响应时间通常与天线口径相关，目前常用的 TEM 喇叭响应时间为 100 ps 左右，最大测量时间窗为电磁波走过喇叭臂长的两倍距离所用的时间。

（2）基于微带传感器的测量系统

基于微带传感器的测量系统主要由微带传感器和后端传输链路构成。其中，微带传感器利用微带线与电磁场的耦合特性来实现对入射脉冲电磁场的接收。该传感器可以在有效时间窗内直接复原入射电场波形，具有响应时间快、尺寸小、系统简单等优势，是当前强电磁脉冲电场测量采用较多的一种传感器。

典型的微带传感器如图 9-24 所示。该传感器的有效高度和响应时间与微带结构相关，目前，我国研制的微带传感器的响应时间为数十皮秒，有效高度为毫米量级，其最大测量时间窗是导体带长度和介质基片有效介电常数的函数，通常为 10 ns 量级。延长导体带长度或者选用介电常数较大的介质基片

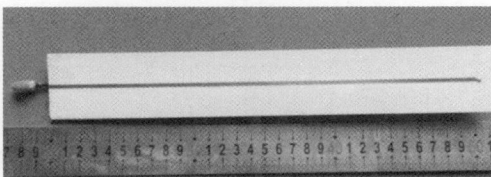

图 9-24　典型的微带传感器

（如水、微波介质陶瓷、钛酸钡陶瓷材料等），均可以扩展传感器的有效测量时间窗。

（3）基于电光晶体电光效应的测量系统

基于电光晶体电光效应的测量系统包括有源电光调制法和无源电光调制法两种。这里以基于马赫-曾德尔效应的无源电光调制法为例，其利用激光非平衡传播下的相位干涉，实现对环境电场的感应测量。环境电场作用于前端传感器，电光晶体材料的折

射率产生线性变化，引起两光波导光场间出现不同相位差，经光场的相干干涉，实现电场的光强度调制，调制光经光纤传输后进行光电转换，从而还原被测电场波形。

典型的基于马赫-曾德尔效应的电光晶体测量系统如图 9-25 所示。现有测量系统带宽可覆盖 100 kHz 至数吉赫兹，最高可测场强达到 100 kV/m，具有体积小、场扰动小、带宽大和无时间窗限值等特点，不足之处是测量系统的动态范围小，且电光晶体受环境温度影响较明显，适用于小空间内的短电磁脉冲场效应监测等。

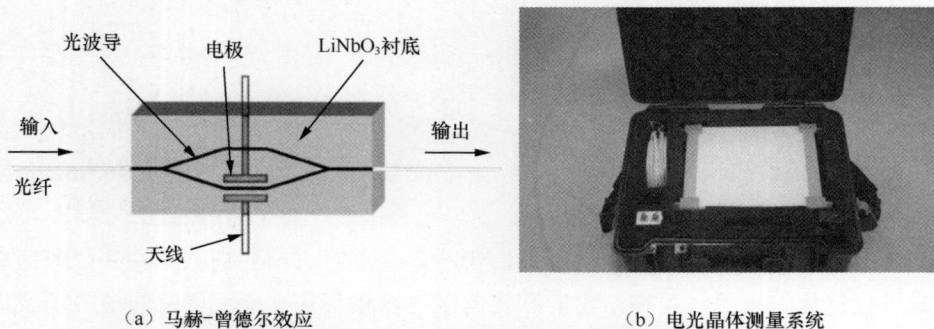

（a）马赫-曾德尔效应　　　　　　　（b）电光晶体测量系统

**图 9-25　典型的基于马赫-曾德尔效应的电光晶体测量系统**

（4）典型测量系统的指标及测试结果

图 9-26 所示为一种基于 TEM 喇叭的典型测量系统。TEM 喇叭用于感应自由空间电磁辐射信号并将其转换为可测量的电压信号，该电压信号与被测电场具有波形上的一致性。传输系统将 TEM 喇叭接收的测量信号在瞬态强电磁脉冲环境下不受干扰且不失真地传输至数据采集端。数据采集和处理系统一般由示波器和计算机组成。在部分强电磁脉冲测量场景中，还需要将测量系统置于屏蔽空间，以防止瞬态强电磁脉冲对数据采集和处理系统造成干扰或损伤。

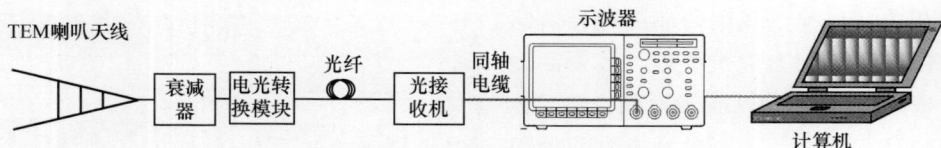

**图 9-26　一种基于 TEM 喇叭的典型测量系统**

图 9-27 所示为脉冲电磁场测量系统的测试结果。可以看出，该系统能够较好地响应前沿时间约为 0.4 ns 的超短双极性脉冲。但需要注意的是，应用过程中，待测脉冲宽度通常不能超过 TEM 喇叭的时间窗长度，否则喇叭口面的二次反射可能造成待测波形畸变。表 9-24 所示为国产基于不失真原理的脉冲电磁场测量系统的主要技术指标。

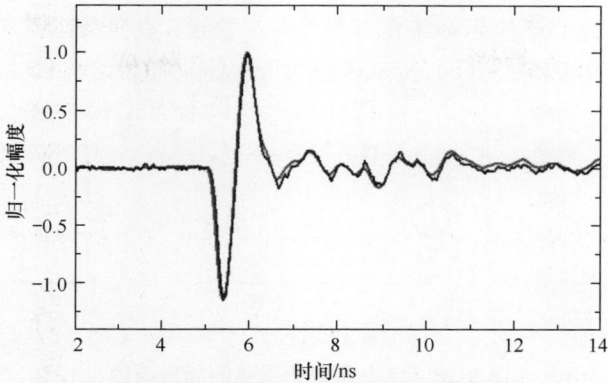

图 9-27　脉冲电磁场测量系统的测试结果

表 9-24　国产基于不失真原理的脉冲电磁场测量系统的主要技术指标

| 序号 | 类型 | 主要指标 | 备注 |
|---|---|---|---|
| 1 | 基于 TEM 喇叭的恒阻抗测量系统 | 天线类型：50 Ω 恒阻抗 TEM 喇叭；<br>传输线：5 m 长低损耗同轴电缆；<br>响应时间：<120 ps；<br>3 dB 测量带宽：80 MHz～3 GHz；<br>测量时间窗：3 ns（0.5 m 的臂长），6 ns（1 m 的臂长） | 苏州弘宇脉测电子信息科技有限公司 |
| 2 | 基于微带传感器的测量系统 | 天线类型：50 Ω 微带传输线；<br>传输线：6 GHz 大带宽光纤传输系统；<br>响应时间：<50 ps；<br>3 dB 测量带宽：150 MHz～6 GHz；<br>测量时间窗：3 ns（0.5 m 的臂长），6 ns（1 m 的臂长） | 苏州弘宇脉测电子信息科技有限公司 |
| 3 | 基于电光晶体的测量系统 | 传感器类型：偶极子感应天线；<br>传感器尺寸：40 mm×20 mm×15 mm；<br>响应时间：<60 ps；<br>3 dB 测量带宽：100 kHz～5 GHz | 森馥科技 |

## 2. 基于微分原理的测量系统

基于微分原理的测量系统多采用电小型传感器，主要类型包括电小偶极子传感器和 D-dot 传感器，主要特征是传感器输出信号是待测电场的微分形式，需要通过积分类手段实现对被测脉冲电磁场的重构。

（1）电小天线的基本原理

电小天线是指在整个工作频段内，几何长度远小于波长的天线，主要包括电小偶极子天线、电小环天线、单极子天线等。图 9-28 所为电小偶极子天线的测量原理。其中，图 9-28（a）所示表示能够由外界电场在传感器两极间感应出电压的天线结构。在负载阻抗 $Z_c$ 与测量天线的等效电容对应的阻抗相比较大（为高阻）

时，可采用图 9-28（b）所示戴维南等效电路来描述。在负载阻抗 $Z_c$ 相对较小（为低阻）时，可采用图 9-28（c）所示诺顿等效电路来描述。

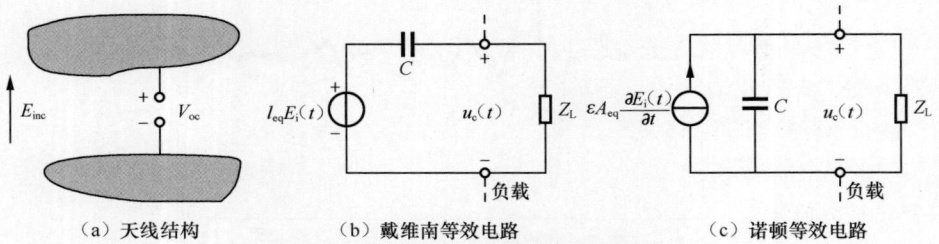

（a）天线结构　　　　　　（b）戴维南等效电路　　　　　　（c）诺顿等效电路

**图 9-28　电小偶极子天线的测量原理**

在电场传感器的戴维南等效电路中，测量天线的开路电压由天线的等效高度 $l_{eq}$ 与入射电场的场强 $E_i$ 的点积确定，即

$$V_0 = l_{eq}E_i \tag{9-22}$$

在诺顿等效电路中，传感器的短路电流则由天线的等效面积 $A_e$ 与入射电场的电通量变化率 $\partial D_i / \partial t$ 确定，即

$$I_s = A_e \bullet \frac{\partial D_i}{\partial t} \tag{9-23}$$

天线的等效面积与等效高度间满足

$$A_e = \frac{C}{\varepsilon_0}l_{eq} \tag{9-24}$$

式中，$\varepsilon_0$ 为自由空间的介电常数；$C$ 为偶极子天线的等效电容。

当天线的等效负载为低阻时，将得到脉冲电场的微分信号，需要对测量系统输出的电压信号进行积分，以获得电场激励信号，通常称这样的测量方式为脉冲电磁场的微分测量；当天线的等效负载为高阻时，将得到与脉冲电场波形一致的信号。对于原始波形测量，脉冲电磁场传感器的测试带宽范围为

$$1/2\pi R_L(C_A + C_L) < f < c/2\pi h \tag{9-25}$$

式中，$h$ 为天线长度；$C_A$ 为天线的等效电容；$C_L$ 和 $R_L$ 分别为负载的等效电容和等效电阻。通常选择增大 $R_L$ 的方式来提高测试的下限频率。同时，增大 $R_L$ 也可以使测试的低频段曲线更加平坦。测试带宽的上限频率受天线长度的影响较大，合适的天线长度需要在平衡天线增益和测试带宽的前提下折中选取。

（2）D-dot 传感器

D-dot 传感器本质上是一种典型的电小偶极子天线，其尺寸远远小于信号频谱中的最短波长，这种小型短电磁脉冲传感器可以等效为电荷均匀分布且传感器

导体外表面与静态电荷分布等电位面重合。在该情况下，导体外表面电位分布满足拉普拉斯方程且有相同的边界条件，通过对等效电荷积分求和，可得到传感器有效面积等参数，其主要特点是有效面积可基于电磁场方程严格求解。

图 9-29 所示为渐近锥形偶极子（ACD）型的 D-dot 传感器结构及实物，该传感器采用上下双传输线设计，其目的在于利用两根共地同轴电缆传输信号并进行差分处理，有效消除传输线引入的干扰，达到高保真传输要求。通常情况下，D-dot 传感器的工作频率可覆盖从 DC 至数吉赫兹，响应时间为数十皮秒，有效接收面积为数平方厘米。

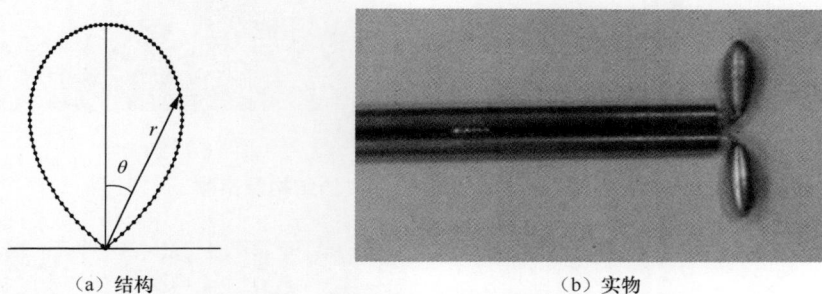

（a）结构　　　　　　　　　　　　（b）实物

图 9-29　ACD 型的 D-dot 传感器结构及实物

（3）单/偶极子天线

单/偶极子天线是极子长度极短的一种传感器天线，通常在使用中要求其电长度为最高设计频率波长的 1/10，在该情况下，极子天线可等效为电容。此外，为满足较高场强电场测试需求，电小短偶极子天线长度还可以进一步缩减为与开口同轴天线相同的长度。

图 9-30 所示为某典型单极子天线的结构及实物。为了保证接收信号有较好噪声、带宽和线性度等特性，一般选用低噪声、高输入电阻的快速场效应管（FET）运算放大器作为天线感应电压信号的跟随器，实现信号接收和积分运算，从而在波形采集端前输入脉冲电磁场的原波形信号。通常情况下，单/偶极子工作频率可覆盖零至数吉赫兹，响应时间为数十皮秒，有效接收高度为厘米量级。

（4）$P \times M$ 型天线

$P \times M$ 型天线是采用微带结构设计的特殊电小天线，该天线在低频下可用电偶极子 $P$ 和磁偶极子 $M$ 等效，且其满足 $P \cdot M = 0$、$|M| = |cP|$ 时，天线的电偶极子与磁偶极子达到平衡，天线时域接收模式为心形线，其可以被沿其正向入射的电磁脉冲激励，而对沿其背向入射的电磁脉冲没有响应。

图 9-31 所示为微带线型 $P \times M$ 型天线的结构及实物，由长度为 $l$、特征阻抗为 $Z_2$ 的微带线组成，微带线终端 $x = l$ 处有电压源 $V_0$ 作为天线馈源，为满足电偶极子

和磁偶极子平衡条件，微带线终端 $x=0$ 为匹配负载 $Z_1$。通常情况下，$P×M$ 型天线的工作频率可以覆盖从零至数吉赫兹，响应时间为数十皮秒，该天线对于脉宽为 1 ns 的双极性高斯脉冲的前后抑制比可达到 20 dB，有效高度为数毫米量级。

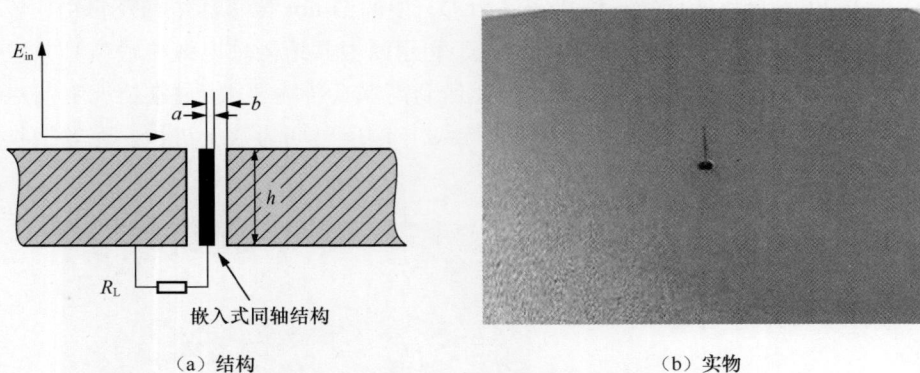

（a）结构　　　　　　　　　　　　　　（b）实物

**图 9-30　某典型单极子天线的结构及实物**

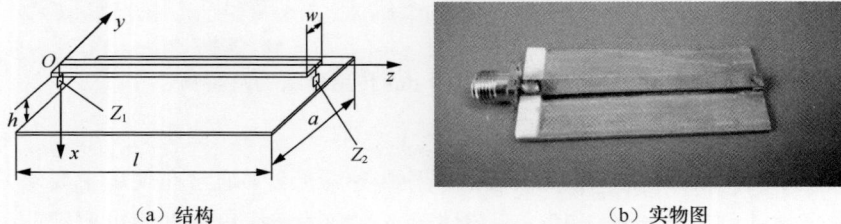

（a）结构　　　　　　　　　　　　　　（b）实物图

**图 9-31　微带线型 $P×M$ 型天线的结构及实物**

（5）典型测量系统的指标及测试结果

以下给出了几种基于微分原理的国产脉冲电磁场测量系统。考虑到该类型测量系统输出信号均为待测电场的微分形式，通过软件积分通常很难消除因数据采集设备基线漂移等趋势项造成的波形畸变，因此通常会在测量系统前端集成高速积分电路，从而得到与待测电场原波形相同的输出信号。

图 9-32 所示为前端采用单极子天线的光电集成式宽带测量系统。该系统集成了接收天线和置于屏蔽盒内的高速积分电路、信号调制模块、光电转换模块 4 个部分，负责脉冲电场信号的采集。采集到的波形信号经调制放大、光纤传输之后由光电转换模块获得传感器响应波形。其中，测量系统采用光纤传输系统，相对电信号传输，其具有传输容量大、抗电磁干扰能力强、损耗小等优点。

图 9-33 所示为采用 $P×M$ 型天线作为接收天线的集成式宽带测量系统。该系统集成了高速积分电路、信号调制模块、电光转换模块等多个部分，采用光纤传输待测信号。同时，为避免 $P×M$ 型天线与集成模块间传输线带来的干扰，接收天

线采用上下沿中线对称布置的双传输线设计，目的在于通过差分处理消除传输线引入的干扰。

图 9-32　前端采用单极子天线的光电
集成式宽带测量系统

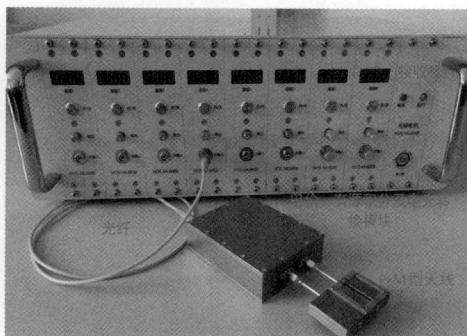

图 9-33　采用 *P×M* 型天线作为接收天线的
集成式宽带测量系统

图 9-34 所示为在前端采用单极子天线的光电集成式宽带测量系统基础上研制而成的三轴传感器。通过三轴测量模块小型化集成设计和光路波分复用技术实现 3 条通道单路输出，可同时测量 3 个正交极化电场分量，从而可通过一次测量获取电场极化方向和波形参数等多个参数，用于复杂环境中极化方向和来波方向未知的待测信号测量。

图 9-35 所示为在前端采用单极子天线的光电集成式宽带测量系统基础上研制而成的空中辐射场测量系统。该系统采用成熟的商用无人机作为搭载平台，该平台经过电磁防护后可在 50 kV/m 的高场强下正常工作。利用该无人机平台搭载测量系统，有效解决了部分无法到达的区域的脉冲电磁场测量难题。

图 9-34　三轴传感器

图 9-35　空中辐射场测量系统

图 9-36 所示为前端采用单极子天线的光电集成式宽带测量系统的测试结果。可以看出，该测量系统不仅可以响应前沿时间约 300 ps 的快前沿高斯脉冲，同

时对前沿时间为 2 ns、半高宽达数十纳秒的电磁脉冲波形也具有良好的保真测试能力。

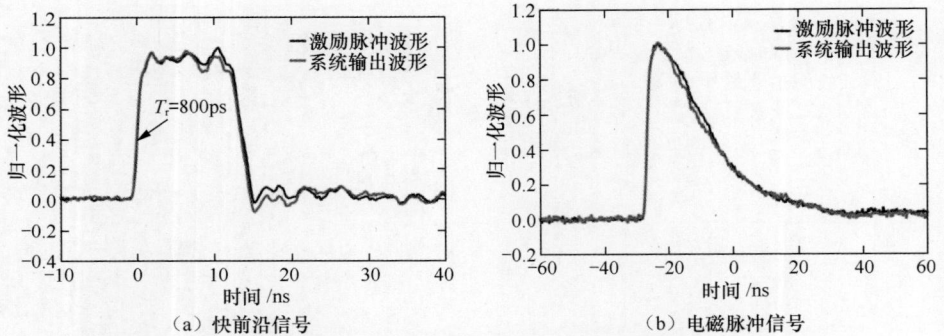

（a）快前沿信号　　　　　　　　　　（b）电磁脉冲信号

图 9-36　前端采用单极子天线的光电集成式宽带测量系统的测试结果

表 9-25 所示为国产基于微分原理的测量系统的主要技术指标。各系统前端集成了电平自校准和温度自补偿功能，可在多种复杂环境下保持良好的系统稳定性。

表 9-25　国产基于微分原理的测量系统的主要技术指标

| 序号 | 类型 | 主要指标 | 备注 |
|---|---|---|---|
| 1 | 基于开口同轴天线的光电集成式宽带测量系统 | 响应时间：＜120 ps；<br>3 dB 测量带宽：1 kHz～2.8 GHz；<br>测量范围：1 V/m～100 kV/m；<br>动态范围：70 dB；<br>稳定度：＜1%（5～40℃）；<br>前端接收机功耗：＜2 W（工作），＜0.04 W（待机）；<br>前端接收机质量：315 g；<br>尺寸：11（R）×2 cm（T） | 苏州弘宇脉测电子信息科技有限公司 |
| 2 | 基于开口同轴天线的超快响应光电集成式宽带测量系统 | 响应时间：＜60 ps；<br>3 dB 测量带宽：10 MHz～5.8 GHz；<br>测量范围：1 V/m～100 kV/m；<br>动态范围：60 dB；<br>稳定度：＜1%（5～40℃）；<br>前端接收机功耗：＜2 W（工作），＜0.04 W（待机）；<br>前端接收机质量：425 g；<br>尺寸：14 cm（R）×2 cm（T） | 苏州弘宇脉测电子信息科技有限公司 |
| 3 | 基于 P×M 型天线的光电集成式定向测量系统 | 响应时间：＜50 ps；<br>3 dB 测量带宽：1 kHz～1.3 GHz；<br>测量范围：10 V/m～100 kV/m；<br>前后电场抑制比：16 dB；<br>稳定度：＜1%（5～40℃）；<br>前端接收机功耗：＜3 W（工作），＜0.03 W（待机）；<br>前端接收机质量：415 g；<br>尺寸：15 cm×6 cm×3 cm | 苏州弘宇脉测电子信息科技有限公司 |

续表

| 序号 | 类型 | 主要指标 | 备注 |
|---|---|---|---|
| 4 | 基于开口同轴天线的光电集成式三轴测量系统 | 响应时间：＜270 ps；<br>3 dB 测量带宽：1 kHz～1.3 GHz；<br>测量范围：10 V/m～100 kV/m；<br>$x/y/z$ 通道隔离度：20 dB；<br>稳定度：＜1%（5～40 ℃）；<br>前端接收机功耗：＜2 W（工作），＜0.1 W（待机）；<br>前端接收机质量：355 g；<br>尺寸：6 cm×6 cm×6 cm | 苏州弘宇脉测电子信息科技有限公司 |
| 5 | 基于开口同轴天线的空中辐射场测量系统 | 响应时间：＜120 ps；<br>3 dB 测量带宽：1 kHz～2.8 GHz；<br>测量范围：1 V/m～20 kV/m；<br>动态范围：60 dB；<br>稳定度：＜1%（5～40 ℃）；<br>升空高度：＞100 m；<br>待机时间：＞30 min（25 ℃） | 苏州弘宇脉测电子信息科技有限公司 |

## 9.5　量子电磁场分析仪

上述电磁辐射分析仪主要使用电磁传感器进行电磁场的检测和测量。然而，电磁传感器的灵敏度和空间分辨率有限，无法满足对微弱电磁干扰源进行准确检测和定位的要求。近年来，量子传感技术的快速发展为解决这一问题提供了新的思路和方法。在这方面，金刚石氮空位（NV 色心）技术受到广泛关注。NV 色心是一种在金刚石晶格中的人造缺陷，具有独特的量子性质，包括长时间的相干时间和高灵敏度。这使得 NV 色心成为一种理想的量子传感器，能探测微弱的外部电磁场扰动。

### 9.5.1　量子色心测磁原理

金刚石晶体中有一类特殊的发光原子缺陷，由一个替代氮原子和最近邻的原子空位组成，这一分子对在室温下有两种稳定的电荷状态，即电中性和电负性。其中，电中性分子对具有顺磁性，不能通过激光制备量子态，因此不适合作为量子比特。但电负性分子对从空位捕获一个额外的电子，加上氮原子提供的 5 个电子，形成一个含 6 个电子或两个空穴的分子，包括 4 个内壳层电子和两个外层电子，两个外层电子（基态量子数 $S=1/2$）通过海森堡交换相互作用形成 $S=1$ 的双电子体系，双电子自旋沿着 NV 轴向有平行（$S_z = +1, -1$）和反平行（$S_z=0$）两种本征态。下面只讨论带负电的情形，一般将带负电的金刚石氮原子空位简称金刚石 NV 色心，其能级位于金刚石晶体的带隙内。NV 色心的基态电子自旋可以通过光泵浦和荧光探测来实现电子自旋的初始化和读出。

　　量子色心磁场探测的基本原理就是二能级原子在微波的共振作用下，发生周期拉比（Rabi）振荡，通过精确测量拉比振荡频率，可以测量微波场的幅度。对于二能级原子这一抽象体系可以比较直观地用布洛赫（Bloch）球表示。例如，在布洛赫球面上，用 $|0\rangle$ 和 $|-1\rangle$ 表示二能级原子的本征态，分别对应球面的北极和南极。二能级原子系统的任意态可以由式（9-26）表示。

$$|\psi_{sp}\rangle = \cos\frac{\theta}{2}|0\rangle + \sin\frac{\theta}{2}e^{i\phi}|-1\rangle \qquad (9\text{-}26)$$

式中，$\theta \in [0, \pi]$，表示基态布居数的变化情况；$\phi \in [0, 2\pi]$，表示二能级之间的相位差。如果将这两个角度变量等效到球坐标系下，则 $|\psi_{sp}\rangle$ 可以类比为布洛赫球上由球心为起始点到球面一点的向量 $(\theta, \phi)$，称为布洛赫矢量。叠加态 $|\psi_{sp}\rangle$ 的所有可能的量子态都可以由球面上任意一点表示，存在一对一的映射关系。

　　一个极化方向为 $x$ 轴方向、角频率为 $\omega$、强度为 $B_1$ 的驱动微波场，在布洛赫球上可以表示为指向 $x$ 轴方向的常数矢量，如图 9-37（a）所示。该驱动微波场将导致电子自旋进行拉莫尔进动，进动角频率 $\Omega_1 = \gamma B_1$，$\gamma$ 为旋磁比。因此量子态分布数在两个本征态（也就是布洛赫球的两个极点）之间振荡。图 9-37（b）给出了单个 NV 色心测量出来的拉比振荡曲线，可以看到拉比振荡曲线以固定的频率周期性振荡，同时振荡的幅度在逐渐衰减。在脉冲结束时获取的荧光信号 $S$，对应状态矢量在 $m_s = 0$ 上的投影，表示为 $S \propto |\langle\Psi_{sp}|0\rangle|^2$。系统在该状态下的概率为

$$P_{|0\rangle} = \left(\frac{\Omega_1}{2\Omega_R}\right)^2 \sin^2(\Omega_R t / 2) \qquad (9\text{-}27)$$

式中，$\Omega_R = \sqrt{\Omega_1^2 + \Delta^2}$ 为拉比振荡频率；$\Delta = \omega - \omega_0$ 描述了驱动角频率 $\omega$ 与实际的跃迁角频率 $\omega_0$ 之间的失谐情况。对于可以驱动电子自旋实现一个完全极化转移（自旋有 100%的可能性翻转）的共振微波脉冲，必须具有一定的脉冲长度，这个长度的脉冲被命名为 π 脉冲，这是因为在这个长度的脉冲的驱动下，矢量在布洛赫球面上翻转了 180°。对应的 π/2 脉冲，则创造了一个量子叠加态。

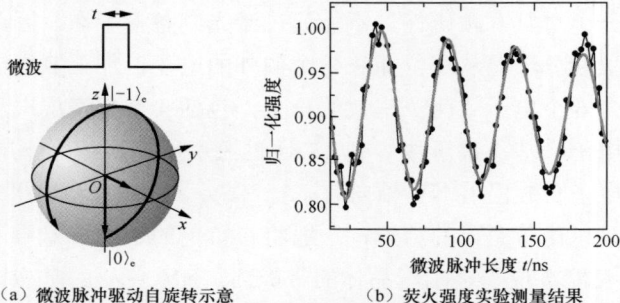

（a）微波脉冲驱动自旋转动示意　　　（b）荧火强度实验测量结果

**图 9-37　微波脉冲驱动自旋转动示意和荧光强度实验测量结果**

近年来，基于 NV 色心，科学家们发展了温度、静磁场、微波磁场和电场等的量子精密测量技术。基于 NV 色心测量微波的原理是量子二能级体系在共振微波磁场中的拉比振荡现象，拉比振荡频率和微波强度成正比，比例因子由物理常数组成，由量子态对称性决定。NV 色心是 $S=1$ 的双电子自旋，这时比例因子为 2.8 MHz/gauss，只要精确测定拉比振荡频率，就可以定量地测量微波磁场矢量的幅度，无须标定。这一体系的优势是空间分辨率高，NV 色心的物理尺寸大约是 0.2 nm，可以实现纳米量级分辨率的微波磁场分布成像。其原理是 NV 色心体系的拉比振荡频率只和垂直于 NV 轴的微波磁场圆偏振分量相关。基于金刚石晶体中有 4 种等效的晶轴这一特性，可以先后测试微波沿 4 个晶轴的投影分量（见图 9-38～图 9-40），从而构出微波磁场的矢量。

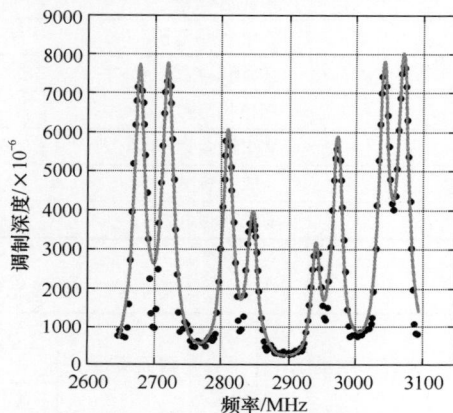

图 9-38　典型 NV 轴八峰 ODMR 谱

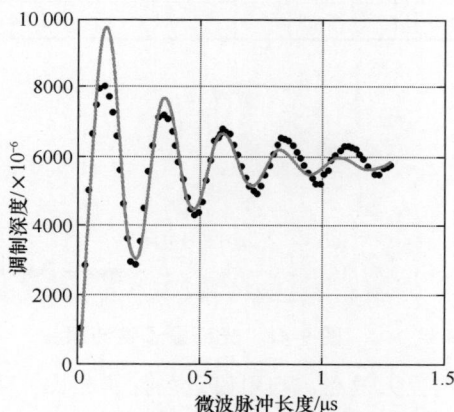

图 9-39　拉比振荡曲线

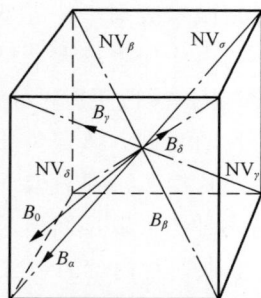

图 9-40　NV 色心四轴分量

## 9.5.2　典型指标

量子电磁场分析仪的主要典型指标包括重复定位精度、工作频率范围、磁场灵敏度、空间分辨率等。本书以南京昆腾科技有限公司的量子电磁场分析仪为例，其技术指标如表 9-26 所示。

锥形光纤量子磁场探头可提高荧光收集效率，这一原理级的创新让荧光收集效率提升 10 倍以上，探头尺寸可缩小至微米量级。锥形光纤量子磁场探头的核心指标如表 9-27 所示。

表 9-26　量子电磁场分析仪的技术指标

| 指标名 | 指标值 |
|---|---|
| 重复定位精度 | ≤10 μm |
| 工作频率范围 | DC～14 GHz |
| 磁场灵敏度 | 0.004 A/m@1 Hz |
| 空间分辨率 | ≤5 μm |
| 单次测量时间 | ≤500 ms |
| 成像模式 | 扫描式 |
| 场强幅度标定 | 量子标定 |

表 9-27　锥形光纤量子磁场探头的核心指标

| 光纤末端类型 | 尖端截面直径 | 金刚石尺寸 | | | |
|---|---|---|---|---|---|
| | | 5 μm | | 11.7 μm | |
| | | 收集效率 | 激发效率 | 收集效率 | 激发效率 |
| 常规形 | 125 μm | 1 | 1 | 1 | 1 |
| 短锥形 | 12.6 μm | — | — | 5.64 | 2.42 |
| 长锥形 | 7.4 μm | 15.03 | 7.68 | 6.1 | 2.04 |

光纤量子磁场探头（见图 9-41）轻松达到微米级别，在大型永磁铁测量环境中利用外加磁场调谐可扩展至太赫兹频段，探测频段更广，可应用于 5G 毫米波芯片的测试。该探头属于第二代非接触式芯片探头，在获取芯片表面微波磁场的同时还可以反演出芯片内部电流分

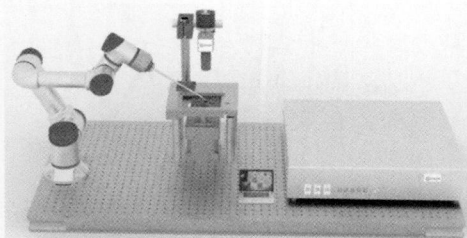

图 9-41　光纤量子磁场探头

布，获取芯片内部的细节结构，可快速定位失效点。与电磁近场探头相比，光纤量子磁场探头除了探测磁场，还可以测量温度，如表 9-28 所示。

表 9-28　光纤量子磁场探头与电磁近场探头的对比

| 探头类型 | 电磁近场探头 | 光纤量子磁场探头 |
|---|---|---|
| 无损测量 | 否 | 是 |
| 分辨率 | 10～100 μm | <5 μm |
| 适合芯片级晶圆测试 | 否 | 是 |
| 工作频率范围 | DC～20 GHz | DC～14 GHz |
| 是否为量子标定 | 否 | 是 |
| 是否为多物理量测量 | 否 | 是，可测量芯片电磁场和温度 |

### 9.5.3　应用场景与测试实例

#### 1. 晶圆级电磁兼容测试

当前，电磁兼容测试主要还是在系统级/设备级的层面上进行电磁干扰源的粗定位。随着集成电路已经进入后摩尔时代，国际器件与系统线路图把三维异质异构集成、系统级封装技术作为突破摩尔定律的关键技术。三维异质异构集成与系统级封装技术将模拟电路、数字电路、微波射频电路等集成在一个芯片中，这会导致电路间的相互干扰严重，制约高端芯片的性能与可靠性。

南京昆腾科技有限公司以光纤量子磁场探头为核心，搭建的整个晶圆级电磁兼容测试设备在深圳市中兴微电子技术有限公司（简称中兴微电子）进行了系统级芯片（SoC）的信号串扰分析。为此，中兴微电子团队多次对芯片做了开盖（decap）工艺，便于光纤量子磁场探头更加接近芯片表面，获得的数据能更直接地反映芯片电磁辐射的异常，实现串扰信号的准确定位。此设备包含 3 个主要模块：高精度非接触式测试探头、高精度移动机台、数据算法分析系统。对于射频芯片所关心的干扰频点，通过此测试设备，可快速得到整个芯片的串扰能量分布，进而能够确定串扰源所在的电路模块，为芯片的串扰分析提供了一些实践依据。图 9-42 所示为采用光纤量子磁场探头测量射频芯片场景。

图 9-42　采用光纤量子磁场探头测量射频芯片场景

#### 2. 芯片晶圆测试和最终测试

通过量子电磁场分析仪对芯片表面微波磁场的高分辨率成像，可以精确定位芯片内部异常点。芯片晶圆测试指的是芯片在晶圆阶段，通过探针卡接触芯片管脚对芯片进行功能测试（也称接触式测试），逐个或抽样检测晶圆上每一个裸片的好坏，形成晶圆图，测试合格的裸片可进入下一阶段的封装和最终测试。只有通过最终测试的芯片才会允许出厂。

量子电磁场分析仪具有以下显著的技术优势。

（1）在晶圆测试环节，基于量子传感的晶圆级电磁兼容测试设备具有灵敏度高、空间分辨率高、体积小等特点，利用该设备，可初步完成对晶圆测试环节的芯片表面微波场的成像验证。该技术将光学显微技术应用到微波场分布成像，获得了芯片表面亚微米级分辨率的实时微波场图像，在晶圆测试中有重要的应用价值。

（2）在最终测试环节，量子电磁场分析仪具有微米级分辨率，以及非接触的优点，在测试工作频率、灵敏度、空间分辨率、对场的扰动等方面比现有工业解决方案有优势。采用这一设备进行芯片良品筛查、芯片失效分析的应用验证，为进一步提升芯片封装良品率提供了一种新的解决方案。

# 9.6 电磁辐射分析仪的计量标定

## 9.6.1 同轴锥系统

中国信通院泰尔实验室和业界合作方共同开发了同轴锥系统，用作电磁场探头计量装置。目前，已有的 JJG（军工）计量规程和正在起草的国家电磁辐射功率密度检定系统表已经包含相关方案。图 9-43 所示为同轴锥系统。

与传统早期计量方案相比，同轴锥方案具有以下 4 个显著优点。

（1）不依赖电波暗室和天线，所需场地、资金、人员等投入少。对于传统基于电波暗室的电场探头计量方案，电波暗室需要场地面积超过 100 m²，仅电波暗室投入就超过 500 万元，如果考虑土建、配套天线、GTEM 小室等的成本，投入更大，并且日常维护和操作需要 3 名以上的工程师。但同轴锥电磁场探头计量标准装置占地面积仅 12 m² 左右，1～2 名工程师配合即可完成工作，不存在土建工作，投资也显著降低。

（2）场强动态范围大。在相同的输入功率条件下，使用同轴锥比使用天线暗室可以得到更大的场强，这意味着更低的功率放大器成本、更大的测试动态范围。图 9-44 所示为在等距离上电场强度的对比曲线。显然，相同的输入功率条件下，同轴锥可以产生更大的场强。

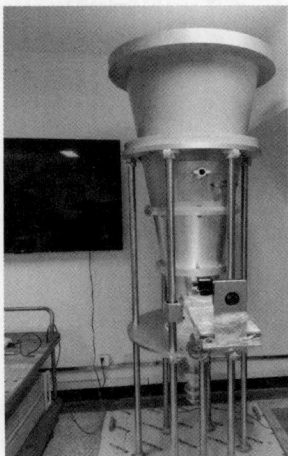

图 9-43　同轴锥系统

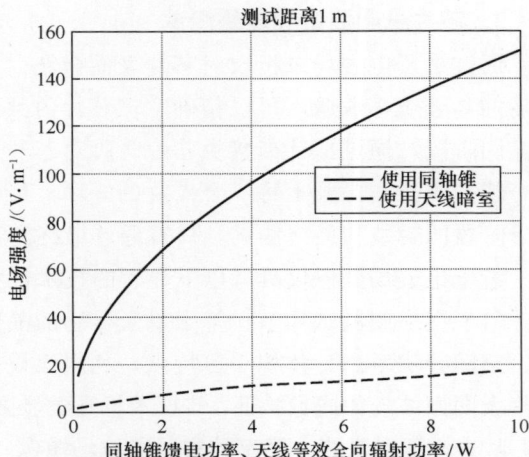

图 9-44　同轴锥与天线暗室的电场强度的对比

（3）操作便捷、快速。比对测试表明，计量一台 40 GHz 的电磁辐射分析仪，使用传统的基于天线暗室的场强计量装置，需要 7 h；而使用基于同轴锥的先进计量方案，只需要 1 h。这是因为：传统的基于电波暗室的电磁场探头计量装置，在 200 MHz～40 GHz 的频率范围内，需要更换一次 GTEM 小室和 8 次天线，每次更换后被测电磁辐射分析仪探头都需要重新定位、对准，这就耗费了大量的操作时间，操作人员也非常疲劳，如图 9-45 所示。而使用同轴锥方案，一台同轴锥腔体就可以覆盖 DC～50 GHz 的频率范围，被测电磁辐射分析仪探头固定后就不需要挪动，一次即可完成该频率范围内的所有计量项目。

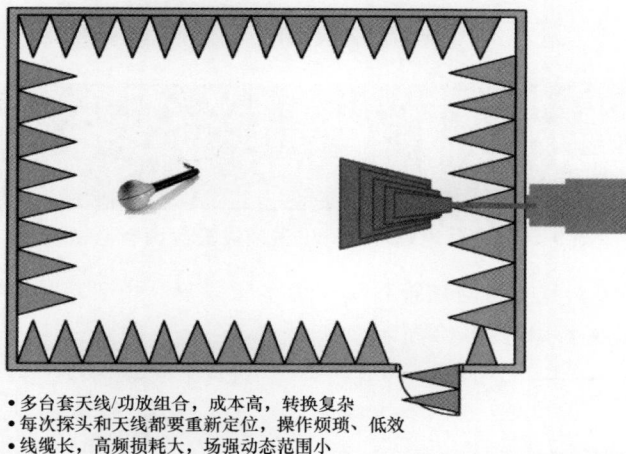

- 多台套天线/功放组合，成本高，转换复杂
- 每次探头和天线都要重新定位，操作烦琐、低效
- 线缆长，高频损耗大，场强动态范围小

**图 9-45　传统电磁场探头计量装置依赖电波暗室，需要多次更换天线**

（4）支持包含 5G 调制在内的多频段复合调制电磁场计量。在计量过程中使用连续波电磁场作为标准场，这个过程是必要但不充分的，因为实际电磁环境的特征是：包含 4G/5G 等的多频段复合电磁场。显然电磁辐射分析仪的计量参数与使用条件应当匹配，传统计量方案很难解决这个问题，而基于超宽带同轴锥系统，可以很好地满足该计量需求。

## 9.6.2　多频段复杂电磁辐射的计量标定

随着科技和工业的发展，空间中存在大量的无意电磁辐射，如汽车点火器辐射、航天器周边的电磁波、集成电路辐射等，这些辐射散布在很宽的频谱上。另外，随着无线系统的发展，从 300 kHz 的中波广播开始，到 6 GHz 以下的移动通信频段，再到毫米波雷达、毫米波 5G/B5G 等无线系统的发展，环境电磁辐射频率将横跨数千赫兹到毫米波。目前，主要使用电磁辐射分析仪来测量环境的电磁辐射，要保障电磁辐射分析仪的准确、可靠，需要对其进行计量溯源。然而目前计量测试使用的国际标准和国家标准均有一个缺点：在计量过程中使用连续波电磁场作为标准场，这个过程是必要但不充分的，因为实际电磁环境场强的特征是多频段复合电磁场，其中包含宽带矢量调制的电磁场，有一些具有脉冲时隙特征。为了使得对电磁辐射分析仪的计量评测和其实际应用场景相符，需要提出多频段复杂电磁辐射的标定方法。图 9-46 所示为一种实际电磁环境——多频段复合调制电磁场。

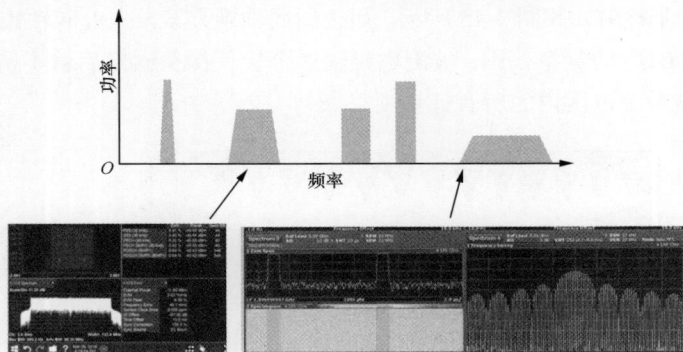

图 9-46　实际电磁环境——多频段复合调制电磁场

可以采用 9.6.1 节中的同轴锥系统作为多频段复杂电磁环境生成装置，其计量装置示意如图 9-47 和图 9-48 所示。

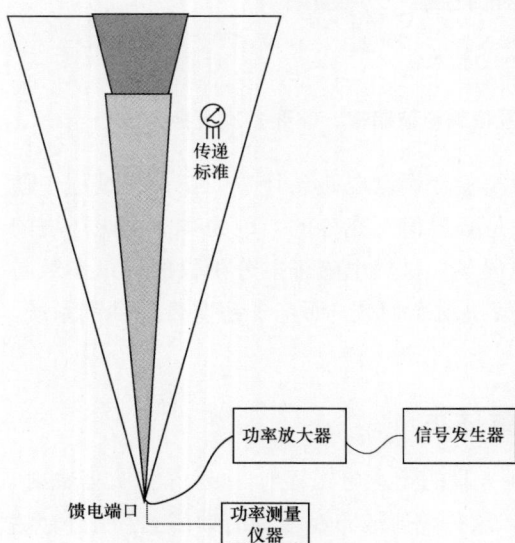

图 9-47　同轴锥场强计量装置示意（单一场强，DC ~ 50 GHz）。在连续波状态下，其中的功率测量仪器为功率计；在调制信号状态下，其中的功率测量仪器为宽带信号分析仪

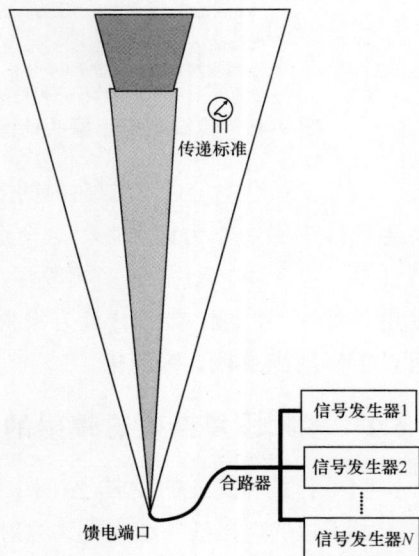

图 9-48　同轴锥场强计量装置示意（多频段复合场强，一般配置为双信号源合路形成的双频段复合调制场强，DC ~ 50 GHz）

所谓多频段复杂电磁场，即相对窄带调制信号、相对宽带调制信号、连续波

信号的组合电磁场。其中复杂电磁场中的调制信号可以是 AM 信号、FM 信号等模拟调制信号，也可以是 4G 信号、5G 信号、Wi-Fi 信号、蓝牙信号等无线通信数字调制信号、数字广播电视数字调制信号，以及脉冲调制信号等。

基于图 9-47，将电磁辐射分析仪在预设频率的连续波电磁场中完成校准，获得标准传递的连续波。如图 9-48 所示，可以通过多路信号合路馈入同轴锥系统的方式生成多频段复合杂磁场。采用下述方式对这些组合的信号进行分类处理：将相对宽带调制信号分成若干子频带，将相对窄带调制信号等效成一个子频带，则基于对所有的子频带集合的处理，可以求得多频段信号组合对应的功率通过密度标准值。通过计算调制信号馈电功率和电磁场功率通过密度标准值，完成多频段复杂电磁环境下对电磁辐射分析仪的计量。

假设连续波状态下测得的馈电功率为 $P_c$，连续波电磁场功率通过密度标准值为 $S_{cs}$，子频带内信号的馈电功率测量值为 $P_m$，则此处调制信号对应的功率通过密度标准值 $S_{ms}$ 可以定义为

$$S_{ms} = \frac{P_m}{P_c} S_{cs} \tag{9-28}$$

被测电磁辐射分析仪的调制电磁场功率通过密度读数为 $S_{mr}$，通过比较 $S_{mr}$ 和 $S_{ms}$，可以对电磁辐射分析仪测量调制信号电磁场的性能进行计量，或者可以将功率通过密度校准因子 $K_c$ 定义为

$$K_c = \frac{S_{ms}}{S_{mr}} \tag{9-29}$$

不确定度评定思路如下：对于调制信号或者多频段信号组合，可以将其在频域上分解成多个子频带，分别计算每个子频带的功率通过密度，然后求其功率通过密度的和。

### 9.6.3　在线测试系统的计量标定

近年来，我国相关部门建设了大量的电磁场监测系统，广泛用于无线通信设施、电视和广播发射系统、电力发电设施等周边的电场测量。其中部分是固定系统，部分是车载系统，这些监测系统将电磁辐射环境监测仪器、电磁辐射分析软件、GPS 和 GIS（地理信息系统）结合起来，通过能进行实时数据通信的监控中心，对城市电磁辐射环境实现了连续自动监测。有一部分监测系统自带大型显示屏，向公众实时显示当前的电磁辐射水平。

按照我国相关规定，对用于电磁环境监测、出具数据的电磁辐射测量仪表应当安排定期计量。针对在线电磁场监测系统难以拆卸送实验室计量的难题，中国信

通院泰尔系统实验室开展了理论和实验研究，并形成行业规范 JJF（通信）056—2023《在线电场监测系统现场校准规范》和 JJF（通信）057—2023《在线磁场监测系统现场校准规范》。

为了保障室外电磁场在线监测系统的量值准确，中国信通院泰尔系统实验室研制了专用的计量标准装置，分别对频率响应、线性度等参数的测量进行校准。室外电磁场在线监测系统的在线计量原理如图 9-49 和图 9-50 所示。

**图 9-49　室外电场在线监测系统的在线计量原理（1 kHz～800 MHz）**

其中，TEM 小室有以下特点。

（1）频率范围为 1 kHz～800 MHz。

（2）特性阻抗：50 Ω。

（3）芯板与底板（或顶板）间的距离至少大于被校准探头直径。

（4）开孔状态下端口电压驻波比：≤1.3。

TEM 小室双侧开正对圆孔，圆孔直径至少大于被校准探头外壳的直径，如图 9-51 所示，开孔是为了使被校准室外电场在线监测系统的杆状外壳嵌套进入。

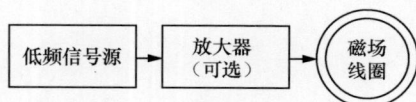

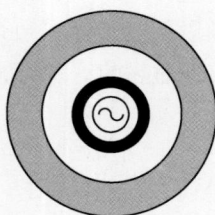

线圈中心为被校准系统
磁场探头（带外壳）

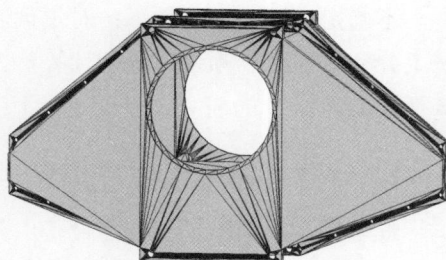

**图 9-50　室外磁场在线监测系统的在线计量原理**

**图 9-51　TEM 小室开孔**

### 9.6.4　脉冲电磁场测量系统的计量标定

脉冲电磁场测量系统的计量一般采用基于互易原理的双/三天线法和基于标准场的校准方法。基于互易原理的双/三天线法一般仅适用于对 TEM 喇叭类传感器的校准。而基于标准场的校准方法则更具有普适性，对 TEM 喇叭类传感器和电小尺寸传感器的校准均适合，且该方法对灵敏度和响应时间等待测参数的量值溯源和不确定度评定等过程更具参考意义。在实际应用中，对于传输系统和采集系统，推荐与传感器构成系统进行整体校准，也可依托脉冲参数计量领域的相关方法和规程单独对测量传感器进行校准。

**1. 基于互易原理的双/三天线法**

基于互易原理的双/三天线法是常采用的频域天线校准方法，该方法适用于对TEM 喇叭类传感器的校准。对于 TEM 喇叭作为辐射天线，其辐射特性可表示为

$$E(\omega) = \frac{\mathrm{j}\eta\omega}{4\pi rc} \cdot \frac{2V_s(\omega)}{Z_0 + Z_1(\omega)} \cdot L_1(\omega)\mathrm{e}^{-\mathrm{j}\frac{\omega}{c}r} \qquad (9\text{-}30)$$

式中，$V_s(\omega)$ 为脉冲源在匹配负载上的输出电压；$Z_0=50\ \Omega$ 为脉冲源输出阻抗；$\eta$ 为空气波阻抗；$L_1(\omega)$ 为辐射天线的频域有效高度；$Z_1(\omega)$ 为发射天线阻抗。

当采用 TEM 喇叭对脉冲电磁场进行测量时，其负载上的输出电压可表示为

$$V_r(\omega) = \frac{Z_0}{Z_0 + Z_2(\omega)} L_2(\omega) E(\omega) \qquad (9\text{-}31)$$

式中，$V_r(\omega)$ 为接收电压；$Z_2(\omega)$ 为接收天线阻抗；$Z_0$ 为负载阻抗，一般为传输线阻抗，即 50 Ω；$L_2(\omega)$ 为接收天线的有效高度。则接收天线的传递函数为

$$H(\omega) = \frac{Z_0}{Z_0 + Z_2(\omega)} L_2(\omega) \qquad (9\text{-}32)$$

当采用双天线法进行标定时，则 $L_1(\omega) = L_2(\omega)$，$Z_1(\omega) = Z_2(\omega)$，天线的传递函数为

$$H(\omega) = \sqrt{\frac{\pi rc Z_0 V_r(\omega)}{\mathrm{j}\omega\eta V_s(\omega)}} \cdot \mathrm{e}^{\mathrm{j}\frac{\omega}{2c}r} \qquad (9\text{-}33)$$

上述分析表明，采用双天线法可以实现对 TEM 喇叭传递函数的标定，其典型标定场景如图 9-52 所示。但频域标定存在多径效应、喇叭个体差异等影响因素，而且难以给出准确的相位关系，进而影响到 TEM 喇叭传递函数的计算。

在实际应用中，针对频域标定中存在的多径效应，通常利用频域标定设备（通常为矢量网络分析仪）中的时间窗技术进行抑制，对喇叭个体差异则采用三天线法进行处理。

**图 9-52　TEM 喇叭传递函数的典型标定场景**

### 2. 基于标准场的校准方法

基于标准场的校准方法是 IEEE Std 1309—2013 推荐的脉冲电磁场传感器校准方法，其主要方法是将测量传感器置于参数已知的瞬态强电磁脉冲电场（标准场）内对传感器有效高度、响应时间等参数进行校准。

（1）镜面单锥 TEM 室

镜面单锥 TEM 室是典型的基于标准场的校准方法的脉冲电磁场传感器标定装置，主要由镜面板、锥体、馈电结构和辅助支撑设备等构成。脉冲源产生的电脉冲通过电缆和馈电结构后，在由镜面板和锥体构成的空间中形成参数已知的电场，其内部电场 $P$ 点的电场表达式由麦克斯韦方程组严格解析求解如下：

$$E_\theta(r,\theta,\phi,t) = \frac{TV_s(t-r/c)}{r \cdot \sin\theta \cdot \ln\left(\cot\dfrac{\theta_h}{2}\right)} \tag{9-34}$$

式中，$V_s(t)$ 为激励脉冲源的输出电压；$T$ 为脉冲源到单锥装置的传输系数，在阻抗良好匹配的情况下 $T$ 接近 1；$\theta_h$ 为镜面单锥传输线的半锥角；$r$ 为球坐标系测点径向坐标；$\varphi$ 为球坐标系下的水平角；$\theta$ 为球坐标系俯仰角；$t$ 为时间；$c$ 为光速。式（9-34）实际上只在有效时间窗内有效，在有效时间窗以外就会产生转折电流导致的多径，而不同空间位置的有效时间窗是不同的，数学关系相对比较复杂。

该标准装置复现的电磁脉冲电场量值可基于严格解析的解给出，且所涉及的物理量均可溯源至国家基准。

图 9-53 所示为母线长为 1.5 m 的镜面单锥 TEM 室的短电磁脉冲电场标准产生装置。受锥体末端电场反射影响，该装置的有效时间窗约为 5 ns，可以产生 100~600 V/m 的标准电场，电场强度扩展不确定度为 4.8%（$k$=2）。该装置已经与俄罗斯国家标准 GET 178—2016 进行了量值对比实验，双方标定

**图 9-53　母线长为 1.5 m 的镜面单锥 TEM 室的短电磁脉冲电场标准产生装置**

均值偏差为 1.2%，表明该装置复现的电场强度量值达到与国外电场基准相当的准确度。

图 9-54 所示为改进研制的电阻阵列加载镜面单锥 TEM 室，其主要特点是采用了 8 组 400 Ω 无感电阻阵列在末端进行加载以接收电场低频信号，加载后的镜面单锥 TEM 室可有效消除末端反射，从而解决了标准装置的有效时间窗问题，有效拓展了其应用领域和范围。实测结果表明，在 0~3 GHz 范围内单锥馈电点

的 $S_{11}$ 系数最大不超过 $-19$ dB，端口驻波系数最大仅为 1.2。

（2）GTEM 室

GTEM 室是目前国内外应用较多且上限工作频率达到吉赫兹级的宽频带短电磁脉冲电场校准装置，由上下底板、芯板、末端负载和馈电结构等构成，具体如图 9-55 所示。脉冲源产生的电脉冲通过电缆和馈电结构后，在下底板与芯板间形成矩形均匀场区，该电场表达式近似为

$$E \approx \frac{V(t-r/c)}{h} \tag{9-35}$$

式中，$V(t)$ 为激励脉冲源的输出电压；$h$ 为芯板距底板的垂直距离；$r$ 为观测点与馈电点的间距。受芯板和下底板传输结构限制，GTEM 室在实际应用过程中存在两个方面的问题，一是内部电场均匀性受金属边缘影响，呈现出"微笑型"分布特征；二是电场表达式并非基于解析方法严格求解得到的，在电场溯源上受到较大限制。由于上述原因，IEEE Std 1309—2013 标准中并没有将其作为推荐的电场标定装置。

图 9-54　电阻阵列加载镜面单锥 TEM 室

图 9-55　GTEM 室

（3）TEM 小室

TEM 小室又称横电磁波室，是由两端为喇叭状逐渐收缩的外导体和中间为带状隔板的内导体构成的特殊矩形截面传输线。TEM 小室外导体的中间部分由顶板、底板和两块侧板拼接而成；TEM 小室内导体的中间部分为带状隔板，隔板两端逐渐收缩并与特性阻抗为 $50\ \Omega$ 的同轴电缆内导体连接，具体如图 9-56 所示。脉冲源产生的电脉冲通过电缆和馈电结构后，在下底板与芯板间形成矩形均匀场区，该电场表达式近似为

$$E \approx \frac{V(t-r/c)}{h} \tag{9-36}$$

图 9-56　TEM 小室

式中，$V(t)$ 为激励脉冲源的输出电压；$h$ 为中心导体和外导体间的距离；$r$ 为观测

点与馈电点的间距。TEM 小室结构封闭,成本低廉,在应用过程中操作方便,被广泛应用于探头校准,但受 TEM 小室过渡段结构产生的高次模影响,其最大工作频率限值为 200 MHz 左右,很难应用于快前沿脉冲电磁场测量校准。

表 9-29 所示为国产短脉冲电磁场校准设备的技术指标。尤其值得一提的是,采用电阻阵列加载的镜面单锥 TEM 室是我国首先提出并应用的新型短脉冲电磁场校准装置,镜面单锥 TEM 室低频段的阻抗匹配特性得到显著优化,又保持了单锥内部场精确可计算的优点,是当前脉冲电磁场探头高精度校准的较优选择。另外,镜面单锥 TEM 室也是校准输变电设备特高频局部放电监测装置的主要标准装置,其校准方法在国家计量规范中有详细描述,此处不赘述。我国镜面单锥 TEM 室的主要研发单位有苏州弘宇脉测电子信息科技有限公司、中国信通院泰尔实验室等。

**表 9-29 国产短脉冲电磁场校准设备的技术指标**

| 序号 | 类型 | 技术指标 |
|---|---|---|
| 1 | 镜面单锥 TEM 室 | 响应时间:<80 ps;<br>时间窗范围:按照尺寸和几何结构计算,母线越长时间窗越大;<br>工作频率范围:0~3 GHz(加载后);<br>电场标准不确定度:2.4%;<br>典型端口驻波系数:<1.3(0~6 GHz) |
| 2 | GTEM 室 | 工作频率范围:0~1 GHz;<br>电场标准不确定度:约 20%;<br>典型端口驻波系数:<1.3 |
| 3 | TEM 小室 | 工作频率范围:0~200 MHz;<br>电场标准不确定度:约 10%;<br>典型端口驻波系数:<1.3 |

本章研究工作和写作受国家重点研发计划课题(2021YFF0600303、2022YFF0604602)的支持,在此致谢。

# 参考文献

[1] 周峰, 袁修华, 纪锐, 等. 一种电磁辐射分析仪计量评测的装置、方法及应用 202010846421.1[P]. 2020-8-21.

[2] 国网浙江省电力有限公司电力科学研究院. 输变电设备在线监测装置校准规范 特高频局部放电在线监测装置[S]. 2022.

[3] IEEE. 电磁场传感器及探头校准标准(9 kHz~40 GHz, 天线除外): IEEE 1309—2013[S]. 2013.

[4] 国防科工局. 电磁场传感器和探头检定规程: JJG(军工)24—2018[S]. 2018.

# 第 10 章 电磁兼容试验仪器和系统

## 10.1 概述

本章所述仪器和系统主要与电磁兼容有关。人们从电报和无线电应用的早期就开始关注电磁环境的干扰问题。1892 年，德国的《电报法》成为世界上第一部处理电磁干扰影响的法律。20 世纪 20 年代，随着调幅广播应用的兴起，由无线电传输引起的对其他产品和设备造成的干扰，以及影响无线电接收质量的干扰成为人们首要关注的问题。

电磁兼容的中心课题是研究控制和消除电磁干扰（electromagnetic interference，EMI），使电子设备或系统与其他设备联系在一起工作时，不引起设备或系统的任何部分的工作性能恶化或降低。按照国际标准和国家标准的要求，被干扰对象一般分成两类：无线电接收设备和非无线电接收设备。对于无线电接收设备，由于涉及频谱资源的利用，其电磁兼容问题主要靠降低周边其他设备的无意电磁辐射发射值来解决；对于非无线电接收设备，其电磁兼容问题是研究其在应用环境中实际发生的干扰，并把干扰值作为对非无线电接收设备本身的抗干扰能力要求，从而实现兼容。

目前，衡量一个产品的电磁兼容性（electromagnetic compatibility，EMC）主要从以下 3 个方面考虑。

（1）基于无线电保护的 EMI 性能：对于处在一定环境中的设备或系统，在正常运行时不应产生超过相应标准所要求的射频电磁能量。这部分的测试方法与限值标准制定由 IEC/CISPR（国际电工委员会/国际无线电干扰特别委员会）负责。相关的电磁干扰有：从电源线传导出来的电磁干扰，从信号线、控制线传导出来的干扰，以及从产品自身辐射出来的干扰。

（2）基于电网用电安全的 EMI 性能：对于处在一定环境中的设备或系统，在正常运行时不能产生超过相应标准所要求的能量。这部分的测试方法与限值标准制定由国际电工委员会/第 77 技术委员会（IEC/TC77）负责。相关的电磁干扰有：从电源接口传导出来的谐波电流，电源接口产生的电压波动和闪烁（fluctuation and flicker）。

（3）电磁抗扰度（electromagnetic susceptibility，EMS）性能：对于处在一定环境中的设备或系统，设备或系统在正常运行时能承受各种类型的电磁能量干扰。这部分的测试方法与标准制定由 IEC/TC77 负责。相关的干扰主要有：静电放电，电源接口的电快速瞬变脉冲群，信号线、控制线接口的电快速瞬变脉冲群，电源接口的浪涌（surge）和雷击，信号线、控制线接口的浪涌和雷击，从空间传递到产品壳体的电磁辐射，从电源接口传入的传导干扰，电源接口的电压跌落与中断。

除了 IEC 和 CISPR 组织，国际上还有像美国联邦通信委员会（FCC）、美国国防部、美国航空无线电技术委员会（RTCA）等组织，他们研究、制定自己的限值标准。我国的组织主要有中国通信标准化协会（CCSA）、全国无线电干扰标准化技术委员会、全国高电压试验技术和绝缘配合标准化技术委员会等组织。

为了衡量在实际应用环境中产品的 EMC，需要进行电磁兼容试验，对应以上产品各项 EMC 指标。电磁兼容试验通常分为 EMI 试验和 EMS 试验两大方面。

（1）EMI 试验

EMI 试验包括电源线传导干扰（CE）测试，信号线、控制线传导干扰测试，辐射干扰（RE）测试，谐波电流测试，电压波动和闪烁测试。

（2）EMS 试验

EMS 试验包括静电放电（electrostatic discharge，ESD）抗扰度测试，电源接口的电快速瞬变脉冲群（EFT/B）抗扰度测试，信号线、控制线的电快速瞬变脉冲群抗扰度测试，电源接口的浪涌和雷击测试，信号线、控制线的浪涌和雷击测试，壳体辐射抗扰度（RS）测试，电源接口传导抗扰度（CS）测试，信号线、控制线的传导抗扰度测试，电源接口的电压跌落与中断测试，等等。

以上测试项目针对不同行业的产品，均有相应的标准来规定其测试时的摆放要求、限值要求和测试等级要求等，测试方法、测试时的环境要求及设备要求等大体相同。

对于汽车及车载电子设备，由于其电磁环境与供电环境相对特殊，其电磁兼容试验也相对特殊，但也可分为 EMI 试验和 EMS 试验两大类。测试项目主要参考 ISO、CISPR 标准，具体的电磁兼容试验的测试项目如下。

（1）EMI 试验的测试项目

① 符合 GB/T 18655—2018《车辆、船和内燃机 无线电骚扰特性 用于保护车载接收机的限值和测量方法》、GB 14023—2022《车辆、船和内燃机 无线电骚扰特性 用于保护车外接收机的限值和测量方法》标准的辐射骚扰测试。

② 符合 GB/T 18655—2018《车辆、船和内燃机 无线电骚扰特性 用于保护车载接收机的限值和测量方法》标准的传导耦合/瞬态发射骚扰测试。

（2）EMS 试验的测试项目

① 符合 ISO 7637-1/2 标准规定的电源线传导耦合/瞬态抗扰度测试。

② 符合 ISO 7637-3 标准规定的传感器电缆与控制电缆传导耦合/瞬态抗扰度测试。

③ 符合 ISO 11452-7（对应国家标准 GB/T 17619—1998《机动车电子电器组件的电磁辐射抗扰性限值和测量方法》）标准规定的射频传导抗扰度测试。

④ 符合 ISO 11452-2（对应国家标准 GB/T 17619—1998《机动车电子电器组件的电磁辐射抗扰性限值和测量方法》）标准规定的辐射场抗扰度测试。

⑤ 符合 ISO 11452-3（对应国家标准 GB/T 17619—1998《机动车电子电器组件的电磁辐射抗扰性限值和测量方法》）标准规定的使用 TEM 小室的辐射场抗扰度测试。

⑥ 符合 ISO 11452-4（对应国家标准 GB/T 17619—1998《机动车电子电器组件的电磁辐射抗扰性限值和测量方法》）标准规定的大电流注入（BCI）抗扰度测试。

⑦ 符合 ISO 11452-5（对应国家标准 GB/T 17619—1998《机动车电子电器组件的电磁辐射抗扰性限值和测量方法》）标准规定的使用带状线的抗扰度测试。

⑧ 符合 ISO 11452-6（对应国家标准 GB/T 17619—1998《机动车电子电器组件的电磁辐射抗扰性限值和测量方法》）标准规定的使用三平板的抗扰度测试。

⑨ 符合 ISO 10605 标准规定的静电放电抗扰度测试。

对于军用及航空航天设备，同样由于其电磁环境与供电环境相对特殊，其电磁兼容试验也相对特殊，也可分为 EMI 试验和 EMS 试验两大类，其主要标准有 GJB 151B—2013、RTCA-DO-160G、MIL-STD-188、MIL-STD-462D 等。

试验需要测试仪器、设备、系统，后文将分别介绍。

# 10.2　国产电磁干扰测量接收机

## 10.2.1　电磁干扰测量接收机原理

电磁干扰发射测量接收机（以下简称 EMI 测量接收机）是 EMI 试验中较常用、较基本的测试仪。基于 EMI 测量接收机的频率响应特性要求，按 IEC CISPR 16 规定，EMI 测量接收机有 4 种基本检波方式，即准峰值检波、均方根值−平均值检波、峰值检波及平均值检波。大多数电磁干扰都是脉冲干扰，它们对音频影响的客观效果是随着重复频率的增高而增强的，具有特定时间常数的准峰值检波输出特性，可以近似反映这种影响。因此，在无线广播领域，CISPR 推荐采用准峰值检波。由于准峰值检波器既能利用干扰信号的幅度，又能反映它的时间分布，因此，其充电时间常数比峰值检波器的大，而放电时间常数比峰值检波器的小，对不同频谱段应有不同的充放电时间常数。峰值检波和准峰值检波主要用于脉冲干扰测试。

EMI 测量接收机测量频域中的发射。现代 EMI 测量接收机基于超外差原理，超外差接收机的原理如图 10-1 所示。

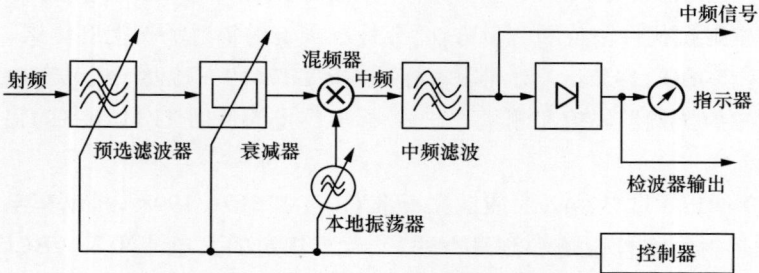

**图 10-1　超外差接收机的原理**

预选滤波器抑制远离所关注频率范围的信号。该滤波过程改善了仪表用于脉冲信号测量时的动态范围。可选择的输入衰减器允许控制混频器处的电平幅度以避免过载，从而确保线性工作。混频器和本地振荡器对信号进行下变频，变为中频。信号由中频带通滤波器进行滤波。IEC CISPR 16-1-1: 2019 标准规定了每个 CISPR 频带的中频带宽，表 10-1 所示为接收机的中频带宽要求，每个中频滤波器应满足标准对滤波器频响曲线定义的要求。中频信号也可用作模拟输出信号。

**表 10-1　接收机的中频带宽要求**

| 频率范围 | 6 dB 带宽范围 | 参考 6 dB 带宽 |
|---|---|---|
| 9～150 kHz（A 频段） | 100～300 Hz | 200 Hz |
| 0.15～30 MHz（B 频段） | 8～10 kHz | 9 kHz |
| 30～1000 MHz（C 频段和 D 频段） | 100～500 kHz | 120 kHz |
| 1～18 GHz（E 频段） | 300 kHz～2 MHz | 1 MHz |

模拟输出信号在频域中描述为

$$S_{IF}(f) = S(f - f_{sel} + f_{IF})H_{IF}(f) \tag{10-1}$$

式中，$f_{sel}$ 为所选择的频率；$f_{IF}$ 为中频频率；$H_{IF}(f)$ 为滤波器的幅值响应。

被测量的信号被变为中频并乘以中频滤波器的频率响应。在选定的驻留时间内，对输出信号用峰值、平均值、均方根值-平均值或准峰值检波器进行加权。

EMI 测量接收机与频谱分析仪主要有以下区别。

（1）扫描方式不同。EMI 测量接收机进行步进式扫频，即以规定的频率步长，通过调谐到固定的频率以覆盖所选择的频率范围；对每一个调谐频率的幅度进行测量并保持，以便做进一步处理或（输出）显示。而频谱分析仪一般以扫描范围结合分辨率带宽的方式来决定其频率步进，没有驻留时间的概念，且一般无法分段以不同的中频带宽进行扫描。

（2）频谱分析仪通常没有预选滤波器，这常会导致准峰值检波器在进行低重复频率脉冲测量时动态范围不足，从而会出现错误的测量结果；另外，其一般无法对重复频率小于或等于 20 Hz 的脉冲信号进行准峰值检波。

（3）中频滤波器的选择不同。频谱分析仪中一般没有标准中规定的 6 dB 带宽滤波器。

（4）频谱分析仪对标准中间歇的、不稳定的和漂移的窄带骚扰的响应可能会出现差错。

（5）检波器不同。除峰值检波器外，频谱分析仪中一般没有符合标准规定的准峰值、平均值及均方根值-平均值检波器，测试结果可能与 EMI 测量接收机的存在偏差。

尽管标准中允许在一定的前提条件下使用频谱分析仪进行 EMI 的符合性测试，但是由于上述区别，在使用频谱分析仪进行相关测试时，需对被测的干扰信号类型特性进行一定的调查以保证测试结果的准确性，且一旦出现偏差，会以 EMI 测量接收机的测量结果为准。

简单来说，由于干扰信号的复杂性，符合标准要求的 EMI 测量接收机的测试结果更加准确，而频谱分析仪更加适用于对已知信号进行分析或者对 EMI 干扰信号进行定性的分析。当然，有的现代频谱分析仪也集成了 EMI 测量接收机的选件，完全可以将其当作 EMI 测量接收机来使用。

## 10.2.2　EMI 测量接收机的标准

一般 EMI 测量接收机主要根据 GB/T 6113.101—2021《无线电骚扰和抗扰度测量设备和测量方法规范 第 1-1 部分：无线电骚扰和抗扰度测量设备 测量设备》和 IEC CISPR 16-1-1: 2019 标准设计、制造，而军标 EMI 测量接收机在此基础上按照 GJB 151B—2013《军用设备和分系统 电磁发射和敏感度要求与测量》等军标要求增加带宽、频段等性能要求，如表 10-2、表 10-3 所示。军标 EMI 测量接收机的频率范围一般为 25 Hz～40 GHz，才可以满足军标中全部 EMI 测试项目的频段要求。而普通 EMI 测量接收机的频率范围为 9 kHz～18 GHz，当然可以满足一般标准要求的测试，比如 CE102 项目的测试频段为 10 kHz～10 MHz。

**表 10-2　GJB 151B—2013 对军标 EMI 测量接收机的带宽要求**

| 频率范围 | 6 dB 带宽要求 |
| --- | --- |
| 25 Hz～1 kHz | 10 Hz |
| 1～10 kHz | 100 Hz |
| 10～150 kHz | 1 kHz |
| 150 kHz～30 MHz | 10 kHz |
| 30 MHz～1 GHz | 100 kHz |
| >1 GHz | 1000 kHz |

**表 10-3　GJB 151B—2013 对军标 EMI 测量接收机的测试项目及频段要求**

| 测试项目 | EMI 测量接收机频率范围要求 |
| --- | --- |
| CE101 25 Hz～10 kHz 电源线传导发射 | 25 Hz～10 kHz |
| CE102 10 kHz～10 MHz 电源线传导发射 | 10 kHz～10 MHz |
| CE106 10 kHz～40 GHz 天线端口传导发射 | 10 kHz～40 GHz |
| RE101 25 Hz～100 kHz 磁场辐射发射 | 25 Hz～100 kHz |
| RE102 10 kHz～18 GHz 电场辐射发射 | 10 kHz～18 GHz |
| RE103 10 kHz～40 GHz 天线谐波和乱真输出辐射发射 | 10 kHz～40 GHz |

## 10.2.3　北京科环世纪 EMI 测量接收机

图 10-2 所示的 KH3938B EMI 测量接收机是由北京科环世纪电磁兼容技术有限公司（简称北京科环世纪）生产的。KH3938B EMI 测量接收机的频率范围为 9 kHz～1 GHz，按照 GB/T 6113.101—2021《无线电骚扰和抗扰度测量设备和测量方法规范 第 1-1 部分：无线电骚扰和抗扰度测量设备 测量设备》和 IEC CISPR 16-1-1:2019 标准进行开发、设计，基本满足标准的要求，可用于功率骚扰测试、传导骚扰电压测试、1 GHz 以内的辐射骚扰测试。该接收机具有简单易用、性能稳定、测试数据处理方便等优点。

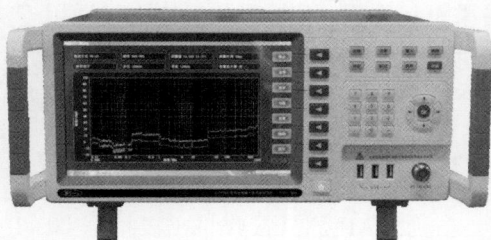

**图 10-2　KH3938B EMI 测量接收机**

KH3938B EMI 测量接收机主要具有以下特点。

（1）操作便捷。基于 Windows 系统的测试控制软件平台，按照标准测试方法设计，操作方便，可以外接键盘、鼠标进行操作。

（2）测试方式多样。支持单频率点测量、多频率点测量等，支持扫描测量、扫描测量+超标点准峰值测量、最大值保持扫描等，可设定扫描范围、步长、电平门限等，可进行峰值测量、平均值（AV）测量、峰值+平均值测量、准峰值（QP）

测量等。

（3）自定义标准限值及修正因子。支持用户编辑、设置限值标准，也支持编辑和设置修正因子。

（4）支持测试数据对比。可以对两次测试数据进行对比，方便数据分析和研究。

（5）支持自动生成测试报告。内置测试报告模板，自动生成测试报告，报告中可以加入测试人员的信息，可以直接打印书面报告，也可以保存电子版报告，报告格式为通用格式，方便导入、导出。

（6）软件设计人性化。根据多年的 EMI 试验实践，按照标准要求以及工程师使用习惯对测试软件进行人性化设计。支持在测试过程中调整上下限值，达到最佳的显示效果。提供一键峰值自动标记、峰值查找等多种标记功能。支持显示背景颜色切换，更好地满足工程师不同使用场景下的显示需求。还可对任意范围进行放大，更准确地显示测试数据。具有丰富的帮助信息，帮助使用者深入了解接收机的各项功能。

（7）具备完善的 EMI 试验解决方案。配合人工电源网络、耦合去耦合网络（CDNE）、天线等辅助设备，形成完整的 EMI 传导骚扰、功率骚扰和辐射骚扰等的测试解决方案。

（8）可应用于电子电气设备的 EMI 试验，包括传导骚扰及辐射骚扰测试，可广泛应用于工厂 EMI 试验及整改。

KH3938B EMI 测量接收机的技术指标如表 10-4 所示。

表 10-4  KH3938B EMI 测量接收机的技术指标

| 指标名 | 指标值 | | |
| --- | --- | --- | --- |
| 频段 | 9～150 kHz | 150 kHz～30 MHz | 30 MHz～1 GHz |
| 测量频率范围 | 9 kHz～1 GHz | | |
| 频率分辨率 | 30 Hz | 1 kHz | 10 kHz |
| 噪声电平（前置放大器打开，CISPR 带宽） | ≤−10 dBmV（QP） | ≤−5 dBmV（QP） | ≤0 dBmV（QP） |
| | ≤−15 dBmV（AV） | ≤−10 dBmV（AV） | ≤−5 dBmV（AV） |
| 6 dB 中频带宽 | 200 Hz | 9 kHz | 120 kHz |
| 检波器前电路的过载系数 | 24 dB | 20 dB | 43.5 dB |
| 检波器与指示器间的过载系数 | 6 dB | 12 dB | 6 dB |
| 准峰值检波器充电时间常数 | 45 ms | 1 ms | 1 ms |
| 准峰值检波器放电时间常数 | 500 ms | 160 ms | 550 ms |
| 表头机械时间常数 | 160 ms | 160 ms | 100 ms |
| 输入接口 | 输入阻抗为 50 Ω，N 型母头 | | |
| 驻波比 | 1.2（射频衰减＞10 dB），2.0（射频衰减＝0 dB） | | |
| 检波方式 | 平均值、准峰值、峰值 | | |

| 指标名 | 指标值 |
|---|---|
| 电平测量范围（信噪比 S/N=6 dB） | （噪声电平+6 dBmV）～120 dBmV |
| 脉冲响应特性幅度关系 | 正弦波响应和脉冲响应（重复频率≥10 Hz）误差不大于±1.5 dB |
| 终端正弦波电压准确度 | ≤±2 dB |
| 中频抑制比 | ≥40 dB |
| 镜像频率抑制比 | ≥40 dB |
| 其他乱真响应（杂散抑制） | ≥40 dB |
| 屏蔽特性 | 9 kHz～1000 MHz 频率范围内，3 V/m 场强下，误差≤1 dB |
| 寄生信号 | 不多于 3 点，电平小于 30 dBmV |
| 频率稳定性 | $1×10^{-6}$ |
| 扫描方式 | 扫描测量、扫描测量+超标点准峰值测量、最大值保持扫描 |
| 显示 | 10.1 in TFT 彩色液晶显示 |
| 软件 | 支持计算机控制，有计算机端 EMI 干扰测试软件 |
| 供电电源 | 交流 220 V（1±10%），50 Hz，消耗功率不大于 100 W |
| 工作温度 | −10～+60℃ |
| 湿度 | 5%～95%（相对湿度），温度≤25℃条件下 |
| 尺寸 | 420 mm×430 mm×144 mm |
| 质量 | 约 14 kg |
| 接口 | USB 接口，可外配鼠标、键盘等外设，网口为 RJ45 |

此外，北京科环世纪还生产了 KH3932、KH3962 系列 EMI 测量接收机，其质量、体积小，使用时通过 USB 接口与计算机连接，频率范围分别为 9 kHz～30 MHz 和 9 kHz～300 MHz，可以满足相应频段的 EMI 测试需求。其他参数与 KH3938B EMI 测量接收机的基本一致。

北京科环世纪另有 KH3938J-30 EMI 测量接收机，其频率范围为 9 kHz～30 MHz，与 KH3938B EMI 测量接收机使用相同硬件平台，参照 GJB 151B—2013 等标准增加了 10 kHz～30 MHz 频段的军标带宽要求的滤波器，可以进行 GJB 151B—2013 标准中的 CE102 传导骚扰电压测试和其他标准中 9 kHz～30 MHz 频段的 EMI 传导骚扰测试。

## 10.2.4　EMI 测量接收机测试附件

EMI 测量接收机测试附件是 EMI 试验系统中的重要组成部分。EMI 测量接收机只有在测试附件的配合下，才能进行相应的 EMI 试验。测试附件可以理解为 EMI 试验系统中的传感器，而 EMI 测量接收机是处理器。为了保证 EMI 试验结果的一致性，对于 EMI 测量接收机测试附件的关键性能指标在电磁兼容标准中都有明确的规定，与军标 EMI 测量接收机的性能指标相同，如表 10-2 和表 10-3 所示。本节以北京科环世纪的产品为典型，介绍 EMI 测量接收机测试附件及环境的标准要求，如表 10-5 所示。

表 10-5　EMI 测量接收机测试附件及环境的标准要求

| 设备名称 | 参考标准 | 典型参数 |
|---|---|---|
| 军标(50 μH+5 Ω) // 50 Ω 人工电源网络 | GJB 151B—2013 | 阻抗模值 |
| V 型(50 μH +5 Ω) // 50 Ω 人工电源网络 | GB/T 6113.102—2018、 | 阻抗模值、阻抗相位、 |
| V 型(50 μH) // 50 Ω 人工电源网络 | IEC CISPR 16-1-2: 2014 | 电压系数、去耦系数 |
| 5 μH // 50 Ω 人工电源网络（LV） | GB/T 18655—2018、 | 阻抗模值、阻抗相位、 |
| 5 μH // 50 Ω 人工电源网络（HV） | IEC CISPR 25: 2016 | 电压系数、去耦系数 |
| 电流探头 | GB/T 6113.102—2018、 IEC CISPR 16-1-2: 2014 | 转移电阻、插入损耗、 电场屏蔽性能 |
| △型 150 Ω 人工电源网络 | GB/T 6113.102—2018、 IEC CISPR 16-1-2: 2014 | 共模阻抗、差模阻抗、相位、 纵向转换隔离度（LCL） |
| ISN | GB/T 9254.1—2021、 IEC CISPR 32: 2015、 IEC CISPR 22: 2006 | 阻抗、相位、LCL、 隔离度、分压系数 |
| CDNE | GB/T 6113.102—2018、 IEC CISPR 16-1-2: 2014 | 共模阻抗、差模阻抗、相位、 分压系数、去耦系数、LCL |
| 功率吸收钳 | GB/T 6113.103—2021、 IEC CISPR 16-1-3: 2016 | 去耦因子 DF、 去耦因子 DR |
| 有源环天线 | | 环天线的屏蔽性能、 |
| 有源杆天线 | GB/T 6113.104—2021、 | 环天线的尺寸、 对称天线的交叉极化性能、 |
| 双锥天线 | IEC CISPR 16-1-4: 2019、 | 天线的回波损耗、 |
| 对数周期天线 | GB/T 6113.106—2018、 IEC CISPR 16-1-6: 2014 | 天线系数、 |
| 复合对数周期天线 | | 方向性 |
| 阻抗匹配网络 | GB/T 11604—2015、 CISPR/TR 18-2: 2010、 | 电阻衰减系数、 耦合电容 |
| 阻塞网络 | GB/T 24623—2009 | 衰减系数 |
| 装有吸波材料的屏蔽室 | GB/T 18655—2018、 IEC CISPR 25: 2016 | 传输效应、 等效场强 |
| 电磁屏蔽室 | GB/T 12190—2021 | 屏蔽效能 |
| 装有吸波材料的屏蔽室 | GB/T 18655—2018、 IEC CISPR 25: 2016 | 传输效应、 等效场强 |
| 半电波暗室（SAC） | GB/T 6113.104—2021、 | 归一化场地衰减 |
| 露天测试场（OATS） | IEC CISPR 16-1-4: 2019 | |

## 1. 人工电源网络

人工电源网络（artificial mains network，AMN）[或称为线路阻抗稳定网络（line impedance stabilization network，LISN）] 是一种耦合去耦装置，主要用来提供干净

的 DC 或 AC 电源，并阻挡被测设备（equipment under test，EUT）骚扰回馈至电源，同时提供特定的阻抗特性。人工电源网络是 EMI 传导发射测试中重要的组成部分。

常用的人工电源网络种类如表 10-6 所示。每一类人工电源网络又根据不同的供电需要，比如按照单相、三相，不同的电压、电流要求等形成不同的产品。北京科环世纪生产的人工电源网络如表 10-7～表 10-9 所示。

表 10-6　常用的人工电源网络种类

| 人工电源网络种类 | 特性说明 |
| --- | --- |
| V 型(50 μH+5 Ω)∥50 Ω 人工电源网络 | 频率范围为 9 kHz～30 MHz，依据 GB/T 6113.102—2018 等标准 |
| V 型(50 μH)∥50 Ω 人工电源网络 | 频率范围为 150 kHz～30 MHz，依据 GB/T 6113.102—2018 等标准 |
| △型 150 Ω 人工电源网络 | 频率范围为 150 kHz～30 MHz，依据 GB/T 6113.102—2018 等标准 |
| 5 μH∥50 Ω 高压人工网络（HV） | 频率范围为 150 kHz～108 MHz，依据 GB/T 18655—2018 等标准 |
| 5 μH∥50 Ω 低压人工网络（LV） | 频率范围为 150 kHz～108 MHz，依据 GB/T 18655—2018 等标准 |
| 军标(50 μH+5 Ω)∥50 Ω 人工电源网络 | 频率范围为 10 kHz～10 MHz，依据 GJB 151B—2013 等标准 |

表 10-7　北京科环世纪 V 型(50 μH+5 Ω)//50 Ω 人工电源网络

| 型号 | 参数 |
| --- | --- |
| KH3760 | 单相 10 A，AC 470 V（相地），DC 500 V |
| KH3763 | 单相 16 A，AC 470 V（相地），DC 500 V |
| KH3766 | 三相 32 A，AC 470 V（相地），DC 500 V |
| KH3767 | 单相 100 A，AC 470 V（相地），DC 500 V |

表 10-8　北京科环世纪 V 型(50 μH)//50 Ω 人工电源网络

| 型号 | 参数 |
| --- | --- |
| KH3765 | 三相 50 A，AC 470 V（相地），DC 500 V |
| KH3765-100A | 三相 100 A，AC 470 V（相地），DC 500 V |

表 10-9　北京科环世纪其他人工电源网络

| 型号 | 参数 |
| --- | --- |
| KH3762-100A | 5 μH∥50 Ω，100 kHz～150 MHz，DC 1000 V |
| KH3762-100A-HV | 5 μH∥50 Ω，100 kHz～150 MHz，DC 1000 V |
| KH3763J-60A | 军标(50 μH+5 Ω)∥50 Ω，60 A，AC 480 V@60 Hz，DC 1000 V，9 kHz～100 MHz |
| KH3763DC | △型 150 Ω 人工电源网络，32 A，1000 V，用于光伏行业 |

**2. 电流探头**

电流探头（current probe）是利用流过导体的电流所产生的磁场被另一线圈感应的原理制得的，通常用来对信号线进行传导骚扰测试。

北京科环世纪生产的电流探头产品如表 10-10 所示。KH23101/KH23102 的外观如图 10-3 所示，KH23101 的转移阻抗如图 10-4 所示。

表 10-10　北京科环世纪生产的电流探头产品

| 型号 | 参数 |
| --- | --- |
| KH23101 | 频率范围为 10 Hz～100 MHz，内径为 30 mm，100 A（＜400 Hz），2 A（射频连续波），转移阻抗为 3.54 Ω，电场敏感度＞10 V/m |
| KH23102 | 频率范围为 10 kHz～300 MHz，内径为 30 mm，100 A（＜400 Hz），2 A（射频连续波），转移阻抗为 14 Ω，电场敏感度＞10 V/m |

图 10-3　KH23101/KH23102 的外观　　　图 10-4　KH23101 的转移阻抗

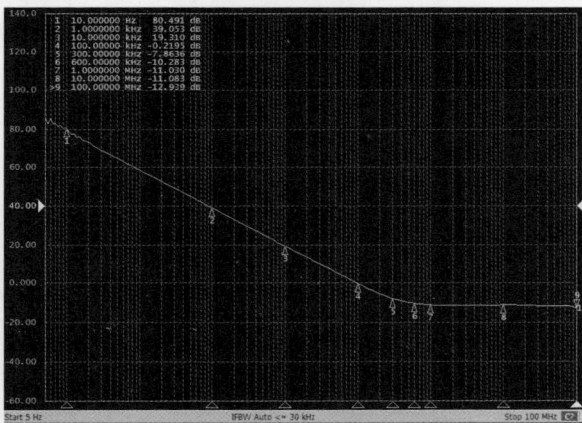

**3. 阻抗稳定网络**

阻抗稳定网络（impedance stabilization newtork，ISN）是一种耦合去耦装置，主要用来为 EUT 的电信端口提供足够的输入隔离及稳定的阻抗。

北京科环世纪生产的阻抗稳定网络产品如表 10-11 所示。KH8158 CAT5 的外观如图 10-5 所示。

表 10-11　北京科环世纪生产的阻抗稳定网络产品

| 型号 | 参数 |
| --- | --- |
| KH8131 | 9 kHz～30 MHz，2 线，隔离度＞20 dB，LCL＞45 dB，150 Ω±20 Ω，0°±20°，3 A，400 V AC，分压系数为 9.6 dB±1.5 dB |
| KH8158CATX | 9 kHz～30 MHz，8 线，隔离度＞55 dB，可选 CAT3、CAT5、CAT6，LCL＞55 dB@150kHz，LCL＞39 dB@30 MHz，150 Ω±20 Ω，0°±20°，3 A，63 V AC，100 V DC，分压系数为 10 dB±1.5 dB |

### 4. 用于 30～300 MHz 骚扰电压测量的 CDNE

CDNE 用来测量有一条或两条连接线缆的电小尺寸的 EUT 的传导骚扰,测量频率范围为 30～300 MHz。一般分为 CDNE-Mx 型和 CDNE-Sx 型两种。GB/T 6113.102—2018、IEC CISPR 16-1-2:2014 标准规定了其电气参数,如表 10-12 所示。

表 10-12 标准中规定的 CDNE-X 的电气参数

| 参数 | CDNE-M2 和 CDNE-M3 值 | CDNE-Sx 值 |
|---|---|---|
| EUT 端口的不对称(共模)阻抗 $Z_{CM}$ | 相位:$0°±25°$ | 相位:$0°±25°$ |
| EUT 端口的不对称(差模)阻抗 $Z_{DM}$ | $100\ \Omega±20\ \Omega$ | 未定义 |
| 纵向转换损耗(LCL) | $≥20\ dB$ | 未定义 |
| 电压分压系数 $F_{CDNE}$(含 $a_{meas}$)的允差 | $±1.5\ dB$ | $±1.5\ dB$ |
| 去耦衰减 $a_{decoup}$ | $>30\ dB$ | $>30\ dB$ |

北京科环世纪生产的 M2/M3 兼容型 CDNE 的性能指标完全符合标准要求,具有创新的兼容性设计,具有良好的便捷性和经济性。KH3663E 的外观如图 10-6 所示,其技术指标如表 10-13 所示。

图 10-5　KH8158 CAT5 的外观

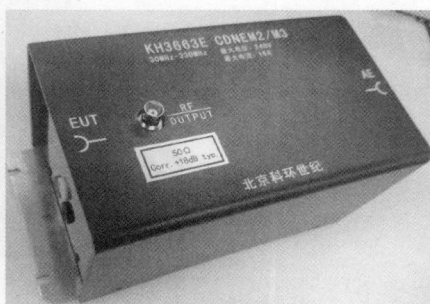

图 10-6　KH3663E 的外观

表 10-13　KH3663E 的技术指标

| 指标名 | 指标值 |
|---|---|
| 频率范围 | 30～300 MHz |
| 共模阻抗 | $150\ \Omega+10\ \Omega/-20\ \Omega$ |
| 差模阻抗 | $100\ \Omega±20\ \Omega$ |
| 分压系数 | $20\ dB±1.5\ dB$ |
| 相位 | $±25°$ |
| 去耦系数 | $>30\ dB$ |
| 最大电容量 | 277 V AC,300 V DC,额定电流为 16 A |
| 尺寸 | 170 mm×125 mm×125 mm |
| 质量 | 15 kg |
| 满足标准 | IEC CISPR 15: 2018、EN 55015: 2019、GB/T 17743—2021 |

## 5. 功率吸收钳

功率吸收钳是电磁干扰功率测量的配套设备之一，适用于测量家用电器、电动工具等通过电源线上的电磁功率或测量点火系统的干扰抑制效果，以及接收设备的电磁敏感度。除此以外，还可用于测量射频电缆的屏蔽效果。

北京科环世纪生产的 ABN-300 型功率吸收钳主要由高频互感器和吸收器组成，吸收器被用作负载电阻，高频互感器主要用于测量 30～1000 MHz 频率范围导线上的高频干扰功率，其技术指标如表 10-14 所示，符合 GB/T 6113.103—2021 和 IEC CISPR 16-1-3: 2016 标准中有关条款。

**表 10-14　ABN-300 型功率吸收钳的技术指标**

| 指标名 | 指标值 |
| --- | --- |
| 频率范围 | 30～1000 MHz |
| 被测线缆最大直径 | 20 mm |
| 功率吸收钳的去耦因子 | 大于 21 dB |
| 接收机的去耦因子 | 大于 30 dB |
| 阻抗 | 50 Ω |
| 尺寸 | 625 mm×85 mm×102 mm |
| 质量 | 7.5 kg |

## 6. 天线与低噪声放大器

天线是用于 EMI 辐射骚扰发射测试的重要组成部分，GB/T 6113.104—2021、IEC CISPR 16-1-4:2019 规定了可以使用的天线类型和特性。典型国产天线的型号如表 10-15 所示。

**表 10-15　典型国产天线的型号**

| 型号 | 品牌 | 规格 |
| --- | --- | --- |
| KH30935A | 北京科环世纪 | 直径为 60 cm 的有源环天线，9 kHz～30 MHz，天线因子为 20 dB±2 dB，110 dBμV/m（最大值） |
| OS-E3 | 森馥科技 | 有源杆天线，天线因子为 10 dB±2 dB |
| DS-20100 | 北京星英联微波科技有限责任公司 | 对数周期为 200 MHz～1 GHz |
| ZN30505A | 北京大泽科技有限公司 | 双锥天线，30～300 MHz |
| KH30937F（30M-1G/3G） | 北京科环世纪 | 复合对数周期天线，30 MHz～1 GHz 或 30 MHz～3 GHz |

由于天线的使用会带来一定的插入损耗，从而使系统的灵敏度降低，所以对于一些限值较低的标准测试，需要在天线和接收机之间增加低噪声放大器来提升系统的灵敏度，满足测试要求。

KH43301 低噪声放大器由北京科环世纪研制、生产，频率范围为 10～1000 MHz，增益为 30 dB，噪声系数小于或等于 2.0 dB，三阶交调点为 23 dBm，1 dB 压缩点为 12 dBm。KH43301 低噪声放大器的外观如图 10-7 所示。

图 10-7　KH43301 低噪声放大器的外观

**7. 高压产品测试用阻抗匹配网络及阻塞网络**

北京科环世纪生产的 KH2310 阻抗匹配网络产品（见图 10-8）和 KH2310A 阻塞网络产品（见图 10-9）按照 GB/T 11604—2015、CISPR TR 18-2:2010 标准设计，符合高压绝缘子及高压产品无线电干扰试验产品标准：GB/T 1001.1—2021、IEC 60383-1: 1993、GB/T 24623—2009、IEC 60437: 1997。KH2310 阻抗匹配网络产品和 KH2310A 阻塞网络产品的技术指标如表 10-16 所示。

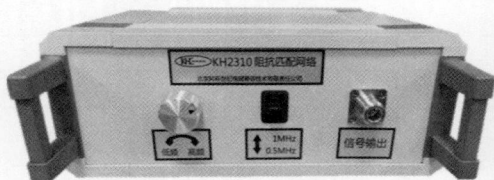

图 10-8　KH2310 阻抗匹配网络产品的外观

图 10-9　KH2310A 阻塞网络产品的外观

表 10-16　KH2310 阻抗匹配网络产品和 KH2310A 阻塞网络产品的技术指标

| 型号 | 技术指标 |
| --- | --- |
| KH2310 | 0.5～1 MHz 频率范围内，耦合电容 1000 pF 或 100～300 pF 可调 |
| KH2310A | 50 Ω 的测试系统中插入损耗大于 70 dB，具有阻抗匹配网络的实际测试系统中插入损耗大于 30 dB |

## 10.2.5　思仪科技 EMI 测量接收机

3915 系列 EMI 测量接收机是思仪科技针对国家标准及军用电磁兼容标准测试需求推出的一款高性能接收机产品，具有高灵敏度、高精度、大动态范围、低相位噪声等特点，支持 EMI 标准符合性测试、EMI 测试诊断、全功能频谱分析等多种功能，可应用于电磁兼容标准的预检测测试和标准符合性测试领域，也可以作为通用高性能频谱分析仪应用于对微波、毫米波信号的测试中。

3915 系列 EMI 测量接收机以嵌入式计算机和并行数字信号处理器为核心，由具备通用性的软件和硬件功能模块组成，配置不同模块，可形成系列化产品。

该仪器应用了微波/毫米波高灵敏度接收、高纯合成本振、全频段信号预选滤波、数字并行检波等多项技术，采用 4U 高 19 in 标准机箱结构，拥有多种输入输出接口和程控接口，方便用户进行系统集成。

3915 系列 EMI 测量接收机可应用于电磁兼容标准符合性测试、电磁兼容现场预检测测试，还可以作为通用接收机应用于电子设备检测、电磁干扰源排查、电磁信息泄漏检测等领域。3915 系列 EMI 测量接收机如图 10-10 所示。

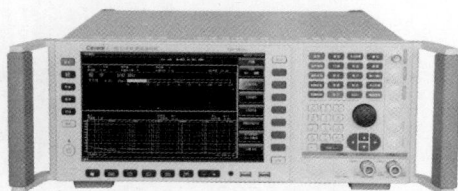

图 10-10　3915 系列 EMI 测量接收机

3915 系列 EMI 测量接收机具有以下特点。

（1）测试性能

① 可覆盖至毫米波频段，支持到 40 GHz 全频段的 EMI 试验。

② 支持全频段信号预选接收。

③ 40 GHz 处显示平均噪声电平典型值为−33 dBμV/Hz。

④ 载波频率 1 GHz，频偏 10 kHz，单边带相位噪声电平典型值为−128 dBc/Hz。

⑤ 典型三阶截断点指标为+15 dBm。

⑥ 采用自动校准技术，减小测试误差。

⑦ 采用全数字中频设计，测试精度高。

（2）测试功能

① 一机多用：支持 EMI 试验、频谱分析。

② 典型的 EMI 试验界面（见图 10-11）布局。

③ 支持符合性测试结果的自动判别。

④ 可进行标准限值线编辑、传输因子编辑、扫描列表编辑等。

⑤ 支持超限峰值的自动搜索。

⑥ 可设置限值线余量，改变列表中的信号入选条件。

⑦ 可自动对一系列频率点进行多检波方式的测试。

⑧ 支持 EMI 诊断测试。

⑨ 内置多种常用电磁兼容标准，并支持用户自行录入限值。

⑩ 可提供信号分析选件等测试选件。

⑪ 内置低噪声放大器、全波段预选器。

⑫ 支持多达 6 种检波方式同时测试。

（3）测试接口

① 提供第二射频输入端，可以抑制浪涌和脉冲。

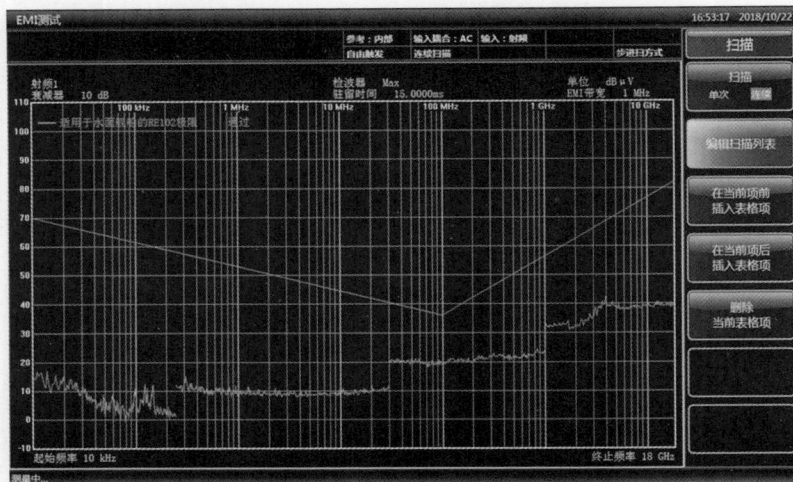

图 10-11　EMI 试验界面

② 提供 GPIB 程控接口和网络程控接口。

③ 提供 USB、VGA、PS/2 等多种标准接口。

④ 可提供本振输出和中频输入端口进行频率扩展。

（4）具有频谱分析功能

① 具有典型的频谱分析界面。

② 支持信道功率测量。

③ 支持占用带宽测量。

④ 支持邻道功率测量。

# 10.3　国产抗扰度测试仪

## 10.3.1　组合式抗扰度测试仪

图 10-12 所示的组合式抗扰度测试仪 CCS 600 是苏州泰思特电子科技有限公司（简称苏州泰思特）近年来推出的产品，其主要特征是多功能。

CCS 600 是一台智能型多功能组合式 EMS 试验设备，它能够满足国际标准对瞬变脉冲、浪涌和电压跌落测试的各种要求，测试电压最高可达 6 kV。CCS 系列满足欧盟合格评定认证及中国强制性产品认证对单相受试设备的抗扰度测试要求，内置全自动单相耦合/去耦网络，通过自动控制的外置耦合/去耦网络（最高可达 100 A），此外还可进行三相五线受试设备测试。苏州泰思特提供多种测试所需的附件，用来满足工频磁场测试等各种应用的需求。

CCS 600 的主要功能模块包括脉冲群发生器、1.2/50 μs 组合波发生器等。

### 1. 脉冲群发生器

脉冲群发生器的电路如图 10-13 所示。经由参数一定的电路元件构成电路，使发生器在开路和接 50 Ω 阻性负载的条件下产生一个快速瞬变信号。脉冲群发生器的有效输出阻抗应为 50 Ω。

图 10-12　组合式抗扰度测试仪 CCS 600

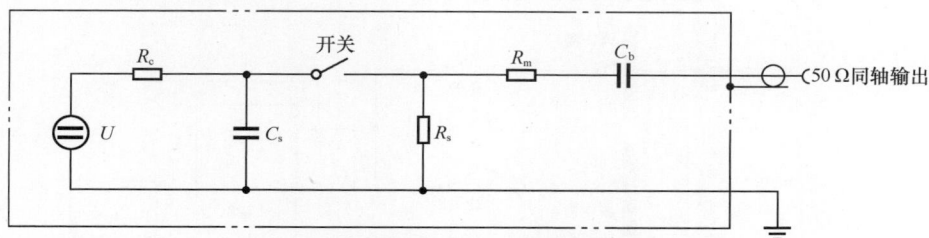

图 10-13　脉冲群发生器的电路

在图 10-13 中，$U$ 为高压源，$R_c$ 为充电电阻，$C_s$ 为储能电容，$R_s$ 为脉冲持续时间调整电阻，$R_m$ 为阻抗匹配电阻，$C_b$ 为隔直电容，开关为高压开关。开关特性与分布电感和电容参数有关，对脉冲波形的上升时间有影响。

### 2. 1.2/50 μs 组合波发生器

应将组合波发生器的同一输出端口的开路输出电压峰值与短路输出电流峰值之比视为有效输出阻抗，1.2/50 μs 组合波发生器的有效输出阻抗典型值为 2 Ω。

当发生器的输出端连接 EUT 时，电压和电流波形是被测设备输入阻抗的函数。当将浪涌施加至设备时，安装的保护装置正常启用，或当没有保护装置或保护装置不启动而导致元件被飞弧击穿时，EUT 的输入阻抗可能发生变化。因此，从同一试验发生器里应能输出负载所需的 1.2/50 μs 电压波形和 8/20 μs 电流波形。

图 10-14 所示为 1.2/50 μs 组合波发生器的电路原理。选择不同元器件的 $R_{s1}$、$R_{s2}$、$R_m$、$L_r$ 和 $C_c$ 的值，以使发生器产生 1.2/50 μs 的浪涌电压（开路情况）和 8/20 μs 的浪涌电流（短路情况）。

在图 10-14 中，$U$ 为高压源，$R_c$ 为充电电阻，$C_s$ 为储能电容，$R_{s1}$、$R_{s2}$ 为脉冲持续时间调整电阻，$R_m$ 为阻抗匹配电阻，$L_r$ 为调节上升时间形成的电感，开关为高压开关。

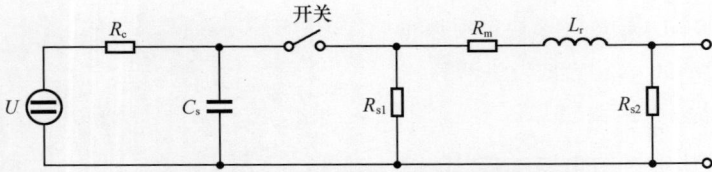

**图 10-14　1.2/50 μs 组合波发生器的电路原理**

### 3. 电压暂降、短时中断和电压变化测试模块

电压暂降、短时中断和电压变化测试模块的典型实验原理如图 10-15 所示。图中，相线与电线的电势差形成了电源。

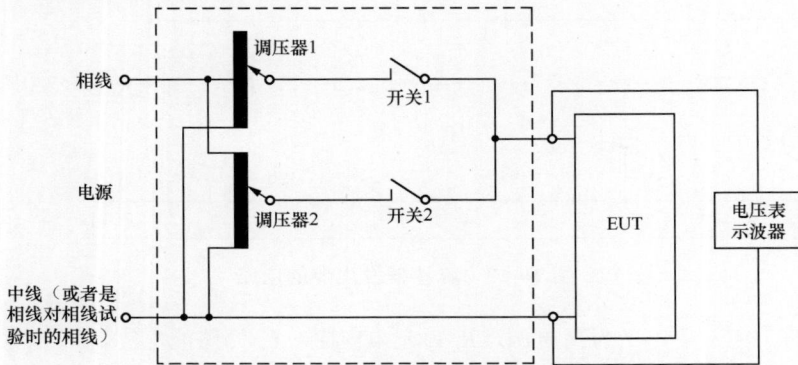

**图 10-15　电压暂降、短时中断和电压变化测试模块的典型实验原理**

组合式抗扰度测试仪主要设备和相关设备的技术指标如表 10-17～表 10-19 所示。

**表 10-17　IEC 61000-4-4 电快速瞬变脉冲群测试模块的技术指标**

| 指标名 | 指标值 |
| --- | --- |
| 测试电压范围 | 0.25～4.8 kV（±10%） |
| 脉冲波形 | 5/50 ns，50 Ω 和 1000 Ω 负载 |
| 上升时间 | 5（1±30%）ns，50 Ω 和 1000 Ω 负载 |
| 脉冲持续时间 | 50（1±30%）ns，50 Ω 负载 |
|  | 50（允许−15～100 ns 的偏差），1000 Ω 负载 |
| 源输出阻抗 | 50 Ω |
| 输出极性 | 正、负、正负交替 |
| 脉冲频率 | 0.1～1000 kHz |
| 脉冲群持续时间 | 0.07～750 ms |
| 脉冲群周期 | 11～9999 ms |
| 测试持续时间 | 1～9999 s |
| 相位同步 | 0°～360°，1° 的步进或随机 |
| 触发方式 | 自动、手动、外部触发 |
| 耦合/去耦网络 | 内置单相自动耦合/去耦网络，单相三线（AC 220～250 V，16 A） |

表 10-18　IEC 61000-4-5 浪涌抗扰度测试模块的技术指标

| 指标名 | 指标值 |
|---|---|
| 测试电压范围 | 0.3～6 kV（±10%） |
| 测试电流范围 | 0.15～3 kA（±10%） |
| 电压波形 | 波前时间为 1.2 µs（±30%），半峰值时间为 50 µs（±20%） |
| 电流波形 | 波前时间为 8 µs（±20%），半峰值时间为 20 µs（±20%） |
| 源输出阻抗 | 2 Ω |
| 输出极性 | 正、负、正负交替 |
| 耦合电容 | 9 µF、18 µF |
| 耦合电阻 | 10 Ω、0 Ω 耦合电阻可选，IEC 标准方式或自定义方式 |
| 脉冲周期 | 5～99 s（最短取决于试验电压） |
| 实验次数 | 1～999 |
| 相位同步 | 0°～360°，1°的步进或随机 |
| 触发方式 | 自动、手动、外部触发 |
| 浪涌电压、电流峰值 | 前面板 BNC（卡扣同轴接口）输出；<br>浪涌电压　1000 V:1 V；<br>浪涌电流　500 A:1 V；<br>液晶屏 3 位数字显示测量值 |
| 耦合/去耦网络 | 内置单相自动耦合/去耦网络，单相三线（AC 220～250 V, 16 A） |

表 10-19　IEC 61000-4-11 &IEC 61000-4-29 电源失效测试模块的技术指标

| 指标名 | 指标值 |
|---|---|
| EUT 最大电压 | AC/DC 250 V |
| EUT 最大电流 | AC/DC 16 A 的持续电流；AC 20 A 持续 5 s；<br>40 A 持续 3 s；500 A 的冲击电流 |
| EUT 电流电压测量 | 液晶显示，BNC 端子：电压 100:1，电流 10 A:1 V |
| 中断电平 | 0 |
| 暂降电平 | 0～100%（适用于附件 VVT/VMT 系列），0、40%、70%、80%（适用于附件 VVTxxxxSF 系列） |
| 暂降、中断持续时间 | 1～9999 ms |
| 暂降、中断间隔时间 | 5～9999 ms |
| 暂降、中断上升/下降时间 | 1～5 µs（100 Ω 负载） |
| 暂降、中断试验时间 | 1～9999 s |
| 电压变化电平 | 0～100% |
| 电压变化增加时间 | 500～9999 ms（50%～100%）；1000～9999 ms（0～100%） |
| 电压变化减少时间 | 500～9999 ms（50%～100%）或突变（同暂降、中断上升/下降时间）；<br>1000～9999 ms（0～100%）或突变（同暂降、中断上升/下降时间） |
| 电压变化降低后持续时间 | 10～99999 ms |
| 相位同步 | 0°～360°，1°的步进或随机（只适用于交流） |
| 触发方式 | 手动、自动、外部触发 |

此外，工频磁场抗扰度试验需要磁场发生模块和磁场线圈，相关模块的技术指标如表 10-20 所示。

表 10-20　IEC 61000-4-8 工频磁场测试模块的技术指标

| 指标名 | 指标值 |
| --- | --- |
| 磁场强度 | TCXS 111 单匝磁场线圈：1～100 A/m（持续），<br>100～400 A/m（1～10 s 短时）；<br>TCXS 113 单匝磁场线圈：1～300 A/m（持续），<br>300～1200 A/m（1～10 s 短时） |
| 电流波形 | 50 Hz/60 Hz 的正弦波 |
| 持续工作电流范围 | 1～120 A |
| 短时工作电流范围 | 120～500 A（＜10 s） |
| 电流畸变率 | ＜5% |
| 试验持续时间 | 1～28 800 s |
| 波形间隔时间 | 1～9999 s |
| 磁场输出精度 | 误差值为 1 dB<br>（对于极小磁场强度如 1 A/m 需试验前手动调节校准） |
| 磁场线圈尺寸 | 1000 mm×1000 mm 或其他 |
| 磁场线圈匝数 | 单匝/三匝 |
| 磁场线圈形状 | 矩形 |
| 触发方式 | 自动、手动、外部触发 |
| 输出磁场强度 | 可排程设置 |

## 10.3.2　射频传导抗扰度测试仪

图 10-16 所示的射频传导抗扰度测试仪 CST 10 是苏州泰思特近年来推出的产品，其集成了信号源、功率放大器和功率计等。

射频传导抗扰度测试仪 CST 10 的技术指标如表 10-21 所示。

图 10-16　射频传导抗扰度测试仪 CST 10

表 10-21　射频传导抗扰度测试仪 CST 10 的技术指标

| 指标名 | | 指标值 |
| --- | --- | --- |
| 信号源技术指标 | 频率范围 | 9～3 GHz |
| | 频率分辨率 | 0.23 Hz |
| | 频率温度稳定度 | $\pm 0.5 \times 10^{-6}$ |
| | 谐波 | ≤−30 dBc |
| | 非谐波 | ≤−50 dBc |
| | 输出功率范围 | −120～0 dBm（9～500 kHz）；<br>−120～+10 dBm（500 kHz～3 GHz） |

| 指标名 | | 指标值 |
|---|---|---|
| 信号源技术指标 | 功率准确度 | ±1.0 dB |
| | 内部调制源 | 正弦波为 0.1 Hz～500 kHz；<br>方波为 0.1 Hz～20 kHz；<br>三角波/锯齿波为 0.1 Hz～100 kHz |
| | 调幅 | 调制深度为 0～100%，调制频率为 20 Hz～1 MHz |
| | 调频 | 最大频偏为 5 MHz，调制频率为 20 Hz～1 MHz |
| | 调相 | 调制相位为 0°～360°，调制频率为 20 Hz～1 MHz |
| | 脉冲周期 | 200 ns～160 s |
| | 脉冲宽度 | 100 ns～85 s |
| 功率计技术参数 | 频率范围 | 9 kHz～6 GHz |
| | 测试电平 | −50～+20 dBm |
| | 电平精度 | ±0.2 dB |
| | 输入接口 | N 型同轴接口（母头） |
| | 电压驻波比 | ＜1.1 |
| 功放技术指标 | 频率范围 | 100 kHz～230 MHz |
| | 增益 | 50 dB±1 dB（100 W） |
| | 1 dB 压缩点增益 | 48.5 dB±1 dB（75 W） |
| | 电压驻波比 | ＜1.5 |
| | 输出阻抗 | 50 Ω |
| | 输出接口 | N 型同轴接口（母头） |

典型测试配置如图 10-17 所示。

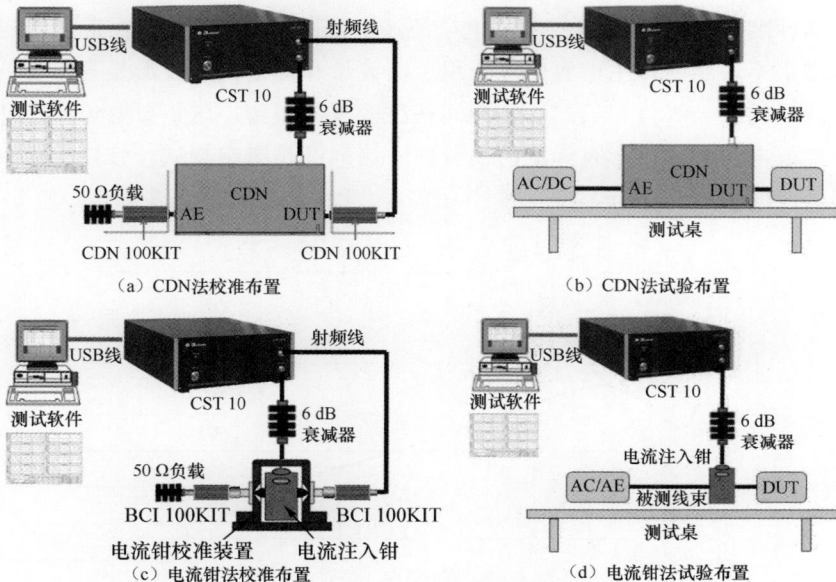

（a）CDN法校准布置　　（b）CDN法试验布置

（c）电流钳法校准布置　　（d）电流钳法试验布置

**图 10-17　典型测试配置**

### 10.3.3 静电放电模拟器

苏州泰思特手持式静电放电模拟器 EDS 20H 如图 10-18 所示。

下面介绍 EDS 20H 的原理。

静电放电模拟器的主要部分包括充电电阻 $R_c$、储能电容 $C_s$、分布电容 $C_d$、放电电阻 $R_d$、电压指示器、放电开关、充电开关、可更换的放电电极头、放电回路电缆以及电源装置等。

**图 10-18　苏州泰思特手持式静电放电模拟器 EDS 20H**

图 10-19 所示为静电放电模拟器的原理。图 10-19 中，$C_d$ 是存在于发生器和周围空间之间的分布电容。（$C_d+C_s$）的典型值为 150 pF，$R_d$ 的典型值为 330 Ω。

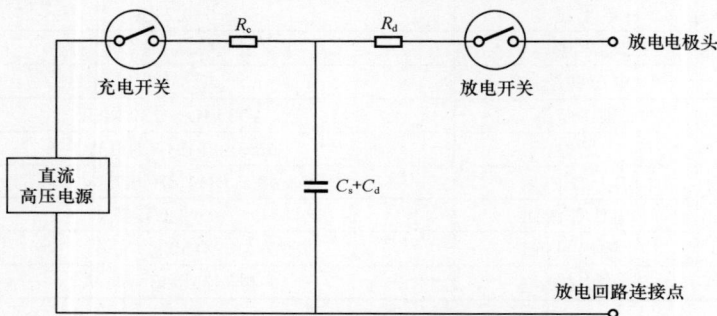

**图 10-19　静电放电模拟器的原理**

依据标准，4 kV 理想的接触放电电流波形如图 10-20 所示，实际的静电放电模拟器由于不理想的寄生电容电感作用，其波形和理论预期波形是有差别的，特别是在波形的第一峰值和第二峰值之间往往有寄生振荡，这是要避免的。此外，每次静电放电实验的波形有一定的离散性，这些都是影响测试一致性的因素，限于篇幅，此处不展开分析。

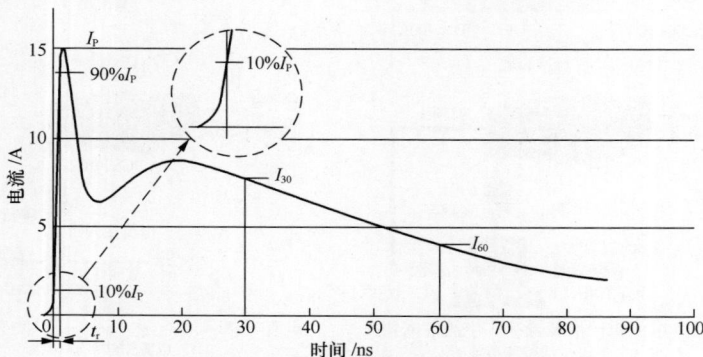

**图 10-20　4 kV 理想的接触放电电流波形**

静电放电模拟器 EDS 20H 的参数如表 10-22 所示。

**表 10-22　静电放电模拟器 EDS 20H 的参数**

| 参数名 | 参数值 |
| --- | --- |
| 接触放电电压 | 1000～20 000 V（±5%） |
| 空气放电电压 | 1000～20 000 V（±5%） |
| 电压步进 | 100 V |
| 保持时间 | 大于 5 s |
| 极性 | 正、负 |
| 上升时间 | 0.8（1±25%）ns |
| 接触放电模式 | 150 pF/330 Ω |
| RC 模块识别 | 自动识别并液晶显示 |
| 温湿度 | 内置温湿度计，具有记录和保护功能 |
| 脉冲重复频率 | 单次/0.1/0.2/0.5/1/2/5/10/20 Hz |
| 触发模式 | 手动、自动 |
| 脉冲计数 | 1～9999 |
| 简易程序 | 依据各种标准等级进行测试 |
| 快速启动测试程序 | 参数在线可调，简单、迅速，易于操作 |
| 评估程序 | 进行 20 Hz 接触放电，对受试设备的测试点进行评估 |

在测试中，实验室的地面上应设置接地参考平面（GRP），它应是一种最小厚度为 0.25 mm 的铜或铝的金属薄板，其他金属材料虽可使用，但至少要有 0.65 mm 的厚度。

对于台式设备的测试要求是：试验设备放在接地参考平面上，具体是一个高度为（0.8±0.08）m 的绝缘材料制成的桌子。

放在桌面上的水平耦合板（HCP）的尺寸为 1.6 m×0.8 m，并用一个厚度为（0.5±0.05）mm 的绝缘支撑将受试设备和电缆与耦合板隔离。

如果受试设备过大而不能保持与水平耦合板各边的最短距离为 0.1 m，则应使用另一块相同的水平耦合板，并与第一块的短边侧距离为 0.3 m。此时要将桌子扩大或使用两个桌子，这些水平耦合板不必搭接在一起，而应经过另一根带电阻的电缆接到接地参考平面上。

所有受试设备的安装脚架应保持原位。图 10-21 所示为台式设备静电放电试验布置的实例。

对于落地式设备和不接地设备也有相应的测试要求，限于篇幅，此处不详述。

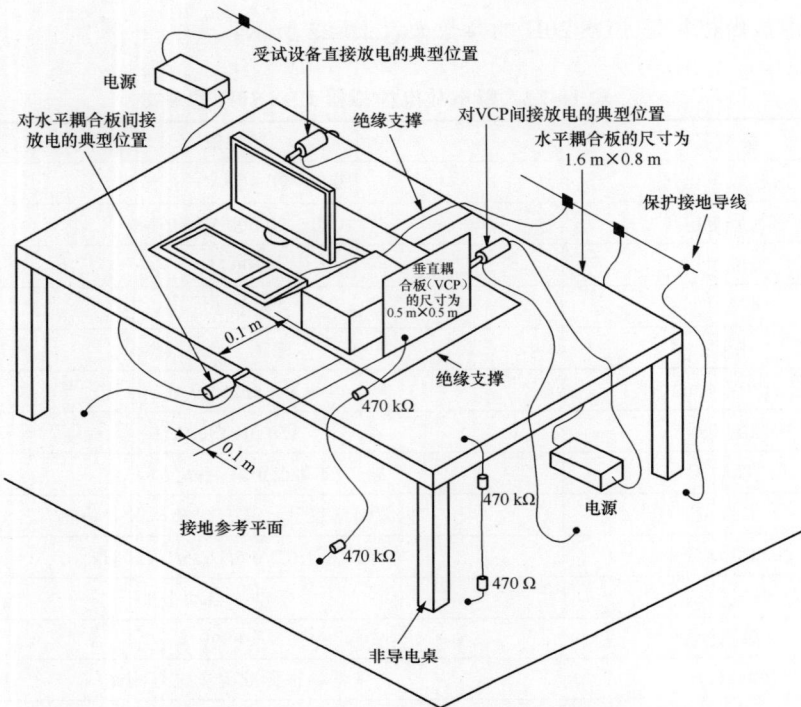

电源

受试设备直接放电的典型位置

对水平耦合板间接放电的典型位置

绝缘支撑

对VCP间接放电的典型位置
水平耦合板的尺寸为
1.6 m×0.8 m

保护接地导线

垂直耦合板（VCP）的尺寸为0.5 m×0.5 m

0.1 m

绝缘支撑

470 kΩ

0.1 m

470 kΩ

电源

接地参考平面

470 kΩ

470 Ω

非导电桌

**图 10-21　台式设备静电放电试验布置的实例**

# 10.4　骚扰测试系统与应用

## 10.4.1　系统原理

10.3 节主要介绍仪器，而很多测试是仪器组成系统后才能完成应用的。电磁骚扰测试的目的在于评估电子设备是否会向环境中释放干扰信号。电磁骚扰测试系统主要包括 EMI 测量接收机、信号发生器、低噪声放大器、电流监测探头、接收天线组、开关矩阵及 EMI 测试附件等。其中，EMI 测试附件包括数字示波器、衰减器、射频电缆等。典型的高性能电磁辐射骚扰测试系统的主要仪器如表 10-23 所示。

**表 10-23　典型的高性能电磁辐射骚扰测试系统的主要仪器**

| 序号 | 仪器名称 | 使用频段 |
|:---:|:---:|:---:|
| 1 | EMI 测量接收机 | 2 Hz～45 GHz |
| 2 | 接收天线组 | 10 kHz～45 GHz |
| 3 | 低噪声放大器 | 10 kHz～40 GHz |
| 4 | 电流监测探头 | 4 kHz～500 MHz |
| 5 | 射频开关 | 10 kHz～45 GHz |

其中，EMI 测量接收机和射频开关（矩阵）放置在减振机箱中，如图 10-22 所示。

电磁骚扰测试系统中的信号交联关系如图 10-23 所示。

北京长鹰恒容电磁科技有限公司（简称长鹰恒容）以北京航空航天大学（简称北航）电磁兼容研究所作为技术支撑团队，为用户配套的系统提供了自主研发的电磁兼容测控软件，支持 Windows 系统和国产麒麟系统，电磁兼容测控软件包括数据库存储试验数据，提供试验仪器管理、极限值管理、被试品管理、试验数据管理、用户管理、试验任务管理、试验报告生成等模块，能够依据 GJB 151B—

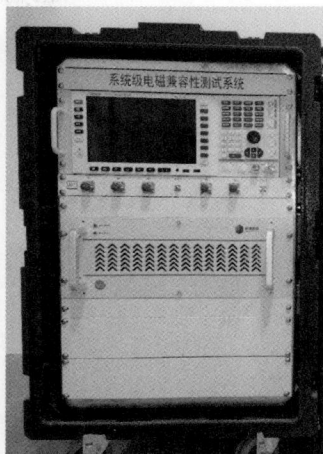

图 10-22　减振机箱

2013、GJB 8848—2016 中规定的试验方法完成 EMI 试验。长鹰恒容电磁兼容测控软件界面如图 10-24 所示。

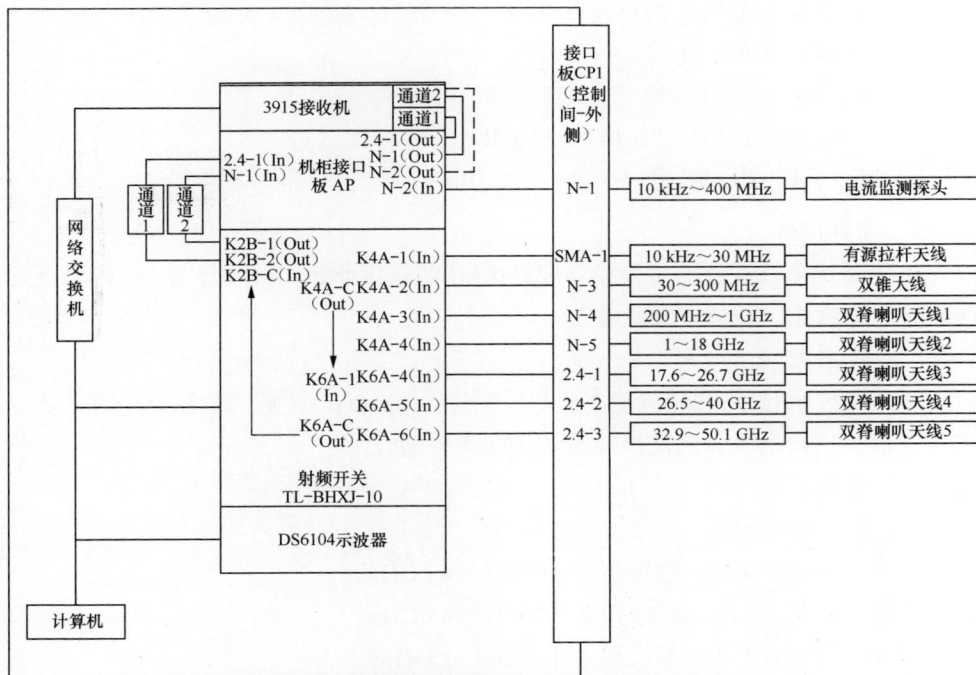

图 10-23　电磁骚扰测试系统中的信号交联关系

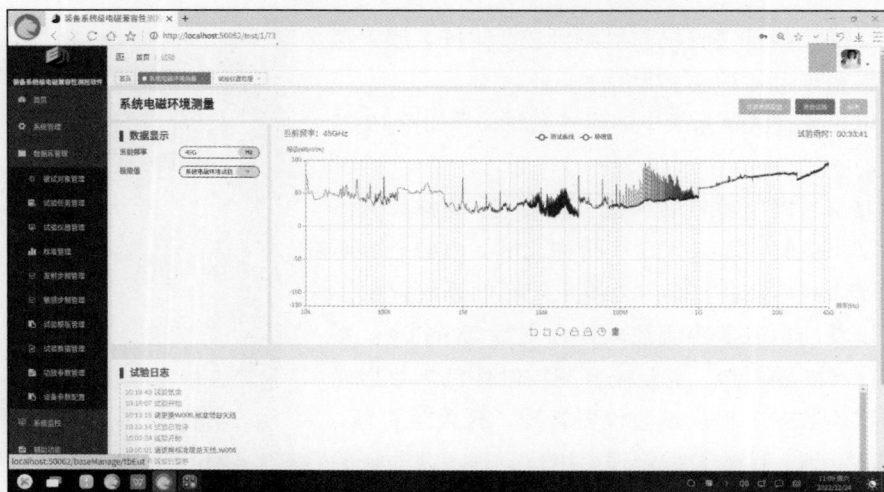

**图 10-24　长鹰恒容电磁兼容测控软件界面**

### 10.4.2　主要指标

**1．系统指标**

（1）接收频率范围：2 Hz～45 GHz。

（2）接收幅度范围如下。

① 10 MHz～1 GHz 时，为−152～+30 dBm。

② 1～26.5 GHz 时，为−142～+30 dBm。

③ 26.5～45 GHz 时，为−138～+30 dBm。

**2．设备指标**

电磁骚扰测试系统的主要设备包括 EMI 测量接收机、射频开关、电流监测探头、接收天线组、低噪声放大器等。

（1）EMI 测量接收机

选用思仪科技的 EMI 测量接收机，型号为 3915G，这是一款针对电磁干扰标准符合性测试需求设计的高性能 EMI 测量接收机。

（2）射频开关

① 开关通道数量。

二选一开关：6 个，频段覆盖 10 kHz～45 GHz。

六选一开关：2 个，频段覆盖 10 kHz～45 GHz。

四选一开关：2 个，频段覆盖 10 kHz～1 GHz。

② 性能。

通道隔离度：不小于 50 dB。

阻抗：50 Ω。

插入损耗：不大于 0.8 dB（18 GHz 以下），不大于 1.2 dB（18 GHz 以上）。

（3）电流监测探头

选用苏州泰思特的宽带电流监测钳，型号为 TWCM-500，用于对 1 kHz～500 MHz 交变电流及时域脉冲电流的测量。

（4）接收天线组

接收天线组覆盖 10 kHz～45 GHz 的测试频段，性能指标满足电磁骚扰测试需求，包括 10 kHz～30 MHz 的有源拉杆天线，30～200 MHz 的双锥天线，200 MHz～1 GHz 及 1～18 GHz 的双脊喇叭天线，18～26.5 GHz、26.5～40 GHz、33.5～50 GHz 的喇叭天线等。

（5）低噪声放大器

低噪声放大器覆盖 10 kHz～40 GHz 的测试频段，增益不低于 35 dB，最大输入信号不超过 0 dBm。

国产骚扰测试系统集成国产测试仪器，可依据 GJB 151B—2013 完成设备/分系统级 EMI 试验，也可依据 GJB 8848—2016 试验方法完成系统级 EMI 试验。

# 10.5　抗扰度测试系统与应用

## 10.5.1　系统原理

电磁抗扰度测试的主要目的是测试电子设备能否在存在电磁干扰的情况下正常工作，其原理是采用信号源配合功率放大器，通过注入探头向被试品的电缆注入干扰信号，或者采用辐射天线在被试品放置区域产生规定强度的电场，验证其抗干扰能力。

电磁抗扰度测试系统主要包括信号发生器、固态功率放大器组、功率计及功率探头、辐射天线组、场强计及场强探头、EMS 测试附件等。其中，EMS 测试附件包括数字示波器、衰减器、射频电缆、适配器等。电磁抗扰度测试系统的主要测试仪器如表 10-24 所示。

表 10-24　电磁抗扰度测试系统的主要测试仪器

| 序号 | 仪器名称 | 频段 | 备注 |
|------|----------|------|------|
| 1 | 信号发生器 | 9 kHz～45 GHz | — |
| 2 | 函数发生器 | 1 Hz～50 MHz | — |
| 3 | 固态功率放大器组 | 9 kHz～45 GHz | — |
| 4 | 辐射天线组 | 10 kHz～45 GHz | — |

| 序号 | 仪器名称 | 频段 | 备注 |
|------|----------|------|------|
| 5 | 功率计及功率探头 | 10 kHz～67 GHz | — |
| 6 | 高场强生成单元 | 2.7～3.6 GHz | 连续波 2620 V/m |
| 7 | 场强计及场强探头 | 10 kHz～60 GHz | — |
| 8 | 电流注入探头 | 4 kHz～400 MHz | — |
| 9 | EMI 测量接收机 | 2 Hz～45 GHz | — |
| 10 | 电流监测探头 | 4 kHz～400 MHz | — |
| 11 | 光纤测温仪 | 室温到 150℃ | — |
| 12 | 静电放电枪 | 30 kV | — |
| 13 | 燃油电磁辐射危害阈值测量仪（和燃油安全相关的特殊测试项目使用） | — | 传感器量程：2.75 MPa；灵敏度：3.6 mV/kPa |

其中，信号发生器、函数发生器、功率计、场强计、光纤测温仪等放置在减振机箱中。图 10-25 所示的长鹰恒容研制的高场强生成单元单独组成一个分系统，由 1 个控制机箱、4 个功放机箱、1 个电源机箱、1 个伺服机箱、1 个相控天线阵列以及天线架、机柜等组成，采用空间合成的相控阵方式，实现了 S 波段（2.7～3.6 GHz）上连续波平均值场强不低于 2620 V/m 的电场的生成，并支持天线高度和天线极化方式的自动调节。

图 10-25　长鹰恒容研制的高场强生成单元

S 波段上单个天线较小，考虑到天线结构尺寸、天线阵元之间互耦的影响、单路功放输出功率和要求的场强等情况，采用"32 路功放+32 路天线"的方案，并预留一定余量。高场强生成单元的原理如图 10-26 所示。

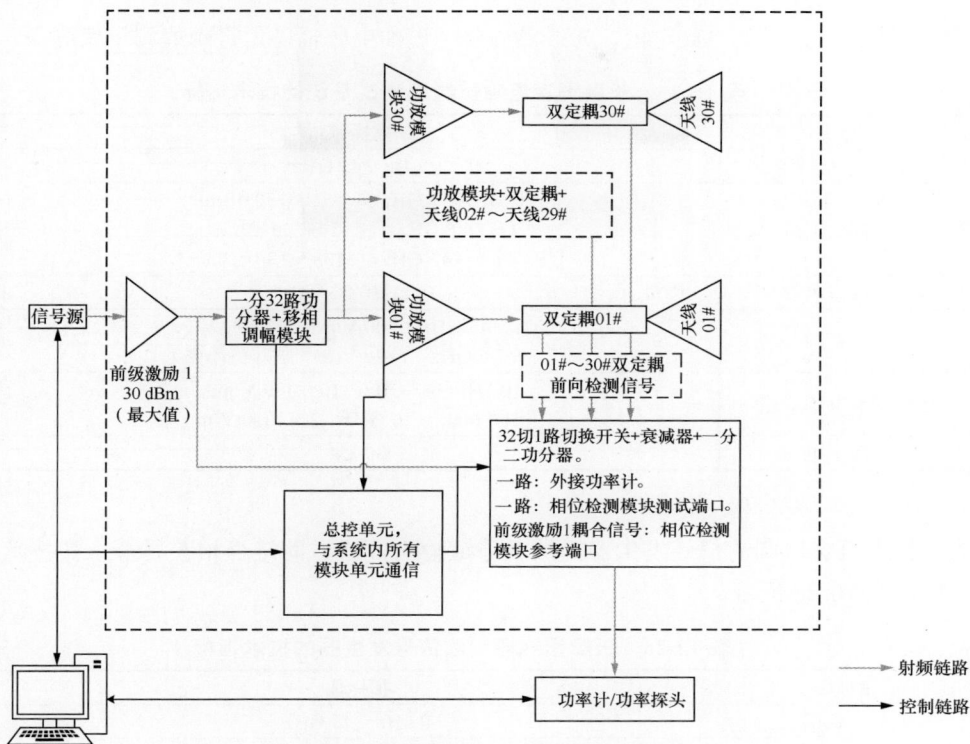

**图 10-26　高场强生成单元的原理**

　　长鹰恒容配套系统提供自主研发的电磁兼容测控软件，支持 Windows 系统和国产麒麟系统，能够依据 GJB 151B—2013、GJB 8848—2016 中规定的试验方法完成电磁抗扰度试验。

　　电磁抗扰度试验的软件模块中提供了多种保护功能，包括信号源输出功率保护、功放正向功率超限保护、功放反向功率超限保护、系统驻波比保护等，在试验中可以监控各项保护指标，一旦超出限值，试验立刻暂停并关闭信号源输出，保护系统内试验设备和被试品；同时结合长鹰恒容多年测试经验，软件的信号源幅度调节算法兼顾试验设备保护和试验的高效率开展。

## 10.5.2　主要指标

### 1．系统指标

长鹰恒容电磁抗扰度测试系统的技术指标如表 10-25 所示。

### 2．设备指标

长鹰恒容电磁抗扰度测试系统的主要设备包括信号发生器、函数发生器、固态功率放大器、辐射天线组、电流注入探头、功率计及功率探头、场强计及场强探头、高场强生成单元、静电放电枪、光纤测温仪、燃油电磁辐射危害阈值测量仪等。

表 10-25　长鹰恒容电磁抗扰度测试系统的技术指标

| 指标名 | 指标值 |
|---|---|
| 接收频率范围 | 2 Hz～45 GHz |
| 接收幅度范围 | 10 MHz～1 GHz，−152～+30 dBm；<br>1～26.5 GHz，−142～+30 dBm；<br>26.5～45 GHz，−138～+30 dBm |
| 发射频率范围 | 10 kHz～45 GHz |
| 场强范围 | 10 kHz～45 GHz，200 V/m（平均值场强）；<br>2.7～3.6 GHz，2620 V/m（平均值场强） |
| 场强探头监测范围 | 10 kHz～45 GHz，10～400 V/m；<br>100 MHz～10 GHz，2～3000 V/m |
| 静电放电电压 | 30 kV |

（1）信号发生器

长鹰恒容研制的信号发生器提供双通道输出，通道间符合相参要求，其技术指标如表 10-26 所示。

表 10-26　长鹰恒容研制的信号发生器的技术指标

| 指标名 | 指标值 | |
|---|---|---|
| 频率范围 | 9 kHz～45 GHz | |
| 频率分辨率 | 0.1 Hz | |
| 频率切换时间 | 不大于 20 ms | |
| 最小输出功率 | −90 dBm | |
| 最大输出功率 | 不低于 5 dBm | |
| 阻抗 | 50 Ω | |
| 功率分辨率 | 0.01 dB | |
| 功率精度 | ≤±1.3 dB，输出功率>−20 dBm；<br>≤±1.5 dB，输出功率为−70～−20 dBm；<br>≤±3 dB，输出功率<−70 dBm | |
| 输出信号杂波 | ≤−70 dBc，输出频率<12 GHz；<br>≤−65 dBc，输出频率为 12～20 GHz；<br>≤−60 dBc，输出频率>20 GHz | |
| 脉宽调制 | 调制深度 | 大于 80 dB |
| | 通断比 | 不小于 60 dB |
| | 宽度偏差 | 脉冲宽度的 1%～99% |
| | 最小脉宽 | 不大于 100 ns |
| | 上升沿和下降沿 | 不大于 15 ns |
| 模拟调制 | 调频和调相的调制带宽 | 0～10 MHz |
| | 线性调幅深度 | 不低于 90% |
| | 调相的相偏 | 0°～360° |
| 质量 | 不大于 20 kg | |

（2）函数发生器

选用普源精电的 DG2000 系列函数/任意波形发生器。

（3）固态功率放大器

长鹰恒容研制的固态功率放大器的频段为 9 kHz～45 GHz，并配套双定向耦合器，其技术指标如表 10-27 所示。

表 10-27　长鹰恒容固态功率放大器的技术指标

| 型号 | 指标名 | 指标值 |
| --- | --- | --- |
| 9 kHz～100 MHz 的固态功率放大器 | 频段 | 9 kHz～100 MHz |
| | 阻抗 | 50 Ω |
| | 最大功率 | 不小于 3200 W |
| | 增益 | 不小于 65 dB |
| | 功率平坦度 | ±5 dB |
| | 带外杂散 | 不大于 −50 dBc（偏离主信号 200 kHz 时） |
| 100 MHz～1 GHz 的固态功率放大器 | 频段 | 100 MHz～1 GHz |
| | 阻抗 | 50 Ω |
| | 最大功率 | 不小于 2000 W |
| | 增益 | 不小于 60 dB |
| | 功率平坦度 | ±5 dB |
| | 带外杂散 | 不大于 −50 dBc（偏离主信号 200 kHz 时） |
| 1～6 GHz 的固态功率放大器 | 频段 | 1～6 GHz |
| | 阻抗 | 50 Ω |
| | 最大功率 | 200 W |
| | 增益 | 不小于 50 dB |
| | 功率平坦度 | ±5 dB |
| | 带外杂散 | 不大于 −50 dBc（偏离主信号 200 kHz 时） |
| 6～18 GHz 的固态功率放大器 | 频段 | 6～18 GHz |
| | 阻抗 | 50 Ω |
| | 最大功率 | 200 W |
| | 增益 | 不小于 50 dB |
| | 功率平坦度 | ±5 dB |
| | 带外杂散 | 不大于 −50 dBc（偏离主信号 200 kHz 时） |
| 18～26.5 GHz 的固态功率放大器 | 频段 | 18～26.5 GHz |
| | 阻抗 | 50 Ω |
| | 最大功率 | 50 W |
| | 增益 | 不小于 45 dB |
| | 功率平坦度 | ±5 dB |
| | 带外杂散 | 不大于 −50 dBc（偏离主信号 200 kHz 时） |

续表

| 型号 | 指标名 | 指标值 |
|---|---|---|
| 26.5～40 GHz 的固态功率放大器 | 频段 | 26.5～40 GHz |
| | 阻抗 | 50 Ω |
| | 最大功率 | 40 W |
| | 增益 | 不小于 45 dB |
| | 功率平坦度 | ±5 dB |
| | 带外杂散 | 不大于-50 dBc（偏离主信号 200 kHz 时） |
| 40～45 GHz 的固态功率放大器 | 频段 | 40～45 GHz |
| | 阻抗 | 50 Ω |
| | 最大功率 | 40 W |
| | 增益 | 不小于 45 dB |
| | 功率平坦度 | ±5 dB |
| | 带外杂散 | 不大于-50 dBc（偏离主信号 200 kHz 时） |

（4）辐射天线组

辐射天线组包括电场发生器、对数周期天线和喇叭天线等。

① 电场发生器。

选用长鹰恒容电场发生器，型号为 EGVH1D，如图 10-27 所示，其支持水平极化和垂直极化调节。

其主要参数如下。

a．频率范围：10 kHz～100 MHz。

b．最大输入功率：3000 W。

c．阻抗：50 Ω。

d．场强：0.5 m 处能够产生 200 V/m 的电场，满足 GJB 151B—2013 的 RS103 测试需求。

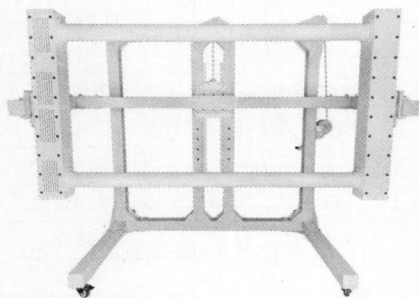

**图 10-27　长鹰恒容 EGVH1D 电场发生器**

② 其他天线。

对数周期天线（80 MHz～1 GHz）采用西安恒达微波技术开发公司的天线，可实现 1 m 处 200 V/m 电场的生成。长鹰恒容自研喇叭天线（频段分别为 1～6 GHz、6～18 GHz、18～26.5 GHz、26.5～40 GHz、33.5～50 GHz）均可实现 1 m 处 200 V/m 电场的生成。

（5）电流注入探头

选用苏州泰思特的型号为 BCIP-400 的电流注入探头，其主要参数如下。

① 频率范围：4 kHz～400 MHz。

② 最大功率。

a．100 W，持续 30 min。

b．150 W，持续 15 min。

c．200 W，持续 5 min。

③ 内直径：40 mm。

④ 外直径：127 mm。

⑤ 接口形式：N 型同轴接口（母头）。

⑥ 射频电流：2 A。

⑦ 脉冲电流：100 A。

⑧ 质量：2.6 kg。

（6）功率计及功率探头

选用思仪科技的 2438 系列微波功率计，其由微波功率计主机和微波功率探头组成。

① 功率计。选用型号为 2438PB 的功率计，其技术指标如表 10-28 所示。

表 10-28　2438PB 功率计的技术指标

| 指标名 | 指标值 |
| --- | --- |
| 通道数 | 2 |
| 频率范围 | 9 kHz～750 GHz |
| 功率范围 | 脉冲波：−40～+20 dBm；<br>连续波：−70～+50 dBm |
| 最高测量显示分辨率 | 对数模式：0.001 dB；<br>线性模式：4 bit |
| 程控接口 | 支持 LAN 接口、GPIB 接口、USB 接口 |

② 功率探头。思仪科技不同型号功率探头的技术指标如表 10-29 所示。

表 10-29　思仪科技不同型号功率探头的技术指标

| 型号 | 指标名 | 指标值 |
| --- | --- | --- |
| T1710A | 频率范围 | 9 kHz～12 GHz |
| | 功率测量范围 | −60～+20 dBm |
| | 最大端口驻波比 | 100 kHz～12 GHz：1.20 |
| | 校准因子不确定度 | 9 kHz～12 GHz：±4% |
| | 输入连接器形式 | N 型同轴接口（母头） |
| 71710L | 频率范围 | 50 MHz～67 GHz |
| | 功率测量范围 | −70～+20 dBm |

续表

| 型号 | 指标名 | 指标值 |
|---|---|---|
| 71710L | 校准因子不确定度 | 50 MHz～18 GHz：±4.5%；<br>18～26.5 GHz：±5.9%；<br>26.5～40 GHz：±6.9%；<br>40～67 GHz：±7.9% |
| | 输入连接器形式 | 同轴 1.85 mm（m） |

（7）场强计及场强探头

选用北京吉太电磁科技有限公司的光供电场强探头系列产品，包括场强计和场强探头。

① 型号为 JT7004 的场强计（主机），其技术指标如表 10-30 所示。

表 10-30　JT7004 场强计（主机）的技术指标

| 指标名 | 指标值 |
|---|---|
| 场强显示范围 | 0.5～3000 V/m |
| 通道数 | 4 |
| 显示方式 | 4.8 in 液晶显示触摸屏 |
| 光纤接口 | FSMA 型 |
| 程控接口 | 支持 LAN 接口、GPIB 接口、USB 接口等 |
| 供电电源 | AC 220 V/1 A，50 Hz |
| 尺寸 | 483 mm×254 mm×90 mm |
| 质量 | 3.2 kg |

② 型号为 JT7000 的光供电器，其技术指标如表 10-31 所示。

表 10-31　JT7000 光供电器的技术指标

| 指标名 | 指标值 |
|---|---|
| 激光功率 | 1 W |
| 激光波长 | 830 nm |
| 与探头的连接头 | E2000 |
| 与场强计的连接头 | FSMA |
| 程控接口 | 支持 LAN 接口、GPIB 接口、USB 接口等 |
| 供电电源 | AC 220 V/1 A，50 Hz |
| 尺寸 | 483 mm×254 mm×45 mm |
| 质量 | 2.6 kg |

③ 型号为 JT7030 的场强探头（5 kHz～30 MHz），其技术指标如表 10-32 所示。

表 10-32　JT7030 场强探头的技术指标

| 指标名 | 指标值 |
|---|---|
| 频率范围 | 5 kHz～30 MHz |
| 场强测量幅度范围 | 1.5～400 V/m |
| 测量精度 | ±1.0 dB@10 MHz |
| 响应时间 | 20 ms |
| 采样率 | ≤50 Hz |
| 各向同性偏差 | ±0.5 dB@5 kHz～30 MHz |
| 灵敏度 | 1.0～400 V/m |
| 线性度 | ±0.6 dB 或±1.0 V/m |
| 温度偏移 | ±0.5 dB |
| 尺寸 | 7 cm×7 cm×7 cm |
| 质量 | 70 g |
| 供电方式 | 光纤供电 |

④ 型号为 JT7060 的场强探头（2 MHz～60 GHz），其技术指标如表 10-33 所示。

表 10-33　JT7060 场强探头的主要参数

| 指标名 | 指标值 |
|---|---|
| 频率范围 | 2 MHz～60 GHz |
| 测试幅度范围 | 2～3000 V/m |
| 测量精度 | ±1.0 dB@30 MHz～1 GHz；<br>±1.5 dB@1～60 GHz |
| 响应时间 | 20 ms |
| 采样率 | ≤50 Hz |
| 各向同性偏差 | ±1.0 dB@30 MHz；<br>±1.5 dB@2 MHz～60 GHz |
| 线性度 | ±0.8 dB@2～3000 V/m |
| 温度偏移 | ±0.5 dB |
| 尺寸 | 7 cm×7 cm×35 cm |
| 质量 | 165 g |
| 供电方式 | 光纤供电 |

（8）高场强生成单元

高场强生成单元的技术指标如表 10-34 所示。

表 10-34　高场强生成单元的技术指标

| 指标名 | 指标值 |
|---|---|
| 工作频率范围 | 2～4 GHz |
| 电场强度 | ≥200 V/m，2～4 GHz；≥2620 V/m，2.7～3.6 GHz |

| 指标名 | 指标值 |
| --- | --- |
| 测试距离 | 不小于 1 m |
| 照射范围 | 直径 $D \geqslant 10$ cm 的照射斑点 |
| 天线高度可调节范围 | 距地面 0.8～1.8 m 范围内可调节 |
| 天线极化方式 | 垂直极化、水平极化，且支持极化方式的自动调节 |
| 射频输出总功率 | 不小于 1800 W，连续波 |

（9）静电放电发生器

选用杭州远方电磁兼容技术有限公司的智能静电放电发生器，型号为 EMS61000-2A，其技术指标如表 10-35 所示。

**表 10-35　EMS61000-2A 静电放电发生器的技术指标**

| 指标名 | 指标值 |
| --- | --- |
| 放电模式 | 接触放电、空气放电 |
| 最大放电电压 | 30 kV |
| 极性 | 正、负 |
| 放电电容/电阻 | 150 pF/330 Ω、500 pF/500 Ω |
| 放电电流上升时间 | 0.6～1 ns（IEC 模式） |
| 放电时间间隔 | 0.05～30 s |
| 放电方式 | 手动：按一下放电枪的枪机，进行一次放电；<br>自动：按照设定的放电时间间隔进行重复放电 |
| 放电次数 | 当放电时间间隔大于或等于 0.1 s 时，计数范围为 1～9999；<br>当放电时间间隔小于 0.1 s 时，计数范围为 1～100 |
| 内置文件系统 | 方便导出和保存测试报告 |
| 内置温度和湿度传感器 | 显示现场测试条件 |
| 供电电源 | AC 85～264 V，50 Hz/60 Hz |
| 可选内置电池 | 最长持续工作时间为 2.5 h |
| 尺寸 | 300 mm×200 mm×200 mm |

（10）光纤测温仪

光纤测温仪用于测量器械内部点灼热桥丝的温度，并判断出其对应的电磁辐射感应电流，为电磁辐射对器械的危害试验提供敏感判据。选用北京菲博泰光电科技有限公司的光纤测温仪，型号为 FAS-C，其技术指标如表 10-36 所示。配套光纤光栅温度传感器，其技术指标如表 10-37 所示。

**表 10-36　FAS-C 光纤测温仪的技术指标**

| 指标名 | 指标值 |
| --- | --- |
| 通道数 | 1/2/4/8，可定制 |
| 波长测量范围 | 1525～1565 nm |

| 指标名 | 指标值 |
| --- | --- |
| 波长分辨率 | 1 pm、0.1 pm |
| 波长精度 | ±3 pm |
| 扫描频率 | 1000 Hz |
| 探测动态范围 | ＞50 dB |
| 光纤接头 | FC/APC，E2000 |

表 10-37　光纤光栅温度传感器的技术指标

| 指标名 | 指标值 |
| --- | --- |
| 光栅中心波长 | 1525～1565 nm |
| 光栅反射率 | ＞85% |
| 标准量程 | −30～+150℃ |
| 测温分辨率 | 0.1℃ |
| 测温精度 | ±0.5℃ |
| 安装方式 | 表面粘贴 |

（11）燃油电磁辐射危害阈值测量仪

燃油电磁辐射危害阈值测量仪用于测量航空燃油的最易燃爆点对应的电磁辐射能量，为电磁辐射对燃油的危害试验提供敏感判据。长鹰恒容研制的燃油电磁辐射危害阈值测量仪如图 10-28 所示。

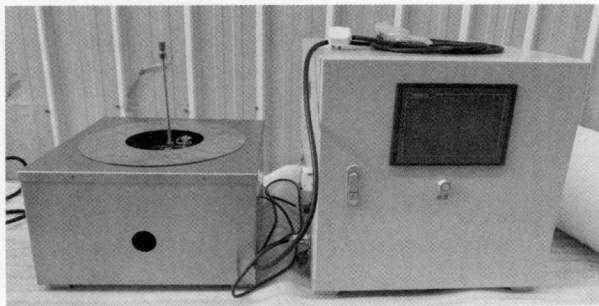

图 10-28　长鹰恒容研制的燃油电磁辐射危害阈值测量仪

燃油电磁辐射危害阈值测量仪主要有以下功能。

① 提供控温模块，用于燃油的蒸发。

② 提供封闭腔体，用于燃油蒸发和电磁辐射环境生成。

③ 提供压力测量功能，用于评估燃油蒸汽爆炸能量级别。

④ 具有手动配气的功能，可配空气，也可选择配氧气、氮气；提供泄压模块。

该测量仪腔体部分的技术指标如表 10-38 所示，加热部分的技术指标如表 10-39

所示，压力采集部分的技术指标如表 10-40 所示。

表 10-38　燃油电磁辐射危害阈值测量仪腔体部分的技术指标

| 指标名 | 指标值 |
| --- | --- |
| 腔体材质 | 紫铜 |
| 腔体耐压 | 设计压力为 2 MPa，打压测试 3 MPa（水压测试） |
| 腔体数量 | 3 套 |
| 腔体视窗材质 | 外层屏蔽玻璃+内层蓝宝石（备用 1 套），前后各 1 个，共两个，透明度不小于 85% |
| 腔体内底部探针数量 | 3 套（长度为 13～25 mm，直径为 1.8 mm），针尖长度为 3 mm。一套共 13 只，替换探针步长为 1 mm |
| 顶部探针 | N 型同轴连接器自密封 |
| 气密性 | 5 min 内压力泄漏不超过 67 Pa |
| 腔体尺寸 | 直径为 176 mm，高度为 120 mm |
| | 直径为 148 mm，高度为 120 mm |
| | 直径为 136 mm，高度为 120 mm |

表 10-39　燃油电磁辐射危害阈值测量仪加热部分的技术指标

| 指标名 | 指标值 |
| --- | --- |
| 整体尺寸 | 460 mm×460 mm×282 mm |
| 加热腔体尺寸 | 直径为 345 mm，高度为 280 mm |
| 功率 | 不大于 2.5 kW |
| 控温范围 | 室温到 160 ℃ |
| 预期控温精度 | ±1 ℃ |
| 温度测量分辨率 | 0.1 ℃ |

表 10-40　燃油电磁辐射危害阈值测量仪压力采集部分的技术指标

| 指标名 | 指标值 |
| --- | --- |
| 传感器数量 | 两个 |
| 传感器量程 | 2.75 MPa |
| 灵敏度 | 3.6 mV/kPa |
| 分辨率 | 0.007 kPa |
| 谐振频率 | ≥500 kHz |
| 温度测量范围 | −100～+275 ℃ |
| 可用量程 | 2758 kPa |
| 采集卡频率 | 100 kHz |
| 采集卡分辨率 | 12 bit |

该测量仪的配置软件用于爆炸压力曲线分析，可绘制完整爆炸压力曲线，分析压力上升速率。

国产骚扰测试系统集成国产测试仪器，可依据 GJB 151B—2013 完成设备/分系统级 EMS 试验，也可依据 GJB 8848—2016 试验方法完成系统级 EMS 试验，包括安全裕度试验、外部射频电磁环境敏感性试验，以及电磁辐射对各种器械、燃油的危害试验。

# 10.6　国产 EMC 电波暗室

无论是在骚扰测试中还是在抗扰度测试中，很多测试项目都需要电波暗室。本节介绍一些我国企业生产的 EMC 电波暗室。

## 10.6.1　常州远屏电波暗室

常州市远屏电子有限公司（简称常州远屏）成立于 2008 年，主要从事电磁屏蔽室、微波暗室、电波暗室、气动屏蔽门、电动屏蔽门、手动屏蔽门、转台、天线塔以及测试系统等的生产及销售。现生产的产品已广泛应用于政府、信息通信产业、机械、医疗设备、电力电气等领域。

半电波暗室主要用于模拟开阔场，即一个长方体空间的 6 个面中，底面为金属面，其他 5 个面铺设铁氧体瓦和吸波材料，用作辐射无线电骚扰和辐射敏感度测量的密闭屏蔽室。电波暗室的尺寸和射频吸波材料的选用主要由受试设备的外形尺寸和测试要求确定，分 1 m 法、3 m 法、5 m 法、10 m 法电波暗室等，还有一些军标 1 m 法电波暗室、汽车电子 1 m 法电波暗室等。图 10-29 所示为常见的电波暗室（半电波暗室）。

屏蔽室主要用于隔离外界电磁干扰，保证室内电子、电气设备正常工作。同时阻断室内电磁辐射向外界扩散，防止电子通信设备信息泄漏，确保信息安全。屏蔽室分为拼装式、焊接式、铜网式、钢板直贴式等。屏蔽室在电子通信、信息安全等领域有较多应用。

图 10-29　常见的电波暗室（半电波暗室）

## 10.6.2　雷宁屏蔽 EMC 电波暗室

常州雷宁电磁屏蔽设备有限公司（简称雷宁屏蔽）始建于 1937 年，从纺纱织布起步到织造金属网，再跨入电磁屏蔽设备制造行业。20 世纪 60 年代初，"两弹一星"问世，其中，常州金属网厂（雷宁屏蔽前身）研发的中国第一代铜网屏蔽室作出了贡献。

雷宁屏蔽 EMC 电波暗室主要用于辐射发射和辐射抗扰度的符合性测试，广泛应用于信息技术（IT）产品、家用电器、医疗器械、汽车整车和零部件、电子产品、通信产品等的 EMI 试验及 EMS 试验。一般包括暗室、控制室、功放室、传导室、负载室等。

**1．主要技术指标**

（1）屏蔽效能（SE）：优于标准 EN 50147-1 和 GJB 2926—97 中的屏蔽性能要求。

（2）静区（quiet zone）尺寸：不同尺寸暗室可实现直径为 2 m、3 m、4 m 的静区。

（3）归一化场地衰减（NSA）：在 30 MHz～1 GHz 范围内按 CISPR16-1-4 和 ANSI C63.4 标准满足±3.5 dB、±3.0 dB、±2.5 dB 等可供选择。

（4）场强均匀性（FU）：在 0～6 dB 范围内。

（5）场地电压驻波比（SVSWR）：在 1～18 GHz 范围内按 CISPR 16-1-4 标准不大于 6 dB。

（6）背景噪声（ABN）：比 CISPR 22 标准规定的限值低 10 dB。

**2．主要产品规格**

根据受试设备的尺寸和测试要求，可分为军标 1 m 法暗室、3 m 法暗室和 10 m 法暗室等。

### 10.6.3　航天长屏电波暗室

航天长屏科技有限公司（简称航天长屏）成立于 2009 年，隶属于中国航天科工集团有限公司。航天长屏专注于电磁防护系统、电波暗室系统、电磁信息安全防护系统、微波防护系统、防雷接地系统等技术领域并致力于相关软硬件产品的研发、生产、销售与安装。

航天长屏具有吸波材料研发生产基地，具备电波暗室的屏蔽、吸波、测控设备和软件等的一体化集成开发能力，可实施电波暗室"交钥匙"工程，已经建成1000 余间电波暗室。

### 10.6.4　北方工程设计研究院电波暗室

北方工程设计研究院有限公司（简称北方工程设计研究院）隶属于中国兵器工业集团有限公司，由创建于 1952 年的北方设计研究院和中国兵器工业北方勘察设计研究院于 2010 年重组而成，业务领域包括工程设计，以及与工程设计相关的技术开发、技术服务及工程总承包、电磁屏蔽设备研制、电磁屏蔽设备及材料销售等。图 10-30 所示为北方工程设计研究院建设的电波暗室工程。

图 10-30　北方工程设计研究院建设的电波暗室工程

### 10.6.5　安方高科电波暗室

安方高科电磁安全技术（北京）有限公司（简称安方高科）位于北京永丰产业基地，是专业从事电磁兼容、电磁屏蔽和信息安全防护工程的民营高新技术企业。该公司拥有 20 余年屏蔽工程、屏蔽产品的设计、生产、施工经验，具备承建我国高屏蔽等级、复杂系统集成要求的综合防护工程的能力。该公司建造的电磁兼容电波暗室符合美国 FCC、IEC、CISPR 标准并满足 GJB 2926—97、GJB 151B—2013、GB/T 9254—2008 的测试要求。

## 10.7　超宽带横电磁波装置

面向未来电磁兼容、电磁效应实验的需求，已经可以看到：从中波广播频率开始，到 6 GHz 以下的移动通信频段，再到毫米波雷达、毫米波 5G/B5G 等无线系统的发展，电磁环境频谱将横跨数千赫兹到毫米波。实际电磁环境场强的特征是多频段并发电磁场，其中包含宽带矢量调制的电磁场，有一些具有脉冲时隙特征。要模拟、复现这样的电磁环境，对于传统的电磁辐照装置是有困难的。

（1）对于多频段并发电磁场的复现，要使用多台套的辐射装置组合，而这种组合的特点是设备复杂、操作烦琐、成本高、工程实现难度很大，比如要组合使用波导腔体和喇叭天线，需要测量或者计算天线在腔体内部激发的电磁场，这是有难度的。

（2）对于宽带跳频或者调制信号对应的电磁场，传统的窄带电磁辐射系统难以复现。例如，某跳频信号的频率范围是 1～26 GHz，传统的单一电磁辐照装置带宽是不够的,使用多套设备拼接的方式需要复杂的程控协同装置去控制天线切换。

显然,在一些场景下,只有基于新的测试装置才能满足面向实际电磁环境的模拟要求,以实现电磁兼容试验的目标,这样的装置主要包括超宽带同轴锥和镜面单锥。超宽带同轴锥和镜面单锥主要工作在 TEM 模式,即电场分量和磁场分量相互垂直,且都垂直于电磁波传播方向,此类装置工作频率范围很宽,故而可以统称为超宽带横电磁波装置。此类装置激励的电磁波也会有一定比例的高次模,其数学模型和测量技术比较复杂,限于篇幅,此处不展开论述高次模问题。

### 10.7.1 超宽带同轴锥

超宽带同轴锥(以下简称同轴锥)是近年来新出现的一种超宽带腔体,其频率范围为 DC～50 GHz,其基本结构如图 10-31 所示。

同轴锥中的电磁波以 TEM 模式为主,即电场分量和磁场分量相互垂直,且都垂直于电磁波传播方向。同轴锥测试区域的截面是一个同心圆,如图 10-32 所示,设 $R$ 为截面观察点处的半径,就 TEM 模式电磁波而言,电场的主要极化方向是径向方向,电场强度可表示为

$$E = \frac{\eta \sqrt{\frac{P}{Z}}}{2\pi R} \tag{10-2}$$

式中,$\eta$ 是真空中波阻抗,为 $120\pi\ \Omega$;$P$ 是端口馈入的净功率,单位是 W;$Z$ 是同轴输入端的输入阻抗,一般为 $50\ \Omega$。

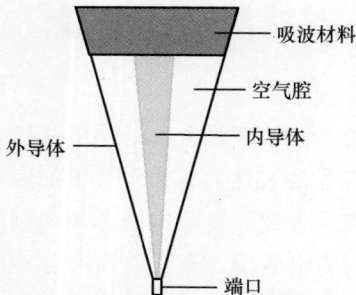

图 10-31　超宽带同轴锥的基本结构　　图 10-32　同轴锥测试区域的截面

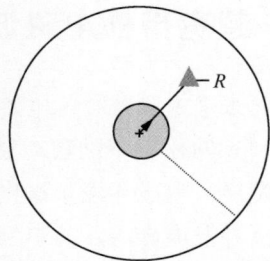

从式(10-2)可知,如果 $R$ 保持不变,则场强是稳定的。作为例子,在同轴锥外导体张角为 10°、距离锥尖顶点 1.35 m 的条件下分析馈电功率和同轴锥场强的关系,为了对比,还给出了电波暗室中天线在 1.35 m 距离处激发的场强计算值,如图 10-33 所示。显然,在同等功率输入条件下同轴锥产生的电场强度更高,这

意味着更低的功率放大器成本、更大的测试动态范围。

中国信通院泰尔实验室与合作单位建造了净高为 2 m 的国产化同轴锥，如图 10-34 所示。测试结果表明，该同轴锥在 100 MHz～50 GHz 频段有良好的端口驻波比，在 DC～100 MHz 频段，驻波比也可以接受。这就具备了 DC 至 50 GHz 超宽带测试的基本条件，脉冲上升沿小于 20 ps（1/ 50 GHz）的任何脉冲波形均可适用。在同轴锥中放入了用 PMI（聚甲基丙烯酰亚胺）泡沫材料制作的支撑台，该材料的相对介电常数为 1.05，对电磁场的扰动可以忽略，可在支撑台上放置被测物，在被测物的位置放入电场探头，标定该位置的电场强度。

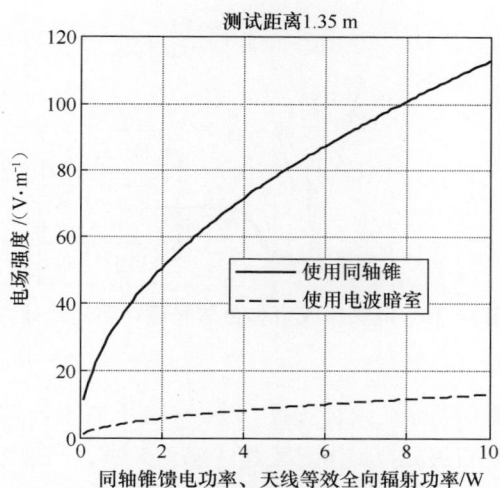

图 10-33　同轴锥与电波暗室产生的电场强度的对比

图 10-34　国产化同轴锥

在超宽带测试中，若单台信号源可以实现跳频、调制、多音信号的产生，可以使用图 10-35 所示的测试方案。若单台信号源的调制带宽指标不足以产生多频段复合信号，可以使用多台信号源合路的方式，如图 10-36 所示。例如，需要产生 80 MHz/3.5 GHz/28 GHz 的多频段复合信号，而单台信号源多载波调制带宽是 2 GHz，那么显然单台信号源不足以胜任，就需要 3 台信号源合路，目前相应频段的合路器是容易购得的。

从测量数据可知，1.35 m 高度处 1 W 的馈电功率在同轴锥中可以产生 30 V/m 以上的场强。作为对比，在电波暗室中天线等效全向辐射功率为 1 W 时，在 1.35 m 距离处激发的电场强度大约是 4 V/m，即使再考虑 10 dB 的天线增益，其场强也不会超过 15 V/m。故而理论和实验都证明同轴锥作为电磁兼容和电磁效应实验装置的两个突出特点，即超宽带、大场强，这两个特点的结合将为电磁效应实验带来显著的便利，特别是在复杂电磁环境效应模拟方面，原来难于实现的实验设想将成为可能。此外，同轴锥为立式结构，相比电波暗室方案，占地面积要小很多，净高为 2 m 的同轴锥占地面积仅 2 m$^2$。

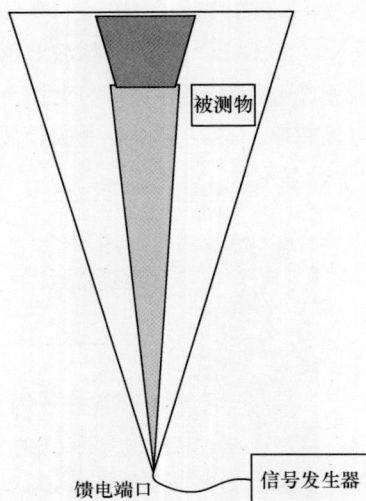

图 10-35　同轴锥配合单台信号源的　　图 10-36　同轴锥配合多台信号源合路的测试方案
　　　　　　测试方案

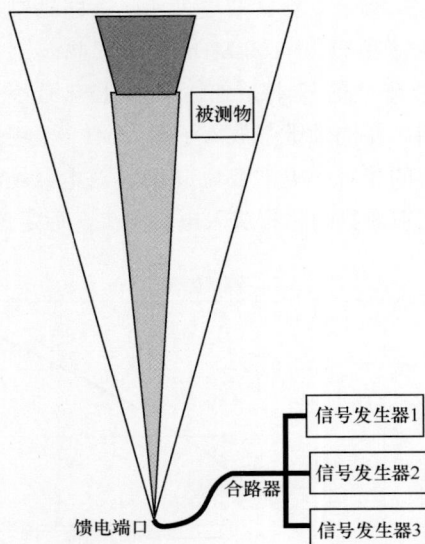

同轴锥装置不依赖电波暗室，场地、资金、人员等投入少。对于传统基于暗室的测试系统，仅电波暗室投入就超过几百万元，如考虑土建、配套天线、土地等的成本，投入更大，日常维护和操作需要 3 名以上的工程师。而同轴锥 TEM 小室装置占地面积仅 2 m$^2$ 左右，1~2 名工程师配合即可完成工作，不存在土建工作，资金投入也显著降低。在搬迁实验室时，同轴锥的搬迁、拆装比电波暗室要容易得多。

需要指出的是，在被测物较大时，同轴锥不能替代电波暗室，同轴锥是当前测试装置的必要补充而不是完全替代。

在某 5G 毫米波相关辐射骚扰测试中，基于暗室的方案路径损耗较大，实现对杂散、谐波等小信号的测试非常困难，痛点显著。而同轴锥的等效路径损耗要比等距离的暗室的少 18 dB 左右，意味着测量动态范围的大幅度扩大，如图 10-37 所示。

另有一例：某终端导航接收机模块要求在 OTA 方式下测量 2.7~4 GHz 等效 +16 dBm 阻塞干扰下的灵敏度。若使用微波暗室，按照 4 GHz 频点 50 dB 的路径损耗，需要 66 dBm 的干扰发射功率，即 4000 W，其测试设备成本高，大功率带来的测试风险也很大，且卫星导航信号使用额外天线发射。若使用同轴锥，按照 4 GHz 频点 30 dB 的路径损耗，需要 46 dBm 的发射功率，即 40 W，且卫星导航信号由合路器合路馈入同轴锥即可，测试方案更加便捷、安全。

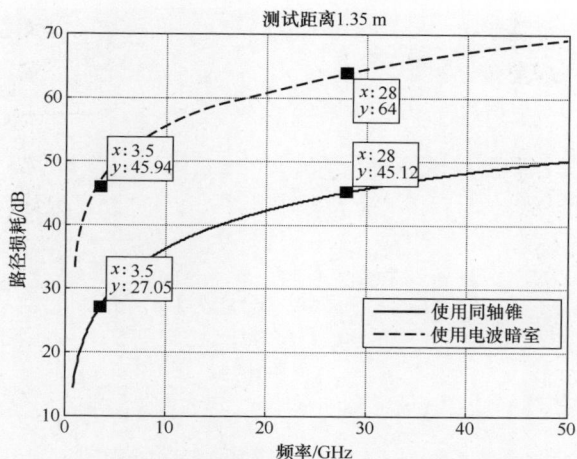

图 10-37　同轴锥与电波暗室路径损耗的对比

显然，对于基于超宽带同轴锥的电磁兼容试验系统，装置的单一腔体就可以具备 DC 至 50 GHz 的超宽带测试能力，在相同的激励功率下其激发的电场强度比天线的显著增大，故而具备了超宽带、大场强两个特征，能够满足复杂电磁环境复现的实验需求，将为电磁效应实验提供新的高性能通用平台。图 10-38 所示为中国信通院泰尔实验室搭建的测试装置。

该装置在配套接收机的情况下，其测试方案如图 10-39 所示，用于高效、快速地测试辐射杂散。图 10-40 所示为某 Wi-Fi 模组在同轴锥装置中测得的杂散频谱。

图 10-38　中国信通院泰尔实验室
搭建的测试装置

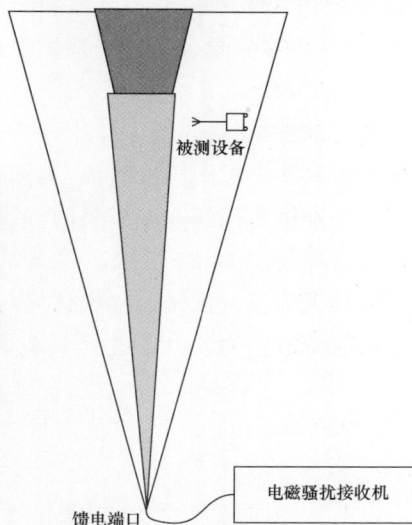

图 10-39　同轴锥配合电磁骚扰
接收机的测试方案

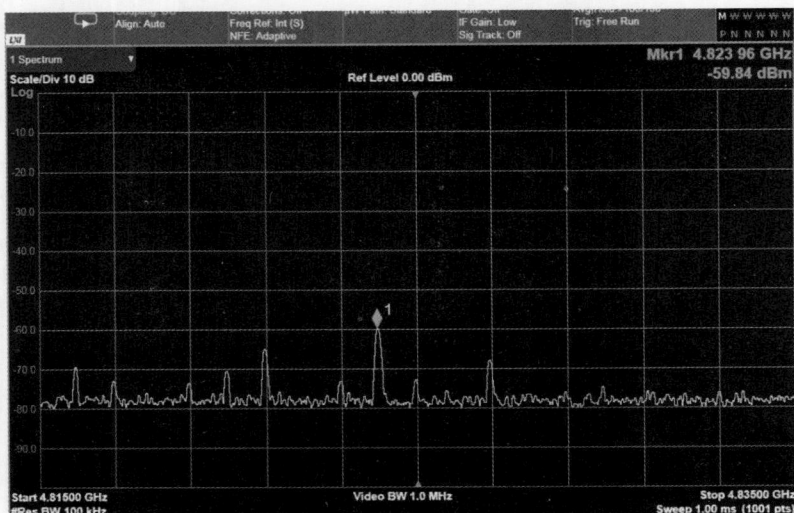

**图 10-40　某 Wi-Fi 模组在同轴锥装置中测得的杂散频谱**

## 10.7.2　镜面单锥 TEM 小室

IEEE 1309 标准中提到的镜面单锥，因为其主要产生 TEM，所以也被称为镜面单锥 TEM 小室。此种小室在美国劳伦斯利弗莫尔国家实验室被使用，并且被美国国家标准与技术研究院（National Institute of Standards and Technology，NIST）使用在多种标准传感器和天线校准中。国内多家单位可建造镜面单锥 TEM 小室。

镜面单锥 TEM 小室由 1 个作为地的镜面板和 1 个单圆锥体组成，其结构是由无限双锥传输线演变而来的。其具体核心结构如图 10-41 所示。

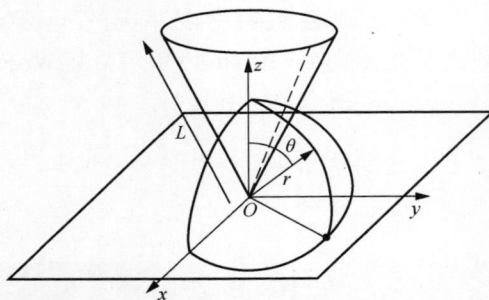

**图 10-41　镜面单锥 TEM 小室的具体核心结构**

针对无限长双锥传输线锥体间向外辐射电磁波，在由镜面板和锥体构成的空间中形成参数已知的电场 $E_\theta$，其表达式由麦克斯韦方程组严格解析得

$$E_\theta(r,\theta,\phi,t) = \frac{TV_s(t-r/c)}{r\sin\theta\ln\left(\cot\dfrac{\theta_h}{2}\right)} \qquad (10\text{-}3)$$

式中，$V_s$ 为激励脉冲源输出电压；$T$ 为脉冲源到单锥装置的传输系数，在阻抗良好匹配的情况下，$T$ 接近 1；$\theta_h$ 为镜面单锥半锥角；$r$ 为球坐标系下的测点径向坐标；$\phi$ 为球坐标系下的水平角；$\theta$ 为球坐标系下的俯仰角，$r\sin\theta$ 为考察点到单锥

轴线的距离；$t$ 为时间；$c$ 为光速。

对于有限长度锥体，式（10-3）实际上只在有效时间窗内有效，有效时间窗以外就会因为转折电流导致多径电磁场产生，如图 10-42 所示。而不同空间位置的有效时间窗是不同的，其数学关系相对比较复杂，此处不展开分析，感兴趣的读者可阅读参考本章参考文献。

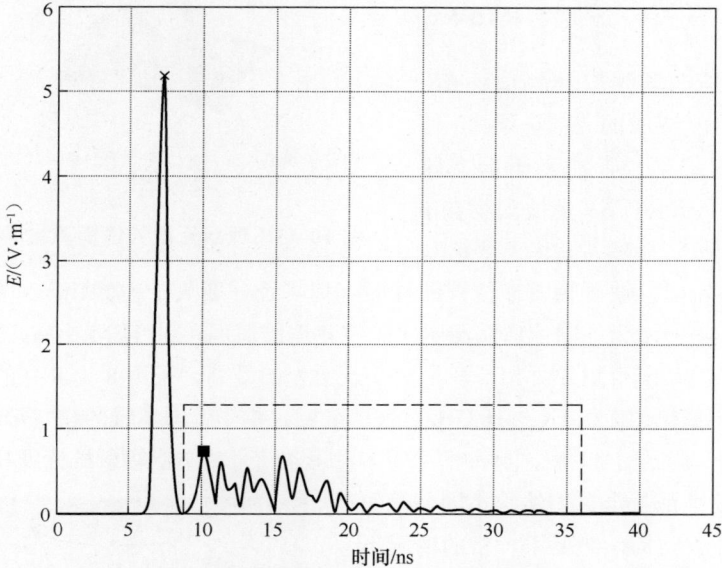

图 10-42　包含多径电磁场（如虚线框中波形所示）的电场波形

经过推导可以得到镜面单锥天线的特征阻抗 $Z_0$ 表达式为

$$Z_0 = \frac{\eta}{2\pi} \ln\left( \cot \frac{\theta_h}{2} \right) \qquad （10-4）$$

式中，$\eta$ 为空气的波阻抗；$\theta_h$ 为镜面单锥半锥角。

从式（10-4）中容易看出，镜面单锥 TEM 小室的特征阻抗只与半锥角 $\theta_h$ 的大小有关，半锥角的选择主要考虑阻抗匹配的问题，由于目前应用广泛的是 50 Ω 线缆，因此在选择阻抗时需要考虑与 50 Ω 同轴电缆完全匹配。根据分析结果，确定半锥角为 47° 时匹配结果较为理想。

在传统设计中，这种镜面单锥的低频特性过分依赖单锥的尺寸，只有在单锥无穷大时才能确保脉冲低频分量的电磁场无失真复现。2019 年我国科研人员蒋廷勇博士（本书编委之一）等人在论文 "Research on Resistive Loading Method of Monocone" 中创造性地提出接地阻抗加载的方案，从而能够在有限锥体尺寸的前提下实现从直流到射频的频段全覆盖。

图 10-41 所示结构在平行于某个 $xy$ 平面的截面上，其典型的场强分布如图 10-43 所示，显然越远离 $z$ 轴，场强越小，但场均匀度越好，这样就可以在一定的区域开展电磁兼容试验。

电场的相对均匀度理论值 $F_E$ 为

$$F_{\mathrm{E}} = \frac{\Delta E_{\mathrm{c}}}{E_{\mathrm{c}}} = -\frac{\Delta \rho}{\rho} \qquad （10\text{-}5）$$

式中，$E_{\mathrm{c}}$ 是电场强度计算值；$\Delta E_{\mathrm{c}}$ 是空间均匀度造成的 $E_{\mathrm{c}}$ 差异；$\rho$ 是柱坐标系中的半径，相当于前文球坐标系中的 $r\sin\theta$；$\Delta\rho$ 是被测物在 $\rho$ 坐标上的尺度。显然，大体上要达到 10%的场均匀度，被测物所在位置的柱面坐标半径 $\rho$ 要大于被测物尺寸的 10 倍。

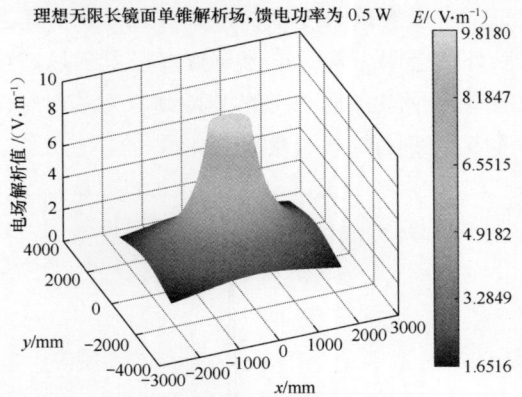

图 10-43　理想无限长镜面单锥的场强分布

图 10-44 所示为中国信通院泰尔实验室建造的镜面单锥 TEM 小室，采用不锈钢薄板蒙皮工艺，配合尼龙骨架、质量轻、表面光洁度高，采用 8 串 8 并的 50 Ω阻抗加载结构，频率范围为 DC～18 GHz。实验表明，由于镜面单锥的超宽带特性，其适用于连续波、调制信号、瞬态脉冲信号等多种形态信号的电磁辐射抗扰度和骚扰测试。

和同轴锥是一个封闭结构不同，镜面单锥是一个开放结构，在要求严格的情况下，为了避免外界电磁干扰和室内反射造成的多径干扰，应当将镜面单锥放置在空旷、无干扰的室外，或者放置在电波暗室中。放置在室外时气候因素会对镜面单锥 TEM 小室造成老化损耗，所以放置在电波暗室中是一个较稳妥的选择，其配套电波暗室结构要专门设计、仿真，以达到良好的电磁场指标。

在第 9 章中已经提到，超宽带同轴锥和镜面单锥 TEM 小室可用于电磁辐射分析仪的校准。其实 EMS 试验中的辐射抗扰度测试、电磁辐射分析仪校准、天线测试、

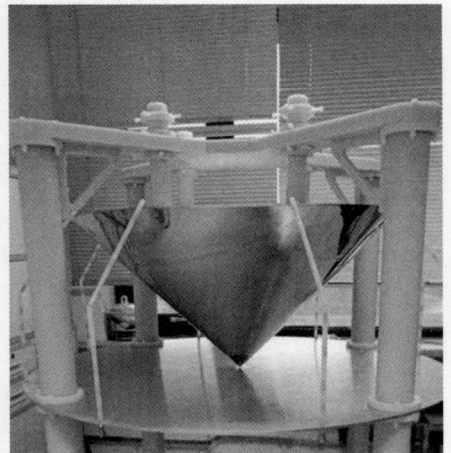

图 10-44　中国信通院泰尔实验室建造的镜面单锥 TEM 小室

移动终端 OTA 测试等，都需要产生一定信号激励的、在一定空间尺度内满足场均匀度要求的电磁场，所以从馈电信号产生电磁场是一个共性基础功能。而超宽带同轴锥和镜面单锥 TEM 小室就是在超宽频段上实现这个功能的装置。

另外，TEM 小室、GTEM 小室、电磁混响室等也可用于部分频段的 EMI 试

验与 EMS 试验，特别是辐射抗扰度和辐射骚扰测试，我国也有相关产品，限于篇幅，此处不详述。

需要指出的是，电磁混响室和 TEM 小室有显著的不同。电磁混响室本质是金属壳体内天线激励的电磁场，随着桨叶的旋转做到"统计相对均匀"，具有丰富的多径分量，且电磁波发射依靠馈源天线，限于天线尺寸，在 200 MHz 以下较难工作，在 200 MHz～18 GHz 需要分频段的多根馈源天线，故而其不适用于瞬态场的 EMS 试验。

# 10.8  国产电磁兼容诊断分析设备

电磁兼容诊断分析设备主要用于测试和评估设备或系统在电磁环境中的性能。它的目的是确保设备或系统能在其预期的操作环境中正常、安全地运行，不受外部电磁干扰的影响，同时也不会对周围环境产生过多的电磁干扰。此外，还有一些软件工具可以用于电磁兼容建模和仿真，帮助工程师在设计阶段就解决EMC 问题，以优化产品设计和减小后期修改的风险。和常规的 EMI 试验仪器与EMS 试验仪器相比，其重点是"诊断分析"，也就是说不仅仅是面向"有没有问题"的测试，而是面向"问题在哪里"的测试，以期解决 EMC 问题。

## 10.8.1  电磁兼容检查仪

### 1. 概述

长鹰恒容的电磁兼容检查仪如图 10-45 所示，其主要用于对电子设备进行快速电磁干扰检测，辅助测试人员进行故障排查、定期检查和日常维护等，适用于设备研制、检验、使用等过程中的电磁发射检测，同时也可对机内典型区域（如驾驶舱、乘员舱等）的电磁环境进行检测。

随着信息化程度的不断提高，平台电子设备的电磁干扰问题也愈发突出，实现平台电子设备故障现场的快速电磁干扰检测、故障排除是提高设备在复杂电磁环境中的适应能力的重要保障。

此外，在产品出厂时需对平台的 EMC 进行检验以确保其状态，电磁兼容检查仪可以实现现场测试。同时，在平台的全生命周期中，会出现由于屏蔽老化、搭接松动、氧化等引起的 EMC 问题。而在加装、改装、翻修、振动等情况下，设备状态的

**图 10-45  长鹰恒容的电磁兼容检查仪**

改变也会导致产生电磁干扰。目前，对电子设备的定期检查和日常维护中，缺少监测设备 EMC 变化的有效手段。因此，根据平台 EMC 问题的需求，研制了电磁兼容检查仪。利用便携式电磁兼容检查仪定期对电子设备进行电磁干扰测试，记录每次的测试数据，并对照历史测试数据查看、分析，可以监测设备的 EMC 变化情况，及时发现并解决由设备性能降级引起的潜在风险。

### 2．技术指标

长鹰恒容电磁兼容检查仪的技术指标如表 10-41 所示。

表 10-41　长鹰恒容电磁兼容检查仪的技术指标

| 指标名 | 指标值 |
| --- | --- |
| 频率范围 | 10 kHz～6 GHz/18 GHz/26.5 GHz/40 GHz |
| 分辨率带宽 | 10 Hz～1 MHz（以 1/3/10 数值步进） |
| 幅度精度 | ≤3 dB |
| 主机质量 | ≤10 kg |
| 主机尺寸 | 320 mm×270 mm×120 mm |
| 处理器 | 主频为 1.86 GHz |
| 内存 | 2 GB |
| 电子硬盘容量 | 128 GB |
| 供电电源 | AC 220 V/50 Hz 或内置电池 |
| 主机接口 | 航空插头（可转 USB 接口、VGA 接口、网口） |

### 3．功能组成

电磁兼容检查仪由接收单元和电磁兼容检查仪主机（简称主机）组成，其中接收单元包含测量天线和电流探头等，主机包含频谱测量与分析单元、控制单元和显示单元等，其结构如图 10-46 所示。

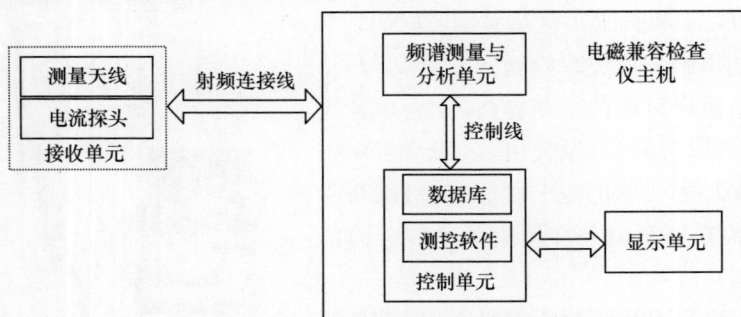

图 10-46　电磁兼容检查仪的结构

电磁兼容检查仪主机将射频信号接收模块与控制计算机集成为一个整体，射频接口直接通过射频电缆与接收天线相连就可以开始测试。一体机显示单元采用触摸屏，同时还在主机上嵌入鼠标触摸板和键盘，方便现场试验的多方式操作。采用翻盖式设计，既可以用于保护显示屏，又可以在户外强光情况下起到遮挡作用。各个部分的功能如下。

（1）接收单元（测量天线和电流探头）接收射频信号，并将其送入频谱测量与分析单元。

（2）控制单元包含测控软件和数据库，测控软件用于实现测试参数的设置和测试进程的管理；数据库用于实现测试数据的存储、管理和信息交换等功能。

（3）频谱测量与分析单元用于实现幅频特性测量和分析，并且可以从数据库中选择测试数据，基于小波变换的多分辨率分析法将数据中与频率源无关的宽带分量剔除，得到频谱数据中与频率源紧密相关的谐波分量。然后，使用一种结合了自相关变换和方差分析检验的方法，确定信号发射源的频率和发射特征。

（4）显示单元实现人机界面交互、控制测试和数据传输等。

## 10.8.2　传导敏感度测试一体机

长鹰恒容研制的传导敏感度测试一体机为一机多型多用测试系统，可以分别应用在 EMC 试验标准中的射频传导干扰注入测试、汽车 EMC 试验标准中的大电流注入测试、装备系统级 EMC 试验标准中的射频电流注入及安全裕度测试等，其外观如图 10-47 所示。该产品采用一体化设计，根据不同应用场景来调整内置硬件模块的组合，可进行全自动校准和测试，从而提高系统的可扩展性及效率。测试软件是长鹰恒容

图 10-47　长鹰恒容传导敏感度测试
一体机的外观

自主开发的，功能多样、可扩展，人机交互友好，具有数据库后台管理功能和灵活的报告模板定制功能，还具备数据、设备和人员管理功能，并可自动生成测试报告。

该产品可提供 3 种型号，分别为 CSRB01（射频传导敏感度应用型）、CSRB02（大电流注入应用型）、CSRB03（传导安全裕度应用型）等。

CSRB01 是一体机的射频传导敏感度应用型，主要用于 EMC 试验标准中的射频传导干扰注入测试；内置集成信号发生器、信号接收模块、功放及控制系统等，配合内部的宽带功放驱动 CDN、电磁钳以及电流钳等；测试频率范围为 4 kHz～400 MHz，提供 100 W/200 W 或者更高功放功率的定制开发版本，满足 IEC 61000-4-6、YY 0505—2012、GJB 152A1-CS114、ISO 737-4、ISO 11452-4、GB/T 33014.4—2016 等标准要求；可应用于国防、航空、航天、电力、电子、交通、信息、通信、家电、汽车、医疗等领域的行业产品测试。该系统是我国自主研发的传导敏感度

快速测试系统，突破常规敏感性测试方法，为装备在复杂电磁环境下的电磁敏感性考核提供手段，并为装备的电磁敏感性研究提供数据支撑。该成果获国家科学技术进步奖二等奖。

传导敏感度测试一体机在传统的单频逐点扫描的基础上，增加了"传导敏感度多频测试"功能。长鹰恒容基于多年实测经验，立足装备测试需求，提出、论证并实现"传导敏感度多频测试"理念，实现"多频点优化组合技术"，使得测试速度较传统的提高 3～10 倍，且具备一定的诊断、分析功能，可记录可疑频点，如图 10-48 所示。多频点信号注入测试有效模拟装备面临的实际复杂环境，提高该测试对装备敏感性考核的有效性。该技术研究获得两项发明专利授权。

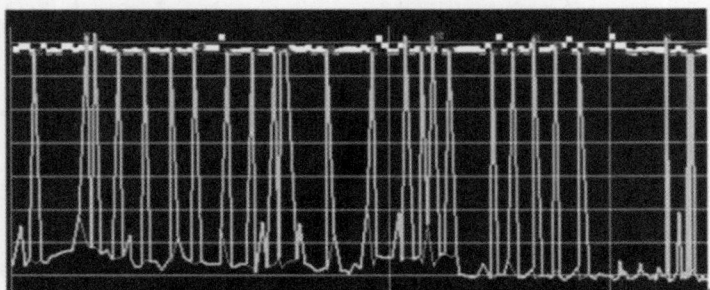

14:11:04
记录可疑频点：20.68 MHz、11.72 MHz、11.49 MHz、21.95 MHz、26.25 MHz等

**图 10-48　记录可疑频点**

传导敏感度测试一体机主要有以下特点。

（1）一体化设计，内置集成信号发生器、功放及功率计等。

（2）支持大电流注入（配合电流注入钳），可选电流监测探头，支持闭环测试法。

（3）提供自动化测试程序，操作简单。

（4）具备多种通信接口，更适用于计算机远程控制。

长鹰恒容传导敏感度测试一体机的技术指标如表 10-42 所示。

**表 10-42　长鹰恒容传导敏感度测试一体机的技术指标**

| 指标名 | 指标值 |
| :---: | :---: |
| 工作频率范围 | 4 kHz～400 MHz |
| 注入电流信号功率范围 | −80～+15 dBm |
| 功放耦合输出功率范围 | −65～+15 dBm |
| 功放反向输出功率范围 | −24～+24 dBm |
| 监测注入电流和功放注入功率的 ADC 采样率 | 1 GSa/s |
| ADC 位数 | 14 bit |

续表

| 指标名 | 指标值 |
|---|---|
| 功放功率 | 100 W/200 W/其他定制 |
| 尺寸 | 800 mm×800 mm×1200 mm |
| 供电电源 | AC 110 V/220 V（1±10%），50 Hz/60 Hz（1±5%） |
| 接口类型 | 4 个 USB 接口、1 个 HDMI、1 个 RJ45 接口、1 个 RF 接口（N 型） |
| 可靠性 | MTBF＞2500 h |
| 工作温度 | +5～+35 ℃ |
| 质量 | 约 14 kg |

CSRB02 是一体机的大电流注入应用型，主要用于汽车 EMC 试验标准中的大电流注入测试；内置测控主板、波形生成模块、功率放大模块、信号及功率监测模块等，配合外部连接的电流探头，独立地完成大电流注入测试；配置前置程控衰减器，用于调整测量动态范围，同时降低输入信号功率，保护内部测试设备；测试频率范围为 10 kHz～400 MHz，提供 100 W/200 W 或者更高功放功率的定制开发版本，满足 ISO 11452-4、GB/T 17619—1998 等标准要求；主要应用于汽车 EMC 测试领域。

CSRB03 是一体机的传导安全裕度应用型，主要应用于装备系统级 EMC 试验标准中的射频电流注入及安全裕度测试；内置测控主板、波形生成模块、功率放大模块、信号及功率监测模块等，配合外部连接的电流探头，独立地完成传导安全裕度测试；配置前置程控衰减器，用于调整测量动态范围，同时保护内部测试设备；测试频率范围为 4 kHz～400 MHz，提供 100 W/200 W 或者更高功放功率的定制开发版本，满足 GJB 1389A—2005、GJB 8848—2016 等标准要求；主要应用于军用装备系统级测试。

## 10.8.3　电磁干扰要素分析仪

长鹰恒容以北航电磁兼容研究所作为技术支撑团队，以苏东林院士的电磁兼容要素集理论为指导，研制了电磁干扰要素分析仪，如图 10-49 所示。该仪器主要针对以下工程实际问题：电磁干扰源定位问题突出，在系统、设备研制过程中电磁发射源无法准确定位、干扰耦合途径无法精确识别，严重制约着系统的电磁兼容性，影响系统顺利完成既定功能，导致系统性能降级或发生严重的事故。电磁干扰要素分析仪基于二维平面扫描和成像的近场测试技术，应用于设备/分系统及电路板级的近场测试分析与定位，进而确定电

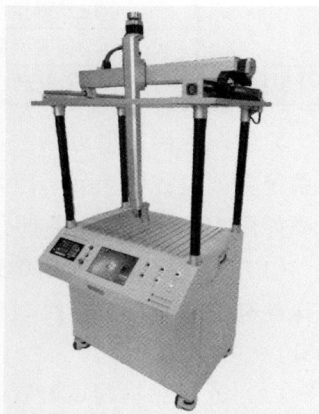

图 10-49　长鹰恒容电磁干扰要素分析仪

磁发射超标源，便于进行整改和设计。

电磁干扰要素分析仪具备电磁发射检测、分析与定位子系统，主要有电磁发射近场测试、特征分析和电磁成像 3 个功能。即根据被测设备的形状和布局，设置近场扫描检测轨迹，实现轨迹自动扫描，自动检测、存储及分析测试结果；通过特征分析提取软件，实现对干扰源的干扰类型、相关特征参数的提取；通过电磁成像软件，对被扫描平面设备的电磁发射信号进行成像显示，实现对电磁发射超标位置的定位。

电磁干扰要素分析仪通过近场测试装置，实现对电路板等被试品的电磁发射测试，并通过控制单元和软件对电磁发射测试的位置和扫描轨迹进行控制，确保电磁发射测试数据可三维立体覆盖。进一步，通过要素分析和提取装置，从测试数据中分析和提取出电磁发射的主要干扰源（包括方波基本要素及正弦波基本要素的频率特征），并结合二维电磁成像软件，对在被试品表面的电磁发射测量结果进行成像，可以直观、有效地将电磁发射干扰源表征出来。

电磁干扰要素分析仪的技术指标分为 3 类，分别为通用指标、测试指标以及分析指标等，如表 10-43 所示。

表 10-43　电磁干扰要素分析仪的技术指标

| 指标类型 | 指标名 | 指标值 |
|---|---|---|
| 通用指标 | 产品整体尺寸 | 650 mm×780 mm×1750 mm |
| | 产品整机质量 | 不大于 120 kg |
| | 供电电源 | 市电 220（1±10%）V，50 Hz |
| 测试指标 | 最大被测设备尺寸（探头行程） | 600 mm×400 mm×500 mm |
| | 运动丝杠精度 | 在 $x$、$y$、$z$ 这 3 个方向均不超过 0.1 mm |
| | 电磁发射测试频段 | 20 kHz～3 GHz（可根据选配的近场探头及接收模块进行扩展） |
| | 电磁发射接收灵敏度 | ≤−120 dBm |
| | 近场探头空间分辨率 | 2 mm |
| 分析指标 | 可分析特征类型 | 方波、正弦波（后期可扩展） |

为实现电磁发射近场测试、特征分析、电磁成像 3 个功能，系统硬件部分包括系统台架及控制单元、近场扫描测试装置、干扰源分析与定位装置等。其硬件构成如图 10-50 所示。各部分说明如下。

（1）系统台架及控制单元：系统台架包括系统电源、工作台面、步进电机、滚珠丝杠模块等部分；控制单元包括互联控制线缆（坦克链）、控制器、显示器等部分。

（2）近场扫描测试装置：包括高灵敏度宽频近场探头、前置放大器、频谱测量模块（内嵌在工作台）、连接线缆等部分。

（3）干扰源分析与定位装置：包括数据采集、显示、存储、处理模块等。

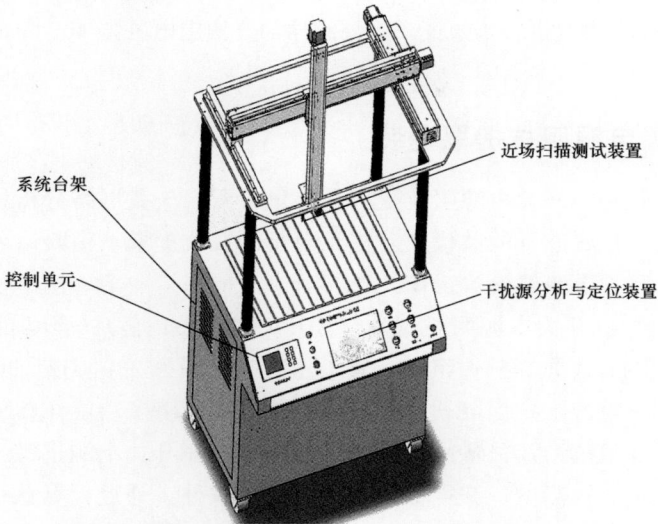

**图 10-50　电磁干扰要素分析仪的硬件构成**

为保证正常工作，系统软件分为 3 个，分别为探头运动控制软件、干扰源特征分析提取软件、电磁成像软件等。其中干扰源特征分析提取软件和电磁成像软件集成为同一个软件。

### 10.8.4　EMI 滤波器优化设计套装

使用长鹰恒容的 EMI 滤波器优化设计套装，用户可以在实验室或被测厂商名录内的电阻、电容、电感的阻抗特性、成本、体积、质量等参数的数据库的基础上，使用套装内的 EMI 滤波器模块化优化设计软件，基于 EUT 电磁传导发射测试结果、源阻抗分析（或测试）结果，设计符合电磁发射抑制要求、成本/体积/质量控制要求的 EMI 滤波器原型，并在相应配套设备上进行现场验证后，输出设计方案以供后续使用。

该套装主要由 EMI 优化设计软件（1 套）、硬件夹具（1 套）、常用电容/电阻/电感器件阻抗及其他属性数据库（1 个）组成，可以在 10 kHz～30 MHz 工作频率范围内，给出滤波器主要设计参数以及成本、体积、质量等的预估值；可设计滤波器阶数不少于 2 阶，衰减系数设计结果满足实测衰减要求，元器件成本、体积、质量等的预估误差（不考虑滤波器壳体、线缆等其他配套器件）不大于 30%。该套装的常用电容、电阻、电感器件阻抗及其他属性数据库容量不少于 1000 条。其硬件夹具（见图 10-51）具有元器件通用接口，可连接常用电容、电感、电阻原型，

**图 10-51　长鹰恒容 EMI 滤波器优化设计套装的硬件夹具**

对滤波器设计结果进行进一步验证。系统硬件部分额定电压为 400 V，额定电流为 20 A。

### 10.8.5 开关电源阻抗提取套装

长鹰恒容研制的开关电源阻抗提取套装可以配合矢量网络分析仪等仪器，实现开关电源在工作状态下的共模及差模源阻抗的在线提取，提取结果可用于 EMI 滤波器设计、开关电源建模等工作。

该套装主要由开关电源阻抗提取（SIE）软件（1 套）、多功能 LISN 硬件（1 套）、基准阻抗/线缆等配件组成。其工作频率范围为 300 kHz～30 MHz。该套装可以按照开关电源阻抗提取软件规定的连接方式，将多功能 LISN 与电网、开关电源（或基准阻抗）及矢量网络分析仪等相连；在开关电源正常工作时，也可以按照软件指示进行测试，获得数据后将其输入软件，通过计算获得开关电源端口差模及共模阻抗。开关电源阻抗提取软件可给出开关电源端口差模及共模阻抗的幅值及相位，其中 90%以上频点幅度的相对误差在 20%以内。多功能 LISN 的额定电压是 400 V，额定电流是 20 A。在军标 LISN 模式下，该套装满足 GJB 151B—2013 中有关 LISN 的阻抗要求。在阻抗提取模式下，该套装具备手动开关转换功能。

### 10.8.6 便携式电磁安全现场测试整改套装

一般而言，如果设备和分系统通过了规定标准电磁兼容与电磁环境测量，就可以装机或投入市场使用。但是随着系统集成度越来越高，潜在的电磁干扰显著增加，且复杂的电子系统往往具备多种工作模式，在设备和分系统试验时很难考虑周全；另一方面，产品投入使用后，由于高盐、高湿等复杂环境、复合材料退化、元器件失效、设备线缆装配松动等原因，可能会产生设计阶段意想不到的电磁安全问题。所以要开展电磁安全性能测试评估、整改等相关工作，较直接和有效的方法是在设备/系统正常工作状态和环境下进行现场测试。由于现场测试面临着电磁环境复杂性、系统组成多样性、测试人员水平参差不齐等束缚条件，对测试仪器、设备、整改相关工具的要求更高。长鹰恒容的便携式电磁安全现场测试整改套装（见图 10-52）具备电磁发射、电磁敏感现场摸底测量等功能，可通过近场探头开展干扰源现场定位，可支撑多手段现场整改工作，具备整改状态确认测试功能，结合相关的指导手册等文件，可实现项目要求的预定功能。该套装的典型应用场景为涉及飞机线缆电磁安全的场景，既可以在设计整改阶段使用，也可以在相关装备被配发至使用单位后使用。该套装还可以作为培训相关技术人员、学生的工具。该套装标配小型化天线模块、电流探头、近场探头等测量配件，还配备测试所需的射频线缆、相关夹具、配套工具等，可选便携式频谱分析仪、射频信号源等通用仪器；同时配备常用接地材料、屏蔽材料，还配备穿心电容、共模电感等常见元器件，供整改工作试用。该套装适用于设备电源、线缆、孔缝等处的测试评估，主要频段为 9 kHz～3 GHz，可通过网口、U 盘等方式导出测试数据以供后续分析。该套装工作温度为 0～50 ℃，质量小于 50 kg，通过配备工具箱，现场操作人数不超过 3 人。

**图 10-52　长鹰恒容便携式电磁安全现场测试整改套装**

本章的研究和写作工作受国家重点研发计划课题（2021YFF0600303）的支持，在此致谢。

# 参考文献

[1] 高攸纲, 石丹. 电磁兼容总论[M]. 2 版. 北京: 北京邮电大学出版社, 2011.

[2] 苏东林. 系统级电磁兼容性量化设计理论与方法[M]. 北京: 国防工业出版社, 2015.

[3] 周峰, 徐丹, 黄久生, 等. 一种新的 BMM-ESD 电流解析式计算方法[J]. 高电压技术, 2007, 33 (5): 62-64.

[4] 周峰, 张睿, 张小雨, 等. 静电放电波形统计特性试验研究[J]. 安全与电磁兼容, 2011(4): 54-58.

[5] 全国电磁兼容标准化技术委员会. 电磁兼容 试验和测量技术 静电放电抗扰度试验: GB/T 17626.2—2018[S]. 北京: 中国标准出版社, 2018.

[6] 周峰, 纪锐, 袁修华, 等. 一种电子通信设备的测试方法和装置 2020109894842 [P]. 2020-9-19.

[7] 周峰, 张大元, 纪锐, 等. 一种超宽带高场强的电磁效应实验装置[J]. 高压电器, 2021(4): 120-124.

[8] 周峰, 纪锐, 孙景禄, 等. 一种优化镜面单锥系统的脉冲电磁场的方法和系统 2023109946696[P]. 2023-08-09.

# 第 11 章　天线测试系统

## 11.1　天线测试系统的场区

天线测试理论博大精深，且在不断发展中。和工程密切相关的天线测试项目包括驻波比测试、三阶交调测试、环境测试、淋雨盐雾可靠性测试等；和辐射特性相关的天线测试项目主要是方向图参数测试及其带天线移动通信设备的 OTA 测试等。

本章重点关注辐射特性和 OTA 测试系统。OTA 测试系统涉及天线远场、近场的区分。天线辐射的空间电磁场可划分为 3 个区域，即感应近场区、辐射近场区以及辐射远场区，如图 11-1 所示，它们根据离开天线的不同距离来区分。在这些场区交界处电磁场的结构并无突变发生，但总体上来看，3 个区域的电磁场特性是互不相同的。

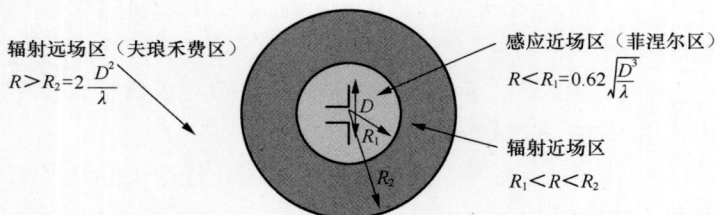

图 11-1　电磁场的感应近场区、辐射近场区和辐射远场区划分

### 1. 感应近场区

感应近场区指最靠近天线的区域。在此区域内，感应场分量占主导地位，电场和磁场的时间相位差接近 90°，电磁场的能量是振荡的，不产生辐射。通常，感应近场区的外层边界限定为

$$R < R_1 = 0.62\sqrt{\frac{D^3}{\lambda}} \tag{11-1}$$

式中，$\lambda$ 为工作波长；$D$ 为天线的最大尺寸。对于电小尺寸的吸顶天线，感应近场的外层边界通常采用 $R_1 = \lambda / 2\pi$ 来限定。

### 2. 辐射近场区

辐射近场区介于感应近场区与辐射远场区之间。在此区域内，与距离的一次

方、二次方、三次方成反比的场分量都占据一定的比例，辐射近场的角分布（类似于天线方向图）与离天线的距离有关。也就是说，在不同的距离上计算出的天线辐射功率空间的角分布是有差别的。

### 3．辐射远场区

辐射近场区之外就是辐射远场区，它是天线实际使用的工作区域。在此区域内，场的幅度与离天线的距离成反比，且场的角分布（即天线方向图）与离天线的距离相关性很弱，天线方向图的主瓣、副瓣和零点等都已形成。图 11-1 所示辐射远场区的起始边界通常被限定为

$$R > R_2 = 2\frac{D^2}{\lambda} \tag{11-2}$$

式中，$R$ 为点源到天线口面中心的距离；$R_2$ 是 $R$ 的一个限值；$\lambda$ 为工作波长；$D$ 为天线的最大尺寸。

关于这个边界的推导简述如下。图 11-2 所示为球面波和平面波的趋近关系。

按照三角关系有

$$R_2^2 = (R_2 - \Delta l)^2 + \left(\frac{D}{2}\right)^2 \tag{11-3}$$

式中，$\Delta l$ 是不同角度上最大的垂直距离差。

从式（11-3）进行推导，忽略高阶小量 $\Delta l^2$，可得 $R_2 = \dfrac{D^2}{8\Delta l}$，一般假设 $\Delta l = \dfrac{\lambda}{16}$

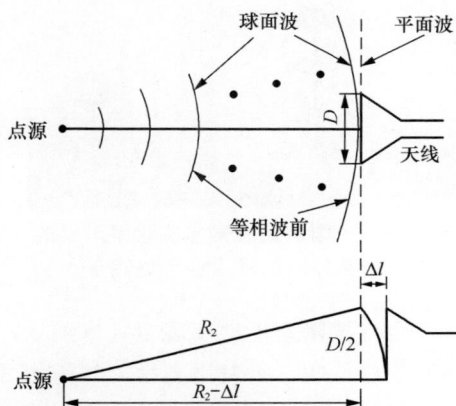

**图 11-2　球面波和平面波的趋近关系**

以后波面上的相位差就可以忽略，球面波就趋近于平面波了，代入该条件则得到 $R_2 = 2\dfrac{D^2}{\lambda}$ 。

## 11.2　远场天线测试系统

在测试天线辐射参数时，较直接的方法就是在远场测试，比如在测试距离大于 $R_2 = 2\dfrac{D^2}{\lambda}$ 的微波暗室内或者外场进行测试。外场的选址要考虑的因素包括：地势平坦、周边无反射物、无干扰源、气候和治安条件良好等。图 11-3 所示为中国信通院泰尔实验室建设的天线室外测试场。

图 11-4 所示为一个典型的用于天线方向图测量的全电波暗室，由中国信通院

重庆分院建设。全电波暗室的外壳一般是金属屏蔽材料以阻挡外部干扰信号，内侧安装吸波材料以吸收内部的多径反射信号，从而只保留内部空间的直射信号。这实际是在模拟自由空间的电波传播环境。该全电波暗室内净尺寸为 60 m×30 m×30 m，配备了室内远场天线测量系统，其测量收发距离为 50 m，配置高精度定位转台系统，具备横滚轴，可以实现对 5G 一体化天线产品的三维方向图、等效全向辐射功率（EIRP）、等效全向灵敏度（EIS）等性能指标的测量。

图 11-3　中国信通院泰尔实验室建设的
天线室外测试场（位于保定）

图 11-4　一个典型的用于天线
方向图测量的全电波暗室

全电波暗室能够实现全天候测试，测试相对方便一些。但是大尺寸的全电波暗室的建造和维护费用高昂，外场测试系统造价相对低廉。

远场测试中的距离效应是天线方向图测量误差来源之一，其机理如图 11-5 所示，其中 S 指发射点源。从理论上说，只有收发天线距离无穷远时，接收的电磁波才是理想的平面波，此时才是严格意义上的远场；在有限距离时，只能是球面波，球面波和平面波之间的差异就是产生距离效应的根源。

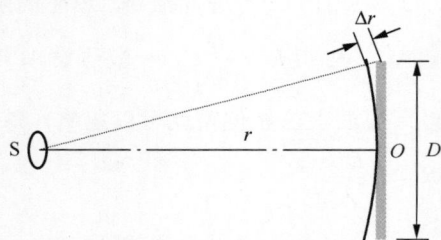

图 11-5　远场测试中的距离效应导致
误差的机理

一般而言，距离效应有可能导致增益测量值偏小，而 3 dB 波束宽度测量值以及天线副瓣电平测量值偏大。

另外的天线方向图测量误差来源是电磁波的反射，无论条件多么好的外场或者电波暗室，反射都是很难避免的，只是反射信号的强度有差异。反射电平是造成远场测试误差的重要原因，其原理如图 11-6 所示。

远场天线测试系统原理简单。我国具有建设能力的单位很多，比如南京航天波平电子科技有限公司（简称南京航天波平）、航天长屏、大连东信微波吸收材料有限公司、南京洛普股份有限公司等，生产吸波材料的企业大多也可建设远场电波暗室，此处不详述。

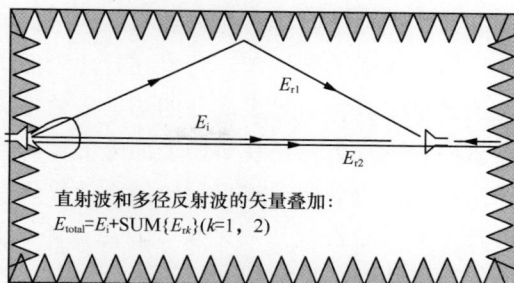

直射波和多径反射波的矢量叠加：
$E_{\text{total}}=E_i+\text{SUM}\{E_{rk}\}(k=1,2)$

图 11-6　远场天线测试中反射电平导致
误差的原理

## 11.3　近场天线测试系统

### 11.3.1　近场测试原理

天线测试系统通常采用两种测量技术：直接测量技术和间接测量技术。直接测量技术可以直接获得天线的远场特性，包括室外远场、室内远场和紧缩场等。间接测量技术基于近场系统和惠更斯原理，可以从围绕辐射源的封闭表面上的切向场的测量中，通过计算在空间的任何位置的电磁场幅度和相位来重构电磁场信息，这种技术有 3 种不同的几何形态，分别是球面近场（SNF）、平面近场和柱面近场。其中，球面近场通常用于任何类型的天线，平面近场和柱面近场则分别适用于对高定向性和半定向性天线的测量。间接测量技术在测量天线时非常有用，该技术不需要较长的远场距离，可以减少测量设施的建设运营成本。

近场天线测试系统是一种评估天线辐射性能的技术，在被测天线的近场范围内，它通过在一个特定面（包括球面、圆柱面和平面等）上采集多个点的电场幅度和相位数据，并通过数学运算得到远场电磁场信息，以得出天线的性能参数。和远场天线测试系统相比，这种测试系统能够在距离天线较近的范围内对其性能进行精确测试，从而能够评估天线的三维辐射特性、增益、波束宽度、方向性、极化方向等参数。

天线的近场测试理论基础是惠更斯原理和电磁学唯一性原理。惠更斯原理表明，电磁波在传播过程中，波前上的每个点都可被视为次级波源，次级波源所产生的球面波叠加形成新的波前。表面等效定理是谢昆诺夫于 1936 年提出的，是对惠更斯原理更严谨的阐述。表面等效定理基于电磁学唯一性原理。电磁学唯一性原理指出，在有损耗区域内的场是由区域内的源加上边界上的切向电场分量或切向磁场分量或前者和后者的某些部分的和唯一确定的。因此，如果在包含源的封闭表面上完全了解了切向电场和磁场，就可以确定无源区域内的场。

通过表面等效定理，可以在封闭表面上设置满足边界条件的等效电流密度和磁流密度来获得封闭表面外的场。等效电流密度和磁流密度的选择是为了使在封闭表面内的场为零，在封闭表面外的场与实际源产生的辐射相等。在近场天线测试中，表面等效定理被广泛应用于计算天线的电磁辐射特性。通过将实际的天线源抽象为等效源，然后采集等效源在测试面上的场来计算，就可获得天线在远场的辐射特性。工程上应用的近场天线测试系统有平面近场天线测试系统、柱面近场天线测试系统、球面近场天线测试系统等。

**1. 平面近场天线测试系统**

平面近场天线测试是一种常用的近场测试方法，广泛应用于对定向天线、高增益天线等的测试中。通过将探头放置到被测天线前方的平面区域内，就可利用扫描网格的方式对天线进行测试。具体来说，如图 11-7 所示，探头位于沿 $y$ 轴移动的线性滑轨上，$y$ 轴位于沿 $x$ 轴移动的线性滑轨上，被测天线固定不动。通过对矩形网格的扫描，扫描步进为 $\lambda/2$ 或更小（$\lambda$ 为工作频率下的波长），可以得到被测天线的前半球面方向图。

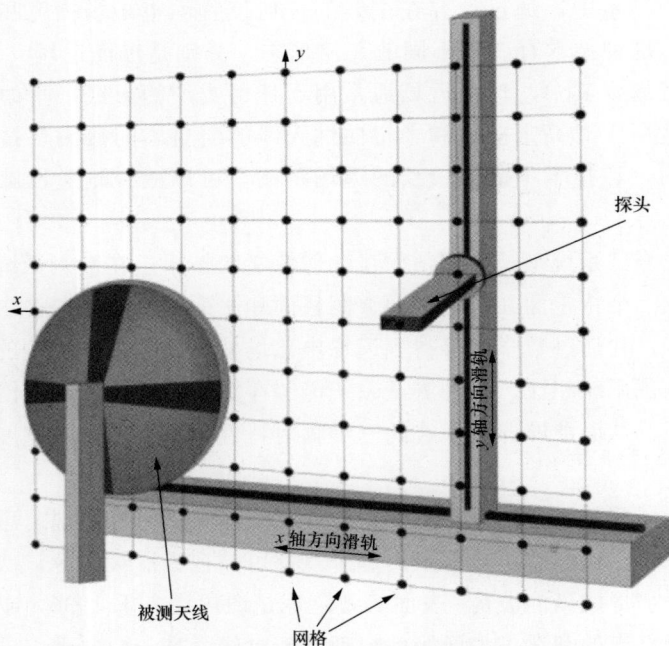

**图 11-7 平面近场天线测试系统示意**

平面近场天线测试中的探头只能在 $xy$ 平面内移动，因此只能测量被测天线的前半球面方向图。这对于定向天线和高增益天线非常适用，但不适用于对其他类型天线（如全向天线和电小天线等）的测试。平面近场的扫描步进需要小于或等于波长的一半，以获取高精度的测试结果。相比其他近场测试方法，平面近场天线测试的数学运算也相对简单，通过对测试结果进行适当的变换和处理，就可以轻松地获得被测天线的辐射特性。

**2．柱面近场天线测试系统**

柱面近场天线测试是一种常用的近场测试方法。该方法通常用于扇形波束天线测试，这种天线在一个轴向上具有高方向性，而在另一个轴向上辐射角度较宽，典型的如基站天线。

该测试方法的数据采集是在一个圆柱面上进行的，并利用 $z$ 和 $\phi$ 坐标系来描述测试区域。如图 11-8 所示，测试系统由一个沿 $z$ 轴竖直移动的线性滑轨和一个沿 $\phi$ 轴移动的转台组成，为了保证测试准确性，圆柱面上的采样距离需要满足 $\lambda / 2$ 的要求，其中 $\lambda$ 是工作频率下的波长。在 $z$ 和 $\phi$ 坐标系中，采样密度要求转换为

$$\Delta z < \frac{\lambda}{2} \qquad （11\text{-}4）$$

$$\Delta \phi \cdot h < \frac{\lambda}{2} \qquad （11\text{-}5）$$

式中，$\Delta z$ 为沿 $z$ 轴方向的采样距离；$\Delta \phi$ 为沿 $\phi$ 方向的角度间隔，单位是 rad；$h$ 为包含被测天线的最小柱面半径。

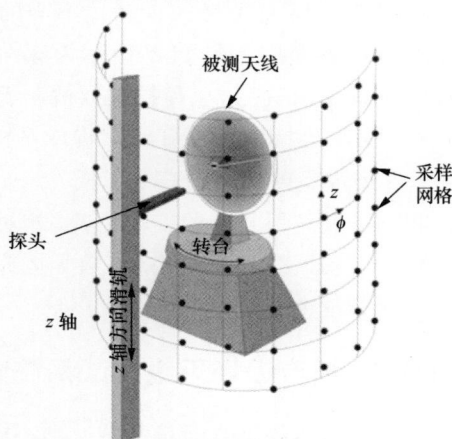

**图 11-8　柱面近场天线测试系统示意**

在测试过程中，探头位于沿 $z$ 轴竖直移动的线性滑轨上，而被测天线位于沿 $\phi$ 轴移动的转台上，以实现在圆柱面采集每个网格点的电场幅度和相位数据，并通过数学运算将这些数据从近场转换为远场，从而评估天线的性能指标，例如辐射模式、增益、波束宽度等。与球面近场天线测试系统相比，其旋转装置比较简单，数学运算也较为简单，计算量介于平面近场天线测试和球面近场天线测试之间，且对实验室环境要求不高。

**3．球面近场天线测试系统**

球面近场天线测试是一种常用的天线近场测试方法，适用于任何类型的天线，包括宽波束天线以及全向天线，对于这两类天线，平面和柱面近场天线测试方法并不适用。该测试方法围绕被测天线的一个球面采集每个点的电场幅度和相位数

据，并通过数学运算得到远场电磁场信息，以得出天线的性能参数，从而评估天线的性能指标，如辐射模式、增益和波束宽度等。为了保证测试准确性，球面上的采样距离需要满足 $\lambda/2$ 的要求，其中 $\lambda$ 是工作频率下的波长，在 $\theta$ 和 $\phi$ 坐标系中，采样密度要求转换为

$$\Delta\phi \cdot r < \frac{\lambda}{2} \tag{11-6}$$

$$\Delta\theta \cdot r < \frac{\lambda}{2} \tag{11-7}$$

式中，$\Delta\phi$、$\Delta\theta$ 分别为沿着 $\phi$ 和 $\theta$ 方向的角度间隔，单位是 rad；$r$ 为包含被测天线的最小球的半径。

　　球面近场天线测试有多种不同的扫描配置方式可供选择。图 11-9 所示为球面近场天线测试系统示意，可以使探头或被测天线沿着 $\theta$ 和 $\phi$ 两个坐标轴进行旋转，构成 $\theta$ 和 $\phi$ 坐标系，并完成完整球面的三维扫描。球面近场天线测试需要使用复杂的旋转装置，相对于平面和柱面近场天线测试方法，其数学运算较为复杂，计算量也更大。

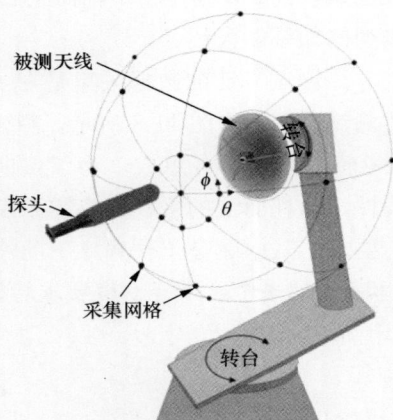

图 11-9　球面近场天线测试系统示意

## 11.3.2　国产近场天线测试系统介绍

　　近场天线测试系统按测试原理不同分为平面近场天线测试系统、柱面近场天线测试系统、球面近场天线测试系统，按探头数量不同分为单探头近场天线测试系统与多探头近场天线测试系统。平面近场天线测试系统多用于对高增益定向天线的测试，如雷达、卫星通信天线等；柱面近场天线测试系统适用于对中等增益定向天线的测试，在基站天线的快速测试领域中有一定范围的应用；球面近场天线测试系统因为其截断区小，适用于对定向和全向各种类型天线的测试，在终端、基站天线的测量方面应用广泛。其中，多探头球面近场天线测试系统因具有测试速度快、精度高、天线安装方便等特点获得了广泛的应用。

　　多探头球面近场天线测试系统技术难度高，长期被外国企业垄断，苏州益谱电磁科技有限公司（简称苏州益谱）依托自主研发的多探头技术、校准技术、近远场转换技术、OTA 测量优化技术、有源基站近场测量技术等突破了外国企业的垄断。苏州益谱成立至今，已经交付了近 100 套多探头球面近场天线测试系统，客户包括科研院所、通信企业、高等学校、第三方认证实验室等。苏州益谱按照

系统尺寸和探头数量提供 EMT-24、EMT-64、EMT-128/192 等多种规格的多探头球面近场天线测试系统。

多探头球面近场天线测试系统主要由屏蔽暗室以及吸波材料、多探头环、多轴转台、探头控制单元、射频放大单元、发射/接收切换单元、标准宽频喇叭天线、测试软件等组成。

屏蔽暗室主要用来隔绝暗室外部的信号，如图 11-10 所示。吸波材料主要用于抑制屏蔽暗室内的反射和散射信号，主要使用角锥型吸波材料辅以边角平板吸波材料。屏蔽暗室和吸波材料共同作用构建了一个"干净"的电磁性能测试环境——"静区"，被测物在静区内测试。

角锥型吸波材料是建造电波暗室常用的一类材料，其外形如图 11-11 所示。

图 11-10　屏蔽暗室

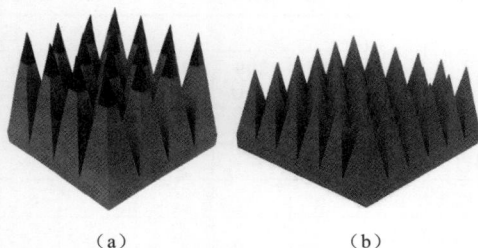

（a）　　　　　　　　　　（b）

图 11-11　角锥型吸波材料的外形

通常使用的角锥型吸波材料的频率范围为 100 MHz～100 GHz，具有良好的垂直入射、斜入射、散射和透射衰减性能。当吸波材料高度和工作波长之比 $h/\lambda$ 为 0.3、0.7、2、6、16 时，垂直入射的反射率分别达到 $-20$～$-12$ dB、$-30$～$-25$ dB、$-40$～$-35$ dB、$-50$ dB、$-60$ dB。斜入射的入射角在 30° 内，反射率变化不大，随着入射角增大，反射率开始降低。典型的入射角变化导致的反射率变化量 $\Delta R$ 如图 11-12 中曲线所示。

我国有多家企业可生产角锥型吸波材料，如南京航天波平、大连东信微波吸收材料有限公司等。表 11-1 列出了南京航天波平 BPUFA 系列角锥型吸波材料的垂直入射反射率。

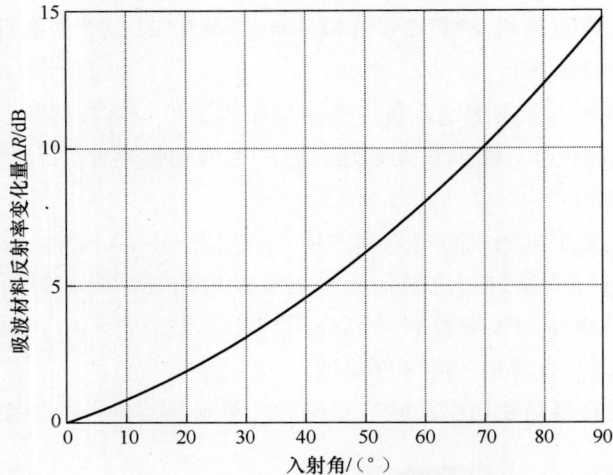

图 11-12    $\Delta R$ 和入射角的关系

表 11-1    南京航天波平 BPUFA 系列角锥型吸波材料的垂直入射反射率（单位：dB）

| 型号 | 垂直入射反射率 | | | | | | | | | | |
|---|---|---|---|---|---|---|---|---|---|---|---|
| | 100 MHz | 200 MHz | 300 MHz | 500 MHz | 800 MHz | 1 GHz | 2 GHz | 4 GHz | 8 GHz | 12 GHz | 18 GHz |
| BPUFA-50 | | | | | | | ≤−17 | ≤−25 | ≤−35 | ≤−45 | ≤−45 |
| BPUFA-100 | | | | | | ≤−15 | ≤−22 | ≤−28 | ≤−40 | ≤−50 | ≤−50 |
| BPUFA-150 | | | | | | ≤−16 | ≤−27 | ≤−31 | ≤−45 | ≤−50 | ≤−50 |
| BPUFA-200 | | | | ≤−20 | ≤−23 | ≤−25 | ≤−35 | ≤−40 | ≤−50 | ≤−50 | ≤−50 |
| BPUFA-300 | | | | ≤−22 | ≤−28 | ≤−30 | ≤−37 | ≤−45 | ≤−50 | ≤−50 | ≤−50 |
| BPUFA-500 | | | ≤−17 | ≤−29 | ≤−35 | ≤−37 | ≤−40 | ≤−45 | ≤−50 | ≤−50 | ≤−50 |
| BPUFA-700 | | ≤−18 | ≤−30 | ≤−35 | ≤−36 | ≤−40 | ≤−45 | ≤−50 | ≤−50 | ≤−50 | ≤−50 |
| BPUFA-1000 | ≤−12 | ≤−23 | ≤−31 | ≤−36 | ≤−38 | ≤−41 | ≤−50 | ≤−50 | ≤−50 | ≤−50 | ≤−50 |
| BPUFA-1200 | ≤−15 | ≤−25 | ≤−32 | ≤−40 | ≤−42 | ≤−45 | ≤−50 | ≤−50 | ≤−50 | ≤−50 | ≤−50 |
| BPUFA-1600 | ≤−17 | ≤−33 | ≤−35 | ≤−42 | ≤−43 | ≤−45 | ≤−47 | ≤−50 | ≤−50 | ≤−50 | ≤−50 |
| BPUFA-1800 | ≤−21 | ≤−33 | ≤−37 | ≤−43 | ≤−45 | ≤−48 | ≤−50 | ≤−50 | ≤−50 | ≤−50 | ≤−50 |

注：型号后缀的数字也是材料高度参数，比如 BPUFA-50 指材料高度为 50 mm。

　　多探头环由高精度、定制曲率的铝合金结构构成，内部固定测试所需的双极化探头，外部覆盖 U 形的吸波材料，这种吸波材料的物理外形被定制成圆柱，在探头拱的内径内侧有一个十字形的小型孔，测量探头刚好通过小型孔突出吸波材料的表面。这种设计极大地减少了射频探头本身的散射。可以根据不同的需求定制多探头环的直径和探头数量。探头阵列实际安装效果如图 11-13 所示。

　　多轴转台一般由测试方位轴和一些位置调节轴如 $x$、$y$、$z$ 线性轴组成，大型测试系统还需要俯仰轴用于方便地安装天线。测试方位轴的旋转配合多探头环可以对被测物进行三维的采样和测试。利用位置调节轴即 $x$、$y$、$z$ 轴则可以方便地调节被测天线位置，使得被测天线的相位中心放置在多探头环的中心。大型测试系统如 EMT-128/192，由于暗室中心离地高度较大，需要俯仰轴对抱杆进行倒伏处理，这样方便地面人员进行被测天线的安装。测试方位轴对精度有较高的要求，其他的轴不参与测试，所以相对精度要求较低。另外，天线的抱杆作为天线测试系统的一部分也需要进行优化。对于低增益天线，尽可能使用介电常数低的材料（如泡沫型塑料）制作抱杆，如图 11-14 所示；对于较重的基站天线，需

**图 11-13　探头阵列实际安装效果**

用承重较大的玻璃钢抱杆，如果因为天线自重过大必须采用金属抱杆，则抱杆的轮廓越小越好。另外，需要考虑抱杆对测试的影响。对于转台的每根轴，需要有归零和限位功能，出于安全考虑，还需要天线急停开关等安全措施。图 11-15 所示为基站天线多轴转台。

**图 11-14　泡沫型塑料抱杆**

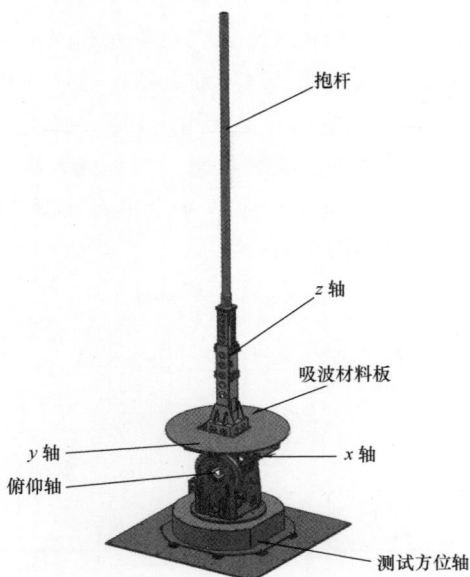

**图 11-15　基站天线多轴转台**

探头控制单元可以控制选择每个探头以及探头的极化端口，其内部由分级的射频切换开关网络和控制器构成。在射频切换开关的选择上，需要选择高隔离度、

低损耗、切换快速的开关，进一步考虑射频切换开关的切换频率，常常使用寿命更长的固态开关。典型探头控制单元的射频结构如图 11-16 所示。

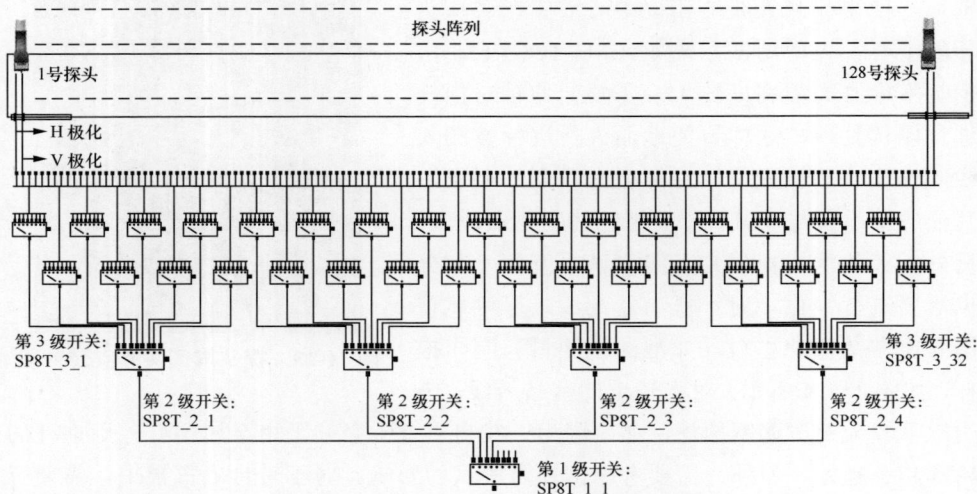

**图 11-16　典型探头控制单元的射频结构**

天线测试系统的动态范围一般使用射频放大单元来扩大。多探头球面近场天线测试系统配有 TX 放大器单元和 RX 放大器单元，可以在发射端和接收端进行信号的放大处理。对于放大器，需要选择稳定性高、温漂小的放大器。

发射/接收切换单元用于切换探头的发射或接收状态。当被测天线处于接收状态时，探头处于发射状态；当被测天线处于发射状态时，探头处于接收状态。发射/接收切换单元一般由 4 个单刀双掷（SP2T）切换开关构成。发射/接收切换单元的原理如图 11-17 所示。

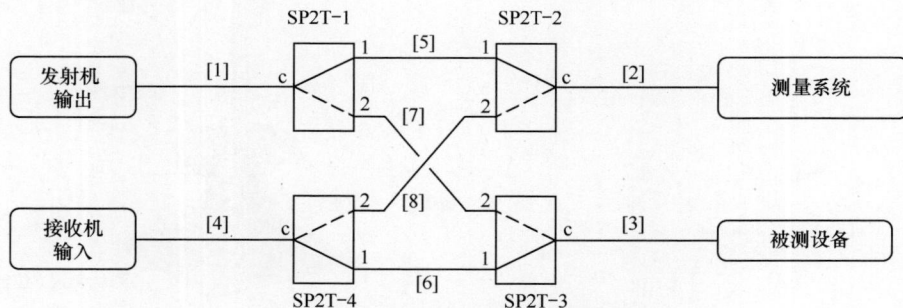

**图 11-17　发射/接收切换单元的原理**

多探头球面近场天线测试系统采用对比法进行增益校准，增益校准考虑整个链路的所有损耗，包括射频线缆、元器件、空间的损耗等。为了对比增益，需要一根标准增益天线作参考，通常为了使用方便，选择标准宽频喇叭天线作为标准天线。

为了使用户有更好的操作体验，苏州益谱对测试界面做了简化设计，用户只需要输入测试频点即可完成测试系统的数据采集部分的参数设置。

多探头球面近场天线测试系统得到的原始数据是近场数据，之后需要进行近远场转换，在执行近远场转换的同时，系统进行探头一致性校正和增益校正，从而得到准确的远场数据。在这个过程中，用户需要输入被测物的尺寸，以及输出数据的采样间隔。

在得到远场数据后，为了方便用户分析数据结果，苏州益谱提供了功能丰富的测试软件，可以对各类天线的常规参数进行分析、对比和可视化显示，如图 11-18 和图 11-19 所示。

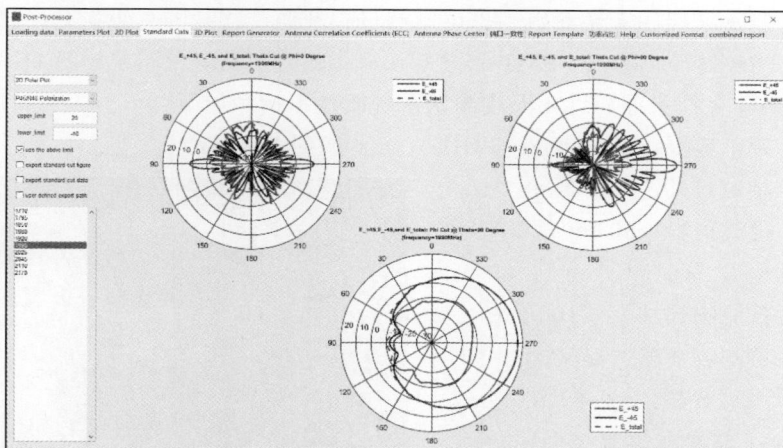

**图 11-18　二维方向图**

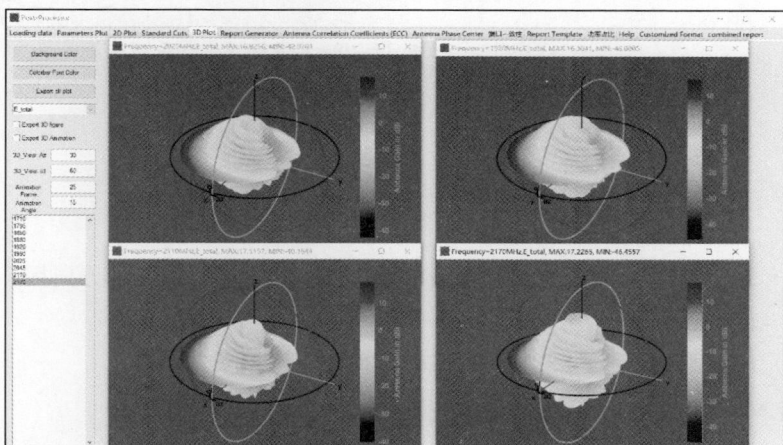

**图 11-19　三维方向图**

测试软件支持的参数包括天线增益、天线效率（antenna efficiency）、天线方向性、天线波瓣带宽、交叉极化、前后比、旁瓣电平、一维/二维/三维方向图、各种极化方向图、水平面波束偏移、零点填充、电平下降、下倾角精度、圆度、轴比、极化参数、功率占比、相位中心、峰值、平均增益/最大增益/最小增益等。

测试软件可以生成 Word、Excel 等各种格式的自定义报告，帮助用户实现高效的数据和文本管理。

苏州益谱的典型多探头球面近场天线测试系统型号如下。

**1. EMT-64 多探头球面近场天线测试系统**

EMT-64 多探头球面近场天线测试系统适用于小型基站天线、大型终端天线的测试。暗室的尺寸通常为 5 m（长）×5 m（宽）×5 m（高），被测物尺寸不大于 100 cm，主要用于测量天线的无源参数，也可以测量有源通信终端的总辐射功率、总全向灵敏度（TRP/TIS）等参数。EMT-64 多探头球面近场天线测试系统如图 11-20 所示。

EMT-64 多探头球面近场天线测试系统的技术指标如下。

（1）频率范围：400 MHz～8 GHz（可扩展到 18 GHz）。

（2）暗室尺寸：5 m×5 m×5 m。

（3）吸波材料：50 cm 角锥型吸波材料。

（4）被测物尺寸：≤100 cm。

（5）被测物质量：≤50 kg。

（6）探头数量：63+1（63 个双极化探头+1 路参考信道探头）。

（7）探头相邻角度：5°。

（8）截断区：15°。

（9）测试距离：1.6 m。

**图 11-20　EMT-64 多探头球面近场天线测试系统**

（10）转台形式：多轴转台（包括方位、x/y 轴平移、俯仰多轴）。

（11）动态范围：70 dB（典型值）。

（12）标称增益精度：±0.5 dB。

（13）增益稳定性：±0.15 dB。

（14）无源测量参数：增益、效率、方向性系数、二维/三维方向图、波宽、不圆度、前后比、轴比、相位中心等。

（15）有源测量参数：TRP/TIS/EIRP/EIS、吞吐量等。

**2. EMT-128/192 多探头球面近场天线测试系统**

EMT-128/192 多探头球面近场天线测试系统主要用于测量大尺寸无源天线，

尤其是对基站天线的测量。该系统将建在一个 12 m 或 10 m（长）×10 m（宽）×10 m（高）的暗室中。该系统的优势是测试速度快，精度高，安装各种类型的天线方便，占地面积小。EMT-128 表示 128 探头系统，EMT-192 表示 192 探头系统。

该系统可以实现一键完成数据采样、数据分析、数据校准、报告导出等功能，可以完全覆盖基站天线无源测试的所有指标，也可以实现有源基站 CW 信号的上行、下行方向图测试，还可以按照客户要求制定测试报告，是功能强大且成熟的多探头球面近场天线测试系统。

为了满足多端口天线的快速测试需求，EMT-128/192 多探头球面近场天线测试系统通常标配 SP8T（单刀八掷）多端口射频切换开关，可一次性同时测试 8 个端口，可为每个端口设置不同的频率，这样大大提升了多端口天线的测试效率。EMT-128 多探头球面近场天线测试系统如图 11-21 所示。

EMT-128 多探头球面近场天线测试系统的技术指标如下。

（1）频率范围：400 MHz～8 GHz（可扩展到 18 GHz）。

（2）暗室尺寸：10 m×10 m×10 m。

（3）吸波材料：50 cm 角锥型吸波材料。

（4）被测物尺寸：≤256 cm。

（5）被测物质量：≤200 kg。

（6）探头数量：127+1（127 个双极化探头 +1 路参考信道探头）。

（7）探头相邻角度：2.65°。

（8）截断区：13.2°。

（9）测试距离：3.2 m。

图 11-21　EMT-128 多探头球面近场天线测试系统

（10）转台形式：多轴转台（方位、$x$/$y$ 轴平移、$z$ 轴升降、俯仰多轴）。

（11）动态范围：70 dB（典型值）。

（12）标称增益精度：±0.5 dB。

（13）增益稳定性：±0.1 dB。

（14）无源测量参数：增益、效率、方向性系数、二维/三维方向图、波宽、交叉极化、前后比、下倾角、零点填充、旁瓣抑制、轴比、相位中心等。

（15）有源测量参数：基站天线有源连续波测试。

## 11.4　紧缩场系统

### 11.4.1　紧缩场的发展历史

在天线测试场地中，紧缩场（compact antenna test range，CATR）是一种常用的测试场地。紧缩场的工作频率范围很宽，常用的是 1～40 GHz，可以扩展到 0.3～110 GHz，个别的可以扩展到 800 GHz；测试场地相对较小，屏蔽效果好。

1950 年，Woonton、Borts 和 Caruthers 曾尝试用透镜构建室内紧缩场来进行天线测量，他们使用一个金属平面透镜作为产生平面波的设备。该紧缩场具有一个 35 个波长大小的口径，由于金属边的绕射，测试效果并不理想。Chapman 曾经使用固体聚苯乙烯等光程透镜，因为透镜表面的反射，也导致失败。1953 年，Mentzer 采用一个直径为 33 个波长、介电常数为 1.03 的泡沫绝缘材料制成的透镜获得了初步的成功。然而，较低介电常数意味着焦距口径比大约为 10，导致测试场并不是很"紧缩"。

一般认为现代紧缩场理论始于 20 世纪 60 年代美国佐治亚理工学院 Johnson 的研究。Johnson 采用反射面作为校准设备，并于 1967 年申请了专利，随后在 1969 年描述了这种场。他和同事们更多的研究成果则在 1973 年和 1975 年发表。最初 Johnson 建立了两种结构：一种是由一个抛物柱面和一个大型喇叭辐射器组成的线源场，另一种是采用小矩形喇叭馈源的点源场。因为单极化限制和在不同频率下需要改变线源的物理尺寸等缺点，前者的研究并没有进行下去。点源紧缩场则取得了成功，并为以后的一系列发展奠定了基础。Johnson 的设计得到了 Scientific Atlanta 公司的进一步改进，并在 1974 年左右被投入市场。这种紧缩场使用了一种偏置抛物反射面，由宽约为 5 m、高约为 3.5 m 的玻璃纤维组成，可以提供直径约为 1.5 m 的静区。这种反射面有形状特殊的边缘，可以减小边缘绕射。很多年来，这种紧缩场成为紧缩场的实际标准。

1976 年，Vokurka 在荷兰埃因霍芬理工大学发展了一种采用两个抛物柱面反射面的双柱面紧缩场。它通过副反射面将点源发出的球面波转化为柱面波，再通过主反射面将柱面波（由等效线源发出）转化为平面波，克服了 Johnson 设计中的极化限制。另外，由于具有较长的等效焦距，因而其比单反射面紧缩场具有更小的幅度锥削。而且，抛物柱面更容易达到较高的表面加工精度。

在 20 世纪 70 年代后期，Oliver 和 Saleeb 证明用泡沫介质材料制作透镜型紧缩场是可行的。Menzel 和 Hunder 随后展示，用一个固体介质透镜可以在 94 GHz 上进行天线测量。

　　我国从 1983 年开始进行相关研究,北航微波研究所是全国较早开展相关研究的单位。

　　1987 年,北航研制出了我国第一套高分辨率二维成像系统,并获国家科学技术进步奖二等奖。

　　1992 年,北航成功研制出双柱面紧缩场并投入使用。

　　1999 年,大型双柱面紧缩场在航天 207 所建成,静区直径为 5 m。

　　2002 年,单反射面紧缩场在航空 637 所建成,静区直径为 4.5 m。

　　2002 年,北航开始进行近场散射测量研究,推导出近远场散射特性关联的链条关系式。

　　2004 年,北航自主研发出前馈卡塞格伦紧缩场,实现 −40 dB 交叉极化。2005 年,在北航科技园密云分园建成了高精度面板生产基地。紧缩场系统获得国家科学技术进步奖二等奖。2005 年,北航研制出单柱面紧缩场,口面利用率达 120%,并验证了近场散射理论。2009 年,北航建成静区直径为 6 m 的紧缩场。2012 年,北航建成静区直径为 12 m 的紧缩场。

　　2015 年以后,随着有源相控阵雷达的大规模应用、5G 兴起、毫米波汽车雷达的大量使用,以及卫星通信的迅速发展,紧缩场得到了广泛的应用。我国紧缩场的数量很快从十几个发展到几十个。

　　北航何国瑜教授、苗俊刚教授等在紧缩场领域深耕 30 余年,积累了丰富的工程经验、设计经验,开发出了各种类型的紧缩场系统,解决了早期我国相关领域的测试难题。

　　2015 年以后,随着紧缩场项目的急剧增多,我国出现了一系列的紧缩场供应商,例如以北航团队为核心的北京中测国宇科技有限公司(简称北京中测国宇)、苏州益谱、深圳市通用测试系统有限公司(简称深圳通测)等。

　　随着人们对可控、安全测量环境需求的不断增加,紧缩场技术也受到越来越多的重视。随着紧缩场向毫米波、亚毫米波频段的扩展,新的紧缩场技术被不断开发出来。总体来说,现代紧缩场已经发展出 3 种基本类型:反射面型、透镜型、全息型。其中,反射面型紧缩场较成熟,类型较多,应用较广。

## 11.4.2　紧缩场的结构和类型

　　紧缩场通过精密的反射面、透镜、天线阵列或全息条纹等将点源产生的球面波在近距离内转换为平面波,实现天线和雷达散射截面测试需要的远场条件,即提供理想远场平面波照射环境。紧缩场具有占地面积小、背景电平低、测试精度高、私密性好等优点。紧缩场的类型主要包括反射式和透射式两类。其中,反射式紧缩场包括单反射面紧缩场、双反射面紧缩场、多反射面紧缩场和补偿式紧缩场（前馈卡塞格伦紧缩场）等，透射式紧缩场包括全息紧缩场和介质透镜紧缩场。

常用的紧缩场是单反射面紧缩场和双反射面紧缩场、多反射面紧缩场和全息紧缩场。

### 1. 单反射面紧缩场

图 11-22 所示的单反射面紧缩场由一个反射面和相应的馈源组成。反射面是旋转抛物面的一部分，根据几何光学原理，放在抛物面焦点上的馈源辐射的球面波照射在旋转抛物面上，反射的电磁波变成平面电磁波。

**图 11-22　单反射面紧缩场**

为了消除馈源对反射电磁波的遮挡，单反射面紧缩场一般采用偏馈的形式，如图 11-23 所示。

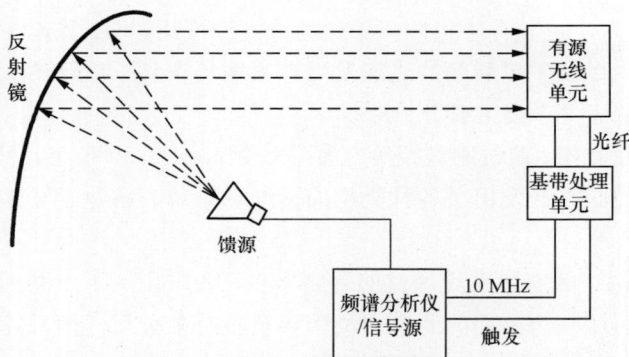

**图 11-23　单反射面紧缩场的布局与原理（以基站测试为例）**

### 2. 双反射面紧缩场

图 11-24 所示的双反射面紧缩场由两个反射面和相应的馈源组成。其中较大的反射面称为主反射面，较小的反射面称为副反射面。在该紧缩场中，常用的双反射面是两个抛物柱面反射面（所以一般也被称为"双柱面反射面紧缩场"），并且两个反射面的对称轴是正交的，分别沿水平方向和竖直方向，主反射面的焦线与副反射面的重合。根据几何光学原理，放在副反射面焦点上的馈源辐射的球面波照射在副反射面的抛物柱面上，等效为线源发出的柱面波，再照射在主反射面的正交抛物柱面反射面上，二次反射的电磁波转换成平面电磁波。

双柱面反射面紧缩场的优点是可以进一步降低静区的交叉极化，而且柱面反射面只在一个方向有弯曲，更方便对反射面进行加工。

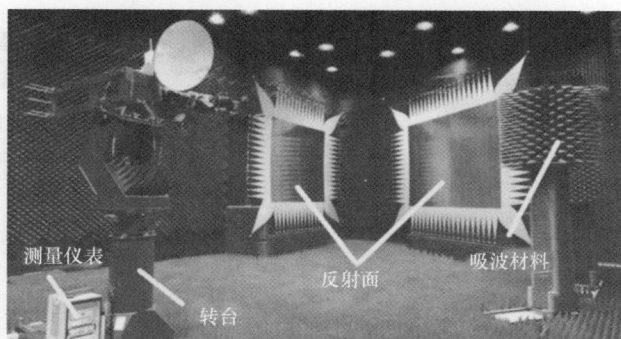

**图 11-24　双反射面紧缩场**

### 3. 多反射面紧缩场

常用的多反射面紧缩场是三反射面紧缩场。多反射面能够提高静区质量，提升静区幅相分布的均匀性，提高反射面利用率，但多反射面的精准调试比较困难，工程上应用较少，北京邮电大学的俞俊生教授、陈晓东教授、姚远教授等人在该领域取得了一系列研究成果。图 11-25 所示为典型的三反射面紧缩场。

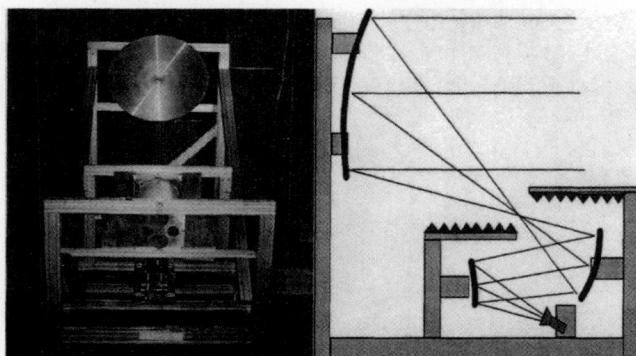

**图 11-25　典型的三反射面紧缩场**

### 4. 全息紧缩场

全息紧缩场的原理如图 11-26 所示，利用微波全息原理，当馈源发出的球面波照射在全息透镜上时，经过全息条纹的散射，在全息透镜的另一面形成平面波。

全息紧缩场工作在透射模式，因其对加工的表面精度要求并不像反射面紧缩场的那么高，非常适用于对毫米波、亚毫米波频段的测量。全息紧缩场可以采用印制电路技术加工，这使得其造价相对低廉，较高的加工精度相对容易实现，缺点是工作带宽较窄。

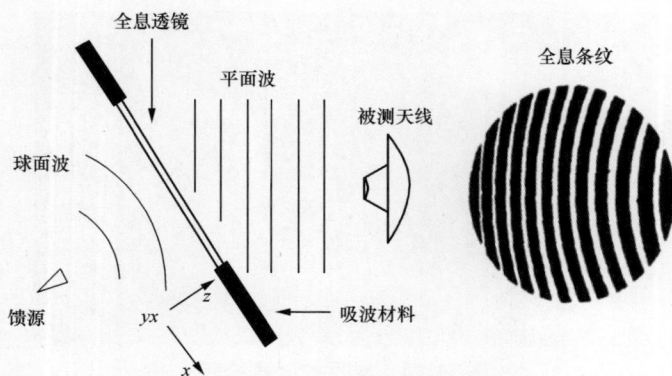

图 11-26 全息紧缩场的原理

目前，北京中测国宇的技术团队已经开发了多套全息紧缩场系统，其在天线测试、材料电性能测试等领域得到了广泛应用。

**5. 反射面的设计和加工**

反射面设计要素包括：反射面口径和反射面边齿。矩形口面产生的振幅纵向分布曲线大致与圆形口面产生的相似，但矩形口面的振荡幅度在全程小于 10 dB。这是因为矩形口面边沿点到口面中心的距离并非处处相等。正是基于这一点，紧缩场反射面大都倾向于采用矩形口面。反射面口面及其纵向场幅度变化规律如图 11-27所示。

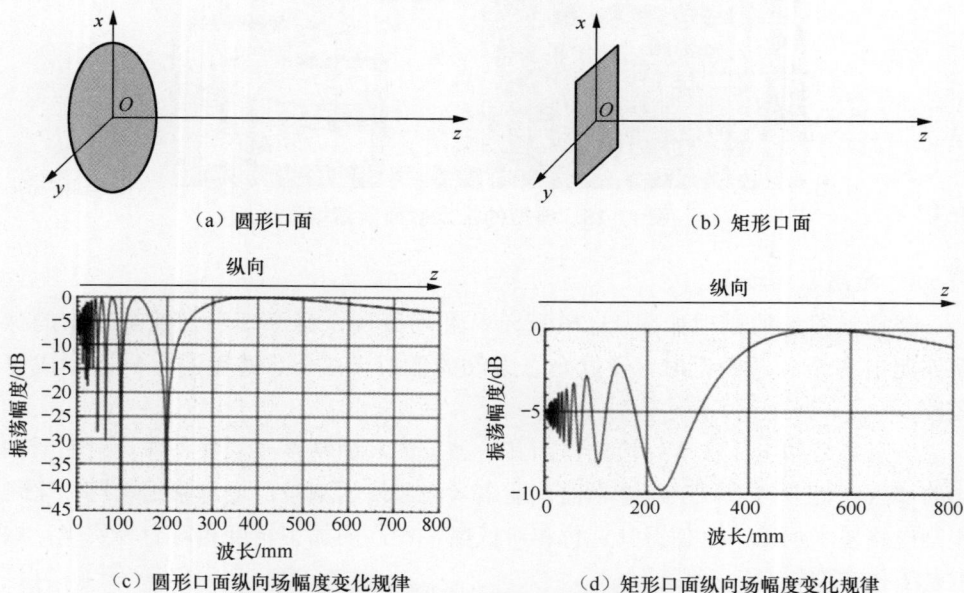

（a）圆形口面　　　　　　　　　　　　　　（b）矩形口面

（c）圆形口面纵向场幅度变化规律　　　　　（d）矩形口面纵向场幅度变化规律

图 11-27 反射面口面及其纵向场幅度变化规律

紧缩场反射面口面尺寸一般是最短工作波长的 20 倍以上。

反射面口面设计要素主要包含焦距、口径尺寸、静区位置、馈源照射角和反射面对馈源的张角等。

紧缩场反射面和馈源的设计很重要，转台要按照不同类型的天线来设计。

紧缩场反射面将球面波转换为平面波的机理是几何光学原理，但是，由于反射面不能是无限大的，反射面的边沿绕射会对紧缩场静区场分布造成影响。为了减小反射面边沿的绕射，需要对反射面边沿进行处理。

（1）反射面边沿处理方法包含边齿、卷边、赋形、阻抗加载等，其目的都是将反射面截获的能量在边沿附近缓慢、平滑地消散。

（2）锯齿长度（sawtooth length，SL）一般是最长工作波长的 3～5 倍。典型的锯齿设计如图 11-28～图 11-30 所示。

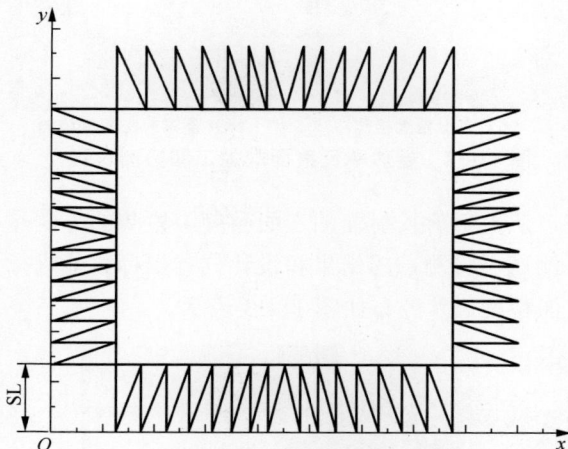

图 11-28　典型的锯齿设计 1

图 11-29　典型的锯齿设计 2

苏州益谱紧缩场采用的是卷边单反射面，如图 11-31 所示，用高强度铝材作为反射面的基本材质，通过整体高精度铣床加工及人工打磨而成，并涂有纳米涂层进行保护，具有较高的表面精度和温度稳定性，可在工作频率范围内形成高质量静区。

反射面采用卷边形态，最好由整块材料制成，无拼接工艺，无"不连续电流"，不产生散射场，以实现良好的静区性能。

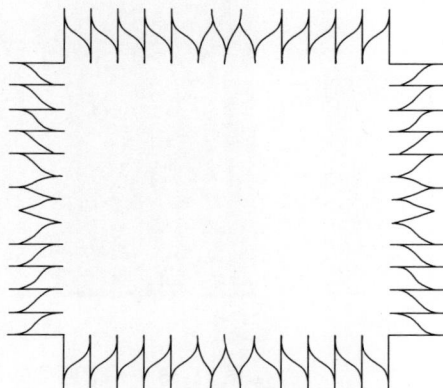

图 11-30　典型的锯齿设计 3

反射面表面采用 100 nm 的二氧化硅纳米镀层，防氧化、防尘，可水洗清洁。反射面采用高强度背架支撑，搭配高稳定性基座，避免微振干扰。反射面应该具备良好的温度性能，在温度变化±5℃的情况下，整体反射面应当均匀缩放，反射面不变形。

卷边单反射面需使用先进的材料和机械制造技术进行加工，如图 11-32 所示。

图 11-31　卷边单反射面

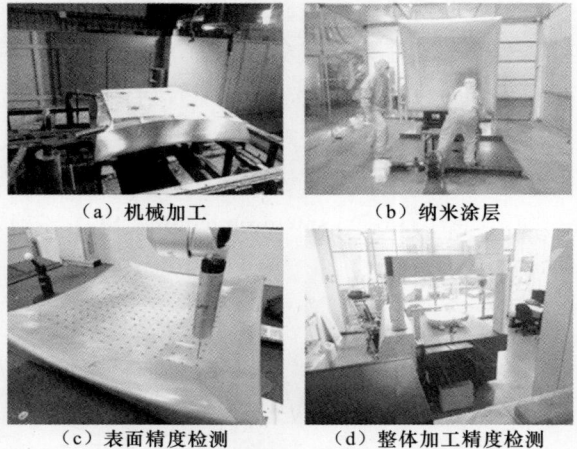

（a）机械加工　　　　　　（b）纳米涂层

（c）表面精度检测　　　　（d）整体加工精度检测

图 11-32　卷边单反射面的加工和检测过程

成型后的反射面还应进行检测，从而确保反射面的表面精度。检测的方法是用激光跟踪仪对设定的点进行位置测试，将测试的结果和设计位置坐标数值进行误差比较。一个典型的反射面的表面精度误差分布如图 11-33 所示。

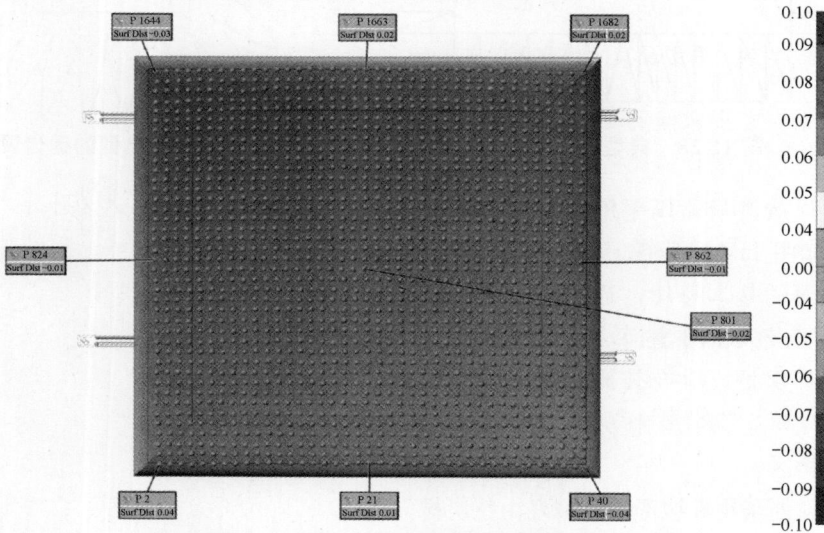

图 11-33　一个典型的反射面的表面精度误差分布
（图中 SurDist 标注出了偏离坐标值，单位：mm）

### 11.4.3　紧缩场系统的馈源和转台

紧缩场系统主要由反射面、反射面背架、馈源和馈源支架等几部分组成。其中，馈源是球面波辐射体，反射面是将球面波转换为平面波的转换器，反射面背架和馈源支架分别是支撑反射面和馈源的稳定机构和调节机构。

馈源是紧缩场系统的关键部件之一。对于静区性能要求高的，可采用单极化波纹喇叭天线配上极化转台作为馈源，其好处是波纹喇叭天线垂直面和水平面的极化方向图接近，且波束宽度适中，能提供更对称的静区。单极化波纹喇叭天线也可以提供较好的交叉极化比。馈源及其支架、极化转台如图 11-34 和图 11-35 所示。

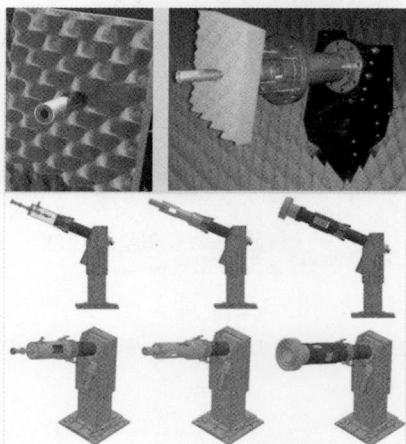

图 11-34　馈源及其极化转台

图 11-35　馈源支架（含极化转台）实物

对于性能要求没有那么高，且需要一次性进行宽频段测试的，可以选用双极化宽频喇叭天线作为馈源，其优点在于测试速度快，比使用单极化波纹喇叭天线更高效，不用更换馈源就可以完成宽频段测试，方便使用；其缺点是双极化宽频喇叭天线的波束宽度会随着频率的升高而变窄，在高频区，测试场静区会变小，静区性能也不如单极化波纹喇叭天线的。

为了防止馈源的泄漏，馈源的周围需要用吸波材料进行覆盖处理，如图 11-36 所示。设计良好的馈源系统，可以有效

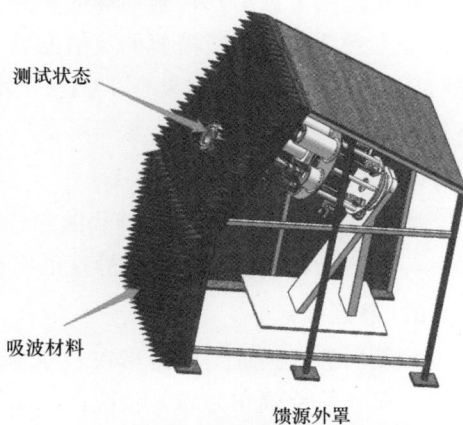

测试状态

吸波材料

馈源外罩

图 11-36　用吸波材料进行覆盖处理的设计

避免馈源的散射和后瓣对静区的影响，且方便放置矢量网络分析仪、频谱分析仪等射频仪表。

测试系统中一般还包括多轴转台。用于测试基站天线的多轴转台通常包括方位轴、俯仰轴、线性轴（可选）和滚动轴等。多轴转台可实现天线在三维空间内的任意定位和姿态调整，为基站天线的测试、调整和优化等提供可靠支持。图 11-37 所示为多轴转台系统。

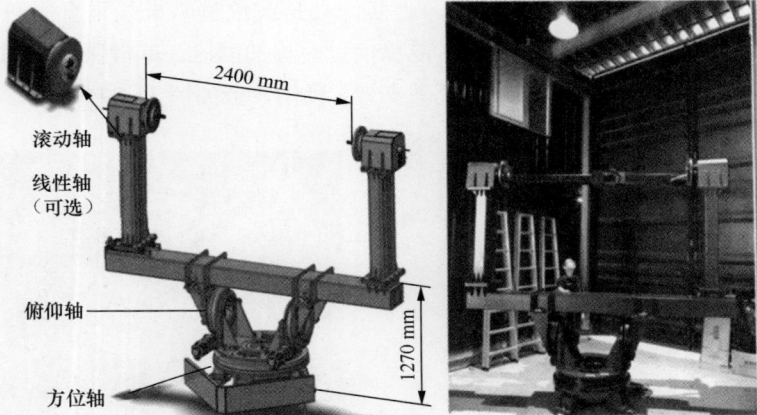

（a）设计图                （b）实物图

图 11-37　多轴转台系统

## 11.4.4　紧缩场系统的技术指标

### 1. 工作频率范围

紧缩场工作频率范围为 0.3～110 GHz，个别的可以扩展到 800 GHz。实际的工作频率范围根据用户对紧缩场的设计要求确定。要覆盖的频率越低，所需要的电波暗室尺寸越大，所需要的反射面的尺寸也越大，一般反射面的尺寸为最低频率对应波长的 20 倍。如果有 1 GHz 的频率，就需要 6 m 口径的反射面，这个成本是相当高的。大致而言，紧缩场适用于较高频率场景。

### 2. 静区尺寸

紧缩场的静区大致呈卧倒状的圆柱形，其尺寸一般用 $\phi$（直径）$\times L$（长度）表示。被测天线尺寸必须小于静区的直径。

### 3. 静区指标

紧缩场静区指标主要是指在紧缩场的测试静区中产生的平面电磁波的幅度、相位分布（简称幅相分布）状况，包括主极化的幅度分布和相位分布、交叉极化的幅度分布等。

　　静区的幅相分布一般由静区的前、中、后 3 个截面上的场分布来表示，经常用的是中心截面上的场分布。典型的静区场分布如图 11-38 和图 11-39 所示［水平截线仿真测试结果（5.4 GHz）］。

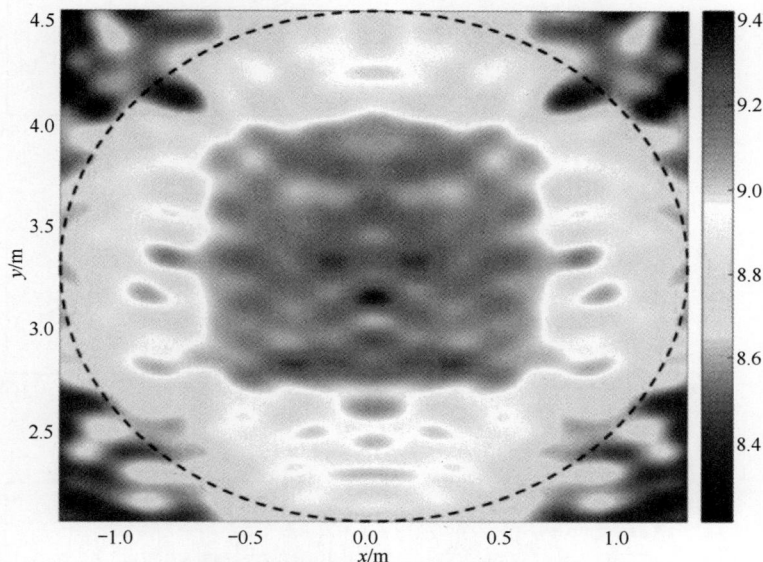

图 11-38　典型的静区主极化场幅度分布热力图（单位：dB）

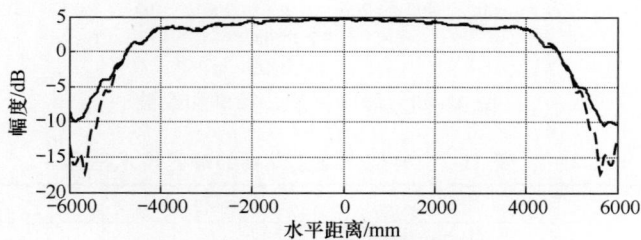

（a）平面电磁波的幅度分布

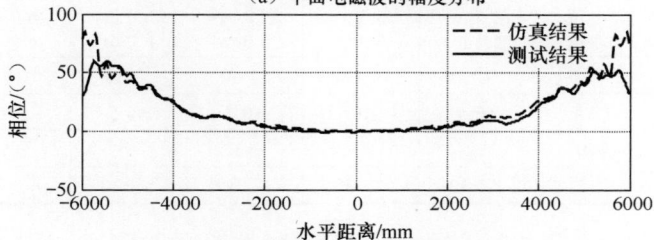

（b）平面电磁波的相位分布

图 11-39　静区截面幅相分布

　　就静区幅度特性而言，可以将静区幅度和相位随空间位置变化的曲线分成两个部分：缓慢变化的锥削和快速变化的纹波。锥削一般呈现抛物线形，如图 11-40 所示。表 11-2 所示为典型大型紧缩场的静区技术指标。

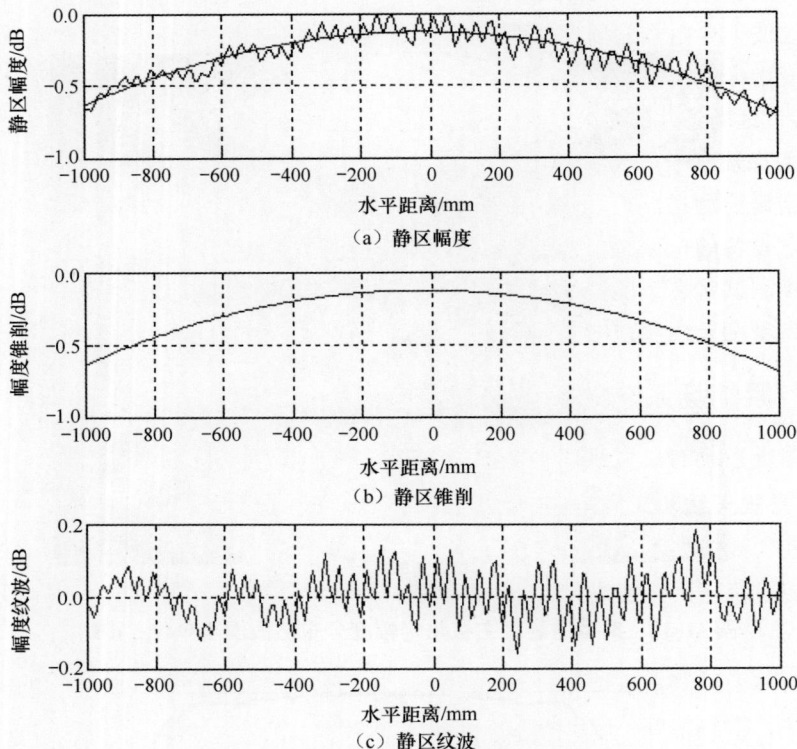

（a）静区幅度

（b）静区锥削

（c）静区纹波

**图 11-40　静区幅度、锥削和纹波**

**表 11-2　典型大型紧缩场的静区技术指标**

| 指标名 | 指标值 | | | | | | |
|---|---|---|---|---|---|---|---|
| 频率/GHz | 0.5～1 | 1～2 | 2～3 | 3～4 | 4～6 | 6～18 | 18～40 |
| 静区尺寸 | $\phi$3.3 m× 3.3 m | $\phi$4.5 m× 4.5 m | $\phi$6.0 m× 6.0 m | $\phi$6.0 m× 6.0 m | $\phi$6.0 m× 6.0 m | $\phi$6.0 m× 6.0 m | $\phi$6.0 m× 6.0 m |
| 幅度锥削/dB | <1.0 | <1.0 | <1.0 | <1.0 | <1.0 | <1.0 | <1.0 |
| 幅度纹波/dB | ±0.5 | ±0.5 | ±0.5 | ±0.5 | ±0.5 | ±0.5 | ±0.5 |
| 相位波纹/(°) | ±10 | ±8 | ±5 | ±5 | ±5 | ±5 | ±10 |
| 交叉极化/dB | <−25 | <−30 | <−30 | <−30 | <−30 | <−30 | <−30 |

　　对于天线测量应用的紧缩场，衡量紧缩场性能的技术指标主要有两方面：静区平面波性能和静区背景电平。

　　静区平面波性能用于衡量静区平面波的质量，包含幅度不平度、相位不平度以及交叉极化等。紧缩场的静区平面波性能在低频区取决于口径尺寸，在高频区取决于型面精度。一般而言，单反射面紧缩场口径尺寸需要达到 $20\lambda_{max}$，型面精度需要达到 $\lambda_{min}/100$。其中，$\lambda_{max}$、$\lambda_{min}$ 分别是最长波长和最短波长。幅度不平度的来源有两种，可分为幅度锥削和幅度纹波。幅度锥削主要由馈源的方向图引起，而幅度纹波主要由紧缩场反射面边缘的绕射和电波暗室的反射引起。优秀的紧缩场静区幅度指标为锥削≤1 dB，波纹≤±0.5 dB。相位不平度的指标要求一般不能高于20°（接近远场条件的要求），在 18 GHz 以下的典型工作频段，相位不平度≤10°。

静区背景电平是天线测量中比较显著的误差来源，它将直接影响测试场地对低天线副瓣的测量能力。静区背景电平和系统屏蔽效能有关，在一些情况下暗室内的机电设备的电磁辐射也会影响静区背景电平。紧缩场的静区背景电平反映了处于天线测试状态下的紧缩场静区内残留的背景散射电平，较低的静区背景电平是实现高精度天线测量的重要保证。

### 11.4.5　紧缩场系统的典型测试应用

紧缩场系统的典型测试应用主要包括以下 3 类。

**1．常规天线和天线罩测试**

常规天线主要测试项目包括天线增益、EIRP、方向图、副瓣电平、G/T 值（天线增益与系统噪声温度之比）、轴比、交叉极化等。

**2．相控阵天线测试**

相控阵天线测试主要包括对波束宽度、副瓣电平、增益、轴比、频谱特性、波束跃度、指向精度、EIRP、G/T 值、波束切换时间等指标的测量。

**3．OTA 测试**

OTA 测试的信号是从空口以电磁辐射状态发送或接收的，而不是通过传导线连接的。

对于无线设备辐射性能测试，无论是对于基站还是终端来说，天线是其重要的组成部分，对其性能的测试必须包括天线的特性测试。只有通过 OTA 测试才能得到无线设备的全面性能。

在移动通信测试方面，在 4G 之前，OTA 测试主要针对终端。在 4G 时代，由于基站侧射频和天线有连接的接口，对基站侧射频指标的测量主要是通过传导线连接的方式进行的，对于基站天线部分的性能，用传统的天线测试方法进行测量。

在 5G 时代，无论对于基站还是终端，都需要进行 OTA 测试。由于大规模 MIMO 技术在 5G 中的使用，以及毫米波频段的引入，对基站侧大部分指标的测量同样需要在 OTA 模式下进行。

关于 OTA 测试系统，后面将详述。

### 11.4.6 北京中测国宇紧缩场测试系统介绍

北京中测国宇是一家专业提供微波测量解决方案的企业，提供各种类型的紧缩场，满足目标雷达散射特性测试、卫星天线测试、相控阵天线测试、通信基站测试、车载雷达测试、手机无线测试等的微波测量需求。

北京中测国宇拥有一支微波测量专家团队，其源于北京航空航天大学紧缩场研究团队，具有 30 多年的微波测量系统设计及研制经验，在国内外核心刊物上发表过多篇相关学术论文，可以提供微波测量技术咨询，根据用户测量需求，提供定制解决方案。

北京中测国宇目前的生产设备和基础设施情况、产品情况如下。

（1）具有高精度反射面生产基地，占地面积为 800 m²，具有 400 m² 的恒温车间，拥有两台 3 m×5 m 的双零级花岗岩平台，两台激光跟踪仪。

（2）具备矢量网络分析仪、频谱分析仪等多种微波测量仪表。

（3）紧缩场测试系统的工作频率范围为 2～300 GHz，静区尺寸为 2 m×2 m，暗室尺寸为 8 m×8 m×18 m。

（4）支持 2.5～110 GHz，静区 $\phi$0.5 m 的紧缩场系统。

（5）支持 6～110 GHz，静区 $\phi$0.3 m 的紧缩场系统。

（6）支持 2.4～3.8 GHz，静区 $\phi$0.55 m×0.85 m 的平面波生成器测试系统。

（7）提供 5G 无线测试系统。

（8）提供车载毫米波雷达测试系统。

（9）提供测试方案咨询。

（10）支持微波暗室系统集成。

（11）提供微波毫米波测量服务。

（12）提供微波毫米波设备与元器件。

（13）采用整车有源 OTA 测试系统。

其研发建造的典型系统如下。

**1. 某实验室相控阵天线紧缩场测试系统**

（1）测试类型：卫通相控阵测试。

（2）反射面类型：单反射面卷边。

（3）频率范围：6～500 GHz。

（4）紧缩场静区尺寸：$\phi$0.5 m×0.5 m。

（5）静区指标包括下面几种。

① 幅度锥削：≤1 dB @6～500 GHz。

② 幅度纹波：≤±0.5 dB @6～500 GHz。

③ 相位波动：≤±5°@6～90 GHz，≤±8°@90～500 GHz。

④ 交叉极化：≤−27 dB @6～500 GHz。

**2．某研究院移动通信基站有源 OTA 紧缩场测试系统**

（1）测试类型：有源相控阵 OTA 测试。

（2）反射面类型：单反射面锯齿边。

（3）频率范围：1.7～40 GHz。

（4）紧缩场静区尺寸：$\phi$1.6 m×1.6 m。

（5）静区指标包括下面几种。

① 幅度锥削：≤1 dB@1.7～40 GHz。

② 幅度纹波：≤±0.5 dB@1.7～40 GHz。

③ 相位波动：≤±5°@1.7～40 GHz。

④ 交叉极化：≤−27 dB@1.7～40 GHz。

**3．毫米波桌面式模块化紧缩场测试系统**

为满足毫米波测量设备小型化的需求，北京中测国宇研发了一款毫米波桌面式模块化紧缩场测试系统，在 20～110 GHz 频率范围内可满足 0.3 m 尺寸的被测件的各项射频性能测试需求，而其外尺寸仅仅为 1.4 m（长）×0.7 m（宽）×0.93 m（高），可以放置在工作台或办公桌上，为毫米波研发工程师提供了便利的测试条件。

该产品为了实现测试系统的小型化，采用多项创新设计，紧缩场反射面采用了高口径率设计方案，可以实现近 70%的口径利用率；采用一体化承力结构，将主结构框与屏蔽室相结合，压缩内部结构占用的空间；采用非对称空间设计，通过电磁仿真优化内部布局。

为满足不同的用户需求，该产品还采用了模块化设计，整体分为激励模块和负载模块两个部分：激励模块主要形成测试所需的平面波环境，在绝大部分应用场景中都是相同的；负载模块与被测件以及测试项目密切相关，通过更换负载模块可以满足不同的测试需求。

该产品特点如下。

（1）反射面采用高口径利用率的卷边设计。

（2）反射面表面精度：整体型面精度小于 10 μm（RMS）。

（3）静区尺寸：不小于$\phi$0.3 m×0.3 m（宽度）。

（4）采用模块化设计，可以根据用户需求配置不同的负载模块。

（5）主要用于各种毫米波应用的快速检测。

该产品外观如图 11-41 所示，内部馈源和反射面如图 11-42 所示。

图 11-41　北京中测国宇毫米波桌面式
模块化紧缩场测试系统外观

图 11-42　北京中测国宇毫米波桌面式模块化
紧缩场测试系统的内部馈源和反射面

### 11.4.7　苏州益谱紧缩场测试系统介绍

　　苏州益谱依托自身研发力量，自主开发了 EMT-RCR 系列紧缩场测试系统，其具有静区性能优、反射面效率高、使用方便等优点，客户包括我国知名的通信企业、科研院所、高等学校、第三方认证实验室等。苏州益谱紧缩场测试系统满足 YD/T 3182—2021《移动通信天线测量场地检测方法》等标准。其部分型号的静区参数通过中国信通院泰尔实验室的第三方检测确认，被业界广泛认可。苏州益谱的紧缩场测试系统应用领域广泛，在 5G 终端和基站天线、相控阵和雷达、卫通天线、RCS 测试等领域均有成功案例，针对不同类型的被测物和测量需求，苏州益谱提供 EMT-RCR60、EMT-RCR120、EMT-RCR180、EMT-RCR240、EMT-RCR325 等多种规格的紧缩场测试系统。苏州益谱紧缩场测试系统的技术指标如表 11-3 所示。

表 11-3　苏州益谱紧缩场测试系统的技术指标

| 指标名 | 指标值 | | | | |
| --- | --- | --- | --- | --- | --- |
| | EMT-RCR60 | EMT-RCR120 | EMT-RCR180 | EMT-RCR240 | EMT-RCR325 |
| 暗室尺寸（长×宽×高） | 2.5 m× 1.5 m×2 m | 5 m× 3 m×3 m | 7 m× 4 m×4 m | 9 m× 5 m×5 m | 13 m× 6 m×6 m |
| 静区直径/m | 0.3 | 0.6 | 0.9 | 1.2 | 1.7 |
| 频率范围/GHz | 10～110 | 6～110 | 3～110 | 2～110 | 1.7～110 |
| 幅度锥削 | ≤1 dB | | | | |
| 幅度纹波 | ≤±0.5 dB | | | | |
| 相位波动 | ≤±5° | | | | |

| 指标名 | 指标值 | | | | |
|---|---|---|---|---|---|
| | EMT-RCR60 | EMT-RCR120 | EMT-RCR180 | EMT-RCR240 | EMT-RCR325 |
| 交叉极化 | ≤−30 dB | | | | |
| 反射面类型 | 卷边型 | | | | |
| 反射面精度 | ≤15 μm（RMS） | | | | |
| 馈源方式 | 正馈 | 偏馈 | 偏馈 | 偏馈 | 偏馈 |

图 11-43 所示为 EMT-RCR240 紧缩场测试系统。图 11-44 所示为大型反射面。

图 11-43　EMT-RCR240 紧缩场测试系统

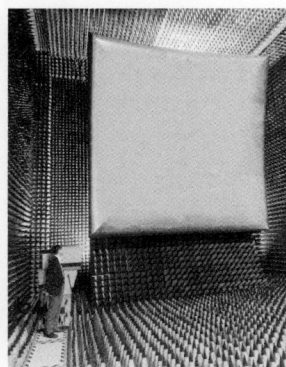

图 11-44　大型反射面

苏州益谱紧缩场测试系统配合其自主开发的软件可以实现表 11-4 所示的测试功能。

表 11-4　苏州益谱紧缩场测试系统的测试功能

| 名称 | 测试指标 |
|---|---|
| 无源天线测试功能 | 一维、二维、三维方向图 |
| | 增益 |
| | 方向性 |
| | 天线效率 |
| | 极化方式 |
| | 水平面方向图的半功率波束宽度（°） |
| | 同极化前后比（dB） |
| | 交叉极化前后比（dB） |
| | 电轴最大指向方向的交叉极化比（dB） |
| | 零点填充（dB） |
| | 上第一零点位置（°） |
| | 垂直面波束指向（°） |
| | 轴比 |
| | 方向图不圆度 |

| 名称 | 测试指标 |
|---|---|
| 有源 OTA 测试功能（基站） | 总辐射功率 |
| | OTA 基站输出功率 |
| | OTA 发射信号质量 |
| | OTA 占用带宽 |
| | OTA ACLR |
| | OTA 带外辐射 |
| | OTA 发射机杂散辐射 |
| | OTA 灵敏度 |
| | OTA 接收参考灵敏度 |
| | OTA 动态范围 |
| | OTA 带内选择性和阻塞特性 |
| | OTA 信道内选择性 |
| 有源 OTA 测试功能（终端） | 发射功率 |
| | 动态输出功率 |
| | 信号质量 |
| | 输出杂散 |
| | 波束互易性 |
| | 参考灵敏度 |
| | 最大输入功率 |
| | 邻道选择性 |
| | 阻塞特性 |
| | 接收机杂散发射 |
| | 互调特性 |
| RCS 测试功能 | ISAR（逆合成孔径雷达）的一维、二维成像 |

## 11.4.8　深圳通测紧缩场测试系统介绍

深圳通测的 RP600 测试系统主要针对 5G 毫米波测量的新需求，为用户打造准确、高效、开箱即用、接口开放、快速交付的毫米波测量解决方案；采用吸波材料、反射面、馈源、微波暗室的融合设计，使得紧缩场内部结构紧凑，外形尺寸小。RP600 的反射面如图 11-45 所示。

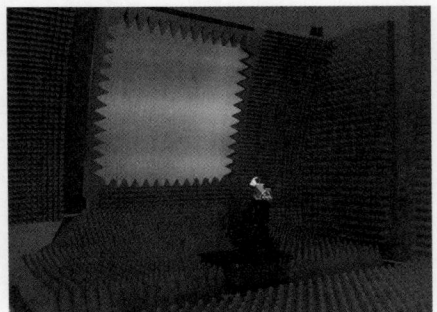

图 11-45　RP600 的反射面（采用吸波材料围边的结构）

**1. 测试系统的技术指标**

（1）频率范围：24～44 GHz（可扩展至

2～110 GHz）。

（2）外观尺寸（长×宽×高）：2.34 m×1.64 m×1.8 m。

（3）测试功能：增益/相位方向图、交叉极化比、副瓣电平、零点填充、波束宽度、瞄准误差、天线无源测试，EIRP、TRP、TIS、EIS 等，雷达天线测试、带外杂散测试等。

深圳通测更多型号的紧缩场测试系统的技术指标如表 11-5 所示。

表 11-5　深圳通测更多型号的紧缩场测试系统的技术指标

| 指标名 | | 指标值 | | |
|---|---|---|---|---|
| | | RP600 | RP600Y | RP1200 |
| 系统总览 | 频率范围 | 6～110 GHz | | 2～110 GHz |
| | 系统功能 | 天线测试、相控阵天线校准、相控阵天线测试、毫米波 OTA 测试、射频一致性测试、协议一致性测试 | | 天线测试、相控阵天线校准、相控阵天线测试、毫米波 OTA 测试、射频一致性测试、协议一致性测试、雷达（罩）测试 |
| | 动态范围 | 60 dB（典型值） | | 80 dB（典型值） |
| | 被测件最大尺寸 | 350 mm | | 700 mm |
| | 测量技术 | 紧缩场技术、低边缘散射反射面技术 | | |
| | 馈源 | 宽频高相位中心一致性波纹喇叭 | | |
| | 测试效率 | 相控阵天线方向图测试中，单剖面，180°范围内、9 个频点、9 个波位、步进角度为 1°，IF（中频）=1 kHz，方向图测试时间≤15 min（测试结果可能随被测件控制模式和测试要求有所变化）；无源天线方向图测试中，180°范围内、101 个频点、步进角度为 0.1°，IF=1 kHz，转台最大转速为 10°/s，方向图测试时间≤4 min | | |
| | 测试精度 | 幅度重复性≤0.03 dB，相位重复性≤0.65°（测试结果可能随被测件性能和测试要求有所变化） | | |
| 转台 | 运动形式 | 二维转台（方位、极化） | 一维转台（方位） | 三维转台（方位、俯仰、极化） |
| | 定位精度 | 0.05°/0.1°（可定制） | | 0.01°/0.05°/0.1°（可定制） |
| 物理参数 | 屏蔽体外尺寸（长×宽×高） | 2.2 m×1.6 m×1.8 m | 2.7 m×2.0 m×2.0 m | 5.0 m×4.0 m×3.5 m |
| | 屏蔽效能 | ＞80 dB | | |
| 静区 | 静区尺寸（圆柱直径×高） | 300 mm×300 mm | | 600 mm×600 mm |
| | 静区指标 | 幅度总变化：≤1.5 dB；幅度锥削：≤1 dB；幅度纹波：≤±0.5 dB；相位总变化：≤10°；相位锥削：≤5°；相位纹波：≤±4°；交叉极化比：≥28 dB | | 幅度总变化：≤1.5 dB；幅度锥削：≤1 dB；幅度纹波：≤±0.5 dB；相位总变化：≤8°；相位锥削：≤3°；相位纹波：≤±3°；交叉极化比：≥28 dB |

| 指标名 | | 指标值 | | |
|---|---|---|---|---|
| | | **RP600** | **RP600Y** | **RP1200** |
| 测量天线 | 测量探头 | 波纹喇叭，双线极化/单线极化；<br>驻波比：≤2（典型值）；<br>频段划分：6～8 GHz、8～12 GHz、12～18 GHz、18～26.5 GHz、26.5～40 GHz、40～60 GHz、60～90 GHz、90～110 GHz | | 波纹喇叭/宽带喇叭，双线极化/单线极化；<br>驻波比：≤2（典型值）；<br>频段划分：2～8 GHz、8～12 GHz、12～18 GHz、18～26.5 GHz、26.5～40 GHz、40～60 GHz、60～90 GHz、90～110 GHz |
| 吸波材料 | 基材 | 发泡聚丙烯 | | 发泡聚丙烯/蜂窝（可选） |
| | 频段 | 6～110 GHz | | 2～110 GHz |
| | 锥体高度 | 100 mm/150 mm | | 100 mm/150 mm/300 mm |
| | 吸收率 | ≥40 dB（工作频段） | | ≥40 dB（工作频段） |
| | 燃烧性能 | B1/B2 级 | | |
| | 氧指数 | ＞28% | | |
| | 环保无毒 | 无挥发、无异味、无毒性，不释放甲醛等有害气体 | | |

深圳通测专为紧缩场测试系统开发了睿测®紧缩场测试软件 Pacatr。该软件遵循 3GPP 和 CTIA 测量规范，并随规范更新实时升级，全面支持"研发—认证—生产—售后—质检"等各阶段的测试需求。

**2. 软件特点**

（1）支持无源测试、有源测试等多种测试，包括方向图测试、TRP 测试、频谱发射模块测试、ACLR 测试等。

（2）可扩展对小型相控阵天线进行性能指标测试。支持 GPIB 接口、LAN 接口、TCP/IP 接口等多种远程控制接口，只需简单配置即可连接仪表。

（3）支持三维测试、二维测试及单点测试验证，支持自由选择测试角度间隔和测试频点。

（4）内置丰富模板，可预设参数。

（5）兼容主流矢量网络分析仪、频谱分析仪和综合测试仪等，充分考虑不同仪表及平台的特性，操作简易。

该软件融合了 OTA 测试与工业软件的特点，建立了专业、高效的软硬件联合测试流程，全面提升了 OTA 测试的性能，已全面支持深圳通测紧缩场测试系统系列产品。

# 11.5　OTA 测试场地

如前面所说，OTA 测试是在无线环境中、在天线辐射状态下对含天线的通信设备进行的测试，而不是通过传导线连接的测试。这种测试通常用于验证和优化设备的无线通信性能。例如，在手机、智能手表、无线路由器、基站等设备的开发过程中，都需要进行 OTA 测试以确保它们可以正常地在无线网络中工作。

OTA 测试包括下面主要内容。

（1）发射功率测试：检查设备发射的无线信号的强度是否达到规定标准。

（2）接收灵敏度测试：评估设备在接收微弱信号时的性能。

（3）天线模式测试：检查设备的天线是否能够在各个方向上有效接收和发送信号。

（4）无线通信协议测试：测试设备是否正确遵循了相应的无线通信协议。

具体的测试流程和方法会因设备类型和使用的无线通信技术（如 Wi-Fi、蓝牙、4G、5G、车联网等）的不同而不同。

从这个角度看，OTA 测试不是单纯的天线测试，而是通过天线辐射实现测试通信参数的测试，前面已经提到了部分 OTA 测试的内容，本节将细化说明。"OTA测试场地"是从功能的维度定义的，和前面远场、近场、紧缩场等基于测试场结构的区分方式是不同的。

## 11.5.1　MIMO OTA 测试原理

作为 4G/5G/Wi-Fi 6 等标准演进中无线接入的核心技术，MIMO 技术能够有效抑制信道衰落，在同等频宽和发射功率下显著提升系统吞吐量及传送距离，通过空分复用提升频谱效率和传输可靠性。

MIMO 通信系统的实际数据传输速率取决于多种因素。除空间传播环境影响，MIMO 终端的性能，如天线性能、灵敏度失真等，对于传输速率也有决定性的影响。因此，MIMO 终端 OTA 测试的重要性不言而喻，不仅被作为检验移动终端性能、发放终端入网许可证的依据，也是终端厂商在研发、质量控制过程中的重要技术手段。近年来，国际和我国标准化组织一直致力于 MIMO OTA 测试的标准化。

与单输入单输出（SISO）系统的 OTA 测试不同，MIMO 终端的 OTA 测试评估必须引入和复现 MIMO 信道模型。如何模拟真实的无线传播环境，使 OTA 测试评估结果能够反映真实环境下的实际通信效果是 MIMO 性能测试的主要技术难题。

目前的 3 种标准方法是多探头法、辐射两步法（RTS）和集成信道模拟器的混响暗室法（RC+CE）。辐射两步法是可在传统 SISO OTA 测试暗室中实现的解决方案，系统成本低廉，校准维护过程简单、方便，而且能够实现丰富的信道模型。只要集成外部两通道信道模拟器及综合测试仪，即能对传统 SISO 暗室进行软件升级，无须搭建全新暗室，可节省系统购置及空间使用成本。辐射两步法不仅能够实现 MIMO 吞吐量测试，而且能测量天线辐射方向图信息。

在辐射两步法测试中，第一阶段采用传统的 SISO 暗室测量被测件的二维或三维天线方向图。在第二阶段中，综合测试仪中集成的信道模拟器将其基站仿真器生成的通信信号与第一阶段测得的天线方向图以及所选的信道模型结合在一起。下行信号通过空口的方式由 MIMO 终端的两个天线接收，进入接收机的输入端口，然后上行信号返回综合测试仪用以测量通信设备的吞吐量。在第二阶段无须使用大型测量暗室。以上所述辐射两步法的测试原理可用图 11-46 简明展示。

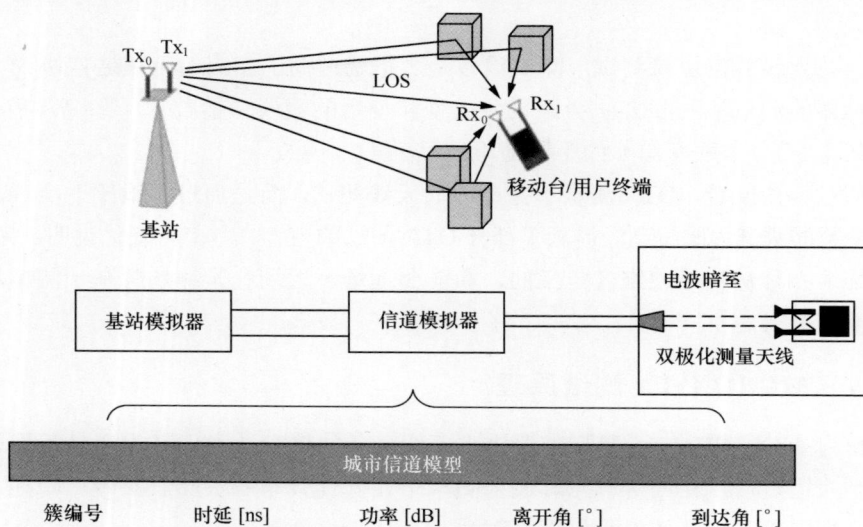

图 11-46　辐射两步法的测试原理

需要特别指出的是，在第二阶段的信道仿真测试中，下行两路基站信号在理论上应该独立地输入终端的两个接收机输入端口。实际测试中，必须采用空口的方法，即必须对空间传输的两路信号进行解耦。辐射两步法正是通过实现解耦达到要求的隔离度水平的。下面以深圳通测的系统为例来介绍多种 OTA 测试系统。

## 11.5.2　终端多探头测试系统系列

### 1. 深圳通测 RayZone®2800 测试系统

RayZone®2800 测试系统是针对 5G 终端（Sub-6 GHz）的新一代 All-in-One OTA 测试系统，全面满足 5G 终端研发的 Passive、SISO、MIMO 测试需求。其外观如图 11-47 所示。其技术指标如下。

（1）频率范围：0.4～8 GHz，0.6～12 GHz，支持 UWB（超宽带）。

（2）无线通信标准：2G/3G/4G/5G（FR1）/GNSS/A-GNSS（辅助全球导航卫星系统）/Wi-Fi/蓝牙。

（3）物联网通信标准：NB-IoT/eMTC/ZigBee/LoRa/UWB。

（4）支持 MIMO 2×2/4×4 吞吐率测试。

（5）具有认证级测试精度，MIMO 测试速度快。

### 2. 深圳通测 RayZone®9000 测试系统

RayZone®9000 测试系统专门针对多探头法设计，集成深圳通测自研 RTS 方法，满足认证机构/运营商/整机制造商/天线供应商/设计公司等的测试需求。RayZone® 9000 系统可单独配置、可定制，模块化设计的 SISO 测试、MIMO 测试灵活多样，具有横纵环区分构造。深圳通测基于 RayZone® 9000 与中国移动合作开发了 5G 天线吞吐率性能评估系统——"玉衡系统"。RayZone® 9000 测试系统的内部结构如图 11-48 所示。其技术指标如下。

（1）频率范围：0.4～8 GHz，0.6～12 GHz（支持 UWB）。

（2）无线通信标准：2G/3G/4G/5G（FR1）/GNSS/A-GNSS/Wi-Fi/蓝牙。

（3）物联网通信标准：NB-IoT/eMTC/ZigBee/LoRa/UWB。

（4）外观尺寸（长×宽×高）：5 m×5 m×5 m（可定制）。

（5）测量技术：直接远场锥切法采样、球面近远场变换算法、辐射两步法、多探头法、专利睿测®快速算法等。

图 11-47　RayZone® 2800 测试系统的外观

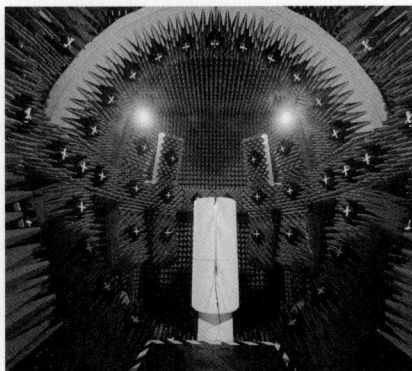

图 11-48　RayZone® 9000 测试系统的内部结构

此外，深圳通测还开发了 RayZone®9000V 测试系统。RayZone®9000V 测试系统采用多探头天线系统架构、模块化设计，具有重载、低反射转台，支持大型被测件如汽车零部件，限于篇幅，此处不详述。

自动测试软件是测试的"灵魂"。深圳通测睿测®无线 OTA 测试软件 Libra 是深圳通测自主研发的自动测试软件，采用模块化设计，满足研发、认证、生产、售后等各阶段的 OTA 测试需求，其典型测试结果如图 11-49 所示。

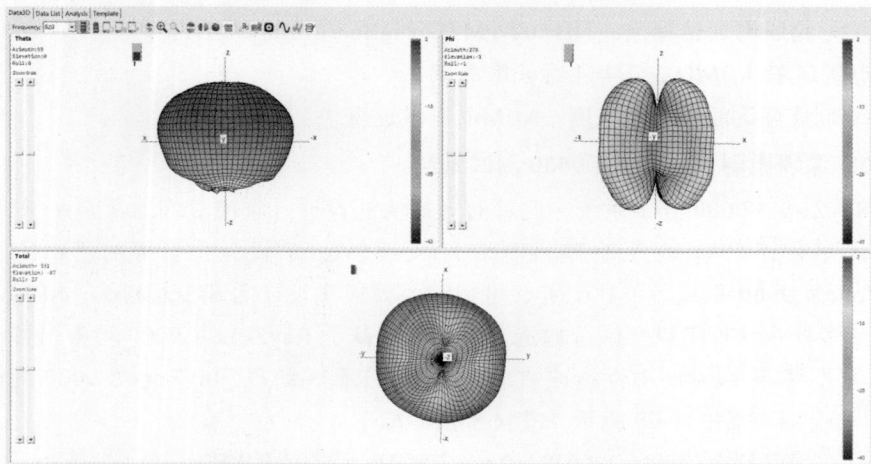

**图 11-49　深圳通测睿测®无线 OTA 测试软件 Libra 的典型测试结果**

该软件特点如下。

（1）支持 3GPP、CTIA 等国际标准测试方法和测量指标，包括方向图、增益、效率等天线指标，TRP、TIS、EIRP、EIS、De-sense（灵敏度衰减）等射频指标，以及 MIMO 吞吐率等性能指标。

（2）支持当前主要的无线通信制式，包括 2G、3G、4G、5G（NR FR1）、Wi-Fi（IEEE 802.11 a/b/g/n/ac/ax）、GNSS（GPS、北斗、GLONASS、GALILEO），以及物联网通信协议，如蓝牙、LoRa、ZigBee、Z-Wave、eMTC、NB-IoT、UWB 等。

（3）支持 OTA 测试常用仪器仪表，包括国内外主流频谱分析仪、网络分析仪、综合测试仪、信号发生器等，可完成信令测试和非信令测试。

（4）采用工作流思想，支持批量测试任务编排，通过灵活设置异常处理策略（如测试过程防掉线、断点续测等），实现无人值守连续作业，从而提升系统利用率，降低运营成本。

（5）集成自动化校准功能，支持市面上主流仪器仪表，简化系统校准流程，降低用户操作难度，解决用户常规校准中操作过程烦琐、复杂、易出错的难题。

Libra 测试软件全面支持深圳通测多探头 OTA 测试系统，包括 RayZone® 1800、RayZone® 2800、RayZone® 8000/9000 等系列产品，获得广泛应用。

## 11.5.3　智能网联汽车测试系列

### 1. 深圳通测 RBWD5000/6500 测试系统

深圳通测 RBWD5000/6500 测试系统能够在实验室仿真各种行驶场景下的信道模型，具有测试各种行驶场景下的 MIMO 通信性能、整车天线性能、整车无线收发性能的能力。该系统可模拟多种复杂电磁环境、复杂 V2X 通信场景，诊断车辆在各状态下的自身干扰情况。该系统如图 11-50 所示。

该系统的技术指标如下。

（1）频率范围：600 MHz～7.5 GHz（可扩展到 12 GHz）。

（2）测试功能如下。

① 天线无源性能：V2X 天线、蜂窝通信天线、GNSS 天线等。

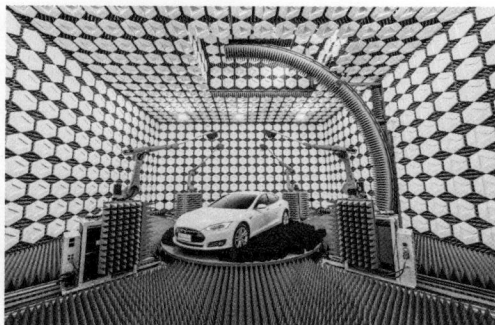

图 11-50　深圳通测 RBWD5000/6500 测试系统

② 整车 SISO 性能：支持 V2X、2G/3G/4G/5G、A-GNSS、Wi-Fi、蓝牙。

③ 整车 MIMO 性能：具有 4G/5G 制式下 2×2 MIMO、4×4 MIMO 吞吐率，支持二维/三维标准信道模型及外场环境模拟。

④ 整车动态性能诊断：动态自干扰测试和诊断。

（3）测量技术：球面近场采样、辐射两步法。

**2. 深圳通测 RRB3000/4500/4500J 测试系统**

深圳通测 RRB3000/4500/4500J 测试系统是创新的、一体化设计的、可移动的整车 OTA 测试系统，既可以组建成独立的测试系统，也可以被集成到原有的汽车 EMC 测试暗室中，实现一室复用。

该系统特点如下。

（1）具有可移动式机械臂测试系统，实现球面近场、多功能、全制式的整车无线性能测试。具有移动式机械臂的汽车 OTA 测试系统如图 11-51 所示。

（2）适用范围：长度 6 m 以内的乘用车。

图 11-51　具有移动式机械臂的汽车 OTA测试系统

（3）RRB3000 的外观尺寸（长×宽×高）：2.4 m×1.8 m×3 m；RRB4500 的外观尺寸（长×宽×高）：3.9 m×2.42 m×3.2 m。

（4）配置灵活：提供 SISO/MIMO/自干扰/多种测试选件。

深圳通测开发了睿测®整车级汽车 OTA 测试软件 Auto，该软件采用模块化设计，集成自主专利技术，满足汽车测量对高精度（角度分辨率高于 0.1°）的采样要求。该软件特点如下。

（1）Auto 集成了深圳通测自主知识产权的睿测®快速测试技术和辐射两步法。

（2）Auto 支持 3GPP、CTIA 等国际标准测试方法和测量指标，包括方向图、增益、效率等天线指标，TRP、TIS、EIRP、EIS、De-sense 等射频指标，以及 MIMO 吞吐率等性能指标。

（3）Auto 支持当前主要的无线通信制式，包括 2G、3G、4G、5G（NR FR1）、Wi-Fi（IEEE 802.11 a/b/g/n/ac/ax）、GNSS、蓝牙，以及 C-V2X 等智能网联汽车专用协议。

（4）Auto 支持自动化校准功能，简化了校准流程，降低了用户操作难度，解决了用户常规校准中操作过程烦琐、复杂、易出错的问题。

（5）Auto 既支持基于机械臂的现有轻量级暗室方案，也支持基于滑轨的全功能暗室方案，满足用户升级、改造或全新建造暗室的项目需求，还支持研发、认证各阶段的测试要求。

该软件在场景模拟和干扰诊断方面有以下特点。

（1）Auto 支持丰富行驶场景（城市、乡村、高速、雨雾、泥泞小路等）的信道模型仿真测试，其指标包括 MIMO 通信性能、整车天线性能、整车无线收发性能等。

（2）Auto 具备 De-sense 测试能力，能够在实验室内模拟车辆行驶状态，测试车内各模块间的影响。测试内容包括：车辆状态对通信性能的影响、车载设备对通信性能的影响、车辆供电对通信性能的影响等。

该软件在核心测量算法方面的技术特点如下。

（1）为解决大型被测件的精确测量问题，Auto 改进了球面近场采样和近远场变换两项技术。配合独有的探头设计，Auto 解决了整车 OTA 测试的 3 个问题，即大型被测件偏心近远场问题，探头有效照射、交叉极化、对称性问题，以及近远场变换中的探头因子校准问题，实现了对车辆无线通信性能的准确评估。

（2）Auto 支持测试全过程监控，可查看测量过程中的硬件状态信息、测量数据、测量进度等，支持切换频点、切换硬件角度、查看测试任务等功能，可协助研发人员快速、直观地分析、诊断问题。

（3）Auto 支持多样化报告分析，包括三维方向图、二维直角坐标/二维极坐标、测量数据、原始数据、性能指标等，比如 MIMO 天线相关性、增益、方向性、波束宽度、交叉极化特性、副瓣电平、天线效率、TRP、TIS、EIRP、EIS、水平方向特定角度辐射功率（NHPRP）、水平方向特定角度灵敏度（NHPIS）等。

Auto 全面支持整车级智能网联汽车 OTA 测试系统，已应用于 RBWD5000、RBWD6500、RRB3000、RRB4500、RRB4500J 等系列产品。

### 11.5.4　混响室 OTA 测试系统

在混响室结构的 OTA 测试系统方面，中国信通院、深圳通测等单位进行了大量的研究，取得了一系列工程化成果。混响室是基于电磁场的统计特性进行测量的，所以混响室一般不支持对方向图参数的测量。

下面以深圳通测 RC5000 混响室 OTA 测试系统为例进行介绍。该系统支持对智能家电（如电视、冰柜、空调、洗衣机等带无线装置的大尺寸被测件）进行 OTA 测试，也支持对移动终端等智能设备进行 OTA 测试。该系统的内部结构如图 11-52 所示。

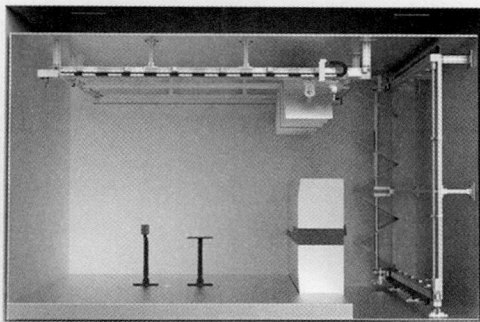

图 11-52　深圳通测 RC5000 混响室 OTA 测试系统的内部结构

该系统的技术指标如下。

（1）频率范围：0.4～7.25 GHz（可扩展至 50 GHz）。

（2）无线通信标准：2G/3G/4G/5G（FR1）/GNSS/A-GNSS/Wi-Fi/蓝牙。

（3）物联网通信标准：NB-IoT/eMTC。

（4）外观尺寸（长×宽×高）：5 m×4 m×3 m（可定制）。

（5）测试功能：SISO 测试 TRP/TIS，MIMO 4×4 吞吐率，无源天线测试、De-sense 测试、ICS、载波聚合 CA（2CC/3CC/4CC），抗扰度测试等。

## 11.6　超宽带同轴锥的测试应用

如前面所述，通常测量天线增益要依靠电波暗室法。一般来说，测试超高频或毫米波频段的天线对暗室尺寸和吸波材料的要求较高。同时，为了实现大动态范围，需要大的场强，因此需要高功率放大器。通常，需要一组功率放大器组合来覆盖如此宽的频率范围。此外，需要多根天线组合来覆盖宽的频率范围。这意味着在测试过程中必须更换较多天线和功率放大器，操作复杂且会增加成本。

随着 5G 向毫米波迈进，小型天线的测试需求大规模增加。行业需要一种带宽大、动态范围广、速度快、成本相对较低的方法来测量小型天线。为了满足这些要求，中国信通院泰尔实验室提出了一种新的方法，使用超宽带同轴锥 TEM 小室（以下简称同轴锥 TEM 小室）测量小型天线。同轴锥 TEM 小室由于具有超宽带、大电场强度和大动态范围的特性，更适合测量宽带天线。

同轴锥 TEM 小室是近年来出现的一种新型超宽带腔体，前面已经有介绍。

根据我们的测试结果，高度为 2 m 的同轴锥 TEM 小室在 100 MHz～50 GHz 频段的驻波比典型值为 1.5 左右，在 DC～100 MHz 频段，驻波比也基本可以接受。这种同轴锥 TEM 小室为天线测试提供了基本环境。其天线测试示意如图 11-53 所示。

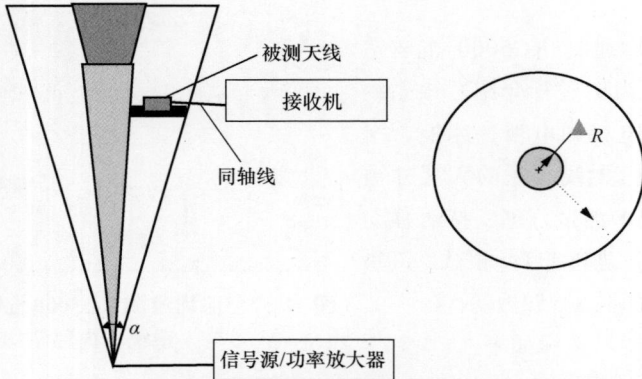

**图 11-53　同轴锥 TEM 小室的天线测试示意**

同轴锥 TEM 小室的原理是在以 TEM 模式为主的屏蔽环境内产生相对均匀的大电场。在小室的底部，一个标准的同轴连接器为同轴锥 TEM 小室提供一个馈电端口。当小室底部端口被射频功率激励时，TEM 沿着内部导体和外部导体之间的空腔传播，确保电磁波的极化特性。

同轴锥 TEM 小室内测试区域的截面如图 11-53 所示。三角形是观测点（被测天线的中心），$R$ 是观测点的径向坐标。虚线箭头指示电场极化的方向是从中心到圆周边沿，并且电场强度可以表示为

$$E = \frac{\eta_0 \sqrt{\dfrac{P}{Z_0}}}{2\pi R} \qquad (11\text{-}8)$$

式中，$\eta_0$ 为真空中波阻抗，取值为 $120\pi\ \Omega$；$P$ 为端口馈电的输入功率，单位为 W；$Z_0=50\ \Omega$，为同轴输入端的阻抗。

从式（11-8）可以看出，如果 $R$ 保持不变，电场强度是稳定的，并且这种现象得到了实验验证。对于相同的输入功率，同轴锥可以产生更大的电场强度，这意味着更低的功率放大器成本和更大的测试动态范围。

通过信号源将连续波信号馈送到同轴锥，被测天线位置的电场强度 $E$ 可以根据式（11-8）计算，也可以使用电场探头测量。将被测天线连接频谱分析仪或者接收机，测量由天线引入的接收功率为

$$P_r = \frac{E^2}{\eta_0} \cdot \frac{\lambda^2}{4\pi} G \qquad (11\text{-}9)$$

式中，$\lambda$ 为波长；$G$ 为天线增益；$E$ 为接收天线处的电场强度。

通过测量场强和接收功率，可以计算天线系数为

$$AF = \frac{E}{V} = \frac{E}{\sqrt{P_r Z_L}} \qquad (11\text{-}10)$$

式中，$V = \sqrt{P_r Z_L}$ 为天线端的输出电压，一般情况下接收天线的端口阻抗 $Z_L=50\ \Omega$。

以下给出超宽带 PCB 天线和喇叭天线的测量实例。两种天线的频率范围分别为 680 MHz～6 GHz、18～40 GHz，极化为线性。

其场景分别如图 11-54 和图 11-55 所示。如图 11-54（b）所示，被测天线放置在支撑台上，其极化方向与同轴锥中的电场方向一致，以确保不会极化失配。支撑台由 Rohacell 材料制成，相对介电常数为 1.05。

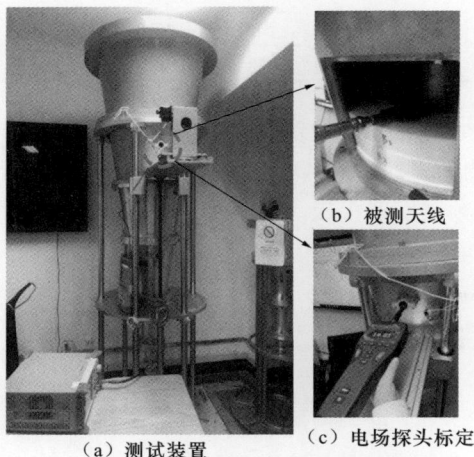

（a）测试装置　　（b）被测天线　　（c）电场探头标定

图 11-54　同轴锥 TEM 小室测量超宽带 PCB 天线的场景

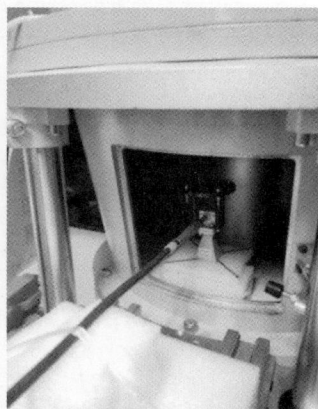

图 11-55　同轴锥 TEM 小室测量喇叭天线的场景

由信号源产生的连续波射频功率被馈送到同轴锥中。接收功率 $P_r$ 由频谱分析仪测量，电场强度 $E$ 由放置在天线中心位置的电场探头获得。为了确保在 TEM 模式下工作并降低高阶模式电磁波产生的概率，测量过程中应关闭同轴锥的门。基于式（11-9），可以获得天线增益（见表 11-6 和表 11-7）。

从表 11-6 和表 11-7 所示的数据可知，同轴锥 TEM 小室中测量的天线增益参数具备可信度。当然，作为一种新的测试系统，其还在发展中。

同轴锥 TEM 小室也可以用于无线通信终端（包括物联网模组）的 OTA 测试，其测试示意如图 11-56 所示。

表 11-6　同轴锥 TEM 小室测量超宽带 PCB 天线的结果

| 频率/GHz | 增益/dBi（在同轴锥 TEM 小室中测量） | 增益参考值/dBi（在电波暗室远场中测量） |
|---|---|---|
| 0.68 | −13.7 | −15.1 |
| 2.00 | −6.5 | −7.1 |
| 4.00 | −2.0 | −2.3 |
| 5.79 | −1.9 | −2.0 |
| 5.84 | −1.6 | −2.2 |

表 11-7　同轴锥 TEM 小室测量喇叭天线的结果

| 频率/GHz | 增益/dBi（在同轴锥 TEM 小室中测量） | 增益参考值/dBi（在电波暗室远场中测量） |
|---|---|---|
| 18 | 9.6 | 11.1 |
| 22 | 12.7 | 12.8 |
| 26 | 13.4 | 14.6 |
| 32 | 15.2 | 16.1 |
| 36 | 15.1 | 17.0 |
| 40 | 16.6 | 17.0 |

　　一个典型的测试实例如图 11-57 所示。在该测试中，国产化同轴锥 TEM 小室配合国产 5G 综合测试仪构成了 OTA 测试系统，在 OTA 模式下对终端发射信号进行了正确解调，同时测量了该终端的频谱发射模板。

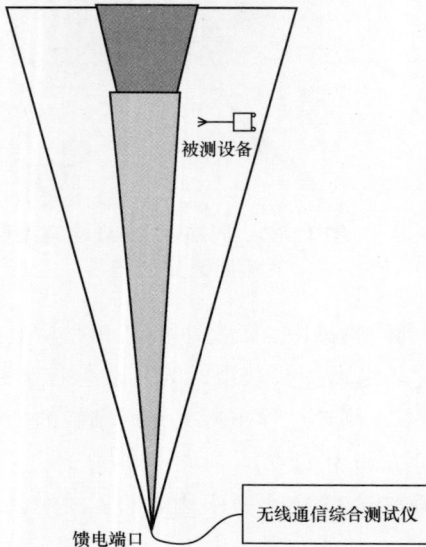

图 11-56　同轴锥 TEM 小室用于无线通信
终端的 OTA 测试示意

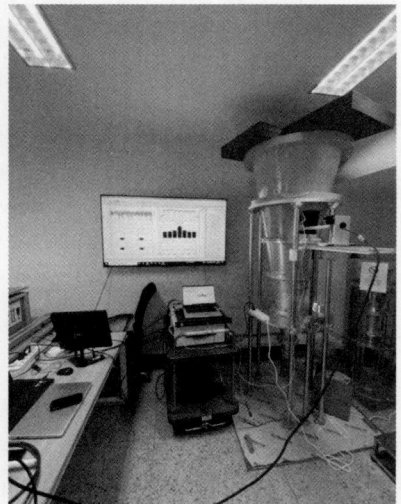

图 11-57　基于国产化同轴锥 TEM
小室的 5G OTA 测试实例

同轴锥 TEM 小室占地面积在 2 m² 左右，房屋占用成本低，1～2 名工程师配合即可完成工作，不存在土建工作，拆卸、搬移工作非常简单，投资也显著降低。

## 11.7　天线测试场地自身的检验确认

暗室等天线测量系统用于测量天线，那么暗室是否可靠，是否也需要测量验证？会有这样的疑问是有道理的，电波暗室通过金属屏蔽和吸波材料消除电磁波反射，以模拟自由空间环境。传统上静区是指暗室内用于测量天线性能的区域，其电场幅度和相位在空间中要尽可能均匀分布，才能保证不同位置接收电平的均一性。基于射线追踪法仿真得到的暗室静区内的接收电平锥削和纹波曲线如图 11-58 所示，图中 λ 为波长。显然，如果锥削和纹波太大，被测天线不同位置的电场值将有显著差异，天线测量误差将不可控。因此，暗室静区特性是需要测试验证的。

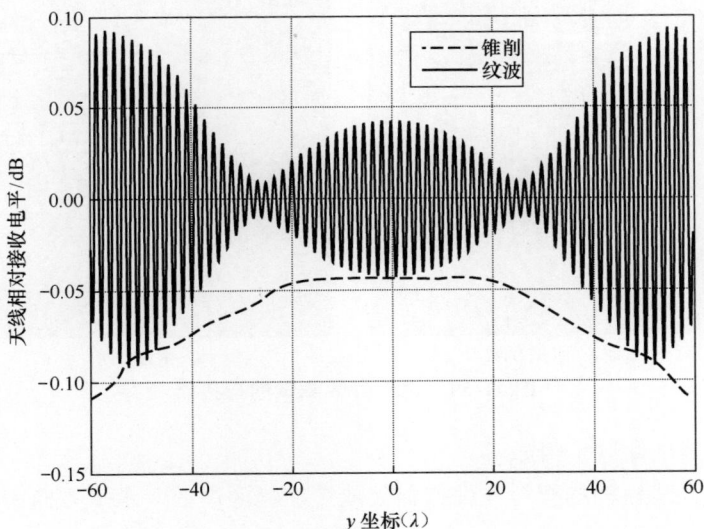

图 11-58　基于射线追踪法仿真得到的暗室静区内的接收电平锥削和纹波曲线

为此，中国信通院组织制定了行业标准 YD/T 3182—2021《移动通信天线测量场地检测方法》等来规范天线测试场地自身的检验确认。常见的测试方法通常使用标准天线作为发射源，接收天线在静区内按照设定好的空间路径移动，测量接收的信号强度，从而形成空间路径-接收信号强度的对应数列，对这个对应数列进行数据处理，可以得到锥削、纹波和静区反射电平等数据。如果天线测试场地带有金属屏蔽壳，也需要检验确认屏蔽效能。

一般第三方检验机构会根据测试结果和性能指标，评估暗室静区反射电平是否满足预期的性能要求。如果不满足要求，可能需要对暗室构造或吸波材料进行优化。由于电波暗室中吸波材料的特性会随时间推移而恶化，特别是容易受到潮湿气候的影响，所以天线测试场地自身的检验确认包括竣工验收和定期的状态确认检验。中国信通院泰尔实验室近年来为业界完成了多个天线测试场地的检验确认，包括远场、近场和紧缩场等的检验确认。

典型的紧缩场静区幅度和相位特性采用扫描法测量。类似前面所述，扫描法测量的原理是将接收天线探头在测量平面内移动，检测测量场地的幅度和相位变化是否符合要求。为进行静区测试，需要使用稳定性高的机械扫描架。图 11-59 所示为用于静区测试的扫描架，含水平和垂直方向两种状态。

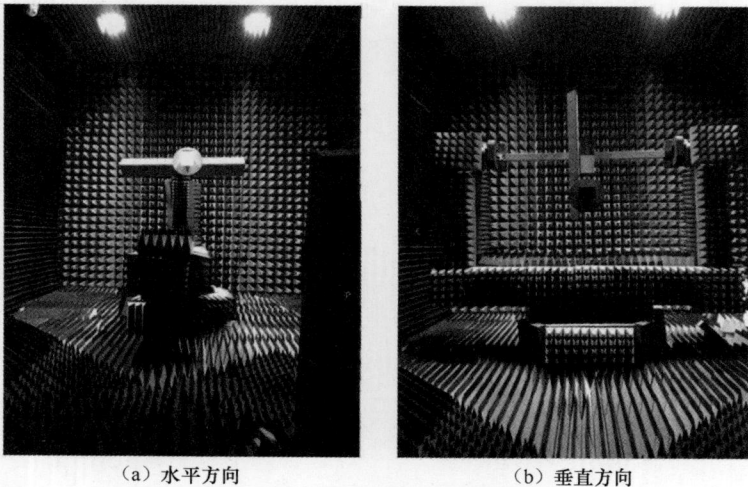

（a）水平方向　　　　　　　　　　（b）垂直方向

**图 11-59　用于静区测试的扫描架**

紧缩场静区测试步骤如下。

（1）架设线性扫描架：线性扫描架放置在静区中心，水平方向为 $x$，垂直方向为 $y$。

（2）安装探头和馈源天线：馈源天线和探头天线的频段和极化须一致，安装好射频线缆和放大器（如有需要）。

（3）设置矢量网络分析仪：矢量网络分析仪可以一次测试一个或多个频点。

（4）设定扫描参数：扫描行程需要大于或等于静区范围，一般情况下要求扫描步进小于 1/8 波长，且采用步进扫描模式。此外，中国信通院泰尔实验室提出了大步进扫描测量的专利技术，在毫米波频段波长较小的情况下可大幅度提升测试效率。

（5）记录数据：在每个位置采集接收信号幅度数值和相位数值。

（6）根据记录的数据计算主极化和交叉极化性能参数，以评估系统的性能是否符合要求。

紧缩场静区的幅度和相位测试结果的典型曲线如图 11-60 和图 11-61 所示。

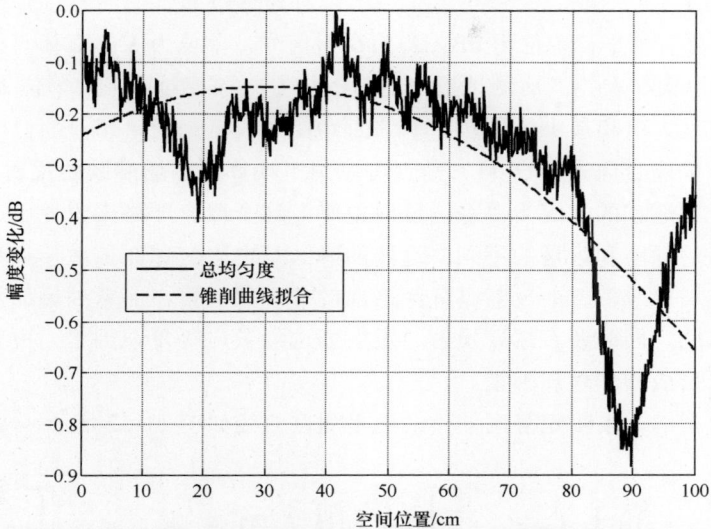

**图 11-60**　紧缩场静区的幅度测试结果的典型曲线（从发射到接收的 $S_{21}$ 幅度参数）

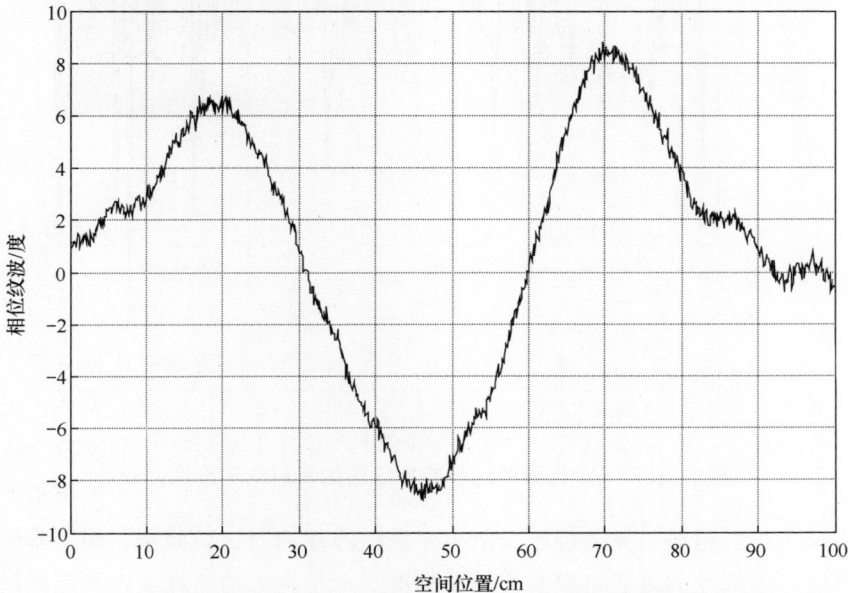

**图 11-61**　紧缩场静区的相位测试结果的典型曲线（从发射到接收的 $S_{21}$ 相位参数）

　　远场暗室的静区测试步骤与紧缩场的类似，分离出纹波曲线后，远场暗室静区的反射电平为

$$R = 20\lg\frac{E_r}{E_d} = A + 20\lg\frac{10^{\frac{D}{20}}-1}{10^{\frac{D}{20}}+1} \tag{11-11}$$

式中，$R$ 为反射电平，单位为 dB；$E_r$ 为反射信号，单位为 V；$E_d$ 为直射信号，单位为 V；$A$ 为接收天线当前测试指向的归一化方向图相对电平，单位为 dB；$D$ 为纹波曲线中最大值和最小值之差，单位为 dB。

　　有读者可能会问式（11-11）是否可以用于计算紧缩场静区的反射电平指标，笔者认为是不适宜的，因为"静区反射电平"这个概念严格来说并不适用于紧缩场。紧缩场的静区和远场的不同：远场的静区是电磁波球面扩散传播形成的，电磁波在暗室墙壁等位置的反射是静区形成的非理想因素；而紧缩场的静区是反射面反射形成的，同时还有墙壁反射、反射面边缘效应等复杂因素，电磁波反射不一定是静区形成的非理想因素。

　　一个典型的远场暗室静区的反射电平测试曲线如图 11-62 所示。

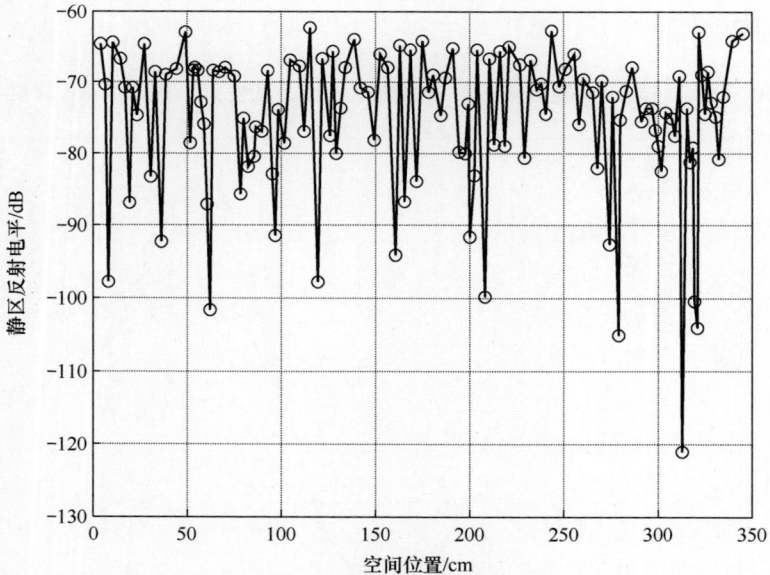

**图 11-62　一个典型的远场暗室静区的反射电平测试曲线**

　　多探头球面近场暗室的静区反射电平测试方法相对比较复杂，限于篇幅，此处不详述，感兴趣的读者可以参阅相关标准。一个典型的多探头球面近场暗室的静区反射电平测试曲线如图 11-63 所示。

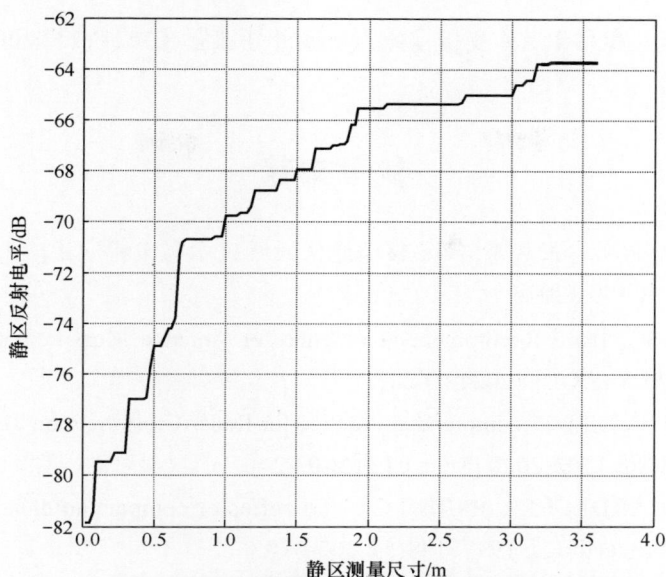

图 11-63　一个典型的多探头球面近场暗室的静区反射电平测试曲线

## 11.8　电波暗室消防系统

很多天线测量系统是依赖电波暗室的，电波暗室消防系统涉及人员和贵重设备安全，非常重要，但容易被忽略，曾经发生过多起电波暗室火灾事故，所以本节特别予以说明。大多数暗室吸波材料采用聚氨酯等有机材料，近年来按照新标准生产的吸波材料本身有一定的阻燃性，要求氧指数不小于 28%；但要明确吸波材料并未完全不可燃，如果不当使用大功率电焊机等设备，在建设和运营期间仍然有起火风险，为了降低风险，暗室内部应当配置极早期空气采样报警系统、温度探测系统和气体灭火喷淋系统等，暗室外部在机柜旁边放置手提式灭火器。相关系统接入整个建筑的消防报警网络。空气采样报警系统按照国家标准 GB 50116—2013《火灾自动报警系统设计规范》的要求进行设计。

极早期空气采样报警系统具有高灵敏度、低误报率的特点，报警系统的探测器的主机模块安装在暗室外壁。采样管通过波导穿过屏蔽壁，满足暗室屏蔽性能的要求。在设计时，应当在室内布置毛细采样管，尽可能降低其对暗室性能的影响。

气体灭火喷淋系统是消防系统的重要组成部分，一般由灭火剂贮瓶、控制启动阀门组、输送管道、喷嘴和火灾探测控制系统等组成，有的还有加压驱动用的惰性气体贮瓶。按使用的气体灭火剂成分不同，气体灭火喷淋系统有卤代烷灭火系统、二氧化碳灭火系统和蒸汽灭火系统等几种。

本章的研究和写作工作受国家重点研发计划课题（2021YFF0600303）支持，在此致谢。

# 参考文献

[1] 周峰, 高峰, 张武荣, 等. 移动通信天线技术与工程应用[M]. 北京: 人民邮电出版社, 2015.

[2] APS/SC. IEEE Recommended Practice for Antenna Measurements: IEEE Std 149-2021 [S/OL]. [2024-03-24]

[3] APS/SC. IEEE Recommended Practice for Radar Cross-Section Test Procedures: IEEE Std 1502-2020 [S/OL]. [2024-03-24]

[4] DESCARDECI J R, PARINI C G. Tri-reflector compact antenna test range[J]. IEE Proceedings, 1997, 144(5): 305-310.

[5] 3GPP TR 38.810. 3rd Generation Partnership Project; Technical Specification Group Radio Access Network：Study on test methods(Release 16).

[6] CTIA_Test plan for wirelesss device over-the-air performance_Method of Measurement for Radiated RF Power and Receiver Performance_ver 3.81.

[7] JI R, ZHOU F, YUAN X, et al. A novel method to measure small antennas using a wideband coaxial cone TEM cell[J]. Microwave and Optical Technology Letters, 2023, 65(12). DOI: 10.1002/mop.33845.

[8] ZHOU F, GAO Y G, AN L R, et al. Distance boundary of antenna isolation calculation in engineering[C]//2014 XXXIth URSI General Assembly and Scientific Symposium. Piscataway, USA: IEEE, 2014. DOI: 10.1109/ URSIGASS. 2014.6929535.

[9] FOGED L J, RODRIGUEZ V, FORDHAM J, et al. Revision of IEEE std 1720-2012: recommended practice for near-field antenna measurements[C]// 2022 Antenna Measurement Techniques Association Symposium (AMTA). Piscataway, USA: IEEE, 2022. DOI: 10.23919/AMTA55213.2022.9954955.

[10]HANSEN J E. Spherical near-field antenna measurements[M]. London: Peter Peregrinus, 1988.

[11]中华人民共和国工业和信息化部. 移动通信天线测量场地检测方法: YD/T 3182—2021[S]. 北京: 人民邮电出版社, 2013.

[12]周峰, 齐殿元, 魏蔚, 等. 电波暗室电磁场静区参数的测量及计算方法 2023110584535[P]. 2023-08-22.

# 第 12 章　光纤端面干涉仪

## 12.1　概述

光纤凭借其大带宽、低损耗、抗干扰等诸多优势，成为骨干网、城域网和接入网等网络中各类信号传输的主要介质，包括文本、图片、音频、视频等信号的传输。随着网络拓扑结构的发展，越来越需要在一根光纤上传输这些不同的信号。

长途干线光网络需要使用低损耗、大带宽的单模光纤。带宽的增加是通过提高传输速度和采用密集波分复用（dense wavelength division multiplexing，DWDM）技术来实现的，该技术在同一光纤中运行越来越多的波长。这使得制造商专注于每一个无源组件及其对链路衰减、性能、可靠性和安全性等的影响。

光纤连接器是光通信中应用广泛的连接部件。光纤线路的成功连接取决于光纤物理连接的质量，为了提高光纤连接和光信号传输效率，必须严格控制光纤连接器端面的几何尺寸以减少插入损耗和回波损耗。如果没有严格控制端面几何尺寸，或端面几何尺寸不能达到要求，系统将面临连接失败的巨大风险，也就谈不上网络的长久、可靠连接。

为了控制和改进光纤连接器端面的几何尺寸，光纤连接器制造商将重点放在 3 个方面：散件插芯等零件公差的改进（改进对准）、端面检查的改进（缺陷和污染的筛选），以及端面三维参数指标的表征（优化不同制造商之间产品的互换性能和连接的可靠性）。这些不仅对于优化生产中的插入损耗和回波损耗参数至关重要，而且对于确保光纤连接器在使用中出现的所有环境和机械极端情况下的性能也至关重要。

在通信专网或数据中心的光网络领域，链路距离较短，且传统上使用成本较低的多模光纤和组件，对极端环境的关注较少（传统的连接通常处于受控环境中）。在网络使用寿命内对低背反射的要求使得连接器套圈端面应具有高度对称性，因此，连接器端面对称性测量有助于保证单模电信网络的正常运行。虽然多模系统不需要相同的性能水平，但在专用网络市场中，从事关键网络和系统工作的规范制定者和标准小组现在正在采用相同的指标参数，以保证网络使用寿命和环境性能。

光纤连接器主要由被散件外壳包围的插芯组成。以单芯光纤连接器为例，单芯光纤连接器的插芯是类似圆柱的形状，在其中心有一个小孔，光纤通过胶粘在孔中。通常以类球面形方式对插芯的端面进行研磨和抛光。圆柱形陶瓷插芯和光纤的侧视图如图 12-1 所示。

在长距离、大带宽的应用中，光纤连接器必须能够将两根光纤连接在一起，以便其具有尽可能好的光学传输连续性。

理想情况下，在具有圆柱形插芯的两个配对单芯光纤连接器的时候，插芯和光纤都会接触并变形到一定程度，以便在插芯的中心形成没有空气缝隙的接触界面。在这种情况下，插芯将承受施加在光纤连接器端面上的大部分压力，并确保光纤不会过度应变（这将导致光学性能降低和过快磨损、老化）。为了避免沿光路方向产生大的折射率变化，从而避免大量的光反射进入光源和导致光链路衰减损耗，在光纤纤芯区域周围没有空气间隔是至关重要的。

为了确保这样的工作条件，插芯端面抛光的三维参数指标必须符合非常严格的标准。图 12-2 所示为在光纤连接器生产过程中必须控制的关键三维参数指标，图 12-3 所示为典型光纤连接器端面的三维参数指标缺陷及其对插入损耗和回波损耗等光学性能的影响。

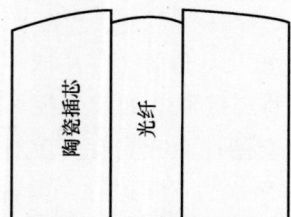

**图 12-1　圆柱形陶瓷插芯和光纤的侧视图**

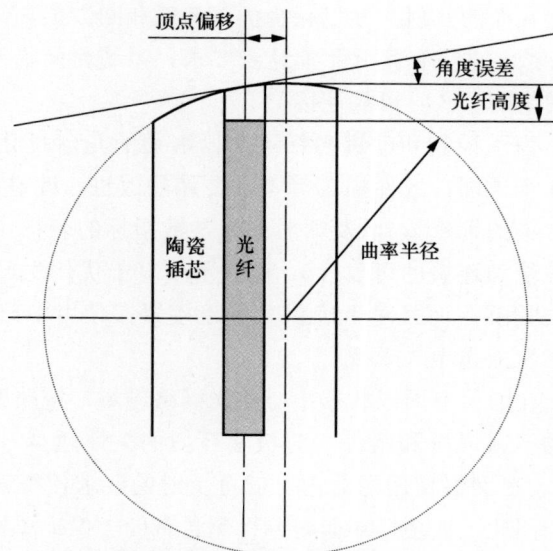

**图 12-2　在光纤连接器生产过程中必须控制的关键三维参数指标**

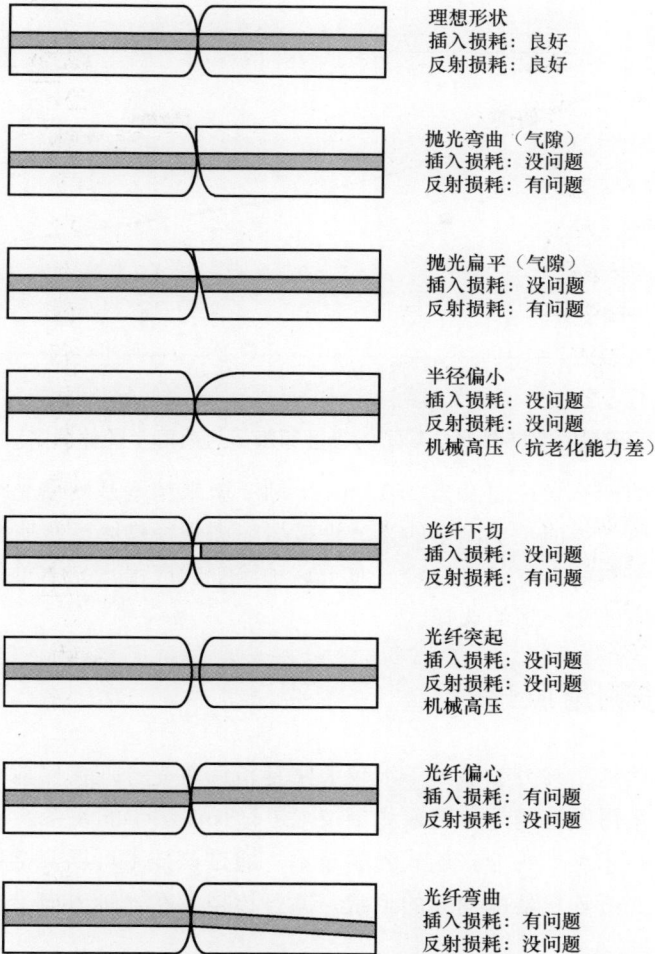

理想形状
插入损耗：良好
反射损耗：良好

抛光弯曲（气隙）
插入损耗：没问题
反射损耗：有问题

抛光扁平（气隙）
插入损耗：没问题
反射损耗：有问题

半径偏小
插入损耗：没问题
反射损耗：没问题
机械高压（抗老化能力差）

光纤下切
插入损耗：没问题
反射损耗：有问题

光纤突起
插入损耗：没问题
反射损耗：没问题
机械高压

光纤偏心
插入损耗：有问题
反射损耗：没问题

光纤弯曲
插入损耗：有问题
反射损耗：没问题

**图 12-3　典型光纤连接器端面的三维参数指标缺陷及其对插入损耗和
回波损耗等光学性能的影响**

　　IEC 等机构已经制定了相关标准和规范，以确保各种类型和不同制造商的光纤连接器之间的互换性能。表 12-1 所示为在 IEC 标准中描述的三维参数指标的典型标准，图 12-4 所示为 SC/PC 连接器 IEC 规定的光纤凹陷量与曲率半径的函数对应关系。

**表 12-1　在 IEC 标准中描述的三维参数指标的典型标准（SC 型连接器的 IEC 规范）**

| 项目 | 曲率半径/mm | | 光纤高度/nm | | 顶点偏移/μm | |
|---|---|---|---|---|---|---|
| | 最小值 | 最大值 | 最小值 | 最大值 | 最小值 | 最大值 |
| PC 连接器端面 | 10 | 25 | 持平 | 100 | 0 | 50 |
| APC 连接器端面 | 5 | 12 | −100 | 100 | 0 | 50 |

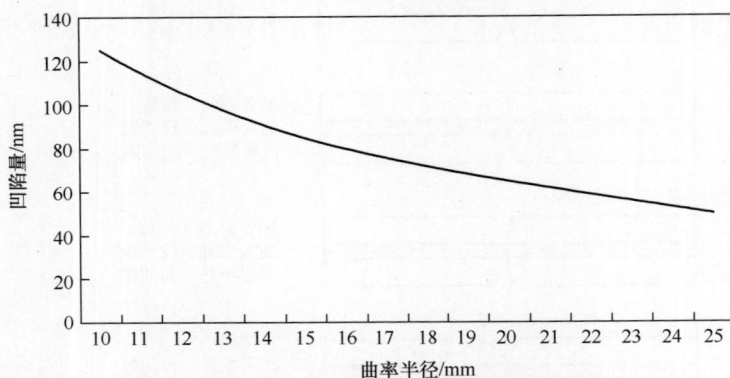

图 12-4　SC/PC 连接器 IEC 规定的光纤凹陷量与曲率半径的函数对应关系

插芯端面的曲率半径通常为 250 μm，$z$ 轴亚微米精度是测量光纤高度（光纤凹陷量）参数所必需的。要测量的光纤连接器端面是经过光学级研磨、抛光的，并且通常没有突然的高度差或台阶。对于这种测量的应用，光学单色干涉与相移相结合的测量方法是理想的选择。

## 12.2　干涉测量原理

在光纤通信这个细分领域，干涉仪通常是指针对光纤连接器前端面的微观三维物理形状，采用干涉测量方法或测量技术进行长度测量的设备。

干涉测量技术是一种非接触式光学技术，通过该技术可以非常精确地测量表面（如光纤或光纤连接器端面）的形状，并且该技术在 $z$ 轴方向上可达到几纳米的测量精度。

干涉测量利用光的波动特性对物体表面进行形状的测量与计算。例如，对光纤或者光纤连接器的端面进行亚微米级别的测量。干涉仪可以测量的光纤、光纤连接器端面包括：粗糙的或光滑的光纤或光纤连接器端面，经球面或者平面研磨、抛光的光纤或光纤连接器端面，平面或带有角度的光纤或光纤连接器端面，单芯光纤或多芯光纤的连接器端面，光纤突出或者凹陷的光纤连接器端面，裸光纤或切割后的光纤端面等。

目前比较主流的光纤干涉仪基本都采用迈克耳孙干涉仪的工作原理。

### 12.2.1　迈克耳孙干涉仪的工作原理

迈克耳孙干涉仪通常采用一套定制设计的显微成像系统，这套显微成像系统主要由依靠压电陶瓷驱动器的电动机控制的干涉物镜和带有波长选择滤波器的光源组成。

通过将从光纤或光纤连接器端面反射的光与从参考镜反射的光相结合，干涉仪可以生成具有相长干涉图案和相消干涉图案（分别为亮条纹和暗条纹）的干涉图像。这些干涉图案（条纹）形成了表面的轮廓图，其中相邻的暗条纹与亮条纹之间存在半个波长的高度差。压电陶瓷驱动器的电动机用于移动干涉物镜，使条纹在表面移动。通过跟踪条纹在曲面上移动时的变化，干涉仪测量软件能够为曲面的每个点指定一个高度，从而为其提供一幅完整的三维模拟图。这种干涉图案在显微成像系统的电荷耦合器件（charge-coupled device，CCD）相机上成像，并由计算机中的帧捕获器捕获。对于端面大于显微成像系统范围的连接器，干涉仪通常会利用自带的一个高精度位移调整平台将端面映射到多个部分，并根据干涉仪测量软件设置中的信息自动在一定范围内中移动，最后由干涉仪测量软件将多重图像叠加，使得多个部分拼凑在一起，以绘制端面完整的几何图形。

## 12.2.2　干涉仪的测量方法

### 1．牛顿环法

在光纤端面干涉测量技术中，当相干光束照射至光纤端面，端面的微观不平整性或缺陷导致光线在端面发生反射或者折射，之后会与参考光路中的光波发生干涉，形成明暗交替的干涉环。这些干涉环的形状、分布和密度与光纤端面的几何形状和表面质量密切相关。

光波在端面与参考面之间的往返传播过程中，由于空气膜厚度的局部变化，引入了光程差的变化。这些变化导致不同位置的光波之间产生相位差异，从而在空间中形成等光程差轨迹，即干涉环。干涉环的分布特征，包括其形状、间距和对比度，为光纤端面的几何参数提供了丰富的信息源。

通过精确分析干涉环的空间分布，结合相应的光学模型和数学算法，可以定量地反演出光纤端面的曲率半径、顶点偏移量和光纤高度等关键几何参数。

光纤端面的曲率半径为

$$R = \frac{r_m^2 - r_k^2}{(m-k)\lambda} \tag{12-1}$$

式中，$r_m$ 为第 $m$ 条干涉条纹的半径；$r_k$ 为第 $k$ 条干涉条纹的半径；$\lambda$ 是光波的波长；$R$ 为样品端面的曲率半径。

### 2．相位分析法

牛顿环法结构简单，使用方便，但它是一种接触性测量，容易造成结构元件的损伤以及被测件表面的损伤和污染。为了获得连接器端面的形状，可使用光学干涉显微技术，通过求解光纤端面的相位信息 $\Phi(x,y)$ 来获取。

$\Phi(x, y)$ 表示端面各点的相位差，由此可以可以计算出端面微观高差 $h(x, y)$ 分布：

$$h(x, y) = \frac{\lambda}{4\pi} \Phi(x, y)$$（12-2）

一旦获得分布 $h(x, y)$，就可进一步做数据分析，给出待测端面的二维截面图和三维形貌图，并从中得到表面划痕、球面顶点偏移、表面凹凸、曲率半径、光纤高度等信息。

## 12.3　光纤端面干涉仪的技术指标

光纤端面干涉仪的主要技术指标包括曲率半径的示值误差和重复性、顶点偏移的示值误差和重复性、光纤高度的示值误差和重复性等。

### 12.3.1　曲率半径

曲率半径是光纤陶瓷插芯端面圆形的半径，单位为 mm。在连接光纤连接器时，曲率半径控制压力以保持光纤中心匹配力，曲率半径太小会给光纤施加较大压力，曲率半径太大则无法给光纤施加压力，从而导致光纤连接器与光纤端面出现气隙（即空气间隙），影响到通信质量，甚至损坏光纤端面。光纤陶瓷插芯端面曲率半径如图 12-5 所示。

曲率半径的示值误差为光纤端面曲率半径的测量值与光纤端面曲率半径的标准值之差，单位为 mm。曲率半径的重复性 $s_R$ 为曲率半径多次测量值的实验标准偏差，即

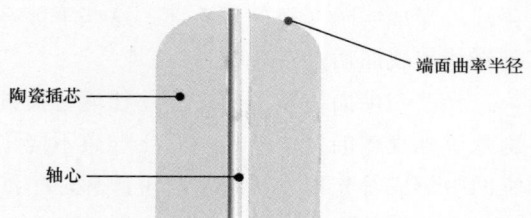

图 12-5　光纤陶瓷插芯端面曲率半径

$$s_R = \sqrt{\frac{\sum_{i=1}^{n}(R_i - \overline{R})^2}{n-1}}$$（12-3）

式中，$\overline{R}$ 为曲率半径测量值的算术平均值，单位为 mm；$R_i$ 为第 $i$ 次测量的曲率半径示值，单位为 mm；$n$ 为测量次数，$n \geqslant 6$。

### 12.3.2　顶点偏移

顶点偏移是光纤连接器陶瓷套管端球面顶点到内孔轴线之间的距离，单位为 μm。如果顶端偏移较大，则会形成气隙，从而带来高插入损耗和高回波损耗。光纤陶瓷插芯顶点偏移如图 12-6 所示。

顶点偏移的示值误差为光纤端面顶点偏移的测量值与光纤端面顶点偏移的标准值之差，单位为 μm。顶点偏移的重复性 $s_{AO}$ 为顶点偏移多次测量值的实验标准偏差，即

$$s_{AO} = \sqrt{\frac{\sum_{i=1}^{n}(AO_i - \overline{AO})^2}{n-1}} \quad （12\text{-}4）$$

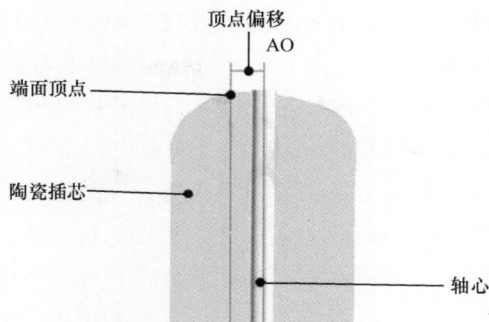

图 12-6　光纤陶瓷插芯顶点偏移

式中，$\overline{AO}$ 为顶点偏移测量值的算术平均值，单位为 μm；$AO_i$ 为第 $i$ 次测量的顶点偏移示值，单位为 μm；$n$ 为测量次数，$n \geqslant 6$。

### 12.3.3　光纤高度

光纤高度是光纤连接器的光纤端面到陶瓷套管端面的拟合球面的平均距离，单位为 nm。由于光纤和氧化锆陶瓷插芯的硬度不同，所以在研磨过程中会产生一定的高度差，这个高度差就是光纤高度。光纤高度太低会形成光纤接触间的气隙，改变插入损耗和回波损耗。光纤高度太高会增大光纤间的压力，从而损坏光纤，或者将压力传递到固定光纤的陶瓷插芯，从而破坏光纤结构，影响光纤连接器性能。光纤陶瓷插芯光纤高度如图 12-7 所示。

光纤高度的示值误差为光纤端面光纤高度的测量值与光纤端面光纤高度的标准值之差，单位为 nm。光纤高度的重复性 $s_H$ 为光纤高度多次测量值的实验标准偏差，即

$$s_H = \sqrt{\frac{\sum_{i=1}^{n}(H_i - \overline{H})^2}{n-1}} \quad （12\text{-}5）$$

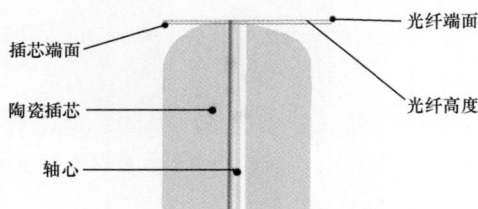

图 12-7　光纤陶瓷插芯光纤高度

式中，$\overline{H}$ 为光纤高度测量值的算术平均值，单位为 nm；$H_i$ 为第 $i$ 次测量的光纤高度示值，单位为 nm；$n$ 为测量次数，$n \geqslant 6$。

光纤连接器依据端面形状可分为物理接触（physical contact，PC）型和角度物理接触（angled physical contact，APC）型。PC 型是以物理接触方式抛光的光纤连接器，APC 型是以角度物理接触方式抛光的光纤连接器。光纤连接器的端面经精确研磨，与光纤包层成 8°夹角，这使得大多数光纤端面反射光被反射到包层中，不会干扰传输信号，损坏激光源。对于 APC 型光纤连接器的光纤端面，除了上述 3 个参数，还有两个参数需要测量：APC 角度（一般以 8°为标准）和定位

键角度。另外，对多芯 MTP/MPO 光纤连接器来说，测量光纤端面纤芯凹陷也有着重要意义。由于光纤的纤芯相对于包层材质较软，因此在研磨过程中更容易被切削，从而形成纤芯（相对于包层）的凹陷。光纤纤芯的凹陷会造成 MTP/MPO 光纤连接器端接时，光纤之间形成"空隙"，从而直接影响到系统的光回波损耗指标。

除了上述主要技术指标，在外观方面，光纤端面干涉仪外观必须平滑、无油渍、无伤痕及无裂纹等，按键的标志清楚，开关、按键等接触良好。光纤端面干涉仪通常应具备准确、快速的全自动测量功能，具备 0°～12° 的 APC 角度自动调节功能，具备中英文操作界面和中英文转换快捷，可自动生成数据报表和三维图报告，并具备夹具居中功能等。光纤端面干涉仪的通用功能如表 12-2 所示。夹具居中和 APC 角度自动调节功能示意如图 12-8 所示。

表 12-2　光纤端面干涉仪的通用功能

| 功能 | 描述 |
|---|---|
| 准确、快速的全自动测量 | 可自动获取当前夹具的锁紧状况，在每次夹具锁紧时，软件进行自动测量；夹具平台配备测量快捷键，可自动完成测量任务 |
| 0°～12° 的 APC 角度自动调节 | 夹具平台可实现 0°～12° 的宽广角度调节 |
| 中英文操作界面 | 具备中英文操作界面，中英文转换快捷 |
| 自动生成数据报表和三维图报告 | 可自动生成数据报表和三维图报告 |
| 夹具居中 | 夹具居中调节时，只需在软件界面上单击"图像居中"按钮，软件将自动引导定位光标完成定位工作 |
| 端面切割角度测量 | 可以测试光纤的切割角度 |

图 12-8　夹具居中和 APC 角度自动调节功能示意

表 12-3 所示为光纤端面干涉仪的技术指标。

表 12-3　光纤端面干涉仪的技术指标

| 指标名 | 指标值 | |
|---|---|---|
| | 示值误差 | 重复性 |
| 曲率半径/mm | ±2% | ±0.4% |
| 光纤高度/mm | ±10% | ±1% |
| 顶点偏移/μm | ±10% | ±1% |
| APC 角度/（°） | ±0.1 | ±0.02 |
| 测量速度/s | ≤1 | |

## 12.4　光纤端面干涉仪的校准

下面分别以曲率半径示值误差校准和重复性校准为例，介绍光纤端面干涉仪校准的步骤。

### 12.4.1　曲率半径示值误差

步骤 1：将曲率半径校准件接入光纤端面干涉仪，并将曲率半径测试结果 $R_i (i = 1, 2, \cdots, n)$ 记入原始记录。

步骤 2：保持曲率半径校准件不变，重复步骤 1 的次数为 $(n-1)$（ $n \geqslant 10$ ）。

步骤 3：计算平均值 $\overline{R}$，即

$$\overline{R} = \frac{1}{n} \sum_{i=1}^{n} R_i \qquad\qquad （12\text{-}6）$$

步骤 4：若曲率半径标准件参考值为 $R_{\mathrm{STD}}$，则曲率半径示值误差

$$\Delta R = \overline{R} - R_{\mathrm{STD}} \qquad\qquad （12\text{-}7）$$

### 12.4.2　曲率半径重复性

步骤 1：将参考光纤活动连接器接入光纤端面干涉仪，并记录曲率半径 $R_j$（ $j = 1, 2, \cdots, m$ ）。

步骤 2：保持活动连接器不变，重复步骤 1 的次数为 $(m-1)$（ $m \geqslant 10$ ）。

步骤 3：按式（12-3）计算曲率半径重复性。

## 12.5　光纤端面干涉仪的典型应用

光纤端面干涉仪是一种高精度的光学测量仪器，它能够测量光纤端面反射率和透射率，以及检验光纤端面质量。以下是一些典型的应用案例。

光纤端面反射率和透射率的测量：光纤端面干涉仪可以测量光纤端面的反射率和透射率，从而评估光纤的性能和光纤连接器的质量。通过测量反射率和透射率，可以确定光纤端面是否符合要求，以及光纤连接器是否能够实现精确对准和低损耗连接。

光纤端面质量的检验：光纤端面干涉仪可以通过观察干涉条纹的数量和分布来检验光纤端面的质量。光纤端面平整度越高，则干涉条纹数量越多，干涉条纹间距越小。通过观察干涉条纹的数量和分布，可以确定光纤端面是否平整，以及

光纤端面质量是否符合要求。

光纤连接器的对准和校准：光纤端面干涉仪可以用于光纤连接器的对准和校准。当光纤连接器中的两根光纤的端面完全对准时，光纤端面干涉仪会观察到最少的干涉条纹。如果干涉条纹数量过多或过少，则说明光纤端面没有完全对准，需要进行调整。通过观察干涉条纹的数量和分布，可以确定光纤连接器的对准状态，并校准光纤连接器的位置和角度。

光纤端面污染物的检测：光纤端面干涉仪可以用于检测光纤端面是否存在污染物。当光纤端面存在污染物时，干涉条纹的数量和分布会发生改变。通过观察干涉条纹的数量和分布的变化，可以确定光纤端面是否存在污染物，并检测污染物的位置和污染程度。

总之，光纤端面干涉仪凭借对光纤端面的高精度探测，在光纤通信、光电子学和光学测量等领域有着广泛的应用。

# 12.6  典型光纤端面干涉仪介绍

本节介绍几种典型的光纤端面干涉仪的型号，为工程师在熔接光纤过程中正确地选择光纤端面干涉仪提供帮助。

### 1. 维度科技的光纤端面干涉仪

深圳市维度科技股份有限公司（简称维度科技）的 SANA 2 型光纤端面干涉仪如图 12-9 所示，其技术指标如表 12-4 所示；BINNA 2 型光纤端面干涉仪如图 12-10 所示，其技术指标如表 12-5 所示；MT Pro 型单多芯一体光纤端面干涉仪如图 12-11 所示，其技术指标如表 12-6 所示。

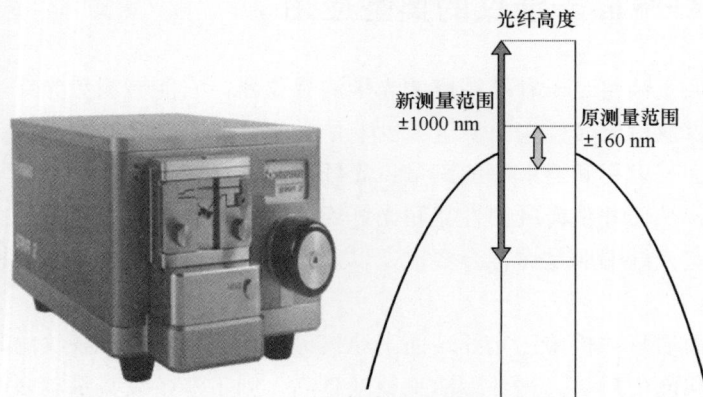

图 12-9  SANA 2 型光纤端面干涉仪

表 12-4　SANA 2 型光纤端面干涉仪的技术指标

| 指标名 | 指标值 | |
|---|---|---|
| | 重复性 | 再现性 |
| 曲率半径/mm | ±0.3% | ±0.5% |
| 光纤高度/nm | ±1 | ±2 |
| 顶点偏移/μm | ±0.5 | ±1.5 |
| APC 角度/（°） | ±0.01 | ±0.015 |
| 测量速度/s | ≤0.5 | |

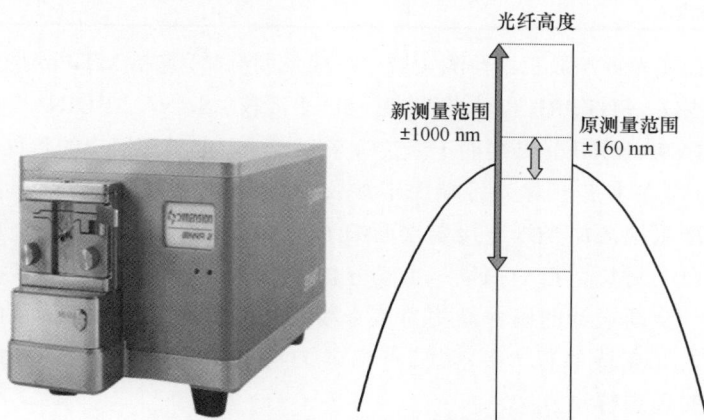

图 12-10　BINNA2 型光纤端面干涉仪

表 12-5　BINNA2 型光纤端面干涉仪的技术指标

| 指标名 | 指标值 | |
|---|---|---|
| | 重复性 | 再现性 |
| 曲率半径/mm | ±0.3% | ±0.5% |
| 光纤高度/nm | ±1 | ±2 |
| 顶点偏移/μm | ±0.5 | ±1.5 |
| APC 角度/（°） | ±0.01 | ±0.015 |
| 测量速度/s | ≤0.5 | |

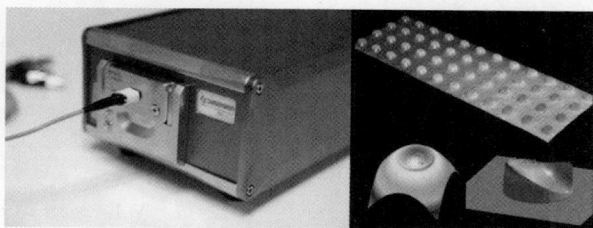

图 12-11　MT Pro 型单多芯一体光纤端面干涉仪

表 12-6　MT Pro 型单多芯一体光纤端面干涉仪的技术指标

| 指标名 | 指标值 | | | |
|---|---|---|---|---|
| | 单芯模式 | | 多芯模式 | |
| | 重复性 | 再现性 | 重复性 | 再现性 |
| 曲率半径/mm | ±0.1% | ±0.2% | ±0.3% | ±0.5% |
| 光纤高度/nm | ±1 | ±2 | ±15 | ±25 |
| 顶点偏移/μm | ±0.5 | ±1.5 | ±0.5 | ±1.5 |
| APC 角度/(°) | ±0.01 | ±0.015 | — | — |
| 纤芯凹陷/μm | — | — | ±0.01 | ±0.015 |
| 测量速度/s | 0.5 | | 5（MT12） | |

维度科技在光纤端面三维检测领域已形成系列产品，包括 MT Pro 型单多芯一体光纤端面干涉仪、FUTURE 自动光纤端面 5D 干涉仪、SANA 2/BINNA 2 自动光纤端面干涉仪、SANA MINI 光纤端面干涉仪等系列产品，能满足用户的各种检测需求。

MT Pro 型单多芯一体光纤端面干涉仪针对多芯连接器测量设计了新的光学系统，能够准确地还原光纤连接器端面细节及形状，实现了一键式全自动的测试流程，支持自动对焦、自动扫描、自动分析、自动计算等，可在数秒内完成测量及报告存储。全新设计的硬件结构为该干涉仪提供了无与伦比的抗振能力和超长的夹具寿命，并支持单芯、多芯（2～72 芯）检测，使其成为目前光纤连接器端面三维检测的理想解决方案。

MT Pro 型单多芯一体光纤端面干涉仪使用精度达 0.1 nm 的激光干涉仪对系统进行准确的标定，可以确保 MTP/MPO 测量的曲率半径、光纤高度和纤芯凹陷等参数的准确性和一致性。MT Pro 型单多芯一体光纤端面干涉仪实现了一键式全自动的测试流程，只需单击即可完成自动对焦、自动扫描、自动分析、自动计算等操作，在数秒内完成测量及报告存储。MT Pro 型单多芯一体光纤端面干涉仪的软硬件设计极大地提高了测试速度，12 芯 MT 连接器的测试可在 5 s 内完成，单芯产品检测可在 0.5 s 内完成。MT Pro 型单多芯一体光纤端面干涉仪在每次测量时都启动了自动对焦功能，可以保证从最佳位置开始面型扫描，从而能够最大范围还原各种光纤连接器的表面形状，即使是端面形状不是很理想的光纤连接器，也能够被准确测量。自动对焦功能大大简化了测量操作，特别是对于 APC 型光纤连接器。

**2. 杭州维勘精仪技术有限公司的光纤端面干涉仪**

杭州维勘精仪技术有限公司的 WKFI-2S 型光纤端面干涉仪如图 12-12 所示，

图 12-12　WKFI-2S 型光纤端面干涉仪

其技术指标如表 12-7 所示；单多芯一体光纤端面干涉仪如图 12-13 所示，其技术指标如表 12-8 所示。

**表 12-7　WKFI-2S 型光纤端面干涉仪的技术指标**

| 指标名 | 指标值 | |
|---|---|---|
| | 重复性 | 再现性 |
| 曲率半径/mm | ±0.01 | ±0.02 |
| 光纤高度/nm | ±0.5 | ±1.0 |
| 顶点偏移/μm | ±0.1 | ±0.7 |
| APC 角度/（°） | ±0.01 | ±0.02 |
| 定位键角度/（°） | ±0.01 | ±0.02 |
| 测量速度/s | 0.4 | |

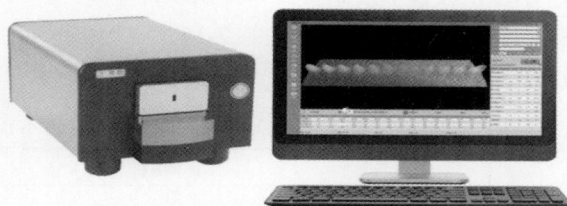

**图 12-13　单多芯一体光纤端面干涉仪**

**表 12-8　单多芯一体光纤端面干涉仪的技术指标**

| 指标名 | 指标值 | | | |
|---|---|---|---|---|
| | 单芯模式 | | 多芯模式 | |
| | 重复性 | 再现性 | 重复性 | 再现性 |
| 曲率半径/mm | ±0.1% | ±0.2% | ±0.3% | ±0.5% |
| 光纤高度/nm | ±1 | ±2 | ±15 | ±25 |
| 顶点偏移/μm | ±0.5 | ±1.5 | — | — |
| APC 角度/（°） | ±0.01 | ±0.015 | ±0.01 | ±0.02 |
| 纤芯凹陷/μm | — | — | ±0.01 | ±0.015 |
| 测量速度/s | 0.4 | | 5（MT12） | |

　　单多芯一体光纤端面干涉仪具有精度高、非接触式的特点，适配全规格 MT 插芯，视场达 4.4 mm×3.3 mm，可测量基于 MT12x、MT16x 最多 72 芯的 MPO、MTP 产品，轻松满足未来 200 GHz 或 400 GHz 应用的需求；配备触摸感应开关，只需轻轻触碰，即可进行测量，无须操作键盘或软件，最大限度地提高了员工的操作便捷性；配备自动校准系统，可自动调整 $x$、$y$ 参考平面镜，校准数据实时写入夹具芯片，更换不同夹具后自动读取芯片数值并自动调整；支持 0°～12° 任意 APC 角度转动，配备精密的角度反馈系统（精度为 0.0027°），最大限度地提高了 APC 角度测量精度，同时满足非标光纤连接器的特殊角度测量需求；可精确转动角度，当角度受外力发生变化时可以自

主纠偏，让角度恢复正常；可自动对焦、自动识别端面面型，配备先进、高效的自动对焦系统，能够快速响应并找到最清晰的干涉条纹的位置，自动识别端面面型，从最佳位置开始扫描，无须调整任何硬件即可完成测量；可一次校准，同时测量插芯与成品，并采用独特的滑盖式设计，拼针（孔）板与导向快速组合，实现插芯测量与成品测量快速切换，避免拆装夹具及重新校准等烦琐过程；外框定位夹具保护拼孔的同时，测量数据与拼针接近，满足特殊需求。

**3. 杭州齐跃科技有限公司的光纤端面干涉仪**

杭州齐跃科技有限公司的 Mars-ML800 型光纤端面干涉仪如图 12-14 所示，其技术指标如表 12-9 所示；Mars-MT 型单多芯一体光纤端面干涉仪如图 12-15 所示，其技术指标如表 12-10 所示。

图 12-14　Mars-ML800 型光纤端面干涉仪

表 12-9　Mars-ML800 型光纤端面干涉仪的技术指标

| 指标名 | 指标值 | |
|---|---|---|
| | 重复性 | 再现性 |
| 曲率半径/mm | ±0.03 | ±0.05 |
| 光纤高度/nm | ±1.0 | ±2.0 |
| 顶点偏移/μm | ±1.0 | ±2.0 |
| APC 角度/（°） | ±0.01 | ±0.02 |
| 定位键角度/（°） | ±0.02 | ±0.03 |
| 测量速度/s | 0.3 | |

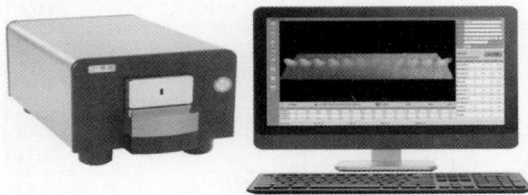

图 12-15　Mars-MT 型单多芯一体光纤端面干涉仪

表 12-10　Mars-MT 型单多芯一体光纤端面干涉仪的技术指标

| 指标名 | 指标值 | | | |
|---|---|---|---|---|
| | 单芯模式 | | 多芯模式 | |
| | 重复性 | 再现性 | 重复性 | 再现性 |
| 曲率半径/mm | ±0.1% | ±0.2% | ±1% | ±3% |
| 光纤高度/nm | ±1 | ±2 | ±15 | ±25 |
| 顶点偏移/μm | ±0.2 | ±1.5 | — | — |
| APC 角度/（°） | ±0.01 | ±0.015 | 0.01 | 0.02 |
| 测量速度/s | 0.5 | | 5（MT12） | |

Mars-MT 型单多芯一体光纤端面干涉仪是一款非接触式、自动对焦、自动校准的白光干涉仪。该设备采用显微成像技术，并结合迈克耳孙干涉仪原理和精密白光扫描算法，能够准确、快速地测试出微观表面的三维形状。该设备采用白光、红光干涉原理还原光纤端面的几何形状进而计算各项技术参数，在测量 MT、MTRJ 等多芯光纤连接器的基础上，兼容了单芯 FC、SC、ST、LC、MU 等常规光纤连接器的测量，是光纤连接器生产过程中必不可少的检测设备。

该设备采用了精密的自动滑台和控制算法，能够快速、准确地查询干涉信号。在多芯测量模式下，其能够自动查找信号起始位置并开始测量；在单芯测量模式下，其能够自动查找信号最清晰的位置并开始测量。内部参考镜也通过硬件自动控制，实现平面镜校准功能。该设备在测试多芯样品时，单次测试最快可达 3 s，在测试单芯样品时，单次测试最快可达 0.3 s，是市面上最快速的光纤端面干涉仪之一。测试完成后，其可自动还原出高清三维立体图、二维彩图和曲线拟合图，让用户可以直观地观测光纤连接器表面形状。该设备采用白光和红光结合的模式，利用 25 μm 闭环压电陶瓷实现精密扫描；同时采用了超大视场高速 USB 3.0 相机，可用于测试市面上所有的单多芯光纤连接器，单次最多可测试 72 芯光纤连接器，并兼容 MT16 和 MT32 光纤连接器；此外，还兼容 SC、LC 等单芯光纤连接器，并实现一键切换。该设备具备功能齐全的夹具配置，夹具主要包括 MT/MPO 插芯夹具、MT/MPO 成品夹具、MTRJ 插芯夹具，以及 SC 通用单芯夹具、LC 通用单芯夹具等，可以满足最终用户对各种单多芯光纤连接器的测量要求。另外，该设备还可选配和定制各种规格的夹具。

# 参考文献

[1] 全国新材料与纳米计量技术委员会. 光纤端面干涉仪校准规范: JJF 2007—2022[S]. 北京: 中国标准出版社, 2022.

[2] 中华人民共和国工业和信息化部. 光纤活动连接器插芯技术条件 第 1 部分: 陶瓷插芯: YD/T 1198.1—2014[S]. 北京: 人民邮电出版社, 2014.

[3] 张颖艳, 岳蕾, 傅栋博, 等. 光通信仪表与测试应用[M]. 北京: 人民邮电出版社, 2012.

[4] 深圳市维度科技股份有限公司. 光纤端面干涉仪用户手册[Z].

[5] 杭州维勘精仪技术有限公司. 光纤端面干涉仪用户手册[Z].

[6] 杭州齐跃科技有限公司. 光纤端面干涉仪用户手册[Z].

# 第 13 章　光谱分析仪和光波长计

## 13.1　概述

　　光谱分析仪简称光谱仪，是将成分复杂的复色光分解为光谱线并进行测量和计算的科学仪器，被广泛应用于辐射度分析、颜色测量、化学成分分析等领域。光谱分析仪一般由分光系统、接收系统和数据处理系统等组成，其工作原理是将光源发出的复色光按照不同的波长分离出来，配合各种光电探测器件对谱线强度进行测量，获得光谱功率（辐射）分布，再计算出色品坐标、色温、显色指数、光通量、辐射通量等光色性能参数。分光系统通常做成整体式结构，分为单色仪和多色仪两种。单色仪是输出单色谱线的光学仪器，通常与以 PMT 探测器为核心的接收系统配合工作，再由数据处理系统对测量信号进行计算处理，各部分相对独立。多色仪在结构上与探测器以及数据处理系统紧密结合，通常可以直接输出光谱测量数据。

　　光波长计是一种用于测量光波长的仪器，它的工作原理基于光干涉的理论。光干涉是指两束光线在相遇时所形成的干涉现象，这种现象可以通过干涉仪来观察和测量。光波长计的主要组成部分包括光源、分束器、合束器、干涉腔和探测器等。光线通过分束器时，会被分成两个方向相反的光束，分别进入干涉腔并累积相位差，然后通过合束器进行干涉。并且，干涉腔内的一个镜子可以移动，以便调节干涉腔的光程长度。当干涉光线达到相位同步时，它们会互相加强形成亮纹；而当它们达到相位相背时，则会互相抵消形成暗纹。通过检测光干涉现象，光波长计可以计算出光波长的数值。具体来说，当干涉腔中一个镜子的移动距离为半个波长时，干涉图案中两个相邻的亮纹或暗纹之间的距离就等于光波长的精确值。因此，通过测量干涉图案中亮纹或暗纹之间的距离，就可以得到光波长的数值。

## 13.2　光谱仪的基本工作原理

　　经过数十年的发展，光谱仪的技术形式已经十分丰富，学者们对它的分类方式也各种各样。例如：根据工作波段的不同，并结合科学表述规范，光谱仪可分为射线光谱仪、紫外光谱仪、可见光光谱仪、近红外光谱仪、红外光谱仪以及太赫兹光谱仪等；根据分光技术原理的不同，光谱仪可分为衍射型光谱仪、干涉型光谱仪、散射型光谱仪、荧光型光谱仪、滤光片型光谱仪和棱镜色散型光谱仪等。下面介绍根据分光技术原理分类的各种光谱仪的基本工作原理。

## 13.2.1　衍射型光谱仪

衍射型光谱仪通过基于光栅衍射的光学系统实现分光，其关键技术包括高分辨率衍射分光技术、扫描单元控制与采样同步技术等。图 13-1 所示为典型衍射型光谱仪的基本光学结构。

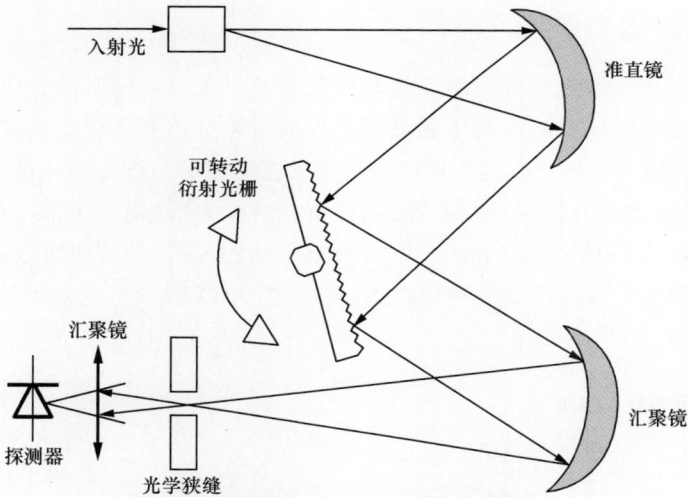

**图 13-1　典型衍射型光谱仪的基本光学结构**

## 13.2.2　干涉型光谱仪

干涉型光谱仪通过核心干涉仪部件实现分光、并结合傅里叶反演实现光谱测量，其关键技术包括干涉仪制造装调技术、扫描单元控制与光谱反演技术等，核心部件是干涉仪（由分束器和两个反射镜组成）。图 13-2 所示为典型干涉型光谱仪的基本光学结构。

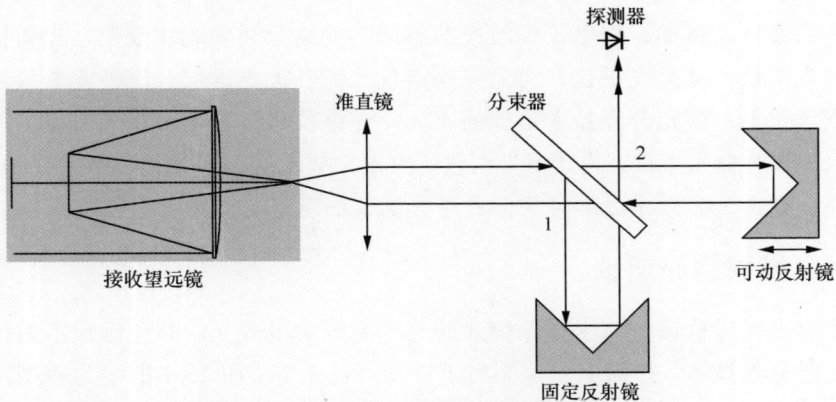

**图 13-2　典型干涉型光谱仪的基本光学结构**

### 13.2.3　散射型光谱仪

　　散射型光谱仪通过光纤受激布里渊散射等光学效应，同时结合可调谐泵浦扫描等方式来实现光谱分析。其中颇具代表性的有超分辨光谱仪，其关键技术包括泵浦激光波长精细调谐技术和宽波段窄带光谱滤波技术，核心部件是可调谐光源、调制器、光放大器以及偏振控制器等。超分辨光谱仪的指标水平极高，在 O（1260～1360 nm）、C（1530～1565 nm）、L（1565～1625 nm）等波段可以实现 0.08 pm 的光谱分辨带宽，远超过其他类型的光谱仪。图 13-3 所示为典型散射型光谱仪的基本光学结构。

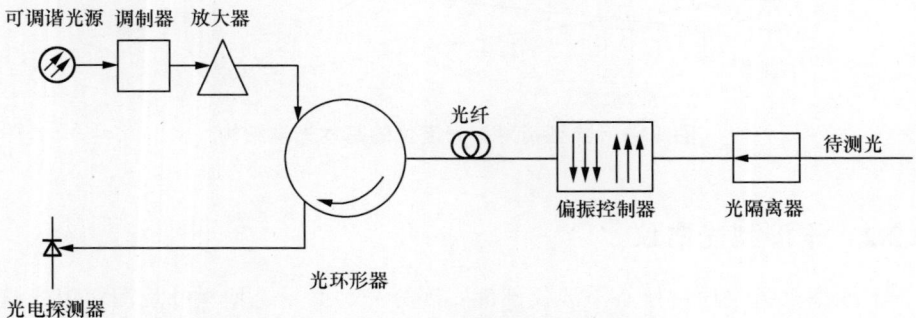

**图 13-3　典型散射型光谱仪的基本光学结构**

### 13.2.4　荧光型光谱仪

　　荧光型光谱仪利用样品中含有的元素受激发后会发出特有能量的谱线荧光，再通过检测系统实现光谱分析。它是实现重金属等材料成分检测的重要工具。常见的荧光型光谱仪有 X 射线波长色散荧光光谱仪、X 射线能量色散荧光光谱仪和荧光分光光度计等，其关键技术包括光源设计制造技术和光学系统设计装调技术，核心部件是 X 射线管和分光晶体（仅波长衍射型有此部件）等。图 13-4 所示为典型荧光型光谱仪的基本光学结构。

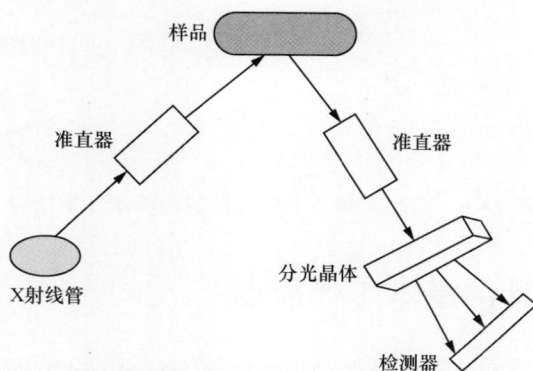

图 13-4　典型荧光型光谱仪的基本光学结构

## 13.2.5　滤光片型光谱仪

滤光片型光谱仪通过波长相关的渐变滤光片实现光谱分光，其关键技术包括渐变滤光片扫描控制技术和光谱信号采样处理技术等，核心部件是渐变滤光片和锁相放大器。图 13-5 所示为典型滤光片型光谱仪的基本光学结构。

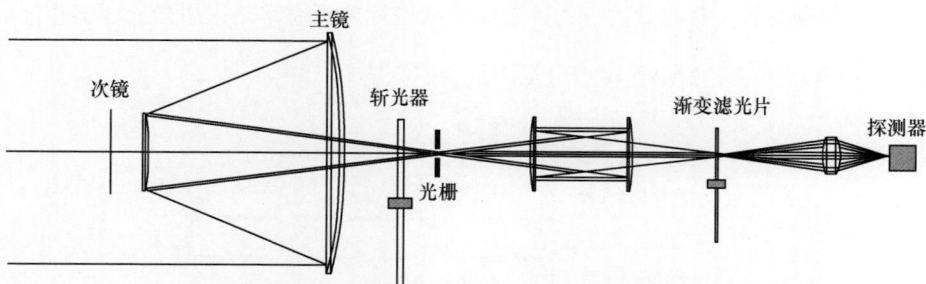

图 13-5　典型滤光片型光谱仪的基本光学结构

## 13.2.6　棱镜色散型光谱仪

棱镜色散型光谱仪基于棱镜波长色散技术实现光谱分光。这种技术出现较早，因此该类型光谱仪也逐渐失去优势，目前市场占比很少，其关键技术包括色散棱镜设计加工技术和色散光路精密装调技术，核心部件是色散棱镜（转动分光棱镜）。图 13-6 所示为典型棱镜色散型光谱仪的基本光学结构。

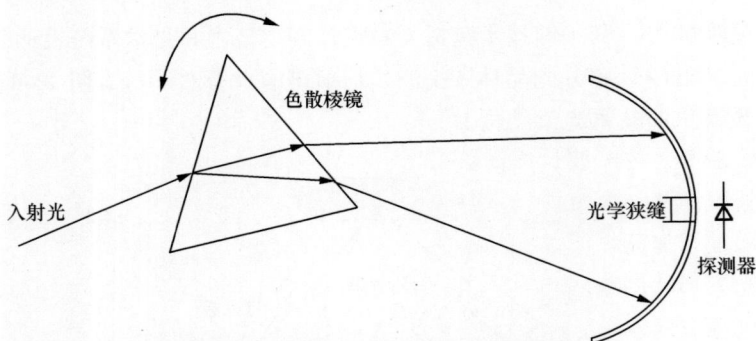

**图 13-6　典型棱镜色散型光谱仪的基本光学结构**

## 13.3　光波长计的基本工作原理

光波长计是用于准确测量激光波长的仪器。光波长计有很多种，包括扫描光波长计和不包括移动组件的静态光波长计。

### 13.3.1　迈克耳孙干涉仪

最常用的光波长计是迈克耳孙干涉仪。图 13-7 所示为迈克耳孙干涉仪的工作原理示意。当需要测量的光源发出的光进入迈克耳孙干涉仪后，干涉仪的一条干涉臂在一定范围内对其进行扫描。输出功率随干涉臂长的变化可由光电探测器进行探测，从而可以得到波长。对测量过程的控制和数据进行分析通常是采用微处理器实现的。

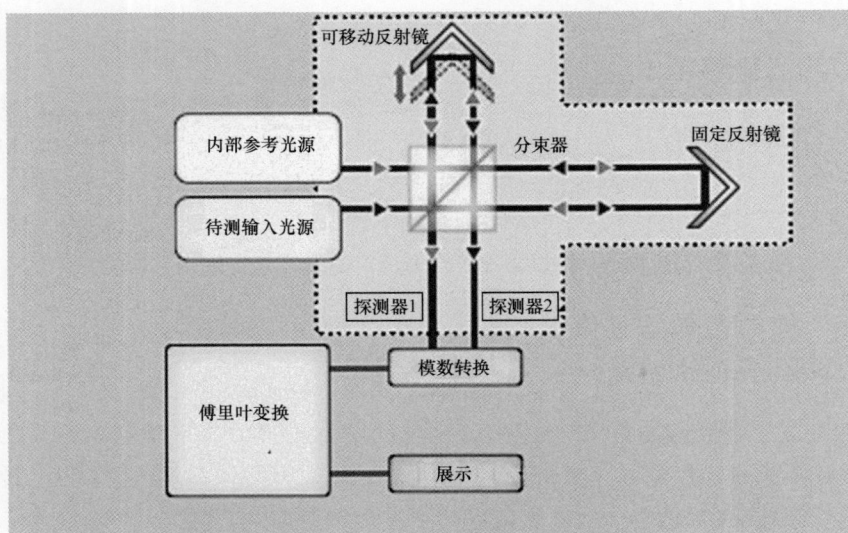

**图 13-7　迈克耳孙干涉仪的工作原理示意**

这种光波长计的原理可以拓展到用于测量非单色光源的光谱（参阅光谱仪相关内容）。光谱可通过对探测到的功率随干涉臂长变化的曲线进行傅里叶变换得到，这种方法称为傅里叶光谱学。

很多因素都会影响波长测量的精度，具体如下。

（1）长度漂移（温度变化引起）和扫描的缺陷会引入很大的误差。对于这种误差，可通过添加已知波长的稳定的参考激光器进行消除。

（2）光束形状的缺陷和变化也会影响结果。因此，在入射光进入干涉仪之前需要对其进行空间滤波。当光由单模光纤传输时可进行非常好的滤波。如果入射的是多模的光，可以采用模式清洁腔。

（3）确定信号振荡周期的准确度主要受限于扫描范围。

（4）对于高精度的器件，还有一些其他的效应。例如，入射功率的变化以及探测噪声都会对结果有影响。

根据采用的器件的质量，可以实现波长的测量精度达到 0.01 nm。

## 13.3.2　静态斐索干涉仪

静态斐索干涉仪如图 13-8 所示，其采用两个稍微有一些角度的反射平面构成。例如，可以采用一个玻璃楔，其具有几角秒的角度差，其中前表面是部分反射的，而后表面是全反射的；也有的采用的是分离的反射镜。

通常将两个相同的入射光束叠加时，如果两光束间有很小的角度，就可以得到干涉条纹，干涉条纹的周期与波长有关。入射光束先通过空间滤波器，然后具有较大直径的准直光束进入静态斐索干涉仪中。

干涉条纹的形状由 CCD 阵列测量，数据由微处理器进行处理。

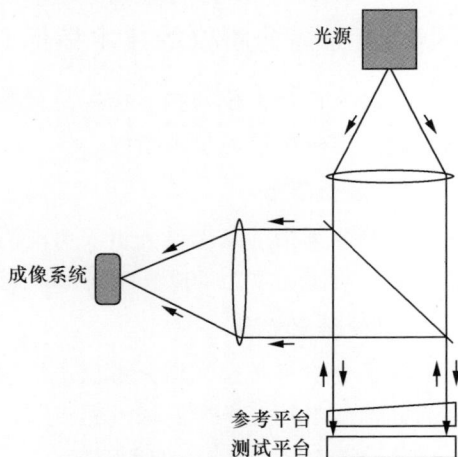

图 13-8　静态斐索干涉仪

## 13.3.3　基于其他测量方法的光波长计

例如，还有基于法布里-珀罗干涉仪的光波长计。该光波长计的波长测量的精度会受很多因素的影响，例如，光束的波前畸变。采用光波长计测量波长比采用光谱仪测量波长更准确。光谱仪的优势在于可以给出不同光谱组分的相对功率。有的波长计可以作为光谱仪使用，因此可以得到更高的精度。

### 13.3.4 选取光波长计需要考虑的因素

选用光波长计需要考虑以下一些因素。

（1）精度差别在零点几纳米到小于 1 pm，这主要取决于波长。不要把精度与分辨率混淆：高的精度不仅需要高分辨率，还需要整个装置的高稳定性。有些器件有自校准功能。如果要达到很高精度，需要不断进行校准。

（2）有些波长计内置激光器，其他的则采用外接电源。

（3）采用静态器件能够实现更快的测量速度。

（4）需要考虑入射光束是自由空间的激光光束还是光纤传导的光束。

（5）光波长计只工作在有限的波长范围内。对于极限波长范围，需要选用一些特定类型的光波长计。

（6）有些波长计可以同时测量波长和线宽。

（7）多种显示设备和软件可以使操作更简便。例如，有些光波长计可以同时显示波长、波数和频率值。

## 13.4 光谱分析仪和光波长计的技术指标

### 13.4.1 光谱分析仪的技术指标

了解光谱分析仪的技术指标是分析光谱分析仪是否符合测试要求的前提。本节介绍光谱分析仪的技术指标。

**1. 波长范围**

波长范围指的是光谱分析仪所能测量的光波长范围。目前，通信用光谱分析仪的波长范围通常为 600～1700 nm。

**2. 分辨率带宽**

波长分辨率是指光谱分析仪辨析相邻波长光信号的能力。分辨率带宽通常定义为光信号半功率电平的滤波器带宽，即电平为最大值的一半时对应的带宽，通常也称为 3 dB 带宽。分辨率带宽决定了仪表处理光通路间隔的能力。

**3. 动态范围**

动态范围用于表征光谱分析仪同时处理不同幅度光信号的能力，也就是在强信号下测量弱信号的能力，即指在特定带宽下同时测量比较强的光信号功率和相邻的比较低的放大器自发辐射噪声（amplifier spontaneousemission noise，ASE）噪声电平的能力。动态范围通常定义为窄线宽光信号的峰值功率与偏离其±0.5 nm 或±1 nm 波长处的杂散光功率之间的差值。

**4. 波长准确度**

波长准确度表征的是光谱分析仪准确测量光信号波长的能力。不同的波长范围，不同的波长点，不同的分辨率带宽设置，光谱分析仪测得的波长准确度是不同的。在购买和使用中，需注意该指标给定的条件。

**5. 功率准确度**

功率准确度表征的是光谱分析仪测量光信号功率准确程度的能力。不同的输入信号，不同的分辨率带宽设置，不同的光连接线使用，光谱分析仪测得的光功率值是不同的。在实际购买和使用时，请查阅仪表的技术指标，了解该指标给定的条件。同时，在使用中，需要对光谱分析仪的光功率示值进行校准。

**6. 灵敏度**

灵敏度是指光谱分析仪能够测量的光信号的最小幅度，即能定量测量的最小光功率。该值的大小主要取决于光谱分析仪中光检测器的水平。该值必须足够低，光谱分析仪才能准确测量光电器件的插入损耗和评估整个网络的光信噪比。

**7. 偏振敏感性**

偏振敏感性指偏振相关损耗，定义为不同偏振态的光通过待测器件的最大光功率和最小光功率的差值。

## 13.4.2　光波长计的技术指标

了解光波长计的技术指标是分析光波长计是否符合测试要求的前提。本节介绍光波长计的技术指标。

（1）波长范围：指光波长计所能测量的光波长范围。目前，通信用光波长计的波长范围通常为 600～1700 nm。

（2）适用光源：指光波长计所能测量的光源类型，如激光二极管、半导体激光器、气体激光器等。但光源要满足说明书上所限定的半峰全宽（full width at half maximum，FWHM）要求。

（3）不确定度：表示用光波长计测量得到的波长值偏离波长真值的程度。此值越小，说明光波长计测量越准确。一般商用光波长计给的指标是某一波长值（如 0.633 nm）的不确定度。

（4）分辨率：指光波长计测量的下限准确度，取决于光源的 FWHM。

（5）测量间隔：指每次测量的时间。

# 13.5 光谱分析仪和光波长计的检定方法

## 13.5.1 光谱分析仪的检定方法

### 1. 准备工作

将所有检定用设备和被检光谱分析仪均置于实验台上,并按照说明书的要求进行预热和自校准。各段连接光纤的位置在整个测试过程中应保持固定,光纤接头应保持清洁。

### 2. 外观及工作正常性检查

用目视法进行外观检查,开机验证设备工作是否正常。

### 3. 光谱分析仪分辨率带宽示值误差检定

(1)对分辨率带宽示值误差的检定,可参照 IEC 62129-1:2016 标准。将谱宽远小于被检光谱分析仪最小分辨率带宽的光源输入该光谱分析仪,测量该光谱分析仪所显示光谱曲线的 FWHM,该 FWHM 则为该光谱分析仪实际的最小分辨率带宽。

(2)按图 13-9 所示连接检定装置。

**图 13-9 分辨率带宽示值误差检定装置示意**

(3)选取某一检定波长点(建议在 1310 nm 或 1550 nm 附近),调整窄线宽光源的输出功率,使其小于被检光谱分析仪所允许的最大接收功率,否则需用光衰减器。

(4)调整被检光谱分析仪的分辨率带宽,将其设定为该仪器最小分辨率带宽 $R_{SET}$,读取 3 次由被检光谱分析仪在当前分辨率带宽下所测得的标准窄线宽光源的带宽值 $R_{REFj}$($j$=1,2,3),将其算术平均值作为被检光谱分析仪最小分辨率带宽的实际值 $R_{REF}$,记录测试结果。

### 4. 波长示值误差检定

(1)采用比较法进行光谱分析仪波长示值误差检定。

(2)按图 13-10 或图 13-11 所示连接检定装置,采用光纤分束器可简化操作并减小由于光源波长波动引起的测量不确定度。调整光衰减器,使输出功率小于被检光谱分析仪和标准光波长计的最大接收功率。

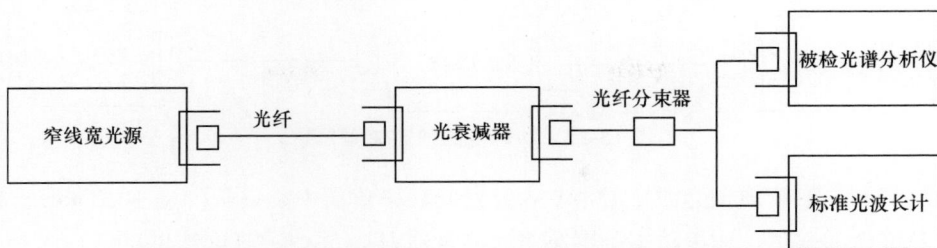

**图 13-10　采用比较法（采用光纤分束器）进行波长示值误差检定的装置示意**

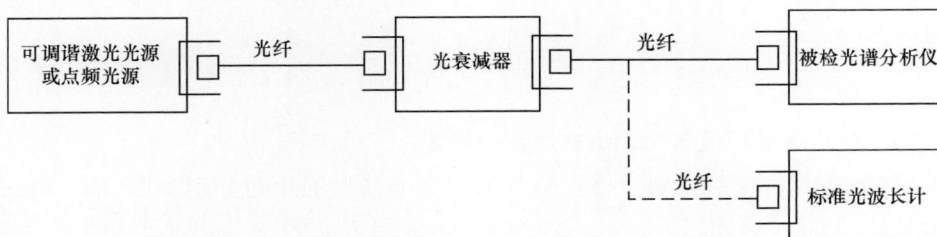

**图 13-11　采用比较法（不采用光纤分束器）进行波长示值误差检定的装置示意**

（3）将被检光谱分析仪的分辨率带宽设为最小值。选取某一检定波长点，设置被检光谱分析仪的测量波长范围对应此检定波长点进行测量。

（4）窄线宽光源通过光纤分束器同时连接标准光波长计与被检光谱分析仪，分别读取 3 次标准光波长计与被检光谱分析仪所测的波长值 $\lambda_{\mathrm{REF}j,i}$ 与 $\lambda_{\mathrm{OSA}j,i}$（$i = 1, 2, 3$；$j$ 为波长点序号，当前取 $j = 1$），根据式（13-1）至式（13-3）分别计算平均值 $\overline{\lambda_{\mathrm{OSA}j}}$ 和 $\overline{\lambda_{\mathrm{REF}j}}$，以及波长示值误差 $\Delta\lambda_j$，并记录测试结果。

$$\overline{\lambda_{\mathrm{OSA}j}} = \frac{1}{3}\sum_{i=1}^{3}\overline{\lambda_{\mathrm{OSA}j,i}} \tag{13-1}$$

$$\overline{\lambda_{\mathrm{REF}j}} = \frac{1}{3}\sum_{i=1}^{3}\lambda_{\mathrm{REF}j,i} \tag{13-2}$$

$$\Delta\lambda_j = \overline{\lambda_{\mathrm{OSA}j}} - \overline{\lambda_{\mathrm{REF}j}} \tag{13-3}$$

（5）在检定波长范围内取至少 10 个不同的光波长点（尽可能均匀分布，应包含 1310 nm、1550 nm），重复步骤（4），取 $j = 2, 3, \cdots, \geqslant 10$，记录测试结果并根据式（13-3）计算波长示值误差。

**5. 动态范围检定**

（1）按图 13-12 所示连接检定装置。选取某一检定波长点，调整光衰减器，使输出功率小于被检光谱分析仪的最大接收功率，将被检光谱分析仪的分辨率带宽设为 0.1 nm。

**图 13-12　动态范围检定装置示意**

（2）读取窄线宽光源中心波长 $\lambda_{peak}$ 处光功率值与中心波长( $\lambda_{peak} \pm 0.2$ nm)处最大功率值的差值，作为动态范围第 1 次测量值 $D_1$ ，并记录测试结果。

（3）重复 3 次步骤（2），记录测试结果并根据式（13-4）计算被检光谱分析仪的动态范围 $D$ 。

$$D = \frac{1}{3}\sum_{i=1}^{3}D_i \qquad\qquad （13\text{-}4）$$

**6. 光功率修正值与光功率非线性的检定**

对光谱分析仪的光功率修正值与光功率非线性的检定分别参照 JJG 813—2013《光纤光功率计》执行。

## 13.5.2　光波长计的检定方法

**1. 波长分辨率**

（1）检定装置

检定装置包括可调谐激光源、可变光衰减器、光耦合器和标准光波长计等。图 13-13 所示为波长示值检定装置示意。

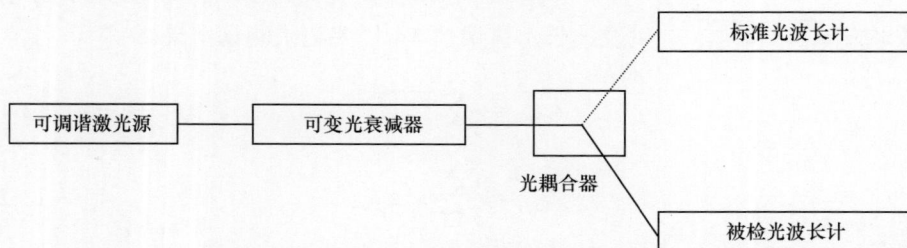

**图 13-13　波长示值检定装置示意**

（2）检定方法

① 按图 13-13 所示连接检定装置。

② 调整可变光衰减器，使光耦合器输出端口的光功率处于标准光波长计和被检光波长计可正常工作的接收功率范围内。

③ 将被检光波长计的波长分辨率设置为最高，在被检光波长计的波长范围内将可调谐激光源的输出光波长调节至某一特定值，读取标准光波长计的测量值 $\lambda_1$ ，微调可调谐激光源的波长，使被检光波长计读数在末位上变化一个数字，记

录此时标准光波长计的测量值 $\lambda_2$，则 $\Delta = |\lambda_1 - \lambda_2|$（计算结果仅保留一位有效数字且与被检光波长计数值精度一致）为被检光波长计的波长分辨率。

**2. 波长示值误差**

（1）标准光波长计检定法

当被检光波长计的准确度等级低于标准光波长计，需要对波长范围内的多个波长点进行检定时，应利用可调谐激光源和标准光波长计来对整个波长范围内的波长示值误差进行检定。

① 检定装置。

检定装置包括可调谐激光源、可变光衰减器、光耦合器和标准光波长计等。

② 检定方法。

（a）按图 13-13 所示连接检定装置。

（b）调整可变光衰减器，使光耦合器输出端口的光功率处于标准光波长计和被检光波长计可正常工作的接收功率范围内。

（c）设定可调谐激光源的波长为第一个检定波长点，读取 $n$ 次（$n \geqslant 3$）由标准光波长计所测的波长值 $\lambda_i (i = 1, 2, \cdots, n)$，并将其算术平均值作为标准光波长计的参考值 $\lambda_s$，即

$$\lambda_s = \frac{1}{n} \sum_{i=1}^{n} \lambda_i \tag{13-5}$$

（d）读取 $n$ 次（$n \geqslant 3$）由被检光波长计所测的波长值 $\lambda_j (j = 1, 2, \cdots, n)$，并将其算术平均值作为被检光波长计的示值 $\lambda_x$，即

$$\lambda_x = \frac{1}{n} \sum_{j=1}^{n} \lambda_j \tag{13-6}$$

波长示值误差 $\Delta$ 表示为

$$\Delta = \lambda_x - \lambda_s \tag{13-7}$$

（e）在被检光波长计的波长范围内，以一定间隔（建议为 10 nm）取其他检定波长点，重复步骤（c）、步骤（d）。

（2）波长稳定光源检定法

当被检光波长计的准确度等级较高，标准光波长计无法满足检定要求时，可利用波长稳定光源来对固定波长点的波长示值误差进行检定。固定波长点的波长示值误差检定装置示意如图 13-14 所示。

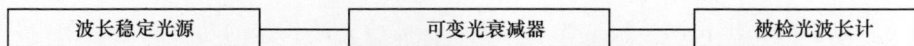

| 波长稳定光源 | 可变光衰减器 | 被检光波长计 |
| --- | --- | --- |

**图 13-14　固定波长点的波长示值误差检定装置示意**

① 检定装置。

检定装置包括波长稳定光源和可变光衰减器等。

② 检定方法。

（a）按图 13-14 所示连接检定装置。

（b）调整可变光衰减器，使波长稳定光源的输出光功率处于被检光波长计可正常工作的接收功率范围内。

（c）将波长稳定光源输出光波长 $\lambda_{s}$ 作为参考值。读取 $n$ 次（ $n \geqslant 3$ ）由被检光波长计所测的波长值 $\lambda_{j}(j = 1, 2, \cdots, n)$，将其算术平均值作为被检光波长计的示值 $\lambda_{x}$，即

$$\lambda_{x} = \frac{1}{n} \sum_{j=1}^{n} \lambda_{j} \qquad (13\text{-}8)$$

波长示值误差 $\Delta$ 表示为

$$\Delta = \lambda_{x} - \lambda_{s} \qquad (13\text{-}9)$$

### 3. 功率示值误差

功率示值检定装置示意如图 13-15 所示。

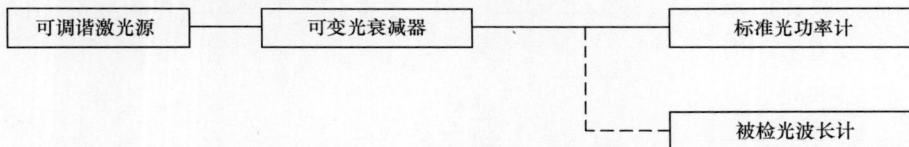

图 13-15　功率示值检定装置示意

（1）检定装置

检定装置包括可调谐激光源、可变光衰减器和标准光功率计等。

（2）检定方法

① 按图 13-15 所示连接检定装置。

② 调整可变光衰减器，使可调谐激光源的输出光功率处于标准光功率计和被检光波长计可正常工作的接收功率范围内。

③ 设定可调谐激光源的波长为 1550 nm，读取标准光功率计的功率示值，取 3 次测量值的算术平均值作为标准光功率计的参考值 $P_{0}$。

④ 按虚线将经过可变光衰减器之后的光源连接至被检光波长计，读取 3 次由被检光波长计所测的功率值，取其算术平均值作为被检光波长计的功率示值 $P_{x}$，功率示值误差 $\Delta$ 为

$$\Delta = P_{x} - P_{0} \qquad (13\text{-}10)$$

⑤ 以 10 dB 步长调节可变光衰减器，在被检光波长计的功率测量范围内，每间隔 10 dB 取一个检定功率点，重复步骤③、步骤④。

## 13.6　典型光谱分析仪和光波长计介绍

本节介绍几种典型的国产光谱分析仪和不同型号的光波长计，为工程师在测量光谱和光波长过程中正确地选择仪器仪表提供帮助。

### 13.6.1　光谱分析仪

#### 1. 天津德力光谱分析仪

图 13-16 所示为天津德力生产的 AE8600 光谱分析仪，表 13-1 所示为 AE8600 光谱分析仪的技术指标。

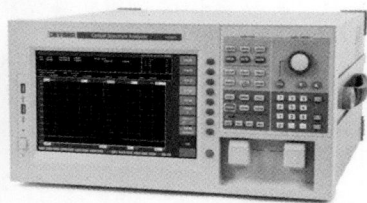

图 13-16　AE8600 光谱分析仪

表 13-1　AE8600 光谱分析仪的技术指标

| 指标名 | 指标值 |
| --- | --- |
| 输入光纤 | SM 光纤（9.5/125 μm）、MMF 光纤（50/125 μm、62.5/125 μm） |
| 波长范围/nm | 600～1700 |
| 分辨率带宽/nm | 0.02～2 |
| 分辨率/nm | 0.02、0.05、0.1、0.2、0.5、1、2 |
| 波长精度/nm | 1520～1620 nm 为±0.02；<br>1450～1520 nm 为±0.04；<br>全范围为±0.1 |
| 波长可重复性/nm | ±0.005（1 min） |
| 波长线性度/nm | ±0.01（1520～1580 nm）；<br>±0.02（1450～1520 nm，1580～1620 nm） |
| 最大输入功率/dBm | 20 |
| 功率精度/dB | ±0.4（1310/1550 nm，输入功率为−20 dBm） |
| 功率线性度/dB | ±0.05（输入功率为−50～+10 dBm） |
| 动态范围/dB | 峰值波长±0.1 nm，39 dB（分辨率为 0.02 nm）；<br>峰值波长±0.4 nm，60 dB（分辨率为 0.05 nm）；<br>峰值波长±1.0 nm，73 dB（分辨率为 0.05 nm） |

AE8600 光谱分析仪是天津德力推出的一种用于光纤信号光谱分析的衍射光栅光谱分析仪，工作于 600～1700 nm 波长范围内，最大分辨率可达 2 nm，最高输入功率为 20 dBm。AE8600 光谱分析仪具有丰富的专业 App，可用于半导体激光器（DFB、FP）光谱特征测量、波分复用（wavelength division multiplexing，WDM）系统参数测试、掺铒光纤放大器（EDFA）系统参数测试、透过率和漂移测试等。AE8600 光谱分析仪具有较高的稳定性和可靠性、极快的光谱扫描速度、开放的数据输出，可帮助用户应对来自光谱测试的各种挑战。

#### 2. 思仪科技光谱分析仪

图 13-17 所示为思仪科技生产的 6362D 光谱分析仪，表 13-2 所示为 6362D

光谱分析仪的技术指标。

6362D 光谱分析仪是一款高分辨率、大动态范围、高速、高性能的光谱分析仪，适用于 600～1700 nm 光谱范围的 DWDM、光放大器等光系统的测试，激光二极管、法布里-珀罗激光器、分布反馈激光器、光收发器等光有源器件的测试，以及光纤、光纤光栅等光无源器件的测试。

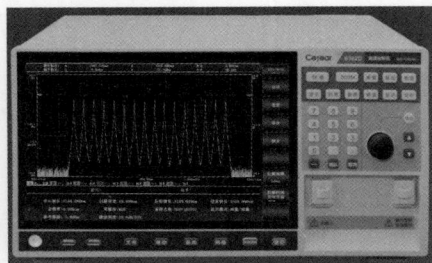

图 13-17　6362D 光谱分析仪

表 13-2　6362D 光谱分析仪的技术指标

| 指标名 | 指标值 |
| --- | --- |
| 输入光纤 | SM 光纤（9.5/125 μm）、MM 光纤（50/125 μm、62.5/125 μm）、大芯径光纤 |
| 波长范围/nm | 600～1700 |
| 分辨率带宽/nm | 0.02～2 |
| 分辨率/nm | 0.02、0.05、0.1、0.2、0.5、1、2 |
| 波长精度/nm | 1520～1620 nm 为±0.02；<br>1450～1520 nm 为±0.04；<br>全范围为±0.1 |
| 波长可重复性/nm | ±0.005（1 min） |
| 波长线性度/nm | ±0.01（1520～1580 nm） |
| 最大输入功率/dBm | 20 |
| 功率精度/dB | ±0.4（1310/1550 nm，输入功率为−20 dBm） |
| 功率线性度/dB | ±0.05（输入功率为−50～+10 dBm） |
| 动态范围/dB | 峰值波长±0.1 nm，46 dB（分辨率为 0.02 nm）；<br>峰值波长±0.4 nm，70 dB（分辨率为 0.05 nm）；<br>峰值波长±1.0 nm，73 dB（分辨率为 0.05 nm） |

## 13.6.2　光波长计

图 13-18 所示为联讯仪器生产的 FWM8612 光波长计，表 13-3 所示为 FWM8612 光波长计的技术指标。

在单次采样模式下，FWM8612 光波长计

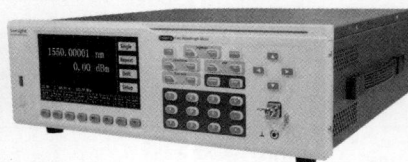

图 13-18　FWM8612 光波长计

的采样率高达 200 Hz，是普通基于迈克耳孙干涉仪的多波长计的 20～100 倍。

在内部触发采样模式下，FWM8612 光波长计内置触发信号发生器，其具有快速测量功能。如图 13-19 所示，在 1000 Hz 的条件下测量普通机械光开关的切换周期及稳定性，同步采集波长功率，可以观察到内部触发采样率高达 1000 Hz，是监测激光器的波长和功率时域稳定性的绝佳"利器"，可以观察到可调激光器的瞬态波长和功率信息变化。在测量光开关等光学仪器的通道切换时间/切换稳定性及一致性等时，谱图非常直观且数据非常准确，动态范围高达 80 dB。

**表 13-3　FWM8612 光波长计的技术指标**

| 指标名 | 指标值 |
|---|---|
| 波长精度/nm | $\pm 0.33 \times 10^{-6}$（$\pm 0.5$ pm@1550 nm） |
| 波长重复性/nm | $\pm 0.07 \times 10^{-6}$（$\pm 0.1$ pm@1550 nm） |
| 波长稳定度/pm | ＜$\pm 0.3$@24 h |
| 波长分辨率/pm | 0.1 |
| 波长可重复性/nm | $\pm 0.005$（1 min） |
| 功率精度/dB | $\pm 0.5$（$\pm 30$ nm，1310～1550 nm） |
| 功率线性度/dB | $\pm 0.5$（1250～1650 nm） |

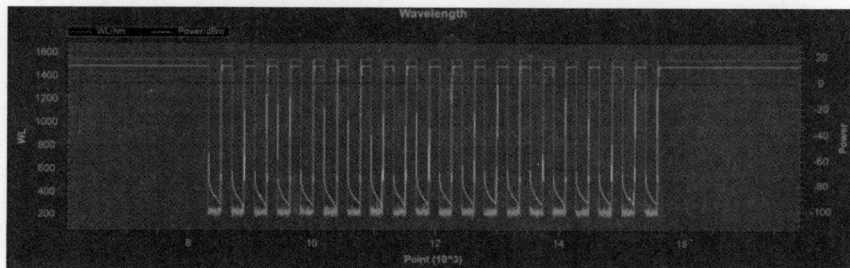

**图 13-19　FWM8612 光波长计的内部触发采样模式**

在外部触发采样模式下，FWM8612 光波长计支持 5V TTL 触发电平，采样率高达 1000 Hz，可以同步测量可调激光器的扫描谱图、可调激光器的 Mode Map 扫描和通道校准，并能对脉冲激光器的波长功率进行同时监测。

在宽带工作模式下，可调激光器通常是在不加调制情况下进行波长校准和测试的，无论是基于迈克耳孙干涉仪的多波长计，还是联讯仪器的基于静态斐索干涉仪的快速波长计，都更适合窄线宽激光器的精确波长测量。但是对于某些特定场合（被测设备），需要在调制信号的情况下进行波长测试。我们知道高速调制会使得原本的窄线宽激光器（线宽通常在千赫兹至兆赫兹）光谱展宽（96 Gbaud 调制信号的光谱展宽到 96 GHz），这使得精确测试波长成了新的挑战。

# 参考文献

[1] 聂建华, 刘加庆, 孟鑫, 等. 光谱分析仪器分类及研究现状[J]. 红外, 2019, 40(6): 44-48.

[2] 张颖艳, 岳蕾, 傅栋博, 等. 光通信仪表与测试应用[M]. 北京: 人民邮电出版社, 2012.

[3] 天津德力仪器设备有限公司. 光谱分析仪用户手册[Z].

[4] 中国电子科技集团公司第四十一研究所. 光谱分析仪用户手册[Z].

[5] 苏州联讯仪器股份有限公司. 光波长计用户手册[Z].

# 第 14 章　光时域反射计

## 14.1　概述

　　光时域反射计（optical time domain reflectometer，OTDR），又称光时域反射仪，其利用光时域反射技术，通过监测光纤中光波传输时产生的瑞利背向散射和菲涅尔反射信号，从而完成对光纤长度、光纤传输衰减、光纤故障点距离、熔接损耗、回波损耗等参数的测量，是光缆线路施工、维护中不可或缺的重要仪表。OTDR 可自动识别出光纤线路中的光纤断裂点、宏弯点、反射点、连接点、熔接点等事件点，建立事件点与地标位置的相对关系，便于光纤线路监测和工程维护。随着技术的发展和应用领域的扩展，在光时域反射技术的基础上，光频域反射计、相干光时域反射计、光子计数光时域反射计、布里渊光时域反射计、相位敏感光时域反射计、偏振光时域反射计等被研制出来，其在光纤传感领域的应用被不断扩展。

## 14.2　光时域反射计的基本原理

　　OTDR 将激光器产生的光脉冲信号注入被测光纤，通过监测沿光纤返回的光信号完成对光纤传输特性的测量。OTDR 主要利用了两种光学现象，即瑞利背向散射和菲涅尔反射，如图 14-1 所示。瑞利背向散射是入射光子由于微观粒子作用而沿随机方向散射的现象，是光纤材料自身固有特性造成的，并且在整段光纤长度上都存在。鉴于瑞利散射在整段光纤长度上是均匀的，因此监测返回的瑞利散射光信号可用于识别沿光纤链路传输的断裂点、宏弯点、反射点、连接点、熔接点等事件点。菲涅尔反射是由于光纤与空气临界处折射率的突变造成的，仅在光纤与空气或其他介质（如机械连接）接触时发生，因此菲涅尔反射可用来定位光纤链路中出现断裂和通过连接器进行连接的位置。OTDR 可以用来测量光纤反射事件的光回波损耗。

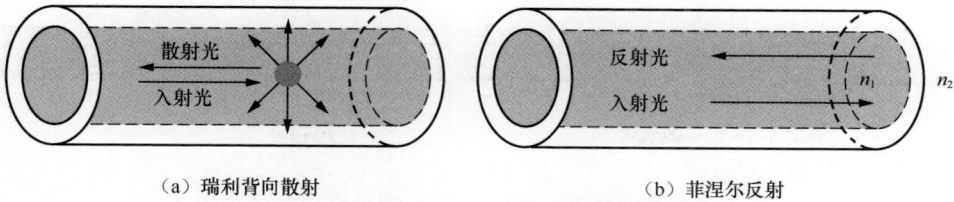

（a）瑞利背向散射　　　　　　　　（b）菲涅尔反射

**图 14-1　光纤中入射光的散射和反射现象**

OTDR 的结构框架如图 14-2 所示。OTDR 的激光器发出光脉冲，光脉冲经环形器注入被测光纤。光电探测器接收的瑞利背向散射和菲涅尔反射信号是一列按时间顺序分布的光强度信号，每个时刻的信号强度对应着相应的光纤位置的瑞利背向散射光或菲涅尔反射光的强度。光电探测器将光信号转换成电信号，交给信号处理与控制系统进行处理和运算，最终由显示器显示出沿光纤整个路段返回的光强度的分布。信号处理与控制系统控制脉冲发生器，负责维持整个系统的时钟同步，对脉冲发生器进行触发；同时记录不同时刻返回光电探测器的光信号强度，执行平均值计算和对数变换，并将得到的结果作为纵坐标，将时间单位转换为距离单位后作为横坐标，即可绘制出不同散射位置的损耗曲线。

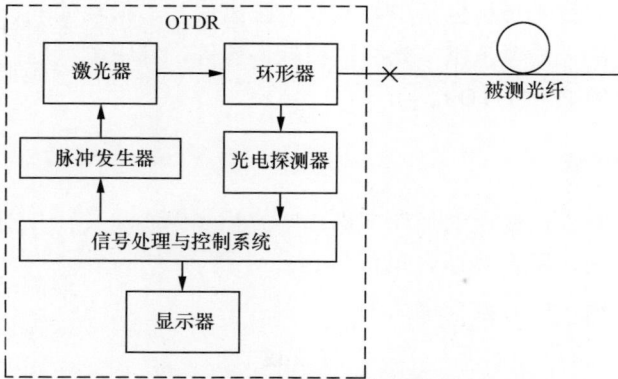

**图 14-2　OTDR 的结构框架**

图 14-3 所示为典型的光纤链路和对应的 OTDR 测试曲线。OTDR 显示屏显示一个以 dB 为单位的衰减的纵坐标，以及一个以 km 为单位的距离的横坐标。曲线上的数据点表示从被测光纤的每一个采样点所返回的光功率的相对电平。从 OTDR 测试曲线上可以看出光接头、熔接点、弯曲点、机械接续点、光纤终端等事件点。由于 OTDR 激光器功率和自身噪声特性，以及光纤链路累计损耗，OTDR 能够探测的光纤距离受限，在可覆盖的光纤距离下，光纤末端为噪声曲线。当光纤距离超出 OTDR 的可探测范围时，光纤迹线也将被噪声曲线淹没，因此在选择 OTDR 时，动态范围成为衡量 OTDR 可探测范围的一个重要指标。

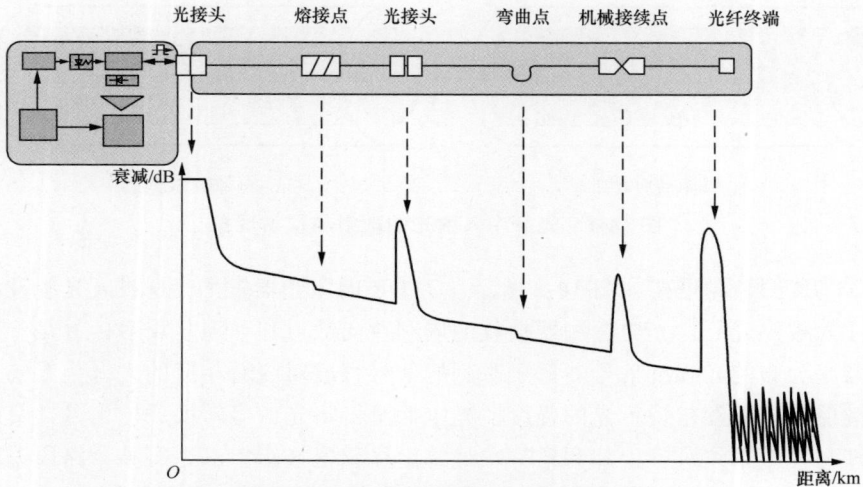

图 14-3　典型的光纤链路和对应的 OTDR 测试曲线

# 14.3　光时域反射计的技术指标

OTDR 的主要技术指标包括中心波长、距离偏差、损耗偏差、动态范围、衰减盲区、事件盲区、测量范围、光回波损耗偏差等，其中测量范围适用于无源光网络（PON）中的 PON OTDR。

## 14.3.1　中心波长

OTDR 光源功率谱密度的加权平均真空波长（中心波长）分别按连续光谱和分离光谱进行定义，用 $\lambda_c$ 表示，单位为 nm。

对于连续光谱，中心波长定义为

$$\lambda_c = \frac{\int P_\lambda \lambda \mathrm{d}\lambda}{\int P_\lambda \mathrm{d}\lambda} \tag{14-1}$$

式中，$\lambda$ 为光源波长；$P_\lambda$ 为光源的功率谱密度。

对于分离光谱，中心波长定义为

$$\lambda_c = \frac{\sum_i P_i \lambda_i}{\sum_i P_i} \tag{14-2}$$

式中，$\lambda_i$ 为波长；$P_i$ 为波长为 $\lambda_i$ 激光模的功率。

## 14.3.2　距离偏差

参考距离为借助准确度比 OTDR 高的计量标准仪器或测量仪器确定的 OTDR

光源输出端面到光纤的一个特征点之间的距离。距离偏差为 OTDR 测量参考距离的显示值与参考距离之差，用 $\Delta L$ 表示，单位为 m，即

$$\Delta L = L_{otdr} - L_{ref} \tag{14-3}$$

式中，$L_{otdr}$ 为 OTDR 测量参考距离的显示值，单位为 m；$L_{ref}$ 为参考距离，单位为 m。

### 14.3.3　损耗偏差

参考损耗为借助不直接利用 OTDR 功率标尺的方法精确标定的一段光纤的损耗。损耗偏差即 OTDR 测量参考损耗的显示值与参考损耗的差值除以参考损耗的结果，用 $\Delta S_A$ 表示，单位为 dB/dB，即

$$\Delta S_A = \frac{A_{otdr} - A_{ref}}{A_{ref}} \tag{14-4}$$

式中，$A_{otdr}$ 为 OTDR 测量参考损耗的显示值，单位为 dB；$A_{ref}$ 为参考损耗，单位为 dB。

### 14.3.4　动态范围

OTDR 发射信号经过一段光纤传输后，接收的瑞利背向散射信号功率等于噪声电平时的衰减量。测量时用瑞利背向散射曲线的线性区域延长和功率轴（纵轴）的交点对应的功率与噪声电平的差值来代表瑞利背向散射的单程动态范围，简称动态范围，单位为 dB。

### 14.3.5　衰减盲区

衰减盲区指在一个反射或衰减事件之后的区域。该区域的始端为事件前沿上升点，当 OTDR 显示的轨迹偏离未被干扰的背景轨迹大于一个给定的纵坐标值 $\Delta F$（dB）时，其在横坐标（距离）上的投影即衰减盲区的末端，单位为 m。

### 14.3.6　事件盲区

对于一个特定的反射回波损耗，反射信号迹线上低于反射峰值 1.5 dB 的两个点之间在横坐标轴上的投影距离为事件盲区，单位为 m。

### 14.3.7　测量范围

PON 链路结构中，OTDR 发射信号经过光分路器等无源器件的衰减后，仍能准确测量光纤链路中经过衰减后熔接事件的熔接损耗值和反射事件的光反射值。

测量时用瑞利背向散射曲线外推与功率轴的交点对应的功率减去衰减后仍能准确测量的事件点对应的功率的差值来代表测量范围，单位为 dB。

### 14.3.8 光回波损耗偏差

借助准确度比 OTDR 高的计量标准仪器或测量仪器确定的光回波损耗标准件的参考光回波损耗为 $R_{ref}$，用被测 OTDR 测量该光回波损耗标准件的测量值为 $R_{otdr}$，用 $\Delta R$ 表示光回波损耗偏差，单位为 dB。光回波损耗偏差表示为

$$\Delta R = R_{otdr} - R_{ref} \tag{14-5}$$

除了上述主要技术指标，在外观方面，OTDR 标志应清晰，外形尺寸与标称尺寸应相符；外观必须平滑、无油渍、无伤痕及无裂纹等；按键的标志应清楚，开关、按键等应接触良好；屏幕宜为液晶触摸屏，且不小于 6 in，屏幕显示应清晰。OTDR 还应具有较好的便携性和集成度。在通用功能方面，OTDR 还应具有自动光轨迹分析、故障事件检测、宏弯故障分析、门限自定义、联网设置、测试时间设置、折射率系数调节、界面语言设定、输出格式设定、在线光检测、电源电压设置、软件升级等功能，PON OTDR 还应具备 PON 链路测试功能。OTDR的功能如表 14-1 所示。

表 14-1 OTDR 的功能

| 功能 | 描述 |
| --- | --- |
| 自动光轨迹分析 | 测量完成后可自动完成对光轨迹进行分析，识别并定位损耗、断点、反射、光纤末端等事件，显示事件列表 |
| 故障事件检测 | 通过对光轨迹进行分析，利用所设置的门限自动检测损耗过大、光纤断裂、高反射等故障事件 |
| 宏弯故障分析 | 通过对光轨迹进行分析，可自动识别并定位宏弯故障点 |
| 门限自定义 | 可自动设置与定义门限 |
| 联网 | 具有以太网接口或 Wi-Fi 联网功能 |
| 测试时间设置 | 可根据测试需求设置不同的测试时间 |
| 折射率系数调节 | 可以调节 1.4000～1.6000 的折射率系数 |
| 界面语言设定 | 中文简体 |
| 输出格式设定 | 可以输出为计算机可以打印的格式 |
| 在线光检测 | 自动检测被测链路是否存在光信号，对光功率过大的情况弹出提示信息 |
| PON 链路测试 | 具备 PON 链路测试功能 |
| 电源电压设置 | 220 V(1±5%)、50 Hz 交流供电，充电模式下设备可以正常工作 |
| 软件升级 | 可进行软件升级 |

表 14-2 所示为 OTDR 的技术指标。

**表 14-2　OTDR 的技术指标**

| 指标名 | | 指标值 |
| --- | --- | --- |
| 中心波长/nm | 单模 | 1310 nm：1310±20；<br>1490 nm：1490±15；<br>1550 nm：1550±20；<br>1625 nm：1625±15；<br>1650 nm：1650±20 |
| | 多模 | 850 nm：850±25；<br>1300 nm：1300±25 |
| 距离偏差/m | 单模 | $\leqslant\pm$（1+1.5×10$^{-5}$×$L$+取样分辨率），$L$ 为设置量程 |
| | 多模 | $\leqslant\pm$（2+2×10$^{-5}$×$L$+取样分辨率），$L$ 为设置量程 |
| 损耗偏差/（dB·dB$^{-1}$） | 单模 | $\leqslant\pm$0.05 |
| | 多模 | $\leqslant\pm$0.1 |
| 动态范围/dB | 单模 | 长距离：$\geqslant$40；<br>中距离：$\geqslant$35；<br>短距离：$\geqslant$30<br>（最大脉宽，测量时间为 3 min，信噪比为 1） |
| | 多模 | $\geqslant$25<br>（最大脉宽，测量时间为 3 min，信噪比为 1） |
| 衰减盲区/m | | $\leqslant$6<br>（最小脉宽，反射回波损耗为 45 dB） |
| 事件盲区/m | | $\leqslant$2<br>（最小脉宽，反射回波损耗为 45 dB） |
| 测量范围*/dB | | 适用于 1×16 分路器结构：$\geqslant$15；<br>适用于 1×32 分路器结构：$\geqslant$18；<br>适用于 1×64 分路器结构：$\geqslant$21 |
| 光回波损耗偏差/dB | | $\leqslant\pm$4 |

注：标有*的指标仅适用于 PON OTDR。

# 14.4　光时域反射计的检定

## 14.4.1　中心波长的检定

（1）按图 14-4 所示连接检定装置。

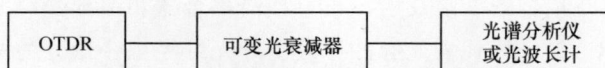

**图 14-4　中心波长检定装置示意**

（2）被检 OTDR 发出的光，经过可变光衰减器，使光功率在光谱分析仪或光波长计的测量范围内，利用平均测量模式读出光脉冲的中心波长值。

### 14.4.2　距离偏差的检定

#### 1．标准光纤法（无源法）

经过校准的标准光纤循环延迟线包括引导光纤、环中光纤，以及高质量、宽波长范围的 2×2 耦合器等，按图 14-5 所示熔接制成。其中引导光纤的长度 $L_a$ 应大于 1 km。

（1）按图 14-6 所示将标准光纤循环延迟线接入被检 OTDR。

（2）标准光纤循环延迟线产生一系列反射特征点，显示在被检 OTDR 的显示屏上，即逐次反射产生了图 14-7 所示的梳状曲线。

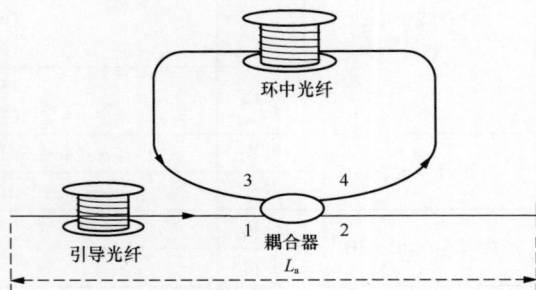

图 14-5　标准光纤循环延迟线结构示意

图 14-6　用标准光纤法检定距离偏差的装置示意

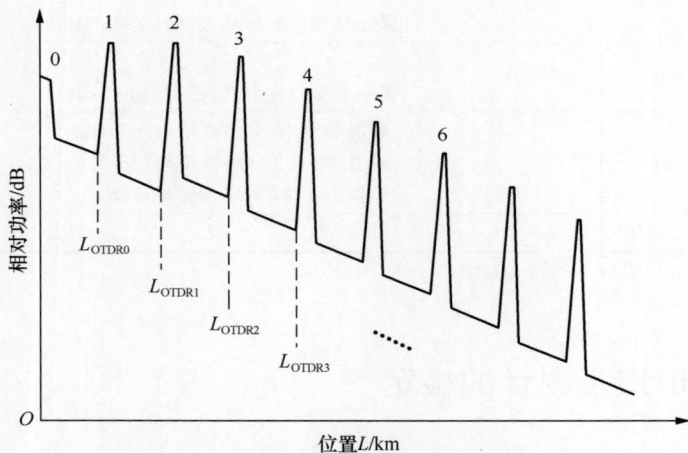

图 14-7　标准光纤循环延迟线产生的梳状曲线

在图 14-7 中，0 号峰代表 OTDR 输出接头的反射。1 号峰代表光脉冲通过引导光纤，并直接在耦合器 2 端反射，再直接沿耦合器和引导光纤（未经过环中光纤）返回 OTDR。2 号峰代表光脉冲通过引导光纤经耦合器分为两部分，一部分由耦合器 4 端进入环中光纤（环中 1 次循环），然后经耦合器 2 端反射，再直接沿耦合器和引导光纤（未经过环中光纤）返回 OTDR；另一部分经耦合器 2 端反射，由耦合器 3 端进入环中光纤（环中 1 次循环），再由耦合器 1 端直接返回 OTDR。3 号峰代表光脉冲通过引导光纤经耦合器分为两部分，一部分由耦合器 4 端进入环中光纤（环中 2 次循环），然后经耦合器 2 端反射，再直接沿耦合器和引导光纤（未经过环中光纤）返回 OTDR；另一部分经耦合器 2 端反射，由耦合器 3 端进入环中光纤（环中 2 次循环），再由耦合器 1 端直接返回 OTDR。其余的依此类推，区别在于光脉冲的环中循环次数不同。从 1 号峰起，每两个相邻的峰的间隔都是 $L_b/2$，即环路长度的一半。用数学表达式描述的上述过程如下。

1 号峰位置：$L_{\text{OTDR}0} = L_a$。

2 号峰位置：$L_{\text{OTDR}1} = L_a + \dfrac{1}{2}L_b$。

3 号峰位置：$L_{\text{OTDR}2} = L_a + \dfrac{2}{2}L_b$。

$$\vdots$$

$(i+1)$ 号峰位置：$L_{\text{OTDR}i} = L_a + \dfrac{i}{2}L_b$。

式中，$L_a$ 为引导光纤长度；$L_b$ 为环中光纤长度。

① 将仪器调整到正常测量状态，设定被测 OTDR 的群折射率 $n=1.4600$。

② 根据标准光纤循环延迟线反射峰的位置和损耗，合理选择 OTDR 的参数（如量程、分辨率、脉冲宽度、平均时间等），以便最大限度发挥被检 OTDR 在不同测量条件下的距离测量准确度优势。

在被检 OTDR 的显示屏上得到图 14-7 所示的梳状曲线。依次读取第 $i$ 个峰上升沿的位置，直到在接近 OTDR 测量动态范围的末端测得 $L_n$。继续测量时，由于信噪比下降，使得测量第 $i+1$ 个反射峰的定位重复性大于选取的相应读数分辨率。

### 2. 时间合成法（有源法）

（1）按图 14-8 所示连接检定装置。

（2）使时间合成器处于外部触发状态，并使其输出宽度 $\geq 100$ ns 的电脉冲，其幅度与极性满足电光转换器工作的要求。

（3）选择延迟时间值 $t_i$，使 OTDR 上出现的模拟反射光脉冲分别出现在量程的近端、中间和远端，对应的标准距离值表示为

$$L_{\text{ref}\,i} = c(t_i + t_0)/2n \tag{14-6}$$

式中，$t_i$ 为时间合成器的延迟时间，$i=1,2,\cdots,m(m \geq 3)$；$c$ 为真空中的光速；$n$ 为被检 OTDR 设定的群折射率，此处为 1.4600（有特殊要求除外）；$t_0$ 为检定装置已检定的固有插入延迟时间。

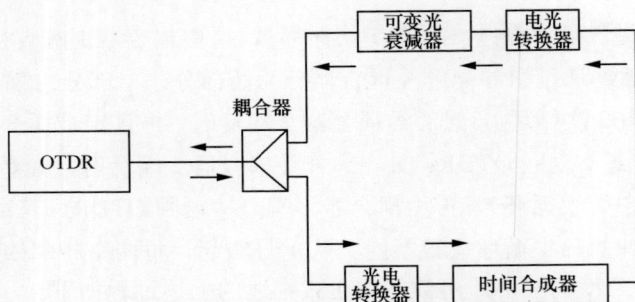

**图 14-8　采用时间合成法检定距离偏差的装置示意**

（4）记录模拟反射光脉冲在 OTDR 上出现的位置 $L_{\text{OTDR}i}$，计算对应各点的距离偏差值 $\Delta L_i$，即

$$\Delta L_i = L_{\text{OTDR}i} - L_{\text{ref}i} \qquad （14-7）$$

式中，$L_{\text{ref}i}$ 为模拟标准光纤长度；$L_{\text{OTDR}i}$ 为被检 OTDR 对模拟标准光纤长度的测量值。

当采用无源法和有源法获得的距离偏差结果差异较大时，以有源法的测量结果为准。

### 14.4.3　损耗偏差的检定

**1．损耗标准光纤法（无源法）**

（1）按图 14-9 所示连接检定装置。

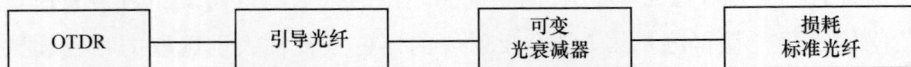

**图 14-9　损耗偏差的无源法检定装置示意**

（2）将仪器调整到正常测量状态，设置可变光衰减器的衰减值为 0 dB。

（3）合理选择被测 OTDR 的参数（如量程、脉冲宽度、平均时间、分析方法等），以便最大限度发挥被检 OTDR 在不同测量条件下的损耗测量准确度优势。

（4）用跳线连接被测 OTDR 的光输出端和标准光纤或模拟接头的指定输入端。

（5）对于标准光纤，移动 OTDR 的光标 A，使 A 远离标准光纤前端菲涅尔反射产生的反射峰（使得光标 A 位于前端线性区域内）；移动光标 B。在被测 OTDR 上读取 A、B 间光纤段的衰减 $A_{01}$（dB/km）。对于模拟接头，利用被测 OTDR 测量模拟接头损耗 $A'_{01}$（dB）。在保持光标位置不变的条件下重复进行 3 次测量。

（6）增大可变光衰减器的衰减值，使测量功率水平下降，直到 OTDR 显示的标准光纤或模拟接头的瑞利背向散射曲线的噪声大于 OTDR 测量损耗的分辨率

（此时 OTDR 测量损耗的重复性明显下降），此时以 0.5 dB 的步进减小可变光衰减器的衰减值，直至 OTDR 测量损耗的重复性恢复正常值。重复步骤（4），并记录结果。

**2. 时间合成法（有源法）**

（1）按图 14-10 所示连接检定装置。

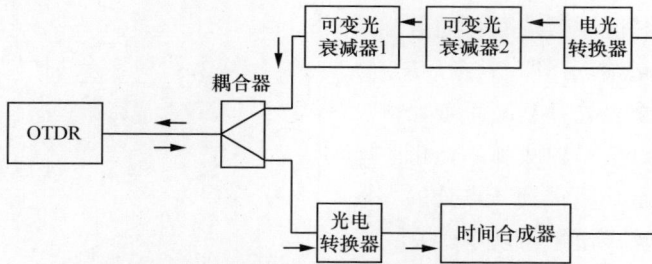

**图 14-10　损耗偏差的有源法检定装置示意**

可变光衰减器 1 为已检定的标准可变光衰减器，用来模拟固定标准衰减值。

（2）设置时间合成器，使其输出极性和幅度适当、宽度为 $1 \sim 10 \, \mu s$ 的脉冲信号。调整可变光衰减器 2 的衰减值及时间合成器的延迟时间，在用户常用的功率与位置区域进行测量。

（3）把可变光衰减器 1 置于 0 dB 挡，OTDR 测量模式设置为平均模式，选择合适的测量时间，获得满意的信噪比之后，读出此时 OTDR 上模拟瑞利背向散射信号的相对功率电平 $P_1$。再把可变光衰减器 1 置于已检定的衰减值 $A'_{\mathrm{ref}}$，读出此时模拟瑞利背向散射信号的相对功率电平 $P_2$，计算 OTDR 在当前状态下的损耗显示值 $A'_{\mathrm{OTDR}} = |P_2 - P_1|$。由于 OTDR 在测量光纤损耗时为入射光与反射光的往返双程光的损耗除以 2，因此损耗参考值 $A_{\mathrm{ref}} = A'_{\mathrm{ref}}/2$，利用式（14-4）计算可得到损耗偏差。

（4）改变可变光衰减器 2 的衰减值，以 $1 \sim 2$ dB 步进。重复上述测量步骤，此项检定在 OTDR 的线性区内进行。

当采用无源法和有源法获得的损耗偏差结果差异较大时，以有源法的测量结果为准。

## 14.4.4　动态范围的检定

（1）按图 14-11 所示连接检定装置。

（2）打开被检 OTDR，使其正常工作，按仪器说明书要求设置脉冲宽度，设定平均次数或平均时间。测量光纤链路（光纤 1、可变光衰

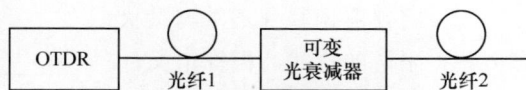

**图 14-11　动态范围的检定装置示意**

减器和光纤 2)的瑞利背向散射和回波曲线。

(3)改变可变光衰减器的衰减值,使光纤链路尾端瑞利背向散射电平等于噪声峰值电平。

根据定义,动态范围是指使瑞利背向散射信号等于噪声电平的衰减量。如图 14-12 所示,将瑞利背向散射信号曲线外推与相对功率轴相交,交点为 $A$;测量时将光标置于饱和区域后瑞利背向散射信号曲线的起始点,即 $B$ 点,$B$ 点处光纤距离乘以光纤衰减系数,即瑞利背向散射信号曲线斜率,可通过 $B$ 点的显示功率得到 $A$ 点处的相对功率值。噪声电平与功率轴交于点 $A'$。则 $A$ 点与 $A'$ 点的功率差值即动态范围(信噪比为 1),$A'$ 点的功率也可以直接由噪声峰值的功率减去 1.8 dB 近似得到。

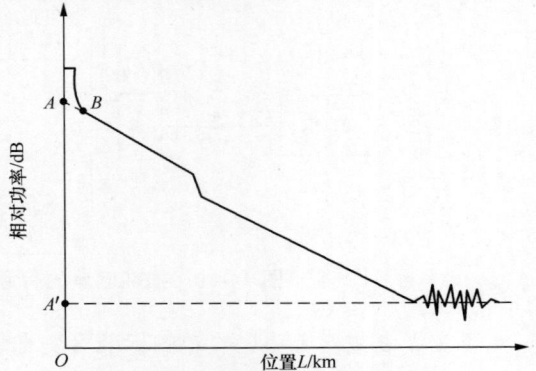

图 14-12 动态范围测量曲线

## 14.4.5 衰减盲区的检定

(1)按图 14-13 所示连接检定装置。

OTDR 发出的光脉冲通过耦合器后分成两路,一路是沿光纤传输的光产生的瑞利背向散射信号,另一路通过可变光衰减器,其衰减值模拟了回波损耗特性。两路光信号通过耦合器返回 OTDR,形成了一个仿真反射事件。如果整个光纤环路的长度为 $L$,则仿真反射事件出现在 $L/2$ 处,在此点没有任何附加损耗(见图 14-14)。根据定义,从图 14-14 就能得出衰减盲区。

(2)将仪器调整到正常测量状态,获得平滑的迹线。根据定义,衰减盲区是一个反射或衰减事件之后的区域,在此区域中,OTDR 显

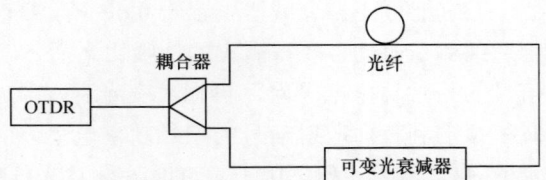

图 14-13 衰减盲区和事件盲区的检定装置示意

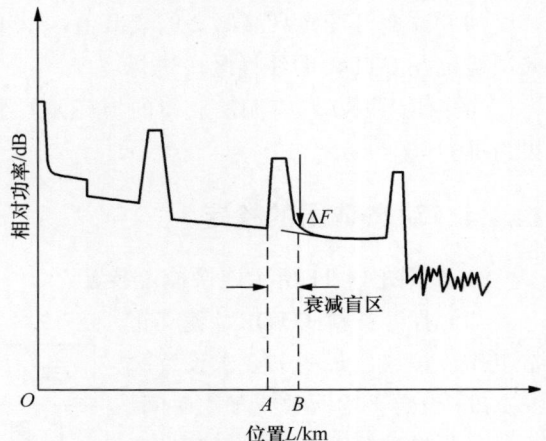

图 14-14 衰减盲区测量曲线

示的轨迹偏离未被干扰的背景轨迹超过一个给定的纵坐标距离 $\Delta F$（见图 14-14）。在图 14-14 的迹线上找出 $\Delta F$ 值，即可得到长度 $AB$，$\Delta F = 0.5\,\text{dB}$。

（3）改变输出光脉冲宽度，可以得到不同光脉冲宽度下的衰减盲区。

## 14.4.6　事件盲区的检定

（1）按图 14-13 所示连接检定装置。

如前面所述，被检 OTDR 发出的光脉冲经图 14-13 所示检定装置形成了一个仿真反射事件（$C$ 和 $D$ 之间的反射峰），如图 14-15 所示。

（2）将仪器调整到正常测量状态，获得平滑的迹线。

（3）根据定义，事件盲区是指对于一个特定的反射回波损耗，反射信号迹线上低于反射峰值 1.5 dB 的两个点之间在横坐标轴上的投影距离。在图 14-15 的反射信号迹线上找出低于反射峰值 1.5 dB 的两个点 $C$、$D$，$C$、$D$ 两点在横坐标轴上的投影距离即事件盲区。

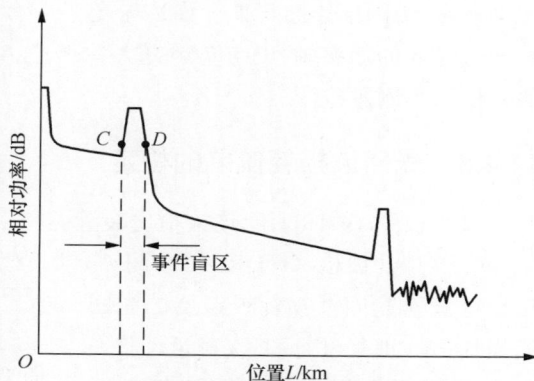

**图 14-15　事件盲区测量曲线**

（4）改变输出光脉冲宽度，可以得到不同光脉冲宽度下的事件盲区。

## 14.4.7　测量范围的检定

（1）按图 14-16 所示连接检定装置。光纤 1 的长度为 1～2 km，光纤 2 和光纤 3 的长度均为 2 km。$B$ 点为光纤熔接点，熔接损耗为 0.5 dB。光纤末端的光回波损耗为 45 dB。

**图 14-16　测量范围的检定装置示意**

（2）打开被检 OTDR，使其正常工作。测量光纤链路（光纤 1、可变光衰减器和光纤 2）的瑞利背向散射和回波曲线，测量范围的测量曲线如图 14-17 所示。

（3）设定好平均次数或平均时间。

（4）改变可变光衰减器的衰减值，使得被检 OTDR 可以准确测量出熔接点 $B$ 的熔接损耗和光纤末端的光回波损耗。

将瑞利背向散射信号曲线外推与功率轴的交点 $A$ 点的功率（外推方法与动态范围中给出的方法一致）与光纤末端对应的功率轴 $A'$ 点位置的功率的差值记为测量范围。

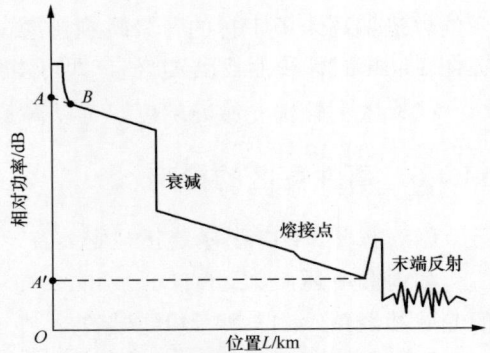

图 14-17　测量范围的测量曲线

### 14.4.8　光回波损耗偏差的检定

（1）按图 14-18 所示连接检定装置。

（2）打开被检 OTDR，使其正常工作。测量光回波损耗模拟器的光回波损耗值，重复进行 3 次测量，将 3 次测量的平均值作为光回波损耗示值，并计算光回波损耗偏差。

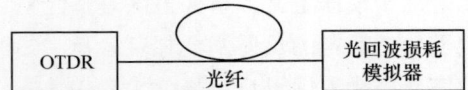

图 14-18　光回波损耗偏差的检定装置示意

## 14.5　光时域反射计的典型应用

OTDR 是全面的光纤测试工具，可在光纤链路的任何地方检测、定位以及测量事件点，识别光纤事件/损伤点，包括链路中的熔接点、弯曲、连接器、断裂等，给出到每个事件/损伤点的物理距离，测量光纤、事件/损伤点的衰减或损耗，并针对每个反射事件/损伤点给出反射功率以及回波损耗，管理测试数据并形成测试报告。

OTDR 可用于测量单模光纤，1310 nm 和 1550 nm 是单模 OTDR 测试中使用的主要波长，当需要监测活动光纤网络时，可以使用 1625 nm 来进行在线寻障。OTDR 还可用于测量多模光纤，850 nm 和 1300 nm 波长一般被应用于多模光纤系统的传输以及测试。骨干网中对长距离光纤进行监测时，需要使用大动态范围的单模 OTDR；在光纤到户（FTTH）接入网的短距离光纤测试应用中，需要用到 PON OTDR，要求经过分路器后仍能分析事件。OTDR 功能非常多，应用广泛。为应用选择一个具有合适技术指标的 OTDR 非常重要。在测试前，要考虑是单模光纤还是多模光纤，是短距离还是长距离。

通常，OTDR 的测量过程包括采样和测量。采样时，OTDR 能够以数值或者图形的方式读取数据与显示结果，也就是曲线的生成。测量时，技术人员基于结果分析数据，操作曲线，找到自己所要的测试结果。目前，大部分 OTDR 都配置了全自动模式。采用全自动模式时，技术人员需要自己设置测试的波长、平均时间，以及光纤参数（例如，群折射率对光纤长度测量有影响）。更有经验的技术人员可以让 OTDR 执行部分配置功能，自己设置所需要的参数以便优化测试，这称为半自动模式。另外，还有手动模式，那就是技术人员根据经验、测试要求及被测链路的情况自己输入各种测试参数。

测量时，需要认识事件，光纤上的事件是指除光纤材料自身正常散射的任何导致损耗或反射的事物，包括各类连接及弯曲、裂纹或断裂等损伤。多数情况下，在光纤结束处轨迹下降到噪声电平前会有强反射；如果光纤中断或断裂，也可能形成非反射事件，轨迹直接下降到噪声电平。光纤链路内的连接器或机械接头会同时导致反射和损耗。熔接接头是非反射事件，只能检测到损耗。现在的熔接技术非常好，几乎看不出损耗。还有一种情况，接头处显示为增益，功率电平似乎有增加。这是接头前后的光纤的后向散射系数不同造成的，这就是"伪增益"。如果在一个方向上测量看到"增益"，则要从光纤的另一端进行测量，将会看到在此点的损耗，实际损耗值取两者的平均值。光纤的弯曲会导致损耗，这是由于较小的曲率半径破坏了光传输的全反射条件（临界角），有一部分光被折射出去。

在使用 OTDR 的过程中，在清洁 OTDR 端面以及已连接的连接器的时候，应禁用激光或关闭仪器。这既是为了保护仪器的安全，也是为了操作者自身的安全考虑。用常规 OTDR 进行测试，必须确定被测光纤中没有光信号。由于 OTDR 是单端连接进行测试的，它既向光纤中入射光脉冲，又能接收后向散射光，后向散射光的电平很低，所以需要很灵敏的光功率计来测试这部分返回的光。正常光纤中传输的工作光的功率要高得多，如果另一端有光输入，那会对 OTDR 的光接收部分造成损坏。另外，OTDR 发出的光脉冲的功率相当高，也会对另一端的仪器设备造成伤害。

## 14.6　典型光时域反射计介绍

本节介绍几种典型的光时域反射计。

### 1. 北京信维科技股份有限公司的光时域反射计

图 14-19 所示为北京信维科技股份有限公司生产的 MTP-200 系列光时域反射计，表 14-3 和表 14-4 所示为 palmOTDR 系列和 MTP-200 系列光时域反射计的技术指标。

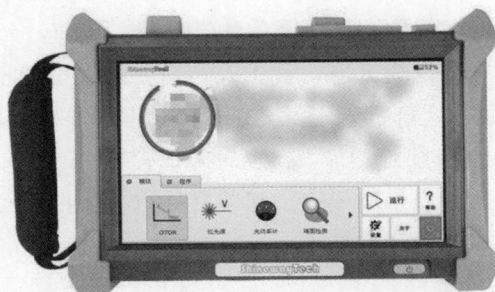

图 14-19　MTP-200 系列光时域反射计

表 14-3　palmOTDR 系列光时域反射计的技术指标

| 指标名 | 指标值 | | |
| --- | --- | --- | --- |
| | palmOTDR-M20AE | palmOTDR-S20F | palmOTDR-P31C |
| 中心波长/nm | 850±20 或 1300±20 | 1310±20 或 1550±20 | 1310±20、1550±20 或 1625±20 |
| 距离偏差/m | ±（1+5×10⁻⁵×距离+取样间距） | ±（1+5×10⁻⁵×距离+取样间距） | ±（1+5×10⁻⁵×距离+取样间距） |
| 动态范围/dB | 21/24（20 μs，3 min） | 50/48（20 μs，3 min） | 38/37/37（20 μs，3 min） |
| 事件盲区/m | ≤1.5（<−45 dB，10 ns） | ≤0.8（<−45 dB，10 ns） | ≤0.8（<−45 dB，10 ns） |
| 衰减盲区/m | ≤5（<−45 dB，10 ns） | ≤4.5（<−45 dB，10 ns） | ≤4.5（<−45 dB，10 ns） |
| 损耗偏差/（dB · dB⁻¹） | ±0.05 | ±0.05 | ±0.05 |
| 光回波损耗偏差/dB | ±4 | ±4 | ±4 |

表 14-4　MTP-200 系列光时域反射计的技术指标

| 指标名 | 指标值 | | |
| --- | --- | --- | --- |
| | MTP-200X-20VF | MTP-200X-31VCPL | MTP-200X-40VC |
| 中心波长/nm | 1310±20 或 1550±20 | 1310±20、1550±20 或 1625±20 | 850±20、1300±20、1310±20 或 1550±20 |
| 距离偏差/m | ±（1+5×10⁻⁵×距离+取样间距） | ±（1+5×10⁻⁵×距离+取样间距） | ±（1+5×10⁻⁵×距离+取样间距） |
| 动态范围/dB | 50/48（20 μs，3 min） | 43/41/40（20 μs，3 min） | 23/28/38/36（20 μs，3 min） |
| 事件盲区/m | ≤0.8（<−45 dB，5 ns） | ≤0.8（<−45 dB，5 ns） | ≤1（<−45 dB，5 ns） |
| 衰减盲区/m | ≤4（<−45 dB，10 ns） | ≤4（<−45 dB，10 ns） | ≤4.5/4.5/4/4（<−45 dB，10 ns） |
| 损耗偏差/（dB · dB⁻¹） | ±0.05 | ±0.05 | ±0.05 |
| 光回波损耗偏差/dB | ±4 | ±4 | ±4 |

## 2．天津德力的光时域反射计

　　图 14-20 所示为天津德力生产的 AE3100 系列光时域反射计，表 14-5 和表 14-6

所示为天津德力 AE1000 系列和 AE3100 系列光时域反射计的技术指标。

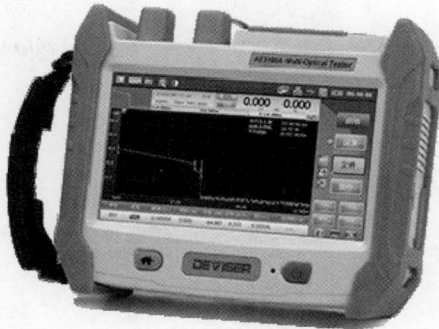

图 14-20　AE3100 系列光时域反射计

表 14-5　AE1000 系列光时域反射计的技术指标

| 指标名 | 指标值 | | |
| --- | --- | --- | --- |
| | **AE1000A** | **AE1000B** | **AE1000C** |
| 中心波长/nm | 1310±20 或 1550±20 | 1310±20 或 1550±20 | 1310±20 或 1550±20 |
| 距离偏差/m | ±（0.75 + 5×10⁻⁵×距离+ 采样分辨率） | ±（0.75 + 5×10⁻⁵×距离+ 采样分辨率） | ±（0.75 + 1×10⁻⁵×距离+ 采样分辨率） |
| 动态范围/dB | 29/27（20 μs，3 min） | 33/31（20 μs，3 min） | 36/34（20 μs，3 min） |
| 事件盲区/m | ≤2（＜-45 dB，5 ns） | ≤1.5（＜-45 dB，5 ns） | ≤0.8（＜-45 dB，5 ns） |
| 衰减盲区/m | ≤7（＜-45 dB，5 ns） | ≤6（＜-45 dB，5 ns） | ≤4（＜-45 dB，5 ns） |

表 14-6　AE3100 系列光时域反射计的技术指标

| 指标名 | 指标值 | | |
| --- | --- | --- | --- |
| | **AE3100A** | **AE3100F** | **AE3100DP** |
| 中心波长/nm | 1310±20 或 1550±20 | 1310±20 或 1550±20 | 1625±20、1650±20 或 1490±20 |
| 距离偏差/m | ±（0.75+5×10⁻⁵×距离+ 采样分辨率） | ±（0.75+5×10⁻⁵×距离+ 采样分辨率） | ±（0.75+5×10⁻⁵×距离+ 采样分辨率） |
| 动态范围/dB | 32/30（20 μs，3 min） | 45/43（20 μs，3 min） | 37/36/37（20 μs，3 min） |
| 事件盲区/m | ≤1.5（＜-45 dB，3 ns） | ≤0.8（＜-45 dB，3 ns） | ≤0.8（＜-45 dB，3 ns） |
| 衰减盲区/m | ≤5（＜-45 dB，3 ns） | ≤3（＜-45 dB，3 ns） | ≤3（＜-45 dB，3 ns） |

### 3. 北京波威科技有限公司的光时域反射计

图 14-21 所示为北京波威科技有限公司生产的 AOR500 系列光时域反射计，表 14-7 所示为 AOR500 系列光时域反射计的技术指标。

图 14-21　AOR500 系列光时域反射计

表 14-7　AOR500 系列光时域反射计的技术指标

| 指标名 | 指标值 | | |
|---|---|---|---|
| | AOR500-C | APR520-PC | AOR500-MM-A |
| 中心波长/nm | 1310/1550±20 | 1310/1550/1625±20 | 850/1300±20 |
| 距离偏差/m | ±（0.8 + 0.001% ×<br>测试距离 + 分辨率） | ±（0.8 + 0.001% ×<br>测试距离 + 分辨率） | ±（0.8 + 0.001% ×<br>测试距离 + 分辨率） |
| 动态范围/dB | 36/34（20 μs，3 min） | 36/34（20 μs，3 min） | 22/24（20 μs，3 min） |
| 事件盲区/m | ≤3（<−45 dB，5 ns） | ≤3（<−45 dB，5 ns） | ≤4（<−45 dB，5 ns） |
| 衰减盲区/m | ≤8（<−45 dB，10 ns） | ≤8（<−45 dB，10 ns） | ≤9（<−45 dB，10 ns） |

### 4. 北京奥普维尔科技有限公司的光时域反射计

图 14-22 所示为北京奥普维尔科技有限公司生产的 FTS510 系列光时域反射计，表 14-8 所示为 FTS510 系列光时域反射计的技术指标。

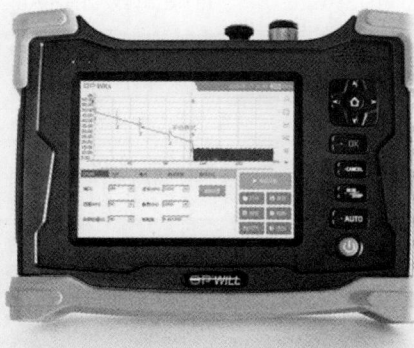

图 14-22　FTS510 系列光时域反射计

**表 14-8　FTS510 系列光时域反射计的技术指标**

| 指标名 | 指标值 | |
| --- | --- | --- |
| | FTS510-E | FTS510-N |
| 中心波长/nm | 1310/1550±20 | 1310/1550±20 |
| 距离偏差/m | ±（0.75 + 5×10⁻⁵×距离+采样分辨率） | ±（0.75 + 5×10⁻⁵×距离+采样分辨率） |
| 动态范围/dB | 46/46（20 μs，3 min） | 35/33（20 μs，3 min） |
| 事件盲区/m | ≤0.8（<−45 dB，3 ns） | ≤0.8（<−45 dB，3 ns） |
| 衰减盲区/m | ≤4<br>（<−45 dB，5 ns） | ≤4<br>（<−45 dB，5 ns） |

# 参考文献

[1] 中国电子技术标准化研究所. 光时域反射计通用规范: SJ 20548—1995[S]. 北京: 中国标准出版社, 1995.

[2] 全国几何量长度计量技术委员会. 光时域反射计: JJG 959—2024[S]. 北京: 中国标准出版社, 2024.

[3] 泰尔认证中心有限公司. 光时域反射计认证技术规范: TLC 015—2019[S]. 北京: 中国信息通信研究院, 2019.

[4] 张颖艳, 岳蕾, 傅栋博, 等. 光通信仪表与测试应用[M]. 北京: 人民邮电出版社, 2012.

[5] 黎敏, 廖延彪. 光纤传感器及其应用技术[M]. 武汉: 武汉大学出版社, 2008.

[6] 叶玉堂, 饶建珍, 肖峻, 等. 光学教程[M]. 北京: 清华大学出版社, 2011.

[7] 国际电工委员会. 光时域反射计（OTDRs）的校准 第 1 部分: 单模光纤用光时域反射计: IEC 61746-1—2009[S]. IEC, 2009.

[8] 北京信维科技股份有限公司. 光时域反射计用户手册[Z].

[9] 天津市德力电子仪器有限公司. 光时域反射计用户手册[Z].

[10] 浙江信测通信股份有限公司. 光时域反射计用户手册[Z].

[11] 浙江信测通信股份有限公司. 光时域反射计用户手册[Z].

[12] 北京奥普维尔科技有限公司. 光时域反射计用户手册[Z].

# 第 15 章 光回波损耗测试仪

## 15.1 概述

光纤通信系统的传输链路中包括众多的光纤无源器件,如光纤连接器、光耦合器、光开关等,以及光纤有源器件,如光发射机、光接收机、光纤放大器等。这些光纤无源器件和光纤有源器件的后向反射光会对信号传输质量产生不利影响,例如:使得传输的光信号减弱,与入射光信号产生干涉现象,在数字传输系统中产生较高的误码率,在模拟传输系统中降低信噪比。同时,后向反射光会返回光源,这也会造成光源的中心波长波动,引起光源的输出功率波动,并导致光源出现永久损伤。

光回波损耗测试仪主要用于光纤无源器件或光纤有源器件的光回波损耗和光插入损耗测试。光回波损耗测试仪在光纤、光纤无源器件制造、光纤通信运维等领域应用广泛,是生产厂商、科研机构和运营商用于生产检测、研究开发和工程施工与维护的基本测试仪器。

光的回波损耗主要是由于光路中存在后向反射和瑞利散射而产生的。实际上,连接器之间存在着空气薄膜,剧烈的折射率变化就会引起后向反射;光纤自身的不均匀性,会在光纤内产生折射率的变化,进而产生瑞利散射。这两种现象都会对前端的光发射机造成影响。

## 15.2 光回波损耗测试仪的基本原理

目前,主流的光回波损耗测试仪有两种技术:一种是采用直接测量入射光功率和反射光功率的连续光反射技术;另一种是光时域反射技术,采用该技术的测试仪俗称为免缠绕(mandrel-free)光回波损耗测试仪。

### 15.2.1 连续光反射技术

连续光反射技术的基本原理如图 15-1 所示。光功率计 1 测得系统内全部的反射光功率 $P_a$,若端口 3 到端口 2 的耦合系数是 $C_1$,则被测器件的反射光功率 $P_r$ 可表示为

$$P_r = \frac{P_a - P_0}{C_1} \tag{15-1}$$

式中，$P_0$ 为系统的固有反射光功率。这个值会在后面具体求得，它是由于光分路器的方向性和回波损耗产生的。

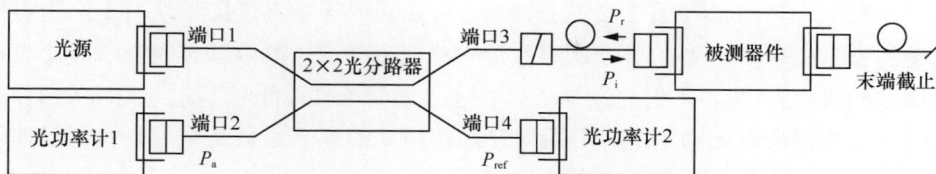

**图 15-1　连续光反射技术的基本原理**

光功率计 2 测得入射端口 4 的光功率 $P_{ref}$，若端口 4 与端口 3 的分光比为 $C_2$，则被测器件的入射光功率 $P_i$ 可表示为

$$P_i = \frac{P_{ref}}{C_2} \tag{15-2}$$

被测器件的光回波损耗 RL 由式（15-1）变换为

$$
\begin{aligned}
RL &= -10\lg\left(\frac{P_r}{P_i}\right) \\
&= -10\lg\left[\frac{(P_a - P_0) \times C_2}{P_{ref} \times C_1}\right] \\
&= -10\lg\left(\frac{P_a}{P_{ref}} - \frac{P_0}{P_{ref}}\right) + 10\lg\left(\frac{C_1}{C_2}\right) \\
&= -10\lg(P_a' - P_0') + G
\end{aligned} \tag{15-3}
$$

式中，$P_a' = \dfrac{P_a}{P_{ref}}$ 为总的反射光功率 $P_a$ 的归一化值；$P_0' = \dfrac{P_0}{P_{ref}}$ 为系统的固有反射光功率 $P_0$ 的归一化值，$P_0$ 的测量方法如图 15-2 所示，在没有被测器件的时候由光功率计 1 测得；$G = 10\lg\left(\dfrac{C_1}{C_2}\right)$ 为系统常数，其中 $C_1$ 是端口 3 到端口 2 的耦合系数，$C_2$ 是端口 4 与端口 3 的分光比。

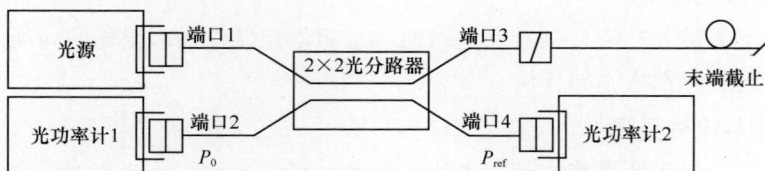

**图 15-2　固有反射光功率 $P_0$ 的测量方法**

到此为止，我们通过一系列复杂的计算得到了 $P_r$，这需要两次连接、两次计算、两个光功率计。显然，这种方法的步骤的复杂度和成本高，且采用这种方法的测试仪不易封装为单端口仪表，故光回波损耗测试仪通常使用的是基于连续光反射法的简化方法。

如图 15-3 所示，使用 1×2 光分路器，将光功率计 2 直接接到端口 3 来测得被测端的输入光功率。先在端口 3 直接连接光功率计 2（图中以虚线表示，此时不连接被测器件），测得入射光功率 $P_i$，再连接被测器件（此时不连接光功率计 2），在端口 2 测得反射光功率 $P_a$，若端口 3 到端口 2 的耦合系数是 $C_1$，则被测器件的反射光功率 $P_r = \dfrac{P_a - P_0}{C_1}$，此时被测器件的光回波损耗 RL 由式（15-1）变换为

$$RL = -10\lg\left(\frac{P_a - P_0}{P_i} \times \frac{1}{C_1}\right) \tag{15-4}$$

式中，$P_0$ 为系统的固有反射光功率，其测量方法如图 15-3 所示，只是此时端口 4 的光功率计 2 不存在了。

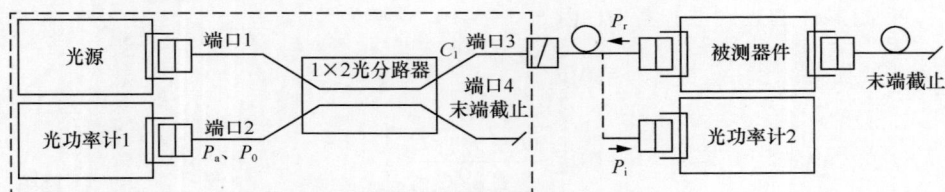

**图 15-3　光回波损耗测试仪原理**

这种方法的好处是，只要在出厂前固化了 $P_i$、$P_0$ 和 $C_1$，在以后的测试中，我们甚至可以去掉光功率计 2，只读取光功率计 1 的读数，就可直接得到被测端口的光回波损耗值。

然而，光源的入射光功率 $P_i$ 会随着使用时间变化，而固有反射光功率 $P_0$ 也会由于端口的磨损、测试跳线的连接重复性等因素变化。这样我们就不得不继续用一个"冗余的"光功率计 2 来测 $P_i$，同时还需要在每次测试前先测固有反射光功率 $P_0$，显然我们需要再想些办法来改变这一切。

**1.　增加使用功能**

如果不去掉光功率计 2，而是增加一个测量光器件插入损耗的功能，这样也可以间接起到降低成本的作用。

**2.　增加测试步骤**

实际上，如果能直接由光功率计 1 测 $P_i$，那么光功率计 2 在测量光回波损耗的过程中就没有存在的必要了。想要实现这个目标，我们需要把端口 3 的光返回

端口 2 的光功率计 1 处，这样我们就需要一个反射装置，比如全反射镜，或者某个已知反射率或反射值的器件。

我们只要知道端口 3 到端口 2 的耦合系数或者插入损耗（当然这些可以测得），然后增加一步，即在连接测试跳线后读取光功率计 1 的读数，就可以逆推计算得到 $P_i'$。

### 3. 简化计算步骤

通常的仪表厂商都不会真的测算 $C_1$、$P_i'$，而是通过某些标准的光回波损耗参考器来直接标定光功率计 1，使其读数直接为光回波损耗测试值。

我们在这里简述一下 PC 型光纤连接器端面置于空气中时，典型回波损耗值的由来。

光经过不同介质时的反射率 $R$ 取决于这两种介质的折射率之间的关系，通常石英光纤在工作波长的折射率 $n_1 = 1.46$，在空气中的折射率 $n_2 = 1$，则反射率可表示为

$$R = \left(\frac{n_1 - n_2}{n_1 + n_2}\right)^2 = \left(\frac{1.46 - 1}{1.46 + 1}\right)^2 \times 100\% \approx 3.5\% \qquad (15\text{-}5)$$

用对数表示光纤跳线端面的光回波损耗值，即 $RL = -10\lg R \approx 14.6\ \text{dB}$。

这样我们就找到了简单的标准光回波损耗参考器——PC 型光纤连接器。常见的光回波损耗测试仪的自校准步骤就是连接一个标准的 PC 型光纤连接器，将光功率计 1 的示值改变为标准 PC 型光纤连接器已经标定的光回波损耗值，这个值根据仪表厂商选用光源波长的不同而变化，具体为 14～15 dB。

终于，我们省掉了多余的光功率计 2，可以直接由光功率计 1 的读数得到光回波损耗值。但是由于标准光回波损耗参考器的不确定度通常较大，用其标定的光回波损耗测试仪的不确定度也随之变大了。

## 15.2.2　光时域反射技术

将光时域反射计通过跳线 $TJ_1$ 连接至被测设备输入端，以避开前端盲区；被测设备输出端再连接一根跳线 $TJ_2$，以避开末端高反射。光时域反射计会测试出图 15-4 所示的距离-反射功率曲线。那么可得光回波损耗 RL，即

$$RL \approx k - 2 \times H \qquad (15\text{-}6)$$

式中，$k$ 为瑞利背向散射系数；$H$ 为被测器件的反射功率，通常当 $H > 5$ 时，光回波损耗测试值较为准确。

由于光时域反射技术可以测得整个光链路不同位置的反射，这就可以分析链路中的多个反射事件，同时可以将多个反射事件的光回波损耗值分别计算出来。光时域反射技术比连续光反射技术操作更加简单，不需要对链路末端进行截止，同时可以避免前端高反射事件对后续事件的影响。因此，在多模光纤器件分析中，

采用光时域反射技术的光回波损耗测试仪更加具有优势。

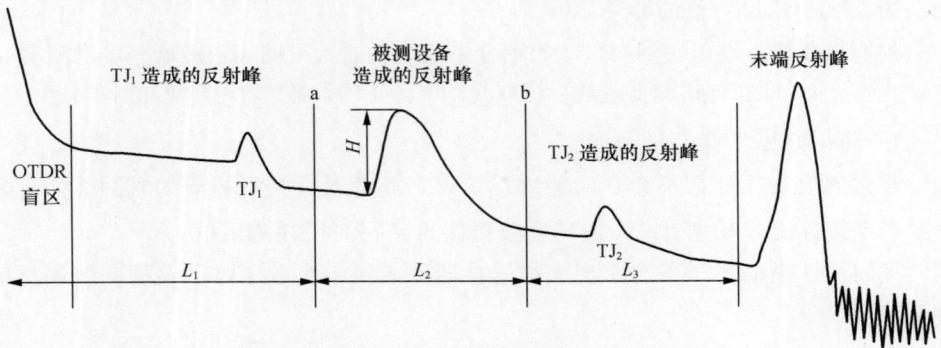

图 15-4　光时域反射技术——距离-反射功率曲线

## 15.3　光回波损耗测试仪的技术指标

光回波损耗测试仪的技术指标主要包括光插入损耗准确度和光回波损耗准确度。

### 15.3.1　光插入损耗准确度

光插入损耗是指光器件等引起的光信号传输的功率损耗，单位为 dB。影响光插入损耗的主要因素包括：光纤端面的清洁度、光纤端面缺陷、光纤两端面的精准对接失配、光纤端面空气间隙等。

光回波损耗测试仪的光插入损耗准确度主要取决于测试用光源的稳定性和光功率计的非线性。国产光回波损耗测试仪的插入损耗在 0～30 dB 范围内，误差一般为±0.05 dB。

### 15.3.2　光回波损耗准确度

光回波损耗准确度是衡量光回波损耗测试仪能力的直接指标。由于测量高回波损耗值时的影响因素较多，所以，这个指标通常是分段给出的。一般情况下，测量结果在 50 dB 以内时，光回波损耗准确度为±0.5 dB；测量结果高于 50 dB 时，光回波损耗准确度会放大至 1～2 dB。

## 15.4　光回波损耗测试仪的校准

### 15.4.1　标准反射参考器法

如果使用标准 UPC 型光纤连接器的端面做标准反射参考器，其参考值通常为

14～15 dB，但是由于研磨工艺、清洁程度等因素的限制，这种端面在重复使用和光回波损耗值标定方面存在着很大的不确定度。如果使用光连续波反射技术来标定光回波损耗值，通常光回波损耗准确度是±0.2 dB。而 Agilen 公司的 HP81000BR 镀金高反射参考器的光回波损耗准确度仅±0.1 dB。这种器件能反射约 96%的光功率，用对数表示为 $RL = -10\lg(96\%) \approx 0.18$ dB。

不论是标准的 PC 型光纤连接器，还是高反射参考器，只要是光回波损耗值经过溯源的光器件，都可以用来做标准端面。如果光器件的光回波损耗值任意可调，就完成了对光回波损耗测试仪在任意挡位的校准，这只需在此光器件前端增加一个可调光衰减器就可以实现。

如图 15-5 所示，由于光衰减器为双向互易器件，假设设置光衰减器的衰减值为 $A_k$（单位为 dB），光衰减器的固有插入损耗为 $A_0$（单位为 dB），则模拟的光回波损耗值表示为

$$RL_k = RL_{ref} + 2A_k + 2A_0 \quad (k=1,2,3) \tag{15-7}$$

式中，$RL_k$ 为第 $k$ 次模拟的光回波损耗标准值，单位为 dB；$RL_{ref}$ 为反射参考器的固定光回波损耗值，单位为 dB。

图 15-5　增加光衰减器的反射参考器

调整光衰减器的衰减值 $A_k$，可以模拟一系列光回波损耗值，从而对光回波损耗测试仪进行校准。

在更换测试跳线、测试跳线经多次使用、光回波损耗测试仪光源的光功率发生变化后，都应该进行校准。实际上，为了保证测试的精度，在每次使用光回波损耗测试仪前都应进行仪表的校准。进行校准时，一定要使用和仪表设定值匹配的、标定过光回波损耗值的参考器，因为如果用错误的参考器标定了光回波损耗测试仪，那么之后的所有测试结果都将是错误的。

## 15.4.2　有源模拟法

其实通过光源、光衰减器和光功率计可以对光回波损耗测试仪进行简易校准，其原理就是根据定义式，测量光回波损耗测试仪的输出光功率，然后用光源和光衰减器模拟一个反射光，以此来对光回波损耗测试仪进行校准。

具体步骤如下。

（1）如图 15-6 所示，将光回波损耗测试仪的测试跳线直接连接光功率计，将

光功率计示值设为参考值，使光功率计显示为 0.00 dB。

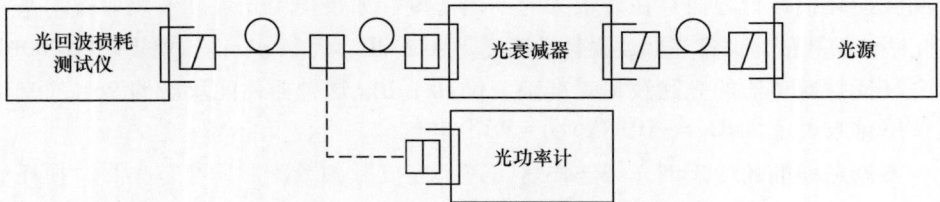

**图 15-6 有源模拟法**

（2）光源经光衰减器连接至光功率计，打开光源，调整光衰减值，使得光功率计读数为预想的反射值，如−14.60 dB。

（3）将光衰减器输出端的光跳线从光功率计上取下，用法兰盘将其和光回波损耗测试仪的测试跳线相连。此时，光回波损耗测试仪的显示值与光功率计读数的差值就是应该修正的示值误差。

这种方法虽然简单，但是由于需要多次连接跳线和仪表，不确定度较大。由于会有较大的光功率进入光源，最好在光源前增加光隔离器。

两种校准方法中，标准反射参考器法不受光回波损耗测试仪的测试原理限制，而有源模拟法只适用于采用连续光反射技术的光回波损耗测试仪。

## 15.5 光回波损耗测试仪的典型应用

光回波损耗测试仪可以测量单模光纤连接器（如光纤跳线和法兰盘）、光器件和光传输系统等的回波损耗及插入损耗。光回波损耗测试仪广泛应用于计量及光纤通信、光纤无源器件的生产等领域。在应用光回波损耗测试仪时应注意以下事项。

（1）各个连接器端面的清洁情况要特别重视。对于光回波损耗的测试，各个连接器端面带来的损耗对测试的影响非常大，通常可以通过观察直接连接测试跳线后的仪表显示值是否为 14 dB 左右来大概判断连接器的清洁情况。

（2）校准用跳线和测试用跳线要分开管理和使用。校准用跳线因为其校准用的端面极易损坏，使得回波损耗值不是出厂时的标定值，所以千万不要在测试中使用测试用跳线，也不要用普通的测试用跳线对仪表进行校准，而要使用专门经过溯源的标准光器件。

（3）要经常对仪表进行校准，最好在每次测试前都进行校准，包括固有反射的测量和用标准器来校准光回波损耗测试仪。

（4）测量固有反射时要尽量接近被测端，如果用缠绕的方法截止末端，需要使光回波损耗测试仪的读数至少高于 60 dB。

（5）反射参考器的选择要和仪表匹配。有的仪表厂商对标准 PC 型光跳线端面的光回波损耗值要求是 14 dB，而另一些是 15 dB，有的甚至是 0 dB，这与仪表厂商的光源波长选择和校准方式相关。

（6）使用免缠绕测试仪测试，当需要测试多个事件位置，而该设备无法自行设置测试长度区间的时候，可以通过假接跳线，模拟被测位置的方式让免缠绕测试仪找到需要的长度区间。

# 15.6　典型光回波损耗测试仪介绍

本节介绍几种典型的光回波损耗测试仪，为工程师在测试过程中合理地选择光回波损耗测试仪提供帮助。

**1. 上海嘉慧光电子技术有限公司的光回波损耗测试仪**

图 15-7 所示为上海嘉慧光电子技术有限公司生产的 JW830x 系列光回波损耗测试仪，表 15-1 所示为 JW830x 系列光回波损耗测试仪的技术指标。

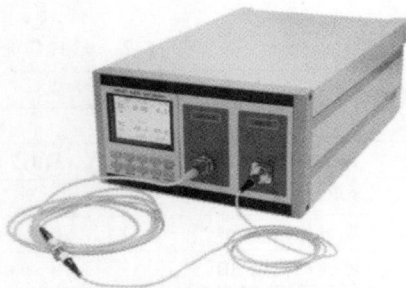

图 15-7　JW830x 系列光回波损耗测试仪

表 15-1　JW830x 系列光回波损耗测试仪的技术指标

| 指标名 | 指标值 | |
| --- | --- | --- |
| | 单模 | 多模 |
| 光源类型 | 脉冲 FP 激光器 | 脉冲 FP 激光器 |
| 光波长/nm | 1310±10、1550±10 | 850±30、1300±30 |
| 输出功率/dBm | >−5 | >−27 |
| 光功率稳定度/dB | ±0.01（15 min）；±0.03（8 h） | ±0.01（15 min）；±0.05（8 h） |
| 光回波损耗范围/dB | 12～72 | 12～55 |
| 光回波损耗测试精度/dB | ±1（12～55 dB）；±1.5（55～65 dB） | ±1（12～40 dB）；±1.5（40～55 dB） |

**2. 思仪科技的光回波损耗测试仪**

图 15-8 所示为思仪科技生产的 6332C 光回波损耗测试仪，表 15-2 所示为 6332C 光回波损耗测试仪的主要技术指标。

**3. 上海衍浩通讯技术有限公司的光回波损耗测试仪**

图 15-9 所示为上海衍浩通讯技术有限公司生产的 7420B 系列光回波损耗测试

仪，表 15-3 所示为 7420B 系列光回波损耗测试仪的主要技术指标。

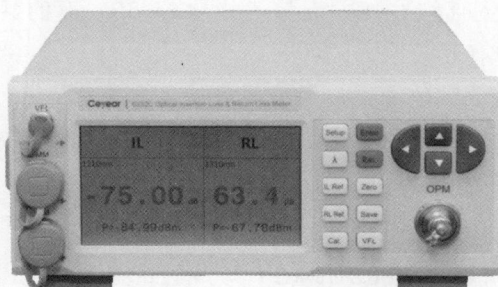

图 15-8　6332C 光回波损耗测试仪

表 15-2　6332C 光回波损耗测试仪的主要技术指标

| 指标名 | 指标值 | |
| --- | --- | --- |
| | 单模 | 多模 |
| 光波长/nm | 1310±20、1550±20 | 850±20、1300±20 |
| 输出功率/dBm | >−1 | >−1 |
| 光功率稳定度/dB | ±0.01（15 min） | ±0.01（15 min） |
| 回波损耗范围/dB | 0～75 | 0～75 |
| 回波损耗测试精度/dB | ±0.5（0～60 dB）；±1.0（60～70 dB）；±2.0（70～75 dB） | ±0.5（0～60 dB）；±1.0（60～70 dB）；±2.0（70～75 dB） |

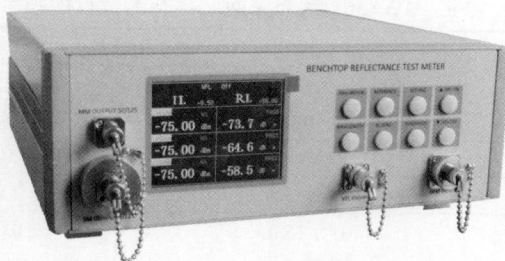

图 15-9　7420B 系列光回波损耗测试仪

表 15-3　7420B 系列光回波损耗测试仪的主要技术指标

| 指标名 | 指标值 | |
| --- | --- | --- |
| | 单模 | 多模 |
| 光波长/nm | 1310±20、1550±20 | 850±20、1300±20 |
| 输出功率/dBm | >−1 | >−1 |
| 光功率稳定度/dB | ±0.03（15 min） | ±0.03（15 min） |
| 光回波损耗范围/dB | 0～75 | 0～55 |
| 光回波损耗测试精度/dB | ±0.25（0～60 dB） | ±0.4（0～60 dB） |

**4. 深圳市维度科技股份有限公司的光回波损耗测试仪**

图 15-10 所示为深圳市维度科技股份有限公司生产的 RLM 多芯光回波损耗测试仪，表 15-4 所示为 RLM 多芯光回波损耗测试仪的技术指标。

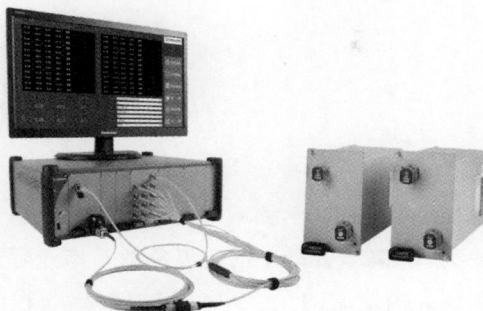

**图 15-10　RLM 多芯光回波损耗测试仪**

**表 15-4　RLM 多芯光回波损耗测试仪的技术指标**

| 指标名 | 指标值 | |
| --- | --- | --- |
| | 单模 | 多模 |
| 光波长/nm | 1310/1490/1550/1625 | 850/1300 |
| 光功率稳定度/dB | ±0.01（30 min） | ±0.01（30 min） |
| 光回波损耗范围/dB | 30～80 | 15～55 |
| 光回波损耗测试精度/dB | ±1.0（30～65 dB）；<br>±2.0（65～75 dB） | ±1.0（15～50 dB）；<br>±2.0（50～55 dB） |

# 参考文献

[1] 国际电工委员会. 纤维光学互联设备和无源元件 基本试验和测量程序 第 3-6 部分：检验和测量 回程损耗：IEC 61300-3-6—2008[S]. IEC, 2008.

[2] 张颖艳，岳蕾，傅栋博，等. 光通信仪表与测试应用[M]. 北京：人民邮电出版社，2012.

[3] 上海嘉慧光电子技术有限公司. 光回波损耗测试仪用户手册[Z].

[4] 中电科思仪科技股份有限公司. 光回波损耗测试仪用户手册[Z].

[5] 上海衍浩通讯技术有限公司. 光回波损耗测试仪用户手册[Z].

[6] 深圳市维度科技股份有限公司. 光回波损耗测试仪用户手册[Z].

# 第 16 章　色度色散测试仪和偏振模色散测试仪

## 16.1　概述

色度色散，又称波长色散，是光学领域中由于不同波长的光在介质中传播速度不同，导致的光脉冲展宽的现象。光纤中的色度色散是指光源光谱中不同波长的光在光纤中传输时的群时延差所引起的光脉冲展宽的现象。单模光纤在工作波长中只传输一个模式的光，无模间色散，其色散主要由材料色散、波导色散和剖面色散等组成。色度色散在光学系统中表现为光脉冲的展宽，特别是在高速光通信系统中，色度色散可能导致信号失真，从而影响系统的性能。色度色散是光纤传输中需要考虑的一个重要因素，它对光信号的质量、传输速度和传输距离等都有一定的影响。

表征色度色散的主要参数是色度色散系数，它指的是单位光源谱宽和单位长度光纤的色度色散，单位为 ps/（nm·km）。色度色散的测量方法通常有 4 种：相移法、时域群时延谱法、微分相移法、干涉法。

相移法测量不同波长正弦调制信号的相移变化，并将其转换得到光波在光纤中传播的相对时延，然后通过指定的拟合公式拟合相对时延谱并导出光纤的波长色散特性。相移法是测量 B 类单模光纤色散的基准试验方法。

时域群时延谱法直接测量已知长度的光纤在不同波长脉冲信号下的群时延，然后通过指定的拟合公式拟合相对时延谱并导出光纤的波长色散特性。时域群时延谱法是测量 A1 类多模光纤色散的基准试验方法。

微分相移法将光源经调制的光耦合进被测光纤，将光纤输出的第一个波长的光的相位与输出的第二个波长的光的相位进行比较，由微分相移、波长间隔和光纤长度等确定这两个波长间隔内的平均波长色散系数。这种方法假定这两个测量波长的平均波长的波长色散系数等于这两个测量波长间隔内的平均波长色散系数。通过对色散数据曲线进行拟合可以获得零色散波长和零色散斜率这两个参数。

干涉法适用于在 1000～1700 nm 波长范围内测定 1～10 m 短段 B 类单模光纤的色散特性。用马赫-曾德尔干涉仪测量试验样品和参考光路的与波长相关的时延谱，参考光路可以是一个空间光路或一段已知群时延谱的单模光纤。这种方法以假定光纤纵向均匀为前提，用数米长的光纤的试验结果外推到长光纤的色散，这一假定不是在每一种情况下都适用。

偏振模色散（polarization mode dispersion，PMD）是光纤通信中的一个重要现象，描述了光信号中不同偏振态分量在光纤中传播时，由于双折射效应而产生的群速度差异。PMD 导致光脉冲在光纤传输过程中发生展宽，从而影响通信系统的性能。随着光通信技术的不断发展，PMD 成为限制系统传输速率和传输距离的关键因素之一。PMD 的大小受到多种因素的影响，包括光纤的制造过程、光纤的材料和结构、光纤的铺设环境以及光纤中的应力变化等。例如，光纤中的微小缺陷、弯曲、扭曲以及温度变化等都可能导致 PMD 的增加。随着通信传输网的带宽增大、单通道传输速率提高、单条光纤链路传输通道数增加，PMD 对光纤通信系统的性能影响越来越受到重视。首先，PMD 导致光脉冲展宽，降低了光纤通信系统的信噪比和传输速率。其次，PMD 还可能导致信号失真和误码率提高，从而影响通信质量。因此，在光纤通信系统的设计和运营过程中，需要对 PMD 进行严格的控制和管理。

即使光通信技术在不断发展，解决 PMD 问题仍然是一个重要的研究方向。PMD 的研究将更加注重新型光纤材料和结构的研究，以减小 PMD 对光纤通信系统的影响。同时，随着人工智能和大数据等技术的不断发展，基于数字信号处理技术的 PMD 的监测和管理也将更加智能化和自动化。此外，新兴光通信技术和新兴数字信号处理技术的出现也可能为 PMD 问题的解决提供新的思路和方法。

## 16.2 色度色散测试仪和偏振模色散测试仪的基本原理

### 16.2.1 色度色散测试仪

光在单模光纤中传输一定距离后会发生群时延，此群时延随波长的不同而变化。光源如果不是严格的单色光源，则光脉冲沿光纤传输一定距离后会发生脉冲展宽，由此造成的色散称作色度色散。色度色散测试仪是测量光纤色度色散的专用仪器。色度色散测试仪的原理框架如图 16-1 所示。

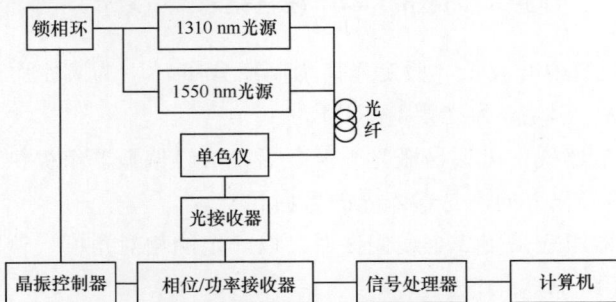

**图 16-1 色度色散测试仪的原理框架**

商用的色度色散测试仪的工作原理主要基于相移法或微分相移法。相移法是国际标准中的基准方法，而微分相移法是相移法的替代方法。

## 16.2.2　偏振模色散测试仪

偏振模色散的测量方法主要包括：斯托克斯参数测定法（SPE）、干涉法（INTY）和固定分析法（FA）等。

### 1.　斯托克斯参数测定法

（1）斯托克斯参数测定法是测量单模光纤偏振模色散的基准试验方法。它的测试原理是，在某一波长范围内，以一定的波长间隔测量输出偏振态（SOP）随波长的变化，该变化可以采用琼斯矩阵本征分析（JME）或邦加球（PS）上偏振态矢量的旋转来表征，通过分析和计算可得到偏振模色散的测量结果。

（2）斯托克斯参数测定法测量偏振模色散的原理如图 16-2 所示。

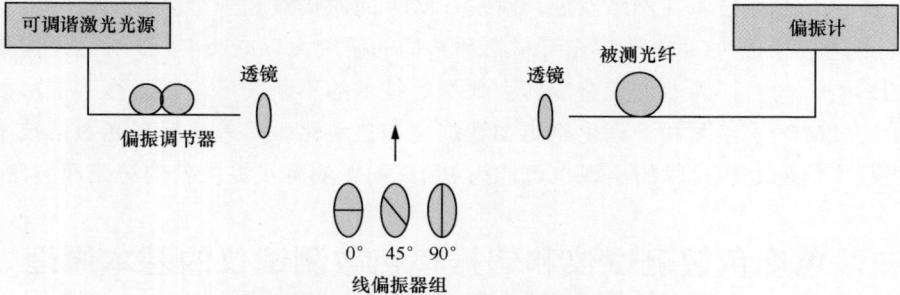

**图 16-2　斯托克斯参数测定法测量偏振模色散的原理**

①　可调谐激光光源是一个单谱线激光器或窄带光源，在测量波长范围内波长可调。光谱宽带应足够窄，使从被测光纤出来的光在所有测量条件下都保持偏振状态。光源的偏振度（DOP）应大于或等于 90%，虽然 25%＜DOP＜90%时仍可测量，但测量精度会降低。对于给定的差分群时延（DGD）值 $\Delta\tau$，光源的最低偏振度（%）可表示为

$$DOP = 100\exp\left[-\frac{1}{4\ln 2}(\pi c \Delta\tau \Delta\lambda_{\text{FWHM}} / \lambda_0^2)^2\right] \qquad (16\text{-}1)$$

式中，$\lambda_0$ 为高斯谱中心波长（假定光谱为高斯分布）；$c$ 为真空中的光速；$\Delta\tau$ 为给定的 DGD 值；$\Delta\lambda_{\text{FWHM}}$ 为光谱 FWHM。

②　偏振调节器置于可调谐激光光源之后，给线偏振器组提供近似圆偏振光，使线偏振器组的极化方向不与输入光的方向相交。

③　线偏振器组应采用 3 个线偏振器，以一定的相对角度（例如 45°）排列，依次置于测量光路中。

④　偏振计测量 3 个线偏振器分别所对应的 3 个输出偏振态。偏振计的波长范

围应覆盖可调谐激光光源的波长范围。

（3）计算与分析方法

① 琼斯矩阵本征分析法。

a．单次测量 DGD 的计算。

（a）由斯托克斯参数计算各波长响应的琼斯矩阵，对每一波长步长，计算出较高光频上的琼斯矩阵 $\boldsymbol{T}(\omega+\Delta\omega)$ 与较低光频上的逆琼斯矩阵 $\boldsymbol{T}^{-1}(\omega)$ 的乘积。

对特定波长步长，可从式（16-2）得到 DGD 值，即 $\Delta\tau$ 为

$$\Delta\tau=\left|\arg\left(\frac{\rho_1}{\rho_2}\right)/\Delta\omega\right| \tag{16-2}$$

式中，$\omega$ 为光波角频率；$\Delta\omega$ 为光波角频间隔；$\rho_1$、$\rho_2$ 分别为 $\boldsymbol{T}(\omega+\Delta\omega)$、$\boldsymbol{T}^{-1}(\omega)$ 的复数本征值；arg 为幅角函数，即 $\arg(\eta\mathrm{e}^{\mathrm{i}\theta})=\theta$。

（b）将计算得到的每一个 DGD 值作为相应波长点上的 DGD 值，然后对这些值在整个波长范围内取平均值，即得到单次测量的 DGD 值。图 16-3 所示为单次测量得到的 DGD 值与波长的关系曲线，图 16-4 所示为单次测量得到的 DGD 值的直方图及麦克斯韦分布曲线。

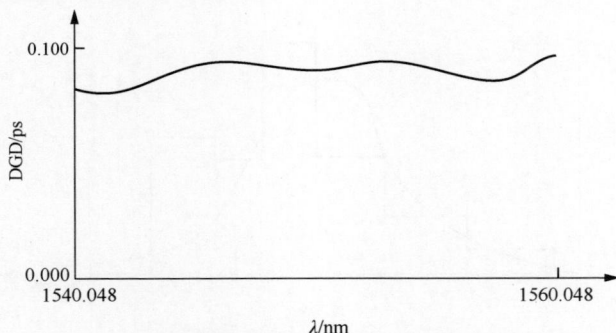

**图 16-3 单次测量得到的 DGD 值与波长的关系曲线**

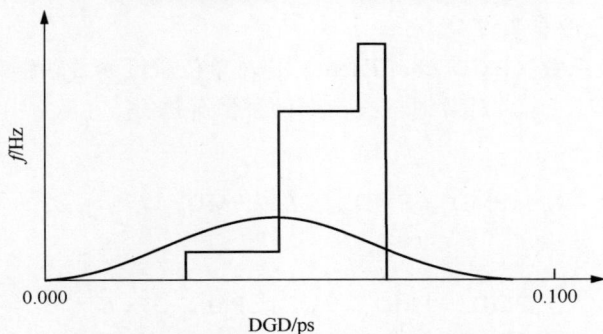

**图 16-4 单次测量得到的 DGD 值的直方图及麦克斯韦分布曲线**

b．多次测量平均 DGD 的计算。

单次测量得到的 DGD 值$(\Delta\tau)_\lambda$仅仅是测量波长范围内各波长步长上 DGD 测量值的平均值。如果增加样本数量，在不同条件下进行多次测量，就应使用统计分析。图 16-5 所示为多次测量得到的 DGD 值与波长的关系曲线，图 16-6 所示为多次测量得到的 DGD 值的直方图及麦克斯韦分布曲线。

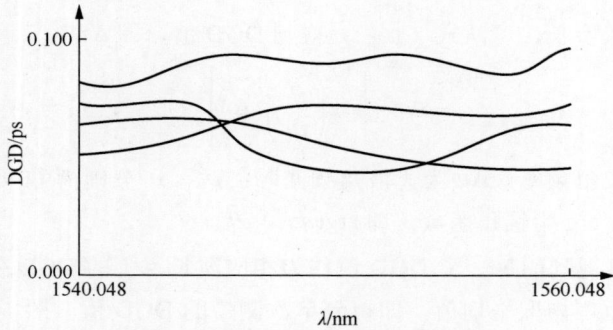

**图 16-5　多次测量得到的 DGD 值与波长的关系曲线**

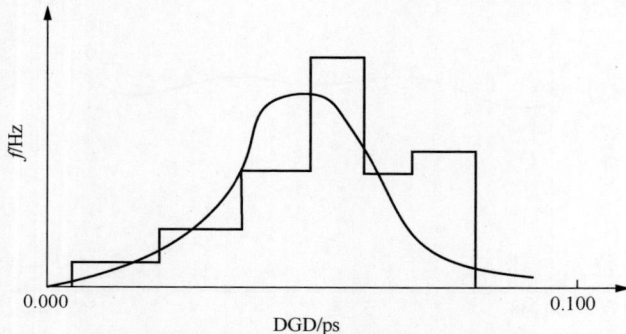

**图 16-6　多次测量得到的 DGD 值的直方图及麦克斯韦分布曲线**

c．偏振模色散系数计算。

偏振模色散系数（PMD coefficient）是对单位长度光传输链路的偏振模色散的度量，用 $\mathrm{PMD_c}$ 表示。计算时应按下面两种情况进行。

弱偏振模耦合：

$$\mathrm{PMD_c} = \mathrm{PMD_{AVG}} / L \text{ 或 } \mathrm{PMD_{RMS}} / L \tag{16-3}$$

强偏振模耦合：

$$\mathrm{PMD_c} = \mathrm{PMD_{AVG}} / \sqrt{L} \text{ 或 } \mathrm{PMD_{RMS}} / \sqrt{L} \tag{16-4}$$

式中，$L$ 为光纤长度；$\mathrm{PMD_{AVG}}$ 为平均偏振模色散 DGD，是在光频率范围（$\nu_1 \sim \nu_2$）

内主偏振态（PSP）DGD 即 $\Delta\tau(\nu)$ 的平均值，且表示为

$$\text{PMD}_{\text{AVG}} = \langle\Delta\tau\rangle = \frac{\int_{\nu_2}^{\nu_1}\Delta\tau(\nu)\mathrm{d}\nu}{\nu_2-\nu_1} \qquad （16-5）$$

式中，$\nu$ 为光频率；$\nu_1$、$\nu_2$ 分别为光频率上、下限。

$\text{PMD}_{\text{RMS}}$ 为均方根偏振模色散 DGD，是在光频率范围（$\nu_1\sim\nu_2$）内主偏振态 DGD 即 $\Delta\tau(\nu)$ 的均方根值，且表示为

$$\text{PMD}_{\text{RMS}} = \langle\Delta\tau^2\rangle^{\frac{1}{2}} = \left[\frac{\int_{\nu_2}^{\nu_1}\Delta\tau(\nu)^2\mathrm{d}\nu}{\nu_2-\nu_1}\right]^{\frac{1}{2}} \qquad （16-6）$$

式中，$\nu$ 为光频率；$\nu_1$、$\nu_2$ 分别为光频率上、下限。

② 邦加球分析法。

a. 将测得的斯托克斯参数 $(S_0,S_1,S_2,S_3)$ 重建在邦加球上描述偏振态随波长演变的轨迹。

b. 考虑波长间隔，应分段分析邦加球上描述偏振态随波长演变的轨迹，以保证确定的主偏振态存在的假设成立。用简单的几何关系确定邦加球上本地主偏振态轴和波长变化引起的旋转角度 $\Delta\Phi$。可以通过考虑 3 个测量点分析邦加球上的轨迹，找出由两对点确定的线段轴的交点，从这点开始，用三角关系计算出 $\Delta\Phi$。

DGD 或 PMD 群时延 $\Delta\tau$ 由式（16-7）给出。

$$\Delta\tau = \frac{\Delta\varphi}{2\pi\Delta f} = \frac{\Delta\varphi\lambda_1\lambda_2}{2\pi c\Delta\lambda} \qquad （16-7）$$

式中，$\Delta\varphi$ 为相位差（邦加球上斯托克斯矢量弧的角宽度，即旋转角度）；$\Delta f$ 为频率差；$\Delta\lambda$ 为波长间隔；$c$ 为真空中的光速；$\lambda_1$、$\lambda_2$ 为 $\Delta\lambda$ 的起始和终止波长。

c. 计算 DGD（单位为 ps）与波长的关系。也可以根据测得的 DGD 值绘制直方图来表示数据。

d. 计算测量波长范围内 DGD 的平均值 $(\Delta\tau)_\lambda$。如果增加样本数量，可以进行多次测量。

e. 根据模耦合类型，分别按弱偏振模耦合、强偏振模耦合的计算公式计算 $\text{PMD}_{\text{c}}$。

**2. 干涉法**

（1）干涉法是测量单模光纤偏振模色散的替代试验方法。当测量处于运动状态中的光纤时，干涉法可以作为基准试验方法。它的测试原理是，当用宽带光源照射光纤一端时，在输出端测量电磁场的自相关函数或互相关函数，从而确定

PMD。在自相关型干涉仪表中，干涉图具有一个对应光源自相干中心的相干峰。测量值代表了在测量波长范围内的平均值。在 1310 nm 或 1550 nm 窗口，波长范围的典型值为 60～80 nm。

（2）干涉法分为传统干涉分析法和常规干涉分析法，其测量偏振模色散的原理分别如图 16-7 和图 16-8 所示。

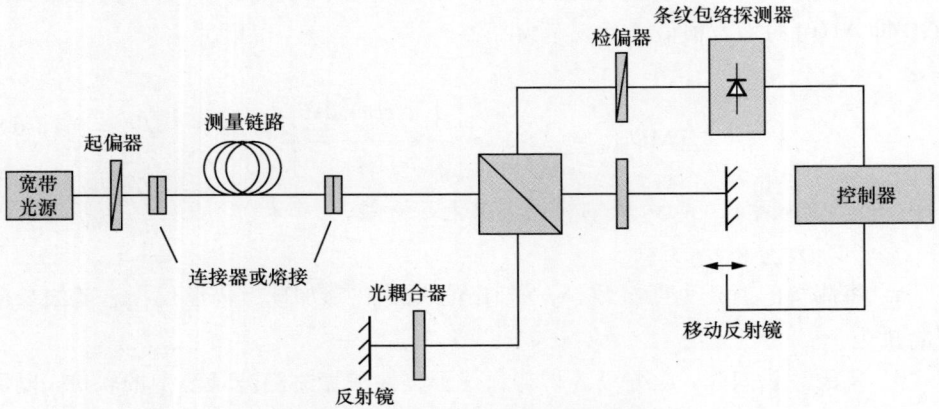

**图 16-7　传统干涉分析法的原理**

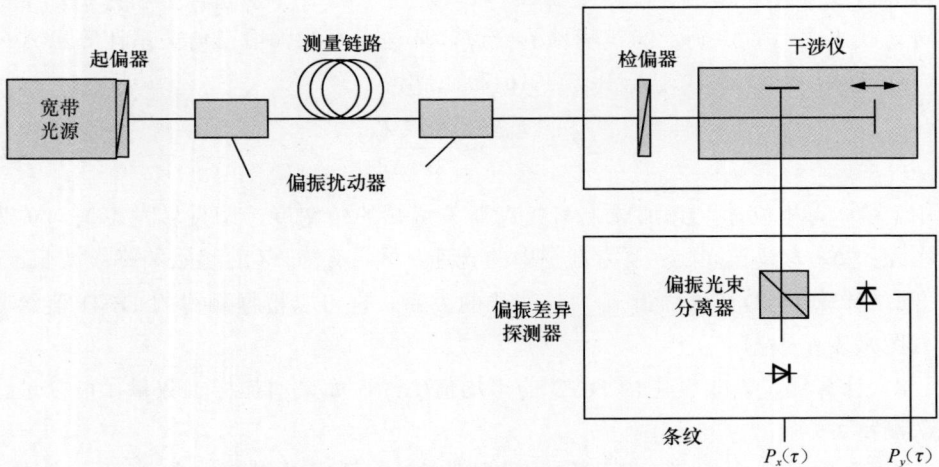

**图 16-8　常规干涉分析法的原理**

① 干涉法的基本测量装置主要由宽带光源与干涉仪两大部分组成。对于传统干涉分析法，干涉图包络为交变部分的绝对值。对于常规干涉分析法，获得互相关与自相干包络则需要一些附加计算。这些计算针对两个由双正交偏振态分析仪器输出的测试干涉图进行。

② 对于传统干涉分析法，其偏振宽带光源为互相关测量波长辐射的发射管，

可以是 LED 或超荧光光源。其中心波长要包括 1310 nm 或 1550 nm 窗口，或者任何其他关心的窗口。其光谱形状类似于高斯谱，发射光不能有能够影响自相关功能的波动。光源的 FWHM 典型值为 60～80 nm，其光源线宽（也可称为 LED 谱宽）由相干时间来计算，即

$$t_{ch} = \frac{\lambda_0^2}{\Delta\lambda \cdot c} \tag{16-8}$$

式中，$\lambda_0$ 为光源中心波长；$\Delta\lambda$ 为光源线宽；$c$ 为真空中的光速。

常规干涉分析法对光源的光谱没有要求。

③ 偏振器应对光源整个波长范围内的光进行偏振。

④ 偏振光束分离器用来将入射的一束偏振光分成两束，使其分别在干涉仪的两个臂中传播。它可以是一只光耦合器，也可以是一只直角光束分离器。

偏振光束分离器用于从干涉仪的输出偏振信号中分离出两个相互正交的偏振态（处于邦加球的两个对立点）。通过两个相互正交的偏振态所构成的干涉图可以计算出独立的自相关函数，即偏振光束分离器表现为一个偏振分波检测系统，其他具有正交输出偏振态并能获得干涉图的器件均可使用。

⑤ 干涉仪一般置于待测光纤链路末端，它可以是空气型的，也可以是光纤型的。可以采用迈克耳孙干涉仪或马赫-曾德尔干涉仪。1/4 玻片可以用于移动干涉仪的自相关峰值响应。

⑥ 偏振扰动器由可控偏振扰动器与控制器组成，在待测链路的输入端和输出端各有一个，这样其输入偏振态与检偏器的轴（输出偏振态）的差就可以在干涉仪扫描期间进行设置。

（3）计算与分析方法

① 弱偏振模耦合。弱偏振模耦合情况下，干涉条纹是分离的峰，两个伴峰相对于中心主峰的延迟都是对应于被测器件的 DGD。对于这种情况，DGD 等效于 PMD 群时延，即

$$\Delta\tau = 2\Delta l / c \tag{16-9}$$

式中，$\Delta l$ 为光延迟线移动的距离；$c$ 为真空中的光速。

② 强偏振模耦合。强偏振模耦合情况下，根据干涉图中干涉图样的宽度来确定 PMD 群时延，此时干涉条纹很接近。PMD 群时延 $\Delta\tau$ 从干涉图的高斯拟合曲线标准偏差 $\sigma$ 得到，即

$$\Delta\tau = \sqrt{\frac{3}{4}} \cdot \sigma \tag{16-10}$$

式中，$\sigma$ 为高斯拟合曲线标准偏差。

③ 弱偏振模耦合光纤用自相关型仪器测得的干涉条纹如图 16-9 所示。弱偏振模耦合光纤用互相关型仪器测得的干涉条纹如图 16-10 所示。强偏振模耦合光纤用自相关型仪器测得的干涉条纹如图 16-11 所示。强偏振模耦合光纤用互相关型仪器测得的干涉条纹如图 16-12 所示。

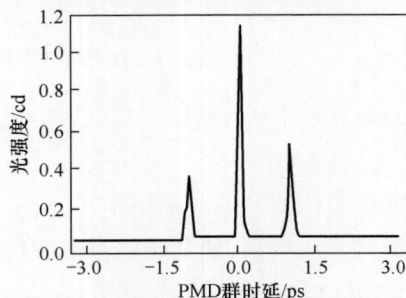

图 16-9　弱偏振模耦合光纤用自相关型
仪器测得的干涉条纹

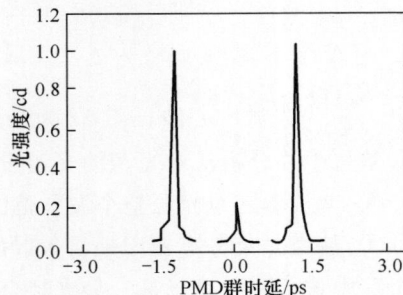

图 16-10　弱偏振模耦合光纤用
互相关型仪器测得的干涉条纹

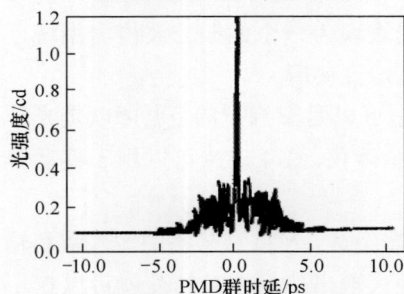

图 16-11　强偏振模耦合光纤用自相关型
仪器测得的干涉条纹

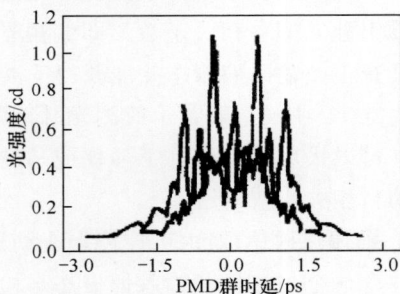

图 16-12　强偏振模耦合光纤用
互相关型仪器测得的干涉条纹

④ 传统干涉分析法。

传统干涉分析法仅适用于由强随机模耦合的链路,其特性是干涉图的延伸(不计算中心峰)。$PMD_{RMS}$ 值由探测的干涉图信号互相关函数表示, 即

$$PMD_{RMS} = \sqrt{\frac{3}{4}} \cdot \sigma_\varepsilon \qquad (16-11)$$

式中, $\sigma_\varepsilon$ 为互相关包络的均方根宽度。

⑤ 常规干涉分析法。

常规干涉分析法适用于任何模耦合形态的链路。其 PMD 的确定基于互相关与自相关干涉图的平方包络。

单个输入/输出偏振态的自相关包络表示为

$$E_0(\tau) = \left| \tilde{P}_x(\tau) + \tilde{P}_y(\tau) \right| \qquad (16-12)$$

式中，$\tilde{P}_x(\tau)$、$\tilde{P}_y(\tau)$ 分别为干涉仪输出的光功率时延函数 $\tilde{P}(\tau)$ 在 $x$ 轴和 $y$ 轴方向的分量。

单个输入/输出偏振态的互相关包络表示为

$$E_x(\tau) = \left| \tilde{P}_x(\tau) - \tilde{P}_y(\tau) \right| \tag{16-13}$$

由 $N$ 个不同输入/输出偏振态所测得的干涉图计算其对应的自相关与互相关包络 $E_{0i}(\tau)$、$E_{xi}(\tau)(i = 1, 2, \cdots, N)$，并形成平方包络，可由式（16-14）和式（16-15）计算平均平方包络。

$$\overline{E}_0^2(\tau) = \frac{1}{N} \sum_{i=1}^{N} E_{0i}^2(\tau) \tag{16-14}$$

$$\overline{E}_x^2(\tau) = \frac{1}{N} \sum_{i=1}^{N} E_{xi}^2(\tau) \tag{16-15}$$

计算两个独立样本的平均平方包络的均方根宽度，理想宽度定义为

$$\sigma_0^2 = \frac{\int_{\tau} \tau^2 \left\langle E_0^2(\tau) \right\rangle \mathrm{d}\tau}{\int_{\tau} \left\langle E_0^2(\tau) \right\rangle \mathrm{d}\tau} \tag{16-16}$$

$$\sigma_x^2 = \frac{\int_{\tau} \tau^2 \left\langle E_x^2(\tau) \right\rangle \mathrm{d}\tau}{\int_{\tau} \left\langle E_x^2(\tau) \right\rangle \mathrm{d}\tau} \tag{16-17}$$

则偏振模色散的均方根值可以表示为

$$\mathrm{PMD_{RMS}} = \left[ \frac{3}{2}(\sigma_x^2 - \sigma_0^2) \right]^{\frac{1}{2}} \tag{16-18}$$

从而可以用式（16-3）、式（16-4）计算出偏振色散系数。

在 2004 年 2 月，美国通信工业协会（TIA）发布了标准 TIA-455-124-A-2004《干涉法测量单模光纤偏振模色散》（*Polarization-Mode Dispersion Measurement for Single-Mode Optical Fibers by Interferometry*），该标准是原 TIA/EIA-455-124 的修订版。由于干涉法测量 PMD 已经为人们所知，其历史几乎和人们认识 PMD 这一现象本身的历史一样长，这一方法在 TIA/EIA-455-124 文件中曾有详尽的描述，所以将过去的干涉法称为传统干涉法（traditional interferometry analysis）。新的干涉法在以前的基础上做了扩展和推广，导致 TIA 标准重新修订。扩展干涉法（general interferometry analysis，GINTY）不仅扩展了干涉法的使用范围，同时也提高了测量精度。比如扩展干涉法适用于任何测量环境，在传统干涉法受限的环境下同样可以使用。同时，扩展干涉法可以溯源到斯托克斯参数测定法，该方法可以为许多测量方法提供参考。由于扩展干涉法同时符合 TIA/EIA-455-124，该

方法在修订版 A 中也得到认可。

而另外一个非常重要的标准组织——IEC 已起草下面两份文件，用于为现场 PMD 测量提供指导。

IEC 61280-4-4: 2017《光纤通信子系统基本试验程序——第 4-4 部分：已安装链路的偏振模色散测量》。

IEC/TR 61282-9: 2016《光纤通信系统设计指南——第 9 部分：偏振模色散测试及理论指南》。

IEC 61280-4-4: 2017 明确指出，对于现场测试应用，只有干涉法是建议采用的方法，其中传统干涉法有使用条件，扩展干涉法没有限制，适用于所有的测试条件。

### 3．固定分析法

（1）固定分析法又称波长扫描法，是测量单模光纤 PMD 的替代试验方法。它的测量原理是，当输入光偏振方向保持固定而波长变化时，输出光场的主偏振态方向也会发生变化，通过一固定分析器（即检偏器）将偏振态随波长的变化转化为具有峰谷起伏的输出功率随波长的变化，根据输出功率谱与群时延差的关系就可确定偏振模色散。该方法可在测量波长范围内得到一个单次测量的平均值。

（2）固定分析法测量偏振模色散的测量装置如图 16-13、图 16-14 和图 16-15 所示。

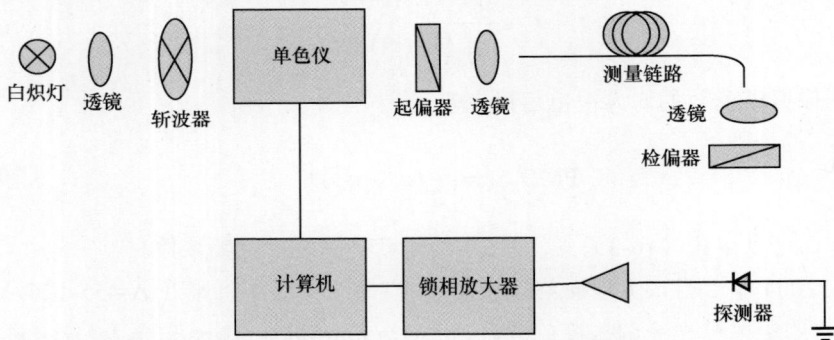

**图 16-13　采用单色仪的窄带光源固定分析偏振模色散的测量装置**

**图 16-14　采用宽带光源固定分析偏振模色散的测量装置**

**图 16-15　采用可调谐激光光源固定分析偏振模色散的测量装置**

① 固定分析偏振模色散测量法为频域测量法，其波长扫描可以在光信号发送端进行，也可以在信号接收端进行；信号接收可以采用光功率计检测，也可以采用偏振计检测。故其测量装置有 3 种表现形态。

② 无论是采用单色仪还是可调谐激光光源，其波长扫描范围以及宽带光源的谱宽都必须能够满足对指定的波长范围内测量偏振模色散的准确度要求。为保证测量能充分反映偏振模色散在相应波长范围内的特性，光源的谱宽或光谱分析仪的分辨率必须满足

$$\frac{\Delta\lambda}{\lambda_0} < \frac{1}{8\nu\Delta\tau_{\max}} \qquad (16\text{-}19)$$

式中，$\nu = c/\lambda$ 为光频率；$\Delta\tau_{\max}$ 为最大链路偏振传输时延差。

③ 固定分析法对偏振器的方位角没有要求，但在整个测试过程中必须保持恒定。在弱模式耦合或偏振模色散很小时，适当调整偏振器的方位角可以在一定程度上增加测试数据的振动幅度；在接头或连接器处旋转光纤也可以达到同样的效果。

（3）计算与分析方法

① 数据预处理与傅里叶变换。

进行傅里叶变换时，数据在光频上应是等间距的，也可以是在光波长上为等间距的。如果测量结果不能满足上述要求，则需要进行数据内插或频谱预估等技术处理。必要时可以进行数据零填充以及直流水平位移处理，以满足数据处理要求。

傅里叶变换后的数据能够表现出每个 $\delta\tau$ 的幅域数据分布。

② 数据处理。

傅里叶变换后的数据在零点通常不为零，一般再忽略下一个数据点，取变量 $j$，再将后面的一个数据点定为 $j=0$，此为第一个有效数值。

确定系统均方根噪声光电平，将此均方根噪声光电平的 200%设为阈值电平 $T_1$。

若数据预处理时未进行零填充，则取数据点序号 $X=3$，否则 $X$ 按式（16-20）取值。

$$X = \frac{3 \times \text{原始测试数据点数量}}{\text{零填充后总的阵列长度}} \qquad (16\text{-}20)$$

对傅里叶变换后的数据 $P(\delta\tau)$ 检查第一个 $X$ 的有效数值，若低于 $T_1$，则传输链路为弱模式耦合链路，它具有不连续峰值的特性。

③ 弱偏振模耦合光纤的偏振模色散的计算。

对于弱模式耦合光纤（例如高双折射光纤）或一个双折射元件，经过校准，$R(\lambda)$（使用检偏器前后各测量波长点的输出光功率的比值）类似于一个抖动的正弦波（见图 16-16）。傅里叶变换会给出 $P(\delta\tau)$ 输出，它包含与脉冲抵达时间位置相对应的离散尖峰，$\delta\tau$ 为偏振模色散的瞬态值（$\Delta\tau$）。确定 $P(\delta\tau)$ 超过阈值电平的瞬态峰

值点。链路 DGD 可表示为

$$\langle \Delta \tau \rangle = \sum_{e=0}^{M'} \left[ P_e(\delta\tau)\delta\tau_e \right] / \sum_{e=0}^{M'} P_e(\delta\tau) \qquad （16-21）$$

式中，$M'$ 为包含超过阈值电平的峰值 $P$ 的数据点数量。

$\langle \Delta\tau \rangle$ 的单位为 ps，如果没有尖峰（如 $M'=0$），则偏振模色散为 0，其他参数如均方根尖峰宽度以及峰顶值均须记录。

如果测量装置包含一个或多个双折射元件，就会出现多个尖峰，对于一个数量为 $n$ 的连续光纤（器件），会有 $2^{n-1}$ 个尖峰。

从而可以用式（16-3）、式（16-4）计算出偏振模色散系数。

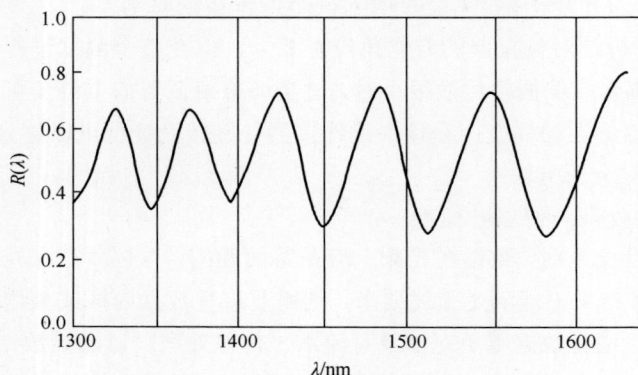

图 16-16    弱模式耦合

④ 随机模式耦合光纤的偏振模色散的计算。

在随机模式耦合情况下，$R(\lambda)$ 变成一个复杂的波形，它类似于图 16-17 所示的曲线，其精确特性基于光纤内实际的随机过程确定。傅里叶变换数据以与光纤中光脉冲抵达时间 $\delta\tau$ 的概率分布相关的分布函数 $P(\delta\tau)$ 来表示，如图 16-18 所示。

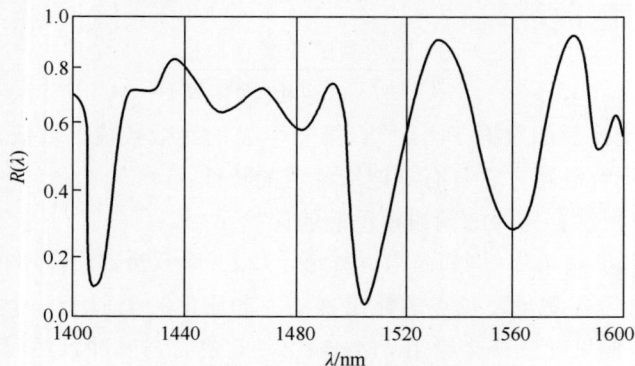

图 16-17    随机模式耦合

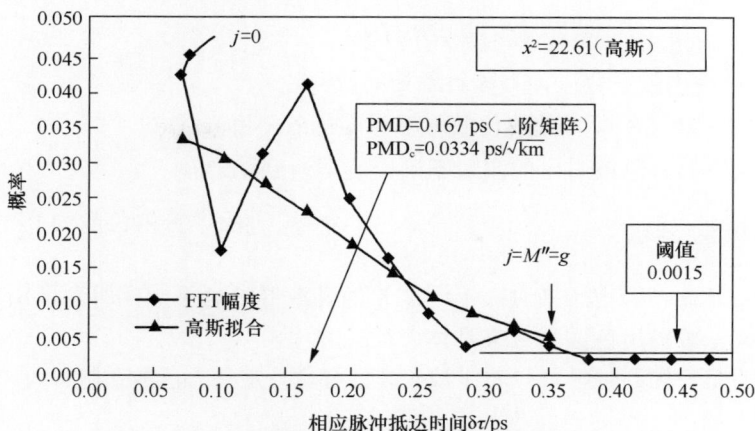

图 16-18 偏振模色散的傅里叶分析

由 $j=0$ 开始计数，$P$ 的第一个点由超过 $T_1$ 的数值决定，且直到低于 $T_1$ 的 $x$ 数据点。这个点代表分布函数 $P(\delta\tau)$ 中最后的重要点（如末尾的点），对于随机模式耦合光纤，它不受测试噪声影响。此点的 $\delta\tau$ 值表示为 $\delta\tau_{last}$，而与其对应的 $j$ 值表示为 $M''$。

计算二阶矩阵的平方根，此分布的 $\sigma_R$ 定义为光纤的 $PMD_{RMS}$，它由式（16-22）给出。

$$\langle \Delta\tau^2 \rangle^{\frac{1}{2}} = \sigma_R = \left\{ \sum_{j=0}^{M''} \left[ P_j(\delta\tau) \cdot \delta\tau_j^2 \right] / \sum_{j=0}^{M''} \left[ P_j(\delta\tau) \right] \right\}^{\frac{1}{2}} \qquad （16-22）$$

从而可以用式（16-3）、式（16-4）计算出偏振模色散系数。

⑤ 混合模式耦合光纤的偏振模色散的计算。

对于既有弱模式耦合光纤又有随机模式耦合光纤的综合链路情况，两种判定都需要考虑。注意分布函数 $P(\delta\tau)$ 的尖峰有可能仅由更远的 $\delta\tau_{last}$ 计算。

# 16.3 色度色散测试仪和偏振模色散测试仪的典型指标

## 16.3.1 零色散波长

零色散波长（$\lambda_0$）是色散系数为零时对应点的波长。

商用仪表的零色散波长的测量不确定度可达到 0.1 nm。

## 16.3.2 零色散斜率

光纤的色散系数对于波长的导数，定义为色散斜率，单位为 $ps/(km \cdot nm^2)$，表示为

$$S(\lambda) = \mathrm{d}D(\lambda)/\mathrm{d}\lambda \tag{16-23}$$

式中，$D(\lambda)$ 为色散系数；$\lambda$ 为该斜率处的波长。

在零色散波长（$\lambda_0$）处的色散斜率叫零色散斜率（$S_0$）。

商用仪表的零色散斜率的测量不确定度可达到 1.5%。

### 16.3.3　色散系数

色散是光在光纤中传播时，不同波长的光波群时延不一样所表现出脉冲展宽的物理现象，可以用色散系数来具体表征。

光纤的归一化群时延 $\tau(\lambda)$ 对于波长 $\lambda$ 的导数，定义为色散系数，如式（16-24）所示。

$$D(\lambda) = \frac{\mathrm{d}\tau(\lambda)}{\mathrm{d}\lambda} \tag{16-24}$$

商用仪表的色散系数的测量不确定度可达到 $\pm(1.5\% \times$ 色散值），最高可达到 0.05 ps/(nm·km)或 1.0%×色散值。

### 16.3.4　偏振模色散

理想的单模光纤应具有圆对称结构，使得光纤中的两个正交的线性偏振模具有同样的传播特性。但实际的单模光纤总存在不完善性，使光纤的圆对称结构被破坏，导致光纤基模中与两个正交分量相关的模折射率有差别，显示出双折射特性。如果输入光脉冲激励了两个正交偏振分量，并以不同的群速度沿光纤传输，将导致光脉冲的展宽。这种现象称为偏振模色散。

偏振模色散系数（ps/km$^{0.5}$）是表征偏振模色散的重要参数。目前，广泛使用的单模光纤（G.652B/D、G.655、G.656 等）对偏振模色散系数都有指标要求。

商用仪表一般可直接测量偏振模色散，偏振模色散系数可以通过仪表内部的计算公式直接得到。偏振模色散测量范围可达到 0～300 ps。偏振模色散的测量准确度可达到 $\pm(0.020+2\% \times$PMD 测量值) ps。

# 16.4　典型国产色度色散测试仪和偏振模色散测试仪介绍

## 16.4.1　上海电缆研究所的 FCD600 光纤色散测试仪

上海电缆研究所有限公司（简称上海电缆研究所）的 FCD600 光纤色散测试仪如图 16-19 所示。FCD600 光纤色散测试仪遵循 IEC、ITU 等的测试标准，满足单模光纤色散测试需求，与机械性能试验系统配合可完成光纤应变测试，具有非

常高的测试精度和重复性。同时，
该测试仪提供 OTDR 测试模块，
以满足用户的不同测试需求，性
能可靠，操作方便。

图 16-19　上海电缆研究所的 FCD600 光纤
色散测试仪

### 1. 特点

（1）该测试仪采用色散测试
的基准方法（相移法）实现光纤色散测试，同时提供微分相移法实现光纤色散测试。

（2）该测试仪采用固态单色仪实现光源分光，使测试波长具有更高的测试精
度、测试重复性和更快的测试速度。

（3）高性能、高频相位的测试技术，宽带光源高频信号的高稳定性调制输出
技术，以及微弱光电信号检测技术等的应用，使该测试仪具有更大的动态范围和
更高的稳定性，可满足更长光纤的测试需求。

（4）在进行机械性能测试时，该测试仪可满足功率的长期稳定性与高精度的
测试需求。

（5）该测试仪可根据用户需求，提供多于 12 路的光开关，实现对更多路光纤
应变及功率变化的测试。

### 2. 测试参数

色散模块：零色散波长、零色散斜率、色散系数、长度等。

应变模块：光纤应变（衰减）随拉力（时间）的变化曲线。

OTDR 模块：衰减常数。

### 3. 技术指标

上海电缆研究所的 FCD600 光纤色散测试仪的技术指标如表 16-1 所示。

表 16-1　上海电缆研究所的 FCD600 光纤色散测试仪的技术指标

| 指标名 | 指标值 | |
| --- | --- | --- |
| | **1310LED** | **1550LED** |
| 测试范围 | （1250～1360 nm） | （1450～1630 nm） |
| 谱宽 | ＜5 nm | |
| 波长步进 | 0.01 nm（用户可设定） | |
| 测试速度 | 0.25～1.0 s/波长 | |
| 测试参数 | 重复性 | 准确性 |
| 零色散波长/nm | ＜0.0065 | ＜±0.1 |
| 色散系数/[ps·(nm·km)$^{-1}$] | ＜0.0006 | ±0.05 ps/（nm·km）或 ±1%测试值 |
| 零色散斜率 | ＜0.05% | ＜±1.5% |
| 长度 | ＜250 μm | 0.01%测试值±50 ps（测试值：群时延） |

续表

| 指标名 | 指标值 | |
|---|---|---|
| | 1310LED | 1550LED |
| 衰减系数/（dB·km$^{-1}$） | ＜0.01 | |
| 功率稳定性 | ＜0.01 dB/h | |
| 应变稳定性 | ＜0.001% /h | |

注：
① 重复性指对于 20～50 km 的 G.652 光纤，取 5～20 次标准偏差；
② 准确性指对于 20～50 km 的 G.652 光纤，取 5～20 次平均值；
③ 衰减系数测试状态：对于至少 2 km 的样品，不小于 80 ns 的脉宽，10 s 的平均时间，取至少 5 次标准偏差。

#### 4. 软件特点

软件操作系统基于 Windows 系统设计，支持中英文界面，简单明了的界面十分便于信息输入、测试、结果显示及输出等；测试标准可编辑，可输出 PDF 格式的测试报告（包括中文测试报告、英文测试报告），支持 Excel 格式的文件，便于质量分析、统计分析。

### 16.4.2 上海电缆研究所的 PMD-B 便携式偏振模色散测试仪

上海电缆研究所的 PMD-B 便携式偏振模色散测试仪如图 16-20 所示。PMD-B 便携式偏振模色散测试仪采用标准 TIA/EIA-124 中的干涉法测量原理。这种测试仪测量快速、精确，测试设备体积小，性能稳定，便于携带，既可用于实验室测量，又可满足施工现场测量的要求，是一款实用、经济且必要的测试仪器。

#### 1. 主要技术指标

光源波长范围：1260～1675 nm。

PMD 测试范围：0～115 ps。

分辨率：≤0.001 ps。

灵敏度：≥−45 dBm。

图 16-20 上海电缆研究所的 PMD-B 便携式偏振模色散测试仪

平均测试时间：≤10 s。

绝对精度（单位为 ps）：≤±(0.020+2%×PMD 测量值)。

#### 2. 功能

偏振模色散测试仪能提供图形显示以及二阶 PMD 值，可以完成光纤光缆链路测试。

## 16.5　色度色散测试仪和偏振模色散测试仪的计量

### 16.5.1　光纤色散标准

#### 1．概述

随着我国高速、长距离光纤通信系统的迅速发展，光纤的色散越来越成为一个十分重要的参数。对于长距离海缆系统，已要求单模光纤零色散波长 $\lambda_0$ 的测量不确定度小于 0.1 nm。

我国的光纤光缆生产厂家、工程建设部门和科研单位等已引进了各类单模光纤色散测试仪，这些仪表测量零色散波长的不确定度为 1～2 nm。由国外权威计量部门提供的标准光纤的 $\lambda_0$ 的测量不确定度为 0.08～0.5 nm。一盘标定好色度色散的标准光纤价格在 3.6 万元左右。除此之外，这些标准光纤每年还要按要求进行复检，需另外付费。

中华人民共和国工业和信息化部通信计量中心研发了"光纤色散标准装置"，该装置通过了全国计量标准、计量检定人员考核委员会的考核，考核证书号为"[2002]国量标邮电证字第 050 号"。该装置能保证单模光纤零色散波长 $\lambda_0$ 参数的量值统一，为通信建设部门和生产部门提供准确的量值。该装置现已作为社会公用计量标准装置应用于通信计量领域。

#### 2．我国"光纤色散标准装置"技术指标

（1）零色散波长测量范围：1280～1335 nm，1520～1580 nm。

（2）零色散波长测量不确定度：0.05 nm（$2\sigma$）。

（3）零色散斜率测量不确定度：2.2%（$2\sigma$）。

（4）色散系数测量不确定度：2.2%（$2\sigma$）。

#### 3．我国"光纤色散标准装置"的主要特点

（1）采用相移法测量光纤零色散波长和色散，调制频率高（130 MHz～20 GHz），可测量几百米到几十千米长度的光纤，波长测量范围覆盖了光通信常用的两个波段。

（2）系统中加入了固定波长激光器，双光源交替测试，减小了环境温度变化对测量结果的影响。

（3）对被测光纤进行温度控制，并对其温度波动、均匀度进行监测。

（4）在用二次曲线拟合色散位移光纤的时延后，采用插值多项式来进一步减小曲线拟合的残余误差。

（5）相移（电）测量在 9.37 GHz 频率点溯源至国家微波相位标准。

（6）整个测量及数据处理过程均由计算机控制，自动化程度高，测量步骤简单。

### 4. 光纤零色散的测量概况

国外一些主要计量机构如 NIST、英国国家物理实验室（National Physical Laboratory，NPL）、德国联邦物理技术研究所（Physikalisch-Technische Bundesanstalt，PTB）等都建立了光纤零色散波长 $\lambda_0$ 的标准，$\lambda_0$ 的测量不确定度为 $0.06\sim0.5$ nm。1997 年 5 月，NIST 报告了它们研制的单模光纤零色散波长检定系统，其 $\lambda_0$ 的测量不确定度为 0.06 nm（$2\sigma$），其提供的标准光纤的 $\lambda_0$ 的测量不确定度为 0.08 nm（$2\sigma$）。

ITU-T G.650 系列标准对光纤色散的测量方法给出了建议，并提出了以下 3 种基本测量方法。

（1）相移法：对不同波长的光信号进行正弦波强度调制，然后测量光信号经光纤传输后产生的相对相移，求出相对群时延，再对波长求导，即可求出被测光纤的总色散和色散系数。该方法是光纤色散测量的基准测量方法。与该方法类似的还有微分相移法，其特点是直接测量光纤的色散。

（2）干涉法：按照干涉的原理，用马赫-曾德尔干涉仪测量光纤样品和参考通道之间与波长有关的时延。该方法适用于测量短光纤（长度为几米），系统中需要有高精度的机械线性定位器。该方法是光纤色散测量的第一替代方法。

（3）脉冲时延法：用窄脉冲调制的不同波长的光信号，测量光脉冲经光纤后产生的相对群时延。该方法是光纤色散测量的第二替代方法。

另外，用四波混频法也可测量光纤的色散。

### 5. 我国光纤色散标准装置的构成及工作原理

（1）光纤色散标准装置的构成

与 NIST 采用的方法类似，光纤色散标准装置是建立在相移法基础上的，其构成如图 16-21 所示。

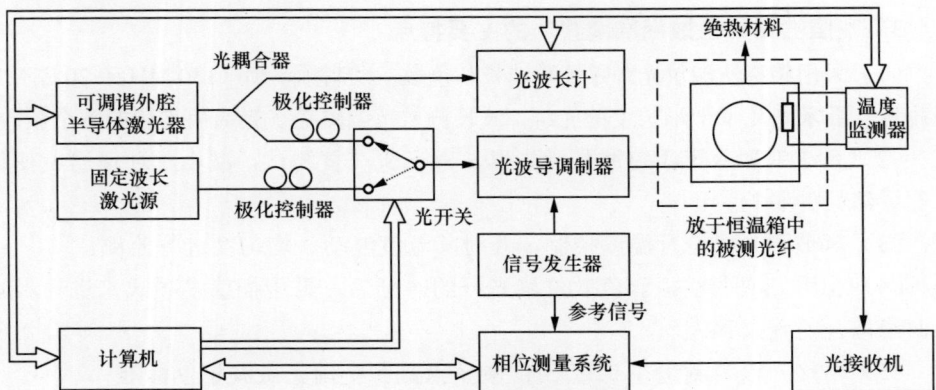

图 16-21　光纤色散标准装置的构成

（2）光纤色散标准装置的工作原理

由可调谐外腔半导体激光器产生的光信号通过一个光波导调制器生成 9.37 GHz（也可采用 130 MHz～20 GHz 内的任一频率点）的调制信号。采用这么高频率的调制信号是为了产生大的相移，以提高系统的相位分辨率。调制信号通过被测光纤后经光接收机送入相位测量系统，由该系统测量出光通过光纤产生的相移。光波长 $\lambda$ 由光波长计测量得出。这样，就得到了不同波长 $\lambda$ 下的相移 $\varphi$，并通过式（16-25）计算出光纤的群时延 $\tau$。

$$\tau = \frac{\varphi}{2\pi f} \tag{16-25}$$

式中，$f$ 为调制频率。

对于 1310 nm 单模光纤，将测得的群时延及对应波长用三参数赛米尔曲线拟合为

$$\tau(\lambda) = \tau_0 + \frac{S_0}{8}\left(\lambda - \frac{\lambda_0^2}{\lambda}\right)^2 \tag{16-26}$$

对于 1550 nm 色散位移光纤，用二次曲线拟合为

$$\tau(\lambda) = \tau_0 + \frac{S_0}{2}(\lambda - \lambda_0) \tag{16-27}$$

由拟合参数就可求出光纤的零色散波长 $\lambda_0$ 和零色散斜率 $S_0$。对拟合的时延曲线求导就可得到光纤的色散曲线为

$$D(\lambda) = \frac{d\tau(\lambda)}{d\lambda} \tag{16-28}$$

光纤时延随温度变化非常灵敏：对于 10 km 的长光纤，如果温度变化 0.1 ℃，其时延会变化 180 fs，而系统的时延分辨率很高（为几十飞秒），故为了减小温度变化对测量的影响，该装置采取了以下措施。

① 用绝热材料包裹光纤，并将其置于恒温箱里。在测量过程中，用半导体热敏电阻和铂电阻对光纤上 3 个不同位置的温度进行连续监测，确保光纤的温度波动不超过±0.1 ℃，温度均匀度在 0.3 ℃ 以内。

② 检定装置中加入了一个固定波长激光源和一个光开关。每测量一个波长点的相移 $\varphi$ 后，立即将光开关切换到固定波长激光源，测量出这一固定波长 $\lambda_{ref}$ 下的相移 $\varphi_{ref}$，则相对时延差为

$$\Delta\tau = \frac{\varphi - \varphi_{ref}}{2\pi f} \tag{16-29}$$

用相对时延差 $\Delta\tau$ 代替 $\tau$ 进行曲线拟合，这样做是因为 $\varphi$ 和 $\varphi_{ref}$ 这两项相减能

抵消大部分由温度波动引起的光纤时延变化和系统漂移带来的误差。

③ 由计算机控制整个系统进行自动测量,尽量缩短测量时间,从而减小温度波动对测量的影响。

**6. 量值溯源**

光纤色散标准装置中光波长这一参数通过光波长计溯源到光波长标准,相位这一参数通过标准移相器溯源到相位标准。相位测量系统的检定如图 16-22 所示。

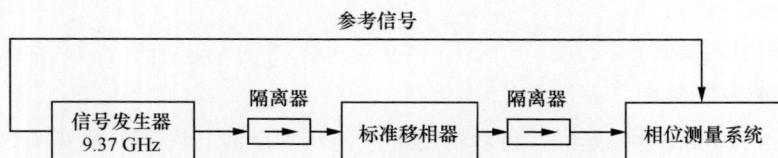

**图 16-22 相位测量系统的检定**

**7. 光纤色散标准装置的测量不确定度分析**

(1)零色散波长测量不确定度评定

表 16-2 所示为零色散波长测量不确定度的主要来源和大小。

**表 16-2 零色散波长测量不确定度的主要来源和大小**

| 不确定度的主要来源 | | 不确定度的大小/nm | |
|---|---|---|---|
| | | 1310 nm 单模光纤 | 1550 nm 色散位移光纤 |
| A 类不确定度 | $u_{p_m}$:相位噪声 | 0.01 | 0.01 |
| | $u_{\lambda_1}$:光源波长短期稳定度(3 min) | 0.002 | 0.002 |
| B 类不确定度 | $u_{p_s}$:相位标准 | 0.0002 | 0.0002 |
| | $u_{p_t}$:相位传递 | 0.001 | 0.001 |
| | $u_{\lambda_m}$:波长测量 | 0.001 | 0.001 |
| | $u_{c_f}$:曲线拟合 | 0.002 | 0.009 |
| | $u_{\lambda_t}$:光纤的 $\lambda_0$ 随温度的变化 | 0.008 | 0.008 |
| | $u_{p_d}$:极化态变化 | 0.005 | 0.017 |
| | 合成标准不确定度 $u_c$ | 0.014 | 0.023 |
| | 扩展不确定度(k=2) | 0.028 | 0.046 |

① 相位测量过程中的噪声会带来测量的误差。在同一条件下对被测光纤进行重复测量,然后用贝塞尔公式就可算出该项不确定度。经过测量,$u_{p_m}$ 取 0.01 nm(A 类,正态分布)。

标准移相器的相位不确定度为 0.02°(9.37 GHz 频率点,k=2),相应的时延不确定度为

$$u_\tau = \frac{0.01^\circ}{360^\circ} \times \frac{1}{9.37 \times 10^9 \text{ Hz}} \approx 0.003 \text{ ps}$$ （16-30）

1310 nm 单模光纤的 $u_{p_s}$ =0.0002 nm（B 类，均匀分布）。

实测该项不确定度为 0.05°，其来源主要是标准传递过程中的失配、系统的漂移、噪声等，相应的时延标准不确定度 $u_\tau$ 为 0.015 ps。用上面介绍的方法得到：$u_{p_t}$ = 0.001 nm（B 类，均匀分布）。

② 在零色散波长测量过程中用光波长计测量每一波长点的波长，其测量波长的标准不确定度为 0.001 nm（B 类，均匀分布）。

③ 在用光波长计测量波长的过程中，可调谐激光光源的波长波动会影响波长值的准确测量。实测其波动为 0.002 nm（3 min，A 类，正态分布）。

④ 光纤的不圆度及内、外部的应力会改变光纤折射率分布（特别是角向分布），使得不同极化态的光通过同一光纤的时延会发生变化，而且在不同波长处该时延的变化是不同的。这样，入射光极化态的变化、光纤内光极化态的变化都会引起光纤总色散的变化，从而有可能导致零色散波长的改变。一般将光纤内两正交极化态所对应的时延差称为 DGD，偏振模色散是 DGD 在给定波长范围内的统计平均值。

⑤ 1310 nm 单模光纤零色散波长随极化态的变化较小，最大变化量为 0.004 nm，对应标准不确定度为 0.001 nm，放大后 $u_{p_d}$ 取 0.005 nm（B 类，均匀分布）。对于 1550 nm 色散位移光纤，该项不确定度相对较大。经过测量，零色散波长的最大变化量为 0.06 nm，对应标准不确定度 $u_{p_d}$ 为 0.017 nm（B 类，均匀分布）。

⑥ 改变拟合的波长点数、相邻点波长间隔（步长）、波长范围等参数都可能会引起零色散波长的变化。可以对同一光纤进行重复测量，每次都不同程度地改变拟合参数来考察该项不确定度。对于 1310 nm 单模光纤，该项不确定度很小，$u_{c_f}$ 取 0.002 nm（B 类，均匀分布）。而对于 1550 nm 色散位移光纤，对应的标准不确定度 $u_{c_f}$ =0.009 nm（B 类，均匀分布）。

⑦ 光纤的 $\lambda_0$ 随温度的变化为：0.025 nm/℃（1310 nm 单模光纤），0.030 nm/℃（1550 nm 色散位移光纤）。测量过程中光纤温度波动的范围为 ±0.1℃（p=99%），温度均匀度为 0.3 ℃（p=99%），温度测量的不确定度为 0.3 ℃（k=$\sqrt{3}$）。总的标准不确定度为 0.2 ℃。由此带来的零色散波长的不确定度 $u_\lambda$ =0.008 nm（B 类，均匀分布）。

⑧ 除了以上各因素，光纤的弯曲、环境湿度变化、大气压变化等都会带来测量误差。但在一定的测试条件下，这些因素的影响是很小的，因此在合成不确定度时忽略不计。

合成标准不确定度是由各不确定度分量按平方和根的方法合成的，即

$$u_c = \sqrt{u_{p_m}^2 + u_{\lambda_s}^2 + u_{p_s}^2 + u_{p_t}^2 + u_{\lambda_m}^2 + u_{c_f}^2 + u_{\lambda_t}^2 + u_{p_d}^2} \qquad (16\text{-}31)$$

$$u_c \leqslant 0.022 \text{ nm} \qquad (16\text{-}32)$$

扩展不确定度 $U = 0.05$ nm。

（2）色散系数测量不确定度评定

色散系数的数学模型：对拟合的时延曲线求导就可得到光纤的色散曲线为

$$D(\lambda) = k \frac{\mathrm{d}\tau(\lambda)}{\mathrm{d}\lambda} \cdot \frac{1}{L} \qquad (16\text{-}33)$$

式中各输入量之间独立不相关，则依据该模型评定相对合成标准不确定度的表达式为

$$\frac{u_c^2(D)}{D^2} = |c_\tau|^2 \frac{u^2(\tau)}{\tau^2} + |c_L|^2 \frac{u^2(L)}{L^2} + |c_\lambda|^2 \frac{u^2(\lambda)}{\lambda^2} \qquad (16\text{-}34)$$

式中，灵敏系数 $c_\tau = 1$，$c_L = -1$，$c_\lambda = -1$。

色散系数测量不确定度的来源如下。

① 时延测量引入的相对标准不确定度分量。

a. 标准传递过程中的失配、系统的漂移、噪声等会对时延测量造成影响，另外标准移相器的自身准确性也会对时延测量造成影响，上述因素引入的相对标准不确定度为 0.5°（正态分布），对应的时延相对标准不确定度

$$u_{r,\tau_1} = \frac{0.5°}{\sqrt{3} \times 360°} \times 100\% \approx 0.080\% \qquad (16\text{-}35)$$

b. 网络分析仪采用惠普公司的 HP8510C 型仪表，其自身时延测量不准确性引入的相对标准不确定度为 0.3%（$k=2$），对应的时延相对标准不确定度

$$u_{r,\tau_2} = \frac{0.3\%}{2} = 0.15\% \qquad (16\text{-}36)$$

c. 改变拟合的波长点数、相邻点波长间隔（步长）、波长范围等参数都可能会引起色散系数和色散斜率的变化。可以对同一光纤进行重复测量，每次都不同程度地改变拟合参数来考察该项不确定度。经实验，曲线拟合时引入的相对标准不确定度为 0.5%（B 类，均匀分布），$u_{r,\tau_3} = 0.25\%$。

② 波长测量引入的相对标准不确定度分量。

a. 测量所采用的光波长计的相对标准不确定度为 $5 \times 10^{-5}$（$k=2$），对应的时延相对标准不确定度为 $u_{r,\lambda_1} = 0.003\%$。

b. 测量过程中，由于可调谐激光光源自身的波长不稳定性，以及振动、环境温度变化等因素，会影响波长测量值的准确性。1310 nm 时实测波长的波动值为 0.1 nm（8 min），属于正态分布，则该项引入的相对标准不确定度

$$u_{r,\lambda_2} = \frac{0.1}{\sqrt{3} \times 1310} \times 100\% = 0.004\% \qquad （16-37）$$

③ 光纤长度测量引入的相对标准不确定度分量。

由于折射率设置准确度的影响以及仪表自身准确度的影响，利用光时域反射计测量被测光纤长度的相对标准不确定度为 0.5%（$k=2$），对应的时延相对标准不确定度 $u_{r,L} = 0.25\%$。

④ 色散系数测量重复性引入的相对标准不确定度分量。

光纤弯曲、试验台振动、环境温度变化、大气压变化等都会给测量带来一定的影响，造成多次测量结果的不一致。上述外界因素的影响可以用测量重复性来评估。在 1310 nm 波长处经多次测量，得到由重复性引入的相对标准不确定度 $u_x = 1\%$。

相对合成标准不确定度可表示为

$$u_{r,c} = \sqrt{u_{r,\tau_1}^2 + u_{r,\tau_2}^2 + u_{r,\tau_3}^2 + u_{r,\lambda_1}^2 + u_{r,\lambda_2}^2 + u_{r,L}^2 + u_x^2} = 1.08\% \qquad （16-38）$$

取包含因子 $k=2$ 时，扩展不确定度 $U_r$=2.2%。

（3）零色散斜率测量不确定度评定

零色散斜率的数学模型：对色散系数求导就可得到光纤的零色散斜率，即

$$S(\lambda) = \frac{d\tau(\lambda)}{d\lambda^2} \cdot \frac{1}{L} \qquad （16-39）$$

式中各输入量之间独立不相关，则依据该模型评定相对合成标准不确定度的表达式为

$$\frac{u_c^2(S)}{S^2} = |c_\tau|^2 \frac{u^2(\tau)}{\tau^2} + |c_L|^2 \frac{u^2(L)}{L^2} + |c_\lambda|^2 \frac{u^2(\lambda)}{\lambda^2} \qquad （16-40）$$

式中，灵敏系数 $c_\tau = 1$，$c_L = -1$，$c_\lambda = -2$。

由此可见，零色散斜率与色散系数的测量不确定度的区别仅仅是灵敏系数不同，根据色散系数的测量不确定度来源分析，相对合成标准不确定度可表示为

$$u_{r,c} = \sqrt{u_{r,\tau_1}^2 + u_{r,\tau_2}^2 + u_{r,\tau_3}^2 + 4u_{r,\lambda_1}^2 + 4u_{r,\lambda_2}^2 + u_{r,L}^2 + u_x^2} \qquad （16-41）$$

取包含因子 $k=2$ 时，扩展不确定度 $U_r$=2.2%。

## 16.5.2 色散量值传递系统

在我国，光纤色度色散参数计量校准分为对标准光纤色散参数的校准和对色散分析仪色散参数的校准两部分。色散量值传递系统如图 16-23 所示。

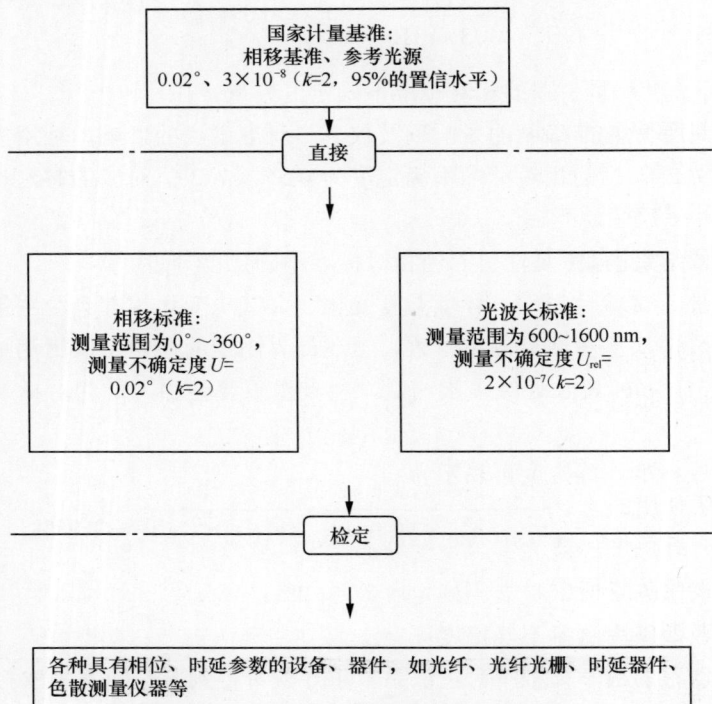

**图 16-23 色散量值传递系统**

## 16.5.3 色度色散测试仪校准

色度色散测试仪的校准是通过已标定好零色散波长、零色散斜率和色散系数等参数的标准光纤来实现的。

光纤色散参数校准实现方法的拓扑如图 16-24 所示。

通过我国的"光纤色散标准装置"或国外已建立的相关标准，对各种类型的单模光纤进行零色散波长、零色散斜率和色散系数等参数的校

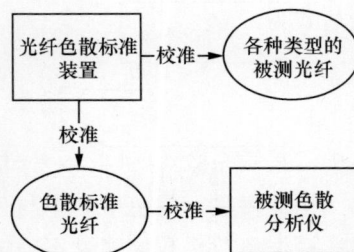

**图 16-24 光纤色散参数校准实现方法的拓扑**

准，出具光纤色散参数的计量校准证书，校准证书内容包括对色散参数的测量结果及不确定度分析。已标定好色散参数的光纤可以作为标准光纤使用，建议标准

光纤的校准周期为一年。

使用标准光纤可以对实验室、研究机构、光纤、光纤厂、通信工程、维护中使用的光纤色度色散分析仪进行校准。校准过程是使用光纤色度色散分析仪测试标准光纤，将仪表测出的零色散波长值 $\lambda_{0x}$ 与标准光纤校准证书上的零色散波长值 $\lambda_0$ 进行对比，计算出示值误差 $\Delta\lambda$，即

$$\Delta\lambda = \left| \lambda_{0x} - \lambda_0 \right| \tag{16-42}$$

通过查阅所使用的光纤色散分析仪的技术指标或用户手册中的技术指标，得知所使用的光纤色散分析仪的零色散波长点的不确定度为 $\lambda_a$。通过查阅测试中使用的标准光纤的计量校准证书，得知标准光纤在该零色散波长点的测量不确定度为 $\lambda_u$。

如果测量结果满足

$$\Delta\lambda < \lambda_a + \lambda_u \tag{16-43}$$

则可以判定所使用的光纤色散分析仪工作在正常状态。

如果测量结果满足

$$\Delta\lambda > \lambda_a + \lambda_u \tag{16-44}$$

则可以判定所使用的光纤色散分析仪的测量结果超出指标要求。

大部分光纤色度色散分析仪带有校准功能，可以通过标准光纤对仪表的零色散波长值和零色散斜率值进行校准（光纤色度色散分析仪的具体校准需按照各仪表厂商的要求进行）。

## 16.5.4　偏振模色散校准

① 按图 16-25 所示连接设备。

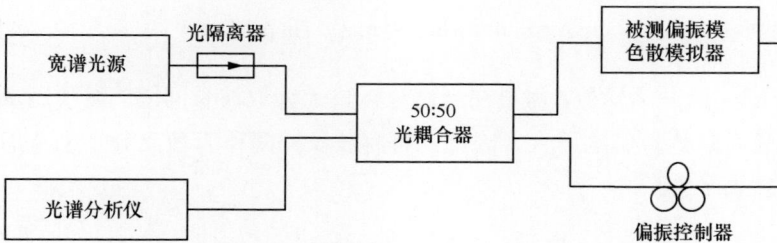

**图 16-25　PMD 模拟器校准装置示意**

② 选择与被校准 PMD 模拟器工作波长一致的宽谱光源，宽谱光源输出的光经过光耦合器后分为两路，分别在光纤干涉环中沿顺时针和逆时针方向传输。

③ 调节偏振控制器使顺时针和逆时针方向的光波以不同的双折射轴入射到

被测样品，直至在光谱分析仪上出现最大的波峰幅值。

④ 两束光波在光耦合器中合路输出进入光谱分析仪，由于光干涉作用仅发生在相同偏振方向上，且光纤双折射与波长有关，因此不同波长的光在光谱分析仪上显示出不同的光功率值。当光源的波长从 $\lambda_1$ 变化到 $\lambda_N$，且满足式（16-45）时，光功率达到极大值。

$$\Delta n \left( \frac{2\pi}{\lambda_1} - \frac{2\pi}{\lambda_N} \right) L = 2\pi N \qquad （16\text{-}45）$$

式中，$L$ 为光纤长度；$N$ 为光谱曲线波长 $\lambda_1$ 到 $\lambda_N$ 内的波谷个数；$\Delta n$ 为正交两个方向上的折射率差。

光在光纤中传输的时延 $\tau = L / \upsilon$，则

$$\Delta \tau = \frac{|\Delta \upsilon|}{\upsilon^2} L \qquad （16\text{-}46）$$

根据式（16-45）和式（16-46）计算得到 DGD，即 PMD 与光波长的关系表示为

$$\Delta \tau = \frac{N \lambda_N \lambda_1}{c(\lambda_N - \lambda_1)} \qquad （16\text{-}47）$$

根据式（16-4），从光谱分析仪上读出一定波长范围内第一个峰值所对应的光波长值 $\lambda_1$ 和最后一个峰值所对应的光波长值 $\lambda_N$，以及首尾峰值波长之间的波谷个数 $N$，就可计算出 PMD。

测量不确定度的主要来源包括光波长测量准确性等因素。对式（16-5）进行对数变换，将其转化为线性函数，即

$$\ln \Delta \tau = \ln \frac{1}{c} + \ln \lambda_1 + \ln \lambda_N - \ln \Delta \lambda \qquad （16\text{-}48）$$

由于 $\Delta \lambda = (\lambda_N - \lambda_1) / N$，需要在光谱分析仪上读取波长间隔，波长测量的绝对精度对波长间隔测量影响不大。因此，可将波长间隔作为独立分量来考虑。对其进行微分后表示为

$$\left[ \frac{u_{\mathrm{c}}(\Delta \tau)}{\Delta \tau} \right]^2 = \left[ \frac{u_{\mathrm{c}}(\lambda_1)}{\lambda_1} \right]^2 + \left[ \frac{u_{\mathrm{c}}(\lambda_N)}{\lambda_N} \right]^2 + \left[ \frac{u_{\mathrm{c}}(\Delta \lambda)}{\Delta \lambda} \right]^2 \qquad （16\text{-}49）$$

这样相对标准不确定度为

$$u_{\mathrm{crel}}(\Delta \tau) = \left[ u_{\mathrm{rel}}^2(\lambda_1) + u_{\mathrm{rel}}^2(\lambda_N) + u_{\mathrm{rel}}^2(\Delta \lambda) + u_{\mathrm{rel}}^2(\Delta \tau_f) \right]^{\frac{1}{2}} \qquad （16\text{-}50）$$

实验中所采用的光谱分析仪的准确度为 ±0.2 nm($k$=2)，波长范围为 (1310±20) nm、(1550 nm±20) nm，取 1290 nm 计算，得

$$u_{\mathrm{rel}}(\lambda_1) > u_{\mathrm{rel}}(\lambda_N) \geqslant \frac{0.2}{1290} \times 100\% \approx 0.016\% \qquad （16-51）$$

测量过程中偏振模色散不同范围所对应的波谷个数 $N$ 不同，相邻波峰的波长间隔测量的不确定度也不同，光谱分析仪的准确度为 ±0.2 nm（$k$=2），则在读取波长间隔时引入 0.4 nm 的不确定度分量（$k$=2）。在 0.1～1 ps 范围内典型值 $N$=4，在 1～100 ps 范围内典型值 $N$=9，计算波长间隔测量的相对不确定度时需要除以 $N$。$u_{\mathrm{rel}}(\Delta\tau_f)$ 为测量系统中偏振控制器、光耦合器等光纤器件自身偏振模色散给测量带来的影响，根据经验值，引入的偏振模色散取 0.0048 ps。

则 0.1～1 ps 范围内：

$$u_{\mathrm{rel}}(\Delta\lambda) = \frac{\dfrac{0.4}{N}}{\lambda_N - \lambda_1} \times 100\% = \frac{\dfrac{0.4}{4}}{23.6} \times 100\% \approx 0.42\% \qquad （16-52）$$

$$u_{\mathrm{rel}}(\Delta\tau_f) = \frac{0.0048}{0.1} \times 100\% = 4.80\% \qquad （16-53）$$

1～100 ps 范围内：

$$u_{\mathrm{rel}}(\Delta\lambda) = \frac{\dfrac{0.4}{N}}{\lambda_N - \lambda_1} \times 100\% = \frac{\dfrac{0.4}{9}}{5.1} \times 100\% \approx 0.87\% \qquad （16-54）$$

$$u_{\mathrm{rel}}(\Delta\tau_f) = \frac{0.0048}{1} \times 100\% = 0.48\% \qquad （16-55）$$

综合以上不确定度分量的计算结果，则相对合成不确定度的计算过程如下。

0.1～1 ps 范围内：

$$u_{\mathrm{rel}}(\Delta\lambda) = \sqrt{0.016\%^2 + 0.016\%^2 + 0.42\%^2 + 4.80\%^2} \approx 4.82\% \qquad （16-56）$$

1～100 ps 范围内：

$$u_{\mathrm{rel}}(\Delta\lambda) = \sqrt{0.016\%^2 + 0.016\%^2 + 0.87\%^2 + 0.48\%^2} \approx 1.00\% \qquad （16-57）$$

取包含因子 $k$=2、置信度为 95% 时，相对扩展不确定度的计算过程如下。

0.1～1 ps 范围内：

$$U_{\mathrm{rel}} = k u_{\mathrm{rel}}(\Delta\lambda) = 10\% \qquad （16-58）$$

1～100 ps 范围内：

$$U_{\mathrm{rel}} = k u_{\mathrm{rel}}(\Delta\lambda) = 2\% \qquad （16-59）$$

### 16.5.5　偏振模色散量值传递系统

偏振模色散参数计量校准分为对偏振模色散模拟器的校准和对偏振模色散分析仪表偏振模色散参数的校准两部分。偏振模色散量值传递系统如图 16-26 所示。

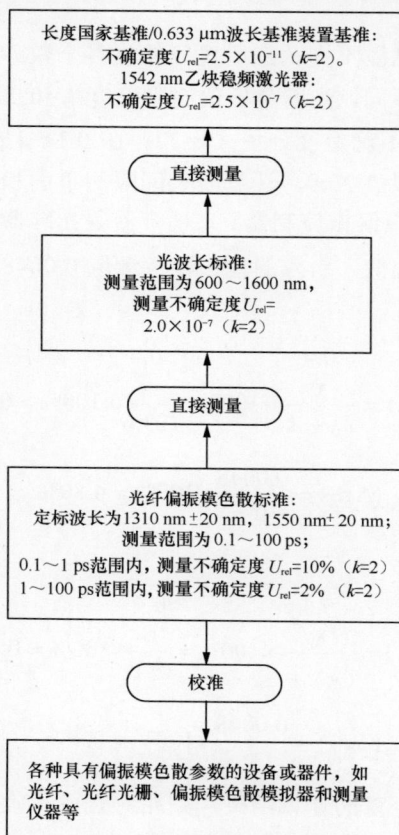

长度国家基准/0.633 μm波长基准装置基准：
不确定度 $U_{rel}=2.5\times10^{-11}$（$k$=2）。
1542 nm乙炔稳频激光器：
不确定度 $U_{rel}=2.5\times10^{-7}$（$k$=2）

直接测量

光波长标准：
测量范围为 600～1600 nm，
测量不确定度 $U_{rel}=$
$2.0\times10^{-7}$（$k$=2）

直接测量

光纤偏振模色散标准：
定标波长为 1310 nm±20 nm，1550 nm±20 nm；
测量范围为 0.1～100 ps；
0.1～1 ps 范围内，测量不确定度 $U_{rel}$=10%（$k$=2）
1～100 ps 范围内，测量不确定度 $U_{rel}$=2%（$k$=2）

校准

各种具有偏振模色散参数的设备或器件，如光纤、光纤光栅、偏振模色散模拟器和测量仪器等

**图 16-26　偏振模色散量值传递系统**

# 16.6　测试实例及典型应用

## 16.6.1　测试实例

本实例利用光纤色散测试仪对零色散波长和零色散斜率等进行测试。1310 nm 波段的起始波长为 1240 nm，结束波长为 1380 nm。1550 nm 波段的起始波长为 1460 nm，结束波长为 1630 nm。步进波长为 5 nm，测试方法为相移法，采用双窗口模式，拟合方法为三阶塞米尔拟合。色散测试曲线如图 16-27 所示。其中，零色散波长为 1317.278 nm，零色散斜率为 0.082 47 ps/(km·nm²)。

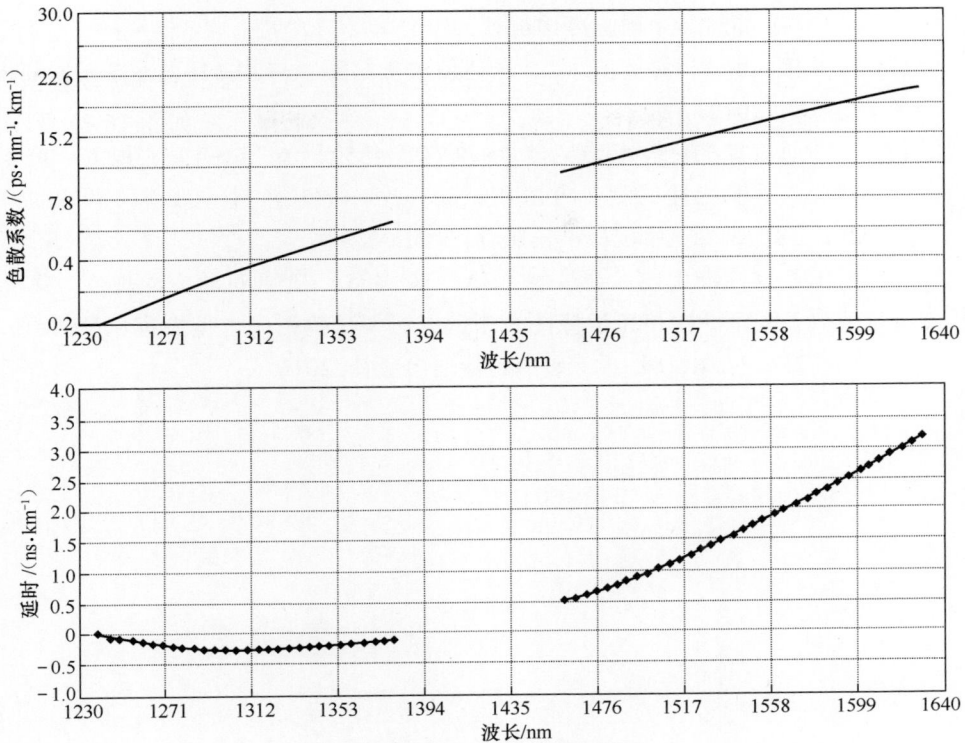

图 16-27  色散测试曲线

## 16.6.2  典型应用

色度色散测试仪和偏振模色散测试仪主要用于光纤色散测试，并可配合机械性能试验系统完成光纤应变测试。该系统广泛服务于光纤生产企业，光纤通信类科研院所、高等学校，光纤通信检测机构等，用于开展对光纤的研究。

测试涉及的主要参数包括：单模（多模）常规及特种光纤的光纤色散，单模光纤的偏振模色散，单模（多模）光纤应变（拉伸、冲击）。

本章的研究和写作工作受国家重点研发计划课题（2022YFF0605903）的支持，在此致谢。

# 参考文献

[1] 全国光学计量技术委员会. 光纤色散测试仪校准规范: JJF 1197—2008[S].
    北京: 中国计量出版社, 2008.

[2] 全国光学计量技术委员会. 光纤偏振模色散测试仪校准规范: JJF 1428—

2013[S]. 北京：中国标准出版社，2013.

[3] 张颖艳，岳蕾，傅栋博，等. 光通信仪表与测试应用[M].北京：人民邮电出版社，2012.

[4] 全国通信标准化技术委员会（SAC/TC 485）. 光纤试验方法规范　第 42 部分：传输特性的测量方法和试验程序　波长色散：GB/T 15972.42—2021 [S]. 北京：中国标准出版社，2021.

[5] 全国通信标准化技术委员会（SAC/TC 485）. 光纤试验方法规范　第 48 部分：传输特性和光学特性的测量方法和试验程序　偏振模色散：GB/T 15972.48—2016[S]. 北京：中国标准出版社，2016.

# 第 17 章　光纤参数测试仪

## 17.1　概述

　　光纤的基本结构主要包括 4 个部分，即纤芯、包层、外护层和补强材料。其中，纤芯位于光纤的中心部分，主要用于传输光信号。纤芯通常用高纯度的石英或玻璃材料制成，并具有非常小的直径（通常为几微米）。纤芯的直径决定了光纤的带宽和传输速度，直径越小，传输速度就越快。此外，纤芯的折射率比其周围包层的高，这使得光信号在纤芯和包层之间发生全反射，从而避免了信息的丢失和衰减。包层是纤芯的外层，通常用低折射率的材料制成，其主要作用在于保护纤芯。外护层的主要作用是保护光纤，防止外部环境对光纤造成损害。补强材料的主要作用在于增强光纤的机械强度和抗拉力，从而使其更加耐用和稳定。

　　光纤参数除了衰减、色散等传输参数，还包括光学参数和几何参数。光学参数包括数值孔径（numerical aperture，NA）、模场直径（mode field diameter，MFD）、截止波长、折射率分布等。几何参数包括纤芯直径、包层直径、不圆度以及同心度等。

　　光纤的光学参数和几何参数在光纤通信中都扮演着至关重要的角色。光学参数决定了光纤的基本传输性能。例如，数值孔径描述了光纤收集光的能力，决定了光纤可以与多少个光源或接收器有效地耦合；模场直径描述了光纤中光场的分布，对于光纤与其他光学元件的对接非常重要；折射率分布则影响了光在光纤中的传播路径，决定了光纤的传输特性。几何参数对光纤的机械性能和光传输性能都有影响。例如，纤芯和包层的直径及同心度决定了光纤的传输性能和连接损耗。如果光纤的几何尺寸不准确，可能会导致光信号在传输过程中的损耗增加，影响通信质量。此外，几何参数还会影响光纤的连接和安装，如果尺寸不合适，可能会导致连接不稳定或光信号衰减。

　　因此，在光纤的设计、制造和使用等过程中，需要严格控制这些参数，以确保光纤能够满足特定的通信需求。光纤参数测试仪主要用来测量这些光纤参数，在光纤通信中具有极其重要的作用。随着网络技术的不断发展和升级，光纤网络的建设和维护也面临着越来越多的挑战。网络升级到更高速率时不仅涉及物理接口上的升级，而实际光纤的传输性能和质量也成为影响传输速率的关键环节。这时，光纤参数测试仪就能够帮助我们找到问题的根源，从而采取相应的措施进行改进。因此，光纤参数测试仪是光纤通信系统中不可或缺的重要工具，它能够帮助我们更好地了解光纤的性能和状态，确保光纤通信系统的稳定运行和高效传输。

# 17.2　光纤参数测试仪的基本原理

## 17.2.1　模场直径测量

模场直径可在远场用远场光强分布 $P_F(\theta)$、互补孔径功率传输函数 $\alpha(\theta)$ 和在近场用近场光强分布 $f^2(r)$ 来测定。模场直径的 3 种测量方法之间的数学等效性如图 17-1 所示。

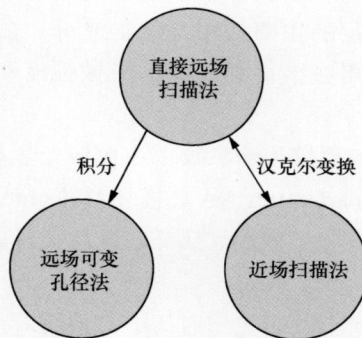

**图 17-1　模场直径的 3 种测量方法之间的数学等效性**

测量单模光纤模场直径有以下 4 种方法。

方法 A：直接远场扫描法。

方法 B：远场可变孔径法。

方法 C：近场扫描法。

方法 D：光时域反射计的双向后向散射法。

方法 A 即直接远场扫描法是测量单模光纤模场直径的基准试验方法（RTM），该方法直接按照柏特曼远场定义，通过测量光纤远场辐射图计算出单模光纤的模场直径。

由远场光强分布确定模场直径（$2W_0$）的柏特曼远场定义为

$$2W_0 = \frac{\lambda \sqrt{2}}{\pi} \left[ \frac{\int_0^{\frac{\pi}{2}} P_F(\theta) \sin \theta \cos \theta \, d\theta}{\int_0^{\frac{\pi}{2}} P_F(\theta) \sin^3 \theta \cos \theta \, d\theta} \right]^{\frac{1}{2}} \tag{17-1}$$

式中，$P_F(\theta)$ 为远场光强分布；$\lambda$ 为测量波长，单位为 μm；$\theta$ 为光纤远场测量角，单位为 rad。

式（17-1）中的积分区间为 $[0, \frac{\pi}{2})$，理解为该积分在自变量的限定内不被截断，但是随着自变量的增大，被积函数很快趋近于零，实际积分上限只要取某个 $\theta_{max}$ 即可。

用直接远场扫描法测量单模光纤的模场直径分两个步骤：首先测量出光纤的远场光强分布；然后根据柏特曼远场定义，用采集到的远场数据进行积分运算，计算模场直径。

方法 B 即远场可变孔径法是测量单模光纤模场直径的替代试验方法（ATM），该方法通过测量穿过不同孔径的光功率二维远场图计算单模光纤的模场直径，计算模场直径的数学基础是柏特曼远场定义。

由远场可变孔径法测得的互补孔径功率传输函数 $\alpha(x)$ 确定模场直径（$2W_0$）的等效式为

$$2W_0 = \left( \frac{\lambda}{\pi D} \right) \left[ \int_0^\infty \alpha(x) \frac{x}{(x^2 + D^2)^2} \, dx \right]^{-\frac{1}{2}} \tag{17-2}$$

式中，$\lambda$ 为测量波长，单位为 μm；$D$ 为孔径光阑所在平面到光纤端面的距离，单位为 mm；$x$ 为孔径光阑的半径，单位为 mm；$\alpha(x)$ 为互补孔径功率传输函数，其计算式为

$$\alpha(x) = 1 - \frac{P(x)}{P(\max)} \tag{17-3}$$

式中，$P(x)$ 为透过孔径光阑的光功率；$P(\max)$ 为透过最大孔径光阑的光功率。

式（17-2）的另一个等效式为

$$2W_0 = \frac{\sqrt{2}\lambda}{\pi} \left( \int_0^\infty \alpha(\theta) \sin 2\theta \, d\theta \right)^{-\frac{1}{2}} \tag{17-4}$$

式中，$\theta$ 为光纤远场测量角，其计算式为

$$\theta = \arctan \left( \frac{x}{D} \right) \tag{17-5}$$

$\alpha(\theta)$ 为互补孔径功率传输函数，其计算式为

$$\alpha(\theta) = 1 - \frac{P(\theta)}{P(\text{max})} \qquad (17\text{-}6)$$

式中，$P(\theta)$ 为透过远场测量角为 $\theta$ 的孔径光阑的光功率；$P(\text{max})$ 为透过最大孔径光阑的光功率。

用远场可变孔径法测量单模光纤的模场直径分两个步骤：首先测量出透过不同尺寸孔径光阑的远场辐射光功率，然后用这些远场数据通过数学程序计算模场直径。

当远场测量角 $\theta$ 较小时，式（17-4）和式（17-1）近似互为等效，在此近似条件下，式（17-1）可以通过积分运算转换为式（17-4）。

方法 C 即近场扫描法是测量单模光纤模场直径的替代试验方法，该方法通过测量光纤径向近场图计算出单模光纤的模场直径，计算模场直径的数学基础是柏特曼远场定义。

由近场光强分布确定模场直径（$2W_0$）的等效式为

$$2W_0 = 2\left[2\frac{\int_0^\infty r f^2(r)\,\mathrm{d}r}{\int_0^\infty r\left(\dfrac{\mathrm{d}f(r)}{\mathrm{d}r}\right)^2\mathrm{d}r}\right]^{\frac{1}{2}} \qquad (17\text{-}7)$$

式中，$r$ 为径向坐标，单位为 $\mu m$；$f^2(r)$ 为近场光强分布。

式（17-7）中的积分上限为无穷大，理解为该积分在自变量的限定内不被截断，但是随着自变量的增大，被积函数很快趋近于零，实际积分上限只要取某个 $r_{\text{max}}$ 即可。在计算微商时可使用数据拟合技术。

用近场扫描法测量单模光纤的模场直径分两个步骤：首先测得光纤的径向近场光强分布，然后用这些近场数据通过数学程序计算模场直径。

当远场测量角 $\theta$ 较小时，式（17-7）和式（17-1）近似互为等效，在此近似条件下，近场 $f(r)$ 和远场 $F(\theta)$ 形成一个汉克尔对，通过汉克尔变换和反变换，式（17-1）和式（17-7）可以相互转换。

方法 D 即光时域反射计的双向后向散射法不适用于测量结构未知的光纤的模场直径，该方法将被测光纤与一段模场直径已知的参考光纤连接在一起，用光时域反射计测量其连接损耗，比较出被测光纤的模场直径。参考光纤与被测光纤的结构应相似，例如，两种光纤同为匹配包层型 B1 类光纤。当被测光纤与参考光纤的结构不同时，可以在测量结果上确定出一个经验校准函数。

用光时域反射计测量模场直径时仅限于在被测光纤与参考光纤的接头处进行，这是因为光时域反射计的测量结果是非线性的。光时域反射计的非线性度指标通常由仪器制造商提供。方法 D 要求分别从光纤的两端进行双向测量。

## 17.2.2　截止波长测量

截止波长测量的方法均基于传输功率法，即测量被测光纤中传输的光功率随光波长变化的光谱曲线，并将其与参考传输光功率的光谱曲线比较后，得到光纤的截止波长。

可以通过弯曲参考技术和多模参考技术得到参考传输光功率的光谱曲线。

弯曲参考技术将被测单模光纤绕一个半径较小的圈，以带有这样一个小圈的单模光纤的传输光功率谱作为参考传输光功率谱；多模参考技术以短段多模光纤的传输光功率谱作为参考传输光功率谱。

用短段未成缆的预涂覆光纤测量光纤截止波长 $\lambda_c$。

将短段跳线光纤环绕一圈后测量跳线光纤截止波长 $\lambda_{cj}$。

测量光缆截止波长 $\lambda_{cc}$ 有以下两种试验方法。

方法 A：用未成缆的光纤测量。

方法 B：用已成缆的光纤测量。

方法 A 是测量光缆截止波长的基准试验方法，用于仲裁试验。

## 17.2.3　光纤衰减测量

光纤衰减是对光通过光纤传播时光功率减小程度的度量，它取决于光纤的性质和长度，并受测量条件的影响。

测量光纤衰减特性有以下 4 种方法。

方法 A：截断法。

方法 B：插入损耗法。

方法 C：后向散射法。

方法 D：谱衰减模型法。

在以上方法中，方法 A、方法 B 和方法 C 适用于对所有的 A 类多模光纤和 B 类单模光纤的衰减测量，方法 C 还可用于对光纤长度、损耗和不连续点特性的测量；方法 D 仅适用于对 B 类光纤的衰减测量。

方法 A 即截断法是测量光纤衰减的基准试验方法，该方法直接基于光纤衰减定义，在不改变注入条件的前提下测量出通过光纤两截面的光功率 $P_1(\lambda)$ 和 $P_2(\lambda)$，从而直接计算出光纤衰减。$P_1(\lambda)$ 是光纤末端出射的光功率，$P_2(\lambda)$ 是截断光纤后截留段末端出射的光功率。

根据测量原理，截断法不可能获得整个光纤长度上衰减的全部信息，在变化条件下也很难测出光纤衰减变化。

方法 B 即插入损耗法是测量光纤衰减的替代试验方法，其基本原理类似于截断法，但 $P_1(\lambda)$ 是光注入系统的输出光功率。

插入损耗法的测量精度不如截断法高，但是对被测光纤和固定在光纤端头上的终端连接器具有非破坏性的优点。因而，插入损耗法适合现场测量，并且主要用于对链路光纤的测量。

插入损耗法不能分析整个光纤长度上的衰减特征，但是，当预知了 $P_1(\lambda)$ 时，可以测量出在变化的环境（如温度或应力变化）中光纤衰减连续变化的特征。

方法 C 即后向散射法是测量光纤衰减的替代试验方法，该方法是一种单端测量方法，它通过测量从光纤中不同点后向散射至该光纤始端的后向散射光功率来测量光纤衰减。

后向散射法对衰减的测量受光纤中光传输速度和光纤后向散射特性的影响，其结果可能不是十分精确。这种方法需要分别从被测光纤的两端进行测量，并取两次测量结果的平均值作为光纤衰减的最终测量结果。

后向散射法允许对光纤整个长度（或感兴趣的光纤段，或串联的光纤链）进行分析，甚至可以鉴别分立的点（如接头、点不连续）。

方法 D 即谱衰减模型法可以作为测量 B 类光纤衰减的替代试验方法。光纤的谱衰减系数可以通过特征矩阵 $M$ 和矢量 $v$ 计算出来。矢量 $v$ 包含在几个（3～5 个）预定波长（如 1310 nm、1330 nm、1360 nm、1380 nm、1550 nm）上测量的谱衰减系数。谱衰减系数可以通过下面两种方法计算。

（1）由光纤提供者提供的该产品的特征矩阵 $M$，谱衰减系数可以用矢量 $w$ 表示为

$$w = M \times v \qquad\qquad (17\text{-}8)$$

（2）如果 $M$ 是普通矩阵，光纤提供者应提供一个修正因子矢量 $e$，谱衰减系数可用矢量 $w$ 表示为

$$w = M \times v + e \qquad\qquad (17\text{-}9)$$

普通矩阵是能用于不同的光纤设计或生产厂家（假定是一种光纤类型）的特征矩阵，它可由标准体和/或借助标准体决定。每个光纤提供者可以与用户/最终用户或生产厂家比较他们的产品，其差别由矢量 $e$ 决定。

## 17.2.4　数值孔径测量

渐变折射率多模光纤的数值孔径是一个重要参数，它表明光纤收集光的能力，被用来预测光纤的注入效率、接头连接损耗，以及微弯、宏弯性能等。

测量数值孔径时，可以用远场光分布法通过测量短段光纤远场辐射图确定光纤数值孔径 NA，其值又称为远场数值孔径 $NA_{ff}$；也可以用折射近场法通过测量光纤折射率分布来确定数值孔径，其值称为最大理论数值孔径 $NA_{th}$。远场光分布法是测量多模光纤数值孔径的基准试验方法，用于仲裁试验。

渐变折射率多模光纤的最大理论数值孔径 $NA_{th}$ 定义为

$$NA_{th} = \sin\theta_m \qquad (17\text{-}10)$$

式中，$\theta_m$ 为光纤传导的最大子午光线角。

根据光纤折射率分布可以得到

$$NA_{th} = \sqrt{n_1^2 - n_2^2} \qquad (17\text{-}11)$$

或

$$NA_{th} = n_1\sqrt{2\Delta} \qquad (17\text{-}12)$$

式中，$n_1$ 为纤芯的最大折射率；$n_2$ 为最内均匀包层的折射率；$\Delta$ 为芯包相对折射率差，且

$$\Delta = \frac{n_1 - n_2}{n_1}, \quad \Delta \ll 1 \qquad (17\text{-}13)$$

采用远场光分布法时可以获得远场辐射图 $I(\theta)$，远场数值孔径 $NA_{ff}$ 定义微光强下降到最大值的 5%处的半角（$\theta_5$）的正弦值。

远场数值孔径与最大理论数值孔径间的关系与测量波长有关。测量远场光分布大多在 850 nm 波长进行，而测量折射率分布通常在 540 nm 或 633 nm 波长进行，在这些波长上，$NA_{ff}$ 和 $NA_{th}$ 的关系可表示为

$$NA_{ff} = kNA_{th} \qquad (17\text{-}14)$$

式中，$NA_{ff}$ 为远场数值孔径；$NA_{th}$ 为最大理论数值孔径；$k$ 为修正系数，测量波长为 540 nm 时，$k = 0.95$，测量波长为 633 nm 时，$k = 0.96$。

以 850 nm 波长测得的 $NA_{ff}$ 作为光纤的数值孔径，该结果可以直接在 850 nm 波长进行远场测量获得，也可进行剖面测量，利用 $NA_{ff}$ 和 $NA_{th}$ 之间的换算公式即式（17-14）得到。

## 17.2.5　光纤几何参数测量

光纤几何参数的测量方法有 4 种，这 4 种方法及其适用光纤类型如表 17-1 所示。

表 17-1　光纤几何参数的测量方法及其适用光纤类型

| 测量方法 | 适用光纤类型 | 适用的光纤几何参数 |
|---|---|---|
| 方法 A：折射近场法 | 所有 A 类和 B 类光纤 | 包层直径、包层不圆度、纤芯直径、纤芯不圆度、纤芯/包层同心度误差、最大理论数值孔径、折射率剖面 |
| 方法 B：横向干涉法 | 所有 A 类光纤 | 纤芯直径、纤芯不圆度、最大理论数值孔径 |
| 方法 C：近场光分布法 | A1 类、A2 类、A3 类光纤和所有 B 类光纤 | 除了最大理论数值孔径的所有参数 |
| 方法 D：机械直径法 | 所有光纤 | 包层直径、光纤不圆度 |

注：① 不规定单模光纤的纤芯直径；

② 纤芯直径、纤芯不圆度和最大理论数值孔径仅适用于 A 类光纤；

③ 近场光分布法可以用于测量 A1 类光纤的纤芯直径，但由于纤芯不圆度的影响，其测量结果与实际的纤芯直径可能有差别，纤芯不圆度可通过多轴扫描法来确定；

④ 在实际应用中，对于平滑的和充分圆的光纤，用方法 D 可给出与方法 A、方法 B 和方法 C 相近的结果，并且能得到光纤不圆度的测量结果。

上述 4 种方法中，方法 C 是测量 A 类光纤几何参数（纤芯直径除外）和 B 类光纤几何参数的基准试验方法，可用于仲裁试验；方法 A 是测量 A 类光纤纤芯直径的基准试验方法。A 类光纤的芯区是根据方法 A 测定的折射率剖面定义的，因此方法 C 不可以作为测量 A 类光纤纤芯直径的仲裁试验方法。

**1．折射近场法**

折射近场法是一种直接和精确的测量方法。该方法能直接测量光纤（纤芯和包层）截面折射率变化，具有高分辨率，经标定可给出折射率绝对值。由折射率剖面图可确定多模光纤和单模光纤的几何参数及多模光纤的最大理论数值孔径。折射近场法的原理如图 17-2 所示。

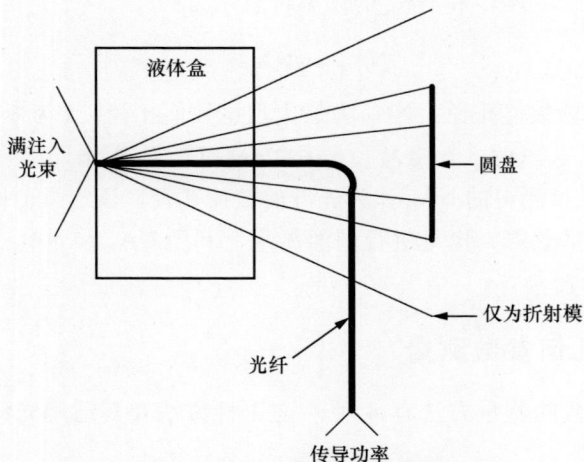

图 17-2　折射近场法的原理

**2．横向干涉法**

横向干涉法可通过测量被测光纤的折射率剖面来计算光纤玻璃区域的几何特性参数。

横向干涉法用干涉显微镜在被垂直照射的被测光纤侧面聚焦,得到干涉图形,用视频探测器采集干涉条纹,并经计算机处理使干涉条纹数字化,从而得到光纤的折射率剖面。

**3．近场光分布法**

近场光分布法通过对被测光纤输出端面上的近场光分布进行分析,确定光纤截面几何尺寸参数。

近场光分布法可以采用灰度法和近场扫描法。灰度法用视频系统实现二维近场扫描,近场扫描法只进行一维近场扫描。

**4．机械直径法**

机械直径法适用于对各类光纤包层直径的精密测量,该方法用来向工厂提供作为标准参考物的校准光纤样品。

光纤几何尺寸测试仪主要有两种类型:一种是采用近场光分布法的工作原理的光纤几何尺寸测试仪,另一种是采用折射近场法的工作原理的光纤几何尺寸测试仪。

# 17.3　光纤参数测试仪的技术指标

## 17.3.1　模场直径

模场直径是对单模光纤基模($LP_{01}$)模场强度空间分布的度量,反映了单模光纤中传输的基模模场强度的空间分布。

商用仪表模场直径的测量不确定度可达到 1%。

商用仪表模场直径的测量重复性可达到 0.3%。

## 17.3.2　截止波长

理论截止波长是单模光纤中仅有基模传输的最短波长。理论截止波长可以用光纤的折射率剖面参数计算得到。

在单模光纤中,从多模传输转变为单模传输不是在一个波长上实现的,而是在一个波长范围内平滑过渡实现的。在评定光纤的传输性能时,在应用条件下测量的截止波长比理论截止波长更实用。

当光纤中的模大体上被均匀激励的前提下,包括注入较高次模在内的总光功率与基模光功率之比随波长减小为 0.1 dB 时所对应的较大波长就是截止波长。根据该定义，被测光纤在截止波长处的二阶模（$LP_{11}$）比基模衰减了 19.3 dB。

商用仪表截止波长的测量重复性可达到 5 nm。

### 17.3.3 谱衰减

光纤的谱衰减由光纤在不同波长点的衰减系数组成。

对于稳态条件下的均匀光纤，衰减系数可以定义为单位长度的衰减 $\alpha(\lambda)$，即

$$\alpha(\lambda) = \frac{A(\lambda)}{L} \tag{17-15}$$

式中，$L$ 为光纤长度，单位为 km；$A(\lambda)$ 为段光纤上，相距 $L$ 的截面 1 和截面 2 之间在波长 $\lambda$ 处的衰减。

$$A(\lambda) = \left| 10\lg\frac{P_1(\lambda)}{P_2(\lambda)} \right| \tag{17-16}$$

式中，$P_1(\lambda)$ 为通过截面 1 的光功率；$P_2(\lambda)$ 为通过截面 2 的光功率。

$\alpha(\lambda)$ 值与选择的光纤长度无关。

商用仪表谱衰减的技术指标如表 17-2 所示。

**表 17-2 商用仪表谱衰减的技术指标**

| 指标名 | 指标值 |
| --- | --- |
| 单模光纤谱衰减的测量波长范围 | 1000～1600 nm |
| 多模光纤谱衰减的测量波长范围 | 800～1600 nm |
| 谱衰减的测量波长不确定度 | ≤0.5 nm |
| 单模光纤谱衰减的测量动态范围（无平均情况下） | ≥33 dB |
| 多模光纤谱衰减的测量动态范围（无平均情况下） | ≥46 dB |
| 谱衰减的测量功率线性度不确定度 | ≤0.02 dB/dB |
| 光功率稳定性（2 m 光纤不移动） | ≤0.002 dB/5 min |
| 谱衰减的测量重复性（2 m 光纤不移动） | ≤0.005 dB（RMS） |

### 17.3.4 数值孔径

数值孔径是衡量多模光纤的特性的技术指标，一般为 850 nm。

商用仪表多模光纤数值孔径的测量波长范围为 850±25 nm。

商用仪表多模光纤数值孔径的测量重复性≤0.25%（RMS）。

### 17.3.5 包层直径

包层直径是在圆形光纤中，与包层的外极限最拟合的圆的直径，圆心为包层中心。

商用仪表包层直径的测量重复性可达到 0.005 μm。

### 17.3.6　包层不圆度

包层不圆度是在圆形光纤的截面上，将可以外接纤芯区的最小圆直径与可以内接包层的最大圆直径的差（两个圆都与包层中心同心）除以包层直径所得的，即包层截面偏离一个圆的百分比。

商用仪表包层不圆度的测量重复性可达到 0.005%。

### 17.3.7　纤芯直径

纤芯直径是在圆形光纤中，与纤芯的外极限最拟合的圆的直径，圆心为纤芯中心。

商用仪表纤芯直径的测量重复性可达到 0.01 μm。

### 17.3.8　纤芯不圆度

纤芯不圆度是在圆形光纤的截面上，将可以外接纤芯区的最小圆直径与可以外接纤芯区的最大圆直径的差（两个圆都与纤芯中心同心）除以纤芯直径所得的，即纤芯截面偏离一个圆的百分比。

商用仪表纤芯不圆度的测量重复性可达到 0.1%。

### 17.3.9　纤芯/包层同心度误差

纤芯/包层同心度误差在圆形多模光纤中，是纤芯中心和包层中心之间的距离除以纤芯直径所得的；在单模光纤中，是纤芯中心和包层中心之间的距离。

商用仪表纤芯/包层同心度误差的测量重复性可达到 0.005 μm。

## 17.4　典型国产光纤参数测试仪介绍

### 17.4.1　上海电缆研究所的 OFM 光纤多参数测试仪

上海电缆研究所的 OFM 光纤多参数测试仪如图 17-3 所示。OFM 光纤多参数测试系统遵循 IEC 60793 标准的测试方法，实现对光纤衰减、衰减-波长、模场直径、截止波长和宏弯损耗等参数的测试。其是光纤研究、生产、使用等单位必备的测试仪器，是采用先进的、高稳定的波长可调节调制光源，微弱信号采集、放大系统，先进的数字锁相系统，先进的机器视觉技术，稳定的光学系统，光纤位置自动控制系统及计算机等的智能化高科技产品，满足用户高精度、快速测试的需求。其测量重复性好，性能可靠，操作方便。

### 1. 测量参数

测量参数主要包括衰减、衰减-波长、模场直径、截止波长、宏弯损耗等。

### 2. 技术指标

上海电缆研究所的 OFM 光纤多参数测试系统的技术指标如表 17-3 所示。

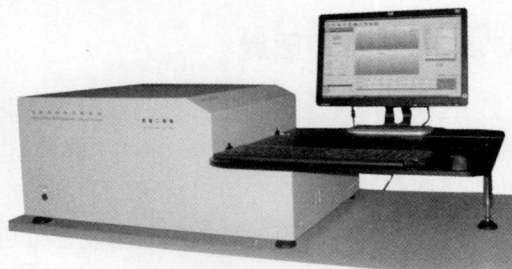

**图 17-3　上海电缆研究所的 OFM 光纤多参数测试仪**

表 17-3　上海电缆研究所的 OFM 光纤多参数测试系统的技术指标

| 指标名 | | 指标值 |
| --- | --- | --- |
| 衰减 | 方法 | 截断法 |
| | 波长范围 | 1100～1650 nm（可设定） |
| | 波长步幅 | 10 nm（可设定） |
| | 重复性 | ≤0.01 dB/km |
| | 测试效率 | ≥1 波长/秒 |
| 衰减-波长 | 方法 | 截断法 |
| | 波长范围 | 1100～1650 nm（可设定） |
| | 波长步幅 | 10 nm（可设定） |
| | 重复性 | ≤0.01 dB/km |
| | 测试效率 | ≥1 波长/秒 |
| 截止波长 | 方法 | 传输功率法 |
| | 波长范围 | 1100～1500 nm（可设定） |
| | 波长步幅 | 5 nm（可设定） |
| | 重复性 | ≤8 nm |
| | 测试效率 | ≥1 波长/秒 |
| 模场直径 | 方法 | 远场可变孔径法 |
| | 波长范围 | 1310 nm、1550 nm（可增加） |
| | 重复性 | ≤0.1 μm（光纤状态保持不变） |
| | 测试时间 | 2 min（单波长） |
| 宏弯损耗 | 测试方法 | 传输功率监测法 |
| | 测试范围 | 1200～1650 nm |
| | 重复性 | ≤0.05 dB（光纤状态保持不变） |

### 3. 软件特点

测试软件是基于 Windows 系统设计的，支持中英文双界面，简单明了的界面十分便于信息输入、测试、结果处理和显示及输出等；测试标准可编辑，可输出 PDF 格式的报告（包括中文或英文测试报告），支持 Excel 格式的文件，便于质量分析、统计分析。

## 17.4.2　上海电缆研究所的 FGS512 光纤几何参数测试仪

上海电缆研究所的 FGS512 光纤几何参数测试仪如图 17-4 所示。FGS512 光纤几何参数测试仪是遵循 IEC 60793 标准的传输近场法（视频灰度法）对光纤几何参数进行全自动测试的高精度专用测试仪。该测试仪采用 EIA/TIA、FOTP-176 灰度定标技术，利用先进的光学系统、CCD、图像采集技术和计算机技术等，实现同时对裸光纤和涂覆层的自动测量。它利用完善的软、硬件相结合的技术，将采集到的光纤近场图像中各个像素点

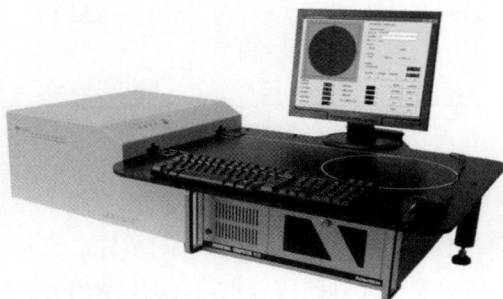

图 17-4　上海电缆研究所的 FGS512 光纤几何参数测试仪

的数据通过严格的计算，确定光纤纤芯及包层（涂覆层）的准确边界，从而给出光纤的各个几何参数，整个测试过程快捷、形象，测试结果准确、可靠。

最新开发的多镜头切换测试仪可实现 30～1000 μm 范围内的光纤几何参数测试，包括单模光纤（G.652、G.655、G.657 等）、多模光纤、保偏光纤、多芯光纤、八边形光纤、大芯径光纤、正方形光纤、双包层光纤等，还可根据用户需要扩展。

### 1. 测量参数

单模光纤：纤芯直径、包层直径、包层不圆度、纤芯/包同心度误差等。

多模光纤：纤芯直径、包层直径、纤芯不圆度、包层不圆度、纤芯/包同心度误差等。

二次涂覆层：涂层外径、涂层不圆度、涂层同心度误差。

### 2. 性能指标

上海电缆研究所的 FGS512 光纤几何参数测试仪的技术指标如表 17-4 所示。

表 17-4　上海电缆研究所的 FGS512 光纤几何参数测试仪的技术指标

| 测试项目 | 指标名 | | 指标值 |
| --- | --- | --- | --- |
| FGS512 重复性 | 单模光纤 | 纤芯直径 | ≤0.05 μm |
| | | 包层直径 | ≤0.05 μm |
| | | 包层不圆度 | ≤0.10% |
| | | 纤芯/包层同心度误差 | ≤0.04 μm |

续表

| 测试项目 | 指标名 | | 指标值 |
|---|---|---|---|
| FGS512<br>重复性 | 多模光纤 | 纤芯直径 | ≤0.08 μm |
| | | 包层直径 | ≤0.05 μm |
| | | 纤芯不圆度 | ≤1.00% |
| | | 包层不圆度 | ≤0.10% |
| | | 纤芯/包层同心度误差 | ≤0.08 μm |
| | 二次涂覆层 | 涂层外径 | ≤0.50 μm |
| | | 涂层不圆度 | ≤0.50% |
| | | 涂层同心度误差 | ≤0.5 μm |

### 3. 软件特点

测试软件是在 Windows 操作系统下设计的。软件采用人性化设计，操作简便；菜单模块化，结构简单，易于掌握；支持中英文双界面，标准可编辑，界面布置合理，便于光纤图像采集、测试、数据处理、记录保存以及结果和记录打印等操作。

## 17.4.3　上海电缆研究所的 NA-F 光纤数值孔径测试系统

上海电缆研究所的 NA-F 光纤数值孔径测试系统如图 17-5 所示。NA-F 光纤数值孔径测试系统应用远场光分布法，采用数字锁相技术与高精度光机电一体化实现光纤数值孔径测试，测试过程快捷、方便，测试结果准确、可靠。

### 1. 系统特点

（1）具备稳定的光注入装置。

（2）具备精密光纤定位装置。

（3）支持微小信号的采集与处理。

（4）支持精确的图像自动对焦与调整功能。

（5）支持数据库存储和分析功能。

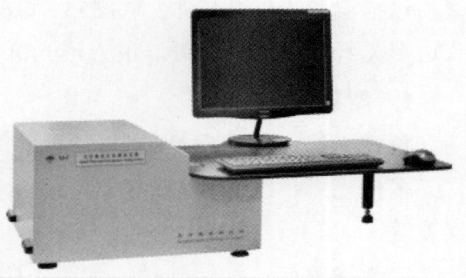

图 17-5　上海电缆研究所的 NA-F 光纤数值孔径测试系统

### 2. 测量参数

测量参数主要为数值孔径。

### 3. 技术指标

上海电缆研究所的 NA-F 光纤数值孔径测试系统的技术指标如表 17-5 所示。

表 17-5　上海电缆研究所的 NA-F 光纤数值孔径测试系统的技术指标

| 测试波长/nm | 850 |
|---|---|
| 测试重复性/（dB·km$^{-1}$） | <0.5% |

#### 4. 软件特点

测试软件是基于 Windows 系统设计的，支持中英文双界面，简单明了的界面十分便于信息输入、测试、结果处理和显示及输出等；测试标准可编辑，可输出 PDF 格式的报告（包括中文或英文测试报告），支持 Excel 格式的文件，便于质量分析、统计分析。

## 17.5　光纤参数测试仪的计量校准

光纤参数测试仪的计量校准一般是使用已经标定好数值的标准光纤实现的。目前，仪表可以根据标准光纤的标准值进行修订的参数有：模场直径、包层直径。由于仪表的测量重复性较好，在校准后使用仪表可以得到满意的测量数据。在仪表正常工作的情况下，建议一年进行一次计量校准。

在测量光纤几何参数时，光纤切割角度最好在 1° 以下，如果切割角度难以控制在 1° 以下，1.5° 以下也可以。

光纤参数测试仪在日常使用中，可以通过测量一盘在 1380 nm 左右有水峰的光纤的光谱损耗，观察光源测试波长的漂移。

## 17.6　测试实例及典型应用

### 17.6.1　测试实例

针对 G.652 单模光纤进行模场直径测量，测量波长为 1310 nm，标称值为(9±0.6) μm。模场直径测量结果如图 17-6 所示，测量方法是远场可变孔径法，测量出透过不同尺寸孔径光阑的远场辐射光功率，用这些远场数据通过波得曼第二定义推导出的公式计算得到模场直径值。模场直径测量结果为 9.368 μm。

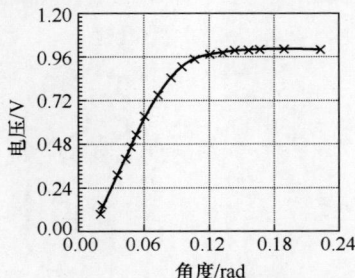

**图 17-6　模场直径测量结果**

针对 G.652 单模光纤进行截止波长测量，指标要求截止波长小于或等于

1310 nm。光功率–波长分布如图 17-7 所示,截止波长测量结果为 1254.46 nm。

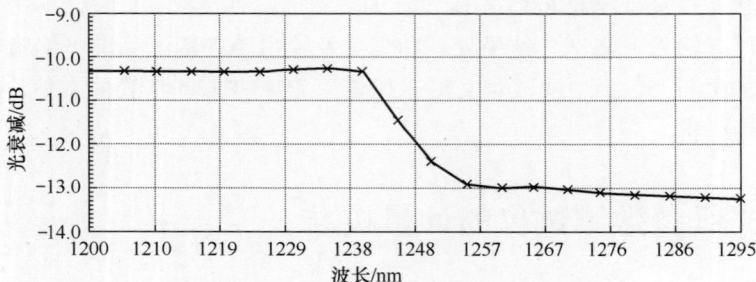

**图 17-7　光功率–波长分布**

针对 G.652 单模光纤进行谱衰减测量,测试波段为 1310 nm。谱衰减测量结果如图 17-8 所示,1310 nm 波长处的光纤衰减系数为 0.322 dB/km。

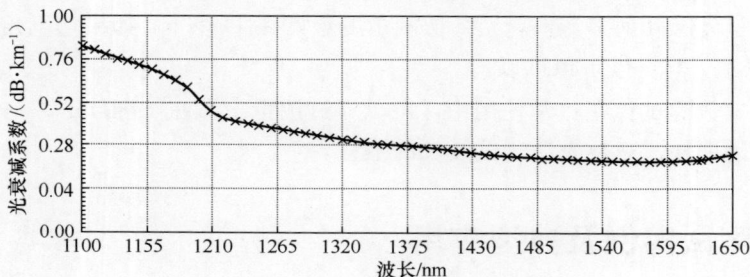

**图 17-8　谱衰减测量结果**

针对 G.652 单模光纤进行几何参数测量,测量参数包括纤芯直径、包层直径、纤芯不圆度、包层不圆度、纤芯/包层同心度误差等。几何参数测量光纤端面如图 17-9 所示。测量结果中,纤芯直径为 7.85 μm,包层直径为 124.41 μm,纤芯不圆度为 0.43%,包层不圆度为 0.43%,纤芯/包层同心度误差为 0.36 μm。

**图 17-9　几何参数测量光纤端面**

## 17.6.2　光纤参数测试仪的典型应用

光纤综合参数测试系统、光纤数值孔径测试系统、光纤几何参数测试系统等，可以全方面实现光纤的传输特性、几何特性、机械性能的整体测试解决方案，可以应用于光纤生产企业、光纤通信类科研院所、光纤通信检测机构、开设相关光纤通信的院校等，涉及的测量参数主要包括：单模（多模）常规及特种光纤的几何参数，单模（多模）光纤的谱衰减、附加衰减，单模光纤的截止波长、模场直径，单模（多模）光纤应变（拉伸、冲击），多模光纤的数值孔径等。

# 参考文献

[1] 中国计量科学院. 光纤折射率分布和几何参数测量仪（折射近场法）：JJG 895—1995[S]. 北京：中国计量出版社，1995.

[2] 中国计量科学研究院. 光纤损耗和模场直径测量仪检定规程：JJG 896—1995[S]. 北京：中国计量出版社，1995.

[3] 张颖艳，岳蕾，傅栋博，等. 光通信仪表与测试应用[M]. 北京：人民邮电出版社，2012.

[4] 上海电缆研究所. SRCR2 光纤测量系统简介[Z]. 2023.

[5] 全国通信标准化技术委员会. 光纤试验方法规范 第45部分：传输特性的测量方法和试验程序 模场直径：GB/T 15972.45—2021[S]. 北京：中国标准出版社，2021.

[6] 工业和信息化部（通信）. 光纤试验方法规范 第44部分：传输特性和光学特性的测量方法和试验程序 截止波长：GB/T 15972.44—2017[S]. 北京：中国标准出版社，2017.

[7] 全国通信标准化技术委员会（SAC/TC 485）. 光纤试验方法规范 第20部分：尺寸参数的测量方法和试验程序 光纤几何参数：GB/T 15972.20—2021[S]. 北京：中国标准出版社，2021.

[8] 全国通信标准化技术委员会（SAC/TC 485）. 光纤试验方法规范 第43部分：传输特性的测量方法和试验程序 数值孔径：GB/T 15972.43—2021[S]. 北京：中国标准出版社，2021.

[9] 中国通信标准化协会. 光纤试验方法规范 第40部分：传输特性和光学特性的测量方法和试验程序 衰减：GB/T 15972.40—2008[S]. 北京：中国标准出版社，2008.

# 第 18 章　光纤熔接机

## 18.1　概述

　　光纤熔接机结合了光学处理、电子控制和精密机械技术等，以热熔融方式完成各类光纤高质量接续，保证光纤以较低的损耗来传输光信号，目前被广泛应用于光纤线路施工、线路维护、应急抢修等各项工程中。光纤熔接机的工作原理是依据光学系统生成光纤图像在液晶屏上实时显示的同时，通过微处理器对光纤图像进行计算、分析给出具体参数和评估信息，并控制光纤运动控制系统对两段光纤进行三维对准，完成纤芯对准或包层对准，通过电极放电电弧产生的高温来熔融光纤，完成光纤的低损耗接续，并通过加热热缩套管来实现光纤接续点的保护，以获得低损耗、低反射、高机械强度以及长期稳定、可靠的熔接接头。光纤熔接机在对光纤进行精密对准和放电熔接后，会根据纤芯接头的错位、变形以及端面切割角度等计算出熔接损耗并在屏幕上显示出来。熔接损耗是光纤熔接机的重要性能参数，直接决定了光纤断点接续后光纤链路传输信号的质量。

　　光纤熔接机的主要结构包括中央控制模块、图像处理模块、电机控制模块、电弧放电模块、热缩加热模块等，其中图像处理模块、电机控制模块、电弧放电模块以及热缩加热模块是影响熔接时间、熔接损耗以及加热时间等的关键因素。图像处理模块可以对光纤端面的洁净度、平整度以及光纤类型等进行检查，以确保后期光纤的精确对准以及熔接损耗的准确估算；电机控制模块保障了光纤推进、控制的精度，是高质量放电熔接的前提；电弧放电模块完成光纤熔接的核心部分，放电的强度、时长、稳定性等直接决定了熔接损耗的大小；热缩加热模块为脆弱的熔接点提供可靠的保护，确保熔接好的光纤能够长久耐用。

## 18.2　光纤熔接机的基本原理

　　光纤熔接机按其接续的光纤类型不同可以分为普通单芯光纤熔接机、带状光纤熔接机、保偏光纤熔接机以及针对 FTTH 环境使用的 FTTH 专用光纤熔接机等。

普通单芯光纤熔接机出现最早，主要针对单芯光纤熔接需求，具有体积小、质量轻、操作简单、速度快、平均熔接损耗小、热缩套管加热速度快等优点。

带状光纤熔接机适用于对多芯扁平带状光纤的熔接，针对芯数不同的光纤带，夹具一般分为 2、4、6、8、12 芯数等，可实现多芯光纤的同时熔接。带状光纤的尺寸比单芯光纤的宽，普通单芯圆柱状光纤的直径通常约为 0.125 mm，而 12 芯带状光纤则呈扁平状，宽度约为 3 mm，熔接时要求实现 12 芯光纤同时接续，并同时进行热缩套管加热保护。带状光纤熔接机使熔接效率极大提高，适用于高光纤密度、大芯数的光纤通信系统。

保偏光纤主要通过增加纤芯的椭圆度（如采用椭圆纤芯型光纤等）或施加非圆对称应力制作而成，利用高的双折射性，把光波偏振方向控制在一定方向上，实现保偏。保偏光纤被广泛应用在光纤陀螺、光纤传感、相干光通信等领域。保偏光纤结构主要有熊猫型、蝴蝶结型和椭圆包层型几种。保偏光纤熔接机用来实现对保偏光纤的熔接，熔接保偏光纤时，主轴对准角偏差是影响熔接点消光比的主要因素。因此，保偏光纤熔接机除了按普通单模光纤进行纤芯或包层对准，保证低的熔接损耗，还必须进行主轴对准消除角偏差，以使熔接后的保偏光纤仍保持良好的偏振特性。

FTTH 专用光纤熔接机主要用来接续 FTTH 工程专用的各类型号的光纤连接器内部的光纤、皮线光纤，以及普通的单模和多模光纤等，并对熔接点进行热缩保护。FTTH 专用光纤熔接机在光纤接入网中应用十分广泛，具有光纤热剥皮功能、光纤清洁功能、光纤切割功能、光纤熔接功能、光纤热缩保护功能、光纤熔接损耗估计功能、USB 数据读写功能、光纤拉力测试功能、温湿度实时显示功能等。FTTH 专用光纤熔接机一般具备连接头现场制作功能，可支持 SC、LC、FC 熔接头的现场制作，熔接点在接头内、不外露，并且具备快速启动功能。

常见的单芯光纤熔接机原理框架如图 18-1 所示，主要组成单元包括显微镜、CPU、高压放电部分等。单芯光纤熔接机工作时，被熔接的两根光纤通过专用显微镜成像在两个互补金属氧化物半导体（CMOS）图像传感器上，并且存储在数字图像处理单元，该光纤图像表征了光纤两个相互垂直的方向的切割端面洁净度、平整度情况和几何位置关系等，图像处理单元对光纤图像进行拼接、合成处理并将其送往 CPU，通过专用接口将光纤图像送至显示器进行显示，并对光纤图像进行分析和判断，以此来产生各种信息提示和控制信号，进而驱动多个电机实现光纤的三维精确对准，最后利用电极放电产生的电弧高温来熔融光纤并实现低损耗的永久性接续。

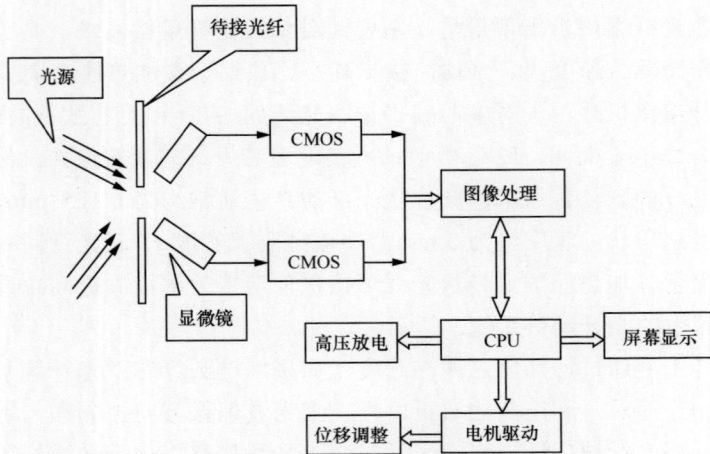

**图 18-1　常见的单芯光纤熔接机原理框架**

## 18.3　光纤熔接机的技术指标

光纤熔接机的技术指标主要包括熔接损耗、熔接时间、加热时间、放大倍数、放电次数、熔接点的光回波损耗、拉力测试等。

**1. 熔接损耗**

熔接损耗是指利用光纤熔接机对两根光纤进行熔接后，在接头点引起的光信号传输的功率损耗，单位为 dB。影响光纤熔接损耗的主要因素包括光纤几何尺寸失配、光纤轴心错位、光纤轴心倾斜、光纤端面质量、熔接点邻近光纤翘曲等。另外，光纤熔接机操作人员熟练程度、光纤熔接机中电极洁净水平、熔接参数设置、熔接所处环境等也会影响到熔接损耗的大小。熔接损耗通常取多次熔接损耗的平均值来表征，即平均熔接损耗。目前，市场上主流光纤熔接机的单模光纤平均熔接损耗≤0.02 dB（典型值），多模光纤平均熔接损耗≤0.01 dB（典型值）。

**2. 熔接时间**

熔接时间是指从将两根待接光纤放入光纤熔接机夹具中并盖上防风盖，到完成熔接的时间段。目前，市场上主流光纤熔接机的熔接时间通常在 10 s 以内。

**3. 加热时间**

光纤熔接完成后需要用热缩管保护，热缩管套住熔接点后需要加热热缩管。光纤熔接机的加热时间是指从将套上热缩管的熔接点放置于加热槽内，到完成热缩管加热的时间段。目前，市场上主流光纤熔接机的加热时间通常在 20 s 以内。

**4. 放大倍数**

放大倍数是指将被熔接光纤剥除掉涂敷层放置于光纤熔接机的 V 形槽后，熔接时在屏幕上显示的光纤包层直径测量值相比实际值的放大倍数。光纤熔接机通常具有自动调焦功能，支持 $x$ 轴、$y$ 轴单独显示，以及 $x$ 轴和 $y$ 轴同时显示两种模式。

### 5．放电次数

放电次数是指光纤熔接机的电极在保证正常熔接条件下可放电的总次数。

### 6．熔接点的光回波损耗

熔接点的光回波损耗是指光纤熔接机完成对两根光纤的接续后，熔接点入射光功率与反射光功率之比的对数，单位为 dB。

### 7．拉力测试

拉力测试是指为了验证光纤熔接机完成对两根光纤的接续后熔接点的抗拉强度大小，光纤熔接机放电结束后通常会进行自动拉力测试。

除了上述主要技术指标，在外观方面，光纤熔接机外观必须平滑、无油渍、无伤痕及无裂纹等，按键的标志应清楚，开关、按键等应接触良好。通常光纤熔接机还应配备有切割刀，具有废纤收集器和切割刀携带包，配备有电极清洁工具。用于FTTH 场景的光纤熔接机应配备用于单芯光纤/皮线光纤/尾纤的 FTTH 的三合一专用夹具，适用于对裸纤、尾纤、皮线光纤、跳线光纤、隐形光纤等的接续，能够满足普通环境下的光纤接续要求。光纤熔接机应具备图形化显示功能，屏幕应显示清晰，无抖动，无影响其工作的机械损伤，各按键调节自如。光纤熔接机还应具有较好的便携性和集成度。在通用功能方面，光纤熔接机还应具有分步和自动熔接功能、光纤端面检查功能、V 形槽照明功能、加热功能、存储功能、操作界面设置功能、数据接口设置功能、输出格式设置功能、软件升级功能等，具体如表 18-1 所示。

表 18-1　光纤熔接机的通用功能

| 通用功能 | 描述 |
| --- | --- |
| 分步和自动熔接功能 | 具有分步熔接和自动熔接功能 |
| 光纤端面检查功能 | 可检查和显示切割角度、光纤夹角、轴向偏移等，自动识别左右光纤是否匹配 |
| V 形槽照明功能 | 具有 V 形槽照明功能 |
| 加热功能 | 内装加热器，兼容 40 mm/60 mm 热缩管，熔接时能够做到裸纤不外漏。支持自动加热功能，加热时间可调 |
| 存储功能 | 可存储熔接记录和熔接图像，以及电极放电次数 |
| 操作界面设置功能 | 可提供全中文操作界面，界面友好；可提供在线中文帮助文档且内容全面 |
| 数据接口设置功能 | 提供 USB 接口或 RS-232 接口，支持 USB 接口及其他接口的文件和数据的输入输出，支持熔接记录的导出等 |
| 输出格式设置功能 | 可以输出为通过计算机可以输出的格式 |
| 软件升级功能 | 可通过 USB 接口或以太网接口进行软件升级 |

表 18-2 所示为光纤熔接机的技术指标。

表 18-2　光纤熔接机的技术指标

| 指标名 | 指标值 | | |
|---|---|---|---|
| | 单芯光纤熔接机 | | 带状光纤熔接机 |
| | FTTH 专用光纤熔接机 | 骨干网光纤熔接机 | |
| 熔接损耗/dB | 多模光纤：≤0.03 | 多模光纤：≤0.01 | 多模光纤：≤0.04 |
| | G.652、G.657 单模光纤：≤0.05 | G.652 单模光纤：≤0.02 | G.652 单模光纤：≤0.06 |
| | G.653 单模光纤：≤0.08 | G.653 单模光纤：≤0.06 | G.653 单模光纤：≤0.08 |
| | G.655 单模光纤：≤0.08 | G.655 单模光纤：≤0.06 | G.655 单模光纤：≤0.08 |
| 熔接时间/s | ≤9 | ≤9 | ≤18 |
| 加热时间/s | ≤18 | ≤18 | ≤25 |
| 放大倍数 | $x/y$ 轴同时观测：≥120，超大放大倍数：≥280 | $x/y$ 轴同时观测：≥150，超大放大倍数：≥300 | $x/y$ 轴同时观测：≥30，超大放大倍数：≥60 |
| 放电次数/次 | ≥3000 | ≥4000 | ≥1000 |
| 熔接点的光回波损耗/dB | G.652 光纤熔接点的光回波损耗（测试波长为 1550 nm）：≥60 | | |
| 拉力测试/N | ≥1.9 | | |

## 18.4　光纤熔接机的校准

以单模光纤为例，单模光纤熔接损耗示值校准的步骤如下。

（1）按图 18-2 连接设备，通过单模光纤盘 A 和单模光纤盘 B 将单模稳定激光源和光功率计对接，将单模稳定激光源和光功率计的波长均设置为 1310 nm。各段连接光纤的位置在整个测试过程中应保持固定，尽量减小光纤由于应力和弯曲程度发生变化带来的影响，各连接器应可靠连接，避免反射带来的影响。

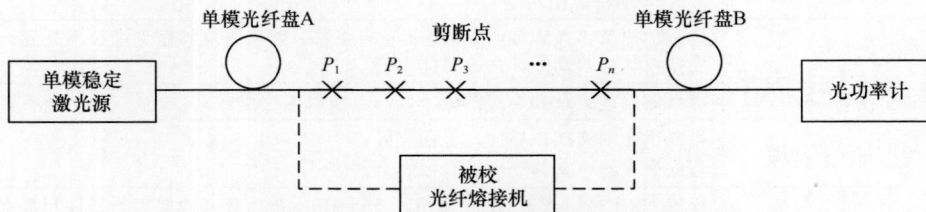

图 18-2　用剪断法校准单模光纤熔接损耗的连接示意

（2）将光纤待剪断点 $P_1$ 放置于靠近被校光纤熔接机的合适位置，工作平台上的光纤保持固定,将其余光纤均匀盘绕在单模光纤盘 A 和单模光纤盘 B 上并固定,稳定后将光功率计测量模式设置为参考模式,此时光功率计的读数为 0 dB。

(3) 将光纤在剪断点 $P_1$ 处剪断,对剪断的两根光纤进行端面处理,用米勒钳剥除光纤适当长度的涂敷层并用酒精棉进行清洁,然后用光纤切割刀将光纤端面切割平整。

(4) 将被校光纤熔接机设置为自动熔接模式,并将两根端面处理好的光纤放置于被校光纤熔接机的 V 形槽及光纤夹具内,调整位置让光纤端面靠近放电电极,盖上防风盖让被校光纤熔接机进行自动熔接。

(5) 熔接完成后,记录被校光纤熔接机屏幕上的熔接损耗显示值 $L_x$,打开防风盖并取下熔接好的光纤,将其放置于工作平台上并尽量使其恢复至熔接前的位置和状态,使其不受应力和弯曲程度变化的影响,待光功率计读数稳定后,记录光功率计的示数,此值作为熔接损耗参考值 $L_s$。

(6) 针对其他光纤剪断熔接点 $P_i$($i=2,3,\cdots,n;n\geqslant 5$),重复步骤(2)~(5)并记录测量结果。

(7) 计算被校光纤熔接机的平均熔接损耗显示值:

$$\overline{L_x} = \frac{1}{n}\sum_{i=1}^{n}L_{x_i} \qquad (18\text{-}1)$$

式中,$\overline{L_x}$ 为平均熔接损耗显示值,单位为 dB;$L_{x_i}$ 为第 $i$ 个熔接点的熔接损耗显示值,单位为 dB;$n$ 为熔接点个数。

计算平均熔接损耗参考值:

$$\overline{L_s} = \frac{1}{n}\sum_{i=1}^{n}L_{s_i} \qquad (18\text{-}2)$$

式中,$\overline{L_s}$ 为平均熔接损耗参考值,单位为 dB;$L_{s_i}$ 为第 $i$ 个熔接点的熔接损耗参考值,单位为 dB;$n$ 为熔接点个数。

计算熔接损耗示值误差:

$$\varDelta = \overline{L_x} - \overline{L_s} \qquad (18\text{-}3)$$

## 18.5 光纤熔接机的典型应用

在通信领域,随着光纤通信技术的高速发展,光纤熔接机在通信网络建设和维护中起到关键作用,光纤熔接机将两根独立或断裂的光纤连接在一起,形成光纤网络,实现光信号的传输,提高通信速度和稳定性。在光纤布线、光纤接续、光纤分纤等方面都需要用到光纤熔接机。在视频监控领域,随着光纤连接的大量运用,也需要光纤熔接机实现光纤的可靠连接,从而提升视频传输质量和稳定性,保证监控画面流畅、高清。在安全监控、交通监控、智能城市等方面都需要使用光纤熔接机。在医疗领域,光纤熔接机可实现对医疗器械中光纤的接续,比如光纤内窥镜、医用激光器等设备都需要用到光纤熔接机来完成光纤连接。光纤连接的质量直接影响医疗设备的安全性和有效性,因此光纤熔接机的可靠性和稳定性极为重要。另外,在科研及信息通信制造业领域,需要利用光纤熔接机实现光纤链路的搭建和光纤器件的制作;在国防军工领域,需要利用光纤熔接机实现光纤陀螺、光纤传感器的光纤接续。

# 18.6 典型光纤熔接机介绍

本节介绍几种典型的光纤熔接机的型号,为工程师在熔接光纤过程中正确地选择光纤熔接机提供帮助。

图 18-3　6481 系列光纤熔接机

## 1. 思仪科技的光纤熔接机

图 18-3 所示为思仪科技生产的 6481 系列光纤熔接机,表 18-3 所示为 6481 系列光纤熔接机的技术指标。

表 18-3　6481 系列光纤熔接机的技术指标

| 指标名 | 指标值 | |
| --- | --- | --- |
| | 6481A | 6481B |
| 熔接损耗(典型值) | 多模光纤:0.01 | 多模光纤:0.02 |
| | G.652 光纤:0.02 | G.652 光纤:0.03 |
| | G.653 光纤:0.04 | G.653 光纤:0.05 |
| | G.655 光纤:0.04 | G.655 光纤:0.05 |
| 熔接时间(典型值)/s | 7(快速模式) | |
| 加热时间(典型值)/s | 15(可设定) | |
| 放电次数(典型值)/次 | 4000 | |
| 拉力测试/N | 1.96~2.25 | |

## 2. 南京吉隆光纤通信股份有限公司的光纤熔接机

图 18-4 所示为南京吉隆光纤通信股份有限公司生产的 KL-500 系列光纤熔接机,表 18-4~表 18-6 所示为南京吉隆光纤通信股份有限公司光纤熔接机的技术指标。

**图 18-4　KL-500 系列光纤熔接机**

**表 18-4　500E/280E/KL-360T 光纤熔接机的技术指标**

| 指标名 | 指标值 | | |
| --- | --- | --- | --- |
| | 500E | 280E | KL-360T |
| 熔接损耗（典型值）/dB | 多模光纤：0.01 | 多模光纤：0.01 | 多模光纤：0.01 |
| | G.652 光纤：0.03 | G.652 光纤：0.02 | G.652 光纤：0.02 |
| | G.653 光纤：0.04 | G.653 光纤：0.04 | G.653 光纤：0.04 |
| | G.655 光纤：0.04 | G.655 光纤：0.04 | G.655 光纤：0.04 |
| | G.657 光纤：0.03 | G.657 光纤：0.02 | G.657 光纤：0.02 |
| 熔接时间（典型值）/s | 8（快速模式） | | 6（快速模式） |
| 加热时间（典型值）/s | 18（可设定） | | 16（可设定） |
| 放大倍数 | 320 | | |
| 放电次数（典型值）/次 | 5000 | | |
| 熔接点的光回波损耗/dB | ≥60 | | |
| 拉力测试/N | 1.96～2.25 | | |

**表 18-5　KL-500 系列光纤熔接机的技术指标**

| 指标名 | 指标值 | | |
| --- | --- | --- | --- |
| | KL-500S | KL-500 | KL-520 |
| 熔接损耗（典型值）/dB | 多模光纤：0.01 | 多模光纤：0.01 | 多模光纤：0.01 |
| | G.652 光纤：0.03 | G.652 光纤：0.03 | G.652 光纤：0.03 |
| | G.653 光纤：0.04 | G.653 光纤：0.04 | G.653 光纤：0.04 |
| | G.655 光纤：0.04 | G.655 光纤：0.04 | G.655 光纤：0.04 |
| | G.657 光纤：0.03 | G.657 光纤：0.03 | G.657 光纤：0.03 |
| 熔接时间（典型值）/s | 8（快速模式） | | |
| 加热时间（典型值）/s | 18（可设定） | | |
| 放大倍数 | 320 | | |
| 放电次数（典型值）/次 | 5000 | | |
| 熔接点的光回波损耗/dB | ≥60 | | |

**表 18-6　KL-530 和 KL-400 光纤熔接机的技术指标**

| 指标名 | 指标值 | |
|---|---|---|
| | **KL-530** | **KL-400** |
| 熔接损耗（典型值）/dB | 多模光纤：0.01 | 多模光纤：0.01 |
| | G.652 光纤：0.02 | G.652 光纤：0.02 |
| | G.653 光纤：0.04 | G.653 光纤：0.04 |
| | G.655 光纤：0.04 | G.655 光纤：0.04 |
| | G.657 光纤：0.02 | G.657 光纤：0.02 |
| 熔接时间（典型值）/s | 8（快速模式） | 18（快速模式） |
| 加热时间（典型值）/s | 18（可设定） | 25（可设定） |
| 放大倍数 | 320 | 36 / 48 / 72 |
| 放电次数（典型值）/次 | 5000 | |
| 熔接点的光回波损耗/dB | ≥60 | |
| 拉力测试/N | 1.96～2.25 | |

### 3. 上海信测通信技术有限公司的光纤熔接机

图 18-5 所示为上海信测通信技术有限公司生产的 AFS-100 光纤熔接机，表 18-7 所示为 AFS-100 光纤熔接机的技术指标。

**图 18-5　AFS-100 光纤熔接机**

**表 18-7　AFS-100 光纤熔接机的技术指标**

| 指标名 | 指标值 |
|---|---|
| 熔接损耗（典型值）/dB | 同种多模光纤：0.01 |
| | 同种单模光纤：0.02 |
| 熔接时间（典型值）/s | 9 |
| 加热时间（典型值）/s | 30（可设定） |
| 放大倍数 | $x/y$ 轴同时观测：150；<br>$x$ 轴或 $y$ 轴单独观测：300 |
| 拉力测试/N | 2 |

### 4. 深圳市瑞研通讯设备有限公司的光纤熔接机

图 18-6 所示为深圳市瑞研通讯设备有限公司生产的 RY-F600P 光纤熔接机，表 18-8 所示为 RY-F600P 光纤熔接机的技术指标。

**图 18-6　RY-F600P 光纤熔接机**

**表 18-8　RY-F600P 光纤熔接机的技术指标**

| 指标名 | 指标值 |
| --- | --- |
| 熔接损耗（典型值）/dB | 多模光纤：0.01 |
| | G.652 光纤：0.02 |
| | G.653 光纤：0.04 |
| | G.655 光纤：0.04 |
| | G.657 光纤：0.02 |
| 熔接时间（典型值）/s | 8 |
| 加热时间（典型值）/s | 30（可设定） |
| 放大倍数 | 垂直双显：310；<br>水平双显：155 |
| 放电次数（典型值）/次 | 5000 |
| 熔接点的光回波损耗/dB | ≥60 |
| 拉力测试/N | 2 |

### 5. 南京迪威普光电技术股份有限公司的光纤熔接机

图 18-7 所示为南京迪威普光电技术股份有限公司生产的 DVP-740 光纤熔接机，表 18-9 和表 18-10 所示为南京迪威普光电技术股份有限公司光纤熔接机的技术指标。

**图 18-7　DVP-740 光纤熔接机**

**表 18-9 DVP-740/DVP-765 光纤熔接机的技术指标**

| 指标名 | 指标值 | |
|---|---|---|
| | DVP-740 | DVP-765 |
| 熔接损耗（典型值）/dB | 多模光纤：0.01 | 多模光纤：0.01 |
| | G.652 光纤：0.02 | G.652 光纤：0.02 |
| | G.653 光纤：0.04 | G.653 光纤：0.04 |
| | G.654 光纤：0.02 | G.654 光纤：0.02 |
| | G.655 光纤：0.04 | G.655 光纤：0.04 |
| | G.657 光纤：0.02 | G.657 光纤：0.02 |
| 熔接时间（典型值）/s | 8 | |
| 加热时间（典型值）/s | 20（可设定） | |
| 放大倍数 | 230 | |
| 放电次数（典型值）/次 | 5000 | |
| 熔接点的光回波损耗/dB | ≥60 | |
| 拉力测试/N | 2.0 | |

**表 18-10 DVP-810/M1 光纤熔接机的技术指标**

| 指标名 | 指标值 | |
|---|---|---|
| | DVP-810 | M1 |
| 熔接损耗（典型值）/dB | 多模光纤：0.01 | 多模光纤：0.01 |
| | G.652 光纤：0.02 | G.652 光纤：0.02 |
| | G.653 光纤：0.04 | G.653 光纤：0.04 |
| | G.655 光纤：0.04 | G.655 光纤：0.04 |
| | G.657 光纤：0.02 | G.657 光纤：0.02 |
| 熔接时间（典型值）/s | 不对焦模式：8；对焦模式：11 | 8 |
| 加热时间（典型值）/s | 20（可设定） | |
| 放大倍数 | 300 | 230 |
| 放电次数（典型值）/次 | 6000 | 5000 |
| 熔接点的光回波损耗/dB | ≥60 | |
| 拉力测试/N | 2.0 | |

### 6. 神火精工南京通信科技有限公司的光纤熔接机

图 18-8 所示为神火精工南京通信科技有限公司生产的 SH-80C 光纤熔接机，表 18-11 和表 18-12 所示为神火精工南京通信科技有限公司光纤熔接机的技术指标。

**图 18-8　SH-80C 光纤熔接机**

**表 18-11　SH-80C/SH-S5/SH-S8 光纤熔接机的技术指标**

| 指标名 | 指标值 | | |
|---|---|---|---|
| | **SH-80C** | **SH-S5** | **SH-S8** |
| 熔接损耗（典型值）/dB | 多模光纤：0.01 | 多模光纤：0.01 | 多模光纤：0.01 |
| | G.652 光纤：0.02 | G.652 光纤：0.02 | G.652 光纤：0.02 |
| | G.653 光纤：0.04 | G.653 光纤：0.04 | G.653 光纤：0.04 |
| | G.655 光纤：0.04 | G.655 光纤：0.04 | G.655 光纤：0.04 |
| | G.657 光纤：0.02 | G.657 光纤：0.02 | G.657 光纤：0.02 |
| 熔接时间（典型值）/s | 8 | 6 | 7 |
| 加热时间（典型值）/s | 20（可设定） | 18（可设定） | 18（可设定） |
| 放大倍数 | $x/y$ 轴同时观测：150；$x$ 轴或 $y$ 轴单独观测：300 | $x/y$ 轴同时观测：100；$x$ 轴或 $y$ 轴单独观测：300 | $x/y$ 轴同时观测：100；$x$ 轴或 $y$ 轴单独观测：300 |
| 放电次数（典型值）/次 | 5000 | | |
| 熔接点的光回波损耗/dB | ＞60 | | |
| 拉力测试/N | 2.0 | | |

**表 18-12　S2200TOF/S1200LDF/S2300LDF 光纤熔接机的技术指标**

| 指标名 | 指标值 | | |
|---|---|---|---|
| | **S2200TOF** | **S1200LDF** | **S2300LDF** |
| 熔接损耗（典型值）/dB | 多模光纤：0.01 | 多模光纤：0.01 | 多模光纤：0.01 |
| | G.652 光纤：0.02 | G.652 光纤：0.02 | G.652 光纤：0.02 |
| | — | G.653 光纤：0.04 | G.653 光纤：0.04 |
| | — | G.655 光纤：0.04 | G.655 光纤：0.04 |
| 熔接时间（典型值）/s | 8～10 | 9 | 9 |
| 加热时间（典型值）/s | 20（可设定） | 30（可设定） | 30（可设定） |
| 放大倍数 | $x/y$ 轴同时观测：150；$x$ 轴或 $y$ 轴单独观测：300 | $x/y$ 轴同时观测：110；$x$ 轴或 $y$ 轴单独观测：220 | $x/y$ 轴同时观测：150；$x$ 轴或 $y$ 轴单独观测：200 |

续表

| 指标名 | 指标值 | | |
|---|---|---|---|
| | S2200TOF | S1200LDF | S2300LDF |
| 放电次数（典型值）/次 | 3000 | 3000 | 3000 |
| 熔接点的光回波损耗/dB | >60 | | |
| 拉力测试/N | 2.0 | | |

# 参考文献

[1] 全国电子测量仪器标准化技术委员会. 光纤熔接机通用规范: GB/T 17570—2019[S]. 北京: 中国标准出版社, 2019.

[2] 泰尔认证中心有限公司. 光纤熔接机认证技术规范: TLC 014—2019[S]. 北京: 中国信息通信研究院, 2019.

[3] 张颖艳, 岳蕾, 傅栋博, 等. 光通信仪表与测试应用[M]. 北京: 人民邮电出版社, 2012.

[4] 中电科思仪科技股份有限公司. 光纤熔接机用户手册[Z].

[5] 南京吉隆光纤通信股份有限公司. 光纤熔接机用户手册[Z].

[6] 浙江信测通信股份有限公司. 光纤熔接机用户手册[Z].

[7] 深圳市瑞研通讯设备有限公司. 光纤熔接机用户手册[Z].

[8] 南京迪威普光电技术股份有限公司. 光纤熔接机用户手册[Z].

[9] 神火精工南京通信科技有限公司. 光纤熔接机用户手册[Z].

# 第 19 章　应用层网络测试仪

## 19.1　概述

　　应用层网络测试仪是一种用于数据通信领域的测试仪器，可以检测开放系统互连（OSI）参考模型中各层的运行状态和性能指标参数，对被测的网络设备或者网络服务进行功能性能测试、协议仿真、安全评估等。

　　应用层网络测试仪根据网络层次和目的不同，分为 2～3 层应用层网络测试仪、4～7 层应用层网络测试仪、虚拟化应用层网络测试仪、安全攻击测试仪、计费测试仪等。随着技术的发展和各个厂商对产品的集成度越来越高，全栈综合应用层测试仪已经逐渐成熟，并成为市场主流。OSI 参考模型及对应被测设备与服务如图 19-1 所示。

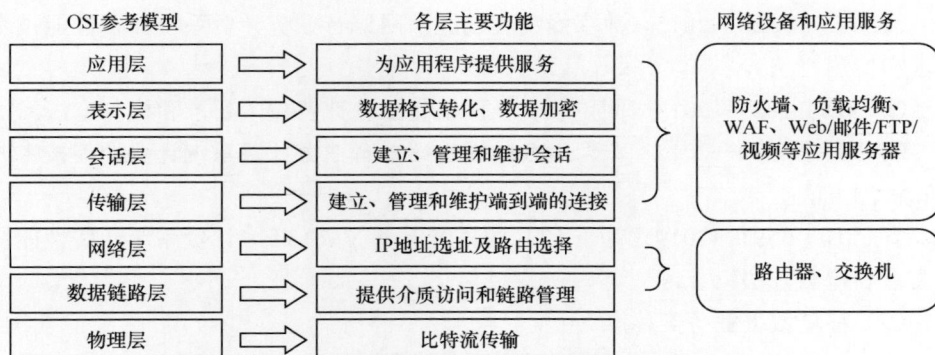

图 19-1　OSI 参考模型及对应被测设备与服务

## 19.2　应用层网络测试基本标准

### 1. 国家标准

　　因特网工程任务组（Internet Engineering Task Force，IETF）定义了应用层网络测试的一些基本标准和方法，这些标准和方法以征求意见稿（request for comments）规范文档的形式在全球发布，成为应用层网络测试的基础规范文件。我国在这些规范基础上，结合我国国情和现实情况，由全国信息技术标准化技术委员会和全国信息安全标准化技术委员会，联合国家级测评中心和著名网络设备厂商，发布了一系列国家标准文件，定义了国内应用层网络的测试内容和方法。因此，国产化测试仪不但要支持国际通行的测试标准，而且要支持以下我国国家标准。

（1）GB/T 21671—2018《基于以太网技术的局域网（LAN）系统验收测试方法》。

（2）GB/T 20281—2020《信息安全技术 防火墙安全技术要求和测试评价方法》。

（3）GB/T 28181—2022《公共安全视频监控联网系统信息传输、交换、控制技术要求》。

（4）GB/T 31168—2023《信息安全技术 云计算服务安全能力要求》。

（5）GB/T 34942—2017《信息安全技术 云计算服务安全能力评估方法》。

**2．行业标准**

此外，我国行业标准重点关注网络与流量计费的内容，在中国通信标准化协会 ST5 组制定了计费技术要求和测试方法系列标准。业内可依据该系列标准对语音业务、移动数据业务和点对点短消息业务等开展计费测试。目前，中华人民共和国工业和信息化部已发布了十几项计费行业标准，主要包括下面几类。

（1）语音业务类标准

① YD/T 1278—2003《在用局用交换设备计费技术要求和检测方法——固定电话网部分》。

② YD/T 1328—2015《数字蜂窝移动通信网语音业务计费系统计费性能技术要求和检测方法》。

③ YD/T 1883—2013《固定软交换网语音业务计费技术要求和检测方法》。

④ YD/T 2980—2015《基于 IMS 的固定网语音业务计费系统计费性能技术要求和检测方法》。

⑤ YD/T 3591—2019《基于 LTE 的语音业务（VoLTE）计费系统计费性能技术要求和检测方法》。

（2）移动数据业务类标准

① YD/T 2327—2011《ADSL 系统计费技术要求和检测方法》。

② YD/T 2789.1—2015《数字蜂窝移动通信网分组数据业务计费系统计费性能技术要求和检测方法 第 1 部分：TD-SCDMA/WCDMA/GSM 网络》。

③ YD/T 2789.2—2015《数字蜂窝移动通信网分组数据业务计费系统计费性能技术要求和检测方法 第 2 部分：CDMA 网络》。

④ YD/T 2789.3—2016《数字蜂窝移动通信网分组数据业务计费系统计费性能技术要求和检测方法 第 3 部分：LTE 网络》。

⑤ YD/T 3170—2016《公众无线局域网数据业务计费系统计费性能技术要求和检测方法》。

⑥ YD/T 4167.1—2022《5G 移动网分组数据业务计费系统计费性能技术要求和测试方法 第 1 部分：NSA 架构》。

⑦ YD/T 4167.2—2023《5G 移动网分组数据业务计费系统计费性能技术要求和测试方法 第 2 部分：SA 架构》。

（3）点对点短消息业务类标准

YD/T 1684—2015《数字蜂窝移动通信网点对点短消息业务计费系统计费性能技术要求和检测方法》。

## 19.2.1 RFC 2544 标准

RFC 2544 标准是网络互联设备的基准测试标准，适用于 2～7 层的任何网络连接设备，如交换机（switch）、路由器（router）、防火墙（firewall）、入侵检测系统（IDS）等。该标准定义了包括物理层吞吐量、丢包率、时延和背靠背测试 4 个基础性能指标的概念、测试方法、报告形式等。

RFC 2544 标准根据不同的网络类型，推荐了不同的帧长测试的列表，也就是在不同的网络类型测试中，应根据表 19-1 中所列的帧长，测试出不同帧长的吞吐量、丢包率、时延、背靠背。802.3 以太网帧格式如图 19-2 所示。

表 19-1 测试帧长

| 序号 | 网络类型 | 测试帧长/B |
| --- | --- | --- |
| 1 | 以太网 | 64、128、256、512、1024、1280、1518 |
| 2 | 令牌环网 | 54、64、128、256、1024、1518、2048、4472 |
| 3 | 光纤分布式数据接口（FDDI）网 | 54、64、128、256、1024、1518、2048、4472 |

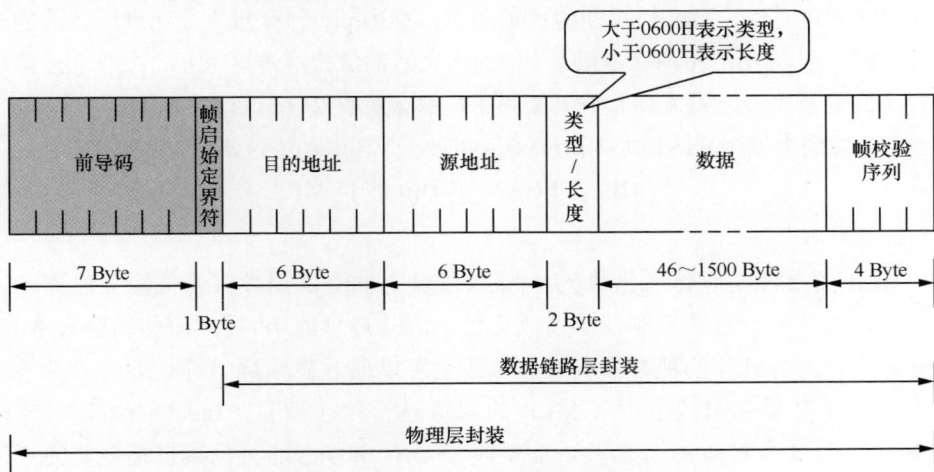

图 19-2　802.3 以太网帧格式

### 19.2.2　RFC 3511 标准

RFC 3511 标准定义了 4～7 层网关设备的测试标准与方法，适用于防火墙、应用交付控制器、上网行为管理设备、入侵检测系统、异常流量清洗设备等应用网关和审计设备。RFC 3511 标准定义了网络层、传输层、应用层的基础性能指标的概念、测试方法、报告形式等，基础性能指标包括网络层和应用层吞吐量、TCP/HTTP 并发连接数、TCP 新建连接速率、HTTP 新建连接速率、HTTP 请求速率等。

### 19.2.3　RFC 4445 标准

RFC 4445 标准定义了媒体传输指标（media delivery index，MDI），该标准由思科公司和 IneoQuest 公司共同提出，并对视频流在 IP 网络中的传输质量进行了评估和监测。MDI 评估标识为 DF：MLR，DF（delay factor）是指延迟因素，MLR（media loss rate）是指媒体丢包率。

#### 1. DF

DF 表明被测试视频流的延迟和抖动状况。DF 将视频流抖动的变化换算为对视频传输和解码设备缓冲的需求，被测视频流抖动越大，DF 值越大，DF 的单位为 ms，IneoQuest 公司建议的 MDI 阈值为 50 ms。

假设一条视频流有一个虚拟缓冲区 VB，当一个报文 P($i$)到达的时候，这个虚拟缓冲区有两个值 VB($i$,pre)和 VB($i$,post)：

$$VB(i,\text{pre})=\text{sum}(S_j)-MR\times T_i,\ j=1,2,\cdots,i-1$$

$$VB(i,\text{post})=VB(i,\text{pre})+S_i$$

sum($S_j$)就是从第一个报文到第 $i-1$ 个报文所有视频载荷的字节数和，$T_i$ 为报文 P($i$)的到达时间，MR 是预期的视频码率，VB($i$,pre)就是报文 P($i$)到达之前的虚拟缓冲区大小，VB($i$,post)就是报文 P($i$)到达之后的虚拟缓冲区大小。在一个采样周期内（典型为 1 s），如果有 $k$ 个报文到达，那么就有 $2\times k+1$ 个 VB 值，从这些 VB 值当中，找到虚拟缓冲区最大 VB(max)值和最小 VB(min)值，就可以算出 DF 值：

$$DF=[VB(\text{max})-VB(\text{min})]\ /\ MR \tag{19-1}$$

#### 2. MLR

MLR 的单位是媒体丢包数/秒，该数值表明被测试视频流的传输丢包速率。视频信息的丢包将直接影响视频播放质量，因此理想的 IP 视频流传输要求 MLR 数值为零。因为具体的视频播放设备对丢包可以通过视频解码进行补偿或者丢包重传，所以在实际测试中可对 MLR 的阈值进行相应调整，IneoQuest 公司建议 MLR 阈值为 8 个媒体丢包数/秒，重要帧（I、B、P 帧）的丢包数也是重要的评估参数。

### 19.2.4　计费系列标准

计费系列标准规定了固网语音、移动语音、3G/4G/5G 移动网分组数据、WLAN 数据、点对点短消息等业务所涉及的计费系统的计费性能的技术要求和测试方法，以及测试要求、测试仪表要求和测试项等。计费标准中主要的量化指标是计费差错率。计费标准体系中规定各类电信业务的计费差错率应不大于 $10^{-4}$。计费差错率计算公式为

$$计费差错率=错误话单数/总话单数 \tag{19-2}$$

其中，错误话单是指计费系统针对分组数据业务产生的多单、少单、重单、超差话单、批价错误话单等，对于错误话单包括以上多种原因的，只计算一次。超差话单是指超过正常误差区间的话单。不同的电信业务有不同的超差话单判定标准。部分电信业务的合格误差指标如下。

（1）对于固网 IMS 语音业务、移动网语音业务，合格误差指标为

$$-2\,\text{s} \leqslant D_\text{J}-D_\text{Y} \leqslant 2\,\text{s} \tag{19-3}$$

式中，$D_\text{Y}$ 为计费测试仪实测通话时长，单位为 s；$D_\text{J}$ 为电信企业提供的局方话单中同一呼叫的通话时长，单位如下。

（2）对于 5G NSA 移动网分组数据业务，合格误差指标为

$$-5\times10^{-8}L_\text{max}\times V_\text{Y}-1.1\times10^{-3}\times L_\text{max}\sqrt{V_\text{Y}}-L_\text{max} \leqslant V_\text{J}-V_\text{Y} \leqslant 5.3\times10^{-8}\times L_\text{max}V_\text{Y}+1.1\times$$
$$10^{-3}\times L_\text{max}\sqrt{V_\text{Y}}+L_\text{max} \tag{19-4}$$

式中，$V_\text{Y}$ 为计费测试仪实测的流量，分辨率为 1 B，单位为 B；$V_\text{J}$ 为局方话单的流量，分辨率为 1 B，单位为 B；$L_\text{max}$ 为计费测试仪统计的最大包长，分辨率为 1 B，单位为 B。

（3）对于 5G SA 移动网分组数据业务，合格误差指标为

$$-2.3\times10^{-8}\times L_\text{max}V_\text{Y}-7.5\times10^{-3}\times L_\text{max}\sqrt{V_\text{Y}}-L_\text{max} \leqslant V_\text{J}-V_\text{Y} \leqslant 2.5\times10^{-8}\times L_\text{max}V_\text{Y}+7.8\times$$
$$10^{-3}\times L_\text{max}\sqrt{V_\text{Y}}+L_\text{max} \tag{19-5}$$

式中，$V_\text{Y}$ 为计费测试仪实测的流量，分辨率为 1 B，单位为 B；$V_\text{J}$ 为局方话单的流量，分辨率为 1 B，单位为 B；$L_\text{max}$ 为计费测试仪统计的最大包长，分辨率为 1 B，单位为 B。

## 19.3　应用层网络测试仪的基本原理

### 19.3.1　高性能基础

#### 1.　网络层吞吐高性能

随着通用 CPU 主频 PCIe 总线带宽不断增加，以及通用网卡处理能力逐渐增

强，尤其是数据平面开发工具包（data plane development kit，DPDK）等软件技术的革新，通用计算机的网络处理速度已经取得了长足的进步。使用 x86 处理器、Intel x520 网卡、Linux 系统、DPDK 技术等，已经可以在万兆速率上实现高速线速收发，但受限于 Linux 系统调度、协议栈和网卡驱动缓存、CPU 中断处理方式、PCIe 总线忙碌程度等，尤其是在处理 64 B 最小包的时候，不能对发送进行高精度匀速控制，接收端偶尔会丢包。所以 DPDK 软件方案有一些局限性，可以用在虚拟网络或者精度要求不高的测试场景中，目前，实验室使用的高速应用层网络测试仪在测试吞吐量和时延时，一般都是基于 FPGA 的硬件架构进行的。

FPGA 是可编程、半定制化的集成电路，其中含有数字管理模块、输出单元以及输入单元、内嵌式单元等。依托 FPGA 流水线并行结构体系和网络处理模块，可以线速、匀速发送报文，也可以零丢包接收报文，满足应用层网络测试仪的高性能需求。

**2. 应用层处理高性能**

随着基础网络的带宽不断增加，以及互联网用户的爆炸式增长，网络设备的性能越来越高，其处理能力可达百万级新建连接、百 Gbit 吞吐带宽规模、千万级并发连接，因此使用基于开源软件的测试工具已经完全不能满足应用层网络测试仪的高性能需求。

传统的应用程序在进行网络处理时，由操作系统内核协议栈完成报文收发，受网卡中断、协议栈锁、内存复制和状态切换等的性能制约，不能满足应用层网络测试仪应用处理的高性能需求。

而基于 DPDK 的用户态协议栈，采用 CPU 核与网卡队列直接绑定的方式，在用户态收发处理报文，通过对协议栈进行功能裁剪和特殊定制，具有无锁、无中断、零复制、无状态切换、线性扩展等优点，可以满足应用层网络测试仪在应用处理上的高性能需求。

## 19.3.2 高精度控制

**1. 报文匀速发送**

应用层网络测试仪在进行 RFC 2544 吞吐量测试时，要匀速发送报文，才能保障测试结果客观、稳定，如果发包忽快忽慢，就会导致多次测试结果不确定。使用 FPGA 流水线并行结构体系和网络处理模块，可以降低报文发送抖动，应用层网络测试仪一般要求报文发送抖动在 25 ns 以内，匀速控制的精度越高，测试结果就越精准。

**2. 报文时延精度**

应用层网络测试仪在进行 RFC 2544 时延测试时，需要采用高精度计时方式，并进行时延和抖动的计算。使用 FPGA 的本地时钟和并行处理结构，可以进行时延和抖动的精确计算。因此，FPGA 的本地时钟精度越高，测试越精准，一般要求精度在 25 ns 以内。

### 3. 应用匀速控制

对于基于 TCP/IP 协议栈的应用程序，性能越高，匀速控制越精确，测试结果越客观、稳定。使用高性能处理器和网卡，DPDK+用户态定制协议栈的方式，以及无锁、无中断、零复制、无状态切换等的应用处理机制，配合令牌桶或红黄绿灯等速率控制方式，可以满足应用测试匀速控制的需求。这就要求应用层网络测试仪的精度达到万分之一，也就是要在 0.1 ms 内对应用测试流程进行匀速控制，精度越高，测试结果越精确、越可靠。

## 19.4 应用层网络测试仪的技术指标

根据网络层次、被测对象、应用场景的不同，应用层网络测试仪的测试技术指标可以分为 2～3 层测试技术指标、4～7 层测试技术指标，用来准确评估网络设备的报文转发性能，以及应用服务或终端设备的业务处理能力。

### 19.4.1 2～3 层测试技术指标

#### 1. 物理层/网络层吞吐量

物理层/网络层吞吐量表示单位时间内通过网络设备的数据量，用来衡量网络设备的数据负载能力，单位通常有每秒处理报文/帧数量、每秒处理字节数量、每秒处理比特数量等。

以典型的以太网为例，物理层吞吐量为所有网络通过的比特流，包括 20 Byte 的帧头、帧尾和数据帧本身；网络层吞吐量为所有 IP 层通过的比特流，包括 IP 头部和其后的载荷，不包括 4 B 的 CRC（循环冗余码）。

#### 2. 报文时延和抖动

时延表示网络设备处理和转发报文所用的时间，时延越小，表明处理速度越快，单位一般为 μs。在测试过程中，因为计算的是单位时间内所有报文的时延，所以包含最大时延、最小时延、平均时延 3 项指标。

抖动表示网络设备处理和转发前后两个报文的时间间隔，抖动越小，表明处理越平稳，单位一般为 μs。测试抖动的前提是测试仪表能高精度、匀速发送报文，否则从接收端统计的抖动值的参考意义不大。在测试过程中，因为计算的是单位时间内所有报文的抖动，所以也包含最大抖动、最小抖动和平均抖动 3 项指标。

### 19.4.2　4～7层测试技术指标

#### 1.　传输层技术指标

（1）TCP新建连接速率

TCP新建连接速率用来衡量受测设备或者服务每秒新建TCP连接的能力，重要参数是虚拟用户数量。TCP新建连接速率测试流程如图19-3所示。

（2）TCP最大并发数量

TCP最大并发数量用来衡量受测设备能同时处理的TCP连接数量。TCP最大并发数量测试流程：不断建立TCP连接，并在每条连接上执行收发处理进行验证，一般以HTTP为应用载体进行测试。

（3）SSL/TLS握手速率

SSL/TLS（secure sockets layer/transport layer security，安全套接层/传输层安全协议）握手的过程是客户端与服务器端双方进行身份认证、协商加密、交换加密密钥等，保障应用层的安全传输。SSL/TLS握手速率用来衡量SSL/TLS握手协商的最快速率，重要参数有虚拟用户数量、SSL/TLS版本和算法套件、认证方式等。

SSL/TLS握手速率测试流程：每个虚拟用户新建一条TCP连接，然后进行SSL/TLS握手，握手完成后，直接关闭SSL/TLS和TCP连接，如图19-4所示。

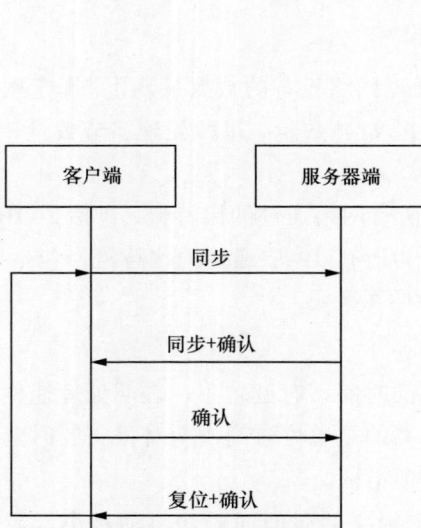

图19-3　TCP新建连接速率测试流程

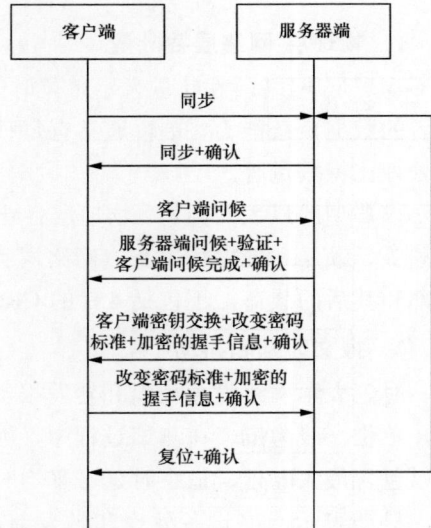

图19-4　SSL握手速率测试流程

#### 2.　应用层技术指标

（1）HTTP新建连接速率

HTTP新建连接速率（HTTP connections per second，HTTP-CPS）用来衡量受

测设备或者服务每秒新建 TCP 连接和处理 HTTP 请求的能力。HTTP-CPS 测试流程：每个虚拟用户通过三次握手建立 TCP 连接，发送一次 HTTP 请求，并接收正常响应，然后使用结束进程或复位方式关闭 TCP 连接，循环往复，如图 19-5 所示。重要参数有虚拟用户数量、HTTP 请求和响应的大小、TCP 连接的关闭方式等。

（2）HTTPS 新建连接速率

HTTPS 新建连接速率（HTTPS connections per second，HTTPS-CPS）用来衡量受测设备或者服务每秒新建 TCP 连接、SSL 握手、处理加密的 HTTPS 请求的能力。HTTPS-CPS 测试流程：每个虚拟用户通过三次握手建立 TCP 连接，接着根据选择的协议版本和算法套件进行 SSL/TLS 握手和协商，再根据协商出来的密钥，发送一次加密的 HTTPS 请求，接收正常 HTTPS 响应并解密，然后关闭 SSL/TLS 和 TCP 连接，循环往复，如图 19-6 所示。重要参数有虚拟用户数量、SSL/TLS 版本和算法套件类型、HTTPS 请求和响应的大小、TCP 连接的关闭方式等。

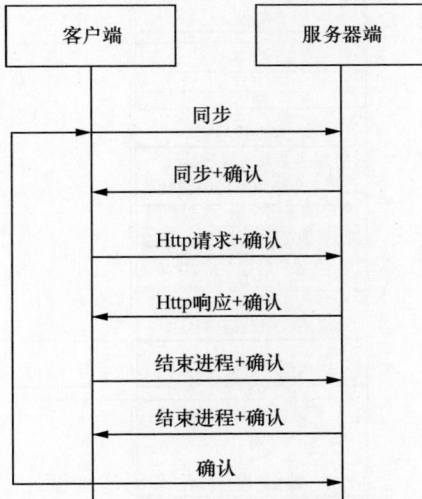

图 19-5　HTTP-CPS 测试流程

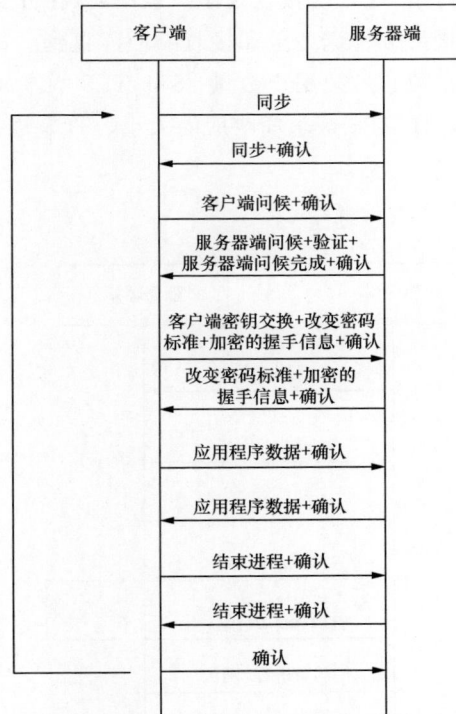

图 19-6　HTTPS-CPS 测试流程

（3）HTTP 请求速率

HTTP 请求速率（HTTP requests per second，HTTP-RPS）用来衡量受测设备

或服务每秒处理 HTTP 请求的能力。HTTP-RPS 测试流程：每个虚拟用户通过三次握手建立 TCP 连接，发送一次或多次 HTTP 请求并接收响应，且每次请求响应的内容相同，然后使用 Fin 或 Reset 方式关闭 TCP 连接，循环往复，如图 19-7 所示。当每条 TCP 连接仅请求一次时，HTTP-RPS 与 HTTP-CPS 相同；当每条 TCP 连接持续发送请求和接收响应，直到测试终止时，获取的 HTTP-RPS 最高。重要参数有虚拟用户数量、每条 TCP 连接的请求数量、HTTP 请求和响应的大小、TCP 连接的关闭方式等。

（4）HTTPS 请求速率

HTTPS 请求速率（HTTPS requests per second，HTTPS-RPS）用来衡量受测设备或服务每秒处理 HTTPS 请求的能力。HTTPS-RPS 测试流程：每个虚拟用户通过三次握手建立 TCP 连接，然后根据选择的协议版本和算法套件进行 SSL/TLS 握手和协商，发送一次或多次加密的 HTTPS 请求并解密 HTTPS 响应，且每次请求响应的内容相同，然后关闭 SSL/TLS 和 TCP 连接，循环往复，如图 19-8 所示。当每条 TCP 连接仅请求一次时，HTTPS-RPS 与 HTTPS-CPS 相同；当每条 TCP 连接持续发送请求和接收响应，直到测试终止时，获取的 HTTPS-RPS 最高。重要参数有虚拟用户数量、SSL/TLS 版本和算法套件类型、每条 TCP 连接的请求数量、HTTPS 请求和响应的大小、TCP 连接的关闭方式等。

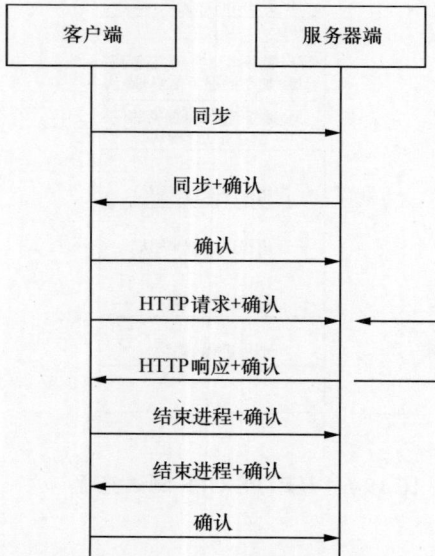

图 19-7  HTTP-RPS 测试流程

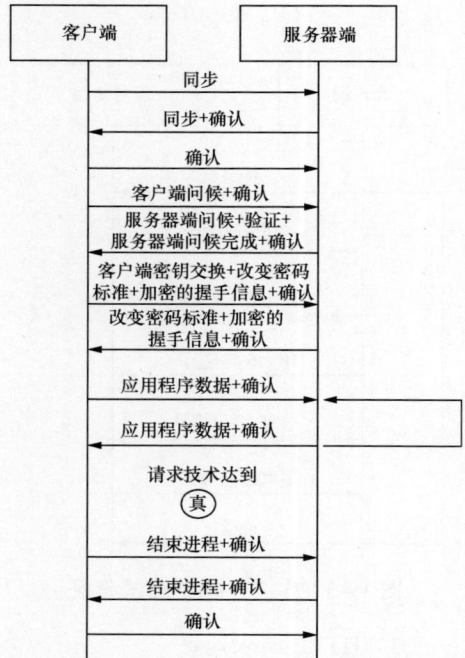

图 19-8  HTTPS-RPS 测试流程

（5）HTTP 事务处理速率

HTTP 事务处理速率（HTTP transactions per second，HTTP-TPS）一般用来衡量受测 Web 服务每秒处理 HTTP 事务的能力。用户在与 Web 业务系统交互时，每执行一个业务（如登录、报名、下单、查询等），都会请求一个或者多个微服务接口，完成页面展示和操作处理。因此，一个 HTTP 事务中，可能包含一个或者多个 HTTP 请求，而且每个请求或者响应之间可能有参数传递和逻辑关联。

HTTP-TPS 测试流程：每个虚拟用户模拟一个浏览器，向被测 Web 服务建立 TCP 连接，发送所有的 HTTP 请求并接收响应，完成整个事务处理，然后使用结束进程或复位方式关闭 TCP 连接，循环往复，如图 19-9 所示。当 Web 业务是短连接模型，并且整个业务只有一个请求时，HTTP-TPS 与 HTTP-CPS 相同；当 Web 业务是长连接模型时，HTTP-TPS 与 HTTP-RPS 相似，只不过 HTTP-RPS 每次请求的内容相同，而 HTTP-TPS 每个业务中的请求内容不同。重要参数有虚拟用户数量、整个业务包含的请求数量、HTTP 请求和响应的时延大小、参数和断言的数量、TCP 连接的关闭方式等。

（6）HTTPS 事务处理速率

HTTPS 事务处理速率（HTTPS transactions per second，HTTPS-TPS）一般用来衡量受测 Web 服务每秒处理 HTTPS 事务的能力。HTTPS-TPS 测试流程：每个虚拟用户模拟一个浏览器，向被测 Web 服务建立 TCP 连接，然后根据选择的协议版本和算法套件进行 SSL/TLS 握手和协商，发送所有的加密

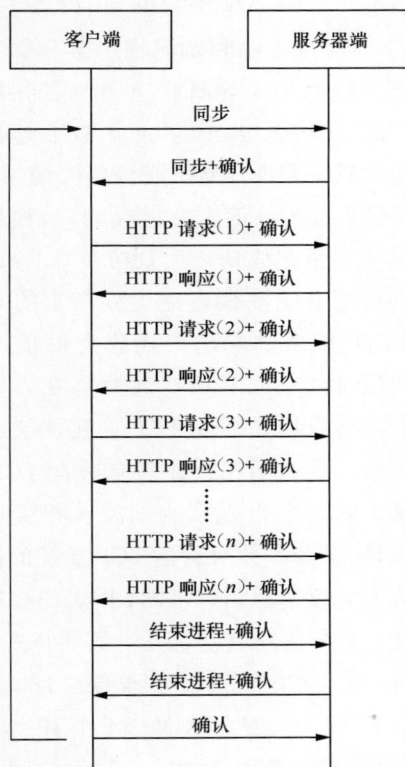

图 19-9　HTTP-TPS 测试流程

HTTPS 请求并解密响应，完成整个事务处理，然后关闭 SSL/TLS 和 TCP 连接，循环往复，如图 19-10 所示。当 Web 业务是短连接模型，并且整个业务只有一个请求时，HTTP-TPS 与 HTTPS-CPS 相同；当 Web 业务是长连接模型时，HTTP-TPS 与 HTTPS-RPS 相似，只不过 HTTPS-RPS 每次请求的内容相同，而 HTTPS-TPS 每个业务中的请求内容不同。重要参数有虚拟用户数量、SSL/TLS 版本和算法套

件类型、整个业务包含的请求数量、HTTPS 请求和响应的大小、参数和断言的数量、TCP 连接的关闭方式等。

（7）HTTP 最大并发连接数量

HTTP 最大并发连接数量（HTTP concurrent connections，HTTP-CC）一般用来衡量受测设备或 Web 服务能并发处理的 HTTP 连接数量。因为 HTTP 也是基于 TCP 连接的，所以在测试网络设备或 Web 服务时，HTTP-CC 可同时衡量能并发处理的 TCP 和 HTTP 连接数量。

HTTP-CC 测试流程：客户端通过三次握手，按照指定的新建速率向服务器端建立所有的 TCP 连接。为了验证 TCP 连接是否正常和活跃，每个 TCP 连接都要使用 HTTP 1.1 持续发送 Get 请求并接收响应，如果每个 TCP 连接都新建成功，且 HTTP 请求都正常响应，就意味着受测设备能达到指定的并发数量。HTTP 请求的发送模式分为每条连接建立成功后发送请求和所有连接建立成功后发送请求，前者用在需要 TCP 连接持续"保活"的场景，后者用在快速建立所有 TCP 连接的场景，具体可以根据测试需求和实际场景进行选择。重要参数有新建 TCP 连接的速率、HTTP 请求的速率和超时时间、指定的并发连接数量等。另外，还有以下几点需要特别注意。

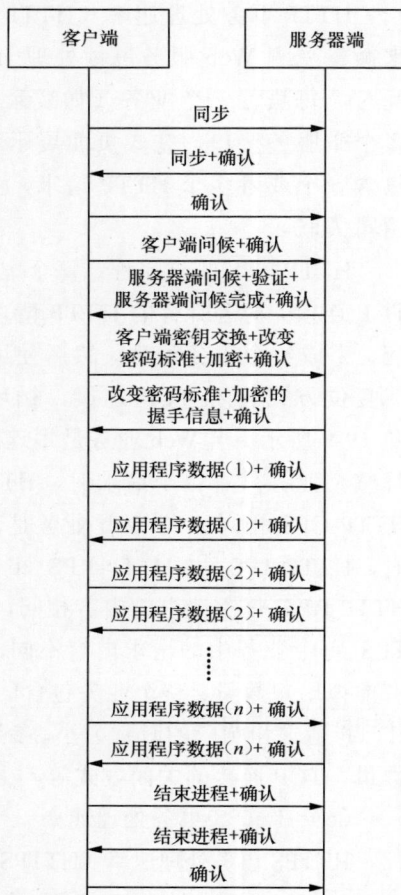

**图 19-10　HTTPS-TPS 测试流程**

① 客户端和服务器端的 IP 地址和端口数量要配置足够。比如客户端有 10 个 IP 地址，服务器端有 1 个 IP 地址，客户端可以使用的端口为 10000～20000，服务器端端口为 80，那么能够支撑的最大并发连接数量为 10×1×10 000＝100 000 条。

② 每次测试时都要配置测试仪，正确关闭所有 TCP 连接，或清空网络设备、Web 服务器上的残存连接，避免影响下一次测试的结果。

③ 要合理设置测试时长，在所有 TCP 连接建立之后，要保证每条 TCP 连接至少进行一次 HTTP 请求和响应，以确认 TCP 连接正确。

HTTP-CC 测试（每条连接建立成功后发送请求）流程如图 19-11 所示。

HTTP-CC 测试（所有连接建立成功后发送请求）流程如图 19-12 所示。

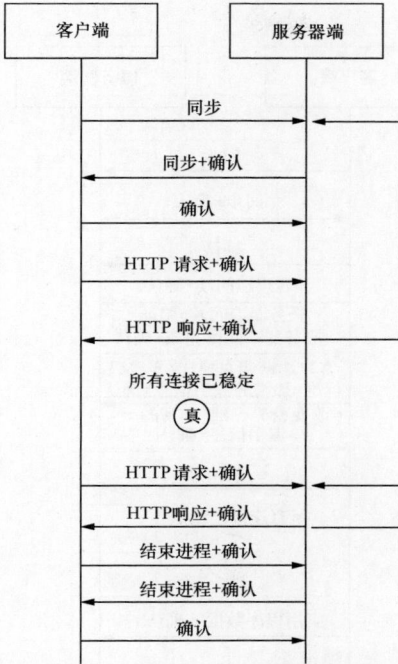

图 19-11　HTTP-CC 测试（每条连接
建立成功后发送请求）流程

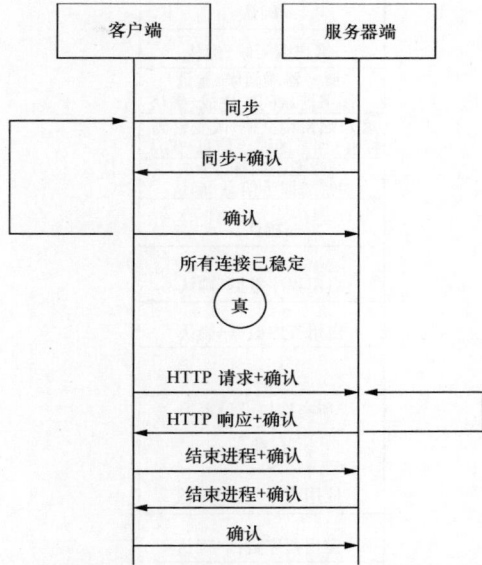

图 19-12　HTTP-CC 测试（所有连接
建立成功后发送请求）流程

（8）HTTPS 最大并发连接数量

HTTPS 最大并发连接数量（HTTPS concurrent connections，HTTPS-CC）可衡量受测设备能并发处理的 HTTPS（TCP+SSL/TLS+HTTP）连接数量。HTTPS-CC 测试流程与 HTTP-CC 的测试流程类似，在 TCP 连接建成后，增加了 SSL/TLS 握手和协商过程，HTTPS 请求和响应都是加密传输的，在 TCP 连接关闭之前增加了 SSL/TLS 关闭。重要参数有新建 TCP+SSL/TLS 连接的速率、SSL/TLS 版本和算法套件类型、HTTPS 请求的速率和超时时间、指定的并发连接数量等。

HTTPS-CC 测试（每条连接建立成功后发送请求）流程如图 19-13 所示。

HTTPS-CC 测试（所有连接建立成功后发送请求）流程如图 19-14 所示。

（9）HTTP 应用层吞吐量

HTTP 应用层吞吐量（HTTP throughput）用来衡量受测设备或 Web 服务每秒处理 HTTP 业务的数据量，单位为每秒处理字节数量、每秒处理比特数量。HTTP 应用层吞吐量测试仅统计 TCP 载荷长度。

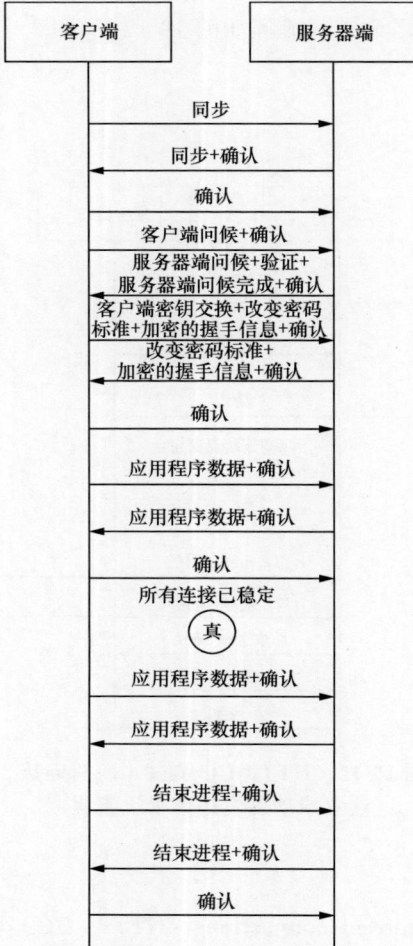

图 19-13 HTTPS-CC 测试（每条连接
建立成功后发送请求）流程

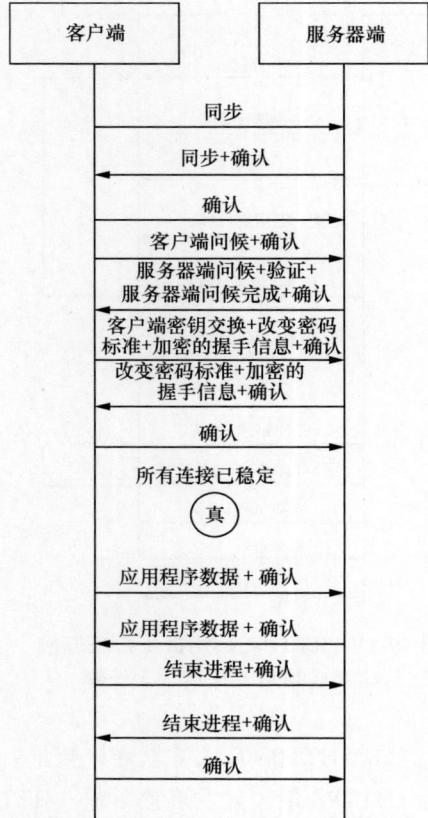

图 19-14 HTTPS-CC 测试（所有连接
建立成功后发送请求）流程

HTTP 应用层吞吐量测试流程一般复用 HTTP-RPS 的测试模型，测试单向吞吐量时，发送简单的 HTTP GET 请求，接收大的 HTTP 响应；测试双向吞吐量时，发送 HTTP POST 请求，附带数据增大请求的长度，接收大的 HTTP 响应。重要参数有虚拟用户数量、HTTP 请求和响应的大小等。HTTP 应用层（GET）吞吐量测试流程如图 19-15 所示。HTTP 应用层（POST）吞吐量测试流程如图 19-16 所示。

（10）HTTPS 应用层吞吐量

HTTPS 应用层吞吐量（HTTPS throughput）用来衡量受测设备或 Web 服务每秒处理 HTTPS 业务的数据量，单位为每秒处理字节数量、每秒处理比特数量。HTTPS 应用层吞吐量测试仅统计加密后的 TCP 载荷长度。

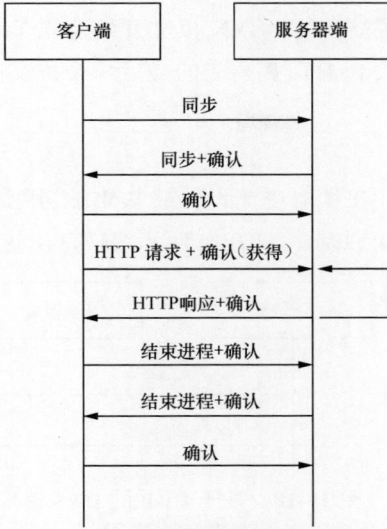

**图 19-15　HTTP 应用层（GET）吞吐量测试流程**

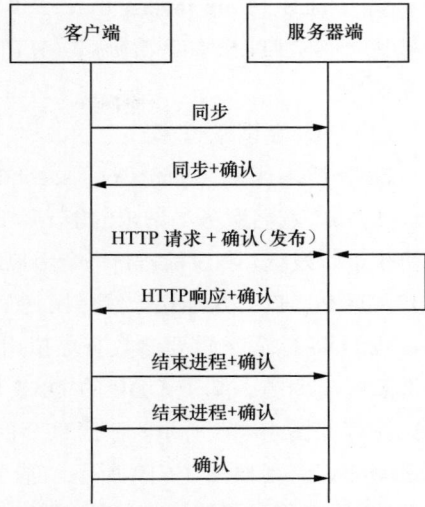

**图 19-16　HTTP 应用层（POST）吞吐量测试流程**

HTTPS 应用层吞吐量测试流程一般复用 HTTPS-RPS 的测试模型，增加了 SSL/TLS 握手和协商过程，HTTPS 请求和响应均为加密后的密文。重要参数有虚拟用户数量、SSL/TLS 版本和算法套件类型、HTTPS 请求和响应的大小等。HTTPS 应用层吞吐量测试流程如图 19-17 所示。

（11）HTTP/HTTPS 业务处理时延

在测试网络设备或者 Web 服务时，一般要注意请求响应时延、TTFB、TTLB 这 3 个时延指标，这 3 个时延指标可以对网络或系统的性能和瓶颈做初步评估。这 3 个时延指标都包含最大时延、最小时延和平均时延 3 项指标，单位为 ms。

① 请求响应时延，即从发送 HTTP 请求到接收到第一个响应报文的时间间隔。

② TTFB（time to first byte），即从客户端发送 TCP SYN 报文开始建立 TCP 连接进行 SSL/TLS 握手和协商（HTTPS），到收到 HTTP 响应的第一个报文的时间间隔。

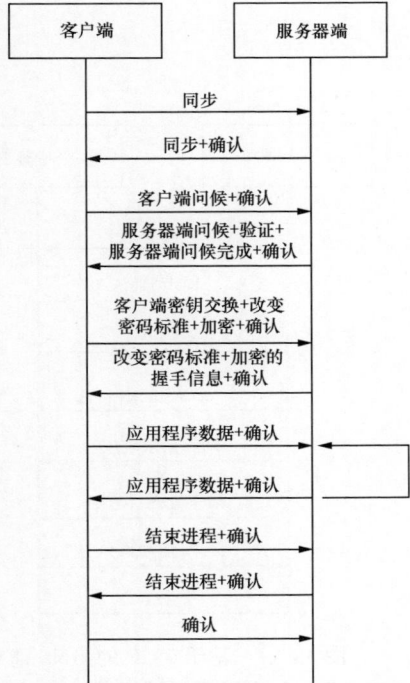

**图 19-17　HTTPS 应用层吞吐量测试流程**

③ TTLB（time to last byte），即从客户端发送 TCP SYN 报文开始建立 TCP 连接进行 SSL/TLS 握手和协商（HTTPS），到收到 HTTP 响应的最后一个报文的时间间隔。

（12）DNS 请求速率

DNS 请求速率（query per second，QPS）用来衡量受测设备或 Web 服务每秒处理 DNS（域名服务）请求的能力。DNS 请求可以基于 UDP、TCP、HTTPS 这 3 种协议进行发送，测试流程：每个虚拟用户新建 UDP、TCP、HTTPS 连接，然后发送 DNS 请求并接收 DNS 响应。重要参数有虚拟用户数量、查询超时时间等。基于 UDP 的 DNS 请求速率测试流程如图 19-18 所示。基于 TCP 的 DNS 请求速率测试流程如图 19-19 所示。基于 HTTPS 的 DNS 请求速率测试流程如图 19-20 所示。

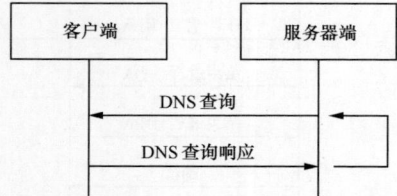

图 19-18　基于 UDP 的 DNS 请求速率测试流程

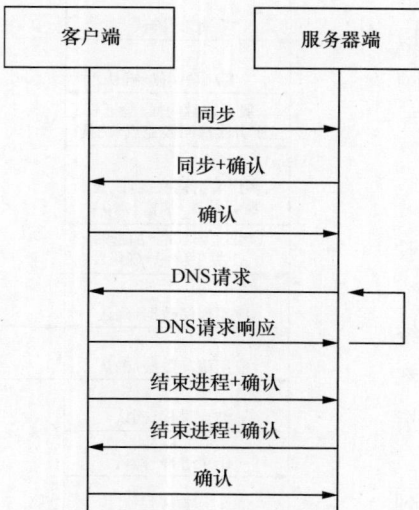

图 19-19　基于 TCP 的 DNS 请求速率测试流程

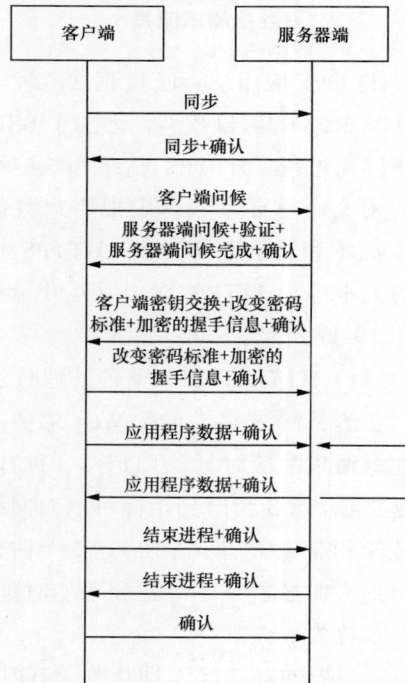

图 19-20　基于 HTTPS 的 DNS 请求速率测试流程

（13）SQL 执行速率

SQL（结构查询语言）执行速率一般用来衡量数据库执行 SQL 语句的能力，也可以用在数据库审计设备上，用来衡量审计设备解析和记录 SQL 执行次数的能力。

SQL 执行速率测试流程：每个虚拟用户新建 TCP 连接，发送增、删、改、查等 SQL 语句并接收响应，然后使用结束进程或复位方式关闭 TCP 连接，循环往复，如图 19-21 所示。重要参数有虚拟用户数量、查询超时时间、响应数据量等。

（14）邮件处理速率

邮件处理速率用来衡量受测设备或服务每秒处理邮件的能力。邮件处理速率测试流程：每个虚拟用户新建 TCP 连接，使用 SMTP（简单邮件传送协议）进行认证和发送邮件，或者使用 POPv3（邮局协议第 3 版）/IMAP（因特网信息访问协议）进行认证和接收邮件，然后使用结束进程或复位方式关闭 TCP 连接，循环往复。重要参数有虚拟用户数量、邮件大小、TCP 关闭方式等。SMTP 邮件处理速率测试流程如图 19-22 所示。POPv3 邮件处理速率测试流程如图 19-23 所示。IMAP 邮件处理速率测试流程如图 19-24 所示。

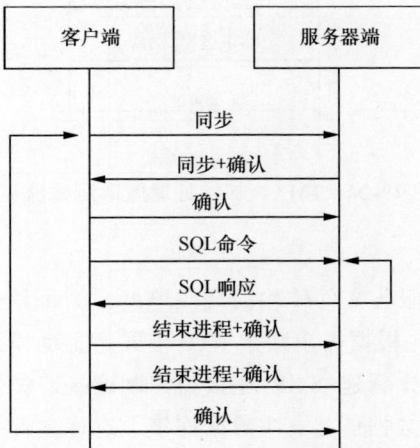

图 19-21　SQL 执行速率测试流程

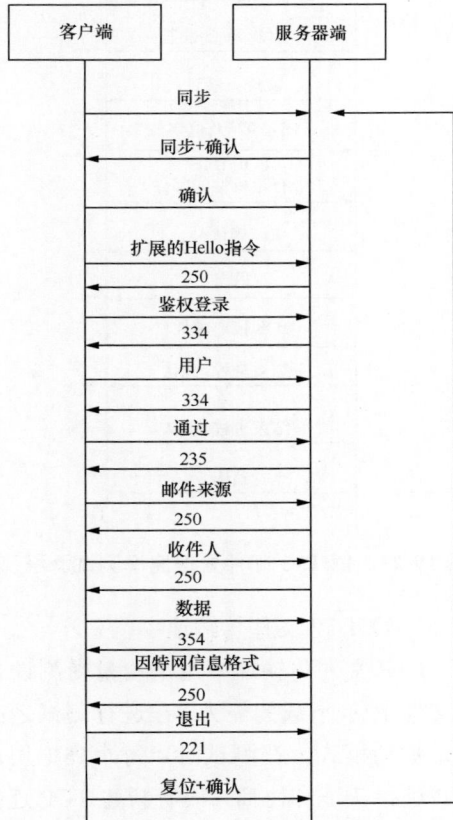

图 19-22　SMTP 邮件处理速率测试流程

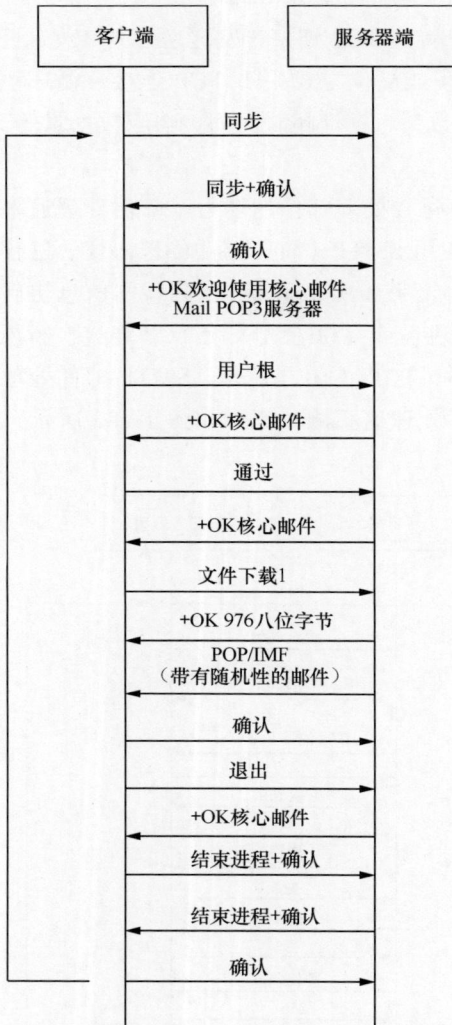

**图 19-23　POPv3 邮件处理速率测试流程**　　**图 19-24　IMAP 邮件处理速率测试流程**

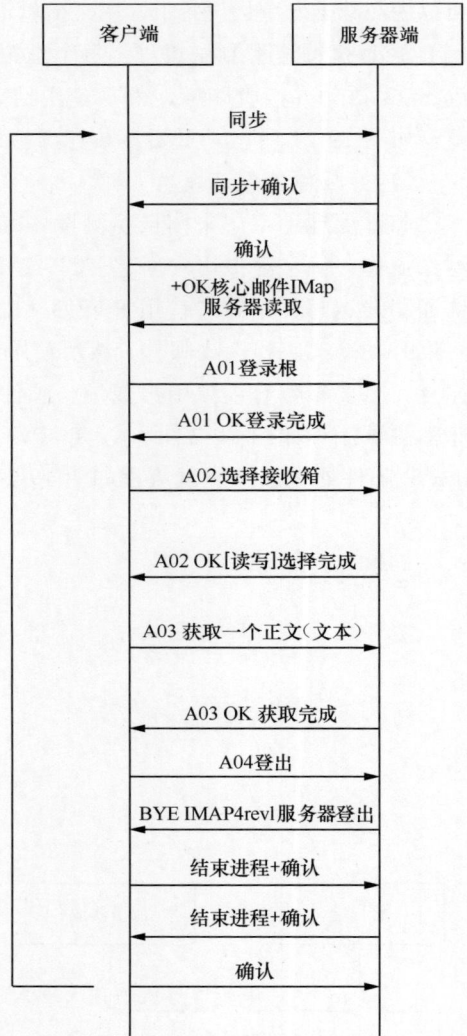

（15）FTP 文件传输速率

FTP 文件传输速率用来衡量受测设备或服务文件传输的最快速度，即每秒处理文件上传/下载的能力。在进行测试之前，先根据需求决定 FTP 模式是主动模式还是被动模式。在测试时，每个虚拟用户首先新建 TCP 连接为控制连接，使用 FTP 进行认证和协商，接着新建 TCP 连接为数据连接，在数据连接上进行文件上传或下载，然后使用结束进程或复位方式关闭控制和数据连接，循环往复。重要参数有虚拟用户数量、文件大小、FTP 模式、TCP 关闭方式等。

每次 FTP 文件传输过程包括建立连接、身份认证、命令交互、断开连接等。FTP 主动模式如图 19-25 所示。FTP 被动模式如图 19-26 所示。

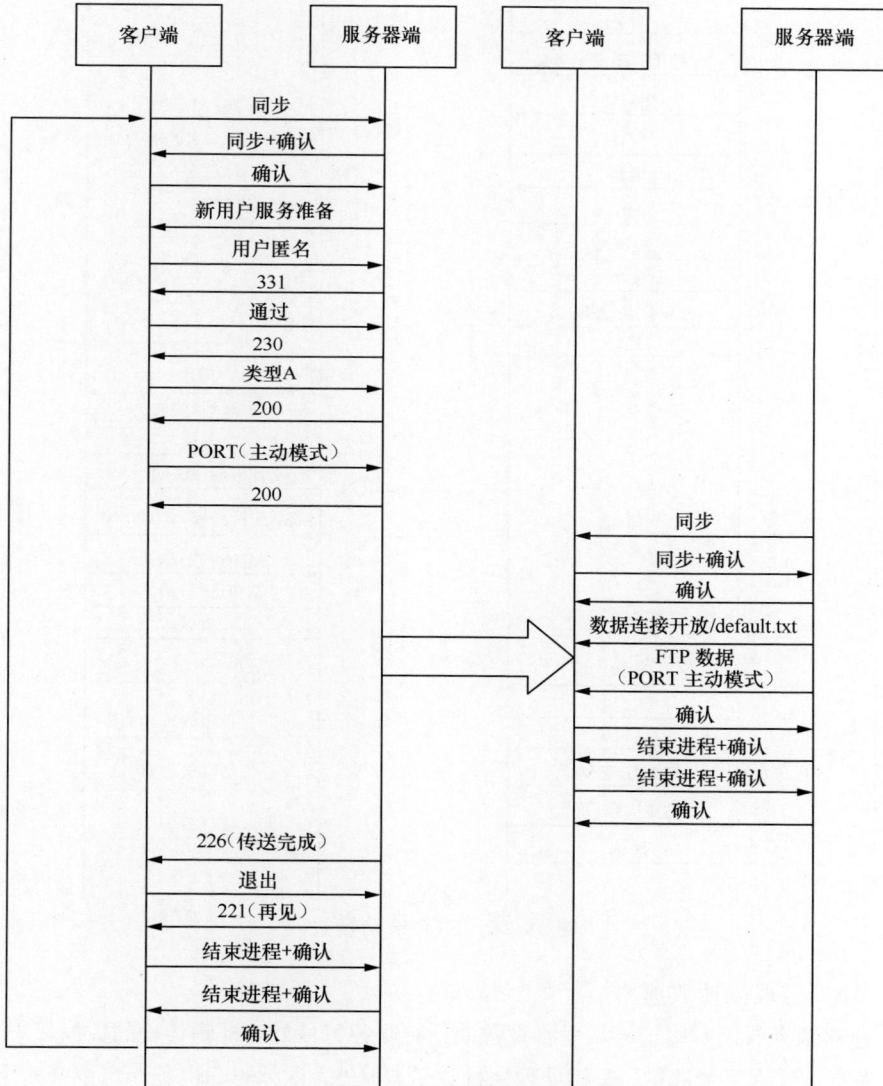

图 19-25　FTP 主动模式

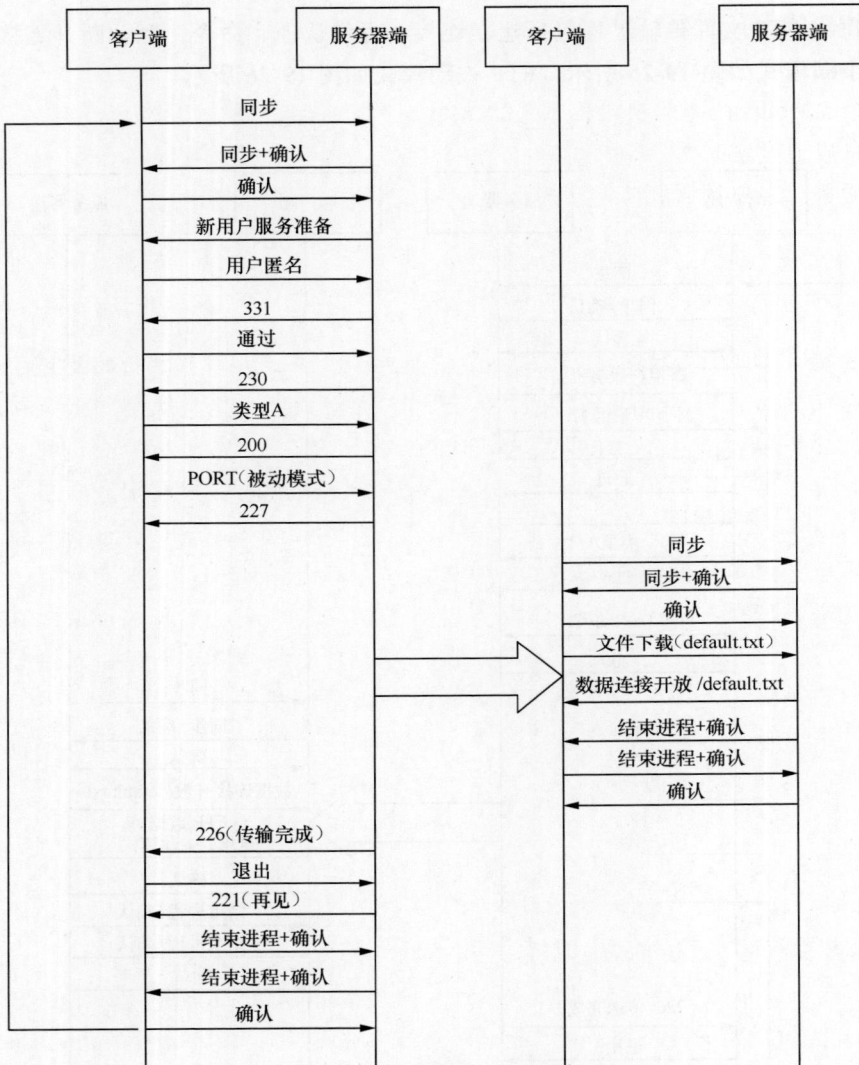

**图 19-26　FTP 被动模式**

（16）音视频播放速率

音视频播放速率用于衡量受测设备或视频服务每秒处理视频传输的数据量，测量单位为每秒处理字节数量、每秒处理比特数量。另外，视频码率也是一个重要的指标。视频码率就是单位时间内传送的视频数据位，单位也是每秒处理比特数量。视频码率越大，说明单位时间内取样率越高，数据流精度就越高，视频画面就会更清晰，画质更高。音视频播放速率的测试一般使用 RTSP/RTCP/RTP 这 3 种协议协同实现。

测试时，每个虚拟用户建立 TCP 连接，向流媒体服务器发送 RTSP 命令，获取媒体信息，下达播放命令，流媒体服务器将视频压缩编码后，通过 RTP 把视频内容传输给客户端，并用 RTCP 进行流量和拥塞控制。假如 100 个虚拟用户并发播放一个 5 Mbit/s 码率的视频，那么视频播放的吞吐量为 100×5 Mbit/s=500 Mbit/s。并且可以通过实时 MDI 值的变化，检测视频播放的 DF 和 MLR，进而评估视频播放质量。音视频播放速率测试（RTSP）流程如图 19-27 所示。

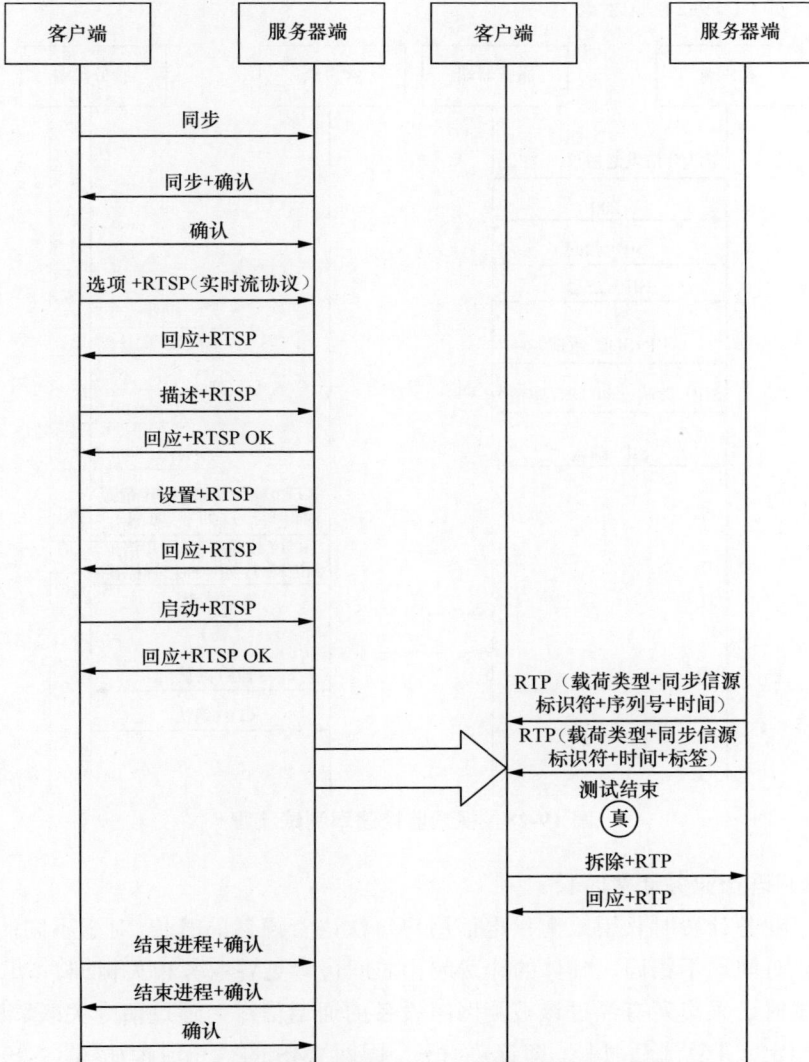

**图 19-27　音视频播放速率测试（RTSP）流程**

（17）视频监控速率

视频监控速率用于衡量受测设备每秒处理视频传输的数据量，测量单位为每

671

秒处理字节数量、每秒处理比特数量。视频监控速率的测试一般使用 SIP/RTCP/RTP 这 3 种协议协同实现。

测试时，每个虚拟用户向 SIP 服务器注册和认证，创建会话通道和流媒体通道，并请求视频播放。按照指定设备、指定通道进行图像的实时点播，需要通过 RTP 把视频内容传输给客户端，并用 RTCP 进行流量和拥塞控制。视频监控速率测试流程如图 19-28 所示。

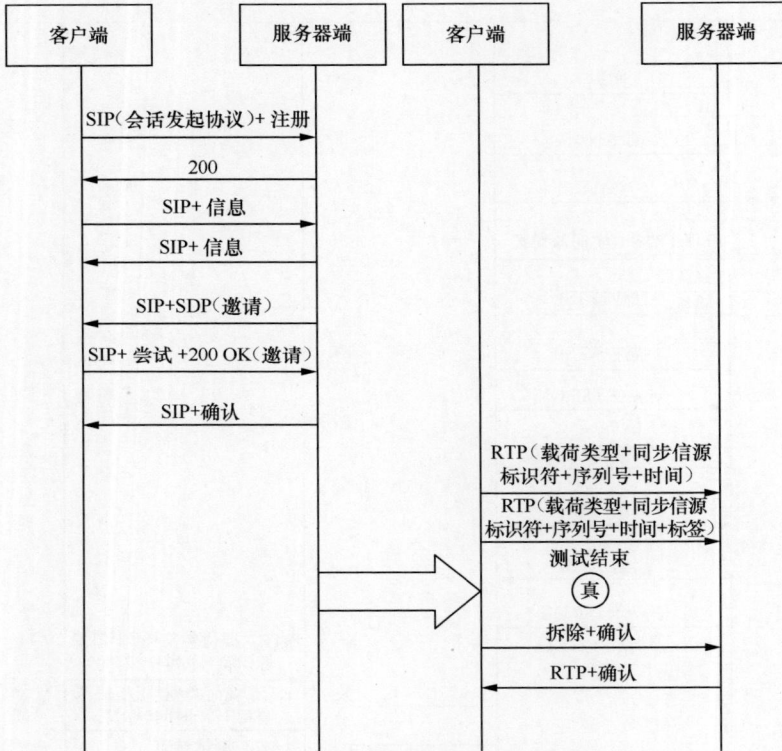

**图 19-28　视频监控速率测试流程**

（18）语音业务计费时长

语音业务计费时长用来衡量电信用户每次语音通话的时长。对于不同的业务，计费起止时间均不相同，具体的计费起止时间可参见各业务相关标准。

测试时，采集所有经过该被测网络设备的通话信令，通过信令关联、计费起止信令判定，计算通话时长，即计费时长。固网 IMS 的信令流程如图 19-29 所示。

（19）数据业务计费流量

数据业务计费流量用来衡量电信用户每次从上网开始至上网结束的时间段内所使用的数据流量大小。对于 3G、4G、5G 网络的分组数据业务，计费起止时间均不相同，具体的计费起止时间可参见各业务相关标准。

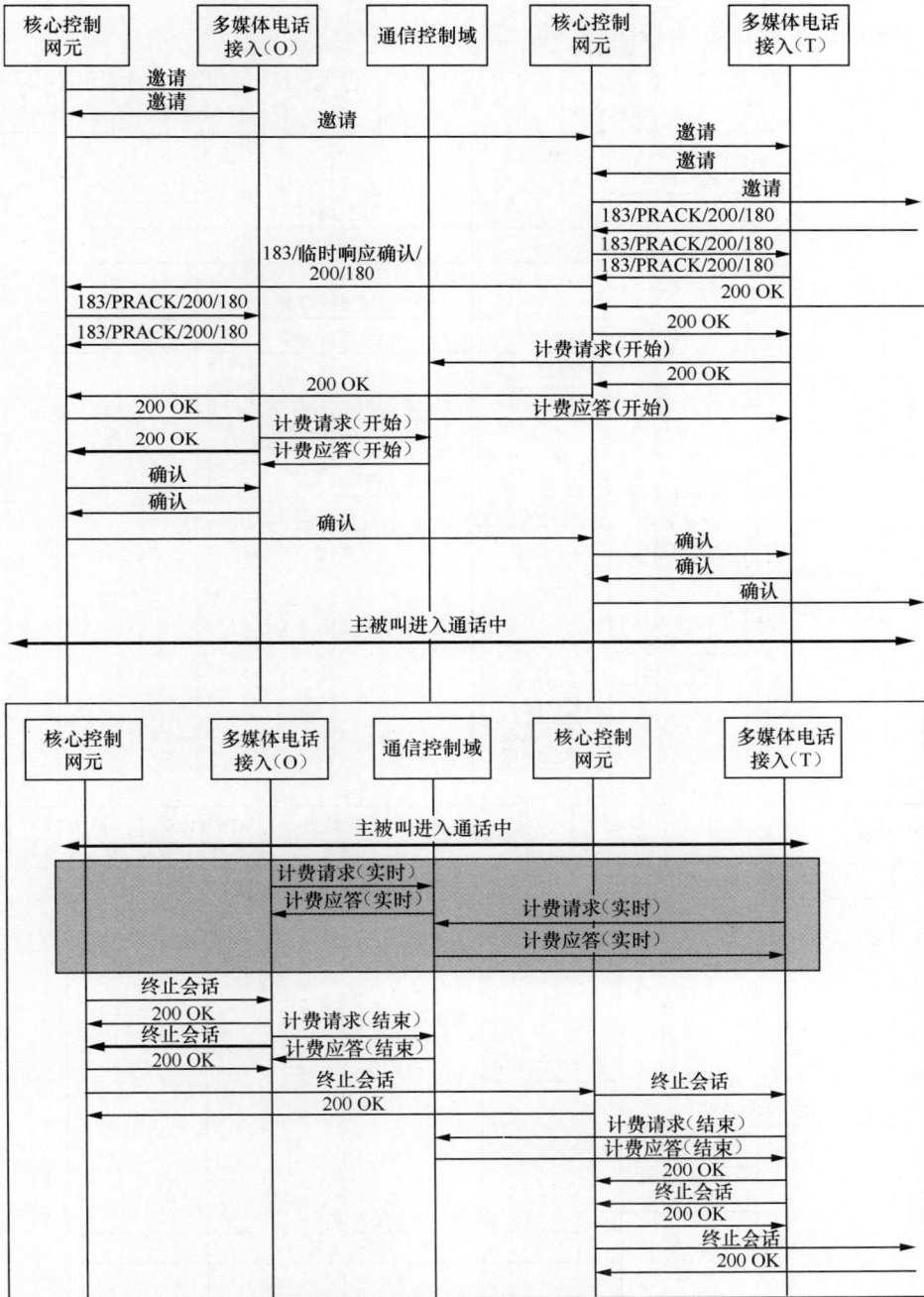

**图 19-29　固网 IMS 的信令流程**

测试时，采集所有经过该被测网络设备的信令和用户面数据，通过信令关联、用户面数据关联，结合计费起止信令计算会话流量，即计费流量。4G 网络分组数据业务的信令流程如图 19-30 所示。

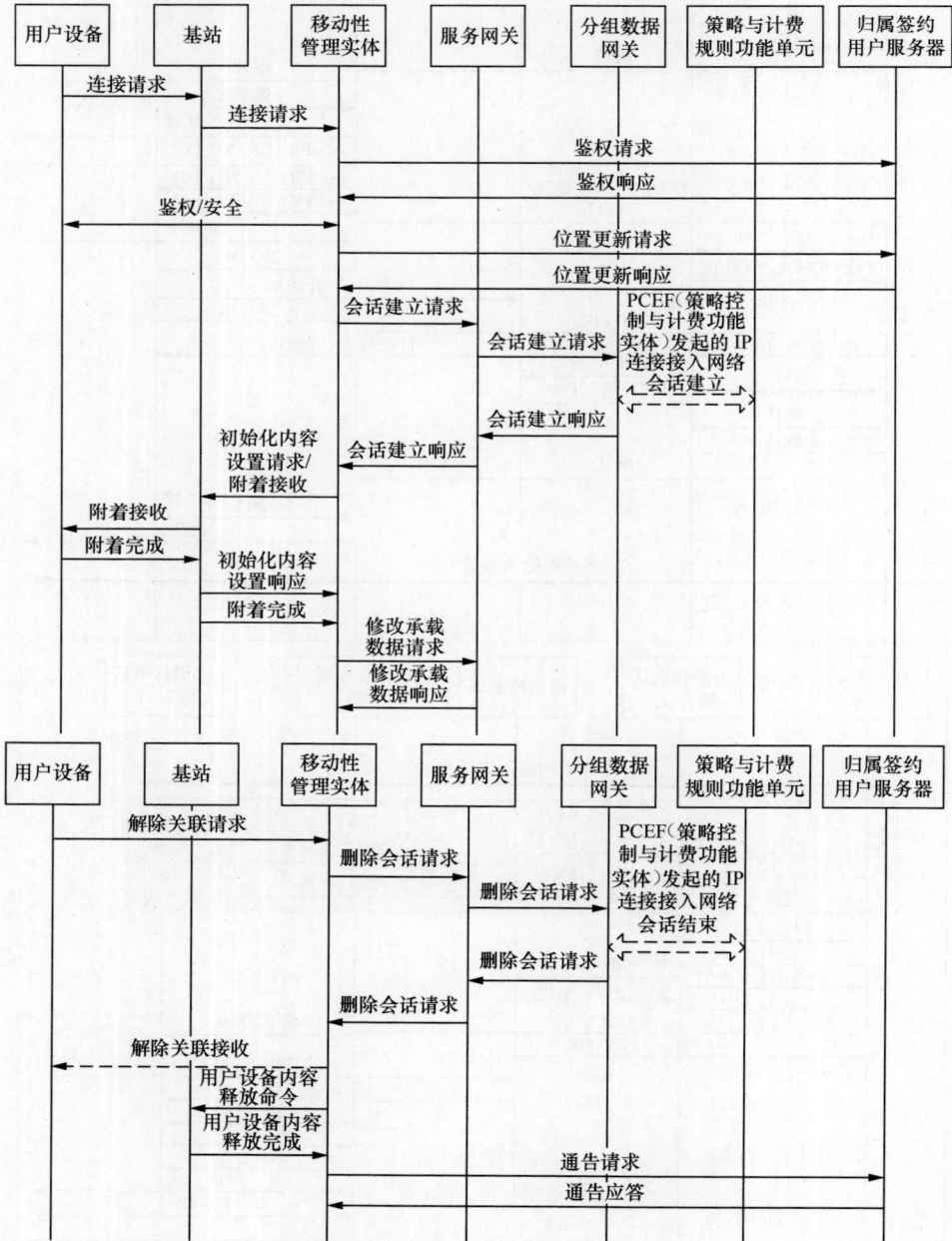

**图 19-30　4G 网络分组数据业务的信令流程**

## 19.5 应用层网络测试仪的选择

传统的应用层网络测试仪一般用于实验室测试，产品功能和分类都很明确，比如用于测试路由交换的 2～3 层应用层网络测试仪、用于测试应用层协议的 4～7 层应用层网络测试仪、用于测试安全防护的安全攻击测试仪等。但随着网络产品的功能日渐增多和测试仪技术的不断发展，全栈综合通信测试仪也应运而生，此类测试仪具有 2～3 层、4～7 层、安全测试的常用功能。计费测试仪多应用于电信企业现网测试，能够测试语音业务计费时长、数据业务计费流量和短消息计费条数等指标。

近几年，云计算异军突起、业务增长迅猛，处于蓬勃发展的黄金时期。虚拟化技术日新月异，使传统的实验室测试方法和手段必须要应对新的挑战。各行业对云平台、云主机、云网络、云服务、云设备等的迫切测试需求，使应用层网络测试仪应运而生。应用层网络测试仪可以部署在各种虚拟化环境中，比如公有云、私有云、ESXi、VMware、KVM、Proxmox、Docker 等，对各种云资源池以及虚拟化设备和服务进行测试。

### 19.5.1 2～3 层应用层网络测试仪

2～3 层应用层网络测试仪的受测对象为交换机、路由器等常见的 2～3 层应用层网络互联设备。对于交换机等流量交换的设备，最基本、最重要的测试是流量转发性能测试，如吞吐量、时延等；对于路由器，还需要测试路由表容量（如路由条目、路由邻居等）、路由协议等；另外还有 MPLS、IPSec VPN 等相关的业务测试。基于这些需求，可以选择 2～3 层应用层网络测试仪。

### 19.5.2 4～7 层应用层网络测试仪

4～7 层应用层网络测试仪受测对象为应用网关或者应用服务器，应用网关如下一代防火墙（NGFW）、Web 应用防火墙（WAF）、应用交付控制器、上网行为管理设备、入侵检测系统、入侵防御系统、异常击流量清洗设备等，应用服务如 Web 服务器、邮件服务器、视频服务器、FTP 服务器等，主要功能为测试 4～7 层应用层网络的性能指标和协议仿真，比如会话新建能力、用户最大并发数量、网络层吞吐量、业务处理速率等。如果需要测试应用协议处理能力，比如 TCP、UDP、HTTP、HTTPS、RTSP、RTCP、RTP、FTP、SMTP、POPv3、DNS、MySQL 等的处理能力，可以选择 4～7 层应用层网络测试仪。

### 19.5.3 安全攻击测试仪

受测对象主要为安全网关，安全网关如下一代防火墙、Web 应用防火墙、上网行为管理设备、入侵检测系统、入侵防御系统、异常流量清洗设备等，主要功能为按照各种攻击方式和类别，构建攻击流量，对受测设备的安全防护能力进行检测和评估，比如漏洞扫描、策略检测、DDoS（分布式拒绝服务）攻击模拟、攻击流重放、攻击场景模拟、网络风暴测试、高级模糊测试等。基于这些需求，可以选择安全攻击测试仪。

### 19.5.4　全栈综合通信测试仪

随着网络设备的功能日渐增多，作为网络安全保护的重要屏障，不仅要有优良的 2～3 层路由转发性能，也要有 4～7 层超高的会话处理能力，还需要阻拦外部的恶意攻击，保障内部网络与外界的正常通信。在这种情况下，就需要全栈综合通信测试仪，它不但可以进行 2～7 层性能测试和协议仿真，具备 RFC 2544、RFC 3511 等测试套件，还能构建各种攻击流量，进行网络安全测试。

### 19.5.5　虚拟化应用层网络测试仪

云计算发展已进入成熟期，云原生作为数字化转型的重要支撑技术，成为驱动数字基础设施的强大引擎。面对云计算采用大量的虚拟设施，要测试基于虚拟化技术的系统、设备、服务的各种指标，传统物理测试仪已经不能满足测试需求。虚拟化应用层网络测试仪实现了"云中测试"，可以灵活部署在所有的虚拟化环境中，对云平台、云主机、云网络、云设备、云服务等进行测试和评估。

### 19.5.6　计费测试仪

按照测试方法的不同，计费测试仪分为两类：数据采集分析类计费测试仪和业务拨测类计费测试仪。

**1. 数据采集分析类计费测试仪**

数据采集分析类计费测试仪主要针对语音业务、移动分组数据业务。数据采集分析类计费测试仪通过对计费点网络设备周边的信令及数据链路进行实时采集，将采集后的数据存储至测试仪中，之后对该数据进行解码、协议分析及会话关联，生成仪表话单。测试完成后，将局方话单与仪表话单进行对比分析，即可得到最终的计费差错率。

**2. 业务拨测类计费测试仪**

业务拨测类计费测试仪主要针对短消息业务。业务拨测类计费测试仪通过模拟用户的业务发生，自动发送一定量的短消息，并对用户关机、用户不在服务区内等异常场景进行测试，并由测试仪生成仪表话单，记录测试关键计费数据信息。

测试完成后，将对应的局方话单与仪表话单进行对比分析，可得到最终的计费差错率。

## 19.6　应用层网络测试仪的典型应用

### 19.6.1　同时模拟客户端和服务器端，测试网关设备性能

应用层网络测试仪（以下简称测试仪）同时模拟客户端和服务器端，对交换机、路由器、防火墙、WAF、负载均衡器等网关设备进行测试，通过协议仿真和数据交互，评估网关设备的性能。网关设备测试示意如图 19-31 所示，测试仪的两个网口直接通过网线或光纤连接受测设备的两个网口。

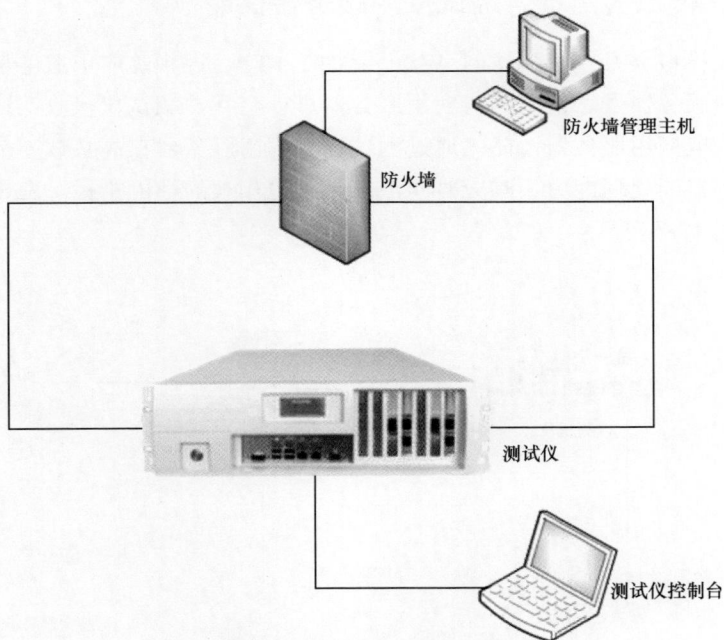

图 19-31　网关设备测试示意

### 19.6.2　同时模拟客户端和服务器端，测试旁路设备性能

旁路设备主要对复制和捕获的数据包进行分析，以识别网络攻击或进行流量审计。测试仪可以同时模拟客户端和服务器端两个网口，并接到一个交换机上，使用交换机的镜像功能，把交互的流量报文复制后，发给入侵检测系统、入侵防御系统、流量审计设备等旁路设备，测试设备的安全探测或审计能力。旁路设备测试示意如图 19-32 所示。

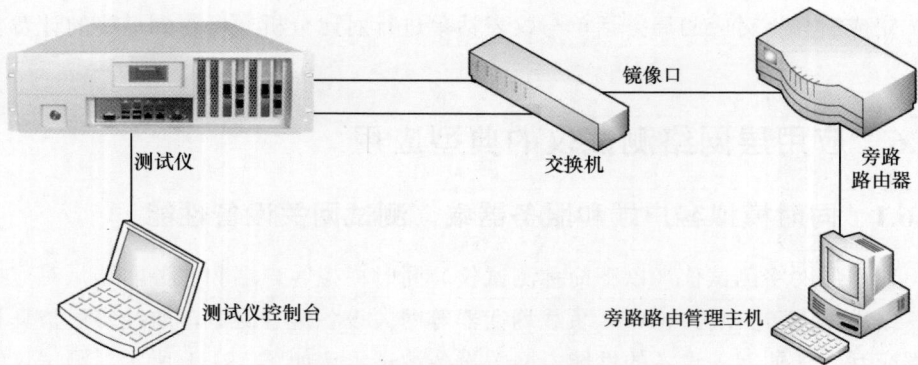

**图 19-32　旁路设备测试示意**

### 19.6.3　只模拟客户端，测试应用服务器性能

　　测试仪模拟大量客户端访问 Web、邮件、FTP、视频等应用服务器，每个客户端都会向服务器发送请求，与应用服务器进行交互，测试仪接收响应并进行统计，从而获取应用服务器性能。通过测试评估应用服务器在高负载下的瓶颈，获取应用服务器的处理能力、响应时间，以及其他相关的性能指标。应用服务器测试示意如图 19-33 所示。

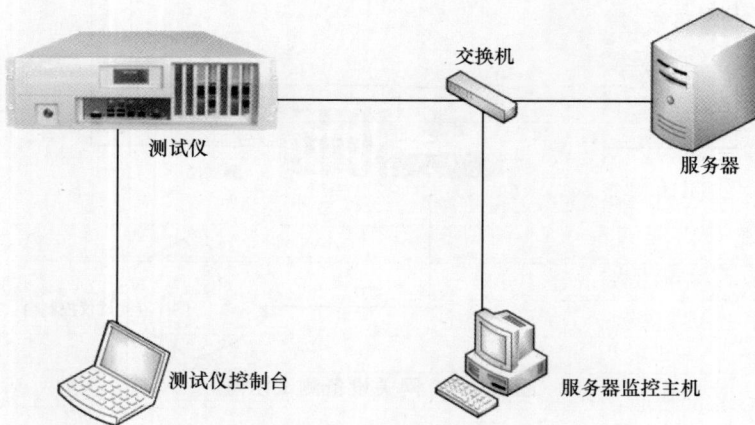

**图 19-33　应用服务器测试示意**

### 19.6.4　只模拟服务器端，测试终端设备性能

　　测试仪只模拟服务器，接收客户端（如浏览器、Outlook、Foxmail、App）的请求，并回复正确的响应，得到客户端的性能参数。终端设备测试示意如图 19-34 所示。

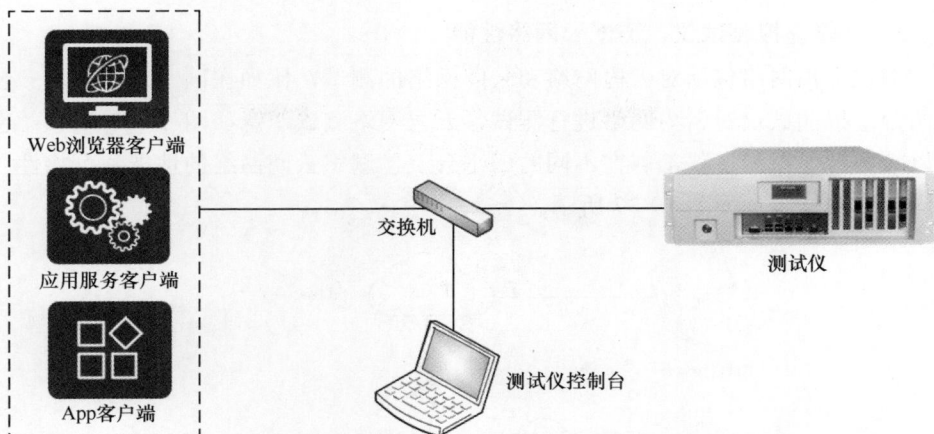

图 19-34　终端设备测试示意

### 19.6.5　部署虚拟测试仪，测试云计算安全和性能

在云内部署虚拟测试仪，对云平台、云主机、云网络、云设备、云服务、云存储等的基础设施性能进行全面的分析和评估。

**1. 部署虚拟测试仪，测试云平台安全性能**

为了提高云平台的安全可控水平，我国制定了 GB/T 31168—2023《信息安全技术　云计算服务安全能力要求》和 GB/T 34942—2017《信息安全技术　云计算服务安全能力评估方法》标准，前者从系统开发与供应链安全、系统与通信保护、访问控制、数据保护、配置管理、维护管理、应急响应、审计、风险评估与持续监控、安全组织与人员、物理与环境安全等方面定义了云平台安全的评估要求，后者针对这些评估要求制定了详细的评估方法。

通过部署物理测试仪和虚拟测试仪，根据国家标准要求，对云平台进行检测认证和持续监控，可提高云平台的安全水平和在市场中的竞争力，降低使用云计算服务过程中的安全风险。

**2. 部署虚拟测试仪，测试云主机性能**

在云主机上部署虚拟测试仪，测试云主机的 CPU 计算能力、内存访问性能、存储访问性能等。云主机测试示意如图 19-35 所示。

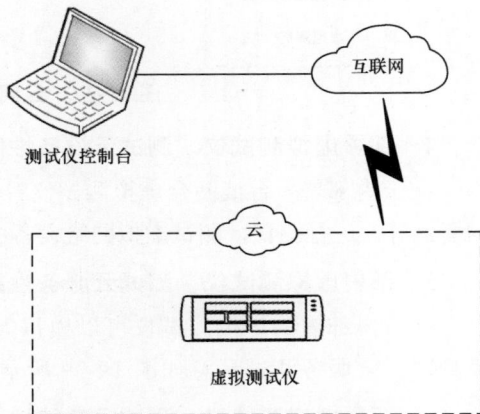

图 19-35　云主机测试示意

### 3. 部署虚拟测试仪，测试云网络性能

测试虚拟网络包括对云内网络和云间网络的测试，比如在同一云内部署一台或两台虚拟测试仪对云内网络进行测试，云内网络测试示意如图 19-36 所示；也可以将两台虚拟测试仪部署在不同的云平台上，测试云间网络的性能和可靠性，云间网络测试示意如图 19-37 所示。

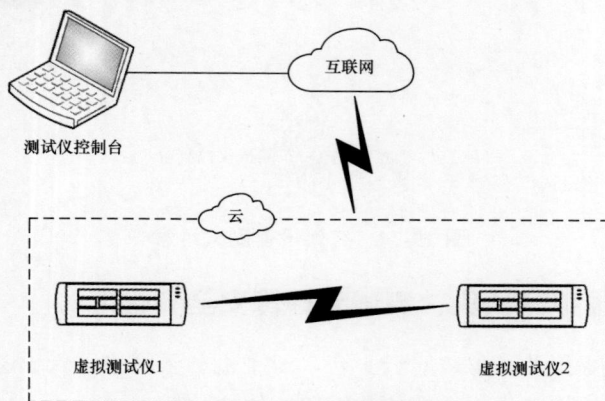

**图 19-36 云内网络测试示意**

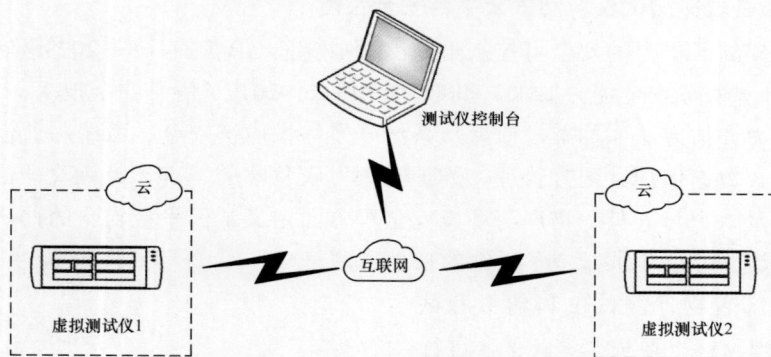

**图 19-37 云间网络测试示意**

### 4. 部署虚拟测试仪，测试云设备性能

在云内部署一台或两台虚拟测试仪对云内虚拟网络设备（如虚拟防火墙、负载均衡器等）进行测试，测试虚拟网络设备的性能。云设备测试示意如图 19-38 所示。

### 5. 部署虚拟测试仪，测试云服务性能

在云内部署的虚拟测试仪可以模拟大量的虚拟用户，对被测服务进行压力负载测试。云服务测试示意如图 19-39 所示。

### 6. 部署虚拟测试仪，测试云存储性能

云存储包括对象存储、块存储、文件存储等多种存储方式，可以部署虚拟测

试仪在云内对云存储进行测试。云存储测试示意如图 19-40 所示。

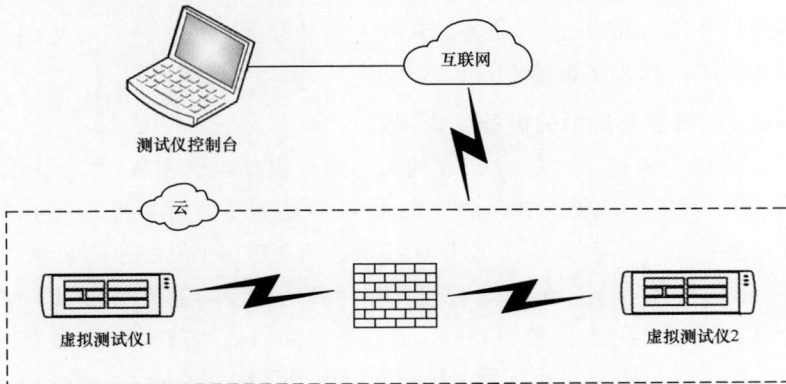

**图 19-38　云设备测试示意**

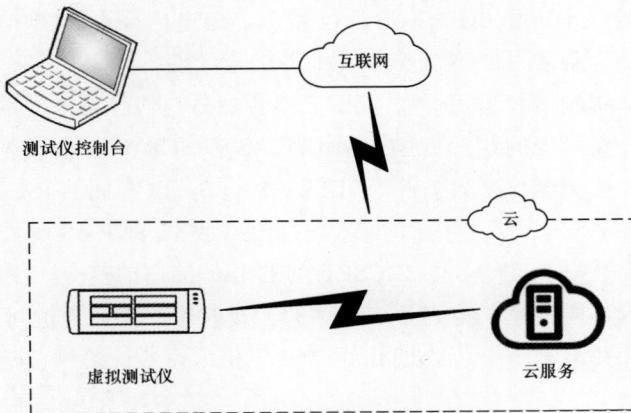

**图 19-39　云服务测试示意**

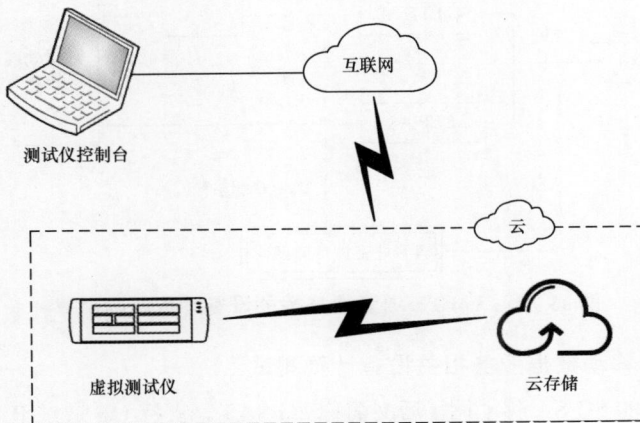

**图 19-40　云存储测试示意**

### 19.6.6 测试电信业务计费性能

本节重点介绍 VoLTE 语音业务、5G SA 移动数据业务和点对点短消息业务 3 种业务所涉及的网络设备计费测试。

**1. VoLTE 语音业务相关设备计费测试**

VoLTE 语音业务是一种基于 LTE 的移动网多媒体电话业务,主要由 LTE/EPC（分组核心网）网络实现接入和承载，由 IMS 核心网进行呼叫控制，由业务应用平台进行业务提供。用户设备由 LTE 无线网接入 EPC 网络，在 EPC 网络内建立语音和视频业务专有承载，随后通过代理呼叫会话控制功能（P-CSCF）接入 IMS 核心网，由 IMS 核心网进行呼叫控制，通过系统间通信接口（ISC）触发业务（基本业务、补充业务和智能网业务等）到业务应用平台相应的应用服务器（AS）上，AS 处理业务并返回结果。当用户设备切换到 LTE 网络无法覆盖的区域时，可以使用 eSRVCC 等技术，由 2G/3G CS 网络接入，通过信令点 ATCF 连接 IMS 核心网，借用传统 2G/3G 网络的覆盖来保障业务的连续性。

语音业务计费测试仪适用于对 VoLTE 语音业务离线计费系统的测试。VoLTE 语音业务离线计费系统的计费点包括 VoLTE AS 和 SCP AS。测试 VoLTE AS 时，使用语音业务计费测试仪采集被测 VoLTE AS 与 S-CSCF 间的 ISC 接口的信令，以及被测 VoLTE AS 与 CCF 间的 Rf 接口的信令。测试 SCP AS 时，使用语音业务计费测试仪采集被测 SCP AS 与 S-CSCF 间的 ISC 接口的信令，采集的信令经分析、处理后生成仪表话单，得到各次通话的计费时长，之后通过对比仪表话单和局方话单得出计费测试结果。VoLTE 语音业务相关设备计费测试示意如图 19-41 所示。

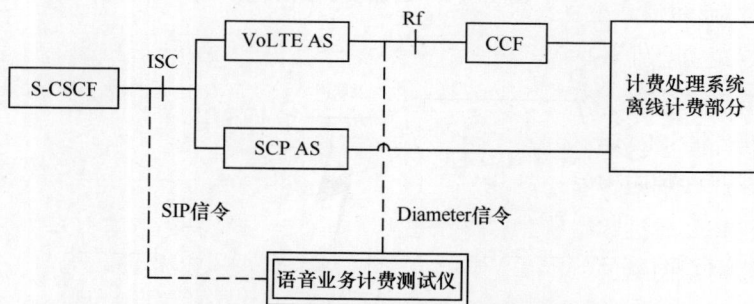

图 19-41　VoLTE 语音业务相关设备计费测试示意

**2. 5G SA 移动数据业务相关设备计费测试**

基于 5GC 的 5G SA 移动网（后文简称 5G SA），支持 UE 通过 RAN 接入 5GC，其分组数据业务计费系统由核心网设备和计费处理系统组成,共同完成计费功能。

核心网设备主要包括 AMF、SMF、UPF、PCF 等。

　　流量业务计费测试仪适用于 5G SA 移动数据业务相关设备的计费测试。被测设备为 5GC 与 EPC 融合组网架构时，用户终端接入 5G SA 网络并产生流量，使用流量业务计费测试仪 1 实时采集被测 UPF 的 N3、N9、S1-U、S5-U、N6 及 N4 接口的数据，使用流量业务计费测试仪 2 实时采集被测 SMF 的 N11、N4、N7、N40、S11 及 S5-C 接口的数据。两台流量业务计费测试仪对采集的信令及用户数据进行分析、处理后产生仪表话单，得到各次会话的上网流量，通过对比分析仪表话单和局方话单、计费原始话单，得出计费测试结果。5G SA 移动数据业务相关设备测试示意如图 19-42 所示。

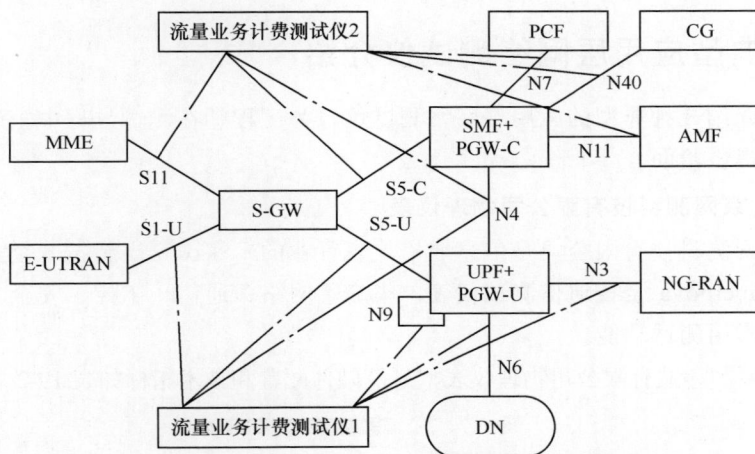

**图 19-42　5G SA 移动数据业务相关设备计费测试示意**

### 3. 点对点短消息业务相关设备计费测试

　　点对点短消息业务的计费是由网络中的交换系统、智能网 SCP、短消息中心、短消息互联网关和计费处理系统等部分相互协作完成的。短消息中心（SMSC）通过信令链路与 PLMN 相连，支持移动发起和终止的短消息，其中包括：从 PLMN 中接收 MS 起呼的短消息；查询路由信息，并向 MS 所在的拜访交换系统转发短消息等。SMSC 通过数据链路与短消息互联网关（IWGW）相连，IWGW 是不同电信企业短消息网络的接口网关，实现网间短消息的转发和缓存功能。

　　短消息计费测试仪适用于后付费用户点对点短消息业务相关设备的计费测试。计费点在 SMSC 时，使用计费测试仪发送和接收一定数量的短消息后，产生仪表话单 a，SMSC 产生原始话单，原始话单经计费处理系统处理后产生用户话单 b。计费测试仪通过对比仪表话单 a 和用户话单 b，可计算出计费差错率。点对点短消息业务相关设备计费测试示意如图 19-43 所示。

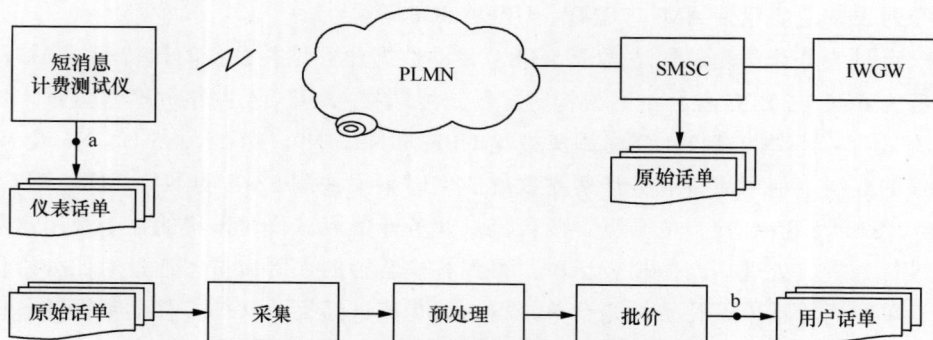

**图 19-43　点对点短消息业务相关设备计费测试示意**

# 19.7　典型应用层网络测试仪介绍

本节介绍几种典型的应用层网络测试仪，为工程师在测试过程中正确地选择测试仪表提供帮助。

**1.　北京网测科技有限公司物理仪表**

北京网测科技有限公司是信息通信仪表行业的一家国家高新技术企业，研发、生产的 Supernova 全栈通信测试仪表，集成了网络、通信、工控、安全、应用、虚拟化等常用测试功能。

北京网测科技有限公司物理仪表型号及硬件配置和技术指标如表 19-2 和表 19-3 所示。

**表 19-2　北京网测科技有限公司物理仪表型号及硬件配置**

| 型号 | 网络模块 | 硬件配置 |
| --- | --- | --- |
| Supernova-200F-SPM | NT4×010GF27LA×1 | CPU 数量：1 个；<br>CPU 核数：12 核；<br>内存：128 GB；<br>测试端口：<br>4 个 10 Gbit/s SFP+接口，兼容 1/10 Gbit/s 速率模式；<br>内置 FPGA 芯片，时延抖动精度为 10 ns |
| Supernova-600F-DPL | MN2×025GF47LA×2、<br>MN2×100G47LA×2 | CPU 数量：2 个；<br>CPU 核数：24 核；<br>内存：256 GB；<br>测试端口：<br>4 个 SFP28 接口，兼容 1/10/25 Gbit/s 速率模式；<br>4 个 QSFP28 接口，兼容 1/10/25/40/100 Gbit/s 速率模式 |

表 19-3　北京网测科技有限公司物理仪表型号及技术指标

| 指标名 | 指标值 | |
|---|---|---|
| | Supernova-200F-SPM | Supernova-600F-DPL |
| HTTP 每秒新建会话/条 | 500 000 | 1 900 000 |
| HTTP 最大并发会话/条 | 28 000 000 | 56 000 000 |
| HTTP 最大吞吐速率/（Gbit·s⁻¹） | 20 | 150 |
| HTTPS 每秒新建会话/条 | 48 000 | 122 000 |
| HTTPS 每秒新建会话（国密套件）/条 | 8700 | 111 000 |
| HTTP 最大并发会话/条 | 1 093 750 | 1 890 250 |
| HTTPS 最大并发会话（国密套件）/条 | 1 093 750 | 1 890 250 |
| HTTPS 最大吞吐率/（Gbit·s⁻¹） | 20 | 67 |
| HTTPS 最大吞吐率（国密套件）/（Gbit·s⁻¹） | 2.7 | 10.5 |
| RFC 2544 UDP 吞吐率（单向 64 B）/（Gbit·s⁻¹） | 20 | 139 |
| RFC 2544 UDP 吞吐率（双向 64 B）/（Gbit·s⁻¹） | 40 | 117 |
| RFC 2544 UDP 吞吐率（单向 1500 B）/（Gbit·s⁻¹） | 20 | 159 |
| RFC 2544 UDP 吞吐率（单向 1500 B）/（Gbit·s⁻¹） | 40 | 278 |
| TCP 每秒新建连接/次 | 1 460 000 | 2 370 000 |
| TCP 最大吞吐率（双向）/（Gbit·s⁻¹） | 40 | 227 |
| RTSP 视频点播速率/（次·s⁻¹） | 160 000 | 300 000 |
| RTSP 视频并发数量/个 | 50 000 | 110 000 |
| SMTP 邮件发送速率/（封·s⁻¹） | 310 000 | 890 000 |
| POPv3 邮件接收速率/（封·s⁻¹） | 450 000 | 1 290 000 |
| IMAP 邮件接收速率/（封·s⁻¹） | 430 000 | 1 220 000 |
| FTP 文件传输速率/（次·s⁻¹） | 230 000 | 250 000 |
| LDAP 每秒执行搜索/次 | 40 000 | 60 000 |
| NTP 每秒时间同步/次 | 1 400 000 | 2 400 000 |
| DNS_over_UDP 每秒请求响应/次 | 5 500 000 | 21 000 000 |
| TFTP 文件传输速率/（次·s⁻¹） | 1 000 000 | 2 500 000 |
| RADIUS 认证速率/（次·s⁻¹） | 950 000 | 2 200 000 |
| DHCPv4 每秒请求地址/次 | 520 000 | 1 000 000 |

表 19-3 中列出的 HTTPS 数据由单台 Supernova 采用单机模式，TLSv1.2 协议和加密套件 AES256-GCM-SHA384，采用 1024 bit 证书测试所得。

表 19-3 中列出的国密 HTTPS 数据由单台 Supernova 采用单机模式，使用国密 SM2 证书套件和国密安全套件 ECC-SM4-SM3 测试所得。

Supernova 系列测试仪支持常用的性能测试类型，比如 RFC 2544/RFC 2889/RFC 3918 中的测试，TCP/HTTP/HTTPS 新建、吞吐、并发测试，视频/音频播放质量检查等，还支持多种 TCP/UDP 测试，具有网络安全检测功能，可以模拟各种攻击和重放网络攻击包，还可以对主机和 Web 服务器进行漏洞探测、评估与分析。

**2. 北京网测科技有限公司虚拟仪表**

除了物理仪表，北京网测科技有限公司还推出了一系列虚拟仪表，即本身没有仪表类硬件实体，而在通用计算机上或者云化网络平台运行测试功能，其主要型号和参数信息如表 19-4 所示。

表 19-4　北京网测科技有限公司虚拟仪表主要型号及参数信息

| 型号 | 支持的虚拟化平台 | 最小资源要求 |
|---|---|---|
| Supernova-Cloud | 云镜像方式，部署在公有云、私有云、KVM 等虚拟化平台上 | CPU 核数：4 核；内存：8 GB；网口：1 个管理口，1 个流量口 |
| Supernova-VMware | VMware、ESXi | |
| Supernova-CentOS | 在 CentOS、Ubuntu 系统内，以软件方式运行 | |

Supernova 系列测试仪不仅支持通用 Intel、AMD 的 x86 架构的 CPU，还支持国产 x86、ARMv8 等架构的 CPU，在不同底层的 CPU 架构上可以稳定运行。虚拟测试仪表与物理测试仪表的功能、操作一致，部署方便，使用简单，极大地降低了学习成本。

**3. 中国信通院计费测试仪表**

中国信通院计费测试仪表的配置、功能及性能如表 19-5 所示。

表 19-5　中国信通院计费测试仪表的配置、功能及性能

| 型号 | 配置 | 功能 | 性能 |
|---|---|---|---|
| CNT | CPU：主频为 3.8 GHz，8 核；内存：192 GB；RAID（独立磁盘冗余阵列）盘：4 TB×8 SSD；RAID 卡：每端口 12 Gbit/s，2 GB 缓存。测试板：4 个 10 GE 接口 | 1. 同步采集功能：针对控制面、用户面分离架构，实现异地采集的时间同步功能，同步精度不低于 1 μs；2. 协议分析功能：支持 IPv4、IPv6、GTPv1、GTPv2、3GPP2 A11、PPP、GRE、SIP、MIP、RADIUS、HTTP/2、PFCP 等协议；3. XDR 生成功能：根据对全量用户面数据和控制面数据进行解析、处理后生成 XDR，支持按照会话、业务标志等多种粒度生成话单；4. 话单过滤功能：支持按照手机号码、SUPI 号码、UPF 地址、终端地址等参数过滤仪表话单，支持按照参数的与、或、非组合过滤话单 | 1. 采集能力：4 路以太网信令链路采集能力，采集最高速率可达 20 Gbit/s；2. 容量：一次采集和存储不少于 32 TB 的数据；3. 分辨率：时间、时长分辨率小于 1 ms，流量分辨率为 1 B；4. 时钟频率：时钟频率准确度小于 $5×10^{-5}$；5. 时间同步精度：同步精度小于 1 ms（RMS） |

续表

| 型号 | 配置 | 功能 | 性能 |
|---|---|---|---|
| MPT-3000X | CPU：主频为 2.8 GHz，8 核；<br>内存：8 GB；<br>硬盘：4 TB；<br>背板：1 个系统插槽和 7 个外设插槽；<br>测试板：4 个 GE/FE 接口 | 1．数据采集功能：支持采集 FE 接口和 GE 接口等多种 IP 信令链路接口上的信令消息；<br>2．协议解码功能：支持对包括 A 接口、IuCS、ISC 等核心网接口的数据进行分析，支持对 SIP、H.248、Diameter 等协议进行解析；<br>3．话单合成功能：支持将同一个呼叫的信令消息提出，合成完整的仪表话单；<br>4．话单对比功能：支持将用户话单和仪表话单进行对比，统计多单、少单、重单、正确话单、超差话单及超短话单等 | 1．采集能力：4 路以太网信令链路采集能力，采集速率为 1 Gbit/s；<br>2．容量：支持一次采集和存储 10 万次呼叫记录或 600 万个信令消息；<br>3．分辨率：时间、时长分辨率小于 1 ms；<br>4．时钟频率：时钟频率准确度小于 $1 \times 10^{-7}$ |
| SMSTester | CPU：主频为 2.8 GHz，8 核；<br>内存：8 GB；<br>硬盘：4 TB；<br>SMS-X3000×4，支持 LTE-TDD、LTE-FDD、TD-SCDMA、CDMA 1X、GSM 等 | 1．短消息发送参数设置功能：能够设置被叫号码、消息内容、发送数量、发送时间间隔等参数；<br>2．用户状态模拟功能：能够模拟被叫用户正常接收状态、被叫用户关机状态、呼叫无响应和移动台内存满状态等；<br>3．统计功能：发送和接收短消息能够按发送序号、发送时间、主叫号码、被叫号码、消息内容等进行统计；<br>4．批价设置功能：具有预置批价功能，并根据预先设置的费率计算出短消息的费用；<br>5．话单生成功能：通过分析成功发送的短消息和成功接收的短消息生成仪表话单；<br>6．话单比较功能：将运营企业提供的测试用户的短消息话单和计费测试仪生成的话单进行比较，对各分项进行比较，即用户话单相对计费测试仪生成的话单产生的多单、少单、重单；费用正确和不正确的话单数目 | 1．发送接收能力：支持 8 路短消息同时发送和接收；<br>2．容量：支持一次存储不少于 10 万次的发送和接收记录；<br>3．处理能力：支持以不低于 2000 条/小时的速度发送短消息；<br>4．时钟频率：时钟频率准确度小于 $4 \times 10^{-6}$ |

中国信通院深耕计费测试仪表研发多年，具有丰富的研发经验。上述测试仪表在全国多省电信企业语音业务、移动数据业务的计费测试中运行稳定，极大提升了电信企业的计费效率。

# 参考文献

[1] BRADNER S, MCQUAID J. Benchmarking methodology for network interconnect devices[S]. RFC 2544, 1999.

[2] 全国信息技术标准化技术委员会. 基于以太网技术的局域网（LAN）系统验收测试方法: GB/T 21671—2018[S]. 北京: 中国标准出版社, 2018.

[3] HICKMAN B, NEWMAN D, TADJUDIN S, et al. Benchmarking methodology for firewall performance[S]. RFC 3511, 2003.

[4] 全国信息安全标准化技术委员会. 信息安全技术 防火墙安全技术要求和测试评价方法: GB/T 20281—2020[S]. 北京: 中国标准出版社, 2020.

[5] WELCH J, CLARK J. A proposed media delivery index[S]. RFC 4445, 2006.

[6] 全国安全防范报警系统标准化技术委员会. 公共安全视频监控联网系统信息传输、交换、控制技术要求: GB/T 28181—2022[S]. 北京: 中国标准出版社, 2022.

[7] 全国信息安全标准化技术委员会. 信息安全技术 云计算服务安全能力要求: GB/T 31168—2023[S]. 北京: 中国标准出版社, 2023.

[8] 全国信息安全标准化技术委员会.信息安全技术 云计算服务安全能力评估方法: GB/T 34942—2017[S]. 北京: 中国标准出版社, 2017.

# 第 20 章　以太网测试仪

## 20.1　概述

以太网技术自诞生以来，传输速率经历了 10 Mbit/s 到 100 Mbit/s，到 1 Gbit/s、10 Gbit/s、40 Gbit/s、100 Gbit/s，再到当前的 200 Gbit/s、400 Gbit/s、800 Gbit/s 的不断演化，未来即将发展到 1.6 Tbit/s。如今，以太网已成为全球数据中心和企业网络的主流架构，不断推动着社会数字化和网络化进程。然而，面对大数据、云计算、物联网及人工智能等新型应用的爆发式增长，对网络带宽、处理能力以及性能稳定性的需求也在不断增加，未来的以太网将不断提升传输速率，实现更低的时延和更高的可靠性。以太网技术也将向更智能化的方向发展，利用软件定义网络（software defined network，SDN）、网络功能虚拟化（network function virtualization，NFV）等网络虚拟化技术，以及人工智能技术等，实现网络资源的动态化、智能化配置和管理，以更好地满足未来的网络服务需求。同时，这些技术和设备的应用范围也已经从传统的企业和校园网络扩展到了云计算、大数据、工业以太网、车载以太网、航空航天等领域。

以太网测试技术是通信产业链中重要的一环，以太网测试需求将会贯穿通信全产业链与全生命周期，渗透通信芯片、模块、终端、基站、无线网络等几乎所有的产业链环节，同时，贯穿网络技术研究、设备研发及生产、认证计量、现网维护及优化等几乎完整的产业生命周期。以太网测试仪应用场景如图 20-1 所示。

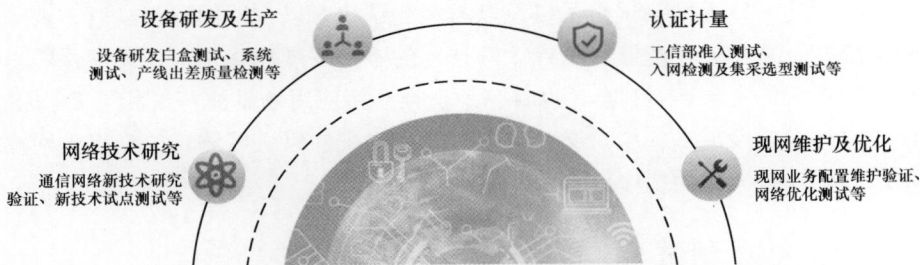

**设备研发及生产**
设备研发白盒测试、系统测试、产线出差质量检测等

**认证计量**
工信部准入测试、入网检测及集采选型测试等

**网络技术研究**
通信网络新技术研究验证、新技术试点测试等

**现网维护及优化**
现网业务配置维护验证、网络优化测试等

**图 20-1　以太网测试仪应用场景**

以太网测试技术对以太网的发展具有非常重要的意义和必要性。首先，随着以太网技术的不断演进和应用场景的不断扩展，各种新协议、新标准的开发与实施对以太

网测试技术提出了更高的要求。例如，为了满足云计算、大数据等新兴领域的高性能需求，以太网测试技术需要实现对更高速率（如 400 Gbit/s 和 800 Gbit/s 高速以太网）、更远距离的传输性能的准确评估和检测。以太网传输速率演进如图 20-2 所示。

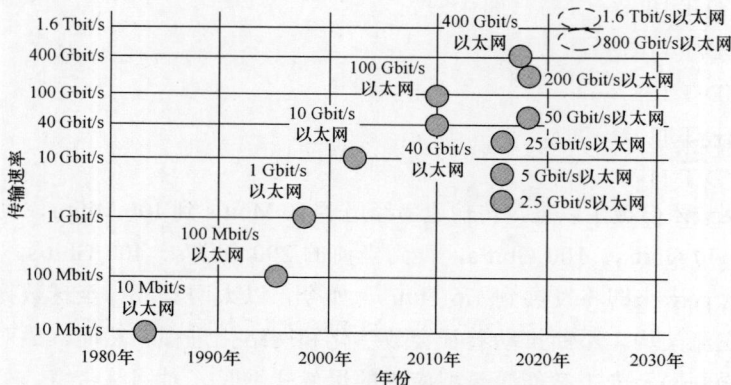

**图 20-2　以太网传输速率演进**

以太网测试仪是保障以太网设备和系统正常运行的重要工具。以太网测试仪可以模拟各种网络环境和设备，为网络故障排查、系统性能检测等提供有效的支持和帮助。例如，在云计算数据中心中，通过使用以太网测试仪模拟大量的数据流攻击，可以检测网络设备的承载能力和响应时间，同时也可以评估网络设备的可用性和可靠性。因此，高性能的以太网测试仪对于保障以太网设备和系统的正常运行具有重要的意义。

同时，以太网测试技术还将有助于推动各行业应用场景的拓展和创新。例如，随着物联网的普及和发展，以太网测试技术将需要实现对各种不同类型、不同协议的物联网设备的有效连接和测试。通过对物联网设备的性能进行准确评估和检测，将有助于推动物联网应用领域的发展和优化，如车载以太网、列车以太网、航空航天以太网、机器人通信、智能家居等领域。

综上所述，以太网测试技术以及以太网测试仪对以太网的发展具有重要的意义和必要性。它们不仅能够推动以太网技术的不断发展和优化，还能够保障以太网设备和系统的正常运行，同时也将有助于推动新应用场景的拓展和创新。因此，在以太网技术的发展过程中，必须重视和发展先进的以太网测试仪和以太网测试技术，以推动以太网的持续进步和发展。

## 20.2　以太网测试标准

IETF 定义了以太网测试的一些基本标准和方法，这些标准和方法以 RFC 规范文档的形式在全球发布，成为以太网测试的基础规范文件。我国在这些规范基础上，又结合我国国情和现实情况，制定了下列测试标准。

（1）YD/T 1096—2023《路由器设备技术要求　边缘路由器》；

（2）YD/T 1097—2023《路由器设备技术要求　核心路由器》；

（3）YD/T 1156—2023《路由器设备测试方法　核心路由器》；

（4）YD/T 1098—2023《路由器设备测试方法　边缘路由器》；

（5）YD/T 1141—2022《以太网交换机测试方法》；

（6）YD/T 1287—2013《具有路由功能的以太网交换机测试方法》；

（7）YD/T 1141—2022《千兆比以太网交换机测试方法》；

（8）YD/T 1171—2015《IP 网络技术要求　网络性能参数与指标》；

（9）YD/T 1251.1—2013《路由协议一致性测试方法　中间系统到中间系统路由交换协议（IS-IS）》；

（10）YD/T 1251.2—2013《路由协议一致性测试方法　开放最短路径优先协议（OSPF）》；

（11）YD/T 1251.3—2013《路由协议一致性测试方法　边界网关协议（BGP4）》。

以太网测试仪作为测试工具按照标准组织定义的测试标准，对网络设备和网络系统进行测试和验证是典型的应用场景。

## 20.3　以太网测试仪的工作原理和架构

### 20.3.1　以太网测试仪的工作原理

以太网测试仪通过仿真互联网中的设备（如主机、路由交换设备、服务器等）、仿真互联网中的协议（如路由交换协议）、仿真互联网中任意的流量、仿真互联网中的攻击（如 DDoS 攻击、异常报文攻击等）等来验证网络设备和网络系统的功能、性能、可靠性、稳定性等指标是否满足现网的需求。常见的测试指标包括丢包率、时延、抖动、乱序等。网络设备测试场景如图 20-3 所示，网络系统测试场景如图 20-4 所示。

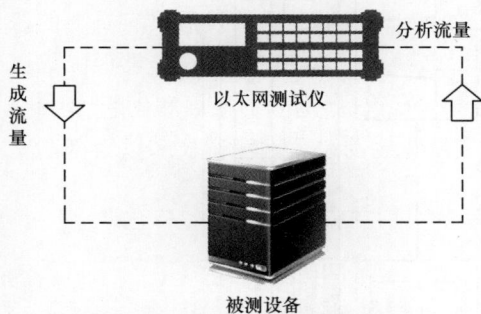

图 20-3　网络设备测试场景　　　　图 20-4　网络系统测试场景

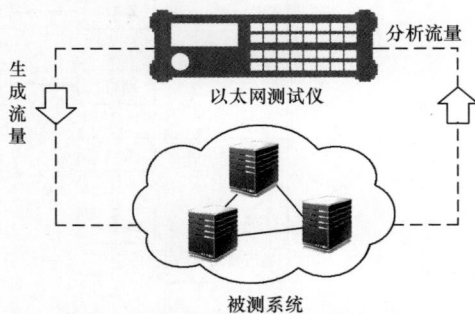

以太网测试仪作为评估网络设备及系统的功能与性能的关键工具，对其自身

的功能、性能、准确性、稳定性等的要求也远远高于网络设备。因此，以太网测试仪必须具备以下特征。

（1）稳定性：具备长时间稳定流量发送、统计及协议仿真的能力，如 7×24 h 长时间稳定运行。

（2）可重复性：对于同样的物理环境及网络条件，多次测试结果必须一致。

（3）准确性：测试结果必须能准确地反映被测设备或系统的真实指标情况，如吞吐量、时延和抖动的精确性，流量调度的精确性，流量统计的精确性等。

（4）高性能：支持所有包长（如 64～16 000 B 或混合包长）的线速流量发送及统计的能力、超高的路由交换协议仿真能力（如多会话数的 BGP/OSPF/IS-IS/PPPoE/IPoE/EVPN 等）、多接口（如上百个以上的 10GE/100GE 口）多业务（如 IPv4/IPv6/MPLS/Multicast）流量模型仿真能力。

（5）标准性：符合国际测试标准 RFC 2544、RFC 2889、RFC 3918 等。

（6）丰富的接口类型：支持 1GE/2.5GE/5GE/10GE/25GE/40GE/50GE/100GE/400GE 等多种接口类型，支持多机级联搭建大规模的测试场景。

## 20.3.2　以太网测试仪的架构

目前，各行业广泛应用的以太网测试仪主要有两种：一种是基于 x86+DPDK+网卡架构的测试仪；另一种是基于 FPGA+x86 混合架构的测试仪。基于 x86+DPDK+网卡架构的测试仪的编程相对简易，调试手段更加丰富，成本方面具有一定优势，在要求不高的功能性测试场景中是一个不错的选择。基于 FPGA+x86 混合架构的测试仪适用于高性能、全覆盖、测试场景规模大、测试业务复杂的测试场景。基于 x86+DPDK+网卡架构的测试仪的系统配置如图 20-5 所示。

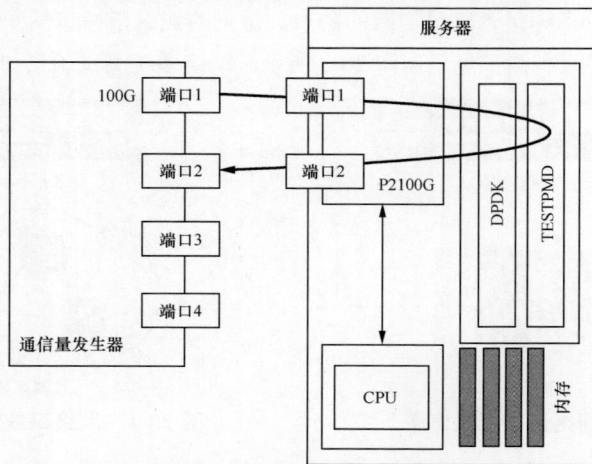

**图 20-5　基于 x86+DPDK+网卡架构的测试仪的系统配置**

基于 FPGA+x86 混合架构的测试仪，一方面利用了 FPGA 越来越强大的数据层面硬件的并行性能，另一方面结合了 CPU 在控制层面的处理灵活性。同时，由于 FPGA 和 CPU 本质上都是可编程的系统，根据业务处理的需要，可以在 FPGA 硬件和 CPU 软件之间灵活地移动业务划分边界，实现整个业务流程的全面优化。基于 FPGA+x86 混合架构的测试仪的系统配置如图 20-6 所示。

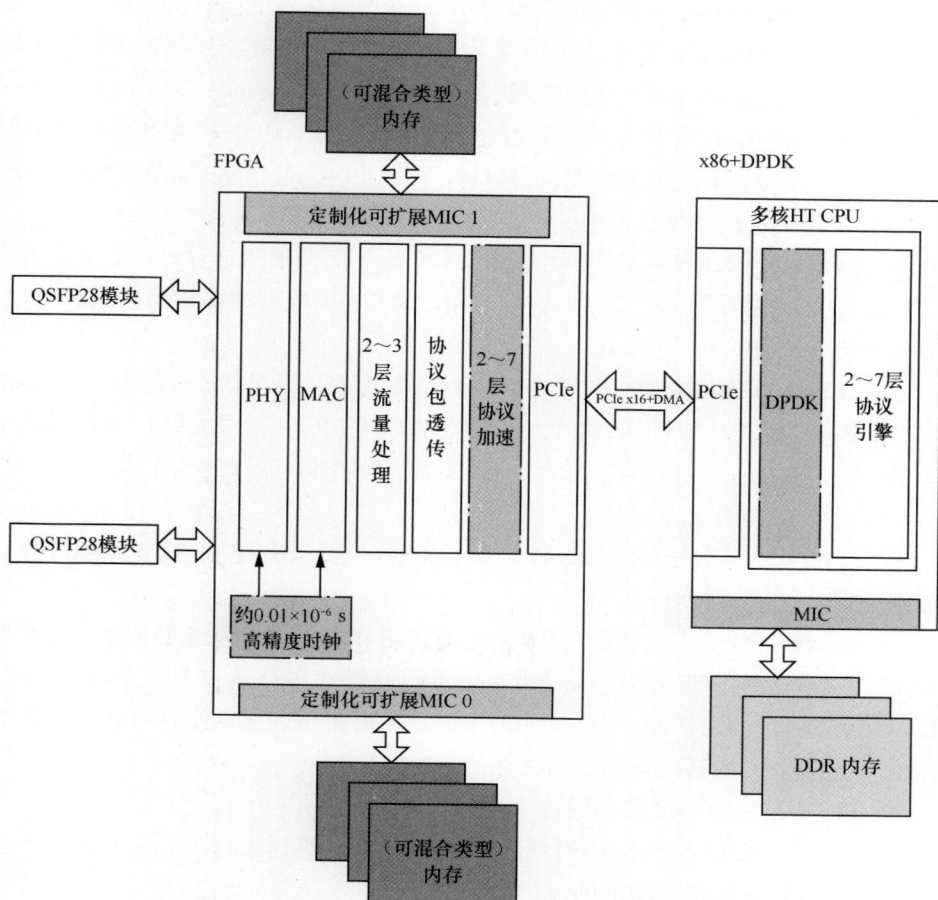

图 20-6　基于 FPGA+x86 混合架构的测试仪的系统配置

## 20.3.3　以太网测试仪架构分析

通过对以上两种架构的测试仪进行分析，我们可以看出二者的一些区别。

（1）64～16 000 B 包长的线速发流及统计能力

基于 x86+DPDK+网卡架构的测试仪：以图 20-3 所示的 100 Gbit/s 端口速率为例，在 64 B 包长情况下，大概每秒会收发 150 MB 数据包，以目前的 CPU 的计算和存储能力是无法处理的。

基于 FPGA+x86 混合架构的测试仪：所有字节可以做到线速无限制。

（2）时延的精度

基于 x86+DPDK+网卡架构的测试仪：x86 系统是面向通用计算的，它本身的基准时钟精度就不高，同时操作系统的调度误差至少为微秒量级；如果 x86 系统的网络接口卡（network interface card，NIC）不支持在物理层插入时间戳，需要由软件系统来处理网络时延，这将引入更大的误差，所以通常网络测试需要的精确至 10 ns 量级的时延难以在面向通用计算的 x86 系统上实现。

基于 FPGA+x86 混合架构的测试仪：在 FPGA 平台上，通过（0.1～0.001）×$10^{-6}$ s 精度的晶振，产生频率高达 400 MHz 的时钟，可以将时延的精度控制在 2.5 ns 量级。

（3）存储系统灵活性

基于 x86+DPDK+网卡架构的测试仪：x86 系统面向通用计算，目前主流的内存系统是 DDR4 内存系统，带宽大但是访问时延也大，根据读写访问模式的不同，可能会有时延抖动。

基于 FPGA+x86 混合架构的测试仪：FPGA 的内存可以根据需要组合片上 RAM（可以实现高速缓存功能）+DDR（双倍数据率）+QDR（四倍数据率）+RLDRAM（低时延动态 RAM）等各种内存技术，优化带宽需求型和延迟需求型访问。

（4）协议加速的能力

基于 x86+DPDK+网卡架构的测试仪：无额外资源来实现 TCP offloading 等协议加速功能。

FPGA+x86：FPGA 是硬件的可编程系统，可以根据硬件资源的多少，以及业务处理的需要，在协议处理方面和 x86 系统灵活地划分接口界限，实现 TCP offloading 等协议加速功能，把协议处理中的计算密集型的无状态任务在硬件层面并行化，可以大大增强整个系统的处理能力。

（5）2～3 层流量调度的精确性

基于 x86+DPDK+网卡架构的测试仪：x86 系统在高速端口上无法实现小字节包长线速发流，更谈不上精准的流量调度了。

基于 FPGA+x86 混合架构的测试仪：为测试业务流量越来越复杂和规模越来越大的交换机、路由器和网络系统，甚至包含上层复杂应用协议的系统，需要产生成千上万条流（比如高端测试仪中典型的 64 KB 流），并且每条流之间的带宽比例、发送调度模式需要精确控制，同时要求精确到小数点后面 5 位。

（6）统计的实时性能和准确性

基于 x86+DPDK+网卡架构的测试仪：随着多核的超线程等新技术的实现，在指令级别可以实现部分并行，但是对于一些统计数据，如实时的每秒收发帧数等，至少是由两个参数来定义的（一定的时间间隔和该时间间隔内的收发包数），若这两个参数的读取是在一个 CPU 内核上实现的，则指令的串行特性必然带来很大的误差；若这两个参数的读取是在两个 CPU 内核上实现的，则目前的 CPU 技术难以实现内核之间纳秒级别的同步，同样带来统计值的不精确。

基于 FPGA+x86 混合架构的测试仪：FPGA 内部通过硬件编程技术，可以很轻松地实现统计值快照功能，严格保证上述两个参数的读取是精确对应的。

（7）系统可扩展性

基于 x86+DPDK+网卡架构的测试仪：对于大规模的被测系统，无论是 x86 系统还是 FPGA+x86 这样的混合系统，单机都无法完成测试任务，系统级联并且在 10 ns 级别实现同步是必然的选项。x86 系统面向通用计算，可以通过运行网络时间协议（NTP）实现多机同步，但是 NTP 的同步精度无法达到时延测试业务的要求。

基于 FPGA+x86 混合架构的测试仪：在 FPGA+x86 的混合系统中，通过 FPGA 可以实现本地线缆级联/GPS/1588v2 等高精度同步技术，保证时间测试精度。

此外，在 FPGA+x86 混合系统的实现中，网络 2～3 层的流量处理在 FPGA 内实现，不需要经过 CPU 的协议栈或者上层应用，CPU 只需实现轻量级的配置下发、界面呈现等，弥补了 CPU 在线速收发流处理方面的天然缺陷；在 x86 一侧，也可以灵活部署 DPDK 技术，由 x86 系统实现经过加速后的纯协议处理部分，将 FPGA 和 x86 的优势组合起来，实现高效的业务处理。显而易见，采用 FPGA+x86 混合系统是构建 2～3 层高性能网络测试仪的最佳选择，而基于 x86+DPDK+网卡的架构更适合构建 4～7 层测试应用及安全测试应用。

# 20.4　以太网测试仪分类

## 20.4.1　以太网协议一致性测试平台

以太网协议一致性测试平台重点验证和测试被测设备或系统支持的协议是否符合 RFC 协议标准，包括 IPv4 一致性测试、IPv6 一致性测试、路由协议（如 BGP/IS-IS/SRv6）一致性测试，以及目前在工业以太网和车载以太网中主流的 TSN 协议一致性测试等。

## 20.4.2　以太网协议及流量测试平台

以太网协议及流量测试平台是以太网测试领域的主流测试平台，通过测试仪仿真互联网中的设备和路由交换协议及互联网中任意的流量来测试网络设备和网络系统的功能、性能、可靠性、稳定性等。随着高速以太网及工业互联网的快速发展，要求测试仪支持多种速率的接口，如 1GE/2.5GE/5GE/10GE/25GE/40GE/50GE/100GE/200GE/400GE 等接口及车载以太网中的 100/1000Base-T1 转换器接口等。

以太网协议及流量测试平台主要由 x86 主控单元、以太网测试单元（覆盖10 Mbit/s～400 Gbit/s 全线速，并根据需要决定单卡支持的速率种类）、背板单元、系统管理单元、电源单元和风扇单元等构成，如图 20-7 所示。

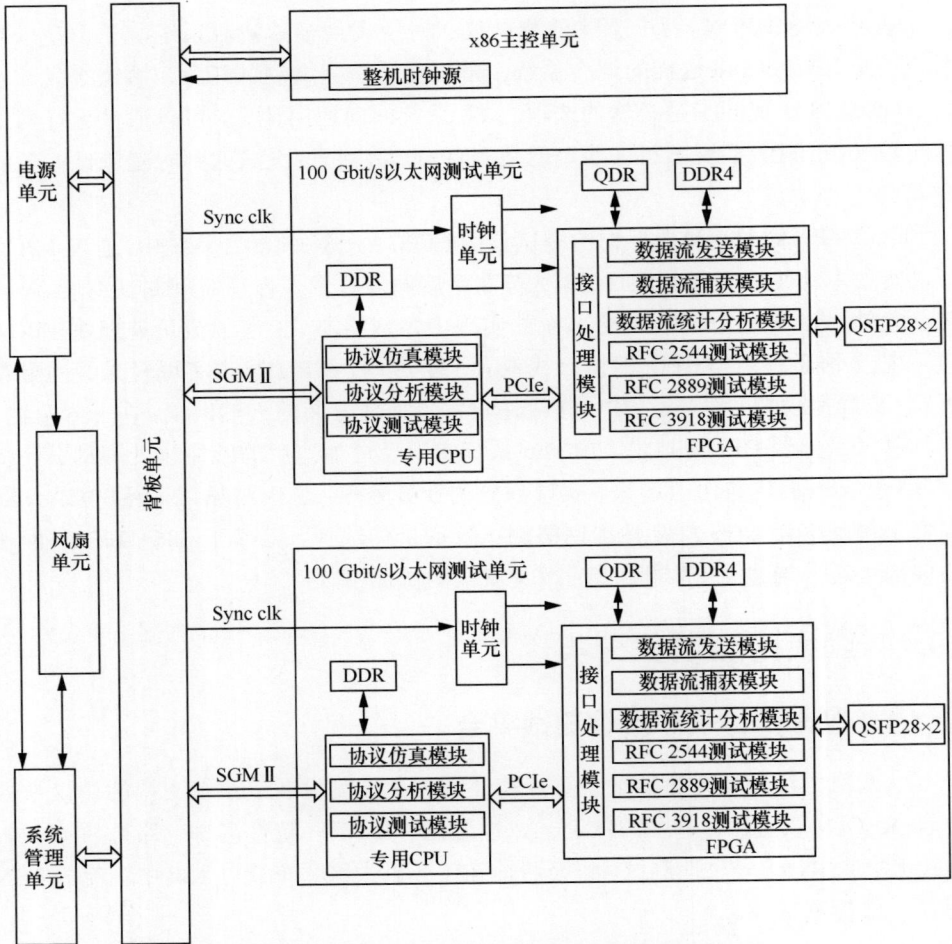

**图 20-7　以太网协议及流量测试平台的构成**

以常见的路由器和交换机的测试为例，利用以太网协议及流量测试平台，对被测设备进行功能测试、性能测试、稳定性和可靠性测试、互操作性测试以及网管测试等，具体情况如下。

**1．功能测试**

（1）接口功能：该功能用于将路由器、交换机连接到网络，主要测试各种接口速率模式下接口（如 10GE/25GE/40GE/50GE/100GE/200GE/400GE 等）的物理层互联互通问题。

（2）数据包转发功能：该功能主要负责按照路由表、MAC 地址表等内容在各接口（包括逻辑接口）间转发数据包并且改写链路层数据包头信息。

（3）路由交换协议功能：该功能负责运行路由交换协议，维护相关表项。路由交换相关协议可包括 RIP、OSPF、IS-IS、BGP、IGMP/MLD、PIM、MPLS、VXLAN、EVPN、Segment Routing、L2VPN/L3VPN、TSN（802.1AS、802.1Qbv、802.1Qat、802.1Qbu 等）等协议。

（4）管理控制功能：路由器和交换机管理控制功能包括 5 个，即 SNMP（简单网络管理协议）代理功能、Telnet 服务器功能、本地管理功能和远端监控功能。可通过多种不同的途径对路由器进行控制管理，并且允许记录日志。

（5）基本安全功能：用于完成数据包过滤、地址转换、访问控制、数据加密、防火墙设置、地址分配等功能。对于路由器和交换机，上述功能并无必要完全实现。但是由于路由器和交换机作为网络设备，存在最小功能集，关于最小功能集的功能必须支持。

**2．性能测试**

路由器和交换机是 IP 网络的核心设备，其性能的好坏直接影响 IP 网络规模、网络稳定性以及网络可扩展性。由于 IETF 没有对网络设备性能测试做专门规定，一般来说只能按照 RFC 2544 做测试。但高端路由器和交换机区别于一般简单的网络互联设备，在性能测试时还应该加上特有的性能测试，例如测试路由表容量、路由协议收敛时间等指标。

高端路由器和交换机的性能测试应当包括下列指标。

（1）吞吐量：测试路由器和交换机的包转发能力。吞吐量通常指路由器在不丢包条件下每秒转发包的极限，一般可以采用二分法查找该极限点。

（2）时延：测试路由器和交换机在吞吐量范围内从收到包到转发该包的时间间隔。

（3）丢包率：测试路由器和交换机在不同负荷下丢弃包占发送包的比例。不同负荷通常指从吞吐量测试到线速（线路上传输包的最高速率），变化步长一般使用线速的 10%。

（4）背靠背帧数：测试路由器和交换机在接收到以最小包间隔传输时，在不丢包条件下所能处理的最大包数。该测试实际考验路由器的缓存能力，如果路由器具备线速能力，则该测试没有意义。

（5）系统恢复时间：测试路由器和交换机在过载后恢复正常工作的时间。如果路由器具备线速能力，则该测试没有意义。

（6）系统复位：测试路由器和交换机从软件复位或关电重启到正常工作的时间间隔（正常工作指能以吞吐量转发数据）。

另外，在测试上述 RFC 2544 中规定的指标时应当考虑下列因素。

（1）帧格式：建议按照 RFC 2544 所规定的帧格式测试。

（2）帧长：从最小帧长到 MTU 顺序递增，如在以太网上采用 64 B、128 B、256 B、512 B、1024 B、1280 B、1518 B 等。

（3）路由更新：即下一跳端口改变对性能的影响。

（4）过滤条件：在设置过滤器条件下对路由器性能的影响，建议设置 25 个过滤条件进行测试。

（5）协议地址：测试路由器收到随机处于 256 个网络中的地址时对性能的影响。

（6）双向流量：测试路由器和交换机端口双向收发数据对性能的影响。

（7）多端口测试：考虑流量全连接分布或非全连接分布对性能的影响。

（8）多协议测试：考虑路由器和交换机同时处理多种协议对性能的影响。

（9）混合包长：除测试所建议的递增包长外，检查混合包长对路由器性能的影响。RFC 2544 除要求包含所有测试包长外，没有对混合包长中各包长所占比例做规定。笔者建议按照实际网络中各包长的分布进行测试，例如在无特殊应用要求时，以太网流量分布可采用 60 B 包 50%，128 B 包 10%，256 B 包 15%，512 B 包 10%，1500 B 包 15%的分配原则。

除了上述 RFC 2544 建议的测试项，还建议测试如下内容。

（1）路由振荡：测试路由振荡对路由器转发能力的影响。路由振荡程度即每秒更新路由的数量，可以依据网络条件而定。路由器和交换机更新协议可采用 BGP。

（2）路由表容量：测试路由表容量。骨干网路由器和交换机通常运行 BGP，路由表包含全球路由。

（3）协议收敛时间：测试路由变化通知到全网所用的时间。该指标虽然与路由器单机性能有关，但是一般只能在网络上测试，而且会因配置改变而变化。可以在网络配置完成后通过检查该指标来衡量全网性能。测试时间应当根据具体项目以及测试目标而定。

### 3. 稳定性和可靠性测试

由于大多数路由器和交换机需要每天 24 h，每周 7 天连续工作，作为互联网核心设备的骨干路由器和核心交换机的稳定性和可靠性尤其重要。

路由器的稳定性和可靠性很难测试。一般可以通过下面两种途径得到。

（1）厂家通过关键部件的可靠性以及备份程度计算系统可靠性。

（2）用户或厂家通过大量相同产品使用过程中的故障率统计产品稳定性和可靠性。当然，用户也可以通过在一定时间内对设备进行相关测试，测试结果要满足相应的要求，从而在一定程度上保证路由器的可靠性与稳定性。测试可以包括但不限于路由器或交换机引擎故障测试、交换板卡故障测试、电源故障测试、风扇故障测试、设备重启测试（命令行复位、掉电重启）、插拔业务子卡和光模块测试、系统在线升级测试、功耗测试等。

**4．互操作性测试**

通信协议、路由协议非常复杂且拥有众多选项，实现同一协议的路由器并不能保证互通、互操作；协议一致性测试能力有限，即使通过协议一致性测试也未必能保证完全实现协议。因此，有必要对不同厂家的设备进行互操作性测试。

**5．网管测试**

网管测试一般测试网管软件对网络以及网络上设备的管理能力。路由器是 IP 网络的核心设备，因此必须测试路由器对网管的支持度。如果路由器附带网管软件，可以通过使用所附带的网管软件来检查网管软件所实现的配置管理、安全管理、性能管理、记账管理、故障管理、拓扑管理和视图管理等功能。其中包括 Telnet/SNMP/OAM 测试、流量采样测试、镜像功能测试、服务质量（QoS）测试 [限速、流分类和标记、QoS 标记映射、QoS 保证、QPPB（通 BGP 路由策略部署 QoS）]、ACL（访问控制列表）容量测试、系统控制流量保护能力测试等。

## 20.4.3　以太网生产测试平台

以太网生产测试平台是针对大规模生产自动化测试的平台，可用于网络类产品、终端类产品等的自动化测试，提供测试软件开发、调试、生产自动化发布、数据采集、数据分析统计等全流程的测试支持，采用 TCL、Python 等脚本语言进行测试软件开发，降低了软件开发的难度，具有丰富的仪器库的支持，可以快速完成测试软件开发和生产环境部署，帮助企业用户轻松应对测试业务的快速增长和未来业务发展。

以太网生产测试平台通常采用模块化设计，提供多个插槽，支持 10 Mbit/s 到 100 Gbit/s 的多种速率的有线流量测试模块、无线耦合功率测试模块、Wi-Fi 测试模块和 VoIP 语音测试模块的任意组合，可以实现针对网络设备和网络系统的 2～3 层流量测试及无线、VoIP 语音一体化测试，满足网络设备制造领域低成本、高效率的测试需求。测试平台通过提供工厂执行制造系统对接、API 二次开发等定制化服务，可以进一步提升网络通信产品在工厂制造阶段的质量控制水平与效率。

## 20.4.4 以太网网络损伤测试平台

以太网网络损伤测试平台可以面向网络链路进行损伤仿真，要求支持丢包、时延、抖动、乱序、重复帧和错包等多种损伤场景，帮助验证网络设备和应用的性能极限。目前，市场上主流损伤仪支持 FE/GE/10GE/25GE/40GE/100GE 接口。

据 NIST 统计，应用系统发布上线后，约 80%的总成本仅用于寻找和发现问题；另外，根据知名咨询机构 Gartner 的研究，全球超过 70%的应用部署都是失败的。究其根本原因在于，几乎所有网络设备测试及应用的开发测试都是在相对完美的实验室网络环境下完成的。在实验室环境中，被测设备及网络并非由复杂的物理环境，大量的传输链路、传输设备及网络设备等组成，因此该实验网络具有低时延、低抖动、高带宽及可靠性等良好的网络性能，所以上层的网络应用也会有良好的用户体验。

但是真实的互联网环境中，存在大量导致网络质量损伤的因素，如下为常见的损伤类型及原因。

（1）物理层损伤：色散或功率衰减、串扰及不确定的系统噪声、环境干扰等。

（2）丢包：网络设备软、硬件问题，线路传输质量差引起丢包，网络设备配置不合理导致丢包，网络设计不合理导致丢包，网络冲突、广播泛滥造成的丢包。

（3）时延：光纤长距离传输，网络设备转发处理需要时间，应用服务器需要处理时间，网络拥塞。

（4）抖动：网络拥塞，负载均衡设备的部署，路由翻转。

（5）乱序：网络拥塞，端口捆绑，路由翻转。

（6）重复帧：网络环路，协议栈异常。

而互联网中的大部分应用对网络质量的损伤是非常敏感的，如音视频流的传输。

VoIP 网络质量最低要求：丢包率小于 8%，时延小于 200 ms，抖动幅度不大于 40 ms。

4K 高清视频对承载网端到端网络质量的最低要求：带宽大于 50 Mbit/s，往返路程时间（RTT）小于 20 ms，丢包率小于 $10^{-5}$。

而 VR 业务起步阶段需要 80 Mbit/s 以上的带宽，网络时延应控制在 20 ms 以内；舒适体验阶段需要 260 Mbit/s 以上的带宽，网络时延应控制在 15 ms 以内；理想体验阶段需要 1.5 Gbit/s 以上的带宽，网络时延应控制在 2 ms 以内。

既然现实互联网中的网络质量损伤无法避免，我们能否在测试网络环境中去模拟真实的网络环境，从而验证网络环境对上层应用的影响？

正确答案是使用网络仿真器，也称网络损伤仪。它可以在实验室网络中精确地模拟真实的网络损伤状况，用于在部署之前测试和验证网络中的产品、应用和服务等。网络损伤仪应用场景如图 20-8 所示。网络损伤仪对于描述和验证真实环境的性能及终端用户质量体验是必不可少的。它可以为实现高质量的网络应用、灾难恢复、数据中心迁移和多媒体业务等的测试提供有力保障。网络损伤仪仿真业务整体流程如图 20-9 所示。

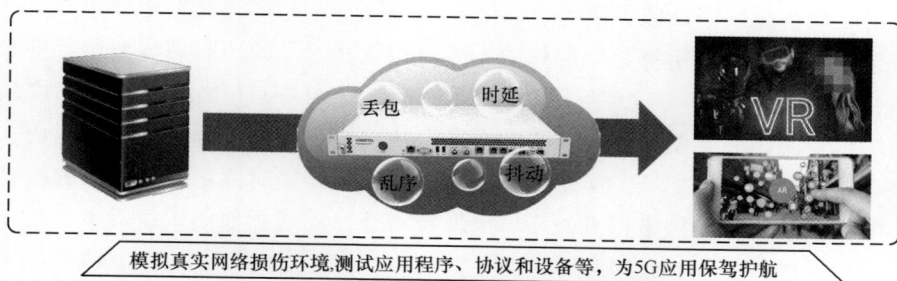

图 20-8　网络损伤仪应用场景

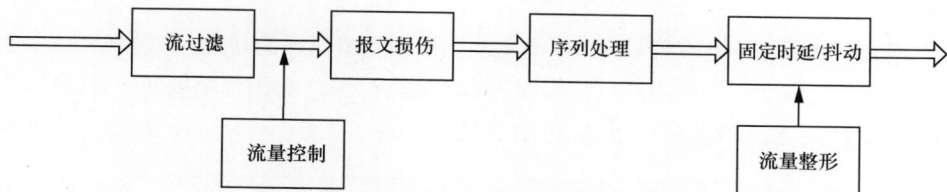

图 20-9　网络损伤仪仿真业务整体流程

网络损伤仪可以在实验室环境下提供真实且可重复的网络损伤测试结果，具有仿真带宽限制、时延/抖动、丢包、乱序、重复报文、物理链路损伤等典型损伤的功能，以验证在特定网络损伤模型下（如特定的丢包率、特定的时延及抖动下）对上层应用业务的影响。

## 20.4.5　以太网虚拟化测试平台

虚拟化测试平台包含 2～3 层和 4～7 层虚拟化测试仪平台和网络损伤仪虚拟化平台，主要针对 SDN/NFV/Cloud/Virtualization 测试场景。

基础架构层 NFVI 是 NFV Infrastructure 的缩写，包括虚拟层和硬件资源。其中，虚拟层包含 Hypervisor、VIM 及虚拟机（VM）。硬件资源（如计算服务器、存储服务器、网络设备等）上部署 Hypervisor 层以便进行虚拟化。NFVI 将物理计算、存储、网络资源通过虚拟化转换为虚拟的计算、存储、网络资源池，并提供虚拟资源管理。

（1）虚拟化基础设施管理器

虚拟化基础设施管理器（virtualized infrastructure manager，VIM）是 NFVI 厂商提供的基础设施层管理系统，负责对物理硬件、虚拟化资源进行统一管理、监控、优化。

（2）虚拟化软件 Hypervisor

Hypervisor 把硬件相关的 CPU/内存/硬盘/网络资源等全面虚拟化，并提供虚拟机给上层虚拟网络功能使用。

计算虚拟化：采用裸金属架构的 x86 虚拟化技术，实现对服务器物理资源的抽象，将 CPU、内存、I/O 等服务器物理资源转化为一组可统一管理、调度和分配的逻辑资源，并基于这些逻辑资源在单台物理服务器上构建多个同时运行、相互隔离的虚拟机执行环境，实现更高的资源利用率，同时满足更加灵活的资源动态分配需求，譬如提供虚拟机的高可用性等特性，实现更低的运营成本、更高的灵活性和更快的业务响应速度。

存储虚拟化：对存储设备进行抽象，以逻辑资源的方式呈现，统一提供全面的存储服务。

网络虚拟化：在服务器的 CPU 中实现完整的虚拟交换的功能，虚拟机的虚拟网卡对应虚拟交换的一个虚拟端口，将服务器的物理网卡作为虚拟交换的上行端口。

虚拟化测试仪平台架构如图 20-10 所示。

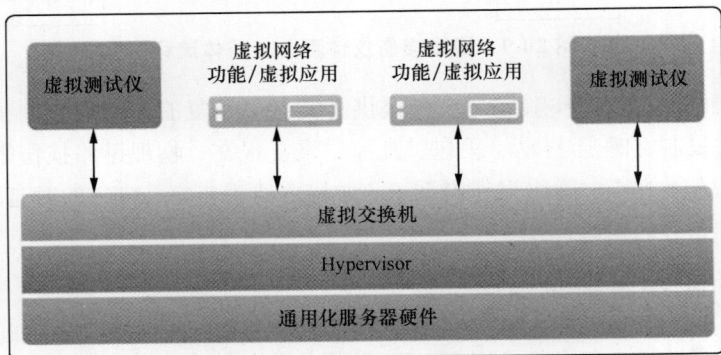

**图 20-10  虚拟化测试仪平台架构**

## 20.4.6  以太网在线主动测评系统

以太网在线主动测评系统通过真实的业务仿真（包括 TCP、UDP、RTP、HTTP、FTP、POPv3、SMTP、SIP、IGMP 等）实时地监测当前网络节点和端到端之间链路的运行状况是否健康，提供 365×24 h 的实时测试数据，报告实时的每条网络链路的丢包率、时延、抖动、乱序等网络关键指标，并支持通过邮件、短信、微信等方式进行实时预警，方便企业或运营商 IT 管理人员进行 IP 网络性能测试和评估、网络质量 SLA 分析及预警、网络优化、设备选型评估、网络故障定位及排除等。以太网在线主动测评系统示意如图 20-11 所示。

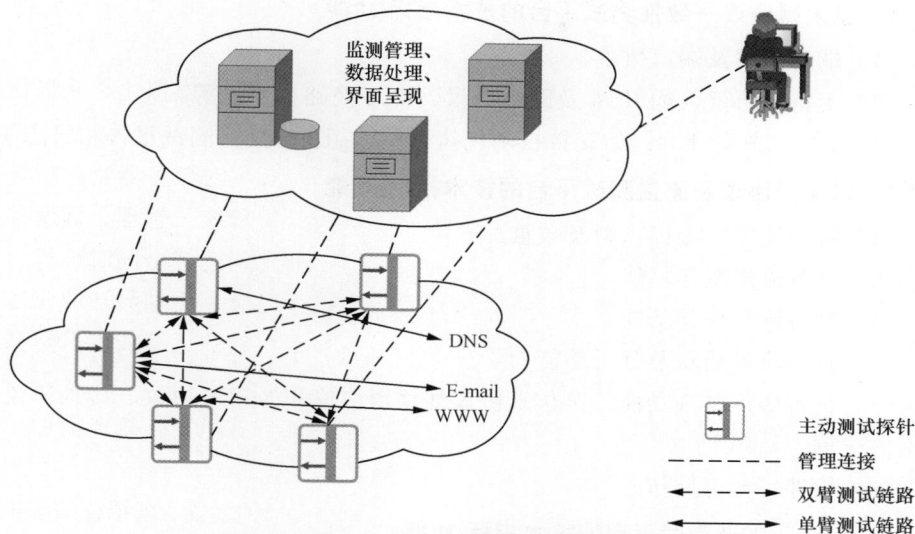

图 20-11　以太网在线主动测评系统示意

以部署软硬件探针的方式对有线及无线以太网进行端到端性能测试和网络服务质量监测，支持网络性能评估、网络质量分析及预警、网络优化、网络故障定位及排除等功能，非常适合 5G To B 业务的部分测试场景，包括 Wi-Fi 6 的流量测试场景。

对于 IT 运维人员来说，如何实时掌握网络端到端的运行状态，从点到面全面掌握网络的运行质量？如何实时掌握应用服务（HTTP/FTP/Mail/DNS/DHCP 等）的健康度？如何提升故障排除效率，提升运维质量？如何进行持续的、主动的 7×24 h 按计划进行检测和衡量用户体验？如何在最终用户体验变差之前，提前发现并解决网络应用中的问题，主动通过邮件、短信或者微信上报告警？如何便捷而有效地测试有线、无线（包括 5G、Wi-Fi 6）和虚拟化/云基础架构对应用的影响？如何评估新的网络技术架构如 SD-WAN（软件定义广域网络）对网络的优化效果？这些都将是非常大的挑战，也是 IT 运维人员的日常工作。

## 20.5　以太网测试仪的主要技术指标/功能

根据网络层次、受测对象、应用场景的不同，以太网测试仪的主要技术指标/功能包括以太网协议一致性测试平台的技术指标/功能、以太网协议及流量测试平台的技术指标/功能、以太网生产测试平台的技术指标/功能、以太网网络损伤测试平台的技术指标/功能、以太网虚拟化测试平台的技术指标/功能、以太网在线主动测评系统的技术指标/功能等，用来准确评估网络设备的报文转发性能，以及应用服务或终端设备的业务处理能力。

**1. 以太网协议一致性测试平台的技术指标/功能**

（1）端口速率及端口数量。

（2）支持的协议，如 IPv4 及路由协议、IPv6 及路由协议等。

（3）支持的软件平台，如支持自动化执行测试用例、支持测试报告和日志等。

**2. 以太网协议及流量测试平台的技术指标/功能**

（1）端口速率、端口类型及数量。

（2）具备流量发送功能。

（3）具备流量统计功能。

（4）具备流量捕获及分析功能。

（5）具备协议仿真功能，可仿真协议如路由协议和 MPLS 协议、接入协议、组播协议等。

（6）软件平台可操作。

**3. 以太网生产测试平台的技术指标/功能**

智能制造一体化测试仪平台包含丰富的仪表资源，如以太网协议及流量测试平台、Wi-Fi 测试仪表、音视频测试仪表、双向光收发组件（BOB）测试仪表、光测试仪表等，同时结合智能化自动化一体式测试专家系统平台，因此，其技术指标/功能会涵盖各个分类仪表的软硬件指标/功能，这里不一一描述。

**4. 以太网网络损伤测试平台的技术指标/功能**

（1）端口速率、端口类型、时钟精度。

（2）具备损伤生成功能，可生成的损伤包含流过滤损伤、时延损伤、抖动损伤、乱序损伤、带宽限制损伤、丢包损伤等。

（3）具备数据统计功能。

（4）具备数据帧捕获功能。

（5）具备数据帧发送功能。

（6）软件平台可操作。

**5. 以太网虚拟化测试平台的技术指标/功能**

（1）虚拟化测试平台支持信息。

Host OS 及 Hypervisor：如支持 VMware vSphere 5.5、KVM over CentOS 20.4 等。

虚拟化机箱：如支持 64 位 Windows 10/11。

Guest OS/虚拟化板卡支持：2～3 层测试仪虚拟化模块、4～7 层测试仪虚拟化模块、网络损伤仪仿真模块等。

软件安装包：支持 VMware OVA/RPM、KVM Qcow2/RPM 等。

（2）虚拟化测试平台关键规格主要包括虚拟化机箱最大支持端口数量、虚拟化板卡最大支持端口数量、2～3 层协议仿真及规格（如支持的 PPPoE/DHCP/BGP/OSPF/IS-IS/LDP 会话数）、4～7 层协议仿真及规格（如支持的 HTTP 新建连接数、并发连接数、应用层吞吐量）、攻击病毒库（如支持 DDoS 攻击及 35 000 多种攻击病毒和恶意病毒流量）、网络损伤仿真等。

**6. 以太网在线主动测评系统的技术指标/功能**

（1）控制端基本模块：应具备状态概览、实时统计、历史回溯、报告监测、系统管理等功能。

（2）管理控制器关键规格：包括服务器硬件规格、Linux 系统、浏览器类型、数据传输信息（敏感数据加密）、数据存储信息（敏感数据加密）、原始数据存储年限、探针管理数量、用户登录响应时间、回溯时间、告警时延等信息。

（3）探针关键规格：包括探针类型、IP 版本、以太网接口速率、L3 层协议支持、L4 层协议支持、应用层协议支持等信息。

# 20.6　以太网测试仪的典型应用

**1. 以太网协议一致性测试平台的典型应用**

以太网协议一致性测试平台主要用于验证被测设备相关协议栈（如 BGP/OSPF/TSN/SRv6 等）的实现是否遵循了协议规范（如 RFC 文档），确保不同设备之间实现互操作和兼容，主要用于以下两种场景。

（1）设备厂家研发内部软件时，该测试平台用于验证实现的协议栈是否满足协议一致性要求。

（2）评测机构（如运营商评测中心、CNAS 认证测试机构等）及各行业研究院（中国电力科学研究院等）用于入网认证测试验证。

IP 一致性测试拓扑如图 20-12 所示。

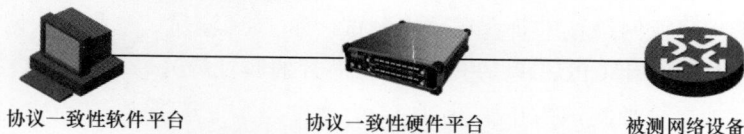

协议一致性软件平台　　　　协议一致性硬件平台　　　　被测网络设备

**图 20-12　IP 一致性测试拓扑**

**2. 以太网协议及流量测试平台的典型应用**

以太网协议及流量测试平台通过设备仿真、路由交换协议（如 VXLAN/OSPF/

BGP 等）仿真和流量仿真对所有具备 IP/IPv6 功能的设备或系统进行功能、性能、稳定性、互操作性等的测试，可以覆盖的被测设备如图 20-13 所示。

**图 20-13　以太网协议及流量测试平台可以覆盖的被测设备**

主要覆盖的测试项包括以下几方面。

（1）功能测试：包括接口、协议、路由、管理、安全等的测试。

（2）性能测试：包括 RFC 2544、路由表容量、路由收敛、负载均衡、策略路由等的测试。

（3）稳定性和可靠性测试：包括长时间压力、插拔冗余硬件、路由或协议振荡等的测试。

（4）网管测试：包括 SNMP、端口镜像、流量采样、OAM 等的测试。

（5）互操作性测试：包括各个设备厂家之间的对接和组网测试。

具体的典型客户使用场景及行业测试场景包括以下几方面。

（1）网络设备厂家的研发测试：包括公司研发测试部门、对外集采测试部门、版本集成与验证测试部门的测试，面向行业客户的测试验证及验收测试等。

（2）电信运营商的集采选型测试。

（3）科研院所的网络新技术研究测试。

（4）第三方测评机构和实验室的入网认证测试。

（5）高校教育培训及技术研究的测试。

（6）新兴行业网络技术研究和验证测试，如 TSN 测试、车载以太网测试、芯片测试（包括国产化 CPU/DPU/FPGA/交换芯片的测试等）。

高端交换机叠加测试拓扑如图 20-14 所示。

### 3. 以太网生产测试平台的典型应用

网络设备（如 PON、交换机、光猫、CPE 和路由器等）尤其关注可靠、高效和自动化。智能制造一体化测试系统是为网络设备生产量身定做的高效、自动化的一体化测试解决方案。在有线流量测试基础上，整合无线耦合测试、VoIP 语音测试、读写校验信息测试等功能，重新定义测试内容、测试项，配合 HunterATE 治具，能智能识别测试 LED 灯的颜色和亮度、按键功能，减少人员操作引入的误测，实现整机功能自动一体化测试。

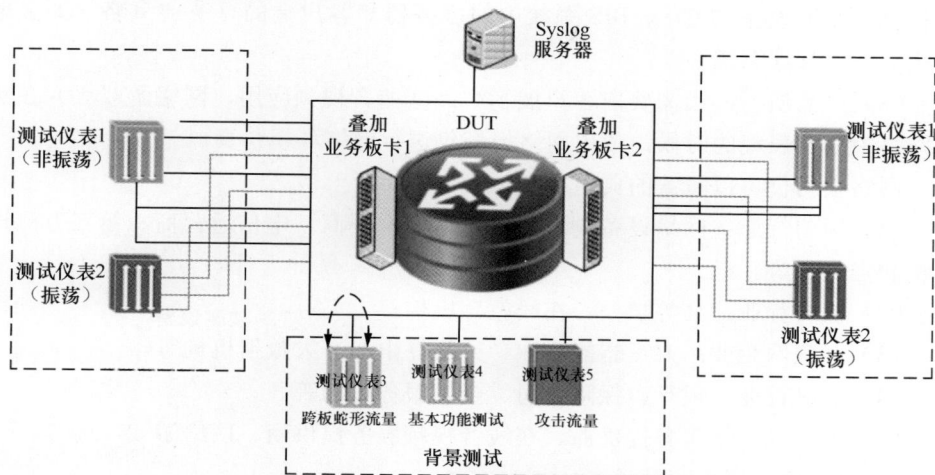

图 20-14 高端交换机叠加测试拓扑

### 4. 以太网网络损伤测试平台的典型应用

无论是有线网络，还是 Wi-Fi、2G、3G、4G、5G 等无线网络，都会存在大量的导致网络质量损伤的因素（如时延、抖动、丢包、重复帧等），而网络损伤仪可以精确地仿真各种网络环境，用户可以使用网络损伤仪进行预测、优化和解决各种网络应用或者云服务在网络上的使用问题，缩短产品投入市场的时间，减少后期支持和运营成本，降低故障定位难度和缩短生产网络的不可用时间，增加业务收入和竞争优势。

网络损伤仪的典型应用场景非常丰富，具体如下。

（1）网络设备测试：使用网络损伤仪来验证网络加速器、广域网优化设备、网络流控设备、网络安全设备等在广域网环境中的真实表现。

（2）网站性能验证：使用网络损伤仪来验证用户网站平台是否会因为网络连接速度慢而停止服务。

（3）实时多媒体业务验证：使用网络损伤仪验证互联网电视（IPTV）、视频会议、网络在线游戏等应用在不同网络质量条件下的真实用户体验。

（4）模拟 2G/3G/4G/5G 等无线网络环境：无线网络中存在大量的不稳定因素（如较大的时延和抖动、丢包、拥塞等），使用网络损伤仪可以模拟这种复杂环境。

（5）模拟卫星网络环境：卫星网络带宽小、时延高，可能会对协议和应用程序造成非常不好的用户体验，使用网络损伤仪可以仿真类似卫星网络的高时延和高误码率。

（6）网络带宽需求验证：使用网络损伤仪模拟带宽限制及时延等损伤特性，验证应用程序需要多少带宽才能保证稳定运行。

（7）辅助应用开发测试：使用网络损伤仪模拟现网实际的网络环境，来评估和优化正在开发中的 C/S、B/S 系统中的服务器和客户端的算法、策略，如金融系统、医疗管理系统。

（8）产品演示：当需要向客户展示产品（如音视频应用、网络游戏等）在实际网络中真实表现的时候，使用网络损伤仪进行网络环境仿真。

网络损伤仪可以覆盖的典型客户一般如下。

（1）通信行业：网络设备制造商、网络安全厂商、电信运营商、第三方测评机构和实验室等。

（2）教育行业：高等学校、在线教育机构。

（3）互联网企业：人工智能企业、云计算中心、大数据机构等。

（4）金融行业：银行、保险公司、金融服务机构等。

（5）各行业网络服务提供商、在线音视频服务提供商、网络游戏厂商等。

### 5. 以太网虚拟化测试平台的典型应用

NFV 的基本概念源自服务器虚拟化技术。虚拟机已经成为一种常态，而不是标准的服务器。NFV 提出，各种网络功能（如路由配置、防火墙和负载均衡）将在标准的服务器上实现，而不是在昂贵的专有设备上实现。通过利用标准的服务器虚拟化技术，NFV 通过在一系列行业标准服务器硬件上运行的软件实现网络功能。NFV 构架如图 20-15 所示。

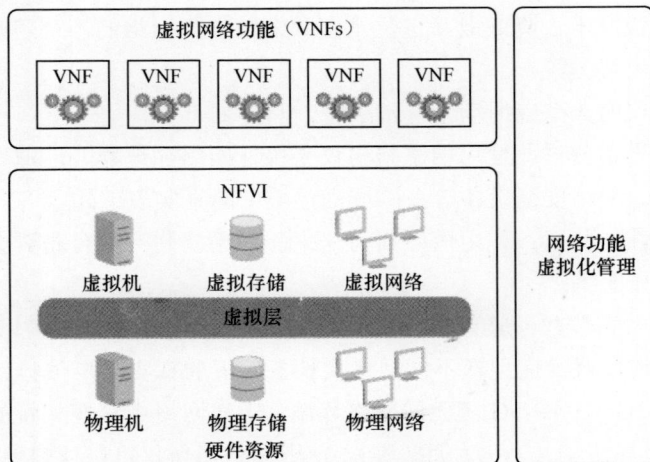

图 20-15　NFV 架构

当评估一个虚拟化测试平台功能和性能时，有下面 4 种主要类型的工作负载。

（1）数据面：涉及输入输出操作和内存读写操作的数据包处理相关的任务。就 NFV 而言，它将因功能而异。例如，虚拟化路由器需要执行路由查找、转发数据包、添加/删除标识位以及虚拟路由器上实现的其他功能。

（2）控制面：与协议交换（包括设置、会话管理、终止等）相关的任务。对于虚拟路由器，这将包括 BGP 和 OSPF 等协议。虚拟化宽带接入服务器（BRAS）将具备 PPP 会话管理和 RADIUS 认证等功能。控制面通常对 CPU 资源需求极高，但输入输出和读写操作较少。

（3）信号处理：与数字处理有关的任务，对 CPU 资源需求极高并且对时延敏感。其中一个例子是在 C-RAN 基带单元中的 FFT 解码和编码。

（4）存储：与磁盘存储的读写相关的所有工作负载。这里包括日志等非密集型操作以及需要大量磁盘写入操作的网络探针等密集型操作。

虚拟化测试仪通过将测试机箱和板卡虚拟化安装在虚拟化平台中（主要通过在虚拟机上运行）的方法在虚拟化系统中测试 NFV 设备功能。

虚拟化测试仪架构如图 20-16 所示。

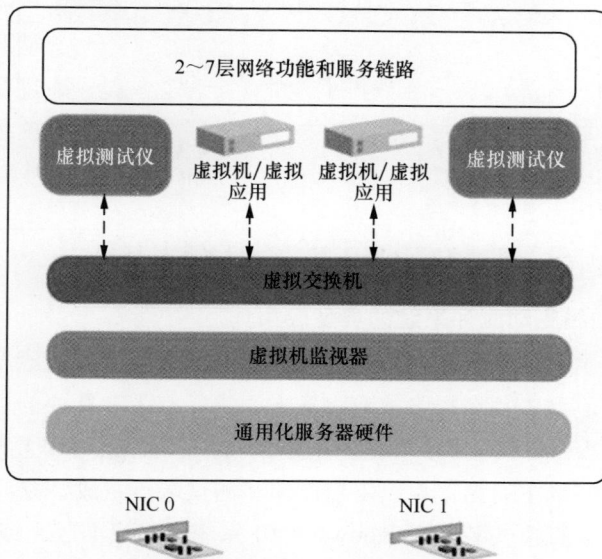

**图 20-16　虚拟化测试仪架构**

虚拟化测试仪典型应用场景如下。

（1）通过把测试仪插入虚拟化服务器进行虚拟测试：测试虚拟交换机性能，

测试每个虚拟设备以及测试虚拟设备链。

（2）适用于测试虚拟化功能的其他参数包括：确定分配给虚拟设备的最佳资源（CPU/内存）以满足性能要求，服务实例——多快，服务的终止，服务的即时改变，服务的移动（虚拟机迁移），服务的可靠性，服务隔离（受服务器上其他虚拟机或服务的影响）。

（3）NFV 路由交换设备测试：转发性能（丢包率、时延、吞吐量等）测试、NFV 设备路由协议性能和规模测试，以及多协议/多维度混合测试。

其中，2 层/3 层 NFV 设备测试拓扑如图 20-17 所示。

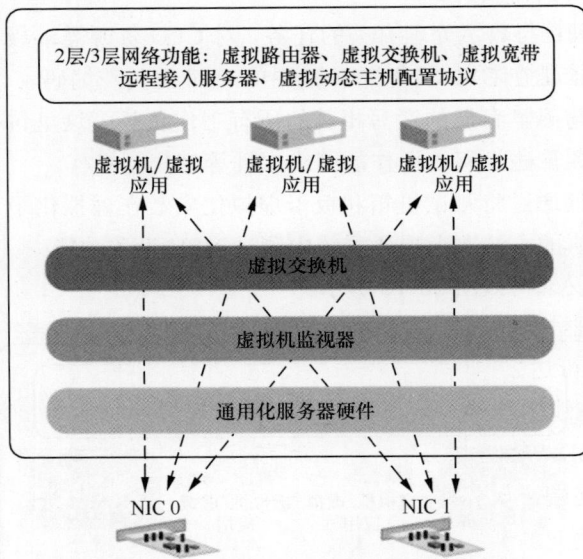

**图 20-17　2 层/3 层 NFV 设备测试拓扑**

### 6. 以太网在线主动测评系统的典型应用

以太网在线主动测评系统是长期对网络端到端以及业务健康度进行主动监测的系统，对被动监测工具在网络故障隔离方面进行有效和必要的补充。通过一次配置，对整网实现 7×24 h 的全天候主动监测，减少网络故障修复时间。

（1）以太网在线主动测评系统由控制端和测试端点组成。

控制端：可以直接安装在 Windows 7/10 系统中（桌面版）或者 Linux 主机/虚拟机/云主机中（服务器版，基于 B/S 架构）。

测试端点：可以是专用硬件盒子，支持 Windows/Linux/Android/VxWorks 等操作系统、支持腾讯云/阿里云/华为云等云平台，支持 Docker/VMware/KVM 等虚拟化平台，支持 x86/PowerPC/ARM/MIPS 等 CPU，支持以太网/Wi-Fi/3G/4G/5G

等网络类型。

（2）以太网在线主动测评系统支持双臂测试和单臂测试两种类型。

双臂测试：通过控制端控制安装在各主机上的测试端点或专用硬件盒子产生所需要的流量（如 HTTP/FTP 或音视频流）进行网络质量的评测，其主要测试场景如下。

① 网络转发性能测试：主要测试网络的时延、抖动、乱序、丢包率等，支持自定义的网络测试拓扑和测试用例。

② 吞吐量测试：支持 UDP/TCP 吞吐量测试，支持 Speedtest。

③ 语音、视频承载质量测试：支持语音和视频流仿真，并对其延时、抖动、丢包率和乱序等关键指标进行测试。

单臂测试：通过控制端控制安装在各主机上的测试端点或专用硬件盒子，模拟真实的应用流量（如 HTTP /DNS）对现网中的真实服务器（如 Web/DNS）进行实时在线的网络质量评测，其主要测试场景如下。

① 基于 HTTP/HTTPS 应用测试：支持 DNS 解析时间、TCP 连接建立时间、首字节和末字节时间、下载速率测试等。

② 互联网接入专线测试：支持测试不同类别网站访问质量，支持 Speedtest。

③ 基础服务器性能测试：支持 DNS 服务器、邮件服务器、DHCP 服务器测试。

④ 网络节点可达性验证：支持 traceroute 命令。

（3）以太网在线主动测评系统的主要应用场景包含 IP 管道性能测试、数据中心/云平台测试、SD-WAN 端到端网络质量测试、应用层业务承载质量验证、服务器性能检测以及终端个人计算机性能监测等。

① IP 管道性能测试：测试端点部署于关键网络节点处，长期通过产生流量测量网络质量（时延、抖动、乱序、丢包率等），支持将测试数据长期存储作为性能趋势分析和故障隔离依据，支持网络质量阈值配置与告警（如邮件、短信、微信等方式的告警）。

以太网在线主动测评系统对 IP 管道性能测试的拓扑如图 20-18 所示。

② 数据中心/云平台测试：支持各数据中心之间网络线路验证（包括时延、抖动、乱序、丢包率、网络可用带宽、QoS 验证等）、应用协议拨测、虚拟机之间网络性能测试（同一数据中心、跨数据中心）等。

以太网在线主动测评系统对数据中心/云平台测试的拓扑如图 20-19 所示。

③ SD-WAN 端到端网络质量测试：支持 SD-WAN 设计和部署验证（包括项目开通测试、7×24 h 端到端网络性能测试、时延测试、抖动测试、乱序测试、丢包率测试等）。

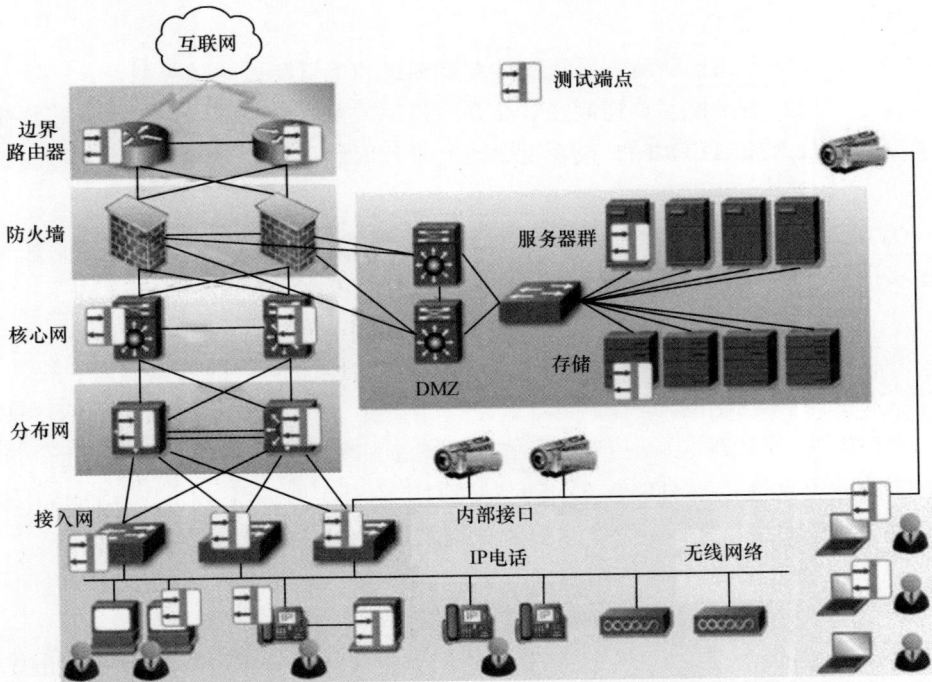

图 20-18　以太网在线主动测评系统对 IP 管道性能测试的拓扑

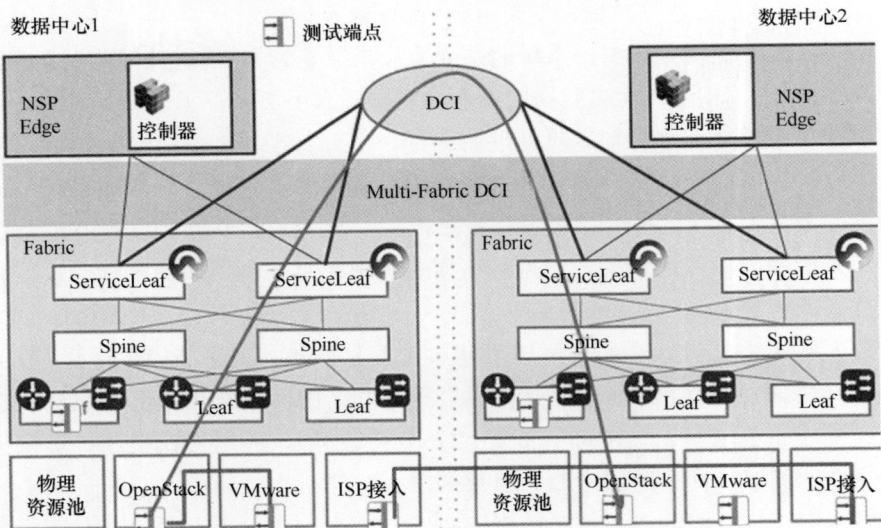

图 20-19　以太网在线主动测评系统对数据中心/云平台测试的拓扑

　　以太网在线主动测评系统对 SD-WAN 端到端网络质量测试的拓扑如图 20-20 所示。

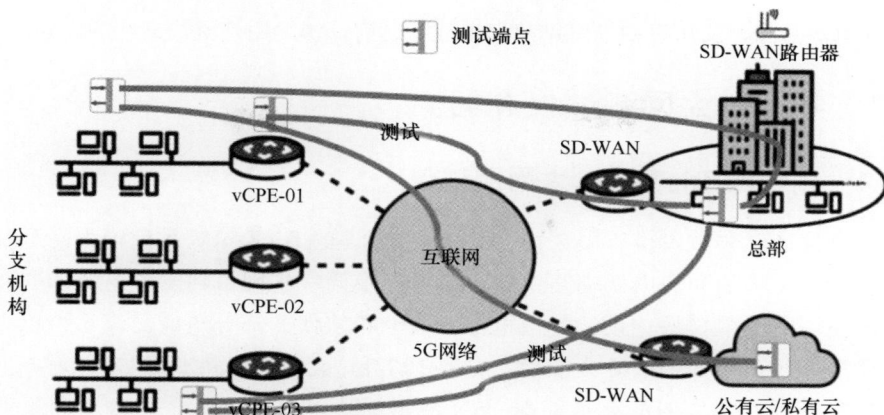

图 20-20　以太网在线主动测评系统对 **SD-WAN** 端到端网络质量测试的拓扑

④ 应用层业务承载质量验证：通过测试端点仿真真实的业务流量，验证 IP 管道对真实业务的承载质量。应用层业务承载质量验证适用于对特定业务的验证和预部署测试。例如视频会议系统出现马赛克和卡顿现象时，需要分析是系统本身的问题还是网络质量的不稳定导致系统体验差。这时可以通过分布式的探针仿真一定带宽的 UDP 业务流量，对视频会议的承载链路进行验证，测量出不同时段的 IP 网络关键指标，协助对故障进行隔离。

⑤ 服务器性能检测：通过测试端点仿真客户端对不同的真实服务器进行访问，测试其对客户端请求的响应指标，支持以下应用服务器的指标的测试（单臂测试）。

HTTP 服务器：DNS 解析时间、TCP 连接建立时间、首字节时间、末字节时间、下载速率、成功/失败数量等。

FTP 服务器：DNS 解析时间、TCP 连接建立时间、用户登录时间、控制连接和数据连接建立时间、下载速率、成功/失败数量等。

SMTP 服务器：DNS 解析时间、连接建立时间、邮件发送速率、成功/失败数量等。

POPv3 服务器：DNS 解析时间、连接建立时间、邮件下载速率、成功/失败数量等。

DNS 服务器：针对不同域名的解析时间、成功/失败数量等。

DHCP 服务器：客户端获取地址时间、成功/失败数量等。

⑥ 终端个人计算机性能监测：轻型软件测试端点可以定时获取 Windows、Linux 个人计算机的运行状态的主要参数，包括 CPU、内存和系统盘等的使用率，并呈现 CPU 和内存的占用率最大的进程。通过这几个常用的诊断参数，可以协助运维人员远程查看全体终端个人计算机的运行的健康状态。此特性既可以协助运维人

员快速解决故障，又可以在最终用户上报故障之前，协助用户解决潜在的问题。

## 20.7 典型以太网测试仪介绍

### 20.7.1 信而泰 BigTao 以太网测试仪

北京信而泰科技股份有限公司（简称信而泰）的 BigTao-V 系列以太网测试仪是拥有先进架构的面向中低端路由器、交换机及同级别网络转发设备等的研发类测试产品。它采用模块化设计，由机箱、板卡和软件 3 部分组成。该系列以太网测试仪可提供两个插槽或 6 个插槽，支持 10 Mbit/s 到 400 Gbit/s 的多种速率的测试模块任意组合，同时配合信而泰 TSN 测试模块可以针对车载以太网和工业以太网等提供 TSN 协议测试解决方案。BigTao-V 系列以太网测试仪机箱和板卡如图 20-21 所示。

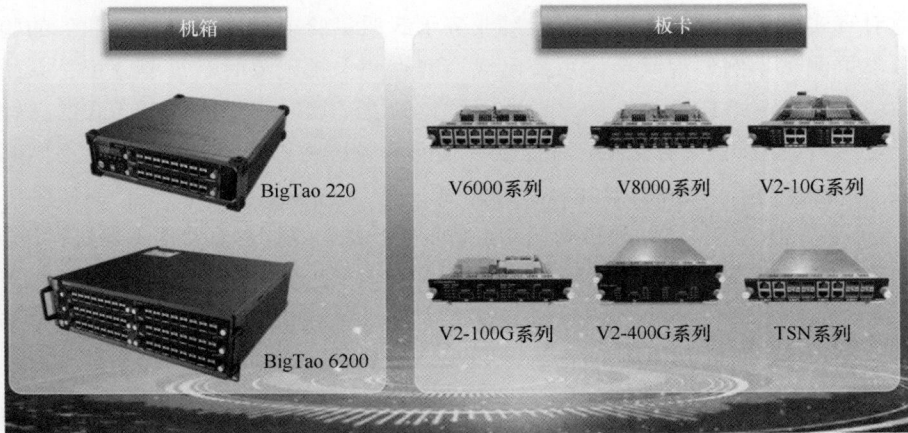

图 20-21　BigTao-V 系列以太网测试仪机箱和板卡

其中两槽位的 BigTao 220 机箱侧面专门增加便携式提手，可以满足外场测试的需求。

配合信而泰基于 PCT 架构的新一代测试软件 Renix，BigTao-V 系列以太网测试仪可实现针对网络设备和网络系统的流量测试及协议仿真，在功能、性能及安全性等方面提供全面测试解决方案，满足研发、实验和质量控制等过程中的测试需求。

BigTao 的关键特性及功能如下。

（1）整机最多支持 6 个测试卡槽位，最多支持 24 个 100G 接口。

（2）支持丰富的接口类型，覆盖 400G、100G、40G、25G、10G、5G、2.5G、GE 等接口。

（3）支持全面的 IPv6 测试技术。

（4）支持 RFC 2544、RFC 2889、RFC 3918 等基准的测试套件。

（5）支持丰富的 2～3 层协议，支持路由、组播、接入等方面的协议仿真。

（6）支持 TSN IEEE 802.1AS/802.1AS-Rev、802.1Qav、802.1Qbv、1722 测试、802.1Qbu Frame preemption、802.1CB、IEEE 802.1Qat 测试等。

（7）支持基于 FPGA 的 100%线速流量生成、统计与捕获功能。

## 20.7.2 信而泰 DarYu 高性能以太网测试仪

DarYu-X 系列高性能以太网测试仪是信而泰推出的面向高端路由器、高端交换机、数据中心交换机以及高性能应用层设备等的测试设备，具有高性能、高密度、高速率等特点，支持单框运行、多框级联等模式。它采用模块化设计，提供 3 个或 12 个插槽，测试接口覆盖以太网 1 Gbit/s～400 Gbit/s 范围内的所有速率，实现按需扩展，帮助企业用户轻松应对测试业务的快速增长和未来业务发展。配合信而泰基于 PCT 架构的新一代测试软件 Renix，以及 X 系列测试模块，DarYu-X 系列高性能以太网测试仪可实现针对网络设备和网络系统的 2～7 层流量测试及协议仿真，在功能、性能及安全性等方面提供全面测试解决方案，满足研发、实验和质量控制等过程中的测试需求。DarYu-X 系列高性能以太网测试仪机箱和板卡如图 20-22 所示。

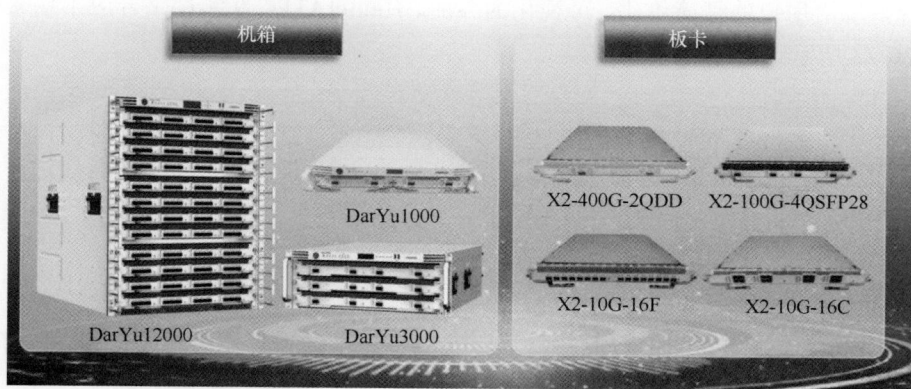

图 20-22 DarYu-X 系列高性能以太网测试仪机箱和板卡

DarYu 平台的关键特性如下。

（1）整机最多支持 12 个测试卡槽位，最多支持 48 个 400G 接口。

（2）支持丰富的接口类型，覆盖 400G、100G、40G、25G、10G、5G、2.5G、GE 等接口。

（3）单端口最多支持 64 000 条流量的独立发送统计。

（4）单端口最多支持 200 万条的离散路由插入表。

（5）支持路由、组播、接入、MPLS、VXLAN 以及分段路由（SR）等协议的极限性能测试。

（6）支持插入高性能 L4-7 测试仪板卡，支持对数据、语音、视频、DDoS 攻击、恶意病毒流量等的仿真。

（7）支持中英文操作界面及测试报告。

（8）支持基于 FPGA 的 100%线速流量生成、统计与捕获功能。

（9）支持 RFC 2544、RFC 2889、RFC 3918 等基准的测试套件。

### 20.7.3　信而泰以太网智能测试平台

HunterATE 2.0 测试平台是信而泰智能装备全新的 B/S 架构自动化测试平台，可用于网络类产品、终端类产品等的自动化测试，支持测试软件开发、调试、生产自动化发布、数据采集、数据分析统计等全流程的测试支持，采用可视化配置，并搭配 Python 脚本进行测试软件开发，降低了软件开发的难度，具有丰富的仪器库的支持，可以快速完成测试软件开发和生产环境部署，帮助企业用户轻松应对测试业务的快速增长和未来业务发展。

HunterATE 2.0 测试平台的 B/S 架构极大地简化了客户端的工作，客户端只需安装、配置少量的客户端软件即可，服务器承担更多的工作。HunterATE 2.0 测试平台呈现给用户的是简单化、可视化的界面。HunterATE 2.0 测试平台应用场景如图 20-23 所示。

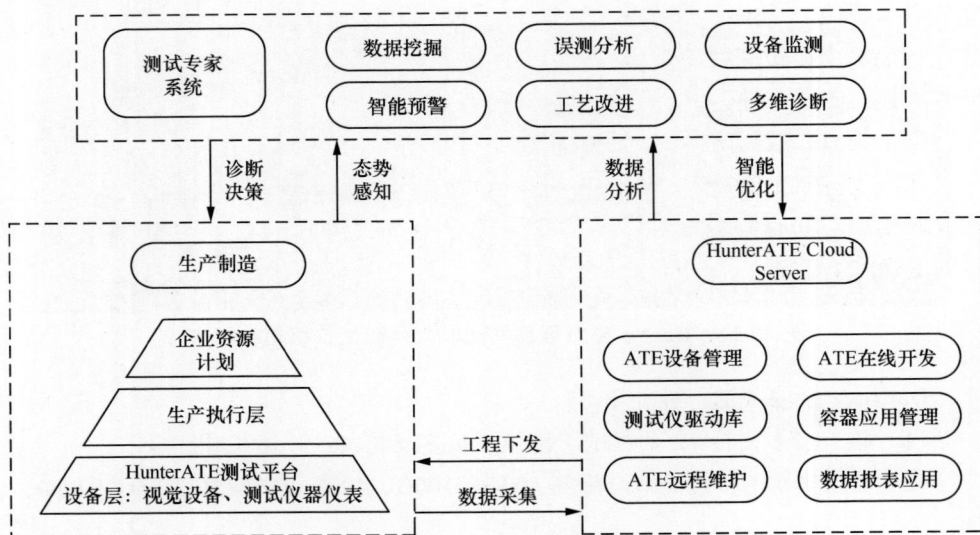

**图 20-23　HunterATE 2.0 测试平台应用场景**

HunterATE 2.0 测试平台的关键特性如下。

（1）可视化测试项与脚本测试项混合使用，满足用户常规与定制化测试需求。

（2）支持 Python 编辑器，具备智能提示等功能，界面友好、操作方便。

（3）搭配 BigTao 机箱可满足各种流量测试需求。

（4）多个夹具共享测试项，无须多夹具复制操作，减少用户操作。

（5）定制化提示信息，方便用户发现问题。

（6）具备强大的条码验证和转换功能，搭配 Python 脚本满足用户各种定制化需求。

（7）支持多夹具配置递增、复制等操作，快速配置测试项。

（8）支持通用生产执行层界面动态生成，增强用户体验，支持生产执行层插件式二次开发，无须更改平台，快速满足用户生产执行层适配需求。

（9）支持一维码、二维码、单条码和多条码触发测试。

（10）支持设备和测试项插件式二次开发，无须更改平台，快速满足用户测试需求。

（11）采用 B/S 架构，打开浏览器即可使用。

（12）绿色安装，即点即用。

## 20.7.4　信而泰 X-Compass 系列网络损伤仪

X-Compass 系列网络损伤仪是信而泰推出的面向网络链路损伤的仿真产品，可用于 IPTV、多媒体业务测试及路由器、交换机测试等，具有仿真带宽限制、时延/抖动、丢包、乱序、重复报文、队列深度、物理链路等功能，并可同时设立 8 类场景，每个损伤应用场景均独立配置各类损伤，以检验网络传输数据业务对相应链路损伤的适应性。

X-Compass 系列网络损伤仪采用独立盒式设计。其中 X-Compass -S10 作为低速型号，支持原生的 10GE 与 GE 接口；X-Compass -S100 作为高速型号，支持100GE 接口，同时兼容 40GE、25GE 和 10GE 速率。X-Compass 系列网络损伤平台如图 20-24 所示。

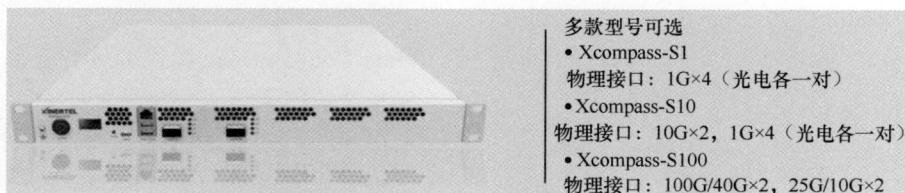

多款型号可选
• Xcompass-S1
物理接口：1G×4（光电各一对）
• Xcompass-S10
物理接口：10G×2，1G×4（光电各一对）
• Xcompass-S100
物理接口：100G/40G×2，25G/10G×2

图 20-24　X-Compass 系列网络损伤仪

X-Compass 系列网络损伤仪的关键特性如下。

（1）高性能和高精度。

（2）可以模拟多种损伤（包括时延、抖动、乱序、限速、丢包、重复帧、帧复写替换、包损坏、物理链路损伤等）。

（3）基于 FPGA 硬件架构，具备极高性能及高稳定性，加载损伤后，不影响设备的线速转发能力（包括 64 Byte 小包长也能做到线速转发）。

（4）100 Gbit/s 接口速率下最多支持 80 ms 时延损伤，10 Gbit/s 接口速率下最多支持 800 ms 时延损伤，1 Gbit/s 接口速率下支持最多 8 s 时延损伤。

（5）软件基于 B/S 架构，配置简单，易于维护。

## 20.7.5　信而泰以太网协议一致性测试平台

信而泰 Renix Conformance 是一款专用于网络协议一致性测试的软件平台。网络开发者和设备制造商可以使用 Renix Conformance 来验证产品网络相关协议的一致性和互操作性。目前 Renix Conformance 提供了 IPv6/ICMPv6/无状态地址配置/MLD/RIPng/OSPFv3 /BGP4+测试套件等。Renix Conformance 以太网协议一致性测试平台如图 20-25 所示。

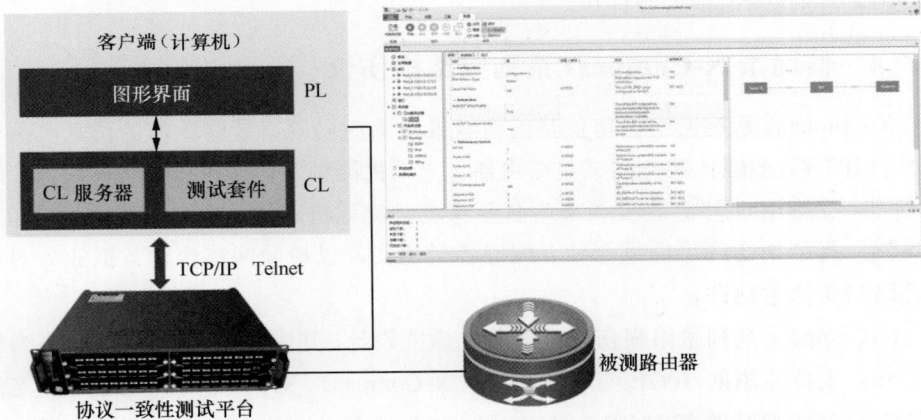

**图 20-25　Renix Conformance 以太网协议一致性测试平台**

Renix Conformance 的关键特性如下。

（1）软件易操作性强，便于用户上手。Renix Conformance 提供的软件界面的易操作性强，用户可以根据自己需求自由选择测试用例。

（2）支持自动执行测试用例，提升工作效率。Renix Conformance 支持自动执行测试用例，不需要人工干预。测试完成后，可以清晰地得到测试用例结果。

（3）具备强大的测试报告和日志生成功能。Renix Conformance 可以自动生成测试报告和日志。用户可以通过单击测试套件，清晰地了解套件中每个测试用例的 Pass/Fail（成功/失败）的情况。同时，日志中也提供了测试用例失败的原因，可方便用户定位和修改。

（4）兼容 BigTao 硬件平台，支持 10M、100M、1G、2.5G、5G、10G、25G、40G、100G、400G 接口，支持各个级别设备进行协议一致性测试。

### 20.7.6　信而泰以太网在线网络监测系统

#### 1.　信而泰在线网络主动监测系统 X-Vision

X-Vision 的软件架构采用分布式设计，功能架构分层设计，有展示层、逻辑事务层以及数据处理层等，其中每一层均可通过服务器的扩展以满足大规模监测的需求。

X-Vision 主动产生网络流量对网络端到端以及应用质量进行测量，可以让网络故障在被最终用户发现之前被运维人员尽早发觉。通过对历史监测数据的回溯，可以了解网络及应用长期的运行趋势。

应用方向：承载网、城域网、园区网质量监测，云/数据中心东西/南北向网络质量监测，WLAN 接入质量监测，应用质量健康度拨测，网络路径跟踪。

X-Vision 由控制端和主动监测探针组成：控制端可以是集中管理控制器或者部署于物理 Linux 的主机或者虚拟机。探针使用硬件探针、软件探针、云探针等。

X-Vision 在线网络监测系统的关键特性如下。

（1）主动监测探针部署在网络不同层次（核心、汇聚、接入等），主动测量端到端的网络性能指标。

（2）支持用户自定义各种不同的监测拓扑（多对一、多对多、完全网状等）。

（3）支持 7×24 h 实时统计和历史回溯。

（4）支持主动评估不同业务的用户体验。

（5）支持主动测量网络管道的性能指标。

（6）支持监测网络节点设备的运行状态。

（7）支持指标异常时的自动诊断，并支持回溯。

（8）支持灵活定义阈值，通过微信、SMS 和邮件发送告警信息。

（9）支持用户权限角色定义。

#### 2.　信而泰 IP 网络性能测试软件 X-Launch

信而泰 X-Launch 是 IP 网络性能测试软件，其通过模拟真实的网络流量测试网络端到端性能以及应用服务质量。X-Launch 支持通过在数百个网络节点上模拟真实的应用层协议，提供详尽的网络性能评估和设备测试。使用 X-Launch 可以全面地评估有线网络或者无线网络性能指标。

应用方向：Wi-Fi 设备性能测试、网络端到端性能测试、虚拟交换网络性能测试、服务器网络性能测试等。

X-Launch 测试拓扑如图 20-26 所示。

X-Launch 由测试控制端和测试端点两部分组成。控制端安装在 Windows 实体主机，探针支持软硬件探针。

硬件探针：支持专用硬件盒子。

软件探针：支持 Windows/Linux/ Android/VxWorks 等操作系统，支持腾讯云/阿里云/华为云等云平台，支持 Docker/VMware/KVM 等虚拟化平台，支持以太网/Wi-Fi/3G/4G/5G 等网络类型。

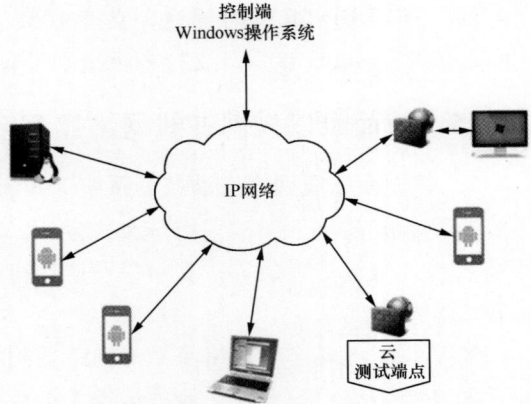

图 20-26　X-Launch 测试拓扑

X-Launch 的关键特性如下。

（1）真实的协议栈，有状态的 4～7 层应用流量的产生和分析。

（2）测试端点适配多种计算机操作系统，支持高效的用户定制化开发及国产化适配。

（3）支持大数据量存储，长时间的不间断测试。

（4）支持用户自定义各种不同的监测拓扑（多对一、多对多、完全网状等）。

（5）支持创建复杂的有 QoS 或无 QoS 的流量模型。

（6）可以测定吞吐量、抖动、丢包率、端到端时延、MOS 值和 R 值等。

X-Launch 测试界面如图 20-27 所示。

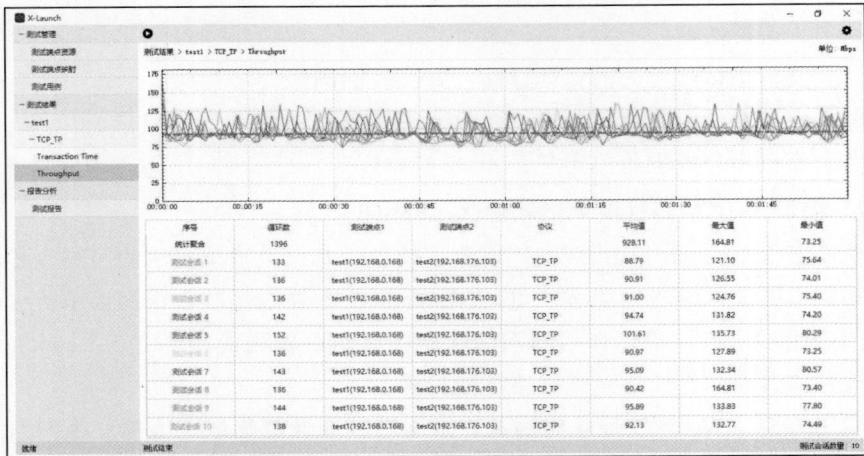

图 20-27　X-Launch 测试界面

### 20.7.7　思仪科技 Ceyear 5201 系列数据网络测试仪

思仪科技的 Ceyear 5201 系列数据网络测试仪配置 1 Gbit/s、10 Gbit/s、25 Gbit/s、40 Gbit/s、50 Gbit/s、100 Gbit/s 和 400 Gbit/s 等高密度测试模块，是一款多速率、多端口、可扩展的高性能数据网络测试仪。该产品构建了高性能 IP 基础测试硬件平台，提供 2～3 层测试解决方案，支持以太网报文线速生成与分析、统计、报文捕获等，以及路由、接入、数据中心等协议仿真与验证，集成 RFC 基准测试套件，广泛应用在入网验证、研发测试、网络维护、自动化生产等方面。Ceyear 5201 系列数据网络测试仪如图 20-28 所示，Ceyear 5201 系列数据网络测试仪的主要型号及参数如表 20-1 所示。

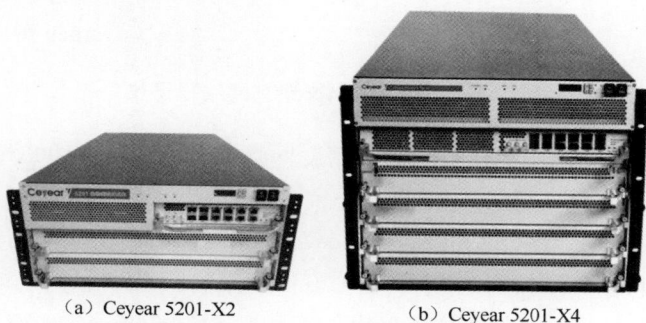

（a）Ceyear 5201-X2　　　　　　　（b）Ceyear 5201-X4

图 20-28　Ceyear 5201 系列数据网络测试仪

表 20-1　Ceyear 5201 系列数据网络测试仪的主要型号及参数

| 型号 | 测试板槽位数/个 | 满配端口数 |
| --- | --- | --- |
| Ceyear 5201-X2 | 2 | 40 个 100GE/50GE/40GE/25GE/10GE/GE 端口或 6 个 400GE 端口 |
| Ceyear 5201-X4 | 4 | 80 个 100GE/50GE/40GE/25GE/10GE/GE 端口或 12 个 400GE 端口 |

### 20.7.8　迈思源 HoloWAN 系列网络损伤仪

迈思源信息技术有限公司（简称迈思源）的 HoloWAN 系列网络损伤仪包含以下产品类型：HoloWAN 网络损伤仪、HoloWAN HPP 网络损伤仪、HoloWAN Ultra 网络损伤仪等，如图 20-29 所示。

HoloWAN 网络损伤仪可以在一对物理网口之间模拟多达 15 条复杂的虚拟链路，可以通过 IP 地址、MAC 地址、VLAN ID、MPLS 标签、TCP/UDP/SCTP 端口号等报文特征对报文进行分类并指向不同的虚拟链路，对不同的报文分别进行损伤处理。其中的典型型号 HoloWAN 10GEU 提供 10GE 双向转发性能，最大带宽支持 10 000 Mbit/s；HoloWAN 24GEP：提供 12 路千兆物理引擎；HoloWAN 25GEU 提供 4 路 25G 物理引擎，最大带宽支持 25 Gbit/s。HoloWAN 100GEH 最多提供两路 100GE 双向线速转发性能，向下兼容 50G、40G、25G、10G。

**图 20-29　HoloWAN 系列网络损伤仪**

HoloWAN HPP 网络损伤仪为超高精度网络损伤仪，具备 100 Gbit/s 线速处理能力，纳秒级仿真精度。

HoloWAN Ultra 网络损伤仪是 HoloWAN 系列网络损伤仪的高端型号，具备 100 Gbit/s 高性能，纳秒级高精度，集 Ultimate 系列和 HPP 系列功能于一体。

HoloWAN 系列网络损伤仪可以应用于模拟 2G、3G、4G、5G、卫星通信等无线网络，无线网络存在大量的不稳定性因素，而且存在比较大的时延和抖动、丢包、拥堵等现象。HoloWAN 系列网络损伤仪可以模拟这种复杂的网络环境，验证无线应用的稳定性和适应能力；也可以评估需要的网络带宽，比如用于模拟带宽、时延等传输特性，确定需要多少带宽才能保持应用稳定运行。

本章的研究和写作工作受国家重点研发计划课题（2023YFF0612904）的支持，在此致谢。

# 参考文献

[1] BRADNER S, MCQUAID J. Benchmarking methodology for network interconnect devices[S]. RFC 2544. 1999.

[2] 全国信息技术标准化技术委员会. 基于以太网技术的局域网（LAN）系统验收测试方法: GB/T 21671—2018[S]. 北京: 中国标准出版社, 2018.

[3] HICKMAN B, NEWMAN D, TADJUDIN S, et al. Benchmarking methodology for firewall performance[S]. RFC 3511, 2003.

[4] MANDEVILLE R, PERSER J. Benchmarking methodology for LAN swithching devices[S]. RFC 2899, 2000.